2020

Science & Technology

Almanac

深圳科技年鉴

《深圳特区科技》杂志社 编

辽宁科学技术出版社

·沈阳·

责任编辑：王玉宝
责任校对：孙　东
装帧设计：李长伟

图书在版编目（CIP）数据

深圳科技年鉴 . 2020/《深圳特区科技》杂志社编. -- 沈阳 : 辽宁科学技术出版社, 2020.12

ISBN 978-7-5591-1872-1

Ⅰ. ①深… Ⅱ. ①深… Ⅲ. ①科学研究事业－深圳－2020－年鉴 Ⅳ. ①G322.765.3-54

中国版本图书馆CIP数据核字(2020)第211874号

深圳科技年鉴·2020

Shenzhen Keji Nianjian 2020

《深圳特区科技》杂志社　编

辽宁科学技术出版社出版发行
（邮编：110003　地址：沈阳市和平区十一纬路29号）
深圳市和谐印刷有限公司印刷　　新华书店经销
2020年12月第1版　2020年12月第1次印刷
开本：215mm×275mm
字数：1000千字　印张：30.25　　插页：36
ISBN 978-7-5591-1872-1　　　定价：360.00元

《深圳科技年鉴》编委会

编辑说明

一、《深圳科技年鉴》是由深圳市科技创新委员会主办，深圳市科学技术协会特别支持，《深圳特区科技》杂志社承编的综合性史料文献，旨在汇编深圳市全年度科技系统的重要统计数据以及权威报告，为政府部门及科研单位决策提供参考依据，是反映深圳科技事业发展变化的参考书。

二、《深圳科技年鉴》创刊于 2005 年，按一年一卷编辑出版，2020 卷为第十六卷。

三、《深圳科技年鉴》（2020 卷）采用分类编辑法，设置类目、分目、条目，个别分目增设分目层次（子目），以条目及子目为记述的基本形式。

四、《深圳科技年鉴》（2020 卷）设有概况、政策法规、科技资源环境、知识产权保护、各区科技发展、科技服务体系、科学普及、科技新闻、科技企业办事指南、科技名录、创新载体 13 个类目，全卷共 80 万字。

五、《深圳科技年鉴》（2020 卷）计量单位采用国家法定计量单位，文字、标点符号、数字用法均执行国家标准。

六、《深圳科技年鉴》（2020 卷）数据主要依据深圳市、区级相关科技部门及科技单位原始数据，部分数据来源于深圳市政府数据开放平台。

七、《深圳科技年鉴》（2020 卷）重视提高资料性、可读性、史存价值。强调入编资料翔实、准确、要素齐全，全局性和典型性资料兼备，坚持内容真实性及编撰科学性，注重社会效益。

八、《深圳科技年鉴》（2020 卷）个别属条目组成部分的表、图、相关链接，因版面原因与条目不在同页，“目录”按其分目所在的页码排列。

九、《深圳科技年鉴》（2020 卷）资料主要来源于深圳市、区级相关科技部门及科技单位，部分来源于主流媒体，所有内容均经各部门或单位审核同意。谨向各部门、单位致谢。疏漏差错之处，敬请批评指正。

目　录

第五章　各区科技发展

第六章　科技服务体系

第七章　科学普及

第八章　科技新闻

第九章 科技企业办事指南

第十章 科技名录

第十一章 创新载体

深圳市安托山集团

深圳市安托山集团成立于1998年，拥有下属企业10多家，员工1000多人，拥有各种机械设备600多套及一流的爆破技术队伍。主要经营各种石料、混凝土、PHC管桩、政府重大工程、市政工程、军工产品、节能电机、智能电源、LED节能系统等项目，具有市政公用工程施工总承包一级资质、土石方工程专业承包一级资质和一级爆破工程施工资质，属深圳市政公用工程施工总承包Ⅰ组及土石方工程专业承包Ⅱ组预选承包商。连续19年被评为危爆物品安全管理先进单位，并通过ISO 9001:2008质量管理体系认证、ISO 14001:2004环境管理体系认证、GB/T 28001—2001职业健康安全管理体系认证，乃深圳市111强民营领军骨干企业、深圳市发展循环经济十佳企业、广东省守合同重信用企业、广东省名牌产品、广东省著名商标、中国驰名商标、国家守合同重信用企业、国家级爆破技术特等奖获得单位。

1999年，集团投资1.8亿元成立了混凝土公司，拥有四组电脑全自动控制生产线，属于规模大、生产工艺自动化程度高、设备先进、环保意识强的混凝土搅拌站。创造了国内两个第一，即第一次不用硅粉而用粉煤灰作掺和料生产C80级混凝土和第一次用C80级混凝土直接做墙、柱结构。通过了中国环境标志认证和ISO 9001:2008质量管理体系认证，参编国家标准及行业标准近20项，被评为深圳首届37项循环经济示范项目，深圳市特区建立30年建设先进单位，深圳市工程建设标准化试点企业，深圳市高新技术企业，2011年度全国混凝土标准化工作十佳企业，中国混凝土行业优秀企业，华夏建设科学技术奖三等奖、北京市科学技术奖二等奖、深圳市科学技术奖二等奖获得单位。

2000年，集团投资6000万元建立管桩公司，集研究、开发、生产和销售为一体，主要生产Φ 400～Φ 1200mm PHC高强混凝土管桩。同时研发了Φ1200～Φ1600mm规格管桩，填补了国内大型管桩的空白。该项目被评为深圳市高新技术项目和高新技术企业，三次被深圳市政府列为政府重大项目，首批循环经济示范项目，广东省名牌产品，国家四部委认定为国家重点新产品，通过了ISO 9001:2008质量管理体系认证。公司被广东省质监局和广东省经贸委评定为广东省质量管理先进企业，中国混凝土行业优秀企业，形成了石料供应、混凝土及管桩生产、销售、工程施工一体化的产业结构，建立了循环经济发展的模式。

2004年，集团投资10多亿元，向高科技项目转型，建造了安托山高科技工业园。园区占地约20万平方米，建筑面积约56万平方米，集工业、研发、办公、商住、商务酒店功能为一体，面向世界现代化工业、科技产业、各类孵化加工基地。并于2006年成立特种机械公司、2007年成立特种机电公司、2009年成立技术公司，研发稀土永磁无铁芯宽电机，双永磁工频无刷同步发电机，高空系留飞艇及小型涡喷发动机等军工项目及新能源节能技术，通过了ISO 9001:2008质量管理体系认证、ISO 14001:2004环境管理体系认证、军方武器装备质量体系认证及武器装备科研生产保密资格，被评为国家高新技术企业、国家重点新产品、广东省高新技术产品、深圳市高新技术企业和自主创新产品企业，列入国家发展改革战略性新兴产业示范项目、《国家重点节能技术推广目录》及《节能产品惠民工程高效电机推广目录》。集团通过循环经济模式的传统产业，向高科技节能产业战略转型，实现了传统产业与高科技产业功能互补，同步发展的循环经济模式。

“以人为本，科技领先”是集团矢志不移的基本经营理念，“坚持循环经济，走可持续发展”是集团坚定不移的发展方式，安托山集团将在继续大力发展循环经济利用模式的同时，加大在节能减排领域的产业开发，加大向高科技转型的力度，向社会提供更优质的环保、节能产品和服务。

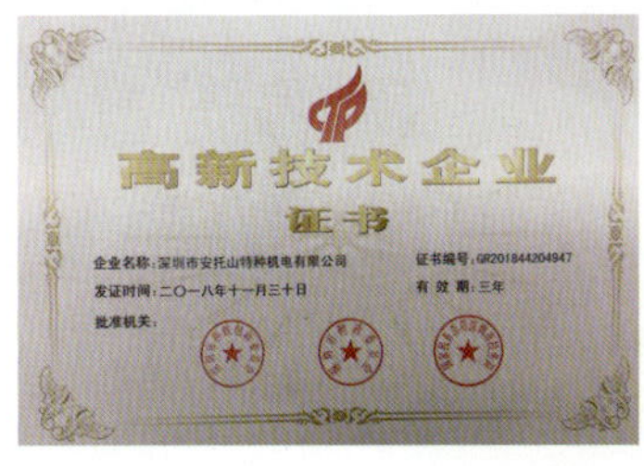

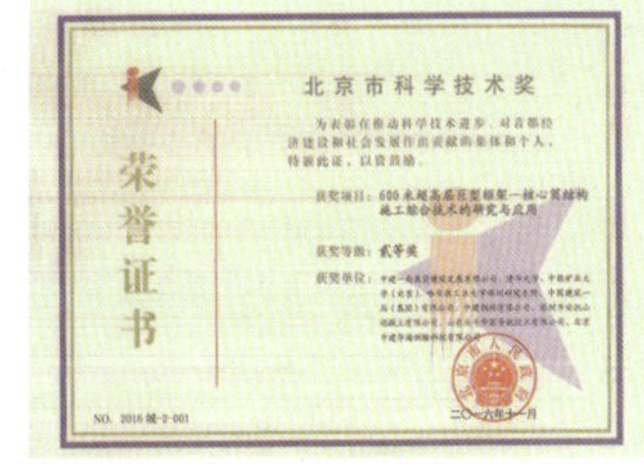

学校概况

南方科技大学（以下简称“南科大”）是深圳在中国高等教育改革发展的时代背景下，创建的一所高起点且高定位的公办创新型大学，它肩负着我国高等教育改革先导和示范作用的使命，并致力于服务创新型国家建设和深圳创新型城市建设。

南科大被确定为国家高等教育综合改革试验校。2012年4月，教育部同意建校，并赋予学校探索具有中国特色的现代大学制度及探索创新人才培养模式的重大使命

南科大根据世界一流理工科大学的学科设置和办学模式，以理、工、医为主，兼具商科和特色人文社科，在本科、硕士、博士层次办学，在一系列新的学科方向上开展研究，使学校成为引领社会发展的思想库和新知识，新技术的源泉。

南科大将发扬“敢闯敢试、求真务实、改革创新、追求卓越”的创校精神，突出“创知、创新、创业”（Research, Innovation and Entrepreneurship）的办学特色，努力服务创新型国家建设及深圳国际化现代化创新型城市建设，快速建设成为聚集一流师资、培养拔尖创新人才、创造国际一流学术成果并推动科技应用的国际化高水平研究型大学建设，为尽早实现创建世界一流研究型大学的宏伟目标打下坚实基础。

师资力量

截至目前，南方科技大学已签约引进教师981人，包括院士45人（签约引进与自主培养全职院士20人）、国际会士35人、教育部特聘专家28人、“国家特支计划”专家11人、“国家自然科学基金杰出青年基金”获得者29人、“国家自然科学基金优秀青年基金”获得者10人。教学科研系列教师90%以上具有海外工作经验，60%以上具有在世界排名前100名大学工作或学习的经历，师资队伍中高层次人才占比超过40%。

人才培养

学校着力建立有利于教育公平及创新人才选拔的多元录取机制和先进的全面教育体系。学校率先改革招生制度，采用“基于高考的综合评价录取模式”招收优秀学生。学校以“学分制、书院制、导师制”和“国际化、个性化、精英化”为核心特色，大力培养拔尖创新人才。学校采用书院制管理，目前共设立致仁、树仁、致诚、树德、致新、树礼6个书院。

科研概况

南方科技大学成立8年以来，累计获批各类竞争性纵向科研项目及横向项目共1885项，资助经费356119万元，其中纵向项目1523项，经费319130万元，横向362项，经费36989万元。2019年获得纵向项目416项，经费127953万元，横向项目150项，经费12356万元。

在科研成果方面，2019年南科大教师共计发表期刊论文2608篇，其中SCI收录2119篇（数据来源为图书馆知识苑系统）。中国大学自然指数（Nature Index）稳步上升，2019年南科大自然指数加权论文值为126.49，在中国大学自然指数排行榜中排名第19位。同年，南科大化学与材料科学两个学科保持在ESI全球前1%，工程类学科也即将进入ESI全球前1%。

2019年，多位南科大教授在国际顶尖学术期刊《自然》杂志上发表论文。化学系田瑞军团队与美国Salk研究所Tony Hunter院士团队针对胰腺癌的功能蛋白质组学进行研究，该研究成果2019年4月以“Targeting LIF-mediated paracrine interaction for pancreatic cancer therapy and monitoring”为题在《自然》杂志上发表；物理系张立源教授和中国科学技术大学物理学院共同完成的题为“Three-dimensional quantum Hall effect and metal-insulator transition in ZrTe5”的研究论文，实验证实了哈佛大学理论物理学家Bertrand Halperin在1987年给出的关于三维电子气体系中量子霍尔效应的理论预测，该文章于2019年5月在《自然》杂志上发表；材料科学与工程系梁永晔课题组与耶鲁大学化学系王海梁课题组合作在电催化还原二氧化碳（CO_2）的研究方面取得重要进展，研究成果以“分子催化剂通过多米诺途径实现二氧化碳至甲醇的电还原转化”（“Domino electroreduction of CO_2 to methanol on a molecular catalyst”）为题于2019年12月在《自然》杂志上发表。

在科研奖项方面，2019年环境科学与工程学院刘俊国教授荣获第十五届中国青年科技奖；材料科学与工程系李贵新副教授荣获2019年度求是杰出青年学者奖；电子与电气工程系汪飞副教授荣获深圳市青年科技奖；生物医学工程系蒋兴宇教授，材料科学与工程系刘玮书双双荣获腾讯首届科学探索奖，这是深圳市所有的获奖者；计算机系Hisao Ishibuchi 教授荣获 2019 年度IEEE计算智能学会模糊系统先驱奖，成为该领域全球唯一获奖者；人文科学中心李凤亮教授荣获“广东省第三届优秀社会科学家”称号。

横向科研项目

2019年，南科大签订横向技术合同数150项，合同额12355.89万元。学校与国内各省市的合作仍然集中在经济发达地区，与珠三角、京津冀、长三角地区的合作进一步加强。首次与境外（日本）企业共同设立科技机构。

科研平台建设

2019年南科大新获批各级各类纵向平台建设项目共计50项，5.90亿元经费，较2018年9035万元增幅达6.5倍。2019年学校新获批省部级平台8项，获批金额合计13500万元，包括首次获批1项教育部工程研究中心；首次获批1项教育部重点实验室；首次获批1项粤港澳联合实验室，经费1500万元；3项广东省重点实验室，获批率全省第一，经费2300万元；共建广州海洋实验室深圳分部，经费9000万元；3项材料基因组大设施预研项目及前期经费，经费合计6260万元。

专利情况

2019年南科大共申请专利535件，授权154件。申请国内专利总数为503件，其中国内发明专利申请为407件，占国内申请总数的80.91%；获国内授权专利151件，其中国内授权发明专利为91件，占国内授权总数的60.26%；申请国外及地区专利32件，获国外授权专利3件。

科技交流与合作

2019年南科大继续加强与地方政府及各类企业的全面合作，全年在新材料、智能制造、人工智能、生物医学等多个学科领域开展了技术交流对接会，有效对接企业500余家及投资机构150余家。这些校企交流活动继续采用“1+n”的组织模式，使南科大创新资源能够及时有效，且高辐射性且高精准度地向意向合作企业推广，最终促成各类技术合作。

搭建产学研合作创新模式，支撑学校与地方政府和企业的合作

在积极开展创新型大学服务社会的过程中，技术转移中心针对地方机构，对行业的经济发展状况及需求，深入挖掘整合学校现有的科技与人力资源，突出战略重点，积极开拓市场，探索产学研合作创新模式，树立与区域或企业的“合作平台”，支撑学校与地方政府及各类企业合作的可持续发展。

加强内部管理建设，提升核心竞争力

2019年，学校技术转移中心对外积极探索产学研合作的创新机制，拓展合作渠道，促进南科大与各类企业的紧密合作与良性互动。对内狠抓内部管理建设，提升团队核心竞争力，开拓高效创新新局面。

主办专项交流会，构建创新链、产业链、资本链实质对接

以校企技术交流会及行业高峰论坛为平台，营造高校与产业界资源信息互通环境，以企业拜访，产业技术需求对接为纽带，链接学校优势学科研究与市场发展需求匹配，实现优势互补和互惠互赢，推动科技创新，科研成果转化，确保双方可持续发展。

深圳市卫光生物制品股份有限公司

——成为中国差异化血液制品先锋，全球平台化生物医药新锐

深圳市卫光生物制品股份有限公司是国家级高新技术企业，深圳市唯一的血液制品生产企业，光明区属国有控股上市（股票代码：002880）企业。公司创建于1985年，主要从事血液制品的研发、生产、销售，产品包括人血白蛋白和静注人免疫球蛋白在内共9个品种21个规格。公司先后获得“广东省自主创新示范企业”“深圳市科技创新奖”“深圳市首届质量百强企业”等多项荣誉。

经过30余年发展，公司已发展成为国内同行业中血浆综合利用率高、产品种类齐全、研发实力雄厚的血液制品领先企业。公司占地面积5万多平方米，并在光明科学城建设卫光生命科学园；拥有稳定忠诚且专注专业的人才团队，员工总数近700人；拥有投资3.5亿元，年处理量500吨血浆的血液制剂生产车间；拥有8家单采血浆站和1家股权投资管理公司；拥有广东省蛋白质（多肽）分离纯化工程技术研究开发中心、深圳市院士专家工作站、博士后创新实践基地等创新载体，在研产品涉及血液制品、疫苗、重组蛋白等细分领域。2019年公司实现总资产15.82亿元，营业收入8.21亿元，同比增长19.41%；净利润1.72亿元，同比增长9.55%。

未来，公司将充分融入国家生命科学发展战略，顺应“双区”和深圳生物医药产业政策趋势，聚焦血液制品主营业务，依托上市公司平台和卫光生命科学园，努力发展成为中国差异化血液制品先锋和 全球平台化生物医药新锐。

卫光生命科学园

——建设世界一流科学园，服务世界一流科学城

一、园区概况

卫光生命科学园位于深圳市光明科学城核心地段，规划用地面积为66720m^2，规划总建筑面积约30万m^2，其中一期（建筑面积约4万m^2）预计于2020年完成建设，二期（建筑面积约13万m^2）将于2022年上半年完成建设。

二、园区周边

光明科学城地位：光明科学城是广东省委省政府落实粤港澳大湾区发展规划纲要的重要举措，是深圳市委市政府全面提升科技创新能力，特别是源头创新能力，积极争创综合性国家科学中心的重大战略决策。

光明科学城核心区：聚焦生命科学、信息科学、材料科学等重点学科领域，加快建设6个前沿领域的大科学装置、国家级实验室、综合研究平台等。

区域协同效应明显：是粤港澳大湾区和广深港澳科技创新走廊的战略节点。

科教生态链条完备：深圳湾实验室、中山大学深圳校区、中科院深圳理工大学、中山大学第七附属医院、深圳市中医院光明分院等。

交通完善出行便捷：地铁6号线及13号线，武广高铁及赣深高铁，龙大高速、南光高速、外环高速等贯穿。

绿色生态资源丰富：区域生态控制线面积占总面积53%，拥有公园147座，水库18座。

三、园区功能与服务

聚焦生命科学创新前沿，打造生命科学产业集聚高地，以生物药、体外诊断、先进治疗、医疗器械等为主要细分定位，全方位链接产业资源，搭建生命科学产业生态圈，全力支持行业科研成果转化和创新创业项目成长。

以创新、智慧、生态为特色，以孵化、科研、服务为核心。将为入驻企业提供物理空间，包括研发与生产厂房，检测分析实验室，仓储和办公用房，以及通信、网络、办公、生活配套等方面的基础共享设施。通过自建、引进、整合周边资源为入驻企业提供共享设备及服务平台，包括废水处理设施、公共研发平台、中试中心、CRO服务机构、第三方检测机构、金融服务机构等。通过引进第三方服务机构为入驻的高成长型科技企业提供系统的生物医药技术服务、技术信息交流平台、创业辅导、专业培训、政策宣贯等多元化、多层次、多渠道的综合增值服务和金融服务，推动企业自主创新、加快生物医药高精尖技术产业化。

卫光生命科学园正在建设以科研经济为主导的专业化新型产业园区，助力重大科技基础设施“沿途下蛋”，积极做好“捡蛋”“孵蛋”工作，让更多生命科技成果转化为现实生产力。卫光生命科学园欢迎优秀企业与人才入驻。

地址：深圳市光明区 邮编：518107 业务咨询：0755-27400800 27404445 传真：0755-27400826 27404445

第一章 概况

S u m m a r y

第一节 2019年深圳市科技创新工作情况报告

——抢抓“两区”建设重大机遇 打造粤港澳大湾区科技创新核心引擎

2019 年，在深圳市委市政府的坚强领导下，深圳科技创新工作认真贯彻落实习近平总书记对广东、深圳做出的系列重要批示指示精神，深入实施创新驱动发展战略，抢抓建设中国特色社会主义先行示范区和粤港澳大湾区建设重大机遇，着力深化体制机制改革，着力实施基础研究补短板，着力突破关键核心技术，着力构建开放型区域创新体系，推动深圳科技创新迈上新台阶。

一、科技创新支撑引领力显著增强

2019 年，在全市科技界的共同努力下，深圳科技创新加速突破，新动能不断成长，对经济社会发展的支撑引领作用显著增强。全社会研发投入超过 1000 亿元，占 GDP 比重继续保持全国领先；国家级高新区综合排名全国第二，其中可持续发展能力单项指标排名第一；全市高新技术产业实现产值 26277.98 亿元，同比增长 10.08%；增加值达 9230.85 亿元，同比增长 11.26%，全市高质量发展基础更加牢固，科技创新的支撑引领作用愈发明显。

二、深化改革创新，完善政策体系

牢固树立创新“第一动力”意识，围绕全面激发创新活力，专注问题、需求、目标导向，加快形成有利于创新发展的体制机制和政策体系。一是出台《深圳市科技计划管理改革方案》，推出科技计划管理改革 22 条创新举措，形成总体布局合理、功能定位清晰、项目类别齐全的科技计划体系，成为指导今后较长时期科技项目实施的纲领性文件；二是强化科技计划体系和科技项目管理制度化建设，修订科技计划项目管理办法和资金管理办法，制定评审管理办法、评审专家管理办法、项目验收管理办法，开创项目评审、立项、实施、验收和监督全过程、规范化管理新局面；三是改革项目形成机制，建立以专家意见为主导的项目遴选方式。包括技术攻关重点项目和重大项目在内的重大科技计划项目的指南形成及项目立项，由专家评审择优遴选产生，项目评审采用“主审制”。

三、注重源头供给，强化基础及应用研究

按照总书记“基础研究是整个科学体系的源头”“要加大应用基础研究力度，疏通应用基础研究和产业化链接的快车道”重要指示，努力打造“基础研究 + 技术攻关 + 成果产业化 + 科技金融”全过程创新生态链。一是持续加大基础研究和应用基础研究投入，首次设立“深圳市自然科学基金”，全年安排财政资金 48 亿元，占全市财政科技资金的 37.2%；二是新设高等院校稳定资助项目，首次设立博士基础研究启动项目、优秀青年基础研究项目和杰出青年基础研究项目，鼓励和支持科研人员开展基础性、前瞻性、探索性研究；三是推进重大科研基础设施与科研仪器开放共享，设立大型科学仪器设施资源共享管理中心，深圳科技创新资源共享平台正式上线运行，累计汇集 402 家管理单位，仪器超过 1.3 万台套，注册用户超过 2 万个。

四、夯实创新基础，打造大湾区创新高地

一是快速推进鹏城实验室建设。目前实验室已汇聚包括廖湘科和徐扬生在内的 21 位院士及其团队入驻，人员总规

模达 1620 人，其中博士学位以上 542 人，拥有千人计划、长江学者、ACM Fellow 等高端人才 160 人，共申请国家、省、市纵向科研项目 44 项；二是稳步推进深圳湾实验建设。建立健全实验室领导和决策机制，市长陈如桂担任实验室理事长，中国工程院院士、北京大学常务副校长詹启敏担任实验室主任，谢晓亮院士任战略咨询委员会主任，张明杰院士任学术委员会主任；三是新获批建设人工智能与数字经济广东省实验室（深圳），承建岭南农业广东省实验室深圳分中心，广东省实验室建设取得新突破；四是持续加大科技创新载体建设，建成无线通信接入技术国家重点实验室等企业类国家级重点实验室 5 家，肿瘤化学基因组学国家重点实验室等高校类国家重点实验室 1 家；全年新增各类创新载体 381 家，累计建成各类创新载体 2260 家，其中包含国家级创新载体 118 家及省部级 602 家；建设基础研究机构 12 家、诺奖实验室 11 家、省级新型研发机构 46 家。覆盖了国民经济社会发展主要领域，成为集聚创新人才及产生创新成果的重要平台。

五、创新项目组织模式，实施核心技术攻坚

围绕提升产业竞争力、保障经济安全、改善民生的战略需求，聚焦核心电子器件、高端通用芯片、基础软件产品等核心关键元器件，创新项目组织模式，实施关键核心技术攻坚。在项目选题上，采用企业提出需求和专家遴选评议相结合确定选题；在指标设置上，对标国际产品先进水平，指标参数要求达到甚至超过同类产品的参数规格；在评审方式上，充分借鉴国外科技项目评审先进做法，按照高技术领域，组建评审专家组，项目答辩实行“主审制”；项目实施中，探索试行产学研用协同创新机制，由高新技术龙头骨干企业牵头承担项目，高等院校、科研机构和中小科技型企业联合参与项目研发。此外，共组织实施 6 批重点技术攻关项目，正式立项 40 个，资助总额达 3.65 亿元。通过产业链上下游企业联合攻关，高等院校及科研机构协同配合，有效缩短了成果产业化进程。

六、聚焦产业集聚，保障经济高质发展

一是发挥深圳国家高新区和深圳国家自主创新示范区的创新示范和战略引领作用，促进“双区”联动，形成叠加优势；深圳国家高新区总面积增加至 159.48 平方公里，形成“一区两核多园”发展新格局；二是高标准建设深圳国际创新谷，规划布局新一代信息技术、高端装备制造、新材料等六大战略性新兴产业专业园，打造国际科技产业创新中心；三是立足信息技术产业优势，获批建设国家新一代人工智能创新发展试验区；推进华为、平安、腾讯、商汤获批建设国家新一代人工智能开放创新平台；四是开展高新技术企业增量提质行动，对符合条件的企业，给予研究开发资助，全年新增高新技术企业超过 2500 家，有效期内国家高新技术企业数量达到 17000 家。

七、注重统筹，推进可持续发展议程创新示范区建设

一是加强科技支撑，设立“可持续发展科技专项”，通过集成应用污水处理、废弃物综合利用、生态修复、人工智能等技术，破解困扰我市资源环境承载力和社会治理支撑力相对不足等问题；二是注重顶层设计，开展可持续发展立法调研，充分利用特区立法权，研究制定可持续发展促进条例，推动落实 2030 年可持续发展议程地方实践；三是推进组建可持续发展研究院，积极引进国内外高水平专家团队，开展可持续发展重大理论、政策研究、战略支撑和专家讲座等工作，为深圳可持续发展提供智力支撑；四是成功举办“落实 2030 年可持续发展议程论坛（中国 · 深圳）”及 UNLEASH2019 盛会，为城市可持续发展“把脉问诊”，提出解决方案。

八、深化开放合作，推进深港澳协同创新发展

一是推进深港科技创新合作区建设，出台《合作区深圳园区先期引进国际高端科研项目工作方案（试行）》，已引进或确定入驻的优质科研机构和项目合计 70 余个，拟引进或正洽谈入驻的优质科研机构和项目合计 57 个；二是拓宽

深港科技创新合作项目，实现科研资金过港。此外，已完成2019年“深港创新圈”A类（深港双边联合资助）、B类（深方单独资助深圳机构）、D类（深方直接资助香港机构）项目立项。A类项目资助13项，资助金额2240万元；B类项目资助5项，资助金额500万元；D类项目资助24项，资助金额6700万元；三是首次在港澳高校举办深创赛预选赛，深化深港澳创新人才交流。香港城市大学及澳门大学等8所港澳知名高校参与推荐和遴选，超过50位博士参赛，共吸引香港、澳门、台湾154个团队报名参赛。

九、优化创新环境，搭建创业交流平台

一是加快构建“众创空间—孵化器—加速器”创业孵化链条，推动众创集聚区建设。累计建设科技企业孵化器193家和众创空间294家，其中国家级孵化器30家，国家备案众创空间94家。二是完善双创金融支持体系，深化科技与金融合作。充分发挥财政资金引导和放大作用，建立银政企合作项目库，对入库企业并获得合作银行贷款的入库项目予以贴息资助，全年下达132个贴息项目，累计贴息金额达3036万元，有效缓解了企业融资难融资贵。三是实施促进科技成果转移转化行动，设立技术合同和技术转移培育资助项目类别，对技术交易卖方、技术转移服务机构、创新验证中心给予资助。截至10月底，全市认定登记技术合同共7419项，合同数量同比增长7.118%，合同成交额568.36亿元，同比增长43.60%。四是成功举办中国国际人才交流大会、深圳创新创业大赛、中国创新创业大赛电子信息行业总决赛，全方位、立体化、多维度展示“大众创业，万众创新”丰富内涵，形成市区联动、协调推进、竞相发展的良好局面。

第二节 2019年深圳市科技服务工作情况报告

2019年，深圳市科学技术协会（以下简称“深圳市科协”）在中国科学技术协会（以下简称“中国科协”）和广东省科学技术协会的指导支持下，在深圳市委市政府领导下，紧抓深圳建设中国特色社会主义先行示范区重大机遇，“四服务”工作取得新进展，工作质量取得进一步提升。

一、创新服务基本建设不断巩固

2019年，深圳市科协牢抓科协党建。一是抓好主题教育，落实“四个到位”。深圳市科协通过开展广泛的谈心谈话、以考促学、六个重大课题调研等活动形式，巩固落实主题教育成果，受到了深圳市委主题教育督导组表扬。二是强化责任担当，做好巡察整改。深圳市科协根据深圳市委于2019年初对党组班子进行的调整及2018年第七轮巡察的反馈，逐项整改落实并运用整改成果。三是狠抓制度落实，以行动落实党建。深圳市科协党组以党建为突破口，先后出台了《关于加强深圳市科协系统新时代党建工作的实施意见》《市科协落实统战工作若干举措》等制度，筹建科技社团党委，在“机关党建”和“两新党建”方面持续发力，力戒形式主义与官僚主义。四是注重总结，形成经验。探索形成党建“一个统领、两个坚持、三个要求”工作法——统领建设政治生态，坚持党日活动常态化与业务纪检同部署，要求谈心谈话要谈透、查摆问题讲具体、文化建设齐参与。通过党建工作法总结提高政治站位，巩固创新服务基本建设。

二、创新服务平台持续升级

为创新驱动发展服务，打造“深圳国际创新创业服务平台”，集聚国际优质科技服务和投资机构，建设国际创新服务大数据，打造“海智计划”升级版。

三、科普阵地建设加速发展

为扩大科普资源供给，提高全民科学素质服务，2019年深圳市科协科普阵地巩固成果斐然。一是推动《深圳经济特区科学技术普及条例》获人大常委会表决通过。据了解，该条例于2020年1月1日正式实施，科普工作法制保障趋于完善。此外，与深圳市科技创新委员会、市卫生健康委员会、市总工会、市工商联、深圳地铁集团等单位开展科普合作，实现全域科普及精准科普。二是确定新科技馆建设设计中标方案，土地整备加快推进，计划2019年11月底完成土地整备工作，展教内容设计计划于2019年12月份开展国际竞赛和招标。三是进一步确立“科普＋旅游＋休闲＋研学”的发展模式，成立深圳市科普教育基地联合会，拓展深圳市科普资源。截至2019年底，深圳市科协2019年新建立科普教育基地约30个（注：部分基地处于评审中），在全市范围内组织开展科普惠民活动1000多场次，直接惠及市民超过100万人次。

四、学会服务体系持续优化

2019年，深圳市科协建设学会组织质量工作体系，实施学术活动“星火计划”，引导所管理的96家市级专业学会组织、150家民办非企机构、83家团体会员，打造一批重点论坛、重点活动、重点孵化器品牌。全年新成立科技社团10家，支持学会围绕各自领域建设项目库、人才库、需求库，着重提升学会组织的组织力、学术力、转化力、传播力。

五、高水平科技品牌活动相继开展

近年来，深圳市科协主办了一系列品牌活动，如中国海洋经济博览会专业论坛、中国瑞典产学研发展论坛、大湾区机器人与人工智能大会、深圳院士专家深港合作区发展高峰会暨大学校长论坛等活动，打造了深圳市高水平科技交流平台，为深圳创新发展创造契机。2019 年高水平科技品牌活动持续开展，全年开展自主创新大讲堂 52 场，科技沙龙活动近 100 场次，全市科协系统共举办高水平论坛活动 150 场，拓宽了高水平科技人员交流互动平台。

六、人才服务成果显著

一是新搭建了科协委员和科技工作者议事平台，利用科协专委会平台反映科技工作者诉求，组织全市科技工作者座谈会，建立科技工作者与市领导沟通机制；二是大力开展科技人才引进和服务。近十年来，引入了光启、国创、圆梦等高水平团队并帮助他们成立了民办科研机构，引入了云天励飞及博普等一批高水平团队，并支持他们获评深圳市孔雀计划。截至 2019 年底，深圳市科协系统共引入高水平团队 20 个，引进高端人才 90 余名，帮助孵化企业（机构）220 家，新建成 59 家院士专家工作站和 167 家企业及高校科协，进一步扩大科协服务科技工作者覆盖面。三是青年科技人才培养和举荐工作出成效。自 2012 年至 2018 年，共评选出 44 人次青科奖获得者，其中包含中科院深圳先进技术研究院副院长郑海荣、深圳柔宇科技有限公司的创始人刘自鸿、深圳光启高等理工研究院创始人刘若鹏、深圳市大疆创新科技创始人汪滔等深圳青科奖获得者，他们在获得奖励后在各自领域又获得长足发展。2020 年初公布的“2019 年广东省中国青科奖”15 名候选人中，深圳的青年科技人才占 7 名。

七、智库潜力显现

为了增强党和政府科学决策服务，进一步夯实决策咨询的工作基础，2019 年深圳市科协大力开发智库建设，挖掘智库潜力，开辟建言献策渠道。一是利用深圳市科技专家委员会换届契机，遴选高水平科技人才加入专家委员会队伍，搭建高水平科技智库。二是发挥科协界别政协委员作用，建立科协界别政协委员定期沟通机制，通过政协搭建科技工作心声平台。三是挖掘科技专家潜能，筹建深圳市科技创新战略研究院及科技评估中心等平台，建立新的科协发声平台。此外 ,2019 年计划开展高水平课题研究 10 多项，支持人工智能产业发展蓝皮书等系列产业发展报告发布。

八、组织建设有力增强

围绕深圳市战略性新兴产业筹建深圳市科技志愿服务队，依托深圳市各学会和科技专家库专家，大力加强科技攻关的组织建设。

第二章 政策法规

Policies & Regulations

国务院办公厅关于抓好赋予科研机构和人员更大自主权有关文件贯彻落实工作的通知

广东省人民政府关于促进高新技术产业开发区高质量发展的意见

深圳市科技计划项目管理办法

深圳市科技研发资金管理办法

深圳市科技项目评审管理办法

深圳市科技评审专家管理办法

深圳市企业研究开发项目与高新技术企业培育项目资助管理办法

深圳市软科学研究项目管理办法

深圳市技术转移和成果转化项目资助管理办法

国务院办公厅
关于抓好赋予科研机构和人员更大自主权
有关文件贯彻落实工作的通知

国办发〔2018〕127 号

各省、自治区、直辖市人民政府，国务院各部委、各直属机构：

党中央、国务院高度重视激发科研人员创新积极性。近年来，党中央、国务院聚焦完善科研管理、提升科研绩效、推进成果转化、优化分配机制等方面，先后制定出台了一系列政策文件，在赋予科研单位和科研人员自主权等方面取得了显著效果，受到广大科技工作者的拥护和欢迎。但在有关政策落实过程中还不同程度存在各类问题，有的部门、地方以及科研单位没有及时修订本部门、本地方、本单位的科研管理相关制度规定，仍然按照老办法来操作；有的经费调剂使用和仪器设备采购事务仍然由相关机构管理，没有落实到项目承担单位；科技成果转化、薪酬激励、人员流动还受到相关规定的约束等。这些问题制约了政策效果，影响了科研人员的积极性主动性。为了进一步推动赋予科研单位和科研人员拥有更大自主权推进有关文件精神落实到位，经国务院同意，现就有关事项通知如下。

一、充分认识赋予科研机构和人员自主权的重要意义

深入推进科技体制改革、赋予科研单位和科研人员更大自主权、切实减轻科研人员负担，对于调动科研人员积极性、充分释放创新创造活力、推进建设创新型国家、实现经济高质量发展具有十分重要的意义。各地区、各部门、各单位要坚持以习近平新时代中国特色社会主义思想为指导，深入贯彻党的十九大精神，增强“四个意识”，坚定“四个自信”，坚决做到“两个维护”，进一步统一思想，充分认识赋予科研单位和科研人员自主权的重要意义，坚决贯彻落实党中央和国务院各项部署要求，尊重规律，尊重科研人员，充分发挥市场在科技资源配置中的决定性作用，更好发挥政府作用，进一步发挥企业的技术创新主体作用，密切协调配合，精心组织实施，抓紧解决政策落实中存在的突出问题，杜绝形式主义和官僚主义现象，真抓实干，务求实效，切实为科研单位和科研人员营造良好创新环境，进一步解放生产力，为实施创新驱动发展战略和建设创新型国家增添动力。

二、制定政策落实的配套制度和具体实施办法

对党中央和国务院已经出台的赋予科研单位和科研人员自主权的有关政策，各地区、各部门、各单位都要制定具体的实施办法，对现行的科研项目、科研资金、科研人员以及因公临时出国等管理办法进行修订，对与新出台政策精神不符的规定要进行清理和修改。各高校、科研院所、国有企业和智库以及其他承担科研任务的单位要按照上述原则修订和制定相关实施办法和制度。以上工作要在 2019 年 2 月底前完成。

三、深入推进下放科技管理权限工作

（一）推动预算调剂和仪器采购管理权落实到位。科技部、

财政部和相关科技项目管理部门要按照《中共中央办公厅 国务院办公厅印发〈关于进一步完善中央财政科研项目资金管理等政策的若干意见〉的通知》和《国务院关于优化科研管理提升科研绩效若干措施的通知》精神，分别修订相关科技计划项目和经费管理办法，将文件规定的有关预算调剂和科研仪器采购事项交由项目承担单位自主决定，由单位主管部门报项目管理部门备案。

（二）推动科研人员的技术路线决策权落实到位。各地区和各部门在制定相关规定和具体办法时，要明确“赋予科研人员更大技术路线决策权”“科研项目负责人可以根据项目需要，按规定自主组建科研团队，并结合项目实施进展情况进行相应调整”。

（三）推动项目过程管理权落实到位。各项目管理部门对科研项目要由重过程管理向重项目目标和标志性成果转变，加强对科研项目结果及阶段性成果的考核，实施过程中的管理主要由项目承担单位负责。要精简信息和材料报送，有关单位不得随意要求项目承担单位填报各种信息或报送有关材料。

（四）科研单位要健全完善内部管理制度。项目管理专业机构不再承担已明确下放给科研单位管理的有关事项，请科技部、工业和信息化部、农业农村部、卫生健康委等部门在2019年2月底前完成。各地区及各有关部门根据有关规定，负责指导所属科研单位制定详细可操作的管理制度和办法，确保在落实科研人员自主权的基础上，突出成果导向，提高科研资金使用绩效，完成科研目标任务。项目管理部门要通过随机抽查等方式加强事中事后监管，防止发生违规行为。

四、进一步做好已出台法规文件中相关规定的衔接

（一）明确科研人员兼职的操作办法。各单位要认真执行《国务院关于印发实施〈中华人民共和国促进科技成果转化法〉若干规定的通知》和《中共中央办公厅 国务院办公厅印发〈关于实行以增加知识价值为导向分配政策的若干意见〉的通知》，与企业通过股权合作、共同研发、互派人员、成果应用等多种方式建立紧密的合作关系，支持科研人员深入企业进行成果转化，落实“科研人员在履行好岗位职责、完成本职工作的前提下，经所在单位同意，可以到企业和其他科研机构、高校、社会组织等兼职并取得合法报酬”的规定。各地区、各有关部门和单位要进一步明确科研人员兼职兼薪问题的具体管理办法，明确审批程序，约定相关权利与义务。对担任领导职务的科研人员兼职，按中央有关规定执行。

（二）明确科研人员获得科技成果转化收益的具体办法。各高校及科研院所要按照《中华人民共和国促进科技成果转化法》的规定，制定本单位转化科技成果的专门管理办法，完善评价激励机制，对科技成果的主要完成人和其他对科技成果转化作出重要贡献的人员，区分不同情况给予现金、股份、出资比例等奖励和报酬。请人力资源社会保障部会同有关部门按照《国务院关于优化科研管理提升科研绩效若干措施的通知》精神，落实“科研人员获得的职务科技成果转化现金奖励计入当年本单位绩效工资总量，但不受总量限制，不纳入总量基数”的要求，制定出台具体操作办法，推动各单位落实到位。

（三）明确科技成果作为国有资产的管理程序。请财政部落实《中华人民共和国促进科技成果转化法》，按照对科技成果价值“通过协议定价、在技术市场挂牌交易、拍卖等方式确定价格”的规定，提出对《国有资产评估管理办法》的修订建议，简化科技成果的国有资产评估程序，缩短评估周期，改进对评估结果的使用方式，研究建立资产评估报告公示制度，同时探索利用市场化机制确定科技成果价值的多种方式。要进一步优化国有资产产权登记和变更程序，提高科技成果转化效率。

（四）明确有关项目经费的细化管理制度。各地区、各部门、各单位要进一步推进产学研结合，并制定专门管理办法，对以市场委托方式取得的横向经费，由项目承担单位按照委托方要求或合同约定管理使用。请财政部在相关项目经费使用管理规定中明确，中央高校及科研院所要根据科研工作的特点，对科研需要的出差和会议按标准报销相关费用并简化相关手续。探索建立项目立项环节技术专家和财务专家共同审核机制，在科

研项目评审的同时进行预算评审。

五、加强对政策贯彻落实工作的督查指导

（一）开展对政策落实情况的自查和督查。各地区及各部门要加强对科研单位的业务指导和督查，坚持问题导向，对本地区、本部门所属科研单位落实赋予科研单位和科研人员自主权有关文件精神情况进行全面自查，逐一梳理，明确责任，深入分析堵点难点并加以纠正解决，确保政策全面兑现。国务院办公厅要适时开展督促检查。

（二）做好培训宣传工作。科技部及财政部有关部门要加强对党中央和国务院出台文件的宣传解读。对政策性比较强的管理问题和财务制度要开展培训，建立咨询渠道。对地方和单位的好做法、好经验、好案例，要做好宣传推广。

（三）加强对政策落实的监督。要加强审计监督，以是否符合中央精神和改革方向作为审计定性判断的标准，充分尊重科研规律，对于符合中央精神和改革方向，但不符合部门、地方、单位现有管理规定的行为，要有针对性地提出对具体规定修改调整的建议。加强社会监督，建立举报投诉渠道，鼓励科研单位和科研人员对政策落实情况进行监督，发现严重失职失责的要追究有关人员责任。

国务院办公厅

2018 年 12 月 26 日

广东省人民政府
关于促进高新技术产业开发区高质量发展的意见

粤府〔2019〕28号

各地级以上市人民政府，各县（市、区）人民政府，省政府各部门、各直属机构：

为深入贯彻习近平新时代中国特色社会主义思想和党的十九大精神，深入贯彻习近平总书记对广东重要讲话和重要指示批示精神，深入实施创新驱动发展战略，有效激发高新技术产业开发区（以下简称“高新区”）新一轮创新发展活力，促进高新区高质量发展，充分发挥高新区引领、示范、辐射作用，提出以下意见。

一、总体要求

（一）发展思路。以提高高新区发展质量和效益为目标，以发展高科技和实现产业化为方向，坚持深化改革、创新引领、绿色集约、开放协同、特色发展，围绕构建“一核一带一区”区域发展新格局，优化全省高新区布局，创新高新区发展体制机制，全力推进产业转型升级，全面提升科技创新能力，着力打造国际一流的产业发展生态和创新创业生态，努力将高新区建设成为创新驱动发展示范区、新兴产业集聚区、转型升级引领区、高质量发展先行区，形成区域经济新的增长极，为广东省构建现代化经济体系提供有力支撑。

（二）目标要求。到2022年，全省实现国家级高新区地市全覆盖，新布局建设省级高新区超40家，高新区综合发展质量显著提高，进一步提升对全省经济社会发展的引领支撑作用。高新区营业收入超6万亿元，研究与开发（R&D）经费占地区生产总值（GDP）比重超10%，高新技术企业数量和高新技术产品产值占全省比例超50%；项目投资强度及单位面积规模以上工业增加值、税收、劳动生产率达到全国领先水平，全员劳动生产率达到28万元/人以上；万人新增发明专利授权数超90件，万元工业增加值能耗降至0.17吨标准煤。到2030年，全省高新区创新驱动发展走在全国前列，经济社会发展水平和国际竞争力大幅提升，成为服务粤港澳大湾区，参与全球科技合作的重要枢纽和中坚力量。

二、优化高新区布局

（三）推动国家级高新区地市全覆盖。加强对创建国家级高新区工作的统筹和指导，加大政策和资金的支持力度，促进区域创新资源和新兴产业加速汇聚，提升高新区支撑区域经济社会发展能力。强化地市创建国家级高新区主体责任，切实提高高新区自主创新能力和产业竞争力。

（四）新布局建设一批省级高新区。依托现有开发区，在全省县域范围新布局建设一批省级高新区，支撑引领县域创新驱动发展。支持新兴产业园区通过创建省级高新区创新发展，支持传统工业园区通过创建省级高新区加快转型升级。

（五）强化高新区辐射带动作用。支持国家级高新区和发展水平较高的省级高新区整合或托管区位相邻、产业相近、分布零散的产业园区和镇街，探索资源共享与利益平衡机制，辐射带动周边区域创新发展；被整合或托管产业园区和镇街的GDP、市县级财政收入等，可按属地原则进行分成。做实“一区多园”，强化主园区对分园区的统筹协调和政策延伸覆盖。

三、提升高新区创新能力

（六）提升支撑区域协同创新发展能力。珠三角核心区高新区要加快提升知识创新和技术创新能力，壮大具有国际竞争力的创新型产业集群，加快建成世界一流高科技园区，其中广州、深圳高新区要对标国内外先进园区，率先建设高质量发展先行地和实验区。沿海经济带高新区要广泛集聚高端创新资源，围绕壮大实体经济和推进制造业高端发展，积极打造区域创新发展特色园、专业园，其中汕头、湛江高新区要增强支撑引领区域发展能力，打造成为高科技产业新增长极。北部生态发展区高新区要着力依靠科技创新，提升资源利用效率和环境保护水平，发展与生态功能相适应的经济模式和优势产业，建设生态优先、绿色发展的功能园和示范园。

（七）布局建设科学城。支持有条件的高新区高标准建设科学城，或通过分园等形式将区外科学城整体纳入，对接引进国家战略科技力量，构建贯穿基础与应用基础研究，新兴产业技术研究的全链条研发体系。优化重大科研平台布局，新建的高校院所及高水平科技创新平台优先在国家级高新区布局。对科学城内重大科技基础设施等重大平台的用地指标给予保障，其配套设施用地规模由所在地政府统筹解决。

（八）建设大学科技园。围绕高新区产业特色，推动具有较强科研实力的高校在高新区建设特色化及专业化大学科技园，促进大学综合智力资源与园区优势资源相结合，打造联合开展产业共建、技术攻关、人才培养、创新创业的核心平台。省级以上大学科技园享受与当地孵化器同等政策待遇。

（九）建设高水平科技创新平台。建设国家技术创新中心、国家工程研究中心、国家产业创新中心、国家制造业创新中心等平台。国家实验室、省实验室、重大科技基础设施、新型研发机构等重大平台优先布局在国家级高新区。做大做优技术转移机构、产业技术创新联盟、院士工作站、博士后科研工作站等创新载体。

（十）加强关键核心技术攻关。支持高新区创新型企业积极参与国家科技重大专项和重点研发计划，广泛承接省基础与应用基础研究基金和重点领域研发计划项目，将高新区打造成为推动基础研究和共性关键技术研究、重大技术突破和颠覆性创新的主阵地及集聚区。

（十一）深化粤港澳创新合作。高新区要在广深港澳科技创新走廊广深段建设中发挥核心支撑作用，进一步深化粤港澳科技创新合作，促进内地产业、市场优势与港澳科研、信息优势的有机融合，推动跨境科技成果转化。布局建设科技信息一体化平台、联合实验室、粤港澳青年创新创业基地，拓展与港澳科技合作新空间。支持高新区参与国际科技合作、国际大科学计划，探索共建海外园区。

四、壮大高新技术产业

（十二）集聚高新技术企业。支持高新区围绕主导产业打造高新技术企业集群，不断提升园区高新技术企业集聚度。鼓励骨干龙头企业平台化转型，构建大企业创新创业生态圈，孵化培育产业链上下游高新技术企业。制定高新技术企业扶持政策，支持高新技术企业研发能力建设，推动优质创新资源向高新技术企业集聚，培育高成长性科技企业。

（十三）壮大战略性新兴产业。强化创新服务能力，优化创新创业生态。瞄准新一代信息技术、高端装备制造、绿色低碳、生物医药、数字经济、新材料、海洋经济等战略重点领域，实现招商引资向招才引智转变，从外延式增长向内生式增长转变。积极探索和创新适合新技术、新产品、新业态、新模式发展的管理方式，组织实施应用示范工程和项目，主动承接国家重大科技成果转化项目，促进战略性新兴产业优秀成果在高新区转化及产业化，不断壮大创新型产业集群。

（十四）加快传统产业转型升级。深入实施新一轮工业技术改造，通过优化园区功能、强化产业链条、扶持重大项目、支持科技研发、“腾笼换鸟”等措施，推动传统优势产业迈向中高端。实施绿色制造试点示范工程，打造绿色制造体系，在高新区培育一批绿色工厂、绿色园区、绿色产品和绿色供应链。建立更高的技术准入门槛和制定更加严格的落后产品产能清单，坚决淘汰高污染、高排放、高能耗、高风险的落后企业，严控低端产业向粤东西北高新区转移。

（十五）完善孵化育成体系。鼓励行业龙头企业、高校、科研院所等各类主体，在高新区建设专业化孵化器和众创空间。支持高新区盘活闲置场所，建设创业文化浓郁的创新创业特色载体。鼓励发展企业总部型或专业园等多种类型加速器。完善科技金融服务体系，吸引国内外知名科技金融机构入驻高新区，引导社会资本投向高新区的新兴产业。

（十六）开展高新区产业共建。推进珠三角高新区与粤东西北高新区开展结对帮扶和产业共建，完善合作共建、产业共育和利益共享的合作机制，提升园区共建水平。支持有条件的高新区积极探索扶持共建、股份合作、托管建设等产业合作模式，完善共建园区 GDP 核算、税收分成制度，形成责任共担、利益共享、合作共赢的长效机制。

五、深化高新区体制改革

（十七）优化管理体制。高新区管理机构作为所在地政府派出机构的高新区，要加强与行政区政府的统筹协调，坚持精简高效原则，充分依托所在地政府开展社会管理、公共服务和市场监管，减少向高新区派驻的部门，逐步理顺高新区与代管乡镇、街道的关系。高新区管理机构与行政区政府合并的高新区，要结合高新区经济功能区的发展定位，进一步完善政府职能设置。对区域合作共建的高新区，共建双方应理顺管理、投入、分配机制。高新区要进一步强化科技创新、产业促进、人才引进培养等功能，内设机构可在核定的数额内根据需要动态调整并按程序报批。

（十八）深化干部人事制度改革。赋予高新区核定编制内选人用人自主权，除所在地直管干部外，高新区根据所在地机构编制部门下达的总编制，按照有关规定决定高新区的行政和事业单位工作人员的调配、管理、福利待遇、任免和奖惩。根据国家有关政策规定，高新区领导班子以下的非公务员和非参照公务员法管理单位工作人员，经所在地党委、政府审核同意，允许探索实施“多劳多得和优绩优酬”的绩效工资制度。

（十九）深化“放管服”改革。根据经济功能区定位和发展实际需要，依法向高新区下放或者委托更多的省级和市级经济管理权限。按照确有需要又能有效承接的原则，将试点赋予中国（广东）自由贸易试验区的省级经济管理权限赋予国家级高新区。将省管权限范围内的企业投资项目备案、建设项目用地预审等事项下放或者委托到国家级高新区。对于省级科技计划项目，赋予国家级高新区地市科技行政主管部门管理权限。在国家级高新区范围内大力推进工程建设项目审批制度改革工作，对工程建设项目审批制度进行全流程、全覆盖改革。深化行政审批制度改革，实施市场准入负面清单，营造国际化市场化法治化和有利于民营经济发展的良好营商环境。

（二十）创新建设和运营模式。高新区要探索建设、运营、招商、管理和园区服务的市场化模式，支持以各种所有制企业为主体，按照国家有关规定投资建设、运营高新区，或者托管高新区，享受高新区相关政策。鼓励政府和社会资本合作在高新区共同推进基础设施建设、提供公共服务等。鼓励社会资本在高新区投资建设、运营特色产业园，积极探索合作办园区的发展模式。

（二十一）强化珠三角国家自主创新示范区的引领作用。珠三角国家自主创新示范区要加强体制机制改革和政策先行先试，强化与中国（广东）自由贸易试验区、国家全面创新改革试验的联动发展。进一步增强珠三角高新区作为珠三角国家自主创新示范区核心区的带动能力，找准发展定位，全力提升科学发展水半，争取全面改革和创新发展相关政策在国家级高新区先行先试，推动中国（广东）自由贸易试验区相关改革举措在高新区叠加融合与集成创新。

六、优化高新区资源配置

（二十二）完善土地利用政策。切实保障土地供给，各地级以上市政府在安排年度新增建设用地指标时对高新区给予适度倾斜；加强高新区公共配套服务、基础设施建设等用地保障，提高生产性服务业用地比例，适当增加生活性服务业用地供给；积极推行在高新区建设多层标准厂房，并充分利用地下空间。高新区建设的高标准厂房和工业大厦用地，经所在地地级以上市政府确认其容积率超过 2.0 并提出申请后，所使用的用地计划指标可由省级自然资源主管部门予以返还。对高新区内重大科技基础设施、省实验室、省新型研发机构等重点科技创新项目的林地使用、用海申请给予优先受理审核。

（二十三）支持利用“三旧”改造政策建设创新创业载体。高新区内符合“三旧”改造条件，且改造后获地级以上市科技行政主管部门认定的孵化器、众创空间、新型研发机构、实验室等，可按省“三旧”改造政策完善建设用地手续。高新区内原土地权利人利用现有科研及工业用地建设孵化器项目且符合“三旧”改造条件的，可以协议出让方式供地，并可按租售限制条件实行差别化地价；该孵化器经规划部门同意分割后，其载体房屋可按幢、按层等固定界限为基本单元分割登记、转让和出租，属工业用地不改变用途、提高容积率的，不需补缴地价。

（二十四）推进产城融合发展。加强高新区建设与城市基础设施建设和公共服务设施建设的有机衔接，实现区域一体化布局和联动发展。着力提升高新区信息化水平，加快推进智慧园区建设。支持各地按照职住平衡、就近建设、定向供应的原则，在高新区建设产权型或租赁型人才公寓。完善商务、休闲、居住等城市功能配套，建设适合各类创新创业人群交际、交流、交往的新型空间。合理确定配套设施、住宅用地比例，严控房地产化倾向，坚决禁止以发展高新技术产业为名变相圈地从事房地产开发。

（二十五）加大财政投入力度。赋予国家级高新区和具备条件的省级高新区一级财政管理权限。鼓励各地级以上市按高新区上缴的财政贡献和土地出让收入，对高新区给予一定奖补。设立高新区和高新技术企业发展资金，提升高新区产业集聚和公共服务能力。对粤东西北地区创建国家级高新区和新建省级高新区在创新资源布局、资金扶持等方面给予倾斜支持。

（二十六）加强干部队伍建设。高新区管理机构主要领导由所在地党政领导成员兼任，所在地科技行政部门负责同志兼任高新区管理机构的领导班子成员。拓宽选人用人渠道，对招商引资和专业岗位急需的高层次管理人才、特殊人才可实行特岗特薪、特职特聘。灵活运用科技专家服务团等形式，择优选派省直机关、高校、科研院所、省属企业和中直驻粤有关单位等高素质干部人才到高新区挂职。

（二十七）健全创新服务体系。优化人才服务体系，创新人才激励、评价、流动、服务等机制，支持高新区探索实施“一事一议”引才、产业精准引才、全球柔性引才等人才引进模式。建立健全创业投资对高新区的支撑作用，引导创业投资、风险投资加强对高新技术企业的资金支持。构建全链条知识产权服务体系，推动企业贯彻实施知识产权管理规范，引进高水平知识产权服务机构，建立健全高新区知识产权运用和保护体系，支持国家级高新区创建国家知识产权试点示范园区。

七、加强高新区组织管理

（二十八）规范高新区管理。推动修订《广东省高新技术产业开发区管理办法》，规范省级高新区设立、扩区、调区、更名、评价、奖惩等全流程管理。支持未纳入国家开发区审核公告目录且产业基础和创新能力较好的开发区创建省级高新区。高新区要编制发展规划，增强规划的科学性和权威性，实现“多规合一”。

（二十九）强化评价监测。国家级高新区要对照国家级高新区评价监测指标，有针对性补齐短板，实现在全国排名持续提升。健全高新区综合评价监测体系和统计体系，评价监测结果与奖惩措施挂钩，对排名靠前、进步明显的高新区给予奖励；对退步明显的国家级高新区或连续两年排名后三位的省级高新区，提出警告，限期整改，并约谈所在地党委、政府、高新区主要负责人。

促进高新区高质量发展是广东省贯彻落实习近平总书记对广东重要讲话和重要指示批示精神的具体举措，是推动经济高质量发展、构建现代化经济体系、实施创新驱动发展战略的重要抓手。各地、各部门、各高新区要高度重视，科学谋划，充分利用高新区良好的资源和条件，不断破解制约高新区创新发展难题，以新的更大作为开创广东省高新区高质量发展新局面。

广东省人民政府

2019年3月18日

附件：重点工作分工任务表

序号	重点任务	牵头单位	配合单位
1	推动国家级高新区地市全面覆盖	省科技厅	各地级以上市政府，省发展改革委、工业和信息化厅、自然资源厅、生态环境厅、商务厅
2	新布局建设一批省级高新区	省科技厅	各地级以上市政府，省发展改革委、工业和信息化厅、自然资源厅、生态环境厅、商务厅
3	强化高新区辐射带动作用	省科技厅	各地级以上市政府，省发展改革委、工业和信息化厅、自然资源厅、生态环境厅、商务厅
4	提升支撑区域协同创新发展能力	省科技厅	各地级以上市政府，省发展改革委、自然资源厅、生态环境厅
5	布局建设科学城	各地级以上市政府	省发展改革委、教育厅、科技厅、中科院广州分院
6	建设大学科技园	各科技厅、教育厅	各地级以上市政府，省财政厅、自然资源厅
7	建设高水平科技创新平台	省科技厅	各地级以上市政府，省发展改革委、工业和信息化厅
8	加强关键核心技术攻关	省科技厅	省发展改革委、财政厅、各地级以上市政府
9	深化粤港澳创新合作	省科技厅	各地级以上市政府，省发展改革委、市场监管局、港澳办
10	集聚高新技术企业	省科技厅	各地级以上市政府，省发展改革委、工业和信息化厅
11	壮大战略性新兴产业	省发展改革委	各地级以上市政府，省科技厅、工业和信息化厅
12	加快传统产业转型升级	省工业和信息化厅	各地级以上市政府，各科技厅
13	完善孵化育成体系	各科技厅	各地级以上市政府，省发展改革委、教育厅、工业和信息化厅、自然资源厅、住房城乡建设厅
14	开展高新区产业共建	各科技厅	各地级以上市政府，省发展改革委、工业和信息化厅、财政厅、税务局
15	优化管理体制	省委组织部	省委编办、省科技厅、各地级以上市政府
16	深化干部人事制度改革	省委组织部	省委编办、省科技厅、人力资源社会保障厅、各地级以上市政府
17	深化“放管服”改革	省政府办公厅	省发展改革委、科技厅、自然资源厅、住房城乡建设厅、政务服务数据管理局，各地级以上市政府
18	创新建设和运营模式	省科技厅	各地级以上市政府，省发展改革委
19	强化珠三角国家自主创新示范区的引领作用	省科技厅	省发展改革委、商务厅（省自贸办）、地方金融监管局，人民银行广州分行、海关总署广东分署，各地级以上市政府
20	完善土地利用政策	省自然资源厅	各地级以上市政府，省科技厅、住房城乡建设厅
21	支持利用“三旧”改造政策建设创新创业载体	省自然资源厅	各地级以上市政府，省科技厅
22	推进产城融合发展	各地级以上市政府	省发展改革委、工业和信息化厅、自然资源厅、生态环境厅、住房城乡建设厅、科技厅、应急管理厅
23	加大财政投入力度	省财政厅	各地级以上市政府，省科技厅
24	加强干部队伍建设	省委组织部	各地级以上市政府，省教育厅、科技厅、人力资源社会保障厅
25	健全创新服务体系	省人力资源社会保障厅	省发展改革委、科技厅、市场监管局、司法厅、各地级以上市政府
26	规范高新区管理	省科技厅	各发展改革委、工业和信息化厅、自然资源厅、生态环境厅、商务厅、各地级以上市政府
27	强化评价监测	省科技厅	省统计局，各地级以上市政府

深圳市科技计划项目管理办法

深科技创新规〔2019〕1号

第一章　总则

第一条 为了进一步规范和加强深圳市科技计划项目（以下简称“市科技计划项目”）管理，深化科技体制改革，发挥科技支撑引领作用，根据国家、广东省、深圳市的有关规定，结合实际，制定本办法。

第二条 本办法适用于市科技计划项目的确定、实施、验收和监督管理活动。

第三条 市科技计划项目管理活动遵循坚持科技发展规律与深圳创新实际相结合、规范管理、科学高效、市区联动、部门协同、信息共享的原则。

第四条 市科技行政主管部门负责统筹协调市科技计划项目管理工作，可以自行组织或者委托具有资质的项目管理专业机构（以下简称“专业机构”）开展市科技计划项目管理活动。

市科技行政主管部门应当逐步优化完善科技业务系统，对市科技计划项目全过程进行信息化管理。

第五条 本办法所称“市科技计划项目”，是指由市级财政专项资金安排的，专门用于支持基础研究、技术研发、成果产业化以及其他与科技创新能力提升相关的活动。

第六条 市科技行政主管部门根据国家、省、市有关规划和政策，在本市科技研发资金计划中设定本市科技计划及其项目类别，报市政府批准后执行。市政府有特别规定的，从其规定。

市科技行政主管部门可以根据国家、省、市重大战略部署，设立和实施科技重大专项。

第七条 市科技行政主管部门建立符合科技发展规律的深圳市科技研发资金投入机制。市科技计划资金资助包括下列方式：

（一）事前资助方式，是指在按照项目合同书或者任务书要求使用资金，开展研发活动的科技计划项目完成前，市科技行政主管部门给予申请单位科技研发资金资助。

（二）事后补助方式，是指申请单位已先行投入资金开展工作，市科技行政主管部门对其研发费用和绩效进行审计或评估，并给予财政资金相应补助。

（三）奖励补助方式，是指对申请单位已经完成的研发工作、获得的科研成果或者达到的技术水平，对其进行审核或者认定，给予奖励补助；对申请单位获得国家科技计划资助或者国家级科技奖励，给予奖励或者配套补助。

（四）市政府批准的其他方式。

市科技行政主管部门可以根据科技研发资金使用评估结果，对科技研发资金投入方式适时进行调整。

第二章　项目确定

第八条 市科技计划项目确定程序原则上包括编制与发布申请指南、项目申请、专家评审或专项审计、考察核查、审批公示、签订任务书或合同、拨付资金等。市科技行政主管部门可根据计划管理要求在各类计划管理办法中明确相关程序，并向社会公布。

第九条 经市政府批准，对具有明确政府目标、技术路线清晰、组织程度较高、优势承担单位集中的重大科技计划项目，市科技行政主管部门可以采取定向择优或者定向指派等方式确定项目承担单位。

第十条 市科技行政主管部门应当根据本市社会、经济发展情况和科技发展战略、规划，在市科技研发资金预算相应年度，编制年度申请指南并及时发布，对项目类别、重点领域、项目数量及方式、申请条件、申请材料、受理方式、审批程序、限项规定等内容予以明确。

市科技行政主管部门可以积极创新项目遴选机制，探索市区协同部门推荐，加强政府主动布局。针对不同类别科技计划项目，市科技行政主管部门应当在相关管理办法中明确项目申请指南编制的程序。

第十一条 申请市科技计划项目的，项目申请单位应当符合下列基本条件：

（一）项目申请单位应当是在深圳市（含深汕特别合作区）依法注册，具备法人资格的企业、高等院校、科研机构、医疗卫生单位和社会组织等单位或者是经市政府批准的其他机构；

（二）项目申请单位应当具有项目实施的基础条件和保障能力，诚信守法，具有良好的商业信誉、健全的组织机构、完善的财务会计和知识产权保护相关制度；

（三）项目负责人应当具有完成项目所需的专业技术能力和组织管理协调能力；项目负责人为非申请单位全职研究人员的，应当与项目申请单位约定投入申请项目研究工作量占本人工作量的 50% 以上；

（四）项目申请单位和项目负责人在申请项目时未列入深圳市科研诚信异常名录；

（五）项目申请单位应当自主申报，委托科技中介机构申报的，不予受理并列入科研诚信异常名录；

（六）所申请的市科技计划类别对申请条件有其他具体规定的，项目申请单位还应当符合该类别项目的具体要求。

第十二条 项目申请单位应当向市科技行政主管部门提交下列基本材料：

（一）通过深圳市科技研发资金管理系统在线填报申请书，提供通过该系统打印的申请书纸质文件原件；

（二）知识产权合规性声明；

（三）科研诚信承诺书；

（四）项目涉及科研伦理和科技安全的，提供国家有关法律法规和伦理准则要求的批准或备案文件；

（五）申请材料有其他具体规定的，项目申请单位还应当提交符合该类别项目具体要求的申请材料。

市科技行政主管部门应当充分利用全市信息共享机制，逐步采取自行调取申请人登记、许可类信息方式，对申请材料进行精简，减轻申请人负担。

市科技行政主管部门对申请材料进行形式审查，不予受理的，应当说明理由。

第十三条 市科技行政主管部门负责建设科技评审专家库，并建立科技评审专家入库信息定期更新机制，完善评审专家的诚信记录、责任追究制度，严格规范专家评审行为。

市科技行政主管部门根据科技计划项目类别，建立公正、科学、明确的项目评审工作规则和专家评审规范，建立全过程可申诉、可查询、可追溯的评审体系，推行重大科技计划项目评审试行评审专家主审制。

市科技行政主管部门可以自行组织或者委托专业机构组织专家开展评审或者专项审计工作。

第十四条 市科技行政主管部门根据项目类别，制定项目现场考察或核查规则，对申报材料真实性、申报单位实施条件、项目团队成员专业技术能力等进行考察或者核查。

第十五条 市科技行政主管部门按照国家、广东省和深圳市有关政府信息公开规定，推进建立市科技计划项目信息反馈制度，将评审意见和审批结果反馈给申请人。

第十六条 市科技行政主管部门向社会公示拟资助项目，接受社会监督和意见反馈，公示期为 10 日。公示期间有异议的项目，经调查属实并需调整的，由市科技行政主管部门重新审核并予以公布。公示无异议或者经调查异议不成立的项目，市科技行政主管部门应当及时下达项目资助计划，拨付项目资金。经调查异议成立或者发现其他可能造成项目无法完成情形的，不予立项。

根据《中华人民共和国政府信息公开条例》等规定，经市科技行政主管部门研究认为拟资助项目符合相关不公开情形的，依法不予公开。

第十七条 属于事前资助类项目的，市科技行政主管部门与项目承担单位以及相关当事方签订合同书（任务书）。合同书对项目的任务目标、经费使用、绩效考核指标、知识产权归属等内容进行约定。任务书对项目任务、实施内容、绩效考核指标、知识产权归属等内容进行规定。

第三章　项目实施

第十八条 市科技行政主管部门应当制定相关配套管理办法，对市科技计划项目进行监督检查，检查结果作为项目验收、绩效评价和后续支持的重要依据。

对于已签订项目合同书或者任务书的，市科技行政主管部门按照该项目合同书或者任务书要求，对项目进行监督和检查。

对实施进度严重滞后或难以达到预期绩效目标的项目，市科技行政主管部门应当督促项目承担单位及时调整或取消后续支持。

对于自由探索类基础研究项目和实施周期三年以下的项目，原则上不开展过程检查。国家、省、市有特别规定的，从其规定。

第十九条 项目承担单位在项目实施中应当按照项目合同书或者任务书要求，建立项目管理制度及风险防控制度，完成项目目标任务，资金使用符合财务规则。

第二十条 项目实施期内，在研究方向不变、不降低绩效指标的前提下，项目承担单位可以自主调整研究方案和技术路线。

项目实施期内，项目合同内容一般不作调整；确需变更合同内容的，项目承担单位应当提出申请，经市科技行政主管部门审查同意后方可变更，否则项目承担单位应当承担违约责任。

市科技行政主管部门应当加强科技计划项目变更管理，对项目实施期内发生的目标调整、内容变更、项目负责人变更、承担单位变更等进行管理。

第二十一条 市科技行政主管部门可以根据市科技计划项目管理需要，建立项目执行情况报告制度。

申请单位应当按照报告制度的要求及时准确向市科技行政主管部门报告项目执行情况。

第二十二条 市科技行政主管部门应当根据项目管理实际，对确需终止或者撤销的市科技计划项目作出细化规定，明确相应条件和程序，保证财政专项资金安全。

项目终止是指市科技行政主管部门通过检查或者其他公务活动中发现项目无法继续实施，主动终止项目承担单位研发活动，停止后续拨款，视情况收回财政资金、利息和追究承担单位相关责任。

项目撤销是指在项目无法完成的情况下，承担单位向市科技行政主管部门主动申请停止研发活动，退回全部财政资助资金和孳息。

第四章　项目验收

第二十三条 对于事前资助的项目或者按照国家、省、市相关规定需要验收的项目，市科技行政主管部门按照合同书（任务书）组织项目验收，对技术参数、知识产权、人员培养和经济等各项指标完成情况，以及经费管理、使用的合规性等事项进行核查。

验收结果分为通过、结题、不通过。

第二十四条 市科技行政主管部门应当建立健全市科技计划项目验收管理制度，对项目验收原则、申请时限、组织形式、申请资料、验收标准、验收内容、验收结论、复议程序等事项，另行作出细化规定。

第二十五条 对于有证据证明项目承担单位已按合同书（任务书）相关要求开展研发工作并履行勤勉义务，但确因不可抗力导致项目无法完成的，市科技行政主管部门遵循鼓励创新、宽容失败的原则，可以根据实际适时补充、调整合同（任务书）相关条款，减轻或免除项目承担单位和项目负责人相关合约责任。

第五章　监督管理

第二十六条 市科技行政主管部门按照国家、省和市科技计划项目监管有关要求，加强对市科技计划项目的事中事后监管，对监管形式、监管内容、监管结果、监管范围等事项，另行作出细化规定。

第二十七条 市科技行政主管部门按照财政专项资金管理规定要求，实行绩效分类评价制度，绩效评价结果作为后续支持的重要依据。

市科技行政主管部门可委托专业机构开展市计划项目绩效分类评价。

第二十八条 市科技行政主管部门应当建立科研诚信管理体系，根据市科技计划项目类别，加强对相应计划项目承担单位、项目负责人及项目组其他成员、评审专家及实施过程中相关中介机构及个人的科研诚信管理。

对于违反科研诚信要求的，市科技行政主管部门将其列入市科研诚信异常名录；情节严重的，按照国家规定处理；涉嫌犯罪的，依法移送司法机关处理。

第二十九条 单位或者个人有下列行为之一的，五年内不得申请市科技计划项目，市科技行政主管部门将其列入科研诚信异常名录，按照市政府失信联合惩戒有关规定予以处理，并依法追究法律责任：

（一）在市科技计划项目的申请、实施、验收中提供虚假材料，或者采取其他不正当手段获取市科技研发资金的；

（二）非法挪用、侵占、冒领、截留市科技研发资金的；

（三）有知识产权侵权行为，并经相关行政主管部门或者司法机关依法确认有过错的；

（四）阻挠或者故意规避政府有关部门依法对科技计划项目的监督、检查和验收，情节严重的；

（五）其他违反科研诚信行为的。

有前款规定情形的单位法定代表人、董事、主要股东、实际控制人以及个人设立或者控股的其他单位，在申请科技计划项目时，适用前款规定。

第三十条 参加项目评审、评估的专家在项目评审、评估过程中，负有保密义务；对外泄密及损害有关单位权益的，应当依法承担相应的法律责任。专家利用评审、评估以权谋私或者弄虚作假的，一经发现，取消专家资格并依法追究法律责任。

第三十一条 对于科技服务机构以骗取科技研发资金为目的，故意伪造或者变造虚假证明材料，提供科技计划项目申请人虚假信息，使申请人获得科技研发资金资助的，或者与政府相关主管部门工作人员相互串通、牟取非法利益的，市科技行政主管部门查证属实后，将该科技服务机构列入科研诚信异常名录；涉嫌犯罪的，依法移送司法机关处理。

第三十二条 市科技行政主管部门及其工作人员违反法律、法规以及本办法规定，依法追究责任，涉嫌犯罪的，依法移送司法机关处理。

第六章　附则

第三十三条 除市科技行政主管部门有特别规定或者项目合同书（任务书）有特别要求外，实施项目所产生科技成果的知识产权归项目承担单位所有。

第三十四条 本办法自印发之日起实施，有效期5年。原《深圳市科技计划项目管理办法》（深科技创新规〔2012〕9号）同时废止。原已立项且尚未处理完毕的市科技计划项目管理按照本办法的规定执行。

深圳市科技创新委员会 深圳市财政局 关于印发《深圳市科技研发资金管理办法》的通知

深科技创新规〔2019〕2号

各有关单位：

为了加强深圳市科技研发资金管理，提高财政专项资金使用效益，根据《深圳市人民政府关于加强和改进市级财政科研项目资金管理的实施意见（试行）》《深圳市人民政府关于印发市级财政专项资金管理办法的通知》有关规定，深圳市科技创新委员会与深圳市财政局制定了《深圳市科技研发资金管理办法》，并经深圳市人民政府六届一百五十九次常务会审议通过，现予印发，请遵照执行。

深圳市科技创新委员会 深圳市财政局

2019年7月16日

深圳市科技研发资金管理办法

第一章 总则

第一条 为了加强深圳市科技研发资金管理，提高财政专项资金使用效益，根据《国务院关于优化科研管理提升科研绩效若干措施的通知》（国发〔2018〕25号）《深圳市人民政府关于加强和改进市级财政科研项目资金管理的实施意见（试行）》（深府规〔2018〕9号）《深圳市人民政府关于印发市级财政专项资金管理办法的通知》（深府规〔2018〕12号）等有关规定，结合实际，制定本办法。

第二条 本办法所称深圳市科技研发资金（以下简称“科技研发资金”），是指在市级财政专项资金中安排的并且纳入市科技行政主管部门预算，由市科技行政主管部门专项用于基础研究、技术研发、成果产业化以及其他提升科技创新能力等活动的资金，适用于基础研究专项（自然科学基金）、平台和载体专项、人才专项、创新创业专项和协同创新专项等领域。

第三条 科技研发资金管理遵循公正透明、科学规范、注重绩效的原则。

第二章 管理职责及分工

第四条 市科技行政主管部门负责科技研发资金的管理及执行，负责开展以下工作：

（一）制定科技研发资金管理制度，规范审批程序，建立健全内部管理和监督制度；

（二）申请科技研发资金设立、续期、调整和撤销，并按照程序报市财政部门审核；

（三）编制科技研发资金目录、中期财政规划和预算、提出科技研发资金调整意见、执行已批复的科技研发资金预算；

（四）在市级财政专项资金管理系统集中发布科技研发资金管理相关信息，实行科技研发资金项目全周期管理，包括申报指南（通知）发布、项目申报、资金拨付、资金退出等环节；

（五）储备科技研发资金项目，受理和审核具体项目申报，办理资金拨付，组织项目验收、资金追偿，跟踪、检查科技研发资金的使用和项目实施情况，组织实施科技研发资金监督和绩效评价工作，并且配合市财政部门开展政策和项目重点绩效评价和再评价；

（六）加强对第三方评审机构和有关科技服务机构的监督，依法制定相应惩戒措施；

（七）按照政府信息公开的要求，依法开展科技研发资金信息公开工作；

（八）职能范围内的其他工作事项。

第五条 市财政部门负责开展以下工作：

（一）配合市科技行政主管部门制定科技研发资金管理办法；

（二）审核科技研发资金的设立、续期、调整和撤销，按照程序报市政府审批；

（三）依法依规组织开展科技研发资金预决算及中期财政规划工作，统筹安排科技研发资金预算规模，做好科技研发资金的整体调度；

（四）审核按规定提交的科技研发资金绩效评价报告，适时组织开展科技研发资金政策和项目重点绩效评价工作；

（五）职能范围内的其他工作事项。

第六条 项目承担单位是科技研发资金的使用单位和项目管理的责任主体，应当建立健全科技研发资金内部管理制度，明确职责分工、支出标准和工作流程，履行资金使用管理职责。项目承担单位应当履行以下责任：

（一）按照规定申报项目，编制项目预算，并且对资金项目申报材料的真实性、完整性、有效性和合法性承担责任；

（二）建立健全内部风险防控机制和资金使用绩效评价制度，科学制定项目绩效目标，及时开展绩效自评，保障资金使用安全规范有效；

（三）按照规定和要求实施项目，落实批准的项目预算中的自筹经费，对资金进行管理和会计核算；

（四）积极配合市科技行政主管部门、市财政部门、审计监督部门、纪检监察部门以及其他监督机构及其授权委托机构的监督检查，按照要求提供项目预算执行情况的报告、有关报表、科技报告等相关材料；

（五）落实市科技行政主管部门、市财政部门的其他相关工作要求。

第三章 支持对象和方式

第七条 科技研发资金主要支持以下对象或者项目：

（一）科技创新理论、战略、路径与方法研究；

（二）基础自然科学研究、前沿技术应用研究、社会公益性科技研究；

（三）高新技术产业、战略性新兴产业技术创新，基础研究、应用研究和试验发展等研发活动；

（四）高新技术产业、战略性新兴产业的科技成果产业化和技术转移；

（五）科技基础设施配套及重大科技专项研发；

（六）自主创新基础能力建设；

（七）创新、创业、创客等相关的研发活动；

（八）鼓励企业、社会组织设立科研基金会，通过接受社会捐赠、设立联合基金等方式筹集基础研究经费，引导大型企业、民间资本投向基础研究领域；

（九）与增强深圳城市科技创新能力与可持续发展相关的其他活动。

第八条 市科技行政主管部门建立稳定支持与竞争择优相结合、事前与事后相结合、政府引导与市场作用相结合，符合科技发展规律的本市科技研发资金投入机制，推动科技创新资源的优化配置和高效利用。对于特别优秀的项目，可给予持续性支持。

科技研发资金资助主要包括以下方式：

（一）事前资助，即项目申请单位在项目立项后完成前，获得科技研发资金资助，按照项目合同书或者任务书要求使用资金；

（二）事后补助，即项目申请单位已先行投入资金开展工作，市科技行政主管部门对其研发费用、绩效进行审计或评估，并给予财政资金相应补助；

（三）奖励补助，即对项目申请单位已经完成的研发工作、获得的科研成果或达到的技术水平，对其进行审核或认可，给予奖励补助；对项目申请单位获得国家、省科技计划资助或国家级科技奖励，给予奖励或配套补助；对符合条件的创业资助项目给予创业补贴；

（四）市政府批准的其他方式。

市科技行政主管部门可以根据科技研发资金使用评估结果，报经市政府批准，对科技研发资金投入方式适时作出调整。

第九条 申请科技研发资金应当具备下列基本条件：

（一）项目申请单位应当是在深圳市依法注册，具备法人资格的企业、高等院校、科研机构和社会组织等机构，或者是经市政府批准的其他机构；

（二）项目申请单位具有项目实施的基础条件和保障能力，诚信守法，具有良好的商业信誉、健全的组织机构、完善的财务会计制度；

（三）项目负责人应当具有完成项目所需的专业技术能力和组织管理协调能力；

（四）项目申请单位和项目负责人在申请项目时未列入深圳市相关部门诚信异常名录。

申请的市科技计划类别对申请条件有具体规定的，申请人应当符合该类别项目的具体要求。

第四章 预算编制

第十条 市科技行政主管部门根据《中华人民共和国预算法》的预算编制流程和要求编制年度专项资金预算，并且同步纳入部门预算编报。市科技行政主管部门发布目录清单、申报指南应与科技研发资金年度预算编制做好衔接。

第十一条 专项资金预算编制必须坚持专项管理，专款专用、厉行节约、统筹协调的原则。

第十二条 项目资金预算包括资金来源预算与支出预算两部分，事前资助的项目预算按以下要求编制：

（一）来源预算总金额须与支出预算总金额相等；

（二）支出预算科目主要分为直接费用和间接费用两类（详见附件）。

市政府、市科技行政主管部门、市财政部门可根据实际需要，对支出预算科目等另行调整。

第十三条 项目总经费包括市级财政资金、单位自筹资金以及银行贷款等第三方资金。

对于经费来源主要为财政的高校、科研机构、民间非营利组织，项目经费自筹部分不设强制性要求，市政府或者相关部门另有文件规定的，从其规定。

鼓励项目承担单位先行投入项目研发，可追溯确认前期预研和筹备的经费投入，作为项目承担单位自筹部分确定项目预算，追溯期从项目申报之日起最长不超过 6 个月。

第十四条 按照规范的支出科目分不同经费来源编列。对各项支出的主要用途和测算理由等进行详细说明。探索开展项目经费使用“包干制”改革试点，不设科目比例限制，科研团队在符合下列使用要求范围内，可以自主决定使用设备费用、人力资源、绩效支出等费用：

（一）科研团队应当合理设置设备费在财政资助资金中的占比，项目承担单位在提供可支持科研活动的项目设备证明后，已有设备可按现值和在项目中的使用率计入自筹经费。同一项目设备可以用于不同科技专项，但不能重复计入不同项目经费。对单项 20 万元以上设备仪器和软件的购置费应单独列示。

（二）财政性资金占单位总收入低于 50% 的项目承担单位，其自有资金超过项目总预算 50% 的项目，可以参照市统计部门公布的同类人员工资水平，列支人员费，使用财政科研经费的“人员费”资助项目承担单位人员工资性开支。其他单位不得在科技专项经费中使用财政资金开支人员工资和福利。

劳务费不设统一比例限制，由项目承担单位和科研人员据实编制，参与项目研究的研究生、博士后、访问学者以及项目聘用的研究人员、科研辅助人员等，均可以开支劳务费，同时将其“五险一金”纳入劳务费科目列支。

（三）绩效支出安排与科研人员在项目工作中的实际贡献挂钩，适当向一线科研人员倾斜；科研绩效支出不单设比例限制，绩效支出纳入单位奖励性绩效单列管理，不计入单位绩效工资总量调控基数；绩效支出只能用于项目组成员，不得截留、挪用、挤占。

第十五条 项目预算应当由申报单位的法定代表人、申报项目负责人和申报单位财务负责人共同确认。多个单位共同申请一个项目的，应当明确一个牵头申报单位，并且编列各单位承担的主要任务、经费预算等，并由各单位相关负责人确认。

第十六条 在项目总投入不减少的前提下，除设备费外，预算科目调剂权限下放在项目单位，项目单位可根据项目开展实际需求调整并报市科技行政主管部门备案。在不超过设备费预算 30% 的额度内且不改变设备品目的，项目单位可根据实际设备需求自行调整设备费，并报市科技行政主管部门备案。

第五章 资金管理方式

第十七条 各类资助方式的资金使用应当符合下列要求：

（一）事前资助项目，在批准立项后由市科技行政主管部门与项目承担单位签订资金使用合同或任务书。合同或任务书条款及有效附件中应包括项目资金绩效目标、指标与项目资金支出预算、资金使用计划等；对于需政府采购的项目承担单位，应另行按要求编制政府采购计划。

（二）事后补助、奖励类项目，无须签订合同或任务书，由项目承担单位统筹用于本单位研发活动。

（三）对于自筹资金充裕的技术攻关项目承担单位，可选择“事前立项、事后补助”方式，申请单位立项后先利用自筹资金进行项目研发，市科技行政主管部门在验收通过后可一次性拨付不限定用途的立项补助资金。

第十八条 市科技行政主管部门根据批准的项目资助计划文件，按照国库集中支付有关规定拨付项目资金；对符合国家、省、市关于科研项目资金认定条件的项目资金，按规定拨付到项目承担单位基本户或其自行指定的结算户，对于联合申报的项目，资金拨付至牵头单位，应当按照下列要求操作：

（一）项目资金拨付前，市科技行政主管部门如发现项目承担单位存在影响项目执行、影响财政资金安全的经营异常或者银行账户冻结等异常情况的，可暂缓拨付资金。

（二）在项目完成审核立项、签订合同的前提下，项目承担单位可以根据项目重要程度、资金需求紧迫性等提出申请，市科技行政主管部门审核同意后，市科技行政主管部门可在部门预算批复前，在市财政部门提前预下达指标规模内预拨项目资金，确保科研任务顺利实施。

（三）对于事前资助类项目，属于资助金额 100 万以下的项目，可以采用简化拨款流程，立项后由市科技行政主管部门一次性拨付资助资金。

属于资助金额 100 万以上的项目，项目单位为企业的，在确保专账核算和专款专用的基础上，项目立项后拨付市财政资助金额的 50%，按任务目标完成度进行项目监理，通过中期评估后再支付剩余部分，不再实行科研经费科目用款控制；对于其他项目单位，由市科技行政主管部门按照国库集中支付要求，按计划按进度拨付资助资金。

（四）对于事后补助和奖励类项目，由市科技行政主管部门一次性拨付资助资金。

市科技行政主管部门及市财政部门可根据实际需要，对资助资金的拨付方式另行规定。

第十九条 项目承担单位应当将拨入基本户或者其自行指定的结算户的资金使用情况按照市科技行政主管部门要求备案，同时符合下列要求：

（一）建立和完善内部控制制度，严格按相关会计准则进行核算，项目承担单位应当设立专账进行财务核算，对其中的财政资助经费和自筹经费分别单独核算，并且自觉接受有关监督检查；

（二）基于市科技研发资金而购置的大型科学仪器设备，形成的科学数据、自然科技资源、科技报告等资源，应当按照有关规定开放共享，提高资源利用效率；

（三）科技研发资金通过项目经费的形式支持项目承担单位科技研发及创新、创业活动的，项目承担单位不得用于基本建设投资。

第二十条 结余资金按照下列方式处理：

（一）一次性通过验收的项目，结余资金和孳生利息留归项目承担单位使用，统筹安排用于科研活动的直接支出；

（二）验收结论为结题、经复议后结论为通过的项目，项目承担单位退回结余资金和孳生利息，提交退款凭证，未按要求退回的，由市科技行政主管部门负责追回；市科技行政主管部门继续受理该单位资助申请；

（三）验收结论为不通过的项目，除项目承担单位退回结余资金和孳生利息、提交退款凭证外，市科技行政主管部门视情况追缴前期已使用资金；具体追缴方式由市科技行政主管部门另行制定；

（四）项目承担单位申请撤销项目的，退回全部资助资金和孳生利息，提交退款凭证，市科技行政主管部门继续受理该单位资助申请；

（五）市科技行政主管部门终止的项目视作该项目验收不通过，按程序停止后续拨款，除追缴未使用的项目资金及孳生利息外，视情况追缴前期已使用资金。

第二十一条 市属高校、科研院所、新型科研机构经费使用应当符合下列具体要求：

（一）市属高校、科研院所、新型科研机构应建立健全内部控制和监督约束机制，规范科研经费使用管理；

（二）市属高校、科研院所、新型科研机构直接费用由项目负责人支配，间接费用由项目承担单位统筹；

（三）市属高校、科研院所可根据教学、科研、管理工作实际需要，研究制定差旅费、会议费和绩效费用等管理制度；

（四）市属高校、科研院所可制定简化科研仪器设备采购流程制度，并切实做好设备采购的监督管理，做到全程公开、透明、可追溯；

（五）市属高校、科研院所野外考察、邀请外国专家来深交流等确无法取得报销凭证的，应制定符合实际的内部报销规定，在确保真实性的前提下，可凭项目负责人签名按规定程序据实列支；

（六）市属高校及科研院所引进全时全职承担任务的团队负责人（首席科学家，技术总师）以及高端人才，可以实行“一项一策”“清单式”管理和年薪制，项目范围、年薪制具体操作制度按照国家、省、市相关规定执行，并报市科技行政主管部门和市财政部门。

第六章　绩效管理

第二十二条 市科技行政主管部门在部门预算编制阶段编报资金绩效目标，绩效目标作为资金预算执行、项目运行跟踪监控、绩效评价的依据。

第二十三条 市科技行政主管部门对资金和项目情况实施跟踪监控，发现与原定绩效目标发生偏离，应当及时提出针对性的整改意见或采取处理措施。

第二十四条 项目承担单位应当根据市科技行政主管部门要求提供项目经费使用情况和资金绩效总结报告等材料。市科技行政主管部门视情形委托具有资质的专业服务机构对项目资金管理和使用情况实施评估。市科技行政主管部门负责建立项目经费支出绩效评价制度，定期对扶持政策和项目开展绩效评价。评价结果作为项目承担单位后续支持、扶持政策调整、预算安排的重要依据。

第七章 监督与责任

第二十五条 申报单位通过使用虚假材料或者采取其他不正当手段骗取及套取专项资金的，由市科技行政主管部门追回全部资助资金及孳生利息，并按照市政府失信联合惩戒有关规定予以处理，涉嫌犯罪的，依法移送司法机关处理。

第二十六条 市科技行政主管部门和市财政部门及其工作人员在科技研发资金管理中，存在违反本办法规定的行为，以及其他滥用职权、玩忽职守、徇私舞弊等违法违规行为的，依法追究相应责任。涉嫌犯罪的，依法移送司法机关处理。

第八章 附则

第二十七条 本办法自 2019 年 8 月 1 日起施行，有效期

5年。《深圳市科技研发资金管理办法》(深财科〔2012〕168号)同时废止。本办法实施前已立项尚未处理完毕的市科技计划项目的资金管理按照本办法执行。

附件：项目资金预算中支出预算的具体科目

一、直接费用

直接费用是指在研究开发过程中发生的与之直接相关的费用，包括设备费、科研材料及事务费、人力资源费、其他费用等四项，具体包括下列方面：

(一)设备费：在项目研究开发过程中购置或试制专用仪器设备，对现有仪器设备进行升级改造，以及租赁外单位仪器设备而发生的费用；

(二)科研材料及事务费包括材料费、测试化验加工费、燃料动力费、出版/文献/信息传播/知识产权事务费等；

(三)人力资源费包括人员费、劳务费、专家咨询费等；

(四)其他费用包括差旅费、会议费、国际合作与交流费等其他费用。对于市财政资助1000万元以下的项目，项目预算只要求编列一级预算编制科目，“其他费用”不超过项目经费总金额30%的，预算编制时不需提供测算依据。

二、间接费用

间接费用是指项目承担单位在组织实施科研活动过程中发生的无法在直接费用中列支的相关费用，包括单位水电暖等消耗、管理费用、绩效支出等三项。事前资助类项目均需设立间接费用。

深圳市科技创新委员会
关于印发《深圳市科技项目评审管理办法》的通知

深科技创新规〔2019〕3号

各有关单位：

为加强深圳市科技项目的评审管理工作，提高科技项目管理质量和水平，实现科技项目评审工作的科学化、规范化和制度化，根据《深圳市科技计划项目管理办法》（深科技创新规〔2019〕1号）等有关规定，结合深圳市实际，深圳市科技创新委员会制定了《深圳市科技项目评审管理办法》，现予印发，请遵照执行。

特此通知。

深圳市科技创新委员会

2019年7月26日

深圳市科技项目评审管理办法

第一章 总则

第一条 为了加强深圳市科技项目评审管理工作，提高科技项目评审的科学性、公平性和公正性，实现评审工作规范化和制度化，根据国家、广东省和深圳市的相关规定，结合实际，制定本办法。

第二条 本办法适用于深圳市科技行政主管部门负责的科技项目评审活动。

第三条 本办法所称科技项目评审，是指市科技行政主管部门组织或者委托评审组织机构组织科技、经济、管理等领域的专家担任评审专家，按照规定的程序和标准，对本市科技项目进行的评判和审核的活动。

第四条 本办法所称评审组织机构，是指受市科技行政主管部门委托具体承办科技项目评审工作的组织机构。

本办法所称评审专家，是指在市科技行政主管部门负责的科技项目评审活动中，有权提出评审意见的专业人员。

第五条 科技项目评审应当坚持科学规范、客观公正、廉洁高效的原则，并且自觉接受有关部门的监督。

第二章 组织评审

第六条 市科技行政主管部门负责科技项目评审组织工作，发布年度项目指南，建立健全符合实际的评审制度和机制。

在发布年度项目指南后，市科技行政主管部门结合当年项目申报数量、科技计划安排等实际情况，秉承公平、专业、合理、择优、回避的原则，可以自行组织开展评审，或者委托市内外具有科技评审组织能力的专业服务机构担任评审组织机构承办科技项目评审组织工作。

委托专业服务机构开展组织评审的，市科技行政主管部门应当在全国范围内对符合条件和具有相关资质的专业服务机构进行考察、调研等环节，并通过遴选方式予以确定委托关系。市科技行政主管部门应当与评审组织机构签订委托评审合同。

市科技行政主管部门自行开展组织评审的，应当组建相应评审组织，按照本办法规定方式、程序组织评审和开展相关管理工作。

第七条 评审组织机构应当符合以下条件：

（一）科研管理类事业单位或者依法设立的科技服务机构；

（二）拥有健全的管理、行政、监督和财务等部门；

（三）具有完善的评审管理、经费管理、质量管理、风险控制、信用管理、保密及档案管理等制度，建立内部决策、执行、监督，相互制约又相互协调的工作机制；

（四）具有满足评审服务要求的结构合理、稳定且素质较高的专业化管理队伍；

（五）具有固定的办公场所和较完备的办公系统，能够依据有关管理规定和技术要求，开展专家评审工作，并定期对工作人员进行专业化和规范化培训；

（六）社会信誉良好，运作规范，无违纪违法等不良记录；

具有承办国家级、省级、市级科技行政主管部门科技项目评审工作相关经验的专业机构，市科技行政主管部门可以优先委托。

第八条 评审组织机构应当在开展评审工作前制定评审工作方案，并经市科技行政主管部门同意后方可实施。

评审工作方案应当明确评审的时间、地点、内容、程序、方式、评审专家构成等内容。

第九条 市科技主管行政部门、评审组织机构应当在评审过程中对涉及的机构和人员加强评审专家名单抽取和保密管理，进一步推进专家抽取和使用岗位分离。

第三章 评审方式和程序

第十条 市科技行政主管部门根据科技项目的立项必要性、目标任务的可行性、技术的先进性及创新性、管理与机制的保障性、经费预算的合理性等方面制定相应的评审标准，编制专家评审表。

第十一条 评审组织机构应当根据评审工作方案组织专家对已受理且通过形式审查的项目进行评审。

第十二条 评审组织机构应当按照不同立项方式，采取相应的评审程序和方法，同一轮次实行同一种评审方法，避免评审结果出现歧义。

市科技行政主管部门应当探索建立对重大原创性、颠覆性、交叉学科等创新项目的非常规评审机制。

重大科技计划项目的评审，应当按照《深圳市重大科技计划项目评审办法（试行）》（深府规〔2018〕10号）执行。

第十三条 科技项目专家评审主要采取下列方式：

（一）采取材料评审的，评审专家在评审组织机构规定的评审时间，登录评审业务系统，依照科技项目评审工作程序，在线审阅项目申报材料，客观公正地独立评分，并撰写评审意见；

（二）采取答辩评审的，科技项目的申报团队成员在指定时间和地点，现场介绍项目情况，并回答评审专家的提问。评审专家根据现场答辩情况，对项目的创新性、研究的可行性、团队的实施能力、项目实施的保障环境等给予科学、客观、公正的评分，并撰写评审意见。

第十四条 评审工作主要按照下列程序开展：

（一）评审组织机构根据参评项目的类别、数量和专业领域等情况合理确定专家的评审项目数、总时长等工作量；

（二）评审组织机构在专家库中抽取或者选取评审专家，并匹配评审项目，合理确定项目汇报和答辩时间；

（三）重大科技项目评审前及时组织专家审阅申报材料，确保专家充分了解申报项目情况；

（四）评审组织机构宣讲评审政策、强调评审纪律、相关注意事项，解答专家提问，并在现场监督；

（五）评审专家在评审业务系统中对项目定量打分、定性评价，并填写专家评审表；

（六）评审组织机构汇总核对专家评审表并封存；

（七）开展重大科技项目评审的，原则上应当在评审前公布评审专家名单；开展其他项目评审的，应当在评审结束前对评审专家名单严格保密，有条件的应当在评审结束后向社会公布；

（八）执行评审结果反馈、立项公示、异议处理等措施，实现评审过程的可申诉、可查询、可追溯。

第十五条 评审组织机构应当接受纪检监察部门对评审工作的监督。如有违规违纪行为的，按照有关规定追究其相应责任。涉嫌犯罪的，依法移送司法机关处理。

第四章 专家遴选和管理

第十六条 市科技行政主管部门应当建立健全评审专家库，并对专家库进行动态更新和维护。入库专家根据《学科分类与代码》（GB/T 13745-2009）的分类标准填报个人学科领域相关信息。

第十七条 评审专家遴选应当遵循科学性、公正性、专业性、组成合理性以及回避的原则，并符合下列要求：

（一）评审专家应当由市科技行政主管部门在其专家库中随机抽取或者选取；

（二）评审专家所从事工作领域与评审项目领域应当具有一致性，且在本领域内具有丰富的专业知识和实践经验；

（三）评审学科交叉研究的项目，评审专家应当包括所涉及各学科专业领域；

（四）一个专家组内，同一单位的评审专家原则上只能有一名。

第十八条 评审专家组由若干名评审专家组成，一般总数为单数，专家数量按照项目具体情况而定。评审专家组根据需要可以设立组长一名，由评审组织机构指定或者在专家组内部协商产生。

第十九条 评审专家组结构应当充分考虑专家的代表性和互补性，视评审项目类别可适当增加管理、投资、财务类专家。

第二十条 评审专家应当根据相关回避规定，主动提出回避。市科技行政主管部门根据相关规定要求评审专家回避的，其应当回避。

第二十一条 项目负责人在有充足理由的情况下，可在政府主动布局的重点技术攻关或者孔雀团队等重大项目答辩评审前书面提出回避评审专家。

第二十二条 评审专家应当严格依照项目评审工作有关规定和程序，遵循实事求是、独立、客观、公正的原则对项目做出评价或者提出意见。

评审专家在项目评审活动中应当遵守下列操守：

（一）不得利用评审专家的特殊身份和影响力，与评审对象及相关人员串通，为有利益关系者获得项目立项提供便利；

（二）不得压制不同学术观点和其他专家意见；

（三）不得为得出主观期望的结论，投机取巧、断章取义、片面做出与客观事实不符的评价；

（四）不得擅自披露、使用或许可使用被评审对象的商业秘密；

（五）不得索取或者接受评审对象以及相关人员的礼品、礼金、有价证券、支付凭证等，不得接受评审对象的宴请；

（六）严格遵守保密规定，不得复制保留或者向他人扩散评审资料，泄露保密信息；

（七）严格按照要求在规定的时间内完成项目评审工作。

第二十三条 评审专家应当强化学术自律，学术共同体应当加强学术监督。

第二十四条 市科技行政主管部门应当定期对评审专家履行评审职责情况进行综合评价，实行动态信用管理。

第五章 工作人员管理

第二十五条 市科技行政主管部门及其相关工作人员应当严格执行项目评审的相关规则、程序，依法履行对项目评审的组织、管理、指导和监督职能，忠于职守、廉洁自律。

第二十六条 评审组织机构及其相关工作人员，应当严格遵守项目评审有关规则、程序，在受委托的范围内开展项目评审活动，并接受市科技行政主管部门的监督。

第二十七条 市科技行政主管部门和评审组织机构及其工

作人员应当对专家库资料保密，不得泄露专家库的专家信息。

第二十八条 市科技行政主管部门和评审组织机构及其工作人员在专家评审活动中，应当遵守下列行为准则：

（一）不得直接从事、参与、干预项目评审活动，不得向评审专家或受委托组织单位施加倾向性影响；

（二）不得利用组织项目评审活动，谋取不正当利益；

（三）不得聘请不具备规定条件的评审专家参加项目评审活动；

（四）不得聘请以往评审工作中有不良记录的评审专家；

（五）不得违反保密规定，擅自泄露评审资料、评审专家名单、评审专家意见或者其他应当保密的评审情况；

（六）不得隐瞒、歪曲、篡改或者不如实反映评审专家提出的明确意见；

（七）严格按照规定的程序和办法处理与评审工作相关的质询、异议、举报；

（八）不得串通某一项目申请者以排斥其他项目申请者；

（九）不得领取专家评审费和劳务费；

（十）不得索取或者接受评审对象以及相关人员的礼品、礼金、有价证券、支付凭证等；

（十一）不得接受评审对象的宴请；

（十二）不得有其他违纪违规行为。

第六章 评审现场管理

第二十九条 市科技行政主管部门或者评审组织机构应当按照有关规定为评审专家的评审提供时间、工作场地、条件、经费等相关保障措施。

第三十条 专家评审具体工作由评审组织机构工作人员安排，市科技行政主管部门应当对评审现场活动进行监督。除评审组织机构工作人员、评审专家、答辩人员、监管部门人员及其指派人员以外，其他人员不得擅自进入评审现场。

第三十一条 答辩方应当按时到达答辩现场。对于迟到的，评审组织机构有权取消答辩方的答辩资格。

进入答辩现场的答辩方人数一般不超过5名。项目负责人应当亲自答辩。如有特殊情况，项目负责人提出书面委托申请，经评审组织机构同意，可以由项目申报团队的其他主要成员答辩。

不在项目申报团队名单内的人员不得参与答辩。

第三十二条 项目申请人（单位）在项目评审过程中，有义务接受并积极配合相关评审工作，按要求提供与项目有关的资料和信息（涉密资料和信息除外），并确保所提供资料和信息真实、合法、完整、有效。

第三十三条 项目答辩人员对评审专家的询问应当如实做出回答，并不得发表与评审专家提问无关的其他任何言论，不得干预评审专家的评审工作，不得发表倾向性或者歧视性的言论。

第三十四条 评审现场发现有下列情形之一的，评审组织机构应当及时在专家库中随机补抽：

（一）发现评审专家身份不符或者需要回避的；

（二）所抽取的评审专家因故不能按时参加评审的。

第三十五条 评审组织机构及其工作人员在评审现场应当做好下列工作：

（一）认真核验进入评审现场人员的身份；

（二）正式开始评审前，应当宣布评审工作纪律、评审程序、评审要求；

（三）不得修改项目指南确定的评审程序、评审方法和评审标准；

（四）做好评审现场的记录工作，保证评审工作的合法、有序开展；

（五）对评审现场不规范的行为及时予以纠正，对不服从管理的评审专家、项目答辩人员，可以将其请出评审现场，并视情况建议市科技行政主管部门中止该项目的评审工作；

（六）不得干预或者影响正常评审工作，不得明示或者暗示其倾向性、引导性意见；

（七）不得擅离职守，不得提出不合理的时间限制要求；

（八）对评审专家在履职过程中的表现进行综合评价，并记录信用档案。

第三十六条 评审专家在评审现场应当做好下列工作：

（一）主动出示评审专家的身份证件，自觉接受工作人员的核验和监督；

（二）按时参加评审，不迟到，不早退；

（三）进入评审现场前，按工作人员要求交存所有通信工具；

（四）评审过程中，未经同意，不得擅离职守和影响评审程序正常进行；

（五）遵守保密制度，不得透露评审过程和结果，不得复制或者带走任何评审资料。

第三十七条 评审专家存在下列不遵守评审工作规定情形的，评审组织机构工作人员应当立即制止。制止无效的，可以取消相关评审专家的本次评审资格，同时做好评审专家的不良信用记录：

（一）在评审现场喧哗、随意走动，擅自离开评审现场的；

（二）不按照规定时间完成现场评审工作的；

（三）将评审材料带离评审现场，或者在评审过程中复制或者评审结束后复制带走与评审内容有关资料的；

（四）不认真履行评审职责，或者出现多次明显评审错误的；

（五）无正当理由，拒绝出具评审意见，或者拒绝在专家评审表上签字的。

第七章 监督检查

第三十八条 市科技行政主管部门应当按照本办法的规定，会同相关部门具体负责对科技项目评审活动进行监督检查。

第三十九条 市科技行政主管部门和评审组织机构及其相关人员有下列行为之一的，可以根据严重程度，按照相关规定处理；涉嫌犯罪的，依法移送司法机关处理：

（一）对评审活动的重大情况隐匿不报，严重失职的；

（二）与评审活动的承担者、申请者、推荐者或者评审专家串通，编造虚假报告的；

（三）索取或者收受贿赂的；

（四）玩忽职守及徇私舞弊的；

（五）其他妨碍项目评审活动正常进行，造成不良后果的。

第四十条 评审组织机构及其工作人员在组织项目评审活动中不严格执行评审组织工作要求的，市科技行政主管部门视情况责令改正，给予警告、通报批评或者终止评审委托；涉嫌犯罪的，依法移送司法机关处理。

第四十一条 评审专家有下列情形之一的，市科技行政主管部门应当终止其评审专家资格；涉嫌犯罪的，依法移送司法机关处理：

（一）因身体健康原因不能胜任评审工作的；

（二）经本人申请不再担任评审专家的；

（三）泄露相关商业秘密或技术秘密以及其他不宜公开的情况，造成不良后果的，或者非法转让利用他人成果和有关资料的；

（四）徇私舞弊，索取或者接受利益相关单位或人员的礼金、有价证券、支付凭证、可能影响公正性的宴请或者其他好处的；

（五）接受任何单位或者个人以任何方式提出的倾向性或者排斥性要求的；

（六）因评审工作失职或者受到有效投诉的；

（七）隐瞒个人情况，不主动执行回避制度的；

（八）在评审过程中擅离职守，影响评审程序正常进行的；

（九）市科技行政主管部门依法认定的其他情形的。

第四十二条 项目申请人有下列情况之一的，市科技行政主管部门视情况责令改正，给予警告、通报批评、取消项目立项资格、终止项目合同，追回已拨经费、直至取消相关人员承担市科技行政主管部门科技项目的资格；涉嫌违纪的，移交有关部门按照相关规定处理；涉嫌犯罪的，依法移送司法机关处理：

（一）弄虚作假，骗取项目立项的；

（二）相互串通或者与评审组织机构工作人员、评审专家串通，以不正当手段获取有关项目的评审信息的；

（三）向评审组织机构工作人员、评审专家馈赠或者许诺馈赠钱物或给予其他好处的；

（四）编造谎言，捏造事实诋毁、侮辱、陷害评审组织机构工作人员、评审专家和其他项目申请者的；

（五）其他妨碍项目评审活动正常进行的。

第四十三条 在项目评审活动中，出现本办法第三十九条、第四十条、第四十一条和第四十二条情况的，市科技行政主管部门可以视情况决定重新组织评审。

第四十四条 市科技行政主管部门按照国家、广东省、深圳市有关政府信息公开规定，推进建立市科技计划项目信息反馈制度，将评审意见和审批结果反馈给申请人。

第八章 附 则

第四十五条 本办法自 2019 年 8 月 8 日起施行，有效期五年。

深圳市科技创新委员会
关于印发《深圳市科技评审专家管理办法》的通知

深科技创新规〔2019〕4号

各有关单位：

为了保障深圳市科技项目评审的科学性、合理性和公正性，规范科技项目评审专家依法依规按程序开展评审工作，根据《深圳市科技计划项目管理办法》（深科技创新规〔2019〕1号）等有关规定，结合深圳市实际，深圳市科技创新委员会制定了《深圳市科技评审专家管理办法》，现予印发，请遵照执行。

特此通知。

深圳市科技创新委员会

2019年7月31日

深圳市科技评审专家管理办法

第一章 总 则

第一条 为了保障深圳市科技项目评审的科学性、合理性和公正性，规范科技项目评审专家依法依规按程序开展评审工作，提高科技项目评审专家管理水平，依据国家、广东省和深圳市相关规定，制定本办法。

第二条 本办法适用于市科技行政主管部门评审专家库（以下简称“专家库”）的建设和管理，以及专家的选取、管理和监督等活动。

第三条 专家库建设和运行遵循“统一建设、科学管理、资源共享、规范使用”的原则开展。

第四条 本办法所称专家，是指符合规定资格和条件的，经市科技行政主管部门认定并纳入专家库管理的，为市科技行政主管部门科技项目提供评审及咨询服务的各类专业技术人员。

第二章 专家库建设

第五条 市科技行政主管部门负责专家库建设的总体部署和统筹协调，建立健全相关政策和管理制度，开展专家库建设、运行维护等相关工作。

第六条 专家主要来源于国（境）内外高等院校、科研机构、企业以及金融财税、法律等专业服务机构。

专家应当符合以下条件：

（一）拥护中华人民共和国宪法，遵守国家法律和社会公德；

（二）具有良好的职业道德、客观公正、学风严谨、信誉良好；

（三）具有严谨的科学态度、较高的专业学术水平和较强的分析判断能力，熟悉相关领域或行业的技术研发、成果转化及国内外科技创新与产业发展动态，熟悉相关法律法规、政策规范；

（四）热心科学技术评审工作，身体健康，拟入库时从事研究开发或专业管理工作，有较好的综合分析、评价能力和表达能力，熟悉计算机操作，年龄一般不超过65周岁；

（五）具有高级专业技术职称或者博士学位；

（六）无学术道德问题，无不良科研诚信记录，无违法犯罪记录。

第七条 有下列情形之一的，不得纳入专家库：

（一）无民事行为能力或者限制民事行为能力的；

（二）有刑事犯罪记录或者因评审违规违纪行为受过处罚、处分的；

（三）被取消评审专家资格的；

（四）被人民法院列为失信被执行人的；

（五）违反国家、广东省、深圳市科技项目评审管理办法有关规定的；

（六）法律、法规规定的其他情形。

第八条 专家入库主要采取主动邀请、公开征集、共建共享三种方式：

（一）市科技行政主管部门可以根据评审工作需要，主动邀请符合条件的专家，经专家本人同意后可直接入库；

（二）市科技行政主管部门可以公开发布征集深圳市专家库专家信息的通知或者公告，常年受理入库申请。符合条件的专家可由本人申请，单位推荐，填写专家信息登记表，经市科技行政主管部门核实后入库；

（三）市科技行政主管部门可以通过与国内外各类专家库建设方签订协议的方式，按照协作共建共享的原则将符合条件的专家吸纳入库；市、区各有关行政部门需要利用专家库的，市科技行政主管部门可以提供相应协助。

第九条 公开征集专家入库按照下列程序开展：

（一）申请人登录市科技业务管理系统，按要求如实填写个人相关信息并上传正面近照、身份证件、学历学位证书、专业技术职称等相关附件材料，上述信息确认无误后提交申请。

（二）市内专家由所在单位对专家提交的身份证件、学历学位证书、专业技术职称、获奖证书、研究成果等信息进行核对并且向市科技行政主管部门推荐。市外专家信息由市科技行政主管部门进行核对。

（三）市科技行政主管部门定期对专家入库信息进行认定，将符合条件的专家纳入专家库。

第十条 市科技行政主管部门根据《学科分类与代码》（GB/T 13745-2009）的分类标准，对入库专家按学科领域进行分类管理。

第十一条 入库专家应当及时、主动更新职称、单位、联系电话等个人信息。专家所在单位负责对本单位推荐的专家信息进行定期核对、补充后，报市科技行政主管部门。

第十二条 市科技行政主管部门应当拓展专家信息采集和更新渠道，采取多种方式完善专家信息，定期提醒入库专家更新个人信息，并对更新的信息进行审核。

第十三条 专家因个人原因不再参加评审工作的，可以登录市科技业务管理系统提出申请，经市科技行政主管部门确认后退出专家库。

第十四条 市科技行政主管部门应当从工作态度、政策水平、专业评审的公平性、公正性等方面，对专家参加评审活动进行评价，并对专家库进行动态管理，不断充实和完善专家资源。

第三章 专家选取和管理

第十五条 市科技行政主管部门组织或者委托组织的科技计划项目评审活动所需专家，应当从专家库中选取。如现有专家库不能满足科技项目评审活动的，市科技行政主管部门应当及时采取措施完善专家库。

重大科技计划项目评审专家的选取按照重大科技计划项

目管理有关规定执行。

第十六条 市科技行政主管部门组织的科技计划项目评审，由其自行从专家库中选取并确定专家，组成评审专家组。

委托组织的科技计划项目评审，市科技行政主管部门应当提出项目评审需求，明确专家构成及选取范围，由受托的评审组织机构在专家库中选取备选专家。备选专家名单报市科技行政主管部门备案后，组成评审专家组。

第十七条 评审专家组构成应当兼顾科学性、合理性和必要性，并充分考虑下列因素：

（一）专家组原则上由不少于 3 人以上单数的专家组成；

（二）综合考虑专家的专业、年龄、工作单位、特长等事项，原则上主要选取活跃在科研一线的专家参与评审；

（三）与产业应用结合紧密的项目，应当选取活跃在生产一线的专家参与评审。

（四）同一专家组中来自同一单位的专家原则上只能有 1 名。

第十八条 专家选取应当遵循专家轮换机制，避免同一专家在短期内多次参加各类评审活动，原则上一个月内参加不超过 4 次评审活动。

第十九条 专家选取应当遵循回避原则。有下列情形之一的，专家应当主动回避：

（一）与被评审项目有关联的；

（二）两年内曾在被评审项目所属单位任职的；

（三）与申请人、参与者属于同一法人单位的；

（四）配偶或直系亲属与被评审项目有关联的；

（五）专家与被评审项目单位有法律纠纷或有经济利益关系，或者其他可能影响客观、公正评审的情况的。

市科技行政主管部门或其委托评审的组织发现评审专家存在上述情形之一的，应当要求其回避。

第二十条 专家在评审过程中有权独立发表意见和建议，对需要共同认定的事项存在争议或者异议的，有权发表个人意见，不受任何组织和个人干预；对评审报告有异议的，有权在评审报告上签署不同意见并且说明与评审相关的专业理由；不说明理由的，视为无效意见。

专家在评审过程中，有权按有关规定和标准获得合理劳务报酬。对评审过程中的违法违规行为，专家有权抵制或依法检举。

第二十一条 专家参加评审活动须履行以下责任：

（一）遵守科技项目评审纪律和保密规定；

（二）掌握科技项目的评审程序、评审要点；

（三）按照本办法第十九条第一款规定主动提出回避；

（四）按照规定的评审程序，独立、客观、公正、科学地对科技项目进行评审；

（五）在评审报告上签字，对自己的评审意见承担法律责任；

（六）按照规定的时间完成评审工作。

第四章 监督管理

第二十二条 专家参加评审活动，应当遵守以下纪律：

（一）不得与评审对象及相关人员串通，为有利益关系者提供便利；

（二）不得压制不同观点的专家意见；

（三）不得做出与客观事实不符的评价；

（四）不得擅自披露、使用被评审对象的商业秘密；

（五）不得单独与评审对象及相关人员接触；

（六）不得复制保留或者向他人扩散评审资料，泄露评审信息。

第二十三条 专家参加评审活动时应当遵守评审现场管理规定。市科技行政主管部门应当对专家的评审活动进行监督，在评审过程中，发现专家存在徇私舞弊、不按规定进行评审、违反评审纪律和有关规定等行为的，应当终止该专家的评审活动，必要时重新组织评审。

第二十四条 市科技行政主管部门应当建立专家信用评级机制和科研诚信异常名录制度，对专家的履职情况进行综合评价，对入库专家实行科研诚信管理。

第二十五条 市科技行政主管部门应当建立健全专家回避、

公示等制度，对公示期间存在异议的专家开展背景经历调查核实工作，对异议有效的人员，依照有关规定处理。

第二十六条 专家参加评审活动，有下列情形之一的，列入不良行为记录：

（一）无故迟到或在评审过程中擅离职守，影响评审工作整体进展的；

（二）不能客观公正履行职责，个人评分、评审意见严重偏离评审要求的；

（三）未按照规定的评审程序、评审方法和评审标准进行评审的；

（四）未按照规定时间完成评审工作的；

（五）接受邀请后无正当理由不参加评审活动，且未及时告知相关部门的；

（六）以评审专家身份从事有损政府公信力的活动的；

（七）违反评审纪律的其他行为。

在一个年度内被记录三次及以上不良行为记录的，由市科技行政主管部门取消其评审专家资格，通报所在单位，并且将其列入科研诚信异常名录。被列入科技诚信异常名录的人员，不得重新申报市科技行政主管部门专家库专家。

第二十七条 专家有下列情形之一的，终止其评审专家资格：

（一）泄露相关商业秘密、技术秘密以及其他不宜公开的情况，造成不良后果的，或者非法转让利用他人成果和有关资料的；

（二）徇私舞弊，索取或者接受利益相关单位或者人员的礼金、有价证券、支付凭证、可能影响公正性的宴请的或者其他形式利益输送方式的；

（三）接受任何单位或个人以任何方式提出的倾向性或者排斥性要求的；

（四）因评审工作失职并受到有效投诉的；

（五）隐瞒个人情况，不主动执行回避制度的；

（六）市科技行政主管部门认定的其他情形的。

第二十八条 项目申请人、参与者以及其他知情人发现评审专家有违反相关法律、法规、规章以及本办法规定行为的，应当向市科技行政主管部门举报。

市科技行政主管应当受理并且及时处理相关举报。

第二十九条 市科技行政主管部门对违反评审纪律的评审专家，视情节轻重分别给予通报批评、终止评审资格的处罚；涉嫌犯罪的，依法移送司法机关处理。

第五章 附则

第三十条 本办法自 2019 年 8 月 12 日起实施，有效期五年。

深圳市科技创新委员会关于印发《深圳市企业研究开发项目与高新技术企业培育项目资助管理办法》的通知

深科技创新规〔2019〕5号

各有关单位：

为了引导企业持续加大研发投入，增强企业自主创新能力，促进深圳市高新技术企业培育和发展，深圳市科技创新委员会制定了《深圳市企业研究开发项目与高新技术企业培育项目资助管理办法》。现予以印发，请遵照执行。

深圳市科技创新委员会

2019年10月9日

深圳市企业研究开发项目与高新技术企业培育项目资助管理办法

第一章 总则

第一条 为了引导企业持续加大研发投入，增强企业自主创新能力，促进我市高新技术企业培育和发展，根据《深圳市科技研发资金管理办法》等有关规定，结合实际，制定本办法。

第二条 本办法适用于本市符合《国家重点支持的高新技术领域》涉及的企业研究开发项目和高新技术企业培育项目的资助活动。

国家财政部门和税务部门规定的不能享受研发费用加计扣除政策的企业，不属于资助范围。

第三条 企业研究开发项目和高新技术企业培育项目资助资金纳入深圳市科技研发资金预算，采取事后补助方式。

第四条 市科技行政主管部门是企业研究开发项目和高新技术企业培育项目资助工作的主管部门，负责编制和发布申请指南，组织开展项目受理、审计、评审和管理等工作。

申请单位应当根据市科技行政主管部门发布的申请指南提交资助申请，负责项目管理和经费管理职责。

第五条 企业研究开发项目和高新技术企业培育项目资助工作遵循“规范、简明、高效”的原则组织实施。

第二章 企业研究开发资助项目

第六条 申请企业研究开发项目的，应当符合以下条件：

（一）在本市（含深汕特别合作区）依法注册、具有法人资格的国家高新技术企业、深圳市高新技术企业或者上年度纳入本市统计部门统计范围的规模以上工业和服务业企业；

（二）企业开展的研究开发活动符合研发费用加计扣除政策范畴，且上年度已向税务部门办理加计扣除申报；

（三）企业诚信记录良好。

属于规模以上工业和服务业企业的，应当建立内部研发机构，按照国家统计法规要求如实填报科技统计报表。

第七条 申请单位通过深圳市科技业务管理系统在线填报项目申请书，并向市科技行政主管部门提交以下材料：

（一）通过系统打印已填妥确认的申请书；

（二）上年度研究开发费用专项审计报告。

第八条 对符合第六条规定的申请单位，市科技行政主管部门根据申请企业上年度研发费用实际支出，按照一定比例予以资助，具体资助比例根据当年申请企业数量和预算规模确定。

单个申请企业年度内资助资金最高不超过 1000 万元。

第三章 高新技术企业培育资助项目

第九条 高新技术企业培育项目资助方式包括下列三种类别：高新技术企业培育库入库企业资助（以下简称“入库企业资助”）、异地迁入本市的规模以上高新技术企业资助（以下简称“迁入企业资助”）、高新技术企业认定奖励性资助（以下简称“认定奖励性资助”）。

第十条 高新技术企业培育资助标准：

（一）入库企业资助按企业上年度研发费用实际支出的 10% 予以资助，单个企业资助金额最高不超过 300 万元，单个企业只能申请一次；

（二）迁入企业资助金额为 100 万元，单个企业只能申请一次；

（三）认定奖励性资助 5 万元。

第十一条 市科技行政主管部门负责建立高新技术企业培育库，确定入库条件，公布入库企业名单。培育期为三年，培育期内通过高新技术企业认定的，自动出库；三年期满后，未通过高新技术企业认定的，调整出库，且不再受理入库申请。入库企业应当符合下列条件：

（一）未获得过高新技术企业资格和高新技术企业培育库入库资格；

（二）符合市科技行政主管部门确定的当年高新技术企业认定专家评审成绩达标线。

第十二条 申请入库企业资助的，应当符合以下条件：

（一）在本市（含深汕特别合作区）依法注册、具有法人资格的企业；

（二）申请企业应当为上年度入库企业；

（三）企业开展的研究开发活动符合研发费用加计扣除政策范畴，而且当年已向税务部门办理加计扣除申报；

（四）企业诚信记录良好。

属于规模以上工业和服务业企业的，应当建立内部研发机构，按照国家统计法规要求已如实填报科技统计报表。

第十三条 申请入库企业资助的企业通过深圳市科技业务管理系统在线填报项目申请书，并向市科技行政主管部门提交以下材料：

（一）通过系统打印已填妥确认的申请书；

（二）上年度研究开发费用专项审计报告。

第十四条 申请迁入企业资助的，应当符合以下条件：

（一）自 2018 年 1 月 1 日之后异地迁入本市的规模以上高新技术企业，而且迁入已满 2 年；

（二）迁入深圳市后连续两年保持高新技术企业资格并达到规模以上企业标准；

（三）企业诚信记录良好。

第十五条 申请迁入企业资助的企业通过深圳市科技业务管理系统在线填报项目申请书，并向市科技行政主管部门提交以下材料：

（一）通过系统打印已填妥确认的申请书；

（二）迁入前一个会计年度和迁入后两个会计年度的财务审计报告。

第十六条 市科技行政主管部门根据上年度高新技术企业认定名单，予以企业认定奖励性资助。

第四章 立项拨付

第十七条 市科技行政主管部门根据年度科技研发资金支出预算，编制和发布企业研究开发资助、入库企业资助和迁入企业资助项目申请指南。

未按照申请指南规定时间内提交申请的，市科技行政主管部门可以不予受理。

第十八条 市科技行政主管部门牵头建立跨部门工作协商机制，对企业研究开发资助、入库企业资助和迁入企业资助申报材料进行核查。核查要点包括下列事项：

（一）与市注册会计师协会核对研究开发费用专项审计报告或年度财务审计报告的一致性；

（二）与市统计部门核查科技统计报表填写是否规范，科技统计报表应报未报、企业内部研发机构应填未填的，不予资助；

（三）核查企业诚信及风险情况，申请企业存在影响资金安全的失信行为，不予资助；

（四）综合企业申报的研究开发费用和税务部门认定的金额，取较小金额，作为企业上年度研发费用实际支出。

第十九条 企业研究开发资助、入库企业资助和迁入企业资助企业名单以及资助金额，由市科技行政主管部门向社会公示，公示期 10 日。公示期间的异议处理按照本市科技计划项目管理的有关规定执行。

第二十条 公示期满后，市科技行政主管部门应当及时下达立项文件。企业研究开发资助、入库企业资助和迁入企业资助由市科技行政主管部门拨付。

认定奖励性资助，由市科技行政主管部门会同市财政部门下达文件至各区（新区），通过专项转移支付各区（新区）发放。

第二十一条 企业研究开发项目和高新技术企业培育项目不签订合同书或者任务书，资助资金由获得资助的企业统筹用于本单位研发活动。

第五章 监督管理

第二十二条 市科技行政主管部门按照市财政专项资金管理规定要求，实行绩效评价制度。

第二十三条 申请企业应当对申报数据的真实性负责，并承担不实申报的相关责任。对申报金额比税务部门认定金额高 20% 以上的，由市科技行政主管部门列为重点监测企业，并会商税务部门将其列为重点抽查对象。

第二十四条 申请单位使用虚假材料或者其他不正当手段骗取、套取专项资金的，一经查实，撤销立项并向社会公开，由市科技行政主管部门追回全部资助资金及孳生利息。

市科技行政主管部门将属于前款情况的申请单位和责任人员列入科研诚信异常名录，五年内不受理其申报市科技计划项目。涉嫌犯罪的，依法移送司法机关处理。

第六章 附则

第二十五条 市政府批准制定的企业研究开发项目单行资助方案，按照市政府批准制定的单行资助方案执行。

第二十六条 《关于加强高新技术企业培育的通知》（深科技创新〔2017〕278 号）有关规定与本办法不一致的，以本办法为准。

本办法未尽事宜，按照本市有关科技计划管理的规定执行。

第二十七条 本办法施行前已获得《深圳市高新技术企业证书》的企业，申请本办法资助时应当确保在上一年度该证书处于有效期内，方可享受本办法所规定的相关政策资助。

第二十八条 本办法自 2019 年 10 月 10 日起施行，有效期五年。

深圳市科技创新委员会
关于印发《深圳市软科学研究项目管理办法》的通知

深科技创新规〔2019〕6号

各有关单位：

为了加强软科学研究项目管理，提高软科学研究项目研究水平和服务决策效能，深圳市科技创新委员会制定了《深圳市软科学研究项目管理办法》。现予以印发，请遵照执行。

深圳市科技创新委员会

2019年10月24日

深圳市软科学研究项目管理办法

第一条 为了加强深圳市软科学研究项目（以下简称“软科学研究项目”）管理，提高软科学研究项目研究水平和服务决策效能，根据国家、省、市有关规定，结合实际，制定本办法。

第二条 软科学研究项目，是本市科技计划的重要组成部分，以实现决策科学化、民主化为目标，综合运用自然科学、社会科学和工程技术等多门类、多学科知识，为科技、经济和社会发展重大决策提供支撑的科学研究项目。

软科学研究项目主要研究范围，包括与科技创新相关的战略规划、政策法规、政府管理、体制改革、产业创新、经济分析、重大任务，以及软科学基本理论和方法等范畴。

第三条 市科技行政主管部门是软科学研究项目的主管部门，负责软科学研究项目的规划、布局、评估和监管等工作，组织开展项目受理、评审、过程管理和验收等工作。市科技行政主管部门应当根据软科学研究项目特点，建立软科学研究项目评审专家库。

软科学研究项目承担单位（以下简称“承担单位”）负责项目实施、经费管理和监督职责，推动项目顺利执行。

第四条 软科学研究项目管理工作遵循“项目课题与战略部署相衔接、理论研究与工作实践相衔接、管理规范与简明高效相衔接”的原则组织实施。

第五条 市科技行政主管部门负责编制和发布软科学研究项目年度申报指南，明确项目课题、申报要求等事项。

市科技行政主管部门根据实际，可以不定期编制和发布软科学研究项目专题性指南。

第六条 市科技行政主管部门根据国家、省政策方针和市委、市政府的重大决策和重大部署，突出重点、统筹兼顾确定软科学研究项目课题，以满足本市科技、经济和社会发展需要。

软科学研究项目课题根据研究内容、研究深度、研究任务量等，划分一般课题和重点课题。一般课题包括政策措施、决策咨询、专项研究等；重点课题包括顶层设计、宏观研究、战略规划等。

市科技行政主管部门可以通过征集项目、组织专家论证等方式确定软科学研究项目选题。

第七条 软科学研究项目申请单位应当符合下列基本条件：

（一）在本市（含深汕特别合作区）依法注册，具备法人资格的企业、高等院校、科研机构、医疗卫生机构以及其他事业单位和社会组织，或者是经市政府批准的其他机构；

（二）具有项目实施的基础条件和保障能力，诚信守法，具有良好的知识产权保护相关制度；

（三）项目负责人应当具有完成项目所需的软科学研究能力和组织管理协调能力；项目负责人为非申请单位全职研究人员的，应当与项目申请单位约定投入申请项目研究工作量占本人工作量的 50% 以上；

（四）项目申请单位和项目负责人在申请项目时未列入本市科研诚信异常名录；

（五）项目申请单位应当自主申报，委托科技中介机构申报的，不予受理并列入科研诚信异常名录；

（六）项目负责人原则上每年只能承担一个软科学研究项目，且同时承担在研软科学研究项目不得超过两项。

一个软科学研究项目应当确定一个项目负责人。

市科技行政主管部门可以对已在市级部门预算管理单位申报安排项目支出的研究项目的申报不予受理。

鼓励项目申请单位与非本市研究机构开展软科学课题研究合作。

第八条 项目申请单位应当通过“深圳市科技业务管理系统”在线填妥申请书，并向市科技行政主管部门提交下列材料：

（一）知识产权合规性声明；

（二）科研诚信承诺书；

（三）如与非本市研究机构合作申请的，还应当提交合作协议。

项目申请单位还可以提交市级以上政府部门推荐材料，以及过往的研究成果，包括学术论文、专著、课题等反应项目申请单位项目研究水平的相关资料。

第九条 申请单位申请软科学研究项目，应当根据申报指南的要求确定研究课题，并且在规定期限内，提出书面申请。

第十条 市科技行政主管部门对申请材料组织开展审查工作，对不符合申请指南要求的不予受理，并且应当说明理由。

第十一条 市科技行政主管部门对受理的软科学研究项目，按照本市科技计划项目评审有关规定，组织项目专家评审和考察工作。

第十二条 软科学研究项目评审的评价指标，主要包括研究方法、研究路线的先进性、可行性和实用性，申请单位的支撑保障能力，项目负责人的研究经历、研究基础和前期相关研究成果等方面。

第十三条 市科技行政主管部门综合专家评审意见和考察结果，按照立项原则提出拟资助项目。

第十四条 市科技行政主管部门向社会公示拟资助项目，接受社会监督和意见反馈，公示期 10 日。公示期过后，市科技行政主管部门应当及时制发立项文件。

项目公示期间异议处理按照本市科技计划项目管理有关规定执行。

第十五条 承担单位应当在项目立项文件发布之日起 30 日内与市科技行政主管部门签订合同，明确项目研究内容、绩效目标、研究人员、预期成果以及双方的权利、义务。

软科学研究项目实施期限原则上不超过 1 年。项目实施期间，合同内容原则上不做变更，若确需变更合同内容的，承担单位应当按照市科技计划项目变更有关规定执行。

第十六条 市科技行政主管部门在市科技研发资金中安排软科学研究项目经费。

承担单位对软科学研究项目经费实行包干制管理，可以不按科目编制预算。软科学研究项目经费仅用于软科学研究活动。

经费管理其他事项按照市科技研发资金管理有关规定执行。

第十七条 软科学研究项目实行梯次资助。一般课题资助额度不超过 50 万元；重点课题资助额度大于 50 万元，不超过 100 万元；国家和省及其相关部门布置的重大软科学研究任务、市委市政府部署的重大软科学研究课题，最高资助额度为 200 万元。

国家和省及其相关部门布置的重大软科学研究任务、市委市政府部署的重大软科学研究课题，经市政府批准同意，市科技行政主管部门可以委托市内外研究机构开展研究。

第十八条 承担单位按合同要求完成项目后，应当在合同规定的完成日期后六个月内通过市科技业务管理系统向市科技行政主管部门提出验收申请。项目验收事项按照市科技计划项目验收管理有关规定执行。组织实施顺利、提前完成任务目标的，可以提前申请验收。

未按合同规定期限完成或者未经市科技行政主管部门同意不按期完成或者终止软科学研究项目的，承担单位或者项目负责人 3 年内不得申报市软科学研究项目资助。

第十九条 市科技行政主管部门按照本市财政专项资金管理规定要求，实行绩效评价制度，绩效评价结果作为后续支持的重要依据。

市科技行政主管部门加强对软科学研究项目承担单位、项目负责人及项目组其他成员的科研诚信管理。对于违反科研诚信要求的，市科技行政主管部门将其列入市科研诚信异常名录情节严重的，按照国家规定处理；涉嫌犯罪的，依法移送司法机关处理。

监督管理涉及的其他事项，按照市科技计划性项目监督管理相关规定执行。

第二十条 市政府依法或者按合同享有软科学项目研究成果形成的知识产权。

软科学研究项目形成的报告、论文、专著、数据库等成果以及应用成果的，需注明本市软科学研究资助和项目编号；除涉及国家秘密、商业秘密和个人隐私外，成果应当以公开发表、出版发行或者在市科技行政主管部门门户网站上公布等方式向社会公开。

第二十一条 本办法自 2019 年 10 月 24 日起施行，有效期为五年。《深圳市软科学研究项目管理办法》（深科技创新规〔2016〕2 号）同时废止。

深圳市技术转移和成果转化项目资助管理办法

深科技创新规〔2019〕7号

第一章 总则

第一条 为了进一步支持科技成果在深圳产业化，促进科技与产业融通发展，规范和加强科技项目管理，根据国家、省、市有关规定，结合实际，制定本办法。

第二条 技术转移和成果转化项目资助工作是深圳市科技计划的组成部分。按照资助对象不同，技术转移和成果转化项目资助主要包括技术合同项目资助和技术转移服务机构培育项目资助两类。

市科技行政主管部门根据《深圳市科技研发资金管理办法》（深科技创新规〔2019〕2号）的有关规定，依法使用市科技研发资金对符合本办法规定的《技术合同》中属于技术转让类别的卖方或者属于技术开发、技术服务、技术咨询类别的受托方（以下简称“卖方”或者“受托方”），技术转移服务机构以及高等院校设立的创新验证中心予以资助。

第三条 技术转移和成果转化项目资助资金纳入市科技研发资金预算，采取事后补助方式发放。

第四条 市科技行政主管部门是技术转移和成果转化项目资助工作的主管部门，负责编制发布项目资助指南，组织开展项目资助工作的受理、审计、评审、下达资助计划和拨付资金等工作。

申请单位依程序向市科技行政主管部门申请项目资助，按照资助条件使用资助资金并承担管理主体责任。

第五条 技术转移和成果转化项目资助工作应当遵循公平公正、竞争择优、透明高效和动态管理的原则组织实施。

第二章 技术合同资助项目

第六条 技术合同资助项目，是指为支持科技成果转化，对《技术合同》的卖方或者受托方，在核定上年度的技术交易收入后予以一定比例资助。

第七条 申请单位申请技术合同资助，应当符合以下条件:

（一）在深圳市或者深汕合作区依法注册，具有独立法人资格的企业、高等院校、科研机构和社会组织。

（二）《技术合同》的卖方或者受托方，《技术合同》包括技术转让、技术开发、技术服务、技术咨询合同。

（三）申请单位签订的《技术合同》应当在上年度经过深圳市技术合同登记机构的认定登记，且未享受过免征流转税优惠政策。多个符合条件的《技术合同》，可以合并申报。

（四）信用记录良好。

第八条 申请单位通过深圳市科技业务管理系统在线填报项目申请书，并向市科技行政主管部门提交以下材料：

（一）通过系统打印已确认填报信息的申请书；

（二）与《技术合同》对应的税务发票以及银行流水账单。

第九条 对符合第七条规定的项目，按不超过申请单位上年度技术交易收入额应纳增值税额的80%予以资助，且不超过其上年度实际缴纳增值税额，最高资助200万元。

申请单位上年度技术交易收入额按照上年度技术合同认定登记证明所核定的技术交易额、对应的上年度税务发票金额以及银行流水账单，取最小金额予以确定。

第三章 技术转移服务机构培育资助项目

第十条 技术转移服务机构培育资助项目，是指为引导技术转移市场化、规范化和专业化发展，对提供技术转移服务的技术转移服务机构与提供概念验证服务的创新验证中心予以资助。

技术转移服务机构培育资助项目包括高等院校技术转移培育资助和促成技术交易服务资助两个类别。

第十一条 申请单位申请高等院校技术转移培育资助的，应当符合以下条件：

（一）在深圳市或者深汕合作区内依法注册、具有独立法人资格的高等院校，或者由深圳高等院校设立且具有独立法人资格的技术转移服务机构或者创新验证中心；

（二）技术转移服务机构应当在市技术转移促进中心进行备案，且在提出资助申请时仍符合备案要求；

（三）技术转移服务机构或者创新验证中心应当拥有专职的服务工作团队或者专家顾问团队，其团队规模适度和知识结构合理，能够提供专业的技术转移服务；

（四）技术转移服务机构或者创新验证中心应当财务独立核算，具有独立固定办公场所。

第十二条 申请单位通过深圳市科技业务管理系统在线填报项目申请书，并向市科技行政主管部门提交以下材料：

（一）通过系统打印已确认填报信息的申请书；

（二）技术转移服务机构或者创新验证中心法人登记证书或者其他设立文件；

（三）技术转移服务机构或者创新验证中心的专职人员社保清单（连续 12 个月）、学历和职称证书；

（四）技术转移服务机构或者创新验证中心办公场所的不动产登记证明或者房屋租赁合同；

（五）高等院校上年度投入技术转移服务机构或者创新验证中心的技术转移服务费专项审计报告；

属于技术转移服务机构的，还需要提交技术转移管理、考核、收入分配、奖励激励等内部制度文件；

属于创新验证中心的，还需要提交以下材料：

（一）概念验证项目专家顾问团队的设立文件；创业导师专职人员名单及简历；

（二）自有种子资金或者可支配孵化资金相关文件；

（三）对外提供概念验证服务、创业孵化服务或投融资服务的案例清单以及相关材料。

第十三条 对符合第十一条规定的项目，按照申请单位上年度投入技术转移服务机构和创新验证中心的技术转移服务费，分别予以等额资助，最高资助 100 万元。

第十四条 申请单位申请促成技术交易服务资助，应当符合以下条件：

（一）在深圳市或者深汕合作区内依法注册、具有独立法人资格的高等院校、企业、科研机构、社会组织等单位；

（二）属于技术转移服务机构的，应当在市技术转移促进中心进行技术转移服务机构备案，且在提出资助申请时仍符合备案要求；上年度有与技术交易双方（至少一方是深圳单位）共同签订三方《技术合同》，并经技术合同登记机构认定登记，且《技术合同》中载有服务机构提供技术转移服务的相应条款；

（三）属于创新验证中心的，应当由高等院校设立；上年度对外实际提供项目概念验证服务，以及后续的创业孵化服务或者投融资服务；

（四）信用记录良好。

第十五条 申请单位需在深圳市科技业务管理系统填报项目申请书，并向市科技行政主管部门提交以下材料：

（一）通过系统打印已确认填报信息的申请书；

（二）与《技术合同》对应的税务发票（包括技术转移服务费用）及银行流水账单。

第十六条 对符合条件的项目，按照申请单位上年度实际技术转移服务收入予以等额资助，最高资助 50 万元。

第十七条 申请单位是高等院校以及由高等院校设立的技术转移服务机构或者创新验证中心的，应当先申请高校技术转移培育资助，在其享受连续三年资助后，方可申请促成技术交易服务资助，且不可再申请高校技术转移培育资助。

第四章 立项和拨付

第十八条 市科技行政主管部门每年公开发布技术转移和成果转化项目申请指南，并通过政务信息共享方式核查申请单位《技术合同》认定登记情况。

第十九条 申请单位应当根据申请指南的步骤和程序，在规定期限内，提出书面申请，并提交相关材料。

第二十条 市科技行政主管部门根据资助申请对申请材料进行核查，通过核查的，按照深圳市科技项目相关规定对资助项目开展专项审计、评审。

第二十一条 市科技行政主管部门根据项目审计情况，按照立项原则提出拟资助项目。

市科技行政主管部门在官方网站将拟资助名单向社会公示10日。公示期满后，对无异议或经核查异议不成立的，及时下达资助计划，拨付项目资金。对经核查异议成立的，不予立项。

第五章 监督管理

第二十二条 技术转移和成果转化项目资助资金用于申请单位开展技术转移服务活动所发生的相关支出。

第二十三条 申请单位使用虚假材料或者其他不正当手段骗取、套取专项资金的，一经查实，市科技行政主管部门应当及时撤销立项并向社会公开，依法追回全部资助资金及孳生利息。

市科技行政主管部门将上一款的申请单位和责任人员列入科研诚信异常名录，五年内不受理其申报市科技计划项目。申请单位和责任人员涉嫌犯罪的，依法移送司法机关处理。

第二十四条 市科技行政主管部门应当建立健全技术转移和成果转化项目资助申请、受理、审核、评估的内部监控机制，每年组织对项目资助情况开展定期审核和效能评估。

第六章 附则

第二十五条 技术转移和成果转化应当遵守法律法规，维护国家利益，不得损害社会公共利益和他人合法权益；涉及国家安全、国家秘密的，按照有关规定办理。

第二十六条 各区可以根据实际，参照本办法制定实施细则。

第二十七条 本办法自2019年11月5日起施行，有效期五年。

第三章 科技资源环境

Scientific & Technologic Sources

第一节 深圳国家高新区

一、概况

深圳国家高新区（下文简称“高新区”）深圳湾园区始建于1996年9月，规划面积11.5平方公里，是国家“建设世界一流高科技园区”的六家试点园区之一，是“国家知识产权试点园区”“国家高新技术产业标准化示范区”“国家海外高层次人才创新创业基地”和“国家新型工业化产业示范基地”。高新区坚持自主创新，和谐发展，营造产业生态、人文生态、环境生态“三态合一”的综合环境。倡导敢于冒险、勇于创新、宽容失败、追求成功，开放包容、崇尚竞争，富有激情、力戒浮躁的创新文化。形成了“官产学研资介”相结合的区域创新体系。高新区已成为“创业的沃土，成功的家园”。

2019年，深圳国家高新区全面贯彻党的十九大和十九届二中、三中、四中全会精神，认真落实习近平总书记对广东、深圳工作的重要讲话和指示批示精神，深入实施创新驱动发展战略，抢抓建设粤港澳大湾区和中国特色社会主义先行示范区“双区驱动”的重大战略历史机遇，高举高新技术产业发展旗帜，在加快建设世界一流高科技园区，率先实现国家高新区高质量发展上取得新成效。

2019年4月，深圳国家高新区完成扩区，总规划面积达159.48平方公里，形成“一区两核多园”的发展新布局。根据2019年火炬综合报表统计，截至2019年底，深圳国家高新区实现营业收入22074.18亿元；工业总产值15712.72亿元；上缴税费1090.03亿元；实现四上企业利润总额2446.47亿元；出口总额3275.89亿元；园区生产总值（GDP）约6905.05亿元。深圳国家高新区在2019年度科技部火炬中心国家高新区评价中综合排名位列全国第二，高新区可持续发展能力位列全国第一，综合排名已连续三年稳居全国第二。

二、优化深圳国家高新区顶层设计

打造深圳国家高新区和深圳国家自主创新示范区联动发展新局面。一是推动深圳国家高新区扩容提质。2019年4月深圳市政府正式向科技部进行扩区报备，并印发实施《深圳国家高新区扩区方案》，形成“一区两核多园”的深圳国家高新区发展新布局，总规划面积达159.48平方公里，破解原高新区土地面积狭小的制约瓶颈。二是完善深圳市高新区和自主创新示范区管理体制，调整成立深圳国家自主创新示范区（深圳国家高新区）领导小组，由市长担任领导小组组长。通过建立高规格议事协调机构，发挥深圳国家高新区和深圳国家自主创新示范区的创新集聚和战略引领作用。三是高标准编制高新区和自主创新示范区规划。印发实施《深圳国家自主创新示范区产业规划（2020—2025年）》，坚持全市一盘棋，错位发展的规划理念，形成以科技创新推动产业跃升，以产业创新牵引科技发展，打造深圳国家高新区和深圳国家自主创新示范区联动发展新局面。

三、不断壮大高新技术产业集群

一是构建高新技术产业发展生态圈。培育和发展新一代通信技术、互联网科技、智能制造、人工智能、生物医药等千百亿级产业集群，形成了“头部企业”全面领跑，新锐企业多点开花，中小企业雨后春笋的蓬勃发展局面。二是龙头企业发挥重大引领作用。华为已成为全球通信行业的领导者，腾讯是全球最大互联网公司之一，大疆创新占领消费级无人机全球市场份额第一。三是发展高新技术产业的主阵地。根据 2019 年火炬综合报表统计，深圳国家高新区 2017—2019 年度有效期国家级高新技术企业 4440 家，约占全市 26%；在国内主板、中小板等上市企业（含新三板挂牌）280 家，境外上市企业数十家。园区高新技术企业数量和质量均居全国高新区前列，深圳国家高新区已经成为深圳发展高新技术产业和培育壮大战略新兴产业的主阵地。

四、夯实创新载体建设

着力打造大湾区创新平台高地，一是积极推进西丽湖国际科技城建设，会同南山区政府，找准西丽湖国际科教城规划定位，推动“部省市”共建西丽湖国际科教城工作，以西丽湖国际科教城作为综合性国家科学中心重要承载片区，打造大湾区创新智核。二是加快推进建设鹏城实验室等重点创新载体建设。三是持续加强深圳虚拟大学园建设。截至 2019 年，虚拟大学园聚集了 62 所国内外知名院校，已建成包含清华大学和北京大学在内的 15 家产业化基地。四是加快构建“众创空间—孵化器—加速器”的创业孵化链条。以高新区作为核心承载区，重点优化创新创业孵化体系，截至 2019 年底，全市拥有市级（含）以上孵化器 131 家、众创空间 228 家，其中国家级孵化器 30 家，国家备案众创空间 91 家。

五、营造科技成果转化良好环境

深化产学研协同创新，一是打造知识产权高地。深圳国家高新区知识产权创造数量持续增长，创造质量进一步提升，多项核心指标居全国前列。据初步统计，2019 年深圳国家高新区专利申请 50312 件，约占全市 19%，其中发明专利申请 29274 件，约占全市 35%。深圳国家高新区 PCT 国际专利申请量为 10012 件，约占全市 57%，约占全国六分之一。二是产学研协同创新，提高成果转化率。建立高等院校、科研机构、企业协同创新机制，推动科研成果与深圳产业与企业需求有效对接。三是建设国家技术转移南方中心，推动形成技术转移和成果转化新格局。目前已完成南方中心启动区建设，包括 1300 平方米的展示厅和 1700 平方米的小型技术转移服务机构集聚区，其中国家级技术转移机构占入驻机构的 50% 以上。

六、积极开展园区交流合作

构建开放国际化创新创业环境，一是深化全国高新区交流合作。积极参加全国高新区各项交流合作活动。与赣州高新区管委会座谈并签署《深圳高新区与赣州高新区合作共建框架协议书》；同广东省科技厅、广西省科技厅共同推进广西省南宁高新区力合（南宁）科技园建设工作。二是协助科技部火炬中心组织举办 2019 年国家高新区高质量发展协调会（华南片区），交流落实创新驱动国家高新区高质量发展的经验做法和成效，研究存在的问题并谋划未来工作部署，共同推进国家高新区高质量发展。三是举办中国深圳创新创业大赛，2019 年第十一届深创赛共吸引包括美国和日本在内的 10 个国家和国内 32 个省市，香港、澳门、台湾地区共 3362 个团队、2711 家企业报名参赛，创历史新高。四是打造“深圳国际创客周”活动品牌。2019 年深圳国际创客周，遵循统筹布局及市区联动原则，充分发挥社会组织和专业机构作用，集中展示深圳在新一轮创新发展战略布局下双创取得的新发展、新面貌、新变化、新突破。五是积极开展国际交流，讲好中国故事。成功举办 UNLEASH2019 盛会，共邀请 160 多个国家和地区的 1000 多位人才与导师，到深圳开展为期一周的创新流程探讨，为深圳创新发展提出 222 个解决方案。

第二节 深圳虚拟大学园

一、概况

深圳虚拟大学园成立于 1999 年，是深圳市委市政府为大力发展高新技术产业而实施的具有战略意义的创新举措，是我国第一个集成国内外院校资源、按照一园多校、市校共建模式建设的创新型产学研结合示范基地，是国家有关部委和省市认定的“国家大学科技园”“国家高新技术创业服务中心”“博士后科研工作站”“高校学生科技创业实习基地”“广东省教育部产学研结合示范基地”“广东科技人才基地”。

深圳虚拟大学园在政府和院校共同支持下，根植于深圳特区、联络港澳、服务周边、辐射全国，聚集了 63 所国内外知名院校，国家大学科技园已建成包括清华大学与北京大学在内的 15 家产业化基地，12 家研究院被认定为“广东省新型研发机构”。

深圳虚拟大学园通过市场为导向的体制机制创新，在人才培养、科研工作、创新创业、成果转化、深港合作等方面为深圳经济建设与发展做了突出贡献，也为成员院校深化教学科研改革、服务社会、支持地方经济发展进行了探索，实现市校共赢。

二、人才培养

深圳虚拟大学园积极构建创新型开放式教育培训体系，发挥优质教育资源集聚优势，已形成从学士到博士的在职学历学位培养及从短期专项到量身订做企业人才的订单式培养体系。累计培训各类人员 35.9 万人，其中培养博士 2125 名、硕士 48229 名、本科生 70171 名，订单培训 126805 名。

深圳虚拟大学园博士后科研工作站工作有序开展。2019 年新入站博士后 23 人，出站 10 人。积极组织在站博士后申请中国博士后科学基金，6 人获得中国博士后科学基金第 65 和第 66 批面上资助。

三、科研工作

深圳虚拟大学园产学研工作持续深化，科研实力不断增强，已成为特色鲜明及专业突出的高端人才宜聚地、研发机构聚集地、中小科技企业集散地。依托深圳对科技持续投入，深圳虚拟大学园大力整合成员院校科技研发优势，参与深圳科研工作。设立研发机构 229 家，其中获批市级以上重点实验室和工程实验室创新载体 74 家，其中包括省级重点实验室及工程技术研究中心 8 家、国家工程实验室 1 家、省部共建国家重点实验室培育基地 1 家。承担国家级科技项目 1378 项、省部项目 265 项、市级项目 1934 项，获得专利 1592 项，软件著作权 314 项，发表论文 3999 篇，转化成果 2081 项。经过近几年扎实的科研工作，深圳虚拟大学园科研工作成绩喜人。如哈尔滨工业大学深圳研究院首次成功研制大功率 PCU，通过了飞行验证，打破国外垄断；香港城市大学成功研发轻薄且无需电池的“触觉电子皮肤”；香港城市大学研究与科技副校长、香港城市大学深圳研究院院长吕坚教授团队发明全球 4D 打印陶瓷新技术；香港理工大学研发全球最全面自动快速诊断系统，一小时内能检测 40 多种病原体，检测范围包括新冠病毒；西工大深圳研究院由中国科学院黄维院士领衔的柔性能源电子科研团队首次开发出聚合物水性纳米墨水。

四、创新创业

深圳虚拟大学园是国家级孵化器和国家大学科技园，多次被评为国家级优秀孵化器（A类），拥有良好的创新创业沃土。优先引进高层次创新创业人才，实施和承接包括“孔雀计划”在内的重大人才工程，加大海内外创新团队引进力度。2018年南都大数据研究院南都创客课题组发布“中国高校孵化器10强”名单，深圳虚拟大学园入选“2018中国高校孵化器10强”；2019年南方都市报联手国际数据集团发布的第二届中国孵化器TOP评选，获评粤港澳优秀孵化器特等奖；同年入选广东省科技厅“粤港澳科技企业孵化器”名单。

深圳虚拟大学园孵化器成功举办“第十一届深圳创新创业大赛港澳高校预选赛暨首届虚拟大学园创新创业大赛”，有24个优秀项目晋级第十一届深圳创新创业大赛总决赛，8家企业进入国赛。其中，7家企业在国赛中获得优秀企业奖，国赛项目获奖率达87%。

深圳虚拟大学园孵化器载体现有总面积6.8万平方米，包括虚拟大学园大楼、虚拟大学园产业化综合大楼、虚拟大学园重点实验室平台大楼等设施，可供孵化企业使用场地面积近2.65万平方米，占总面积38.9%。截至2019年12月，孵化器在孵企业90家，全年毕业企业17家，累计毕业企业172家，年内新增在孵企业30家，成立60年来为深圳市科技发展和创新做出巨大贡献。

五、成果转化

深圳虚拟大学园致力于打造科研资源和产业化资源连接服务平台，践行正向创新和逆向实践相结合的技术价值路径——既以科研本身的学科逻辑催生技术成果及开拓市场，又以企业产品开发为起点向创新链上游传递技术需求，并通过产学研合作和提供服务实现创新。

2019年，深圳虚拟大学园新增转化成果149项，新增技术服务188项，累计转化科技成果2081项，技术服务1236项。

六、深港合作

香港高等教育资源在粤港澳区域内最为丰富，深圳产业创新对香港研发有极强的市场需求，深圳虚拟大学园吸纳香港科教资源，形成了港校与内地院校协同发展及资源融合。

香港高校依托深圳虚拟大学园平台开展科学研究、联合人才培养、高科技创业企业培育等工作。累计承担国家级科技项目近千项，广东省科技计划项目71项，深圳市科技计划513项，各类科技计划项目经费总额超10亿元；累计在深联合培养各类人才9808名，其中博士后58名、博士236名、硕士2741名；在深设立科研机构64家，研发项目1533个，转化成果及技术服务371项，获得专利170项，发表论文1231篇；孵化企业156家。

七、学术论坛

2019年深圳虚拟大学园举办16讲名校名师公益课堂，演讲嘉宾由成员院校的16位知名专家学者组成。“深圳虚拟大学园名校名师公益课堂”在深圳全民终身教育学习活动周被评为“终身学习的品牌”。名校名师公益课堂已在城市文化建设中具备一定影响力，为提升城市整体文化素质和创新创业能力贡献了力量。

深圳虚拟大学园各成员单位组织举办各类学术会议和论坛，如武汉理工大学深圳研究院承办的“新经济 · 新赋能——2019深圳生物材料科技成果转移路径探讨互动会”；中南京大学深圳研究院主办的“第七届电声技术国际研讨会（ISEAT）”；上海交通大学深圳研究院、武汉理工大学深圳研究院、东南大学深圳研究院等18余所高校在深研院联合主办“深圳科技成果转移专业论坛”；香港中文大学深圳研究院举办“科技创业 · 金融助力”沙龙活动等。

八、联席会议

一年一度的深圳虚拟大学园联席会议是独有的制度安排，在高交会期间，聚集63所入园院校，共商大学园发展规划，已成为深圳虚拟大学园可持续发展的重要传承方式。2019年联席会议以“一流大学与先进城市”为主题，围绕创新体制机制、加强深港澳科教合作、加强一流大学与一流城市共创共赢等主题进行研讨。新时代赋予新使命，新起点要有新作为，深圳虚拟大学园紧抓时代机遇，着力将国内外一流大学融入深圳，提升深圳科技创新力，在新中国成立 70 周年及深圳建市 40 周年之际开创粤港澳大湾区市校合作新局面。

国务院发展研究中心党组成员、副主任张军扩出席联席会议并致辞，深圳市副市长王立新发表讲话，国务院发展研究中心创新发展研究部部长马名杰点评深圳虚拟大学园工作报告。中国科学技术信息研究所所长戴国强、广东省教育厅副厅长邢锋、哈尔滨工业大学校长周玉等嘉宾在联席会议上分别发言。

深圳虚拟大学园将不断提升成员院校聚集规模及发展能级，努力打造深圳人才培养战略高地，建设聚集国内外高等教育与高层次科技资源的国家级科技创新平台。

第三节 深圳光启高等理工研究院

一、概况

深圳光启成立于 2010 年，由五位美国杜克大学及英国牛津大学博士归国创建，是以超材料技术赋能行业为内核的使能型企业。作为一家战略创新型企业，包括光启自主创新的“白起”系列高性能电磁材料在内的多项核心技术和产品已突破禁运。光启热成像智能头盔实现超高效率无感机动巡查发热人员，有效构筑科技防疫线。

光启总部位于中国深圳，是新一代超材料技术和人工智能覆盖技术领先者，旗下拥有光启技术与光启科学两家上市公司。

作为全国电磁超材料技术及制品标准化技术委员会的秘书单位及深圳超材料产业联盟发起者，光启拥有一系列源头创新和产业化平台，包括以深圳光启高等理工研究院为核心的新型研发机构群、超材料电磁调制技术国家重点实验室及多个省市级重点实验室、企业博士后科研工作站等研究机构。

光启掌握高性能建模、高并发计算、精细制造、大范围光电感知覆盖、高效率测试五大内核技术，拥有大量自主知识产权。截至 2019 年底，光启专利申请总量 5556 件，授权专利总量 3288 件，超材料领域专利申请总量位居全球第一，实现超材料底层技术专利覆盖。此外，光启领衔起草并发布了全球第一份超材料领域国家标准《电磁超材料术语》，打破了欧美对前沿科技技术和标准垄断，奠定了我国在超材料技术研究和标准转化的国际领先地位。

作为一家以超材料技术赋能行业为内核的使能型企业，光启以产业化需求为牵引，将实验室的超材料科学研究，转化为工程实践，构建完整的超材料工业体系——五大内核技术与尖端装备行业结合，形成了新一代超材料技术，并率先应用到我国尖端装备上，在世界超材料产业化竞争中抢占先机，成为行业引领者。光启致力于为行业打造完整的解决方案。截至 2019 年底，已落地的行业包括先进飞机和电子通信系统在内的八大尖端装备领域。在尖端技术垂直发展过程中，光启五大内核技术与数字信息产业结合，形成了可应用于城市管理、教育、金融、医疗、商业、市民服务等众多垂直领域的人工智能覆盖技术，有效提升了社会治理与行业运营效率。

光启在开发超材料尖端装备产品过程中，依托系列科研平台和产业链体系，自主创新技术突破多项禁运。目前，光启已向行业开放高性能材料库，打破发达国家对我国相关领域禁运。

为全力支撑复工复产复学，光启技术发布热成像智能头盔，实现超高效率无感机动巡查发热人员，有效构筑科技防疫第一防线，堪称抗疫期间的“发热排查神器”。

二、专利和标准化工作

作为一家战略创新型企业，光启重视知识产权布局和核心技术保护，积极申请专利，构筑起知识产权“护城河”。截至 2019 年 12 月，光启累计申请专利总量 5556 件，包括发明专利申请 3916 件（含海外专利申请 430 件、美国专利申请 119 件、欧洲专利申请 113 件），授权专利 3288 件，包括授权发明专利 1752 件（含海外授权专利 244 件）。在超材料底层技术方面，光启专利申请 3050 件，包括授权专利 2066 件，申请数量全球领先。光启专利授权率申请量行业领先——光启专利授权率为 94.16%，实用新型授权率为 99.03%，外观设计授权率为 100%。其研发人均专利申请量 13.89 件，人均专利拥有量 8.22 件，处行业领先地位。

光启以设立标委会并以之为依托，领衔技术及产品标准制定，打破欧美技术和标准垄断。全国电磁超材料技术及制品标准化技术委员会秘书处设在光启。该委员会在全球率先开展超材料领域标准制定工作。由光启领衔，检测监管机构、十余家科研院所、相关产业企业共同起草了全球首份超材料领域的国家标准——《电磁超材料术语》，并于 2016 年 10 月 1 日起实施。该标准规定了电磁超材料的类别、功能、设计、基材、应用等相关方面的术语和定义，打破了欧美对前沿科技的技术和标准垄断。随着超材料技术应用不断深入，光启牵头制定的两项国家标准——GB/T 37657—2019《机载超材料天线罩通用规范》和 GB/T 37766—2019《机载吸波超材料通用规范》。这两项标准于 2019 年 6 月发布，为首批超材料制品国家标准，并于 2020 年 1 月 1 日实施。同时光启两份超材料国家军用标准也已进入报批阶段。光启联合相关用户单位和科研院所，在超材料领域局部实现我国从技术创新优势和转化应用优势向标准引领优势的转变。

三、科技成果产业化

光启作为源头创新企业，践行科技创新和成果转化，已产生多项源头创新优秀成果和各级创新奖励。据统计，2019 年全年摘得四项科技进步奖。其中，项目“超材料低频宽频吸波结构件研发及应用”获得深圳市科技进步奖一等奖；项目“空间大数据综合应用浮空平台”获得深圳市科技进步奖二等奖；项目“超材料空间调制技术研究及产业化应用”获得广东省科技进步二等奖；项目“智能化海空界面搜救平台关键技术研发及产业化”获得中国商业联合会科学技术奖－全国商业科技进步奖特等奖。这是继深圳光启高等理工研究院院长刘若鹏荣获 2016 年度市长奖和光启荣获 2017 年度深圳市科技进步一等奖后，再度光荣膺系列创新殊荣，标志着光启践行科技创新和成果转化，源头创新能力不断跃升。

超材料在世界范围内产业化成果并不多，整体来说其应用还处于测试和小批量生产阶段。光启作为以超材料技术赋能行业为内核的使能型企业，从无到有构建了我国完整的超材料工业体系，并将新一代超材料技术率先应用到国内尖端装备上，在世界超材料产业化竞争中抢占先机，成为行业引领者。

光启超材料从“被动选择”到“主动赋能”，顺利实现超材料的按需定制和产业化落地。尖端技术从实验室走到市场并奔向战场，成功规模化应用在先进飞机、电子通信系统、单兵 AI 装备等八大尖端装备领域。光启尖端装备光荣参加国庆 70 周年阅兵盛典，展示我国尖端装备领先实力，推动了中国高端装备跨代转型。

光启在开发复杂超材料产品过程中，突破了底层电磁功能材料技术，“白起”系列就是其中的一个代表。“白起”以其优异的电磁性能对我国尖端装备，通信系统具有极强的基础支撑作用。该系列高性能电磁材料实现批产，标志着我国在高性能电磁材料领域最新的自主创新成果，突破了国外禁运。以产品量产为例，我国某先进航空装备的超材料机载共形天线增益性能提升了近 30%，产品尺寸缩减了 40%，通信覆盖范围扩大了 50%。以警用智能头盔为代表的单兵 AI 装备保驾护航上海进博会，并屡立战功。

光启结合最先进的航空装备技术，并集成超材料、AI、AR 技术，成功研制出新一代人工智能单兵装备——光启警用智能头盔。该头盔大量采用了升级版最先进军用技术，具备十项“黑科技”功能，能全方位保护佩戴者，是续航时间长、使用舒适、全天候作战的 AI 单兵装备。作为新一代人工智能单兵装备，光启警用智能头盔具有全智能实战性——能够实时自动对人脸、车辆、证件进行识别。此外，能 5 米外秒级响应识别“黑白名单”人员，并具备语音翻译、实时直播、前后台互动、大规模协同作战等功能，让警务人员在佩戴头盔后，马上变身为“超级战警”。光启警用智能头盔已在第一届和第二届中国国际进口博览会上大规模投入实战应用。应用区域上，已在重庆和上海成功应用。

作为业界首个具备智能头盔快速批量生产的企业，光启凭借在智能头盔领域的研发实力与规模化实战经验，在

2020 年疫情战斗中，一个月内迅速推出热成像智能头盔 N901，实现超高效率无感机动巡查发热人员，支持复工复产复学及全球抗击疫情。此外，该头盔在教育系统、公安系统、地铁、机场、商超、景区、写字楼等大人流量区域皆被广泛启用。其中，广东省工业和信息化厅力推改头盔为第三批抗疫复工产品，获数千万网友肯定，成为名副其实的复工复产复学“神器”。

四、创新平台建设与人才培养

光启不断加强国家和省市级科技创新载体平台建设，提升机构整体科技创新及成果转化能力。光启组建的超材料电磁调制技术国家重点实验室是我国唯一一个超材料技术的国家重点实验室。该实验室根据科技部要求及《依托企业建设国家重点实验室管理暂行办法》(国科发基〔2012〕716 号)，加强产学研合作，积极开展国内外合作与交流。2019 年，研究院与哈尔滨工业大学电信学院合作建立超材料电磁调制技术国重实验室哈工大天线与材料分中心。双方本着集成优势资源，提升企业创新能力和科技水平，将高校科研成果转化为具有经济效益的生产力，同时提升高校教学质量和科研水平，在实践中培养高科技人才，以促进学校、企业和社会的共同进步为目标，在优势互补、平等合作、互惠互利、共同发展的基础上建立全面校企合作关系，开启企校双赢发展模式。

截至 2019 年底，光启已先后建设完成并通过验收的省、市级重点实验室及工程实验室共计 14 个，包括广东省超材料微波射频重点实验室、深圳市变换光学与空间调制技术重点实验室、深圳市数据科学与建模技术重点实验室、深圳市人造微结构开发重点实验室、深圳市光学与太赫兹超材料重点实验室、深圳市超材料制备与封装技术重点实验室、深圳超颖射频技术工程实验室、深圳复合智能超材料工程实验室、深圳复合智能超材料工程实验室等，拥有丰富的创新载体资源和先进的超材料设计、制备、测试技术。

光启设有全国首个专注于超材料研发与产业化的企业博士后工作站，依托该工作站的深圳光启高等理工研究院分站完成博士后人员培养，建立了专业结构合理和科研能力良好的博士后团队，2019 年度共有入站博士后 6 人，出站博士后 15 人。

此外，光启拥有近 50 余名高层次留学人才及科技专家，近 300 名在岗研究院和工程师等科研技术人才，共同组成光启科技创新与成果转化的中坚力量。

第四节 国家超级计算深圳中心

一、概况

国家超级计算深圳中心（以下简称“深圳超算”）是经国家科技部批准，首批成立的两家国家级超算中心之一，是深圳建市以来建设规模最大的国家级科技基础设施。

近十年来，在深圳市委市政府的正确领导和大力支持下，在深圳市科创委精心指导和帮助下，深圳超算已成为全球唯一向社会提供高性能计算和云计算多元服务、计算机资源服务形式最宽泛、资源利用率最高的国家级超算中心。截至 2019 年底，已累计服务三万个以上团队用户，完成各类计算任务近百万个，建立起具有独立招收培养资质的博士后工作站。

2019 年，深圳超算 E 级机研制启动及稳步推进，超算二期建设获批立项，新冠肺炎疫情防控支撑作用显著，引领学术交流，成为深圳市科技创新核心引擎与智慧城市建设关键平台，显著提升深圳科技创新力。

二、掌握超级计算机科技创新核心引擎

现代化强国必定是科技强国，新时代命题是创新。科技创新，尤其是技术创新，是世界难题，也是我国创新发展面临的重大挑战。超级计算是技术创新腾飞的翅膀。新时代是中国超级计算发展的黄金时代。

超级计算机作为重要的科学基础设施和智能化信息基础设施，是国家和地区科技发展水平的重要标志。随着云计算、大数据、人工智能、区块链和边缘计算等新一轮高新技术迅速推广，超级计算机在智慧城市、防灾减灾、航空航天、药物研究、气候变化、文化创意、金融风险分析等领域扮演着越来越重要的角色。

世界经济强国，尤其是欧美各国和日本，为了增强其国际综合竞争力，纷纷制定高性能计算长期发展计划，竞相投入巨大人力、物力、财力争夺战略制高点。我国高度重视超级计算机建设，天河二号和神威太湖之光，曾连续 10 次蝉联世界之冠，成为新时代我国科技成就重要标志。

2019 年，中共中央和国务院相继发布《粤港澳大湾区发展规划纲要》《关于支持深圳建设中国特色社会主义先行示范区的意见》。提出到 2025 年，深圳建成国际化创新型城市；到 2035 年，成为我国建设社会主义现代化强国城市范例；到本世纪中叶，成为竞争力、创新力、影响力卓著的全球标杆城市。超级计算的发展，将在科技创新、产业创新、社会发展各方面为粤港澳大湾区发展做出巨大贡献。

三、各项工作突破性进展

2019 年，深圳超算聚焦主业、保障服务、固本强基、转型突破，E 级机研制稳步推进，超算二期基建立项，各项工作进展顺利，提升了深圳科技创新社会影响力。

超算二期建设及 E 级机研制快速推进。超算二期建设项目包括光明科学城新园区建设和国家科技部支持的 E 级机研制两部分，项目申请总投资 76 亿（其中 E 级机研制 60 亿和工程建设 16 亿），将建成持续峰值超过 2Eflops，世界排名第一的 E 级计算机，并保持全球领先至 2025 年。

其中，E 级机研制项目于 2017 年 3 月获得深圳市发改委立项；2018 年初，广东省政府深圳市政府相继向科技部争取支持；2018 年底，深圳科创委去函科技部承诺支持 E 级机研制；2019 年 6 月 E 级机获得国家科技部立项支持；同年 8 月国家科技部在深圳召开项目启动会。截至 2019 年底，

E 级机研制在稳步推进。

按深圳市委要求，超算二期落户光明科学城，成为首家入驻光明科学城的国家级科技平台。2020 年 5 月 8 日，超算二期光明科学城新园区建设项目获得市发改委立项批复。截至 2019 年底，正积极推进选址用地、报送可行性研究报告等工作。

支持防疫科研攻关，疫情防控支撑作用显著。新冠肺炎疫情发生以来，广大科研机构，科技企业运用自身技术和资源优势迅速筑起战“疫”防火线，用科技力量守护家园，用科学家精神抗击疫情。在这场战疫中，深圳超算全球首倡，无偿为科技战疫提供支持，获得国内外各大超算中心响应，产生广泛影响。深圳超算第一时间无偿为深圳市第三人民医院、深圳大学高等研究院、中山大学药学院、中国科学院长春应用化学研究所等研究团队提供算力和技术科研支持，用于新冠肺炎肺部免疫机制的研究、药物筛选、疫情防控与推演等防疫科研攻关，在疫情趋势预判、病毒溯源、致病机理分析、疫苗和药物设计等方面，发挥了重要作用，部分成果已经获临床试用。

支撑科技创新，助力深圳市基础科研机构快速发展。深圳超算大力推进与新兴科研机构、新型创新载体（含 10 家省实验室）深度合作，有效促进深圳市战略性新兴产业快速发展。深圳超算与鹏城实验室签订战略合作协议，为其提供全方位支持，启用了包括鹏城云脑、鹏城靶场、鹏城云网在内的大科学装置基地；协助深圳湾实验室建设计算化学平台，实现计算机辅助的药物研发体系；与深圳城市公共安全技术研究院建立联合实验室，建立全方位平台，及时辨识重大风险；与深圳市气象局和大湾区气象创新研究院合作，支撑粤港澳大湾区气象监测预警预报、雷暴尺度集合预报、高分辨率数值天气预报等项目。

助力深圳智慧城市建设。深圳超算充分发挥计算密集型、存储密集型、支撑基础科研等方面优势，助力深圳智慧城市建设。联合深圳公安局建设深圳市“雪亮工程”，以及视频三期和四期项目，助力智慧城市安全；为深圳市卫计委提供高效稳定医疗云平台，助力智慧城市健康；为深圳市疾控中心的疾病控制信息管理系统提供基础平台支撑，助力医疗资源整合。

为大力落实深圳市新型智慧城市和“数字政府”建设，进一步提升科创委政务服务效率，保障各系统稳定运行，深圳超算高度重视科创委业务系统优化和运维工作，提高了系统稳定性和易用性。成功完成科创委业务系统接入 i 深圳与粤商通。

引领学术交流，提升深圳科技创新影响力。2019 年，深圳超算主办了 20 余场高质量技术交流和学术活动，与 5 所学校签订共建科普教育基地协议。深圳超算承办了 2019 年国际智能计算机大会，杨学军院士、李国杰院士、深圳市副市长王立新出席会议。海内外近千名专家学者和 43 家媒体与会，线上直播浏览量突破百万，为促进深圳乃至国家的智能计算机产业发展贡献了力量。

深圳超算先后应邀参加国际超算大会（ISC 19）和全球超级计算大会（SC 19），并访问了德国斯图加特高性能计算中心、慕尼黑莱布尼茨超级计算中心、西班牙巴塞罗那超级计算中心等国际顶尖超算中心，建立广泛国际合作。

新时代，国家发展已确立新的历史方位，中央对深圳发展提出了建设中国特色社会主义先行示范区的新要求，科技创新迎来新的历史机遇和发展阶段。深圳超算要以更强定力，从科技创新到产业发展各个层面，以大格局做全面的系统顶层设计，大胆开拓、积极进取、开放务实，抓住机遇、勇当尖兵，为建设综合性国家科学中心和具有全球影响力的国际科技创新中心，贡献自己的力量。

第五节 深圳华大生命科学研究院

一、概况

随着“国际人类基因组计划 1%项目”启动，华大基因研究中心（后文简称“研究中心”）1999 年 9 月 9 日在北京成立。秉承着“基因科技造福人类”的使命，研究中心以“产学研”一体化发展模式引领基因组学创新发展，成为全球生命科学领域前沿机构。研究中心以科研源头为基石，不断打造并延伸出生态链条机构及产业，包括深圳华大生命科学研究院（原“深圳华大基因研究院”）、华大基因学院、深圳国家基因库、GigaScience 四家非营利性机构。此外，深圳华大基因股份有限公司已上市，深圳华大智造科技有限公司筹备上市。研究中心通过全球 100 多个国家（地区）的分支机构与产业链各方建立广泛合作，将前沿多组学科研成果应用于医学健康、农业育种、资源保存、司法鉴定服务等领域，建立起世界领先的高端仪器研发与制造平台、大规模测序等技术平台、大数据中心。

深圳华大生命科学研究院（以下简称“研究院”）以研究生命科学，推进生物技术与全民健康事业发展为宗旨，围绕基因组学核心技术和前沿科学问题开展相关研究；为打造先进科研平台，加快科研产出，研究院持续集中力量提升生命科学核心竞争力，大力发展生物技术与新型装备研制；随着基因组测序量迅猛提升，TB 甚至 PB 级别海量数据需要更先进的工具和系统来进行高效数据分析，研究院在核心算法工具、智能化数据管理和分析、生物大数据采集等方面不断突破创新，开发生物大数据智能系统；在医疗健康领域，基因相关新技术将会为医疗健康带来革命性变革，研究院聚焦多组学大数据精准医学研究，在生育健康、肿瘤、传感染等重点疾病领域布局精准诊疗技术开发，促进精准医学为代表的产业化发展，形成大数据为基础的知识转化和临床应用转化机制，奠定我国在医学领域长期发展的优势地位。研究院通过建设先进科研平台以及开展各类横向课题，积极推进国际科技合作和交流，启动和参与前沿大科学项目和大科学工程，与国内外知名大学和研究机构开展人项目合作，提升科研平台水平、研究开发能力、国际合作网络以及高端人才团队，建成以多组学大数据为基础及国际一流的产学研一体化新型生命科学研究院，增强中国和深圳市在生命科学研究领域的国际影响力。

二、人才团队

在人才引进和聘用上，研究院倾力打造了一支极具国际水平和开拓创新的科研团队。以高标准高要求为基石，以跨学科和国际化为原则，研究院多渠道引进和选拔优秀人才，打造有利于科研创新的工作环境，不断提升人才队伍整体水平。此外，研究院坚持自主培养和外部引进并举，以任务带项目、带学科、带人才的“三发三带”理念，重点打造具有较强创新活力的青年创新型人才队伍，并同国内外高校合作进行人才培养，造就一批具有国际水平的战略科技人才，形成具有原始创新活力的人才梯队。截至 2019 年底，研究院拥博士及以上学历 150 人，占科研团队总数量 20%；硕士学历达 240 人，占科研团队总数量近 40%；有海外背景研究人员 130 余名，占科研团队总数量 17%；有院士 1 名，高级职称员工 22 名。

三、科研工作

截至 2019 年，研究院累计发表论文 2700 多篇，SCI

收录2263篇，在国际四大顶尖学术期刊《自然》系列、《科学》、《细胞》、《新英格兰医学》上共发表文章303篇，累计申请专利1287项。有3项科研成果获得国家科学技术奖，7项科研成果获得省部级科学奖，10项科研成果获得市级科学奖。此外，包括"小麦基因组图谱""酵母长染色体的精准定制合成"在内的多项科研成果先后入选"世界十大科技进展"和"2017年度中国科学十大进展"。

此外，研究院还主动承担国家和地方重大科研任务，积极参与各级政府科技计划项目。截至2019年底，主持或参与各级各类科研项目或课题共计466项，其中国家级项目155项，省部级项目60项，市级项目210项，区级项目35项，国际级项目3项，实验室开放课题及其他级别项目3项。积极完善基础设施配套条件，形成了覆盖生物信息学、人类基因组学、农业基因组学、微生物及海洋生物学等领域学科的全方位科研体系，建有从国家到地方各级各类创新载体24个。

四、学术交流与合作

研究院注重与全球科研机构建立长久合作关系，截至2019年底，已同国际生物和环境样本库协会（ISBER）、人类基因变异组计划（HVP）、国际癌症基因组联盟(ICGC)、联合国粮食及农业组织(FAO)、世界自然基金会（WWF）等多个国际联盟及行业组织建立了战略合作关系，在人类健康、生物多样性、生物进化机制等方面开展了合作研究。通过大型国际科研合作，如万种线粒体基因组计划（MT10K）、万种脊椎动物基因组计划(G10K)、千种昆虫转录组进化研究（1KITE）、百种社会性昆虫基因组计划(ISIGR)等，与国际顶尖科研机构组成合作联盟，推动全球生物多样性遗传资源保护和战略性开发，引领基因组学研究领域的话语权。此外，研究院还与欧盟、加拿大、美国等多个国家有关单位一起建立全球精准医学联盟，共同推动全球精准医学快速发展。

五、华大战"疫"

从2003年SARS期间最早完成"病毒测序"、最先研制出"诊断试剂盒"，到2004年印度洋海啸受命代表中国对所有遗体进行DNA鉴定。从承担2008年汶川地震的灾区疾控工作，到2014年远赴西非抗击埃博拉，第一时间研发快速检测试剂，建立埃博拉病毒变异监测平台。哪里有战场，哪里就有"华大人"冲锋在前。2020年初，突如其来的新冠肺炎疫情打乱了我们正常的生活。对于大多数人来说，这场战"疫"的首要责任，是保护自己，减少外出，躲避与病毒相遇的风险。但对于更多"华大人"来说，他们必须与病毒正面作战。面对紧急疫情，一批又一批的"华大人"坚定地站了出来，他们的身影出现在病毒检测实验室、各地疾控中心、救治新型肺炎的一线医院。更有越来越多的"华大人"，离开相对安全的生活工作地区，前往疫情更为严峻包括武汉在内的湖北多地。他们中，有年过花甲的50后，也有刚刚走出象牙塔的95后，有即将步入幸福婚姻的准新人，也有即将生儿育女的准妈妈。在令人生畏的病毒面前，他们斗志昂扬，信念坚定——若有战，召必回，战必胜！ 为紧急驰援疫情，武汉"火眼"实验室投入运行，为武汉及周边城市提供充足检测能力，为发热病人确诊、高危人群排查、疑似病例甄别、隔离阳性感染者、保护阴性健康人群提供精准的判断，也成为"雷神山""火神山""方舱"等众多抗疫堡垒的前哨，并为一线员工和疫区人群重返工作岗位提供科学依据。

截至2020年6月，由华大基因运营的"火眼"实验室已在武汉、深圳、天津、北京、上海、长沙、石家庄、重庆、昆明、青岛、哈尔滨、贵阳、无锡（技术支持）等全国13个主要城市落地，持续确保国内抗击疫情的检测需求，在全国范围内助力新冠疫情防控工作，为临床确诊和患者康复出院提供重要依据，为全国复工复产提供科学支撑。

随着新冠疫情在全球蔓延，"火眼"实验室已成为抗疫行动的"中国名片"，从中国走向全球，已在阿联酋、文莱、塞尔维亚、沙特、澳大利亚、菲律宾、加拿大、加蓬、哈萨克斯坦等国家和地区落地，成为国际社会携手应对新冠疫情的"前哨"。截至2020年6月，20余个国家和地区的70余"火眼"实验室已启动或接洽，总检测日通量超过30万例。

第六节 中国科学院深圳先进技术研究院

一、概况

2006年2月，中国科学院、深圳市及香港中文大学友好协商，在深圳共同建设中国科学院深圳先进技术研究院（以下简称“先进院”），实行理事会管理，探索体制机制创新。先进院以提升粤港澳地区及我国先进制造业和现代服务业的自主创新能力，推动我国自主知识产权新工业建立，成为国际一流工业研究院为使命。2018年抓住粤港澳大湾区和中国特色社会主义先行示范区“双区驱动”的建设机遇，探索体制机制创新，冲击国际科学前沿，布局战略性新兴产业，多方位促进科教融合和创新发展。已初步构建了以科研为主的集科研、教育、产业、资本为一体的微型协同创新生态系统。

深圳先进院目前由九个研究平台（中国科学院香港中文大学深圳先进集成技术研究所、生物医学与健康工程研究所、先进计算与数字工程研究所、生物医药与技术研究所、广州中国科学院先进技术研究所、脑认知与脑疾病研究所、合成生物学研究所、先进材料科学与工程研究所（筹）、前瞻性科学与技术中心）、国科大深圳先进技术学院、多个特色产业育成基地（深圳龙华、平湖及上海嘉定）、多支产业发展基金、多个具有独立法人资质的新型专业科研机构（深圳创新设计研究院、深圳北斗应用技术研究院、中科创客学院、济宁中科先进技术研究院、天津中科先进技术研究院、珠海中科先进技术研究院、苏州先进技术研究院、杭州先进技术研究院、武汉中科先进技术研究院、山东中科先进技术研究院）等组成。

二、综合科研能力

2019年是中国科学院（以下简称“中科院”）建院70周年，也是中国科学院深圳先进技术研究院跨越发展的一年，各项数据再创新高，科研实力不断提升。先进院经过13年的发展积淀，累计承担科研项目经费近80亿元，累计申请专利8748件，授权专利3587件，发表论文10026篇，累计孵化企业968家，持股263家。2019年新增合同额22.96亿元，现金到账19.25亿元（含一次性股权转让4.66亿元），均创历史新高；申请专利1516件，PCT专利366件，国外专利42件，授权669件，专利各项数据中科院排名第一，PCT专利申请量预计全球高校排名前两名；2019年度发表论文1461篇，其中CNS系列文章14篇，正刊5篇，WFC指数上升至24.54，中科院排名20位，SCI论文收录数排名第16位；获批国自然基金项目102项，位列中科院第三名。2019年度新增孵化企业209家，新增持股企业38家；人员规模达3364人，其中员工1908人；新引入全职院士2人及杰青3人；新获批“优青”4人，中科院各研究所排名并列第二名，获批“青千”4人，中科院排名前三名，新增“四青”以上人才18人；博士后在站人数达552人，中科院排名第一；获博士后基金资助70人，连续3年蝉联中科院第一；获批广东省科学技术一等奖2项，二等奖2项；深圳市科学技术奖8项（2018年度5项，2019年度3项），其中市长奖1项；吴文俊奖5项、黄家驷生物医学工程奖1项、中国专利银奖1项。2019年度新增获批5项省部级科研载体，包括中国科学院定量工程生物学重点实验室、中国科学院脑联结解析与调控重点实验室、中国科学院医学成像技术与装备工程实验室、粤港澳人机智能协同系统联合实验室、广东省合成基因组学重点实验室。

2019年科研工作取得多项重大原创性科研成果——超

薄芯片加工用晶圆临时键合胶材料替代美国进口，成功导入华为海思 5G 基站芯片；在脑疾病模型和本能行为环路解析研究领域获得突破，以 CRISPR 基因编辑技术在国际上首次制备和系统解析了 SHANK3 突变的自闭症非人灵长类动物模型；1.1 类原创新药“注射用 AS1501”获得临床批件，成为世界上第一个 TRAIL 阻断剂药物成功进入临床开发机构；利用迁徙进化实验揭示合成生物学建构原理，为合成生物学研究提供基础理论指导，相关成果先进院为第一完成单位与通讯单位发表在 *Nature* 期刊；研制出 140 纳米超分辨 3D 活体生物光学显微镜，达国际领先水平。

三、科学进展

1. 科研项目

2019 年，新增纵向项目 682 项，科研项目经费（不含人才项目经费）12.8 亿元，其中国家级项目 2.39 亿元、中科院项目 0.73 亿元、广东省项目 1.31 亿元、深圳市项目 3.32 亿元，基础研究机构 5.08 亿元。

国家影响力提升。2019 年度获批国家自然基金 102 项，总经费 5777 万元，其中优秀青年基金 4 项，牵头获批 3 项科技部“合成生物学”重点研发计划项目，总经费 6858 万元，位列全国第三。

科研平台支撑能力提升。2019 年度完成实验室升级改造 10200 平方米，实验室总面积达 31500 平方米；科研仪器设备原值总额达 8.3 亿元，其中设备原值 50 万元（含）以上的设备 250 台，新增 50 万元以上大型设备 30 台；动物年采购量突破 3 万只，动物实验室面积超 3500 平方米。

2. 科技成果

随着“一三五”规划实施顺利开展，2019 年先进院科技成果在高端医学影像及医用机器人与功能康复技术方面具有重大突破。此外，城市大数据计算、脑科学、先进电子封装材料、肿瘤精准治疗技术、合成生物器件关键技术被列入重点培育领域。

2019 年，先进院在高端医学影像领域具有重大突破。一是研制 140 纳米超分辨 3D 活体生物光学显微镜，达国际领先水平。科研成果“超导磁共振快速成像关键技术与应用”获黄家驷生物医学工程奖（科技进步一等奖）和广东省技术发明一等奖，“3D 打印方法”获第 21 届中国专利银奖。

二是国家基金委重大科研仪器专项超声神经调控仪器研制顺利实施，自主研发了世界首个大规模平板超声辐射力发生器面阵系统、千通道高精度超声神经调控电子系统、磁共振成像导航定位系统，已在超声神经调控领域形成了具有自主知识产权的技术体系，部分超声神经调控专利实现了转移和转化。牵头组建广东省高性能医疗器械制造业创新中心，国家高性能医疗器械制造业创新中心启动论证，与上海联影共同成立深圳联影高端医疗装备创新研究院。

三是研发出新型微流控纳升移液机器人，实现了纳升级液体的自动化高精度分配。开发基于织物材料的新型电极具有柔性可拉伸及可浸水不改变电学特性的优点，在此基础上试制完成可穿戴肌电采集系统，具有良好的可穿戴性与舒适性，将有利促进肌电工程技术融入日常生活。基于实时统计分析“多导心电分析集成技术”获广东省技术发明二等奖，“消化道内镜的人工智能图像技术”获吴文俊人工智能技术二等奖。

医用机器人与功能康复技术方面也实现重大进展。一是设计具有精确运动控制的消融手术机器人，可依据术前规划执行穿刺消融操作，大大降低消融时间和对正常组织的损伤，使得穿刺消融手术的治疗更精准。针对新型磁性软体微型机器人设计的基于视觉伺服的 3D 任意路径跟随法，可使机器人精准跟随用户任意绘制 3D 路径，研究成果获评机器人领域顶级会议 IROS 2019 最佳应用论文奖（1/2494）。

二是围绕柔性下肢助行外骨骼机器人，开展人机系统协调控制及平衡控制技术、生物与物理信号多模融合技术、机器人自适应步态规划技术、紧耦合仿生机构创成技术、柔性驱动技术、人体运动行为意图识别及理解等关键技术的研究，实现截瘫病患离开轮椅，站立行走。

城市大数据计算成为重点培育领域。“智能极化”计算系统，产出利用人工智能思想的处理器芯片设计方法、大数据和云计算程序特征刻画方法、大数据系统性能优化技术等重大研究成果；城市视频分析理解方面，在多个公开学术数据库取得领先的识别率，相关论文累计引用过万次，技术成功应用到商汤的解析服务器及博铭维城市管网检测产品；研发高性能海量生态环境数据库管理信息系统、中亚地区生态环境数据挖掘系统、中亚地区生态环境决策服务系统，对于“一带一路”沿线国家的开展境外的生态环境资源调查起到了引领示范作用；灾害天气预报方面，“登陆台风引发局地风雨的预报研究”，填补了国内台风引发风雨定量预报的空白。

脑科学是重点培育的第二个领域。在脑疾病模型和本能行为环路解析研究领域获得突破，以 CRISPR 基因编辑技术在国际上首次制备和系统解析了 SHANK3 突变的自闭症非人灵长类动物模型，作为第一完成单位，发表 *Nature* 及 *Neuron* 国际高水平研究论文。

深圳内尔神经可塑性实验室依托脑认知脑疾病研究所正式落地深圳先进院，牵头建设的脑解析与脑模拟重大科技基础设施有序推进，通过预研项目与可研论证；研发了柔性光遗传和神经环路示踪技术，并持续推动脑科学研究新技术向境内外辐射超过 50 家，累计超过 550 家；牵头发起了全国范围的“脑认知脑疾病学术与产业联盟”，首批联盟单位超百家。成功举办了第二届国际非人灵长类神经科学研究研讨会，深港脑院“SIAT-UBC 院士工作站”揭牌成立。

先进电子封装材料为第三个重点培育方向。面向国家重大科技需求，解决“卡脖子”问题，超薄芯片加工用晶圆临时键合胶材料替代美国进口，成功导入华为海思 5G 基站芯片，预计明年一季度实现商用；微胶囊相变热界面材料性能优于国外同类产品，产品进入中试放大阶段；单面蚀刻埋入式电容材料批量验证中，有望实现商品化进入市场。发起成立粤港澳大湾区先进电子材料技术创新联盟。

牵头承担的“高性能热界面材料基础研究”国家重点研发计划中期检查获评优秀；注册成立“深圳先进电子材料国际创新研究院”，落户深圳市宝安区；筹建国家集成电路材料技术创新中心（深圳）；与华为共建联合创新中心，共同攻克先进电子材料卡脖子关键技术。

肿瘤精准治疗技术为第四个重点培育方向。自主开发的重大新药“注射用 AS1501” 获得国家药品监督管理局 (NMPA) 颁发的临床试验通知书（CXSL1900091），此临床批件的获批标志着世界上第一个 TRAIL 阻断剂药物成功进入临床开发，是我国创新药物研发历程中的重要里程碑。

成功研制出基于 CD19 靶点的 CAR-T 细胞治疗新药，目前已完成血液病及实体瘤的 CAR-T 临床研究病例 102 例，治疗效果显著，2019 年获批广东省免疫细胞治疗工程技术研究中心认定，广东省“新药创制”重点专项的唯一一个 CAR-T 项目。

合成生物器件关键技术为第五个重点培育方向。研发团队已建成一支多学科交叉的青年科研队伍，包括国内外兼职院士 7 名，全职学术带头人 30 余名，其中四青人才 10 名，员工 400 余人，已成为全球合成生物学领域最大研究团队；利用迁徙进化实验揭示合成生物学建构原理，为合成生物学研究提供基础理论指导，成果在 *Nature* 期刊上发表；深度参与国际基因组编写计划 GP-write；获批“中国科学院定量工程生物学重点实验室”“广东省合成基因组学重点实验室”两项省部级科研载体；推动科技部发布全国首个合成生物学领域的部市联动重点研发计划——合成生物学重点专项，获批经费共 9419 万元，位列全国第三；发起成立亚洲合成生物学协会（ASBA），协会总部挂靠合成所，发起成立全球生物工厂联盟（Global Biofoundry Alliance, GBA）。该合成所是中国生物工程学会合成生物学专业委员会挂靠单位以及深圳市合成生物学协会会长单位。

3. 科教融合

依托深圳先进院建设的中国科学院深圳理工大学（暂定名，以下简称“中科院深理工”），2019 年 8 月获教育部筹建批复，纳入广东省高等教育“十三五”中期调整，标志着大学正式进入筹建阶段。经 2019 年 12 月 6 日该大学第一次领导小组会议审议，同意光明校区规划占地面积 810 亩，建筑面积 56 万平方米，校区统一规划建设。

学科体系不断完善。增列“生物工程”学位点，生物医学工程学科恢复招生；国际化师资 328 人，其中博导 218 人，85% 具有海外经历；国际化课程体系逐步完善，已有来自 15 个国家地区的 30 位国际学生；获批“生物学”博士后科研流动站；全年招收博士后 309 人，在人数站 552 人。

4. 人才引进

坚持党管人才，以人才为第一科技资源的工作思路，充分落实“1+3”人才工作文件。在政策文件指导下，结合先进院“一三五”规划及承担重大科研任务需要，梳理先进院青年人才情况，制定百人计划、特别研究助理计划、青促会实施细则，完善院内青年人才评价和激励机制。2019 年度按需引进高端人才 85 人，备案 19 人，择优 4 人，遴选推荐青促会会员 7 人，依托特别研究助理计划支持，新引进中初级博士员工 234 人，总人数达 502 人。

完善青年人才培养体系建设。持续加大院优秀青年创新基金的投入，年度支持 64 项，支持经费 1000 万元；根据科研业务需要，选派 10 名青年人才赴海外进行学术研修和访问；组织青年人才的学术活动和青促会所际访问，搭建青年人才的交流平台。

5. 交流与合作

推进政产学研深度合作，彰显工研院使命担当。2019 年，先进院与产业界合作项目金额达 6.95 亿元。横向项目到款 1.99 亿元，其中工业委托合作到款 0.82 亿元，产学研项目到款 1.17 亿元。此外，年度专利转让现金到账 2956 万元，股权转让收益首次达 4.66 亿元。

产业合作方面。以市场需求为导向，建立成果转化新机制，构建网络化合作新载体，提升成果转化新价值，首次接入联交所股权挂牌交易通道，打造科技成果转移转化闭环。2019 年新签订联合实验室 26 个，与华为签约年合作款超千万元，与商汤科技合作多项成果获奖，承担国家双创示范基地建设项目并获国家发改委 1500 万元项目支持，入选国家双创百佳案例。此外，作为深圳市产业集群总促进机构中标工信部集群项目，获得支持金额 4400 万元。

国际合作成效显著，国际影响力提升。国际科技交流与合作范围覆盖全球 38 个国家（地区）的 93 家境外机构，81 人在 275 个国际学术期刊或会议担任职务；与澳门大学共建人工智能与机器人联合实验室，并联合启动联合培养博士研究生合作；2019 年度新增 43 个国际合作项目，涉 24 个国家，其中 21 位获中科院国际杰出学者、国际访问学者、国际博士后、特需外国人才、外国青年等国际人才津贴项目，全年主办和承办国际会议及培训班 27 场。此外，2019 年获批先进院第三个省级国际合作基地——骨科转化医学研究平台；成立深港脑科学创新研究院 SIAT-UBC 院士工作站，亚洲合成生物学协会总部落户深圳先进院；与越南水利大学签署国际化人才培养协议，助力“一带一路”沿线国家建设。

第七节 深圳清华大学研究院

一、概况

深圳清华大学研究院（以下称“研究院”）是深圳市政府和清华大学于 1996 年 12 月共建的，以企业化方式运作的正局级事业单位，是一个高层次、综合性、开放式的产学研相结合的实体，实行领导小组领导下的院长负责制。

研究院经过 22 年探索，逐步形成“科技创新孵化器”的经营发展模式，建立了产学研相融合的科技创新孵化体系。研究院的建设，以机制体制创新为核心，以学校与地方相结合、研发与孵化相结合、科技与金融相结合、国内与海外相结合的“四个结合”为手段，以研发平台、创新基地、投资孵化、科技金融、国际合作和人才培养六大板块建设为基本内容，打造产学研深度融合立体孵化体系，全方位孵化成果、项目、企业、人才，形成创新价值的循环增值。研究院创造了五个“第一”——中国第一家新型科研机构；第一个提出新型科研机构“四不像”运行管理模式；第一个成立了新型科研机构的创业投资公司；第一个创建了新型科研机构的科技金融平台；在北美成立创新创业中心，是第一个新型科研机构的海外创新创业中心。2015 年，“深圳清华大学研究院产学研深度融合的科技创新孵化体系建设”项目获得广东省科学技术奖特等奖。

截至 2019 年底，研究院有专职研发人员 300 余人，其中 973 计划首席科学家 5 人、深圳市高层次人才 15 人、海外高层次人才 10 人、南山区领航人才 15 人，广东省创新团队 2 个、广东省自然科学基金研究团队 1 个、深圳市海外高层次人才创新创业团队 4 个。累计投入 9 亿多元，成立了面向战略性新兴产业的近 50 个实验室和研发中心，培育了一批国家、广东省和深圳市重点实验、工程实验室以及公共服务平台。其中广东省重点实验室 2 个、广东省工程中心 7 个、广东省部产学研示范基地 1 个、深圳市重点实验室 9 个、深圳市工程实验室 9 个、深圳市公共服务平台 4 个。

二、科技工作

在科技成果与产业化方面，依据珠三角地区及国内外科技、产业发展趋势、企业需求，研究院先后投入 9 亿元组建研发平台，建成了宽带无线通信研究所、电子信息技术研究所、新材料与生物医药研究所、光机电与先进制造研究所、新能源与环保技术研究所、航空航天技术研究所、综合技术研究所和超滑技术研究所，共 14 个实验室和 38 个研发中心，集聚了由 200 多名教授、博士、高级研究人员和海归学者组成的科研团队。截至 2019 年底，研究院获国家技术发明二等奖 1 项、国家科技进步二等奖 2 项、中国产学研合作创新奖 2 项、环境保护科学技术三等奖 1 项、广东省科学技术特等奖 1 项、广东省科技进步特等奖 1 项、深圳市科技技术市长奖 1 项、深圳市知识产权金梧桐—最佳运用奖 1 项等国家省部市级奖 20 余项；申请专利 560 余项，其中发明专利占 70% 以上；承担了包括国家“863”、“973”、国家重大专项、科技支撑计划、国家重点研发计划、国家自然科学基金重点项目、广东省教育部产学研重大专项等重点课题；先后与 400 多家企业签订技术合同，组织实施了高端半导体激光器、盐碱地治理改造、数字电视与多媒体、石英晶体力敏传感器、红外快速体温检测仪、RPIR 快速生化污水处理、电力线载波通信芯片、双层人工皮肤等 300 多项科技成果转化。

在高新技术企业孵化与科技金融方面，截至 2019 年底，研究院系统累计孵化企业 2500 多家，培育主板上市公司 22 家，取得良好的社会经济效益。2019 年 10 月 21 日，经中国证监会上市公司并购重组审核委员会审核，投控公司下属上市公司通产丽星与研究院所属力合科创集团重大资产重组事项获得有条件通过。本次重组是科技服务型企业资产上市的率先尝试，是深圳市属国企全面推进区域性国资国企综合改革试验，深入实施“上市公司 +”战略的重大阶段性成果。力合科创通过重组进入上市公司，响应了《关于支持深圳建设中国特色社会主义先行示范区的意见》中的相关政策导向，有利于粤港澳大湾区国际科技创新中心建设。

在创新基地建设上，研究院立足深圳，辐射珠三角，拓展园区基地，形成一系列高新产业园区和服务机构。截至 2019 年底，已建成清华信息港（深圳）、清华科技园（珠海）、江苏数字信息产业园、力合佛山科技园、力合顺德科技园、力合清溪科技园等一系列产业园区，为科技创新孵化体系的建设，提供了广阔的发展空间。

致力于培养高层次人才，截至 2019 年底，研究院博士后科技工作站累计招收博士后近百名，累计开设各类型培训班千余期，服务于珠三角地区各行业领军企业及政府内训项目。

国际合作上，研究院于 2019 年 4 月正式建立日本中心，拓展包括与东京大学和大阪大学在内的知名大学，三菱商事、川崎重工在内的产业机构，德勤日本服务机构的合作关系，共同推动中日科技项目交流与跨境服务。拓展在欧洲的创新合作网络，与德国弗劳恩霍夫应用科学研究促进协会、欧洲创新与技术研究院、欧盟研究与创新中心等重要创新机构，Hightech Startbahn 加速器开展合作交流，其共同服务的机构和项目在华开展业务。

三、公共技术研发平台建设

光机电与先进制造研究所从事光机电一体化、传感器技术、LED 照明、先进制造、超精细表面加工、半导体激光芯片技术及应用、微机电系统等方向前沿技术、应用基础和应用研究的综合性、开放型研究。

电子信息技术研究所研究领域包括电子系统、视频广播、通信三大应用的电子设计自动化领域方法学，设计或工具流程，以及高端模拟、射频、应用级数字和系统芯片的前后端设计。数字电视的技术和应用开发、系统级设计、工程实验服务。

宽带无线通信研究所研发领域包括空间飞行器平台测控数传一体机技术、磁检测技术、信道编码，宽带无线通信技术及系统。

新材料与生物医药研究所先后通过广东省和深圳市批准，搭建了广东省生物医用材料及植入器械工程技术研究中心、广东省锂离子电容器工程技术研究中心、深圳高端生物医用材料产业化技术开发公共服务平台、深圳可降解生物活性材料工程实验室、深圳锂离子电容器工程实验室及深圳清华大学研究院分析测试中心等公共服务平台。

新能源与环保技术研究所围绕新能源、新材料、节能环保等新兴产业开展核心技术攻关，向新能源新材料企业开放技术研发、技术咨询、检测分析及技术解决方案等专项技术服务平台，为企业孵化或上市提供专利性及高科技项目源。

航空航天技术研究所拥有自主知识产权的高精度三坐标测量机，突破误差建模与修正、微动精密传感、智能控制和智能测量软件等多项关键技术，达到国内领先和国际先进。研究院于 2017 年成立综合技术研究所，下设智慧油气、创新战略、城乡发展、电池材料等多个研发中心。

研究院于 2018 年底为引进郑泉水院士领衔的超滑技术研发团队，成立超滑技术研究所。同年深圳市政府为贯彻落实“突破一批颠覆技术，建立面向未来的黑科技培育机制”精神，资助亿元支持郑泉水院士在广东省内建立深圳超滑技术平台，基于该平台研发超滑微米电容发电机，基于超滑技术的磁存储设备以及超滑航天导电滑环等关键技术，将致力于结构超滑革命性技术应用基础研发和成果转化，汇集国内外超滑领域著名学者及跨学科高级人才，牵引制造业全面升级并造就独角兽企业，保持我国在国际超滑领域的领先地位。

第四章 知识产权保护

Intellectual Property Protection

第一节 知识产权的创造和运用

一、知识产权创造力

2019 年，深圳市知识产权创造数量及质量均取得突破——全市专利申请量、授权量、授权量增速、有效发明专利五年以上维持率、PCT 国际专利申请量五项核心指标居全国第一，创新环境进一步优化。2019 年，深圳国内专利申请量达 261502 件，同比增长 14.39%。其中发明专利申请 82852 件，同比增长 18.41%。国内专利授权 166609 件，同比增长 18.83%。其中发明专利授权 26051 件，同比增长 22.25%。截至 2019 年底，深圳累计有效发明专利量 138534 件，同比增长 16.54%。每万人口发明专利拥有量达 106.3 件，为全国平均水平（13.3 件）的 8 倍。有效发明专利五年以上维持率达 85.22%，居全国大中城市首位（不含港澳台地区）。PCT 国际专利申请量 17459 件，同比下降 3.44%，降幅较去年大幅收窄 8.17%，约占全国申请总量(56796 件)30.74%(不含国外企业和个人在中国的申请)，约占全省总量 70.61%，连续 16 年居全国大中城市首位。

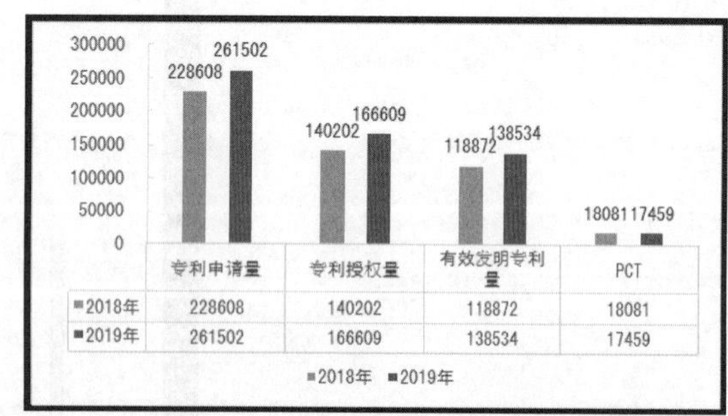

	专利申请量	专利授权量	有效发明专利量	PCT
■2018年	228608	140202	118872	18081
■2019年	261502	166609	138534	17459

2018—2019 年深圳市专利数据

商标申请和注册量方面，2019 年深圳市商标申请和注册量保持增长趋势——全市商标申请量 500905 件，同比增长 3.96%。商标注册量 395243 件，同比增长 20.90%。截至 2019 年底，深圳累计有效注册商标量 1396734 件，同比增长 36.11%，有效注册商标量居全国大中城市第三名。

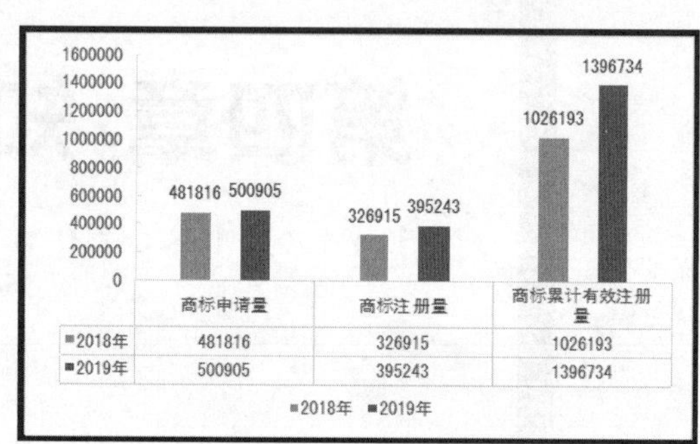

	商标申请量	商标注册量	商标累计有效注册量
■2018年	481816	326915	1026193
■2019年	500905	395243	1396734

2018—2019 年深圳市商标数据

二、知识产权运用能力

2019 年，深圳知识产权创新再获佳绩，第二十一届中国专利奖评审公示中，深圳市初步获金奖 5 项，其中中国专利金奖 3 项，中国外观设计金奖 2 项，占全国获奖总数（40 项）12.5%，金奖获奖数量继续保持全国前列，专利银奖 4 项，外观设计银奖 2 项，专利优秀奖、外观设计优秀奖分别为 55 项和 4 项，迈瑞、中兴、深圳信立泰分别获专利金奖各 1 项，比亚迪、大疆创新获外观设计金奖各 1 项。深圳市雅昌文化(集团)有限公司获 2019 年度“全国版权示范单位”称号，中国平安保险（集团）股份有限公司获 2019 年度“全国版权示范单位(软件正版化)”称号。在第六届广东专利奖评审中，深圳企业获得专利金奖 9 项，占获奖总数（20 项）45%。在 2019 年度深圳市专利奖评审中，评出深圳市专利奖 23 项，截至 2019 年底，累计评审出深圳市专利奖 290 件。2019 年，深圳市职务专利申请总量为 238402 件，占深圳市专利申请总量 91.17%，深圳企业创新主体地位显著。

第二节 知识产权执法

一、加大知识产权执法力度

2019 年，深圳市市场监督管理局深化市、区、所三级联动执法体系改革，设立知识产权稽查处统筹大要案办理和新领域执法，组织“护航”“雷霆”“剑网”等系列专项行动，全年查处侵权案件 1787 件，同比增长 46%，结案 1734 件，增长 60.26%，罚没款 5183.78 万元，移送公安机关涉嫌犯罪案件 49 件。其中商标案件 718 件，专利案件 1051 件，版权案件 18 件；依托全国专利管理部门与电商平台执法协作机制，处理电商领域案件 765 件，实现 24 小时内出具专利侵权判定。联合深圳市公安局开展打击侵犯包括华为在内的创新型企业知识产权的“有为行动”，提请国家有关部门统一部署，在全国范围联合开展多部门和跨区域集中行动，累计检查目标点 59 个，查获假冒手机配件 12 万余个，刑事拘留 35 人，涉案总额达 3.12 亿元。新丽手袋商标侵权案获评 2018 年度国家商标行政保护十大典型案例，一宗“空调冷凝器”外观设计专利侵权纠纷案入选全国“2018 年度专利行政保护十大典型案例”。深圳市“打黄扫非”办（市委宣传部）组织开展“扫黄打非 · 秋风 2019”专项行动，查获各类非法报刊 2.92 万余份，查获盗版音像制品 1.6 万余张，立案 11 件。深圳市“扫黄打非”办和文化广电旅游体育局严打出版物市场违法行为，收缴各类非法出版物 15.2 万件，立案 183 件。深圳海关开展“龙腾行动 2019”及粤港海关保护知识产权联合执法行动等，采取知识产权保护措施 7473 批次，查扣涉嫌侵权货物 6104 批次共 1398.3 万件，案值 3353.9 万元，在全国海关排名前列。查获的“出口侵犯空心对管轴键盘专利权货物”案入选 2018 年中国海关知识产权保护十大典型案例。此外，蛇口海关法规科荣获国家版权局打击侵权盗版有功单位三等奖。

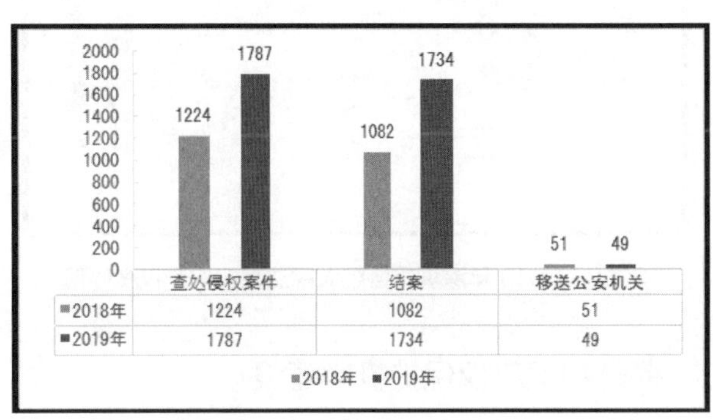

	查处侵权案件	结案	移送公安机关
2018年	1224	1082	51
2019年	1787	1734	49

2018—2019 年深圳市市场监督管理局行政执法案件量

二、加强知识产权司法保护

深圳司法机关加大对创新创业和公平竞争的司法保护，稳步提升法治营商环境。2019 年，深圳市公安机关开展“飓风 2019”“粤鹰”“云枭二号”等专项行动，共受理各类侵犯知识产权案件 607 件，其中立案 590 件，同比增长 5.36%，破案 518 件，刑事拘留 1131 人，取保候审 372 人，执行逮捕 895 人，移送审查起诉 683 人。深圳市检察机关受理审查逮捕案件 433 件共 830 人，受理移送审查起诉案件 394 件共 739 人。南山区检察院办理的“胡小宝侵犯著作权”案，入选 2018 年度广东省检察机关保护知识产权十

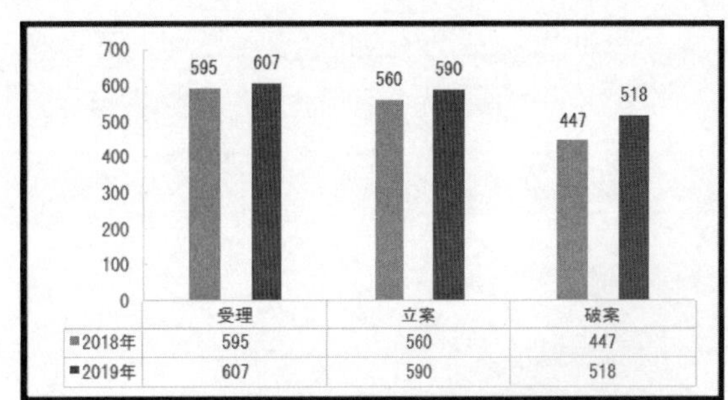

	受理	立案	破案
2018年	595	560	447
2019年	607	590	518

2018—2019 年深圳市公安机关知识产权案件量

大典型案例。深圳市各级人民法院新收知识产权案件 42660 件，同比增长 87.26%，其中新收民事一审案件 34260 件，新收民事二审案件 7916 件，刑事案件 476 件，审结知识产权案件 41031 件。

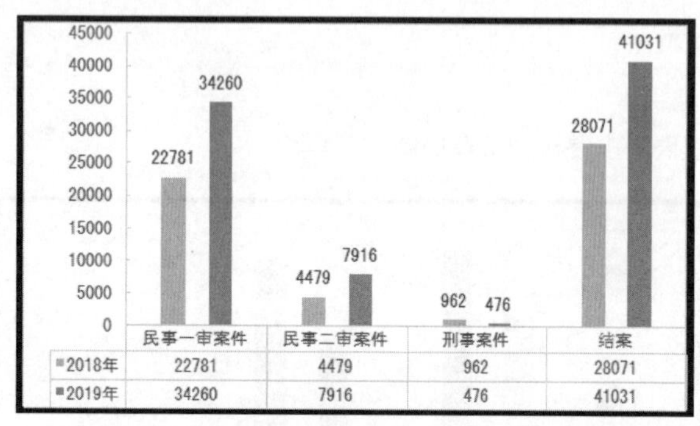

	民事一审案件	民事二审案件	刑事案件	结案
2018年	22781	4479	962	28071
2019年	34260	7916	476	41031

2018—2019 年深圳市各级人民法院知识产权案件量

三、提升知识产权保护机制建设

2019 年，深圳市深化机构改革，调整和完善知识产权联席会议制度，强化工作协调和责任落实，深圳市市场监督管理局牵头制定市知识产权保护工作考核办法和细则，建立知识产权保护考核机制；推动完善知识产权协同保护体系，与市中级法院、市检察院、市司法局、深圳国际仲裁院、深圳海关等部门建立合作机制，整合知识产权保护资源，建设深圳市知识产权“一站式”协同保护平台，首批 9 家知识产权保护机构入驻中国（深圳）知识产权保护中心，打通审查授权、行政执法、司法保护、仲裁调解、行业自律五个保护环节，提供全链条知识产权保护；依托专业技术资源，拟订行政执法技术调查官制度建设路线，起草技术调查官遴选标准、配备方案、管理办法等配套制度，试行为行政案件出具技术事实分析意见。全市 32 部门联合签署《深圳市关于对知识产权（专利）领域严重失信主体开展联合惩戒的合作备忘录》，明确严重失信行为界定和联合惩戒措施，建立“一处失信、处处受限”的信用惩戒机制。深圳市中级法院、市检察院、市公安局、市司法局、市发展改革委联合印发《关于办理侵犯知识产权刑事案件侵权产品价格认定相关问题的意见（试行）》，统一涉案侵权产品价格认定标准和操作办法。深圳市中级法院导入香港籍陪审员参与知识产权案件审理，推动粤港澳大湾区知识产权案件裁判标准一体化；大力推进繁简分流，实施外观设计专利纠纷快审机制改革，解决知识产权案件审判审理周期长的难点；运用调查令、财产保全、行为保全（禁令）等措施实施最严格知识产权保护，提高侵权赔偿数额。深圳市检察院协调最高检在前海蛇口自贸区检察院设立“前海知识产权检察研究院”，开展包括涉外及涉港澳在内的前沿知识产权问题研究。发布深圳金融及知识产权检察第 1 号指导性案例，统一知识产权案件执法标准。深圳市司法局完善公证知识产权服务中心运作模式，优质高效提供公证法律服务，办理知识产权公证案件 2 万余件。深圳市商务局组织指导我市企业应对 337 调查案件。南山区由政法委牵头组织公检法司签署《关于建立辖区知识产权刑事保护联动机制的意见》，打造案件快速响应、数据共享、疑难案件提前介入等六大机制，强化知识产权协作。

第三节 知识产权市场完善

一、知识产权运营情况

2019 年，深圳市推进知识产权运营服务体系建设的措施“组合拳”，夯实知识产权产业化基础保障。深圳市市场监督管理局大力实施《深圳市知识产权运营服务体系建设实施方案（2018—2020 年）》，出台全市知识产权质押融资和专利保险扶持举措，给予知识产权质押融资贴息贴补，降低知识产权金融创新成本；在深圳市战略性新兴产业培育近 30 个规模较大、布局合理、具有国际竞争力的高价值专利组合，提升企业核心竞争力；实施 3 项重点专业产业专利导航培育工程，开展 9 项全市重大经济活动知识产权分析评议工作，在行业协会、产业园区布局 5 家以上商标品牌示范基地，支持建设 4 家知识产权大数据平台，为专利技术的产业化、投融资、许可转让等提供精准数据分析服务；制定《深圳市知识产权运营基金管理办法》《深圳市知识产权运营基金管理人遴选方案》，加快深圳市知识产权运营基金建设。推动搭建中国（南方）知识产权运营中心企业知识产权公共服务平台，推出知识产权质押融资创新产品“知易贷”，辅导对接企业 128 家，培育知识产权强企 12 家，培育高价值专利 146 件。南山区助推创梦天地科技公司成功获得 1 亿元版权质押贷款，推动新兴产业与银行建立融资渠道。鼓励行业协会和行业龙头企业成立产业知识产权联盟，推进重点产业知识产权联盟建设，截至 2019 年底，深圳市备案在册的产业知识产权联盟达 22 家，其中在国家知识产权局备案 10 家。

二、知识产权金融体系建设

深圳市创新知识产权金融服务，探索知识产权证券化试点，举办知识产权质押融资、专利保险宣讲会和质押融资对接会，搭建知识产权与资本对接平台，破解科技企业融资难题。12 月 26 日，深圳首单知识产权证券化产品“平安证券—高新投知识产权 1 号资产支持专项计划”在深交所正式挂牌，该专项计划以知识产权质押贷款债权为基础资产，首期发行规模 1.24 亿元，是全国首单以小额贷款债权为基础资产类型的知识产权证券化产品，实现深圳知识产权证券化“从零到一”的历史性突破。2019 年，深圳市进行专利权质押登记 162 件，惠及企业 143 家，涉及专利 1063 件；专利权质押金额总计 32.38 亿元，平均每件专利涉及的质押金额 304.65 万元，其中质押金额 1 亿元以上的共 7 件，占 4.32%，质押金额在 100 万元至 1 亿元共 154 件，占 95.06%；截至 2019 年底，累计专利投保保障金额达 31 亿元。全年受理商标质押业务 8 件，涉及商标 66 件，质押金额 4020 万元。

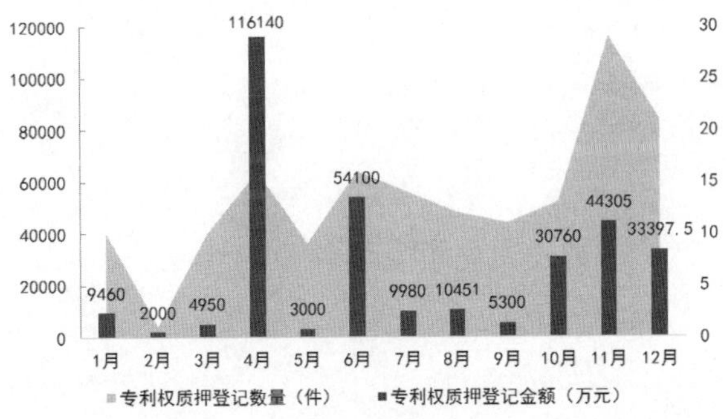

2019 年 1—12 月深圳市专利权质押登记情况

三、知识产权交易情况

2019 年，深圳市提高知识产权综合运用效能，全面带动产业优化升级，助推区域经济高质量发展。大力推进全国首家开展国际化知识产权金融业务的知识产权和科技成果产权交易中心建设，创新知识产权和科技成果产权交易模式及技术交易市场运营体制机制，加快知识产权和科技成果商品化、资本化、产业化发展。2019年，国家专利技术（深圳）展示交易中心线上平台共计展出4500项以上专利技术产品，累计发布预交易专利信息20300余项，覆盖包含电子机械和新能源在内的近30个技术领域。同年，该中心共完成专利交易68件，交易金额420.3万元。历年累计完成专利交易1705件，累计交易额度达9514.1万元。

第四节 知识产权管理和服务

一、知识产权政策体系建设

深圳市完善知识产权法规政策，积极营造尊重知识价值的营商环境和创新生态体系。2019 年 3 月 1 日，出台实施《深圳经济特区知识产权保护条例》，在建立合规性承诺制度、设立行政执法技术调查官、发布行政临时禁令、构建信用惩戒机制等方面进行创新，为最严格的保护提供法律保障。5 月 22 日，深圳市政府印发《深圳市关于打造国家知识产权强市推动经济高质量发展的工作方案（2019—2021 年）》，实施知识产权创造质量提升等五大工程 26 项任务。深圳市市场监督管理局制定《关于先行发布知识产权行政禁令的规定（试行）》，明确行政禁令适用范围、申请事项、审查综合因素、发布及解除等内容，推进知识产权"快保护"；印发《深圳市市场监督管理局知识产权领域专项资金操作规程》，支持企业在国内外布局商标、专利、版权等知识产权；出台中小企业知识产权保护和利用方案，从提高纠纷解决效率等八个方面强化中小企业知识产权保护；对高新技术企业和重点企业实施"一企一策"保护，制订针对性知识产权保护方案，推动完善企业知识产权保护体系；制定美国、印尼、欧盟等地区的《电子商务行业知识产权海外维权国别指南》，为企业海外维权提供实务借鉴。深圳市发展和改革委员会编制全市重大装备及核心零部件研制专项实施方案，推动关键技术领域自主知识产权技术研发。深圳市科技创新委员会出台《深圳市科技计划管理改革方案》，实施技术转移和成果转化项目，鼓励科技成果在深圳产业化。深圳市公安局、中级法院、检察院制定《办理侵犯知识产权刑事案件若干问题的会议纪要》，推动统一知识产权案件证据规格标准。深圳海关在全国首创知识产权海关保护情况调查，对 200 余家通讯企业知识产权纠纷情况进行摸底。深圳宝安区出台《宝安区支持产业类行业协会发展若干措施》（试行），支持行业协会成立知识产权保护工作站。盐田区出台《关于推动产业兴盐加快科技创新发展的实施意见（2019—2021 年）》及《盐田区科技创新扶持办法》。龙岗区出台《关于加强科技创新引领支撑区域高质量发展的若干措施》及《深圳市龙岗区经济与科技发展专项资金支持科技创新实施细则》。

二、知识产权管理体系建设

2019 年，深圳市抢抓"双区驱动"重大历史发展机遇，全力推进国家知识产权强市和运营服务体系试点城市建设，试点示范效果显著。获批国家知识产权侵权纠纷检验鉴定技术支撑体系建设试点，成为全国首批 22 个试点单位之一，强化电子证据取证固证存证、侵权判定分析、司法鉴定等技术支撑。南山区被授予"国家中小企业知识产权战略推进工程试点区""广东省知识产权服务业集聚发展试验区"。修订优化企业知识产权管理规范国家标准贯彻实施体系，全面推动企业、高等院校、科研机构贯彻实施知识产权管理规范国家标准，有效提升企事业单位知识产权管理能力。截至 2019 底，深圳市通过认证的企业数量达 2860 家，同比增长 138.9%，居全省第二。深圳市积极推进国家、省、市三级知识产权优势企业及国家级知识产权示范企业培育、推荐、认定工作，大疆创新科技、健康元药业集团、翰宇药业、中建钢构 4 家企业入选国家知识产权示范企业，包含英威腾电气在内的 57 家企业入选国家知识产权优势企业；创鑫激光等 49 家企业入选广东省知识产权示范企业；修订知识产权优势示范企业支持政策，设置深圳市知识产权示范企业评选，将高等学校、科研组织纳入深圳市知识产权优势、示范企业范围；截至2019年底，深圳市被认定为国家级知识产权示范企业19家，国家知识产权优势示范企业75家，广东省知识产权优势及示范企业193家，深圳市知识产权优势企业累计260家。深圳海关共培塑“龙腾行动”自主知识产权优势企业25家。

三、知识产权服务体系建设

2019年，深圳市大力实施知识产权服务工程，依托深圳商标受理窗口打造全国服务示范商标受理窗口，推动在前海蛇口自贸区设立商标受理窗口，在南山软件产业园区开设商标受理窗口分窗口，2019年深圳商标受理窗口受理商标业务23218件，受理量居全国第一。2019年9月，国家版权局批复同意在深圳前海深港现代服务业合作区设立国家版权创新发展基地，并于10月24日正式挂牌，筹建“深圳市前海智慧版权创新发展研究院”，努力打造粤港澳大湾区版权贸易高地。中国（深圳）知识产权保护中心具备专利申请快速预审备案资格的企事业单位达到1368家，快速预审合格获授权106件，授权率91.7%，专利申请周期大大缩短。深圳市市场监督管理局推动高校开展知识产权信息服务工作，深圳职业技术学院知识产权信息服务中心揭牌运作，首次在高交会设置“知识产权服务工作站”，为参展企业提供知识产权确权、鉴定、融资、维权等服务；推动行业协会、产业联盟在无人机、机器人等领域建设知识产权保护工作站62家，组织签署行业自律宣言，截至2019年底，累计建设知识产权保护工作站76家，为10万家企业提供科技创新和知识产权保护服务；建设深圳市知识产权保护工作站联盟，形成工作站网，精准提升企业研判、维权、议价能力；依托深圳市标准技术研究院知识产权保护综合服务平台，推动建设互联网+深圳市知识产权保护综合服务平台；依托深圳市众信电子商务交易保障促进中心在电商领域建立知识产权纠纷多元化解决机制，提供在线法律咨询、纠纷协商和解、在线调解与仲裁、诉讼对接等知识产权纠纷“一站式”多元化解决服务，建设电子商务知识产权服务平台，为电商企业提供包括版权备案存证及专利检索在内的服务。2019年，深圳市投入知识产权相关专项资金用于培育知识产权服务机构、重大经济科技活动知识产权分析评议、人才培养、培训载体建设、大数据平台建设、商标品牌示范基地建设等，建设包含深圳德高行知识产权数据技术有限公司在内的4个知识产权大数据平台，以及包含培育深圳市中智立信知识产权代理有限公司在内的17个知识产权服务机构。深圳市贸促委全年共受理知识产权纠纷案件848宗，成功调解312宗，涉案标的额约1.8亿元。南山区联合中国版权保护中心打造南山版权产业服务中心，启动知识产权金融绿色服务通道。龙岗区建成三级知识产权综合服务平台，设立区知识产权联席会议，成立区知识产权服务中心，依托高科技企业集聚的产业园区建设6家区知识产权服务工作站，并推动成立区知识产权联盟。宝安区、坪山区、光明区分别建成或筹建知识产权服务中心，打造区级知识产权综合服务平台。深圳市知识产权服务机构和人才队伍建设不断加强，截至2019年底，深圳市专利代理机构（不含分支机构）达228家，执业专利代理师1203人，外地代理机构在深分支机构达49家。深圳市经国家知识产权局登记备案的商标代理机构有3299家。经广东省版权局批准的作品著作权登记代办机构有3家。

四、知识产权宣传

2019年，深圳市各部门以“4·26”知识产权宣传周等为契机，开展形式多样的宣传活动，营造良好的社会氛围。深圳市市场监督管理局组织召开全市知识产权工作会议，发布2018年度深圳市知识产权十大事件及《深圳市2018年知识产权发展状况白皮书》，举办深圳市知识产权项目成果和知识产权保护项目成果发布会，编印《深圳经济特区40年知识产权经典案例汇览》，集中展示深圳市知识产权创新发展优势和成效。举办“知识产权看深圳”央媒采风活动，联合深圳市科学技术协会举办第八届青少年知识产权大奖赛，全方位宣传深圳知识产权创造和高质量发展成果，形成保护知识产权的社会共识。深圳市委宣传部，深圳市市场监督管理局联合开展媒体赴国家专利奖和广东专利奖获奖企业专访活动。深圳市文化广电旅游体育局开展“扫黄打非 · 绿书签”知识竞赛活动及“扫黄打非”百场文艺快闪巡演活动，派发宣传资料和宣传品 4 万余份。深圳市商务局联合会展中心和行业协会开展《展会知识产权保护办法》普法宣传。深圳市司法局联合市律师协会开展“深圳市律师承办知识产权十大典型案例”评选。深圳市中级法院发布深圳法院知识产权司法保护状况白皮书及年度知识产权司法保护十大典型案例，推行常态化庭审网络直播。福田法院发布全市法院首份普法宣传书籍《知识产权司法保护常见案例及问答》。深圳市检察院举办“知识产权法律保护进民企”系列活动，保障民营企业创新发展。深圳市贸促委编撰《外向型中小企业合规指引手册》，为企业在涉外知识产权合规经营提供专业指引。深圳海关通过海关总署微博刊发重大案例 12 篇次，联合政府部门和行业组织开展企业宣讲。罗湖区设置 30 个社区宣传栏，派发宣传资料 7 万余份。盐田区开展宣传进景区、进机关、进企业、进学校、进社区活动。南山区举办 2019 年全国知识产权宣传周（南山站）和第一届南山知识产权联盟年会等主题活动。龙岗区举办世界知识产权日主题活动和知识产权服务与保护交流大会，编印商业秘密保护专辑，拍摄“保护知识产权促进创新发展”微视频。龙华区开展“龙华检察在行动”系列法制宣讲活动。

五、知识产权培训

2019 年，深圳市持续加大知识产权培训力度，面向不同群体，组织开展全方位且多层次的知识产权培训。深圳市市场监督管理局面向企业知识产权管理人员、知识产权服务机构从业人员等职业群体，分初级、中级和高级三个层次组织知识产权专题培训 47 场，培训近万人次；打造“知保中心大讲堂”等知识产权培训品牌，面向全市创新主体和代理机构开展了 21 场业务宣讲培训，举办 40 场网络公益培训，参训人员超 3600 人次；推动中小学校将知识产权纳入学生素质教育内容，开展中小学知识产权培训课程；针对电商等重点领域举办知识产权多元化纠纷解决机制业务培训班。深圳市司法局联合市版权协会及市版权纠纷人民调解委员会举办深圳市 2019 年度版权纠纷人民调解业务培训班，推进知识产权人民调解工作规范化建设。深圳市检察院联合市工商联举办推动“四个千亿”政策落实深圳市重点民营企业座谈会，为民营企业知识产权发展注入强大动力。深圳市贸促委举办知识产权保护法律风险防范（深圳）及知识产权合规培训；开展“企业国际化经营合规风险排查”活动，为深圳市 196 家企业在境外知识产权保护领域中涉及商标、专利、商业机密和许可协议等进行全面检查。深圳海关开展知识产权各类培训 17 次，参训关员 1277 人次。福田区举办包含“知识产权在欧洲部署、保护、价值最大化”“高价值专利培育”在内的培训班。龙岗区举办包括知识产权创造、运用、保护等 10 场专业公益培训，惠及科技企业 1500 余家。龙华区以知识产权 + 科技创新园区为载体，举办“布局优质优势专利，捍卫知识产权权利”主题培训交流活动。坪山区举办全球知识产权布局策略论坛活动，以国际化视角解读知识产权创造、应用、申请、保护和服务等热点问题。光明区组织专家对辖区 20 多家企业开展面对面交流辅导。大鹏新区举办知识产权助力企业创新发展专题讲座。

六、知识产权人才培养

深圳市多途径培养知识产权人才，打造高素质知识产权人才队伍。2019 年，深圳举办首届粤港澳大湾区知识产权人才发展大会暨粤港澳大湾区知识产权人才供需对接会，探索知识产权人才对接交流模式，打造粤港澳大湾区知识产权人才发展高地。加快深圳大学国家知识产权培训（广东）基地建设，推动深圳大学国家知识产权培训（广东）基地与澳门知识产权研究中心，粤港澳知识产权联盟共同举办“创新粤港澳大湾区知识产权合作机制论坛”，连续举办“中国知识产权深圳讲坛”二十讲，为广大知识产权学者专家和各界工作者提供交流平台。加快高层次人才引进和培养，2019

年深圳市认定知识产权类海外高层次人14人。深圳大学知识产权学院开展第六期知识产权高级研修班，招收来自我市各领域重点企业和服务机构学员44人，研修班培养人员170人。深圳市司法局指导市律师协会成立深圳市知识产权律师专家库，针对业内存在热点问题开展示范培训指导。深圳国际仲裁院加强境内外知识产权仲裁员队伍建设，知识产权仲裁员增至138人，其中境外仲裁员58人。2019年，深圳市继续开展知识产权专业职称评审试点工作，推进专利代理人职业资格与知识产权评审相衔接。截至2019年底，全市知识产权专业高、中、初级职称评审申报共受理99人，其中副高级12人、中级69人、助理级18人。

第五节 深圳市2019年知识产权统计分析报告

2019 年，深圳市抢抓“双区驱动”重大历史机遇，优化营商环境和深化创新驱动发展战略，知识产权在数量和质量上取得突破，五项指标排名全国第一。

一、五项核心指标排名全国首位

专利申请量和授权量首次超越北京，位列全国首位；授权量增速及五年维持率稳居全国首位；PCT 申请量连续 16 年居全国第一；每万人口发明专利拥有量仅次于北京，居全国第二。

二、龙头企业创新活力未减，第二梯队创新能力提升

在国家知识产权局要求全面暂停实施专利资助政策及严格把控专利授权标准以来，深圳市企业高质量发展，华为、腾讯、中兴连续十年进入全国前十名单。

同时，第二梯队企业快速成长，如近年在智慧城市及科技金融领域不断加大研发投入和专利布局的平安集团，2019 年累计国内专利申请量超越华为；全球精密制造优势企业瑞声声学 PCT 申请量实现 30 倍高速增长；首次进入深圳 PCT 申请前十名单的欢太科技和雾芯科技，体现出互联网和电子烟行业强烈的海外布局需求。

全国发明专利授权量排名前 10 位企业（不含港澳台）

排名	企业名称	发明专利授权量（件）
1	华为技术有限公司	4510
2	中国石油化工股份有限公司	2883
3	OPPO 广东移动通信有限公司	2614
4	京东方科技集团股份有限公司	2393
5	腾讯科技（深圳）有限公司	2146
6	珠海格力电器股份有限公司	1739
7	联想（北京）有限公司	1706
8	中兴通讯股份有限公司	1472
9	维沃移动通信有限公司	1388
10	中国石油天然气股份有限公司	985

三、海外专利布局继续领跑全国，粤港澳大湾区创新创意中心地位凸显

2019 年，深圳市 PCT 申请公开量占大湾区总量七成，

北上广深四大城市专利情况对比

城市	专利申请量	排名	专利授权量	排名	授权量增速	排名	PCT 申请量	排名	五年维持率	排名
深圳	261502	1	166609	1	18.83%	1	17459	1	85.22%	1
北京	226113	2	131716	2	6.66%	4	7200	2	81.00%	2
上海	173586	4	100587	4	8.79%	3	3200	3	80.90%	3
广州	177223	3	104811	3	16.68%	2	1622	4	71.32%	4

备注：表中排名为深圳、北京、上海、广州四个城市的数量由高到低的名次

对比全球五大湾区，粤港澳大湾区 PCT 国际专利申请公开量排名第二，仅次于东京湾区，大幅领先于纽约湾区、美国硅谷、伦敦湾区。除此以外，深圳企业在欧美日韩等国家（地区）布局的专利数据亦以较大优势位居全国各大城市首位。

2019 年五大湾区的 PCT 国际专利申请公开量对比

城市	2018 年 PCT 国际专利申请公开量（件）	2019 年 PCT 国际专利申请公开量（件）	同比增长率
东京湾区	28243	29637	4.94%
粤港澳大湾区	26265	25880	-1.47%
纽约湾区	7254	7914	9.10%
美国硅谷	8494	7226	-14.93%
伦敦湾区	4654	5145	10.55%

备注：深圳市 2019 年 PCT 国际专利申请公开量为 18268 件，占粤港澳大湾区公开总量 70.58%。

四、战略性新兴产业实力持续增强，重点技术领域专利优势明显。

2019 年，深圳市七大战略性新兴产业发明专利公开总量接近 11 万件，以 34.41% 增速排全国首位。

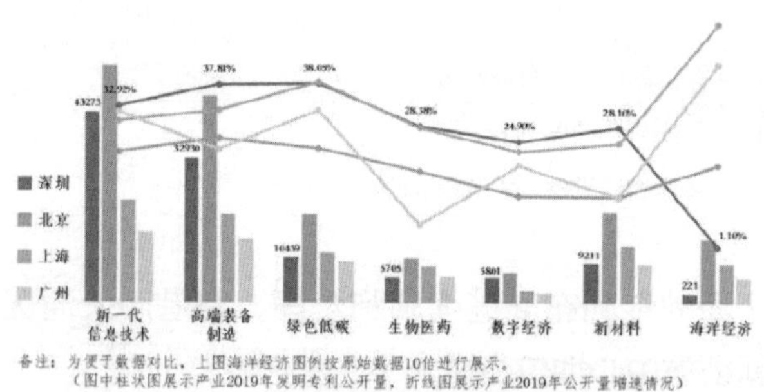

备注：为便于数据对比，上图海洋经济图例按原始数据10倍进行展示。（图中柱状图展示产业2019年发明专利公开量，折线图展示产业2019年公开量增速情况）

2019 年战略性新兴产业发明专利公开总量

新一代信息技术产业中，包含 5G、4K、8K 在内的热点领域在以华为、中兴、宇龙为代表的高科技企业及以深职院和哈工大研究生院为代表的高校科研机构带领下，排名全国首位。人工智能、区块链、新能源汽车领域发明专利公开量均居全国各大城市第二，医疗器械领域发明专利公开量居全国各大城市第三。

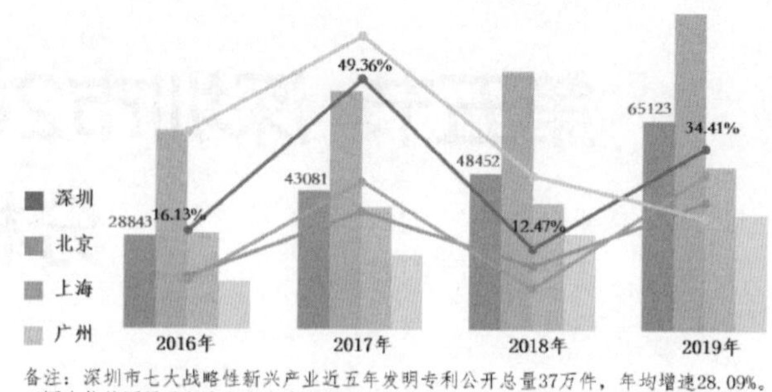

备注：深圳市七大战略性新兴产业近五年发明专利公开总量37万件，年均增速28.09%。（图中柱状图展示年度七大产业发明专利公开总量，折线图展示年度公开量增速情况）

深圳七大战略性新兴产业北上广深近年发明专利公开量及增速对比

五、知识产权总体情况

（一）国内专利情况

1. 专利申请情况

2019 年，深圳市专利申请量 261502 件，占全国专利申请总量 6.23%，占全省专利申请量 32.38%。同比增长 14.39%，比全国平均水平高 13.22 个百分点，增速低于上海（15.54%），高于北京（7.05%）和广州（2.37%）。其中，发明专利申请量 82852 件，同比增长 18.41%，增速高于上海（13.77%）、北京（10.42%）、广州（-7.03%）；实用新型专利申请量 113830 件，同比增长 12.71%；外观设计专利申请量 64820 件，同比增长 12.44%。

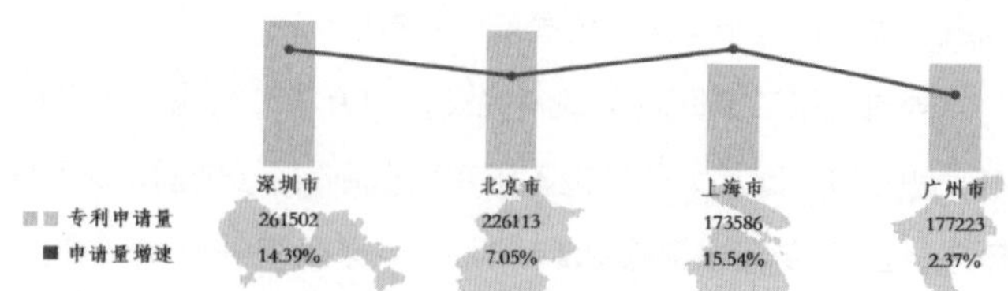

2019 年北上广深专利申请情况对比

2019 年，按照国家知识产权局要求深圳市暂停专利资助。同时，在国际贸易摩擦对深圳市企业生产经营产生冲击的背景下，深圳市专利申请量仍高速增长，反映出深圳市各类创新主体的持续创新活力。

企业、大专院校、科研单位、机关团体和个人发明专利申请量的占比分别为 89.58%、3.25%、2.21%、0.74% 和 4.23%。企业发明专利申请量占比远高于全国平均水平（65.0%）。

2. 专利授权情况

2019 年，深圳市专利授权量 166609 件，占全国专利授权总量 6.73%，占全省专利授权量的 31.59%。同比增长 18.83%，比全国平均水平高 12.88 个百分点，增速高于广州（16.38%）、上海（8.79%）、北京（6.66%）。其中，发明专利授权量 26051 件，同比增长 22.25%，比全国平均水平高 17.93 个百分点，增速高于广州（13.20%）、北京（13.09%）、上海（6.58%）；实用新型专利授权量 87433 件，同比增长 15.74%；外观设计专利授权量 53125 件，同比增长 22.54%。

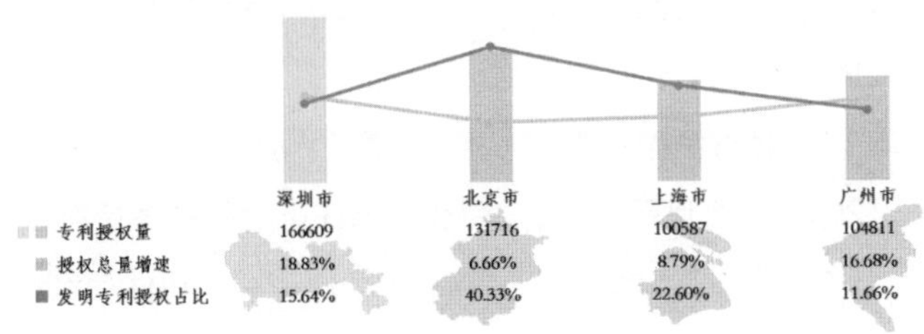

2019 年北上广深专利授权情况对比

近年来，国家知识产权局实施专利质量提升工程，从严把握专利授权标准，而深圳市专利授权量增速居全国首位，体现出深圳市专利整体高质量。

企业、大专院校、科研单位、机关团体和个人发明专利授权量的占比分别为 91.69%、3.71%、2.33%、0.32% 和 1.95%。

华为和腾讯分别以 4510 件和 2146 件的发明专利授权量排名全国 第一和第五（第二、三、四名分别为中石油、OPPO 和京东方），中兴通讯排名第八。

3. 有效发明专利情况

截至 2019 年 12 月底，深圳市有效发明专利量 138534 件，占全省有效发明专利总量的 46.82%，同比增长 16.54%，比全省平均水平低 2.5 个百分点。

深圳市每万人口发明专利拥有量为 106.3 件[(1)]，同期增加 11.4 件，为全国平均水平 8 倍，远超省“十三五”规划目标。

深圳市有效发明专利五年以上维持率为 85.22%，居全国各大城市首位[(2)]，西藏（83.6%）排名第二，北京（81.0%）排名第三，上海（80.9%）排名第四。

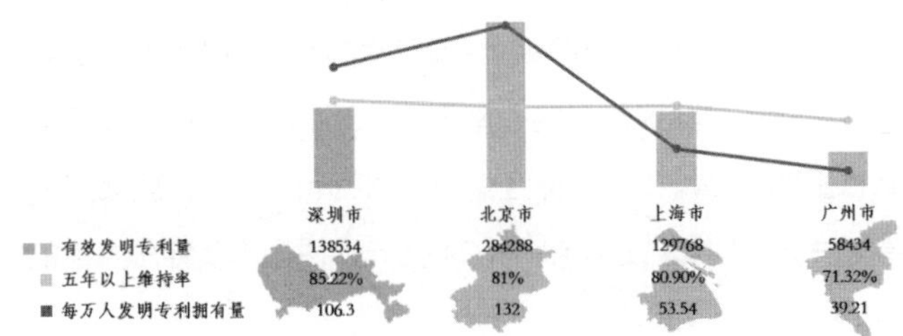

截至 2019 年 12 月北上广深有效发明专利情况对比

企业、大专院校、科研单位、机关团体和个人有效发明专利量的占比分别为 94.51%、2.13%、2.63%、0.35% 和 2.40%。

4. 专利权质押登记

（1）涉及专利

2019 年，深圳市共进行专利权质押登记 162 件，惠及企业 143 家，涉及专利 1063 件，平均每件专利权质押登记涉及的专利量为 6.6 件，其中，发明专利和实用新型专利占 99.06%，共 1059 件。

（2）质押金额

2019 年，专利权质押金额总计 32.38 亿元，平均每件专利涉及的质押金额 304.65 万元。其中，质押金额在 100 万元至 1 亿元专利权占 95.06%，共 154 件，质押金额 1 亿元以上专利权 7 件，占 4.32%。

（3）区域分布

(1) 2018 年末全市常住人口 1302.66 万。数据来源：深圳市统计局 2019 年 12 月 30 日发布《深圳统计年鉴 2019》。

(2) 数据来源：国家知识产权局，2019 年 12 月《国家知识产权局业务工作及综合管理统计月报》，港澳台地区未计入排名。

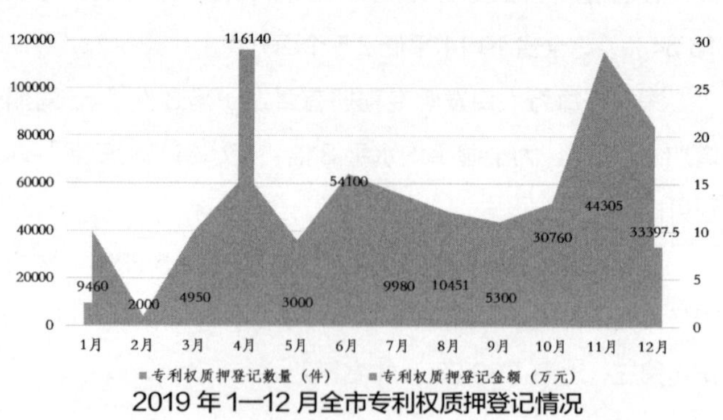

2019 年 1—12 月全市专利权质押登记情况

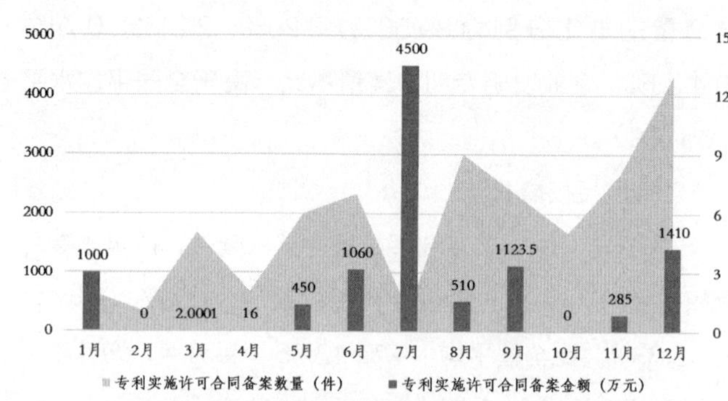

2019 年 1—12 月全市专利实施许可合同备案情况

2019 年，深圳市除大鹏新区外均有专利权质押融资登记，其中登记数量最多的是南山区 72 件，占深圳市质押登记总量的 44.44%，质押金额 5.56 亿元。质押金额最多的是宝安区 21 件，质押金额 8.21 亿元，占全市质押总金额的 25.36%。

（4）出质人及质权人分布

2019 年，在深圳市已办理的专利权质押登记中，按照出质人类型分为企业 158 件，占总量的 97.53%，个人及科研机构各 1 件，个人和企业共同出质 2 件。其中，质押金额排名前三名出质人分别为格林美股份有限公司（登记数量 1 件，质押金额 7 亿元）、深圳华大生命科学研究院（登记数量 1 件，质押金额 4 亿元）、深圳市华星光电技术有限公司（登记数量 1 件，质押金额 3 亿元）。

同期，按质权人类型分别有担保公司 123 件，占 75.93%；银行 36 件，占 22.22%；其他类型企业 2 件，个人 1 件。质押金额排名前三的质权人为中国建设银行股份有限公司深圳市分行（涉及登记数量 3 件，质押金额 9.55 亿元）、上海银行股份有限公司深圳分行（涉及登记数量 1 件，质押金额 4 亿元）、北京银行股份有限公司深圳分行（涉及登记数量 5 件，质押金额 3.37 亿元）。

5. 专利实施许可合同备案

（1）涉及专利

2019 年，深圳市专利实施许可合同备案数 66 件，占全省备案合同总数 20.50%。其中普通许可 45 件，占 68.18%；独占许可 11 件，占 16.67%；排他许可 10 件，占 15.15%。涉及专利 549 件，平均每件专利实施许可合同备案涉及的专利量为 8.3 件。其中，发明专利占 75.77%，共 416 件。

（2）备案金额

2019 年 1 月至 12 月，专利实施许可合同备案金额总计 1.04 亿元，占全省备案总金额 15.03%。平均每件专利涉及的备案金额 18.86 万元。其中，备案金额为 0 的 28 件，占 42.42%，备案金额在 10 万元至 100 万元 28 件，占 42.42%。

（3）区域分布

2019 年 1 月至 12 月，深圳市 8 个行政区（含新区）有专利实施许可合同备案，其中备案数量和金额最多的是南山区 21 件，占全市专利实施许可合同备案总量 31.82%，备案金额 8520.5 万元，占全市备案总金额的 82.27%。

（4）许可期限

2019 年 1年至 12 月，专利实施许可合同备案许可期限 10 年以内的为 53 件，占总量的 80.30%，10 年至 25 年的有 13 件，占总量的 19.70%。

6. 商标申请，注册及有效注册量[3]

（3） 数据来源：中国商标网 http://sbj.cnipa.gov.cn/sbtj/，《2019 年四季度全国省市县商标主要统计数据》。其中，申请量、注册量统计时间为 2018.12.16—2019.12.15，有效注册量统计时间截止至 2019.12.15。

2019 年，深圳市商标申请量 500905 件，同比增长 3.96%，商标注册量 395243 件，同比增长 20.90%。截至 2019 年 12 月，商标有效注册量 1396734 件，同比增长 36.11%。

（二）涉外专利情况

1.PCT 情况

（1）总体情况

2019 年，深圳市 PCT 专利申请量 17459 件，同比下降 3.44%（全国同比增长 9.45%，全省同比下降 2.10%），降幅较去年收窄 8.17%。

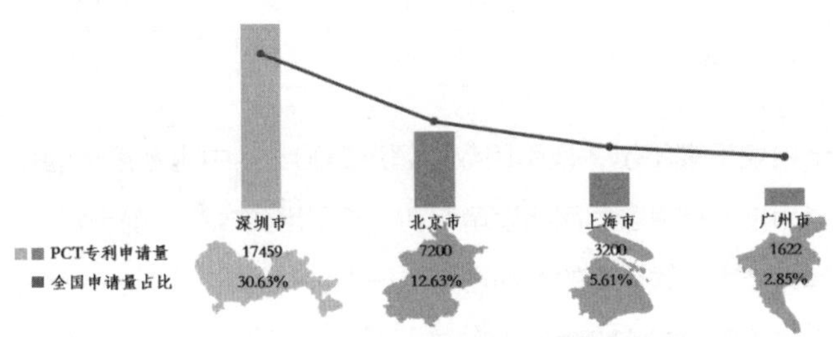

2019 年北上广深 PCT 专利申请情况对比

2019 年，深圳市 PCT 专利申请量占全国总量 30.63%，占全省总量的 70.61%，连续 16 年居全国大中城市第一。

智能制造业 PCT 国际专利申请量增长较大，其中瑞声声学申请量较去年增长 807 件，深圳市排名第一。此外，深圳市 PCT 专利申请量排名前 20 位企业中，4 家企业新上榜，分别是 TCL 华星光电技术有限公司（液晶显示器件，172 件）、深圳市欢太科技有限公司（互联网技术开发，147 件）、深圳光峰科技股份有限公司（激光显示，141 件）和深圳雾芯科技有限公司（电子烟，73 件）。

（2）国际创新城市对比[4]

2019 年，对比重点国际创新城市（国家）——东京、硅谷[5]、纽约、以色列，深圳的 PCT 国际专利申请公开量仅次于东京，领先硅谷、纽约、以色列。

2018 与 2019 年重点国际创新城市的 PCT 国际专利申请公开量对比

城市	2018 年 PCT 国际专利申请公开量（件）	2019 年 PCT 国际专利申请公开量（件）	同比增长率
东京	26136	27440	4.99%
深圳	20267	18268	-9.86%
硅谷	8494	7226	-14.93%
纽约	2342	3063	30.79%
以色列	2068	2197	6.24%

2. 海外专利布局情况

（1）美国专利情况[6]

①专利公开现况与趋势分析

2019 年，深圳的美国发明专利公开量 7308 件，在全国各大城市中居第一，北京与上海分别居第二与第三。

2018 与 2019 年美国专利公开量全国主要城市对比

城市	2018 年美国专利公开量（件）	2019 年美国专利公开量（件）	同比增长率
深圳	6238	7308	17.15%
北京	4743	5291	11.55%
上海	1982	1996	0.71%
武汉	770	943	22.47%
杭州	483	639	32.30%
广州	471	492	4.46%
成都	313	418	33.55%
重庆	189	406	114.81%
南京	292	367	25.68%
青岛	363	296	-18.46%

②国际创新城市对比

2019 年，在国际重点创新城市（国家）——东京、深圳、硅谷、纽约、以色列当中，东京、硅谷、纽约的美国专利公开量均领先于深圳，深圳位居第四。增长率方面，专利公开量居第五的以色列增长率最高，深圳增长率位居第二。

（4） 为保持对比数据一致性，本部分深圳市 PCT 数据采用公开数据。

（5） 硅谷不是一个行政区划地名，在地图上一般不做标注。在地理上，硅谷主要包含 Santa Clara、San Jose、Sunnyvale、Mountain View、Cupertino、Palo Alto、Menlo Park、San Mateo、Milpitas、Fremont、Redwood City、Scotts Valley。

（6） 美国专利数据来源于美国专利商标局数据库（USPTO）。

2018 与 2019 年国际重点创新城市（国家）美国专利公开量对比

城市	2018 年国际重点创新城市（国家）美国专利公开量（件）	2019 年国际重点创新城市（国家）美国专利公开量（件）	同比增长率
东京	32865	33564	2.13%
硅谷	23306	25892	11.10%
纽约	16881	14156	-16.14%
深圳	6238	7308	17.15%
以色列	2924	3549	21.37%

③专利申请主体分析

2019 年，深圳的美国公开专利量中，排名前三的申请人分别是华为技术有限公司、腾讯科技（深圳）有限公司、深圳华星光电半导体显示技术有限公司。排名前十的申请人如下表所示，其中深圳华星光电半导体显示技术有限公司的增长率最高，达 305.06%，惠科股份有限公司的美国公开专利量较上一年度增长 2 倍。

深圳 2019 年美国专利公开量排名前 10 名申请人

排名	申请人名称	2019 年美国专利公开量（件）
1	华为技术有限公司	3304
2	腾讯科技（深圳）有限公司	447
3	深圳华星光电半导体显示技术有限公司	320
4	深圳大疆创新科技有限公司	289
5	中兴通讯股份有限公司	274
6	惠科股份有限公司	231
7	深圳华星光电科技有限公司	207
8	重庆惠科金渝光电科技有限公司	207
9	深圳汇顶科技股份有限公司	139
10	富士康科技集团	100

④专利质量分析

截至 2019 年底，深圳美国公开专利被引用数最高的前十名如下表所示，被引用数均超过 200。其中排名第一的是华为技术有限公司网络设备专利，被引用数 322。前十名中，华为技术有限公司的专利占据了一半。

（2）欧洲专利情况[7]

①专利公开现况与趋势分析

2019 年深圳被引用数高的美国专利

排名	专利号	专利名称	申请人名称	被引用数
1	US20140201374A1	Network Function Virtualization for a Network Device	华为技术有限公司	322
2	US20030014397A1	Generating one or more XML documents from a relational database using XPath data model	华为技术有限公司	304
3	US20090034284A1	Multicolor illumination device using moving plate with wavelength conversion materials	深圳光峰科技股份有限公司	294
4	US20010045949A1	Single gesture map navigation graphical user interface for a personal digital assistant	华为技术有限公司	279
5	US20120260927A1	Electronic cigarette, electronic cigarette smoke capsule and atomization device thereof	惠州市吉瑞科技有限公司深圳分公司	258
6	US20090111543A1	Protective sleeve for portable electronic devices	深圳市裕展精密科技有限公司	230
7	US20160070265A1	Multi-sensor environmental mapping	深圳市大疆创新科技有限公司	216
8	US20050114325A1	Semi-automatic annotation of multimedia objects	深圳市大疆创新科技有限公司	212
9	US20090043531A1	Human activity monitoring device with distance calculation	华为技术有限公司	214
10	US20060265421A1	System and method for creating a playlist	华为技术有限公司	201

（7） 欧洲专利数据来源于欧洲专利局数据库（EPO）和各欧洲国家专利数据库。

2019 年欧洲专利公开量全国主要城市对比

城市	2018 年欧洲专利公开量（件）	2019 年欧洲专利公开量（件）	同比增长率
深圳	6445	7636	18.48%
北京	2280	2380	4.39%
东莞	685	1288	88.03%
上海	870	1029	18.28%
杭州	352	575	63.35%
苏州	352	456	29.55%
青岛	366	317	-13.39%
广州	268	282	5.22%
南京	193	237	22.80%
宁波	104	171	64.42%

2019 年重点国际创新城市欧洲专利公开量对比

城市	2018 年欧洲专利公开量（件）	2019 年欧洲专利公开量（件）	同比增长率
东京	16354	15082	-7.78%
深圳	6445	7636	18.48%
硅谷	6722	6157	-8.41%
以色列	2026	2205	8.84%
纽约	1448	1677	15.81%

2019 年深圳欧洲专利公开量排名前 10 名企业

排名	申请人名称	2019 年欧洲专利公开量（件）
1	华为技术有限公司	5172
2	中兴通讯股份有限公司	527
3	深圳市汇顶科技股份有限公司	249
4	腾讯科技（深圳）有限公司	162
5	比亚迪股份有限公司	158
6	深圳市柔宇科技有限公司	133
7	深圳市大疆创新科技有限公司	97
8	平安科技（深圳）有限公司	65
9	深圳市道通智能航空技术有限公司	46
10	先健科技（深圳）有限公司	43

2019 年，深圳欧洲专利公开量 7636 件，在全国各大城市中居第一，数量同比增长 18.48%。北京与上海分别居第二与第三。

②国际创新城市对比

2019 年，重点国际创新城市（国家）中，东京的欧洲专利公开量居第一，深圳排在第二。

③专利申请主体分析

2019 年深圳被引用数高的欧洲专利

排名	专利号	专利名称	申请人名称	被引用数
1	EP1713290A1	Separated base station system, network organizing method and baseband unit	华为技术有限公司	105
2	EP1968250A1	A system for interconnecting between an optical network and a wireless communication network and communication method thereof	华为技术有限公司	67
3	EP2614731A1	An atomizer for electronic cigarette	深圳市合元科技有限公司	63
4	EP1752868A2	Mobile terminal and method for region selection, for positioning and triggering of a screen focal point	华为技术有限公司	61
5	EP2007065A1	Charging associating method, system, charging center, and device for application service	华为技术有限公司	49
6	EP2800412A1	Method and device for measurement enhancement in wireless communication system	华为技术有限公司	46
7	EP2265054A1	Overload processing method and apparatus	华为技术有限公司	45
8	EP2296313A1	Control method and device for wireless multi-hopping network congestion	华为技术有限公司	43
9	EP2525623A2	Communication system and management method thereof	华为技术有限公司	43
10	EP1887732A1	A method and system for content charging	华为技术有限公司	42

2019 年的欧洲公开专利量中，深圳排名前三名的公司分别是华为技术有限公司、中兴通讯股份有限公司、深圳市汇顶科技股份有限公司。排名前十名的公司如下表所示，其中华为技术有限公司的欧洲公开专利量为 5172 件，遥遥领先。

④专利质量分析

截至 2019 年底，深圳欧洲公开专利被引用数最高的前十名如下表所示，其中 9 件为华为技术有限公司的专利，排名第一的专利被引用数达 105 次。

（3）日本专利情况[8]

①专利公开现况与趋势分析

2019 年，深圳日本专利公开量 897 件，在全国各大城市中居第一，同比增长 11.99%，北京与上海分别居第二与第三名。

2018 与 2019 年日本专利公开量全国主要城市对比

城市	2018 年日本专利公开量（件）	2019 年日本专利公开量（件）	同比增长率
深圳	801	897	11.99%
北京	325	408	25.54%
上海	68	150	120.59%
杭州	44	63	43.18%
南京	35	60	71.43%
广州	25	57	128.00%
青岛	48	53	10.42%
武汉	11	23	109.09%
天津	15	15	0.00%
成都	7	13	85.71%
重庆	13	9	-30.77%
宁波	10	8	-20.00%

②国际创新城市对比

2019 年，重点国际创新城市（国家）中，东京的日本专利公开量居第一，深圳居第二。

2018 与 2019 年重点国际创新城市（国家）的日本专利公开量对比

城市	2018 年日本专利公开量（件）	2019 年日本专利公开量（件）	同比增长率
东京	109327	118790	8.66%
深圳	801	897	11.99%
硅谷	249	386	55.02%
纽约	135	146	8.15%
以色列	66	43	-34.85%

③专利申请主体分析

2019 年，深圳日本公开专利量中，排名前三名申请人分别是华为技术有限公司（560 件）、深圳大疆创新科技有限公司（115 件）、中兴通讯股份有限公司（52 件）。

2019 年深圳日本专利公开量排名前 10 名企业

排名	申请人名称	2019 年日本专利公开量（件）
1	华为技术有限公司	560
2	深圳大疆创新科技有限公司	115
3	中兴通讯股份有限公司	52
4	平安科技（深圳）有限公司	47
5	深圳柔宇科技有限公司	9
6	赫兹科技有限公司	8
7	深圳市塔吉瑞生物医药有限公司	7
8	深圳光峰科技股份有限公司	6
9	深圳新宙邦科技股份有限公司	6
10	深圳第一联合科技有限公司	6

④专利质量分析

截至 2019 年底，深圳的日本公开专利被引用数最高的前十名中 8 件为华为技术有限公司专利，排名第一的专利被引用数为 31 次。

（5）韩国专利情况[9]

①专利公开现况与趋势分析

2019 年，深圳的韩国专利公开量为 988 件，在全国各大城市中以较大优势位居第一，北京、东莞、上海分居第二、

(8) 日本专利数据来源于日本特许厅专利数据库（JPO）。

(9) 韩国专利数据来源于韩国知识产权局专利数据库。

2019 年深圳具有高被引用数的日本专利

排名	专利号	专利名称	申请人名称	被引用数
1	JP2010537523A	進化型ネットワークの一時 ID によって旧式ネットワークにアクセスする方法および装置	华为技术有限公司	31
2	JP2014523200A	セル測定方法、セルリソース共有方法、および関連デバイス	华为技术有限公司	23
3	JP2010532869A	マルチスペクトルセンシング装置及びその製造方法	博立码杰通讯（深圳）有限公司	20
4	JP2011521290A	フレーム損失隠蔽の方法及び装置	华为技术有限公司	17
5	JP2012533240A	M2M ユーザ装置のオペレーション制御方法、システム及び M2M ユーザ装置	华为技术有限公司	17
6	JP2011501542A	フレーム間予測符号化の方法および装置	华为技术有限公司	16
7	JP2014523199A	ワイヤレスブロードバンド通信方法、デバイス、およびシステム	华为技术有限公司	15
8	JP2011526443A	階層型無線アクセスシステムの同期、スケジューリング、ネットワーク管理と周波数割当方法	中兴通讯股份有限公司	15
9	JP2004254328A	IP ネットワークにおける保証付きサービス品質を提供するための方法およびそのシステム	华为技术有限公司	14
10	JP2013535904A	情報を提供するための方法、移動局装置、基地局装置及び通信装置	华为技术有限公司	13

2019 年韩国专利公开量全国主要城市对比

城市	2018 年韩国专利公开量（件）	2019 年韩国专利公开量（件）	同比增长率
深圳	885	988	11.64%
北京	380	484	27.37%
东莞	118	290	145.76%
上海	149	230	54.36%
苏州	73	86	17.81%
武汉	24	59	145.83%
南京	36	48	33.33%
广州	45	42	-6.67%
杭州	25	34	36.00%
佛山	26	29	11.54%

2019 年重点国际创新城市韩国专利公开量对比

城市	2018 年韩国专利公开量（件）	2019 年韩国专利公开量（件）	同比增长率
深圳	885	988	11.64%
东京	654	629	-3.82%
以色列	275	337	22.55%
硅谷	1843	119	-93.54%
纽约	465	32	-93.12%

第三、第四位。

②国际创新城市对比

2019 年，重点国际创新城市（国家）当中，深圳的韩国专利公开量居第一。

③专利申请主体分析

2019 年，深圳的韩国公开专利量中，排名前三名的申

2019 年深圳韩国专利公开量申请人前 10 名

排名	申请人名称	2019 年韩国专利公开量（件）
1	华为技术有限公司	597
2	深圳市华星光电技术有限公司	59
3	腾讯科技（深圳）有限公司	54
4	深圳市柔宇科技有限公司	43
5	平安科技（深圳）有限公司	39
6	中兴通讯股份有限公司	35
7	比亚迪股份有限公司	28
8	深圳市汇顶科技股份有限公司	18
9	众安信息技术服务有限公司	11
10	深圳市大疆创新科技有限公司	8
10	深圳超级数据链技术有限公司	8

2019 年深圳具有高被引用数的韩国专利

排名	专利号	专利名称	申请人名称	被引用数
1	KR1020070068456A	MBS 의 자원의 지시를 실현하는 방법，시스템 및 장치	华为技术有限公司	15
2	KR1020110002070A	프레임 손실 은폐를 위한 방법 및 장치	华为技术有限公司	14
3	KR1020170091140A	컨볼루션 신경망 모델의 트레이닝 방법 및 장치	腾讯科技（深圳）有限公司	12
4	KR1020150119236A	파이버 채널에서 노드 포트 가상화를 구현하기 위한 방법，장치 및 시스템	华为技术有限公司	7
5	KR1020070103051A	멀티 포인트 화상회의 시스템 및 해당 미디어 프로세싱방법	中兴通讯股份有限公司	6
6	KR1020070085730A	멀티캐스트 및 브로드캐스트 서비스의 수신 방법 및 시스템	华为技术有限公司	6
7	KR1020120025538A	발명의 명칭 멀티미디어 브로드캐스트 멀티캐스트 서비스 제어채널 내용 업데이트의 통지방법 및 시스템	中兴通讯股份有限公司	6
8	KR1020180006961A	비디오 픽쳐 코딩 방법，비디오 픽쳐 디코딩 방법，코딩 장치，및 디코딩 장치	华为技术有限公司	6
9	KR1020140082695A	발명의 명칭 소형 무인 항공기에 사용하기 위한 2 축 플랫폼 및 소형 무인 항공기에 사용하기 위한 3 축 플	深圳市大疆创新科技有限公司	5
10	KR1020070095435A	링백톤 서비스를 구현하는 방법 및 시스템	华为技术有限公司	5

请人分别是华为技术有限公司（597 件）、深圳华星光电技术有限公司（59 件）、腾讯科技（深圳）有限公司（54 件）。

④专利质量分析

截至 2019 年底，深圳的韩国公开专利被引用数最高的前十名如上表所示，其中 6 件为华为技术有限公司的专利，排名第一的专利被引用数为 15 次。

二、产业及重点行业专利情况

（一）深圳战略性新兴产业情况[10]

1. 新一代信息技术产业

2019 年，深圳新一代信息技术产业国内发明专利公开量 43273 件，发明专利授权量 12346 件，实用新型 15356 件，截至 2019 年底，有效发明专利量为 65460 件。其中，发明专利公开量在全国各大城市中居第二，同比增长 32.92%。

2019 年，深圳新一代信息技术产业国内发明专利授权量中，华为技术有限公司以 2141 件排名第一，腾讯科技（深圳）有限公司以 1617 件排名第二。

2019 年新一代信息技术产业全国主要城市国内发明专利对比

城市	2018 年发明专利公开量（件）	2019 年发明专利公开量（件）	同比增长率
北京	43891	53804	22.59%
深圳	32556	43273	32.92%
上海	18124	23483	29.57%
广州	12207	16066	31.61%
南京	10382	13885	33.74%
杭州	9747	13771	41.28%
武汉	8231	11035	34.07%
苏州	8950	10282	14.88%
成都	12136	10252	-15.52%
西安	6258	9816	56.86%

深圳新一代信息技术产业发明专利授权量前 10 名

排名	申请人	2019 年发明专利授权量（件）
1	华为技术有限公司	2141
2	腾讯科技（深圳）有限公司	1617
3	中兴通讯股份有限公司	772

（10） 战略性新兴产业主要依据《战略性新兴产业分类（2018）》（国家统计局令第 23 号）、《深圳战略性新兴产业报表制度 2019》的分类标准进行数据统计。统计数据来源国家知识产权局专利数据库。

续表

排名	申请人	2019 年发明专利授权量（件）
4	努比亚技术有限公司	626
5	深圳市华星光电技术有限公司	556
6	宇龙计算机通信科技（深圳）有限公司	410
7	平安科技（深圳）有限公司	212
8	比亚迪股份有限公司	191
9	深圳大学	165
10	深圳市华星光电半导体显示技术有限公司	144

2. 高端装备制造产业

2019 年，深圳高端装备制造产业国内发明专利公开量 32930 件，发明专利授权量 8237 件，实用新型 15613 件。截至 2019 年底，有效发明专利量为 39901 件。其中，发明专利公开量在全国各大城市中居第二，仅次于北京。

2018 与 2019 年高端装备制造产业全国主要城市国内发明专利对比

城市	2018 年发明专利公开量（件）	2019 年发明专利公开量（件）	同比增长率
北京	37521	47128	25.60%
深圳	23896	32930	37.81%
上海	15284	20177	32.01%
广州	11719	14419	23.04%
南京	9607	12951	34.81%
杭州	8368	11810	41.13%
苏州	10902	10968	0.61%
西安	5930	9954	67.86%
成都	11319	9406	-16.90%
武汉	7069	9201	30.16%

2019 年，深圳高端装备制造产业国内发明专利授权量中，前三名分别是腾讯科技（深圳）有限公司、华为技术有限公司、努比亚技术有限公司。

深圳高端装备制造产业发明专利授权量前 10 名

排名	申请人	2019 年发明专利授权量（件）
1	腾讯科技（深圳）有限公司	1427
2	华为技术有限公司	1138
3	努比亚技术有限公司	398
4	中兴通讯股份有限公司	334
5	宇龙计算机通信科技（深圳）有限公司	273
6	平安科技（深圳）有限公司	196
7	比亚迪股份有限公司	172
8	深圳市大疆创新科技有限公司	134
9	深圳市腾讯计算机系统有限公司	124
10	深圳市金立通信设备有限公司	97

3. 绿色低碳产业

2019 年，深圳绿色低碳产业国内发明专利公开量 10439 件，发明专利授权量 2495 件，实用新型 12727 件。截至 2019 年底，有效发明专利量为 13072 件。其中，发明专利公开量在全国各大城市中居第三，在北京和上海之后。

2018 与 2019 年绿色低碳产业全国主要城市国内发明专利对比

城市	2018 年发明专利公开量（件）	2019 年发明专利公开量（件）	同比增长率
北京	16454	20293	23.33%
上海	8268	11442	38.39%
深圳	7562	10439	38.05%
南京	7650	10085	31.83%
广州	7218	9525	31.96%
杭州	4884	7559	54.77%
西安	3575	7544	111.02%
苏州	7897	6963	-11.83%
成都	9687	6862	-29.16%
合肥	7315	6279	-14.16%

2019 年，深圳绿色低碳产业国内发明专利授权量前十名的申请人中，比亚迪股份有限公司（225 件），华为技术有限公司（126 件），其余申请人的授权量均 60 件以内。

深圳绿色低碳产业国内发明专利授权量前 10 名

排名	申请人	2019 年发明专利授权量（件）
1	比亚迪股份有限公司	225
2	华为技术有限公司	126
3	腾讯科技（深圳）有限公司	54

续表

排名	申请人	2019 年发明专利授权量（件）
4	深圳市华星光电技术有限公司	53
5	中广核工程有限公司	51
6	深圳市海洋王照明工程有限公司	45
7	中兴通讯股份有限公司	41
8	努比亚技术有限公司	39
9	中广核研究院有限公司	36
10	深圳大学	33

4. 生物医药产业

2019 年，深圳生物医药产业的国内发明专利公开量 5705 件，发明专利授权量 1077 件，实用新型 4741 件。截至 2019 年底，有效发明专利量为 6415 件。其中，深圳发明专利公开量在全国各大城市中位于第四位，少于北京、上海、广州。

2018 与 2019 年全国主要城市区生物医药产业国内发明专利对比

城市	2018 年发明专利公开量（件）	2019 年发明专利公开量（件）	同比增长率
北京	8660	10232	18.15%
上海	6418	8214	27.98%
广州	5566	5899	5.98%
深圳	4444	5705	28.38%
南京	4066	5015	23.34%
杭州	3307	3921	18.57%
成都	5360	3333	-37.82%
苏州	3336	3026	-9.29%
武汉	2623	2864	9.19%
天津	2983	2752	-7.74%

2019 年，深圳区生物医药产业国内发明专利授权量前 3 名分别是中国科学院深圳先进技术研究院（62 件）、深圳先进技术研究院（56 件）、深圳边端生物医疗电子股份有限公司（47 件）。

2019 年深圳生物医药产业国内发明专利授权量前 10 名

排名	申请人	2019 年发明专利授权量（件）
1	中国科学院深圳先进技术研究院	62
2	深圳先进技术研究院	56
3	深圳迈瑞生物医疗电子股份有限公司	47
4	深圳大学	42
5	清华大学深圳研究生院	32
6	先健科技（深圳）有限公司	31
7	深圳华大基因科技有限公司	21
8	深圳市理邦精密仪器股份有限公司	20
9	深圳市第二人民医院	16
10	北京大学深圳研究生院	13

5. 数字经济产业

2019 年，深圳数字经济产业国内发明专利公开量 5801 件，在全国各大城市中居第二，增速排名第三。

2018 与 2019 年数字经济产业全国主要城市国内发明专利对比

城市	2018 年发明专利公开量（件）	2019 年发明专利公开量（件）	同比增长率
北京	6275	7057	12.5%
深圳	4646	5801	24.9%
上海	2297	2816	22.6%
广州	1942	2320	19.5%
杭州	1680	2297	36.7%
成都	1548	1267	-18.2%
南京	1423	1782	25.2%
合肥	977	811	-17.0%
武汉	930	1071	15.2%
苏州	904	885	-2.1%

2019 年，深圳数字经济产业国内发明专利授权量前 3 名分别是华为技术有限公司、腾讯科技（深圳）有限公司、中兴通讯股份有限公司。

6. 新材料产业

2019 年，深圳新材料产业国内专利公开量 9211 件，在全国各大城市中排名第三，增速排名首位。

2019 年，深圳新材料产业国内发明专利授权量前 3 名分别是深圳市华星光电技术有限公司、深圳大学、比亚迪股

2018 与 2019 年新材料产业全国主要城市国内发明专利对比

城市	2018 年发明专利公开量（件）	2019 年发明专利公开量（件）	同比增长率
北京	18611	20900	12.3%
上海	10628	13231	24.5%
深圳	7193	9211	28.1%
南京	7497	9175	22.4%
广州	7834	8786	12.2%
苏州	9617	8143	-15.3%
武汉	5356	6732	25.7%
成都	8086	6533	-19.2%
天津	5657	5671	0.2%
合肥	6313	4988	-21.0%

深圳数字经济产业国内发明专利授权量前 10 名

排名	申请人	2019 年发明专利授权量（件）
1	华为技术有限公司	479
2	腾讯科技（深圳）有限公司	376
3	中兴通讯股份有限公司	222
4	努比亚技术有限公司	62
5	宇龙计算机通信科技（深圳）有限公司	51
6	深圳 TCL 数字技术有限公司	47
7	深圳超多维科技有限公司	29
8	康佳集团股份有限公司	18
9	平安科技（深圳）有限公司	17
10	深圳创维数字技术有限公司	15

份有限公司。

深圳新材料产业国内发明专利授权量前 10 名

排名	申请人	2019 年发明专利授权量（件）
1	深圳市华星光电技术有限公司	129
2	深圳大学	110
3	比亚迪股份有限公司	105
4	深圳先进技术研究院	70
5	清华大学深圳研究生院	67
6	中国科学院深圳先进技术研究院	58
7	华为技术有限公司	50
8	哈尔滨工业大学深圳研究生院	37
9	腾讯科技（深圳）有限公司	29
10	深圳迈瑞生物医疗电子股份有限公司	28

2018 与 2019 年海洋经济产业全国主要城市国内发明专利对比

城市	2018 年发明专利公开量（件）	2019 年发明专利公开量（件）	同比增长率
北京	1230	1470	19.5%
上海	592	898	51.7%
广州	395	563	42.5%
青岛	459	541	17.9%
成都	530	536	1.1%
武汉	368	465	26.4%
西安	239	438	83.3%
天津	370	393	6.2%
杭州	233	347	48.9%
无锡	272	260	-4.4%

7. 海洋经济产业

2019 年，深圳海洋经济产业国内专利公开量 221 件，在全国各大城市中居第十六位。

2019 年，深圳海洋经济产业国内发明专利授权量前 3 名分别是深圳市云洲创新科技有限公司、中国国际海运集装箱（集团）股份有限公司、深圳市远东海洋矿产资源开发研究院有限公司。

深圳海洋经济产业国内发明专利授权量前 10 名

排名	申请人	2019 年发明专利授权量（件）
1	深圳市云洲创新科技有限公司	5
2	中国国际海运集装箱（集团）股份有限公司	4
3	深圳市远东海洋矿产资源开发研究院有限公司	2
4	深圳乐智机器人有限公司	2
5	深圳市奈士迪技术研发有限公司	2

续表

排名	申请人	2019 年发明专利授权量（件）
6	中建钢构有限公司	2
7	深圳市赛邦连接电子有限公司	1
8	汕深海洋科技（深圳）有限公司	1
9	深圳市宝道智能科技有限公司	1
10	深圳市钻通工程机械股份有限公司	1

（二）重点行业或领域专利情况[(11)]

1.5G（第五代移动通信技术）[(12)]

2019 年，深圳的 5G 国内专利公开量 764 件，在全国各大城市中居第一，同比增长 45.52%。2019 年，5G 国内专利授权量 85 件，超过北京 69 件，在全国各大城市中位居第一。

2018 与 2019 年 5G 通信技术全国主要城市国内发明专利对比

城市	2018 年发明专利公开量（件）	2019 年发明专利公开量（件）	同比增长率
深圳	1590	764	-51.9%
北京	936	526	-43.8%
上海	510	238	-53.3%
广州	206	129	-37.4%
南京	182	104	-42.9%
重庆	96	55	-42.7%
西安	119	54	-54.6%
成都	145	54	-62.8%
青岛	35	11	-68.6%

2019 年，深圳的 5G 国内发明专利授权量中，华为技术有限公司以 49 件排名第一，深圳职业技术学院 9 件排名第二。

2019 年 4K\8K 领域全国主要城市国内发明专利对比

城市	2018 年发明专利公开量（件）	2019 年发明专利公开量（件）	同比增长率
深圳	171	240	40.35%
北京	145	199	37.24%
上海	73	60	-17.81%
广州	19	43	126.32%
杭州	19	37	94.74%
西安	8	33	312.50%
武汉	22	31	40.91%
南京	27	27	0.00%
成都	17	20	17.65%
青岛	20	15	-25.00%
重庆	7	4	-42.86%

2019 年深圳 5G 领域发明专利主要申请人

排名	申请人	2019 年发明专利公开量（件）
1	华为技术有限公司	49
2	深圳职业技术学院	9
3	中兴通讯股份有限公司	7
4	哈尔滨工业大学深圳研究生院	2
5	宇龙计算机通信科技（深圳）有限公司	2

2.4K\8K（高清视频技术）

2019 年，深圳在 4K\8K 领域的国内发明专利公开量为 240 件，在全国各大城市中居首位。

2019年，深圳4K\8K 领域国内发明专利授权量为51件。

深圳 4K\8K 领域发明专利主要申请人

排名	申请人	2019 年发明专利公开量（件）
1	华为技术有限公司	12
2	深圳市华星光电技术有限公司	5
3	深圳创维 -RGB 电子有限公司	4

（11） 数据来源：国家知识产权局专利数据库。

（12） 2016 年 11 月 18 日，国际移动通信标准化组织 3GPP 的 RAN1(无线物理层)87 次会议上，最终确定了 5G 增强移动宽带场景的信道编码技术方案，其中 Polar Code(极化码)作为控制信道的编码方案，LDPC(Low Density Parity Check Code，低密度奇偶校验码)作为数据信道的编码方案。本报告以 5G 增强移动宽带场景的信道编码技术方案作为 5G 技术的代表。

续表

排名	申请人	2019 年发明专利公开量（件）
4	康佳集团股份有限公司	4
5	深圳 TCL 数字技术有限公司	3
6	深圳光启合众科技有限公司	3
7	惠科股份有限公司	2

3. 人工智能

2019 年，深圳人工智能领域国内发明专利公开量 12916 件，发明专利授权量 2712 件，实用新型 2823 件。其中，发明专利公开量在全国各大城市中居第二，同比增长 13.60%。

2018 与 2019 年人工智能领域全国主要城市的国内发明专利对比

城市	2018 年发明专利公开量（件）	2019 年发明专利公开量（件）	同比增长率
北京	16857	16671	-1.10%
深圳	11370	12916	13.60%
上海	5458	6263	14.75%
广州	4791	5502	14.84%
南京	3859	4818	24.85%
杭州	3397	4535	33.50%
西安	2074	3185	53.57%
成都	4480	3179	-29.04%
武汉	2474	2840	14.79%
苏州	2459	2475	0.65%

2019 年，深圳的人工智能领域国内发明专利授权量中，腾讯科技（深圳）有限公司以 418 件排名第一，华为技术有限公司以 319 件排名第二。

深圳人工智能领域发明专利授权量前十名

排名	申请人	2019 年发明专利授权量（件）
1	腾讯科技（深圳）有限公司	418
2	华为技术有限公司	319
3	宇龙计算机通信科技（深圳）有限公司	138
4	中兴通讯股份有限公司	112
5	努比亚技术有限公司	106
6	深圳市大疆创新科技有限公司	96
7	平安科技（深圳）有限公司	82
8	深圳大学	57
9	中国科学院深圳先进技术研究院	35
10	比亚迪股份有限公司	32

4. 区块链

2019 年，深圳区块链技术国内专利公开量 1361 件，在全国各大城市中居第二，仅次于北京（1402 件）后。

2018 与 2019 年全国主要城市区块链技术国内发明专利对比

城市	2018 年发明专利公开量（件）	2019 年发明专利公开量（件）	同比增长率
北京	642	1402	118.4%
深圳	482	1361	182.4%
杭州	176	404	129.5%
上海	181	373	106.1%
广州	94	224	138.3%
成都	99	157	58.6%
南京	43	124	188.4%
西安	25	99	296.0%
重庆	25	76	204.0%
武汉	49	75	53.1%

2019 年，深圳区块链技术国内发明专利授权量为 24 件，授权量前 2 名分别是腾讯科技（深圳）有限公司和深圳前海达闼云端智能科技有限公司。

2019 年深圳区块链技术发明专利主要申请人

排名	申请人	2019 年发明专利公开量（件）
1	腾讯科技（深圳）有限公司	6
2	深圳前海达闼云端智能科技有限公司	3
3	众安信息技术服务有限公司	1
4	北京大学深圳研究生院	1
5	小鹰信息科技（深圳）有限公司	1
6	平安科技（深圳）有限公司	1

5. 新能源汽车

2019 年，深圳的新能源汽车国内专利公开量 2327 件，在全国各大城市中居第二位，同比增长 16.9%，第一位为北京（2473 件）。

2018 与 2019 年新能源汽车全国主要城市国内发明专利对比

城市	2018 年发明专利公开量（件）	2019 年发明专利公开量（件）	同比增长率
北京	2241	2473	10.4%
深圳	1991	2327	16.9%
上海	1420	1717	20.9%
广州	1036	1020	-1.5%
长沙	522	1013	94.1%
苏州	1015	951	-6.3%
南京	763	924	21.1%
合肥	1253	896	-28.5%
杭州	770	878	14.0%
武汉	581	728	25.3%

2019 年，深圳新能源汽车国内发明专利授权量前 3 名分别是比亚迪股份有限公司、清华大学深圳研究生院、深圳博磊达新能源科技有限公司。

深圳新能源汽车产业发明专利主要申请人

排名	申请人	2019 年发明专利授权量（件）
1	比亚迪股份有限公司	171
2	清华大学深圳研究生院	14
3	深圳博磊达新能源科技有限公司	14
4	华为技术有限公司	11
5	宇龙计算机通信科技（深圳）有限公司	10
6	深圳市贝特瑞新能源材料股份有限公司	9
7	深圳吉阳智能科技有限公司	9
8	欣旺达电子股份有限公司	8
9	深圳大学	8
10	中兴通讯股份有限公司	7

6. 医疗器械

2019 年，深圳医疗器械国内专利公开量 3948 件，在全国各大城市中居第三，北京和上海分居前两位。

2019 年医疗器械全国主要城市国内发明专利对比

城市	2018 年发明专利公开量（件）	2019 年发明专利公开量（件）	同比增长率
北京	5128	5958	16.2%
上海	3825	4760	24.4%
深圳	3177	3948	24.3%
广州	2911	3159	8.5%
成都	2681	1782	-33.5%
苏州	2266	2127	-6.1%
南京	2039	2618	28.4%
杭州	1867	2456	31.5%
天津	1595	1511	-5.3%
郑州	1494	1483	-0.7%

2019 年，深圳医疗器械国内发明专利授权量前 3 名分别是中国科学院深圳先进技术研究院、深圳先进技术研究院、深圳迈瑞生物医疗电子股份有限公司。

2019 年深圳医疗器械领域发明专利主要申请人

排名	申请人	2019 年发明专利授权量（件）
1	中国科学院深圳先进技术研究院	55
2	深圳先进技术研究院	48
3	深圳迈瑞生物医疗电子股份有限公司	46
4	先健科技（深圳）有限公司	31
5	深圳大学	28
6	深圳市理邦精密仪器股份有限公司	19
7	清华大学深圳研究生院	17
8	深圳市第二人民医院	13
9	西门子（深圳）磁共振有限公司	13
10	深圳开立生物医疗科技股份有限公司	9

三、重点企业专利情况

（一）高新技术企业

1. 专利申请情况

2019 年，深圳市申请专利的高新技术企业 8127 家，共 107646 件，占全市专利申请总量 41.16%。有专利申请的高新技术企业数占全市高新技术企业总数的 47.27%，同比增长 8.30 个百分点。

其中，申请发明专利的高新技术企业 4261 家，共 48098 件，占全市发明专利申请总量的 58.05%。有发明专利申请的高新技术企业数占全市高新技术企业总数的 24.79%，同比增长 3.59 个百分点。高新技术企业专利申请中，发明专利占比 44.68%，同比下降 1.44 个百分点。

2. 专利授权情况

2019 年，深圳市获得专利授权的高新技术企业 7955 家，共 67499 件，占全市专利授权总量的 40.51%。有专利授权的高新技术企业数占全市高新技术企业总数的 48.59%，同比增长 11.20 个百分点。

其中，获得发明专利授权的高新技术企业 2345 家，共 19114 件，占全市发明专利授权总量的 73.37%。有发明专利授权的高新技术企业数占全市高新技术企业总数的 14.32%，同比增长 1.87 个百分点。

3. 有效发明专利情况

截至 2019 年 12 月，深圳市拥有发明专利的高新技术企业 5569 家，共 104519 件，占全市有效发明专利量的 75.45%。拥有发明专利的高新技术企业数占深圳全市高新技术企业总数的 34.02%。

高新技术企业有效发明专利五年以上维持率为 87.08%，比全市平均水平高 1.86 个百分点。

（二）规模以上工业企业

1. 专利申请情况

2019 年，深圳市申请专利的规模以上工业企业 4184 家，共 72088 件，占全市专利申请总量的 27.57%。有专利申请的规模以上工业企业数占全市规模以上工业企业总数的 45.50%，同比增长 2.21 个百分点。

其中，申请发明专利的规模以上工业企业 2143 家，共 29484 件，占全市发明专利申请总量的 35.59%。有发明专利申请的规模以上工业企业数占全市规模以上工业企业总数的 23.30%，同比增长 2.18 个百分点。

规模以上工业企业专利申请中，发明专利占比 40.90%，同比增长 2.24 个百分点。

2. 专利授权情况

2019 年，深圳市获得专利授权的规模以上工业企业 4366 家，共 50827 件，占全市专利授权总量 30.51%。有专利授权的规模以上工业企业数占全市规模以上工业企业总数 47.48%，同比增长 4.12 个百分点。

其中，获得发明专利授权的规模以上工业企业 1205 家，共 13841 件，占全市发明专利授权总量 53.13%；有发明专利授权的规模以上工业企业数占全市规模以上工业企业总数 13.10%，同比增长 0.67 个百分点。

3. 有效发明专利情况

截至 2019 年 12 月，深圳市拥有发明专利的规模以上工业企业 2719 家，共 86620 件，占全市有效发明专利量的 62.53%。拥有发明专利的规模以上工业企业数占全市规模以上工业企业总数的 29.57%。

规模以上工业企业有效发明五年以上维持率为 90.32%，比全市平均水平高 5.1 个百分点。

（三）上市公司（境内）

1. 专利申请情况

2019 年，深圳市申请专利的上市公司 199 家，共 13648 件，占全市专利申请总量的 5.22%。有专利申请的上市公司数占全市上市公司总数 66.55%，同比增长 1.62 个百分点。

其中，申请发明专利的上市公司 179 家，共 7266 件，占全市发明专利申请总量的 8.77%。有发明专利申请的上市公司数占全市上市公司总数的 59.87%，同比增长 1.66 个百分点。

上市公司专利申请中，发明专利占比 53.24%，同比增长 2.14 个百分点。

2. 专利授权情况

2019 年，深圳市获得专利授权的上市公司有 191 家，共 9092 件，占全市专利授权总量的 5.46%。有专利授权的上市公司数占全市上市公司总数的 63.88%，同比下降 2.54 个百分点。

其中，获得发明专利授权的上市公司有 153 家，共 3582 件，占全市发明专利授权总量 13.75%。有发明专利授权的上市公司数占全市上市公司总数的 51.17%，同比下降 0.7 个百分点。

3. 有效发明专利情况

截至 2019 年 12 月，深圳市拥有发明专利的上市公司 212 家，共 32159 件，占全市有效发明专利量的 23.21%。拥有发明专利的上市公司数占全市上市公司总数 70.90%。

上市公司有效发明专利五年以上维持率为 95.01%，比全市平均水平高 9.79 个百分点。

（四）独角兽企业

1. 专利申请情况

2019 年，深圳市申请专利的独角兽企业 11 家，共 4113 件，占全市专利申请总量 1.57%。有专利申请的独角兽企业数占全市独角兽企业总数的 45.83%，同比下降 8.34 个百分点。

其中，申请发明专利的独角兽企业 11 家，共 3243 件，占全市发明专利申请总量的 3.91%。有发明专利申请的独角兽企业数占全市独角兽企业总数 45.83%，同比下降 8.34 个百分点。

独角兽企业专利申请中，发明专利占比 78.85%，同步增长 18.67 个百分点。

2. 专利授权情况

2019 年，深圳市获得专利授权的独角兽企业 11 家，共 1242 件，占全市专利授权总量 0.75%。有专利授权的独角兽企业数占全市独角兽企业总数的 45.83%，同比增长 4.16 个百分点。

其中，获得发明专利授权的独角兽企业 11 家，共 488 件，占全市发明专利授权总量 1.87%。有发明专利授权的独角兽企业数占全市独角兽企业总数的 45.83%，同比提高 12.50 个百分点。

3. 有效发明专利情况

截至 2019 年 12 月，深圳市拥有发明专利的独角兽企业 12 家，共 1348 件，占全市有效发明专利量的 0.97%。拥有发明专利的独角兽企业数占全市独角兽企业总数 50%。

独角兽企业有效发明专利五年以上维持率为 73.81%，低于全市平均水平 11.41 个百分点。

附表 1 2019 年深圳市知识产权数据一览

指标	总量（件）	同比（%）
专利申请量	261502	14.39
其中：发明专利	82852	18.41
实用新型专利	113830	12.71
外观设计专利	64820	12.44
专利授权量	166609	18.83
其中：发明专利	26051	22.25
实用新型专利	87433	15.74
外观设计专利	53125	22.54
末期有效发明专利量	138534	16.54
其中：每万人口发明专利拥有量	106.3	——

附表 2 2019 年深圳市五类专利申请人申请量

申请人类型	发明（件）	占比（%）	实用新型（件）	占比（%）	外观设计（件）	占比（%）	申请量（件）
职务	79348	33.28	105001	44.04	54053	22.67	238402
其中：企业	74216	32.20	102544	44.50	53698	23.30	230458
大专院校	2693	70.41	922	24.10	210	5.49	3825
科研单位	1829	78.36	409	17.52	96	4.11	2334
机关团体	610	34.17	1126	63.08	49	2.75	1785
非职务（个人）	3504	15.17	8829	38.22	10767	46.61	23100
合计	82852	31.68	113830	43.53	64820	24.79	261502

附表 3 2019 年深圳市五类专利权人授权量

专利权人类型	发明（件）	占比（%）	实用新型(件）	占比（%）	外观设计(件）	占比（%）	授权量（件）
职务	25544	16.71	83253	54.45	44096	28.84	152893
其中：企业	23887	16.01	81456	54.60	43843	29.39	149186
大专院校	967	56.72	605	35.48	133	7.80	1705
科研单位	606	56.74	383	35.86	79	7.40	1068
机关团体	84	8.99	809	86.62	41	4.39	934
非职务（个人）	507	3.70	4180	30.48	9029	65.83	13716
合计	26051	15.64	87433	52.48	53125	31.89	166609

附表 4 2019 年深圳市五类申请人 PCT 专利申请量

申请人类型	12 月申请量（件）	同比增长（%）	1—12 月申请量（件）	同比增长（%）
职务	2529	7.21	17185	-3.17
其中：企业	2244	2.42	16314	-4.53
大专院校	52	13.04	389	3.73
科研单位	227	89.17	441	63.33
机关团体	6	200.00	41	192.86
非职务（个人）	19	0.00	274	-17.96
合计	2548	7.15	17459	-3.44

附表 5 2019 年各区专利申请情况

区域	发明（件）	发明占比	实用新型（件）	实用新型占比	外观设计（件）	外观设计占比	申请总量（件）	发明同比	实用新型同比	外观设计同比	申请总量同比
全市	82852	31.68%	113830	43.53%	64820	24.79%	261502	18.41%	12.71%	12.44%	14.39%
南山区	37188	53.83%	20508	29.69%	11388	16.48%	69084	18.03%	5.46%	15.15%	13.54%
宝安区	10006	16.45%	34106	56.06%	16721	27.49%	60833	21.18%	20.15%	20.24%	20.34%
龙岗区	11876	28.70%	17003	41.09%	12505	30.22%	41384	30.88%	20.21%	24.37%	24.37%
龙华区	4598	15.96%	15705	54.50%	8514	29.55%	28817	18.69%	18.47%	21.94%	19.51%
福田区	9133	40.49%	8759	38.83%	4666	20.68%	22558	14.11%	0.99%	8.66%	7.57%
光明区	3801	24.46%	8515	54.80%	3223	20.74%	15539	40.62%	12.48%	28.56%	21.59%
罗湖区	2632	22.28%	3774	31.95%	5406	45.77%	11812	-24.76%	-26.65%	-31.90%	-28.76%
坪山区	2934	31.78%	4654	50.42%	1643	17.80%	9231	21.19%	25.89%	7.39%	20.70%
盐田区	236	18.57%	357	28.09%	678	53.34%	1271	-25.79%	4.08%	36.14%	9.66%
大鹏新区	410	48.24%	374	44.00%	66	7.76%	850	31.83%	16.15%	37.50%	24.82%
深汕特别合作区	38	30.89%	75	60.98%	10	8.13%	123	1166.67%	1150.00%	——	1266.67%

附表 6 2019 年各区专利授权情况

区域	发明（件）	发明占比	实用新型（件）	实用新型占比	外观设计（件）	外观设计占比	申请总量（件）	发明同比	实用新型同比	外观设计同比	申请总量同比
全市	26051	15.64%	87433	52.48%	53125	31.89%	166609	22.25%	15.74%	22.54%	18.83%
宝安区	2005	4.84%	26324	63.49%	13132	31.67%	41461	10.04%	34.58%	22.37%	29.11%
南山区	10927	29.86%	16257	44.42%	9416	25.73%	36600	27.46%	1.70%	22.10%	13.41%
龙岗区	5501	19.75%	12569	45.13%	9781	35.12%	27851	26.78%	21.43%	32.30%	26.12%
龙华区	1025	5.16%	12138	61.07%	6713	33.77%	19876	-14.37%	23.37%	28.14%	22.13%
福田区	3569	25.93%	6317	45.89%	3879	28.18%	13765	18.57%	-6.58%	12.11%	4.03%
光明区	1353	12.91%	6589	62.88%	2537	24.21%	10479	8.24%	14.45%	33.46%	17.64%
罗湖区	346	3.76%	3170	34.46%	5682	61.77%	9198	9.84%	-8.38%	5.05%	0.15%
坪山区	971	16.51%	3465	58.91%	1446	24.58%	5882	57.37%	6.94%	27.40%	17.83%
盐田区	242	24.59%	256	26.02%	486	49.39%	984	96.75%	-22.89%	52.83%	27.30%
大鹏新区	112	23.33%	320	66.67%	48	10.00%	480	77.78%	26.48%	-12.73%	29.38%
深汕特别合作区	0	0.00%	28	84.85%	5	15.15%	33	——	——	——	——

附表 7 截至 2019 年 12 月各区专利有效发明专利情况

区域	有效发明专利总量（件）	同比	人口数	每万人发明专利拥有量	五年以上维持率
全市	137638	16.28%	1302.66	105.66	85.22%
南山区	58815	16.96%	149.36	393.78	85.11%
龙岗区	32734	11.59%	238.64	137.17	93.36%
福田区	14948	21.54%	163.37	91.50	82.95%
宝安区	9479	19.25%	325.78	29.10	72.43%
龙华区	6383	8.79%	167.28	38.16	81.62%
光明区	6360	23.78%	62.5	101.76	73.33%
坪山区	4556	21.79%	44.63	102.08	84.32%
罗湖区	1782	14.60%	103.99	17.14	73.85%
大鹏新区	1651	10.88%	15.3	107.91	92.43%
盐田区	930	31.54%	24.29	38.29	94.21%

*人口数据来源：深圳市统计局 2019 年 12 月 30 日发布《深圳统计年鉴 2019》

附表 8 2019 年各区 PCT 专利申请情况

区域	总量（件）	同比
全市	17459	-3.44%
南山区	7351	4.20%
龙岗区	5207	2.70%
福田区	1892	-29.98%
光明区	1417	114.05%
宝安区	867	-47.58%
坪山区	312	-24.46%
龙华区	290	-11.31%
盐田区	54	-50.00%
罗湖区	46	-40.26%
大鹏新区	23	76.92%

附表 9 2019 年各区五类申请人专利申请、授权情况

申请（件）							授权（件）						
区域	企业	大专院校	科研机构	机关团体	个人	合计	区域	企业	大专院校	科研机构	机关团体	个人	总计
全市	230458	3825	2334	1785	23100	261502	全市	149186	1705	1068	934	13716	166609
南山区	59801	3324	1880	256	3823	69084	宝安区	38163	6	11	99	3182	41461
宝安区	55528	3	31	164	5107	60833	南山区	32293	1538	862	68	1839	36600
龙岗区	36616	330	52	104	4282	41384	龙岗区	24945	113	22	25	2746	27851
龙华区	26423	14	44	144	2192	28817	龙华区	18512	6	5	51	1302	19876
福田区	17453	6	107	838	4154	22558	福田区	10820	3	59	545	2338	13765
光明区	14985	15	8	7	524	15539	光明区	10133	0	4	1	341	10479
罗湖区	9081	1	109	189	2432	11812	罗湖区	7381	4	43	121	1649	9198
坪山区	8678	131	9	31	382	9231	坪山区	5594	35	8	6	239	5882
盐田区	1084	1	42	18	126	1271	盐田区	892	0	36	11	45	984
大鹏新区	686	0	52	34	78	850	大鹏新区	421	0	18	7	34	480
深汕特别合作区	123	0	0	0	0	123	深汕特别合作区	32	0	0	0	1	33

附表 10 2019 年申请量前 20 名企业

排名	企业名称	所属区域	发明（件）	实用新型（件）	外观设计（件）	申请量（件）	同比增长（%）
1	华为技术有限公司	龙岗区	6201	196	296	6693	38.69
2	腾讯科技（深圳）有限公司	南山区	5282	24	738	6044	118.43
3	平安科技（深圳）有限公司	福田区	3855	0	117	3972	35.79
4	比亚迪股份有限公司	坪山区	1407	726	181	2314	-0.13
5	深圳壹账通智能科技有限公司	南山区	1881	0	36	1917	207.70
6	中兴通讯股份有限公司	南山区	1511	24	48	1583	5.89
7	努比亚技术有限公司	南山区	1479	10	40	1529	-22.93
8	大族激光科技产业集团股份有限公司	南山区	457	709	200	1366	51.78
9	深圳供电局有限公司	罗湖区	761	424	53	1238	17.46
10	深圳市华星光电半导体显示技术有限公司	光明区	1033	0	6	1039	204.69
11	惠科股份有限公司	宝安区	612	230	1	843	-13.00
12	顺丰科技有限公司	南山区	524	213	65	802	49.35
13	深圳市华星光电技术有限公司	光明区	781	0	0	781	3.58
14	深圳前海微众银行股份有限公司	南山区	711	3	24	738	331.58
15	平安普惠企业管理有限公司	南山区	679	0	10	689	72.25
16	中国平安财产保险股份有限公司	福田区	521	0	39	560	241.46
17	深圳创维 -RGB 电子有限公司	南山区	285	115	121	521	18.68
18	深圳市蓝禾技术有限公司	龙华区	13	204	303	520	7.00
19	深圳市元征科技股份有限公司	龙岗区	490	11	7	508	65.47
20	深圳迈瑞生物医疗电子股份有限公司	南山区	322	118	42	482	111.40
20	深圳市大疆创新科技有限公司	南山区	55	308	119	482	4.33

附表 11 2019 年授权量前 20 名企业

排名	企业名称	所属区域	发明（件）	实用新型（件）	外观设计（件）	授权量（件）	同比增长（%）
1	华为技术有限公司	龙岗区	4510	71	160	4741	35.11
2	腾讯科技（深圳）有限公司	南山区	2146	13	273	2432	28.22
3	中兴通讯股份有限公司	南山区	1471	42	74	1587	-5.20
4	比亚迪股份有限公司	坪山区	755	611	203	1569	24.13
5	努比亚技术有限公司	南山区	888	5	23	916	157.30

排名	企业名称	所属区域	发明（件）	实用新型（件）	外观设计（件）	授权量（件）	同比增长（%）
6	深圳市华星光电技术有限公司	光明区	790	1	0	791	-7.81
7	大族激光科技产业集团股份有限公司	南山区	110	471	171	752	13.25
8	宇龙计算机通信科技（深圳）有限公司	南山区	668	2	2	672	53.08
9	深圳市大疆创新科技有限公司	南山区	182	273	133	588	28.10
10	惠科股份有限公司	宝安区	151	406	1	558	168.27
11	平安科技（深圳）有限公司	福田区	255	2	284	541	214.53
12	深圳怡化电脑股份有限公司	南山区	238	147	107	492	-33.15
13	深圳市蓝禾技术有限公司	龙华区	0	200	264	464	129.70
14	深圳供电局有限公司	罗湖区	64	351	48	463	-4.14
15	周大生珠宝股份有限公司	罗湖区	0	0	333	333	93.60
16	深圳创维-RGB 电子有限公司	南山区	75	107	131	313	8.68
17	顺丰科技有限公司	南山区	29	197	85	311	91.98
18	深圳 TCL 数字技术有限公司	南山区	177	1	106	284	101.42
19	深圳远超实业有限公司	坪山区	0	21	257	278	10.76
20	深圳市艾维普思科技有限公司	光明区	0	64	177	241	72.14

附表 12 2019 年 PCT 专利申请量前 20 名企业

排名	企业名称	所属区域	PCT 申请量（件）	同比增长（%）/ 备注
1	华为技术有限公司	龙岗区	4637	8.32
2	中兴通讯股份有限公司	南山区	1367	10.33
3	平安科技（深圳）有限公司	福田区	1230	-40.95
4	深圳市大疆创新科技有限公司	南山区	1026	10.09
5	瑞声声学科技（深圳）有限公司	南山区	833	3103.85
6	深圳市华星光电半导体显示技术有限公司	光明区	820	178.91
7	腾讯科技（深圳）有限公司	南山区	423	-31.00
8	深圳市汇顶科技股份有限公司	福田区	397	47.04
9	深圳市华星光电技术有限公司	光明区	263	24.06
10	深圳壹账通智能科技有限公司	南山区	247	45.29
11	比亚迪股份有限公司	坪山区	214	-27.70
12	深圳迈瑞生物医疗电子股份有限公司	南山区	188	-16.07
13	深圳市柔宇科技有限公司	龙岗区	178	-53.40
14	TCL 华星光电技术有限公司	光明区	172	新上榜（去年申请量为 0）

排名	企业名称	所属区域	PCT 申请量（件）	同比增长（%）/ 备注
15	惠科股份有限公司	宝安区	161	-77.16
16	深圳市欢太科技有限公司	南山区	147	新上榜（去年申请量为 0）
17	深圳光峰科技股份有限公司	南山区	141	新上榜（去年申请量为 0）
18	深圳 TCL 新技术有限公司	南山区	79	92.68
19	深圳市道通智能航空技术有限公司	南山区	75	-61.73
20	深圳雾芯科技有限公司	南山区	73	新上榜（去年申请量为 0）

附表 13 截至 2019 年底有效发明专利拥有量前 20 名企业

排名	企业名称	所属区域	有效发明专利拥有量（件）
1	华为技术有限公司	龙岗区	28740
2	中兴通讯股份有限公司	南山区	16268
3	腾讯科技（深圳）有限公司	福田区	7350
4	深圳市华星光电技术有限公司	光明区	4167
5	比亚迪股份有限公司	大鹏新区	3911
6	宇龙计算机通信科技（深圳）有限公司	福田区	2047
7	海洋王照明科技股份有限公司	南山区	1925
8	努比亚技术有限公司	南山区	1682
9	群康科技（深圳）有限公司	龙华区	770
10	深圳迈瑞生物医疗电子股份有限公司	南山区	734
11	深圳市腾讯计算机系统有限公司	南山区	701
12	深圳 TCL 新技术有限公司	南山区	663
13	大族激光科技产业集团股份有限公司	南山区	596
14	深圳市海洋王照明工程有限公司	南山区	590
15	深圳富泰宏精密工业有限公司	龙华区	545
16	鸿富锦精密工业（深圳）有限公司	龙华区	500
17	康佳集团股份有限公司	南山区	485
18	深圳市中兴微电子技术有限公司	盐田区	480
19	深圳光启创新技术有限公司	福田区	435
20	中广核工程有限公司	龙岗区	432
21	金蝶软件（中国）有限公司	南山区	432

附表 14 2019 年专利权质押融资金额前 10 名出质人

排名	企业名称	所属区域	质押登记数量（件）	质押金额（万元人民币）
1	格林美股份有限公司	企业	1	70000
2	深圳华大生命科学研究院	科研机构	1	40000
3	深圳市华星光电技术有限公司	企业	1	30000
4	深圳市中幼国际教育科技有限公司	企业	1	24000
5	深圳华大基因科技有限公司	企业	1	20000
6	张家祥	个人	1	12750
7	深圳市好家庭实业有限公司	企业	1	12750
8	深圳市兴森快捷电路科技股份有限公司	企业	1	5850
9	深圳市绎立锐光科技开发有限公司	企业	1	5000
10	长园电子（集团）有限公司	企业	1	5000

附表 15 2019 年专利权质押融资金额前 10 名质权人

排名	企业名称	身份类型	质押登记数量（件）	质押金额（万元人民币）
1	中国建设银行股份有限公司深圳市分行	银行	3	95500
2	上海银行股份有限公司深圳分行	银行	1	40000
3	北京银行股份有限公司深圳分行	银行	5	33700
4	深圳市高新投融资担保有限公司	担保公司	54	26900
5	中国农业银行股份有限公司深圳龙岗支行	银行	1	24000
6	深圳市中小企业融资担保有限公司	担保公司	50	23505
7	中国银行股份有限公司深圳东部支行	银行	1	20000
8	深圳市高新投小额贷款有限公司	担保公司	12	9400
9	江苏银行股份有限公司深圳分行	银行	9	6610
10	广州凯得融资租赁有限公司	担保公司	1	5850

第五章 各区科技发展

Science & Technology Development in Districts

第一节 宝安区科技发展

一、科技创新成果

2019 年，深圳市宝安区围绕制造业高质量发展主线，真抓实干，开拓创新，保持主要指标快速增长，保持科技创新良好发展态势。

一是区域创新能力增强。2019 年宝安区研发投入达 134.89 亿元，同比增长 27%，居全市第三。5 亿以上企业、3 亿以上企业、规上企业研发机构覆盖率分别达 100%、92% 和 45%。中科院深圳先进电子材料国际创新研究院落户宝安，实现高端研发机构建设“零突破”。建立宝安首个“政府牵引，市场参与”的智能装备产业公共技术服务平台。全年新增 69 个创新平台，其中新增省和市级平台 51 个，各类平台总量达 304 个。洲明科技和兆威机电的科研成果分获国家科技进步一、二等奖。

二是高新技术企业发展迅猛。辖区全年新增国高 944 家，总量达 4885 家。新增规上国高 475 家，总量达 2216 家，2019 年规上国高新增产值 250 多亿元。科技型中小企业认定 2730 家，占全市 30.8%，数量居全市第一。

三是高新技术产业快速增长。2019 年，宝安区高新技术产业产值达 5338 亿元，同比增长 5%。其中，电子信息技术和先进制造两大行业领域占核心地位，产值分别占高新技术产业产值的 56.4% 和 21.3%。

四是创新空间质量持续提升。2019 年宝安区新增国家级孵化器 5 个，总数达 12 个，占全市总数 40%，增量及总量均居全市第一；新培育认定科技桃花源 9 个，总数达 73 个，累计提供产业空间 760 万平方米；成立深圳市宝安区科技创新园区发展促进会。

五是创新生态持续优化。2019 年宝安区建设湾区新技术新产品展示中心，推出 4 期新技术新产品“宝安发布”，挖掘 32 家高成长企业；全国创新创业大赛电子信息行业总决赛连续 3 年落地宝安，历届宝创赛获奖项目中共计有 239 家企业落地宝安，获奖企业落地率达 74%；推动金融机构为 144 家科技企业放贷 18.5 亿元；新增区高层次科技创新人才 182 人，累计达 960 人；引进紧缺人才 100 名；引进创客团队 41 个。

二、完善科技政策体系

宝安区科技创新局（科协）落实完善政策引领体系，引领科技创新事业发展。2019 年大力推进深圳国家自主创新示范区和深圳国家高新区“双区联动”，开展深圳国高高新区宝安园区综合发展规划编制，起草《宝安区关于推进深圳国家自主创新示范区（国家高新区）宝安园区建设工作方案》；积极践行高质量发展要求，按照“精准、刚性、高效”的原则，继续落实《关于创新引领发展的实施办法》，并围绕 5G、人工智能、工业互联网等新的基础设施建设，探索出台科技悬赏专项政策，支持企业开展关键核心技术攻关；2019 年全年科技与产业资金申报受理 4483 项，立项 2939 项。

三、推进科技企业服务

在研发方面，以研发为主线，推动企业提升内生发展动力。一是推进大型工业企业研发机构建设。联合税务、统计、辖区街道等部门，对企业进行政策宣讲及专题指导培训，针对重点大型企业开展“一对一”上门服务，确保企业在研发机构建设过程中熟知政策。据统计，宝安区 5 亿元以上工业企业实现了研发机构全覆盖，规模以上工业企业研发机构覆盖率达 45%。推动企业打造国家级和省级研发创新平台，让技术再造生产力，形成产业化动能。二是发放企业研发补贴。鼓励企业加大研发投入，开展两批规上国高企业研发投入补贴项目工作，共资助 849 个项目。三是加强创新平台建设。2019 年宝安区新增企业创新平台 69 家，包含新增省、市级平台 51 家，全区创新平台达 304 家。其中，第四期“宝安发布”发布了由区科创局主导，区机器人产业技术创新联盟牵头组建智能装备产业公共技术服务平台。该平台可联合开放共享研发及测试的设备共 87 台（套），可提供 36 名高端制造技术咨询人才为产业链上下游企业进行专业服务。四是指导宝安企业申报省市院士专家工作站。积极做好院士（专家）工作站培育服务工作，举办宝安区院士（专家）工作站建设座谈会，组织辖区企业人才参加中国人因工程高峰论坛和粤港澳大湾区院士峰会，并荣获 2019 年深圳市科协颁发的“院士专家工作站先进组织单位”。目前宝安区已有院士（专家）工作站 10 家。五是加强与国际先进电子材料研究院的技术和研发成果对接。围绕基础研究和应用基础研究“补短板”，推动重大科技项目落地——深圳市十大基础研究机构之一的中科院深圳先进电子材料国际创新研究院 2019 年正式落户宝安区，填补了辖区无市级基础研究机构空白。哈尔滨工程大学深圳海洋研究院、中国海洋大学深圳研究院、南京航空航天大学深圳研究院等项目正处于积极推进中。

在提质增效方面，以资质跃推动企业企业发展。一是精准培育国家高新技术企业，国高总数居全市第一。2019 年，宝安区实施企业资质提升“精准培育”工程，抓好国高培育工作，制定市、区、街、园区、企业五级互动衔接机制，组织企业参加国高企业政策宣讲活动，通过“线上 + 线下”相结合模式，对潜力企业进行“一对一”跟踪，通过认定企业 100% 得到专题辅导。据统计，全年新增国高企业 944 家，国高总量达 4885 家；新增规上国高企业 475 家，总量达 2216 家，规上国高新增产值达 250 多亿元。科技型中小企业认定 2730 家，占全市总数 30.8%，数量全市第一。推动国高企业“小升规”工作。积极跟进 2200 家规下国高企业生产经营情况，梳理 500 余家国高“小升规”目标企业，主动向区统计局和各街道提供企业名单，推动规下国高企业“达规入库”。另一方面，推进科技型高成长性企业培育工作。结合宝安区高科技企业特点，围绕初创期和成长期不同发展阶段，出台《宝安区科技型高成长性企业培育工作方案（第一阶段）》。截至 2019 年底，已建立初创期企业培育库 35 家，成长期企业库 121 家。二是推动企业申报国家级孵化器。辅导科技园区申报国家级孵化器。举办申报工作专项答疑辅导班，提供一对一和点对点咨询辅导；连续三年开设科技企业孵化器从业人员初、中级培训班，实现全区科技创新园从业管理人员专业培训全覆盖；举办创业导师培训，提升园区工作人员创新创业服务专业能力；新增国家级孵化器 5 家，总数达 12 家，增量及总量均居全市第一。

在成果转化方面，以成果展示及转化为路径，推动企业打通科技成果产业化“最后一公里”。一是建设湾区新技术新产品展示中心。推动新技术新成果展示交易，建设湾区新技术新产品展示中心，打造粤港澳大湾区西部第一个集新产品展示、技术成果交易、知识产权保护于一体的服务平台。二是打造“宝安发布”品牌效应。成功举办四期发布活动，推介发布 32 家高成长性科技企业，展示宝安区最新技术成果，挖掘高成长企业和专精特新企业，储备单项冠军和隐形冠军企业。三是挖掘一批宝安优质企业参加重大科技展会——走访组织 22 家企业参加第二十一届高交会，其中 13 家为国家高新技术企业，5 家为宝创赛历届获奖企业。此外，组织 8 个科技创新园及 21 家代表企业参展第四届宝博会。

在产业空间建设方面，以科技产业园为主体，打造高质量的创新产业空间。一是围绕“众创空间 + 孵化器 + 加速器 + 高科技产业园”全链条创新载体体系，持续推动创新产业空间量质齐升。持续优化园区功能结构，拓展高端制造空间。新入库培育各类科技园区 38 个近 300 万平方米。引导园区开展“研发设计、联盟协会、科技服务、新阶联”四位一体科技园区体系建设，以研发总部和高端制造用房为培育方向，重点打造“科技 + 制造 + 服务”科技桃花源，新培育认定科技桃花源9个，宝安区科技桃花源增至73个，宝安区创新产业空间达760多万平方米。二是开展科技桃花源园区考核工作，紧扣“产值、研发、税收贡献、知识产权、租金涨幅”等要素开展园区“经济亩产”与“科技亩产”相结合的“亩产”考核，全区科技园总产值1010亿元，每平方公里产出157.8亿元，其中尖岗山片区每平方公里产值达205亿元。三是推动科技企业入驻科技园区。为引入区外科技企业，宝安区科技局印发了《加快科技桃花源入驻企业迁入发展工作方案》，加快注册地在区外的科技桃花源企业的入迁速度。2019年以来，新入驻科技桃花源的科技企业共计345家。

在企业服务方面，以提供精准服务推动企业发展。一是开展创新服务活动——截至2019年底，已举办3期桃花源创新论坛；开展科技顾问活动5场；深入园区企业开展财税及法务等专题培训97场。二是探索建立“1+6”科技创新服务站。以党建为引领，优先在已成立党支部的桃花源科技创新园等21个园区建立标准化科技创新服务站，让科技创新服务直通园区企业。三是推出“桃空间”科技园区资源小程序，360度立体展示73个科技园的空间场地、租金水平、交通、周边环境等要素，引导优质企业匹配空间，加速企业落地。四是筹备成立科技创新园发展促进会，以园区为主体和政府参与监督的模式，成立宝安区科技创新园区发展促进会，强化行业监管及自律，提升73个科技桃花源管理服务品质。五是办好创新创业大赛。通过创赛整合各类创新要素，历届宝创赛获奖项目中有239家企业落地宝安，获奖企业落地率达74%。中国创新创业大赛电子信息行业总决赛连续三年落户宝安。六是科技高层次人才引进和培育。2019年宝安区认定高层次科技创新人才182人，目前全区科技创新类高层次人才累计960人。大力扶持初创企业成长，引进培育41个团队项目，为创新驱动发展立新功。

四、强化科普工作

在服务公民科学素质方面，取得良好社会反馈。一是发挥区科技馆科普主阵地作用。根据展品更新计划对馆内科普展品进行更新，举办大型互动主题科普展6场、“畅谈科学”公益科普讲座12场、科普秀200场，接待参观团体150余个，观众超20万人次；全年推出200期公益培训，培训学员2700余人；引进球幕影片和真人拍摄科普探索题材影片，播放球幕电影354场，接待观众10346人，播放4D电影871场，接待观众19642人；组织讲解员参加第六届全国科技馆辅导员大赛省选拔赛，荣获三等奖。二是重点打造特色科普品牌活动。组织举办全区各类基层科普活动500多场，发放科普书籍资料数万册。重点打造院士专家校园行和流动科技馆巡展等科普品牌活动，邀请包括中科院院士专家在内的高层次人才深入25所宝安中小学校开展讲座30场，流动科技馆巡展则全覆盖公立学校和部分覆盖民办学校。在“全国科技活动周”“全国科普日”“全国双创周”等重大科技节日，组织50余个全区主题科普活动，获各界一致好评。其中，“宝安区青少年科技英才培养计划暨航天科普进校园系列活动”被中国科技办公厅和广东省科协评为全国科普日优秀活动。三是提升青少年科学素养。联合宝安创新课程研发中心打造“线上普及”模式；组织代表队参加第十八届深圳市青少年机器人大赛及广东科学中心2019年创意机器人中学生研学活动，均获大赛一等奖；组织宝安区学校队伍参加2019年第八届广东省创意机器人大赛，并获得编程组三等奖。

在自身建设方面，深化科协系统改革。一是加强科普经费管理。2019年宝安区科协加强绩效管理，根据包含《中国科学技术协会章程》《深圳市全民科学素质行动计划纲要实施方案（2017—2020年）》在内相关文件，对《深圳市宝安区科普经费使用管理修订办法》（深宝科协〔2016〕7号）进行修订，规范经费管理。二是健全科协组织体系。2019年认定13家单位为区科普教育基地，认定4家单位为区科普示范社区，创建宝安区水务公司企业科协。其中航城街道凤凰山公园簕杜鹃谷、深圳市宝安区游晟纺织科技有限公司、深圳市宝安区贝壳红文化有限公司、深圳花田盛世农林科技发展有限公司被认定为深圳市科普教育基地，菜博士及韩端科技被认定为广东省科普教育基地。截至 2019 年底，宝安区共创建 38 个科普示范社区，其中全国科普示范社区 7 个，省科普示范社区 13 个；科普教育基地 50 个，其中市级以上科普教育基地 14 个；企业科协 20 家。三是做好科普扶贫工作。2019 年下半年起，宝安区科协派遣一名同志赴河源市龙川县进行驻点扶贫。2019 年 11 月 4 日至 8 日，组织 4 名同志到廻龙中学和罗回村腾林中心小学开展扶贫工作，通过流动科技馆和科普活动秀是形式开展科普活动，并现场捐赠科普展品及图书。

在搭建交流服务平台方面，打造科普工作互通互联格局。一是探索科技教育校内外有效衔接模式。鼓励区内科普教育基地与学校结对，共建宝安区青少年校外科学实践基地，2019 年 4 月底组织开展宝安区校外科普实践基地创建交流会，全区各街道科协，各科普教育基地及企业近 40 家单位参加活动。二是推动基层科普工作创新发展。2019 年 10 月 28 日至 30 日，中国科协在宝安区举办华中和华南片区基层科普区域开展观摩系列活动。其间，与会人员考察了宝安区科技馆、韩端科技（深圳）有限公司、兴东社区等宝安区科普教育基地和示范社区，中国科协科普部副部长钱岩对宝安科协工作给予肯定。三是促进科普示范社区工作交流。2019 年 11 月 19 日，宝安区科协组织开展科普示范社区工作交流会，全区 32 个社区科普负责人参会，推动了社区科普进展。

第二节 龙岗区科技发展

一、科技创新成果

2019年，龙岗区跻身“中国创新百强区”前五，全社会研发投入占GDP比重保持在11%以上，获市级以上科技进步奖及专利奖20项，其中国家级5项，星河world获评国家级科技企业孵化器，创新能力稳步增强。

一是在高新技术产业方面，全年高新技术产业产值达9155.4亿元，同比增长13.1%，占工业产值的82.4%。二是在专利方面，PCT国际专利申请量5157件，占深圳市的29.7%。国内专利申请量40480件，同比增长27.2%，占全市的15.7%，居全市第三，其中发明专利申请量11689件，增长34.1%，占全市的14.3%，居全市第二；专利授权量26830件，同比增长21.1%，占全市的16.5%，居全市第三，其中发明专利授权量5447件，增长20%，占全市21.4%，全市第二。三是在国家高新技术企业（后简称“国高”）培育方面，新增414家，总量达2215家。四是在创新载体建设方面，新增创新平台35家，总量达195家，其中国家级8家、省级40家、市级77家，市级以上的创新载体占比达64%。新增科技企业孵化器5家，其中国家级1家。新增科技创新产业园3家，累计6家，总建筑面积128万平米，在园企业超1100家，年产值2000亿元。

二、科技创新发展规划

2019年，龙岗区着力加强创新发展规划。一是积极融入省、市创新体系。贯彻实施《龙岗区贯彻落实〈粤港澳大湾区发展规划纲要〉三年行动方案（2018-2020年）》，承担专项小组牵头单位职责，起草完成《龙岗区推进粤港澳大湾区国际科技创新中心建设行动计划（2019-2021年）》。大力推动“两区合一”建设——坂雪岗科技城及宝龙科技城共46.54平方公里纳入深圳国家高新区，扩区面积居全市第二，国家自主创新示范区面积居全市第一。二是深化体制机制改革。推动龙岗区委以“1号文”印发实施《关于加强科技创新引领支撑高质量发展的若干措施》，从营造优质创新环境、引导产业集聚发展、降低创新创业成本、强化人才智力支撑、增强自主创新能力等五方面发力，统筹推动59项创新举措，引导人才、技术、资本、服务等资源流向科技创新，着力破解制约高质量发展创新短板问题。三是加强前瞻性调研与思考。启动编制《龙岗区科技创新发展“十四五”规划》，总结“十三五”以来创新驱动发展成绩和不足，分析“十四五”期间新机遇新挑战，梳理工作思路和主要任务。此外，推进勇当先行示范区建设排头兵“深调研”工作，在“综合性国家科学中心建设”“知识产权证券化试点”“促进各类创新资源在龙港两地有效流通”“解决科技成果产业化存在的难题”等方面深化理论思考和实践探索，对标最高最好最优，提出务实对策建议。

三、创新力提升

一是加大科技政策供给。为确保区委“1号文”相关举措落实落细落地，全面修订《龙岗区经济与科技发展专项资金支持科技创新实施细则》，以产业实际和企业需求为导向，将原有31项政策中7项上调扶持金额，并新增高等院校科技创新扶持、中小创新企业“五十强”培育扶持、创新平台提升激励、国内有效发明专利年费激励等9项细则，重新构建创新资源集聚类、创新环境优化类、创新能力提升类、创新企业培育类、科技服务发展类等五大类共23项科技计划体系，进一步凸显企业创新主体地位。二是加快科技基础设施布局。与深圳市科创委合作，在宝龙科技城启动建设国家集成电路设计深圳产业化基地 IC 测试验证工程技术中心和 IC 设计龙岗服务平台。推动深圳市人工智能与机器人研究院以及大数据研究院入选市十大基础研究机构，推动深圳龙岗智能视听研究院获批建设广东省制造业创新中心，推进香港中文大学（深圳）科比尔卡冷冻电子显微中心揭牌。

四、国家高新企业队伍建设

一是突出政策引导。在认定激励方面，将“首次认定”激励额度由 20 万元提升至 30 万元。在培育引进激励方面，新增创新载体引入和培育国高企业的激励政策。二是加强工作统筹。牵头制定《龙岗区 2019 年国家高新技术企业培育认定工作方案》，对各街道的国高企业申报任务进行分解，同时纳入街道绩效考核体系。组织各街道经科部门负责人进行国高培育工作座谈，听取各单位意见建议，制定有效工作措施。统筹实施国家高新技术企业培育计划，新筛选纳入区培育库企业 1600 家，全区累计达 8200 家。三是优化专项服务。联合各街道开展政策宣讲、材料辅导、专场培训共 80 余场，服务企业逾 2600 人；通过企业 QQ 群、微信群、国高培育政策宣传小视频等多种形式，进一步提高政策信息覆盖面和推广度；充分发挥驻区金融机构及中国电信单位业务网点优势，开展国高政策宣传推广，并在数据共享及政策组合方面进行探讨。

五、健全知识产权服务体系

一是加强统筹规划。牵头制定《龙岗区知识产权服务中心建设工作方案》，明确中心职能定位和筹建进度计划，确保各项工作有序开展。二是整合专业力量。与市场监管和公检法司签订六方共建协议，构建知识产权“创造、运用、保护、管理、服务”全链条协同工作体系。三是引进高端资源。先后与中国（南方）知识产权运营中心及知识产权出版社在提升知识产权培育和运营水平、强化知识产权服务和保护能力、引进知识产权重大项目资源等方面开展战略合作。四是健全平台体系。2019 年 8 月，成立龙岗知识产权联席会议。同年 12 月初，牵头举办知识产权服务与保护交流会，现场揭牌成立龙岗知识产权服务中心，授牌设立大运软件小镇、龙岗智慧家园、星河 world、天安云谷、中海信创新产业园、宝能智创谷等首批 6 家服务工作站。12 月底，成立以华为、比亚迪为理事长单位的龙岗知识产权联盟。至此，集联席会议、服务中心及工作站、联盟于一体的知识产权服务体系初步形成。

六、创新创业扶持

一是在服务企业上，在全市率先推出“创新地图”，帮助企业一图掌握龙岗创新资源，并智能匹配相关载体、上下游产业链、优惠政策等信息，提升招商落户服务。升级“科技政策计算器”，新增政策查询、匹配度提示、档案存储等功能。截至 2019 年底，正全面导入国家和省、市、区科技政策，依托微信公众号，打造科技政策“今日头条”，第一时间向企业推送热点政策信息。并举办探路科创板、走进深交所、知识产权、科技大讲堂、科技金融等 10 场大型科技服务专题活动，吸引 1000 多家企业参与。二是在优化双创氛围上，成功举办第十一届深创赛暨第三届“启迪杯”创新创业大赛。据统计，龙岗赛区征集项目 863 个，居全市第三，同比增长 34%，创历届新高，其中晋级市赛项目 88 个，位于全市第四，斩获一、二、三等奖共 11 项，占全市 1/5。组织龙岗分会场开展双创赛，呈现军民两用产业发展论坛、2019 深圳创新榜启动仪式、2019 霍特奖大湾区创新挑战赛、第六届创新创业先锋人物评选等系列活动亮点。集中组织 106 家优质企业组团参展高交会，为历年之最，其中龙岗展区企业 38 家，独立参展企业 72 家。此外，龙岗展区获得优秀展示奖及优秀组织奖，烯湾科技等 12 家企业的 16 个展品获得优秀产品奖。

七、科普工作格局优化

一是推进科普惠民工程。打造全市首座科普主题公园——

回龙埔公园，设计科普画廊、科普体验设备、植物科普互动3大板块共10多个科普项目，具有集科普教育、互动体验、娱乐休闲三大功能于一体的特点。目前该公园已正式对外开放。二是健全科普网络。出台《龙岗区科普教育基地认定与管理试行办法》，首次组织认定区级科普教育基地12个。截至2019年底，累积建立科普教育基地33个，其中市级以上21个（含国家级2个、省级6个）、区级12个。此外，累计创建科普示范社区30个（其中国家级6个、省级8个）及科技特色学校15个（其中省级5个）；大力开展科普信息化建设，共建成科普E站22个（国家级1个、省级6个），科普画廊等70多套。全区在“科普中国”APP科普员注册数达1624人，居全市第一。三是强化科技校园建设。龙岗区科协协同组建全国第一个经美国Maker Faire授牌认证的校园创客教育合作示范基地，支持83个“学生创客实践室”设立，数量居全市第一。此外，组织20多万中小学生参加全国科技周及全国科普日活动，指导中小学生申报300多件国家专利，培养“中国少年科学院小院士”251人，组织指导学生参加全国、省、市各类创新大赛并多次获奖。四是提升科普服务水平。联动各街道办，各教育及应急部门，以区科技馆为载体，聚焦“全国科技活动周”和“全国科普日”重要节点，针对青少年和社区居民开展近百场科普嘉年华、中小学生科技奥林匹克竞赛、“眼见不为实”市民科普大讲堂等贴近民生的科普体验活动。此外，成功举办首届深港澳国际机器人大赛暨AI科普嘉年华活动，汇聚深港澳三地150支青少年队伍同台竞技。

第三节 福田区科技发展

一、科技创新概况

一是创新能力稳步提升。2019 年，深圳市福田区高新技术产业增加 480.04 亿元，增速 8.8%，占 GDP 比重达 10.6%，全区国家高新技术企业达 1293 家。福田区专利申请数为 22558 件，同比增长 7.6%，其中发明专利申请数 9133 件，同比增长 14.1%；专利授权数 13765 件，同比增长 4%，其中发明专利授权数为 3569 件，同比增长 18.6%；有效发明专利 15206 件，同比增长 21%。福田区知识产权代理机构增至 91 家，占深圳总数 43.8%。二是创新载体体系日益丰富。福田区现有国家级、省级、市级重点实验室、工程研究中心、技术研究中心、公共服务平台等各类创新载体 182 家，其中国家级 11 家、省级 54 家、市级 117 家，主要产业涉及电子信息、新材料、生命健康、先进制造、新能源、智能装备等领域。全区科技企业孵化器及市级以上众创空间合计 24 家，总面积约 21 万㎡。其中科技企业孵化器 4 家，国家级众创空间 10 家，市级以上众创空间 20 家。三是产业结构不断优化，充分发挥中心城区区位及产业空间资源，借助产业发展专项资金扶持政策，对接国内、深港、国际科技创新资源，通过区产业发展联审会重点引进 5G、新一代信息技术、大数据及人工智能、生物医药等领域高精尖优质项目 14 个，不断加速重点科研机构及重大公共平台的资源集聚。

二、推进深港科技创新合作区建设发展

深入研究合作区专项“政策包”。一是按照“大学习”要求，广泛学习国家、省、市、区科技创新发展政策，尤其是涉及科研管理办法设置、科研机构和创新平台建设、科研项目立项、关键核心技术攻关、科技成果转化孵化等方面内容。梳理与合作区建设相关现行政策条款，以及现行条款适用范围、申报条件、不足点等。二是按照“深调研”要求，深入调研英、德、美、新加坡等发达国家科研管理体制机制，同时陪同区委主要领导赴香港、上海、江苏等地实地调研香港科技大学、香港中文大学、香港应用科技研究院等著名科研院所及包含华为公司和阿里巴巴在内的龙头科技企业，学习国内外先进的科研管理经验，并形成详细调研报告，为深港科研体制机制创新积累了大量基础材料。三是按照“真落实”要求，福田区科技创新局牵头负责“政策包”4 个方面 13 条措施，内容涵盖基础研究、技术研发、转化孵化、全方位配套服务等，主要工作包括政策条款制定、修改、配套申请指南制定等。

加速集聚高端科创资源。福田区深入贯彻落实科技创新发展战略，全面引入国内、深港、国际高端科技创新资源，在新一代信息技术、生物医药、新材料等领域，加速重点科研机构、重大公共平台、龙头科技企业三大科技龙头资源集聚。截至 2019 年底，深港科技合作区深方园区已引进或确定入驻的优质科研机构和项目合计 75 个。包括香港大学病毒微生物的快速诊断及新病原的人工智能识别与防治、香港城市大学国际先进材料与增材制造创新研究院、香港中文大学（深圳）大湾区生物医药创新研发中心、南开大学—牛津大学联合研究院（深圳）生物医药创新研究中心，金砖国家未来网络研究院中方分院、粤港澳大湾区大数据研究院、粤港澳大湾区量子联盟、香港生产力促进局深圳创新及技术中心、香港科技大学研究院创新创业合作项目、中以国际创新中心等。重点拟引进项目 16 个，截至 2019 年底正在对接梳理的项目共计 44 个。

挖掘产业空间资源。充分利用福田保税区现有空间资源特点，福田保税区梳理出产业空间 37 万平方米，当前可直接供科研和孵化使用空间约 20 万平方米，推进建设合作区核心启动区。一是加快建设深港国际科技园，打造高端科技产业空间。该园区占地面积约 3 万平方米，总建筑面积约 23 平方米，地上由七栋十三层商务办公塔楼以及一栋约 9 米通高的多功能宴会厅组成。作为福保—河套区域唯一新建项目，通过产业转型升级，可以为深港科技创新合作区建设提供空间保障，着力吸引香港、国际重大科研项目、创新型企业项目落地，集聚高端创新资源，争取打造成为集深港科技创新中心、高端创新资源集聚区、湾区名企总部门户等一体的国际化科学园区。二是加快建设国际生物医药基地。国际生物医药基地位于福田保税区海虹道一号，园区占地面积 $19390m^2$，建筑面积 4 层共 $31086.6m^2$。国际生物医药基地将建设现代国际化的生物医药临床研究、研发服务、人才培训和企业孵化等四大中心，争取打造成为国际领先、粤港澳大湾区一流的政、产、学、研生物医药产业基地。目前已引进中山大学附属第八医院实验室及公共服务平台、博济生物医药研发公共服务平台及配套孵化器、保信业太生物科技（深圳）有限公司等生物医药研发项目。三是打造成为“国际量子研究中心”。富裕仓储大厦位于福田保税区槟榔道 6 号，占地面积 10066 平方米，建筑使用面积 8 层共 33000 平方米。“国际量子研究中心”以重大技术与产业需求以及重大科学前沿问题为导引，开展量子信息基础及应用研究，内容涵盖量子信息领域中的主要研究方向，包括量子保密通信、量子计算与量子模拟、量子算法与软件、量子精密测量与传感、量子材料等。此外，努力将研究成果产业化，推动深圳市乃至粤港澳大湾区量子信息技术和产业全面发展。

三、打好科技创新攻坚战

辖区 R&D 指数纳统方面，辖区多次召开“福田区企业（单位）研发活动统计报表培训会”，对辖区内符合 R&D 统计范围的 500 余家规上企业进行填报总动员。同时，举办“5 亿元以上工业企业研发报表（2018 年年报）培训会”，为辖区 20 余家 5 亿元以上工业企业进行报表填报指导培训。2018 年辖区 R&D 认定数为 57.7 亿元，同比增长 44.2%，投入强度占 GDP 的 1.44%。

国高企业申报方面，2019 年深圳市国家高新技术企业申报工作分三批进行，根据市内反馈情况，福田区三批国高网上申报数共 805 家，通过 369 家。为提高企业认定国高企业积极性，2019 年以来，福田区携手专业机构提供国家高新技术企业认定申报分区辅导服务，目前已在辖区内各园区和街道开展了十余场宣讲会。通过建立“福田区国高申报”QQ 群及微信群的方式，邀请专家针对性指导解决企业在申报过程中的问题。为提高企业申报通过率，2019 年 8 月 12 至 16 日，福田区科创局组织辖区内第二批申报国家高新技术企业认定的企业进行“认定材料一对一预审会”，共帮助审核修改近 120 家企业申请资料，减少了企业材料出错率，从而提高通过率。

四、加强政府对高新技术产业引导

调整产业发展专项资金政策，助力企业发展。2019 年，福田区科技创新局全面修订了《深圳市福田区支持科技创新发展若干政策》，新增“科技保险改革”“独角兽和瞪羚企业支持”等政策条款，并新出台《深圳市福田区支持都市型科创区高新技术企业专项若干措施》《深圳市福田区支持集成电路产业发展若干措施》《深圳市福田区支持生物医药产业发展若干措施》《深圳市福田区支持新一代人工智能发展若干措施》等多个专项扶持政策，从企业经营、研发创新、科技计划、科技成果转化孵化、知识产权、创新创业活动等方面大力支持辖区企业科技创新，进一步提升福田区科技自主创新能力和高新技术产业核心竞争力。截至 2019 年 10 月，福田区科技创新局共支持产业发展专项资金项目 1027 个，共拨付资金 2.02 亿元。

制定低成本产业空间政策，力促转型升级。以产业空间供给侧改革为切入点，破除空间缺失限制，深度集聚创新资源，激发创新活力主体，形成出台《福田区华强上步与八卦岭片区产业空间供给侧改革若干措施》。华强北低成本产业空间面积已达4万多平方米，主要由4家运营主体分别运营。其中中电智谷国际智能硬件创新中心于2019年4月正式运营，约1.3万平方米，有38家企业完成入驻签约。同年8月，福田区科技创新局联合中电智谷举办了中电智谷—普兰迪 SI WORLD 中意创新产业发展论坛，促进中意两国企业在产品、市场、技术等项目资源合作。BLACKARK 智方舟国际智能硬件创新中心现已签约11家科技企业，约1.5万平方米，已进驻企业8家。同时，福田区人工智能城市创新中心与物联网（AI）国际创新中心亦在现有基础上，扩大产业空间面积与优化入驻企业质量。

落实“福田英才荟”人才激励政策，打造人才高地。积极协助区人才工作局做好《“福田英才荟”计划若干措施2.0》政策出台准备工作，先后三次对征求意见稿进行修订。截至2019年底，共受理499家国家高新技术企业福田英才奖励申请业务，并完成申报材料审批、公示、拨款等工作，拨款资金共计6000万元。同时，福田区科技创新局完成坂田项目和布吉项目产业人才住房分配工作，共受理102家科技型企业申报工作，配租房源419套，为福田区再中心化、再创业、再提升的发展路径注入不竭发展新动能。

五、推进科技创新先行典范区创建

建设国家级双创示范基地。一是充分弘扬双创文化。福田区承办2019年全国双创周深圳活动暨第五届深圳国际创客周主会场活动。活动共邀请151家企业参展，吸引6万余人参与，百余家媒体聚焦报道，充分展现福田区在双创领域创新理念与成果。二是积极争取国家资源。制定2019年福田双创示范基地迎检方案，顺利完成国家双创评估组评估调研我区双创建设的相关工作并获好评。经过前期申报推荐，福田区双创支撑平台两个储备项目已获得2019年双创支撑平台专项中央基建投资预算（拨款）3500万元。三是努力推动双创载体提质增效。起草制定《福田区科技园区（孵化器）认定与管理暂行办法》，持续挖掘辖区优质众创空间，鼓励引导辖区众创空间积极申报国家、省、市资质，协助解读相关部委公布的申报材料。2019年，福田区共推荐6家众创空间参与广东省众创空间运营评价工作。共推荐3个科技企业孵化器项目、6个众创空间项目申请深圳市创客发展专项资金。

建设中国（南方）知识产权运营中心。根据南方中心“知识产权＋金融＋创新＋产业”定位，指导中国（南方）知识产权运营中心全面开展各项工作。一是完成数据大而全、更新快、数据源可靠的知识产权大数据中心建设。成功对接引入了122个国家及地区约1.3亿条专利数据，186个国家和地区约7200多万条商标数据，共约1000万条著作权数据，是目前全国同类平台中唯一一个集聚了专利、商标、版权的知识产权大数据中心。二是成功推出了全领域、全方位、全链条的公共服务平台，企业反响热烈，目前有2000多家会员企业在使用。三是成功推出了知识产权金融创新产品，辅导对接企业128家，培育知识产权强企建设12家，培育高价值专利146件，共建5家高价值专利培育布局中心并成功举办5场大型知识产权路演培训活动。

打造国际领先的5G试验场。以新一代信息技术产业园为载体（该园区占地面积3.28万 m^2，总建筑面积约40万 m^2）聚焦5G研发及应用、芯片设计与研发、金融科技研发及应用、高端现代服务业等四大产业，推动新一代信息技术全产业链形成。截至2019年底，已引进5G中高频器件创新中心、深圳国家芯火双创平台、IC测试验证工程技术中心、华为软件云服务创新中心、粤港澳5G和新一代无线信息技术公共服务平台等5个新一代信息技术产业项目。未来，新一代信息产业园将成为支撑全深圳市5G产业的主阵地和主要载体。

打造福田都市型、分布式、智能化科创区。福田区科技创新局对福田区近五年科技创新情况进行系统梳理，对福田区的产业布局、创新载体、创新资源、科技人才、创新生态等基础条件进行深入研究，计划于年底发布《深圳市福田区科技创新白皮书（2014—2018年）》，为福田科技创新发展提供方向指引。福田区科技创新局充分借鉴国际高科技园区及创新街区建设经验，以“金融 + 科技 + 文化”为特色，以深港科技创新合作区为“核心引擎”，以“新型智慧城区建设”为助推器，以“曼哈顿 + 硅谷”为对标，为全国探索一条在城市核心区域打造“都市型、分布式、智能化科创区”之路。

六、打赢科技创新攻坚战

跟进 WIFI 建设，建设福田智慧城市。根据《关于福田区智慧福田 WIFI 通和政府办公大楼无线局域网（WLAN）维护服务的合作协议》约定，福田区于 2019 年 3 月支付中国电信股份有限公司深圳分公司 307.73 万元，用于已建 WIFI 网络的维护管理，并在确保网络信息安全基础上，保证网络顺畅运行。协助智慧福田 WIFI 通各网点故障维修工作，协助福田香蜜湖街道图书馆、福田农园社区工作站、福田沙尾社区图书馆等新迁址单位的 WIFI 网络安装工作，保障市民在福田区公益场所网络应用需求。

提高园区质量，做好安全生产工作。做好辖区政府支持的深圳市福田国际电子商务产业园、福田区高新技术创业中心八卦岭基地、福田区高新技术创业中心保税区孵化基地、益田创新科技园等 4 个科技园区消防安全生产等工作，督促民营科技园区安全管理工作事宜。即在深圳区委、区政府、区安委办部署指导下，积极开展安全生产大排查大检查工作及安全生产月专项活动，积极完成市或区智慧安监综合监管平台信息系统工作、安全隐患排查治理工作绩效考核工作、70 周年特别防护期消防安全活动检查工作。2019 年前三季度监督管理的民营科技园区未发生相关安全事故。

做好调研服务，保障经济指标稳步增长。福田区科技创新局积极落实《福田区经济稳增长工作方案》要求，通过三大措施确保辖区“互联网和相关服务，软件和信息技术服务业”“科学研究和技术服务业”两项经济指标稳步增长。一是跟进新引进企业完成纳统工作。确保所有项目按时注册登记，并跟进涉及办公用房装修的项目进行固定资产投资登记。二是挂点服务行业龙头企业及经济下滑企业。密切关注包括汇顶科技和大数云房网络在内的龙头企业、金融电子结算中心、银之杰科技等业绩下滑企业运营状况，安排专人与企业对接，了解企业下滑原因及困难，帮助企业解决实际困难。三是上门服务有意外迁企业。根据区企服中心及区统计局经济预警系统提供的企业外迁预警信息，第一时间联系拟外迁企业并上门服务，了解企业搬迁原因并尽可能留住企业。经福田区科技创新局大力协调，特发泰科等企业已终止注册变更手续，将继续为辖区经济及科技发展贡献力量。截至 2019 年 8 月底，福田区“互联网和相关服务、软件、信息技术服务业”营收实现 281.94 亿元，同比增长 25.4%。“科学研究和技术服务业”实现营业收入 204.26 亿元，同比增长 15.2%。

举办宣传活动，提升“创新福田”影响力。一是举办“创新福田或湾区引擎”——福田区打造“科技创新中心”专业园区集中开园活动。活动共设一个新一代信息技术产业园主会场，国际金融科技城、深港国际科技园、国际生物医药产业园、国际量子研究中心四个分会场以及华强北 5G 生活体验街区。活动采取 5G+8K 直播互动方式进行，得到区委区政府的肯定和人民网、新华社、南方日报等 30 余家主流媒体关注。据统计，10 月 7 日至 10 月 14 日对福田区“五园一街”开园宣传报道共有 526 篇。二是举办“智能时代与知识产权——2019 中日知识产权（深圳）高峰论坛”。该活动由福田区政府主办，聚焦全球行业前沿，瞄准社会热点和科技焦点，是全新时代背景和国际形势下加强中日之间合作交流的一次高规格开放性论坛。活动吸引比亚迪、迈瑞、创维 20 余名顶级知识产权专家，腾讯、比亚迪、迈瑞、创维等数十家领军企业和国内产学研各界近 200 人参加。三是做好 2019 年高交会相关工作。在总结上一届高交会的经验上，甄选合适的辖区内科技企业，围绕热点主题，展示高标准、高水平、专业化的福田新形象。目前已完成福田展区租赁、户外广告租赁、展区设计特装方案、展团展商项目情况填报等有关事项。四是落实全球青年创新集训营的两个主题活动。

根据《全球青年创新集训营方案(UNLEASH2019)工作方案》的要求，积极负责落实福田区“经济适用的清洁能源”和“清洁饮水和卫生设施”两个主题活动筹备工作，多次与活动协调方或承办方进行沟通协调，同时制定工作方案，确保活动顺利举办。

开展科学普及，打造福田科普品牌。一是开展传统特色品牌科普活动。举办全国科技活动周和全国科普日活动暨第四届深圳（福田）未来科技节等活动，让广大市民体验前沿科技产品、了解科技、参与科技、享受科技。活动期间吸引观众约 40000 人，得到 50 余家媒体线上线下共同宣传。二是开展青少年科普活动，举办第 20 届福田区青少年科技节“福科杯”创客大挑战、福田区科普互动走廊进校园、红树林科普教育课程福田“科普进社区活动”——科普课堂、科普 E 站进校园、VR 科普进校园、青少年“魔法 +AI 人工智能”暑期学习营等活动，基本覆盖福田区所有中小学，15 个社区及工作站，输送百余场课程，辐射超 6 万多名中小学生。三是开展市民科普活动，举办市民科普游、科普嘉年华、科幻电影荟、《2050 地球需要你》科普互动展览等活动，6000 余市民直接参与了这些活动，深受市民喜爱。四是延伸科协工作载体，推荐辖区内 7 家企业申报市级科普教育基地，建立区科协委员培训考察机制和区科协常委及街道科协联络机制，助力创新政策宣传和企业服务。与市场主体共建未来科技馆，向市民及中小学校提供若干免费服务。五是配合市科协承办重大活动，区科协承办了 2019 年深圳市“全国科技活动周”启动仪式和第八届“科学与中国”院士专家巡讲团暨粤港澳“科技创新、科普融合”巡讲活动开幕式等活动，在院士专家巡讲活动开幕式活动期间，还举办“科学人生 · 百年”院士风采深圳巡展，将 124 幅院士风采挂画赠送到福田的各个小学。

第四节 南山区科技发展

2019年，深圳市南山区坚持以习近平新时代中国特色社会主义思想为指引，在区委区政府正确领导下，抢抓粤港澳大湾区，先行示范区“双区驱动”重大历史机遇，加快实施创新驱动发展战略，促进高新技术企业高质量发展，推动科技创新谱写南山发展新篇章。

一、自主创新服务及成果

一是减税费降成本，扶持企业发展壮大。修订科技创新分项资金实施细则，优化专利资助政策，引导专利向“质量提升”转变；新增“西丽湖国际科教城支持计划”，支持西丽湖国际科教城对标国际标准；降低“企业研发投入支持计划”申报门槛，支持民营企业提升自主创新力。2019年累计资助项目3000余个，拨付资金约6.06亿元，受资企业达2272家。

二是规范制度，完善资金管理流程。制定《南山区自主创新产业发展专项资金科技创新分项资金管理规定》《南山区自主创新产业发展专项资金科技创新分项资金内审会工作规定》，确保资金管理规范性。

三是理成绩找问题，完成深圳市人大对《深圳经济特区科技创新促进条例》执法监督检查。梳理《深圳经济特区科技创新促进条例》实施以来科技创新工作情况，查找南山科技创新问题，形成《南山区政府关于〈深圳经济特区科技创新促进条例〉实施情况的报告》。

四是招商引商。2019年，依托智园二期生物医药产业空间，实地走访调研翰宇药业、瑞沃德生命科技、精准医疗等15家南山区生物医药企业，并与深圳大学、广州再极医药、上海华海药业等生物医药领域相关企业或机构开展座谈10余次，为项目落户南山，生物医药产业发展提供有力支撑。

五是稳商安商。经过协调及争取，迈瑞公司将公司总部留在南山。同时与面临场地问题的企业交流，向企业介绍南山区空间及政策，保障南山区生物医药产业发展。

六是创新成果丰硕。2019年，南山区9家单位获2018年国家科学技术奖8项，占全市50%；企业获第二十届中国专利奖39项，占全市53.42%；获2018年广东省科学技术奖26项，占全市78.78%；企业获2018年广东省专利奖11项，包括2名杰出发明人；获2018年深圳市科学技术奖72项，占全市62.07%，其中囊括市长奖2名。

二、科技政策服务

一是向710家企业拨付2018年研发投入支持计划款项共27386.28万元。二是为扩大企业研发投入支持计划受惠企业面，降低申报门槛，修订申报条件。原来的申报条件“上一年度营业收入总额15亿元以下和15亿元以上的，研究开发费用总额占营业收入总额比例分别不低于10%和8%，调整为上一年度营业收入总额10亿元以上的和10亿元以下的，研究开发费用总额占营业收入总额比例分别不低于9%和7%；针对大型工业创新能力培育，为对研发投入前20名企业扩大支持额度最高至300万元，激励企业加大研发投入；军民融合科研项目支持计划调整为军民融合产业园支持计划。2019年底，完善相关科技政策操作规程和申请书相关工作。三是做好新科技政策咨询工作，开展科技政策咨询工作，动员符合条件的企业积极申报科技计划。

三、创新服务和产业空间

实施产业空间支持政策，营造创新环境。一是实施孵化器和众创空间支持政策，增强空间载体与在孵企业服务粘性。截至 2019 年 10 月，南山区备案 245 家孵化器和众创空间，其中国家级科技企业孵化器 10 家，占深圳市（22 家）45.45%；国家备案众创空间 54 家，占深圳市（91 家）59.34%；省级众创空间试点单位 23 家，占深圳市（38 家）60.53%。根据市科创委工作部署，协助区内孵化器和众创空间参与市科技企业孵化器认定和众创空间资助。二是对国家级孵化器进行运营管理——挖掘优质项目，完善《国家级孵化器——数字文化产业基地管理规定》，加强对在孵企业服务输出。截至 2019 年 10 月，共办理企业入驻 49 家、续租 18 家、退租 61 家，引进大批归国创业、创赛、高层次人才企业，并孵化培育大批优质国家高新技术企业；对基地在驻及毕业 600 多家企业开展 10 年孵化效果调研，研究孵化器示范和带动作用；根据科技部火炬中心《关于开展 2018 年度国家级科技企业孵化器考核评价的通知》文件要求，2019 年 1 月开展数字文化产业基地企业统计调查工作；深入园区开展消防安全、安监、消防演习工作；完成南山软件园及南山智园工程与第三方工作。三是支持开展大型双创活动，配合落实全国双创周及深圳国际创客周活动组织工作、支持第三届“龙门创将”中国区大赛、支持大湾区国际创客峰会暨 Maker Faire Shenzhen 2019 等双创活动举办。

转化科技金融服务模式，挖掘企业成长潜力。一是 2019 年借助“科技企业创新能力综合评价指标系统”，联动金融机构开发标准化线上产品。二是做好企业日常服务。截至 2019 年 10 月 31 日，南山科技金融在线平台企业线下评级资料审核共 846 家，审核数达 970 家。贷款备案共 948 笔，贷款总额为 43.29 亿元，平均单笔贷款金额 456 万元，平均抵质押率为 68.74%，平均贷款利率为 5.79%，全年备案达 1150 笔。三是开展科技金融贴息资助计划。2019 年共开展两批科技金融贴息资助，为近 950 家企业提供约 1.97 亿元贷款利息补贴支持。四是编写《深圳市南山区科技金融发展白皮书》，评估企业及产业情况，为金融机构决策和中小科技企业发展提供参考。五是组织政银企交流。2019 年累计开展专项政策宣讲及银行产品宣介会 12 场，提供“跟踪式”融资服务。

举办科技服务活动，打造创业导师辅导品牌。一是机构专业性强。通过科技支持计划，给予服务机构每年最高 100 万资助，聚集骨干科技服务机构，为中小科技企业提供公益服务。2019 年备案服务机构达 99 家，比去年增加近一倍。二是内容接地气。围绕企业发展各阶段，为区内中小企业提供产业化、人才、知识产权、投融资服务。三是品牌活动聚人气。随着多年积累，已打造出“法仔课堂”“七号网”“金融大开讲”等品牌。2019 年累计指导活动 637 场，范围覆盖南山各片区，吸引 23190 人参加，媒体报道逾千次。活动场次、服务人数、报道次数同比增长超 50%。四是通过定制服务内容帮助中小企业增强创新，助推投产。对 428 家国高申报企业开展专家问诊和一对一辅导，截至 2019 年底，国高企业申报通过率超 60%；开展知识产权系列讲座，提升企业专利量质，截至 2019 年 9 月南山区 PCT 国际专利申请量达 4501 件，占全市 42.4%；通过投资辅导、对接会、项目路演会等，帮助近百家企业达成近亿元意向投资。

高标准建设南山区双创示范基地，打造国际一流双创高地。一是跟进双创重大项目建设。2019 年，为助力南山区建成区域性国家双创示范基地，规范南山区申报单位重大项目补助资金使用，解决资金使用问题，召开专家评审会，督促项目进度；审核采购文件，按照流程支付使用金。二是举办 2018 年“创响中国”总结会深圳（南山）分会，邀请华南地区 16 家双创示范基地连线会议，带领其参观南山区双创示范基地重大成效。三是推荐南山区项目参加 2019 年全国“双创周”展示，6 个项目入选展示区，占深圳参展项目 43%；参与杭州主会场启动仪式；参加长三角一体化创新创业合作推进会和中国科学院创客之夜活动。

打造深港青年创新创业基地，推进粤港澳大湾区建设。一是起草《南山区加强深港青年创新创业基地建设的实施方案》，规划 2025 年前建设深港青年创新创业基地的总体思路。二是拓展基地服务空间，联动港方机构合作。空间建设方面，出台《深港青年创新创业基地管理体系文件》，为入驻港澳台创业团队提供 18 个月免租和水电物业管理费减免优惠。截至 2019 年底基地入驻率达 80% 以上。此外，扩大空间建设，与清华 i-Space、中科创客学院联动，给予同优惠政策和服务。加速器建设方面，修订《南山数字文化产业基地管理办法》，深港基地毕业团队，可低租金入驻国家级科技企业孵化器——南山数字文化产业基地。港方合作方面，通过与创赛经验丰富的香港新一代文化协会有限公司接洽合作吸引创业青年入驻深港基地。三是提供全链条创业服务体系，引导资源支持港澳台青年“创新创业”，构建港澳台青年良好创业生态。四是深化香港青年对内地认识，协助港澳组织到南山进行科技交流，打造开放共赢创新圈。五是围绕市区部门需求，做好香港九龙妇女联会、澳门劳工事务局、澳门深圳经济文化促进会等组织接待工作。

组织科技企业参展高交会，科创“蒲公英”播撒创新种子。第二十一届中国国际高新技术成果交易会（以下简称“高交会”）于 2019 年 11 月 13 至 17 日于深圳会展中心开幕，南山区携 33 家科技企业参展，布局辖区战略性新兴产业以及港澳创新创业团队、领航团队、创赛项目最新发展成果。此外，呈现南山西丽湖规划和港澳青年在南山取得的科技创新成果。

四、产业化升级

加强军民融合产业引进和服务。一是推动国家国防科工局经济技术发展中心在南山区成立军友科技研究发展（深圳）有限公司；落地军民两用技术转化中心，推进北科大无人系统和辣椒碱等项目落地；筹建半球谐振陀螺创新中心，与市融办联合筹备 2019 年中国先进技术转化应用大赛和 2019 年高端技术项目需求对接会。二是牵手中共深圳市委军民融合发展委员会办公室，支持南山区创建国家级示范基地。三是联合清华大学在内的四所高校驻深研究院共建南山军民融合创新示范基地，成立全国首个军委科技委“国防科技创新快速响应小组”，引导优势民营企业参军。截至 2019 年底，已发掘国内民营军工集团明星企业深圳雷神三航科技有限公司、军工集团保军骨干企业长安工业深圳智能装备研究院、掌握国内唯一水下通信技术的深圳市智慧海洋科技有限公司等 30 余家有行业影响力和发展潜力的科技企业落户南山军民融合创新示范基地。四是与中船重工南方总部对接，争取牵头组建海工院，支持中船重工相关项目落地南山赤湾。

海洋产业发展再上新台阶。一是形成《赤湾海洋经济重大项目——深圳海洋科技园项目落地与产业融入研究：产业论证、实施步骤、融入路径》《赤湾海洋经济重大项目（附录）——深圳海洋科技园项目落地与产业融入研究 产业论证、实施步骤与融入路径》报告，供区政府决策参考。二是结合中船重工决定，将相关项目落地南山，驻深人员搬入南山赤湾鼎海双创港园内，筹建深圳海洋工程技术研究院，待两船合并后推进相关项目。三是南山区“海豚之星 2019”组团是深圳唯一以区政府名义参展的组团，开展的活动被媒体大幅报道。

五、打造“三位一体”知识产权管理模式

2019 年，南山知识产权保护中心（以下简称“保护中心”）共举办服务活动 108 场，参与人数超两万。形成具有南山特色的“三位一体”知识产权综合管理体系。

突破决策机制，高位统筹。一是首创三位一体综合管理体系。2018 年，启动“决策机制（联席会议）+ 服务平台（保护中心）+ 运营载体（联盟）”三位一体知识产权综合管理体系改革，打通知识产权创造、运用、保护、管理、服务全链条，推动政府、市场、企业知识产权综合管理能力同步提升。二是政企联动共筑服务新生态。成立政企联席会议，由 18 家党政司机关成员、100 家知名企业、50 家服务机构组成南山知识产权联盟，派出代表参与会议，聘请战略顾问，共同决策和指导保护中心发展。通过“政府搭台、企业参与、智囊指路”机制，融合严格保护与最开放市场，打造互利共赢知识产权运营生态体系。

激活创新引擎，先行先试。一是知识产权成果量质同步

增长。2019年1月至9月，南山区国内专利申请量4.9万件，发明专利申请量2.7万件；国内专利授权量2.7万件，发明专利授权量0.8万件；累计有效发明专利量5.8万件，五年以上维持率达89%；通过PCT进入40个国家（地区），海外授权专利累计8875件；南山商标权利人均拥有3.75件，计算机软件著作权登记量约7.5万件。共有45项专利获奖，其中，获中国专利金奖2项、外观设计金奖1项、中国专利银奖3项、外观设计银奖1项、广东省专利金奖6项、专利银奖7项。二是知识产权优势企业全市领先。南山区高新技术企业云集，每年有大量科研成果产出，形成龙头企业引领和重点企业带动中小微企业发展的稳定格局。全区获评国家知识产权示范兼优势企业45家，占全市73%；获评广东省知识产权示范兼优势企业84家，占全市60%；获得知识产权管理体系认证企业超500家，占全市44%；4家知识产权服务机构荣获全国知识产权服务品牌培育机构称号，占全市66%。

发挥联盟优势，以点带面。一是南山知识产权联盟发展壮大。2019年，南山知识产权联盟新成立联盟委员指导中心，为企业、科研团队、创业团队技术革新、知产保护、成果转化提供专业指导；新成立知产金融委员会，为产业链上中小微企业提供知识产权创新过程和生命周期运营载体服务枢纽；新加入25家新成员单位，涵盖知识产权优势企业、战略新兴产业企业、海外知识产权高端服务机构，保护重点企业知识产权，维护良好营商环境。二是汇聚联盟资源协同发展。南山知识产权联盟携手TC国际创新峰会2019深圳站，举办第一届联盟年会，特设105个展位，为全球160多个国家和地区产学研机构和企业代表提供免费“把脉问诊”服务，助力南山品牌“走出去”。年会参与人数达万余人，展位咨询企业超3000家，近百家外商投资企业达成合作意向。三是打造知识产权联盟服务。依托联盟，引进国际知识产权服务机构，为企业提供海外维权服务；为辖区90家联盟企业提供商标预警服务；开展专家坐诊，打造“专科”门诊品牌服务，帮助中小企业解决知识产权难题；提供创赛知识产权辅导。联盟专家连续两年参评南山创新创业之星大赛“知识产权运用奖”，促进科技成果转化。搭建知识产权综合信息平台，形成“事前云端存证，事中实时监测，事后快速响应”全链条保护模式，变被动维权为主动防护。

金融服务创新，盘活运营。一是探索知识产权证券化，多渠道解决企业融资。南山区率先成立区知识产权证券化领导小组，经过前期组织座谈会、企业走访、知识产权筛查等，暂定16家企（含10家上市企业）业以“打包组合”方式，发行3.1亿元知识产权债券，解决企业融资难题。二是南山知识产权保护中心、南山版权产业服务中心、工商银行科创服务中心共同签署《关于加强版权金融合作备忘录》，南山版权产业服务中心正式揭牌启动南山知识产权金融绿色服务通道。2019年上半年，经保护中心平台实现知识产权质押贷共备案47笔，贷款金额累计12510万元，笔均403.54万元。

构建诚信体系。依托联席会议，构建党政机关内部信用网，打通知识产权信用体系沟通壁垒；依托保护中心，构建服务中介信用监测网，为知识产权信用体系建设创设平台条件；依托知产联盟，构建社会企业外部信用测评网，为知识产权信用体系建设和信息互通创设条件。截至2019年底，南山区列入黑名单的企业共15家，科技金融备案扶持企业3000余家，享有70%贷款贴息政策保障。

六、创新生态

加强政策资金和国高培育力度，推动高新技术企业做大做强。一是加大资金扶持力度，帮助企业降低成本。2019年科技创新资金增加到7亿元，全年资助项目3244个，受资助企业近2500家。二是优化政策导向，发挥杠杆作用。根据国家、省、市新方向和新政策，结合产业资金绩效评估情况，优化扶持政策。如新增“西丽湖国际科教城支持计划”，降低“企业研发投入支持计划”申报门槛，优化专利资助政策，引导专利向“质量提升”转变等。三是实施国高企业培育工程，做到“发现一批、服务一批、认定一批”。发掘创新力强，前景广阔的企业，纳入国高培育库管理；整合创新服务资源，开展 27 场大型政策宣讲活动和专家一对一问诊服务，发动 2204 家企业参与国高申请；开发国高自评系统，对复议企业开展专题辅导，提升通过率。新增国高企业 470 余家，总数超过 4000 家，绩效并列全市第一。四是拓展产业空间，做好全区政策性产业用房入驻推荐工作及南山智园续租工作，优化营商环境，拓展产业空间，加大企业引进力度。推动全市首个联建总部大楼落地，加快南山智园二三期、南山智城、南山云科技大厦、留仙洞七街坊产业园区开发，打造集成电路、人工智能、生物医药等战略性新兴产业集聚群；联动创智云城、深圳国际创新谷、深圳湾科技生态园、深圳国家工程实验室大楼等产业园区为企业提供 200 余万平方米优质产业空间。

发挥西丽湖国际科教城创新优势，增强源头核心引擎动力。西丽湖国际科教城已上升为广东省和深圳市的重要战略平台，并得到了科技部和省、市支持，推进产学研深度融合。一是依托全市重大创新载体布局，支持国家超级计算深圳中心、鹏城实验室、深圳湾实验室建设；引进 ARM 中国公司落户，建设粤港澳大湾区集成电路公共创新设计平台。支持南科大创设深港微电子学院，培养芯片设计、制造、检测等高端人才。二是促进“大学—政府—企业”三方深度合作，与清华大学合作，共建清华伯克利深圳学院、国际技术转移中心、海外创新中心，打造国际人才培养、成果转化、企业孵化的战略平台。截至 2019 年底，南山区共拥有包括工程实验室和企业技术中心在内的各类创新载体 1207 家，其中国家级 70 家、省部级 279 家、市级 858 家。三是加强深港科技合作交流。借助香港高校科研力量，推动深港两地科技创新。深港青年创新创业基地独创“市、区、港”三方共建模式，引进香港优质科技人才团队，提供全链条政策服务保障。

优化创新生态体系，促进中小企业茁壮成长。一是实施严格指示产权保护战略。推出知识产权一站式服务，通过“政府搭台、企业参与、智囊指路”决策机制，建设知识产权促进中心。2019 年，南山区国内专利申请量 69084 件，占全市 26.4%；授权量 36600 件，占全市 22%，每万人发明专利拥有量达 397 件（按照 2018 年南山人口 149.36 万人计算）；PCT 国际专利申请量 7351 件，占全市 42.1%。二是探索双创空间多元发展模式，形成创投驱动、高校成果转化驱动、垂直产业领域驱动型等高质量孵化模式。2019 年，全区备案孵化器和众创空间 262 家，孵化面积 160 万平方米，在孵企业及团队 11668 家，累计毕业企业 11351 家。三是打造创新南山“创业之星”大赛品牌，2019 年，大赛吸引了 2570 个项目报名参赛，其中境内项目 1695 个、境外项目 875 个，影响力创新高。四是建立“南山科技金融在线平台”，推出孵化贷、成长贷、集合发债、集合担保信贷、知识产权质押贷等科技金融产品。全年与 45 家金融机构达成合作，累计帮助 1186 家企业获得银行贷款，贷款总金额达近 54 亿元。

七、人才队伍建设

一是支持区内企业引进海内外高层次人才团队，指导其申报 2020 年市高层次人才团队项目；走访 2018 和 2019 年市立项高层次人才团队，宣传南山区政策，吸引优质团队落户；引进包括中派科技和海博生物在内的 8 个 2017 年立项高层次人才团队，向 8 家单位拨付资助资金 3750 万元；帮助遇到困难的企业对接投资创赛资源；对连续两年绩效评估为暂缓通过的两个团队办理项目终止并退回资助金 888 万余元；支持 12 家领航人才创办的企业，涵盖高性能存储、智能协作机器人、智慧交通等领域。

二是结合人才安居政策，落实科技人才服务。2019 年在区人才和保障房分配管理领导小组统筹下，为区内 354 家企业定向配租 2006 套人才住房，进行货币补租约 1.4 亿元，解决近万名科技工作者住房问题，为将南山区打造国际科技产业创新核心区提供人力保障。

八、科普活动

开辟科普工作渠道，提升全民科学素质。一是加强科普阵地建设。引导校企和科研机构建设和壮大南山区科普教育基地。2019 年，中建钢构、东方红海特卫星、深圳大学等单位建设了科普教育基地，全年新增区级科普教育基地 7 家，总数达 40 家。为丰富基地建设形式，南山区科协联合西丽街道建设西丽科普园区，把政府所能、社会所需、企业所要融合，打造深圳市科普示范园区。

二是擦亮南山科普活动品牌。2019 年举办“南山博士论坛”讲座 24 场，邀请业内专家围绕“粤港澳大湾区背景下深圳创新发展”“智能互联网时代全球 5G 发展趋势”“中国芯伟大复兴之路”等主题进行分享，全年参与人数超 5000 人；全年共举办“流动科技馆”进校园和社区活动 61 场，并在南山区青少年活动中心滨海部常设科技作品展，参与人数达 10 万余人；2019 年南山区“社区科普文化节”走进 8 个街道共 101 个社区，连续举办 100 余场科普活动，进一步提升居民科学素质，营造讲科学、爱科学氛围。

三是拓展科普活动品牌。区科协支持北京大学深圳研究院“少年中国‘芯’工程”项目走进南山区 6 所中小学，填补了国内芯片科普教育空白。落实习总书记“扶贫必扶智”指示精神，把“扶志筑梦 · 智创未来”流动科技馆展品送到 37 所对口扶贫学校，参与学生达 2.5 万人。

四是加强青少年科技教育。2019 年，区科协联合教育局相关单位在赤湾学校联合开展“少年中国芯 · 强基复兴梦”全国科普日活动，参与学校包含赤湾学校，华侨城中学在内 10 余所学校，总参与人数超 1500 人。区科协助力大疆公司举办“RoboMaster”2019 全国大学生机器人大赛，大赛培养数万名国内外优秀青年工程师，已成为国内参赛人数最多、赛事覆盖面最广、社会影响力最大的机器人大赛，获得了社会广泛赞誉。

第五节 罗湖区科技发展

一、科技产业发展

2019 年，深圳市罗湖区战略性新兴产业规模快速壮大。据统计，辖区战略性新兴企业数量增至 538 家，全年企业营业收入提升至 1251.88 亿元，同比增长 14.4%，纳税超 45 亿，营业利润达 96.20 亿元，同比增长 35.4%。增加值达 148.89 亿元，占 GDP 比重 6.2%。营收 1 亿元以上战略性新兴企业 124 家，营收 2000 万以上企业数量占比近 60%。其中营收 10 亿元以上的战略性新兴企业 26 家，营收 1 亿至 10 亿元的战略性新兴企业 98 家。

罗湖北部片区规划大梧桐新兴产业带，聚焦发展人工智能、生命健康、信息技术产业，形成“南金融商贸，北科技创新”错位发展格局。通过构建“一镇（梧桐 AI 生态小镇）、一基地（清水河人工智能产业基地）、多载体”发展空间布局，罗湖已在人工智能重点细分领域聚集了一批龙头企业，企业集聚和创新活力日益增强。生命健康产业核心布局在东晓布心片区，依托城市更新，已规划与推动了多个生命健康专业园区建设。

二、科技企业服务

在优化产业政策扶持方面。从基础创新、产业创新、企业创新、创新环境四个维度优化产业政策，对大、中、小、微企业分类进行支持。2019 年共受理扶持项目 349 项，发放政策扶持款约 1.42 亿元。完成 131 家企业入库登记，为企业享受 75% 的税前加计扣除优惠政策提供便利，减轻企业运营成本。

在创新企业服务方式方面。每家企业设定企业联络人，建立企业联络人制度，每年分批分次组织企业联络人开展团队拓展、政策辅导培训、企业交流、融资对接等活动，通过活动将全区科技创新企业凝聚一体，构建亲清新型政企关系。此外，不定期分主题组织企业老总沙龙，分享企业经验并听取企业意见。全年共举办各形式活动 16 场，取得了良好企业服务效果。

在提升企业服务质量方面。一是强化企业走访服务。建立企业定期走访及回访服务机制，结合区领导挂点服务企业工作，通过走访企业梳理企业问题清单台账，实施“一企一策”“一企一议”，逐一协调解决。二是推动企业服务专业化。为提升服务专业水平，与知识产权专业机构、高新技术行业协会、同业工会、维度统计及大梧桐新兴产业协会等机构广泛合作，构建科技创新专业服务体系，为辖区企业提供国高申请辅导、知识产权保护、法律知识普及、政策解读等专业服务。据统计，全年累计服务企业超过 730 家，其中走访企业 300 家，电话服务企业超 430 家，解决企业日常问题 203 项，重点问题 46 项。

在搭建企业交流与创新资源共享平台方面。举办“5G 赋能人工智能进入快车道”及“智绘罗湖，创启未来”双周发布会，携手今天国际、中航华东光电、奇迹智慧等 7 家企业展现罗湖创新成果。运用线上政企服务平台收集企业需求并联合多部门协调解决企业困难。大力发展科技金融，与辖区 23 家金融机构签订合作协议实现银企对接，针对融资难题为企业提供融资渠道。

三、科技展会及活动

在 2019 年第二十一届高交会上，罗湖区围绕辖区产业规划布局，聚焦人工智能、生命健康产业，以“助力湾区建设，协同创新融合发展”为主题，罗湖展团共筛选了包括“医疗健康 +AI”智慧多功能医疗机器人、医院物流机器人、随身携带医用“移动化验室”、军用无人机、道路交通指挥机器人、党建服务“小管家”等科技项目的 30 家具有代表性的企业和研究机构参展，其中人工智能企业 20 家，生命健康企业 10 家，凸显罗湖产业发展及企业创新成果。

展会期间，罗湖区展团亮点突出，收获了各界极大关注。一是参展企业实力雄厚——在人工智能领域，奇迹智慧网络、软通动力、榕享实业、城市交通规划设计中心等龙头企业，八度光电子科技、潮乐科技、中科思远等创赛获奖企业纷纷亮相，创新成果熠然，吸引不少业内人士关注。在生命健康领域，易普森以“医疗健康 +AI”为核心技术成果，尚创峰打造“万诊医疗”体系，吸引了众多深港科创企业入驻。二是展区互动体验性强。罗湖展区设计注重场馆设计感与体验感，利用可切换信源互动地幕及悬空屏设计，增加场馆科技感。在展位布局与展示方面，依托产品、模型、动画演示、现场体验、视屏播放等形式增加互动性，提升观众观展体验感。展会现场组织四家企业进行路演。观众通过展览、路演、机器人互动，零距离接触贴近生活的技术创新成果。

2019 年 6 月 13 日至 19 日第五届深圳国际创客周活动期间，罗湖区响应创新驱动发展战略，积极打造“双创”良好营商环境，举办了双创系列活动“Training Day”科技创新训练营、2019 年全国双创周第三届粤港澳大湾区国际科技创客嘉年华暨智能硬件科技成果展、“我们都是主讲人”等为创业者发声活动 6 场，营造了创新创业氛围。

四、招商引资和园区建设

在招商引资方面，一是持大项目驱动。近年来，罗湖区依托土地整备，使土地资源逐步得到释放。2019 年，红岗国际创新广场(一期)3 块新型产业用地瞄准战略性新兴产业，完成 3 家以上市公司为主体的意向用地企业重点产业项目遴选，通过土地出让引进 3 家重点科技创新企业，1 年内将实现产值 230 亿元，税收 4 亿元，5 年内将实现产值 1540 亿元，税收 30 亿元。同时，为红岗国际创新广场二、三期储备 15 家意向用地企业。二是突出精准招商。围绕人工智能和生命健康领域，开展 10 场产业带推介活动对接项目资源，同时以双创赛为抓手，推动优质获奖项目落地，2019 年引进军民融合领域龙头企业中天泽旗下中航华东光电、AI+ 医疗领域知名企业易普森智慧健康、迪安诊断控股子公司一通医疗器械等 15 家营收千万级的重点科技企业，引进掌驭科技、恒聚芯电子科技、达晟科技等 18 家国家高新技术企业、23 家成长性企业、6 家新型研发机构。目前产业带已集聚一批重点产业项目，包括软通动力、旷视科技、易普森等细分领域龙头企业。三是举办创新创业大赛。连续三年举办大梧桐创新创业大赛，在北京、上海、武汉、波士顿、新加坡等地设置分站赛，共吸引海内外 1067 个项目参加，24 个项目获得深圳市赛奖项，13 个项目晋级国家双创赛。同时，以创赛为平台推动 6 家获奖项目企业落地。四是抢抓湾区建设机遇。罗湖区以粤港澳大湾区建设为转型升级机遇，以深港合作为切入点增强创新力，推动深港互动——通过搭建粤港澳大湾区青年创新创业服务项目孵化及科技生态运营平台，集聚港澳台侨、深圳、内地多元资源；推动辖区重点企业对接湾区资源，建设水务研究院，水务创新生长与测试基地，推动智慧水务、水资源处理设备与技术应用、检测检验等领域发展；利用与香港一衣带水地缘优势，联合香港高校打造深港产学研青年创新创业基地，引进香港创新资源与团队。

在园区建设方面，一是推动老旧工业区综合整治。推动鹏基工业区综合整治工作，鹏基工业区 2012 年列入城市更新单元计划，但项目整体推进过慢，2019 年调出城市更新单元计划。结合该园区地理、空间优势，罗湖区计划将其打造为深港产学研及青年创新创业基地，推动该园区进行综合整治，现区相关部门正在对该项目做综合整治规划方案。二是推动城中村治理与产业发展融合，打造专业园区。探索在产业带建设范围内未纳入城市更新项目的城中村共建人才公寓。三是对接城市更新项目已建成或即将建成空间，打造新兴产业专业园区。

五、科普工作

在科普信息化建设方面，2019 年罗湖区新增科普 e 站 5 台，其中 1 台设对口扶贫村——汕尾市陆丰市南湖村，将科普信息化与扶贫相结合，做到“精准科普，精准扶贫”。至此，罗湖区有科普 e 站 33 台，成为广东省最多科普 e 站县区。深圳书城罗湖城实业有限公司、深圳市中科美城科技有限公司、深圳市罗芳小学、深圳市深国检珠宝检测有限公司、深圳市乙品华堂绿色产品科技发展有限公司 5 个单位列入广东省基层科普行动计划科普 e 站建设奖补单位，分别获得奖补资金 10 万元，于 2019 年起陆续发放。

在科普志愿者队伍建设方面，2019 年，罗湖区共有 889 名科普员注册，居全市各区第二；5 月 30 日“全国科技工作者日”，开展科普志愿者培训活动，145 名科普志愿者参加；6 月 1 日，开展家庭亲子科普活动，吸引 120 对家长科普志愿者和孩子参与；11 月 19 日，80 名优秀科普志愿者在深圳市罗芳小学和深圳第二实验学校航空营地开展培训活动。

在科普宣传与服务方面，2019 年，以“罗湖科普行”“青少年科技创新教育”两大科普品牌，策划科普实践活动、科普进社区活动、科普进校园活动、罗湖大讲堂、科普电影、青少年创新教育课程、青少年科技夏令营、大创客节等主题科普活动 187 场，受众 120 多万人；3 月 10 日，“大爱大湾区”关爱青少年公益活动开展，吸引了辖区 100 多名户籍特困儿童及来深建设者子女参加；5 月 17 日，在罗湖区东湖公园举行了主题为“科技强国，科普惠民”的 2019 年全国科技活动周系列活动启动仪式，近 300 名学生和居民参与。据统计，2019 年全国科技活动周共开展了科普专家讲座 8 场、科普进社区 20 场、科普进校园 16 场、科普电影 40 场；7 月 31 日，以“美好生活，共同缔造”为主题的第 109 期广东院士讲坛开展，国际欧亚科学院张新长院士作《迈向智慧的城市微更新》报告，辖区相关部门及重点科技企业代表 200 多人参加；9 月 14 日至 11 月 6 日，以“礼赞共和国，智慧新生活”为主题，在仙湖植物园、深圳市螺岭外国语实验学校、深圳市仙桐实验小学、深圳市松泉中学、深圳市水田小学等地举办了全国科普日系列活动暨“真菌秘语 · 金秋共赏”大型真菌科普及艺术画巡展活动，受众近 20 万人；11 月 11 日，举办院士罗湖行活动，中国工程院邬贺铨院士作《5G 技术及应用》报告，区委理论中心组全体成员、区直各单位副处级以上干部、各街道主要负责人、各社区党委书记、辖区重点科技企业代表参加；12 月 10 日至 11 日，组织罗湖区重点企业人才及教育菁英赴陆丰市开展“精准扶贫始于心，脱贫攻坚践于行”人才关爱扶贫活动。

在青少年科技教育与竞赛方面，2019 年，在深圳市松泉中学、深圳市桂园小学、深圳市东昌小学 3 所学校开展了罗湖区青少年创新教育课程 13 项，全区 38 所学校近 2000 名学生参与；4 月 21 日，“庆祝人民海军成立 70 周年‘强国梦 · 强军梦’深港青少年逐梦湾区海洋国防教育”活动在区青少年活动中心举行，辖区 16 所学校及香港 9 所学校共 800 余名师生代表参加；5 月 11 日至 12 日，2019 粤港澳大湾区青少年无人机科创嘉年华广东 9 市选拔赛在罗湖区外语学校初中举行，来自广州、深圳、珠海等 9 市 73 支队伍 800 多人参赛。6 月 1 日，2019 年“庆六一深港少年儿童科创港湾”科普活动在深圳市罗芳小学举办，活动涵盖机器人、无人机、航天航空模型等 20 多个项目，深港两地 1800 多名青少年参加；7 月 5 日至 7 日，2019 粤港澳大湾区青少年无人机科创嘉年华总决赛在香港凤溪第一中学举行，大湾区 11 个城市 200 多名优秀选手参加；7 月 15 日至 7 月 19 日，罗湖区 2019“三模”科技夏令营在深圳市罗芳小学举行，吸引 1000 多名学生参加；7 月 16 日至 8 月 9 日，开展 2019 年第十八届深圳市罗湖区青少年系列夏令营活动，共分为五大营——深港澳珠青少年科创夏令营、深港汕青少年海洋国防科技夏令营、深澳青少年领袖科技夏令营、深喀青少年手拉手夏令营以及深港青少年生态科技夏令营。7 月 25 日至 7 月 29 日，8 月 5 日至 8 月 9 日，分别举办了两期“航天梦——罗湖区青少年科技夏令营”活动，共组织 80 名学生前往广州及珠海进行研学；8 月 2 日至 6 日，组织罗湖区学生前往宁夏银川参加第二十一届“飞北”全国青少年航空航天模型总决赛，获 1 金 2 铜，一等奖 3 个、二等奖 2 个、三等奖 5 个，金牌教练员 1 人，优秀教练员 1 人；11 月 10 日，以“融合，创新”为主题在翠园初级中学举办罗湖区中小学第二届大创客节，罗湖区 80 多所学校 6000 多名师生和家长参加；11 月 23 日，在深圳市罗芳小学举办 2019 第六届广东青少年科技七巧板创意制作竞赛活动（深圳赛区），来自深圳、清远、肇庆等多个地级市近 30 所学校 700 多名学生参加比赛；11 月 16 日至 17 日，组织罗湖区学生参加深南电路杯全国航空模型公开赛，获 1 银 1 铜，一等奖 6 个、二等奖 14 个、三等奖 18 个，优秀教练员 1 人。

在科学知识传播方面，2019 年，与罗湖医院集团合作，向近 8000 名机关干部职工发送 40 余万条科普短信；编撰了《罗湖科普读本——带你走进罗湖的秘密花园》，向辖区街道、社区、科普教育基地发放近 10000 册；自主设计制作《深圳经济特区科学技术普及条例》书签 3000 套，向辖区领导干部派发；设计制作大湾区、两会、交通安全等 13 个主题 4 期共 704 幅（每期 176 幅）科普挂图，喷绘面积约 1790 平方米。

第六节 盐田区科技发展

一、科技产业创新发展

2019 年，深圳市盐田区（以下简称“盐田区”）深入学习贯彻习近平总书记视察广东、深圳重要讲话和重要批示指示精神，牢牢把握“双区驱动”重大历史机遇，围绕“创新型”战略定位，全面贯彻落实创新驱动发展战略，激发创新驱动内生动力，培育壮大发展新动能。

2019 年 2 月，根据《深圳市盐田区机构改革方案》（深盐发〔2019〕3 号）部署，盐田区科技创新局正式组建，主要负责贯彻落实党中央、省委、市委、区委关于科技创新工作的方针政策和决策部署，按照区委工作要求，在履行职责过程中加强党对科技创新工作的统一领导。

2019 年，盐田区科技创新局构建完善科技规划政策体系，利用产业资金加强对科技项目扶持，调动辖区科技创积极性——成功引进 18 家科技企业落户盐田，共计 19 家科技企业通过国家高新技术企业认定；推动建设南开大学深圳研究院与上海交通大学深圳研究院技术转移中心两大科技创新平台落地，为区域储备创新发展动能；成功举办深圳创新创业大赛区级预选赛两个分项赛事、承办全球青年创新集训营“良好健康与福祉”分项主题活动、组织辖区企业参加第二十一届高交会等一系列赛事活动，打造盐田科技产业名片。

二、完善科技政策体系

2019 年，盐田区深入研究科技创新产业的发展规律和需求，逐步构建“1+N”科技创新政策体系，强化辖区对科研创新事业扶持指引，逐步构建目标更加清晰、步骤任务更加明确、统筹协调更加有力的科技政策体系，助推科技创新产业发展。

一是出台《关于推进产业兴盐加快科技创新发展的实施意见（2019—2021 年）》。盐田区人民政府于 2019 年 7 月 30 日印发《盐田区关于推动产业兴盐加快科技创新发展的实施意见（2019—2021 年）》，确定了建设深圳东部港口物流智能装备研发和人工智能发展先行区、生物医药研发和智慧健康服务集聚区、粤港澳科技合作和科技成果转移转化重要承接区三大目标，明确实施创新主体多元倍增、人工智能产业特色培育、生命健康产业提质增效、创新孵化载体补投联动、科技金融服务提升、科技新品首试首用、科技企业公共服务保障、科技产业战略咨询八大行动。

二是出台《盐田区科技创新扶持办法》。盐田区人民政府于 2019 年 8 月 27 日印发《盐田区科技创新扶持办法》，在培育科技企业、支持创新平台、扶持孵化载体、支持创新创业活动、科技奖励和公益研究五方面加大扶持力度，促进盐田区科技创新发展。该办法自 2019 年 9 月 6 日起施行，有效期至 2022 年 12 月 31 日。

三是出台《盐田区生命健康产业扶持措施》。为推进盐田区生物医药和健康产业集聚发展，盐田区人民政府于 2019 年 8 月 27 日印发《盐田区生命健康产业扶持措施》，从支持重大产品创新和资质认证、支持公共技术服务平台建设运营、支持产业化发展三方面细化扶持政策，为盐田区生命健康产业集聚发展提供全方位政策支持。该措施自 2019 年 9 月 6 日起施行，有效期至 2022 年 12 月 31 日。

四是完善《科技创业园园区管理办法》。2019 年，为更好地提升科技创业园的服务质量和管理水平，进一步规范入园程序，盐田区将科技创业园管理办法的修订作为年度重大行政决策事项和听证事项之一。修订内容涵盖扩大和完善申请入园项目范围、完善租赁方式和流程、按照市场情况动态调整优惠租金等内容，重点扩大入园项目所属产业领域，新增可申请优先入园条款，从资本、人才、创新能力和企业资质四个方面遴选优秀科技项目优先入驻园区。新修订的《盐田区科技创业园管理办法》经区政府五届八十五次常务会议审议通过，自2020年1月8日起实施，有效期五年。

三、强化科技创新建设

一是推进科技创新平台建设。2019年，盐田区科技创新局集中优势资源，创新合作方式，推进重大科技创新平台建设。同年10月，盐田区人民政府与南开大学深圳研究院签订合作协议，双方同意在盐田区共建南开大学深圳研究院。同年11月，上海交通大学深圳研究院技术转移中心揭牌成立，正式落户盐田。依托两大科技创新平台逐步深化政产学研资合作对接，以技术转移和产业化为导向导入创新平台，并与辖区产业融合，促进科技成果转化，推进项目产业化落地，提升盐田区自主创新能力。

二是开展国家高新技术企业培育。2019年，盐田区完善培育辅导与服务，实现国家级高新技术企业增量提质。年内，盐田区科技创新局通过政策撬动，加大对认定企业的激励力度，增强培育后劲。此外，提升申报国高辅导服务，实现专场宣讲和专线辅导联动，提升服务效果，共有31家企业提交国高认定申请材料，其中有19家通过认定，通过率超60%，再创新高。

2019年盐田区通过认定的国家高新技术企业名单

序号	名 称	认定情况
1	洁臣环境科技（深圳）有限公司	新认定
2	深圳市海安达安全科技文化发展有限公司	新认定
3	深圳市支氏环保科技有限公司	新认定
4	深圳迈思瑞尔科技有限公司	新认定
5	深圳市周大福珠宝制造有限公司	新认定
6	清影医疗科技（深圳）有限公司	新认定
7	深圳市超美化工科技有限公司	新认定
8	深圳市水源环保机电科技开发有限公司	新认定
9	深圳市高域化学材料有限公司	新认定
10	深圳海一时代基因科技有限公司	新认定
11	深圳市九明药业有限公司	新认定
12	中纺标（深圳）检测有限公司	再次认定
13	深圳市雷铭科技发展有限公司	再次认定
14	深圳市众立生包装科技有限公司	再次认定
15	盐田港国际资讯有限公司	再次认定
16	深圳华大基因科技有限公司	再次认定
17	深圳市健科电子有限公司	再次认定
18	深圳市安科讯实业有限公司	再次认定
19	深圳市安科讯电子制造有限公司	再次认定

三是积极引进科技企业。2019年，盐田区科技创新局与招商部门密切配合，发挥产业扶持政策撬动作用，积极优化企业服务，实行一对一对接服务，引进科技企业来盐发展。年内，共计引进18家生物医药、新材料新能源、人工智能等领域科技企业落户盐田，其中国家级高新技术企业3家，分别为筑智通科技公司、安瑞科科技公司、高域化学材料公司。

四是科技成果亮相“高交会”。2019年11月13日，盐田区科技创新局组织包括码隆科技、未来机器人（深圳）有限公司等人工智能、生命健康等领域11家明星企业参加第21届中国国际高新技术成果交易会（以下简称“高交会”）。码隆科技打造的RetailAI智能货柜解决方案、未来机器人（深圳）有限公司的视觉导航科技应用、华大智造科技最新发布的测序仪DNBSEQ-E及世界首套远程全自动超声诊断系统MGIUS-R3等科技产品纷纷亮相，广受关注。同年11月17日，盐田区科技创新局获优秀组织奖，辖区企业深圳码隆科技有限公司获优秀展示奖。

五是举办深创赛盐田区预选赛。2019年，盐田区面向全国邀约，成功举办第十一届深圳创新创业大赛盐田区预选赛生物医药及人工智能两大分项赛事。预选赛深度聚焦“健康+”与“智能+”发展战略，通过深创赛平台发掘引进创新资源，并加以奖金激励和政策扶持，实现优势产业资源集聚，加速创新成果转化落地，传递产业兴盐的积极信号，进一步提升辖区的知名度和认可度。两项分赛共吸引 216 家企业和团队成功报名，同比增加 41%，其中生物医药赛招募项目同比增长超 50%。包含菁良基因和未来机器人在内的 20 个企业和项目脱颖而出，代表盐田区出战深圳市级行业赛。在市级赛中，华越肾科再生医学及拓深科技获团队组一等奖，桐树生物获优秀奖；未来机器人入选企业组国赛名单；盐田区科技创新局获“优秀组织单位”称号，深圳市弘汇投资有限公司（健康智谷）和可可空间（COCOSPACE）获“优秀执行单位”称号。

四、优化科技服务

一是在产业园区建设方面，2019 年，盐田区进一步优化政策配套，推进产业园区建设，打造产业特色明显的科技产业园区。大百汇生命健康产业园坐落于深圳市盐田区核心行政商务区，由深圳市盐田区人民政府、深圳市创新投资集团有限公司、大百汇实业集团有限公司合作共建，以打造生命健康产业为重点，以分子诊断、基因检测、数据、健康服务、医疗人工智能等国内领先的健康全产业集群，已形成生态可持续发展生态。目前园区已投入使用建筑面积 20 万 m^2，写字楼办公面积 12 万 m^2，停车位约 2000 个，符合 GMP、GLP 的独栋科研楼 2 万 m^2，配套建有 3 万 m^2 公寓，商业配套面积 3 万 m^2，在深汕特别合作区投资建成生产配套园区。2019 年，园区新引进包含深圳市长明大健康控股有限公司及深圳华腾新能源科技有限公司在内的 13 家企业入驻，同年末，园区累计入驻企业 50 家，其中生命健康企业 31 家。盐田区科技创业园旨在为初创科技型企业和创新创业项目提供办公场地、共享设施、创业服务支持，以降低其创业成本，加速企业成长，促进成果转化，推动辖区创新创业发展。该园区现有办公面积约 1.4 万平方米，设有停车位约 59 个，自 2005 年投入运营以来，共计吸引包括华大生命科学研究院在内的 6 家前景广阔的企业入驻，其中华大生命科学研究院是深圳市首批批准建设的十大基础研究机构之一。2019 年，盐田区以“积极扶持、良好服务、优惠收费、注重实效”的原则加强科技创业园管理与服务，新引进深圳市洲行环保科技有限公司及深圳智预生命科技有限公司两家企业入驻园区。

二是在产业发展资金扶持方面，盐田区科技创新局根据《盐田区产业发展资金管理规定》和《关于支持企业提升竞争力和促进科技创新的若干措施》相关规定，充分发挥扶持资金引导和撬动作用，及时受理和拨付资金，调动科技研发积极性，助推科研项目进展。据统计，2019 年盐田区科技类产业发展共发放资金 2995.93 万元，资助各类项目共计 67 个。其中，资助国家高新技术企业 13 个，资助金额为 315 万元；资助科技奖配套项目 2 个，资助金额为 150 万元；资助省级科技计划项目 1 个，资助金额为 4.74 万元；资助市级科技计划项目 30 个，资助金额为 1148.51 万元；资助中国创新创业大赛获奖项目 1 个，资助金额为 20 万元；资助企业研发投入项目 15 个，资助金额为 924.87 万元；资助市级创新平台配套项目 1 个，资助金额为 195 万元；资助大型赛事项目 1 个，资助金额为 75.15 万元；资助高新技术成果产业化项目 1 个，资助金额为 132.16 万元；资助创客活动及服务项目 2 个，资助金额为 30.5 万元。

2019 年盐田区资助的辖区企业关于国家、省、市重点科技项目和创新平台情况

年份	项目级别	项目名称	资金来源	承办单位	区级资助金额（万元）
2019	市级	国际鸟类生命之树研究计划	市科创委	深圳华大生命科学研究院	100
2019	市级	藏族中国人高原适应性的遗传基础研究	市科创委	深圳华大生命科学研究院	50
2019	市级	基于高通量测序技术的中国人群肿瘤免疫新抗原检测产品的研究开发	市科创委	深圳裕策生物科技有限公司	50
2019	市级	深圳新一代广播电视无线网（NGB-W）新媒体文化融合工程实验室	市发改委	深圳市安科讯实业有限公司	195

三是在知识产权保护方面，2019 年盐田区加大知识产权保护政策扶持力度，在资助申请专利、资助知识产权优势企业、奖励各级专利奖获得者、资助知识产权服务机构、鼓励知识产权维权、资助计算机软件著作权登记等方面给予支持。年内，共受理审核 80 个知识产权资助项目，涉及资金 177.25 万元。其中，专利项目 47 个，涉及资金 112.7 万元；计算机软件著作权登记项目 26 个，涉及资金 14.16 万元；知识产权服务机构项目 5 个，涉及资金 40.1 万元；知识产权优势企业项目 1 个，涉及资金 10 万元；知识产权维权项目 1 个，涉及资金 0.29 万元。

四是在企业人才住房配租方面，为吸引科技企业来辖区发展，助力产业兴盐，发挥人才住房在配合辖区科技发展、招商引资方面的作用，盐田区科技创新局与住房建设部门积极协调，满足科技企业人才住房需求。年内，共计为辖区大百汇技术、海滨制药、安科讯电子等 15 家科技企业申请配租 49 套人才住房。

五、推进科普宣传

2019 年，盐田区科学技术协会以习近平新时代中国特色社会主义思想为指导，认真落实《深圳市全民科学素质行动计划纲要实施方案（2017—2020 年）》（深府函〔2017〕56 号）部署要求，扎实开展学生及辖区居民等重点人群科学素质行动计划，带动全区公民科学素质水平整体提高。积极推进科学教育、科普资源、科普基础设施和科普人才队伍等基础条件建设，公民科学素质建设公共服务能力得到较大提升，为以后全民科学素质工作奠定了坚实基础。

一是强化科普基地建设。2019 年，盐田区科协积极推动特色科普教育基地建设，推荐盐田水质净化厂建设成为盐田区第七家深圳市科普教育基地。目前辖区共拥有市级科普教育基地 7 个，科普基地主题覆盖海洋、码头、基因科学、节能建筑、人工湿地、污染处理等众多领域，特色鲜明，兼具实用性、教育性、娱乐性。各科普基地根据自身特色，结合科技活动周、科普活动日等节点定期开展系列科普活动，深受广大市民游客欢迎，科普宣传成效突出。

二是持续开展科普宣传活动。2019 年，盐田区科协依托专业机构，组织开展科普进社区及科普进校园等系列科普宣传活动，在辖区掀起学习科学和参与科普活动的热潮。年内，组织专家赴辖区社区 10 余个，以低碳环保和人工智能领域科普知识为重点，举办各类讲座 15 场，基层科普活动 5 场，参与居民群众人数 6000 余人次。为加强青少年科普工作，深入开展科普进校园活动，携手辖区学校开展校园科技节、海洋科普进校园、“地球的颜色”环保主题科普行、“小小航天梦”科普行等多项科普宣传活动，极大激发青少年浓厚的科学兴趣，提高青少年科学知识水平。

三是增进科普信息化建设。为加快推进盐田区科普信息化建设，切实提高科普公共服务能力，2019 年盐田区科协在田东中学新校区成功试点校园科普 E 站的基础上继续探索，此外，在梧桐社区成功试点社区科普 E 站。社区科普 E 站的搭建对传播科普知识，开展科普活动起到很良好效果，深受社区居民喜爱。

第七节 光明区科技发展

一、光明科学城建设

2019年以来，光明区紧紧围绕“世界一流科学城和深圳北部中心”战略目标，全力推动落实光明科学城各项重点任务，全区科技创新资源集聚取得初步成效。一是主动争取深圳湾实验室、人工智能与数字经济广东省实验室（深圳）、中国计量科学研究院技术创新研究院等重大项目实现落户。二是积极推动脑模拟与脑解析，合成生物两个大科学装置动工建设，推动综合粒子设施规划建设。积极推动国家超级计算深圳中心二期及中科院精密测量创新研究院项目完善建设方案；提前规划包括国际科技信息中心和国际技术转移转化中心在内的示范区重大项目。三是全面梳理创新型产业用房，初步商定将滨海明珠工业园作为中科院深圳理工大学过渡校区；系统梳理科研院所过渡空间，结合中科院直属科研机构过渡场地需求，提前规划项目空间布局。四是支持国家电动汽车产业计量中心、国家环保产品质量监督检验中心（广东）、国家分布式光伏发电系统质量监督检验中心（广东）3个国家级质量检验检测中心完成建设，并实现运营。

二、高新技术产业发展

2019年光明区着力开展高新技术企业增量提质行动，加大挖潜力度，完善国家高新技术企业培育库，通过下沉街道开展政策宣讲和辅导会的方式，发动企业申报认定国家高新技术企业。2019年，光明区新增国家高新技术企业298家，总量达1285家，增长率达30.1%，超额完成市区两级下达目标任务，增长率连续多年排在全市前列。

在2019年度国家科学技术奖励大会上，光明区一家国高企业荣获年度国家科学技术进步奖二等奖。高新技术产业已发展成为光明经济第一大支柱产业，支撑着光明经济的半壁江山。

三、科技创新政策

以光明科学城为核心，重点突出前瞻性和战略性，启动编制光明区科技创新“十四五”规划。完善光明区“1+4+N”政策体系，建立了包含“7大专项和22个类别”的《光明区支持科技创新的若干措施》，在广泛调研和研究基础上，优化完善《光明区留学人员创业园暂行管理办法》和《光明区众创空间暂行管理办法》。为助力孵化载体发展与时俱进，有规可依，制定《光明区科技企业孵化器认定与管理办法》，引导推动以企业为主体的孵化载体快速发展。

四、创新载体建设

一是截至2019年底，建成各类孵化器5家，总面积约25.6万m^2，共180家企业入驻。共认定区级众创空间16家，其中省级与市级各两家，全区众创空间总面积3.9万m^2，在载体面积和创客数量上均大幅提升。

二是以光明区留学人员创业园为抓手，坚持“招英才，育优企”理念，紧盯包括生物医药和新材料在内的新兴产业，2019年评审共通过13个优质项目入驻，引进深圳“孔雀计划”人才4名及后备人才13名，累计协助在孵企业获得3000万元风险投资。光明区留学人员创业园在2019年底广东省科协年度工作会议上被评为“优秀海智计划工作站”。

三是企业研发机构不断增长，全区5亿元以上大型工业企业建立研发机构54家，覆盖率实现100%。已建成各级各类科技创新技术服务平台85个，包括国家级5个、省级

36 个、市级 37 个、区级 7 个，成为支撑企业创新发展的“源头活水”。

五、科普及科技活动

一是第三届光明区创新创业大赛共吸引了 1023 个项目（包括港澳台 43 个及美国、日本等海外参赛团队 20 个）参赛，项目数量在深圳市 15 个赛区中首次位列全市第一。12 个光明分赛区项目获 2019 年深创赛大奖，其中光明区本土企业 7 个项目获得优秀奖。

二是截至 2019 年底，光明区共有深圳市科协认定科普基地 6 家。2019 年 10 月份，围绕“礼赞新中国，智慧新生活”主题，在光明区中小学开展共计 6 场 2019 年广东省全国科普日进校园活动，通过向学生全面普及科学知识，传播科学理念，点燃少年科技梦，在校园中形成了学科学、爱科学、用科学之风，获得学校师生的热烈欢迎和一致好评。

三是 2019 年 11 月份组团参加第二十一届中国国际高新技术成果交易会，充分展示光明区成立行政区一周年来科技创新工作取得的丰硕成果，其间举行区政府与包含深圳湾实验室，中国科学院深圳先进技术研究院在内的 6 家重点科研机构和企业的合作签约活动，实现光明区省实验室零突破，为科学城建设提供中坚力量。

第八节 坪山区科技发展

一、科技创新发展

2019年，深圳市坪山区科技创新局围绕围绕“全力打造高质量可持续发展的创新坪山”发展战略，抢抓粤港澳大湾区建设、社会主义先行示范区建设、“东进”战略深入实施重大机遇，聚焦高端创新资源、优化创新创业环境、营造创新氛围引领发力，科技创新各项任务圆满完成。

科技创新指标增长高质量。2019年，坪山区高新技术企业产值占规上工业企业产值59%；战略性新兴产业产值达1168.52亿元。其中，生物医药和新一代信息技术产业分别增长15.4%和10.3%。全区专利申请量和授权量分别增长20.60%和10.04%；发明专利申请量和授权量分别增长17.28%和24.19%；全区有效发明专利4401件，增长19.33%。企业方面，新增国高企业125家，同比增长33.8%；新增生物医药企业135家，同比增长46%，总量达430家。

科技创新能力增强。引进包含清华大学郑泉水在内的全职院士团队4个；新增高端研发人才（团队）11个；全区拥有市级以上创新平台达71个（国家级4个、省级23个、市级44个），增长率达47%。包含比亚迪在内的三家企业获国家科技进步奖二等奖，坪山区获奖数全市第二；李大为获评科学中国人（2018）年度人物，基本半导体获中国创新创业大赛行业赛一等奖；两家企业获第二十届中国专利金奖，获奖数居全市第一；鼎铉公司获得国际支付行业数据安全标准检测资质，并任可信区块链工作组联席组长单位。

科技创新生态不断优化。深圳高新区坪山园区被列为“双核心区”之一，形成“西有南山，东有坪山”创新发展新格局；出台坪山区科创委一号文件，明确了创新优先发展战略定位；整合科技创新政策，形成覆盖“基础研究＋技术攻关＋成果产业化＋科技金融”全科技创新生态链的“1+1+2”政策体系；统筹社会载体搭建产学研基地和专业园区。坪山高新区产学研基地和智能制造产业园项目设立，释放创新空间20.27万平方米；整合区内企业和人才所需各类创新载体、政策、金融机构相关信息，构建“4+1”科技创新信息化平台；发布创新坪山服务地图和国际友谊地图，出台《坪山区科技企业科研平台对外服务指南》《深圳市坪山高新区产学研基地项目入驻指引》《深圳市坪山高新区科技产业园区项目入驻指引》等公共平台服务手册，打造创新服务的“坪山样板”。区域创新体系改革项目获评为“2018年度深圳市优秀改革项目”。

二、统筹“创新坪山”高速发展

一是奏响“创新坪山”建设科技创新主旋律。围绕打造高质量可持续发展创新坪山的战略目标，结合坪山发展阶段和产业特征，印发《关于深入推进创新坪山建设加快科技创新的实施意见》，并出台相应实施方案，明确科技创新优先发展战略定位和具体工作落实的时间及路线。二是打造“创新坪山”建设核心主引擎。推动深圳国家高新区坪山园区挂牌成立；配合深圳市科技创新委落实《深圳国家高新区扩区方案》，推动坪山高新区与南山高新区并列为深圳国家高新区两大核心园区，形成“一区两核多园”的深圳国家高新区发展格局；谋划坪山高新区规划建设思路，探索“市区联动，共建共享”的管理体制机制和专业化，市场化的运行管理模式。三是构建“创新坪山”创新开放新格局。与香港科技园和高校合作，探索与港澳地区在科技产业领域对接，推进与港澳合作创新项目，协助推动香港名医诊疗中心落地；和香港理工大学，香港生物医药创新协会开展广泛合作，加速科技、信息、金融、人才等创新要素在港澳及坪山的流动。四是释放“创新坪山”创新创业空间。统筹现有载体搭建产学研基地和专业园区，引导传统制造业民营园区向科技型园区转型升级。坪山高新区产学研基地和智能制造产业园相关项目成功设立，释放创新空间 20.27 万平方米。其中，坪山高新区产学研基地已成为坪山高新区第一标志，截至 2019 年底，入驻了一批包括深圳湾实验室坪山生物医药研发转化中心和深圳清华大学研究院超滑技术研究所在内的高端科研机构。

三、加速创新资源集聚

一是重大科研项目组团落地。2019 年，坪山区先后推动深圳湾实验室坪山生物医药研发转化中心、蒙纳士科技转化研究院、北京理工大学深圳汽车研究院、IC 基地坪山分平台等项目注册落地；深圳清华大学研究院超滑技术研究所揭牌成立；深圳 3D 打印制造业创新中心正式开园运营。加快推进北京中医药大学研究院能正式挂牌成立；中科院上海药物所华南安评中心与比亚迪丰田创新中心签订合作协议。二是国高企业队伍壮大。2019 年共开展国高培育和认定宣讲会 11 场，调研坪山区国高企业 300 余家，发动区内 312 家企业申报国高，比去年 276 家增长 13.0%。2019 年新增国高企业 125 家，存量总数达 495 家，同比增长 33.8%。三是人才团队加速落户。建立健全人才成长发展奖励支持政策，为人才提供包含项目落地奖、场租补贴、项目研发资助、企业升级奖励等全阶段资金支持。以高层级赛事活动聚才、以高端创新载体育才和以高层次人才引才并举，2019 年新增高端科技人才 69 人，累计达 224 人。

四、构建创新服务体系

一是构建精准科技创新政策体系。形成以包括“科技创新 20 条”“科技金融 18 条”在内的政策为支撑的“1+N”科技创新政策体系，为坪山区加快新兴产业企业聚集提供精准有效的制度保障。

二是建立完善健全的创新孵化育成体系。落实《深圳市坪山区加快推进孵化器建设的实施意见》专项政策，构建“众创空间 + 孵化器 +（加速器）园区”全生态链创新孵化平台；利用各新型创新孵化器平台企业的创投资源，为坪山企业提供与国内一线投融资线上线下投融资对接服务；建立面向区内孵化器管理人员、孵化服务人员、在孵企业及创业者的多层次孵化培训体系；推动包括“密码 + 区块链”孵化器，集成电路及人工智能类孵化器在内的 5 家孵化器投入使用。

三是建立高效科技金融服务体系。出台《深圳市坪山区关于支持科技金融发展的若干措施》，推动科技和金融融合发展。打造金融机构与金融支持服务机构加上科技金融政策的“2+1”科技金融综合服务体系；推动坪山区引导基金投资有限公司成立，设立包括红土基金在内的 7 支科技产业基金，认缴基金总规模达 35.68 亿元，已投资项目 65 个，实际投资 24.03 亿元，带动 19 个优质项目落户坪山。同时，在深交所发行坪山区产业园区专项债券；联合浦发银行开设全市首个“科技资助补贴贷款”。2019 年全区累计发放科技专项资金约 1.45 亿元，惠及 200 余家企业 422 多个项目。

四是完善科技人才服务体系。聚焦人才发展原则，推荐 6 名科技企业高层次人才参与坪山区 D 类人才评选；邀请高层次人才参与科技创新政策制定，参加人大和政协的政治活动，推荐 6 名科技人才担任区人大代表，12 名担任区政协委员；编制临时车牌指引指南，帮助科技企业高管申请外地车牌高峰时段免处罚资格 36 个；编制出台校企合作工作指引，搭建校企合作平台及人才流动通道；创新活动形式，丰富活动内容，搭建交流平台，“‘5 · 30’全国科技工作者日”组织多名科技人才走入区内 6 家中小学校开展科普教育，增强科技类高层次人才归属感和幸福感。

五、营造创新氛围

一是办强办好特色创新活动。先后举办或参加了科技创新大会、深创赛国际赛、第十七届中国国际人才交流大会、Slush深圳2019大会、第21届高交会等立足深圳、面向世界、辐射全球等高质量创新活动17场，累计带动1300余个创新项目，30000余人来坪山交流对接。二是以活动备案制为抓手，支持引导社会主体活动。推行《坪山区科技创新局科技创新交流活动备案制度及指引（试行）》，2019年累计大型科技创新活动备案项目9个，支持指导包括中国电源学会第二十三届学术年会和粤港澳大湾区“芯”产业峰会在内的社会主体办活动，活跃社会主体创新力；借助包含中国医药创新与投资大会在内的高端平台及年度盛会推介坪山创新创业环境，吸引高端人才及科技项目聚集坪山。

六、打造坪山“科普示范”样板

深入开展科普工作，制定“坪山区科普教育基地”认定和管理办法，首批征选包括比亚迪汽车工业有限公司在内的15家企业为“坪山区科普教育基地”。举办“科普进社区”“科普进学校”系列主题活动，不断丰富民众科普知识，提升全区科学素养。

第九节 龙华区科技发展

一、科技创新发展

2019 年，深圳市龙华区（以下简称“龙华区”）科技创新局在龙华区委区政府领导下，抢抓粤港澳大湾区和中国特色社会主义先行示范区机遇，明确科技创新工作重点，聚集创新资源，助力产业转型升级，推动龙华区科技创新工作取得新突破。据统计，2019 年龙华区国家高新技术企业新增 340 家，总数达 2570 家，稳居全市第三；上年度全社会研发投入 70.17 亿元，同比增长 31.5%，R&D（科学研究与试验发展）投入占 GDP 比重 2.92%；新增科研机构 7 家，省级工程中心 23 家；累计建有各层次科技创新孵化载体 65 家；科技金融共备案企业 72 家（次），备案贷款金额超 3 亿元，较 2018 年增长超 100%；全年共拨付科技财政专项资金 6.4 亿元。双创大赛共吸引 288 个优秀项目参加，2 个项目获市赛三等奖，1 个项目获国赛三等奖。此外，全年共举办各类主题的科普活动 14 场。

二、科技产业空间规划

一是高标准打造梅观科技创新产业走廊——积极构建“AI+IBM+X”产业体系（人工智能＋电子信息＋生物医药＋智能制造＋区块链等前沿产业），助力打造国际科技转移转化区、国家级智能制造示范区、深圳智能经济先行区。二是着力打造深圳国家高新区龙华园区。龙华区观澜高新园、九龙山智能科技城—福民创新园片区已被纳入深圳国家高新区范围，规划用地面积 17.78 平方公里，约占全区土地总面积的 10.13%。为深入贯彻落实深圳市扩区方案相关要求，高标准建设国际一流园区，组织编写《深圳国家高新区龙华园区综合发展规划》，并研究出台园区专属政策体系。三是全力推进龙华区创新型产业用房项目——龙华创新中心的规划建设，出台《龙华创新中心（红山 6979）入驻管理办法》，重点引入新一代信息技术、智能制造、生物医药等产业领域的机构及企业，适时适度引进科技服务机构。此外，积极推进观澜湖新城产业空间租赁工作，满足创新型机构和企业的发展需求，将观澜湖新城产业空间打造成龙华区科技创新成果转化高地。

三、科技政策体系建设

2019 年，龙华区全面调整创新政策，对正执行的政策进行绩效评估和问题梳理，并结合实际修订完善《科技创新专项资金实施细则（试行）》及操作规程，让政策发挥有效引导作用；出台《深圳市龙华区重点研发机构认定办法（试行）》《深圳市龙华区创新载体认定管理办法（试行）》，加快出台《深圳市龙华区孵化载体认定管理办法（试行）》配套政策并贯彻落实深圳市科改“22 条”，规范项目验收管理；参照市科技计划改革方案，完善科技项目合同模板，严格按照项目合同书的约定逐项考核结果指标完成情况；优化、简化专项资金申报系统，推行“材料一次报送”制度；增强科技计划项目全过程管理和资金使用审查监管；引入电子表单、流程引擎技术等，简化办事流程。

四、科技创新能力提升

一是促进战略性新兴产业发展。积极对接统计部门，梳理排查全区“四上企业”名录库。对在库重点企业开展现场走访工作，同时与第三方机构合作，对辖区近 300 家在库企业开展培训辅导工作，并争取将不在库的优质企业纳入战略性新兴产业名录库。据统计，2019 年，龙华区战略性新兴产业增加值 1099 亿元，占 GDP 比重 43.8%。二是稳步提升企业研发水平。委托专业机构进行“研发投入水平提升项目研究”，调查和走访重点工业企业 200 多家，并组织 3 场企业研发统计填报辅导暨科技政策宣讲会，多重刺激企业提升研发积极性。上年度全社会研发投入 70.17 亿元，同比增长 31.5%，R&D 投入占 GDP 比重 2.92%。

五、创新主体培育

一是大力培育国家高新技术企业。建立国高培育库，加强政策宣传，积极联合各街道及园区发动辖区企业进行国高认定申报，组织国高申报专题辅导会 6 场，为企业讲解申报国高中注意事项，并提供有针对性意见及建议。据统计，龙华区全年申报国家高新技术企业 1692 家，通过评审 1010 家，新增国家高新技术企业 340 家，全区国家高新技术企业总数达 2570 家，稳居全市第三。二是大力引进及培育高层次创新载体。鼓励有条件的企业建立重点实验室和工程中心，引导企业与高等院校、科研院所开展产学研合作，共建创新载体。2019 年全年新增省级工程中心 23 家，累计拥有各层级创新载体 121 家。三是强化孵化载体规划建设。2019 年，引导区内园区申报深圳市孵化载体认定与资助项目 12 宗，累计建有各层次科技创新孵化载体 65 家，已认定孵化面积约 84.5 万平方米，入驻科技型企业超 1550 家，入驻国高企业超 210 家，在孵企业拥有有效知识产权 5600 余项。四是开展深港国际科技成果转化区与深港青年创新创业基地规划研究。依托深圳北站交通优势和产业空间优势，积极对接引进港澳及国际创新资源，打造在深圳市具有影响力的国际科技成果转化区及深港青年创新创业基地。

六、高端科研资源增长

2019 年，龙华区新增深圳计算科学研究院、深圳京鲁计算科学应用研究院、深圳罗兹曼国际转化医学研究院等科研机构 7 家，累计拥有各类科研机构 14 家，其中包括深圳市新设基础研究机构 3 家。基础研究成效开始显现，深圳数字生命研究院开展队列研究 18 项，申请发明专利 12 项，成功申报国家重点研发计划；深圳第三代半导体研究院已获得广东省重点领域研发计划 2 项，正积极申请国家第三代半导体技术创新中心；深圳计算科学研究院在国际顶级期刊、会议发表、录用论文 12 篇，加快推进与科蓝软件、清华启迪、军事科学院、华为等科技型企业及研究机构的合作；深圳人工智能与数据科学研究院（龙华）成功举办 3 场国际学术会议，搭建了龙华产业经济对接国际前沿基础研究的桥梁，促进了人工智能在信息管理、情报安全和医疗、健康领域的国际学术交流，并与深圳市智慧谷产业园发展集团在人工智能产业创新创业领域达成全面深入合作。此外，龙华区全力推动两家省级制造业创新中心（广东省小分子新药创新中心和广东省高性能医疗器械制造业创新中心）的落地对接工作。

七、人才团队支持

2019 年，龙华区多措并举支持高层次人才团队创业。一是积极培育和引进“第一资源”，充分发挥人才团队对创新创业的示范和集聚作用。龙华区依托南方科技大学与深圳大学高校，与 6 个以上省市创新创业团队进行深入对接，引进 3 个市创新创业团队落户，累计引进省市创新创业团队 22 个，立项人才个人创业项目 9 个。二是大力推动惠企惠才政策——2019 年共拨付约 2399 万元人才和团队创业扶持专项资金。三是创新人才服务机制，稳步推进科技项目基础研究和成果转化——组织人才团队政策宣讲活动，帮助人才团队企业在深圳市各类交流平台进行产品宣传推广，为有融资需求的人才团队企业搭建路演及融资平台。

八、展会活动开展

一是发动企业参加第二十一届高交会，龙华区组织 23 家企业及 11 家园区（载体）组团集中参展，动员 93 家科技企业和园区独立参展，展示龙华区创新产品与技术成果，吸引大量市民观众前往参观。此外，高交会期间达成交易 130

项，交易金额达 2796 万元，获得意向客户 778 家。据此，龙华区获得第二十一届高交会颁发的“优秀组织奖”和“优秀展示奖”。二是充分利用辖区科技创新要素，举办特色鲜明的创新创业活动，打造龙华特色创新创业活动品牌，营造浓厚创新创业氛围。2019 年，共有 23 个创新创业活动通过备案，涵盖创客成果展、创客沙龙交流、创新创业论坛、创新创业培训、创新创业大赛等多种形式。三是举办第十一届中国深圳创新创业大赛龙华区预选赛暨第三届龙华区创新创业大赛，共吸引 288 个优秀项目参加，其中 40 个项目进入市赛，2 个项目获得三等奖，推送 7 个项目进入国赛，1 个项目获国赛三等奖。

九、科普活动开展

2019 年，科普系列活动首次纳入“龙华区社区党群服务中心项目服务清单”，找准“党建 + 科普”切入点和结合点，与社区、学校共同开展节能环保、卫生健康、体验科学等各类主题科普活动 14 场，同时引导和组织党员参加科普活动。拓宽科普活动的开展形式，充分应用前沿科技手段，展现前沿科技成果，普及科学知识，传播科学思想，为社区居民推荐科学健康生活方式，激发社区居民探索科学热情，用科技提升社区居民获得幸福感与安全感，推动党群服务工作多样化发展。

第十节 大鹏新区科技发展

一、科技创新驱动发展

2019 年，深圳市大鹏新区围绕“三岛一区”和国际生物谷建设，积极响应中国特色社会主义先行示范区有关政策，加快实施创新驱动发展战略，推动科研载体建设和成果转化，促进战略性新兴产业发展。深圳国际生物谷坝光核心启动区等重点片区改造建设稳步推进。国家基因库、中国农业科学院深圳农业基因组研究所、广东海洋大学深圳研究院等创新机构日益壮大。生命科学产业园和海洋生物产业园创新创业孵化平台加快建设。

在专利申请与授权方面，2019 年大鹏新区高新技术产业集中在电子信息和新能源、新材料领域、生物医药、生命健康领域，并加速发展。2019 年专利申请量 850 件，其中发明专利申请量 410 件，实用新型专利申请量 374 件，外观设计专利申请量 66 件；专利授权量 480 件，其中发明专利授权量 112 件，实用新型专利授权量 320 件，外观设计专利授权量 48 件；PCT 申请量 23 件。与 2018 年相比，专利申请量增长 76.9%，专利授权量增长 29.3%，发明专利申请量增长 31.8%，发明专利授权量增长 77.8%。

在高新技术企业培育方面，2019 年大鹏新区继续引入专业机构为辖区企业申请高新认定提供咨询及辅导服务——通过宣讲高新技术产业政策，对申报企业提供个性化辅导，提高企业高新申报通过率。全年有 15 家企业通过国家高新技术企业认定，全区国高企业达 37 家。生物与新医药领域国家高新技术企业占比从 2015 年的 16% 提升至 37.8%。同时，新区创新载体数量增长，现有创新载体 23 个，较大鹏新区成立时增长 187.5%，其中重点实验室 4 个、工程中心 7 个、公共技术服务平台 1 个、技术中心 3 个、工程实验室 5 个、科技孵化器 2 个、国家级重大基础设施（深圳国家基因库）1 个。此外，区内包含两家重要科研单位（中国农业科学院深圳生物育种创新研究院及中国水产科学研究院南海水产研究所）。年内举办多场政策解读会和知识产权培训讲座，引导企业加强自主创新。同时，搭建参展平台推广高新企业，充分利用深圳生物展和高交会等展会平台，组织高新企业参展，创造交流合作，推广技术和产品的机会。拥有 14 家生物与新医药领域企业，占区内国家高新技术企业总数三分之一以上，初步实现产业结构优化升级。

在科技研发方面，2019 年大鹏新区通过科技政策共扶持 51 个科技项目，扶持金额达 1919 万余元，着重支持生物医药、生命健康、电子信息、新能源和新材料等产业，引导企业加大研发投入，提升自主创新能力，促进大鹏新区包含海洋和生物产业在内的战略性新兴产业发展，鼓励创新创业。

二、第二十一届高交会

2019 年第二十一届中国国际高新技术成果交易会的主题是“共建活力湾区携手开放创新”。在该高交会期间，大鹏新区组织了 15 家企业组成参展团，充分展示了新区、坝光国际生物谷的建设、新区产业政策、新区科技企业及其产品等好区情形象。新区参展企业通过活海马、无人机、超声按摩器等产品展示及互动环节吸引了大批观众前来参观。大鹏新区党工委委员、管委会副主任孙晓杰及刘峰同志到大鹏新区展区参观交流，感受大鹏新区高新技术产业发展新面貌。

高交会展况是新区高新技术产业发展的缩影。作为“生态特区”，大鹏新区从诞生之日起就被市委市政府赋予了“生态岛、生物岛、生命岛和世界级滨海生态旅游度假区”的发展定位。在新区“十三五”规划和产业导向目录中，明确了未来的产业布局，聚焦于生物、生命健康、新能源等战略性新兴产业，大力发展海洋产业和现代农业。到 2020 年，大鹏新区将形成以绿色低碳为导向、以战略性新兴产业、清洁能源产业为支撑，以海洋产业为特色的现代产业布局体系。

三、科普工作

2019 年，大鹏新区科普工作成效显著。其中 2019 年“行知科普 · 游学大鹏”系列主题活动——气象讲座进校园活动获评“广东省全国科普日优秀活动”。该讲座充分结合了大鹏新区夏季台风危害严重的实际情况，对台风天的自我保护知识做科普宣传。“行知科普 · 游学大鹏”系列主题活动形式多样，邀请专业志愿者老师，结合大鹏新区实际，开展气象科普主题讲座及游戏等体验项目，服务新区 4 所中小学及坝光、水头、南澳、南隆、南渔等多个居民社区。此外，通过科普手册分发，普及居家用电与电动车充电相关安全知识。科普画廊则覆盖了葵丰、土洋、坝光、高源等 11 个社区。活动内容则涉及海洋生物科普、瓷爱谷陶瓷制作体验、3D 打印立体画、电子积木 DIY、化学小实验等主题，拓展了新区青少年的科普新视野。据统计，2019 年“行知科普 · 游学大鹏”系列主题活动开展了 8 场走进社区、进校园、“走出去”（参观西涌天文台和深圳哈特曼航空基地）等活动。在科普宣传服务方面，科普注重社区服务，举办了第二届社区科普嘉年华，定期更新社区科普画廊及科普手册，打造立体科普宣传体系，5 场科普主题系列活动在深圳商报及读创媒体传播上皆得到良好的社会反馈。

第十一节 深汕特别合作区科技发展

一、创新产业发展

2019 年，深汕特别合作区始终坚持产城融合、产城并进发展理念，坚持重大项目、高新技术产业项目、规模集聚项目“三个优先”，坚持人工智能、新一代信息技术、新能源、新材料、海洋产业、生命健康等战略性新兴产业和先进制造业领域重点项目落地，初步形成以万泽、注成、冠恒、中金岭南为代表新材料产业集群，以腾讯、华润、特发赛格为代表的新一代信息技术产业集群，以力劲、科安达、凯瑞奇为代表的装备制造产业集群，以科卫、华睿丰盛、显控为代表的机器人产业集群，以应达利、威可特、虹菱、BBS 为代表的电子设备及电子产品制造业集群。截至 2019 年底，实现供地产业项目 89 个，计划总投资超 490 亿元，达产后预计实现年产值900亿元及年税收67亿元。在已供地产业项目中，40% 以上母公司属国家高新技术企业。

二、科技发展规划制定

深汕特别合作区高标准编制产业发展规划，在合作区中心片区规划科技孵化区和二级创新区。一是科技孵化区。对接粤港澳大湾区创新资源，重点引进新型创业服务机构，集聚创业苗圃、孵化器、加速器、科技成果转化基地等功能业态，重点发展创业孵化、科技成果转化、检验检测、知识产权、研究开发、科技金融等科技研发服务业，完善创业孵化服务链条。二是科教创新区。重点引进重点大学、科研院所、国家重点实验室、工程实验室、产业研究中心等创新资源，重点布局特色学院、职业技术教育、高级技能人才培训等教育机构，培养高素质科研人才，为产业发展提供支撑。

三、创新载体建设

2019 年，深汕特别合作区创新载体建设全面提速——深汕湾机器人小镇加速建设，时尚品牌产业园投入运营，深汕海洋智慧港即将完工，深汕生态科技园项目稳步推进。

（一）深汕湾机器人小镇

深汕湾机器人小镇位于深汕特别合作区东部组团，规划面积 13.5 平方公里，处厦深高铁、深汕高速、深汕大道途经之地，紧邻厦深高铁鲘门站，具有山海环境与交通便利的特点。机器人小镇瞄准战略性新兴产业，优先引进具有自主知识产权核心技术的机器人产业龙头企业，公共技术服务平台和配套产业链项目。鲘门高铁站片区为其核心区，占地约 5 平方公里，致力打造全国最大的机器人小镇。目前已引进华睿丰盛、科卫、三宝、天鹰智能、控汇智能、普盛旺、合发、显控、云鼠、远荣、金旺达 11 家实体机器人企业，以及深汕湾科技城、锐博特创新基地两个平台项目，储备了哈工大机器人集团、赛迪研究院、中航联创等多家优质企业。其中 13 个已引进项目占地总面积 29.25 万平方米，总投资 74.68 亿元，全部达产后预计年产值约达 92.48 亿元，年税收约达 2.12 亿元。

（二）时尚品牌产业园

时尚品牌产业园位于鹅埠先行制造集聚区内深汕大道旁，紧邻沈海高速白云仔收费站，建筑总面积约 23.9 万平方米，已建成部分占地面积约为 9.2 万平方米，总投资额 18.2 亿元。整个园区空间布局分为“生产、研发办公及公共服务展厅、生活配套”三大区域。融合生产、研发、办公、孵化、金融、休闲等新型产业功能和配套服务功能，重点引进新能源、新材料、智能装备制造、新一代信息技术等先进产业及相关产业配套。

（三）深汕海洋智慧港

深汕海洋智慧港项目位于鲘门镇百安半岛入口处，紧邻深汕特别合作区综合性深水港小漠港区，占地面积约 5 万平方米，总建筑面积约 22.8 万平方米，总投资约 21.55 亿元。项目以滨海旅游、海洋电子信息、现代海洋渔业、海洋生物医药等作为重点支持产业，鼓励邮轮游艇及清洁能源产业发展，引进知名涉海企业总部入驻办公；大力发展海洋高教科研服务，支持各大海洋高等院校及科研所入驻；培育和吸引一流海洋科技领军人才与智库，构建链式布局、协同创新、快速转化的海洋科技创新成果转化平台；推动海洋主题文化发展，凝聚海洋经济智慧，建设海洋博物馆，展示海洋文化和科研成果，营造深汕滨海智慧文化旅游圈。

（四）深汕科技生态园

深汕科技生态园项目位于深汕特别合作区鹅埠先行集聚区，总占地面积9.1万平方米，总投资超50亿元，是经济集约、功能复合、环境优美的5.0版新一代高新技术产业园区，是深圳投控集团在深汕特别区打造的首个大型产业园区项目，是助力深圳湾区经济发展的深圳湾科技生态园的“姊妹园”。

四、科技展会

深汕特别合作区积极参与中国国际高新技术成果交易会及深圳全球招商大会等重大招商活动。

2019 年 11 月 13 日至 17 日，以“共建活力湾区，携手开放创新”为主题的第二十一届中国国际高新技术成果交易会（以下简称“高交会”）在深圳会展中心召开。深圳市深汕特别合作区首次组团参加高交会，以“创新智造新城，产业聚变未来”为展示主线，精心组织包括机器人产业和先进制造业的13家优质入区企业参展，充分展现深圳第“10+1”区高端产业集聚发展局面，受到展会观众广泛关注。此次高交会为深汕特别合作区首亮相，展示了深汕特别合作区在创新、智能、产业集聚领域的科技亮点，包括多指灵巧手、小愈机器人、迷你小精灵机器人、农作物喷洒植保无人机、电力智能巡检机器人、发动机涡轮叶片、物联网全电量测控器、通信、半导体复合材料、高端智能会议平板、工业计算机等新材料、智能智造产品等众多展品。

2019 年 12 月 18 日，2019 深圳全球招商大会举行。大会以“新起点，新高度——产业引领，共享机遇”为主题，向海内外优秀企业推介深圳营商环境、产业发展战略、产业发展空间布局及相关政策，现场签约项目 128 个，总投资超 5600 亿元。其中，深汕特别合作区有 4 个项目在深圳全球招商大会上签约，行业内容涵盖机器人与工业互联网、新一代信息技术、机器人与人工智能装备产业、新材料产业。

五、创新工作计划推进

一是推进科技创新平台建设。利用深汕湾科技城及海洋智慧港等在建平台，吸引海内外科研团队进驻，并引进 2 至 3 家在机器人、人工智能、海洋科工等领域具有优势的高校科研机构或新型研究机构，推进形成产学研用全过程创新生态链。加快推进锐博特创新基地及工业互联网产业示范基地平台的前期建设。二是提升企业研发能力。支持企业加大在研发投入，组建 2 至 3 家企业技术中心或重点实验室，实施技术攻关项目。推动企业与高校院所进行产学研合作，建设 2 至 3 个研究生培养基地和博士后实践基地，为区内企业提供科技创新、转型升级、高端人才引进、各类科研项目及基金申报等优质服务。三是实施科技型企业培育计划。建立科技型企业培育库，实现 60% 以上入区科技型企业入库，从高新技术企业申报、省市政策落实、研发加计扣除等方面给予辅导，抓好国高企业申报工作。四是高标准组团参加第二十二届高交会，为企业提供交流展示平台，促进企业科技成果交易。五是出台合作区产业扶持政策。依据合作区的实际情况和未来发展需要，制定符合实际有利于产业长远发展的区级扶持政策。

第六章 科技服务体系

Technology Service System

第一节 政策咨询与服务机构

一、深圳市科技专家委员会

（一）机构职能

深圳市科技专家委员会（以下称“专家委员会”）原名深圳市科技顾问委员会，是深圳市人民政府于 1996 年批准成立，由具有较高科学技术水平和丰富实践经验并具备开拓创新精神的科学技术工作者所组成的市政府的科学技术咨询智囊机构。专家委员会常设机构专家委办公室，归属于深圳市科学技术协会领导，其前身是深圳市技术引进评议咨询委员会办公室，成立于 1986 年，属市财政全额拨款事业单位。

专家委员会宗旨是发挥各类专家及学者的聪明才智，积极推动深圳市科技、经济、社会进步，提高政府决策民主化及科学化水平。专家委员会主要任务是接受市政府及有关部门委托，对政府中长期科学技术研究发展规划制定；为重大科技项目立项；为重大科技成果评价提供咨询、论证、建议；对深圳市高新技术产业发展战略、方针、政策、法规、办法等提出咨询建议，并参与政府科技资源配置评审工作；对深圳市科技改革、科研机构设置及调整、科技人才引进和培养、国内外科技交流活动和开展国际合作等工作提出咨询建议。

（二）科技工作

1. 承担各类科技项目的评审工作

2019 年，深圳市科技专家委员会办公室先后承接深圳市商务局、人社局、科协以及各区科技局委托，组织了 52 批次共 799 名专家，对 3246 个项目进行评审，为政府部门提供科学决策依据。其中，承担深圳市科协的评审任务包括 2019 年深圳市青年科技奖评审、2019 年科学技术普及项目评审、2019 年深圳市科协软课题项目受理及专家评审、2019 年深圳市科协学会学术专项活动评审和中国青年奖项目推荐评审，组织了 9 批次共 68 名专家，对 637 个项目进行评审。

2. 开展专家学术交流活动

专家学术活动是专家委员会的一项年度重点工作，对活跃深圳市学术气氛，增进科技交流与合作具有重要意义。2019 年，专家委办与南方都市报合作开展专家学术活动，打造了“科技专家研讨会”系统活动。全年共举办研讨会 7 场，分别是“科技创新引领区域协同发展新动能”“5G 引领未来想象”“物联网产业化发展机遇和挑战”“数字生命与全民健康”“科技创新引领智慧生活——构建先行示范区现代产业体系研讨会”“自主可控砥砺基础软件研讨会”“区块链与数字经济”。系列研讨会活动吸引了各界专家学者及专业人员 700 余人次参与。

3. 开展科技智库和科普工作

一是组建深圳市科技志愿服务队工作。根据《中国科协科普部关于进一步做好科技志愿服务有关工作的通知》（科协普函基字〔2019〕49 号）要求，按照深圳市科协指示，鼓励和规范科技工作者参与科技志愿服务，推动新时代科技志愿服务制度化，按照《科技志愿服务管理办法（试行）》有关要求，专家委办筹备成立深圳市科技志愿服务队，1 个多月成立 25 个分队，吸纳了 1500 余人，开展科技志愿服务。并于 2019 年 11 月 24 日，召开深圳市科技志愿服务队第一次会议，约 200 名各界科技志愿者参加会议。科技志愿服务工作深圳深受深圳市领导关注，2019 年 11 月 29 日，深圳市委常委林洁同志和市人大副主任蒋宇扬同志给科技志愿服务队授旗。

二是安排专家委主任来深调研及参加海博会 2019 年 7

月，深圳市科技专家委员会主任、市高级科技顾问、原科技部徐冠华在专家委办陪同下对深圳科普立法内容、创新点、国际学校科普教育的开展情况进行了调研。此外，深圳市科协蒋宇扬主席和徐冠华进行了会面，就《深圳科学技术普及条例》制定、主要内容、创新点以及未来具体落实措施进行探讨。

同年10月举办的“海博会”是深圳市委市政府交给市科协的重要工作，专家委办积极配合，邀请“海博会”论坛最高级别嘉宾——徐冠华主任出席论坛。

三是召开深圳科技馆（新馆）建设专家研讨会。2019年8月1日，受深圳市科协委托，专家委办和市科学馆联合召开“深圳科技馆（新馆）建设专家研讨会”，科技届和教育届的专家学者出席会议，对新科技馆建设进行研讨并提出意见和建议。

四是组织专家参加“全国科技工作者日”系列活动。5月30日是“全国科技工作者日”，深圳市科协以市委市政府名义举办全市科技工作者代表座谈会及相关活动。专家委办组织了以专家委委员及专家库专家30余人参加活动。

五是组织专家参加深圳商报“科学家精神与深圳”系列活动。同年，深圳市科协与深圳商报联合主办了“科学家精神与深圳”系列活动，包括座谈会及系统采访及报道，专家委办积极配合，组织了以张晗为代表的多名深圳青年科技奖获奖者参加采访报道。报道引起了巨大反响，成为深圳近年来少有的报界获奖作品。

二、《深圳特区科技》杂志社

（一）概况

《深圳特区科技》杂志于1984年创刊，是由深圳市科学技术协会主管，经国家新闻出版署正式批准，国内外公开发行的科技杂志。杂志以每月面向全国发行5万册，读者涵盖企业创始人、经营者及投资者，以报道特区科技事业成就、科技工作动态、科技成果转化等为主要内容，突出介绍港澳台及海外科技发展新进展，对促进科技交流合作具有重要意义。

（二）科技工作

2019年，杂志社全年累计出版4期（均为双月刊，双月刊出两期。原为月刊，于2019年改为双月刊）《深圳特区科技》专刊，着重阐述了深圳战略新兴产业概貌，内容涵盖互联网、新能源、新材料、新一代信息技术以及创新人才等多个领域，从侧面记录深圳科技产业发展的轨迹。

同年，杂志社承编出版《深圳科技年鉴》（2019年版），汇编深圳市全年度科技系统的重要统计数据以及权威报告，为政府部门及科研单位决策提供参考依据，是反映深圳科技事业发展变化的综合性史料文献和参考书。同年，杂志社编辑出版《第21届中国国际高新技术成果交易会》导刊，为参展部门和单位提供权威参展项目信息及最新展会动态。

同期，编辑制作《企业科协》书籍刊物，聚焦各事业单位科技发展前沿资讯动态，为科技创新发展开拓借鉴学习与信息共享的平台。

《企业科协》专刊全年共出版2期，以深圳企业科技工作为中心主题，介绍企业科协建设方面的政策动态、深圳市企业科协的工作进展、行业领军科协企业优秀经验，以及其他地区开展此项工作的优秀典范，供广大科技工作者参考阅读，对推动企业科协开展交流，促进科协系统各学会、协会、研究会与科技企业进行信息共享与协作具有重要影响。

（三）科普活动

2019年《深圳特区科技》杂志社承办“科普进社区、进校园、进工业园区”系列活动共计26场。活动通过展览、体验、实操等形式，让社区居民和中小学生将科普知识融入学习与生活，引领市民了解科学技术给生活带来的变化与影响，引导其树立全民学科学、爱科学、用科学的良好风尚，全面提升市民的科学素质。

“科普进社区”活动先后走宝安区、光明区、龙华区的16个社区公园及18所学校，围绕“科技创新，强国富民”及“创新引领时代，智慧点亮生活”的主题开展科普活动。其中，科普活动宝安区开展4场，含“科普进社区”4场；

光明区开展科普活动 8 场，含“科普进校园”8 场；龙华区开展科普活动共计 14 场，其中“科普进社区”6 场，“科普进校园”活动 8 场。通过展览展示、讲解、互动体验等方式向社区民众普及科学知识。

第二节 科技交流

一、深圳市科学馆

（一）机构职能

深圳市科学馆（以下简称“市科学馆”）于 1987 年建成，属深圳市科协直属具有独立法人资格的财政核拨补助事业单位，位于深圳市福田区上步中路和深南中路交汇处，建筑面积 12000 平方米，常设科普展厅及活动面积达 3000 平方米。

深圳市科学馆目前有常设展厅三层，共五个主题展区，分别是创造展区、探索展区、思维展区、引领展区和水展区。在科普活动方面，科学馆开发了科普 3D 电影、电磁大舞台、科学表演、亲子实验室等多个新型科普项目，并不定期开展专题展览，成为深圳市实施科教兴国和科教兴市战略、普及科技知识、提高公众科学文化素养的科普教育基地。

据统计，2019 年深圳市科学馆累计接待人数约 30 万人，开放天数 261 天，科普展教与科普活动优化升级，科普信息化手段更加丰富，新馆建设工作持续推进，单位制度进一步完善。

（二）科普展教与科普活动

1. 夯实科普基地建设，强化科普展教工作

2019 年市科学馆坚持展品展项更新改造，展品完好率不低于95%。展品维护方面，市科学馆完成“氢气火箭”和“地震小屋”两大展项升级改造工作。“小球旅行记”升级改造工作处于持续推进中，预计 2020 年 12 月完成。展品更新方面，“地形沙盘”和“魔幻烟花”新展品采购工作正在进行，预计 2020 年 12 月初完成验收并投入使用。

市科学馆强化展教纪律和巡查制度，提升服务意识，全年累计招募志愿者 500 人，共同推进科普工作。2019 年，市科学馆累计接待学校及社会各类团体 33 个，接待团队观众约 2700 人，累计开展“科普进校园”“科普进社区”活动 12 次，科学普及约 6 万人。

2. 以科普活动为抓手，提升科普影响力

2019年，市科学馆围绕构建“大众交流的广场”及探索“8 小时之外的运营”等前瞻性目标，策划各项活动，以重点活动为抓手，取得了良好科普传播效果。

同年 3 月 6 日，市科学馆组织开展三八国际妇女节关爱妇女儿童活动，25 名福利院儿童（14 名老师陪同）和 19 名残联儿童（18 位家长陪同）组成 7 个小葵花队，轮流体验电磁舞台、3D 电影、液氮等科普实验活动，引导社会传递爱心。

同年 5 月 26 日，为迎接全国科技工作者日，结合“礼赞共和国，追梦新时代——科技志愿服务行动”主题，市科学馆将“超导磁悬浮”“液氮冰淇淋”科学表演秀带到“2019 年深圳市科技工作者志愿服务集市”活动，深受市民喜爱。

同年 7 月 16 日至 18 日，为配合深圳市对口援疆前方指挥部及深圳市教育局完成“深喀青少年夏令营活动”，市科学馆作为参观站点之一，共接待 400 余名新疆喀什和深圳的小朋友。同月，市科学馆推荐 10 名学生参加粤港澳大湾区科技联盟的“科学之光”粤港澳研学夏令营活动，并获得最佳团队奖。

2019 年 9 月 28 日，来自市公安局各内设机构或直属单位的 50 多名民警子女来馆进行科普知识学习，放飞科学梦想。

同年 10 月，市科学馆接待深喀夏令营高中生与光明区教育局组织的学生团队到馆参观；同月，市科学馆选送科普演示项目参与“广东科技进步月”活动，寓教于乐，广受欢迎。

（三）深圳科技馆（新馆）建设驶入快车道

深圳科技馆（新馆）是深圳市着眼未来城市发展需求规

划建设的“新十大文化设施”之一，是国际一流特大型公益性科学探索中心和公众创新中心，起到代表深圳城市形象、彰显深圳城市品位、突显深圳科技创新发展的作用，备受社会关注。2019 年，深圳科技馆（新馆）项目得到深圳市委市政府及市政协高度关注——同年 5 月 22 日，深圳市委常委、统战部部长林洁同志到光明区调研深圳科技馆项目建设情况。此外，9 月 16 日，深圳市政协副主席王大平同志到光明区开展新科技馆建设监督性视察。在社会公众和各级领导关注下，在深圳市科协推动下，深圳科技馆（新馆）建设正加速驶入快车道。

1. 在组织架构方面，深圳市科协、市建筑工务署、光明区政府三方共同成立深圳科技馆规划建设工作领导小组，市人大常委会副主任、市科协主席蒋宇扬担任组长，市科协党组书记兼副主席林祥、市建筑工务署署长乔恒利、光明区政府区长刘担任任副组长，共同研究解决项目规划建设中的重要问题。在此基础上，市科协筹建办工作小组也得到调整加强，下设综合协调组、廉政监察组、专家组、工程组四个小组，特别设立廉政监察组开展监督制度制定工作，提前介入廉政工程管理，预防廉政风险。

2. 在展教内容设计方面，一是多次开展专家研讨及调研，邀请英国、德国、日本知名展览制作公司，美国自然历史博物馆专家，清华大学科技史权威学者，深圳科技界、教育界专家人士建言献策，并先后赴澳门科学馆、上海科技馆、上海自然博物馆、上海中国航海博物馆、中国杭州低碳科技馆、浙江省科技馆等场馆调研；二是新馆组展教工程筹建小组在清单中对 1500 件展品进行选优，保证创新展品占 15% 以上；三是不断修订展教内容设计方案，分别于 2019 年 7 月 10 日、8 月 9 日、9 月 5 日、9 月 6 日在市科协内部做专题汇报，为展教工程设计方案招标工作打下坚实的基础；四是召开重大展项创意研讨会，邀请相关专家与知名企业开展研讨，征集重大展项创意及落地细节，其中展项创意包括科普小火车、小球矩阵、机器人馆、医学与中医药馆、户外农业科技园等；五是积极推进馆企合作，计划与华为、腾讯、比亚迪等代表性企业合建企业独立展馆，为科普发展持续注入新动能。目前已与腾讯及比亚迪达成初步合作意向。

3. 在多方参与方面，在深圳市科协的领导下，分别联合市建筑工务署，市教育局开展面向公众的征集建馆建议活动和面向中小学生的征文绘画活动。深圳特区报联合腾讯合力宣传，使征集建议公告有效阅读量超过百万次，广泛触达民众，学生征文绘画活动则吸引近 150 所中小学校参加，共收到 2000 余份学生作品。经专业评审，目前已有部分优秀建议被纳入展教内容初步设计方案，此外，建议和征文绘画作品在第四届深圳（国际）科技影视周颁奖典礼上获评，对推进科技馆建设宣传工作具有重要意义。

4. 工程招标方面：深圳市建筑工务署于 2019 年 3 月 25 日发布建筑方案与建筑专业初步设计国际招标资格预审公告；4 月 21 日完成评审；5 月 9 日发布方案及建筑专业初步设计国际招标文件；9 月完成全过程咨询招标工作，并开展相关工程建设现场踏勘及准备工作；10 月明确建筑方案与建筑专业初步设计国际招标中标单位为 Zaha Hadid Limited + 北京市建筑设计研究院有限公司。深圳市科协于 5 月完成深圳科技馆展教内容设计咨询招标，6 月 4 日完成可研修编项目招标，并加快推进全过程项目管理（含监理）招标和造价咨询招标工作。

（四）完善管理制度，保障科普工作稳步进行

1. 单位规章制度完善

2019 年，深圳市科学馆进一步梳理单位规章制度，根据市级相关制度修订完善多项制度，包括《深圳市科学馆财务管理制度》《深圳市科学馆合同管理制度》《深圳市科学馆政府物业出租管理制度》《深圳市科学馆资产管理制度》（2019 年 9 月修订）《深圳市科学馆人事管理制度》（2019 年 9 月修订）和《深圳市科学馆信息发布制度》（2019 年 9 月修订）等。

2. 物业租赁规范管理

2019 年，为规范深圳市科学馆政府物业出租行为，提高国有资产使用效益，提高物业工作透明度，维护国有资产

安全和完整，根据 2018 年 12 月 28 日发布的《深圳市本级行政事业单位政府物业出租管理办法》（深财规〔2018〕3 号），重新修订政府物业出租管理制度。2019 年 1 月，市科学馆就已经实施的出租事项向市财政局进行备案，并分别于 1 月、6 月、10 月向主管部门市科协申请进行物业出租，并按程序办理相关手续。同时，在租金管理方面，将会场租赁业务办理和租金收取工作独立，按照内部控制工作原则做好相关工作。

3. 加强安全保障工作

随着新馆建设全面展开和老馆科普需求日益增大，对场馆安全保障工作提出了更高要求。2019 年，深圳市科学馆对重点部分安全设施进行了整改，并进一步完善了相应的安全检查制度。一是整改相关的安全设施设备，杜绝安全隐患，包括对科学馆大楼北座一至三楼扶手栏杆进行加高加固，在科学馆大楼南座二至三楼（靠近水展区）加装防护网，对科学馆外围监控进行更新改造并更换 R 层老化玻璃等；二是完善安全检查制度，将安全工作落实到人，包括日常检查、月度检查、专项检查、年度综合检查，以及节假日和极端天气来临前的各项安全检查；三是完善教室及会场日常管理制度，提升会场服务水平。

二、深圳市科技开发交流中心

（一）机构职能

深圳市科技开发交流中心（以下简称“交流中心”）成立于 1987 年，隶属深圳市科学技术协会，是以专业技术提供社会公益服务的财政核拨正处级事业单位，是国家科技部中国科学技术交流中心在深圳的唯一工作对接单位，是深圳市最早开展国际科技交流合作、引进海外科技人才、举办国内外科技展览和组织科技企业赴海外参展的政府专业服务机构。交流中心以招才引智及创新创业服务、国内外科技交流与合作、国内外科技展览组织与承办、科技专业服务为主要职能，通过常年为政府部门及企业提供科技类专业支持、承担科技部国际科技合作项目在深圳的推介及落实、组织高水平及多渠道的对外科技人才交流合作活动、承担中国科协海智计划广东（深圳）工作基地工作、开展海外招才引智及海外人才创新创业服务，协助国家和省、市有关部门落实科技与人才政策，开展人才和产业发展课题研究，执行“中国深圳”科技展团海内外展览等工作，构建了区域科技合作支撑载体，有力促进了深圳科技界、产业界、国际同行的交流与合作，引领了深圳科技发展前沿，成为海外人才来深创新创业第一站和海外项目孵化成长的摇篮。

（二）科技工作

1. 国际交流合作

交流中心高标准推进落实国际科技交流合作活动。2019 年全年发布了 60 项驻外科技外交官推介的国际科技合作项目，协助深圳搏实结科技公司及深圳市减灾抗灾研究院等单位对接国际科技合作项目 4 项。

积极推动国家层面国际科技交流活动开展。参与落实中国科协与瑞典皇家工程科学院合作协议，深化中瑞创新合作，推动瑞典创新资源与中国产业深度对接，协助中国科协“2019 中瑞产学研发展论坛”系列活动在深圳举办。据了解，该论坛以“创新、开放、合作、共赢”为主题，汇集中瑞政府部门、院士科学家、高等院校、科研院所、知名企业、创投机构、创新研究项目团队等机构高端人才，围绕新技术、新业态、新模式、新产业、国际技术转移、科技成果转化等主题进行交流、研讨、开展项目路演推介活动。论坛对促进深圳与瑞典产业界和学术界互动，助推深圳建设综合性国家科学中心，构建全球创新领先城市科技合作平台建立了良好基础。同时，积极向深圳高新技术企业及科研机构推荐科技部中外科学家交流计划，促力华大基因叶明芝入选“2019 年中国—澳大利亚青年科学家交流计划”并赴澳交流。

推进深圳与日本、英国、瑞典、瑞士在科技创新领域深化合作。一是在日本东京举办“2019 深圳—日本海外社团交流活动”，宣传深圳创新产业环境及政策，与日本深圳经贸文化促进会、日中经济协会、日本中华总商会等多个协会建立联系，为拓展国际科技及人才合作开辟新空间。同时，参访深圳海智基地海外联络点——日本会津大学，双方就落实合作意向、发挥联络点作用、推进创新实践教育、推动项目研发合作交流等内容深入探讨，并商议建立初步工作机制。二是于 12 月开展赴英国国际科技创新交流活动——访问国际一流高等学府及科技社团，并举办两场主题交流会，向英国高层次人才介绍深圳创业环境和人才政策，推介海智计划及深圳国际创新创业中心，通过当地科技社团了解当地留学生及学者到深圳创业的需求。旨在推动英国高层次科技人才与深圳交流合作及两地科技创新要素集聚，促进科研成果转化落地。三是组织安排深圳—瑞典科技创新交流洽谈会，访问卡罗林斯卡医学院、瑞典皇家工程科学院、考察瑞典信息通讯产业园——开展访问西斯塔科学城及瑞典机器人谷相关科技社团、与瑞士洛桑联邦理工大学微技术研究所洽谈、与瑞士空间技术协会签署合作备忘录等系列活动。加强深圳与瑞典，深圳与瑞士民间科技界的交流，拓宽深圳与海外相关科技组织及研究机构相关产业界的合作渠道，推动深圳与欧洲科技创新交流合作。

自主策划“2019 深圳科技创新周系列活动”，夯实创新要素交流平台。一是圆满举办首届智能制造峰会——峰会以“智囊荟聚，智造未来”为主题，由智能制造前景发展主论坛及智能制造项目路演两部分组成，吸引来自全国各地政、商、学界智能制造领域相关人士 400 余人参会。其中，论坛旨在加快推进制造业创提质增效，助推制造业和新一代信息技术结合，促进产业转型升级新跨越，实现制造大国向制造强国转变。同期举办的项目路演活动，优选了全国各地涉及航空航天、安防金融、医疗教育、物流仓储、智能驾驶、工业互联网等领域的十个科技项目进行路演，开展产融对接私享会，为项目方和投融资机构搭建深度交流平台，促进“智造”项目和科技成果落地转化。二是举办首届深港澳国际机器人大赛暨 AI 科普嘉年华活动。活动围绕人工智能和智慧生活主题，开展机器人大赛、科技成果展、互动科普课堂三部分科技活动环节，旨在搭建粤港澳大湾区青少年科技创新教育交流平台和创新竞技平台，通过竞赛教学的方式培养青少年的开创性思维和科技兴趣，鼓励青少年发挥想象力、创造力，提高青少年科技创新能力。三是积极响应国家粤港澳大湾区发展规划，聚焦生命健康领域创业服务，启动中国（深圳）科技创新活动周——生命健康年度系列活动。该活动自 2019 年 6 月启动以来，共举办了 6 期论坛活动，生命健康领域重量级学术专家——中国工程院院士王陇德先生、国家教育部“长江学者”特聘教授、澳门科技大学副校长姜志宏教授、深圳市综合开发研究院公共经济研究所所长阮萌博士和北科生物总裁刘沐芸博士等 11 位重量级嘉宾出席会议，围绕学术前沿和产业升级角度，就粤港澳湾区背景下健康产业发展发表演讲，吸引专业听众 700 余人前来聆听，激发生命健康行业产业化发展新思维，推动生命健康产业发展。四是组织举办第十二届 IUPAC 生物有机化学国际研讨会。IUPAC 生物有机化学国际研讨会是国际纯粹与应用化学联合会（IUPAC）定期组织的国际学术活动。会议包括 8 场特邀大会报告、41 场邀请报告及若干场口头报告，旨在为国内外生物有机化学领域学者提供高水平交流平台，探讨生物有机化学领域现阶段研究热点及交叉学科领域研究的优秀成果，促进生物有机化学、医学、生物化学、结构生物学、合成生物学等相关学科的发展。

参与指导举办 2019 精准脑健康与智慧医疗论坛、第五届华南数据产业联盟峰会、第二届 AI-IPS 人工智能产融对接会等专业领域交流活动，积极打造人工智能、大数据、及生命健康等领域的合作交流平台。

为推进粤港澳大湾区建设，落实“粤港澳大湾区”国家战略深圳市科学技术协会联合深港澳资讯科技、生物技术、中医药科技社团等机构组织共同发起成立“深港澳科技联盟”，联盟秘书处设在交流中心。联盟成立以来，组织开展多场深港澳交流合作活动。一是组织多场深港两地参访调研活动，促进深港两地在科技社团运营、科技产业创新、科技成果转化、科技人才培养等方面的沟通交流——深圳市科学技术协会率领下赴香港开展“生物医药产业”专题调研活动，推动粤港澳大湾区生物医药领域的产学研合作，组团参加“香港国际人才嘉年华”及“香港亚太云端博览”活动，并分别设立海智基地建设成果展及深港科技交流暨大数据创新论坛，利用香港对外开放国际平台开展招才引智宣传推介。二是举办2019粤港澳大湾区青少年无人机大赛暨科创嘉年华活动。大赛设置无人机短片拍摄比赛、无人机任务挑战赛、“智慧城市”科创嘉年华展评活动等环节，吸引了来自粤港澳大湾区香港、澳门、广州、深圳、佛山、中山、江门、东莞等地28支竞技队伍参赛，决赛人数超过800人。其中无人机短片拍摄比赛通过无人机航拍介绍“智慧城市”或“城市特色”，推广无人机在各领域的运用，科创嘉年华作品展评则充分挖掘所在城市的科技亮点，通过相关互动作品展现各城市特色，、智慧城市特点、科创成果，推动粤港澳青少年科技互动。大赛对积极贯彻《粤港澳大湾区发展规划纲要》和《全民科学素质行动计划纲要》，搭建粤港澳大湾区青少年互动互信平台，促进粤港澳地区青少年国防教育及爱国主义教育有重要意义。三是举办粤港澳高端学术系列讲座——交流中心携手大湾区知名科学（软科学）机构，举办系列高端学术及产业讲座活动，吸引香港特别行政区律政司司长郑若骅资深大律师及生产力促进局副总裁黎少斌做专题演讲，为推进粤港澳大湾区建设建言献策。

2. 人才创新服务

一是建立常态交流机制，增强深圳海智工作站之间协同创新，联手打造高质量创新创业服务平台。2019年已在厘米空间、深圳物联网智能技术应用协会、恒悦创客的工作站工作站举办了三期交流活动，各工作站负责人、企业代表、科技人才围绕“海外人才柔性引智工作”“精准对接高端海智创新要素”“建立和深化海外人才资源共享合作机制”主题进行深入探讨，取得显著效果，为吸引高层次人才打下平台基础。二是建立海智资源信息库。建立入驻企业信息库及海智人才信息库，推动海智工作网络共享资源平台建立。据统计，截至2019年9月底，信息库共受理9家建站申请并完成现场考察。截至2019年底，资源平台已收集入库企业信息584条，两年内引进人才信息71条。深圳海智工作站分别与国外近20所高校及30多个机构建立了合作关系——深物联工作站在美国硅谷建立创新中心，并在澳大利亚的布里斯班建立创新服务中心，前海立方工作站与香港大学、香港科技大学、美国南加州大学、美国伯克利大学、中央兰开夏大学等20所海内外名校达成链接与合作。三是积极开展招才引智项目对接活动。物联工作站2019年共开展引智“莲花山之夜”系列对接活动7场，以“物联生态·协同创新”为主题组织召开第二届全球物联网产业大会，吸引国内外物联网领域专家及企业家，共同探讨全球物联网发展趋势与产业机遇。深圳市留创园工作站（组织企业参与中国海归创业大赛，该大赛是在国家科技部（国家外国专家局）、教育部、人力资源和社会保障部、致公党中央共同指导下，由中国技术创业协会留学人员创业园联盟发起举办的面向海归创业的全国性活动。深圳产学研合作促进会工作站则依托海峡两岸暨港澳协同创新联盟优势，四地工作站联动，为海外科技人才团队落地深圳并开展境外创新创业活动提供服务。建立深圳湾产学研 sp@ce 空间，整合内地创新资源，与港澳台开展协同创新服务。招商启航厘米空间工作站举办熠星创意创新大赛、“招商杯”创意创新创业大赛、资源对接会等，此外，旗下厘米空间（伦敦）孵化器揭牌仪式在伦敦成功举办。四是在第二十一届中国国际高新技术成果交易会上设立“深圳海智基地”展区，充分利用高交会集聚国际化资源，展示高层次人才创新创业项目，宣传人才在创新发展中的作用，为人才对接和项目成果转化提供舞台，促进高科技项目的产业化和科技交流合作。

3. 科技展览

2019年，交流中心在深圳市科学技术协会的指导下圆满完成论坛筹备组织的工作。据了解，2019海博会吸引了28个国家和地区共9.7万专业观众观展，签约成交金额达7.4亿元，赢得各界高度认可和广泛赞誉。中共中央总书记、国家主席、中央军委主席习近平发来贺信，向博览会的举办表示祝贺。海博会讲述了海洋强国战略的“中国故事”，展示了进军海洋的“中国力量”，促成海洋经济国际合作的“中国方案”，为深圳加快建设全球海洋中心城市提供重要支撑。

据统计，受市政府委托，2019 年交流中心以“中国深圳”科技展团名义累计组织 167 家深圳中小型科技企业赴美国、俄罗斯、日本、阿联酋，参加了 4 场国外知名科技展会，累计展出面积达 2050.2 平方米，接待参观人数超 41000 人。通过参展，为企业有效了解世界产品发展和市场需要，优化产品结构提供新思路，推动企业实现从“深圳制造”到“深圳智造”的转变，提升深圳国内外影响力，进一步提升展会经济对深圳新兴产业在国内外市场开拓作用。

4. 双创平台建设

为充分整合各类科技创新资源，发挥科协系统开放型、枢纽型、平台型体系优势，依托深圳海智工作基地高标准成立“深圳国际创新创业服务平台”（以下简称“平台”），努力打造国际科技成果转化促进基地和国际高层次人才合作交流集聚地。同期成立“深圳国际创新创业联盟”，联盟成员包括服务人才和创新创业的深圳政府机构、知名技术转移服务机构、投融资机构、知名国有企业和科技企业孵化器等，帮助人才和项目迅速链接深圳本土优质服务资源，高效解决落地问题。

目前，平台已汇集 147 名博士以上高层次人才。国际科技创新大数据平台启动建设，集聚高端人才库、优质项目池、创新创业资金池、专业服务资源库等大数据资源，已跟进收录高层次人才 80 个、深大项目 40 个、深海所项目 18 个、科技企业孵化器等创新园区 20 个。平台与欧洲、北美、以色列、日韩等国际创新高地的知名科技组织和华人组织建立联系，包括中国国际投资促进中心（德国）、剑桥中国学联、EURAXESS 中国代表处、西班牙在华研究者协会和伦敦发展促进署等；与 EURAXESS 中国代表处与西班牙在华研究者协会联合打造第二届广东研究员之夜活动；与深圳市青年创业促进会达成战略合作，举办 2019 年国际青年创业大会。截至 2019 年 10 月 28 日，平台已与新加坡南洋理工大学牟博士等高层次海外归国人才签订协议，协助水下机器人项目落地宝安区福海信息港园区，推动 ROBIN 项目落地大运小镇等，成功引进 1 名高层次人才及 2 个项目落地深圳。

2019 年“中国深圳”科技展团展出情况统计表

展会名称	展出地点	展出时间	展出面积（平方米）	企业数（家）	成交金额（万美元）	参观人数（人次）
美国西部国际安防展（ISC West）	美国	4.10—4.12	540	47	3800	12000
俄罗斯国际通信展（SVIAZ）	俄罗斯	4.23—4.26	540	44	4200	8000
日本春季信息技术周（Japan IT Week）	日本	5.8—5.10	340.2	31	1500	6000
中东电脑及网络信息展（GITEX）	阿联酋	10.6—10.10	630	45	4500	15000
总计			2050.2	167	14000	41000

第三节 技术推广

一、深圳市技术转移促进中心

（一）机构职能

深圳市技术转移促进中心（以下简称“促进中心”）是深圳市科技创新委员会直属正处级事业单位。单位职能主要是贯彻落实技术转移法律法规以及技术转移有关的规划、计划；负责全市技术合同登记与技术市场统计分析；负责国家技术转移南方中心运营工作；推动技术转移公共服务平台建设及技术转移交流、合作、技术转移联盟发展，为技术转移机构建设、运营提供咨询服务，培训技术转移人才；受委托承担国家、省、市创新创业大赛的组织实施工作等；完成主管部门交办的其他工作。

（二）科技工作

第十一届“深创赛”取得圆满成功。第十一届深创赛自2019年3月26日启动，9月12日圆满结束，历时134天完成了预选赛、半决赛、行业决赛和颁奖典礼全部活动。本届深创赛的参赛项目技术含量和组织水平呈现“双高”特色。报名参赛数量再创新高，最终决出120个获奖项目。其中，一、二、三等奖54个和优秀奖66个，推送了98家企业参加国赛。

第八届中国创新创业大赛深圳选手取得优异成绩。第八届中国创新创业大赛深圳地区共有96家企业进入六大行业总决赛。在行业总决赛中，先进制造行业的获奖率超过70%，其他3个行业获奖率均超过60%。此外，共计有46家企业获奖，其中一等奖1家，三等奖5家，优秀企业40家。

深圳科技创新服务大厦（国家技术转移南方中心）稳步推进。完成可研报告编制委托工作，截至2019年年底已完成初稿及项目管家委托。

技术合同登记数量不断增长。2019年深圳市共认定登记合同10216份，同比增加5%；技术合同成交额705亿元，高于年度工作目标650亿元，同比增加21%；核定技术交易额697亿元，同比增加23%。

完成深圳市技术市场交易指数发布。在委网站和微信公众号上定期发布技术转移交易指数，深圳市技术转移及服务机构发展研究报告。

落实技术转移和成果转化科技计划。完成技术转移和成果转化科技项目，创业资助项目的“1+3”文件编制和申请指南发布、材料受理、内容审查、专项审计、评审等工作，完成《深圳市技术转移和成果转化项目资助管理办法》等相关文件出台工作。

完成信息化建设。完成技术合同登记模块和技术转移服务机构备案模块功能整合，向外向用户提供业务系统移动端使用功能，优化工作人员工作流程。重新开发中国深圳创新创业大赛网上报名系统，使该系统与国家创赛业务系统的数据传输和各区数据导出功能，与市科创委科技评审系统的功能对接。

加强信息安全管理。完成信息安全制度的编制工作并实施。完成业务系统整改、业务系统等级保护测评自查、信息安全检查工作，并对存在问题进行整改。

强化内控体系建设。2019年单位内控报告和基础性评价工作为优。根据《行政事业单位内部控制规范（试行）》相关政策要求进行了单位内控体系建设，制定了整套经济制度和综合制度，并规范了业务流程。

二、深圳市软件行业协会

（一）协会概况

深圳市软件行业协会（SSIA）成立于1988年，是继北京和上海之后在全国最早成立的地方软件行业协会之一，深圳市 5A 级协会，现有会员 3800 多家。软件和信息服务业是国家战略性新兴产业，通过落实国家软件产业政策，深圳软件产业形成了软硬件结合的鲜明特色，涌现了华为、中兴、腾讯、大族、大疆、迈瑞、华强方特等大批龙头企业。在 5G、大数据、人工智能等新一代信息技术应用领域，相关的创新企业不断涌现。

协会以全深圳市软件企业为服务对象，秉承“产业第一，服务至上”的服务宗旨，积极贯彻落实国家对软件产业扶持的各项税收优惠政策，包括软件行业新办企业享受二免三减半”所得税、按 10% 征收国家规划布局内的重点软件企业所得税、软件产品增值税即征即退、集成电路企业同享软件企业相关优惠的税收政策。协会通过服务平台积极开展软件产品产业化公共服务项目，其范围包括软件企业评估、软件产品评估、信息系统集成资质评审、软件产品测试、软件著作权登记、专利代理、技术方案咨询、科技成果鉴定、科技金融服务等方面，覆盖了企业软件产品化各阶段，对深圳市软件产业发展具有重要作用。

2019 年，协会持续开展行业自律服务，共办理企业评估 1131 家，产品评估 2768 件。其中，首次企业评估 553 家；协会办理软件著作权 4003 件，软件产品测试 3200 件；完成专利案件 150 件，其中发明专利 32 件、实用新型 79 件、商标案件 45 件，其中新申请 35 件。

2019 年协会会员单位 3800 多家，其中新增会员 600 多家。协会年度共举办会员活动 26 场，参与会员约 4000 人次，活动内容涵盖税务宣传、技术交流、知识产权、信创研讨、考察调研、参展观展、投融资等。按照章程规定，协会共召开理事会 3 次，出席人数均过半，符合理事会召开条件。

（二）行业发展概况

2019 年，深圳软件和信息技术服务业稳健发展——全市软件产业产值达 14556.1 亿元，同比增长 13.7%。其中，软件收入 7337 亿元，同比增长 11.4%。据深圳市科创委数据显示，2019 年高技术产业产值为 26278 亿元，同比增长 10.1%，软件产业产值占高技术产业产值的 55.4%，同比增长 1.7 个百分点。

2019 年全市软件和信息技术服务业研发投入 1817.3 亿元，同比增长 20.7%，研发强度 12.5%，连续 5 年保持在 10% 以上；专利数量及质量取得突破，PCT 国际专利申请 17459 件，约占全国 30.7%，连续 16 年居全国大中城市首位；新一代信息技术产业国内发明专利公开量 43273 件，在全国各大城市中居第二，细分领域如 5G 通信技术、机器人、区块链技术，均排名第一。

2019 年受中美贸易摩擦不断加剧的影响，深圳软件出口 207.2 亿美元，同比下滑 4.3%。深圳是外向型城市，据 2018 年全国软件统计年报，深圳软件出口占全国软件出口比重达 43.2%，国际环境对深圳软件出口的影响尤为明显。

自主可控成为信息技术创新应用突破口，以华为为代表的龙头企业先试先行，共同为信息技术生态建设发力——依靠坚实的技术储备，华为发布业内全球首款基于 7nm 和 EUV 工业的 5G 芯片以及首个全容器化 5G 核心网。分析机构 IPlytics 数据显示，截至 2019 年 9 月，全球 5G 标准必要专利（DEP）申请中，华为以 3325 件位列第一，与中兴合计约占全球 34% 的份额。

（三）软件政策服务

2019 年协会从深圳市税局接收申请 2018 年度软件和集成电路设计企业所得税优惠政策的企业共 456 家，其中，新办软件和集成电路设计企业 380 家，规划布局内重点软件和集成电路设计企业 76 家。2019 年 11 月协会已完成所有核查工作，并将结果反馈至深圳市工信局和深圳市发改委。

近 4 年，深圳市享受优惠政策的软件和集成电路设计企业共计 1966 家次，其中规划布局内重点软件和集成电路设计企业 256 家次；涉及减免税额 345.9 亿元，其中规划布局内重点软件和集成电路设计企业 226.6 亿元；2016 年至 2019 年协助企业软件产品增值税即征即退，分别退税 130 亿元、135 亿元、140 亿元、120 多亿元，其中 2019 年涉及退税企业 4300 多家。

为帮助纳税企业准确理解和充分享受减免税优惠，推动软件产业发展，协会分别联合国家税务总局深圳市税务局、南山区税务局、福田区税务局为深圳市软件企业开展专场培训辅导会。会议围绕软件企业所得税优惠、软件增值税即征即退、增值税深化改革、研发费用加计扣除、小型微利企业普惠性税收减免和软件企业其他优惠政策等内容展开，得到企业代表一致好评。

（四）软件产业统计及课题研究

自 2000 年始，协会承接深圳软件产业统计工作，见证深圳软件产业规模由 62 亿发展至 2018 年超 6500 亿元。截至 2019 年底，协会采用自建在线统计系统，为深圳市几千家企业提供服务，系统记录上报次数超 74000 条，其中年报记录近 16000 条。

2018 年产业年报统计企业数近 3000 家，2019 年月度统计深圳软件百强，季度统计约 1500 家。根据产业统计数据以及企业调研走访，形成年度软件产业运行分析报告，对深圳软件产业发展现状和趋势进行分析。

（五）信息技术应用创新产业服务

2019 年第 21 届高交会期间，由深圳市工信局指导、深圳市软件行业协会主办的深圳市信息技术应用创新产业发展研讨会举办。市工信局工信部软件与集成电路促进中心专家，及华为、中国长城、中兴、腾讯、金蝶等十几家企业相关负责人，就信息技术应用创新的技术路线、生态建设、兼容匹配、应用案例、人才培养、软硬件结合等方面进行探讨，涉及智慧城市、基础软件、企业管理、金融科技、信息安全等领域，寄望协同创新打造符合时代的信息技术应用创新新生态。本次研讨会展示深圳信创产业的发展现状与趋势，加深企业代表加深对信创产业联盟的认识和了解，为信创联盟的成立做充足准备。该活动为企业提供了展示分享平台，与会代表和展示企业得到近距离交流的机会。

同年 12 月，深圳市信息技术应用创新联盟成立大会暨深圳市软件行业协会第九届一次会员代表大会在会展中心五楼簕杜鹃厅顺利召开。深圳市委办公厅、市工业和信息化局、市政务服务数据管理局、市财政局采购中心、各区工业和信息化主管部门领导及协会领导、专家评委和 500 多位信创联盟单位代表，共同见证深圳市信息技术应用创新联盟的成立以及协会新一届协会会长、副会长、理事会和监事会的诞生。联盟的正式成立，标志着深圳市信创产业发展已进入协同创新的局面。在未来联盟将牢抓粤港澳大湾区和先行示范区建设重大历史机遇，发挥桥梁纽带作用，整合各方优势，搭建平台、强化服务、加强示范、完善生态，打造更优指标、更强性能、更高安全的信创产品和系统解决方案，共同将深圳建设成为全国信创产业发展高地。

（六）企业上云政策研究

为落实深圳市政府《关于以更大力度支持民营企业经济发展的若干措施》（深府规〔2018〕23 号），推进实施深圳市中小微企业上云计划——到 2020 年上云企业达 10 万家，协会配合深圳市中小局组织全面开展中小企业上云现状及政策研究调研，收集和分析深圳企业上云现状、领域分布、现存问题。计划通过招标遴选有能力有经验的云服务供应商作为支撑机构，以解决企业实际业务问题为出发点，帮助企业进行云化改造，降本增效提升企业效益。此外，为加速云上计划落实，协会配合政府相关部门展开多次座谈和调研工作。

（七）知识产权服务

协会知识产权保护工作站联合深软翰琪举办“新形势下企业知识产权法律风险解析及防范策略会议”，对会员进行知识产权宣传培训和业务指标，强化知识产权运用与保护，促进协会会员之间互动交流。会上，相关知识产权专业人士介绍知识产权保护现状及趋势，通过案例解读行业知识产权纠纷，并介绍知识产权维权保障计划，解决知识产权维权难题。

（八）技术秘密保护体系建设研究

随着科技不断发展，如何保证技术秘密不被泄露是企业技术保护的极大挑战。协会基于知识产权工作站的工作经验，通过对代表单位和专业资深人士调研，针对包括软件与信息技术在内的创意行业的知识产权保护体系，以知识产权相关法律法规作为理论基础，结合行业特性，从职责与沟通、资源配置、技术秘密管理和研发、采购、生产、销售或售后保护四个方面开展研究工作，对指导企业建立可执行的技术秘密保护体系，将技术秘密保护作为企业日常经营管理工作内容，并具体化、常态化、体系化。协会将进一步完善研究成果，打造标杆案例，在行业内示范并推广，帮助企业产权人维护自身知识产权的合法权益。

（九）投资联盟服务

深圳市软件行业投资联盟成立于 2017 年 12 月，旨在发挥协会行业资源、行业监测机构、产业服务能力等优势，精准完成优质创业企业的甄选和推荐，以推进股权投资和投后项目管理形式，为联盟成员提供股权投资服务。2019 年，投资联盟共举行了 4 期项目对接交流活动，场均 60 人参加，交流代表包括联盟成员、投资机构、证券公司、银行及相关企业代表，交流项目涉及智能设备、人工智能、工业软件、5G 等领域。截至 2019 年底，投资联盟工作模式处于探索阶段，后期将加快工作步伐，加强企业与投资联盟及投资机构的联系，进一步发挥联盟作用。

（十）国际交流服务

为促进深圳与海外企业在软件信息技术及互联网领域的合作，推动深圳企业开拓海外市场，协会先后与海外相关机构达成战略合作，签订合作备忘录，搭建并深化协会国际市场服务平台。2019 年，协会国际市场服务部已举办或组织相关国际交流活动 24 场，参与交流企业 134 家。其中，中方企业 31 家、日方企业 89 家、马方企业 14 家。通过系列交流活动，为中外企业搭建交流平台，促成诸多合作机会。

第四节 科技社会组织

一、民办非企业名录

序号	学会名称	联系人
1	深圳市安和城市风险管理研究院	陈少群
2	深圳市宏略创新管理研究院	苏滨虹
3	深圳市优型科技创新研究院	张羽翔
4	深圳市微米有机垃圾资源化利用服务中心	梅志鹏
5	深圳市公共防伪技术与物联网应用研究院	高雅菲
6	深圳市先进质量管理技术研究院	刘名概
7	深圳市大湾科普教育研究院	桂 江
8	深圳市至元湾区健康科技协同创新中心	宋 燕
9	深圳市中科美城科普促进中心	邓丽红
10	深圳市骐骥前海科技产业研究院	陈 鹏
11	深圳市有为协同教育技术研究院	蔡 维
12	深圳市若比邻社区创新科技促进中心	许春勉
13	深圳市华瑞同康精准医学研究所	隗义然
14	深圳市科聚湾区经济研究院	饶楚新
15	深圳市南科大英莎科技协同创新研究院	王 枝
16	深圳市鸟兽虫木自然保育中心	温美程
17	深圳市美兆室内环境研究院	廖伟冬
18	深圳市掌网立体视觉研究院	胡治国
19	深圳市智研时代绿色发展研究中心	韩世梅
20	深圳市万众基因转化医学研究院	陈 玲
21	深圳市爱润儿童友好科普促进中心	胡芸辉
22	深圳市天策科技创新研究院	李雅婷
23	深圳市粤教青少年综合素养教科研中心	赵 珊
24	深圳市绿色金融科技研究院	马卫华
25	深圳市华开中药与天然药物研究中心	梅龙凯
26	深圳市众望科讯新材料产业研究院	谢璐羽
27	深圳市格物流程研究院	王立中
28	深圳市鼎邦代谢研究院	谭庆芝
29	深圳市智合先进材料应用技术研究院	俞雪勇
30	深圳市同创伟业创新科技科普中心	邹 琪
31	深圳市生命谷生命科技研究院	黄双双
32	深圳市炎黄基石科技产业研究院	何学来
33	深圳市两宜史丰收速算法研究推广中心	史丰宝
34	深圳市华测标准物质研究所	张春艳
35	深圳市华讯方舟通信技术研究院	易 慧
36	深圳市连邦工程新材料研究院	何 烨
37	深圳市天赢高新技术产业研究院	徐子豪
38	深圳市星瞳科技创新科普促进中心	李丽君
39	深圳市南科大财经科技研究院	王 迪
40	深圳市君融财富管理研究院	吴瑞敏
41	深圳市启新科普促进中心	林培植
42	深圳市天地智能交通研究院	严 奔
43	深圳市中元品牌价值研究中心	方永灼
44	深圳市基准精密技术研究院	欧阳渺安
45	深圳市尚龙数学技术与交叉学科产业化研发中心	朱咏梅
46	深圳市观筑建筑发展交流中心	刘 岩
47	深圳市鲲云人工智能应用创新研究院	肖梦秋
48	深圳市蜂群物联网应用研究院	高文贤
49	深圳市联合院士创新中心	杜 雪
50	深圳市点石产业发展创新中心	文 婷
51	深圳市桂电电子信息与先进制造技术研究院	冯丽伊
52	深圳市经纬国际经济研究院	柯 姗
53	深圳市众合新型肥料创新中心	余敏淑
54	深圳市联影高端医疗装备创新研究院	吴洋学
55	深圳市华樾教育科技研究院	刘 闯

续表

序号	学会名称	联系人
56	深圳市奇点生命科学产业研究院	华丽娜
57	深圳市中城数字技术创新研究院	邓秋梅
58	深圳市卫蓝大气污染监控与防治工程技术研究中心	刘 诚
59	深圳市南电粤鹏节能环保研究院	孙长富
60	深圳市百盈高端医疗设备科技成果转化中心	杨赵宇
61	深圳市新生代心理科学研究院	陈方兵
62	深圳市行云跨境电商研究院	胡紫藤
63	深圳市斯维尔城市信息研究院	傅 雯
64	深圳市云财管理科学研究院	梁金祥
65	深圳市博纶生物技术研究院	李海林
66	深圳市泛融云计算研究院	劳振佳
67	深圳市华雅科技成果转化研究院	刘会民
68	深圳市中睿科技发展研究所	刘字濠
69	深圳市协力新能源与智能网联汽车创新中心	谢海明
70	深圳市中裕冠海洋产业研究院	赵瑞杰
71	深圳市趸实青少年科技素养教育研究中心	邓 怡
72	深圳市博士视觉健康研究院	戴钰如
73	深圳市畅想人工智能产业促进中心	谢敬威
74	深圳市百川大数据科技创新研究院	王振辉
75	深圳市博厚科技产业创新发展研究院	朱佳芳
76	深圳市新创想大数据研究院	孔礼丽

二、社会团体（深圳市科学技术协会主管）

序号	学会名称	联系人
1	深圳市分析测试协会	刘雅
2	深圳市潜能开发研究会	罗宝玲
3	深圳市数学学会	邹娟
4	深圳市计算机用户协会	王洋
5	深圳市真空学会	李颖贞
6	深圳自动化学会	刘佳
7	深圳市电气节能研究会	靳颖
8	深圳市通信学会	李银松
9	深圳市电机工程学会	陈晨

续表

序号	学会名称	联系人
10	深圳市模具技术学会	刘成洋
11	深圳市营养学会	宋金萍
12	深圳市心理卫生协会	袁雪飞
13	深圳市保健科技学会	梁凯林
14	深圳市发明家协会	张静
15	深圳市青少年科技教育协会	刘波
16	深圳市印刷学会	黄秋平
17	深圳市工程师联合会	倪季青
18	深圳市深港科技合作促进会	邓小昆
19	深圳市科技专家协会	刘 丹
20	深圳市 CIO 协会	李周念
21	深圳市铁路技术研究会	裘友学
22	深圳市涂料技术学会	吕 标
23	深圳市智能化学会	刘卫群
24	深圳市营养师协会	巫文婷
25	深圳市高层次人才联谊会	程作君
26	深圳市流程创新官协会	罗晓静
27	深圳市科技信息发展协会	徐崇翔
28	深圳市心理咨询师协会	席晓慧
29	深圳市老年保健协会	袁玉华
30	深圳市海洋学会	彭 飞
31	深圳市航空航天人才协会	聂睿姬
32	深圳市创客协会	邱道勇
33	深圳市专家人才联合会	郭清蓝
34	深圳市脑健康科学研究会	江安宁
35	深圳市教育科学发展促进会	徐建山
36	深圳市数学科普学会	罗振华
37	深圳市心理服务协会	刘冬梅
38	深圳市高新企业数字化学会	蓝国勇
39	深圳市产教融合促进会	陈 玥
40	深圳市新明企业家协会	杨 林
41	深圳市生态环境科学促进会	韩莉娜
42	深圳市智能服装服饰产业发展研究会	张鹤青
43	深圳市创新产业融合促进会	朱 欢
44	深圳市创业创新联合会	张伟华

续表

序号	学会名称	联系人
45	深圳市科技创业促进会	蒋 工
46	深圳市人工智能学会	张 怡
47	深圳市检验检测认证协会	文子瑞
48	深圳市新兴战略产业博士专家联谊会	莫丽影
49	深圳市虚拟大学科技成果转移促进会	兰兆娟
50	深圳市科普教育基地联合会	杨小莹
51	深圳市物联网产业协会	郑华兵
52	深圳市博士后科技促进协会	余飞慧
53	深圳市数独协会	何 春
54	深圳市高层次人才发展促进会	张云翔
55	深圳市计算机学会	李 婷
56	深圳市生物医药促进会	罗 晶
57	深圳市新零售产业互联协会	黄 亮
58	深圳市芯片科技促进会	程 强
59	深圳市艺术与科学协会	毕宝仪

三、深圳市院士（专家）工作站

序号	建站单位
1	深圳华大海洋科技有限公司
2	深圳雅鑫建筑钢结构工程有限公司
3	中集海洋工程有限公司
4	深圳市鹰眼在线电子科技有限公司
5	深圳市航天食品分析测试中心有限公司
6	深圳市创鑫激光股份有限公司
7	深圳市创世纪机械有限公司
8	深圳高速工程顾问有限公司
9	中科遥感（深圳）卫星应用创新研究院有限公司
10	华讯方舟科技有限公司
11	深圳亦诺微医药科技有限公司
12	深圳华润九新药业有限公司
13	深圳市科创数字显示技术有限公司
14	深圳市市政设计研究院有限公司
15	深圳市建筑设计研究总院有限公司
16	深圳市金新农科技股份有限公司

续表

序号	建站单位
17	深圳诺普信农化股份有限公司
18	研祥智能科技股份有限公司
19	深圳百乐宝生物农业科技有限公司
20	深圳市尚维高科有限公司
21	深圳怡丰自动化科技有限公司
22	深圳市卫光生物制品股份有限公司
23	旗瀚科技有限公司
24	深圳市城市交通规划设计研究中心有限公司
25	深圳中科飞测科技有限公司
26	深圳微健康基因科技有限公司
27	深圳市特发信息股份有限公司
28	深圳爱湾医学检验实验室
29	深信服科技股份有限公司
30	深圳市裕同包装科技股份有限公司
31	深水海纳水务集团股份有限公司
32	深圳新阳蓝光能源科技股份有限公司
33	深圳航天智慧城市系统技术研究院有限公司
34	深圳华意隆电气股份有限公司

四、企业科协名录（截止至 2020 年 7 月）

序号	企业科协名称
1	研祥智能科技股份有限公司
2	深圳市水务（集团）有限公司
3	深圳达实智能股份有限公司
4	深圳奥特迅电力设备股份有限公司
5	深圳市嘉达高科产业发展有限公司
6	深圳广田装饰集团股份有限公司
7	深圳市海川实业股份有限公司
8	深圳市联创科技集团有限公司
9	深圳市航盛电子股份有限公司
10	深圳大明世纪集团有限公司
11	深圳市中深装建设集团有限公司
12	深圳华远微电科技有限公司
13	麦格雷博电子（深圳）有限公司

续表

序号	企业科协名称
14	深圳普迈仕精密制造技术开发有限公司
15	深圳市奥拓电子股份有限公司
16	深圳市弘南科通信设备有限公司
17	深圳市南山区百旺学校
18	深圳实验承翰学校
19	深圳市安普康科技有限公司
20	深圳市科荣软件有限公司
21	深圳市龙吉顺实业发展有限公司
22	深圳市坪山新区阳光小学
23	深圳市龙岗区名星学校
24	深圳市坪山新区秀新学校
25	深圳市龙科源水产养殖有限公司
26	深圳市创显光电有限公司
27	深圳市东汇精密机电有限公司
28	深圳市振华兴科技有限公司
29	深圳市雅歌投资有限公司
30	深圳市科达利实业股份有限公司
31	深圳市蓝蓝科技有限公司
32	慧锐通智能科技有限公司
33	深圳市锦雅电子数码科技有限公司
34	深圳市南航电子工业有限公司
35	好优投科技（深圳）有限公司
36	中建钢构有限公司
37	惠科电子（深圳）有限公司
38	深圳中科金证科技有限公司
39	深圳市艾宇森自动化技术有限公司
40	深圳市亚哲科技有限公司
41	深圳御泽天投资有限公司
42	深圳市日联科技有限公司
43	深圳市永兴元科技有限公司
44	深圳市路远自动化设备有限公司
45	深圳市东方风光新能源技术有限公司
46	深圳市金证科技股份有限公司
47	深圳市正东源科技有限公司
48	中兴通讯股份有限公司

续表

序号	企业科协名称
49	深圳产学研科技服务有限公司
50	深圳市莎朗科技股份有限公司
51	深圳市金泰克半导体有限公司
52	深圳市康时源科技有限公司
53	深圳市博升通信有限公司
54	深圳市志凌伟业技术股份有限公司
55	深圳市福浪电子有限公司
56	深圳市海芝通电子股份有限公司
57	深圳市领亚电子有限公司
58	深圳市春旺环保科技股份有限公司
59	深圳市升达康科技有限公司
60	深圳市桑山电子有限公司
61	深圳市慧明眼镜有限公司
62	深圳市中科电工科技有限公司
63	深圳人因工程技术研究院
64	摩比天线技术（深圳）有限公司
65	深圳市伞友咖啡创业服务平台
66	深圳麦亚信科技股份有限公司
67	深圳新阳蓝光能源科技股份有限公司
68	深南电路有限公司
69	宏伟建设工程股份有限公司
70	深圳市恒泰互联有限公司
71	深圳市松柏实业发展有限公司
72	深圳前海启能科技创新服务有限公司
73	深圳市金蜜蜂科技有限公司
74	深圳市雷铭科技发展有限公司
75	深圳市鼎煜信息技术有限公司
76	深圳海天雄电子有限公司
77	深圳市古安泰自动化技术有限公司
78	深圳市三鼎光电科技有限公司
79	深圳市中戈科技有限公司
80	深圳市蓝盾数码技术发展有限公司
81	深圳市宝鹰建设集团股份有限公司
82	深圳市鑫宇环检测有限公司
83	深圳市领航通移动视讯有限公司

续表

序号	企业科协名称
84	深圳市兴源智能仪表股份有限公司
85	深圳市鸿淏高科产业发展有限公司
86	深圳市天鼎微波科技有限公司
87	深圳市超视科技有限公司
88	深圳市博通智能技术有限公司
89	深圳市龙岗区平安里学校
90	深圳市浩丰股份有限公司
91	深圳市易尚展示股份有限公司
92	豪迈高新技术园
93	深圳市中虹天意实业有限公司
94	深圳波顿集团
95	深圳市艺博堂环境艺术工程设计有限公司
96	深圳市方泰认证咨询有限公司
97	深圳市万凯荣科技有限公司
98	深圳市证通佳明光电有限公司
99	深圳市数博环球电子有限公司
100	深圳蓝盾装备科技有限公司
101	深圳市倍特力电池有限公司
102	德中堂（深圳）医药科技有限公司
103	深圳博士创新技术转移有限公司
104	深圳市希顺有机硅科技有限公司
105	深圳市金肯科技有限公司
106	深圳市鹏烽科普有限公司
107	深圳九星智能航空科技有限公司
108	深圳中科创客学院有限公司
109	深圳城市学院
110	哈尔滨工业大学（深圳）
111	深圳市光辉电器实业有限公司
112	深圳市倍测检测有限公司
113	深圳市猎采之家信息技术有限公司
114	深圳市世纪阳光照明有限公司
115	深圳市乐高乐教育投资发展有限公司
116	深圳市时尚易城投资发展有限公司
117	深圳市英威腾交通技术有限公司
118	华润集团

续表

序号	企业科协名称
119	蓝盾西点教育文化管理（深圳）有限公司
120	深圳波士邦网络科技有限公司
121	中安国通卫星科技开发有限公司
122	深圳小筑理信息技术有限公司
123	深圳市威勒科技股份有限公司
124	广东容祺智能科技有限公司
125	深圳云安宝科技有限公司
126	深圳市诚德来实业有限公司
127	深圳金证引擎科技有限公司
128	深圳市腾讯计算机系统有限公司
129	深圳创客智联股权投资管理有限公司
130	深圳市智慧谷产业园管理有限公司
131	深圳市创梦天地科技有限公司
132	深圳市天健（集团）股份有限公司
133	深圳市城市交通规划设计研究中心有限公司
134	深圳星云极客科技孵化器有限公司
135	华讯方舟科技有限公司
136	深圳市星田极客创业园管理有限公司
137	深水海纳水务集团股份有限公司
138	深圳华大海洋科技有限公司
139	深圳雅鑫建筑钢结构工程有限公司
140	深圳高速工程顾问有限公司
141	深圳市科创数字显示技术有限公司
142	深圳市尚维高科有限公司
143	中科遥感（深圳）卫星应用创新研究院有限公司
144	深圳市中航科技展览有限公司（补）
145	旗瀚科技有限公司（补）
146	深圳市特区建发投资发展有限公司（补）
147	深圳市未来交互信息技术有限公司
148	深圳市市政设计研究院有限公司
149	中国葛洲坝集团绿园科技有限公司
150	深圳市恒誉洋实业有限公司
151	深圳华意隆电气股份有限公司
152	深圳市金新农科技股份有限公司
153	深圳市航天食品分析测试中心有限公司

序号	企业科协名称
154	晶瑞（深圳）科技创新中心有限公司
155	深圳市卫光生物制品股份有限公司
156	深圳市裕同包装科技股份有限公司
157	深圳市鹰眼在线电子科技有限公司
158	深圳中科飞测科技有限公司
159	深圳市燃气集团股份有限公司
160	深圳投石信息科技有限公司
161	深圳市城市规划设计研究院有限公司
162	深圳创新设计研究院有限公司
163	深圳众博创客空间有限公司
164	深圳博士创新技术转移有限公司
165	深圳点猫科技有限公司
166	深圳市缘安邦咨询服务有限公司
167	深圳中电智谷运营有限公司
168	深圳华厦眼科医院
169	魅力曲线（深圳）科技有限公司
170	深圳市衣信互联网科技有限公司
171	深圳市中装建设集团股份有限公司
172	清华大学深圳国际研究生院
173	深圳市恒星农业科技孵化有限公司
174	深圳市吉方工控有限公司
175	深圳市美盈科技孵化管理有限公司

深圳市疾病预防控制中心
Center for Disease Control and Prevention, CDC

深圳市疾病预防控制中心（Center for Disease Control and Prevention, CDC）是由深圳市政府举办的实施疾病预防控制与公共卫生技术管理和服务的公益事业单位。在岗人员310人（其中在编人员228人），硕士及以上学历150人（博士50人）占48.4%；高级职称146人，占47.1%，占在编人员的64.0%。有博导5人，硕导27人，兼职教授14人。2010年设立博士后科研工作站，已培养出站19人，在站10人。

拥有：国家专业检测实验室1个；省级医学重点实验室3个；市政府重点实验室和公共服务平台3个；传染病防控学科、环境卫生学科、卫生检验科和卫生毒理学科等4个市重点公共卫生专科。引进“三名工程”团队7个，其中包括：徐建国院士、沈建忠院士、江桂斌院士等3个院士团队，设有投入研究经费月1700万元。

五年来:作为依托单位通过公开竞争主持国家级课题34项、省级课题46项、市级其他156项，资助总金额约8000万元，其中国家自然科学基金立项28项，“十三五”国家科技重大专项1项，国家重点研发计划1项，国家重大专项（重大攻关项目）子课题3项。获各级科研奖励23项，其中：广东省科技进步奖二等奖3次、三等奖3次，广东省自然科学奖二等奖1次，国家一级学会奖励6次，市科技进步奖一等奖（创新奖）4次、二等奖6次。作为专利申请单位获得发明专利授权29项。作为第一作者（通讯作者）单位在核心期刊上发表论文论著924篇，其中SCI论文292篇，影响因子最高23。

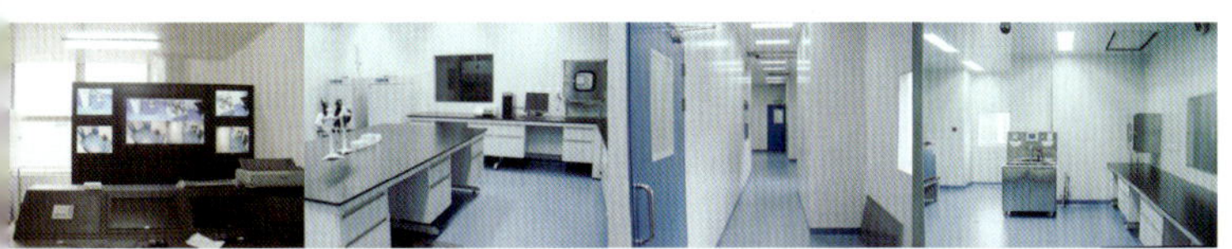

生物安全三级实验室（BSL-3）

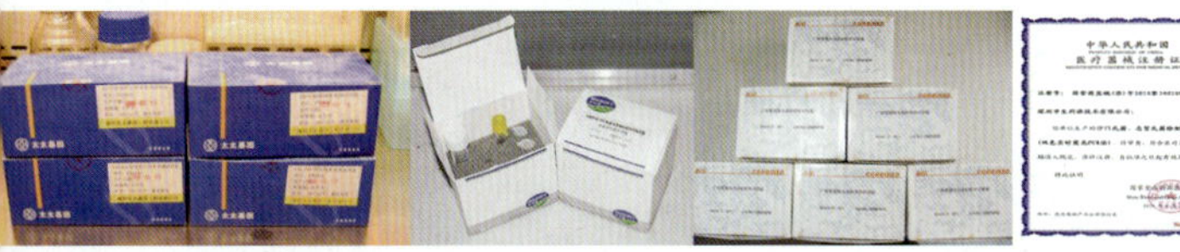

研发的EV71病毒，流感病毒，广州管圆线虫，沙门、志贺氏菌检测试剂

深圳市疾病预防控制中心重大传染病监控重点实验室拟重点开展我国，特别是深圳地区重大传染病和新发传染病病原体的分离、鉴定及检测体系建立的研究；新发和再发传染病病原体传播途径的溯源；特种病原体遗传信息的动力学监测及其病原体遗传变异与宿主相容性的关系；致病性病原体遗传资源库建立和利用；重大传染病和新发传染病病原体诊断标准血清库和核酸库的建立与利用等相关应用基础研究。进行实验室和现场专业人员的培训和研究生的培养。

开发和引进了一系列的病原体高通量应急检测技术，具有脉冲场凝胶电泳（PFGE）细菌快速分子分型的PulseNet监测网络技术平台和病毒基因组条码进行分子分型对新发和再发病原体准确溯源技术能力；利用生物传感器对食品中生物污染物进行现场快速筛查，经过三十年的发展，实验室已经具备对病原体进行形态学、血清学和分子生物学检测、参比检测和准确溯源的能力。

先后成为国家、省、市各类重点实验室和技术平台：2010年成为“病原微生物生物安全国家重点实验室”的联合实验室，2012年与中国科学院武汉病毒所联合成立了“中国南方病毒病研究中心”，2011年与厦门大学共同建立了分子诊断教育部工程中心深圳中心；2012年成为深圳市重大传染病监控重点实验室，广东省十二五医学病原体参比检测和生物安全重点实验室；2011年成为深圳市卫人委病原体参比检测和生物安全优势重点实验室；2013年成为国家生物产业公共服务平台“深圳病原体资源库”；2016年5月与南方科技大学协作建立“热带病研究中心”。

实验室拥有16个生物安全二级实验室和1个生物安全三级实验室，建立了深圳市病原体库，目前储存菌毒种4万多株；具有深圳市病原体诊断标准阳性血清库和病原遗传与变异的生物信息库。

深圳市现代毒理学重点实验室

深圳市疾病预防控制中心现代毒理学实验室于1997年建立，1999年被评为深圳市第一批医学重点实验室，2000年通过中国合格评定国家认可委员会的实验室认可。2007年批准为深圳市现代毒理学重点实验室。现为广东省医学重点实验室、深圳市市级重点实验室、深圳市医学重点学科。现有博士生导师2名、硕士生导师6名;广东省医学领军人才1名，广东省杰出青年医学人才2名；享受国务院政府特殊津贴和市政府特殊津贴专家1名，市高层次领军人才1名，市后备级人才3名，市海外高层次人才2名；中国毒理学会认证毒理学家4名。

现拥有6000多万元可进行细胞、基因组、表基因组、蛋白质组、代谢组及实验动物整体水平检测及研究的先进仪器设备，同时拥有获得广东省科技厅颁发的SPF级和普通级实验动物使用许可证的动物实验中心。

实验室主要研究方向包括化学污染物致机体损伤的分子机制及生物标志物研究；神经退行性疾病生物标志物、分子机制及药物干预研究；食品安全性及神经退行性疾病风险评估与干预研究；化学物毒性检测与生物安全性评价。实验室同时负责接受企业委托，对食品、消毒产品、涉水产品、一次性卫生用品等进行毒性检测及安全性评价工作。

近五年，实验室共主持国家级、省级和市级科研立项课题105项。2003年以来，获得国家级、省级和市级科技成果奖27项(其中作为第一完成单位22项)；获得国家发明专利授权12项；发表学术论文444篇，其中SCI论文149篇；主编、主译专著3部，主审教材2部，参编国家统编教材和专著16部；累计培养已毕业博士研究生30名、硕士研究生72名，培养博士后8名。

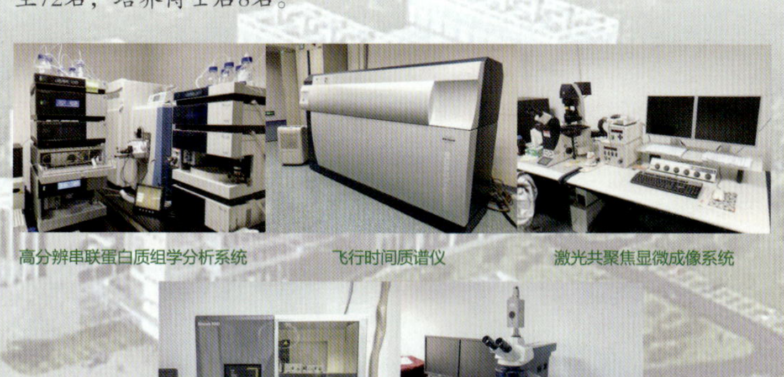

高分辨串联蛋白质组学分析系统　飞行时间质谱仪　激光共聚焦显微成像系统

生物分子相互作用分析系统　激光捕获显微切割系统

WWW.SZCDC.NET

深圳市南山区疾病预防控制中心

深圳市南山区疾病预防控制中心（以下称“南山疾控中心”）是实施疾病预防控制及公共卫生技术管理和服务而成立的事业单位。疾控中心前身是1984年7月成立的深圳市南山区卫生防疫站。2004年，疾控中心根据国家疾病预防控制和卫生监督体制改革精神成立，2012年转为全额事业单位，核定编制75名，共设有办公室、业务管理科、财务科、总务科、传染病防制科、免疫规划科、艾滋病防制科、营养与食品安全科、环境卫生科、职业卫生科、微生物检验科、理化检验科、（应急办）健康教育科13个科室。其主要职责任务是疾病预防与控制、突发公共卫生事件应急处置、疫情报告及健康相关因素信息管理、健康危害因素监测与干预、实验室检测分析与评价、健康教育与健康促进、技术管理与应用研究指导。

南山疾控中心业务工作连续多年在全市疾控中心运营管理绩效评估考核中名列前茅，应急工作连续多年在全市突发公共卫生事件应急处置竞赛中保持领先。

技术科研方面。南山疾控中心作为2019年中华预防医学会发布的《空肠弯曲菌、结肠弯曲菌检验方法》T/CPMA006-2019团体标准起草单位之一，为标准验证提供了扎实的实验室数据，并构建了丰富的弯曲菌检测平台。此外，疾控中心2019年开展了食品中米酵菌酸和尿中铅、镉、砷、汞元素等检测新项目，目前已建立了全部58项化学毒物的定性定量应急检测技术和方法，覆盖了深圳地区常见的化学毒物中毒的范围，应急检测能力始终走在各区疾控的前列。

在创新成果上，南山疾控中心2019年获得广东省医学科研基金项目立项1项、获得市科创委科研项目立项1项、获得国家级继续医学教育备案项目2项、获得省级继续教育项目2项、获得市级继续医学教育项目6项。在2019年评出的全市公共卫生机构科技影响力综合排行榜上，南山疾控中心在全市区级疾控中心科技影响力综合排行榜名列第一。

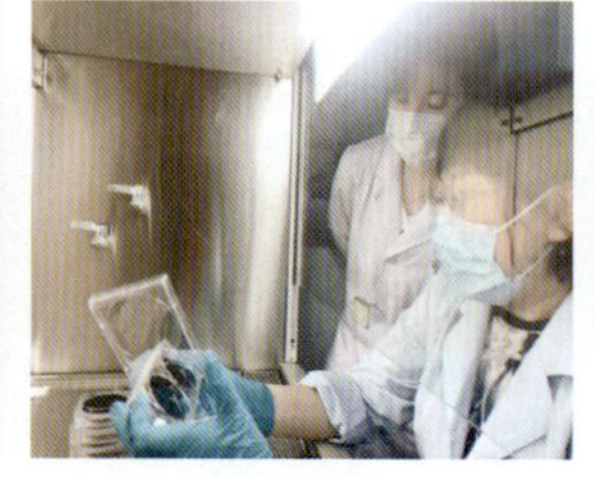

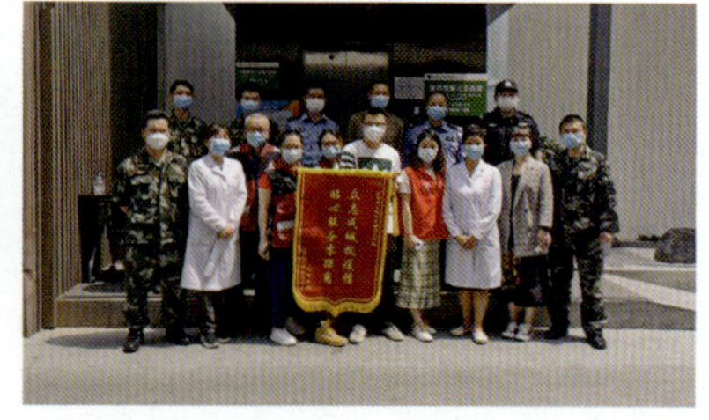

光明区疾病预防控制中心（以下简称“光明区疾控中心”）成立于2009年11月，是光明区卫生健康局下属公益一类独立法人副处级事业单位。光明区疾控中心目前拥有1栋独立业务用楼，总办公楼面积6000多平方米。实行“六块牌子，一套人马”管理模式。除“疾控中心”外，光明区疾控中心加挂“检验中心”“慢性病防治中心”“精神卫生中心”“职业病防治所”“健康教育所”牌子，具体业务涵盖突发公共事件应急管理、传染病防控、慢性病防控、精神卫生服务与管理、卫生检验、职业病监测与防控、健康教育与健康促进等方面。

光明区疾控中心目前有工作人员89人，其中正式编制40人、临聘11人、专干38人。员工中具有高级职称19人、中级职称12人、初级职称26人。学历方面，具有博士学历4人、硕士学历13人、本科学历58人。2017年至今发表论文26篇，其中SCI文章9篇，其他刊物17篇。国自然合作课题1项、省级卫计委课题1项、市卫计委课题1项、市科创委课题3项。有1个重点学科，共建学科2个。

光明区疾控中心检验室占地面积1540.46平方米，分为微生物实验室及理化实验，配备了各类常规的检验仪器设备。大型精密仪器包括气相色谱-质谱联用仪、ICP-MS、气相色谱仪、高效液相色谱仪、离子色谱仪、原子吸收光谱仪、实时荧光PCR仪、全自动细菌鉴定仪、脉冲场凝胶电泳仪等。现场检测仪器设备包括高频电磁场近区场强仪、微波漏能测试仪、紫外辐照计、甲醛检测仪、微压差计等。可开展疾病预防控制、职业病防治和食品（包括食品安全事故致病因子及食品污染物检测）等类别项目检测检验。在新型冠状病毒肺炎疫情防控工作中作为光明区新冠病毒核酸检测的主力，承担了绝大部分“应检尽检”的样品检测工作，为疫情防控提供了可靠的检测数据。

在光明区卫健局的领导下和上级各业务部门的指导下，光明区疾控中心公共卫生工作取得一定成效。近年来，中心不断完善应急体系建设，有效处置了人感染H7N9禽流感、登革热、基孔肯雅热、霍乱、布鲁氏菌病、新冠肺炎等疫情。落实免疫接种工作“精细化管理”，全市率先实施“备案制”应急接种、“第二类疫苗二级零加价”管理、“学生免费接种水痘疫苗”等项目。强化学生常见病预防与干预，伤害监测与干预项目工作质量全市第一。加大社区居民常见病与多发病干预力度，2017年通过“国家级慢性病防控综合示范区”验收，积极落实精神疾病病例管理工作。

另外，光明区疾控中心在医学高等院校教学实习方面积累了一定经验，2010年和2011年分别与广东医科大学、包头医学院签订教学实习合作协议。2019年分别与广州医科大学吕嘉春教授团队、深圳大学胡东生教授团队签署合作框架协议。优化慢性病防控体系，是光明区疾控中心推进本区公共卫生服务能力产学研结合的一项重大举措。在与吕嘉春教授团队、胡东生教授团队达成合作协议后，光明区疾控中心将在技术培训、人才培养、科学研究、试点项目开发、慢性病防控体系优化与创新等方面进行全面提升，以更高能力和水平为光明区居民健康保驾护航。

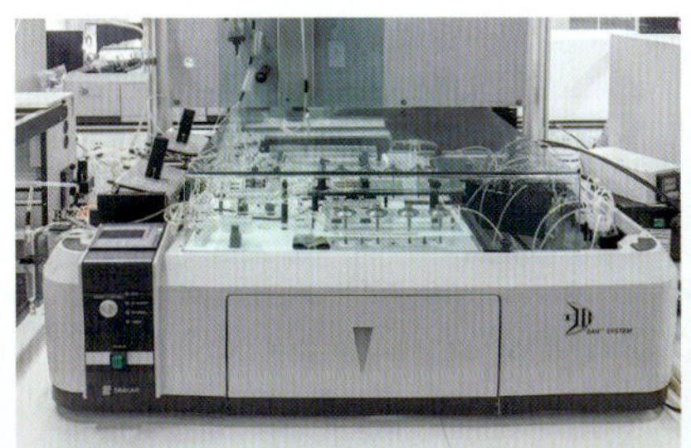

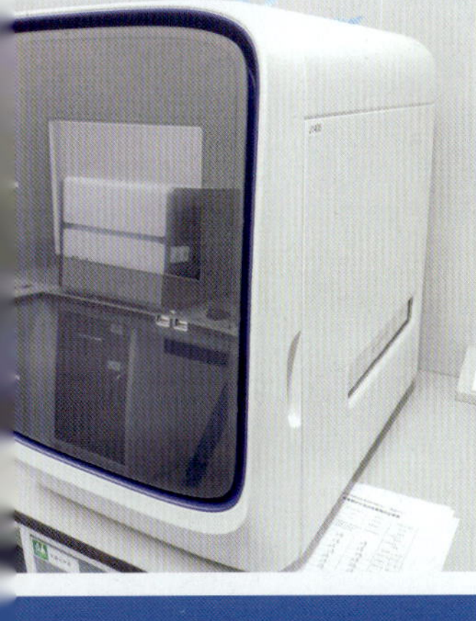

光明区
疾病预防控制中心

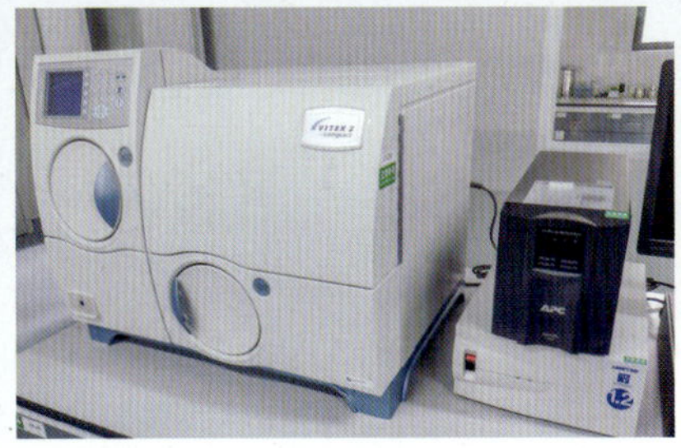
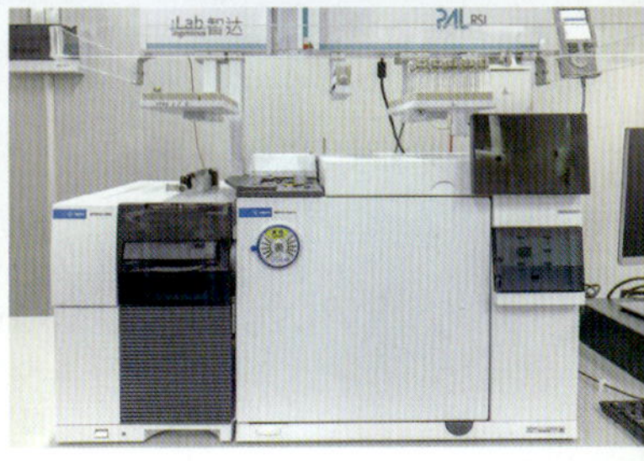

深圳市人民医院始建于1946年，前身系宝安县卫生院，解放后更名为宝安县人民医院，因粤港澳居民称住院为“留医”，她作为当时深圳经济特区唯一一家拥有住院部的医疗机构，医院亦被居民习称为“留医部”，并成为深圳市人民医院的代名词沿用至今。1979年伴随深圳经济特区成立更名为深圳市人民医院。1994年被评为深圳首家“三级甲等”医院，1996年经国务院侨办批准成为暨南大学医学院第二附属医院，2005年升格为暨南大学第二临床医学院，2018年挂牌南方科技大学第一附属医院。2018年6月，获广东省政府、省卫计委遴选为全省首批九家“登峰计划”建设医院之一。2019年成功引进TOMO　螺旋断层放射治疗系统和第四代达芬奇手术机器人（均为深圳首台）。2019年艾力彼顶级医院排行榜第89名；2019年上海复旦“华南区综合实力排行榜”中综合实力排第15名，为深圳市唯一上榜医疗机构。医院现已发展成为一个功能齐全、设备先进、人才结构合理、技术力量雄厚，集医疗、科研、教学、住院医师规培、保健为一体的深圳市最大的现代化综合性医院。

医院注重临床与科研并进的发展方向，近年科研事业高速发展。2020年国家自然科学基金医院获立项资助34项，立项经费1063万元；立项数与立项经费居深圳市卫生机构之首。全年共获批竞争性经费4573万元。在2019年度中国医院科技影响力排行榜中，医院共有10个学科进入医院学科影响力评价前100名，居全市之首；其中风湿病学与自体免疫病学（排名33）、皮肤病学（排名48）、急诊医学（排名55）。

医院科研成果“乳腺癌超声精准诊疗技术研发及应用”及“支气管哮喘的发病新机制以及治疗新策略”获2020年深圳市科技进步奖二等奖。截至9月30日，2020年已发表SCI论文367篇，总IF=1453.1分；其中IF大于10分的文章31篇，其中*Lancet* 2篇（IF=69分）*JAMA*1篇(IF=51.273分)；*JAM COLL CARDIOL* 2篇（IF=18.639分）；*Advanced Science* 2篇(IF=15.804分）。

拥有呼吸与危重症医学科、肾内科、消化内科、感染内科、内分泌科、胸外科、口腔科、麻醉科、妇科、产科、新生儿科、急诊科、病理科、检验科、临床护理及医学影像科(含CT、放射、超声、介入、核医学)等16个广东省临床重点学科；2个广东省工程技术研究中心；拥有16个深圳市临床医学重点学科、3个研究所、3个深圳市医学重点实验室、5个深圳市工程技术研发中心、1个国家级临床药物试验基地，引进国内外23个高层次医学团队及1个孔雀团队。

建设科研实验平台租赁大鹏新区国际生命科学产业园3栋实验楼，面积达13400平方米，购置大型科研设备600余台，总价值5234万元。具有专业科研平台：800平方米SPF级动物房；450平方米P2+实验室；600平方米生物样本库；300平方米GMP实验室。

医院拥有国家住院医师规范化培训基地及国家全科医师技能培训中心；作为暨南大学第二临床医学院、暨南大学第二临床医学院博士后创新实践基地。医院呼吸与危重症医学科经过严格遴选成为国家首批、广东省广州市外唯一的国家专培基地。

多年来，医院不断选送有培养前途和发展潜力的专业技术骨干前往美国耶鲁大学、加州大学、斯坦福大学、纽约长老会哥伦比亚与康奈尔大学医院、迈阿密大学医学院、宾州大学医学院、哈佛大学医学院（附属麻省总医院、贝丝以色列女执事医学中心）、休斯顿卫理公会全球健康服务中心、德国雷根斯堡大学医院、英国桑德兰大学、比利时布鲁塞尔大学、澳大利亚科廷大学、加拿大SFU大学、新加坡国立大学医院、香港中文大学威尔士亲王医院、香港大学玛丽医院等国际知名学府进修学习，掌握本专业的新知识、新技能、新动态，全方位加深对医学科学的认识和了解，莘莘学子在国际医学领域中锤炼成长。

积极开展高层次、国际性的交流与合作，先后与德国纽伦堡大学医学院、不莱梅港中心医院、英国伦敦大学、英国爱丁堡大学、加拿大西大略大学器官移植中心、美国休斯敦卫理公会医院、法国里尔大学医疗中心、韩国全南大学校病院、韩国大田宣医院建立起长期合作与交流平台，缔结友好医院，与国际医学大舞台进一步交融。医院与国内外23家知名学科团队签订“三名工程”合作协议，加大了引才的力度，为医院带来了前所未有的发展机遇，医院的综合竞争力大大提高。

地址：（留医部）罗湖区东门北路1017号
（一门诊）罗湖区深南东路3046号　（龙华分院）龙华区龙华街道龙观东路101号
联系电话：0755-25533018　传真：0755-25533497　邮编：518020　E-mail:szhospital@163.com

南方醫科大學深圳医院
Shenzhen Hospital of Southern Medical University

地址：深圳市宝安区新湖路1333号
预约咨询电话：0755-23329999
官网：http://www.smuszh.com/zh

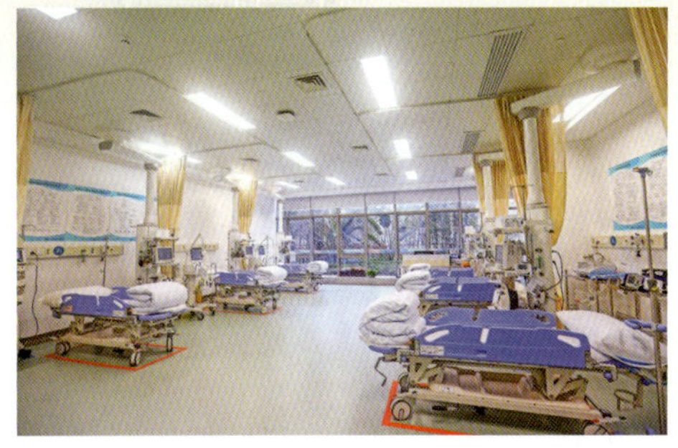

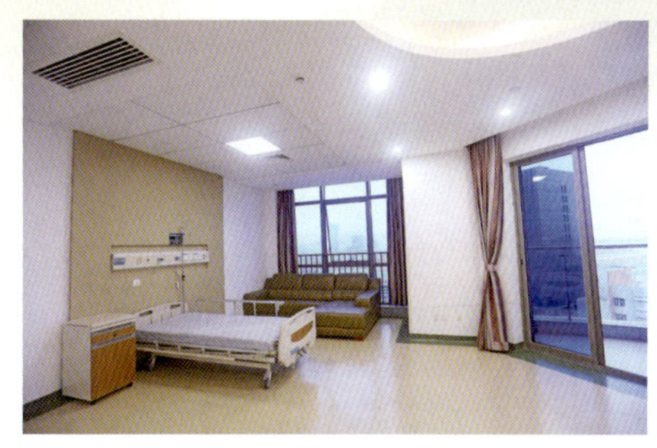

【概况】

南方医科大学深圳医院占地8.2万平方米，一期原有建筑面积约16.9万平方米，二期工程已完成三级流程（建筑专业）初稿，拟新建建筑面积32.3万平方米，二期建设内容包括门诊医技楼、住院楼、科教楼及配套设施。建成后医院总建筑面积为49.2万平方米。现有编制病床1000张，实际开放病床954张。现有职工1698人，其中卫生技术人员1369人，高、中、初级职称所占比例分别为18.19%、29.15%、52.67%。

【营运】

2019年，医院门诊和急诊总量为102.1万人，年出院量3.92万人，手术1.3万例，平均住院7.14日。2019年12月8日，获国家卫生健康委脑卒中防治工程委员会批准成为深圳市第三家国家高级脑卒中中心。医院建设了国内一流的门诊智慧药房，同时新进了飞利浦128排彩色CT。

【人才引进与培养】

2019年，医院新引进广东省医学领军人才1人、杰出青年医学人才3人。7人获深圳市"地方级领军人才"称号，10人获"后备级人才"称号，2人获"海外高层次B类人才"称号，10人获"海外高层次C类人才"称号，29人获"深圳市实用型临床医学人才"称号,106人被认定为宝安区高层次人才。医院有研究生导师36人，其中硕导26人、博导10人。当年新招研究生34人、进修生57人次，选送人员外出进修65人次。申报市级以上继续教育项目42项。其中国家级4项、省级17项、市级21项。正在筹建的临床技能模拟实训中心一期规划临床技能模拟实训建筑面积1820m²，包括模拟门诊、模拟病房、PBL教学讨论区、模拟ICU、模拟手术室的模拟医院。预计2020年投入使用，服务范围覆盖全市。

【科研实力】

医院围绕重点科学研究方向，涵盖肿瘤、数字外科3D打印、消化内镜和免疫细胞治疗等集中攻关方向，以国家自然科学基金为抓手，2019年获各级科研项目45项，立项经费815.5万元。其中国家级15项，申报数和立项数均较2018年翻番，立项数在深圳市属公立医院中排名第三。其中省部级5项、市厅(局)级25项。全年签订横向合作项目6项，经费总额53.2万元。其中康复科李海副主任医师申报2020深圳市科创委国际合作项目获50万元资助。公开发表科研论文222篇， 其中SCI收录论文45篇、北大核心期刊45篇、中国科技论文统计源期刊101篇。申请发明专利14项，同比增长180%，实用新型专利21项，同比增长950%。医院担任主编、副主编的专著共出版9部。

【平台建设】

医院拥有9个深圳市"三名工程"高层次医学团队，10个院内重点建设学科，2个深圳市重点实验室，病毒肿瘤学重点实验室和数字外科3D打印重点实验室均获批400万市财政资助经费。临床医学创新中心（中心实验室）已投入使用，面向全院开展6项基因与分子诊断项目。消化内科、康复医学科获"复旦版2018年度中国医院专科声誉排行榜"华南区提名。引入侯金林教授肝病精准防治"三名工程"团队，开设肝病中心。通过省"胸痛中心"与省"爱婴医院"评审。

【医学教育】

在2019年南方医科大学中青年教师讲课竞赛中，医院获得第三名的好成绩。全年接收来自全国6所院校本科实习生118人，涵盖临床医学、口腔医学、临床药学、医学影像学、康复治疗学、医学检验技术、护理学、食品卫生与营养学等。为满足临床专业本科生培养要求，与宝安区中心医院社康管理中心签订协议，委托其承担临床专业实习生社区实习部分内容，创新工作方式，使学生更贴近基层卫生岗位。

【国际合作】

医院联合香港大学就间质巨噬细胞与EB病毒感染相互作用下所产生的侵袭性伪足对促进鼻咽癌转移的机理和临床病理学研究开展合作，获国家自然科学基金委员会与香港研究资助局联合科研资助合作研究项目立项。与香港中文大学及香港科能三维技术（医疗）有限公司开展项目名称为"数字化骨科新技术与3D打印新型植入物在骨科临床的应用研究"的合作计划，申报广东省第三届粤港澳大湾区健康合作项目。

医院采用欧盟标准，在欧盟护理协会主席、汉诺威医科大学risMeyenburg-Altwarg教授指导下开设课程，成立了国内唯一开展硕研水平专科护士培训基地，学员可获欧盟急危重症专科护士资质认证。与德国弗莱堡大学Siewert院士深度合作，对方派遣Marko Behrens教授等来深近半年，与南方医科大学深圳医院开展科研技术及成果合作申报与各级别临床交流。医院与德国海德堡大学胸科医院合作，筹备举办胸科内镜深圳培训基地揭牌仪式暨广东省临床医学学会一深圳市胸外科专科联盟成立大会。

医院与美国加利福尼亚大学旧金山分校合作，筹备举办国际骨科教育峰会，拟聘该校Dean Chou教授为客座教授。与约翰霍普金斯大学医学院合作，公派研究生前往研修，聘任该院骨科系主任James Ficke教授为客座教授。医院还联合国际牙科学会主席Dr.Wright国孕产妇与婴儿口腔健康计划主席Dr.Rocio教授，在医院开设婴幼儿口腔健康体检专业机构——"宝宝口腔健康计划"工作站，为世界bOHP/pOHP计划（婴幼儿及产前口腔健康计划）在中国特许机构。选派助产士黄舒蓉赴新西兰奥克兰理工大学进修学习急危重症相关技术知识，将新西兰先进护理技术理念带回深圳。

中山大学附属第七医院（以下简称“中山七院”）是深圳市与中山大学“市校战略合作”共建的大型综合性公立医院，被定位为国家级区域医疗中心、国家级保健康复中心、国家级应急与灾难医学中心。中山七院规划占地面积23.36万平方米，总建筑面积约80万平方米，总床位 4000 张。

2018年5月11日中山七院开业。已引进中山大学医科26个国家重点临床专科的医疗骨干，现有国家级精品课程负责人1名、“宝钢优秀教师奖”获得者2名、“第三批全国名老中医专家学术经验继承人”1名、广东省高层次人才6名、广东省医学领军人才1名、广东省青年医学杰出人才9名、深圳市高层次人才56名，其中国家级领军人才2名、地方级领军人才及孔雀B类人才7名、后备级人才及孔雀C类人才47名，现有博士研究生导师35名、硕士研究生导师47名、国家级精品课程负责人1名、“宝钢优秀教师奖”获得者2名。已培养预见习生、见习生、实习生、进修生共计373名。

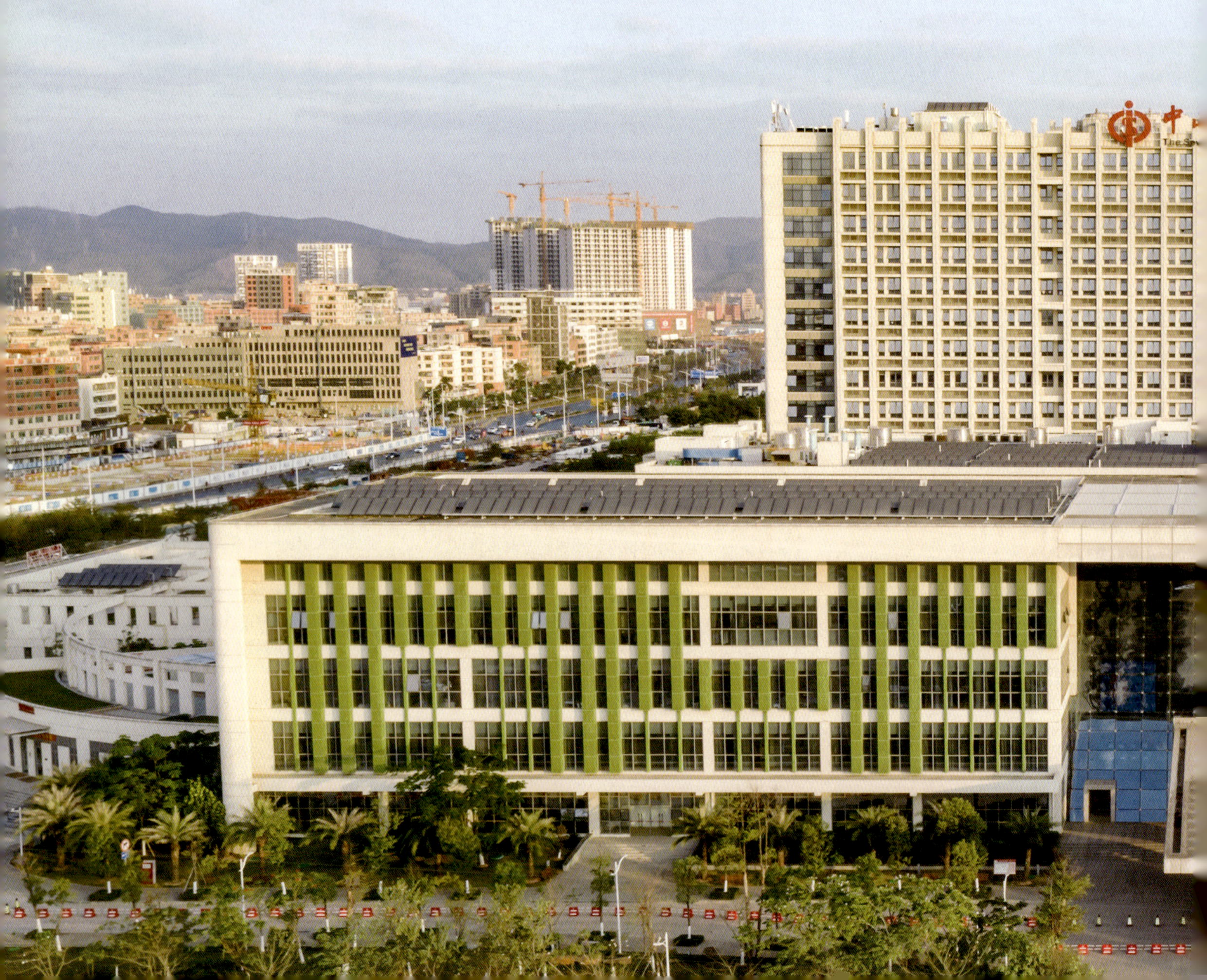

迄今接诊约60万人次，出院3万余人，疑难危重收治率63%；完成手术超过10000次，三四级手术占比近60%；住院患者抢救成功率98.43%；门诊与出院诊断符合率为99.66%，临床与病理诊断符合率为95.79%，基本实现了与中山大学各大附属医院的同质化诊疗。一期工程保健康复中心已经启用，成为承接深圳市保健康复任务的重要基地。同时，医院应急救援能力不断提升，获批国内首批航空医疗救护试点医院，承接深圳市移动医院建设任务。

中山七院非常重视科研，实行与临床相对独立的科研管理理念,现科研平台初具雏形。医院采取全球招聘、“以才引才”的引进策略，建立了“首席科学家+领军人才+中青年骨干”的人才梯队。目前有专职科研人员106人，其中中山大学“百人计划”人才26名（含1名国家级高层次人才）、其他专职科研人员51名、博士后29名。规划建设消化医学研究院、脑健康疾病研究大平台、免疫学研究大平台、血液病研究中心、精准医学研究中心肿瘤耐药逆转研究中心6大科研平台及1个临床医学研究大数据中心。建设完成1300㎡中心实验室，加入“深圳市大型科学仪器共享平台”。

中山七院定期举办各类学术交流活动及高水平国际论坛，积极推进国际合作，和克里克研究所建立了战略合作伙伴关系，落地爱德蒙·费舍尔转化医学研究诺奖实验室与托马斯·林达尔DNA修复精准治疗诺奖实验室。迄今共获各类纵向基金151项，纵向经费6485.1万元，其中科技部重点研发计划1项，国家自然科学基金26项。累计发表各类学术论文400余篇。获批8个深圳市“三名工程”高层次医学团队，累计获得资金资助9000万元。

深圳平乐骨伤科医院（深圳市坪山区中医院）成立于1986年，是集医疗、教学、科研和预防保健为一体的国有卫生事业单位，深圳市首家三级甲等中医骨伤专科医院、广州中医药大学非直属附属医院、南方医科大学教学医院、广东省非物质文化遗产传承保护基地、全国微创骨科示范中心、中华中医药学会无痛骨伤科医院示范单位。医院现有职工1000余人，其中拥有副主任医师以上职称的高级技术人才100名，中级技术职称276人，本科以上学历757人，其中硕、博士学位人员近200名，有海外留学经历人员6名。

公共服务

医院以建设具有国内一流现代化的新院区为依托，以罗湖院区中医骨伤、慢病防治为基础，以坪山院区医养结合医疗模式为外延，建成一体两翼、三位一体的平乐医疗集团。

目前罗湖院区核定床位400张；坪山院区开放床位279张，坪山院区是以骨伤科为主，覆盖内、外、妇、儿、五官、康复、针灸、骨伤科等专业的综合性中医院。

医院专科服务能力强，2013年通过专家评审，成为广东省内首批开展人工关节置换技术准入单位之一，深圳市首批具备可开展髋、膝关节置换两种手术资质的四家医院之一。

科研与教学

医院经过30余年的建设，已发展成为一家集医疗、教学、科研和预防保健于一体享誉岭南大地的专科医院。2003年相继成为广州中医药大学、河南中医学院等医学高等院校实习基地，2008年成为广州中医药大学教学医院，2012年成为广州中医药大学非直属附属医院及南方医科大学教学医院，2018年成为福建中医药大学教学医院，现有博士生导师1人，硕士生导师5人。

近3年医院有近20项科研课题获得国家、省、市级立项，科研能力不断提升，同时，在不同级别的科技期刊中发表论文300余篇。

医疗卫生三名工程

医院引进上海中医药大学王拥军教授中医骨伤科团队，我院与王拥军教授团队将在精准医疗、临床转化和科研教学等方面开展合作，在三个发展方向开展工作：

1.中医药防治慢性筋骨病临床队列研究与应用基础研究，制定慢性筋骨病全链条标准化研究技术和规范；建立慢性筋骨病健康服务平台；建立高效的终点事件发生观察系统，建立中医药防治方案。

2.建立深圳市慢性筋骨病中医药骨健康联盟，建立适合慢性筋骨病预防、诊断、治疗、康复、养生、宣教的规范技术和方案，建立区域“骨健康服务”模式。

3.建立慢性筋骨病临床转化应用与平台，建立上海中医药大学脊柱病研究所深圳分所；筹建深圳市重点实验室，推动学科发展，提高学科建设水平，提升人才培养质量，实现临床-基础-临床的转化应用与健康服务，制定并实施具有中医特色的临床规范化干预措施与治疗方案。

罗湖院区：
地址：深圳市罗湖区金塘街40号、45号及金华街15号
邮编：518010
总机：0755—82247153
传真：0755—82247352
网址：www.szplgk.com

坪山院区：
地址：深圳市坪山新区深汕路坑梓段252号
电话：0755—28328011

深圳市龙华区人民医院

THE PEOPLE'S HOSPITAL OF LONGHUA.SHENZHEN

深圳市龙华区人民医院始建于1976年，是一所集医疗、教学、科研、预防、保健和健康教育于一体的区级公立三级综合医院。是广东省高等医学院校教学医院、广东医科大学硕士研究生培养基地、国家级住院医师规范化培训基地协同基地，全国健康促进与教育优秀实践基地。2019年，医院完成诊疗539万人次、出院4.5万人次，服务体量连续多年居深圳市综合医院前列。

医院以专科建设为抓手推动医疗质量稳步提升，口腔科是深圳市重点专科及深圳市十大优势医学重点学科，脊柱外科、泌尿外科、产科、呼吸内科、消化内科、医学影像科、皮肤科、新生儿科是龙华区重点学科，神经内科、康复医学科、手外科、检验科、超声科是龙华区重点学科建设单位，口腔3D数字化与临床功能形态转化重点实验室、中心实验室、医学检验中心、泌尿系统结石病防治中心实验室、龙华区子痫前期综合防治与全生命周期健康管理研究重点实验室、龙华区体适能研究与运动分析重点实验室、龙华区脑卒中综合防治重点实验室、龙华区分子免疫与分子诊断公共技术服务平台是龙华区重点创新载体。

深圳市龙华区人民医院下辖28家社区健康服务中心，业务用房总面积3.2万㎡，服务范围约70.5平方公里，分布在民治、龙华和大浪3个街道（21个社区工作站，61个居委会），服务人口总数约200万人。各社区健康服务中心设有预防保健科、全科诊疗科、内科、外科、妇产科、妇女保健科、儿科、儿童保健科、口腔科、精神科、急诊医学科、康复医学科、医学检验科、医学影像科、中医科，各类标准诊疗设备齐全，为服务社区居民健康提供强有力保障。2019年完成社区诊疗394万人次，占全院总诊疗量的73%。

医院始终坚持"人才立院，科教兴院"发展战略。近5年，深圳市龙华区人民医院获得国家自然科学基金立项4项、省级课题立项10项、市厅级项目39项，获得财政资助600多万元；发表学术论文907篇，其中统计源核心期刊435篇，SCI收录30篇；获得专利53项，其中1项发明专利、23项外观设计专利、29项实用新型专利。

医院有完备的人才建设制度，科室配备良好的科技人才梯队，其中高级职称544人，博士及博士后53人，硕士354人，组成了技术精湛的医疗人才骨干队伍。目前，深圳市龙华区人民医院已引进深圳市医疗卫生"三名工程"高层次医学团队2个，龙华区医疗卫生"三名工程"高层次医学团队5个，深圳市孔雀计划海外高层次C类人才3名、深圳市高层次后备级人才4名、深圳市龙华区龙舞华章C类人才7名、龙华区公共事业高层次人才11名、龙华区医疗卫生高层次人才4名。2019年完成博士后入站3名。

近三年，深圳市龙华区人民医院加大科研经费投入，年研究开发和配套经费超1000万元，为医学研究的顺利开展提供了较充足的经费支持，为临床、教学、科研提供了较雄厚的力量。

地址：深圳市龙华区景龙建设东路38号
邮编：518109
电话：0755—29572571
网址：www.lhrmyy.cn

深圳市龙华区中心医院

地址：深圳市龙华区观澜大道187号 电话：0755-28015466

深圳市龙华区中心医院是集医疗、预防、保健、科研、教学为一体的区属三级综合公立医院，广东医科大学非直属附属医院，国家标准版胸痛中心及卒中中心，中山大学附属孙逸仙纪念医院医疗技术协作单位。医院位于深圳市龙华区福城街道观澜大道187号，占地4.4万平方米，建筑面积8.5万平方米，开放床位1003张。2017年7月，成立龙华区中心医院基层医疗集团，下设3个区域社康中心和21个社康中心，服务周边约150万人，形成“大一中一小”分级医疗服务体系，打造了“十分钟”就医圈。先后获评“全国改善医疗服务示范医院”“广东省健康促进示范医院”。

2019年全院门急诊服务量386万人次，其中社康中心诊疗量246万人次，首诊比例64%，住院3.89万人次，同比增长4.44%。医院按“院有名科、科有特色、人有专长”的发展方向，普及开展各类腔镜手术、介入、射频消融等微创手术。2019年开展住院手术1.3万例，诊治重点疾病5535例，开展重点手术5722例；三四级手术占比44.85%；CD型病例率54.96%；住院急危重症病人抢救成功率94.93%。

全院共有员工2069人，其中卫生技术人员1843人，占比89%；高级职称393人，占比约19%；博士研究生48人（含博士后14人）、硕士研究生287人，硕士及以上学历占比16%；本科学历1314人，本科及以上人员占比80%。有海外高层次人才1人，深圳市后备级人才3人，龙舞华章A类2人，龙舞华章C类13人，区卫生高层次人才26人。有国家级医学会、协会副主委2人，省级主委2人、副主委18人，市级主委3人、副主委16人，各级委员450人。引进深圳市“医疗卫生三名工程”团队2个，分别为中山大学孙逸仙纪念医院泌尿外科黄健教授团队、上海复旦大学附属中山医院全科医学科祝墡珠教授团队。引进龙华区高层次医学团队6个，分别是德国汉诺威医科大学康复医院古藤博纳教授团队、首都医科大学附属北京安贞医院心血管内科聂绍平教授团队、中山大学孙逸仙纪念医院内分泌科严励教授团队、南方医科大学南方医院余斌教授创伤骨科团队、广州医科大学附属第一医院李时悦教授呼吸与危重症医学团队、暨南大学附属第一医院尹良红教授肾脏病学团队。

全院设有临床学科39个，医技科室15个，社康中心24个（含3个区域社康中心）。其中区级重点学科8个（创伤骨科、代谢内分泌科、耳鼻咽喉头颈外科、妇科、肾内科、全科医学科、眼科、心血管内科），区级重点学科建设单位3个（烧伤整形科、中医科、肿瘤科），有广东医科大学重点学科2个（泌尿外科、烧伤整形科）；市级重点学科1个（全科医学科）；区级重点学科8个（肾内科、创伤骨科、康复医学科、心血管内科、内分泌科、烧伤外科、重症医学科、肝胆外科）；区级重点学科建设单位5个（耳鼻喉科、呼吸内科、产科、消化内科、肿瘤科）；全国示范社区健康服务中心1个（牛湖社区健康服务中心）；省级示范社区健康服务中心3个（松元社区健康服务中心、新澜社区健康服务中心、岗头社区健康服务中心）。胸痛中心通过标准版认证，荣获“深圳市胸痛中心质控评比一等奖”及龙华区首届“突出贡献人才”奖；成为全国第二批心脏康复中心；卒中中心荣获国家“示范防治卒中中心”。同时配备有医疗设备8443台（套），总值6.78亿元，引进了3T磁共振、DSA、双源CT机等超大型医疗设备，能够满足三级医院临床诊治疑难重症及开展医疗技术服务的需求。

医院为深圳市博士后创新实践基地及广东省博士工作站。2019年引进专职科研人员9人，其中享受区卫生健康系统领军人才科研专项工作资金资助3人；立项科研项目省部级2项、市厅级3项、区级1项；发表论文279篇，其中以第一单位发表的SCI论文29篇，中文核心期刊论文73篇；获实用新型专利授权27项。

医院通过全国住院医师规培协同基地及广东医科大学临床学院认定。获全市首个全科医学师资培训中心落户，牛湖、岗头、章阁、鹭湖等4个社康中心获市全科医师培训基层实践基地认定。目前有师资442人，其中硕导21人。2019年接收实习生179人、硕士研究生2人、住院医师规培5人。举办省级继教项目29项及区高水平医学学术会议9项，外送继教326人次。荣获了深圳市卫生健康科教工作先进单位及市级住院医师规范化培训工作优秀单位。

医院与下设3个区域社康中心和21个社康中心组成基层医疗集团，形成紧密协调的“大一中一小”分级医疗服务体系。社康中心开展以家庭医生，家庭病床为重点的诊疗服务，实现社康首诊。2019年家医签约25.65万人，总签约率44%，家庭病床155张。打通了社康与医院信息系统壁垒，畅通了双向转诊平台流程，双向转诊16.45万人次。

医院成为广东省健康教育协会医院健康促进工作委员会主委单位，院长吴义龙同志任第一届主任委员。成为广东省健康教育协会副会长单位及龙华首家“WHO世界健促联盟医院（HPH）”。2019年，社康基本公卫服务建立居民合格健康档案51万份；高血压患者规范管理率为62%，糖尿病患者规范管理率为63.71%，儿童健康管理率达90%以上，老年人健康管理率为87.09%；居民健康素养水平达35.09%。医院创作的系列健康科普视频、论文、微课件荣获国家及省市区奖项。

深圳市龙华区中心医院将始终坚持党的领导，坚持公益性方向，抢抓深圳建设中国特色社会主义先行示范区和粤港澳大湾区“双区驱动”重大历史机遇，全面推动医院高质量发展，逐步建设成为现代化、智能化、创新型三级综合医院和横向整合、上下贯通、优质均衡的基础医疗集团。

深圳市龙华区中心医院设计效果图

深圳市罗湖区人民医院

Shenzhen Luohu People's Hospital

深圳市罗湖区人民医院（以下简称"医院"）始建于1957年4月，2011年成为深圳大学非直属附属医院，2016年成为深圳大学第三附属医院，2017年11月成为三级甲等综合医院。医院现有老年病分院1家，设有42个临床科室、11个医技科室、18个行政后勤科室，在岗职工1700余人，其中拥有副主任医师以上职称的高级技术人才260余名，博士后10余人，博士45名，硕士176名，外籍医师2名，博士生导师4名，硕士生导师20余名，享受国务院津贴专家4名。

目前，医院总建筑面积71400平方米，编制床位902张，日均门诊量4000余人次。2015年6月，成立全国首个独立法人单位的深圳市众循精准医学研究院，并率先在全国开展精准医学门诊。2015年8月成为深圳市罗湖医院集团成员单位。

学科建设

医院拥有先进的医疗设备：拥有深圳市唯一的一台伽玛刀治疗仪、128排（256层）极速螺旋CT、数字平板多功能动态X光机、飞利浦FD-20数字减影X光机(DSA)、核磁共振(MRI)、彩色多普勒超声诊断仪、钬激光、腹腔镜、关节镜、电子胃肠镜等多项大型诊疗设备，2019年已引进最新一代达芬奇机器人手术系统Xi，为全深圳市第二家拥有机器人手术系统的医院。ICU配有一整套功能完善的监护系统，拥有目前最先进的层流手术室。同时，建立覆盖全国的医学影像远程诊断中心，并提出"网络药师""网络放射医师"概念及标准。医院拥有国家级技术准入资格的学科2个、国家级综合医院中医药示范单位1个、市区级重点特色学科17个。中医肺病科为广东省中医药管理局"十二五"中医特色专科建设单位。2014年底，成功受孕广东省首例"三冻"试管婴儿。首创的《腹腔镜腹膜阴道成形术——罗湖术式》治疗先天性无阴道，获得国家科技部批准的中国内镜医师最高奖——恩德思医学科学技术奖一等奖和深圳市科技创新奖。医院自2016年以来共获批引进7个"医疗卫生三名工程"团队，包括4个院士团队及1个国际合作团队。

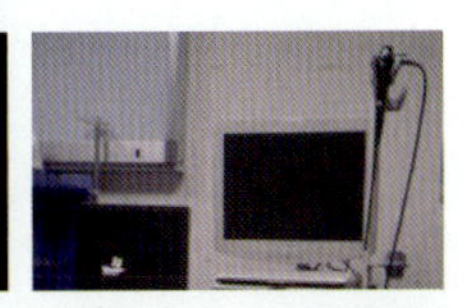
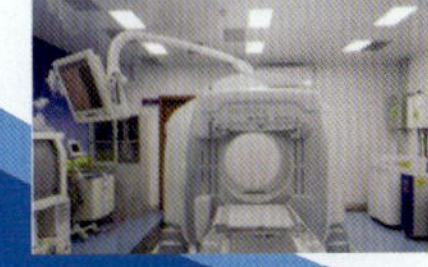

人才培养

近年来，医院从国内外知名科研院所引进医教研复合型人才20余名，培养了国家重点研发计划首席科学家1名、国家博士后创新计划人才1名、广东省省委组织部"特支计划"科技创新领军人才1名、广东省省委组织部"特支计划"科技创新青年拔尖人才1名、广东省卫健委医学领军人才1名、深圳市各类高层次人才共10名、深圳市青年科技奖获得者1名、国家五一劳动奖章获得者1名。获得广东省技术科学奖励一等奖1项、中华医学科技奖三等奖1项、教育部科学技术进步奖二等奖1项、中华医学科技奖二等奖1项、教育部自然科学奖二等奖1项、中华医学会全科医学分会"优秀全科医生奖"1项、广东省科技进步奖二等奖1项。

科研教学

2016—2019年医院获得国家自然科学基金24项，资助经费共计1174万；2019年医院获得的国自然项目中，包括深圳市卫健系统唯一一个优青项目，重点项目1项，国际合作项目1项；2017年牵头立项市卫健系统首个本土培养牵头的国家重点研发计划"膀胱尿路上皮组织干细胞突变特征与演化研究"项目。在*Nature*、*Nature Genetics*、*Cell*、*Cell research*和*European Urology*等国际著名刊物发表一批以第一作者和通讯作者高水平论文，2016年以来发表SCI论文合计54篇；获得国家发明专利19项；2016—2018年全市卫健系统科技影响力综合排名前十；医院拥有目前是深圳大学、安徽理工大学、牡丹江医学院、汕头大学医学院及江西中医药大学等院校硕士研究生培养基地。

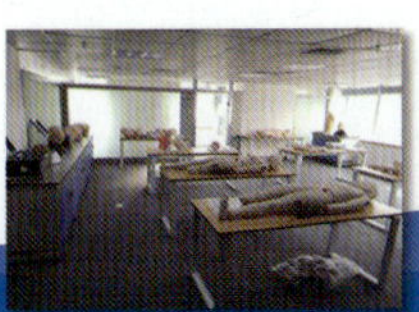
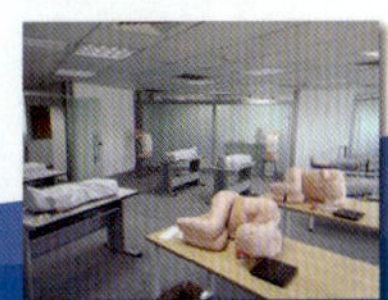

地名代码：44030300527300000004

属医疗卫生。1957年4月建立，1983年更为今名。位于罗湖区南湖街道友谊路47号。属医疗卫生行业，为三级甲等医院。医院总建筑面积71400平方米，编制床位902张。

办学指南

深圳技术大学是广东省和深圳市高标准建设的国际化、高水平、示范性一流应用技术大学。2018年11月30日，经教育部批准正式设立，学校标识码为4144014655，定位于应用型高等学校。深圳技术大学的设立，是广东省和深圳市深入贯彻党的十八大、十九大精神以及习近平总书记视察广东、深圳重要讲话和对广东、深圳工作重要批示要求，落实国家重大发展战略的迫切需要；是广东省和深圳市落实中央深化教育体制机制改革，探索发展本科以上层次应用型高等教育的重要举措；是广东省和深圳市优化广东、深圳高等教育结构布局，补齐高层次创新型应用技术人才短板的积极探索。

科研与校企合作概况

学校充分借鉴包含德国和瑞士在内的国家的应用技术大学办学经验，坚持“以应用需求为主”的科研导向，紧密对接深圳及珠三角本土产业，结合企业实际技术需求，注重校企联合项目研发，积极推进产学研用一体化人才培养。

校企合作方面

建校以来，学校积极推进校企合作与产教融合办学模式，努力探索校企“产学研”协同发展的体制机制，通过建立与企业务实、高效、稳定的长效合作机制，构建以产业实际需求为牵引、以市场为导向、产学研用深度融合的协同创新体系，支持行业企业参与人才培养全过程，打造优势学科和品牌专业，促进应用型高等教育与经济社会需求对接。

建立校企双方走访和参观实践机制。学校鼓励师生定期走访各行业协会及企业进行参观实践，并邀请企业到学校举办交流座谈会。通过走访交流活动，全面了解行业发展趋势、企业技术需求和人才需求。现已举办企业座谈及交流会数百场，师生到企业走访实践上千人次。

与多家行业龙头骨干企业签订合作协议。学校已与华为、深圳地铁、大族激光、顺丰速运、比亚迪、华大基因、中国联通、中国电信、南方航空、深圳怡丰自动化等170余家行业领军企业签署战略合作框架协议。

科技研发合作。学校设立校企合作研发项目和横向项目，与深圳地铁、华大基因、中石化、深圳菲森科技和蓝月亮等企业在大数据、人工智能、精密设备、轨道检测、交互设计、油田设备等多个领域进行研发合作，已立项70余项，项目经费达千万余元，为企业解决技术难题，共同促进科技成果转移转化。

共建实验室与实习实践基地。学校与周大福、大族激光、格兰达、康士柏和高川自动化等企业合作共建联合实验室12个；与深圳地铁、怡富通讯、聚飞光电等企业共建实习实践基地32个，协同实践教学。

积极开展特色校企合作活动。学校通过与企业共同设立校企合作培养班、建立企业奖学金及开设校企共建课程等方式，结合企业需求，定向培养人才。现已与聚飞光电、浙江大华等企业合作，设立4个校企合作培养班；与鸿普森、京鼎工业、聚飞光电等企业建立奖学金；与深圳地铁、百泰集团、震雄集团等多家企业合作开设11门校企共建课程；聘请数十位行业专家、知名企业高管、高级研发工程师为客座教授，为师生授课。

科学研究方面

自2017年至今，学校科研项目与经费双双稳步增长。现已陆续开展项目224项，其中纵向项目146项，包含27项国家级项目及76项省市级项目，横向项目55项，校企合作研发项目23项和其他项目43项，立项项目经费近1.7亿元；发表SCI论文180余篇。专利及知识产权申请共307项、授权83项，其中发明专利申请152项、实用新型申请71项、PCT申请40项，其余申请44项。

技术成果转化方面

为深入贯彻落实国家创新驱动发展战略，着力实现基础研究向技术产业化融合发展，我校成立深圳技术大学技术成果产业化中心。中心主要负责开展和推进学校的科研成果转化、专利运营管理、大学科技园区、孵化器管理等工作。目前中心建筑面积约2700平方米，已有先进裸眼3D显示及芯片设计中心、液体分离工程实验室、机器视觉技术研究所等各类研究所、研发中心、工作室14间。

目前我校已有多项技术成果，如裸眼3D显示及芯片设计中心开发研制的裸眼3D显示器；机器视觉研究所自主研发的红外热像测温仪设备，于疫情期间在坪山区所有大中小学安装并使用，大大降低了防疫成本费用；液体分离工程团队基于油水分离技术孵化出科技公司，成功竞标中石化等多家公司，技术和产品已应用于全国多个油田。

深圳技术大学

网址：www.sztu.edu.cn
联系方式：0755—23256054
招生热线：0755—23256666
地址：广东省深圳市坪山区兰田路3002号

深圳技术大学与中国联通签约合作建设5G校园

深圳技术大学与华为签署合作备忘录

深圳技术大学技术成果产业化中心揭牌

深圳信息职业技术学院创办于2002年4月，是经广东省人民政府批准、教育部备案，由深圳市人民政府举办的公办全日制高等院校。

学校现为中国特色高水平高职学校和专业建设计划（简称“双高计划”）第一轮建设单位（B档），国家示范（骨干）高职院校、国家示范性软件职业技术学院、教育部“中德职教汽车机电合作项目”试点院校，现拥有3个国家级高等职业教育专业教学资源库（含1个备选项目）。

校园占地92.5万平方米（1389亩），建筑面积58.48万平方米。现有教职工1180人，其中专任教师600人；现有15院2部2所，具体为软件学院、电子与通信学院、计算机学院、数字媒体学院、智能制造与装备学院、交通与环境学院、管理学院、财经学院、应用外语学院、中德学院、马克思主义学院（思想政治理论课教学部）、继续教育学院、创新创业学院、创新教育研究院、国际交流与合作学院（港澳台事务办公室）、公共课教学部、体育部、信息技术研究所、滨海土木工程技术研究所。开设信息类为主的专业47个；现有全日制在校生1.6万人。

深圳信息职业技术学院在2016—2020年重点聚焦区域信息产业发展，切实围绕“高、新、实、活”四字诀，以科技创新支撑体系建设为核心，推动机构、平台、团队、项目和成果等核心要素的建设与培育，努力打造“基础研究+应用开发+成果转化+技术服务”的全过程科技创新生态链，改革成效初显。

2016—2020年，学校教师共承担各级各类纵横向科研课题662项，科研资助经费累计达11207.6563万元，其中国家自然科学基金项目12项，省部级项目46项，市区级项目312项，横向项目142项。

2016—2019年，学校教职员工共出版著作44本；发表论文339篇；累计获得授权专利326件，其中发明专利获得授权75件；“十三五”期间，深圳市科技进步奖二等奖1项，福建省技术进步奖1项，深圳市哲学社会科学优秀成果奖6项。

学校参展高交会与文博会，展出项目共214项。 深圳信息职业技术学院共与国内27所高校签订联合培养研究生协议，累计联合培养研究生74人，其中博士12人。

近年来，学校努力构建科研创新体系，科学研究不断取得新突破，科研综合实力大幅度增强。学校连续12年获得国家自然科学基金项目资助，资助金额达730万元。“十三五”期间，学校加大了校级培育力度，新增校级平台、团队和项目137项，较“十二五”期间增长了37%；资助经费1995.45万元，是“十二五”期间的3倍多。

特色亮点

1. 加强校内创新要素培育建设，凝练特色方向

学校结合深圳市对新一代信息技术产业发展需求，在校内布局了涉及人工智能、网络空间安全、第三代半导体、激光与增材制造、城市生态与环境、工业机器人等六大研究领域，覆盖文理、聚焦前沿、具有深信特色的人工智能应用研究所、智能无线通信与网络研究所等18个校内科研机构。

学校积极开展校内项目培育，紧紧围绕粤港澳大湾区建设和深圳国际科技产业创新中心建设等战略部署，鼓励学科交叉、资源共享和协同创新。在“十三五”期间，新增校级创新平台10项、创新团队11项、校级项116项，研究方向更加清晰、优势领域更加突出，有力地促进了学校基础研究及应用基础研究能力的提升。

2.打造科研“高地”与“阵地”

学校先后成立“创新教育研究院”和“滨海土木工程技术研究所”，连同原有的“信息技术研究所”，三大校级研究机构形成深圳信息职业技术学院的科研“高地”。未来深圳信息职业技术学院将进一步积极联合高校、研究院所、行业企业共建各类研究机构，构筑科研高地，培育大团队，承担大项目，攻克一批关键技术和共性技术，激发创新动能。

“十三五”期间，学校新增科研平台11个，其中国家级协同创新中心2个，广东省工程技术研究中心2个，广东省工程技术开发中心1个，广东省应用技术协同创新中心1个，深圳市公共技术服务平台1个，龙岗区科技创新平台4个。

3.坚持高端引领，组建深圳市电子信息产业技术研究院

为更好地服务国家战略，落实《深圳市人民政府电子科技大学全面战略合作框架协议》，推动电子信息制造产业从规模发展向高质量发展转型。2020年9月，深圳信息职业技术学院与电子科技大学签署了合作共建“深圳市电子信息产业技术研究院”的协议。

深圳市电子信息产业技术研究院未来将重点围绕电子信息领域积极探索新型产教研合作机制，努力攻克“卡脖子”难题，集创新人才培养、技术研发、成果转化为一体，在技术产业化转移路径、知识产权商业化方面进行创新，建成“应用研究-技术开发-产业化应用-企业孵化”的科技创新链条，黏合人才链、创新链与产业链“三张皮”，致力于为深圳乃至国家未来电子信息技术和产业发展做出应有的贡献。

4. 打造湾区中德教育与经济协同发展示范基地

学校积极贯彻落实国务院出台《国家职业教育改革实施方案》等文件精神，依托中德学院积极谋求与位于粤港澳大湾区核心区域的深圳市制造业大区——宝安区作为改革试点，在更深层级和更全面体系上推动德国产教融合理论在中国的本土化实践。

2019年，学校与宝安区人民政府、德国乌尔姆TFU科技园、德国史太白经济促进基金会四方签署战略合作协议，联合共建 “湾区中德教育与经济协同发展示范基地”。基地将秉承“高端引领、多方协作、互利共赢、注重实效”的原则，以促进实体经济高质量、可持续发展为目标，加快构建国际产学研合作机制，多元共建一个集人才培养、先进技术转移、产业转型升级的多功能的湾区中德教育与经济协同发展示范基地。

表1 2016—2020年科研工作主要成果一览

序号	内容	总量
1	科研项目	662项
2	国家级项目	12项
3	科研经费	11207.6563万元
4	出版著作	44本
5	发表论文	339篇
6	获授权专利	326件
7	高交会、文博会参展项目	214项
8	联合培养研究生签约院校	27所
9	联合培养研究生数	74人

深圳职业技术学院

地址：广东省深圳市南山区留仙大道7098号　　邮编：518055
电话：0755-26019709/26731842　　网址：www.szpt.edu.cn

一、学校概况

深圳职业技术学院（以下简称“深职院”）1993年创建，是国内最早独立举办高等职业技术教育的院校之一。建校以来，深职院人艰苦创业，开拓进取，创造了中国高职教育的多个第一。学校依托珠三角产业发展，秉承深圳特区改革创新精神，坚持把立德树人作为学校教育的根本任务，坚持在服务国家战略和深圳经济社会发展中谋发展，不断创新教育教学理念、人才培养模式和办学体制机制，各项事业取得显著成绩，被誉为中国高职教育的“一面旗帜”。学校紧贴深圳四大支柱产业和战略性新兴产业布局专业，与华为、阿里、平安、比亚迪等一流企业紧密合作，共同开展党建活动、建设高水平专业、共同开发课程标准、共同打造师资团队、共同设立研发中心、共同开发高端认证证书、共同开展创新创业教育、共同招生、共同走出去，探索形成适合中国国情的“双元”育人模式。

学校现有留仙洞、西丽湖、官龙山、华侨城、凤凰山五个校区，校园总面积212万平方米，校舍建筑面积62.17万平方米，其中教室10.75万平方米，图书馆5万平方米，体育馆3.34万平方米，实训实习场所10.14万平方米。现有固定资产总值23.19亿元，其中教学仪器设备总值9.58亿元，教学用计算机14525台。图书馆藏有纸质图书261.2万册，电子图书130万册，电子期刊60.54万册，中外文数据库46个，音视频16.07万小时。

学校设有电子与通信工程学院等14个二级学院和体育部、工业中心、国际教育部等教学单位，招生专业79个。全校普通全日制在校生29303人，其中外国留学生263人、成人专科生5903人。国家级教学成果奖14项，国家职业教育专业教学资源库3项，国家重点支持建设示范专业12个，中央财政支持实训基地9个，国家级精品教材12部，国家精品课程53门，国家级精品资源共享课43门。

全校现有教职员工2380人，在编在岗教职工1847人，其中，专任教师1212人，教授201人，副教授661人，博士437人，留学归国、半年以上访学经历教师373人，国家“万人计划”教学名师1人、国家级教学名师3人。学校拥有教育部首批黄大年式教师团队1个；引进诺贝尔奖团队等一批重量级团队，成立霍夫曼先进材料研究院、智能科学与工程研究院、智能制造研究院、新时代中国职业教育研究院、社会与经济发展研究院等高水平平台，为珠三角产业发展提供有力支撑。

二、科研发展情况

学校坚持以“产学研用”一体化的科研导向，重视技术转移和科技成果转化。近年来，学校不断深化科研体制机制改革，大力加强与政府职能部门以及行业企业合作，抢抓产业发展新机遇，服务地方经济社会和中小企业发展。

学校共有市区级以上科研平台、协同育人平台、协同创新中心52个，省教育厅科研团队4个。其中，省部级平台11个、省文化厅平台1个、省教育厅平台12个、市厅级平台23个、区级平台5个。目前学校建有校级科研平台、团队、协同育人平台、协同创新中心共计62个，其中校级科研平台22个，校级科研团队28个，校级协同创新分中心（协同育人平台）12个。

学校2015年获批设立深圳市博士后创新实践基地，41名博士先后进入基地工作中。学校自2001年开始，与国内156所高校联合培养研究生，累计联合培养硕士研究生729人，博士生41人。

学校累计承担各级各类科研课题5358项，科研经费到账总经费达到8.31亿元。其中，国家级项目86项,年度新增国家自然科学基金项目10项，省部级项目421项，市区级项目861项。

全校教师出版各类学术专著238部，出版编著118部、译著16部，文集、作品集73部，发表学术论文14055篇，其中核心刊物以上发表4258篇。71项成果分别获国家教育部、广东省及深圳市等各级奖励。

学校教师累计获得专利授权数共计1852件（其中发明专利350件，实用新型专利1201件，外观设计专利301件），获得软件著作权登记707件，获作品著作权登记567件。学校教师参与制定各类标准共91件，其中国际标准8件（全部为参与制定）；国家标准37件（其中参与制定32件，牵头制定5件）；行业标准35件（其中参与制定26件，牵头制定9件）；地方标准11件（其中参与制定8件，牵头制定3件）。

学校参加了全部21届高交会，参展项目达295项；参加了3届中国电子信息博览会，参展项目46项；承办4届文博会分会场，参展项目达 81 项，参加了7届文博会主会场，参展项目达98项。学校积极为区域经济和社会发展服务，共完成技术（知识）转移项目2873项，到账经费3.06亿元。

中国科学院深圳先进技术研究院

Shenzhen Institutes of Advanced Technology, Chinese Academy of Sciences

地址：深圳市南山区西丽大学城学苑大道1068号 电话：0755-86392288 传真：0755-86392299 网址：www.siat.ac.cn

2019年是中华人民共和国成立70周年，是中国科学院（简称“中科院”）建院70周年，是深圳市建市40周年，也是中国科学院深圳先进技术研究院（简称“深圳先进院”）跨越发展的一年。2019年深圳先进院在党的十九大精神的指引下，在中国科学院、深圳市人民政府、香港中文大学的指导与支持下，立足三个面向，深入落实“率先行动”计划，抢抓建设粤港澳大湾区和深圳建设中国特色社会主义先行示范区，“双区驱动”的历史机遇，勇于担当，率先作为，在科技事业发展的进程中及在科教融合的道路上书写下浓墨重彩的一笔。

2019年，深圳先进院科研工作取得多项重大原创性科研成果。面向国家重大科技需求，解决“卡脖子”问题，超薄芯片加工用晶圆临时键合胶材料替代美国进口，成功导入华为海思5G基站芯片，预计2020年第一季度实现商用；在脑疾病模型和本能行为环路解析等研究领域获得突破，以CRISPR基因编辑技术在国际上首次制备和系统解析了*SHANK3*突变的自闭症非人灵长类动物模型；1.1类原创新药“注射用AS1501”获得临床批件，标志着世界上第一个TRAIL阻断剂药物成功进入临床开发；利用迁徙进化实验揭示合成生物学建构原理，为合成生物学研究提供基础理论指导，相关成果以长文形式发表在*Nature*期刊，其中先进院为第一完成单位与通讯单位；研制出140纳米超分辨3D活体生物光学显微镜，达国际领先水平。

深圳先进院经过13年的发展积淀，累计承担科研项目经费近80亿元，累计申请专利8748件，授权专利3587件，发表论文10026篇，累计孵化企业968家，持股263家。2019年新增合同额22.96亿元，现金到账19.25亿元（含一次性股权转让4.66亿元），均创历史新高；申请专利1516件，PCT专利366件，国外专利42件，授权669件，专利各项数据中科院排名第一，PCT专利申请量预计全球高校排名前两名；2019年度发表论文1461篇，其中CNS系列文章14篇，正刊5篇，WFC指数上升至24.54，中科院排名20位，SCI论文的收录排名第16位；获批国自然基金项目102项，位列中科院第三名。2019年度新增孵化企业209家，新增持股企业38家；人员规模达3364人，其中员工1908人；新引入全职院士2人，杰青3人；新获批“优青”4人，中科院各研究所排名并列第二名，获批“青千”4人，中科院排名前三名，新增“四青”以上人才18人；博士后在站人数达552人，中科院排名第一；获博士后基金资助70人，连续3年蝉联中科院第一；获批广东省科学技术一等奖2项，二等奖2项；深圳市科学技术奖8项（2018年度5项、2019年度3项），其中市长奖1项；吴文俊奖5项、黄家驷生物医学工程奖1项、中国专利银奖1项。2019年度新增获批5项省部级科研载体，包括中国科学院定量工程生物学重点实验室、中国科学院脑联结解析与调控重点实验室、中国科学院医学成像技术与装备工程实验室、粤港澳人机智能协同系统联合实验室、广东省合成基因组学重点实验室。科研平台支撑能力有效提升。2019年度完成实验室升级改造10200m²，实验室总面积达到31500m²；科研仪器设备原值总额达8.3亿元，其中设备原值50万元（含）以上的设备250台/套，2019年新增50万元以上大型设备30台/套；动物年采购量突破3万只，动物实验室面积超过3500m²。

依托深圳先进院建设的中国科学院深圳理工大学（暂定名，简称“中科院深理工”）2019年8月获教育部筹建批复，纳入广东省高等教育“十三五”中期调整，标志着大学正式进入筹建阶段。经2019年12月6日大学第一次领导小组会议审议，同意光明校区规划占地面积810亩，建筑面积56万平方米，校区统一规划一次建设。

学科体系不断完善。增列“生物工程”学位点，生物医学工程学科恢复招生；国际化师资达328人(博导218人)，85%具有海外经历；国际化课程体系逐步完善，已有来自15个国家地区的30位国际学生；获批“生物学”博士后科研流动站；全年招收博士后309人，在站达552人。

2019年，先进院与产业界合作项目金额达6.95亿元。横向项目到款1.99亿元，其中工业委托合作到款0.82亿元，产学研项目到款1.17亿元。年度专利转让现金到账2956万元，首次实现股权转让收益4.66亿元。产业合作方面，以市场需求为导向，以成果转化政策激励为牵引，建立成果转化新机制，搭建多元化合作新渠道，构建网络化合作新载体，开辟成果转化新路径，提升成果转化新价值，首次接入联交所股权挂牌交易通道，实现了科技成果转移转化真正意义上的闭环。2019年新签订联合实验室26个，与华为年签约超千万元，与商汤科技合作多项成果获奖，承担国家双创示范基地，获国家发改委1500万元项目支持，入选国家双创百佳案例。此处作为深圳市产业集群总促进机构中标工信部集群项目，支持金额4400万元。

国际合作成效显著，国际影响力不断提升。2019年国际科技交流与合作国别累计达38个国家（地区）93家境外机构，81人在275个国际学术期刊或会议担任职务。与澳门大学共建人工智能与机器人联合实验室，并联合启动联合培养博士研究生合作。2019年度新增43个国际合作项目，涉及24个国家，其中21位获中科院国际杰出学者、国际访问学者、国际博士后、特需外国人才、外国青年津贴等国际人才项目，主办和承办国际会议及培训班27场。成功获批先进院第三个省级国际合作基地——骨科转化医学研究平台；成立深港脑科学创新研究院SIAT-UBC院士工作站，亚洲合成生物学协会总部落户深圳先进院；与越南水利大学签署国际化人才培养协议，助力“一带一路”沿线国家建设。

2019.06.13中国科学院创客之夜首次亮相全国双创周

2019年中国科学院深圳先进技术研究院大学生夏令营

2019.01.06 中国科学院深圳先进技术研究院牵头建设三个深圳基础研究机构获得授牌

妈湾跨海通道海域施工

以精心 筑精品

——深圳市勘察测绘院（集团）有限公司

深圳市勘察测绘院（集团）有限公司（以下简称“深勘”）创立于1981年，专业从事工程勘察和测绘；市政工程和岩土工程设计和施工；以及空间信息工程与服务等业务。是深圳市首批认定的国家高新技术企业，全国勘察设计百强企业，全国勘测先进单位，中国工程建设标准化理事单位。被授予全国工程勘察与岩土行业国庆60周年十佳技术自主创新企业奖、十佳企业文化建设先进奖、“十一五”深圳市建设科技先进单位、中国勘察设计协会优秀勘察设计企业、改革开放40年勘察设计行业优秀民营企业，中国地理信息产业百强企业。

深勘具有勘察、测绘、设计、施工、市政、地质灾害防治等资质，通过质量、环境、职业健康安全管理体系，具有检验检测资质认定证书，是首批广东省全过程工程咨询试点单位，与自然资源部重点实验室共建“空间信息技术与智慧城市研究中心”。深勘以深圳为中心，形成了辐射全国的服务网络，除各专业公司外，在广州、东莞、珠海、海南、贵州、福建、重庆、西北、雄安等地设有分支机构。拥有以中国勘察大师、广东省勘察大师、教授、博士为专业带头人的精英团队。

深勘拥有先进设备，技术力量雄厚，始终把科技创新贯穿于每一个工程项目中。自成立以来，完成各类工程三万余项，获国家、省（部）、市级优秀工程奖480余项（包括国家级金奖17项、银奖27项、铜奖8项），其中，“深圳湾公路大桥工程首级控制网测量”获中国测绘学会科学技术奖励委员会优秀测绘工程奖金奖、“深圳市滨海大道线路（海堤、道路）详细阶段岩土工程勘察”获中华人民共和国建设部一等奖、“深圳港铜鼓航道及西部港区公共航道工程及大铲湾港区（一期）工程勘察”获中华人民共和国住房和城乡建设部全国优秀工程勘察设计奖金奖、“盐田区智慧城管信息系统”获2020地理信息产业优秀工程金奖。

妈湾跨海通道是深圳市首条海底隧道，采用15m超大直径盾构穿越海底复杂地形及软硬不均地层。深勘于2014年、2017年两次进驻现场开展勘察工作，所运用的海上软土波速测试法、孔内定深采集水样和量测水位水温装置、海上潮差修正尺、土工试验送样装置、钻探环保泥浆循环收纳装置等获发明、实用新型专利5项。

深圳市平安金融中心桩基础工程位于深圳市福田中心区，桩基础采用人工挖孔灌注桩，为国内外罕见巨型

深圳市平安金融中心桩基础工程

人工挖孔桩施工项目，项目的顺利实施标志着深勘在桩基础工程施工中处于国内领先水平。项目于2019年获第16届詹天佑奖。

深圳市地质地理信息系统将先进的地理信息系统技术与传统的地质科学有机结合，建立城市基础地质地理信息系统。目前该系统已应用于岩土工程勘察设计及施工、地质灾害防治设计及施工、地基处理等专业领域内50多个项目，曾应邀在中国勘察设计协会年会上进行推广交流，多家同行单位前往深勘观摩学习。该项目获2009年华夏建设科学技术奖。

深勘注重科技创新，主编和参编国家、行业、省级、地方标准40余册，其中参编的国家标准《岩土工程勘察规范》获部级科技进步二等奖，参编的行业标准《建筑变形测量规范》获华夏建设科学技术二等奖，获知识产权64项。深勘近年开展建设科研项目50余项，产生科技成果项目30余项。“边坡稳定性预测预报及垮塌控制技术研究”获实用新型专利4项、发明专利1项；发表SCI及核心期刊论文10篇；申报为2016年深圳市科技创新委员会技术公关项目，获政府奖励资助。“海域空间资源调查及海底使用现状监视监测”“大比例尺精细化多源空间信息集成获取技术及动态监测应用”“多源空间信息集成获取技术研究及在城市地形图动态修补测中的应用”等研究项目分别获2018中国测绘学会测绘科技进步二等奖、2019中国地理信息产业协会科技进步二等奖、2019中国卫星导航定位协会科学进步奖，在深圳市政府专题项目及基础测绘中广泛应用，社会、经济效益显著。

多年来，深勘始终坚持企业经济责任和社会责任有机统一，企业自身发展的同时，不忘回馈社会。深勘技术团队义不容辞地支持深圳建设，在地灾、应急管理、地下空间施工技术、安全方面给予建设主管部门、业主无偿的技术支持。致力履行社会责任，积极参与公益事业，良好的企业公民形象赢得了社会各界、政府部门的好评。深勘曾被中国规划协会、深圳市政府、甘肃、陇南地方政府授予援建先进单位、“5・12”地震灾后重建优秀企业。深圳光明新区滑坡灾害，调查组对深勘积极参与救援的态度及强有力的技术支持给予高度认可，市领导及国务院专家组对其规范化的现场作业和质量报告给予最高评价。深勘还捐资助学、设立奖教奖学金，党委、工会设立扶贫济困、捐资助学基金，对口资助山区贫困失学儿童。

在未来更长的日子里，深勘将继续秉承“团结进取、求实创新、优质高效、服务社会”的企业精神和“守法诚信、精心精品、环保安康、持续改进”的管理方针，力求今天做的比昨天更好，以精心筑精品，以实际行动参与中国特色社会主义先行示范区的建设，为全国工程建设和数字地球建设做更多贡献！

BGI华大

深圳华大生命科学研究院

深圳华大生命科学研究院（以下简称“研究院”）以研究生命科学、推进生物技术与全民健康事业的发展为宗旨，紧紧围绕基因组学核心技术和前沿科学问题开展相关研究工作。同时，为打造更先进的科研平台，加快科研产出，研究院将持续集中力量提升生命科学的核心竞争力，大力发展生物技术与新型装备研制；随着基因组测序量迅猛提升，TB甚至PB级别的海量数据需要更先进的工具和系统来进行高效的数据分析和挖掘，在核心算法工具、智能化数据管理和分析、生物大数据采集等方面不断突破创新，开发生物大数据智能系统尤为重要；在医疗健康领域，基因相关新技术将会为医疗健康带来革命性的变革，聚焦多组学大数据的精准医学研究，在生育健康、肿瘤、传感染等重点疾病领域布局精准诊疗技术开发，将促进精准医学为代表的产业化发展，形成大数据为基础的知识转化和临床应用转化机制，奠定我国在医学领域长期发展的优势地位。研究院通过建设先进科研平台以及开展各类横向课题，积极推进国际科技合作和交流，启动和参与前沿大科学项目和大科学工程，与国内外知名大学和研究机构开展人才培养与项目合作，进一步提升科研平台水平、研究开发能力、国际合作网络以及高端人才团队，不断增强我国深圳市在生命科学研究领域的国际影响力，建成以多组学大数据为基础和国际一流的产学研一体化新型生命科学研究院。

截至2019年，研究院累计发表论文2700多篇，SCI收录2263篇，在国际四大顶尖学术期刊《自然》系列、《科学》、《细胞》、《新英格兰医学》上共发表文章303篇，累计申请专利1287项。有3项科研成果获得国家科学技术奖，7项科研成果获得省部级科学奖，10项科研成果获得市级科学奖。此外，“小麦基因组图谱”“酵母长染色体的精准定制合成”等多项科研成果先后入选“世界十大科技进展”和“2017年度中国科学十大进展”。

与此同时，研究院还注重与全球科研机构建立长久合作关系，目前已同国际生物和环境样本库协会（ISBER）、人类基因变异组计划（HVP）、国际癌症基因组联盟(ICGC)、联合国粮食及农业组织(FAO)、世界自然基金会（WWF）等多个国际联盟及行业组织建立了战略合作关系，在人类健康、生物多样性、生物进化机制等方面开展了合作研究，通过大型国际科研合作，如万种线粒体基因组计划（MT10K）、万种脊椎动物基因组计划(G10K)、千种昆虫转录组进化研究（1KITE）、百种社会性昆虫基因组计划(ISIGR)等，与国际顶尖科研机构组成合作联盟，推动全球生物多样性遗传资源保护和战略性开发，引领基因组学研究领域的话语权；此外，研究院还与欧盟、加拿大、美国等多个国家有关单位一起建立了全球精准医学联盟，共同推动全球精准医学快速发展。

2020年初，一场突如其来的新冠肺炎疫情打乱了我们正常的生活。对于大多数人来说，这场战“疫”的首要责任，是保护自己，减少外出，躲避与病毒相遇的风险。但对于更多华大人来说，他们必须与病毒正面作战。

面对紧急的疫情，一批又一批的“华大人”坚定地站了出来，他们的身影出现在病毒检测实验室、各地疾控中心、救治新型肺炎的一线医院。更有越来越多的“华大人”，离开相对安全的生活工作地区，前往疫情更为严峻的地区助力抗疫。他们中，有年过花甲的50后，也有刚刚走出象牙塔不久的95后，有即将步入幸福婚姻的准新人，也有即将生儿育女的准妈妈。在令人生畏的病毒面前，他们斗志昂扬，信念坚定：若有战，召必回，战必胜！

为紧急驰援疫情，武汉“火眼”实验室投入运行，为武汉及周边城市提供充足的检测能力，为发热病人的确诊、高危人群的排查、疑似病例的甄别、隔离阳性感染者、保护阴性健康人群提供精准的判断，也将作为“雷神山”“火神山”“方舱”等众多抗疫堡垒的前哨，并为一线员工和疫区人群重返工作岗位提供坚实的科学依据。

目前，由华大基因运营的“火眼”实验室已在武汉、深圳、天津、北京、上海、长沙、石家庄、重庆、昆明、青岛、哈尔滨、贵阳、无锡（技术支持）等全国13个主要城市落地，持续确保国内抗击疫情的检测需求，在全国范围内助力新冠病毒感染的肺炎疫情防控工作，为临床确诊和患者康复出院提供重要依据，为全国复工复产提供科学支撑。

随着新冠疫情在全球蔓延，“火眼”实验室已成为抗疫行动的“中国名片”，从中国走向全球，已在阿联酋、文莱、塞尔维亚、沙特、澳大利亚、菲律宾、加拿大、加蓬、哈萨克斯坦等国家和地区落地，成为国际社会携手应对新冠疫情的“前哨”。目前，20余个国家和地区的70余“火眼”实验室已启动或在洽谈中，预计总检测日通量超过30万例。

“华大人”用一脉相承的科学态度与奉献精神，想国家之所想、急人民之所急、办抗病之所需。面对突发疫情，只有以先进的科技力量作为支撑，才能正确地认知、诊断、防控疾病。在这次新型冠状病毒疫情中，华大依然在这里，痴心不改。

深圳市国新南方知识产权研究院

首席专家 吴汉东教授

连续入选全球知识产权最具影响力50人；国家知识产权战略咨询专家、国务院反垄断委员会专家咨询小组成员；教育部社会科学委员会法学学部委员；最高人民法院知识产权司法保护中心学术委员会副主任；工信部集成电路知识产权联盟专家委员会主任；中南财经政法大学学术委员会主席、原校长。

深圳市国新南方知识产权研究院是深圳市福田区重点引进的高端创新资源和新型智库，由中南财经政法大学原校长、我国享誉世界的知识产权著名专家吴汉东教授领衔，会同腾讯、比亚迪、创维、迈瑞、金活医药、天珑移动、东方富海、广东联建律所和国新南方运营公司作为理事单位共同发起。研究院秉承"鼎新革故，经世致用"理念，汇集政、产、学、研、资、介资源，致力于打造专业化、高端化、国际化、资本化的知识产权产业服务综合体。

研究院按"一个平台，两个面向，三层架构，四个突破"的思路，打造探索知识产权为纽带的创新生态链。自 2014 年高交会期间作为高端创新资源被引进落户深圳市福田区以来，研究院紧密结合深圳市产业基础情况和阶段特征，积极打造知识产权产业服务综合体，目前已经形成了以研究院为智库依托，集知识产权运营公司、知识产权投资管理公司、知识产权代理公司、知识产权培训公司、知识产权创客服务平台于一体，以知识产权博士后创新实践基地为补充的知识产权产业服务综合体。研究院充分利用行业专家的智力资源优势、发起单位的产业背景优势、科技创新的资源整合优势、数据检索的挖掘分析优势，深入布局课题承接、高端论坛、创新培训、IP运营、创客孵化及投资基金六大业务门类，目前已取得明显成效。

邮箱：gxnf@cisipgroup.com　地址：广东省深圳市福田区深南大道深圳特区报业大厦21A　电话：0755-83225676

主要服务

课题承接

创客孵化

IP运营

创新培训

投资基金

微信公众号 关注我们了解更信息

高端论坛

2015 年深圳首届中日知识产权高端研讨会

2016 中国（深圳）数字版权峰会

2017 人工智能与法律的未来高峰论坛

2018 中国电子信息产业知识产权高峰论坛

2018 中日（深圳）知识产权高峰论坛

2018 中国（深圳）集成电路产业高峰论坛

2019 新形势下跨国专利战的组织与应对主题研讨会

2019中日（深圳）知识产权高峰论坛

第七章 科学普及

Scientific Dissemination

第一节 科技活动

2019 年“自主创新大讲堂”场次表

场次	举办日期	主题	主讲嘉宾	嘉宾简介	承办单位	举办地点	规模（人次）	备注
1	2019 年 1 月 5 日	冬季养生的健康食疗	张洪 李光	张洪：副主任医师、深圳市高层次领军人才、深圳市急救中心五级管理岗。李光：福田区政协委员、深圳市抗衰老研究会理事长、深圳市科普志愿者协会会长	深圳市老年保健协会	科学馆一楼多功能厅	131	创新型城市
2	2019 年 1 月 11 日	关注健康——缓解心理压力及调理营养结构	张明 卢祖琴	张明：副主任医师及副教授，北京大学深圳医院营养科主任。卢祖琴：高级政工师、国家二级心理咨询师、司法部心理矫治高级技术技能培训导师	深圳市环境监测协会	海曙凯丰酒店三楼荷塘月色厅	153	创新型城市
3	2019 年 1 月 19 日	儿科常见病及预防	白宇乾 谢 英	白宇乾：博士研究生及讲师、深圳市职业病防治院副主任医师、深圳市中西医结合学术委员会委员。谢英：医学博士及讲师，深圳市职业病防治院副主任医师	深圳市抗衰老研究会	科学馆一楼多功能厅	63	创新型城市
4	2019 年 2 月 23 日	无菌营养鸡蛋修复胃肠道内黏膜损伤的营养食物疗法及其机理探索	徐金根	深圳市临罡创试科技公司有限责任公司董事长	深圳市工程师联合会	科学馆一楼多功能厅	189	科学技术
5	2019 年 3 月 2 日	新形势下军民融合发展战略及未来格局	李大光 段忠	李大光：国防大学教授及研究生导师，中国科协科普协会会员、中国孙子兵法研究会理事、中国海洋发展研究会理事。段忠：中国国防工业首席专家委员会副主任，中国国防科技工业军民融合及文化研究室主任	深圳市军民融合发展协会	科学馆一楼多功能厅	182	创新型城市
6–14	2019 年 3 月 5 日 – 3 月 27 日	飞向太空 航天探秘（共 9 场）	焦维新 吴子牛 张德良	焦维新：北京大学地球与空间科学学院教授、中国空间科学学会空间探测专业委员会副主任、中国宇航学会返回与再入专业委员会委员、中国气象学会空间天气学专业委员会委员。吴子牛：清华大学航空航天学院教授及博士生导师。张德良：现任中国科学院力学研究所研究员及中国科学院大学教授，兼任北京大学工学院、中国科学技术大学工学院、南京理工大学动力学院兼职教授	深圳市宇航科普协会	全市 9 所中小学校	3160	科普
15	2019 年 3 月 9 日	设立首席产品官（CPO），实现创新驱动发展	成海清	博士，知行信创新咨询创始人，浙江大学、中国科学院大学、中山大学等知名高校创新管理客座教授	深圳市中鹏智创新管理研究院	科学馆一楼多功能厅	142	创新型城市

续表

场次	举办日期	主题	主讲嘉宾	嘉宾简介	承办单位	举办地点	规模（人次）	备注
16	2019年3月10日	微生物与健康	李挺 沈亚恒	李挺：广东省微生物研究所，助理研究员，从事微生物科普基地的建设和科普讲解工作，参与相关课题的科研工作。沈亚恒：广东省微生物研究所华南微生物资源中心研究员	深圳市乙品华堂绿色产品科技发展有限公司	罗湖区鸿丰大酒店7楼会议室	75	创新型城市
17	2019年3月16日	体重管理	雷敏	副主任医师及副教授、河北医科大学第三医院营养科副主任、临床营养学硕士生导师、注册营养师	深圳市营养师协会	科学馆一楼多功能厅	55	创新型城市
18	2019年3月21日	智能制造之灵魂——柔性测试机器人	罗力	深圳市瑞旸科技有限公司总经理、深圳市汽车电子行业协会副会长、深圳市质量强市促进会理事、中国科技自动化联盟理事	深圳自动化学会	深圳技师学院教学楼东401室	243	科学技术
19	2019年3月22日	海上丝绸之路的显现与繁荣	纪宗安	暨南大学副校长、历史系教授、博士生导师，现任广东省老科学技术工作者协会常务副会长及暨南大学本科教学督导委员会副主任	深圳市老年科技工作者协会	科学馆一楼多功能厅	155	创新型城市
20	2019年3月22日	企业如何参与标准化研究	李宝华 刘红军	李宝华：清华大学深圳研究生院教授、博士生导师、能源与环境学部主任。刘红军：中兴通讯股份有限公司标准战略总监	深圳市电源技术学会	清华大学深圳研究生院CⅡ楼一楼多功能厅	111	创新型城市
21	2019年3月23日	智慧气象与新媒体传播	李磊 李智勇	李磊：博士、正研级高工、深圳市地方级高层次领军人才。李智勇：《人民日报》社会版主编、央视及央广评论嘉宾、广电总局培训中心新媒体课程及中国传媒大学新闻系专业硕士课程授课专家	深圳市气象减灾学会	科学馆一楼多功能厅	206	创新型城市
22	2019年3月23日	小儿推拿适宜技术的科学推广与创新应用	万力生	医学博士、教授、主任中医师、博士生导师、广东省优秀中医、深圳市儿童医院中医科科主任	深圳市通识科技教育发展研究中心	福田区中心书城北区大台阶	130	创新型城市
23	2019年3月26日	创新的质量理念——减法质量保证	唐伟国	博士、美国质量学会首位华人院士、质量管理大师、戴明博士弟子、“中国杰出质量人”获奖者	深圳市质量强市促进会	科学馆一楼多功能厅	127	创新型城市
24	2019年3月28日	太阳的归宿与恒星的演化	王栋	天体物理学博士，深圳市国家气候观象台（天文台）天文观测主管	深圳市气象减灾学会	深圳实验学校小学部多功能大礼堂	260	创新型城市
25	2019年3月29日	表面分析技术在锂电池研究中的应用	贺艳兵 鞠焕鑫	贺艳兵：清华大学深圳研究生院能源与环境学部副教授。鞠焕鑫，博士，PHI（China）Limited 高德英特（北京）科技有限公司中国区应用专家，曾任任中国科学技术大学副研究员	深圳市电源技术学会	西丽大学城清华大学深圳研究生院能源与环境大楼一楼报告厅	118	科学技术
26	2019年3月30日	新时代科技企业人才成长路径	王芳	北京师范大学教授及博士生导师，中国社会心理学会秘书长	深圳市前瞻高等理工研究院	香港城市大学深圳产学研基地二楼演讲厅	114	创新型城市

续表

场次	举办日期	主题	主讲嘉宾	嘉宾简介	承办单位	举办地点	规模（人次）	备注
27	2019年3月30日	关爱妇幼·中医谈女性形体健康与幼儿防治春季常见病	唐荣 牟惠琴	唐荣：广州中医药大学妇产科副主任中医师及副教授。牟惠琴：主任医师、甘肃中医学院教授及硕士生导师、中医临床基础教研室主任	深圳市老中医协会	科学馆一楼多功能厅	156	创新型城市
28	2019年3月30日	健康有道——妙解小儿感冒	李佳曦	中医儿科学博士、深圳市儿童医院中医科主治医师、复旦大学附属儿科医院访问学者、深圳市中医药学会养生专业委员会常务委员	深圳市通识科技教育发展研究中心	福田区中心书城北区大台阶	120	创新型城市
29	2019年4月11日	以太网供电（POE）技术及应用	张宜 聂怀军	张宜：原中国移动通信集团设计院有限公司总工、高级工程师、国家科技部专家、全国信标委信息技术设备互联分委会副主任委员。聂怀军：深圳市优特普技术有限公司董事及首席技术官、电子应用技术高级工程师、深圳市高层次专业人才	深圳市建筑电气与智能化协会	科学馆一楼多功能厅	114	科学技术
30	2019年4月11日	纳米碳材料的制备前沿——基于CVD可控制备单壁碳纳米管	张锦	北京大学教授、北京石墨烯研究院副院长、国家纳米科学中心副主任、科技部重点研发计划项目首席科学家、英国皇家化学学会会士	深圳化学化工学会	深圳大学西丽校区化学与环境工程学院一楼学术报告厅	136	科学技术
31	2019年4月13日	如何培养孩子的创新思维	王庆国	深圳大学教授、深圳教育培训行业协会执行会长、香港凤凰卫视及深圳电视台第一现场特约评论员	深圳市恒誉洋实业有限公司	科学馆一楼多功能厅	118	创新型城市
32	2019年4月20日	偏光片及其在液晶显示等领域的应用	霍丙忠	博士、高级工程师、深圳市高层次专业人才、深圳市三利谱光电科技股份有限公司研发总监	深圳市工程师联合会	科学馆一楼多功能厅	99	科学技术
33	2019年4月27日	发声与长寿	周格 邱红	周格：全民练声创始人之一、香港电台普通话台新闻主播、著名节目主持人、深圳市海之声文化传播有限公司副总裁。邱红：花腔女高音、人人开口唱品牌创始人、亚洲音乐家联合有限公司及深圳魅力艺术文化有限公司董事长	深圳市营养师协会	科学馆一楼多功能厅	95	创新型城市
34	2019年5月11日	指纹健康密码	方良卫	MRS人力资源解决方案技术发明人（中国专利）、指纹科学技术应用高级讲师、指纹HR评测技术发明人、国际EAP协会资深顾问	深圳市营养师协会	科学馆一楼多功能厅	78	创新型城市
35	2019年5月11日	合理膳食健康生活	董恒波 姚公元	董恒波：著名文化学者及科普作家、辽微医食研究所副所长、辽海讲坛主讲人、东北师范大学客座教授。姚公元：深圳市福田区慢性病防治院前院长、首批深圳市医学专家委员会成员、深圳市医疗事故鉴定专家委员会成员	深圳市老年保健协会	福田区皇悦酒店5楼会议室	116	创新型城市

续表

场次	举办日期	主题	主讲嘉宾	嘉宾简介	承办单位	举办地点	规模（人次）	备注
36	2019年5月16日	触感听觉互动系统，以多元感官打开对智慧城市新方向的探索	郑 锐 吴益明	郑锐：视障者，深圳市残联主席团委员、深圳市盲人协会委员、南山区盲协主席。吴益明：视障者，信息无障碍工程师	深圳市信息无障碍研究会	南山区深圳湾学校北馆综合楼二楼剧场	121	创新型城市
37	2019年5月18日	《流浪地球》中的幻想与科技	袁丁	博士及哈尔滨工业大学（深圳）副教授，先后在国际原子能机构维也纳总部、英国华威大学、比利时鲁汶大学、英国中央兰开夏大学工作	深圳市气象减灾学会	科学馆一楼多功能厅	171	创新型城市
38	2019年5月24日	人类工业皇冠上的明珠——航空发动机	李辉	中国南方航空深圳分公司飞机维修厂技术培训室主任工程师，2016年代表南航参加美国达拉斯第9届国际航空航天维修大赛，夺得查尔斯泰勒项目和飞机导线制作项目单项冠军。曾获得南航集团技术能手和国资委中央企业技术能手称号	深圳市气象减灾学会	荔园小学通新岭校区一楼多功能厅	250	创新型城市
39	2019年5月24日	营养健康与精准医疗检测技术新进展	朴建华 刘 劼	朴建华：中国疾病预防控制中心营养与健康所研究员（二级）、国家重点实验室原主任、中国营养学会常务理事。刘劼：同济大学客座教授、美国新墨西哥大学研究员、同济大学附属同济医院干细胞临床转化中心实验室主任	深圳市分析测试协会	龙岗区求水山酒店南岭会堂	226	科学技术
40	2019年5月25日	自媒体下的营销创新	高春利	美国营销国际协会（SMEI）中国区副秘书长、清华大学特聘讲师、著名营销实战专家	深圳市中鹏智创新管理研究院	科学馆一楼多功能厅	102	创新型城市
41	2019年5月29日	客户至上 体验为王——服务营销理念创新，助力转型升级	邹国华	企业管理高级培训师及国际注册管理咨询师，现任深圳市华思思咨询服务有限公司总经理	深圳市质量强市促进会	科学馆一楼多功能厅	163	创新型城市
42	2019年6月1日	企业产品研发创新管理体系建设与信息化落地	李光锐	博士、“十一五”重庆市制造业信息化技术信息化专题专家、用友PLM产品首席架构师及用友PLM的核心创建者	深圳市中鹏智创新管理研究院	科学馆一楼多功能厅	132	创新型城市
43	2019年6月15日	科学的生活方式	刘立	国家卫健委所属中国健康教育中心原办公室主任、职称副编审（副高）、中国科普作家协会科普演讲专业委员会副主任兼秘书长、获卫生部科技进步二等奖	深圳市梦想家科普教育中心	科学馆一楼多功能厅	71	创新型城市
44	2019年6月15日	健康用眼、科学护颈，不做“低头族”	陈尚杰	博士、博士后、博士生导师，深圳大学第二附属医院康复医学科主任及主任医师，深圳市高层次人才，南方医科大学博士生导师，博士后协作导师	深圳市通识科技教育发展研究中心	福田区中心书城北区大台阶	110	创新型城市
45	2019年6月19日	新型智慧城市的建设——粤桂新型智慧城市运营管理中心案例介绍	李 林	教授及博士生导师、中国智慧城市专家委员首席科学家、新加坡新电子系统（顾问）有限公司董事总经理、深圳北斗智慧城市科技有限公司董事长	深圳市建筑电气与智能化协会	科学馆一楼多功能厅	137	创新型城市

续表

场次	举办日期	主题	主讲嘉宾	嘉宾简介	承办单位	举办地点	规模（人次）	备注
46	2019年6月22日	食品药品安全知识	王丽荣 冯 飞	王丽荣：国家执业药师、QMS咨询师、国家注册审核员、ISO14001审核员、GMP及GSP培训师。冯飞：广东省专家委员会专家、高级咨询师、深圳市大湾科普教育研究院副院长	深圳市乙品华堂绿色产品科技发展有限公司	格林豪泰酒店（东门店）2楼会议室	80	创新型城市
47	2019年6月22日	节能减排，低碳生活	徐国民 董 伟	徐国民：国家高级审核员及中国认监委食品安全审核员培训老师。董伟：博士、国家高级审核员、中国认监委指定审核员培训老师	深圳市启新科普促进中心	格林豪泰酒店（东门店）2楼会议室	80	创新型城市
48	2019年6月22日	肿瘤风险筛查与预防知识	蔡永江	副主任医师、北京大学深圳医院健康管理中心主任、中华医学会健康管理学分会慢病学组委员、深圳市医学会健康管理专委会执行主委	深圳市营养师协会	科学馆一楼多功能厅	41	创新型城市
49	2019年6月28日	驶入广阔蓝海的专网通信	姚文良 米荣奎	姚文良：通讯高级工程师，曾获国家电子工业部卫星通讯工程奖，多次参与国家无线电标准制定。米荣奎：海能达通信股份有限公司国内行销，总体技术部总监。参与支撑过应急管理部无线通信全国规划和公安亚指挥调度联网规划等	深圳市老年科技工作者协会	科学馆一楼多功能厅	159	创新型城市
50	2019年6月29日	国防武器的秘密	焦国力	中国科普作家协会常务理事、中国科普作家演讲团执行团长、科普演讲委员会主任，空军大校及国家国防教育师资库入库专家	深圳市梦想家科普教育中心	科学馆一楼多功能厅	89	创新型城市
51	2019年7月10日	5G在工业互联网的实践	范济安	国家千人计划专家及中国联通集团大数据首席科学家，曾任联通集团信息化部副总经理、CTO及大数据公司总经理、政企事业部副总经理、产业互联网产品中心副总经理	深圳市信息行业协会	科学馆一楼多功能厅	126	创新型城市
52	2019年9月25日	企业云看板，鹰眼看智造	宋勇华	深圳灿态信息技术有限公司总经理、国内第一批工业4.0建设者、信息化与数字化领域资深专家，是国内领先的智能制造企业创始人，获评2015年龙华新区杰出青年代表，曾任富士康集团中央资讯MES技术委员会总干事	深圳自动化学会	科学馆一楼多功能厅	164	科学技术
53	2019年10月20日	全球化与政治思潮新趋势——企业高质量发展的新动力剖析	李强	北京大学教授、博士生导师、北京大学原校长助理	深圳市科技文化研究会	东方新天地广场A座广发银行深圳分行11楼会议室	109	创新型城市
54	2019年11月8日	气象医学大数据挖掘及应用	王式功	成都信息工程大学环境气象与健康研究院常务副院长、二级教授及博士生导师、四川省学术和技术带头人，“国家自然科学奖二等奖”获得者	深圳市气象减灾学会	气象局附楼一楼多功能厅	64	创新型城市
55	2019年11月9日	5G时代微纳传感器技术	金玉丰	北京大学教授及博士生导师，现任深圳市微米纳米技术学会会长与教育部科技委交叉学部委员，曾担任微米纳米加工技术国家级重点实验室主任	深圳市微米纳米技术学会	科学馆一楼多功能厅	168	创新型城市

续表

场次	举办日期	主题	主讲嘉宾	嘉宾简介	承办单位	举办地点	规模（人次）	备注
56	2019年12月7日	生命科学时代的新跨越	胡祥	博士，中国细胞领域开拓者，生物化学及分子生物学博士后，中国医药城细胞研究院院长，中组部首批“千人计划”特聘专家	深圳市科技文化研究会	北科大厦2楼北科生命大讲堂	86	创新型城市
57	2019年12月14日	太阳大气奇观与地球大气研究	Valery Nakarikov 禹智斌	Valery Nakarikov：英国华威大学物理系教授、哲学博士、科学博士，俄罗斯科学院圣彼得堡分院特设天文台首席科学家 禹智斌：哈尔滨工业大学（深圳）教授、美国科罗拉多博尔德大学航空航天工程与科学专业博士、中国航天科工集团第二研究院高级工程师	深圳市气象减灾学会	科学馆一楼多功能厅	201	创新型城市
58	2019年12月21日	体质辨识与科学养生	陈柏书	副主任中医师及博士、深圳市宝安中医院（集团）治未病中心副主任、宝安区高层次人才	深圳市通识科技教育发展研究中心	福田区中心书城北区大台阶	120	创新型城市
59	2019年12月27日	数字经济在湾区发展中的思考	聂林海	中国信息化百人会成员、中国电子商会专家委委员、商务部电子商务司原巡视员	深圳市信息行业协会	南山区研祥科技大厦17楼多功能厅	117	创新型城市
60	2019年12月27日	智慧医疗——浅谈人工智能在远程中医诊疗中的应用	冯剑	太华（深圳）技术有限责任公司董事长、深圳市城润科技股份有限公司总经理、深圳自动化学会专家、深圳市物联网协会专家	深圳自动化学会	科学馆一楼多功能厅	173	创新型城市
61	2019年12月29日	母子间的“战争硝烟”——青少儿期父母与孩子的沟通相处之道	何慧敏	深圳电视台《生活爱调查》栏目执行制片人、“爱说·爱阅读”公益图书室项目发起人、爱说语言艺术专业学院创始人	深圳市通识科技教育发展研究中心	福田区中心书城北区大台阶	110	创新型城市
62	2019年12月31日	推动智慧建筑的新应用与实践	肖建平 张建新	肖建平：广州市设计院副总工及教授级高级工程师、中国勘察设计协会工程智能设计分会副会长及专家委员会主任委员、全国智能建筑及居住区数字化标准化技术委员会专家委员会委员。 张建新：广州市设计院信息与智能化设计所总工及高级工程师，中国勘察设计协会工程智能设计分会专家委员会副主任委员	深圳市建筑电气与智能化协会	科学馆一楼多功能厅	120	创新型城市

第二节 青少年科技教育

2019 年，深圳市科协深入学习贯彻习近平总书记关于“科技创新，科学普及是实现创新发展的两翼”的重要指示精神，扎实推进《深圳市全民科学素质行动计划纲要实施方案（2017—2020 年）》，广泛开展青少年科技创新活动，加强科普基础设施和人才队伍建设，为提高青少年科学素质、实施创新发展战略、建设中国特色社会主义先行示范区作出努力。

一、科技教育建设

一是立法保障青少年科技教育工作有序进行。2019 年 6 月 26 日，《深圳经济特区科学技术普及条例》经深圳市第六届人民代表大会常务委员会第三十四次会议表决通过，并于 2020 年 1 月 1 日实施。该《条例》从规划制定、部门职责、科普资源、科普人才、科普活动等方面对青少年科技教育工作进行了明确。《条例》规定深圳市科协、教育局、团市委、市妇联等相关部门需落实加强科学教育，开展特色科普活动，建立课外科普活动与学校课程相衔接机制，中小学每学年至少举办一次全校性科学实践活动。《条例》要求深圳市教育局与相关部门落实科学教育和青少年科普活动各项要求，并将相关工作列入各级各类教育机构工作考核内容。此外，在义务教育阶段则逐步实行科普教育学分制，提高青少年科学素质。《条例》的制定和实施为深圳市青少年科技教育发展提供了法律保障。

二是开展科普教育学分制研究工作。深圳市科协结合《条例》中关于科普教育学分制相关内容，联合市教育局开展科普教育学分制及科技教育现状研究工作，经多次讨论研究和调研，完成了《深圳市中小学科普学分制项目实施方案（试行）》《深圳科普学分制资源点创建及评估办法（试行）》等配套文件初稿。

二、科技创新教育活动

2019 年，深圳市科协联合相关单位，依托深圳科技创新优势，在“全国科技活动周”及“全国科普日”期间在全市范围内组织开展了“垃圾分类，绿色鹏城”“科普喜乐汇”等数百场科普活动，吸引百万余名青少年参与。两项以青少年为主要受众的“全国科普日”活动获中国科协肯定——包括深圳市科协在内的 3 个市及区科协被评为 2019 年全国科普日活动优秀组织单位。

一是举办深圳科普展。深圳市科协主办的深圳市科普展以“爱生活、爱科学、爱国家”为主题，亮相第二十一届高交会分会场——深圳市少年宫，展示科技创新项目 105 项，举办高端主题活动 5 场，一个月内累计吸引以青少年为主体的 30 万市民参观。中国科学院院士、中国科学院副院长张亚平，中国首位“卡林加科普奖”得主李象益，中国工程院院士、广东省科协主席陈勇，深圳市委常委、统战部部长林洁出席开幕式。

二是举办第八届“科学与中国”院士专家巡讲活动。该活动由中科院、中宣部、教育部、科技部、中国工程院、中国科协共同主办，深圳市科协、市科创委、市教育局等单位承办，共邀请 18 位两院院士及 20 位一线专家学者，走进中小学和高新技术企业，共举办 82 场报告会，吸引受众 1.6 万余人。近 5 年，“‘科学与中国’院士专家巡讲团”活动共计邀请了中国科学院及中国工程院院士 69 人，相关专家 45 人为全市高等学院和中小学师生开展 350 余场科普讲座，培养和提升青少年学生的科学兴趣。

三是组织开展“深圳科普行”活动。2019 年，深圳市科协主办的大型公益科普活动“深圳科普行”组织以青少年为主的 2.5 万名市民（含 1.36 万名青少年）走进科普教育基地和高新技术企业，开展 110 场以实地参观、动手操作、聆听讲座等形式相结合的科普学习活动，进一步激发青少年创新思维。

三、科技创新赛事

以赛促学办好青少年科技类赛事，全面提升青少年科学素质。一是由深圳市教育局、市科协、团市委主办的“深圳学生创客节暨深圳市青少年科技创新大赛”汇集了科普名家大讲堂、创客大挑战、创客体验坊、科普表演秀、第二批百所创客实践室成果展等优质科普内容，当天吸引了 2 万名中小学生参加；二是由市科协、市教育局、团市委联合主办的“第十八届深圳市青少年机器人大赛”决出优胜队伍 45 支参加广东省机器人竞赛，其中 4 支队伍在省赛中脱颖而出，代表广东省参加全国青少年机器人竞赛并获得优异成绩；三是针对低年龄段少年儿童，市科协等主办的“第 14 届深圳市青少年智力七巧板教育竞赛”，吸引了全市 8 个区 90 所学校共 1000 名师生参与。

据了解，深圳市科协组织学生参加“第 34 届广东省青少年科技创新大赛”，共斩获奖项 34 个。其中一等奖获得者代表广东省参加“第 34 届全国青少年科技创新大赛”，并获得国赛一等奖 3 个、二等奖 2 个、三等奖 1 个。组织学生参加广东省青少年机器人竞赛，在省赛中斩获一等奖 11 个、二等奖 15 个、三等奖 18 个。在 8 月中举行的国赛中，深圳实验学校小学部作品——“视力检测机器人”获得创意项目小学组一等奖，宝安区福永中学获得初中综合技能二等奖。在广东省科协、省青少年科技中心、深圳市科协指导下，深圳高三学生廖桐舟荣获中国科协主办的第 19 届“明天小小科学家”活动一等奖。

第八章 科技新闻

T e c h n o l o g y N e w s

第一节 自主创新篇

奋力开创深圳创新发展新局面——在我国建设世界科技强国新征程中作出深圳贡献

2019年1月2日下午，深圳召开全市科学技术奖励大会。广东省委副书记、深圳市委书记王伟中出席大会并讲话，强调全市各级各部门和广大科技工作者要认真学习贯彻习近平总书记对广东和深圳作出的系列重要批示指示精神，以更加昂扬向上的精神状态和务实有力的思路举措，开创深圳市创新发展局面，在我国建设世界科技强国的新征程中作出深圳贡献，体现深圳担当。

深圳市长陈如桂主持会议，深圳市人大常委会主任丘海和市政协主席戴北方出席。副市长王立新通报深圳市创新驱动发展情况，宣读关于颁发 2017 年深圳市科学技术奖的通报。北京大学深圳研究生院化学生物学与生物技术学院杨震，深圳翰宇药业股份有限公司袁建成荣获市长奖，另有 10 项成果获自然科学奖，3 项成果获技术发明奖，48 项成果获科技进步奖，25 项成果获专利奖，15 项成果获标准奖，获青年科技奖 8 人。

王伟中充分肯定深圳近年来实施创新驱动发展战略取得的成绩，并就做好深圳创新发展工作提出五点要求。一要着力突破关键核心技术，发挥企业创新主体作用，构建开放型区域创新体系，加快形成以创新战略为支撑的现代产业体系，努力在中国特色自主创新道路上走在前列，为建设中国特色社会主义先行示范区和创建社会主义现代化强国的城市范例提供有力支撑；二要加强基础研究和应用基础研究，认真落实深圳《关于加强基础科学研究实施办法》，设立深圳自然科学基金，加大财政倾斜力度，扩大科研自主权，保障科研人才合法权益，争创综合性国家科学中心，加快抢占自主创新制高点；三要把高新技术产业发展这面旗帜举得更高更稳，深入实施关于加快高新技术产业高质量发展更好发挥示范带动作用的《决定》，充分发挥企业的创新主体作用，更好发挥示范带动作用；四要抢抓粤港澳大湾区建设这一重大机遇，做好大文章，营造法治化、国际化、便利化营商环境，联合共建优势学科、国家级实验室和新型研究机构，组织实施科技重大专项，集中力量攻克一批关键领域和核心技术的“卡脖子”问题，携手周边城市打造粤港澳大湾区国际科技创新中心；五要坚持和加强党对科技事业的领导，把党全面领导贯穿到创新发展方方面面，强化组织领导，强化服务导向，强化环境保障，形成推动创新发展的强大力量。

（《深圳特区报》，2019 年 01 月 03 日，记者：綦伟）

深圳科学技术奖励大会（2019）举行

2019年1月2日，深圳市科学技术奖励大会举行。大会对获得2017年度深圳市科学技术奖的101个项目和10名人选予以奖励，分别是市长奖2名、自然科学奖10项、技术发明奖3项、科技进步奖48项、青年科技奖8名、专利奖25项、标准奖15项，授奖数占申报量的28.7%。

两名市长奖获得者均来自生物医药领域

深圳市市长奖的获奖者分别是北京大学深圳研究生院化学生物学与生物技术学院院长杨震和深圳翰宇药业股份有限公司董事兼总裁袁建成。

杨震是国家杰出青年基金获得者，他主持的“具有重要生物活性的复杂天然产物的全合成”项目获得2016年度国家自然科学奖二等奖。同时，杨震还参与组建了北京大学深圳研究生院化学生物学与生物技术学院，担任深圳第一家依托高校的国家重点实验室——省部共建肿瘤化学基因组学国家重点实验室主任。袁建成是国家技术发明奖获得者，并组建了多肽药物国家地方联合工程实验室，先后牵头承担了“863计划”等8项国家级重大科技攻关项目。两位市长奖获得者均年过五旬，充分展示了深圳作为创新型城市的活力，进一步激发深圳科技工作者投身科技创新事业。

自然科学奖评出4个一等奖

本年度获奖项目，涌现出一批源头创新优秀成果——自然科学奖评出了4个一等奖，充分反映出近年深圳大力发展基础研究、应用基础研究、关键技术成果转化所取得的显著成效。例如由深圳华大基因研究院完成的“国际鸟类生命之树研究计划”项目，通过基因组学研究，详尽解读鸟类1.5亿多年的基因组演化特征。由北京大学深圳研究生院完成的“基于仿生质子迁移的绿色合成”项目，首次提出以质子梭为核心的氮杂环卡宾非共价催化新机制。由深圳中兴创新材料技术有限公司完成的“一种聚丙烯微孔膜的制备方法，聚丙烯微孔膜及其应用”项目，实现高端隔膜国产化。

此外，本次自然科学奖、技术发明奖、科技进步奖3个奖种共评出61个获奖项目，覆盖了电子信息、生物与新医药、航空航天、新材料、新能源与节能、资源与环境、先进制造与自动化等八大高新技术领域。其中，电子信息领域项目有19个，占3种授奖总量的31%，体现了该行业在深圳创新驱动发展中的重要地位。

获奖项目第一完成人平均年龄46岁

据了解，2017年度青年科技奖8名获奖人中，5名来自高校和科研机构，首次出现了同单位（深圳大学）两人获奖。2017年度获奖项目中，第一完成人（不含市长奖、青年科技奖、专利奖、标准奖）平均年龄为46岁。自然科学奖最年轻的第一完成人为36岁，技术发明奖最年轻的第一完成人为30岁，科技进步奖最年轻的第一完成人为32岁。8个项目第一完成人在35岁以下，占该类别获奖量的13%。

青年科技人才已成为引领“双创”的生力军

据统计，获奖项目由企业主持完成的达78项，占获奖总数78%，充分证明企业是深圳自主创新的主体。

在获奖项目中，战略性新兴产业项目占据主导，以科技进步奖技术开发类为例，40个获奖项目中，战略性新兴产业项目达38项，占获奖总数的95%。

与此同时，获奖的25项专利项目中，高价值专利不断涌现，共实现销售额925.25亿元，实现利润额128.21亿元。例如比亚迪股份有限公司“电动汽车的充电系统及具有其的电动汽车”专利提出的双枪交流充电系统集成了电动汽车充放电技术，获得欧洲多个国家授权。

（广东省科学技术厅，2019-01-03）

推动新时代深圳科技创新实现新跃升

2019年1月2日下午，深圳市科学技术奖励大会召开。广东省委副书记，深圳市委书记王伟中出席大会并讲话，强调深圳市各级各部门和广大科技工作者要贯彻习总书记对广东和深圳作出的系列重要批示指示精神，以昂扬向上的精神状态和更加务实有力的思路举措，开创创新发展新局面，在我国建设世界科技强国的新征程中作出深圳贡献，体现深圳担当。

习近平总书记参加十三届全国人大一次会议广东代表团的审议时强调"发展是第一要务，人才是第一资源，创新是第一动力"。作为改革开放先行区的深圳特区，40年来取得了举世瞩目的发展。推动科技创新，则是创造"深圳奇迹"关键之一。深圳召开高规格科学技术奖励大会，宣示了一如既往坚持科技引领和创新驱动，推动更高水平改革开放及实现高质量发展的坚定决心。

深圳科技创新硕果累累。从40年前没有任何大学和科研院所，科技资源接近零，到目前拥有5G技术、石墨烯、太赫兹芯片、新能源汽车、柔性显示等系列高新技术，深圳走在世界创新前沿，崛起了华为、中广核、腾讯、比亚迪等领域的世界领先企业。长期以来，深圳高度重视科技人才培养和引进，走出从跟随模仿创新迈向源头创新跃升之路，跻身全球创新价值链，成为全球科技创新高地，为全国树立科技引领发展的样板，增强了世界竞争力。

人才资源是科技创新关键因素。从应用技术创新向基础技术、核心技术、前沿技术创新转变，从跟随模仿创新向源头创新和引领式创新跃升，向全球科技创新高地迈进并实现新突破，以科技创新助推新兴产业培育、兴起、壮大，人才始终是关键因素。

近些年来，深圳出台了系列奖励科技人才和鼓励科技创新的政策措施，深圳市科学技术奖励大会的召开，充分发挥人才优势引领创新热潮的信号，不仅使广大科技人才深受鼓舞，而且让广大市民对深圳推动高水平改革开放，实现高质量发展满怀期待。

以务实精神推动科技创新跃升。根植于城市的创新基因令深圳持续焕发生机，科技人才的积极性和能动作用持续迸发令深圳科技创新高歌猛进。深圳实践证明，只有走开放创新道路，才能提升自主创新能力，增强城市核心竞争力。广东省委副书记，深圳市委书记王伟中在大会上提出包括着力突破关键核心技术在内的五点要求，为深圳市以科技创新推动深化改革和扩大开放指明了方向。

（南方报业集团南方网，2019-01-04，记者：高谭）

深圳举全市之力推进粤港澳大湾区建设

2019年是新中国成立70周年，最好的庆祝，就是创造改革开放新的辉煌。贯彻习近平总书记对广东重要讲话和对深圳重要批示指示精神，全面推开建设"中国特色社会主义先行示范区和社会主义现代化强国的城市范例"，2019年初的深圳市委六届十一次全会，年度深圳市两会的《政府工作报告》中，深圳都把首要工作指向一个焦点——举全市之力推进粤港澳大湾区建设。

更深：着力深化深港澳合作，推动形成全面开放新格局

深圳经济特区从无到有从小到大的发展奇迹，离不开与香港的合作。同样，建设粤港澳大湾区，增强核心引擎功能，依旧要与香港开展深度合作。

2012年12月7日，习近平总书记在党的十八大后离京视察第一站就来到深圳前海，要求前海“依托香港、服务内地、面向世界”。

前海从一张白纸干起，2013年允许企业注册时注册企业增加值仅有49.9亿元，2018年，这个数字达到2000多亿元，6年增长40多倍，每平方公里产出133亿元。汇丰集团、东亚银行、港交所、嘉里集团、周大福等一大批知名港企到此扎根，截至2019年年底港企总数突破1万家，前海税收贡献近1/4。

前海的目标是几年后有10万港人在这里工作生活，“一湾两山五区四岛”的建设格局将建成国际一流的城市新中心。

习近平主席2019年新年贺词中，专门提到“深圳前海生机勃勃”，这是对深圳发展的肯定，也是对粤港澳大湾区发展的激励。

前海的发展，是深圳全力落实粤港澳大湾区发展战略的缩影，生机勃勃，也是深圳全市推进粤港澳大湾区建设的写照。

深港之间的深度合作迈上新台阶，河套深港科技创新合作区规划建设不断加快，已经有61个合作项目落地。

2018年9月，广深港高铁香港段开始运营，西九龙站口岸“一地两检”顺利实施，从深圳北站到香港西九龙站最多24分钟，为粤港澳大湾区打造“一小时生活圈”提供了便利。

深圳已经全面融入了粤港澳大湾区建设发展中，2018年在龙岗已经动工的深港国际中与香港中文大学深圳校区位置邻近，2016年就已有第一批毕业生。

2019年，推进粤港澳大湾区建设，深圳将会在深层次上做文章，包括探索建立本外币一体化账户体系，设立人民币国际投贷基金，开展金融综合监管试点；扩大粤港澳联营律师事务所业务范围；建设粤港澳青年创业区等。

更广：携手周边城市，布局“一带一路”

在新一轮的发展中，深圳将牢牢抓住大湾区建设的“纲”，深度对接港澳所需、深圳所能、湾区所向，携手建设富有活力和国际竞争力的一流湾区和世界级城市群。

2019年1月，深圳市政府代表团赴澳门出席深澳合作会议，深澳双方签署了加强两地法律、青年实习就业、文化创意产业等3个合作协议，两地携手更密切。“深澳创意周”已成功举办两届，双方共同搭建了具有国际化、专业化、品牌化的文化旅游创新对话平台。深澳中医药创新研究院已落户坪山。

增强核心引擎功能，深圳就要有引领、示范、辐射效应。在与周边城市交流后，深圳提出实施国际科技创新中心共建行动，共同建设“广州—深圳—香港—澳门”科技创新走廊，推动大型科学仪器设施资源共享，试行科技投资资金出境绿色通道，深化大湾区产业合作。此外，还要以重大项目平台为抓手。比如深圳的光明科学城项目，通过联合香港、广州、澳门、东莞等地的高校和研究机构共建重大科技基础设施，共同发起相关科学计划和工程，推动粤港澳合作示范区新平台建设。

深莞惠“3+2”经济圈合作不断深化，深圳还打造了粤港澳大湾区东部门户——深汕特别合作区，2018年正式揭牌，截至2019年底已新开工10个重大产业项目。

大湾区是一张世界级的美丽蓝图。深圳在推进粤港澳的建设中，开放水平持续提升。2018年，新设外商投资企业增长近1.2倍，对“一带一路”沿线市场进出口额增长9.9%，建成中国巴新友谊学校，加快推进巴新拉姆二期水电等项目。深圳新增了米兰和迪拜两个友好交流城市，新增包括伦敦和巴黎在内的15个国际通航城市。

深圳制定参与“一带一路”建设三年行动方案，将加快深越海防合作区和中白物流园建设，探索设立促进境外贸易的服务网点，扩大深圳国际仲裁院海外庭审中心布局。

据权威评测，粤港澳大湾区的影响力，已跻身纽约湾区、旧金山湾区、东京湾区，深圳影响力在14个湾区城市中位

居第五。

更创新：拓展前海模式，复制推广到全国

2018 年 10 月 24 日，习近平总书记第二次来到前海，叮嘱深圳要扎实推进前海建设，拿出更多务实创新的改革举措，探索更多可复制可推广的经验。

在过去的发展中，前海坚持以制度创新为核心，围绕包括投资便利化和贸易便利化在内的 8 大重点领域，推出 400 多项制度创新成果。近几年，几乎每 3 天就有一项创新制度推出。2018 年就有 11 项制度创新成果在全国复制推广。

在机制体制上提供模式化范例，这就是核心引擎功能。

深圳要打造前海粤港澳大湾区合作示范区，开展前海总规修编，推动前海合作区扩区，总结拓展“前海模式”。要推动出台前海新时代全面深化改革开放方案，探索更多可复制可推广的经验。

在前海，新城市建设将更高水平推进，启动沿江高速前海段与南坪快速衔接工程、国际交流岛等重大项目规划建设，开工建设包括湾会议中心和桂湾公园在内的公建配套设施，2019 年完成固定资产投资 480 亿元以上。

在前海，制度创新将不断深化，深港金融合作创新政策继续创新出台，将有新的支持港澳青年在前海发展若干措施。

前海将建成深港青年梦工场二期和粤港澳青年创业区，启动深港科技创新生态谷，建设跨境经贸合作网络服务平台、新型国际贸易中心、国际高端航运服务中心。

沿着海岸线，深圳将谋划建设深港商贸旅游消费合作新平台，规划建设口岸经济带，原来的沙头角将由深港共同探索建设特色购物一条街。

深圳，将成为粤港澳大湾区的国际综合交通枢纽。

空中，加快第三跑道规划建设，新增 5 个以上国际通航城市。

海上，将加快盐田港东作业区和西部出海航道二期工程，规划建设深圳港内陆港，推进深港引航互认，推动开设深港海上旅游航线。

陆地，将开通穗莞深城际轨道交通，加快深中通道等对外通道建设，力争深茂铁路深圳至江门段开工。

深圳还将加快全球海洋中心城市建设，完善海洋功能区划，加强海洋生态保护与整治修复，打造大湾区活力海岸带。

（《深圳特区报》，2019 年 02 月 11 日，记者：王剑锋）

深圳科技馆（新馆）落户光明科学城

深圳“新十大文化设施”之一——深圳科技馆（新馆）将落户光明科学城，计划于 2019 年开建，力争 2023 年底建成。

2019 年 3 月 25 日，深圳市住建局发布该工程方案招标公告。未来建成后，该项目将被打造成具有国际一流水平、代表城市形象、彰显深圳城市品位、凸显深圳科技和创新发展的国际顶级特大型公益性科学中心。

作为粤港澳大湾区和广深港澳科技创新走廊的重要节点，光明科学城将以“科学 + 城市 + 产业”的理念及“一心两区，绿环萦绕”的空间布局规划，充分发挥区位优势，超常规布局多类型、多层次、相互协作支撑的世界级重大科技基础设施集群，打造竞争力影响力卓著的世界一流科学城。

深圳科技馆（新馆）项目选址在光明科学城的光明中心区光侨路西侧，紧邻地铁六号线翠湖站（暂定名），总用地面积约 6.6 万平方米，总建筑面积 10.5 万平方米，其中，地上建筑面积约为 8.15 万平米，地下建筑面积约为 2.35 万平米，绿化覆盖率不小于 30%。

馆内拟设科技展示区、科技影院区、教育活动区、科技交流中心、公众服务区、业务管理区、科学广场区（室外）7 大功能区。

目前，深圳科技馆（新馆）项目已在全球范围展开初步设计招标。招标分为资格预审阶段、方案设计竞标阶段、定标阶段，拟于2019年7月进入定标阶段。计划同年内开建，力争2023年底建成投入使用。

（南方报业集团南方网，2019-03-27，编辑：文海燕）

2019中国（深圳）IT峰会举行

2019年3月30日至31日，以“IT新未来——5G与人工智能”为主题的2019中国（深圳）IT峰会在深圳五洲宾馆举行。

峰会上，马化腾、朱民、余承东等各领域“大咖”畅谈5G与AI（人工智能）技术对产业互联网发展的影响。

马化腾：5G网络就像一把钥匙

“‘互联网寒冬’是不是已经到来？我认为，资本对于互联网产业的追逐有周期性，产业互联网的春天才刚开始。”峰会上，腾讯公司董事会主席兼首席执行官马化腾讲述了他自己在5G和AI时代下互联网产业发展趋势的观点。

第一，在5G+AI“双核驱动”下，各行各业转型升级门槛会不断降低，产业互联网发展进入“快车道”。马化腾说：“5G网络就像一把钥匙，它能够帮助解锁原先难以数字化的现实场景，让数字技术以更小的颗粒度重塑现实世界。”

马化腾认为，未来5G与AI会相辅相成，5G能够帮助更多AI应用落地，AI则可以让5G网络更加灵活与高效被人们使用。

第二，借助产业互联网，各行各业的数字化转型升级将从传统产业的“单脚跳”，变为与互联网协作的“双腿跑”。马化腾认为，中国传统产业可借助移动互联网领先优势和创新能力，实现消费端与供给端有效连接，帮助整个供应链更新迭代。

第三，传统产业与互联网正在融合成为一个命运共同体，科技创新与网络安全是两大基石。“过去几年，金融、零售、交通、政务、医疗等领域与互联网的融合正在逐渐深化。如何解决数据互联互通后带来的网络安全问题，是传统产业面临的挑战。”马化腾认为，这需要充分利用互联网公司的经验与能力。

马化腾对中国产业互联网的创新发展充满信心，“相比过去经常谈到的人口红利，我认为中国的创新红利更值得关注”。

余承东：5G最大的颠覆是连接万物

“5G最大的颠覆是什么？是除了连接人，还能连接万物。”华为消费者业务首席执行官余承东在峰会上表示，在人工智能时代，5G的带宽能力需要比4G时代提升5至10倍，才能保障高分辨率。

同时，5G技术使用应支持全频谱及全带宽。余承东认为，5G技术带来的是上万倍的效率提升，频谱的使用效率极大提升，覆盖面加大。

此外，5G运营商要考虑商业模式变革。“在3G和4G时代，运营商收入实际在下降。语音和短信业务被微信等取代，月度用户值在下降，所以5G运营商应重新梳理收费模式。”余承东说。

对于50年后的通信设施发展，华为是怎样思考的？余承东表示，对一个公司和国家来说，没有基础科研早期投入，未来也不会有核心竞争力。由于要投资未来，所以华为坚持每年将10%以上的收入投入研发。据华为2018年财报披露，华为2018年研发费用为1015亿元，占收入的14.1%，近十年累计研发投入达4850亿元。

朱民：三大变化为 AI 带来发展“蓝海”

清华大学国家金融研究院院长朱民认为，过去 10 年，世界经济发生三大结构性变化：人口老龄化、气候变化、经济结构轻化。这些变化为人工智能发展提供了舞台，人工智能可以帮助解决这三个难题，同时在这个过程中找到未来发展“蓝海”。

朱民认为，人工智能正在颠覆未来。人工智能会改变和更新几乎所有的产品和服务，包括通信、搜索、旅行、医疗、卫生、教育、娱乐、消费等领域，能创新包括制造业和服务业在内的产业等。

以制造业为例，朱民介绍，自动化技术已经在研发、运营、销售等环节普遍应用。“中国每 1 万名工人拥有工业机器人的密度远远低于世界平均水平，这给中国机器人产业带来了发展机遇。”朱民说。

延伸 中国 IT 产业发展报告发布

京深沪 IT 产业发展指数位列前三

峰会发布了《中国 IT 产业发展报告》，报告指出，北京、深圳、上海 IT 产业发展指数位列前三名。

数字中国联合会常务理事李颖指出，中国 IT 产业正在进入由大变强，由“跟随并跑”向“并跑领跑”转变的重要战略机遇期。

从 IT 产业发展指数看，2018 年中国 IT 产业实现快速增长，结构持续优化，竞争力不断提升，产业实力排名世界第二，IT 产业发展指数位居全球第四位，排在美国、日本、德国之后。

从区域发展看，中国 19 个中心城市 IT 产业集群化发展，阶梯化分布态势显著，北京、深圳、上海的 IT 产业发展指数位列前三名，区域引领作用凸显，杭州和广州紧随其后，包括西安和成都在内的西部城市提升较大，东北三省整体水平有待提升。

展望 2019 年中国 IT 产业发展时，李颖援引报告内容指出，未来两年 IT 产业将继续增长，预计 2019 年我国电信业务总量增长 80% 以上，互联网行业，软件和信息技术服务业收入将分别增长 16% 和 13% 左右。

报告显示，2018 年中国规模以上电子信息制造业增加值同比增长 13.1%，全国软件业规模以上企业 3.78 万家，累计完成软件业务收入 6.3 万亿元，均比上年增长。信息传输，软件和信息技术服务业同比增长 30.7%，增速居国民经济各行业之首，占 GDP 比重达 3.6%，已成为经济平稳快速增长的重要推动力量。

2018 年深圳 IT 产业产值 2.1 万亿元，是规模最大产业之一

2019 年 3 月 31 日，深圳市科技创新委员会主任梁永生在峰会上发布《深圳 IT 产业发展报告》。报告称，深圳在数字通信、集成电路、智能终端、智能硬件等诸多领域交出亮点诸多的“成绩单”。其中，深圳已成为 5G 技术发展的重要阵地，VR 产业规模约占全国 1/3，集成电路设计业销售额超过 100 亿美元，居全国首位。

梁永生表示，2018 年，深圳市 IT 产业产值达 2.1 万亿元，占深圳规模以上工业销售产值的 60%。IT 产业已成为深圳规模最大的产业之一，形成了从硬件研发、先进制造、软件开发应用的完整创新生态产业链，成为人工智能企业发展的“沃土”。

报告指出，深圳已形成完整的人工智能产业链，已有 292 家人工智能企业集聚在深圳，数量位居世界第八。其中，61.2% 的人工智能企业分布于南山区，前海深港合作区位列第二。

梁永生指出，“湾区时代”的到来将进一步推进广深港澳科技创新走廊建设，包括 5G 通信和人工智能在内的等新一代信息技术革命将为深圳开辟新的产业“蓝海”。

（广东省科学技术厅，2019-04-01）

哈工大（深圳）取得世界首创性研究突破

2019年5月5日从哈尔滨工业大学（深圳）【以下称“哈工大（深圳）”】获悉，近日，哈工大（深圳）材料科学与工程学院肖淑敏教授团队和理学院宋清海教授团队合作，在信息安全领域与光开关领域取得两项世界首创性突破，相关研究论文发表于国际著名学术期刊《自然—通讯》（*Nature Communications*）上，哈工大（深圳）为第一完成单位和通讯单位。

随着信息技术的不断发展，信息安全加密问题日益突出，信息加密技术和加密手段的研究与开发受到全社会关注。据介绍，团队的研究论文《通过非线性超表面谐振增强钙钛矿三光子荧光实现光学加密》致力于解决信息安全加密问题，取得世界首创性突破。

团队通过钙钛矿的非线性光学性能设计了具有特定谐振波长的光栅式超构表面，增强钙钛矿三光子上转换发光过程，只有当特定波长的光照射在表面，才会显示出隐藏的图案。如此一来，重要信息在传输过程中和存储体内将得到有效保护。

该研究为非线性光学在显示和加密领域的首次应用，哈工大（深圳）材料科学与工程学院2017级博士生范宇斌与2017级硕士生王宇涵为共同第一作者，肖淑敏、宋清海、新加坡国立大学教授仇成伟为共同通讯作者。

在另一项研究中，团队利用交叉增益饱和效应实现超快模式开关，实现了钙钛矿激光不同模式转换的全光动态调控，并将其应用在片上光子集成电路所必需的光开关上。当外部光激励增强时，钙钛矿激光器的激光模式会发生明显可逆模式转换且不需要复杂的光学结构设计。这一动态转换可以使得钙钛矿激光器应用扩展到之前无法涉足的光存储和超快光转换器领域，相关全光片集成芯片将有全新的器件设计方案。

这一研究论文《全光调控钙钛矿激光》通过研究模态之间非线性相互作用，在世界上首次实现光开关性能，为光存储和超快光转换器等全光片上集成芯片提供了全新的器件设计方案。

该研究通过全光调制实现不同激光模式转换，并首次提出将其应用在全光通讯光开关中，哈工大（深圳）电子与信息工程学院2015级博士生张楠、材料科学与工程学院2017级博士生范宇斌、子与信息工程学院2014级博士生王开阳为共同第一作者，肖淑敏、宋清海和纽约城市大学教授Ge Li为共同通讯作者。

（南方报业集团南方网，2019-05-06，全媒体记者：孙颖，通讯员：吴锐婵）

聚海内外创客，与深圳同创造

日前，2019年6月13日，全国双创周深圳活动暨第五届深圳国际双创周活动（以下称“双创周”）启动，一股创新创业的热潮澎湃而来。本次双创周以“与深圳同创造”（MAKE WITH SHENZHEN）为主题，吸引了海内外众多创客齐聚鹏城。22场市级双创活动在位于福田区华强北的主会场，深圳各区（新区）及创新创业示范基地的14个分会场轮番登场。

据悉，位于“中国电子第一街”——华强北步行街的主会场，为市民带来了包括双创主题展示和双创周国际创客成果互动展演在内的4场活动。同时，各区（新区）和双创示范基地举办配套活动18个，包括“敢想·敢为”国际创业者峰会、“设计互连·共享生活”创客嘉年华、“智创未来”

人工智能创新创业大赛等，形成市区联动、协调推进、竞相发展的局面。

福田区首次承办主会场活动

双创周主会场活动首次由福田区承办，众多最前沿技术汇聚。据悉，从 2019 年起深圳各区（新区）将轮流作为双创周活动主会场承办单位。福田区自 2017 年 6 月被确定为全国第二批双创示范基地以来，努力打造对创业者最具吸引力的全球知名双创中心。2018 年双创工作取得成效，具备辐射带动作用，获国务院办公厅通报表彰，因此福田区率先成为 2019 年双创周活动主会场承办单位。

2019 年双创周上，福田区共设 13 场活动，多元化展现福田区在双创领域的创新理念与成果。双创周期间，中芬设计园开展了 CRISPR 基因编辑生物创客、人工智能无人驾驶、幻彩灯盒制作、软体机械手等工作坊活动，向青少年传授科普知识，推动深圳市青少年 STEAM 教育发展。据悉，近年来，福田区特别重视面向普通群众和大中小学生等创客爱好者开展创新互动实践活动，助力培育科技新生力量。

区域会场重视青少年科创教育

作为深圳的产业大区和经济大区，宝安区分会场于 2019年6月14日在福海信息港启动。据悉，宝安分会场以“智创宝安，扬帆湾区”为主题，采用“1+N”模式，设立 1 个主会场和 9 个分会场，全面展示宝安区良好的创新创业环境和产业特色。

在 2019 年的宝安双创周上，一个特别的版块——青少年科技创新教育分会场颇令人关注。主会场创新展也设立了青少年科技创新教育展区，松岗二小、新安中学（集团）、西乡小学、滨海小学、黄麻布学校、荣根学校等近二十家学校均设立了专门展台，展示学生的创客作品。

一直以来，宝安区科协高度重视青少年科创教育工作，大力支持学校科普设施建设，助力中小学开设创客空间，推动流动科普、科技创新课程、“院士专家校园行”等科普品牌进校园。连续 16 年举行的宝安区青少年科技创新大赛，已经成为全区规模最大、具有示范性、导向性的青少年科技教育平台。此外，坪山及光明区分会场均有多场科普活动走进学校校园。其中，光明区分会场展示出各街道办、学校、众创空间等各类科技创新产品，学校展品和讲解尤其突出。

值得一提的是，2019 年大鹏新区首次成为双创周分会场，聚焦生物制药、医疗器械、生命健康等重点领域。据了解，大鹏新区在深圳国际生物谷生命科学产业园 A10 栋打造一个 580 平方米的企业服务中心，为双创团队提供路演中心与公共实验平台等多项配套设施。

（广东省科学技术厅，2019-06-19）

破土而出 迎风而立
——从深圳“春笋企业”看新“中国制造”

从“三来一补”到“模仿创新”，再到“源头创新”，中国在世界制造业产业链条上不断爬坡跃升。

突破技术方案新路径，布局大科学装置孵化器，构建科技治理体系新机制……一批“春笋企业”正在深圳不断出现。窥斑见豹，新“中国制造”的强劲动能在其中持续孕育。

发力源头创新，“春笋企业”破土而出

人脸通关闸机、人证核验系统、智能手机 3D 摄像头……成立刚 1 年的光鉴科技，一年中经历 3 轮融资，正在快速成长。

清华本科兼海归博士毕业的公司创始人朱力说，针对智能手机 3D 摄像头的 3D 结构光方案，光鉴科技另辟蹊径，

提出了不同于国际巨头企业的全新架构，并申请多项国内外专利。光鉴科技的3D结构光模组已在主流旗舰智能手机上调试成功，并开始与一线手机厂商合作。

如今，像光鉴科技这样茁壮成长的创新“春笋企业”，正在深圳不断破土而出。2019年7月初，激光显示领域代表性企业之一光峰科技科创板注册生效。“在创新的道路上不能只做追随者，要用颠覆式创新打破传统巨头的技术掌控。”光峰科技创始人李屹说。

在创新“新势力”的带动下，深圳2019年1月至5月，高新技术产业增势强劲。其中，先进制造业增加值增长10.4%，高技术制造业增加值增长11.0%。

得益于肥沃的“创新土壤”，更多“种子”正持续孕育。为了补齐企业早期融资难短板，助力种子期和初创期企业发展，深圳市政府去年发起了战略性和政策性基金——深圳天使母基金，按照专业化和市场化的方式运营管理，首期规模为50亿元人民币，计划3年内完成投资。

同时，深圳还开展创新型高成长企业培育行动，计划3年内培育10000家，并认定100家民营领军骨干企业。

布局基础研究，校企联动擦出火花

脑模拟与脑解析设施、合成生物研究设施、材料基因组大科学装置平台……位于广深港澳科技创新走廊重要节点位置的深圳光明科学城，正在如火如荼建设中。建成后，它将成为世界大科学装置和国际科研人才集聚的重要区域，有望成为“春笋企业”的重要孵化器。

“经过40多年的改革开放，深圳应该加强对可持续发展的支持，也就是源头创新、基础研究。”南方科技大学校长陈十一表示，致力于基础研究的光明科学城对深圳发展将起到重要作用。

从光明科学城南下，同样位于创新轴的西丽湖国际科教城，正成为湾区企业发展的强劲智核。

南方科技大学、清华大学深圳国际研究生院、哈尔滨工业大学（深圳）……如今，西丽湖国际科教城已有超过4万名高等院校师生，校企联动正为“春笋企业”突围新“中国制造”输送强劲动能。

芯思杰公司与南方科技大学进行合作后，利用学校的先进设备和前沿理念，结合企业自身的产业经验，很快碰撞出火花。“公司去年销售约2.5亿元，年增速超过100%，已经成为光学材料和光芯片批量化生产的行业先进企业。”公司董事长王建近来信心充足。

政策创新松绑，完善科技治理体系

把科研项目的立项权交给企业，不再让外行评内行，开拓建立支持非共识创新机制……政策创新松绑，更加完善的科技治理体系正为“春笋企业”营造舒适成长环境。

非共识创新是指与已知的科学知识不相吻合的创意和设想，还得不到业界和同行的普遍认同。这类创新往往与权威论断不一致，又因创新性太强而实现难度大，风险高，容易被贴上离经叛道的标签，从而难以得到支持。

从非共识到共识，虽然漫长艰辛，但可能孕育着“春笋”。深圳正积极开拓建立支持非共识创新机制，如在基础研究领域建立包容和支持非共识创新制度，扩大高等院校和科研院所立项自主权，支持有创新价值但未形成共识的项目。

业内人士介绍，一些国家此前实施的“概念验证计划”，如在高校为科研人员提供一定资金，用于科研人员证明其科研成果具有商业价值，由此孵化众多创新型企业。

深圳借鉴这一机制，支持在高等院校和科研机构等设立创新验证中心，为那些通过常规渠道难以获得资助的早期创新活动提供种子资金、基本设备、创新孵化服务。

“很多大学生的思维很活跃，有很多好的创意想法，但缺乏资金和技术支持去验证这些创意是否可以转化成现实产品，是否有商业价值。”深圳市政府发展研究中心主任吴思康说，“探索设立创新验证中心，将可能让有创业想法的大学生和科研人员，无忧迈出科技成果转化的第一步。”

（新华社，2019年7月15日，记者：孙飞）

深圳垃圾分类：科技赋能探新路

每天 19 时一到，深圳南山区“互联网 +”垃圾分类督导系统——“E 嘟在线”的打卡页面上，逐渐变成蓝色一片，每一个闪动的蓝色图标，就代表一名垃圾分类督导员上岗了。

这一幕，是深圳近年来为做好垃圾分类，推行“集中分类投放 + 定时定点督导”住宅区分类模式创新的一个缩影。

作为全国先行实施生活垃圾强制分类的 46 个城市之一，深圳是典型的经济大市、人口大市、环境容量小市，不到 2000 平方公里的土地上生活着 2000 多万人口，每天产生的生活垃圾达 2.85 万吨，给城市持续健康发展带来巨大压力。

从发布全国首份《家庭生活垃圾分类投放指引》，到率先探索“集中分类投放 + 定时定点督导”，再到推出垃圾焚烧烟气排放的“深圳标准”。如今，这座以“敢为人先”著称的创新之城，正依托社会力量、专业力量相结合的工作思路及“大分流，细分类”的推进策略，不断完善顶层设计，建立分流分类、宣传督导、责任落实三大体系，以市、区、街高效联动，全力破解垃圾分类难题。

新理念——以“顶层设计 + 三大体系”打响垃圾分类攻坚战

垃圾处理不仅是民生问题，事关一座城市的可持续发展。

伴随人口增加，过去 10 多年间，深圳每年的垃圾产生量以 6% 的速度增加，截至 2019 年 8 月 21 日，每天产生的生活垃圾量已达 2.85 万吨。

城市的繁荣发展与土地资源稀缺是一线城市的发展矛盾，深圳如何摆脱垃圾填埋老路，找到可持续发展的长远之道成为迫切需要解决的问题？

2013 年 7 月 1 日，全国首个生活垃圾分类管理专职机构——深圳市生活垃圾分类管理事务中心挂牌成立。随后，各区生活垃圾分类管理机构也相继成立。

2015 年 8 月 1 日，《深圳市生活垃圾分类和减量管理办法》施行，深圳开始全面推行生活垃圾分类工作。随后，相继出台国内首个垃圾分类专项规划、3 个地方标准、7 个规范性文件，形成了较为完备的规范标准体系。

顶层设计之下，立足实际，深圳又以社会化和专业化双轨战略为抓手，创新构建“三大体系”，掀起垃圾分类攻坚战。

建立九大分流体系。对产生量大、产生源相对集中、处理技术工艺相对成熟稳定的绿化垃圾、果蔬垃圾、餐厨垃圾实行大类别专项分流处理。根据家庭生活垃圾的性质和回收利用情况，要求居民对废弃玻璃、金属、塑料、纸张和有害垃圾、厨余垃圾、废旧家具、废旧织物、年花年桔进行分类投放。

建立宣传督导体系。实施蒲公英计划，通过聘请推广大使、招募志愿讲师、建立科普教育基地和微课堂，实现垃圾分类公众教育的规模化和常态化。开展垃圾分类大讲堂活动，邀请推广大使王石及清华大学刘建国教授作为主讲嘉宾。开展“光盘行动”，组织和发动党员干部、志愿者、热心居民、物业管理人员，在住宅区垃圾分类集中投放点定时督导，提升居民参与率和准确投放率。

为保障制度有效实施，深圳还将生活垃圾分类工作纳入对各区政府的绩效考核，并围绕垃圾分类责任主体压实“六个责任”，即压实区、街道、社区开展辖区垃圾分类工作责任，压实机关企事业单位开展垃圾分类主体责任，压实物业服务企业在住宅区开展垃圾分类的责任，压实餐饮企业开展餐厨垃圾分类责任，压实集贸市场开展果蔬垃圾分类责任，压实收运、处理企业分类收运和处理垃圾的责任。

新平台——“集中分类投放 + 定时定点督导”力破前端动员难

在垃圾分类工作中，如何让垃圾分类成为市民的生活习惯，一直是垃圾分类难题的重点。而借力“互联网 +”和“集中分类投放＋定时定点督导”，深圳居民的行动力正日益提升。

据了解，深圳生活垃圾主要分4类投放，分别是可回收物、易腐垃圾、有害垃圾、其他垃圾。其中，可回收物包括废弃玻璃、金属、塑料、纸类、织物、家具、电器电子产品和年花年桔等。易腐垃圾就是厨余垃圾，包括剩菜、剩饭、菜叶、果皮、蛋壳以及厨房下脚料等。有市民表示大人垃圾分类做多了，对小孩和老人具有示范和引导作用。

“‘E嘟在线’的打卡页面上每一个闪动的蓝色图标背后就是一名垃圾分类督导员。”南山区南头街道垃圾分类工作负责人阮卫华告诉记者，为了对督导员的工作状态进行在线督导并进行数据化统计分析，南山区在全国首创垃圾分类智慧督导平台——“E嘟在线”，借力“互联网＋”提升分类效率。

截至2019年6月底，深圳已在805个小区率先实施“集中分类投放＋定时定点督导”，设置了2348个集中分类投放点，2019年底这一模式全市物管小区和城中村。

此外，为提升家庭生活垃圾投放准确率，深圳正式发布的全国首份《深圳家庭生活垃圾分类投放指引》已实施两年，其对深圳家庭生活垃圾分类中遇到的数十种场景和处理方式进行了详细解读。央视主持人白岩松在《新闻周刊》节目中评价，此举为垃圾分类工作带来了破局之力。

新技术——科技赋能，以世界最严标准建设“无废之城”

大件垃圾、玻金塑纸、厨余垃圾、灯管、电池……8月17日上午，在深圳市南山区桃源街道的郎麓家园，一辆又一辆装载不同垃圾的收运车驶入小区，进行现场收集，收集结束后，这些车辆又分别开往南山区分流处理末端基地，进行资源化利用。

“不同的垃圾由不同的收运企业负责，这也有效避免了广受社会关注的垃圾混运问题。”深圳市生活垃圾分类管理事务中心综合部部长黄志斌补充说。

数据显示，在深圳每天产生的2.85万吨垃圾中，除了30%可回收利用外，其他依旧需要填埋和焚烧，预计到2019年底，深圳日均垃圾焚烧量达1.8万吨左右。

为最大限度减少填埋，直至实现全量焚烧，依托技术创新，深圳以世界最严排放标准和现代化环保电厂建设理念，推进垃圾焚烧厂建设，全力迈向“无废之城”。

不久前，深圳市城市管理和综合执法局向社会公示了盐田、南山、宝安、龙岗四大垃圾焚烧发电厂（能源生态园）的相关数据。据透露，这些垃圾焚烧厂（能源生态园）的二噁英排放限值均低于欧盟标准50%，氮氧化物排放限值仅为欧盟的40%，各项环保指标均优于欧盟2010/75/EU标准。

垃圾渗滤液的处理实现百分之百回收。“这些水70%左右经过处理后成为中水进行回收利用，还有25%浓缩液进行蒸发结晶，提炼为工业用盐，剩下5%沉降为污泥进行再焚烧。”负责项目建设的深圳市能源环保有限公司副总经理钟日钢说。

除环保标准之外，深圳垃圾焚烧发电厂（能源生态园）建设理念让人眼前一亮——将被打造成为集垃圾处理、科普教育、工业旅游、休闲娱乐功能的“四位一体”的能源生态园。

“试一下离垃圾堆最近的咖啡。”如今，运营长达17年的盐田垃圾焚烧发电厂（能源生态园）因这一特殊体验成为深圳人科普休闲的热门打卡点。而南山垃圾焚烧发电厂（能源生态园）二期还将配套建设恒温游泳池，在烟囱顶部设置书吧和简餐服务，市民将可随时远眺小南山及伶仃洋。

“今后，深圳垃圾焚烧发电厂都将是开放式花园建设，与公共配套设施相适应。”深圳市城市管理和综合执法局相关负责人介绍，由于深圳能源生态园建设与排放充分考虑居民利益及对环境影响，注重与周边环境和谐统一，从而使选址难、落地难、建设难等问题得到解决。

数读

● 2013年7月1日，深圳成立了全国首个生活垃圾分类管理专职机构——深圳市生活垃圾分类管理事务中心。随后，各区生活垃圾分类管理机构也相继成立。

●2015年8月1日，《深圳市生活垃圾分类和减量管理办法》施行，深圳开始全面推行生活垃圾分类。

●2017年6月3日，深圳正式发布全国首份《家庭生活垃圾分类投放指引》，央视主持人白岩松在《新闻周刊》节目中评价，此举为垃圾分类工作带来了破局之力。

●深圳每天产生的28500吨垃圾中，通过政府主导的垃圾分流分类体系回收3000吨，加上“卖废品”等进入再生资源市场的可回收物约5500吨，生活垃圾回收利用率约为30%。

●截至2019年上半年，深圳已在805个小区率先实施“集中分类投放＋定时定点督导”，设置了2348个集中分类投放点。

（广东省科学技术厅，2019-08-21）

发挥深圳所能，打造大湾区国际科技创新中心

2019年2月18日，中共中央、国务院印发《粤港澳大湾区发展规划纲要》（以下简称“《纲要》”），这份纲领性文件对粤港澳大湾区的战略定位、发展目标、空间布局等方面作了全面规划，是粤港澳大湾区当前和今后一个时期合作发展的行动指南，对建设富有活力与国际竞争力的一流湾区、打造高质量发展的典范、进一步提升粤港澳大湾区在国家经济发展的作用具有重要意义。

《纲要》显示，粤港澳大湾区的定位是成为更具活力的世界级经济区、粤港澳深度合作示范区、“一带一路”建设重要支撑区、宜居宜业宜游优质生活圈、国际一流湾区和世界级城市群。

到2022年，粤港澳大湾区综合实力显著增强，粤港澳合作更加深入广泛，区域内生发展动力进一步提升，国际一流湾区和世界级城市群框架基本形成。

到2035年，大湾区形成以创新为主要支撑的经济体系和发展模式；大湾区内市场高水平互联互通基本实现；对周边地区引领带动能力进一步提升。

打造金融服务平台，创金融业改革新机遇

《纲要》对粤港澳三地金融改革开放和创新发展等作出相应规划，明确提出“建设国际金融枢纽”“大力发展特色金融产业”“有序推进金融市场互联互通”等目标任务，对于促进粤港澳大湾区金融业的协调发展，促进国家金融体系的改革开放具有重要的现实意义。

在建设粤港澳大湾区背景下，金融体系承载重要历史使命，也迎来自身发展的时代契机。金融行业将加快开放创新与互联互通，深化金融科技渗透，赢得更快跨越发展。

在大湾区诸多优势产业中，金融是促进各区域协同重要的一环，科技创新离不开金融支持。根据《纲要》，粤港澳大湾区将全方位整合金融资源，打造跨境贸易与投融资的创新金融服务平台，力求发展成为世界级金融中心。

依托粤港澳大湾区的巨大经济体量、改革开放前沿、市场化体制软环境等优势，建设粤港澳大湾区，不仅给粤港澳三地金融业改革发展带来历史性新机遇，而且给全国各地金融机构参与粤港澳大湾区金融业改革发展带来历史性的新机遇。

发挥深圳所能，携手建设一流湾区

根据规划纲要，深圳的定位是发挥作为经济特区、全国性经济中心城市、国家创新型城市的引领作用，加快建成现代化国际化城市，努力成为具有世界影响力的创新创意之都。

《纲要》中提出深圳将依规发展以深圳证券交易所为核心的更强大的资本市场，加快推进金融开放创新，建设保险创新发展试验区，推进深港金融市场互联互通和深澳特色金

融合作，开展科技金融试点，加强金融科技载体建设。

就深圳如何推进粤港澳大湾区建设的谋划和实践，2018年的广东两会上，广东省委副书记、深圳市委书记王伟中表示，深圳将贯彻好国家“一国两制”方针，深化深港澳更紧密更务实合作，继续学习香港、依托香港、服务香港，以规则相互衔接为重点，实施国际科技创新中心共建行动、基础设施互联互通行动、优质生活圈共建行动，积极参与广深港澳科技创新走廊建设，抓好莲塘口岸等跨境基础设施建设，扩大与港澳在人才培养和资格互认领域合作。

打造前海粤港澳大湾区合作示范区，是深圳落实《粤港澳大湾区发展规划纲要》的重要举措之一。《2019年深圳市政府工作报告》提出，举全市之力推进粤港澳大湾区建设，增强核心引擎功能。

截至2019年底，深圳专门成立了深圳市委大湾区办，制定了《规划纲要》的实施意见和三年行动方案，推进各项工作落实。深圳按照高质量发展要求，以供给侧结构性改革为主线，借创建国家级先进制造示范区契机，聚焦包含新一代信息技术在内的优势产业，以招优引强，打造世界级先进制造业集群，加快发展高端制造、智能制造、服务制造、绿色制造。

2019年一季度，深圳金融业实现增加值787.66亿元，同比增长3.4%，占GDP比重13.7%；在2019年3月英国智库Z/yen集团发布的第25期“全球金融中心指数”排名中，深圳排名第14位，在国内城市中仅次于香港、上海、北京。

高质量发展，推动深圳成全国典范

2019年8月18日，《中共中央国务院关于支持深圳建设中国特色社会主义先行示范区的意见》(以下简称《意见》)正式发布。《意见》明确了五大战略定位，其中“高质量发展高地”被放在第一位。相关人士指出，关于深圳高质量发展，《意见》给出了明确的“路线图”“时间表”，这不仅将促进深圳经济实力和发展质量的提升，更将推动深圳高质量发展成为全国典范。

作为粤港澳大湾区一员，在助推粤港澳大湾区建设方面，深圳被赋予重任。深圳要与整个大湾区形成良性互动，不仅要提升对港澳开放水平，在与港澳合作方面起到示范作用，而且要与相关城市加强联动发展，带动周边城市发展，在构建高质量发展的体制机制上走在全国前列。

《意见》提出，进一步深化前海深港现代服务业合作区改革开放，以制度创新为核心，不断提升对港澳开放水平。加快深港科技创新合作区建设，探索协同开发模式，创新科技管理机制，促进人员、资金、技术和信息等要素高效便捷流动。推进深莞惠联动发展，促进珠江口东西两岸融合互动，创新完善、探索推广深汕特别合作区管理体制机制。

建设粤港澳大湾区，在给粤港澳大湾区金融业协调发展和国家金融体系改革开放带来历史性新机遇的同时，也将带来新挑战。深圳正站在新时代风口上，抓住粤港澳大湾区建设重要机遇，谋求更高层次发展。

对许多金融机构而言，存在改革意识、开放思维、发展战略、创新能力、资本实力、人才储备等多方面的不足，在短时间内不能适应粤港澳大湾区的建设发展需要。对三地金融监管部门而言，面临着制度、法规、规则、政策的不同或差异，面临着如何平衡好金融改革开放，金融创新发展与防范金融风险之间的矛盾关系，面临着有效防范化解各种新的金融风险难题。

而对于深圳市民来说，作为“大湾区居民”，今后的将面临更迅速变化的金融消费环境，如何规避风险与享受发展红利，也将是一个全新课题。

(凤凰网，2019年08月28日)

2019 深圳开放数据应用创新大赛成果分享汇举行

2019 年 9 月 8 日，“华为云杯”2019 深圳开放数据应用创新大赛成果分享汇在深圳广播电影电视集团 800 演播厅举行。来自政府机关、行业企业、各大院校、科研机构、获奖队伍代表等近 300 人围绕“湾区之心，智创未来”主题进行成果分享，深圳市副市长王立新出席活动。

大赛自 2019 年 6 月正式启动以来，吸引全国 1200 多个团队报名参赛。同年 9 月 7 日，“华为云杯”2019 深圳开放数据应用创新大赛决赛在坪山区举行，经过层层选拔脱颖而出的 63 支团队展开巅峰对决。昨晚的成果分享汇上，揭晓了数据创意赛、数据分析赛、数据治理赛、坪山民生诉求分析赛及坪山视频分析赛共五大赛道的获奖团队排名，并举行了颁奖仪式，共有 29 个获奖团队分享大赛 140 万元奖金和 30 万元华为云资源奖励。其中，名校海归组成的“舵手小队”凭借作品“小区罗盘”，获得大赛“数据创意赛”一等奖。

此外，大赛还授予深圳市水务局、市交通局、盐田区政务服务数据管理局三个数据提供单位数据贡献奖。

（《深圳特区报》，2019 年 09 月 09 日，记者：李怡天）

深圳光明区：打造世界一流科学城

99 平方公里，茅洲河水系、巍峨山、公明水库、大顶岭森林公园等蓝绿生态本底纵深环绕，与中国香港、东莞中国散裂中子源基地形成半小时创新活动圈……光明科学城就像一粒科学种子，正在深圳北部大地破土萌发。

源头创新，是它所承载的历史使命。2019 年出台的《粤港澳大湾区发展规划纲要》（以下称《规划纲要》）明确提出要“加强创新基础能力建设”“支持重大科技基础设施，重要科研机构和重大创新平台在大湾区布局建设”。同年 8 月 18 日，《中共中央国务院关于支持深圳建设中国特色社会主义先行示范区的意见》正式发布，深圳被赋予了新使命，要求深圳“加快实施创新驱动发展战略，支持深圳强化产学研深度融合的创新优势，以深圳为主阵地建设综合性国家科学中心，在粤港澳大湾区国际科技创新中心建设中发挥关键作用”。

光明区提出了打造世界一流科学城的目标。光明科学城将立足全球视野，服务国家战略，通过布局世界级重大科技基础设施集群，集聚科学研究顶尖人才，释放发展动能，助推深圳驶入新一轮高质发展高速路，建成粤港澳大湾区国际科技创新中心的重要载体和平台。

进展：首期确定落户 6 个重大科技基础设施

建设光明科学城是广东省委和省政府落实《规划纲要》的重要举措，是深圳市委、市政府全面提升科技创新能力，尤其是源头创新能力的重大战略部署。

2018 年 4 月 11 日，深圳市委和市政府将科学城布局在光明区，要求光明以最高水平和最高标准谋划建设科学城。

首期确定落户光明科学城重大科技基础设施共有 6 个，分别是脑模拟与脑解析设施、合成生物研究设施、材料基因组大科学装置平台等。截至 2019 年 9 月 19 日，正积极争取具有内核生长功能的稀缺性重大科技基础设施以及“十四五”国家重大科技基础设施规划的设施落户光明科学城。

其中，材料基因组大科学装置平台项目总投资 6.6 亿元，主要建设高通量制备平台、高通量实验室表征平台、高通量中子谱仪平台、高通量计算与数据库平台。项目建设的四个平台定位明确、功能完整、相互关联，可实现从设施、合成、表征到计算反馈的新材料开发全链条覆盖，预计 2022 年完成装置建设。

合成生物研究设施项目总投资约 9.4 亿元，主要建设内容包括设计学习平台、合成测试平台、用户检测平台及医学转化平台。项目有助于完善整个“设计—合成—测试—学习”的研究闭环，解决合成生物领域重大瓶颈问题，预计 2023 年完成装置建设。

脑解析与脑模拟设施项目总投资约 12 亿元，建设内容包括脑解析模块、脑编辑模块、脑模拟模块。设施建设将极大地提升深圳市生命科学基础研究、临床前应用研究以及生物医药产业技术，推动深圳市类脑智能产业的发展，预计 2023 年完成装置建设。

同年 8 月 29 日，深圳精准医学影像大设施筹建启动大会在北京大学深圳研究生院汇丰商学院举行，此举标志着深圳精准医学影像大设施项目正式启动。该项目建设选址正是在光明科学城，将建设世界一流精准医学成像设施，实现人体医学的精准系统观测，为高端医学影像设备研发提供“一站式”服务，该大设施的建成将为粤港澳大湾区生命科学与健康医学研究生物医药产业发展提供强有力支撑。

规划：构筑“一心两区，绿环萦绕”空间格局

光明科学城将构筑“一心两区，绿环萦绕”空间格局。“一心两区”即光明中心区、装置集聚区、产业转化区，“绿环萦绕”即蓝绿活力环。根据 2019 年 4 月 4 日深圳市政府常务会议审议通过的《光明科学城空间规划纲要》，深圳市将按照“世界眼光、国际标准、中国特色、高点定位”的要求，以“蓝绿为底、组团镶嵌、乐居宜业”为原则，建设开放创新之城、人文宜居之城、绿色智慧之城。高度重视生态环境和城市风貌，坚持“绿色风、国际范、科技韵”，塑造舒展起伏、疏密有度的城市空间形态，形成“北林、中城、南谷”差异化城市风貌，形成“湖光山色入城，蓝绿活力交织”的田园都市。

装置集聚区是光明科学城的核心区域，将重点布局科学设施集群、科教融合集群、科技创新集群“三大集群”。其中，科学设施集群规划面积 6 平方公里，布局具有内核生长功能的稀缺性大科学装置，并为大科学装置衍生发展提供空间保障；科教融合集群规划面积 4.1 平方公里，布局多所高校和科研院所，为科学城输送创新人才，引入脑解析与脑模拟和合成生物等大科学装置及配套科研平台；科技创新集群规划面积 2.6 平方公里，布局产业创新条件平台、共享实验室、产业转化加速等平台，促进应用基础研究与产业创新融通发展。

光明中心区作为科学城综合服务中心，定位深圳北部集商业、文化、游憩、休闲配套于一体的城市新中心。值得一提的是，光明中心区规划科学公园片区，将在光明中心区布局一个占地 2 平方公里的科学公园和两横两纵的主干道路，由深圳市科技馆、图书馆、青少年宫等组成的慢行绿带，以及由多个地标式高端商务综合体构成的商业街。

“绿环萦绕”即蓝绿活力环，将为科学城提供高品质生态环境和公共空间，重点为光明小镇规划区域。光明小镇规划面积 11.4 平方公里，总投资 300 亿元，将打造成粤港澳大湾区知名特色小镇。

保障：形成高效有序的市区两级联动机制

光明科学城肩负着深圳市委、市政府的重托，是未来很长一段时间光明区建设发展的“总龙头”。科学城所孕育的基础理论创新需要厚积薄发，但科学城建设必须争分夺秒。

2018 年 5 月，成立光明区科学城建设指挥部和 7 个专责小组，统筹推进科学城各项规划建设工作。7 月成立由市领导任组长的深圳市光明科学城规划建设领导小组。在深圳市高度重视，深圳市发展和改革委员会，深圳市规划和自然资源局的大力支持下，光明科学城发展规划、空间规划编制、科学城启动区土建项目等各项工作得到推进。

由于科学城建设的公益性特征，形成高效有序的市区两级体制机制是首要问题。

2018 年 5 月至 6 月，光明区委书记王宏彬带队分别赴

深圳市发展和改革委员会，深圳市规划和国土资源委员会，研究协调光明科学城规划建设市区两级工作机制等事项并形成一致意见。

目前，光明科学城已构建了高效顺畅的市区联动机制。光明区与深圳市发展和改革委员会，深圳市规划和自然资源局多次召开联席工作会议，推进光明科学城发展规划、空间规划编制、科学城启动区土建项目各项工作。

光明区积极推动参与对港合作，2019 年 1 月 23 日至 24 日，参加深圳市访问团，拜访香港大学、香港中文大学、香港科技大学、香港理工大学、香港城市大学，就如何充分发挥香港基础研究实力雄厚优势，共建标志性稀缺性重大科技基础设施，共创综合性国家科学中心等方面进行探讨。

创新：8 个“科学 +”引领推动规划建设

按照深圳市委及市政府“对标全球最高标准，最高水平规划建设光明科学城”的要求，光明区明确了推进光明科学城建设任务 2019 年时间表。《光明区推进光明科学城建设 2019 年工作方案》已于 3 月 19 日正式印发实施，以“科学 + 规划”“科学 + 创新”“科学 + 开放”等 8 个“科学 +”为中心，形成 35 方面共 148 项具体任务，全面推进光明科学城规划建设。其中“科学 + 开放”，即做好重大科技基础设施共享共用和港澳科技成果转化，积极争取深港协同特殊政策试点。“科学 + 产业”，要求完善现代产业体系规划，强化产业应用研发，加快发展科技服务业。

预计到 2019 年底，光明科学城建设的基本框架体系初步确立，包括总体发展规划和空间规划在内的的顶层设计全面稳定，区域创新资源分布更合理，协同创新机制逐步完善，装置聚集区、光明中心区、产业转化区建设全面启动。

启动区土建工程项目拉开了科学城建设帷幕。光明科学城启动区土建工程项目主要是为脑解析与脑模拟大科学装置平台，合成生物大科学装置平台建设空间载体，并提供相应的综合研究平台和生活配套服务设施。在各方面支持下，7 个月即完成项目立项、方案设计、用地审批和施工总承包招标工作。2019 年 1 月 25 日，光明科学城启动区土建工程项目正式开工建设。

光明区还将加快推动其他重大科技基础设施启动建设，中山大学深圳校区加快规划建设，提前谋划一批基础研究机构、重点实验室、前沿技术交叉平台落地光明。

科学之光引领新征程。光明科学城将坚持“科技引领、开放合作、统筹协同、辐射带动”的原则，以世界级重大科技基础设施集群为核心，以应用基础研究和前沿交叉研究为主攻方向，以重大科技项目和重大工程为抓手，以深化科技创新体制机制改革为保障，协同推进科技创新、产业创新、体制机制创新、运营模式创新和协同开放创新，打造世界级大型开放创新网络枢纽、粤港澳大湾区国际科技创新中心战略支撑、综合性国家科学中心核心区、原始创新和未来产业策源地、深化科技创新体制机制改革前沿阵地。

■相关

高标准、高质量、高水平打造科学城综合配套体系

为顶尖科研人才营造一流人居环境

如何让科学和城市成为一个有机的整体以吸引一流的全球科研顶尖人才？光明区提出了“科学 + 城市 + 产业”的理念，坚持“科学”与“城”深度融合，将高标准、高质量、高水平打造科学城综合配套体系，营造世界一流科技和生活环境，现正高标准开展光明科学城启动区、光明中心区、产业转化区等重点片区建设，推动生态环境优化提质，保障重点片区建设空间。

深圳北部中心“城市心脏”正在崛起

光明中心区位于光明区中部，东邻两明生态区、西邻茅洲河、南邻高新技术产业区，为《深圳市城市总体规划（2010—2020）》确定的光明区中心和深圳北部中心，规划用地 8.18 平方公里。

在光明科学城的“一心两区，绿环萦绕”空间格局中，

光明中心区是其中重要的组成部分，被定位为光明科学城国际化高品质公共服务配套区。在科学城核心区以南，打造一颗强有力的“城市心脏”，将突出科技、商务、政务、文化、社交等功能，为光明科学城提供国际化高品质配套服务，建设包括体育中心和书城在内的高档配套设施，为高端人才提供优质服务。

光明中心区将充分利用中心区优越生态本底资源和轨道开发基础，坚持集约发展和功能混合，贯彻 TOD 建设模式。该片区以 2 平方公里的科学公园生态绿核及由绿核延伸出的放射状绿色网络为生态本底，是绿色理念和生态技术探索实践的示范区。同时，围绕科学公园布局深圳科技馆（新馆）、深圳书城光明城、体育馆等大型文体设施，提供五星级酒店、特色餐饮、会议等商务服务，将中心区打造成为深圳北部商业、文化、游憩、休闲配套于一体的城市新中心。其中，深圳科技馆（新馆）及科学公园周边主干道将在年底前动工建设，形成科学公园与垂直城市错落有致的“乐活城区”风貌。

依托良好的区位优势、密集落户的重大项目、湖光山色入城来的生态，光明中心区成为深圳北部中心的“城市心脏”名副其实，也将给实现世界一流科学城和深圳北部中心提供强大助力。

构建宜居、宜业、宜研的城市展示新窗口

光明云谷片区作为光明科学城重要的科学服务配套区，总用地面积 2.2 平方公里，集中布局国际会议中心、精品酒店、人才住房、医院、学校等高品质配套设施，未来将打造成为具有光明特色的新型智慧城区、光明总部经济发展示范区、光明社区经济转型升级示范区及产学研合作示范区，构建宜居、宜业、宜研的城市展示新窗口。

其中，中山大学深圳附属学校今年 3 月动工建设，将于 2020 年秋季建成并投入使用，建成后累计提供各级各类学位 6000 余个。科学城智慧公园占地面积 23 万平方米，流域面积 2.86 万平方米，总投资约 4.37 亿元，计划于 2021 年底完成建设；到 2021 年底，科学城智慧公园将为广大市民提供科技体验乐趣的公共空间；“三横四纵”骨干路网将连通科学城启动区、中山大学、中科院深圳理工大学；国际会议中心和精品酒店投入使用，为光明科学城提供国际化高品质城市公共服务。

光明凤凰城作为光明科学城产业转化区，是深圳市 18 个重点发展区域之一，总用地面积 14.89 平方公里，未来将打造成为富有生态内涵和科技文化氛围的共享智谷，产业集聚的智造高地和站城一体化功能完善的城市会客厅。凤凰城现有规上工业企业 25 家，形成以华星光电为龙头，旭硝子、日东光学、莱宝高科等企业为代表的完整液晶显示产业链。

光明区将坚持“对标全球最高标准，最高水平规划建设光明科学城”，坚持大项目带动大发展总基调，加速推动光明中心区、光明云谷片区、光明凤凰城高质量开发建设，全面助力打造世界一流科学城和深圳北部中心，为深圳建设中国特色社会主义先行示范区贡献光明力量。

■数读

光明科学城占地99平方公里，“一心两区”即光明中心区、装置集聚区、产业转化区，“绿环萦绕”即蓝绿活力环。

材料基因组大科学装置平台项目总投资 6.6 亿元，预计 2022 年完成装置建设。

合成生物研究设施项目总投资约 9.4 亿元，预计 2022 年完成装置建设。

脑解析与脑模拟设施项目总投资约 12 亿元，预计 2023 年完成装置建设。

2019 年 1 月 25 日，光明科学城启动区土建工程项目正式开工建设。

光明中心区是光明科学城国际化高品质公共服务配套区，规划用地 8.18 平方公里。

光明云谷片区作为光明科学城重要的科学服务配套区，总用地面积 2.2 平方公里。

光明凤凰城作为光明科学城产业转化区，是深圳市 18 个重点发展区域之一，总用地面积 14.89 平方公里。

（广东省科学技术厅，2019-09-19）

中国质量（深圳）大会于12月召开

据了解，中国质量（深圳）大会将于2019年12月5日至6日在深圳市五洲宾馆召开，会期1.5天。这是中国质量大会首次在广东省举办，会议以“质量 变革 共享”为主题，紧扣时代脉搏，呼应经济社会发展方向。

据国家市场监督管理总局副局长甘霖介绍，本届会议以“大湾区与先行示范——推进区域高质量发展”“智能制造质量管理与创新——全球产业链的质量共生、共治、共享”“国家质量基础变革与应用”为专题分设3个分会场。闭幕式还将发布《深圳质量宣言》，发出面向未来、提升质量、共享质量的倡议，进一步推动国际质量合作和全球质量发展。

作为我国质量领域国际盛会，会议将邀请全国质量工作部际联席会议成员单位负责人，国际组织和国际质量组织负责人，美国、俄罗斯、德国、日本等国家和地区质量部门负责人，中国两院院士等国内外知名学者、质量专家和大型跨国企业负责人出席并演讲。

（南方网 / 广东省科学技术厅，2019年10月17日）

“i深圳”区块链电子证照应用平台上线助推“数字政府”建设

办事需要无犯罪记录证明，但本人不在深圳如何开具？有了“i深圳”区块链电子证照应用平台，可轻松解决此类难题。随着24类常用电子证照数据上链，市民办事再也无须携带实体证件，也无须提交复印件，真正实现办事少跑腿。

为助力粤港澳大湾区和中国特色社会主义先行示范区建设，构建深圳“数字政府”和智慧城市，2019年12月9日，深圳市统一政务服务APP“i深圳”正式上线发布区块链电子证照应用平台。据相关工作人员介绍，该平台在省内首次被应用在政务服务场景，使电子证照与区块链技术相结合。

深圳市政务服务数据管理局局长刘佳晨介绍了“i深圳”区块链电子证照应用平台的特点与优势。她表示，在电子证照应用中引入区块链技术，借助区块链的多中心化同步记账、身份认证、数据加密等特征，确保了电子证照信息可信任且可追溯，增强电子证照的安全性与可信度，提高办事效率。同时拓展电子证照应用场景，推进了政务服务便利化。

目前，“i深圳”已实现了包括居民身份证和户口本在内的24类常用电子证照数据上链；支持在线用证、线下用证、授权他人用证等多种用证形式；线下办事授权用证支持包括无犯罪记录证明和生育登记在内的100余项高频政务服务事项。2020年1月起，“i深圳”实现线下办事窗口授权用证上链全市全覆盖，便利市民办事。

（南方报业集团南方网，2019-12-10）

深圳市学生创客节暨第35届青少年创新大赛举办

2019年12月15日，“深圳学生创客节（2019）暨第35届深圳市青少年科技创新大赛”活动在深圳职业技术学院留仙洞校区举办。

本届活动以“智能新生活，创造赢未来”为主题，通过科普名家大讲堂、科技创新大赛作品展、创客大挑战等多种形式，全方位展示深圳中小学科创教育的进展和成效，实现了深圳创客教育与其他城市融合、联动、共赢，点亮了孩子创新激情，埋下一批创新种子。

开幕式结束后，举办了科普名家大讲堂活动。该活动的主题是“科技与生活”，通过学生微科普—名家讲座—互动交流的方式进行。

此外，在全天候的“科技创新大赛作品展”“创客大挑战”创客体验坊中，学生们的科创作品评审、创客项目挑战赛、创客体验项目等也在活动现场如火如荼展开。其中，“科技创新大赛作品展”现场展示的是深圳市 10 个区以及市直属学校的科技创新成果类和科幻绘画类作品，共计作品 1200 余件，评委进行现场评审，由参赛选手对作品进行讲解和说明。“创客大挑战”比赛内容包括创客马拉松、无人机编程挑战赛、MEV 机动电能车大赛、AI 机器人现场挑战赛，共 1300 余名中小学生参加了此次竞技。创客体验坊以互动电子、创意编程、数字设计为主要内容模块，为参加活动的中小学生提供动手动脑、创意造物的环境、材料和工具，丰富多彩的比赛内容共吸引了约 15000 学生家长参与。

（深圳电视台，2019 年 12 月 15 日，记者：殷梦）

深圳原始创新再获新突破

深圳科技奖能清晰地反映深圳科技创新“能见度”。在 2020 年 1 月 2 日举行的深圳市科学技术奖励大会上，2018 年度和 2019 年度市科学技术奖获奖项目和获奖人员正式公布，直观显示这两年深圳市科技创新最新成就。

2018 年，经过市科技奖励部门评定，对 106 个项目和 10 名人选予以奖励。2019 年，102 个项目和 10 名人选获奖。一批有影响力的成果脱颖而出，推动深圳原始创新取得新突破，服务国家战略站上新高度，高精尖产业汇聚新动能。

领军人才作出重要贡献

杰出领军人才专注原始创新，作出重要贡献。2018 年度市长奖选出两位获奖人，其中一位是中国科学院深圳先进技术研究院副院长郑海荣博士。他是深圳本土成长起来的国家级领军人才及国家有突出贡献中青年专家，致力于医学成像技术和设备的研究，多次获得国家、省、市级科技奖荣誉，在深圳主持承担国家“973 计划”和国家重大科研仪器研制项目等一批国家重大科技项目。

另一位是深圳微芯生物科技股份有限公司董事长、总裁、首席科学官鲁先平博士。鲁先平是深圳市国家级领军人才，2001 年在深创立微芯生物，专注原创药研发，在转录调节因子的药物发现、分子医学、生物与化学信息学、肿瘤、代谢疾病、内分泌等领域深有造诣。

2019 年度市长奖两名，分别是清华大学深圳国际研究生院副院长康飞宇教授和深圳天源迪科信息技术股份有限公司董事长陈友。康飞宇长期致力于碳材料及其在能源与环境中应用的研究，陈友提出的计费敏捷智能化模型开发出的商用大型软件打破国外垄断。

原始创新成果不断涌现

围绕打造“双区驱动”战略支撑，深圳推动科技研发项目全生命周期改革，构建“基础研究 + 技术攻关 + 成果产业化 + 科技金融”创新生态链，基础研究取得系列新原理、新方法、新技术进展。

例如，由北京大学深圳研究生院主持攻关的“电动车动力电池材料结构及性能的基础科学研究”(自然科学奖一等奖) 项目，首次发现新型单层二维锂离子电池电极材料。

由中国科学院深圳先进技术研究院主持攻关的“声镊理论及其操控效应”（自然科学奖一等奖）项目，首次提出人工结构声场灵活调控声辐射力新原理和“声筛”概念。

由香港大学深圳研究院完成的“金属配合物激发态的基础与应用研究”（自然科学奖一等奖）项目，首次实现具有自主知识产权的且含有刚性四齿配体的高效率磷光铂（Ⅱ）配合物，处于国际领先水平。

企业创新主体地位突出

深圳市科创委有关负责人表示，2018 和 2019 年，由企业主持完成的获奖成果分别是 92 项与 73 项，占比分别为 87% 与 74%，企业科技创新能力，支撑了深圳高新技术产业发展。

例如，由华为技术有限公司完成的“超大容量智能骨干路由器技术创新及产业化”项目，取得了系列重大技术突破，包括 Cable 背板突破传统 PCB 限制、自主研发 Solar 系列芯片、首创 FEC 正交复用架构纳入国际标准等，2019 年上半年占全球市场份额 41%，居世界第一。

近年，深圳通过聚焦大装置、高平台、新产业，各类创新平台建设取得新进展。获批牵头建设鹏城实验室和深圳湾实验室，与广州平行建设人工智能与数字经济广东省实验室（深圳）。新设基础研究机构 12 家，累计建成省级新型研发机构 46 家、诺奖实验室 11 家、各类创新载体 2260 家。依托各类创新平台，2018 年度国家科技奖评选，深圳市有 16 个项目获奖，34 个项目获广东省科技奖。2010 年以来，深圳累计获得国家科技奖项 115 项。

青年人才成主力军

据统计，2018 和 2019 年度科学技术奖分别共奖励 718 名和 674 名科技人员，平均年龄分别为 39 岁和 40 岁。在两个年度三大奖获奖成果中，40 岁以下的科技人员 809 人，占比 58%，80 后科技工作者参与获奖的有 127 项，占比 98%。青年科技人才逐渐成为科技创新“中流砥柱”。

青年科技英才崭露头角，激发创新活力。获青年科技奖的深圳兰度生物材料有限公司董事长佘振定，致力于人工真皮再生修复技术并成功应用，填补国内空白。据悉，2018 年度青年科技奖 8 名获奖人，4 名为来自高校和科研机构且具有高级职称的博士，不仅在学术上业绩突出，多篇论文质量高，且与产业结合紧密。深圳市科创委有关负责人表示，青年科技人才已成为引领深圳“双创”生力军，他们活跃在科技创新第一线，潜力值得期待。

（《深圳特区报》，2020 年 01 月 03 日，记者：闻坤）

重磅！ 2019 年深圳创新领域新鲜事

2019 年，深圳人牢记习近平总书记和党中央殷殷重托，紧抓“双区驱动”重大历史机遇，用汗水浇灌收获，以实干笃定前行，交出了一张改革发展的亮眼答卷，展现了深圳经济特区的忠诚担当。

1. 深圳隆重庆祝中华人民共和国成立 70 周年

2019 年是新中国成立 70 周年和深圳建市 40 周年。深圳举行《我的祖国》专场音乐会、群众文艺晚会、大型焰火晚会三场大型活动，得到了各界一致肯定。

2019 年 10 月 1 日晚，深圳市庆祝中华人民共和国成立 70 周年大型焰火晚会在深圳湾畔上演。

中央广播电视总台 2019 央视春节联欢晚会在深圳设立分会场，这是央视春晚首次在深圳设立分会场，并第一次实现了 4K 超高清内容的 5G 网络传输，为观众带来了沉浸式的春晚观看体验。作为改革开放重要窗口的深圳，通过央视春晚中成功、精彩、难忘的“深圳七分钟”，充分展现岭南文化特色和时代新风貌，展现深圳改革开放创新的城市气质。

深圳还举办了“打开的窗口是美丽的——庆祝新中国成立 70 周年暨深圳建市 40 周年美术展”，充分展示深圳文化发展成就。2019 年 6 月 27 日，深圳党史馆和方志馆开馆，成为全市党员干部学习党史和新中国史的重要基地。

2. 深圳举全市之力推进粤港澳大湾区建设

2019 年 2 月 18 日，中共中央、国务院印发《粤港澳大湾区发展规划纲要》，明确了深圳在粤港澳大湾区中的定位——发挥作为经济特区、全国性经济中心城市和国家创新型城市的引领作用，加快建成现代化国际化城市，努力成为具有世界影响力的创新创业之都。深圳举全市之力推进粤港澳大湾区建设，增强核心引擎功能，深化深港澳合作，提升重大战略平台发展能级，打造“一带一路”重要支撑区，努力形成全面开放新格局。

2019 年 11 月 4 日，深圳国际会展中心一期工程正式启用，打造深圳发展世界级现代服务业新平台，推进粤港澳大湾区新载体建设，打开大湾区与全球产业交汇联动的“又一扇窗”。作为目前的“全球最大会展厅”，将成为亚洲会展的贸易枢纽，为全球服务。2019 年 11 月 7 日，落户于深圳前海的中央广播电视总台粤港澳大湾区中心正式揭牌，为促进港澳融入国家发展大局及展示大湾区改革创新发展形象提供有力舆论支撑，为新时代深圳改革发展唱响主旋律、壮大正能量、传播好声音。

3. 深圳全面开启建设中国特色社会主义先行示范区新征程

2019 年 8 月 18 日，中共中央、国务院发布《关于支持深圳建设中国特色社会主义先行示范区的意见》（以下简称《意见》）。这是深圳改革发展进程中的重大标志性事件，对深化粤港澳大湾区建设，对推动深圳开放及创建社会主义现代化强国的城市产生影响深远。《意见》明确了深圳建设先行示范区的“五个战略定位”“三个阶段目标”和“五个方面率先”。深圳从“先行先试”到“先行示范”，再次被赋予新的历史使命。

深圳市委六届十二次全会就贯彻落实《意见》作出全面部署，拿出了建设中国特色社会主义先行示范区的具体“施工图”，提出了深圳实现“五个率先”具体举措，把中央的“顶层设计”变为深圳的“施工图”，全面开启建设先行示范区新征程。广东省委出台《关于支持深圳建设中国特色社会主义先行示范区的若干重大措施》，深圳市制定《建设中国特色社会主义先行示范区的行动方案（2019—2025 年）》，明确 2019—2025 年深圳建设先行示范区 127 项具体举措。

4. 中国海洋经济博览会首次在深圳举办，加快推进全球海洋中心城市建设

2019 中国海洋经济博览会 10 月 15 日在深圳举行，习近平总书记致信祝贺海博会开幕。这是深圳建市以来首次举办的集技术交流、产品展示、成果交易、高端论坛、招商引资于一体的国家级国际性海洋经济交流展示盛会，也是深圳建设中国特色社会主义先行示范区和全球海洋中心城市的“闪亮名片”。吸引 21 个国家的 455 家展商参展，来自 28 个国家和地区的 9.7 万人专业观众参观。深圳认真落实海洋强国战略和“一带一路”倡议，勇当海洋强国尖兵，加快推进全球海洋中心城市建设。

5. 优化营商环境改革，深圳设定国内首个“企业家日”

2019 年 10 月 31 日，深圳市六届人大常委会第三十六次会议表决通过了关于确定 11 月 1 日为深圳企业家日的决定，深圳的企业家至此有了属于自己的法定节日。这也是全国范围内首个法定企业家日。2019 年 11 月 1 日，深圳举行首个“深圳企业家日”系列活动。

2019 年深圳发布了 41 项优化营商环境举措，深圳市企业“秒批”系统正式上线启用。“秒批”系统将企业设立审批时限由一天大幅压缩至几十秒内。同时，“秒批”质检系

统和“登管联动”机制同步建立，实现了企业开办效率和质量“双提升”。据粤港澳大湾区研究院发布的《2018 年中国城市营商环境评价报告》，深圳营商环境指数全国第一。

6. 深圳大力推进生态文明建设，打造“绿水蓝天”城市名片

深圳深入贯彻落实习近平生态文明思想，打好打赢污染防治攻坚战，在全国率先实现全市域消除黑臭水体，茅洲河、深圳河国考断面水质达到地表水Ⅴ类标准，大沙河、坪山河等呈现水清岸绿，鱼翔浅底的新景象，成为全国黑臭水体治理示范城市。深圳大力推行垃圾分类和减量化、资源化、无害化焚烧，攻坚克难破解“垃圾围城”，入选国家“无废城市”建设试点。以世界最严标准和最先进技术，建设运营集“生活垃圾处理 + 科普教育 + 休闲娱乐 + 工业旅游”四位一体的现代化环保电厂。

实施《深圳市生活垃圾分类工作激励办法》，通过“以奖代补”的方式，每年按规定额度安排生活垃圾分类激励补助资金，以激励措施推动垃圾分类减量。作为全国垃圾分类工作首批46个先行先试重点城市之一，深圳生活垃圾实行“集中分类投放 + 定时定点督导”，在全市近 3600 个有物业管理的小区全面推行居民楼楼层不设垃圾桶模式。

深圳已经建成各类公园 1090 个，提前一年实现“千园之城”建设目标，全市公园总面积 39319.399 公顷，占深圳总面积五分之一，公园绿地 500 米服务半径覆盖率达到 90.87%，成为名副其实的“公园里的城市”，碧水蓝天绿地成为靓丽的城市名片。

7. 深圳科技创新力增强，引领经济高质量发展

深圳印发《科技计划管理改革方案》，推出深圳科技计划管理改革 22 条举措，形成总体布局合理及功能定位清晰的科技计划体系。深圳每年不低于 30% 的科技专项资金投入基础研究，财政科研资金实现跨境使用。深圳科学技术奖励大会作为每年的“开年首会”，以体现把“创新”作为城市发展主导战略的特征。

2019 年 11 月 27 日，深圳技术大学成立，这是广东省和深圳市高起点、高水平、高标准建设的本科层次公办普通高等学校，致力于借鉴世界一流应用大学先进办学理念和经验，打造国际化、开放式、创新型应用技术大学，也是目前深圳唯一一所公立应用型本科院校。

“基础研究 + 技术公关 + 成果产业化 + 科技金融”的全过程创新生态链更加完善。深圳全面推进 5G 基础设施建设大会战，调动各方力量，抢抓 5G 发展先机，加速 5G 产业布局，努力把深圳打造成全球 5G 产业标杆城市，引领世界科技革命潮流，推动深圳走在创新发展最前沿及 5G 时代最前列。2019 年 5 月 20 日，深圳地铁与华为公司共同推出了 5G 车地无线通信技术。该技术先期在地铁 11 号线试行，成为全球首个 5G 技术在地铁领域的应用范例。2019 年 9 月 26 日，全国首个 5G 体验街区在深圳华强北诞生。2020 年 8 月底，深圳将实现 5G 网络全覆盖。

8. 深圳举办全球招商大会

深圳 2019 全球招商大会 12 月 18 日成功举办。大会以“新起点，新高度——产业引领，共享机遇”为主题，向海内外优秀企业推介深圳营商环境、产业发展战略、产业发展空间布局及相关政策。大会吸引世界 500 强和大型跨国企业、央企、行业领军企业代表等近 600 人参加，现场签约项目 128 个，总投资超 5600 亿元。一批生物医药、新型显示、集成电路、5G 等重点领域的精准化产业政策正式发布，并集中推出 30 平方公里产业用地面向全球招商。

（《深圳特区报》，2020-01-14，监制：夏岩青 编辑：黄小菊）

深圳 41 个项目荣获省科技奖

2020 年 3 月 25 日，广东全省科技创新大会在广州举行，179 个 2019 年广东省科技奖项目获表彰。其中，深圳 41 个项目获奖，获奖比重达 22.9%，占比创近十年新高。

据统计，深圳共获得自然科学奖 3 项，技术发明奖 5 项，科技进步奖 33 项。其中主持完成的一等奖 6 项，分别是为自然科学奖一等奖 1 项，技术发明奖一等奖 2 项，科技进步奖特等奖 1 项，科技进步奖一等奖 2 项，一等奖占全省一等奖授奖总量的 16%。

深圳市大疆创新科技有限公司的“三维环境智能感知系统研发及应用”项目摘得科技进步奖唯一特等奖，这是深圳市单位第 7 次获此殊荣。该项目攻克了无人系统自主导航过程中的跟踪、定位、避障难题，实现了多视觉传感器信息融合的三维图像获取、精准视觉测距、障碍物的检测与躲避等技术创新，拓宽了无人机应用场景。在全球抗击新冠肺炎疫情中，加载了智能避障技术的大疆无人机，凭借其强大的技术优势，成为防控巡逻、疏导人群、公共场所消杀的智能工具，经济社会效益显著。

清华大学深圳国际研究生院获得 2 个自然科学奖，获得自然科学奖一等奖 1 项。该院主持完成的自然科学奖一等奖“高安全性二次电池关键材料研究”项目，揭示了多价态离子在二氧化锰中的存储机理并发明了高安全水系锌离子电池。这一成果推动了新型安全水系锌离子电池理论体系的建立和发展，对推动高安全电池和材料的理论发展和实际应用具有重要指导意义。

深圳大学在三大奖种有 6 个项目获奖，获得技术发明一等奖 1 项。深圳大学牵头完成的技术发明奖一等奖项目“重大基础设施结构形变精密三维测量技术与装备”，瞄准基础设施安全运维保障的重大需求，实现核心测量传感器、技术方法、高端装备以及应用全链条创新，发明研制出公路交通、轨道交通、水利市政等基础设施安全装备测量与检测装备，填补国内空白，达到国际领先水平，促进我国基础设施结构形变精密测量从“静态到动态、离散到连续、抽查到普查”的跨越。

中科院先进技术研究院牵头完成的技术发明奖一等奖项目“视频的深度表征与识别技术及应用”，让人工智能“读懂”复杂视频。据悉，项目第一完成人深圳先进院数字所所长乔宇研究员带领团队，经过多年研究开发和应用验证，提出了视频长短时表征与识别等系列创新性方法，突破了轨迹卷积、中心损失等核心技术，显著提升了复杂视频行为分类、大规模人像识别、物体检测、场景分类等重要视觉任务性能。截至 2020 年 3 月底，项目研发技术已广泛应用于智慧城市、机器人、互联网多媒体等多个领域，提高了城市管理效率，创造了具备显著的经济和社会效益。

（《深圳特区报》，2020 年 03 月 26 日，记者：闻坤）

第二节 产业篇

国际会展业创新发展大会在深召开

2019 年 1 月 14 日—15 日“国际会展业（深圳）创新发展大会”在深圳举办，吸引了来自 11 个国家和地区的会展机构、会展界专家学者、深圳市政府会展业相关负责人、深圳会展举办机构、会展产业链服务企业共计 200 多人参与，共同探索展会国际化创新发展之路。

倾听世界的声音，探寻国际化创新发展之路

“国际会展业（深圳）创新发展大会”由深圳市经贸和信息化委员会会展业管理办公室主任袁晓方自 2018 年 8 月起牵头策划与引进，并统筹包括深圳市会议展览业协会和华珈智库在内的单位筹备半年时间成型。此次国际会议成功落户深圳，得到了国际展览与项目协会 (IAEE)、国际奖励旅游管理者协会 (SITE)、国际会议专家协会 (MPI)、广东会展组展企业协会 (GFOA)、香港会议展览业协会 (HKECIA)、澳门展贸协会 (MFTA)、新加坡会展协会（SACEOS）等机构鼎力支持。大会包含深圳市会展产业发展圆桌会议、亚洲会展人才论坛 、IAEE 亚洲委员会第一次委员会议等多场活动。大会期间，共有 37 位来自国内外会展业精英人物和创新实践者发表专题讲演。他们不但为深圳会展业创新发展贡献力量，更帮助“创新之城”——深圳在全球会展业舞台上做出创新表达。

作为 2019 年深圳会展业开年最重要的会展项目，本次“国际会展业创新发展大会”以“会展业创新”为主题，开展全球首个以创新为核心议题的会展业国际会议，也是三大国际会展业协会联盟（IAEE、SITE、MPI）共同参与的首次会议，旨在加强深圳会展业的国际交流合作。大会设立“会展业创新服务中国企业全球化、会展业创新产业服务、科技创新会展、绿色创新共建未来”四个重点讨论环节，具有极强针对性和现实意义。

国际展览与项目协会 IAEE 总裁 David DuBois、国际展览与项目协会 IAEE 执行副总裁兼首席运营官 Cathy Breden、国际展览与项目协会 IAEE 亚洲委员会主席顾学斌、荷兰皇家展览集团总裁及首席执行官 Albert Arp 等众多国际机构负责人，以及香港展览会议业协会 HKECIA 主席李剑彬、广东会展组展企业协会会长刘松萍等 200 多位国内会展业代表、深圳会展主办机构主要负责人、腾讯与华为移动互联等相关业务负责人参加会议并为深圳会展业创新发展建言献策。深圳市经贸和信息化委员会副主任高林出席会议并致辞。

把“窗口”擦得更亮，透过“窗口”更有看头

据深圳市社科院测算，深圳 2018 年经济总量会达 2.57 万亿元人民币，排名居粤港澳大湾区城市群首位，居中国大中城市第三位；第二产业比重超过 40%，2018 年工业增加值预计达到 9534 亿元，实际增长 9%；深圳现代服务业快速发展，第三产业比重超过 58%。

会展业是现代服务业重要组成部分，深圳市一贯重视会展业发展。在硬件上，深圳国际会展中心将于今年 7 月竣工投入运营，国际会展中心是集展览、会议、旅游、购物、服

务于一体的综合会展类建筑群，总投资 244 亿元，建筑总面积 151 万平方米，整体建成后将成为全球室内展厅面积最大的会展中心。届时，深圳将形成国际会展中心和会展中心新老两馆并存的新型组合式平台，共同推动深圳会展业实现跨越式发展。

在软件上，目前深圳市拥有中外合资、外商独资、民营会展企业 1000 多家，相关企业近 3000 家，从业人员 10 万余人。据统计，2018 年深圳共举办专业展览 111 场，规模展览总面积 348 万平方米，同比增长 6.88%，全年展馆使用率为 65.16%，同比增长 6.2%。根据 2018 中国城市会展业竞争力指数，深圳入选“中国最具竞争力会展城市”。

每年在深圳举办的主要会展包括高交会、文博会、光博会、安博会、礼品展、服装展、机械展、钟表展、汽车展、内衣展等知名展会。其中“中国国际高新技术成果交易会”（高交会）是目前中国规模最大和最具影响力的科技类展会，有“中国科技第一展”之称。2018 年第二十届高交会展会总面积达 14 万平方米，共有展商 3356 家，展示高新技术项目 11322 项，41 个国家和国际组织共 141 个团组和国内 32 个省、市、特别行政区组团参展，共举办各种论坛活动 255 场，来自 103 个国家和地区的 56.3 万人次观众参会。众多知名品牌展会在深圳举办，使深圳会展业成为了促进经济增长、推动产业转型升级、提升城市形象与知名度的重要载体。

一直以来，深圳需要一个大的平台展示深圳改革开放发展成就，展示经济产业高质量发展的成就，深圳市委市政府将促进会展业发展、建成国际会展中心、扩大高交会、文博会等展会的国际影响力等作为 2019 年度重点工作来推动。据了解，未来深圳将大力推动深圳会展业向专业化、国际化、品牌化、信息化方向迈进，不断扩大品牌展会国际影响力，引进国际知名展会，培育本土特色展会，努力将深圳会展业打造成为国内外高端产品的交易平台、构建开放型经济体系的运行平台、融入全球经济发展的服务平台，把深圳这个“窗口”擦得更亮，透过“窗口”更有看头。

（《深圳特区报》，2019 年 01 月 17 日，记者：杨桥）

深圳市合成生物学创新研究院揭牌

深圳再添一基础研究机构。2019 年 5 月 20 日，深圳市合成生物学创新研究院（以下简称“合成院”）在中国科学院深圳先进技术研究院（以下简称“深圳先进院”）揭牌。合成院将聚焦人工生命体系，致力重塑与扩展这一重大科学挑战，开展合成生物学基本原理、共性方法和医学转化应用研究。

据了解，合成院是在建设粤港澳大湾区和深圳市加强基础科学研究时代背景下，由深圳市政府投资支持，瞄准战略新兴产业合成生物领域，依托深圳先进院牵头建设非法人科研机构，共建单位是深圳市第二人民医院和深圳华大生命科学研究院，秉承“造物致知，造物致用”建院理念。

深圳先进院合成生物学研究所（筹）所长刘陈立研究员表示，合成院未来将联合粤港澳大湾区高校及科研机构共同建设，通过设立包括开放课题和人才交流在内的方式促进深港地区科研合作及学术交流。同时与深圳市合成生物研究重大科技基础设施项目“二位一体”同步建设，推动国内外合成生物学研究深层次、宽领域、全方位国际合作，在深圳催生“合成生物产业”与“自动高端生物仪器国产化”两条全新产业链。

深圳先进院院长樊建平表示，深圳先进院建设多学科融合的合成生物学前沿创新团队，牵头建设深圳市合成生物研究重大科技基础设施项目，并与国际顶尖机构联合发起国际合成生物设施联盟，在国内外合成生物学舞台上扮演着重要的角色。此次合成院建成将为合成生物研究与产业化注入新活力，并为深圳的科技产业创新建设和创新驱动发展做出贡献。

（《深圳特区报》，2019 年 05 月 21 日，记者：闻坤）

深圳制定新一代人工智能发展行动计划

2019 年 5 月，《深圳市新一代人工智能发展行动计划（2019—2023 年）》（以下简称“计划”）日前发布，目标在 5 年内打造 10 个重点产业集群，人工智能核心产业规模突破 300 亿元，带动相关产业规模达 6000 亿元，将深圳发展成为我国人工智能技术创新策源地和全球领先的人工智能产业高地。

打造 10 个 AI 重点产业集群

作为人工智能发展前沿城市，深圳规划未来 5 年发展路线图——至 2020 年，目标推动人工智能产业规模，技术创新能力和应用示范处于国内领先水平，部分领域关键核心技术取得突破，一批特色开放创新平台打造成为行业标杆。

期间，深圳目标新建 10 家以上创新载体，组织 20 个以上重大科技产业发展项目，引进培育 3 至 5 个国际顶级人工智能团队，5 到 10 家技术引领型研究机构，培育 10 家细分领域龙头企业。人工智能核心产业规模突破 100 亿元，带动相关产业规模达 3000 亿元。

至 2023 年，深圳将重点聚焦人工智能创新体系构建，包括人工智能基础理论取得突破，部分技术与应用研究达世界先进水平，开放创新平台成为引领 AI 发展标杆，有力支撑粤港澳大湾区建设国际科技创新中心，成为国际一流人工智能应用先导区。

根据计划，5 年内深圳目标建成 20 家以上创新载体，培育 20 家以上技术创新能力处于国内领先水平的龙头企业，打造 10 个重点产业集群。人工智能核心产业规模突破 300 亿元，带动相关产业规模达到 6000 亿元。

前瞻构建伦理法规标准

未来，深圳人工智能发展的具体工作将围绕六方面展开，包括前沿基础研究、推动智能产品创新、拓展应用场景、完善创新基础设施、聚集培育高端人才以及充分研究风险挑战，前瞻构建伦理法规标准。

核心关键零部件是 AI 产业发展关键，深圳将重点发展面向多种垂直应用场景的智能芯片，例如研发神经网络处理器及高能效，可重构类脑计算芯片的新型感知芯片与系统，突破核心计算架构，集成神经网络单元协同处理性能等关键技术。

基础设施和公共服务平台为 AI 产业发展提供重要支撑，未来深圳将重点布局四大设施，包括下一代网络基础设施、物联网基础设施、高效能计算基础设施和城市大数据中心，构建全覆盖和高效能的人工智能信息技术设施体系。同时打造粤港澳大湾区（深圳）人工智能开放创新平台，并在其中建设数据归集、算法汇聚、算例开放三大核心平台。

在应用领域，深圳制定了“AI+ 产业经济”应用示范工程、“AI+ 市民生活”营造工程以及“AI+ 智慧城市”打造工程。在产业应用上，重点在智能制造、智能金融、智能商务和智能物流等重点领域开展应用试点示范，比如提升企业基于机器视觉、语音语义识别技术的金融服务能力。同时拓展在医疗、教育、家居、零售等民生领域创新应用，医学辅助诊断技术、无人门店、智能校园等应用或将在深圳首现，提升民生服务智能化水平。此外，计划中提出，前瞻构建伦理法规标准，研究制定数据公开、数据安全、数据资产保护和个人隐私保护的地方法规，人工智能安全监管和评估体系。

（南方网，2019-05-30，记者：戴晓晓）

深圳云计算规模已超 800 亿元，相关企业约 700 家

随着智能时代的加速到来，越来越多的企业、行业、政府乃至城市意识到数字化转型的重要性，并开始积极拥抱“云+AI”。记者 2019 年 6 月 5 日在由罗湖区人民政府和华为公司联合主办的“深圳 · 选择不凡”华为云城市峰会（2019）上获悉，深圳云计算产业规模超过了 800 亿元，相关企业约 700 家。华为相关负责人表示，如果把全行业智能化升级比作新赛道，那么“云”将成为起飞的跑道，5G 和 AI 将发挥越来越大的作用。深圳市副市长王立新出席会议。

近年来深圳大力开展新型智慧城市建设，积极推动包括云计算和大数据在内的现代信息技术在智慧城市中有机融合。王立新称，未来深圳将建设成为具有国际竞争力的云计算产业发展高地，同时建设一流的信息网络基础设施和智慧城市应用体系，推动万物感知、万物互联、万物智能，让城市运行更智能、管理更精细、服务更便捷。

华为云诞生之初，从善政、惠民、兴业三方面助力深圳数字化和智能化建设。华为提供技术支持的智慧龙岗服务平台，通过和政府合作，梳理了 7 亿条数据，把政府服务效率提升了 50%，让龙岗治安问题发生率降低了 29%。此外，罗湖将携手华为云，为智慧交通、智慧环水、智慧医疗、智慧教育等领域提供技术支撑。“未来深圳将会是最智能的一个城市”，华为云全球市场总裁邓涛表示。

邓涛认为，如果将全行业的智能化升级比作一条新的赛道，那么“云”将成为起飞的跑道，而 AI、IoT、5G 将是决定企业发展速度和商业高度的重要引擎，5G 和 AI 将发挥越来越大的作用。2019 年 5 月，华为云提出了“Cloud + X”战略，其中的“X”涵盖了 AI、联接、IoT、5G、芯片、消费终端、生态等系列关键要素。

另据了解，深圳科创委为支持深圳科技型中小微企业和创客发展，在峰会上举行了“深圳市科技创新委员会 2019 科技创新券”发布会，深圳创新企业将可以凭借“创新券”购买各种科技服务。华为云是目前“创新券”唯一指定的云服务厂商。

（《深圳商报》， 2019 年 06 月 06 日，记者：陈姝）

2019 年邮政业科技创新工作会议在深圳召开

2019 年 9 月 5 至 6 日，2019 年邮政业科技创新工作会议在深圳召开。党组成员、副局长戴应军主持会议。国家邮政局相关司室和直属单位、各省（区、市）邮政管理局主要负责人，中国邮政集团公司和主要快递企业负责人，物流信息互通共享技术及应用国家工程实验室、全国快递科技创新实验基地（南陵）和北邮、南邮、重邮、西邮四大高校邮政学院主要负责人等 100 多人参加会议。国家邮政局党组书记、局长马军胜出席会议并讲话。

马军胜强调，当前和今后一个时期，邮政业科技创新工作要以习近平新时代中国特色社会主义思想为指导，全面贯彻党的十九大精神和习近平总书记关于科技创新系列重要讲话精神，加快落实中央关于新一代科技创新和人工智能发展重大决策部署，以“科技强邮，智创未来”为导向，以提高邮政业发展质量和效益为中心，以加快人工智能与邮政业深度融合为主线，驱动邮政业生产技术更新、商业模式创新、治理方式革新，增加服务品种、提升服务品质、打造服务品牌，巩固“三省”效果，加快推进邮政业“互联网 +”向“智能 +”升级，支撑邮政业高质量发展，为邮政强国建设打下坚实基础。

马军胜指出，“十三五”以来，特别是2016年邮政行业科技创新座谈会以来，国家邮政局切实加大科技引导力度，有关企业充分发挥科技创新主体作用，共同推进行业科技进步，各方面取得新成效。科技创新顶层设计得到加强、应用力度不断加大、有力促进降本增效，创新平台建设取得重大突破、自主创新能力持续提升、科技创新激励和宣传工作明显加强。邮政业科技创新能力正在从“量的积累”向“质的飞跃”，从“点的突破”向“系统提升”的方向转变，对促进邮政业健康发展发挥了重要作用。

马军胜强调，党中央关于科技创新的重大决策部署为行业科技创新指引了新方向、基础通用技术的原创突破为行业科技创新提供了新动力、邮政强国建设目标对行业科技创新提出了新要求、国际探索实践为我国邮政业科技创新提供了重要借鉴。推进邮政强国建设，必须实现从传统要素驱动向创新驱动转型，科技创新必须紧紧围绕行业发展主战场，为不断深化供给侧结构性改革提供技术支撑和保障，有力拓展产业链、融通供应链、提升价值链，推动产业高效融合、有效满足发展需求。

马军胜要求，全行业要聚焦“智能+”，大力实施科技创新，加快推动邮政业高质量发展。要明确思路，把握关键促创新。到2022年，科技创新对邮政业转型升级和高质量发展引领支撑作用显著增强，部分领域科技研发与应用达到全国乃至世界领先水平，实现科技创新能力显著增强、科技创新应用效能显著增强、科技创新队伍建设显著增强等“三个显著增强”。要紧紧抓住人工智能、5G通信、物联网技术加快发展重要机遇，实施“互联网+”向“智能+”升级，重点突破求实效。聚焦“智能+”客户服务，促进服务品质化；聚焦“智能+”基础设施，促进网络智能化；聚焦“智能+”生产组织，促进运营高效化；聚焦“智能+”关联领域，促进产业协同化；聚焦“智能+”节能环保，促进运营绿色化；“智能+”决策监管，促进治理现代化。要强化保障，组织引导勇担当。切实加强科技创新引导，营造良好创新环境；加强科技攻关组织，支撑服务行业创新发展；加强创新体系建设，构建科技创新平台；加强技术标准供给，完善行业标准体系；加强科技成果转化，推进科技成果运用；加强科技宣传报道，讲好行业科技故事。

中国邮政、顺丰速运、京东物流、科大讯飞、杭州健培5家企业就科技创新和人工智能研发应用作交流发言。与会人员就邮政业科技创新工作进行分组讨论，并赴相关企业进行了实地考察。

（人民交通网/中国邮政快递报社，2019-09-09，编辑：白晓娜）

深圳“先行”开启智造引擎
——2019深圳全触与显示展点亮触控视界

2019年11月21日至23日，由上海励扩展览主办的触控显示行业品质强展——2019深圳国际全触与显示展(C-TOUCH & DISPLAY SHENZHEN 2019)在深圳会展中心举行。

恰逢国内手机创新材料技术百舸争流，商用大屏应用场景百花齐放，该展会致力于呈现国内外触控显示行业的蓬勃生机，为电子行业搭建高品质全产业链创新展示平台。作为展会主场，深圳经过40年改革开放，在立足粤港澳大湾区基础上继续建设中国特色社会主义先行示范区，再现“深圳速度”“深圳质量”和“深圳标准”，领衔改革开放新浪潮。

顺应深圳先行示范区定位，描摹触控显示行业发展图卷

从2019年2月国家印发《粤港澳大湾区发展规划纲要》，到2019年8月发布《支持深圳建设中国特色社会主义先行示范区的意见》，让粤港澳大湾区发展动力澎湃，极大激发深圳势能。未来，粤港澳大湾区建设将为深圳先行示范区提供打开空间。同时，深圳探索先行，为粤港澳大湾区各城市提供借鉴并带动大湾区城市加速前行。

此次深圳受到国家双重政策加持，各领域产业尤其是高速发展的高科技产业及电子制造业受益明显。目前绝大部分世界500强企业在深圳设有分部，国内科技互联网公司华为和腾讯及电子制造巨头大疆、中兴、创维、富士康、大族激光、长城等知名企业均坐落深圳，为深圳奠定了雄厚的电子信息和电子制造产业基础。创新居全国前沿加之国家政策助力，未来，深圳将在5G、人工智能、屏幕显示、网络空间科学与技术、生命信科学等创新领域发力。

2019深圳国际全触与显示展立足粤港澳大湾区，辐射华南，聚焦触控和显示两大热门领域，符合深圳科技创新与先进制造产业定位，展会前景值得期待。

5G手机创新技术暨材料设备展区追踪变革趋势

2019年是5G手机元年，巨大的市场前景让全球品牌商加速部署5G版手机，同年9月就有iPhone11、华为Mate 30、OPPO Reno2、vivo NEX 3 5G、小米MIX4、三星Galaxy Fold等多款手机问世，5G手机以加速到来。

与传统4G通讯相比，5G时代要求信号传输速度更快，信号穿透力更强，这就对手机背板材料提出更严苛要求。目前市面主流手机背板材料中，曲面玻璃易碎且散热效果一般；复合塑胶缺少质感且不环保；金属背板严重阻碍信号穿透。以氧化锆为代表的陶瓷材料则弥补了短板，具备高强高硬、耐酸碱耐腐蚀、抗刮耐磨、无信号屏蔽、散热性能优良、外观效果良好等优越性能，得到手机生产厂商青睐。随着华为和小米等知名手机制造商相继推出氧化锆陶瓷背板手机，全新材料的手机背板市场热度走高，越来越受人瞩目。

即将举办的2019深圳国际全触与显示展，将特别开辟“5G手机创新技术暨材料设备展区”，籍此顺应5G时代到来的手机产业变革，与到场观众共同探讨当前5G材料前沿动态和未来方向，展示各供应商备战5G时代技术和产品布局，特别是3C电子产品、移动智能终端产品盖板及后盖成品、材料、加工设备，为3C和移动智能终端上下游产业链专业观众提供面对面商务技术交流平台。

商显缔造多元应用场景，大屏智能交互技术与应用展区服务众多领域

智能时代公众连接世界越来越多要通过一块乃至多块液晶屏幕，由它带领畅游世界每个角度。“从小到大”“从厚到薄”的商显技术，由此开始了大跃进式发展，无论是市场占比还是产品技术升幅较大。现在，OLED、MiniLED、激光投影、液晶拼接、LED、电子纸等显示技术纷纷应用于商显产品，为商显行业缔造出诸多应用场景，以简单直接的人机交互形式为各个服务领域提供良好展示平台和自动化终端处理，解决人们生产生活的复杂难题并将其以画面形态完美呈现。

2019伴随5G元年开启和云计算不断部署，智慧交通、智慧零售、智慧教育、智慧政务、智慧医疗等都会在不久将来一一实现。智能显示终端设备将成为人机交互重要入口，显示+触控提供了最便捷的人机交互解决方案。大屏智能交互技术与应用展区将集中呈现领航显示行业前沿的DLP拼接大屏显示、LCD大屏显示、LED大屏显示、以及激光大屏显示等。作为现代信息交互新兴载体，商显技术正以不同功能实现不同场景应用，进而席卷整个社会建设服务体系，并为之创造新气象。各行业专业观众将有机会与世界各地显示行业供应商、互联网巨头、交互终端企业共同打造涵盖无人新零售、自助交互、交互数字标牌等领域交流展示平台。

（广东省科学技术厅，2019-09-17）

2019 中国海洋经济博览会在深圳开幕，集中呈现粤港澳大湾区建设风采

“蛟龙号”下潜 7062 米深海探索，每年有 2800 万人享受海上旅途，海洋为我国沿海地区提供了 3684 万个工作岗位，中国有约 1000 种海洋药用生物，每年有 661 亿美元的海产品出口海外……2019 年 10 月 15 日，我国唯一的国家级海洋经济展会，被称为“中国海洋第一展”的中国海洋经济博览会（以下简称“海博会”）在深圳开幕。展会上相关数据显示，海洋已成为高质发展的战略要地，70 年来我国海洋经济实现了跨越式发展。

2019 年，海博会首次在深圳市举办，提供了广阔的海洋展示平台。“与往届相比，这届海博会规模更大，观众更多。不少企业客户在现场看到我们的无人船技术及产品后，合作意愿十分强烈，最终签约合作的可能性很大。”在船舶及港口航运展区，云洲智能科技有限公司品牌部总经理黄敬亮指出，海博会提供给企业、专业观众、意向客户提供了面对面交流的良机。

“这项技术有哪些优势？”“我们研发的水下检测设备，通过对普通不锈钢的表面进行纳米处理，利用其弹性变形改变密度并控制其上下浮动，完成水下监测工作，运行能耗更低。”香港城市大学先进结构材料研究中心深圳研究院研究员易盛辉耐心地解答观众的提问。他介绍，未来将推动该项技术的商业化，希望产品在水质检测和海产养殖领域得到广泛应用。

中国海洋经济博览会已成为推进海洋新技术成果转化和产业化的重要平台，也是促进海洋经济国际合作的高端经贸平台。本届海博会预计专业观众达 2 万人，共计 21 个国家 455 家企业和机构参展，其中境外企业 50 家、世界 500 强企业 14 家。

在新中国成立 70 周年海洋经济成就展区，我国自主研发的大型水上救援水陆两栖飞机鲲龙 AG600 和港珠澳大桥模型成了海博会现场的“大明星”，国家一级重点保护动物中华白海豚标本吸引了众多游客。

■现场：海博会展现 70 年海洋经济发展成就，粤港澳大湾区建设成果吸睛

高端装备湾区制造，尖端科技湾区创造

新中国成立 70 周年海洋经济成就展是本届博览会主角。展馆建筑以白色为主色调，蓝色光带贯穿其中，就像形态优美波浪，与海洋经济主题相互契合。由中国自行设计和集成研制的“蛟龙号”载人潜水器陈列其中，等待与“蛟龙号”合影留念的观众在展馆排起了长龙。

该展区同时也是粤港澳大湾区海洋经济展区。粤港澳大湾区建设最新进展以及一大批涉海工程、核心装备、关键技术、海洋生物等集中展出。从海马号遥控潜水器 ROV、鲲龙 AG600 到港珠澳大桥模型、中华白海豚标本，湾区制造的高端装备、湾区创造的尖端科技、湾区呈现的海洋奇观在集中展现。

“蓝鲸 1 号”与鲲龙 AG600 成明星展品

在中国首次海域天然气水合物试采中立下汗马功劳的“蓝鲸 1 号”是展区重要角色。展厅相关负责人介绍，由中集来福士完成全部详细设计、施工设计、建造和调试的“蓝鲸系列平台”，是目前世界上最先进的超深水双钻塔半潜式钻井平台，分别为“蓝鲸 1 号”“蓝鲸 2 号”。与传统单钻塔平台相比，“蓝鲸系列平台”配置了高效的液压双钻塔和全球领先的西门子闭环动力系统，可提升 30% 作业效率，节省 10% 的燃料消耗。

赫赫有名的“海马号”遥控潜水器 ROV 也在展会上一

展风采。该潜水器由中国地质调查局广州海洋地质调查局牵头研发而成，该科研团队经过 6 年攻关，突破了相关领域核心技术，研制出系统规模和下潜深度最大和国产化率最高的潜水器，实现了我国在大深度遥控潜水器领域自主研发“零的突破”。

鲲龙 AG600 的模型在开幕当天成为了明星展品。鲲龙 AG600 是中国航空工业珠海通用航空研发制造基地研制生产的大型灭火（水上）救援水陆两栖飞机，拥有完全自主知识产权，总体技术水平和性能达到当前国际同类飞机先进水平。

全球首个进入南极科考的无人艇——M80“极行者”号海洋探测无人艇亦来到展会现场，展示中国无人艇技术。在中国第 34 次南极科学考察中，云洲智能 M80“极行者”号海洋探测无人艇作为全球首艘极地科考无人艇，随“雪龙”号极地科学考察船远赴南极。在自然环境恶劣的罗斯海西岸难言岛周边海域，该艇历时 14 个小时，完成了 5 平方公里海域多波束全覆盖海底地形测量，填补了该区域的数据空白。

“无人化与智能化是未来海洋装备发展的重要方向，对海上作业的效率和精度提升有很大帮助”云洲智能相关负责人告诉记者，云洲智能参与建设的珠海万山无人船海上测试场将建成亚洲首个且全球最大的海上测试场。“这相当于打造了一个无人化装备研发的加速器，各种无人系统产品都可以在这里进行测试，有利于缩短从原型样机到产品落地的研发周期”。

中国海洋经济发展指数增至 131.3

一系列亮眼发展成果背后，是我国海洋经济跨越式发展。根据本届海博会发布的《2019 中国海洋经济发展指数》显示，2011 年至 2018 年中国海洋经济发展指数从 105.4 增长到 131.3，年均增长 3.5%，其中 2018 年增长 3.2%。该指数以促进海洋经济高质量发展为总体目标，包含了发展水平、发展成效、发展潜力三方面的 29 个三级指标。指数以 2010 年为基期，基期指数设定为 100。

本届海博会还发布了《中国海洋经济发展报告 2019》。《报告》显示，2018 年，海洋经济总量达 83415 亿元，同比增速为 6.7%。海洋生产总值占国内生产总值 9.3%，在国民经济中的比重基本稳定。为沿海地区提供了 3684 万个工作岗位，对国民经济增速贡献率接近 10%。

与此同时，海洋产业结构持续优化，海洋第三产业“稳定器”功能更加突出。2018 年，我国海洋三次产业增加值分别占海洋生产总值的 4.4%、37.0%、58.6%，海洋三次产业结构连续 6 年保持“三、二、一”的发展态势。

（南方报业集团南方网，2019-10-16，记者：黄叙浩）

“2019 文化科技创新论坛”在深圳举行

2019 年 11 月 2 日，文化和旅游部科技教育司指导，深圳市委宣传部、南山区人民政府、深圳大学主办，深圳大学社会科学部、文化产业研究院、国家文化创新研究中心与南山区文化广电旅游体育局承办，中国文化创意产业研究会协办的“2019 文化科技创新论坛”在深圳举行。

该论坛以“数字人文与文化创新”为主题，吸引来自美国、加拿大、澳大利亚、中国两岸三地的知名专家学者和业界人士两百余人齐聚，共同展开交流对话。深圳市南山区人民政府副区长练聪，深圳大学党委书记刘洪一在论坛开幕式上致辞。开幕式由深圳大学文化产业研究院执行院长，国家文化创新研究中心副主任周建新教授主持。

开幕式上举行了广东省联合培养研究生示范基地揭牌仪式、深圳大学文化产业研究院与中国人民大学文化产业研究院战略合作协议签署仪式、《文化科技蓝皮书：文化科技创新发展报告（2019）》发布仪式、深圳大学文化产业研究院兼职研究员聘任仪式等重要活动。2019 年是深圳大学文化产业研究院成立十周年，除了一年一度的“文化科技创新论坛”，研究院还举办了系列主题活动。

当前，“数字人文”的概念正受到全球学者瞩目，同时包括人工智能在内的高科技正挑战着人类文明的根基，深刻地影响着文化创新的内容、形式、机制。本届论坛设计了主旨论坛、学术论坛、跨界论坛三大板块，与会嘉宾围绕“人工智能艺术”“数字艺术”“未来艺术”“传统文化”等相关议题展开研讨。专家指出，数字人文时代出现了许多新兴的艺术形式、文化景观、视听体验、时尚创意和营销管理等，但也存在价值评判、审美变革、伦理道德等问题，不少学者还关注到数字人文在弘扬传承传统文化、促进非遗转化、推动产业升级等领域的积极作用，主张构建良性的数字人文生态。为促进产学研各方互动交流，搭建资源对接和合作共赢平台。本届论坛还引入了跨界论坛，安排文化科技领域和人工智能艺术领域专家学者和文化企业高管围绕“数字人文与科技创新”“数字人文与文化创意”展开对话，聚焦区块链、5G 网络、机器学习、智能生产、大数据、3D 全息投影、智慧博物馆等前沿领域，探讨了数字时代，科技如何焕新文化生命力。

自 2012 年以来，一年一度的“文化科技创新论坛”已经成为文化产业界的一个学术品牌，受到国内外学界、媒体、业界广泛关注。作为主要承办方之一，深圳大学文化产业研究院已经走过十年发展历程。南方科技大学党委副书记、讲席教授、深圳大学文化产业研究院院长、国家文化创新研究中心主任李凤亮表示，十年来，深圳大学文化产业研究院始终秉持“学术立院、学科强院、服务兴院”的宗旨，逐渐发展成为国内知名的文化产业研究机构。站在新的历史起点，深圳大学文化产业研究院将不忘初心，砥砺前行，推动我国文化创新和学术繁荣。同时立足粤港澳大湾区，积极响应深圳先行示范区建设，深化文化产业研究，服务经济社会发展，构建学术交流平台，打造新型特色智库，面向下一个十年开启新的征程。

（中国社会科学网，2019 年 11 月 03 日，记者 李永杰）

广东首批 5G 产业园区公布 广州深圳汕头共三家入选

2019 年 12 月 17 日，广东省 5G 产业园区名单（第一批）在省工业和信息化厅网站公布。广东省首批 5G 产业园区一共有 3 个，分别布局在广州、深圳、汕头三地。

为贯彻落实《广东省加快 5G 产业发展行动计划（2019—2022 年）》，培育新经济增长点，促进经济高质量发展，充分发挥广东省 5G 技术优势，构建 5G 产业生态，推动 5G 应用深入，加快 5G 产业集聚，省工业和信息化厅组织了广东省 5G 产业园区申报工作。上述 3 个入选园区，经各地市工业和信息化主管部门申报、专家评审、现场考察和网上公示等程序最终确定。

据《广东省工业和信息化厅关于开展 5G 产业园区申报工作的通知》（以下简称《通知》）介绍，5G 产业园区是以发展 5G 产业为主导，带动全产业链发展，形成各具特色优势的 5G 产业发展集聚区。

在空间布局方面，要求 5G 产业发展具有相对集中的空间布局，园区总面积一般不少于 100 亩。可采取“一园多区，一区多点”式布局，可规划部署 5G 核心区、5G 起步区、5G 发展区等灵活多样的空间布局模式。

在产业基础方面，在 5G 产业园区中，5G 产业主导地位突出，大型 5G 企业集聚。其中珠三角地区和粤东粤西粤北地区情况不同，具体而言，珠三角地区园区已进驻不少于 5 家年产值 10 亿以上的 5G 产业链企业，或不少于 10 家年产值 1 亿以上的 5G 产业链企业。非珠三角地区园区已进驻不少于 2 家年产值 1 亿以上 5G 产业链企业，或不少于 5 家以上年产值5000万元以上5G产业链企业。初步形成骨干企业为主体、专业化分工、上下游产业协作配套的5G产业体系。

在研发创新方面，5G产业园区内要设有5个以上5G产业链相关研发机构，其中1个省级以上的技术创新中心，技术创新能力活跃，5G成果转化高效。

此外，在工作机制、重大项目、政策配套、基础服务等方面，《通知》也有具体要求。

据了解，广州市5G产业园区作为首批入选全省5G产业园区之一，将在全市构建“3+2+6”产业布局——以科学城、知识城、天河软件园为3个核心产业基地，以琶洲互联网价值创新园和南沙国际人工智能价值创新园为两个关联产业基地，并在黄埔、白云、越秀、番禺、南沙、增城建设6个衍生产业基地，推动5G产业集聚发展，赋能广州实体经济转型和城市治理创新。

（南方报业集团南方网 / 广东省科学技术厅，2019-12-18，记者：李凤祥 彭琳 李欣）

第三节 企业篇

空客（中国）创新中心落户深圳

空中客车（中国）创新中心落成典礼 2019 年 2 月 21 日在深圳举行，开启空客与深圳在前沿科技领域深度合作。这是空客在亚洲设立的首个创新中心。目前，空客（中国）创新中心全面投入运营，并在硬件实验室、客舱体验、制造业创新和城市空中交通等方面开展项目。

深圳市商务局和空中客车（中国）企业服务管理有限公司在典礼上签署合作备忘录。根据协议，双方将就城市空中交通主题建立长期战略合作关系，坚持互惠互利、优势互补、共同发展的原则，发挥空客品牌、技术、平台的影响力，贯彻新发展理念，建设现代化经济体系，在科技、产业、人才等领域加强交流合作。

此次合作的亮点还在于，双方通过与深圳本地企业的合作，推动深圳科技创新研发成果转化，加快当地城市空中交通生态圈的建设，推动各类与城市空中交通产业链相关的创新项目的发展，从而帮助深圳开拓一个全新的高新产业链，提供更多工作岗位，助力深圳成为中国先进的空中交通城市之一。

（《深圳特区报》，2019 年 02 月 22 日，记者：孙锦 闻坤）

赶考科创板：8 家深企亮点在研发

2019 年 5 月 7 日，上交所公布 2 家科创板受理企业，分别为有方科技和连山科技，至此，上交所科创板受理企业达 102 家。其中，已问询企业 82 家。

值得一提的是，有方科技为深圳本地企业。截至 2019 年 5 月，共有 8 家深圳企业拿到了科创板准考证。

自 2019 年 3 月 22 日受理首批企业以来，截至 2019 年 5 月的 30 个工作日，上交所科创板日均受理企业 3.4 家。

过半企业营收低于 5 亿元

102 家科创板受理企业 2018 年实现营业收入 1410.91 亿元，同比增长 29%，平均营收达 13.83 亿元。实现净利润 145.32 亿元，同比增长 35%，平均净利润达 1.43 亿元。

大部分受理企业营收规模均在百亿元之下，其中 5 亿元以下占比超 50%。中国通号与传音控股营业收入超 200 亿元，两者营收合计 626.58 亿元，占全部公司营收比重达 45%。99% 公司 2018 年实现盈利，仅九号智能一家亏损，且已连续 3 年亏损。

与 2018 年相比，超九成公司去年净利润有所增长，其中 27 家去年净利润同比翻倍，10 家公司净利润同比下滑，九号智能去年净利润同比下降 186.84%，为降幅最大的公司。

102 家科创板企业 2018 年净资产收益率整体中位数为 22%，其中 55 家企业净资产收益率超过 20%，占比

54%，近 3 年呈上升态势。

从募资规模看，102 家科创板拟上市公司总融资约 1000.49 亿元，平均每家募资金额约 9.81 亿元。其中 71 家公司拟募资金额在 10 亿元以下，占比 70%，拟募资金额介于 5 亿元至 10 亿元的公司占到 42 家，占比达 41%。

中国通号募资规模最大，达 105 亿元，这一首发募资金额超越 99%A 股公司，排在 A 股所有上市公司第 36 位。融资最少的企业为龙软科技，拟募资 2.55 亿元。

深企研发含量高

科创板申报企业的研发情况备受市场瞩目。

据统计，102 家科创板受理企业 2018 年研发总投入 92.52 亿元，占营业收入总额 6.6%，远高于目前 A 股上市公司研发投入在营业收入中 2% 占比，科创板受理企业的整体研发投入力度大。

从研发投入区间分布看，研发投入占营业收入比重超过 20% 的科创板受理企业有 14 家，45 家公司研发投入占营收比重超过 10%。微芯生物的研发投入占比达 55.85%，为百家企业中最高。国盾量子、赛诺医疗、虹软科技的研发投入在营收占比均超过 30%。

统计还显示，在 102 家受理企业中，24 家公司近三年累计研发占营收比例超过 15%。

从绝对金额来看，22 家科创板受理企业 2018 年的研发支出金额超过 1 亿元，中国通号和传音控股的研发支出金额分别为 13.8 亿元和 7.12 亿元，为百家企业中最高。

从行业分布看，科创板受理企业分布在 19 个行业。计算机、通信、其他电子制造业家数最多，共有 24 家。专用设备制造业紧跟其后，共有 20 家。此外，软件和信息技术服务业有 18 家，医药制造业有 12 家。

从注册地来看，已受理的 102 家企业来自 20 个省、自治区、直辖市，其中北京排在首位，共有 23 家企业获受理；江苏共 18 家企业获受理；上海获受理企业 15 家，广东省 14 家，浙江省 7 家。值得注意的是，其中九号智能注册地位于开曼群岛，是首家申报科创板，也是目前上交所科创板受理的唯一一家红筹公司。

拟 IPO 或借壳公司占两成

据不完全统计，目前科创板受理的 102 家企业中，19 家企业近三年时间里有过 IPO 被否、撤回 IPO 申请材料、借壳失败的情况，占比接近 20%。

同时，凌志软件、创鑫激光、南微医学、美迪西、杰普特、联瑞新材等 6 家企业申请过 A 股上市，最终选择撤材料。另外，借壳失败的企业包括天音控股、天宜上佳。

对于此前冲击 A 股失败企业扎堆科创板的情况，联讯证券科创板分析师彭海认为“当时大环境政策强调金融脱虚向实，借壳和 IPO 等审核较严，目前大环境变化后，科创板试点注册制对企业有不小吸引力。另外也存在部分企业经过一段时间发展，之前困扰上市的问题得到了相当程度解决”。

据了解，根据规定 IPO 被否 6 个月之后便可再次申报。

8 家深圳企业拿到科创板准考证

公司简称	行业	拟募资额（亿元）
传音控股	计算机、通信、电子设备制造	30.11
光峰科技	计算机、通信、电子设备制造	10.00
杰普特	计算机、通信、电子设备制造	9.73
有方科技	计算机、通信、电子设备制造	5.56
创鑫激光	专用设备制造业	7.64
贝斯达	专用设备制造业	3.38
微芯生物	医药制造业	8.04
普门科技	医药制造业	6.32

（《深圳商报》，2019-05-08，记者：尤艺樵）

深圳发布“2019 科技创新券”华为云成唯一指定云服务厂商

2019 年 6 月，由深圳罗湖区与华为技术有限公司联合主办的“华为云城市峰会 2019”，吸引了超过 1200 名政企高管、合作伙伴、开发者到场交流。

为支持深圳科技型中小微企业和创客发展，深圳科创委在此次峰会上启动了“深圳市科技创新委员会 2019 科技创新券”发布仪式，深圳创新企业将可以凭借“创新券”购买各种科技服务。而华为云是目前“创新券”唯一指定的云服务厂商。

深圳云计算规模超 800 亿元，企业约 700 家

智慧城市是未来城市发展的方向，在开场致辞中，深圳副市长王立新表示，深圳是国家第一批新型智慧城市试点城市，近年来深圳大力开展新型智慧城市建设，积极推动包括云计算和大数据在内的现代信息技术在智慧城市中的示范应用和有机融合。据行业协会统计，2018 年，深圳云计算产业规模超过了 800 亿，拥有约 700 家云计算企业。

华为云在诞生之初，从善政、惠民、兴业三方面助力深圳数字化和智能化建设。“华为云和龙岗一起打造了一个智慧龙岗的服务平台，通过智慧龙岗服务平台，把政务系统进行统一梳理，实现让群众少跑腿，使数字和业务流动起来。通过梳理 7 亿条数据，提升 50% 帮助政府服务效率。”华为云中国区副总裁胡维琦在演讲中介绍道。

此外，华为云还在市政管理、环保水力、普惠 AI 等多个领域进行了探索。

提可供全栈 ARM 架构和解决方案

行业智能化转型升级不仅需要可靠的产品和服务，还需要可靠的生态和技术。华为云全球市场总裁邓涛在演讲中重点介绍了多元化云服务架构。他表示 Cloud2.0 时代，企业需要多元化云服务架构。一方面，企业成为云化主角，企业核心系统加速上云。另一方面，5G 技术加速了移动化，海量智能终端数据应用需要新云架构生态系统支撑——ARM 架构能很好地支持应用移动化和终端化的需求。

基于 ARM 云服务架构，华为云能更好支撑智能终端、边缘、云协同，实现高效开发、性能最优和一致体验。2019 年 5 月，华为云提出了“Cloud + X”战略，其中的“X”涵盖了 AI、联接、IoT、5G 、芯片、消费终端、生态等系列要素。

邓涛介绍，华为在技术上做了充分准备，目前可以提供包括计算、存储、网络的全栈全场景的 ARM 架构和解决方案，从研发办公、流程 IT、大数据运营、终端业务移动化，都已经实现 ARM Ready。

华为云 AI 项目“朋友圈”超 300 个

华为云推出 AI 服务一年多以来，在十大行业探索超过 300 个人工智能项目。华为云 EI 服务产品部总经理贾永利表示，以华为云城市智能体运用 AI 技术为城市数字化建设赋主要分为六大方面——AI 以人为本、AI 无处不在、AI 永远在线、AI 易于扩展、AI 持续进化、AI 落地分步实施。

贾永利还介绍了华为云平台型服务包括的几大明星产品，包括华为云强大的智能数据底座，可进行一站式数据管理，构建智能业务基础；一站式 AI 开发平台 ModelArts，帮助用户快速高效地创建和部署 AI 模型，并管理整个开发生命周期；端云协同 AI 开发平台 HiLens，由具备 AI 推理能力摄像头等端侧计算设备和云上开发平台组成，帮助用户快速开发 AI 技能并将其推送到端侧计算设备。

此外，“华为云杯 2019 深圳开放数据应用创新大赛”将于 2019 年 6 月下旬启动。海量数据分析和应用需要强大的计算底层来支撑，而华为云拥有开放的大数据和 AI 能力，会为此次大赛和所有的选手提供平台支撑。

【案例】一袋血的旅程　全过程均可实现安全监控

无论云、AI、5G、IoT，把它们与行业、生活相结合，可以让生活更加美好。

此次峰会上，广东穿越医疗科技有限公司董事长王健讲述了一个特别的故事——一袋血的旅程：从献血招募、云端的资源调剂、运输、冷链到最后输送至临床等多个环节进行合理调配，并通过医疗的安全监管平台，对每一袋血从血管到血管的全过程做安全监控。从大数据驱动的“血液云”实现城市间的血液调剂，到互联网建立捐血者线上连接，以及智慧捐血站良好线下体验，让人们特别是年轻人更理性看待献血，让血液的获取更加有序。

穿越科技与华为云合作，通过云 + 大数据技术，解决医疗血液有序管理与安全控制等问题，使血液全流程管理系统良性运行，加强城市管理部门对血液有序管理与使用的效率。

（南方报业传媒集团南方+，2019 年 6 月 10 日，作者：郜小平）

两深企“绝活”入选 2019 全球新能源汽车创新技术

在 2019 世界新能源汽车大会上，有 8 项创新技术及 8 项前沿技术被评为 2019 年“全球新能源汽车前沿及创新技术”，其中，深圳有两家企业光荣上榜创新技术，分别是华为的 5G+C-V2X 车载通信技术，以及比亚迪的汽车高效大功率轮边驱动系统关键技术。

创新技术是指，在新能源汽车领域中创造出的一种新技术，可解决新能源汽车关键核心领域技术难点、技术瓶颈的重要应用性技术。参评的创新技术需在产品上得到实际应用，产品形态为投放市场。前沿技术是指，具有前瞻性、先导性和探索性的重大技术，可成为新能源汽车未来产品技术更新换代和推动产业发展的重要基础性技术。据了解，评选工作于 2019 年 3 月份正式启动，共征集了百余项创新技术及 50 余项前沿技术。

具体来看，华为 5G+C-V2X 车载通信技术成功入选全球新能源汽车八大创新技术之一，基于该技术，华为研发出全球首款 5G 车载模组 MH5000。该模组不仅让车载终端具备高速率和低延时的 5G 移动通信能力，还可以同时具备车路协同的 C-V2X（Cellular Vehicle-to-Everything）通信能力，加快汽车行业进入 5G 时代，让最终消费者享受 5G 时代的高速联接服务和驾乘体验。

另一个入选的比亚迪汽车的高效大功率轮边驱动系统关键技术，包括了电机与驱动桥轮边深度集成技术、电机铁芯直冷技术、分布式精准控制技术、IGBT 复用融合技术等先进创新技术，其解决了纯电动城市客车全通道低地板的技术难题。该技术属中国首创且已大批量应用在纯电动城市客车上。

（《深圳特区报》，2019 年 07 月 04 日，记者：周雨萌）

减税降费赋能深圳企业高质量发展

2019 年以来，更大规模减税降费政策陆续出台落地，2019 年 4 月 1 日起深化增值税改革正式实施，减税降费红利持续释放。深圳积极落实各项减税政策，据统计，2019 年 1 月至 5 月，2019 年新出台的减税政策减免税额 198.39

亿。据了解，减税降费不仅让企业及时享受红利，正加快助推企业转型发展和深圳经济高质量发展。

助力高端制造行业

据悉，深圳各行业减负效应显著。制造业也是此次税率下调的主要受益行业，实现净减税 19.39 亿元，减税金额占总减税金额的 34.79%。

作为一家高新技术民营企业，深圳市科安达电子科技股份有限公司伴随着国内高铁和城市轨道交通建设迅速崛起。科安达总经理张帆算了一笔账——公司 2018 年技术研发投入 1469.3 万元，享受高新技术企业优惠 1100 万元，享受增值税即征即退 510 万元。2019 年研发费用加计扣除标准提高到 75%，在原来基础上减负近 50 万元，增值税税率下调，节约税款 300 余万元。张帆表示，减税支持增强公司研发投入的底气，公司研发投入占营收比例常年超过 5%，帮助公司在轨道交通信号控制和雷电防护领域实现技术积累。

大族激光得益于税收政策支持，企业轻装上阵，大力投入技术研发。“2019 年研发费用加计扣除、高新技术企业所得税、增值税税率下降等各种税收优惠之下，公司大约减免税款两个亿，减免税款主要都投入到技术研发上。”财务总监周小东表示。

“初步算下来，我们今年的整体税负将减轻近千万，能够及时地扩大生产、升级设备，今年计划投入近一个亿引进 10 条生产线，应对新增订单，抓住中国制造发展的良机。”安科讯董事长刘刚介绍道。

唤醒深圳老品牌

“互联网 +”引领的生产销售方式在制造业引发巨大变革，给传统钟表行业带来了很大冲击，2016 年以来消费市场出现下滑，销售压力明显增大。飞亚达（集团）董事长黄勇峰表示，2019 年企业所得税汇算清缴时，由于享受了研发费加计扣除优惠，减免税额 3100 万元。此外，有了税收的支持，飞亚达不断加大研发投入，截至 2019 年 5 月，飞亚达累计申请专利 467 件，授权专利 408 件。

大刀阔斧转型的富安娜，在设计领域大手笔投入。“转型升级困难重重，税务人员多次到公司走访调研，让我们及时了解并享受到最新的税收优惠政策。”富安娜财务负责人周洪涛表示，“研发费用加计扣除比例从 50% 提升到 75% 后，公司受益很大。2018 年，我们研发投入 7500 万元，其中，可扣除的企业研发投入 3431 万元，比前一年少交 380 余万元所得税，企业投入研发的动力更足了。”

目前，富安娜拥有包括国际注册商标和外观在内的专利共 35 项，获得作品登记证书 1500 件，是国内同行业中运用新材料、新技术、新工艺最多的企业，也是拥有自主知识产权最多的家纺企业之一。

加速头部人才向深聚集

2019 年 1 月，个税专项附加扣除政策和小微企业普惠性减税政策落地。近期，继面向境外高端人才和紧缺人才的前海境外人才个税补贴政策推出之后，不少来自港澳的创客早已闻声而动。“在前海，境外高端和紧缺人才可享 15% 个人工资薪金所得税优惠，叠加今年个税起征点提高及各类专项附加扣除，税负明显下降。再加上孵化器本身的资金、项目、场地支持，许多港澳青年对在前海创业有了更浓的兴趣。”据前海深港青年梦工场相关负责人介绍，该孵化器已催生港澳台及国际团队 176 家，其中超半数项目成功获得融资，累计融资总额超过 15 亿元人民币。

深圳远荣智能制造股份有限公司财务经理陈佳表示，个税改革方面 2019 年专项附加扣除政策正式实施后，公司缴纳个税的人数比之前下降了约 32%，公司目前研发部门有 20 多个技术人员，到手工资普遍涨了近 2000 元，有利于保证公司研发高精尖人员队伍的稳定。

深圳市因诺转化医学研究院执行院长王明军是一名海归博士，他表示，“深圳市政府对科创企业和人才的补贴与扶持日益加大，这其中就包括税收的优惠减免，从企业的研发费用加计扣除到去年的个税新政再到今年新一轮的减税降费，这一系列的举措让我们企业更有信心留住和吸引更多人才来深发展”。

（《晶报》，2019 年 07 月 09 日，记者：易少龄）

“深圳创新企业 70 强”榜单发布

历经 6 个多月的评选，“深圳创新企业 70 强”2019 年 10 月 8 日正式公布榜单。榜单上既有包括华为和腾讯在内的世界 500 强，也有市场占有率位居全球或全国第一的“隐形冠军”。

在深圳市科技创新委员会指导下，时代商家杂志社和深圳商报 & 读创，以及深圳市时代新经济发展研究院 2019 年年 3 月共同发起“深圳创新企业 70 强”评选活动。深圳创新企业是深圳高新技术产业的脊梁，是深圳高质量发展代名词，通过评选不仅要表彰锐意进取的企业，也要揭示深圳创新密码，总结深圳创新基因。

改革开放 40 年来，深圳成为中国最具创新力城市，是全球创新“皇冠”上的耀眼明珠。习近平总书记更是称赞深圳，高新技术产业发展成为全国一面旗帜。统计数据显示，深圳 2018 年高新技术产业产值 23871.71 亿元，全社会研发投入超过 1000 亿元，占 GDP 比重达 4.2%。

截至 2019 年 10 月 9 日，深圳拥有 7 家本土世界 500 强企业，以及超过 1.4 万家国家级高新技术企业，涌现一批引领产业发展的知名企业。“深圳创新企业 70 强”榜单上，华为、腾讯、招商银行等世界 500 强企业处于领军位置，大疆、比亚迪、迈瑞等行业龙头也纷纷上榜。值得关注的是，上榜企业涌现一大批“隐形冠军”，比如全球无线设备市场占有率连续 9 年稳居全球第一的普联技术和太赫兹领域全球领先的华讯方舟等等。

2019 年 8 月，中共中央、国务院发布《关于支持深圳建设中国特色社会主义先行示范区的意见》，提出以深圳为主阵地建设综合性国家科学中心，在粤港澳大湾区国际科技创新中心建设中发挥关键作用。组委会认为，入选 70 强的深圳企业是创新驱动的佼佼者，是深圳建设先行示范区的产业先锋。

（《深圳商报》，2019 年 10 月 9 日，记者：钱飞鸣 袁静娴）

深企获得中国专利金奖 4 项

据悉，深圳企业在第 20 届中国专利奖中获金奖 4 项，占全国 13%，金奖总数居全国前列。在第五届（2018 年）广东省专利奖评审中，深圳获 5 项广东专利金奖，占全省总数 33%，获优秀奖 10 项，占全省总数 18%，获发明人奖 3 人，占全省总数 30%，均居全省前列。

深企在研发创新继续保持领先

中国专利奖由国家知识产权局与世界知识产权组织共同开展评选工作，每年举办一届，是我国专利领域最高奖项。在第 20 届中国专利奖榜单中，深圳企业获得中国专利金奖 4 项，获奖单位分别为深圳信立泰药业股份有限公司、主力智业（深圳）电器实业有限公司、源德盛塑胶电子（深圳）有限公司、深圳市优必选科技有限公司。深圳企业同时还获得中国专利银奖 9 项、中国外观设计银奖 3 项、中国专利优秀奖 54 项、中国外观设计优秀奖 8 项。

在第五届（2018 年）广东省专利奖中，深圳获得广东专利金奖5项，获奖单位分别为腾讯科技（深圳）有限公司、华为技术有限公司、深圳市大疆创新科技有限公司、深圳市华星光电技术有限公司、深圳市光峰光电技术有限公司。杰出发明人奖3项，分别为中兴通讯股份有限公司的谢振华、深圳市绎立锐光科技开发有限公司的胡飞、比亚迪股份有限公司的罗红斌。

深圳市市场监管局（市知识产权局）分析称，深圳企业专利获奖占全国，全省比例较大，表明深企在研发创新方面继续保持领先优势。其中，华为、中兴、腾讯、比亚迪等核心重点企业表现稳定，依然是各类专利榜单的“常客”。与此同时，越来越多的生力军加入自主创新队伍，比如此次获中国专利金奖的企业中，除信立泰曾获第17届中国专利奖金奖外，其余3家企业均为首次获得该项金奖。

新增对高价值专利维权保护资助

值得一提的是，深圳获奖企业中，前沿技术领域专利不断增多，一批人工智能、芯片、5G、生物医药、机器人等专利相继涌现。这与深圳加快推进战略性新兴产业发展的实践密切相关。

为推动企业提升专利申请质量，深圳市市场监管局（市知识产权局）2019年优化知识产权专项资金政策体系，突出高价值导向，取消了对授权前专利的资助，提高了高价值知识产权的奖励，进一步完善知识产权优势企业、示范企业的奖励体系，新增了对高价值专利的维权保护资助。

其次，为加强高价值专利的培育，引导专利质量提升，深圳还加强知识产权强企建设，对新一代信息技术、高端装备制造、绿色低碳、生物医药、数字经济、新材料、海洋经济等战略性新兴产业领域实施高价值专利培育计划，构建高价值专利池或专利组合，推动高价值专利向国际、国内标准转化，增强产业核心竞争力。

（广东省科学技术厅，2019-10-15）

研发驱动增强深圳新兴产业发展韧劲

华为发布2019年三季度经营显示，2019年今前三季，公司实现销售收入6108亿人民币，同比增长24.4%，净利润率8.7%。

面对复杂的国际形势，华为全球5G商用规模部署加速，目前已经获得了60余个5G商用合同。此外，华为智能手机业务保持稳健增长，前三季度发货量超过1.85亿台，同比增长26%。在巨大压力下，华为营收依旧大幅增长，业内人士认为，这表现出华为公司的强大韧性。

华为是深圳高新技术产业发展态势的缩影。2019年来，深圳高新技术企业走势良好，新兴产业的企业财报更是亮眼——2019年前三季度，中兴通讯实现营收642.41亿元，同比增长9.3%；迈瑞医疗营收达123.8亿元，同比增长20.42%；汇顶科技实现营收46.78亿元，同比增长97.77%，归母净利17.12亿，同比增长437.22%。

在证券市场上，一批聚焦新兴产业、坚持科技创新、大幅投入研发的深圳科技企业以亮眼的业绩赢得投资者青睐，同时也生动诠释了深圳创新型经济发展水平正逐步提高。

“深圳的科技创新始终以企业为主体”，深圳市政府发展研究中心主任吴思康表示，深圳坚持创新需求主要由企业提出，创新活动主要由企业组织，创新成果主要在企业转化，依靠市场经济和自主创新走出了一条企业内生研发力量的创新发展之路。2018年深圳全社会研发投入超1000亿元，研发投入强度（4.2%）居全球前列，与韩国及以色列相当，其中企业投入占95%。

持续加强创新能力建设，深圳正在从以技术创新见长向注重基础研究转型。吴思康说，近年来，在市级科研资金结构中，基础研究资金大约占科技研发资金比重的30%~40%。深圳专门设立了深圳市自然科学基金，加大基础研究力度，确保基础研究投入比重。除持续加大科研财政资金的投入力度外，深圳也建立了社会资源参与基础研究与应用基础研究的支持机制，充分发挥财政创新资金的引导和撬动作用，建立包括联合基金和众筹在内等多元化投入机制。而且，深圳很多企业也在基础研究上狠下功夫，建立了数学研究院、物理研究所等，聘用全球各地区科研人员从事基础研究工作。

深圳正大力布局创新载体建设。截至2019年11月8日，深圳已建成各类创新载体2214家，成为集聚创新人才和产生创新成果的重要平台。其中，对标国家实验室建设的鹏城实验室，在一年时间进驻院士18名。国际科技创新中心建设快马加鞭，未来，这里将集中建设大科学装置和科研院所，为科研人员探索未知世界、发现自然规律、实现技术变革提供前沿研究手段的核心引擎。

深圳创新领域的基础设施不断增强，产业布局日趋优化，经济效益逐步增强，一批新兴产业龙头企业在这里茁壮成长，产业集聚效应不断凸显。

数据显示，深圳前三季度战略性新兴产业增加值6959.18亿元，按可比价计算，增长9.1%，高于GDP增速2.5个百分点。其中，增长较快的行业包括新一代信息技术增长8.4%，数字经济增长16.1%，海洋经济增长17.2%，生物医药增长11.5%。经过多年的培育和发展，深圳新兴产业规模不断扩大，成为经济发展的主引擎，深圳经济发展未来可期。

（南方报业集团南方网，2019-11-09，记者：闻坤）

多家深圳市属国企获“2019年度广东省科学技术奖”

据了解，2020年3月28日，多家市属国企在广东省科技创新大会的颁奖中榜上有名，摘得荣誉。

此次大会颁发了2019年度广东省科学技术奖自然科学奖一等奖12项，二等奖12项；技术发明奖一等奖9项，二等奖5项；科技进步奖特等奖1项，一等奖29项，二等奖105项。其中，由深圳市城市规划设计研究院牵头申报的《高密度建成区黑臭水体“厂网河（湖）城”系统治理关键技术与示范》获得技术发明奖二等奖。

据介绍，高密度建成区的黑臭水体普遍存在污染成因复杂、面源污染严重、改造空间不足等特征，导致治理难度大且难以长治久清。该技术发明成果针对高密度建成区黑臭水体整治的需求，在径流污染控制、溢流污染调蓄与处理、内源污染治理与水生态修复、水质预警与监控等极为关键的环节完成了多项发明与技术创新，建立了包含“厂网河（湖）城”全要素的系统治理体系，有效解决高密度建成区黑臭水体整治过程中面临的污染多源、水质反复、设施布置空间不足等技术难点。并将成果广泛应用于黑臭水体治理项目，在深圳、广州、上海、福州、大连、山东、安徽、江苏等地建设20多项示范工程，节省投资60亿元以上，环境和社会效益显著，相关技术引领了我国高密度建成区黑臭水体治理工作。

此外，由深圳市路桥建设集团参与研发的《低碳高性能沥青混凝土关键技术创新及产业化应用》和《节能环保高性能强夯装备及复杂地基处理关键技术》两项科研成果分别获科技进步奖二等奖。这是路桥集团成立40年来首次获得省部级科学技术奖。

（《深圳晚报》，2020-3-28，记者：邱志东）

2019 年度广东省科学技术奖揭晓：深圳获奖数超 20%

2020 年 3 月 26 日，2019 年度广东省科学技术奖揭晓，致力于打造粤港澳大湾区科创中心的深圳市获奖数量占全省 22.9%，用数据证明了特区的科技创新实力。其中，深圳奥比中光科技有限公司凭借“3D 视觉芯片及全平台兼容的高分辨率光学测量系统”项目，获得广东省科技进步奖一等奖。

3D 感知赋能 AIOT 各行各业的巨大能量逐渐显现。作为国家级的人工智能创新应用先导区，深圳亟需这样的平台型技术和企业，驱动其全球领先的智能硬件产业与人工智能以及 5G 应用融合发展，引领新一轮科技革命的发展潮流。

3D 感知：AIOT 时代的关键基础共性技术

公开资料显示，奥比中光是 3D 感知领域的高新科技公司，获得广东省科技进步奖一等奖的“3D 视觉芯片及全平台兼容的高分辨率光学测量系统”项目，正是奥比中光的核心技术之一。

3D 感知是什么？简而言之，3D 感知能够采集视野内空间每个点位的三维信息，完整复刻真实三维世界，可以赋予智能终端类似人眼感知真实世界的能力，从而实现三维重建、手势操控、体感交互等功能，为人工智能和万物互联提供比人眼强大得多的视觉能力。

3D 感知是一个高精尖的跨学科领域，涉及光学、视觉、算法软件、硬件、互联网等多个领域，技术复杂、研发难度极大。因此，这项技术一直被国外科技巨头企业垄断。直到 2015 年，奥比中光克服重重困难，成功研发出我国首颗 3D 感知芯片，填补国内空白，并在全亚洲首个实现消费级 3D 传感摄像头量产，奥比中光掌握了 3D 感知全领域自主核心技术，其全球专利申请量近 700 件，在 3D 扫描领域，奥比中光成为惠普 3D 扫描建模一体机的 3D 传感器供应商。

3D 感知被认为是 AIOT 时代的关键基础共性技术之一，应用前景非常广泛，移动终端、智慧零售、智能服务、智能制造、智能安防、数字家庭等领域都会用到这项技术。

培育支撑引领新一轮科技革命发展潮流的平台型技术和企业

作为一家平时“隐身”在合作伙伴背后的技术平台型企业，奥比中光并不为公众所熟知。但奥比中光 3D 感知技术赋能的行业和产品早与大众生活息息相关了。

在刷脸支付领域技术优势突出，目前遍布全国的支付宝刷脸支付，就是凭借奥比中光的 3D 摄像头得以实现的。通过 3D 摄像头采集高精度人脸信息，确保误识率低于百万分之一，并实现活体检测，杜绝包括照片和面具在内的人为欺骗现象。早在 2017 年，蚂蚁金服就与奥比中光合作，在全球首推刷脸支付商用。

苹果手机率先发布的刷脸解锁应用，也是利用手机前置 3D 摄像头实现的。奥比中光则与 OPPO 合作，在 OPPO Find X 手机上实现了安卓手机首个 3D 摄像头应用。

3D 感知是人脸识别核心底层技术，其安全性和精确性完全碾压 2D 及 2.5D 人脸识别技术。据市场分析，依托 3D 人脸识别的 3D 刷脸门锁和 3D 刷脸门禁应用将成为新的应用爆发点。

机器人是奥比中光赋能的重要领域。奥比中光推出的机器人 3D 视觉一体化解决方案，能够实现三维空间定位、实时自主导航、灵活避障等功能，国内大多数机器人企业采用了这一解决方案。在抗击新冠肺炎疫情中，搭载奥比中光 3D 感知技术自动消毒机器人、药品保障配送机器人、智能宣导巡逻机器人等奋战在战疫一线，助推无接触式服务落地。

同样因疫情而得到大规模使用的 VR 看房，其核心技术也是 3D 扫描建模。2019 年，奥比中光便与链家旗下的贝壳如视合作，率先推出 VR 看房。

（人民网，2020 年 04 月 02 日，责编：乔雪峰 吕骞）

第九章 科技企业办事指南

Regulations & Guidance

第一节 认定与申报

深圳市 2020 年高新技术企业认定和培育入库申请指南

一、申请内容

高新技术企业认定

高新技术企业培育入库

二、设定依据

（一）《高新技术企业认定管理办法》（国科发火〔2016〕32 号）；

（二）《高新技术企业认定管理工作指引》（国科发火〔2016〕195 号）；

（三）《深圳市企业研究开发项目与高新技术企业培育项目资助管理办法》（深科技创新规〔2019〕5 号）；

（四）《深圳市财政局关于做好国家高新技术企业认定有关工作的函》（深财教函〔2020〕80 号）；

（五）《国家税务总局深圳市税务局关于税务师事务所出具高新技术企业专项鉴证报告有关事项的通知》（深税函〔2020〕57 号）。

三、审批数量及方式

审批数量：无数量限制

审批方式：自愿申报、专家评审、审批机关审定。

四、审批条件

（一）申请单位应当是在深圳市或深汕合作区内依法注册，具有独立法人资格的企业，申请认定时须注册成立一年以上。发证日期为 2018 年或 2019 年的有效期内的高新技术企业不能申报，发证日期为 2017 年的有效期内的高新技术企业名称发生变更的，须先完成高新技术企业名称变更事项再申请认定。

（二）申请高新技术企业培育入库的企业需同时满足以下两个条件：

1. 从未获得过高新技术企业资格。

2. 从未获得过高新技术企业培育入库资格。

申请高新技术企业培育入库必须同时申请高新技术企业认定。

（三）企业通过自主研发、受让、受赠、并购等方式，获得对其主要产品（服务）在技术上发挥核心支持作用的知识产权的所有权；

（四）对企业主要产品（服务）发挥核心支持作用的技术属于《国家重点支持的高新技术领域》规定的范围；

（五）企业从事研发和相关技术创新活动科技人员占企业当年职工总数比例不低于 10%；

（六）企业近三个会计年度（实际经营期不满三年的按实际经营时间计算，下同）的研究开发费用总额占同期销售收入总额比例符合如下要求：

1. 最近一年销售收入小于 5000 万元（含）的企业，比例不低于 5%；

2. 最近一年销售收入在 5000 万元至 2 亿元（含）的企业，比例不低于 4%；

3. 最近一年销售收入在 2 亿元以上的企业，比例不低于 3%；

其中，企业在境内发生的研究开发费用总额占全部研究开发费用总额比例不低于 60%；

（七）近一年高新技术产品（服务）收入占企业同期总收入的比例不低于 60%；

（八）企业创新能力评价应达到相应要求；

（九）企业申请认定前一年内未发生重大安全、重大质量事故、严重环境违法行为。

说明：同一企业年度只能申报一次高新技术企业认定，高新技术企业培育入库必须和高新技术企业认定同批次申请。

五、申请材料

（一）登录深圳市科技业务管理系统在线填报申请书，提供通过该系统打印的申请书纸质文件；

（二）科技成果转化、企业高新技术产品（服务）关键技术和技术指标、生产批文、认证认可和资质证书、产品质量检测报告等相关材料复印件；

（三）知识产权相关材料（知识产权证书及反映技术水平的证明材料、参与制定标准情况等，知识产权权属人应为申请企业）、科研项目立项证明（已验收或结题项目需附验收或结题报告）、科技成果转化（总体情况与转化形式、应用成效的逐项说明）、研究开发组织管理等相关材料复印件；

（四）经具有资质的会计师事务所出具的，并报深圳市注册会计师协会备案且封面含有防伪标识的，近三个会计年度的财务会计报告原件（包括会计报表、会计报表附注、财务情况说明书）；

（五）企业职工和科技人员情况说明材料，包括在职、兼职和临时聘用人员人数、人员学历结构、科技人员名单及其工作岗位等；

（六）符合条件的中介机构（会计师事务所或税务师事务所）出具的企业近三个会计年度研究开发费用，和近一个会计年度高新技术产品(服务)收入专项审计或鉴证报告原件。企业提供研究开发活动说明材料。根据《高新技术企业认定管理工作指引》（国科发火〔2016〕195 号）以及深圳市财政局和深圳市税务局相关规定，中介机构需要符合以下条件：

1. 出具专项审计报告的会计师事务所条件

（1）具备独立执业资格，成立三年以上，近三年内无不良记录；

（2）承担认定工作当年的注册会计师或税务师人数占职工全年月平均人数的比例不低于 30%，全年月平均在职职工人数在 20 人以上；

（3）相关人员应具有良好职业道德，了解国家科技、经济及产业政策，熟悉高新技术企业认定工作有关要求；

（4）专项审计报告需要报深圳市注册会计师协会备案且封面含有防伪标识。

2. 出具专项鉴证报告的税务师事务所条件：

（1）税务师事务所须在深圳市税务局公布的高新技术企业认定鉴证中介机构名单内。

（2）专项鉴证报告需要报深圳市涉税专业服务管理平台（https://shenzhen.chinatax.gov.cn/ssfw）或深圳市注册税务师行业信息化管理系统（http://61.144.241.6），且封面含有防伪标识。企业应当自行选择符合条件的中介机构出具专项审计或鉴证报告。

（七）近三个会计年度企业所得税年度纳税申报表主表及附表复印件；

（八）上年度与高新技术产品（服务）相关的代表性的销售合同与发票复印件；

（九）企业承诺书（样本可在申报系统下载）。

以上材料 A4 纸双面打印，非空白页（含封面）需连续编写页码，装订成册（胶装），在书脊处注明公司名称及申请年度，书面申请材料只需 1 份。对涉密企业，须将申请认定高新技术企业的申报材料做脱密处理，确保涉密信息安全。

申报企业只需要在申请书封面和承诺书加盖企业公章，申请材料整体加盖骑缝章，申请材料其他页不需要申报企业盖章。中介机构只需要在以下表格盖章处盖章，其他页不需要中介机构盖章：

1.“七、企业研究开发活动汇总表”；

2.“八、企业年度研究开发费用结构明细表”；

3.“九、上年度高新技术产品（服务）汇总表”。

企业在申请认定前，需到“高新技术企业认定管理工作网”注册登记，注册登记时行政区域必须选择深圳市（注册登记信息务必与申请书中保持一致）。

六、申请表格

本指南规定提交的表格，登录深圳市科技业务管理系统在线填报。

七、受理机关

（一）受理机关：深圳市科技创新委员会

（二）受理时间

第一批：

网上受理时间：

2020年6月5日—2020年6月28日（截至18:00）

书面材料受理时间（工作日）：

2020年6月29日—2020年7月10日（截至17:45）

第二批：

网上受理时间：

2020年7月11日—2020年8月3日（截至18:00）

书面材料受理时间（工作日）：

2020年8月4日—2020年8月21日（截至17:45）

温馨提示：根据疫情防控工作需要，为避免市民中心业务受理大厅人员聚集。书面材料受理按照企业申报时间分批有序进行。网上申报完成后，深圳市科技创新委员会将通过政务短信通知企业书面材料具体受理时间。请各申报企业务必确保申报书中联系人和法人手机畅通，按照短信通知时间及时提交书面申报材料。

联系电话

1. 出具专项鉴证报告的税务师事务所条件和纳税申报表问题咨询

深圳市税务局：83876901

2. 出具专项审计报告的会计师事务所条件问题咨询

深圳市财政局：83515412

3. 其他问题咨询

深圳市科技创新委员会：26548598、86329895、88127373、88125094

受理地点

深圳市市民中心行政服务大厅西厅18~28号窗口。

八、审批决定机关

全国高新技术企业认定管理工作领导小组办公室

九、审批程序

企业自我评价——“高新技术企业认定管理工作网”注册登记——深圳市科技业务管理系统注册登记——网上申报——向深圳市科技创新委员会提交申请材料——深圳市科技创新委员会组织专家评审——深圳市高新技术企业认定办公室审查认定——全国高新技术企业认定管理工作领导小组办公室公示审查——全国高新技术企业认定管理工作领导小组办公室备案、公告、颁发证书——深圳市科技创新委员会确定高新技术企业培育入库条件——深圳市科技创新委员会公示及公告高新技术企业培育入库名单

十、审批时限

成批处理

十一、审批证件及有效期限

证　件：证书

有效期限：三年

十二、审批的法律效力

申请高企认定的单位凭认定文件享受税收优惠政策和市

科技研发资金认定奖励。

十三、收费

不收费

十四、年审或年检

无年审

声 明:

深圳市科技创新委从未委托任何单位或个人为申报单位代理申报事宜，申请单位必须自主申报。凡购买、委托代写项目申请书、提供虚假证明材料的，一经发现并查实，即视为骗取财政资金，一律不予受理，取消申请资格或撤销立项项目，并按规定严肃处理。

深圳市科技创新委将严格按照有关标准和程序受理，不收取任何费用。如有任何中介机构和个人假借深圳市科技创新委领导和工作人员名义向申报单位收取费用，请知情者即向深圳市科技创新委举报。

申报单位提供无防伪标识封面（未备案）或属于虚假防伪标识封面（未备案）的审计或鉴证报告，深圳市科技创新委员不予采用。相关审计或鉴证报告经核查认定属于虚假材料的，按照深圳市科技创新委科研诚信管理相关规定予以处理。

备注:

1. 申报企业如果符合科技型中小企业评价入库申请条件，鼓励企业积极申请科技型中小企业评价入库。

2. 知识产权相关材料包含知识产权授权证书或授权通知书及缴费收据；国家知识产权局等官方网站上公布的摘要，通过转让、受赠、并购取得的知识产权需提供相关主管机关出具的变更证明等材料。知识产权有多个权属人时，应提交只有一个权属人在申请时使用的承诺书。

3. 科研项目立项证明包含项目变更的需提供项目变更审批材料及已验收或结题项目需附验收或结题报告。

4. 科技成果转化包含总体情况与转化形式及应用成效的逐项说明；成果来源可从专利、技术诀窍、项目立项证明等方面提供证明材料；转化结果可从生产批文、新产品或新技术推广应用证明、产品质量检验报告等方面提供材料。

5. 研究开发的组织管理包含研发组织管理制度、研发投入核算体系、研发费用辅助账；研发机构建设及设备设施，开展产学研合作活动；成果转化的组织实施与激励奖励制度，创新创业平台建立情况；科技人员的培养进修、职工技能培训、优秀人才引进，及人才绩效评价奖励制度等材料。

科技奖励

2020 年度深圳市科学技术奖励申请指南

一、申请内容

申请深圳市科学技术奖市长奖、自然科学奖、技术发明奖、科技进步奖四类奖项。

二、设定依据

（一）《深圳市科学技术奖励办法》，深圳市人民政府，深府〔2016〕87 号；

（二）《深圳市科学技术奖励办法实施细则》，深圳市科技创新委员会，深科技创新规〔2016〕3 号；

（三）《关于强化科技支撑打赢疫情防控阻击战 促进企业健康发展的若干措施》，深圳市科技创新委员会，深科技创新〔2020〕38 号。

三、奖励强度与方式

奖励强度：有数量限制，受深圳市科学技术奖奖金年度总额控制。

市长奖、自然科学奖、技术发明奖、科技进步奖四类奖项奖金标准如下：

（一）市长奖每名 300 万元；

（二）自然科学奖一等奖奖金 100 万元，二等奖奖金 50 万元；

（三）技术发明奖一等奖奖金 100 万元，二等奖奖金 50 万元；

（四）科技进步奖中的技术开发类和重大工程类项目一等奖奖金 100 万元，二等奖奖金 50 万元。社会公益类项目一等奖奖金 50 万元，二等奖奖金 30 万元。

审批方式：单位申报、专家评审、答辩或现场考察、社会公示、审批机关审定。

四、办理条件

申请奖励应当符合以下条件：

（一）申请市长奖的，应当是在当代科学技术前沿取得重大突破或者在科学技术发展中有卓越贡献，或是在科学技术创新、科学技术成果转化、高技术产业化中，创造巨大经济效益或者社会效益的自然人；应当由市及区人民政府有关部门推荐提名；项目的主要工作应当在深圳市内完成。

（二）申请自然科学奖的，应当是在基础研究和应用基础研究中阐明自然现象、特征、规律，做出重要科学发现的自然人。要求：

1. 仅限于在国内立项的科学研究成果，其代表性论文和论著公开发表时间 2 年以上（即 2017 年 12 月 31 日前发表）。

2. 每位完成人必须是代表性论文或论著的作者，排名前 3 位的完成人（含少于 3 位完成人的）必须是代表性论文及论著的第一作者或通讯作者。

3. 项目所附材料清单中的代表性论文或论著，以申请书所列目录及重要性顺序提交，不超过 8 篇。鼓励填报在国内期刊发表的论文或国内出版的专著。

（三）申请技术发明奖的，应当是运用科学技术知识做出产品、工艺、材料及其系统等重要技术发明的自然人。要求：

1. 申请项目必须有已经获得国家授权的发明专利，且推广应用时间在 2 年以上（即 2017 年 12 月 31 日前已应用），新冠肺炎疫情防控的科技成果不受推广应用满 2 年的限制；

2. 本项目前 3 位完成人（含少于 3 位完成人的）必须是项目授权知识产权的发明人；

3. 项目申请书所列发明专利必须提交相应证书、摘要页、权利要求书和说明书；

4. 项目所附材料清单中的知识产权及相关权利要求书，代表性论文，以申请书所列主要技术专利及重要性顺序，技术关联的主要发表论文及重要性顺序提交。

（四）申请科技进步奖的，应当是在应用推广先进科学技术成果，完成重大科学技术工程、计划、项目等方面做出突出贡献的组织或者自然人。要求申请项目研究成果整体推广应用时间在 2 年以上（即 2017 年 12 月 31 日前已应用）；重大工程类项目要有国家、省或市发改部门立项批文，并提交 2017 年 12 月 31 日前的工程竣工验收报告；新冠肺炎疫情防控的科技成果，申请科技进步奖不受上述限制。

（五）对涉及有审批要求的项目，必须提交相应的行业许可批准证明材料（如新药、医疗器械、动植物新品种、农药、化肥、兽药、食品、通信设备、电力设备、压力容器等），除新冠肺炎疫情防控的科技成果外，其获得批准时间达到 2 年以上（即 2017 年 12 月 31 日前已获得批准）。

（六）深圳市科学技术奖自然科学奖、技术发明奖、科技进步奖，同一人同年度只能作为一个申请项目的完成人参加评定。

（七）上两个年度（指 2018 年度或 2019 年度）深圳市科学技术奖自然科学奖、技术发明奖、科技进步奖获奖项目完成人，不能作为完成人申报本年度市科学技术奖自然科学奖、技术发明奖、科技进步奖（新冠肺炎疫情防控的科技成果申请技术发明奖和科技进步奖的，不受上述限制）。

（八）在深圳市科学技术奖以往年度获奖项目或本年度其他申请项目中所列的代表性论文专著、主要知识产权证明、主要技术评价证明材料，不得重复使用。

（九）申请项目第一完成人必须征求未列入报奖主要完成人的知识产权权利人（发明专利指发明人）及论文专著作者的同意，并签署承诺。

（十）申请项目代表性论文（专著）第一作者或通讯作者未列入申请项目完成人时，其本人应当出具知情同意证明。

（十一）列入国家或省市级科技计划或基金支持的申请项目，应提供结题验收证明（新冠肺炎疫情防控的科技成果除外）。

（十二）属于两个以上（含两个）完成人合作完成的申请项目，必须提交完成人合作关系证明及出具合作完成的证明材料。

（十三）申请单位或完成人未列入科研诚信异常名录或者联合惩戒名单。

（十四）《深圳市科学技术奖励办法实施细则》第六条规定的其他条件。

五、申请材料

（一）登录深圳市科技业务管理系统在线填报申请书，提供通过该系统打印的申请书纸质文件原件。

（二）根据每类奖项申请书填写说明的要求，网上提交相应的附件材料，复印件应加盖公章。

（三）申请技术发明奖及科技进步奖技术开发类或重大工程类的，还需在网上提交：

1. 申请项目的专项审计报告：统计范围为申请项目整体应用推广开始截至 2019 年底（新冠肺炎疫情防控的项目应用推广时间截至申请日前），应包含申请项目已整体应用推广的产品名单、形成的收入、毛利额、上缴税金，分年度统计；出具申请项目专项审计报告的第三方专业机构为依法注册成立的会计师事务所，由申请单位自行选定；审计报告应当采用经深圳市注册会计师协会备案的含有防伪标识封面的专项报告。

2. 申请项目的完成人所在完成单位及推广应用情况中所列应用单位产生的应用情况和效益佐证材料，指用于佐证应用情况和效益的客观材料，如验收报告、用户报告、技术合同、销售或服务合同、检测报告等。应用单位出具的相应说明或证明可以作为佐证材料，不要求必须提交，如提交，须加盖法人单位公章。填写经济效益数据的，提交支持数据成立的客观佐证材料，如到账凭证或所在单位财务部门出具的相关证明等。

（四）提交的纸质材料包括通过系统打印的奖项申请书封面及填表承诺书（应按要求加盖公章和签名），申请书中包含完成人签名的表格（技术负责人基本情况、主要完成人情况、代表性论文专著目录、主要技术专利、完成人合作关系说明、完成人合作关系汇总表等）。其余不需提交纸质材料。

以上材料一式一份，A4 纸正反面打印或复印，装订成册（胶装）。

申请单位对申请材料的合法性、真实性、准确性和完整性负责。如有虚假，深圳市科技创新委核实后将不予奖励，并将申请单位列入深圳市科技创新委员会科研诚信负面清单，视情节轻重，依法追究相关责任。

六、申请表格

本指南规定提交的表格，登录深圳市科技业务管理系统（https://sticapply.sz.gov.cn/）在线填报。

七、审批受理机关

（一）受理机关：深圳市科技创新委员会

（二）受理时间：

网上填报受理时间：2020 年 5 月 6 日—2020 年 6 月 14 日（截至 18：00）

书面材料受理时间：2020 年 6 月 15 日—2020 年 6 月 19 日

（三）联系人：88102264，88102159

（四）受理地点：深圳市福田区福中三路市民中心行政服务大厅 5-42 号窗口

八、审批决定机关

深圳市科技创新委会（市奖励办）提出拟奖名单报市奖励委审定后，报市政府批准。

九、审批程序

申请人网上申报——向市科技创新委收文窗口提交申请材料——深圳市科技创新委（市奖励办）对申请材料进行初审——组织专家评审——深圳市科技创新委（市奖励办）拟定拟奖名单——社会公示——深圳市科技创新委（市奖励办）报市奖励委审定拟奖名单——深圳市科技创新委（市奖励办）报市政府批准——深圳市科技创新委（市奖励办）拨付奖金

十、审批时限

每年一次，成批处理。

十一、审批证件及有效期限

证件：批准文件和证书

有效期限：无

十二、审批的法律效力

申请人凭批准文件获得市科学技术奖奖金和荣誉证书。

十三、收费

不收费

十四、年审或年检

无年审

声 明：

深圳市科技创新委从未委托任何单位或个人为项目申报单位代理资金申报事宜，申请单位必须自主申报。凡购买、委托代写项目申请书、提供虚假证明材料的，一经发现并查实，即视为骗取财政资金，一律不予受理，取消申请资格或撤销立项项目，并按规定严肃处理。深圳市科技创新委将严格按照有关标准和程序受理，不收取任何费用。如有任何中介机构和个人假借深圳市科技创新委领导和工作人员名义向申报单位收取费用的，请知情者即向深圳市科技创新委举报。

2021年国家和广东省科学技术奖配套奖励申请指南

一、审批内容

国家和广东省科学技术奖获奖项目的配套奖励

二、设定依据

（一）《深圳市科学技术奖励办法》，深圳市人民政府，深府〔2016〕87号。

（二）《深圳市科学技术奖励办法实施细则》，深圳市科技创新委员会，深科技创新规〔2016〕3号。

三、奖励强度及方式

奖励强度：

无数量限制

标准如下：

（一）国家最高科学技术奖每名1000万元；

（二）国家科技进步奖特等奖每名300万元；

（三）国家自然科学奖、技术发明奖、科技进步奖一等奖每名200万元，二等奖前3名的每名100万元，二等奖非前3名的每名60万元；

（四）广东省科学技术突出贡献奖每名500万元；

（五）广东省科学技术奖特等奖且属第一完成单位的200万元，非第一完成单位的每名100万元；

（六）广东省科学技术奖一等奖、二等奖、三等奖前3名的每名60万元、30万元、20万元；一等奖、二等奖、三等奖非前3名的每名30万元、20万元、10万元。

除（一）和（四）外，其他款中的每名特指单位。

审批方式：单位申报、主管部门审核、社会公示、审批机关审定。

四、审批条件

申请配套奖励应当符合以下条件：

（一）申请单位应当是在深圳市（含深汕特别合作区）依法注册、具有独立法人资格的企业、高等院校、科研机构或其他社会组织，且注册时间须在申报奖项之前。

（二）申报奖项应为2018年度或2019年度国家科学技术奖，广东省科学技术奖的项目（以国务院发布的当年度国家科学技术奖励决定，广东省政府发布的当年度广东省科学技术奖励通报为准）。

（三）申请单位近五年内未接受过刑事处罚，或未作为刑事案件嫌疑人正在接受调查。近三年内未因违反《财政违法行为处罚处分条例》及专项资金管理相关法律法规等接受过行政处罚。

（四）申请单位和主要完成人未列入深圳市科研诚信异常名录。

同一项目分别获得国家科学技术奖和广东省科学技术奖的，应分别申请，属于合作完成的获奖项目，完成单位应分别申请。

五、申请材料

（一）国家和广东省科学技术奖配套奖励申请书；

（二）申请单位是企业的，提供营业执照信息和上年度完税情况事项真实无误的承诺书；

（三）获奖证书（含完成单位）；

（四）获奖单位名称发生变化的，提供深圳市市场监督管理局出具的变更通知书复印件（验原件）；

以上材料一式一份，申请国家科学技术奖配套奖励请用蓝色封皮，申请广东省科学技术奖配套奖励请用白色封皮。

复印件需加盖申请单位公章，A4 纸正反面打印或复印，非空白页（含封面）需连续编写页码，装订成册（胶装）。

申请单位对申请材料的合法性、真实性、准确性和完整性负责。如有虚假，深圳市科技创新委核实后将不予奖励，并将申请单位列入深圳市科技创新委科研诚信异常名录，情节轻重的，依法追究相关责任。

六、申请表格

本实施办法规定提交的表格，登录市科技创新委科技业务管理系统（https://sticapply.sz.gov.cn/）在线填报。

七、受理机关

（一）受理机关：深圳市科技创新委员会

（二）受理日期：

网络填报受理时间：2021 年 4 月 3 日—2021 年 4 月 19 日（截止至 18：00）

书面材料受理时间：2021 年 4 月 20 日—2021 年 4 月 24 日

（三）联系电话：88102264，88102159

（四）受理地点：深圳市民中心行政服务大厅西厅 5~42 号窗口

八、决定机关

深圳市科技创新委员会

九、审批程序

申请单位网上申报——向深圳市科技创新委收文窗口提交申请材料——深圳市科技创新委对申请材料进行审核——深圳市科技创新委拟定拟奖名单——社会公示——深圳市科技创新委下达批准文件——深圳市科技创新委拨付奖金

十、审批时限

每年一次，成批处理。

十一、审批证件及有效期限

证件：批准文件

有效期限：长期有效

十二、法律效力

申请单位凭批准文件获得国家和广东省科学技术奖配套奖励金。

十三、收费

不收费

十四、年审或年检

无年审或年检

声 明：

深圳市科技创新委从未委托任何单位或个人为项目申报单位代理资金申报事宜，申请单位必须自主申报。凡购买、委托代写项目申请书、提供虚假证明材料的，一经发现并查实，即视为骗取财政资金，一律不予受理、取消申请资格、撤销立项项目，并按规定严肃处理。深圳市科技创新委将严格按照有关标准和程序受理，不收取任何费用。如有任何中介机构和个人假借深圳市科技创新委领导和工作人员名义向申报单位收取费用的，请知情者即向深圳市科技创新委举报。

第二节 政府资助与申请

科技创新计划
2020 年第一批技术攻关重点项目申请指南

一、申请内容

为增强深圳市高新技术产业核心竞争力，提升产业整体自主创新能力，突破关键零部件等产业发展共性关键技术，聚焦深圳市战略新兴产业，促进生态文明建设和民生改善等科技领域瓶颈性关键技术，对深圳市高新技术产业重点领域、优先主题、重点专项的关键技术攻关予以资助。

二、设定依据

（一）《深圳经济特区科技创新促进条例》，深圳市第五届人民代表大会常务委员会公告，第 144 号；

（二）《关于促进科技创新的若干措施》，中共深圳市委，深发〔2016〕7 号；

（三）《深圳市科技计划管理改革方案》，深圳市人民政府，深府〔2019〕1 号；

（四）《深圳市科技计划项目管理办法》，深圳市科技创新委员会，深科技创新规〔2019〕1 号；

（五）《深圳市科技研发资金管理办法》，深圳市科技创新委员会、深圳市财政局，深科技创新规〔2019〕2 号。

三、支持强度与方式

支持强度：有数量限制，受科技研发资金年度总额控制，单个项目资助强度最高不超过 1000 万元。

支持方式：事前资助

四、申请条件

申请技术攻关重点项目资助应当符合以下条件：

（一）申请牵头单位应当是在深圳市（含深汕特别合作区）内依法注册或具有独立法人资格，且 2019 年度营业收入在 2000 万元以上（含 2000 万元）的国家或深圳市高新技术企业（证书发证时间为 2017 年、2018 年、2019 年），技术先进型服务企业（证书在受理结束之日仍在有效期内）；

（二）采用联合申报方式，鼓励产学研用合作攻关，牵头单位 2019 年度营业收入不足 1 亿的，参与单位应有 1 家企业 2019 年度营业收入在 1 亿以上（含 1 亿元）。国内（含港澳）具有独立法人资格的高校、科研机构、企业可作为合作单位参与项目；

（三）申请单位应当具有良好的研发基础和条件（在深具备研发场地、设施、人员等条件），健全的财务制度和优秀的技术及管理团队，能提供相应的配套资金，项目自筹资金不低于申请的财政资助金额；

（四）项目负责人必须为申请牵头单位的全职人员，项目组成员总人数的 50% 以上须在深圳购买社会保险；

（五）联合申报应注意以下事项：

1. 申请书中填报合作单位名称并加盖合作单位公章；

2. 合作协议中应明确申请牵头单位和合作单位的研发内容分工及知识产权分配等内容；

3. 申请牵头单位资金分配比例不少于单个合作单位分配比例；

4. 申请牵头单位可联合国内（含港澳）创新资源共同研发。深圳市外单位作为合作单位的，按深圳市财政资助资金有关管理办法执行。

（六）本项目申请实行限项制，具体要求是：

1. 同一个法人单位只能牵头申请 1 项本批次技术攻关重点项目；

2. 已列入科研诚信异常名录的单位和人员不得申请；

3. 已承担 2018 或 2019 年技术攻关重点项目的项目负责人不得作为本批次技术攻关重点项目申请的项目负责人。

（七）如果项目申请涉及科研伦理与科技安全（如生物安全、信息安全等）的相关问题，申请单位应当严格执行国家有关法律法规和伦理准则。

五、申请材料

（一）登录深圳市科技业务管理系统在线填报申请书，提供通过该系统打印的申请书纸质文件原件；

（二）2019 年完税证明复印件；

（三）经深圳市注册会计师协会备案的含有防伪标识封面的 2019 年财务审计报告复印件（牵头单位营业收入不足 1 亿元的，同时提供 1 家营业收入在 1 亿元以上（含 1 亿元）合作企业的财务审计报告）；

（四）项目可行性研究报告原件；

（五）知识产权合规性申明原件；

（六）科研诚信承诺书原件；

（七）50% 以上项目组成员近 3 个月内的深圳社会保险缴纳凭证复印件；

（八）合作协议原件；

（九）项目涉及科研伦理和科技安全的，提供国家有关法律法规和伦理准则要求的批准或备案文件复印件；

（十）可以选择提供有效期内的知识产权证（包括专利和软件著作权）、查新报告、检测报告、获奖证书、国家省立项计划文件、广东省企业科技特派员派驻协议书等证明材料复印件。

项目受理时申请单位无须提交纸质申请材料。申请单位在网上填报受理时限内登录深圳市科技业务管理系统在线填报项目申请书，并在科技业务系统中上传其他申请材料的电子版扫描件（复印件需加盖申请单位公章后上传）后提交审核（系统受理状态为“待窗口受理”）。

特别提醒：申请人和申请单位对申请材料的合法性、真实性、准确性和完整性负责。申请材料的研究内容、项目组成员和拟取得的学术、技术及经济指标应科学合理，严谨规范，并作为项目评审、合同签订、过程管理、验收结题及项目评估的依据，原则上不予调整。项目一经立项，投入资金总额不予调整，深圳市财政资金申请额与实际下达资助额之间的差额部分，由项目申请单位自筹资金补足。

对抄袭剽窃或弄虚作假的，深圳市科创委核实后将不予立项或撤销项目，并纳入科研诚信异常名录，同时视情节轻重，依法依规追究相应责任。

六、申请表格

本指南规定提交的表格，申请单位登录深圳市科技业务管理系统在线填报。

七、受理机关

（一）受理机关：深圳市科技创新委员会

（二）受理时间：

网上填报受理时间：2020 年 6 月 5 日—2020 年 6 月 30 日（截至 24:00）；

书面材料提交地点：深圳市福田区福中三路市民中心（具体地点另行通知）。

书面材料提交时间：拟立项项目的申请单位须通过深圳市科技业务管理系统打印项目申请书后按照要求提交纸质申

请材料，纸质申请材料一式一份，A4 纸正反面打印或复印，项目申请书中填报合作单位处需加盖合作单位公章，复印件需加盖申请单位公章，按照本指南申请材料的排列次序对非空白页（含封面）需连续编写页码，胶装成册（具体提交时间和方式另行通知）。

（四）联系电话：

智能装备领域：88102172，88127371

技术支持：86576087，86576088

八、决定机关

深圳市科技创新委员会

九、审批程序

项目征集——发布课题——申请单位网上申请——深圳市科技创新委对申请材料进行初审——专家评审——现场核查——深圳市科技创新委审定——深圳市科技创新委下达项目资金计划——申请单位与深圳市科技创新委签订项目合同书——拨付资助经费

十、审批时限

成批处理

十一、证件及有效期限

证件：批准文件

有效期限：申请单位应当在收到批准文件之日起 1 个月内，与深圳市科技创新委签订项目合同书。

十二、法律效力

申请单位凭批准文件获得深圳市科技研发资金资助。

十三、收费

不收费

十四、年审或年检

无年审。

深圳市科技创新委按照项目合同书对项目进行跟踪管理和组织验收。

声 明:

深圳市科技创新委从未委托任何单位或个人为项目申请单位代理资金申请事宜，申请单位必须自主申请。凡购买、委托代写项目申请书、提供虚假证明材料的，一经发现并查实，即视为骗取财政资金，一律不予受理，取消申请资格或撤销立项项目，并按规定严肃处理。深圳市科技创新委将严格按照有关标准和程序受理，不收取任何费用。如有任何中介机构和个人假借深圳市科技创新委领导和工作人员名义向申请单位收取费用的，请知情者即向深圳市科技创新委举报。

项目申请单位需提交审计报告的，应当按照《深圳市科技计划项目管理办法》等规定，提供经深圳市注册会计师协会备案的含有防伪标识封面的审计报告。项目申请单位提供无防伪标识封面（未备案）或属于虚假防伪标识封面（未备案）的审计报告，深圳市科技创新委员会不予采用。相关审计报告经核查认定属于虚假材料的，项目单位五年内不得申请深圳市科技计划项目，深圳市科技创新委员会将其列入科研诚信异常名录，并按照市政府失信联合惩戒有关规定予以处理。

项目申请单位一经立项，即对项目执行全过程负有主体责任；有义务按合同约定开展研发活动，完成约定目标；有义务接受主管部门监督，配合主管部门完成中期检查和抽查；有义务最迟在合同到期后 6 个月内向主管部门提交纸质验收申请资料。不履行上述义务的，主管部门按规定将项目承担单位和项目负责人记入科研诚信异常名录，取消其一定年限内申请科研资助的资格，并依法追究责任。

2020年"新型冠状病毒感染应急防治"专项项目申请指南

一、申请内容

紧密围绕新型冠状病毒（2019-nCoV）感染诊疗的关键科学技术问题，开展联合攻关，为新型冠状病毒及新发突发传染病防控诊疗提供理论和技术支撑。

二、设定依据

（一）《新型冠状病毒感染的肺炎诊疗方案（试行第三版）》；

（二）《深圳市科技计划管理改革方案》，深圳市人民政府，深府〔2019〕1号；

（三）《深圳市科技计划项目管理办法》，深圳市科技创新委员会，深科技创新规〔2019〕1号；

（四）《深圳市科技研发资金管理办法》，深圳市科技创新委员会和深圳市财政局，深科技创新规〔2019〕2号。

三、研究方向

（一）新型冠状病毒感染肺炎防控及检测技术，重点支持早期、即时检测技术、潜伏期监测技术的研发；

（二）新型冠状病毒感染肺炎治疗策略及药物研发；

（三）新型冠状病毒疫苗研发。

四、支持强度与方式

支持强度：拟针对上述研究方向，择优支持不超过20个项目，每个项目资助强度最高不超过800万元，研究期限不超过3年。

支持方式：事前资助

五、申请条件

（一）牵头申请单位应当是在深圳市（含深汕特别合作区）依法注册，具备法人资格的高等院校、科研机构、医疗卫生机构及科技型企业；

（二）项目牵头单位应根据本项目指南发布的研究方向组织项目申报，确定研究内容及技术路线；

（三）项目负责人应为申请单位的全职人员，在项目研究中承担实质性任务，具有承担重大科研项目能力；

（四）鼓励联合申报，聚焦关键核心问题，由高校、科研院所、企业、医疗卫生单位联合开展产学研用合作和协同创新，合作单位不超过3个；

（五）深圳市（含深汕特别合作区）外单位作为合作单位的，不参与分配财政资助资金；

（六）高校、科研机构、医疗卫生机构的项目申请人以及同一家企业只能牵头申请1项本专项项目；

（七）本专项项目不计入市级科技计划项目限项范围。

六、申请材料

（一）登录深圳市科技业务管理系统在线填报申请书；

（二）2018年度完税证明复印件（非事业单位提供）；

（三）经深圳市注册会计师协会备案的含有防伪标识封面的2018年度财务审计报告复印件（非事业单位提供）；

（四）项目可行性研究报告原件（按提纲编写）；

（五）项目负责人主持或参与市级以上科技计划项目的清单（企业提供单位的项目情况）以及与本申请项目有关的研究内容获得其他渠道资助的情况说明（盖单位公章），项目负责人科研成果及学术水平证明材料等复印件；

（六）项目负责人与深圳用人单位签订的聘用合同复印件（用人单位或其人事部门盖章）；

（七）知识产权合规性声明原件（按模板提交）；

（八）科研诚信承诺书原件（按模板提交）；

（九）如有合作单位，申请书中应填报合作单位名称并加盖合作单位公章，同时提供合作协议（加盖各合作单位公章），合作协议书中应注明各方研究任务分工、财政资金及自筹资金分配、知识产权归属等；

（十）项目申请单位（包括项目牵头和参与单位）为企业的，自筹资金不低于企业申请的财政资助额，并提供自筹经费投入的承诺书；

（十一）涉及人的生物医学研究，必须严格遵守国家和有关部委关于“伦理和生物安全”的有关规定，项目申请单位提供本单位或上级主管单位伦理委员会的纸质审核证明；

以上材料须在深圳市科技业务管理系统提交电子版，其中纸质材料复印件需加盖申请单位公章后上传。

申报单位在申报时无需提交纸质材料，仅在深圳市科技业务管理系统完成提交即可。申报单位获得本专项项目立项资助的，须提交纸质申请材料，提交纸质材料时间和方式我委网站另行通知。

特别提醒

（一）新型冠状病毒属于国家有关“高致病性病原微生物”界定范畴，牵头及参与单位必须严格遵守相关规定，在具备相应的安全条件下提出申请；

（二）涉及人类遗传资源研究的，牵头及参与单位应严格遵守 2019 年 7 月 1 日起施行的《中华人民共和国人类遗传资源管理条例》的相关规定；

（三）在申请项目时列入科研诚信异常名录的单位（包括参与单位）和人员不得申报；

（四）申请单位应谨慎填写项目申报书的人员信息、研发内容、考核指标、经费安排等内容，申请书中内容将作为项目评审、合同签订、过程管理、验收结题及项目评估的依据，原则上不予调整；

（五）项目申报单位对申请材料的合法性、真实性、准确性和完整性负责。如有虚假，深圳市科技创新委员会核实后将不予立项资助，并将申报单位列入我委科研诚信负面清单，情节严重的依法追究相关责任。

七、受理机关

（一）受理机关：深圳市科技创新委员会

（二）受理时间：

网上填报受理时间：2020 年 2 月 3 日—2020 年 2 月 24 日（截至 24：00）

（三）联系电话：

88121057，88103567

（四）受理地点：市民中心行政服务大厅西厅 18~28 号窗口。

八、决定机关

深圳市科技研发资金资助项目由深圳市科技创新委审定。

九、办理程序

发布指南——申请单位网上申报——市科技创新委对申请材料进行初审——专家论证——市科技创新委审定——社会公示——合同签订及资金拨付

十、办理时限

成批处理

十一、证件

下达立项批准文件，项目申请单位应当在收到批准通知之日起 1 个月内，与深圳市科技创新委员会签订项目合同书。

十二、法律效力

申请单位凭批准文件获得深圳市科技研发资金资助。

十三、收费

不收费

十四、年审或年检

无年审及年检

声 明:

深圳市科技创新委从未委托任何单位或个人为项目申请单位代理资金申请事宜，申请单位必须自主申请。凡购买、委托代写项目申请书、提供虚假证明材料的，一经发现并查实，即视为骗取财政资金，一律不予受理，取消申请资格或撤销立项项目，并按规定严肃处理。深圳市科技创新委将严格按照有关标准和程序受理，不收取任何费用。如有任何中介机构和个人假借深圳市科技创新委领导和工作人员名义向申请单位收取费用的，请知情者即向深圳市科技创新委举报。

项目申请单位需提交审计报告的，应当按照《深圳市科技计划项目管理办法》等规定，提供经深圳市注册会计师协会备案的含有防伪标识封面的审计报告。项目申请单位提供无防伪标识封面（未备案）或属于虚假防伪标识封面（未备案）的审计报告，深圳市科技创新委员会不予采用。相关审计报告经核查认定属于虚假材料的，项目单位五年内不得申请深圳市科技计划项目，深圳市科技创新委员会将其列入科研诚信异常名录，并按照市政府失信联合惩戒有关规定予以处理。

项目申请单位一经立项，即对项目执行全过程负有主体责任。有义务按合同约定开展研发活动，完成约定目标；有义务接受主管部门监督，配合主管部门完成中期检查和抽查；有义务最迟在合同到期后 6 个月内向主管部门提交纸质验收申请资料。不履行上述义务的，主管部门按规定将项目承担单位及项目负责人等记入科研诚信异常名录，取消其一定年限内申请科研资助的资格，并依法追究其他责任。

2020 年可持续发展科技专项项目申请指南

一、申请内容

充分发挥科技创新在推动经济、社会、环境可持续发展中的支撑和引领作用，聚焦资源高效利用、生态环境治理、健康深圳建设、社会治理等民生科技领域，支持可持续发展领域科学技术研究与开发、科技成果应用与示范，对符合条件的科技创新项目予以资助。

二、设定依据

（一）《国务院关于印发中国落实 2030 年可持续发展议程创新示范区建设方案的通知》，国务院，国发〔2016〕69 号；

（二）《深圳市人民政府关于印发深圳市可持续发展规划（2017—2030 年）及相关方案的通知》，深圳市人民政府，深府〔2018〕27 号；

（三）《深圳市科技计划管理改革方案》，深圳市人民政府，深府〔2019〕1 号；

（四）《深圳市科技计划项目管理办法》，深圳市科技创新委员会，深科技创新规〔2019〕1 号；

（五）《深圳市科技研发资金管理办法》，深圳市科技创新委员会和深圳市财政局，深科技创新规〔2019〕2 号。

三、支持强度与方式

支持强度：有数量限制。受科技研发资金年度总额控制，单个项目资助强度最高不超过 1000 万元。

支持方式：事前资助

四、申请条件

申请深圳市可持续发展科技专项项目资助应当符合以下条件：

（一）牵头申请单位应当是在深圳市（含深汕特别合作区）依法注册，具备法人资格的高等院校、科研机构、医疗卫生单位、国家或深圳市高新技术企业等。

（二）牵头申请单位应当在深具有良好的研发基础和条件（在深圳具备研发场地、设施、人员等条件）、健全的财务制度和优秀的技术及管理团队，能提供相应的配套与支撑条件。申请单位为企业的，自筹资金不低于申请的财政资助额（项目一经立项，项目总预算不予调整，市财政资金申请额与实际下达资助额之间的差额部分，由项目申报单位自筹资金补足），并提交自筹经费投入承诺书。

（三）项目负责人必须为申请单位的全职人员，在该项目研究中承担实质性任务，每年用于项目的工作时间不得少于 6 个月，具有承担重大科研项目能力，且项目完成年度不超过 60 周岁（1962 年 1 月 1 日以后）。项目组成员总人数的 50% 以上须在深圳购买社会保险半年以上（截至 2019 年 12 月）。

（四）采用联合申报方式，由企业、高校、科研院所和医疗卫生单位联合开展产学研用合作和协同创新，合作单位不超过 3 个。

（五）合作申报注意事项：

1. 申请书中应填报合作单位名称并加盖合作单位公章，同时提供合作协议书。合作协议书中应注明双方研究任务分工、财政资金及自筹资金分配、知识产权归属等。牵头单位应承担大部分研发任务，牵头申请单位资金分配比例不少于单个合作单位的分配比例；深圳市（含深汕特别合作区）外单位作为合作单位的，不参与分配财政资助资金。

2. 涉及应用示范内容的，应明确示范地点。应用技术使用单位为两家的，牵头单位应与每一家单位分别签订《科技应用示范项目协议》。

（六）牵头单位或项目负责人应遵循以下原则：

1. 每个企业同年只能牵头申报 1 项可持续发展项目；

2. 高校、科研机构项目负责人同年只能牵头申报 1 项可持续发展项目；

3. 同一个可持续发展项目，高校、科研机构只能提交一项申请；

4. 可持续发展专项、技术攻关面上项目（原技术攻关项目）、创业项目（不含创客交流活动）、国际合作项目和深港创新圈项目限项规定如下：

（1）2017 年和 2018 年获得国家或广东省科技奖励的企业，2017 与 2018 年深圳市工业百强企业，已承担 2019 年度上述项目类别的，以上类别可以申报 1 项，对于未承担 2019 年度上述项目类别的，以上类别可以申报 2 项。

（2）若企业无上述奖励或荣誉，已承担 2019 年度上述项目类别的，以上类别不得申报；对于未承担 2019 年度上述项目类别的，以上类别只能申报 1 项。

（3）对于国家核准 R&D 经费支出超过 50 亿元的企业，不受上述限项要求。

5. 申请单位或项目负责人主持和参与市级科技计划项目不超过（含）3 项；

6. 项目申请书中的 5 位项目组主要成员中，至少 3 位为申请单位人员。

五、申请材料

（一）登录深圳市科技业务管理系统在线填报申请书；

（二）2018 年度完税证明复印件（非事业单位提供）；

（三）经深圳市注册会计师协会备案的含有防伪标识封面的 2018 年度财务审计报告复印件（非事业单位提供）；

（四）项目可行性研究报告原件；

（五）项目负责人主持或参与市级以上科技计划项目的清单（企业提供单位的项目情况）以及与本申请项目有关的研究内容获得其他渠道资助的情况说明（盖单位公章），项目负责人科研成果及学术水平证明材料（含职称证书或学历证明、高层次人才证书、获奖证书等）等复印件；

（六）项目负责人与深圳用人单位签订的劳动合同复印件（用人单位或其人事部门盖章）；

（七）项目负责人或项目牵头申请单位（企业）出具主持和参与在研市级科技计划项目未超 3 项的承诺书（申请单位盖章）；

（八）可以选择提供有效知识产权证（包括专利和软件著作权）、查新报告、检测报告、获奖证书、广东省企业科技特派员派驻协议书等证明材料复印件；

（九）半数以上的项目组成员（须包括申请人）半年以上（截至 2019 年 12 月）的深圳社会保险缴纳凭证复印件（境外人员未在深圳缴纳社保的，提供可充分证明在申请单位全职工作的材料）；

（十）有合作单位的，应提供合作协议（加盖双方单位公章）；

（十一）项目申请单位（包括项目牵头和参与单位）为企业的，须提供自筹经费投入的承诺书；

（十二）涉及动物实验及临床研究项目的，须提供伦理审查委员会意见；

以上材料须在深圳市科技业务管理系统提交电子版，其中纸质材料复印件需加盖申请单位公章后上传。

特别提醒

（一）同一项目不得多头申报或重复申报。“同一项目”是指经深圳市科技创新委员会使用相应软件对申报项目进行查重后，相似度为 30%以上（含 30%）的项目。凡以相同或基本相同内容在不同政府部门中申报的，将作为学术不端行为处理。以相同项目多头申报或重复套取政府资金的，一经发现立即取消该单位两年内所有项目的资助资格。

（二）在申请项目时列入科研诚信异常名录的单位（包括参与单位）和人员不得申报。

（三）申请单位应谨慎填写项目申报书的人员信息、研发内容、技术经济指标、经费安排等内容，申请书中内容将作为合同内容生成依据。

（四）申请材料中拟取得的学术、技术及经济效益等指标应当严肃、科学，申报指标将作为项目评审、合同签订、过程管理、验收结题及项目评估的依据，原则上不予调整。

（五）项目申报单位对申请材料的合法性、真实性、准确性和完整性负责。如有虚假，深圳市科技创新委核实后将不予立项资助，并将申报单位列入深圳市科技创新委科研诚信负面清单，视情节轻重，依法追究相关责任。

六、受理机关

（一）受理机关：深圳市科技创新委员会

（二）受理时间

网上填报受理时间：2019 年 12 月 31 日—2020 年 1 月 22 日（截至 24:00）

（三）联系电话：88121058，88103567

（四）受理地点：深圳市民中心行政服务大厅西厅 18~28 号窗口

七、决定机关

深圳市科技研发资金资助项目由深圳市科技创新委审定。

八、办理程序

项目征集——发布课题——申请单位网上申报——市科技创新委对申请材料进行初审——专家评审——现场核查——市科技创新委审定——社会公示——项目入库

九、办理时限

成批处理

十、证件

下达立项批准文件，项目申请单位应当在收到批准通知之日起 1 个月内，与深圳市科技创新委员会签订项目合同书。

十一、法律效力

申请单位凭批准文件获得深圳市科技研发资金资助。

十二、收费

不收费

十三、年审或年检

无年审，年检。

声 明：

深圳市科技创新委从未委托任何单位或个人为项目申请单位代理资金申请事宜，申请单位必须自主申请。凡是购买、委托代写项目申请书、提供虚假证明材料的，一经发现并查实，即视为骗取财政资金，一律不予受理，取消申请资格或撤销立项项目，并按规定严肃处理。深圳市科技创新委将严格按照有关标准和程序受理，不收取任何费用。如有任何中介机构和个人假借深圳市科技创新委领导和工作人员名义向申请单位收取费用的，请知情者即向深圳市科技创新委举报。

项目申请单位需提交审计报告的，应当按照《深圳市科技计划项目管理办法》等规定，提供经深圳市注册会计师协会备案的含有防伪标识封面的审计报告。项目申请单位提供无防伪标识封面（未备案）或属于虚假防伪标识封面（未备案）的审计报告，深圳市科技创新委员会不予采用。相关审计报告经核查认定属于虚假材料的，项目单位五年内不得申请深圳市科技计划项目，深圳市科技创新委员会将其列入科研诚信异常名录，并按照市政府失信联合惩戒有关规定予以处理。

项目申请单位一经立项，即对项目执行全过程负有主体责任；有义务按合同约定开展研发活动，完成约定目标；有义务接受主管部门监督，配合主管部门完成中期检查和抽查；有义务最迟在合同到期后 6 个月内向主管部门提交纸质验收申请资料。不履行上述义务的，主管部门按规定将项目承担单位和项目负责人等记入科研诚信异常名录，取消其一定年限内申请科研资助的资格，并依法追究其他责任。

2020 年深圳市软科学研究项目申请指南

一、申请内容

申报单位从《2020 年深圳市软科学研究项目申报选题》中选择课题题目进行申报。

二、设定依据

（一）《深圳市科技计划管理改革方案》，深圳市人民政府，深府〔2019〕1 号；

（二）《深圳市科技计划项目管理办法》，深圳市科技创新委员会，深科技创新规〔2019〕1 号；

（三）《深圳市科技研发资金管理办法》，深圳市科技创新委员会和深圳市财政局，深科技创新规〔2019〕2 号；

（四）《深圳市软科学研究项目管理办法》，深圳市科技创新委员会，深科技创新规〔2019〕6 号。

三、强度方式

有数量限制，受深圳市科技研发资金年度总额控制，重点课题单个项目资助强度不超过 100 万元，一般课题单个项目资助强度不超过 50 万元。软科学研究项目不要求申报单位自筹资金。

四、办理条件

（一）申报单位应当是在深圳市或者深汕合作区内依法注册，具有独立法人资格的企业、高等院校、科研机构、社会组织等单位且具有组织项目实施的相应能力。

（二）申报单位必须从指定的《2020 年深圳市软科学研究项目申报选题》中选择选题申报。一个软科学研究项目只能确定一个项目负责人和项目承担单位。

（三）项目负责人原则上每年只能承担一个软科学研究项目。

（四）已在深圳市级部门预算管理单位安排项目支出的同一项目，不得重复申报软科学研究项目。

（五）项目负责人应当承诺所提交材料真实性，申报单位应当对申报材料的真实性进行审核。

（六）深圳市外研究机构可以作为合作单位参与软科学研究项目并应当与申报单位签订合作协议。

（七）已列入科研诚信异常名录的单位和人员，不得申报

（八）项目实施期限为一年。

五、申请材料

（一）登录深圳市科技业务管理系统在线填报申报书，并通过该系统打印申报书纸质文件原件。纸质文件原件在疫情防控期间暂不要求现场提交，具体提交的时间和方式另行通知。

（二）申报单位和项目负责人所签诚信承诺书，项目申请单位为企业的，还应当提交《承诺书》，确保其营业执照信息和上年度完税情况等事项真实无误（通过深圳市科技业务管理系统扫描在线上传）。

（三）市级以上政府部门推荐材料及项目研究水平相关证明材料（通过深圳市科技业务管理系统在线上传，可以选择提交）。

（四）合作协议文件（深圳市外研究机构作为合作单位的应当提交，通过深圳市科技业务管理系统扫描在线上传）。

以上材料必须在深圳市科技业务管理系统提交电子版。同时准备纸质申报材料一式两份，复印件需加盖申请单位公章，A4 纸正反面打印或复印，非空白页（含封面）需连续编写页码，胶装成册。纸质申报材料在疫情防控期间暂不要

求现场提交，具体提交时间和方式另行通知。

项目申报材料中拟取得的学术、技术、经济效益等指标应严肃和科学，申报指标将作为项目评审、合同签订、过程管理、验收结题及项目评估的依据，原则上不予调整。特提醒各申报单位严肃对待。

项目申报单位对申请材料的合法性、真实性、准确性和完整性负责。如有虚假，深圳市科技创新委核实后将不予立项资助，并将申报单位列入深圳市科技创新委科研诚信异常名录，视情节轻重，依法追究相关责任。

六、申请表格

本指南规定提交的表格，申请单位登录深圳市科技创新委科技业务管理系统（https://sticapply.sz.gov.cn/）在线填报。

七、受理机关

受理机关：深圳市科技创新委

网上受理时间：2020 年 2 月 27 日至 2020 年 3 月 26 日（截至 18:00）

咨询电话：88103417，88102185

技术支持电话：0755-86576087，86576088

技术支持邮箱：szstisupport@nsccsz.gov.cn

八、决定机关

深圳市科技创新委会

九、办理程序

申请人网上申报及提交申请材料——深圳市科技创新委组织专家评审、答辩、现场考察——深圳市科技创新委会委务会审定——社会公示——深圳市科技创新委下达项目资金计划——申请单位与深圳市科技创新委签订项目合同书——拨付项目资金

十、办理时限

成批处理

十一、证件及有效期限

证件：批准文件

有效期限：申请单位应当在收到批准文件之日起 1 个月内，与深圳市科技创新委签订项目合同书。

十二、法律效力

申请人凭批准文件获得深圳市科技研发资金资助。

十三、收费

不收费

十四、年审或年检

无年审。深圳市科技创新委按照项目合同书对项目进行跟踪管理和组织验收。

附件：2020 年深圳市软科学研究项目申报选题

声明：

深圳市科技创新委从未委托任何单位或个人为项目申报单位代理资金申报事宜，申请单位必须自主申报。凡购买、委托代写项目申请书、提供虚假证明材料的，一经发现并查实，即视为骗取财政资金，一律不予受理，取消申请资格或撤销立项项目，并按规定严肃处理。深圳市科技创新委将严格按照有关标准和程序受理，不收取任何费用。如有任何中介机构和个人假借深圳市科技创新委领导和工作人员名义向申报单位收取费用的，请知情者即向深圳市科技创新委举报。

项目申报单位一经立项，即对项目执行全过程负有主体责任；有义务按合同约定开展研发活动，完成约定目标；有义务接受主管部门监督，配合主管部门完成中期检查和抽查；有义务最迟在合同到期后 6 个月内向主管部门提交纸质验收申请资料。不履行上述义务的，主管部门按规定将项目承担

单位和项目负责人等记入科研诚信异常名录，取消其一定年限内申请科研资助资格，并依法追究其他责任。

附件：2020 年深圳市软科学研究项目申报选题

一、重点课题

1. 项目名称：深圳科技创新体制机制改革研究

研究内容：贯彻落实党的十九届四中全会精神，完善科技创新体制机制，持续深化科技供给侧结构性改革，以“基础研究 + 技术攻关 + 成果产业化 + 科技金融”的全过程创新生态链与“科技人才 + 产业空间 + 知识产权 + 科技治理 + 创新环境”的全方位创新保障体系为主线，全面对标全球先进做法，坚持问题、需求、目标为导向，直击科技创新的痛点、难点、堵点，重点解决制约科技创新的关键因素和实践中出现的新问题，研究提出进一步完善深圳科技创新体制机制的一揽子改革举措，形成《深圳科技创新体制机制改革方案（建议稿）》。

资助金额：100 万元

2. 项目名称：科技创新引领支撑“双区”建设战略研究

研究内容：粤港澳大湾区和中国特色社会主义先行示范区“双区驱动”是深圳发展的重大历史机遇，科技创新是“双区”建设的首要任务和关键一招。聚焦粤港澳大湾区国际科技创新中心和综合性国家科学中心建设，着力推动高新技术产业高质量发展、创新引领超大型城市可持续发展、“双区”高水平建设，对标全球最高最好最优水平，提出深圳科技创新的前瞻重点领域、重大科技战略平台、重大创新政策突破，形成《科技创新引领“双区”建设的实施意见（建议稿）》。

资助金额：100 万元

3. 项目名称：深圳科技创新指数研究

研究内容：基于国家创新驱动发展战略、“创新生态系统”理论、深圳建设中国特色社会主义先行示范区的国家使命，借鉴国内外先进经验做法，对深圳科技创新指数指标体系进行科学设计，全面分析深圳的科技创新发展情况及各区（新区）科技创新发展情况。同时，重点对标北京、上海、香港、硅谷、波士顿、东京、特拉维夫、伦敦等国内外知名科创中心，分析深圳科技创新的优势、短板，明确深圳在全球、全国创新坐标体系下的位置，为深圳科技创新的长远发展提供针对性的对策建议，形成《深圳科技创新指数报告》。

资助金额：100 万元

二、一般课题

4. 项目名称：关键核心技术攻关新型举国体制研究

研究内容：习近平总书记在中央财经委员会第二次会议强调“关键核心技术是国之重器”。十九届四中全会指出，要构建社会主义市场经济条件下关键核心技术攻关新型举国体制。全面梳理深圳、全国在关键元器件、核心设备等领域的发展现状与存在问题，结合深圳科技创新和产业资源禀赋，以问题和需求为导向，提出深圳积极参与构建央地协同的关键核心技术攻关新型举国体制对策建议，形成《深圳参与构建关键核心技术攻关新型举国体制的制度设计方案（建议稿）》。

资助金额：50 万元

5. 项目名称：深圳市着力打造可持续发展先锋行动方案（2020—2025 年）

研究内容：聚焦《中共中央与国务院关于支持深圳建设中国特色社会主义先行示范区的意见》赋予深圳建设“可持续发展先锋”的战略定位，结合落实《深圳市可持续发展规划（2017—2030 年）》，提出深圳市推进可持续发展先锋城市建设的具体行动举措，形成《深圳市着力打造可持续发展先锋行动方案（2020—2025 年）建议稿》。

资助金额：50 万元

6. 项目名称：深圳促进科技成果产业化体制机制研究

研究内容：全面梳理深圳科技成果转化体制机制现状，针对深圳科技成果产业化过程中存在的问题和制约因素，以问题为导向，借鉴国内外先进经验做法，为建立符合科技创新规律和市场经济规律的科技成果产业化体制机制提出针对性建议，形成《深圳促进科技成果产业化体制机制研究报告》与《深圳促进科技成果产业化若干措施（建议稿）》。

资助金额：50 万

7. 项目名称：完善重大疫情防控体制机制研究

研究内容：落实中央全面深化改革委员会第十二次会议精神，针对近期发生的新冠肺炎疫情，系统分析及全面总结各地在疫情监测分析、病毒溯源、防控救治、社区联防联控、资源应急保障、政策支持、复工生产、全社会动员等方面的实战经验，提出从体制机制上创新和完善重大疫情防控的举措与健全公共卫生应急管理体系的对策建议，形成《完善重大疫情防控体制机制的研究报告》。

资助金额：50 万元

8. 项目名称：深港科技创新合作区科研体制及规则对接研究

研究内容：深港科技创新合作区是粤港澳大湾区发展特色合作平台，是综合性国家科学中心的先行启动区，是国际科技创新规则对接区和开放创新先导区。以深港科技创新合作区的科研体制与规则对接为研究对象，以问题、需求、目标为导向，全面梳理国际科研体制管理先进经验做法，提出合作区科研体制改革及规则对接的创新举措，形成《深港科技创新合作区深圳园区科研体制管理办法（建议稿）》。

资助金额：50 万元

9. 项目名称：深圳市科研诚信体系研究

研究内容：对国内外科研诚信、科技伦理、作风学风建设情况进行广泛调研，总结先进经验，对深圳市科研诚信体系建设、科技伦理、作风学风制度建设、监管方式等提出建议，形成《深圳市科技伦理和作风学风建设方案（建议稿）》。

资助金额：50 万元

10. 项目名称：新时期深圳科技奖励发展思路研究

研究内容：根据国家深化科技奖励改革的精神，以深圳科技奖励为研究对象，对过去 10 年的发展路径进行研究，可视化分析和评估科技奖励优秀人物及成果，分析比较和提炼先进地区的政府和社会力量办奖的成功经验，总结深圳市在科技奖励发展过程中存在的问题。结合深圳创新发展实际，提出未来五到十年深圳科技奖励的发展思路，目标和任务，为深圳科技奖励创新发展做好顶层设计，形成《新时期深圳科技奖励发展思路研究报告》。

资助金额：50 万元

11. 项目名称：新型科研机构运行模式与管理策略研究

研究内容：全面研究新型科研机构的运行体制机制，调研国内外先进科研机构，系统对比分析，重点研究适应社会主义市场经济的科研机构新型内部治理模式、规章制度建设、人事及薪酬管理、科研组织新模式、主管部门监管方式等，提出科研机构运行模式与管理建议，形成《新型科研机构运行模式与管理策略研究报告》。

资助金额：50 万元

12. 项目名称：科技创新领域推进实施“标准 +”战略研究

研究内容：按照深圳市推进实施“标准 +”战略相关要求，着力发挥标准引领城市高质量发展作用，梳理深圳科技创新领域标准化工作基础和成果，对标国际一流的先进标准体系，在高企认定、园区管理、科技奖励、机构确认、科技计划、项目申报、科技人才、创业创新等方面提出相关“标准 +”战略实施建议，并结合深圳科技创新发展实际，提出科技创新领域“标准 +”战略实施的技术路线图和相关标准清单，形成《深圳市科技创新领域推进实施“标准 +”战略研究报告》。

资助金额：50 万元

13. 项目名称：深圳市高层次人才团队计划评估及

发展策略研究

研究内容：全面调研和梳理深圳市高层次人才团队计划实施、项目执行、团队运营、人才发展等情况，重点分析该计划成果绩效、存在问题、改革创新思路，结合新时期人才工作重点要求，为高层次人才团队申请、管理、服务的体制机制提出针对性建议，形成《深圳市高层次人才团队计划研究评估报告》。

资助金额：50 万

14. 项目名称：深圳经济特区四十年科技创新发展研究

研究内容：深圳经济特区成立四十年来，大胆探索和勇于创新，各项事业取得显著成绩。为深入实施创新驱动发展战略，进一步发挥科技创新的引领支撑作用，全面梳理深圳四十年来在创新发展征程中的改革举措与制度创新等重要成果，广泛调研和深入剖析深圳在实施创新驱动发展战略，建设现代化国际化创新型城市的实践和经验，形成《深圳经济特区四十年科技创新发展报告》。

资助金额：50 万

15. 项目名称：新时期深圳引领全国“双创”高质量发展研究

研究内容：全面系统分析深圳“双创”发展的成效及不足，对深圳与北京、上海、广州、杭州、成都、西安等国内先进地区进行对比研究，全面掌握深圳及先进地区有关众创空间、科技企业孵化器、科技园区、创新团队、创业大赛、创业投资等领域主要指标数据及发展情况，建立高成长性科技企业指标评价体系，挖掘深圳具有高成长性的瞪羚企业、独角兽企业和隐形冠军企业，分析在粤港澳大湾区和中国特色社会主义先行示范区建设的新时期，深圳“双创”工作面临的形势、优势、机遇和挑战，提出相应发展策略，形成《新时期深圳引领全国“双创”高质量发展研究报告》。

资助金额：50 万元

16. 深圳高新区高质量发展政策体系研究

深圳国家高新区已实现扩容提质，形成“一区双核多园”的发展格局。为了促进深圳国家高新区高质量发展，对标世界一流高科技园区，广泛调研北京中关村、上海张江、杭州滨江等园区的经验做法和政策体系，围绕科技创新及产业发展需求，研究深圳国家高新区关于创新型企业培育和扶持、人才吸引、科技金融创新、创新平台建设、土地出让及城市更新等方面的政策体系，形成《深圳高新区高质量发展政策体系研究报告》。

资助金额：50 万元

深圳市科技计划项目验收申请指南

一、受理对象

深圳市财政专项资金事前资助，按照深圳市科技计划项目合同（以下简称“合同”）规定应当申请验收的项目。

二、设定依据

《深圳市科技计划项目管理办法》深圳市科技创新委员会，深科技创新规〔2019〕1 号。

《深圳市科技计划项目验收实施办法》，深圳市科技创新委员会，深科技创新〔2015〕267 号。

三、验收方式

深圳市科技创新委组织相关领域专家，以会议审核、集中答辩、现场答辩方式进行验收。

其中，资助金额小于 100 万元的项目一般采取会议审核方式进行验收，资助金额大于等于 100 万元的项目一般采取集中答辩方式进行验收（重点实验室、工程技术研究中心、公共技术服务平台等对研发场地有要求的项目，以及孔雀团队等资助金额大，要求高的项目一般采取现场答辩方式进行验收）。

具体答辩日期和地点以深圳市科技创新委事前通知为准。

四、申请条件

（一）合同到期申请验收

1. 承担单位已按合同约定完成了研究任务，实现了预期目标。

2. 项目承担单位（以下简称“承担单位”）在合同到期后 6 个月内，将纸质验收申请资料交至行政服务大厅深圳市科技创新委受理窗口（以窗口出具的受理回执为准）。

（二）申请复议验收

1. 承担单位已按《深圳市科技计划项目复议验收通知书》要求补充，完善相关资料。

2. 承担单位在《深圳市科技计划项目复议验收通知书》规定时限内，将纸质复议验收申请资料交至行政服务大厅市科技创新委受理窗口（以窗口出具的受理回执为准）。

（三）申请项目延期

1. 承担单位为完成合同约定的研发任务，被迫延长开发周期，无法按期申请验收；

2. 项目延期原则上只能申请一次，且延长不超过 1 年；

3. 承担单位应在合同到期前，登录深圳市科技业务管理系统提交项目延期申请，经单位管理员审核通过后，将纸质申请交至行政服务大厅市科技创新委受理窗口。

五、申请材料（除明确要求外，一般只需要提供复印件，验原件）

（一）合同到期申请验收应提交以下纸质材料

1. 深圳市科技计划项目验收申请书原件；

2. 深圳市科技计划项目合同复印件；

3. 主项目的验收通过证明复印件（限国家和省配套项目，且主项目已经上级部门验收的提供）；

4. 深圳市科技创新委同意变更合同的书面批复资料复印件（限合同到期日，技术参数、知识产权、文章等指标，或者设备采购预算等信息发生过变更的项目提供）；

5. 项目实施总结报告原件；

6. 项目科技报告原件；

7. 证明合同约定技术指标完成情况的第三方检测报告或公开发表的文章复印件。基础研究项目既可以提供第三方检测报告，也可以提供公开发表的文章。其他类别项目只可提供第三方检测报告。

第三方检测报告是指，合法具有相关领域检测资质的第三方机构（独立于承担单位、合作单位及其利益相关方以外的机构）针对合同约定技术指标完成情况出具的检测结果。

提供第三方检测报告的，送检单位必须是合同约定的项目承担单位。检测机构必须具有相应技术领域的检测资质。既有承担单位，又有合作单位的项目，既可由承担单位独立提供，也可由承担单位或合作单位分别提供。

提供公开发表文章的，除文章本身要符合以下第 8 条关于文章的要求外，还应包含证明指标的推导或演算相关内容。

8. 知识产权指标完成情况统计表原件。

9. 证明合同约定数量和质量的文章或著作的复印件（著作仅需提供首页、目录页和最后有关编辑、发行信息的页面）。文章或著作未正式发表但已收到用刊通知的，应提供用刊通知和文章全文（著作内容同上）的复印件。文章或著作内容应与项目研究方向相关，致谢部分应注明项目编号（限合同约定了文章发表指标的项目提供）。

项目组成员必须是文章或著作的第一作者或通讯作者，且该第一作者或通讯作者在文章或著作中标注的所属单位也必须是项目承担单位。仅以承担单位内设的实验室或其他内设科研机构作为第一作者或通讯作者所在单位进行标注的文章或著作不能作为完成相应指标的依据（重点实验室、工程技术研究中心、公共技术服务平台项目除外）。

10. 证明合同约定数量和质量的专利申请受理回执和专利授权证书复印件。专利内容应与合同研究内容相关。项目承担方为单位法人的，该单位应为专利权人，项目承担方为自然人的，该自然人应为专利权人（限合同约定了专利申请、授权指标的项目提供）。

11. 证明合同约定数量的软件著作权证书复印件。软件应与合同研究内容相关。项目承担方为单位法人的，该单位应为软件著作权人，项目承担方为自然人的，该自然人应为软件著作权人（限合同约定了软件著作权指标的项目提供）。

12. 承担单位申请验收时上年度财务报告复印件。

13. 深圳市科技计划项目专项审计报告复印件（限资助额大于或等于 100 万元的项目提供）。

14. 深圳市科技计划项目经费决算表原件（限资助额小于 100 万元的项目提供）。

15. 合同约定了人员培养目标的，承担单位应对照下列情况提供相应证明。

（1）以获得学位为培养目标，且培养对象为在校学生的，如果合同到期时学生仍未毕业，应提供相应数量的培养人员名单和学生所在学校出具的委托培养证明（含委托培养单位名称、培养人员名单、培养目标，加盖学生所在院系公章或学校学生处或教务处公章）。如果合同到期时学生已毕业，应提供相应人员的学位证书复印件。

（2）以获得学位为培养目标，且培养对象为社会人员的，应提供被培养人员的学位证书复印件和这些人员合同执行期内的社保购买证明复印件（加盖单位公章）。

社保购买证明应以人为单位按月汇总提供。合同约定培养几个人就要提供几个人的证明。培养对像如果是在合同执行期间加入项目组参与研发工作的，从加入项目组当月开始提供证明即可。

（3）以获得职称为培养目标的，应提供职称证书或培训证书复印件，和这些人员合同执行期内的社保购买证明复印件（加盖单位公章）。具体要求与上述“以获得学位为培养目标，且培养对象为社会人员的”相同。

16. 专项审计报告或项目决算表所有支出，应提供以下证明材料。

（1）承担单位与供货方或服务提供方签订的合同复印件；

（2）供货方或服务提供方向承担单位开据的发票、收据复印件；

（3）承担单位向供货方或服务提供方付款的银行转账凭证复印件；

（4）供货方向承担单位提供的货物清单（含货名、型号、单价、数量等）；

（5）服务提供方向承担单位提供的服务名录（含服务名称、服务内容，收费标准、服务次数等）；

（6）承担单位向项目组成员中无工资性收入的相关人员（如在校研究生）和项目组临时聘用人员支付劳务费的银行转账凭证复印件；

（7）承担单位向本单位项目组成员中在册员工及长期聘用人员支付人员费的银行转账凭证复印件；

（8）承担单位支付绩效支出的银行转账凭证复印件。

对上述 1 至 16 项材料存疑的，可参见科创委官网相关说明。

（二）申请复议验收时应提交以下纸质材料

1. 深圳市科技计划项目复议验收申请书原件；

2. 深圳市科技计划项目复议验收通知书复印件；

3. 深圳市科技计划项目合同复印件（仅提供纸质版，电子版不必在深圳市科技创新委科技业务管理系统中上传）；

4. 按复议验收通知书要求补充的材料复印件；

合同到期申请验收和申请复议验收的纸质材料装订要求如下：

1. 一式两份，统一使用白色封皮，页码连续编写，按附件所列清单顺序胶装。一本装订不下的可分上、下两册装订。

2. 打印（复印）资料时请使用 A4 纸双面打印（复印），复印件需加盖申请单位公章。

3. 书脊标注本项目验收年度（如 2017 年）、项目名称、单位名称。

（三）申请项目延期的纸质材料要求

以深圳市科技业务管理系统（http://apply.szsti.gov.cn）申报单位人员登录页面右侧的“变更业务申请操作指引”为准。

六、申请表格

（一）合同到期申请验收

本指南规定需提交的深圳市科技计划项目验收申请书，请登录市科技创新委科技业务管理系统（http://apply.szsti.gov.cn/）在线填报。其他表格、提纲等请从指南附件下载填报。

（二）申请复议验收

本指南规定需提交的深圳市科技计划项目复议验收申请书，请登录深圳市科技创新委科技业务管理系统（http://apply.szsti.gov.cn/）在线填报。

七、受理机关

（一）合同到期申请验收和申请复议验收

1. 受理机关：深圳市科技创新委员会

2. 受理日期：全年受理

3. 受理地点：行政服务大厅西厅 5~40 号窗口

4. 联系电话： 88102426 88102416 88121260

（二）申请项目延期

1. 受理机关：深圳市科技创新委员会

2. 受理日期：全年受理

3. 受理地点：深圳市民中心 C 区 5051 室

4. 联系人：深圳市科技创新委员会合同签订责任人，联系电话（以合同为准，原 8200××××、8210×××× 电话已改为 8810××××、8812××××）

八、决定机关

深圳市科技创新委员会

九、审定程序

（一）合同到期申请验收

申请单位网上申报——深圳市科技创新委网上初审——申请单位向窗口提交纸质申请材料——深圳市科技创新委对纸质申请材料进行核验——组织专家集中答辩或者现场答辩验收——审定验收结论——向社会公布验收结论

（二）申请复议验收

申请单位网上申报——深圳市科技创新委网上初审——申请单位向窗口提交纸质申请材料——深圳市科技创新委对

纸质申请材料进行核验—组织专家复议验收—审定复议验收结论—向社会公布复议验收结论

（三）申请项目延期

项目负责人在业务系统中提交变更申请至单位管理员——单位管理员审核通过后提交申请——变更申请人向深圳市科技创新委窗口提交变更申请书的纸质材料（需单位盖章）——窗口接受纸质材料后受理——深圳市科技创新委审定——将审定结果告知申请人

十、对合同到期项目和复议验收项目的验收答辩安排

按照申请顺序，分批组织专家验收并审定验收结论。

十一、项目验收审定证件及有效期限

证件：验收证书

有效期限：长期有效

十二、法律效力

（一）申请单位凭验收证书和合同期内相应票据，可按合同预算提取项目资助资金的保证金部分。保证金比例以合同约定为准。

（二）验收结论为“不通过”的项目，深圳市科技创新委自公布验收结论之日起三年内不予受理项目承担单位（企业）或项目组成员（高校、科研机构）申请深圳市科技计划项目立项资助，也不推荐其申报国家级和省级科技计划项目。

十三、收费

不收费

十四、年审或年检

无年审或年检

声明：

深圳市科技创新委从未，也不会委托任何中介机构代办深圳市科技计划项目验收申请。深圳市科技创新委鼓励和支持项目承担单位自行申请项目验收，如在项目验收工作中发现项目承担单位委托中介机构代办验收申请的，将保留取消其后续获得资助资格的权利。

协同创新计划

2021年国际科技合作项目申请指南

一、申请内容

国际科技合作自主合作项目、活动交流项目、人员交流项目资助。

重点领域：新一代信息技术、高端装备制造、绿色低碳、生物医药、数字经济、新材料、海洋经济等战略性新兴产业。

重点支持具有国际领先水平，弥补深圳市产业链缺失环节的技术合作项目，鼓励深圳市企业和科研机构与外国先进科研机构进行前瞻性研究合作，或者支撑5G、特高压、城际高速铁路和城际轨道交通、新能源汽车充电桩、大数据中心、人工智能、工业互联网等新基建的技术合作项目。

二、设定依据

（一）《深圳经济特区科技创新促进条例》，深圳市五届人大第二十六次会议修正，2013年12月25日；

（二）《深圳市科技计划管理改革方案》，深圳市人民政府，深府〔2019〕1号；

（三）《深圳市科技计划项目管理办法》，深圳市科技创新委员会，深科技创新规〔2019〕1号；

（四）《深圳市科技研发资金管理办法》，深圳市科技创新委员会及深圳市财政局，深科技创新规〔2019〕2号；

（五）《深圳市国际科技交流合作项目资助管理办法》，深圳市科技创新委员会，深科技创新规〔2019〕9号。

三、强度方式

有数量限制，受科技研发资金年度总额控制，本批次资助资金纳入2021年深圳市级财政预算安排。

自主合作项目，采用事前资助方式，资助比例不超过中方研发投入资金的50%，最高资助100万元；

活动交流项目，采用事后补助方式，资助比例不超过活动实际发生合理费用的50%，最高资助100万元；

人员交流项目，采用事后补助方式，资助比例不超过实际发生合理费用的50%，最高资助100万元。

四、办理条件

申请自主合作项目应符合以下条件：

（一）申请单位是在深依法注册，具有法人资格的企业、高等院校、科研机构、医疗卫生单位。非企业类单位申请的，应当有至少一家在深企业作为合作单位，并由企业提供至少与政府资助等额的配套出资。

（二）深方和外方签署合作协议或意向书，明确双方在合作研发中的贡献和分工，包括技术、人力、设备、资金等。

（三）合作研发的成果由双方共有或者由中方所有。

（四）在深高等院校、科研机构、海外院校设立联合实验室的，不受第（一）项限制。

申请活动交流项目应符合以下条件：

（一）申请单位是在深依法注册，具有法人资格的企业、高等院校、科研机构、医疗卫生单位，且是交流活动的主办方或承办方；

（二）交流活动应当在国际学科和科技领域具有权威性、国际性、领先性，并在深圳举办；

（三）交流活动参加人数100人以上，其中外宾人数30人以上（不包括港澳台）；

（四）国际会议须按程序通过深圳市外事部门完成报批或备案手续；

（五）交流活动预算按照财政部《在华举办国际会议经费管理办法》（财行〔2015〕371号）编制和执行；

（六）交流活动在2019年7月1日至2020年6月30日期间举办。

申请人员交流项目应当符合以下条件：

（一）申请单位应当是在深圳市或者深汕合作区内依法注册，具有独立法人资格的高等院校及科研机构；

（二）应邀外国专家学者应当获得博士学位或者同等于国内副教授、副研究员、高级工程师及以上的职称；

（三）外国专家学者为申请单位非兼职或者全职人员；

（四）人员交流应在2019年度期间举办。

外国专家学者来深交流相关费用已在国家、省、市国际科技交流合作项目中支出的，不再重复资助。

限项要求：申请技术攻关面上项目、可持续发展专项、国际合作项目（活动交流项目、人员交流项目除外）、深港创新圈的，有数量限制。对于申请单位为企业的，按照以下原则进行限项申报。

（一）若企业获得2018年度、2019年度国家、广东省科技奖励获奖，或属于2018年度或2019年度深圳市工业百强企业。

1. 对于在2019年1月1日至12月31日期间，获批立项上述项目的申请单位，可以牵头或者参与申报1项。

2. 没有在2019年1月1日至12月31日期间，获批立项上述项目的申请单位，可以牵头或者参与申报2项。

（二）若企业未获得2018年度、2019年度国家、广东省科技奖励获奖企业，且不属于2018年度或2019年度深圳市工业百强企业。

1. 对于在2019年1月1日至12月31日期间，获批立项上述项目的申请单位，不得申报。

2. 没有在2019年1月1日至12月31日期间，获批立项上述项目的申请单位，可以牵头或者参与申报1项。

（三）对于研究开发费用支出超过50亿元的企业，不受上述限项要求。

申请单位为高等院校、科研机构、医疗卫生单位的，其项目组成员同年只能单独或联合申请1项，申请和正在承担（主持和参与）的深圳市级科技计划项目总数不超过3项。

五、申请材料

申请国际科技合作类项目应提交以下材料：

（一）登录深圳市科技业务管理系统在线填报申请书，提供通过该系统打印的申请书纸质文件原件；

（二）上年度完税证明复印件（非事业单位提供）；

（三）上年度财务审计报告（指经深圳市注册会计师协会备案的含有防伪标识封面的审计报告）或通过审查的事业单位财务决算报表复印件（注册未满一年的可提供验资报告，验原件）（如受疫情影响，申请单位未能提供上年度财务审计报告，可延期至项目立项时补交）；

（四）涉及科研伦理与科技安全的项目，提供国家有关法律法规和伦理准则要求的相关手续证明（复印件）；

申请自主合作项目还应提交以下材料：

（一）项目可行性研究报告原件；

（二）与境外机构签订的合作协议书复印件（验原件，如只有外文，需翻译成中文）；

（三）境外合作单位是企业的，还需提交经所在国或地区公证机关或其他有权机构公证的合法营业证明（复印件，如只有外文的，需翻译成中文）；

（四）知识产权合规性声明；

（五）科研诚信承诺书。

申请活动交流项目还应提交以下材料：

（一）活动交流的批文、协议、合同等依据文件（复印件，验原件）。

（二）活动交流的总结报告，内容包括：活动的基本情况、规模和规格，出席会议的重要嘉宾，活动的主要内容、成效、启示等（原件）。

（三）活动交流邀请函；活动现场的彩色照片；出席会议人员签到表（包括单位名称、姓名、职务、联系方式）；外国嘉宾护照或身份证明材料（复印件）。

（四）项目执行所发生的费用清单、支出单据、集中支付凭证及所涉及的相关合同（协议）书（复印件）。

申请人员交流项目还应当提交以下材料：

1. 项目申请单位上年度国际科技合作交流基本情况；

2. 外国专家学者来深科技合作交流情况汇总表（内容包括但不限于中方合作者姓名、外国专家学者姓名、国别、机构和职称，博士毕业时间，交流事项，在深停留时间，支出金额，是否为国际科技交流合作项目的外方参与人、是否承担国家、省、市科技交流合作计划等情况）；

3. 外国专家学者来深合作交流现场照片，差旅费、食宿费、劳务费等费用支出明细财务文件。

项目受理时申请单位无须提交纸质申请材料。申请单位在网上填报受理时限内登录深圳市科技业务管理系统在线填报项目申请书，并在科技业务系统中上传其他申请材料的电子版扫描件（复印件需加盖申请单位公章后上传）后提交审核（系统受理状态为“待窗口受理”）。

特别提醒：列入深圳市科技创新委科研诚信异常名录的自然人和法人不得申请所有项目。申请人和申请单位对申请材料的合法性、真实性、准确性和完整性负责。申请材料的研究内容和拟取得的学术、技术、经济指标应科学合理，严谨规范，并作为项目评审、合同签订、过程管理、验收结题及项目评估的依据，原则上不予调整。对抄袭剽窃或弄虚作假的，深圳市科技创新委核实后将不予立项或撤销项目，并纳入科研诚信异常名录，同时视情节轻重，依法依规追究相应责任。

六、申请表格

本指南规定提交的表格，申请人登录深圳市科技业务管理系统在线填报。

七、受理机关

（一）受理机关：深圳市科技创新委

（二）受理时间：

网上填报时间：2020 年 6 月 24 日至 2020 年 7 月 30 日（截至 24:00）（注：人员交流项目填报时间截止至 8 月 10 日 24:00）

（三）联系电话：88101005，88102017

八、决定机关

深圳市科技创新委会

九、办理程序

申请人网上申报——深圳市科技创新委对申请材料进行初审——组织专家评审、答辩、现场考察（专项审计）——深圳市科技创新委会委务会审定——相关单位征求意见——社会公示——项目入库——拟立项项目入库的申请单位向深圳市科技创新委提交纸质申请材料——深圳市科技创新委下达项目立项计划

十、办理时限

每年一次，成批处理。

十一、证件及有效期限

证件：批准文件

有效期限：申请单位应当在收到批准文件之日起 1 个月内，与深圳市科技创新委签订项目合同书（活动交流项目及人员交流项目除外）。

十二、法律效力

申请人凭批准文件获得深圳市科技研发资金资助。

十三、收费

不收费

十四、年审或年检

无年审。深圳市科技创新委按照项目合同书对项目进行跟踪管理和组织验收(活动交流项目及人员交流项目除外)。

声 明:

深圳市科技创新委从未委托任何单位或个人为项目申请单位代理资金申请事宜，申请单位必须自主申请。凡购买、委托代写项目申请书、提供虚假证明材料的，一经发现并查实，即视为骗取财政资金，一律不予受理，取消申请资格或撤销立项项目，并按规定严肃处理。深圳市科技创新委将严格按照有关标准和程序受理，不收取任何费用。如有任何中介机构和个人假借深圳市科技创新委领导和工作人员名义向申请单位收取费用的，请知情者即向深圳市科技创新委举报。

项目申请单位需提交审计报告的，应当按照《深圳市科技计划项目管理办法》等规定，提供经深圳市注册会计师协会备案的含有防伪标识封面的审计报告。项目申请单位提供无防伪标识封面(未备案)或属于虚假防伪标识封面(未备案)的审计报告，深圳市科技创新委员会不予采用。相关审计报告经核查认定属于虚假材料的，项目单位五年内不得申请深圳市科技计划项目，深圳市科技创新委员会将其列入科研诚信异常名录，并按照深圳市政府失信联合惩戒有关规定予以处理。

项目申请单位一经立项，即对项目执行全过程负有主体责任。有义务按合同约定开展研发活动，完成约定目标；有义务接受主管部门监督，配合主管部门完成中期检查和抽查；有义务最迟在合同到期后 6 个月内向主管部门提交纸质验收申请资料。不履行上述义务的，主管部门按规定将项目承担单位及项目负责人记入科研诚信异常名录，取消其一定年限内申请科研资助的资格，并依法追究其他责任。

2021年国家和广东省项目配套申请指南

一、申请内容

对获批国家科技重大专项的科技项目，国家科技部和广东省科技厅设立的科技项目予以配套支持。

二、设定依据

（一）《关于促进科技创新的若干措施》，中共深圳市委及深圳市人民政府，深发〔2016〕7号；

（二）《深圳市科技计划项目管理办法》，深圳科技创新委员会，深科技创新规〔2019〕1号；

（三）《深圳市科技研发资金管理办法》，深圳市科技创新委员会和深圳市财政局，深科技创新规〔2019〕2号；

（四）《深圳市国家和广东省科技计划项目配套资助管理办法》，深圳科技创新委员会，深科技创新规〔2018〕5号。

三、支持强度与方式

无偿资助，有数量限制，受科技研发资金年度总额控制，本批次资助资金纳入2021年市级财政预算安排。

配套资助资金的比例如下：

（一）国家和省相关文件（含申报指南、项目或课题任务书和合同等）有明确配套资助金额或比例要求的，按照国家和省的相关要求执行。

（二）国家和省相关文件有配套资助要求，未明确配套金额或比例的，地方配套比例不超过1:1，且不超过单位自筹经费的50%。对于单位经费来源主要为财政核拨的高校和科研机构及民间非盈利组织，项目经费自筹部分不设强制性要求。

（三）国家和省相关文件没有配套资助要求，但项目申报单位有自筹资金的，可按照不超过国家或省拨资金1:1的比例予以配套资助，配套资助资金不超过单位自筹经费的50%。

（四）深圳市政府或市相关部门有相关政策的，按相关政策执行。

四、办理条件

（一）申请单位应当是在深圳市（含深汕特别合作区）依法注册，具备独立法人资格的企业、高等院校、科研机构和社会组织等单位或者是经深圳市政府批准的其他机构；

（二）申请单位应当牵头承担或者参与承担国家和省科技计划项目，拥有开展项目的必要条件；

（三）申请配套资助的立项项目，国家和广东省财政资助应当拨付到位，且资金到账日期为2018年1月1日至2019年12月31日；

（四）同一单位同一项目的同一批次上级财政资助只能申报一次配套资助；

（五）申请单位和项目负责人均未被列入深圳市科研诚信异常名录。

五、申请材料

（一）登录深圳市科技业务管理系统在线填报申请书。

（二）2019年度完税证明复印件（非事业单位提供）。

（三）2019年度财务审计报告（需提交经深圳市注册会计师协会备案的含有防伪标识封面的审计报告，对于受疫情影响的而未能完成财务审计报告的单位，请提交2018年度的财务审计报告）或通过审查的事业单位财务决算报表复印件（注册未满一年的可提供验资报告，验原件）。

（四）申请国家和省项目时的可行性研究报告复印件。

（五）国家和省项目下达文件、任务书、合同书，拨款经费进账凭证（银行回单）或相关证明复印件（验原件）；如申报单位是国家、省项目牵头单位，须提供给项目参与单位拨款的银行回单复印件（验原件）。

（六）国家或省要求配套的文件和深圳有配套承诺的文件（可选择提供）。

（七）若本项目曾获得配套资助，须提供历史配套资助下达文件等相关资料（如有请提供）。

（八）科研诚信承诺书。

以上材料须在深圳市科技业务管理系统提交电子版，其中复印件需加盖申请单位公章后上传。

对于受疫情影响的而未能完成第（三）款财务审计报告的单位，请提交上一年度的财务审计报告。

项目申报单位对申请材料的合法性、真实性、准确性和完整性负责，进入审计环节不再受理向审计机构补充资料。项目承担单位在配套资金的使用和管理上弄虚作假或者违规的，深圳市科技创新委可以终止配套资金的拨付，追回已拨付的配套资金，并将申报单位列入深圳市科技创新委科研诚信异常名录，情节严重的，按国家有关规定追究项目承担单位的法律责任。

六、申请表格

本指南规定提交的表格，申请人登录深圳市科技业务管理系统在线填报。

七、受理机关

（一）受理机关：深圳市科技创新委

（二）受理时间：

网络填报受理时间：2021 年 4 月 3 日至 5 月 15 日（截至 18:00）

申报单位在申报时无须提交纸质材料，仅在深圳市科技业务管理系统完成提交即可，提交纸质材料时间和方式我委网站另行通知。

（三）联系电话：88101557，88100072

八、决定机关

深圳市科技创新委

九、办理程序

申请人网上申报——网上提交——深圳市科技创新委对申请材料进行初审——委托审计、答辩、现场考察——深圳市科技创新委会审定——社会公示——相关单位征求意见——项目入库。

获得配套资助的申报单位无须与市科技创新委签订任务合同。

十、办理时限

结合受理情况，按申报顺序，分批处理。

十一、证件

证件：批准文件。

十二、法律效力

申请人凭批准文件获得深圳市科技研发资金资助。

申请单位应当按照国家或广东省的任务合同书要求，切实开展好项目研究，规范使用配套资金，保证配套资金的使用绩效。

十三、收费

不收费

十四、年审或年检

无年审。项目承担单位应当在国家和广东省项目验收通过半年内，向深圳市科技创新委抄报验收申请书主件和正式验收意见。

声 明:

深圳市科技创新委从未委托任何单位或个人为项目申报单位代理资金申报事宜，申请单位必须自主申报。凡购买、委托代写项目申请书、提供虚假证明材料的，一经发现并查实，即视为骗取财政资金，一律不予受理，取消申请资格或撤销立项项目，并按规定严肃处理。深圳市科技创新委将严格按照有关标准和程序受理，不收取任何费用。如有任何中介机构和个人假借深圳市科技创新委领导和工作人员名义向申报单位收取费用的，请知情者即向深圳市科技创新委举报。

项目申报单位需提交审计报告的，应当按照《深圳市科技计划项目管理办法》等规定，提供经深圳市注册会计师协会备案的含有防伪标识封面的审计报告。项目申报单位提供无防伪标识封面（未备案）或属于虚假防伪标识封面（未备案）的审计报告，深圳市科技创新委员会不予采用。相关审计报告经核查认定属于虚假材料的，项目单位五年内不得申请深圳市科技计划项目，深圳市科技创新委员会将其列入科研诚信异常名录，并按照市政府失信联合惩戒有关规定予以处理。

项目申报单位一经立项，即对项目执行全过程负有主体责任。有义务按申请书约定开展研发活动，完成约定目标。有义务接受主管部门监督，配合主管部门完成相关检查和抽查。不履行上述义务的，主管部门可按规定将项目承担单位和项目负责人记入科研诚信异常名录，取消其一定年限内申请科研资助的资格，并依法追究其他责任。

2021年深圳市承接国家重大科技项目申请指南

一、申请内容

鼓励国家重大科技项目所取得的研究成果在深圳进行接续开展产业化应用研究，解决科研成果产业化“最后一公里”的问题。支持的国家重大科技项目类别：国家科技重大专项、国家重点研发计划、国家科技创新2030重大项目，国家自然科学基金重点项目、重大项目、重大研究计划集成项目及国家重大科研仪器研制项目，以及原国家重点基础研究发展计划（“973计划”，含重大科学研究计划）、国家高技术研究发展计划（“863计划”）、国家科技支撑计划、国家国际科技合作专项、国家重大科学仪器设备开发专项、公益性行业科研专项。

二、设定依据

（一）《深圳经济特区科技创新促进条例》，深圳市第五届人民代表大会常务委员会公告，第144号；

（二）《深圳市科技计划管理改革方案》，深圳市人民政府，深府〔2019〕1号；

（三）《深圳市科技计划项目管理办法》，深圳市科技创新委员会，深科技创新规〔2019〕1号；

（四）《深圳市科技研发资金管理办法》，深圳市科技创新委员会及深圳市财政局，深科技创新规〔2019〕2号；

（五）《深圳市承接国家重大科技项目管理办法》，深圳市科技创新委员会，深科技创新规〔2020〕2号。

三、支持强度与方式

支持强度：有数量限制，受科技研发资金年度总额控制，竞争性择优支持。按照评审结果确定资助强度，单个项目资助强度最高不超过1000万元。本批次资助资金纳入2021年深圳市级财政预算安排。

支持方式：采用“事前立项，事前资助”或“事前立项，事后补助”方式。“事前立项，事前资助”项目，立项后拨付部分资助资金，通过中期评估后再支付剩余部分资助资金。“事前立项，事后补助”项目，验收通过后一次性拨付立项补助资金。

四、申请条件

项目申请单位应当采用与合作单位联合申报的方式申请，并且符合以下条件：

（一）申请单位应当是在深圳市（含深汕特别合作区）依法注册，具备法人资格的国家或者深圳市高新技术企业及技术先进型服务企业。

（二）申请单位应当具有项目实施的基础条件和保障能力，并提供不少于深圳市财政资金资助总额的自筹经费。

（三）合作单位不得超过3家，并且至少有1家应当为国家重大科技项目原项目牵头单位或者课题承担单位。联合申报应注意以下事项：

1. 深圳市承接国家重大科技项目申请书中应该填报合作单位名称；

2. 申请单位资金分配比例不少于单个合作单位的分配比例；

3. 深圳市外单位作为合作单位的，按深圳市财政资助资金有关管理办法执行。

（四）承接的国家重大科技项目应该在2017年4月17日以后通过验收，项目研究成果未进行产业化应用，符合深圳市科技创新及产业发展需求。

（五）合作单位中的国家重大科技项目原承担单位应当

拥有项目研究成果或其使用权，研究成果无知识产权纠纷。

（六）申请单位与合作单位签订真实、有效、具有实质性成果转化内容的合作协议，并且协议中应明确在深圳市实现产业化的相关技术指标和经济指标，在成果转化中产生新的发明创造的，该新发明创造的权益应当包含申请单位。

（七）项目实施期限为 3 至 5 年，即 2021 年 1 月 1 日至 2023 年 12 月 31 日（最长至 2025 年 12 月 31 日）；项目负责人应当是申请单位的全职在职人员，项目完成年度不超过 60 周岁（项目施期限确定为三年的，项目负责人出生日期为 1964 年 1 月 1 日之后出生；项目施期限确定为四年的，项目负责人出生日期为 1965 年 1 月 1 日之后出生；项目施期限确定为五年的，项目负责人出生日期为 1966 年 1 月 1 日之后出生），项目组成员应当包含国家重大科技项目原项目组至少 3 名成员（其中至少 1 名项目负责人或者课题负责人），并且 50% 以上须在深圳市（含深汕特别合作区）购买社会保险。

（八）申请单位只可以牵头申请 1 个项目，并且不得多头申请和重复申请。

（九）申请单位、合作单位、项目负责人和主要成员在申请项目时未列入深圳市科研诚信异常名录。

（十）如果项目申请涉及科研伦理与科技安全（如生物安全和信息安全等）的相关问题，申请单位应当严格执行国家有关法律法规和伦理准则。

五、申请材料

（一）深圳市承接国家重大科技项目申请书原件；

（二）2019 年度完税证明复印件；

（三）经深圳市注册会计师协会备案的含有防伪标识封面的 2019 年财务审计报告复印件；

（四）承接国家科技重大项目实施方案（包括承接项目实施的背景和意义、技术发展趋势及国内外发展现状、成果产业化应用研究内容、预期目标、实施方式、计划进度、工作基础和条件及产业化基础等）原件；

（五）申请单位与合作单位签订的《承接国家重大科技项目成果转化合作协议》（明确项目金额、成果转化方式、任务分工、知识产权归属和利益分配机制等）原件；

（六）国家重大科技项目立项和通过验收及相关的自主知识产权证明材料复印件；

（七）项目组成员名单及 50% 以上项目组成员近 3 个月内的深圳社会保险缴纳凭证复印件；

（八）自筹经费投入承诺书原件；

（九）项目成果未进行产业化应用的承诺书原件；

（十）知识产权合规性申明原件；

（十一）科研诚信承诺书原件；

（十二）项目涉及科研伦理和科技安全的，提供国家有关法律法规和伦理准则要求的批准或备案文件复印件；

（十三）可以选择提供查新报告、检测报告、获得国家省部级科技奖励的获奖证书、深圳市工业百强企业证书等证明材料复印件。

项目受理时申请单位无须提交纸质申请材料。申请单位在网上填报受理时限内登录深圳市科技业务管理系统在线填报深圳市承接国家重大科技项目申请书，并在科技业务系统中上传其他申请材料的电子版扫描件（复印件需加盖申请单位公章后上传）后提交审核（系统受理状态为“待窗口受理”）。

特别提醒：项目名称格式为“承接‘××××××（国家重大科技项目名称）’的产业化应用研究”。申请人和申请单位对申请材料的合法性、真实性、准确性和完整性负责。申请材料填写的研究内容、项目组成员和投入资金总额、拟取得的学术、技术及经济指标应科学合理，严谨规范，其中技术指标不能低于国家重大科技项目通过验收的技术指标和经济指标不能低于申请市财政资金资助总额 2 倍，并作为项目评审、合同签订、过程管理、验收结题及项目评估依据，原则上不予调整。项目一经立项，投入资金总额不予调整，申请深圳市财政资金资助总额与项目经评审后实际下达资助额之间的差额部分，由项目申请单位自筹资金补足。

对抄袭剽窃或弄虚作假的，深圳市科技创新委核实后将不予立项或撤销项目，并纳入科研诚信异常名录，同时视情节轻重，依法依规追究相应责任。

六、申请表格

本指南规定提交的表格，申请单位登录深圳市科技业务管理系统在线填报。

七、受理机关

（一）受理机关：深圳市科技创新委员会

（二）受理时间：

网络填报受理时间：2020 年 4 月 17 日—2020 年 6 月 16 日（截至 24:00）

书面材料提交时间：拟立项项目入库的申请单位须通过深圳市科技业务管理系统打印深圳市承接国家重大科技项目申请书后按照要求提交纸质申请材料，纸质申请材料一式一份，A4 纸正反面打印或复印，深圳市承接国家重大科技项目申请书中填报合作单位处需加盖合作单位公章，复印件需加盖申请单位公章，按照本指南申请材料的排列次序对非空白页（含封面）需连续编写页码，胶装成册（具体提交时间和方式另行通知）。

办公时间：星期一至星期五上午 9:00—12:00，下午 14:00—17:45

（三）书面材料提交地点：深圳市福田区福中三路市民中心（具体地点另行通知）。

（四）联系电话：88102172，88127371

八、决定机关

深圳市科技创新委员会

九、审批程序

发布指南——申请单位网上申请——深圳市科技创新委对申请材料进行初审——专家评审——现场核查——深圳市科技创新委审定——社会公示——拟立项项目入库——拟立项项目入库的申请单位向深圳市科技创新委提交纸质申请材料——深圳市科技创新委下达项目立项计划——采用事前资助的申请单位与深圳市科技创新委签订项目合同书——按照规定拨付资助（或补助）经费

十、审批时限

成批处理

十一、证件及有效期限

证　件：批准文件

有效期限：采用事前资助的项目申请单位应当在收到批准文件之日起 1 个月内，与深圳市科技创新委签订项目合同书。

十二、法律效力

采用事前资助的申请单位凭批准文件获得市科技研发资金资助，采用事后补助的在项目验收通过后凭批准文件获得市科技研发资金补助。

十三、收费

不收费

十四、年审或年检

无年审。深圳市科技创新委按照项目合同书对采用事前资助的项目进行跟踪管理和组织验收，采用事后补助的按照立项文件组织验收。

声 明：

深圳市科技创新委从未委托任何单位或个人为项目申请单位代理资金申请事宜，申请单位必须自主申请。凡购买、委托代写项目申请书、提供虚假证明材料的，一经发现并查实，即视为骗取财政资金，一律不予受理，取消申请资格或撤销立项项目，并按规定严肃处理。深圳市科技创新委将严格按照有关标准和程序受理，不收取任何费用。如有任何中介机构和个人假借深圳市科技创新委领导和工作人员名义向申请单位收取费用的，请知情者即向深圳市科技创新委举报。

项目申请单位需提交审计报告的，应当按照《深圳市科技计划项目管理办法》等规定，提供经深圳市注册会计师协会备案的含有防伪标识封面的审计报告。项目申请单位提供无防伪标识封面（未备案）或属于虚假防伪标识封面（未备案）的审计报告，深圳市科技创新委员会不予采用。相关审计报告经核查认定属于虚假材料的，项目单位五年内不得申请深圳市科技计划项目，深圳市科技创新委员会将其列入科研诚信异常名录，并按照深圳市政府失信联合惩戒有关规定予以处理。

项目申请单位一经立项，即对项目执行全过程负有主体责任。有义务按合同约定开展研发活动，完成约定目标；有义务接受主管部门监督，配合主管部门完成中期检查和抽查；有义务最迟在合同到期后 6 个月内向主管部门提交纸质验收申请资料。不履行上述义务的，主管部门按规定将项目承担单位和项目负责人等记入科研诚信异常名录，取消其一定年限内申请科研资助的资格，并依法追究其他责任。

技术转移和成果转化资助项目申请指南

一、技术合同资助项目

（一）申请内容

为推动技术交易和促进科技成果转化，对经技术合同登记机构认定登记的技术合同项目给予一定比例资助。

本指南中技术合同是指当事人就技术开发、技术转让、技术咨询或者技术服务订立的确立相互之间权利和义务的合同，按《技术合同认定管理办法》（国科发政字〔2000〕063号）的相关规定，由技术合同登记机构具体办理技术合同的认定登记工作，目前深圳市技术合同登记机构为深圳市技术转移促进中心。

（二）设定依据

1.《深圳市科技计划管理改革方案》，深圳市人民政府，深府〔2019〕1号；

2.《深圳市科技计划项目管理办法》，深圳市科技创新委，深科技创新规〔2019〕1号；

3.《深圳市科技研发资金管理办法》，深圳市科技创新委和深圳市财政局，深科技创新规〔2019〕2号；

4.《深圳市技术转移和成果转化项目资助管理办法》，深圳市科技创新委，深科技创新规〔2019〕7号。

（三）强度方式

支持强度：有数量限制，本批次资助资金纳入2021年市级财政预算安排。受深圳市科技研发资金年度总额控制，按不超过申请单位的上年度技术交易收入应纳增值税额80%给予资助，且不超过其上年度实际缴纳增值税额，最高资助金额200万元。

本指南中技术交易收入是指申请单位的已通过登记认定的技术合同核定技术交易额、上年度合同发票金额、对应的银行流水账单三者中的最小值。

支持方式：事后补助

（四）办理条件

1. 在深圳市（含深汕特别合作区，以下同）依法注册，具有独立法人资格的企业、高等院校、科研机构和社会组织；

2. 技术合同的卖方或者受托方，技术合同包括技术转让、技术开发、技术服务、技术咨询合同；

3. 申请单位签订的技术合同应当在上年度经过深圳市技术合同登记机构认定登记（出具对应的技术合同认定登记证明编号前缀为“4403012019”），且未享受过免征流转税优惠政策，多个符合条件的技术合同，可以合并申报；

4. 信用记录良好。

（五）申请材料

1. 登录深圳市科技业务管理系统在线填报申请书，提供通过该系统打印的申请书纸质文件原件；

2. 税务部门出具的上年度纳税证明复印件；

3. 上年度财务审计报告（需提交经深圳市注册会计师协会备案的含有防伪标识封面的审计报告）或通过审查的事业单位财务决算报表复印件（注册未满一年的可提供验资报告，验原件）；

4. 上年度技术合同的发票（记账联）及相应的银行流水账单证明材料复印件（按申请书技术合同明细表中填报的技术合同序号进行整理和排列）。

项目受理时申请单位无须提交纸质申请材料，申请单位在网上填报受理时限内登录深圳市科技业务管理系统在线填报项目申请书，并在科技业务系统中上传其他申请材料的电子版扫描件（复印件需加盖申请单位公章后上传）后提交审核（系统受理状态为“待窗口受理”）。

特别提醒：项目名称格式为“××××单位（申请单位

名称）2019 年技术转移和成果转化（技术合同）项目申请”，申请单位对申请材料的合法性、真实性、准确性和完整性负责。如有虚假，深圳市科技创新委核实后将不予立项资助，视情节轻重，依法追究相关责任。

（六）申请表格

本指南规定提交的表格，申请人登录深圳市科技业务管理系统在线填报。

（七）受理机关

1. 受理机关：深圳市科技创新委

2. 受理时间：

网络填报受理时间：2021 年 5 月 18 日至 2021 年 6 月 30 日（截至 18:00）

办公时间：

星期一至星期五，上午 9:00—12:00，下午 14:00—17:45

3. 咨询电话：

83672276，83699797

4. 受理地点：深圳市民中心行政服务大厅西厅 5~43 号窗口。

（八）决定机关

市科技创新委

（九）办理程序

发布指南——申请单位网上申请——深圳市科技创新委对申请材料进行初审——深圳市科技创新委组织专项审计——相关单位征求意见——社会公示——深圳市科技创新委会审定——项目入库——拟立项项目入库的申请单位向深圳市科技创新委提交纸质申请材料——深圳市科技创新委下达项目立项计划

（十）办理时限

成批处理

（十一）证件及有效期限

证　件：批准文件

有效期限：无期限

（十二）法律效力

申请人凭批准文件获得深圳市科技研发资金资助。

（十三）收费

不收费

（十四）年审或年检

无年审

二、技术转移服务机构培育资助项目

（一）申请内容

为引导技术转移市场化、规范化、专业化发展，促进科技成果转移转化为目标，对提供技术转移服务的技术转移服务机构和提供概念验证服务的创新验证中心予以资助。

本指南中高等院校（以下简称“高校”）是指在深圳市（含深汕特别合作区，以下同）按照国家规定的设置标准和审批流程批准举办的，实施高等教育，开展基础科学研究的全日制大学和职业技术学院。

（二）设定依据

1.《深圳市科技计划管理改革方案》，深圳市人民政府，深府〔2019〕1 号；

2.《深圳市科技计划项目管理办法》，深圳市科技创新委，深科技创新规〔2019〕1 号；

3.《深圳市科技研发资金管理办法》，深圳市科技创新委和深圳市财政局，深科技创新规〔2019〕2 号；

4.《深圳市技术转移和成果转化项目资助管理办法》，深圳市科技创新委，深科技创新规〔2019〕7 号。

（三）强度方式

支持强度：有数量限制，本批次资助资金纳入 2021 年市级财政预算安排，且受深圳市科技研发资金年度总额控制。

技术转移服务机构培育资助项目包括高等院校技术转移培育资助和促成技术交易服务资助两个类别：

1. 对于高等院校技术转移培育资助，按照申请单位上年度投入技术转移服务机构和创新验证中心的技术转移服务费，分别予以等额资助，最高资助分别为 100 万元，可连续申请三年。

2. 对于促成技术交易服务资助，按照申请单位上年度实际技术转移服务收入予以等额资助，最高资助 50 万元，申请单位为高校设立的，仅能以技术转移服务机构或者创新验证中心其中之一来申请资助。

支持方式：事后补助

（四）办理条件

1. 高等院校技术转移培育

（1）在深圳市依法注册、具有独立法人资格的高等院校、由深圳高等院校设立且具有独立法人资格的技术转移服务机构或者创新验证中心。

（2）技术转移服务机构应当在深圳市技术转移促进中心进行备案，且在提出资助申请时仍符合备案要求。

（3）技术转移服务机构或者创新验证中心应当拥有专职的服务工作团队或者专家顾问团队，其团队规模适度和知识结构合理，能够提供专业的技术转移服务，拥有 5 名以上专职工作人员（创新验证中心的专职工作人员中应包括 1 名以上创业导师，技术转移服务机构不作要求），专职工作人员都应具有本科及以上学历，高级职称 1 名以上，且中级职称 2 名以上，或者博士 1 名，或者硕士 2 名。

（4）技术转移服务机构或者创新验证中心应当财务独立核算，具有独立固定办公场所。

（5）属于技术转移服务机构的，上年度促成的技术合同 3 项以上或者上年度促成技术交易合同总额达 500 万元以上，技术交易买卖方中至少一方为深圳市或深汕合作区的单位，且要有明确的服务机构提供技术转移服务的条款。

（6）属于创新验证中心的，上年度对外提供项目概念验证服务 1 项以上，加上创业孵化服务或者投融资服务，共 3 项以上，这里所指的创业孵化或者投融资的服务对象应是面向通过概念验证的项目（以下同），申请单位应拥有种子资金或孵化资金不低于 1000 万元人民币，且运作良好。

2. 促成技术交易服务资助

（1）在深圳市依法注册、具有独立法人资格的高等院校、企业、科研机构、社会组织等单位。

（2）属于技术转移服务机构的，应当在市技术转移促进中心进行技术转移服务机构备案，且在提出资助申请时仍符合备案要求。上年度有与技术交易双方（至少一方是深圳单位）共同签订三方技术合同，并经技术合同登记机构认定登记，且技术合同中载有服务机构提供技术转移服务的相应条款。

（3）属于创新验证中心的，应当由高等院校设立上年度对外实际提供项目概念验证服务及后续的创业孵化服务或者投融资服务。

（4）信用记录良好。

3. 其他条件

（1）高校设立的申请单位应该先申请高等院校技术转移培育资助，在其享受连续三年资助满后，方可申请促成技术交易服务资助；

（2）已列入科研诚信异常名录的单位和人员，不得申报；

（3）同一申请单位每年度只能申报一个项目类别。

（五）申请材料

1. 登录深圳市科技业务管理系统在线填报申请书，提供通过该系统打印的申请书纸质文件原件。

2. 税务部门出具的上年度纳税证明复印件。

3. 上年度财务审计报告（需提交经深圳市注册会计师协会备案的含有防伪标识封面的审计报告）或通过审查的事业单位财务决算报表复印件（注册未满一年的可提供验资报告，验原件）。

申请单位申请高等院校技术转移培育资助的，还需提供以下材料：

4. 技术转移服务机构或者创新验证中心法人登记证书或者其他设立文件。

5. 技术转移服务机构或者创新验证中心的专职人员社保清单（连续 12 个月），学历和职称证书。

6. 技术转移服务机构或者创新验证中心办公场所的不动产登记证明或者房屋租赁合同。

7. 高等院校上年度投入技术转移服务机构或者创新验证中心的技术转移服务费专项审计报告。

8. 属于技术转移服务机构的，应提供：（1）技术转移管理、考核、收入分配、奖励激励等内部制度文件。（2）技术合同登记机构上年度开具的技术合同认定登记证明复印件（技术合同不在我市申请认定登记时需提供）。

9. 属于创新验证中心的，应提供：（1）概念验证项目专家顾问团队的设立文件；（2）创业导师专职人员名单及简历；（3）自有种子资金或者可支配孵化资金相关文件；（4）对外提供概念验证服务、创业孵化服务、投融资服务的案例清单及相关材料。

申请单位申请促成技术交易服务资助的，还需提供以下材料：

4. 属于技术转移服务机构的，应提供：（1）上年度技术合同复印件和技术合同登记机构上年度开具的技术合同认定登记证明复印件（经过深圳市技术合同登记机构认定登记的技术合同无须提供）。（2）上年度技术合同对应的税务发票（包括技术转移服务费用）及银行流水账单复印件（可向技术交易卖方索要）。

5. 属于创新验证中心的，应提供：（1）上年度提供概念验证服务合同复印件。（2）上年度提供概念验证服务合同发票及相应的银行流水账单复印件。

项目受理时申请单位无须提交纸质申请材料，申请单位在网上填报受理时限内登录深圳市科技业务管理系统在线填报项目申请书，并在科技业务系统中上传其他申请材料的电子版扫描件（复印件需加盖申请单位公章后上传）后提交审核（系统受理状态为“待窗口受理”）。

特别提醒：项目名称格式为“××××单位（申请单位名称）2019年技术转移和成果转化（技术转移服务机构培育）项目申请”，申请单位对申请材料的合法性、真实性、准确性和完整性负责。如有虚假，深圳市科技创新委核实后将不予立项资助，视情节轻重，依法追究相关责任。

申请单位对申请材料的合法性、真实性、准确性和完整性负责。如有虚假，深圳市科技创新委核实后将不予立项资助，视情节轻重，依法追究相关责任。

（六）申请表格

本指南规定提交的表格，申请人登录深圳市科技业务管理系统在线填报。

（七）受理机关

1. 受理机关：深圳市市科技创新委员会

2. 受理时间：

网络填报受理时间：2021年5月18日至2021年6月30日（截至18:00）

办公时间：

星期一至星期五，上午9:00—12:00，下午14:00—17:45

3. 咨询电话：

83672185，23610487

4. 受理地点：深圳市民中心行政服务大厅西厅5~43号窗口

（八）决定机关

深圳市科技创新委员会

（九）办理程序

发布指南——申请单位网上申请——深圳市科技创新委对申请材料进行初审——深圳市科技创新委组织专项审计——相关单位征求意见——社会公示——深圳市科技创新委会审定——项目入库——拟立项项目入库的申请单位向市科技创新委提交纸质申请材料——深圳市科技创新委下达项目立项计划。

（十）办理时限

成批处理

（十一）证件及有效期限

证件：批准文件

有效期限：无期限

（十二）法律效力

申请人凭批准文件获得深圳市科技研发资金资助。

（十三）收费

不收费

（十四）年审或年检

无年审

声 明:

深圳市科技创新委从未委托任何单位或个人为项目申请单位代理资金申报事宜，申请单位必须自主申报。凡购买、委托代写项目申请书、提供虚假证明材料的，一经发现并查实，即视为骗取财政资金，一律不予受理，取消申请资格或撤销立项项目，并按规定严肃处理。深圳市科技创新委将严格按照有关标准和程序受理，不收取任何费用。如有任何中介机构和个人假借深圳市科技创新委领导和工作人员名义向申请单位收取费用的，请知情者即向深圳市科技创新委举报。

项目申请单位需提交审计报告的，应当按照《深圳市科技计划项目管理办法》等规定，提供经深圳市注册会计师协会备案的含有防伪标识封面的审计报告。项目申请单位提供无防伪标识封面（未备案）或属于虚假防伪标识封面（未备案）的审计报告，深圳市科技创新委员会不予采用。相关审计报告经核查认定属于虚假材料的，项目单位五年内不得申请深圳市科技计划项目，深圳市科技创新委员会将其列入科研诚信异常名录，并按照市政府失信联合惩戒有关规定予以处理。

创新环境建设计划

2020 年深圳市重点实验室筹建启动资助申请指南

一、申请内容

以开展基础与应用研究、培养人才、支撑产业和社会发展为目标的市重点实验室筹建启动资助。

重点支持领域包括新一代信息技术、高端装备制造、绿色低碳、生物医药、数字经济、新材料、新能源、海洋经济。

二、设定依据

（一）《深圳经济特区科技创新促进条例》，深圳市第六届人民代表大会常务委员会公告，第 95 号；

（二）《关于促进科技创新的若干措施》，（深发〔2016〕7 号）；

（三）《深圳市关于加强基础科学研究的实施办法》，（深府规〔2018〕25 号）；

（四）《深圳市科技计划管理改革方案》，（深府〔2019〕1 号）;

（五）《深圳市科技计划项目管理办法》，深科技创新规〔2019〕1 号;

（六）《深圳市科技研发资金管理办法》，深科技创新规〔2019〕2 号。

三、支持强度与方式

支持强度：受科技研发资金年度总额控制，单个市级重点实验室筹建启动资助最高 500 万元。

支持方式：事前资助。主要流程包括单位申报、资格审核确认、社会公示、审批机关审定。

四、办理条件

（一）申请单位应当是在深圳市及深汕特别合作区依法注册且具有独立法人资格的高等院校、科研机构、或其他具有原始创新能力的法人机构。已列入科研诚信异常名录的单位不得申报。

院校类实验室应在本学科或领域中具有国内领先水平或特色，具备承担市级及以上重大科研项目的能力。企业类实验室的依托单位，应为在本行业或领域内具有较高的知名度和影响力的国家高新技术企业，具备承担市级及以上重大科研项目的能力，能为深圳市的产业和社会发展提供关键技术和共性技术支撑，具有较强的技术储备和技术扩散能力，与高等院校、科研机构等建立了长期稳定的产学研合作关系。企业类实验室的依托单位须为国家高新技术企业，申请单位近 2 年（2017 年元月 1 日至 2018 年 12 月 31 日，下同）每年的主营业务收入超过 5 亿元，近 2 年每年按高新技术企业认定管理办法经专项审计确认的研发费用在 4000 万元以上。

（二）实验室有清晰的定位和目标，研究方向明确，不得与市级及以上已有重点实验室重复，研究内容具有前瞻性和特色，且与实验室名称相符合。已有市重点实验室请参考“深圳市科技创新委员会官网科技服务专栏”（http://stic.sz.gov.cn/kjfw/cxzt/szscxztmd/）。

（三）须由在深圳市单位全职工作的深圳市杰出人才（人才证书应在有效期内）担任实验室主任。

（四）申请人应谨慎填写项目申报书的人员信息、研发内容、技术经济指标、经费安排等内容，申请书中内容将作为合同内容生成依据。项目一经立项，项目投入资金总额不予调整，深圳市财政资金申请额与实际下达资助额之间差额部分，由项目申请单位自筹资金补足。

（五）项目申报材料中拟取得的学术、技术、经济效益等指标应严肃和科学，申报指标将作为项目评审、合同签订、过程管理、验收结题及项目评估的依据，原则上不予调整。请各申请单位严肃对待。

五、申请材料

（一）登录深圳市科技业务管理系统在线填报申请书，提供通过该系统打印的申请书纸质文件原件，申请人应认真填写，申请书中内容将作为合同内容生成依据。

（二）企业类市重点实验筹建启动室依托单位须提供企业最近 2 个会计年度研究开发费用和主营业务收入专项审计报告复印件，验原件（专项审计报告应由深圳市财政局公布的高新技术企业认定审计中介机构出具，并带有深圳市注册会计师协会备案的含有防伪标识封面。未备案的专项审计报告需由出具审计报告的会计师事务所向市注册会计师协会补充备案，市注册会计师协会不收取费用）。

（三）科研用房面积、设备、专用软件原值相关证明材料。

（四）仪器设备清单和实验室人员名单。

（五）项目可行性研究报告原件。

（六）依托单位为市重点实验室筹建启动提供资金、技术、后勤和学术交流等配套条件的承诺函原件。

（七）深圳市杰出人才认定证书复印件（验原件）、实验室主任与依托单位签订的劳动合同或聘用合同等长期工作证明文件复印件（验原件）、近一年内的深圳社会保险缴纳凭证复印件（境外人员未在深圳缴纳社保的，需提供可充分证明在依托单位全职工作的材料）。

（八）知识产权合规性声明。

（九）科研诚信承诺书。

（十）项目涉及科研伦理和科技安全的，提供国家有关法律法规和伦理准则要求的批准或备案文件。

以上材料必须在深圳市科技业务管理系统提交电子版，同时提交纸质申报材料一式两份，复印件需加盖申请单位公章，A4 纸正反面打印或复印，非空白页（含封面）须连续编写页码，胶装成册。

申报材料中拟取得的学术和技术相关指标应严肃和科学，申报指标将作为合同签订、过程管理、验收结题的依据，原则上不予更改。请各申报单位科学，严谨制定申请指标。

申报单位对申请材料的合法性、真实性、准确性和完整性负责。如有虚假，深圳市科技创新委核实后将不予立项资助，并将申报单位列入深圳市科技创新委科研诚信负面清单，视情节轻重，依法追究相关责任。

六、申请表格

本指南规定提交的表格，申请单位登陆深圳市科技业务管理系统在线填报。

七、受理机关

（一）受理机关：深圳市科技创新委员会

（二）受理时间：

常年受理

办公时间：

星期一至星期五，上午 9:00—12:00，下午 14:00—17:45

（三）咨询电话：

基础研究和平台基地处：88102204，88102176

（四）受理地址：深圳市福田区福中三路市民中心行政服务大厅西区 5~43 号窗口。

八、决定机关

深圳市科技创新委员会

九、办理程序

申请单位网上申报——向深圳市科技创新委员会收文窗

口提交申请材料——深圳市科技创新委员会对申请材料进行资格审核确认——社会公示——项目入库

十、办理时限

成批处理

十一、证件及有效期限

证件：批准文件

有效期限：申请单位在收到批准文件之日起 1 个月内办理资金拨付。

十二、法律效力

申报单位凭批准文件获得深圳市科技研发资金资助。

十三、收费

不收费

十四、年审或年检

市重点实验室筹建启动期一般为 2 年。一经立项，申报单位即对项目执行全过程负有主体责任。有义务按合同约定开展研发活动，完成约定目标。有义务接受主管部门监督，配合主管部门完成中期检查和抽查，有义务最迟在合同到期后 6 个月内向主管部门提交纸质验收申请资料。

对到期拒不提交验收申请或验收不通过的，取消该实验室申报市重点实验室组建资格，申报单位 5 年内不得在同一领域申报市重点实验室组建。

在筹建启动期结束前，实验室建设因故终止的，深圳市科技创新委将按照《深圳市科技研发资金管理办法》《深圳市科技计划项目管理办法》等相关规定进行处理。

声 明：

深圳市科技创新委从未委托任何单位或个人为项目申报单位代理资金申报事宜，申请单位必须自主申报。凡购买、委托代写项目申请书、提供虚假证明材料的，一经发现并查实，即视为骗取财政资金，一律不予受理，取消申请资格或撤销立项项目，并按规定严肃处理。深圳市科技创新委将严格按照有关标准和程序受理，不收取任何费用。如有任何中介机构和个人假借深圳市科技创新委领导和工作人员名义向申报单位收取费用的，请知情者即向深圳市科技创新委举报。

专项审计报告经核查认定属于虚假材料的，依托单位五年内不得申请市科技计划项目，深圳市市科技创新委员会将其列入科研诚信异常名录，并按照深圳市政府失信联合惩戒有关规定予以处理。

项目申报单位一经立项，即对项目执行全过程负有主体责任。有义务按合同约定开展研发活动，完成约定目标；有义务接受主管部门监督，配合主管部门完成中期检查和抽查；有义务最迟在合同到期后 6 个月内向主管部门提交纸质验收申请资料。不履行上述义务的，主管部门按规定将项目承担单位和项目负责人记入科研诚信异常名录，取消其一定年限内申请科研资助的资格，并依法追究其他责任。

2021年深圳市工程技术研究中心认定指南

一、申请内容

为加快推进企业研发机构建设，建立健全以企业为主体、市场为导向、产学研相结合的技术创新体系，设立并资助深圳市工程技术研究中心（以下简称“市工程技术中心”）。

重点支持领域：新一代信息技术、高端装备制造、绿色低碳、生物医药、数字经济、新材料、新能源、海洋经济。

对于已布局市工程技术中的细分领域，不进行重复布局。

二、设定依据

（一）《深圳经济特区科技创新促进条例》，深圳市第六届人民代表大会常务委员会公告，第95号；

（二）《关于促进科技创新的若干措施》，深发〔2016〕7号;

（三）《深圳市科技计划管理改革方案》，深府〔2019〕1号；

（四）《深圳市科技计划项目管理办法》，深科技创新规〔2019〕1号；

（五）《深圳市科技研发资金管理办法》，深科技创新规〔2019〕2号；

（六）《深圳市工程技术研究中心认定与运行管理办法》，深科技创新规〔2020〕9号。

三、认定方式与强度

受科技研发资金年度总额控制，每单位每年限申报1个。对符合认定条件的申请，由市科技行政主管部门择优认定。

主要流程包括单位申报、专家评审、答辩或者现场考察、社会公示、审批机关认定。资助方式执行后补助经费支持。市科技行政主管部门对经认定的深圳市工程技术中心，按照依托单位上两年度研发经费之和扣除同期财政补助部分后50%的资金，经核定后给予不超过300万元资助。

四、认定条件

（一）依托单位应当是在深圳市（含深汕合作区，下同）内注册登记的具有独立法人资格的国家或者深圳市高新技术企业。优先支持产品、技术水平和综合实力在同行业中名列前茅的大中型企业。已承担深圳市工程中心组建任务的依托单位原则上不予重叠认定。已列入科研诚信异常名录的单位不得申报。

（二）企业经营和运行状况良好，具有较强的盈利能力和较高的管理水平。

（三）企业建有专门的研发机构，有持续的研发投入，上一年度销售额不低于5000万元，近2年（2018年元月1日至2019年12月31日，下同）每年研发费用1000万元以上。

（四）企业近2年获得授权的知识产权（包括发明、实用新型、非简单改变产品图案和形状的外观设计、软件著作权、集成电路布图设计专有权、植物新品种）总计不少于15项（其中发明专利、软件著作权、集成电路布图设计专有权或者植物新品种总计不少于7项）。

（五）申请组建的深圳市工程技术中心应配备管理负责人和技术带头人，其中拥有岗位专职研发人员20人以上，其中具有中级以上职称或硕士以上学位不少于10人（其中具有高级职称或博士学位不少于3人）。

专职科研人员不得同时隶属于其他省部级以及市级科技创新载体。

已列入科研诚信异常名录者不得列为工程技术中心人员。

（六）具备工程技术试验条件和基础设施，研发专门用房面积 500 平方米以上，有必要的检测、分析、测试手段和工艺设备（不包括生产用设备），仪器设备及专用软件的现值不低于 700 万元（软件类市工程技术中心相应的现值不低于 400 万元）。

（七）有良好的产学研合作基础，重视科技人员和高技能人才的培养、引进、使用。

（八）该计划属于竞争类计划。竞争类科技计划项目是指协同创新专项、人才和载体专项、企业创新专项、重大科技专项、深圳市自然科学基金等。

（九）申报单位同一项目每年只能申报一次，不得多头申报和重复申报。凡以相同项目多头申报，重复套取政府资金的，一经发现立即取消该单位两年内所有项目的资助资格。“同一项目”是指经深圳市科技创新委使用相应软件对申报项目进行查重后，相似度为 30%以上（含 30%）的项目。

五、申请材料

（一）登录深圳市科技业务管理系统在线填报申请书，申请人应认真填写，申请书中内容将作为合同内容生成依据；

（二）上年度纳税证明复印件；

（三）企业最近 2 个会计年度研究开发费用和主营业务收入专项审计报告原件（出具的审计报告应经深圳市注册会计师协会备案）；

（四）科研用房面积、仪器设备、专用软件现值相关证明材料；

（五）项目可行性研究报告原件；

（六）深圳市工程技术中心仪器设备清单和研发人员名单；

（七）知识产权相关的证明材料复印件；

（八）专职研发人员情况的相关证明材料（包括专职研发人员基本情况表、近 2 年的深圳社会保险单位缴交明细表、主要研发人员的学历、学位和职称）；

（九）知识产权合规性声明；

（十）科研诚信承诺书；

（十一）项目涉及科研伦理和科技安全的，提供国家有关法律法规和伦理准则要求的批准或备案文件。

申请单位在网上填报时限内登陆深圳市科技业务管理系统在线填报项目申请书，并上传其他申请材料的扫描件（复印件需加盖申请单位公章后扫描上传）后提交审核（系统受理状态为“待窗口受理”）。申请时无须提交纸质材料，获得立项后再跟据通知要求提交纸质材料，未立项无须提交纸质材料。

项目申报材料中拟取得的学术、技术及经济效益等指标应严肃、科学，申报指标将作为项目评审、合同签订、过程管理、验收结题及项目评估的依据，原则上不予更改。请各申报单位科学，严谨制定申请指标。

项目申报单位对申请材料的合法性、真实性、准确性和完整性负责。如有虚假，深圳市科技创新委核实后将不予立项资助，并将申报单位列入深圳市科技创新委科研诚信负面清单，视情节轻重，依法追究相关责任。

六、申请表格

本指南规定提交的表格，申请单位登陆深圳市科技业务管理系统在线填报。

七、受理机关

（一）受理机关：深圳市市科技创新委

（二）受理时间：

网上填报受理时间为：2020 年 7 月 1 日—2020 年 7 月 31 日（截至 18:00）

办公时间：星期一至星期五，上午 9：00—12：00；下午 14：00—17:45

（三）咨询电话：

基础研究和平台基地处：88101375，88102579，88103742

八、决定机关

深圳市科技创新委会

九、办理程序

申请单位网上申报——深圳市科技创新委对申请材料进行初审——组织专家评审，答辩或者现场考察——深圳市科技创新委审定——社会公示——项目入库

十、办理时限

成批处理

十一、证件及有效期限

证件：批准文件

有效期限：申请单位在收到批准文件之日起 1 个月内办理资金拨付。

十二、法律效力

申报单位凭批准文件获得深圳市科技研发资金资助。

十三、收费

不收费

十四、年审或年检

无

声 明：

深圳市科技创新委从未委托任何单位或个人为项目申报单位代理资金申报事宜，申请单位必须自主申报。凡是购买、委托代写项目申请书、提供虚假证明材料的，一经发现并查实，即视为骗取财政资金，一律不予受理，取消申请资格或撤销立项项目，并按规定严肃处理。深圳市科技创新委将严格按照有关标准和程序受理，不收取任何费用。如有任何中介机构和个人假借深圳市科技创新委领导和工作人员名义向申报单位收取费用的，请知情者即向深圳市科技创新委举报。

专项审计报告经核查认定属于虚假材料的，依托单位五年内不得申请深圳市科技计划项目，深圳市科技创新委员会将其列入科研诚信异常名录，并按照深圳市政府失信联合惩戒有关规定予以处理。

项目申报单位一经立项，即对项目执行全过程负有主体责任。有义务按合同约定开展研发活动，完成约定目标；有义务接受主管部门监督，配合主管部门完成中期检查和抽查；有义务最迟在合同到期后 6 个月内向主管部门提交纸质验收申请资料。不履行上述义务的，主管部门按规定将项目承担单位、项目负责人等记入科研诚信异常名录，取消其一定年限内申请科研资助的资格，并依法追究其他责任。

机构确认服务

深圳市科学研究机构免税资格确认指南

一、受理范围

1. 本行政许可适用于深圳市设立的科学研究院所。

2. 符合以下全部条件的科学研究院所可以提出申请：

（1）深圳市政府批准成立的科研院所；

（2）深圳市属事业单位；

（3）从事科学研究的专业技术人员多于 15 人；

（4）从事科研研究的专业技术人员占机构总人数的比例大于 50%；

（5）资产总额大于 300 万元人民币；

（6）科研用房面积大于 300 平方米。

二、设立依据

1.《科学研究和教学用品免征进口税收规定》（财政部、海关总署、国家税务总局令第 45 号）；

2.《关于海关实施〈科教用品免税规定〉和〈科技用品免税暂行规定〉的有关办法和相关事宜的公告》（海关总署公告 2007 年第 13 号）；

3.《财政部、工业和信息化部、国家发展和改革委员会、国家税务总局、国家新闻出版广播电影电视总局、海关总署、教育部、科学技术部、民政部、商务部关于支持科技创新进口税收政策管理办法的通知》（财关税〔2016〕71 号）；

4.《财政部、商务部、国家税务总局关于继续执行研发机构采购设备增值税政策的通知》（财税〔2016〕121 号）。

三、实施机关

深圳市科技创新委员会

四、审批条件

设立依据

《科学研究和教学用品免征进口税收规定》财政部、海关总署、国家税务总局令第 45 号；

《关于海关实施〈科教用品免税规定〉和〈科技用品免税暂行规定〉的有关办法和相关事宜的公告》海关总署公告 2007 年第 13 号；

《财政部、工业和信息化部、国家发展和改革委员会、国家税务总局、国家新闻出版广播电影电视总局、海关总署、教育部、科学技术部、民政部、商务部关于支持科技创新进口税收政策管理办法的通知》财关税〔2016〕71 号；

《财政部、商务部、国家税务总局关于继续执行研发机构采购设备增值税政策的通知》财税〔2016〕121 号。

必要条件

1. 满足下列全部条件的，予以办理：

（1） 深圳市政府或深圳市机构编制主管部门颁发的批准成立文件；

（2） 事业单位法人证书；

（3）举办宗旨和业务范围需具备科学研究属性；

（4）从事科学研究的专业技术人员多于 15 人；

（5）从事科学研究的专业技术人员占机构总人数的比例大于 50%；

（6）资产总额大于 300 万元人民币；

（7）科研用房面积大于 300 平方米。

2. 不予办理的情形：

无

五、申请材料

纸质申请材料采用 A4 纸，手写材料应当字迹工整清晰，复印件申请人均应签名（盖章）、复印清晰、大小与原件相符。

表：科研机构免税资格确认申请材料目录

材料名称	要求	原件份数（份/套）	复印件份数（份/套）	纸质/电子版
申请书	登录深圳市科技业务管理系统在线填报申请书，通过该系统打印申请书纸质文件原件。复印件需加盖申请单位公章，A4 纸正反面打印或复印，非空白页（含封面）需连续编写页码，装订成册（胶装）	1	0	纸质＋电子版
深圳市政府批准成立的文件或深圳市机构编制主管部门批准成立的文件	复印件 1 份	0	1	
组织机构代码证	复印件 1 份	0	1	
事业单位法人证书	复印件 1 份	0	1	
法人代表身份证	复印件 1 份，加盖申请单位公章	0	1	
上年度的工作报告	复印件 1 份	0	1	
上年度财务审计报告	复印件 1 份	0	1	
上一年年末专职人员名册	包括姓名、学历、职称、工作岗位、劳动合同及其期限、联系方式等，并对专业技术人员进行标注	0	1	

六、办理时限

申请时限	无		
受理时限	申请指南规定的受理时间	受理时限说明	在申请指南规定的受理时限内提出申请
法定办理时限	无	法定办理时限说明	无
承诺办理时限	30 个工作日	承诺办理时限说明	

七、办理收费

不收费

八、办理流程

本事项窗口办理流程如下：

1. 申请。申请人在深圳市科技创新委员会科技业务管理系统（网址：https://apply.szsti.gov.cn/）在线填报申请书，向深圳市科技创新委员会窗口提交通过该系统打印的申请书纸质材料。

2. 受理。接件受理人员核验申请材料，当场做出受理决定；申请人符合申请资格，并材料齐全、格式规范、符合法定形式的，予以受理，出具《受理回执》；申请人不符合申请资格的，接件受理人员不予受理，出具《不予受理通知书》；申请人材料不符合要求但可以当场更正的，退回当场更正后予以受理，无法当场更正的，一次性告知所需材料。

3. 审查。受理后，窗口通知深圳市科技创新委员会基础处领取申请材料。审查方式包括书面审查和现场考察。深圳市科技创新委员会基础处对申请材料进行书面审查，审查提交的申请材料是否满足确认条件要求，提交《书面审查意见表》（时限 5 个工作日）。深圳市科技创新委员会 10 个工作日内会同深圳海关现场考察，核对申请材料的真实性和完整性，提出考察意见（会同深圳海关的现场考察不计入办理时限）。

4. 决定。经书面审查及现场考察，深圳市科技创新委员会基础处做出确认决定，经分管委领导于 5 个工作日内审核后，提交委主任办公会在 10 个工作口内审议。

5. 决定公开。确认结果深圳市科技创新委员会核准公告，告知申请人，并送达确认文书，同时抄送深圳海关、深圳市财政委员会。

本事项的窗口办理流程见图 1《科研机构免税资格确认窗口办理流程图》。

本事项网上办理流程如下：

1. 申请。申请人登录深圳市科技创新委员会深圳市科技业务管理系统（网址：https://apply.szsti.gov.cn/）提出申请，上传电子材料。

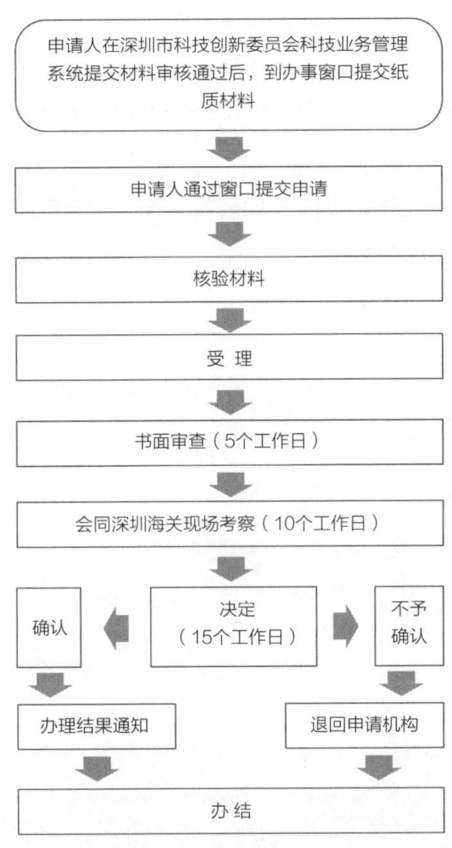

图 1 科研机构免税资格确认窗口办理流程图

2. 受理。接件受理人员核验申请材料，当场做出受理决定；申请人符合申请资格，并材料齐全、格式规范、符合法定形式的，予以受理，出具《受理回执》；申请人不符合申请资格的，接件受理人员不予受理，出具《不予受理通知书》；申请人材料不符合要求但可以当场更正的，退回当场更正后予以受理，无法当场更正的，一次性告知所需材料。

3. 审查。受理后，窗口通知深圳市科技创新委员会基础处领取申请材料。审查方式包括书面审查和现场考察。深圳科技创新委员会基础处对申请材料进行书面审查，审查提交的申请材料是否满足确认条件要求，提交《书面审查意见表》（时限 5 个工作日）。深圳市科技创新委员会 10 个工作日内会同深圳海关现场考察，核对申请材料的真实性和完整性，提出考察意见（会同深圳海关的现场考察不计入办理时限）。

4. 决定。经书面审查及现场考察，深圳市科技创新委员会基础处做出确认决定，经分管委领导于 5 个工作日内审核后，提交委主任办公会在 10 个工作日内审议。

5. 决定公开。确认结果深圳市科技创新委员会核准公告，告知申请人，并送达确认文书，同时抄送深圳海关、深圳市财政委员会。

本事项的网上办理流程见图 2《科研机构免税资格确认网上办理流程图》。

九、办理地址

1. 窗口办理地址

窗口地址：深圳市民中心行政服务大厅 13~14 号窗口

联系电话：0755-88127569

办公时间：工作日 9:00—12:00，14:00—17:45

交通指引：可乘坐深圳市公交 107 路、123 路、234 路、235 路、236 路、38 路、374 路、398 路、41 路、60 路、64 路、B686 路、地铁蛇口线 2 号线、地铁龙华线 4 号线、E18 路、K578 路、M390 路、N9 路

2. 网上办理网址

https://apply.szsti.gov.cn/

十、咨询、投诉、行政复议或行政诉讼

1. 申请人可通过电话、网上、窗口等方式进行咨询和审批进程查询。

电话查询：0755-88101372，0755-88103742

网上查询：www.szsti.gov.cn

2. 申请人可通过电话、网上、窗口等方式进行投诉。

电话：0755-12345

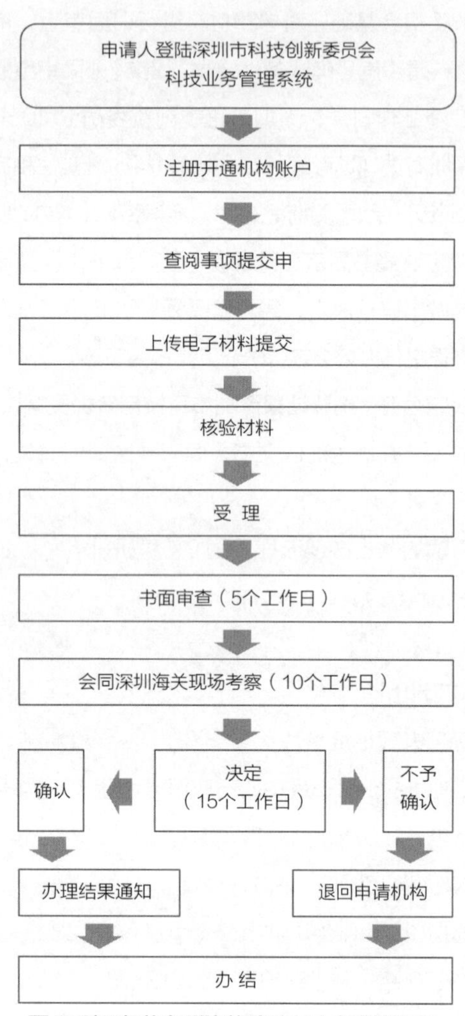

图 2 科研机构免税资格确认网上办理流程图

网址：www.szsti.gov.cn

3. 申请人对本非行政许可审批事项的办理结果有异议的，可依法申请行政复议或提起行政诉讼。

行政复议：

地址：深圳市人民政府行政复议办公室，深圳市福田区同心路 1 号市信访大厅 B103 室。电话 0755-88101165 及 0755-88120387（咨询），0755- 88132145（收案室）

行政诉讼：

地址：广东省深圳市福田区人民法院，广东省深圳市福田区福民路 123 号

电话：0755-82918999

深圳市科技类民办非企业单位免税资格确认指南

一、受理范围

1. 本行政许可适用于本市登记注册的，具有法人资格的科技类民办非企业单位。

2. 符合以下全部条件的科技类民办非企业可以提出申请

（1）资产总额在 300 万元人民币（含）以上；

（2）从事科学研究的专业技术人员（指大专以上学历或中级以上技术职称专业技术人员）在 20 人以上，且占全部人员的比例不低于 60%；

（3）兼职的科研人员不超过 25%；

3. 免税资格确认有效期两年，获得资格确认的科技类民办非企业单位需在有效期到期前三个月向深圳市科技主管部门提出复审，有效期逾期未办理复审的科技类民办非企业单位取消免税资格，并在一年内不得申请办理。

二、设立依据

1.《关于印发科技类民办非企业单位进口科学研究和教学用品免税资格审核认定管理办法的通知》（国科发政〔2013〕52 号）；

2.《关于“十三五”期间支持科技创新进口税收政策的通知》（财关税〔2016〕70 号）；

3.《财政部、工业和信息化部、国家发展和改革委员会、国家税务总局、国家新闻出版广播电影电视总局、海关总署、教育部、科学技术部、民政部、商务部关于支持科技创新进口税收政策管理办法的通知》（财关税〔2016〕71 号）。

三、实施机关

深圳市科技创新委员会

四、审批条件

设立依据

1.《财政部、科技部、民政部、海关总署、国家税务总局关于科技类民办非企业单位适用科学研究和教学用品进口税收政策的通知》财关税〔2012〕54 号；

2.《关于印发科技类民办非企业单位进口科学研究和教学用品免税资格审核认定管理办法的通知》国科发政〔2013〕52 号；

3.《财政部、工业和信息化部、国家发展和改革委员会、国家税务总局、国家新闻出版广播电影电视总局、海关总署、教育部、科学技术部、民政部、商务部关于支持科技创新进口税收政策管理办法的通知》财关税〔2016〕71 号。

必要条件

满足下列全部条件的，予以办理：

1. 上一年度年检合格章的民办非企业单位（法人）；

2. 资产总额在 300 万元人民币（含）以上；

3. 从事科学研究的专业技术人员（指大专以上学历或中级以上技术职称专业技术人员）在 20 人以上，且占全部人员的比例不低于 60%；

4. 兼职的科研人员不超过 25%。

五、申请材料

纸质申请材料采用 A4 纸，手写材料应当字迹工整清晰，复印件申请人均应签名（盖章）、复印清晰、大小与原件相符。

表 1 科技类民办非企业免税资格确认申请材料目录

<table>
<tr><th>材料名称</th><th>要求</th><th>原件份数（份/套）</th><th>复印件份数（份/套）</th><th>纸质/电子版</th></tr>
<tr><td>申请书</td><td>登录深圳市科技业务管理系统在线填报申请书，通过该系统打印申请书纸质文件原件。复印件需加盖申请单位公章，A4 纸正反面打印或复印，非空白页（含封面）需连续编写页码，装订成册（胶装）</td><td>1</td><td>0</td><td rowspan="6">纸质 +
电子版</td></tr>
<tr><td>上一年度年检合格章的民办非企业单位（法人）登记证书</td><td>复印件 1 份</td><td>0</td><td>1</td></tr>
<tr><td>《民办非企业单位年检报告书》</td><td>复印件 1 份</td><td>0</td><td>1</td></tr>
<tr><td>上年度的工作报告</td><td>复印件 1 份</td><td>0</td><td>1</td></tr>
<tr><td>上年度财务审计报告</td><td>复印件 1 份</td><td>0</td><td>1</td></tr>
<tr><td>上一年年末专职和兼职人员名册</td><td>包括：姓名、学历、职称、工作岗位、劳动合同及其期限、联系方式等，并对专业技术人员进行标注</td><td>0</td><td>1</td></tr>
</table>

表 2 科技类民办非企业免税资格复审申请材料目录

<table>
<tr><th>材料名称</th><th>要求</th><th>原件份数（份/套）</th><th>复印件份数（份/套）</th><th>纸质/电子版</th></tr>
<tr><td>申请书</td><td>登录深圳市科技业务管理系统在线填报申请书，通过该系统打印申请书纸质文件原件。复印件需加盖申请单位公章，A4 纸正反面打印或复印，非空白页（含封面）需连续编写页码，装订成册（胶装）</td><td>1</td><td>0</td><td>纸质 +
电子版</td></tr>
<tr><td>上一年度年检合格章的民办非企业单位（法人）登记证书</td><td>复印件 1 份</td><td>0</td><td>1</td><td></td></tr>
<tr><td>《民办非企业单位年检报告书》</td><td>复印件 1 份</td><td>0</td><td>1</td><td rowspan="5">纸质 +
电子版</td></tr>
<tr><td>免税资格有效期内工作报告</td><td>复印件 1 份</td><td>0</td><td>1</td></tr>
<tr><td>免税资格有效期内进口设备清单</td><td>复印件 1 份</td><td>0</td><td>1</td></tr>
<tr><td>上年度财务审计报告</td><td>复印件 1 份</td><td>0</td><td>1</td></tr>
<tr><td>上一年年末专职和兼职人员名册</td><td>包括：姓名、学历、职称、工作岗位、劳动合同及其期限、联系方式等，并对专业技术人员进行标注</td><td>0</td><td>1</td></tr>
</table>

六、办理时限

<table>
<tr><td>申请时限</td><td colspan="3">无</td></tr>
<tr><td>受理时限</td><td>申请指南规定的受理时间</td><td>受理时限说明</td><td>在申请指南规定的受理时限内提出申请。</td></tr>
<tr><td>法定办理时限</td><td>无</td><td>法定办理时限说明</td><td>无</td></tr>
<tr><td>承诺办理时限</td><td>30 个工作日</td><td>承诺办理时限说明</td><td></td></tr>
</table>

七、办理收费

不收费

八、办理流程

本事项窗口办理流程如下：

1. 申请。申请人在深圳市科技创新委员会科技业务管理系统（网址：https://apply.szsti.gov.cn/）在线填报申请书，向深圳市科技创新委员会窗口提交通过该系统打印的申请书纸质材料。

2. 受理。接件受理人员核验申请材料，当场做出受理决定；申请人符合申请资格，并材料齐全、格式规范、符合法定形式的，予以受理，出具《受理回执》；申请人不符合申请资格的，接件受理人员不予受理，出具《不予受理通知书》；申请人材料不符合要求但可以当场更正的，退回当场更正后予以受理，无法当场更正的，一次性告知所需材料。

3. 审查。受理后，窗口通知深圳市科技创新委员会基础处领取申请材料。审查方式包括书面审查和现场考察。深圳科技创新委员会基础处对申请材料进行书面审查，审查提交的申请材料是否满足确认条件要求，提交“书面审查意见表”（时限 5 个工作日）。深圳市科技创新委员会 10 个工作日内会同深圳市民政局和深圳海关现场考察，核对申请材料的真实性和完整性，提出考察意见（会同深圳市民政局及深圳海关的现场考察不计入办理时限）。

4. 决定。经书面审查及现场考察，深圳市科技创新委员会基础处做出确认决定，经分管委领导于 5 个工作日内审核后，提交委主任办公会在 10 个工作日内审议。

5. 决定公开。确认结果深圳市科技创新委员会核准公告，告知申请人，并送达确认文书，同时抄送深圳市民政局、深圳海关、深圳市财政委员会。

本事项的窗口办理流程见图 1《科技类民办非企业免税资格确认窗口办理流程图》。

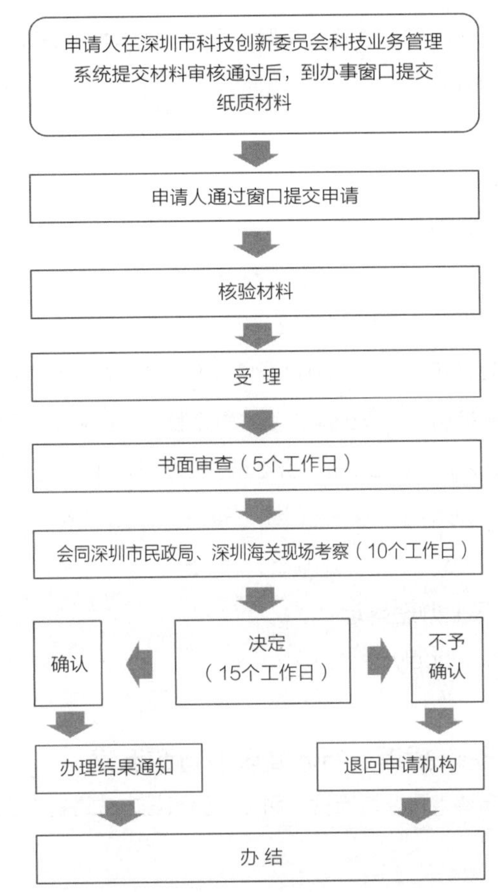

图 1 科技类民办非企业免税资格确认窗口办理流程图

本事项网上办理流程如下：

1. 申请。申请人登录深圳市科技创新委员会深圳市科技业务管理系统（网址：https://apply.szsti.gov.cn/）提出申请，上传电子材料。

2. 受理。接件受理人员核验申请材料，当场做出受理决定；申请人符合申请资格，并材料齐全、格式规范、符合法定形式的，予以受理，出具《受理回执》；申请人不符合申请资格的，接件受理人员不予受理，出具《不予受理通知书》；申请人材料不符合要求但可以当场更正的，退回当场更正后予以受理，无法当场更正的，一次性告知所需材料。

3. 审查。受理后，窗口通知深圳市科技创新委员会基础处领取申请材料。审查方式包括书面审查和现场考察。深圳市科技创新委员会基础处对申请材料进行书面审查，审查提交的申请材料是否满足确认条件要求，提交《书面审查意见表》（时限 5 个工作日）。深圳市科技创新委员会 10 个工作日内会同深圳海关现场考察，核对申请材料的真实性和完整性，提出考察意见（会同深圳海关的现场考察不计入办理时限）。

4. 决定。经书面审查及现场考察，深圳市科技创新委员会基础处作出确认决定，经分管委领导于 5 个工作日内审核后，提交委主任办公会在 10 个工作日内审议。

5. 决定公开。确认结果深圳市科技创新委员会核准公告，告知申请人，并送达确认文书，同时抄送深圳海关及深圳市财政委员会。

九、办理地址

1. 窗口办理地址

窗口地址：市民中心行政服务大厅 13~14 号窗口

联系电话：0755-88127569

办公时间：工作日 9:00—12:00，14:00—17:45

交通指引：可乘坐深圳公交 107 路、123 路、234 路、235 路、236 路、38 路、374 路、398 路、41 路、60 路、64 路、B686 路、地铁蛇口线 2 号线、地铁龙华线 4 号线、E18 路、K578 路、M390 路、N9 路

2. 网上办理网址

https://apply.szsti.gov.cn/

十、咨询、投诉、行政复议或行政诉讼

1. 申请人可通过电话、网上、窗口等方式进行咨询和审批进程查询。

电话查询：0755-88101372，0755-88103742

网上查询：www.szsti.gov.cn

2. 申请人可通过电话、网上、窗口等方式进行投诉。

电话：0755-12345

网址：www.szsti.gov.cn

3. 申请人对本非行政许可审批事项的办理结果有异议的，可依法申请行政复议或提起行政诉讼。

行政复议：

地址：深圳市人民政府行政复议办公室，深圳市福田区同心路 1 号市信访大厅 B103 室

电话：0755-88101165 和 0755-88120387（咨询），0755- 88132145（收案室）

行政诉讼：

地址：广东省深圳市福田区人民法院，广东省深圳市福田区福民路 123 号

电话：0755-82918999

深圳市科普基地及其科普活动确认指南

一、受理范围

申请人：具备深圳市科普基地及其科普活动确认申请条件的在对公众开放的科技馆、自然博物馆、天文馆（站、台）和气象台（站）、地震台（站）、高校和科研机构对外开放的科普基地。

申请内容：申请确认深圳市科普基地及其科普活动。

申请条件：符合下列全部条件的，可提出申请：

（1）面向公众从事《科普法》所规定的科普活动，有稳定的科普活动投入；

（2）有适合常年向公众开放的一定的科普设施、器材和场所等，累计每年不能少于200天；对青少年实行优惠或免费开放的时间不少于每年20天（含法定节假日）；

（3）有常设内部科普工作机构并配备有必要的专职科普工作人员；

（4）有明确的科普工作规划和年度科普工作计划；

（5）省级科普基地认定书。

二、设立依据

1. 《科普税收优惠政策实施办法》（国科发政字〔2003〕416号）第二条第三款；

2. 《财政部、海关总署、国家税务总局关于鼓励科普事业发展进口税收政策的通知》（财关税〔2016〕6号）全文。

三、实施机关

本事项办理机关为深圳市科技创新委员会。

权责划分（市）由深圳市科技创新委员会负责本事项的受理、审核、决定。

四、办理条件

设立依据

《科普税收优惠政策实施办法》（国科发政字〔2003〕416号）第二条第三款。

必要条件

1. 予以批准的条件：

满足下列全部条件的，予以批准：

（1）面向公众从事《科普法》所规定的科普活动，有稳定的科普活动投入；

（2）有适合常年向公众开放的一定的科普设施、器材和场所等，累计每年不能少于200天；对青少年实行优惠或免费开放的时间不少于每年20天（含法定节假日）；

（3）有常设内部科普工作机构并配备有必要的专职科普工作人员；

（4）有明确的科普工作规划和年度科普工作计划；

（5）省级科普基地认定书。

五、申请材料

纸质申请材料采用A4纸，手写材料应当字迹工整清晰，复印件申请人均应签名、复印清晰、大小与原件相符。（详见表1）

表 1 深圳市科普基地及其科普活动确认申请材料目录

材料名称	要求	原件份数（份 / 套）	复印件份数（份 / 套）	纸质 / 电子版
申请书	登录深圳市科技业务管理系统在线填报申请书，通过该系统打印申请书纸质文件原件。	1	0	纸质 + 电子版
组织机构代码证	无	0	1	纸质 + 电子版
法人代表身份证	加盖申请单位公章	0	1	
科普机构批准文件	验原件	0	1	
开展科普活动证明材料	验原件	0	1	
进口科普影视作品或其播映权的合同、协议（附中文译本）	验原件	0	1	

六、办理时限

申请时限	指南规定的时限提出申请		
受理时限	5 个工作日	受理时限说明	自申请之日起 5 个工作日内作出受理或不予受理决定。
法定办理时限	无	法定办理时限说明	无
承诺办理时限	30 个工作日	承诺办理时限说明	自受理截止之日起 30 个工作日内办结。

七、办理收费

不收费

八、办理流程

本事项窗口办理流程如下：

1. 申请。申请人在深圳市科技业务管理系统（网址：https://apply.szsti.gov.cn/）在线填报申请书，通过该系统打印申请书纸质文件原件，连同相关申请材料，一并向深圳市科技创新委员会窗口提交提出深圳市科普基地及其科普活动确认的申请。

2. 受理。接件受理人员核验申请材料，当场作出受理决定；申请人符合申请资格，并材料齐全、格式规范、符合法定形式的，予以受理，出具《受理回执》；申请人不符合申请资格的，接件受理人员不予受理，出具《不予受理通知书》；申请人材料不符合要求但可以当场更正的，退回当场更正后予以受理，无法当场更正的，一次性告知所需材料。

3. 审查。受理截止后，窗口通知深圳市科技创新委员会示范区管理处领取申请材料。审查方式包括书面审查和现场考察。深圳科技创新委员会示范区管理处对申请材料进行书面审查，审查提交的申请材料是否满足确认条件要求，提交《书面审查意见表》（时限 5 个工作日）。深圳市科技创新委员会 10 个工作日内会同深圳海关现场考察，核对申请材料的真实性和完整性，提出考察意见（会同深圳海关的现场考察不计入办理时限）。

4. 决定。经书面审查及现场考察，深圳市科技创新委员会示范区管理处作出确认决定，经分管委领导于 5 个工作日内审核后，提交委主任办公会，并在 10 个工作日内审议。

5 . 决定公开。确认结果深圳市科技创新委员会核准公告，告知申请人，并送达确认文书，同时抄送深圳海关及深圳市财政委员会。

本事项的窗口办理流程见图 1. 深圳市科普基地及其活动确认窗口办理流程图。

本事项的网上办理流程如下：

1. 申请。申请人登陆深圳市科技业务管理系统（网址：https://apply.szsti.gov.cn/）向深圳市科技创新委员会提出深圳市科普基地及其科普活动确认的申请，上传电子材料。

2. 受理。申请人在网上提交申报材料后，向深圳市科技创新委窗口提交纸质材料，接件受理人员当场与网上电子材

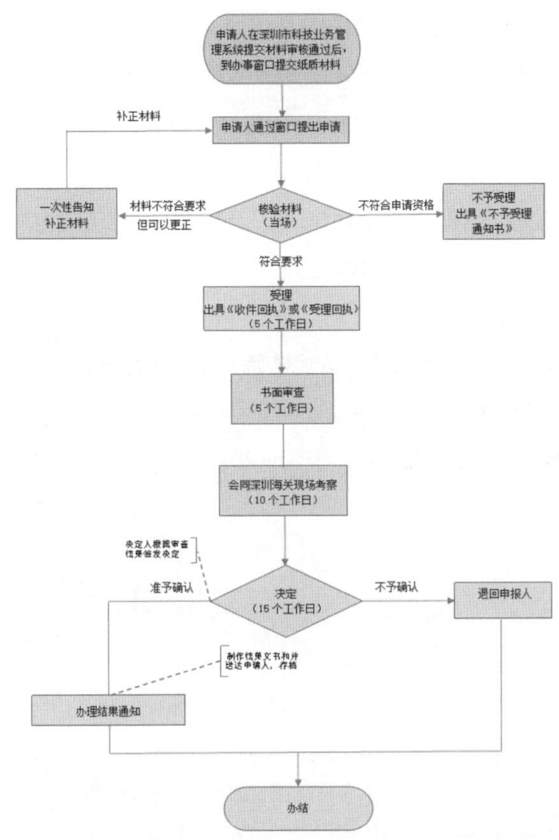

图 1. 深圳市科普基地及其科普活动确认窗口办理流程图

料审核无误后予以正式受理，出具《受理回执》。

3. 审查。受理截止后，窗口通知深圳市科技创新委员会示范区管理处领取申请材料。审查方式包括书面审查和现场考察。深圳科技创新委员会示范区管理处对申请材料进行书面审查，审查提交的申请材料是否满足确认条件要求，提交《书面审查意见表》（时限 5 个工作日）。深圳市科技创新委员会 10 个工作日内会同深圳海关现场考察，核对申请材料的真实性和完整性，提出考察意见（会同深圳海关的现场考察不计入办理时限）。

4. 决定。经书面审查及现场考察，深圳市科技创新委员会示范区管理处做出确认决定，经分管委领导于 5 个工作日内审核后，提交委主任办公会，并在 10 个工作日内审议。

5. 决定公开。确认结果深圳市科技创新委员会核准公告，告知申请人，并送达确认文书，同时抄送深圳海关及深圳市财政委员会。

本事项的网上办理流程见图 2. 深圳市科普基地及其科普活动确认网上办理流程图。

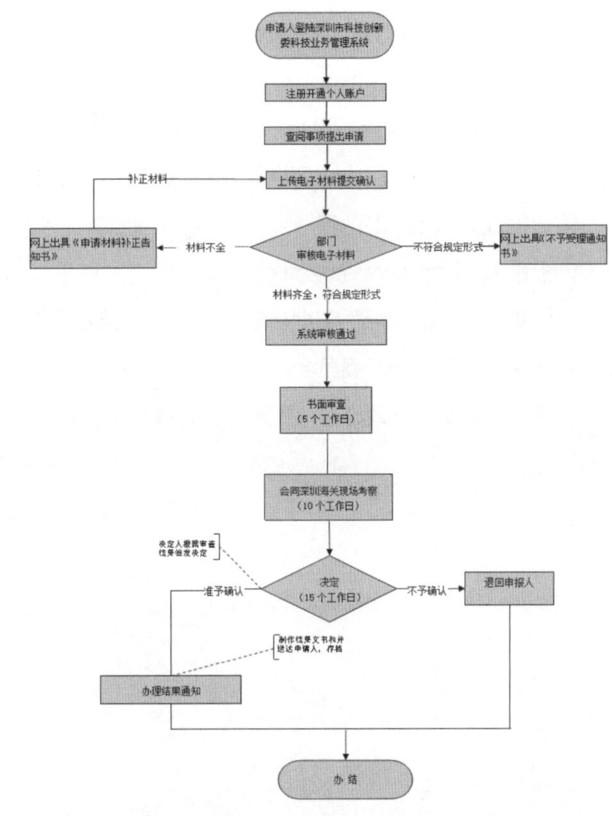

图 2. 深圳市科普基地及其科普活动确认网上办理流程图

九、办理地址

1. 窗口办理地址

窗口地址：深圳市福田区福中三路市民中心行政服务大厅东厅 13~14 号

联系电话：0755-88127569

办公时间：工作日 9:00—12:00，14:00—17:45

交通指引：可乘坐深圳市公交 107 路、123 路、234 路、235 路、236 路、38 路、374 路、398 路、41 路、60 路、64 路、B686 路、地铁蛇口线 2 号线、地铁龙华线 4 号线、E18 路、K578 路、M390 路、N9 路

2. 网上办理网址

https://apply.szsti.gov.cn/

十、咨询、投诉、行政复议或行政诉讼

1. 申请人可通过电话、网上、窗口等方式进行咨询和审批进程查询。

电话查询：0755-12345，0755-88127569

网上查询：www.szsti.gov.cn

2. 申请人可通过电话、网上、窗口等方式进行投诉。

窗口投诉：深圳市民中心行政服务大厅 13-14 号窗口

电话投诉：0755-12345

网上投诉：http://www.szsti.gov.cn

信函投诉：邮寄地址为深圳市福田区福中三路市民中心C 区五楼深圳市科技创新委员会，邮政编码 518035。

3. 申请人对本非行政许可审批事项的办理结果有异议的，可依法申请行政复议或提起行政诉讼。

行政复议：

地址：深圳市人民政府行政复议办公室，深圳市福田区同心路 1 号市信访大厅 B103

电话：0755-88101165 和 0755-88120397（咨询），0755-88132145（收案室）

行政诉讼：

地址：深圳市盐田区人民法院，深圳市盐田区沙头角深盐路 2088 号

电话 :0755-12368，0755-25228750，0755-25228778

创客空间项目申请指南

2021年深圳市科技企业孵化器认定与资助申请指南

一、申请内容

对为科技型初创企业提供孵化服务的科技企业孵化器，为创业团队和初创企业提供创新创业服务的众创空间予以认定与资助。

二、设定依据

（一）《深圳市科技计划管理改革方案》，深圳市人民政府，深府〔2019〕1号；

（二）《深圳市科技计划项目管理办法》，深圳市科技创新委员会，深科技创新规〔2019〕1号；

（三）《深圳市科技研发资金管理办法》，深圳市科技创新委员会及深圳市财政局，深科技创新规〔2019〕2号；

（四）《深圳市科技企业孵化器和众创空间管理办法》，深圳市科技创新委员会，深科技创新规〔2020〕1号。

三、支持强度与方式

支持强度：有数量限制，本批次资助资金纳入2021年深圳市级财政预算安排。受科技研发资金年度总额控制，资助金额不超过孵化器近两年投入运营经费的50%，最高不超过300万元。

支持方式：事后补助

四、受理条件

（一）科技企业孵化器受理条件：

1. 孵化器运营单位应当是在深圳市或深汕合作区内依法注册，具有法人资格的企事业单位。

2. 孵化器运营时间满2年（截至申报截止日），具备明确发展方向和完善的运营管理体系和孵化服务机制，孵化器名称应当统一命名为“深圳 ×× 孵化器”。

3. 孵化场地面积不低于3000平方米，其中在孵企业使用面积（含公共服务面积）占75%以上。

4. 拥有提供孵化服务的专业团队，其中专职人员不少于5人。具有集成化服务能力，能够提供技术转移、科技金融、创业辅导等各类创业服务，签约科技服务机构6家以上，创业导师3名以上。

5. 在孵企业不少于20家，且每千平方米平均在孵企业不少于3家。

6. 在孵企业中已申请专利的企业占在孵企业总数比例不低于50%或拥有有效知识产权的企业占比不低于30%。

7. 孵化器自有种子资金或合作的孵化资金规模不低于300万元人民币，至少有2家以上在孵企业获得投融资。

8. 累计毕业企业8家以上。

在孵企业应具备以下条件：

1. 主要从事新技术、新产品的研发、生产和服务，应满足科技型中小企业相关要求；

2. 企业注册地，主要研发和办公场所须在本孵化器场地内；

3. 申请进入孵化器的企业，成立时间不超过24个月；

4. 孵化时限不超过48个月，从事生物医药、集成电路设计、现代农业等特殊领域的创业企业孵化时限不超过60个月。

毕业企业应至少符合以下条件中的一项：

1. 经国家备案通过的高新技术企业；

2. 累计获得天使投资或风险投资超过500万元；

3. 连续2年营业收入累计超过1000万元；

4. 被兼并、收购或在国内外资本市场挂牌、上市。

（二）限制事项：

1.2020 年以前已获深圳市孵化载体（科技企业孵化器、创客空间 / 众创空间）资助的单位，不予重复认定和资助。已获得其他市级财政补贴的费用，不得重复申请补贴。

2. 申报单位和项目负责人被列入深圳市科研诚信异常名录的，不予受理。

3. 申报单位应当自主申报，委托科技中介机构申报的，不予受理并列入深圳市科研诚信异常名录。

五、申请材料

（一）深圳市科技企业孵化器认定与资助申请书原件；

（二）上年度完税证明复印件（非事业单位提供）；

（三）上年度财务审计报告（需提交经深圳市注册会计师协会备案的含有防伪标识封面的审计报告）或通过审查的事业单位财务决算报表复印件（注册未满一年的可提供验资报告）；

（四）自有房产证明或租赁合同等证明文件复印件；

（五）科研诚信承诺书；

（六）孵化服务能力证明材料，主要包括：

1. 上年度 12 月份专职管理团队社保清单及接受孵化器专业培训人员证明材料复印件。

2. 与 6 家以上科技服务机构签署的合作协议复印件，3 名以上创业导师名单及介绍。

（七）在孵企业证明材料，主要包括：

1. 在孵企业信息一览表；

2. 孵化服务协议复印件；

3. 在孵企业营业执照复印件（加盖在孵企业公章）；

4. 在孵企业申请专利或拥有有效自主知识产权证明复印件（加盖在孵企业公章）。

（八）投融资服务能力证明材料，主要包括：

1. 拥有种子资金或合作孵化资金的相关证明材料复印件（如：存款证明、设立孵化资金的文件、如何使用孵化资金的文件等）。

2. 两家以上在孵企业获得投融资的案例证明（如：投资证明文件等）。

（九）毕业企业信息一览表及资质证明材料；

（十）按时完成科技企业孵化器火炬统计工作承诺书；

（十一）近两年发生的运营费用的发票、合同、单据等证明材料复印件。

以上材料须在深圳市科技业务管理系统提交电子版，其中复印件需加盖申报单位公章后上传。

项目申报单位对申请材料的合法性、真实性、准确性和完整性负责。如有虚假，深圳市科技创新委核实后将不予立项资助，并将申报单位列入深圳市科技创新委科研诚信负面清单，视情节轻重，依法追究相关责任。

六、申请表格

本指南规定提交的表格，申请人登录深圳市科技业务管理系统在线填报。

七、受理机关

（一）受理机关：深圳市科技创新

（二）受理时间：

网络填报受理时间：2020 年 5 月 19 日至 2020 年 6 月 19 日（截至 18:00）

项目受理时申报单位在深圳市科技业务管理系统完成提交即可，无须提交纸质申请材料，提交纸质材料具体时间和方式将另行通知。

（三）咨询电话：

88102119，88125772

八、决定机关

深圳市科技创新委

九、审批程序

申请人网上申报——深圳市科技创新委对申请材料进行

初审——深圳市科技创新委组织现场考察、专家评审、专项审计——社会公示——深圳市科技创新委审定

十、受理时限

成批处理

十一、证件及有效期限

证件：批准文件

有效期限：申报单位在收到批准文件之日起 1 个月内办理资金拨付。

十二、法律效力

申报单位凭批准文件获得科技研发资金资助。

十三、收费

不收费

十四、年审或年检

无年审。

认定后，深圳市科技创新委每年开展市级孵化器运营评价工作。

声 明：

深圳市科技创新委从未委托任何单位或个人为项目申报单位代理资金申报事宜，申报单位必须自主申报。凡购买、委托代写项目申请书、提供虚假证明材料的，一经发现并查实，即视为骗取财政资金，一律不予受理，取消申请资格或撤销立项项目，并按规定严肃处理。深圳市科技创新委将严格按照有关标准和程序受理，不收取任何费用。如有任何中介机构和个人假借深圳市科技创新委领导和工作人员名义向申报单位收取费用的，请知情者即向深圳市科技创新委举报。

项目申报单位需提交审计报告的，应当按照《深圳市科技计划项目管理办法》等规定，提供经深圳市注册会计师协会备案的含有防伪标识封面的审计报告。项目申报单位提供无防伪标识封面（未备案）或属于虚假防伪标识封面（未备案）的审计报告，深圳市科技创新委员会不予采用。相关审计报告经核查认定属于虚假材料的，项目单位五年内不得申请深圳市科技计划项目，深圳市科技创新委员会将其列入科研诚信异常名录，并按照深圳市政府失信联合惩戒有关规定予以处理。

2021 年深圳市众创空间认定与资助申请指南

一、申请内容

对为科技型初创企业提供孵化服务的科技企业孵化器，为创业团队及初创企业提供创新创业服务的众创空间予以认定与资助。

二、设定依据

（一）《深圳市科技计划管理改革方案》，深圳市人民政府，深府〔2019〕1 号；

（二）《深圳市科技计划项目管理办法》，深圳市科技创新委员会，深科技创新规〔2019〕1 号；

（三）《深圳市科技研发资金管理办法》，深圳市科技创新委员会，深圳市财政局，深科技创新规〔2019〕2 号；

（四）《深圳市科技企业孵化器和众创空间管理办法》，深圳市科技创新委员会，深科技创新规〔2020〕1 号。

三、支持强度与方式

支持强度：有数量限制，本批次资助资金纳入 2021 年市级财政预算安排。受科技研发资金年度总额控制，资助金额不超过众创空间近两年投入运营经费的 50%，最高不超过 200 万元。

支持方式：事后补助

四、受理条件

（一）众创空间受理条件

1. 众创空间运营单位应当是在深圳市或深汕合作区内依法注册，具有法人资格的企事业单位。

2. 众创空间运营时间满 1 年（截至申报截止日），发展方向明确，模式清晰，具备可持续发展能力。众创空间名称应当统一命名为“深圳 ×× 众创空间”。

3. 拥有不低于 500 平方米的服务场地，或提供不少于 30 个创业工位，并具备会议洽谈和项目展示公共服务场地，提供的创业工位和公共服务场地面积不低于总面积 75%。

4. 拥有提供创新创业辅导的专业团队，其中专职人员不少于 3 人。具有集成化服务能力，能够提供技术咨询和创业辅导各类创业服务，签约科技服务机构 6 家以上，创业导师 3 名以上。

5. 入驻创业团队和初创企业不少于 20 个，入驻时间不少于 3 个月，入驻时限一般不超过 24 个月。

6. 入驻创业团队上一年度新注册为企业的数量不低于 6 家，或上一年度有 2 个以上入驻创业团队或初创企业获得融资。

7. 每年开展的创业沙龙、路演、创业大赛、创业教育培训等活动不少于 6 场次。

（二）限制事项

1.2020 年以前已获深圳市孵化载体（创客空间或众创空间）资助的单位，不予重复认定和资助。已获得其他市级财政补贴的费用，不得重复申请补贴。

2. 申报单位和项目负责人被列入深圳市科研诚信异常名录的，不予受理。

3. 申报单位应当自主申报，委托科技中介机构申报的，不予受理并列入深圳市科研诚信异常名录。

五、申请材料

（一）深圳市众创空间认定与资助申请书原件；

（二）上年度完税证明复印件（非事业单位提供）；

（三）上年度财务审计报告（需提交经深圳市注册会计

师协会备案的含有防伪标识封面的审计报告）或通过审查的事业单位财务决算报表复印件（注册未满一年的可提供验资报告）；

（四）自有房产证明或租赁合同等证明文件复印件；

（五）科研诚信承诺书；

（六）创新创业服务能力证明材料，主要包括：

1. 上年度 12 月份专职管理团队社保清单。

2. 与 6 家以上科技服务机构签署的合作协议复印件，3 名以上创业导师名单及介绍。

（七）入驻创业团队或初创企业证明材料，主要包括：

1. 入驻创业团队和初创企业清单；

2. 入驻协议复印件；

3. 创业团队项目简介（经创业团队签字）或入驻初创企业营业执照复印件（加盖初创企业公章）。

（八）投融资服务证明材料，主要包括：两家以上创业团队及初创企业获得投融资的案例证明；

（九）开展活动证明材料，主要包括：每年开展 6 场次以上创新创业活动的方案、议程、照片等材料；

（十）按时完成众创空间火炬统计工作承诺书；

（十一）近两年发生的运营费用的发票、合同、单据等证明材料复印件。

以上材料须在深圳市科技业务管理系统提交电子版，其中复印件需加盖申报单位公章后上传。

项目申报单位对申请材料的合法性、真实性、准确性和完整性负责。如有虚假，深圳市科技创新委核实后将不予立项资助，并将申报单位列入深圳市科技创新委科研诚信负面清单，视情节轻重，依法追究相关责任。

六、申请表格

本指南规定提交的表格，申请人登录深圳市科技业务管理系统在线填报。

七、受理机关

（一）受理机关：深圳市科技创新委

（二）受理时间：

网络填报受理时间：2020 年 5 月 19 日至 2020 年 6 月 19 日（截至 18:00）

项目受理时申报单位在深圳市科技业务管理系统完成提交即可，无须提交纸质申请材料，提交纸质材料具体时间和方式将另行通知。

（三）咨询电话：

88102119，88125772

八、决定机关

深圳市科技创新委

九、审批程序

申请人网上申报——深圳市科技创新委对申请材料进行初审——深圳市科技创新委组织现场考察、专家评审、专项审计——社会公示——深圳市科技创新委审定

十、受理时限

成批处理

十一、证件及有效期限

证件：批准文件

有效期限：申报单位在收到批准文件之日起 1 个月内办理资金拨付。

十二、法律效力

申报单位凭批准文件获得科技研发资金资助。

十三、收费

不收费

十四、年审或年检

无年审。认定后，深圳市科技创新委每年开展市级众创空间运营评价工作。

声 明:

深圳市科技创新委从未委托任何单位或个人为项目申报单位代理资金申报事宜，申报单位必须自主申报。凡购买、委托代写项目申请书、提供虚假证明材料的，一经发现并查实，即视为骗取财政资金，一律不予受理，取消申请资格或撤销立项项目，并按规定严肃处理。深圳市科技创新委将严格按照有关标准和程序受理，不收取任何费用。如有任何中介机构和个人假借深圳市科技创新委领导和工作人员名义向申报单位收取费用的，请知情者即向深圳市科技创新委举报。

项目申报单位需提交审计报告的，应当按照《深圳市科技计划项目管理办法》等规定，提供经深圳市注册会计师协会备案的含有防伪标识封面的审计报告。项目申报单位提供无防伪标识封面（未备案）或属于虚假防伪标识封面（未备案）的审计报告，深圳市科技创新委员会不予采用。相关审计报告经核查认定属于虚假材料的，项目单位五年内不得申请深圳市科技计划项目，深圳市科技创新委员会将其列入科研诚信异常名录，并按照深圳市政府失信联合惩戒有关规定予以处理。

创业资助项目申请指南

一、申请内容

对中国深圳创新创业大赛（以下简称“深创赛”）、广东省科技行政主管部门主承办大赛（以下简称“省赛”）、深圳市科技行政主管部门主承办大赛（以下简称“市赛”）的参赛企业和参赛团队企业予以资助。

二、设定依据

（一）《深圳市科技计划管理改革方案》，深圳市人民政府，深府〔2019〕1号；

（二）《深圳市科技计划项目管理办法》，深圳市科技创新委，深科技创新规〔2019〕1号；

（三）《深圳市科技研发资金管理办法》，深圳市科技创新委及深圳市财政局，深科技创新规〔2019〕2号。

三、强度方式

支持强度：有数量限制，本批次资助资金纳入2021年市级财政预算安排，受科技研发资金年度总额控制。

创业资助分为参赛企业资助项目和参赛团队资助项目两类：

（一）参赛企业资助项目

参赛企业资助项目单个项目资助额最高不超过100万元。参加省赛获奖且获得省科技计划资助的项目，深圳市资助额度不超过省资助额度，且不超过项目承担单位自筹经费的50%。

参赛团队资助项目

单个项目资助强度不超过50万元。

支持方式：奖励补助

四、办理条件

（一）参赛企业资助项目

1. 参加2019年度深创赛且晋级半决赛，或者参加省赛并获奖；

2. 在深圳市（含深汕特别合作区，下同）内依法注册，且注册成立时间在2015年1月1日以后；

3.2018度年销售收入不超过2亿元人民币；

4. 申报项目与参赛项目名称一致，且申报项目负责人应为参赛项目负责人或核心成员。

（二）参赛团队资助项目

1. 参加2018和2019年度深创赛且晋级半决赛及以上，或者参加市赛并获奖；

2. 在深圳市依法注册企业，且注册成立时间应在参加深创赛或者市科技行政主管部门主承办的大赛当年截止报名日期之后，企业股东应为参赛项目负责人或者核心成员之一；

3. 申报项目与参赛项目名称一致，且申报项目负责人应为参赛项目负责人或者核心成员；

4. 作为企业股东的参赛项目负责人或者核心成员与其他参赛项目人员之间就申请资助达成一致。

（三）其他要求

已列入科研诚信异常名录的单位和人员，不得申报。

五、申请材料

（一）登录深圳市科技业务管理系统在线填报申请书，提供通过该系统打印的申请书纸质文件原件；

（二）税务部门出具的上年度纳税证明复印件；

（三）上年度财务审计报告（需提交经深圳市注册会计师协会备案的含有防伪标识封面的审计报告，且参赛企业资助项目需提供上两年度财务审计报告）或通过审查的事业单位财务决算报表复印件（注册未满一年的可提供验资报告，验原件）；

（四）申报项目专项审计报告复印件；

（五）近一年内项目负责人和项目组主要成员社保清单；

（六）知识产权合规性声明；

（七）晋级深创赛半决赛及以上的证明材料、或者省赛获奖证明材料和省资助下达文件、市赛获奖证明材料；

（八）参赛团队资助项目需提供诚信承诺书原件（诚信承诺书需参赛项目的项目负责人和所有核心成员签字）和证明参赛团队的项目负责人或核心成员为注册企业股东的股东名册等材料；

（九）项目涉及科研伦理和科技安全的，提供国家有关法律法规和伦理准则要求的批准或备案文件；

（十）可选择提供查新报告、检测报告、获奖证书、国家或省计划文件项目技术水平证明材料。

项目受理时申请单位无须提交纸质申请材料，申请单位在网上填报受理时限内登录深圳市科技业务管理系统在线填报项目申请书，并在科技业务系统中上传其他申请材料的电子版扫描件（复印件需加盖申请单位公章后上传）后提交审核（系统受理状态为“待窗口受理”）。

申请单位对申请材料的合法性、真实性、准确性和完整性负责。如有虚假，深圳市科技创新委核实后将不予立项资助，视情节轻重，依法追究相关责任。

六、申请表格

本指南规定提交的表格，申请人登录深圳市科技业务管理系统在线填报。

七、受理机关

（一）受理机关：深圳市科技创新委

（二）受理时间：

网络填报受理时间：

网络填报受理时间：2020 年 5 月 18 日至 2020 年 6 月 30 日（截至 18:00）

办公时间：

星期一至星期五，上午 9:00—12：00，下午 14:00—17:45

（三）咨询电话：23610487，83672185

（四）受理地点：深圳市民中心行政服务大厅西厅 18~28 号窗口

八、决定机关

深圳市科技创新委

九、办理程序

发布指南——申请单位网上申请——深圳市科技创新委对申请材料进行初审——深圳市科技创新委委托各区（新区）科技行政主管部门现场核查——深圳市科技创新委组织专家评审——相关单位征求意见——社会公示——深圳市科技创新委会审定——项目入库——拟立项项目入库的申请单位向深圳市科技创新委提交纸质申请材料——深圳市科技创新委下达项目立项计划

十、办理时限

成批处理

十一、证件及有效期限

证件：批准文件

有效期限：无期限

十二、法律效力

申请人凭批准文件获得深圳市科技研发资金资助。

十三、收费

不收费

十四、年审或年检

无年审

声 明:

深圳市科技创新委从未委托任何单位或个人为项目申请单位代理资金申报事宜，申请单位必须自主申报。凡购买、委托代写项目申请书、提供虚假证明材料的，一经发现并查实，即视为骗取财政资金，一律不予受理，取消申请资格或撤销立项项目，并按规定严肃处理。深圳市科技创新委将严格按照有关标准和程序受理，不收取任何费用。如有任何中介机构和个人假借深圳市科技创新委领导和工作人员名义向申报单位收取费用的，请知情者即向深圳市科技创新委举报。

项目申请单位需提交审计报告的，应当按照《深圳市科技计划项目管理办法》相关规定，提供经深圳市注册会计师协会备案的含有防伪标识封面的审计报告。项目申报单位提供无防伪标识封面（未备案）或属于虚假防伪标识封面（未备案）的审计报告，深圳市科技创新委员会不予采用。相关审计报告经核查认定属于虚假材料的，项目单位五年内不得申请深圳市科技计划项目，深圳市科技创新委员会将其列入科研诚信异常名录，并按照深圳市政府失信联合惩戒有关规定予以处理。

第十章 科技名录

Corporations & Projects

第一节 2019 年深圳市高新技术企业名单

第二节 2019 年度深圳市科学技术奖名单

第三节 科技成果登记

第四节 科技计划项目

第一节 2019年深圳市高新技术企业名单

序号	单位名称
1	中铁隧道集团三处有限公司
2	深圳市铭科科技有限公司
3	深圳市奇迅新游科技股份有限公司
4	深圳市汇研科创生物科技有限公司
5	深圳市银联金融网络有限公司
6	深圳众城卓越科技有限公司
7	深圳市安和威电力科技股份有限公司
8	深圳市博盛新材料有限公司
9	深圳市摩根富旺科技有限公司
10	深圳市嘉信装饰设计工程有限公司
11	深圳市恒和装饰设计工程有限公司
12	深圳倍声声学技术有限公司
13	深圳市博朗耐技术有限公司
14	深圳前海创思特光电科技有限公司
15	深圳市联创三金电器有限公司
16	尊尚（深圳）穿金戴银技术股份有限公司
17	深圳市蓝特尔电子有限公司
18	深圳航天龙海特智能装备有限公司
19	深圳市星光达珠宝首饰实业有限公司
20	深圳市杰能科技有限公司
21	卖点国际展示（深圳）有限公司
22	本贸科技股份有限公司
23	深圳市超准视觉科技有限公司
24	深圳市精博德科技有限公司
25	深圳友德医科技有限公司
26	深圳市科潮达科技有限公司
27	深圳市瑞贝特科技有限公司
28	深圳市金茂展微电机有限公司
29	深圳市宏拓伟业精密五金制品有限公司
30	深圳瑞捷工程咨询股份有限公司
31	深圳市安必信科技有限公司
32	深圳未来立体科技有限公司
33	深圳市星王电子有限公司
34	中孚医疗（深圳）有限公司
35	深圳立比立精密科技有限公司
36	深圳市银河光生物科技有限公司
37	深圳雅鑫建筑钢结构工程有限公司
38	丰唐物联技术（深圳）有限公司
39	深圳市激埃特光电有限公司
40	深圳市朝日电子材料有限公司
41	深圳市吉屋网络技术有限公司
42	深圳新宏泽包装有限公司
43	深圳市吉美文化科技有限公司
44	深圳市五鑫科技有限公司
45	深圳市普方众智精工科技有限公司
46	深圳市国腾建筑设计咨询有限公司
47	深圳市金沃德科技有限公司
48	深圳瑞朗特防爆车辆有限公司
49	深圳市云中鹤科技股份有限公司
50	深圳市巨龙创视科技有限公司
51	深圳市旭控科技有限公司
52	深圳市真和丽生态环境股份有限公司
53	日清五金塑胶（深圳）有限公司
54	深圳市南湖勘测技术有限公司
55	深圳聚科精密机电有限公司
56	深圳市博思堂文化传媒股份有限公司
57	深圳市美凯特科技有限公司
58	深圳市中科誉明机器人有限公司
59	砺剑防务技术集团有限公司
60	深圳粤源建设有限责任公司
61	深圳神保公共安全网络有限公司
62	深圳市明华澳汉智能卡有限公司
63	深圳兔展智能科技有限公司
64	深圳市爱升精密电路科技有限公司
65	深圳市恒晨电器有限公司
66	深圳市澳洁源环保科技有限公司
67	铭基食品有限公司
68	深圳市鑫富锦新材料有限公司
69	深圳市正鑫源实业有限公司
70	深圳市博大建设集团有限公司
71	深圳市方圆展示制品有限公司
72	深圳市万卉园景观工程有限公司
73	深圳市金洋电子股份有限公司
74	深圳市泛特宏景咨询有限公司
75	昌龙兴科技（深圳）有限公司
76	深圳市现代营造科技有限公司
77	广东安迅防雷科技股份有限公司
78	深圳市芯思杰联邦国际科技发展有限公司
79	深圳市辣妈帮科技有限公司
80	深圳市夺天工环境建设有限公司
81	深圳市飞越开关设备有限公司
82	深圳市纳斯达工贸有限公司
83	深圳市道格拉斯科技有限公司
84	深圳市晶尚景电子科技有限公司
85	深圳市迪威特文化科技有限公司
86	深圳市威视达康科技有限公司
87	民太安财产保险公估股份有限公司
88	深圳家电网科技实业股份有限公司
89	深圳市卡司通展览股份有限公司
90	盐田港国际资讯有限公司
91	蛇口集装箱码头有限公司
92	深圳市优户科技有限公司
93	深圳市载德光电技术开发有限公司
94	银盛支付服务股份有限公司
95	深圳中铁二局工程有限公司
96	深圳市谷多普科技有限公司
97	莱福士电力电子设备（深圳）有限公司
98	深圳市汇业电子有限公司
99	深圳市建艺装饰集团股份有限公司
100	深圳市瑞鹏飞模具有限公司
101	深圳市三盛环保科技有限公司
102	深圳市铂纳特斯自动化科技有限公司
103	深圳市英德斯电子有限公司
104	深圳市旺博科技有限公司
105	深圳市海克莱特科技发展有限公司
106	深圳市骏业建筑科技有限公司
107	深圳金大全科技有限公司
108	深圳市海中辉新材料科技有限公司
109	博雅网络游戏开发（深圳）有限公司
110	深圳市南星海洋工程服务有限公司
111	深圳东方逸尚服饰有限公司
112	深圳爱思普信息科技有限公司
113	深圳时代装饰股份有限公司
114	深圳市瑞源精密工业有限公司
115	深圳市南和移动通信科技股份有限公司
116	深圳市晶艺装饰设计工程有限公司
117	深圳市镭恩特自动化技术有限公司
118	深圳中施机械设备有限公司
119	深圳市路桥建设集团有限公司
120	深圳市佳骏兴科技有限公司
121	深圳市道旅旅游科技股份有限公司
122	深圳市德利和能源技术有限公司
123	深圳市赛维电商股份有限公司
124	深圳市星火原智能科技有限公司
125	深圳市乐唯科技开发有限公司
126	深圳市壹鸽科技有限公司
127	深圳市荣格保健品有限公司
128	深圳市高斯拓普科技有限公司
129	深圳广田方特科建集团有限公司
130	深圳市格莱美电子有限公司
131	深圳相控科技股份有限公司
132	深圳市酷彼伴玩具有限公司
133	深圳市承和润文化传播股份有限公司
134	深圳成武金石农业开发有限公司
135	深圳市帕玛精品制造有限公司
136	深圳数位传媒科技有限公司
137	深圳市华尔信环保科技有限公司
138	深圳市贤俊龙彩印有限公司
139	深圳爱湾医学检验实验室
140	广东爱得威建设（集团）股份有限公司
141	深圳市电利通科技有限公司

序号	单位名称
142	深圳市赛瑞景观工程设计有限公司
143	深圳联合医学科技有限公司
144	深圳市崇宁实业有限公司
145	深圳市宝鸿精密模具股份有限公司
146	深圳市天友软件有限公司
147	深圳市鑫金浪电子有限公司
148	深圳市鼎盛精密工业有限公司
149	深圳华大海洋科技有限公司
150	深圳市雅德电源科技股份有限公司
151	斯乔麦科技（深圳）有限公司
152	深圳市众立生包装科技有限公司
153	深圳市梁信科技有限公司
154	深圳瑞银信信息技术有限公司
155	深圳市万利印刷有限公司
156	深圳乐美尚科技有限公司
157	深圳市赛维网络科技有限公司
158	深圳前海维度新科有限公司
159	深圳市倍通控制技术有限公司
160	深圳价之链跨境电商有限公司
161	深圳市众云网有限公司
162	朗视兴电子（深圳）有限公司
163	深圳市旺盈彩盒纸品有限公司
164	深圳市建装业集团股份有限公司
165	深圳市君信达环境科技股份有限公司
166	深圳市今朝时代股份有限公司
167	七海测量技术（深圳）有限公司
168	深圳市新德昌精密有限公司
169	深圳市龙科源水产养殖有限公司
170	深圳市美斯图科技有限公司
171	深圳淘乐网络科技有限公司
172	深圳市艾泰克工程咨询监理有限公司
173	深圳市中电加美电力技术有限公司
174	高利通科技（深圳）有限公司
175	深圳蓝盾控股有限公司
176	深圳排队网络技术有限公司
177	深圳市艾可思信息技术有限公司
178	深圳减字科技有限公司
179	深圳爱易瑞科技有限公司
180	深圳誉格金属制品有限公司
181	深圳市道通合创软件开发有限公司
182	深圳市思特克电子技术开发有限公司
183	深圳多多益善数据科技有限公司
184	深圳市通量检测科技有限公司
185	深圳市润诚达电力科技有限公司
186	深圳市哲盟软件开发有限公司
187	深圳市倍泰健康测量分析技术有限公司
188	深圳市惠安生物科技有限公司
189	深圳中科智星通科技有限公司
190	深圳市美之高科技股份有限公司
191	深圳慧联达科技有限公司
192	深圳市软讯信息技术有限公司
193	深圳友邦塑料印刷包装有限公司
194	深圳市松记钮扣制品有限公司
195	深圳市东亿健康服务有限公司
196	深圳市一正科技有限公司
197	深圳市新泰医药有限公司
198	同济环境科技集团（深圳）有限公司
199	深圳市中幼国际教育科技有限公司
200	深圳市珂莱蒂尔服饰有限公司
201	深圳联钜自控科技有限公司
202	深圳市永强富实业有限公司
203	深圳市富视康实业发展有限公司
204	顺丰恒通支付有限公司
205	深圳市为爱普信息技术有限公司
206	合联达实业（深圳）有限公司
207	深圳市红宇创新科技有限公司
208	深圳市伟文无线通讯技术有限公司
209	深圳市天讯龙软件技术有限公司
210	深圳市德厚科技有限公司
211	深圳市第一建筑工程有限公司
212	深圳莱宝高科技股份有限公司
213	深圳市合明科技有限公司
214	深圳市和顺本草药业有限公司
215	深圳市云物智联科技有限公司
216	深圳市新乐数码科技有限公司
217	深圳市宝易通科技有限公司
218	深圳市研派科技有限公司
219	深圳市中航装饰设计工程有限公司
220	深圳市中兴通讯技术服务有限责任公司
221	深圳市连用科技有限公司
222	深圳隆平金谷种业有限公司
223	深圳市友昆标识制造有限公司
224	深圳市智动力精密技术股份有限公司
225	深圳云中信息技术有限公司
226	深圳市宝鹰建设集团股份有限公司
227	深圳中智经济技术合作有限公司
228	深圳市虹鑫光电科技有限公司
229	深圳市星昭晖光电科技有限公司
230	腾邦国际商业服务集团股份有限公司
231	南海西部石油油田服务（深圳）有限公司
232	深圳市桑格尔科技股份有限公司
233	深圳市尚维高科有限公司
234	深圳八爪网络科技有限公司
235	深圳市绿奥环境建设有限公司
236	深圳新美装饰建设集团有限公司
237	深圳易帆互动科技有限公司
238	深圳市百勤石油技术有限公司
239	深圳市益光实业有限公司
240	深圳市凯宏膜环保科技有限公司
241	深圳市普实科技有限公司
242	深圳市天正达电子股份有限公司
243	弗兰德科技（深圳）有限公司
244	深圳市金洛金属材料有限公司
245	深圳市顺荣昌电路有限公司
246	深圳全景数字视讯有限公司
247	深圳市鹏基精密工业有限公司
248	深圳仪电电子有限公司
249	深圳智冠生物识别科技有限公司
250	深圳瑞华泰薄膜科技股份有限公司
251	深圳恒远智信科技有限公司
252	深圳市羽田精密电子有限公司
253	深圳市投美科技有限公司
254	深圳市博瑞信科技有限公司
255	易模塑科技（深圳）有限公司
256	深圳景行机器人科技有限公司
257	时创照明（深圳）有限公司
258	深圳市德宏电子有限公司
259	深圳市飞亚衡器有限公司
260	深圳市鑫鼎元光电有限公司
261	深圳市鼎华昌盛技术有限公司
262	深圳市小赢信息技术有限责任公司
263	深圳市长耀光电科技有限公司
264	深圳绿洲城环保科技有限公司
265	深圳市格兰莫尔科技有限公司
266	弘道山和实业（深圳）有限公司
267	深圳市百特菲电子有限公司
268	深圳市容卓鑫快捷电子科技有限公司
269	深圳市恒锐科技有限公司
270	深圳市润麒麟科技发展有限公司
271	深圳市金乾象科技有限公司
272	深圳市卓禾仪器有限公司
273	深圳市海瑞泰克电子有限公司
274	深圳市稳速网络科技有限公司
275	深圳市兰科环境技术有限公司
276	深圳申佳原环保科技有限公司
277	深圳市鹏大光电技术有限公司
278	深圳酷派技术有限公司
279	深圳易事关怀智能科技有限公司
280	深圳四海万联科技有限公司
281	深圳摩科创新科技有限公司
282	深圳大宇精雕科技有限公司
283	深圳钛铂新媒体营销股份有限公司
284	深圳市禾光照明有限公司
285	深圳市禹欣鑫电子有限公司
286	深圳凡维泰科技服务有限公司
287	深圳市德瑞包装机械有限公司
288	深圳市源拓光电技术有限公司
289	深圳市高微科电子有限公司
290	深圳市广昌源机电设备有限公司
291	深圳市宏晟华业科技有限公司
292	深圳市瑞林森光电科技有限公司
293	深圳市福宝兴业有限公司
294	深圳市大麦智创科技有限公司
295	深圳福鸽科技有限公司
296	广东穿越医疗科技有限公司
297	深圳市汇芯线路科技有限公司
298	深圳市兴禾自动化有限公司
299	深圳市达博威科技有限公司
300	深圳市弦渡科技有限公司
301	深圳市东昂科技有限公司
302	深圳市迈岭信息技术有限公司
303	深圳品彦室内设计有限公司
304	深圳市摩控自动化设备有限公司
305	深圳市新华鹏激光设备有限公司
306	深圳市茜泰科技有限公司
307	深圳市百俊达电子有限公司
308	深圳市桐欣浩技术有限公司
309	深圳市鑫恒畅科技有限公司
310	深圳市盟天科技有限公司
311	深圳市傲科光电子有限公司
312	深圳市博慧热流道科技有限公司

序号	单位名称
313	深圳弘美数码纺织技术有限公司
314	深圳市维普恩电子有限公司
315	深圳市和天创科技有限公司
316	深圳市迪为通信有限公司
317	深圳市鸿泽激光设备有限公司
318	深圳联彩科技有限公司
319	深圳烯湾科技有限公司
320	深圳市新非泽科技有限公司
321	深圳市亿卓电子有限公司
322	深圳市福瑞德光电科技有限公司
323	深圳市博方五金制品有限公司
324	深圳陆巡科技有限公司
325	深圳市芯盛智能信息有限公司
326	深圳乐动机器人有限公司
327	深圳市八百通时代科技有限公司
328	深圳酷旗互联网有限公司
329	深圳市品智自动化设备有限公司
330	深圳市万德福实业有限公司
331	深圳市三绿科技有限公司
332	深圳市昀晨光电有限公司
333	深圳市德泰康实业有限公司
334	深圳诺铂智造技术有限公司
335	深圳迈睿智能科技有限公司
336	深圳市锐锐科电子有限公司
337	深圳市佳铭信科技有限公司
338	深圳北鱼信息科技有限公司
339	深圳市波粒高清视界安防工程有限公司
340	深圳市言九电子科技有限公司
341	深圳市鸿明机电有限公司
342	深圳市新技智能设备有限公司
343	深圳市含晶光电有限公司
344	深圳市光迹科技有限公司
345	深圳睿智互联科技开发有限公司
346	深圳市宝捷信科技有限公司
347	深圳市森瑞达贴装技术有限公司
348	深圳市捷祥五金制品有限公司
349	松翰科技（深圳）有限公司
350	深圳市骏昊自动化科技有限公司
351	深圳市迈斯云门禁网络科技有限公司
352	深圳市环通检测技术有限公司
353	深圳市伙伴气动精密机械有限公司
354	深圳前海信息技术有限公司
355	深圳市彘玄阁科技有限公司
356	纳英诺尔科技（深圳）有限公司
357	深圳市创世佳光电有限公司
358	深圳市慧动创想科技有限公司
359	深圳市小机灵精密机械有限公司
360	深圳飞鑫智能股份有限公司
361	金山电子（深圳）有限公司
362	深圳市力达鑫精密模具有限公司
363	深圳市捷辉创科技有限公司
364	深圳市鼎泽科技有限公司
365	深圳市浩宏远科技有限公司
366	深圳市创鑫互联通信技术有限公司
367	深圳市万物联有限公司
368	深圳市复为科技有限公司
369	深圳市聚森照明有限公司
370	深圳市康普瑞中药饮片有限公司
371	深圳市金丰盛塑胶制品有限公司
372	深圳市创荣达科技有限公司
373	广东精锐机械有限公司
374	深圳市创鑫电电子科技有限公司
375	深圳市运宝莱光电科技有限公司
376	深圳市招华智能股份有限公司
377	深圳市数字尾巴科技有限公司
378	深圳市领创自动化技术有限公司
379	深圳市春天里科技有限公司
380	中海辉固地学服务（深圳）有限公司
381	深圳市星泽威科技有限公司
382	深圳市四六区工业产品策划有限公司
383	深圳市雄迈电子科技有限公司
384	深圳熙兆科技有限公司
385	深圳市柳丁网科技有限公司
386	德信嘉邦涂料（深圳）有限公司
387	深圳市博耀新材料有限公司
388	深圳市奥越信科技有限公司
389	深圳市安达通科技有限公司
390	深圳市合胜嘉兴电子科技有限公司
391	深圳市斯远电子技术有限公司
392	深圳新视达视讯工程有限公司
393	深圳市金源康实业有限公司
394	深圳市联星库博信息技术有限公司
395	深圳市鑫荣进绝缘材料有限公司
396	智创聚成（深圳）网络科技有限公司
397	深圳会玩科技有限公司
398	深圳市天河万象网络科技有限公司
399	深圳市中正威科技有限公司
400	深圳蓝普视讯科技有限公司
401	深圳鸿力达智能科技有限公司
402	深圳市海龙通科技有限公司
403	深圳市铂盛科技有限公司
404	深圳市智丰电子科技有限公司
405	深圳市德铭光科技有限公司
406	深圳市海创光电有限公司
407	深圳市鑫申新材料科技有限公司
408	深圳市美浦森半导体有限公司
409	钜汉显示技术（深圳）有限公司
410	深圳市一正技术有限公司
411	深圳市宝安康生物技术有限公司
412	深圳市名宗科技有限公司
413	深圳市顺鼎宏电子有限公司
414	深圳市时纬自动化有限公司
415	深圳恒博泰自动化科技有限公司
416	深圳市浩天通信有限公司
417	深圳新融典科技有限公司
418	深圳市爱因斯坦科技有限公司
419	深圳市斯坦福电力设备有限公司
420	深圳深景达油墨化工有限公司
421	深圳中软国际科技服务有限公司
422	深圳市创世伟实业有限公司
423	深圳市普众通信技术有限公司
424	深圳市鹏群硅橡胶制品有限公司
425	深圳市兴亚高分子材料有限公司
426	深圳市角度控光智能照明技术有限公司
427	深圳市南方硅谷微电子有限公司
428	椭圆方程（深圳）信息技术有限公司
429	深圳市盛景基因生物科技有限公司
430	深圳市富临特科技有限公司
431	深圳市翔农创新科技有限公司
432	深圳市健翔生物制药有限公司
433	深圳通利机电工程有限公司
434	深圳市联昌盛塑胶颜料有限公司
435	深圳市宜兴文达电子有限公司
436	深圳市光脉电子有限公司
437	深圳市福瑞斯保健器材有限公司
438	深圳市第六星设计技术有限公司
439	深圳市百澳飞生物技术有限公司
440	深圳航畅科技有限公司
441	深圳市锐凌光电有限公司
442	深圳市惠尔讯科技有限公司
443	深圳市智物科技有限公司
444	深圳市正控科技有限公司
445	深圳市火牛科技有限公司
446	深圳市延辉众创电子有限公司
447	深圳市好克医疗仪器股份有限公司
448	深圳市康医博科技发展有限公司
449	深圳市同城快跑科技有限公司
450	深圳市富可森环保科技股份有限公司
451	深圳市展荣鑫五金制品有限公司
452	深圳市蓝云新型材料有限公司
453	深圳市盛世通自动化设备有限公司
454	金德鑫科技（深圳）有限公司
455	深圳市骏创科技有限公司
456	深圳市领存技术有限公司
457	璋祐科技（深圳）有限公司
458	深圳市安达工业设备有限公司
459	绿凯智能科技（深圳）有限公司
460	深圳市拓亚电子有限公司
461	深圳市联益康电子有限公司
462	深圳市中创力电子科技有限公司
463	深圳市圣祥高科技有限公司
464	深圳市欧高科技有限公司
465	深圳市鼎力盛科技有限公司
466	深圳市立卓科技有限公司
467	深圳市龙岗大工业区混凝土有限公司
468	深圳亿创飞宇光通信技术有限公司
469	美冠世纪（深圳）科技有限公司
470	深圳九洲互通科技股份有限公司
471	深圳市科漫达智能管理科技有限公司
472	深圳市镜玩科技有限公司
473	深圳市浩翰星河科技有限公司
474	深圳市立凡硅胶制品有限公司
475	深圳市固泰科自动化装备有限公司
476	深圳南方德尔汽车电子有限公司
477	深圳市佳源通达科技有限公司
478	深圳市邦健科技有限公司
479	深圳市大通显示有限公司
480	深圳齐康医疗器械有限公司
481	深圳市浩择科技有限公司
482	光越科技（深圳）有限公司
483	深圳市优力特技术有限公司

序号	单位名称
484	深圳市诺威实业有限公司
485	深圳市凯旋创新品牌产品设计有限公司
486	深圳德尔科机电环保科技有限公司
487	深圳市西宝船舶电子有限公司
488	深圳市昊芯科技有限公司
489	深圳市银河碳工科技有限公司
490	深圳市世迈光电有限公司
491	深圳天源中芯半导体有限公司
492	深圳市中讯合创科技有限公司
493	深圳市今天国际软件技术有限公司
494	再兴电子（深圳）有限公司
495	深圳市索诺美科技有限公司
496	深圳市日昭自动化设备有限公司
497	深圳市纳迪洱科技有限公司
498	深圳市天络自动化设备有限公司
499	深圳市金霆普德力科技有限公司
500	三巨科技电机（深圳）有限公司
501	新李英玻璃工艺（深圳）有限公司
502	深圳市闻迅数码科技有限公司
503	深圳市杰慧信息技术有限公司
504	深圳晶森激光科技股份有限公司
505	深圳市华鑫计量仪器有限公司
506	深圳市东略电子有限公司
507	深圳市超能健身科技开发有限公司
508	深圳市蓝之洋科技有限公司
509	深圳浚漪科技有限公司
510	深圳市深视智能科技有限公司
511	深圳市东方深源供水设备有限公司
512	深圳市基运机电设备有限公司
513	深圳市永晟光电有限公司
514	深圳象翌微链软件技术有限公司
515	深圳市隐秀科技有限公司
516	深圳惠显科教设备有限公司
517	深圳市特发信息光电技术有限公司
518	深圳市龙兄弟数码锁有限公司
519	深圳市四清空气技术有限公司
520	深圳市昂星科技有限公司
521	深圳市瑞之浩科技有限公司
522	深圳市固诺建材有限公司
523	深圳市鑫华隆科技有限公司
524	深圳市易天自动化设备股份有限公司
525	深圳国人通信技术服务有限公司
526	深圳市依诺普电子科技有限公司
527	深圳市力德科技有限公司
528	深圳市江澜科技有限公司
529	深圳昌茂粘胶新材料有限公司
530	深圳奥雅设计股份有限公司
531	深圳前海大观信息技术有限公司
532	深圳市台兴数控精密机械有限公司
533	深圳市龙亿文化传播有限公司
534	深圳市锐泰精密机械有限公司
535	深圳市泰科检测有限公司
536	深圳市宝建投智能科技有限公司
537	深圳市雄才科技有限公司
538	深圳市金拓达科技有限公司
539	深圳顺易捷科技有限公司
540	深圳市征途快捷电子有限公司

序号	单位名称
541	深圳市康博通科技有限公司
542	深圳市阳和通电子有限公司
543	深圳德克密封技术有限公司
544	深圳市荣瑞通机电设备有限公司
545	深圳前海悦动智能穿戴设备有限公司
546	深圳禾略贝塔信息科技有限公司
547	深圳市凯路创新科技有限公司
548	深圳市安健科技股份有限公司
549	深圳市亚美三兄吸塑有限公司
550	万昌隆电子科技（深圳）有限公司
551	深圳控石智能系统有限公司
552	深圳万基隆电子科技有限公司
553	深圳市伟图科技开发有限公司
554	深圳乐普智能医疗器械有限公司
555	深圳厨奇自胜智能装备技术有限公司
556	深圳博汇之能科技有限公司
557	深圳市贝岭南方科技有限公司
558	深圳市朗诚科技股份有限公司
559	深圳市迈达尔工业工程有限公司
560	深圳市到位科技有限公司
561	深圳市铭明电子有限公司
562	深圳市晶峰晶体科技有限公司
563	深圳市名锦坊电子科技有限公司
564	深圳盛灿科技股份有限公司
565	深圳市天工测控技术有限公司
566	礼兴塑胶（深圳）有限公司
567	深圳市畅格光电有限公司
568	深圳市酷雅设计有限公司
569	深圳市顺时科技有限公司
570	深圳英龙华通科技发展有限公司
571	深圳市龙腾飞通讯装备技术有限公司
572	中广核核电运营有限公司
573	深圳市艾客科技有限公司
574	深圳市宇辉极光光电有限公司
575	深圳市金厨厨房设备有限公司
576	深圳市贵聚精密科技有限公司
577	深圳市鑫威新材料股份有限公司
578	深圳市城光科技有限公司
579	深圳市凯旋实业有限公司
580	深圳山泽基业科技有限公司
581	深圳腾派通电子有限公司
582	帝晶光电（深圳）有限公司
583	深圳市顺佳电业科技有限公司
584	深圳航天东方红海特卫星有限公司
585	深圳斯玛特尔科技有限公司
586	深圳市鹏盛达工程测试有限公司
587	深圳众意远诚环保科技有限公司
588	深圳市彦胜科技有限公司
589	深圳市联强邦盛实业有限公司
590	深圳市惠谦电子有限公司
591	中检集团南方测试股份有限公司
592	深圳市华威仕电子科技有限公司
593	深圳市鸿冠电机有限公司
594	深圳市正联浩东科技发展有限公司
595	深圳市兆力电机有限公司
596	深圳市中恒嘉信息工程有限公司
597	深圳市壹格锐科技有限公司

序号	单位名称
598	深圳市风向标信息技术有限公司
599	深圳市土木检测有限公司
600	深圳市有棵树科技有限公司
601	深圳市德塔防爆电动汽车有限公司
602	深圳市嘉泉膜滤设备有限公司
603	深圳市美雅洁技术股份有限公司
604	深圳青铜剑科技股份有限公司
605	深圳市科鑫机电设备有限公司
606	深圳市清飞达能源科技有限公司
607	深圳道乐科技有限公司
608	深圳市独尊科技开发有限公司
609	深圳市蓝丝腾科技有限公司
610	深圳市成双工业设备有限公司
611	深圳新创客电子科技有限公司
612	深圳市星河互动科技有限公司
613	深圳市芯中芯科技有限公司
614	深圳市纬科云图科技有限公司
615	深圳市佳立达五金制品有限公司
616	深圳市拓普照明有限公司
617	深圳市永杰科技有限公司
618	深圳市信维声学科技有限公司
619	深圳市软派智能技术有限公司
620	深圳市安和达塑胶制品有限公司
621	深圳市鼎尚时代科技有限公司
622	深圳市冠杰工业制造有限公司
623	坚元智能科技（深圳）有限公司
624	深圳市亿道信息股份有限公司
625	深圳市哈威飞行科技有限公司
626	深圳市西城微科电子有限公司
627	深圳市花梨园林绿化有限公司
628	深圳壹账通智能科技有限公司
629	深圳市美特乐光电科技有限公司
630	深圳市立洋光电子股份有限公司
631	深圳市明源云链电子商务有限公司
632	深圳市世鑫盛光电有限公司
633	深圳方正微电子有限公司
634	深圳市创新微源半导体有限公司
635	深圳卓美特科技有限公司
636	深圳市拓成达电子有限公司
637	亚洲奥利电子（深圳）有限公司
638	深圳市力博实业有限公司
639	深圳小草信息科技有限公司
640	深圳市美克康畴科技有限公司
641	深圳市晨日科技股份有限公司
642	深圳安纳赫科技有限公司
643	深圳市永嘉视科技有限公司
644	深圳市福尔沃机电设备有限公司
645	深圳市璇林科技股份有限公司
646	深圳沃瑞特科技有限公司
647	深圳市泰立德科技有限公司
648	深圳市前海源伞科技有限公司
649	深圳市龙鑫源五金有限公司
650	日彩复合塑料（深圳）有限公司
651	深圳市策朗智能科技有限公司
652	深圳恒之源技术股份有限公司
653	深圳数虎图像股份有限公司
654	深圳市智博通电子有限公司

序号	单位名称
655	深圳市兴能利五金制品有限公司
656	深圳三江机电工程有限公司
657	深圳市恒达创新科技有限公司
658	深圳市朗胜光科技有限公司
659	深圳亚太航空技术有限公司
660	深圳市美华联电子有限公司
661	深圳市思倍生电子科技有限公司
662	深圳市矽海达科技有限公司
663	深圳市华美迪科技有限公司
664	福昌精密制品（深圳）有限公司
665	深圳市惠利权环境检测有限公司
666	深圳市小马立行科技有限公司
667	深圳三代人科技有限公司
668	深圳市永旭光电技术有限公司
669	深圳市维谱科技有限公司
670	深圳市绿荧光电有限公司
671	深圳云创车联网有限公司
672	深圳市皓大科技有限公司
673	深圳市松浩佳信科技有限公司
674	深圳市芯电元科技有限公司
675	深圳市华南新海传动机械有限公司
676	深圳信驭生物科技有限公司
677	成泰昌包装制品（深圳）有限公司
678	深圳市凯贝罗科技有限公司
679	深圳市美阳玻璃制品有限公司
680	深圳市锐启达鑫塑胶电子有限公司
681	创新超硬模具（深圳）有限公司
682	深圳市卡斯纽科技有限公司
683	深圳市弘丰创新科技有限公司
684	深圳市骏欣铝基板有限公司
685	深圳市龙廷科技有限公司
686	深圳峰创智诚科技有限公司
687	深圳市精能奥天导航技术有限公司
688	深圳市八达晟电子有限公司
689	深圳市威特迪科技有限公司
690	深圳市鑫久盛自动化设备有限公司
691	深圳市艾安科技有限公司
692	深圳市移联通信技术有限责任公司
693	深圳市乔安科技有限公司
694	深圳微芯生物科技股份有限公司
695	深圳市润智兴科技有限公司
696	深圳市风行视界科技有限公司
697	深圳市兴丰源电子科技有限公司
698	深圳市瓦特源检测研究有限公司
699	昂森安贝电路科技（深圳）有限公司
700	熙家智能系统（深圳）有限公司
701	深圳市颐泰中和科技有限公司
702	深圳市兴科安电子技术有限公司
703	深圳市利达成科技有限公司
704	深圳广安视通科技有限公司
705	深圳国泰安数据技术有限公司
706	深圳市中航深亚科技有限公司
707	顺丰科技有限公司
708	深圳市盛波光电科技有限公司
709	硬蛋科技（深圳）有限公司
710	深圳市英唐数码科技有限公司
711	深圳市金德晖精密机电有限公司
712	深圳市明义精密工业有限公司
713	深圳市德信自动化设备有限公司
714	深圳市精科创电子设备有限公司
715	深圳市振华微电子有限公司
716	深圳市希洛奥德科技有限公司
717	深圳信源互联文化科技有限公司
718	深圳普泰电气有限公司
719	深圳君略科技有限公司
720	深圳市亿路照明技术有限公司
721	深圳市万年春环境建设有限公司
722	深圳市夏裕精密部件有限公司
723	深圳市标越科技有限公司
724	深圳摩通电气有限公司
725	深圳市永创利电子科技有限公司
726	泓首翔电器（深圳）有限公司
727	深圳星立东科技有限公司
728	深圳国档信息科技有限公司
729	深圳市环诚智能装备有限公司
730	深圳羚羊极速科技有限公司
731	深圳市明科特检测技术有限公司
732	深圳市聚飞光学材料有限公司
733	深圳市大恒精密技术有限公司
734	深圳创酷互动信息技术有限公司
735	深圳市精雕数控设备有限公司
736	深圳市蓝蜂时代实业有限公司
737	深圳市宏电技术股份有限公司
738	深圳市中联在线科技发展有限公司
739	深圳市上溯科技有限公司
740	深圳市英内尔科技有限公司
741	深圳中科信迅信息技术有限公司
742	深圳市恒通智能自动化科技有限公司
743	深圳市顺拓科技有限公司
744	深圳市欧冠科技有限公司
745	深圳好新鲜冷链科技有限公司
746	亿柏国际科技（深圳）有限公司
747	深圳市益力盛电子有限公司
748	韦达信息技术（深圳）有限公司
749	深圳市鑫迪科技有限公司
750	深圳市金晓时代科技有限公司
751	中广核工程有限公司
752	蓝亚技术服务（深圳）有限公司
753	深圳市越洋达科技有限公司
754	深圳大夏龙雀科技有限公司
755	深圳市宇美明科技有限公司
756	深圳市飘爱健康科技有限公司
757	深圳市金环宇电线电缆有限公司
758	深圳安中医学科技有限公司
759	深圳市民兴科技有限公司
760	深圳市东方骏实业有限公司
761	深圳市攀高电子有限公司
762	深圳市通拓科技有限公司
763	深圳市康普瑞信科技有限公司
764	深圳市沃尔新能源电气科技股份有限公司
765	深圳中科乐普医疗技术有限公司
766	深圳市信宜特科技有限公司
767	太龙智显科技（深圳）有限公司
768	深圳金信诺光电技术有限公司
769	深圳市科尔达电气设备有限公司
770	深圳市女娲机器人科技有限公司
771	深圳市励得数码科技有限公司
772	深圳市兴源星科技有限公司
773	深圳市鼎泰威科技有限公司
774	深圳市周大福珠宝制造有限公司
775	深圳市亿科数字科技有限公司
776	深圳市鑫路远电子设备有限公司
777	深圳市辉煌星电子有限公司
778	深圳国卫医信科技有限公司
779	深圳市小满科技有限公司
780	深圳市勒基恩科技有限公司
781	深圳市谦泽豪科技有限公司
782	锐威环球科技（深圳）有限公司
783	深圳市视通联合电子有限公司
784	深圳市迪奥科技有限公司
785	深圳欧德蒙科技有限公司
786	深圳市科尔莫科技有限公司
787	深圳市理工电子有限公司
788	深圳立德凯电子有限公司
789	深圳市大通精密五金有限公司
790	深圳市福瑞客科技有限公司
791	深圳市科恒鑫电子科技有限公司
792	亿曼丰科技（深圳）有限公司
793	深圳拔越软件有限公司
794	新兴纺织（深圳）有限公司
795	深圳市思高电子有限公司
796	深圳市晟世再生能源有限公司
797	深圳市君鸿宇科技有限公司
798	深圳市瑞特克电子有限公司
799	深圳市利思瑞精密硅胶科技有限公司
800	深圳市深信信息技术有限公司
801	深圳埃维司电子科技有限公司
802	深圳市同创鑫电子有限公司
803	深圳市正大信维通讯设备有限公司
804	深圳市基鸿运科技有限公司
805	深圳普瑞金生物药业有限公司
806	深圳市健网科技有限公司
807	深圳市相位科技有限公司
808	深圳学泰科技有限公司
809	深圳市千里智能控制科技有限公司
810	深圳市艾瑞德控制技术有限公司
811	深圳华会科技有限公司
812	深圳市恒隆盛科技有限公司
813	深圳聚顶科技有限公司
814	深圳市奥美特纳米科技有限公司
815	深圳市盟思拓科技有限公司
816	深圳市中元吉康电子有限公司
817	深圳市帝凯室内设计有限公司
818	深圳市德普微电子有限公司
819	深圳特斯达电子设备有限公司
820	深圳市伟毅宸科技股份有限公司
821	深圳市索莱瑞医疗技术有限公司
822	深圳市佳信捷技术股份有限公司
823	深圳市思泰宇科技有限公司
824	深圳众冠时代科技有限公司
825	深圳路波科技有限公司

序号	单位名称
826	深圳市嘟克网络科技有限公司
827	深圳市非兔健康科技有限公司
828	深圳市中品瑞科技有限公司
829	深圳市研宝工业科技有限公司
830	清影医疗科技（深圳）有限公司
831	深圳合众思壮科技有限公司
832	深圳市贝特电子有限公司
833	深圳市龙笛智能设备有限公司
834	深圳市赛德检测技术有限公司
835	深圳市云之梦科技有限公司
836	深圳市鑫卓利电子有限公司
837	深圳市东旭电器有限公司
838	深圳市安正信科技有限公司
839	深圳市海布里电气有限公司
840	量子动力（深圳）计算机科技有限公司
841	深圳市铭仁塑胶模具有限公司
842	深圳市建研检测有限公司
843	深圳市金铁士科技有限公司
844	维谛软件（深圳）有限公司
845	深圳市三品模具有限公司
846	深圳市众凯检测技术有限公司
847	深圳市兴远发环保安全科技有限公司
848	深圳市美域同润实业有限公司
849	深圳市安南高科净化科技有限公司
850	深圳银之杰智慧科技有限公司
851	深圳多特医疗技术有限公司
852	深圳市丰宾腾达科技有限公司
853	深圳市宝田精工塑胶模具有限公司
854	深圳市鑫台铭智能装备股份有限公司
855	深圳市谱特光电有限公司
856	深圳市童欢笑游戏设备有限公司
857	金涛微科电子（深圳）有限公司
858	深圳市天毅科技有限公司
859	深圳市诺峰光电设备有限公司
860	深圳市联而达精铸有限公司
861	深圳市爱庞德新能源科技有限公司
862	深圳市高德信通信股份有限公司
863	深圳市华能智创科技有限公司
864	深圳市精视智造科技有限公司
865	深圳市奥斯恩净化技术有限公司
866	深圳市莫特技术服务有限公司
867	深圳市昇伟电子科技有限公司
868	深圳小马洛可科技有限公司
869	深圳市大乘科技股份有限公司
870	深圳市西墨智慧科技有限公司
871	深圳市高鑫圣塑胶电子有限公司
872	深圳市多图科技有限公司
873	深圳市圳天元科技开发有限责任公司
874	深圳市精兴源科技有限公司
875	深圳控道智能科技有限公司
876	深圳市智意科技有限公司
877	深圳市杰普特光电股份有限公司
878	深圳市誉嘉电池设备有限公司
879	深圳市德普华电子测试技术有限公司
880	深圳市汇联时代科技有限公司
881	深圳市拓安科技有限公司
882	深圳市联合影像有限公司

序号	单位名称
883	深圳市振华精密机械有限公司
884	深圳联雅网络科技有限公司
885	深圳市鑫恒盈天五金制品有限公司
886	利亚德照明股份有限公司
887	深伦生物科技（深圳）有限公司
888	深圳市聚富康电子有限公司
889	深圳市易优电气有限公司
890	深圳市彩易达光电有限公司
891	深圳市芯卓微科技有限公司
892	深圳市十号街网络平台有限公司
893	深圳市伟恒信科技有限公司
894	深圳市海游科技有限公司
895	深圳市石代科技有限公司
896	深圳市深大唯同科技有限公司
897	深圳市稳赢信息科技有限公司
898	深圳前海霍曼科技有限公司
899	深圳市吉兰特科技有限公司
900	深圳市来乐智能股份有限公司
901	深圳市诺嘉源科技有限公司
902	深圳研勤达科技有限公司
903	深圳市英威腾电动汽车驱动技术有限公司
904	深圳市朝歌视界科技有限公司
905	深圳市金天速科技有限公司
906	深圳市柯瑞精密电路有限公司
907	深圳市国创安防科技有限公司
908	深圳市航通智能技术有限公司
909	深圳盟浩电机有限公司
910	深圳盈金源科技有限公司
911	深圳市甲古文创意设计有限公司
912	深圳市励佑科技有限公司
913	深圳市鹏创达自动化有限公司
914	深圳晶至新材料科技有限公司
915	深圳市瑞福雲驰电子有限公司
916	深圳布罗克城网络科技有限公司
917	深圳利亚德光电有限公司
918	深圳市天翔科技有限公司
919	深圳市九晟光电通讯科技有限公司
920	深圳市弘德胜自动化设备有限公司
921	深圳市昱光电子有限公司
922	深圳市丹宇电子有限公司
923	深圳市可凡研磨材料有限公司
924	深圳云娃科技有限公司
925	深圳市驰兴科技有限公司
926	深圳市德瑞超声波设备有限公司
927	深圳市万达安精密科技有限公司
928	深圳市三劲科技有限公司
929	深圳市沅霞电子有限公司
930	深圳市宇航光通科技有限公司
931	深圳市恒运昌真空技术有限公司
932	深圳市小飞达电子有限公司
933	深圳市好立泰科技有限公司
934	深圳市兴发隆智能科技有限公司
935	深圳东忠窑炉有限公司
936	深圳市德业智能股份有限公司
937	深圳市虎成科技有限公司
938	深圳市翰群医疗器材有限公司
939	深圳市兴明光机器人股份有限公司

序号	单位名称
940	深圳市迈德威光电有限公司
941	深圳吉华微特电子有限公司
942	深圳市统凌科技有限公司
943	一能充电科技（深圳）有限责任公司
944	深圳亿思腾达集成股份有限公司
945	深圳市同泰怡信息技术有限公司
946	深圳市日月佳包装材料有限公司
947	深圳市视壮科技有限公司
948	深圳市日月辉电子有限公司
949	深圳市鼎维尔科技有限公司
950	深圳市科楠科技开发有限公司
951	深圳市浩宇泰科技有限公司
952	深圳市大帝酒检信息系统有限公司
953	深圳市绿源包装科技有限公司
954	深圳韦拓生物科技有限公司
955	深圳市捷士达实业有限公司
956	深圳市创软科技有限公司
957	深圳市九扬智能科技有限公司
958	深圳市东京文洪印刷机械有限公司
959	原点显示（深圳）科技有限公司
960	深圳市亿佳光电有限公司
961	深圳市科特精密五金塑胶有限公司
962	深圳市乙辰科技股份有限公司
963	深圳市友联亨达光电有限公司
964	深圳市致尚科技股份有限公司
965	深圳市旷世伟业工程有限公司
966	深圳市智语光电有限公司
967	凌嘉科技（深圳）有限公司
968	深圳市比阳科技有限公司
969	深圳市特拉利线簧端子技术有限公司
970	深圳安行致远技术有限公司
971	深圳市爱派尔科技有限公司
972	深圳市云鼠科技开发有限公司
973	深圳市唯真电机发展有限公司
974	深圳市法鑫忠信新材料有限公司
975	深圳市光盛光电科技有限公司
976	深圳市东方骏科有限公司
977	深圳市鑫锦绣包装激光刀模有限公司
978	深圳风云信息技术有限公司
979	深圳世纪融创科技有限公司
980	深圳市鄱阳科技有限公司
981	深圳市旭日光塑胶电子有限公司
982	深圳市深诺鑫电子科技有限公司
983	广东骏兴达电缆科技实业有限公司
984	深圳市云端信联科技有限公司
985	龙宇电子（深圳）有限公司
986	深圳市精百艺科技有限公司
987	深圳市汇益鑫科技有限公司
988	深圳市中信昌科技有限公司
989	深圳市英捷思技术有限公司
990	深圳嘉瑞电子科技有限公司
991	深圳市鲸旗天下网络科技有限公司
992	深圳市利科达光电有限公司
993	深圳三基同创电子有限公司
994	深圳特普威科技有限公司
995	深圳市金麦特电源科技有限公司
996	深圳市佳志淳科技有限公司

序号	单位名称
997	深圳市奥斯卡科技有限公司
998	深圳市天大生物医疗器械有限公司
999	深圳宝晖科技股份有限公司
1000	深圳市洪瑞光祥电子技术有限公司
1001	深圳市永强科技有限公司
1002	深圳市格耐特科技有限公司
1003	深圳创盈芯科技有限公司
1004	深圳兆澧源科技有限公司
1005	深圳市常兴技术股份有限公司
1006	深圳市小玩意智能科技有限公司
1007	深圳市富源盛电子科技有限公司
1008	深圳冠亚水分仪科技有限公司
1009	捷成实业（深圳）有限公司
1010	深圳市优威电气技术有限公司
1011	深圳市东方大唐信息咨询有限公司
1012	长方集团康铭盛（深圳）科技有限公司
1013	深圳市复德科技有限公司
1014	深圳市英菲克电子有限公司
1015	深圳市光辉电器实业有限公司
1016	深圳市森国科科技股份有限公司
1017	深圳市日欣工业设备有限公司
1018	三赢科技（深圳）有限公司
1019	深圳市杰迪网络技术有限公司
1020	深圳市东圣俊灏精密模具有限公司
1021	深圳市金正龙科技有限公司
1022	深圳科腾智能显示技术有限公司
1023	深圳市杰瑞特科技有限公司
1024	深圳市泽成丰新材料有限公司
1025	深圳市大族锐波传感科技有限公司
1026	深圳市和圣达光电有限公司
1027	深圳即拓互动科技有限公司
1028	深圳市君灏精密工业有限公司
1029	深圳市金力丰五金制造有限公司
1030	深圳市大寰机器人科技有限公司
1031	深圳市中舟智能科技有限公司
1032	深圳市水圣科技发展有限公司
1033	深圳市中钒科技有限公司
1034	深圳市飞思卓科技有限公司
1035	深圳市台控自动化有限公司
1036	深圳市嘉力强电子设备有限公司
1037	深圳市库珀科技发展有限公司
1038	深圳优仕康通信有限公司
1039	深圳市金迪亮光电有限公司
1040	深圳市德尔昇科技有限公司
1041	水伯格五金（深圳）有限公司
1042	深圳海川环境科技有限公司
1043	深圳市倍测科技有限公司
1044	深圳市铭正阳电子有限公司
1045	深圳市鹏伟视讯科技有限公司
1046	深圳市华儒科技有限公司
1047	深圳市华成泰科技有限公司
1048	深圳市众力扬电子科技有限公司
1049	深圳市星期天网络科技有限公司
1050	深圳市点虹电子科技有限公司
1051	深圳一电航空技术有限公司
1052	深圳市晟华科技有限公司
1053	深圳市国电赛思电源技术有限责任公司

序号	单位名称
1054	深圳宇龙机器人科技有限公司
1055	深圳市维邦云计算技术发展有限公司
1056	欧壹科技术（深圳）有限公司
1057	深圳市新南润电力科技有限公司
1058	深圳多有米网络技术有限公司
1059	深圳市深仪兆业科技有限公司
1060	深圳市高晟智能装备有限公司
1061	深圳市岩土综合勘察设计有限公司
1062	深圳市杰高德科技有限公司
1063	深圳市明源云客电子商务有限公司
1064	深圳市科领表计有限公司
1065	摩比科技（深圳）有限公司
1066	深圳市明华澳汉电子科技有限公司
1067	亿铖达（深圳）新材料有限公司
1068	深圳市朗诚分析测试中心有限公司
1069	深圳市裕嘉达科技有限公司
1070	深圳市韵阳科技有限公司
1071	深圳星火自动化科技有限公司
1072	深圳市三爱电子有限公司
1073	格睿码克科技（深圳）有限公司
1074	深圳市霆美实业有限公司
1075	深圳市深精电科技有限公司
1076	深圳市雪球科技有限公司
1077	深圳市亿恒工业技术有限公司
1078	华平智慧信息技术（深圳）有限公司
1079	深圳市安云信息科技有限公司
1080	深圳市驱动新媒体有限公司
1081	深圳市国信互联科技有限公司
1082	深圳仁为光电有限公司
1083	深圳拓普龙科技有限公司
1084	深圳市未来感知科技有限公司
1085	深圳市鸿远微思电子有限公司
1086	深圳市凌科电气有限公司
1087	深圳市爱克斯达电子有限公司
1088	深圳市鼎信智诚科技有限公司
1089	利丰新材料科技（深圳）有限公司
1090	深圳市百视悦电子有限公司
1091	深圳市幻尔科技有限公司
1092	深圳市创深源科技有限公司
1093	深圳市安裕兴精密技术有限公司
1094	深圳市瑞劲电子有限公司
1095	深圳市卓锐通电子有限公司
1096	深圳爱镭仕光影科技有限公司
1097	深圳市格雷柏智能装备股份有限公司
1098	深圳市索为资讯科技有限公司
1099	深圳市美之电实业有限公司
1100	深圳博达高科技发展有限公司
1101	深圳市康博汇科技有限公司
1102	深圳市正康科技有限公司
1103	深圳市多威尔科技有限公司
1104	深圳市吉之光电子有限公司
1105	深圳市天夏电子有限公司
1106	深圳市贝岭能效技术有限公司
1107	深圳市宇阳精密模具有限公司
1108	深圳吉迪思电子科技有限公司
1109	业展电器（深圳）有限公司
1110	深圳市朗琴信息科技有限公司

序号	单位名称
1111	诺希德实业（深圳）有限公司
1112	深圳金诚卫浴有限公司
1113	深圳大舜激光技术有限公司
1114	深圳市麦斯达夫科技有限公司
1115	深圳市泓达环境科技有限公司
1116	深圳市中彩光电科技有限公司
1117	深圳行云创新科技有限公司
1118	深圳市湘聚实业有限公司
1119	深圳市深飞特科技有限公司
1120	深圳太研能源科技有限公司
1121	深圳市欧杰诺科技有限公司
1122	深圳基业长芯光电科技有限责任公司
1123	沛顿科技（深圳）有限公司
1124	深圳市康维伟业科技有限公司
1125	深圳市天创原精密电子有限公司
1126	深圳市方维达科技有限公司
1127	深圳市国寰环保科技发展有限公司
1128	深圳市凯曼医疗技术有限公司
1129	深圳赛诺百应科技有限公司
1130	深圳市信通飞扬科技有限公司
1131	深圳棱镜空间智能科技有限公司
1132	深圳市青马技术有限公司
1133	深圳市西格益电子有限公司
1134	深圳市曼多拉科技有限公司
1135	深圳市倍诺自动化设备有限公司
1136	深圳市恩科生物科技有限公司
1137	深圳国技仪器有限公司
1138	深圳市灵星雨科技开发有限公司
1139	深圳三友智能自动化设备有限公司
1140	深圳立德智能装备科技有限公司
1141	深圳市华明博机电设备工程有限公司
1142	深圳市诚创鑫科技有限公司
1143	深圳市润华照明工程有限公司
1144	深圳市稳先微电子有限公司
1145	深圳市正晋昌科技有限公司
1146	深圳中电长城信息安全系统有限公司
1147	深圳市联益科技有限公司
1148	深圳市中航软件技术有限公司
1149	深圳市中亚自动化科技有限公司
1150	深圳凡几网络科技有限公司
1151	深圳市华笙光电子有限公司
1152	深圳市欣嘉盛五金有限公司
1153	深圳市飞鸣特科技有限公司
1154	深圳市海新净化科技有限公司
1155	深圳市欧普科技有限公司
1156	深圳市普特塑胶模具有限公司
1157	深圳市华兴盛科技有限公司
1158	深圳市易恬技术有限公司
1159	深圳市易网联科技有限公司
1160	深圳市新绿园林工程有限公司
1161	深圳市浩然电池有限公司
1162	深圳市鑫东科技有限公司
1163	艾普阳科技（深圳）有限公司
1164	深圳鑫亿光科技有限公司
1165	深圳大掌门科技有限公司
1166	深圳市简一生物科技有限公司
1167	深圳友朋智能商业科技有限公司

序号	单位名称
1168	深圳市省油灯网络科技有限公司
1169	深圳市易成自动驾驶技术有限公司
1170	深圳市赛诺实验设备有限公司
1171	深圳市齐心同创电子有限公司
1172	深圳市尊翔科技有限公司
1173	深圳市千帆电子有限公司
1174	深圳市奥美顿科技有限公司
1175	深圳太辰光通信股份有限公司
1176	深圳市顺天集团有限公司
1177	深圳正实激光科技有限公司
1178	深圳市亿格瑞科技有限公司
1179	深圳市永鼎宏科技有限公司
1180	深圳市维度创新实业有限公司
1181	爱迪欧科技（深圳）有限公司
1182	深圳市摩拜数码科技有限公司
1183	深圳市动力达科技有限公司
1184	深圳市万和源实业有限公司
1185	深圳市金富星真空科技有限公司
1186	深圳亿成光电科技有限公司
1187	深圳市宏利泰精密科技有限公司
1188	深圳市华奥通通信技术有限公司
1189	深圳科迪新汇信息科技有限公司
1190	深圳市科锐引导科技有限公司
1191	深圳市耀诚机电设备有限公司
1192	沃尔顿自动化装备（深圳）有限公司
1193	齐心商用设备（深圳）有限公司
1194	深圳市金石智控股份有限公司
1195	深圳市鑫日隆科技有限公司
1196	深圳市优斯玛信息技术有限公司
1197	深圳市金卫信信息技术有限公司
1198	深圳市伟合佳电子科技有限公司
1199	深圳唯真智能技术有限公司
1200	深圳市大集空间设计有限公司
1201	深圳市多鑫达实业有限公司
1202	深圳市万泉河科技股份有限公司
1203	瑞镭激光技术（深圳）有限公司
1204	深圳市联威信科技有限公司
1205	深圳市格林晟科技有限公司
1206	深圳市星之光实业发展有限公司
1207	深圳市亮球电气有限公司
1208	深圳市新于易科技有限公司
1209	车音智能科技有限公司
1210	应达利电子股份有限公司
1211	深圳市建工质量检测鉴定中心有限公司
1212	深圳市威立印技术有限公司
1213	深圳市赞悦科技有限公司
1214	深圳市中绘图像科技有限公司
1215	深圳市中设科技有限公司
1216	深圳市恒大创新科技有限公司
1217	深圳市宏拓精密模具制品有限公司
1218	深圳市隆锋机械科技有限公司
1219	深圳市大峡谷科技发展有限公司
1220	深圳市众冠线缆科技有限公司
1221	深圳市显文数码科技有限公司
1222	深圳市骏辉诚博电子科技有限公司
1223	物联智慧科技（深圳）有限公司
1224	深圳时代建筑科技有限公司

序号	单位名称
1225	深圳鳌胜科技有限公司
1226	河歌科技（深圳）有限责任公司
1227	深圳市东钛宇精密机械有限公司
1228	加新科技（深圳）有限公司
1229	深圳劲鑫科技有限公司
1230	深圳市冠瑞达电子科技有限公司
1231	深圳市君箭科技发展有限公司
1232	深圳市赛亿科技开发有限公司
1233	深圳市中航盛世模切机械有限公司
1234	深圳市中科蓝讯科技有限公司
1235	深圳市嘉超达超声工程设备有限公司
1236	深圳市奔强电路有限公司
1237	深圳市和顺居建筑材料有限公司
1238	广东金牌电缆股份有限公司
1239	深圳市泓熙科技有限公司
1240	深圳市南湖顺通科技有限公司
1241	深圳长城开发精密技术有限公司
1242	深圳市弘电显示技术有限公司
1243	科讯工业制造（深圳）有限公司
1244	深圳市靓科光电有限公司
1245	深圳市博来美电子有限公司
1246	深圳市华卓实业有限公司
1247	深圳市鑫达晶电子科技有限公司
1248	深圳市威宝荣电子有限公司
1249	深圳市简星自动化设备有限公司
1250	深圳市晟达通讯设备有限公司
1251	深圳市芯科众联科技有限公司
1252	深圳市联合创信照明有限公司
1253	深圳市聚强晶体有限公司
1254	丰宾电子（深圳）有限公司
1255	深圳市比比尔照明有限公司
1256	深圳市精焯电路科技有限公司
1257	深圳市炫乐数码科技有限公司
1258	深圳市光科照明有限公司
1259	深圳市创飞格环保实业有限公司
1260	深圳市前海凯博信息研究院有限公司
1261	深圳市冰芒果科技有限公司
1262	深圳市同方光电科技有限公司
1263	深圳市卓越信息技术有限公司
1264	深圳市交投科技有限公司
1265	深圳我赞科技有限公司
1266	深圳市顺发光电子有限公司
1267	深圳市华锦电子有限公司
1268	深圳市得志科技有限公司
1269	深圳土筑虎网络科技有限公司
1270	深圳市中邦燃气设备有限公司
1271	深圳市锐康安科技开发有限公司
1272	深圳市贝尔激光技术有限公司
1273	深圳市莱可照明科技有限公司
1274	深圳市蓝蓝科技有限公司
1275	深圳市中润文化传播有限公司
1276	深圳市核心装备科技有限公司
1277	深圳市三通伟业科技有限公司
1278	深圳市速腾聚创科技有限公司
1279	深圳市德尔电子有限公司
1280	百兴科技（深圳）有限公司
1281	深圳市德顺通科技有限公司

序号	单位名称
1282	深圳市云盛科技有限公司
1283	深圳市天利兴科技开发有限公司
1284	深圳市昂纬科技开发有限公司
1285	深圳市精创力机电有限公司
1286	深圳市智能水务有限公司
1287	深圳市双金格科技有限公司
1288	深圳市派高模业有限公司
1289	深圳市顺源精密机械有限公司
1290	深圳市分秒网络科技有限公司
1291	深圳市华鹰塑胶原料有限公司
1292	青嵘科技（深圳）有限公司
1293	深圳网脊科技开发有限公司
1294	凯莱模具（深圳）有限公司
1295	深圳光都照明有限公司
1296	深圳市信利康电子有限公司
1297	深圳朗呈医疗科技有限公司
1298	深圳市航宇磁电有限公司
1299	天石（深圳）技研有限公司
1300	深圳卖教售网络科技有限公司
1301	深圳市爱瑞科实业有限公司
1302	深圳市信德瑞电气科技有限公司
1303	深圳市美诺尔电子有限公司
1304	深圳市嘉特辉煌科技有限公司
1305	深圳市可信华成通信科技有限公司
1306	深圳市名创博能科技有限公司
1307	深圳市恒创睿能环保科技有限公司
1308	深圳市国质信网络通讯有限公司
1309	深圳市丽音音响有限公司
1310	深圳市昊信誉科技有限公司
1311	深圳市晶创博科技有限公司
1312	深圳市大亮智造科技有限公司
1313	深圳市腾飞达自动化设备有限公司
1314	深圳市宜合兴电子科技有限公司
1315	深圳玛斯兰电路科技实业发展有限公司
1316	深圳市恒升森林消防装备有限公司
1317	深圳市普天注塑机械设备有限公司
1318	深圳乐信软件技术有限公司
1319	深圳美云集网络科技有限责任公司
1320	深圳市易达顺科技有限公司
1321	深圳市永钜电子有限公司
1322	深圳市福万达电子自动化有限公司
1323	深圳好多银科技有限公司
1324	深圳市蓝拓创远科技有限公司
1325	深圳曼斯瑞科技有限公司
1326	深圳市金宏电子有限公司
1327	深超光电（深圳）有限公司
1328	深圳市志合众成电子科技有限公司
1329	蓝海五金（深圳）有限公司
1330	深圳市金华泰实验室建设股份有限公司
1331	深圳市科冷商用设备有限公司
1332	深圳市贵庭机电设备有限公司
1333	深圳市万泽航空科技有限责任公司
1334	深圳中瀚云科技股份有限公司
1335	深圳世纪光电照明有限公司
1336	深圳市瀚川精密机械有限公司
1337	深圳市芯诚智能卡有限公司
1338	深圳木子时代网络科技有限公司

序号	单位名称
1339	深圳市顺天网络技术有限公司
1340	深圳市康成泰实业有限公司
1341	深圳市星辰电源有限公司
1342	豫鑫达（深圳）智能化设备有限责任公司
1343	深圳市宏健达电子有限公司
1344	深圳源动创新科技有限公司
1345	深圳市国惠照明器材有限公司
1346	终结号（深圳）科技有限公司
1347	深圳市卡瑞思博科技发展有限公司
1348	尚娱软件（深圳）有限公司
1349	深圳市联志光电科技有限公司
1350	有利华建筑预制件（深圳）有限公司
1351	深圳市锦隆润溢五金制品有限公司
1352	深圳市江启科技有限公司
1353	深圳市城市空间规划建筑设计有限公司
1354	深圳市思肯三维科技发展有限公司
1355	传易互联（深圳）有限公司
1356	深圳美一间文化传播有限公司
1357	深圳蓝韵医学影像有限公司
1358	深圳市赛迈特悬浮冶金科技有限公司
1359	深圳市前海塑元智慧有限公司
1360	深圳市普希科电子科技有限公司
1361	深圳宏恩电子技术有限公司
1362	深圳义信成科技有限公司
1363	深圳欣旺达智能科技有限公司
1364	深圳市鼎达信装备有限公司
1365	深圳中测通科技有限公司
1366	深圳市金慧融智数据服务有限公司
1367	深圳华特容器股份有限公司
1368	深圳培元生物科技有限公司
1369	深圳市金成锐科技有限公司
1370	深圳市汇达发科技有限公司
1371	深圳铭扬光电设备有限公司
1372	深圳市三科斯电子材料有限公司
1373	深圳市赛普尔精密塑胶模具有限公司
1374	深圳市藤莱机电有限公司
1375	深圳市恒华园林景观有限公司
1376	深圳市精利盛实业有限公司
1377	深圳市联泰欣科技有限公司
1378	深圳市迪嘉机械有限公司
1379	深圳市佳恒光电科技有限公司
1380	深圳市山人技术有限公司
1381	深圳市捷图电器有限公司
1382	深圳市鑫四禾光电有限公司
1383	深圳市豪力士智能科技有限公司
1384	深圳市华中航技术检测有限公司
1385	深圳市实益达智能技术有限公司
1386	深圳市云科产业技术有限公司
1387	深圳市锦华节能环保厨具有限公司
1388	深圳市泰康制药有限公司
1389	深圳市明晶达电路科技有限公司
1390	深圳市海维光电科技有限公司
1391	深圳市龙兴宝科技有限公司
1392	深圳市钧泰丰新材料有限公司
1393	深圳市新源鑫电器有限公司
1394	深圳捷高机械有限公司
1395	深圳市脉奇信息技术有限公司
1396	深圳市泰宇铝业有限公司
1397	深圳市东创精密技术有限公司
1398	深圳市百安百科技有限公司
1399	深圳格林德能源集团有限公司
1400	深圳市源创精密机械有限公司
1401	深圳市锦熹科技有限公司
1402	深圳加泰晶体科技有限公司
1403	深圳市悦享智能有限公司
1404	深圳市中交出行科技有限公司
1405	深圳市安普达网络科技有限公司
1406	深圳市蓝盾防水工程有限公司
1407	深圳市多易得信息技术股份有限公司
1408	铁科院（深圳）研究设计院有限公司
1409	深圳冠力成科技有限公司
1410	深圳市思力铭科技有限公司
1411	深圳市姿彩科技有限公司
1412	深圳市新锐思环保科技有限公司
1413	第一环保（深圳）股份有限公司
1414	深圳市裕熙科技有限公司
1415	深圳市奥图威尔科技有限公司
1416	深圳绿米联创科技有限公司
1417	深圳市创见网络技术有限公司
1418	深圳达四海科技有限公司
1419	广东控银实业有限公司
1420	深圳市精燦鑫科技有限公司
1421	深圳市大秦机电设备有限公司
1422	深圳安谱信息技术有限公司
1423	深圳市信辉源科技有限公司
1424	深圳市信而昌电子有限公司
1425	深圳市熠星视界科技有限公司
1426	深圳市晓舟科技有限公司
1427	深圳贝仕达克技术股份有限公司
1428	深圳市富利特科技有限公司
1429	爱动信息科技（深圳）有限公司
1430	深圳市牧人电器五金制品有限公司
1431	深圳强警科技有限公司
1432	战国科技（深圳）有限公司
1433	深圳市威京利电子有限公司
1434	深圳市玖洲信息科技有限公司
1435	深圳美图创新科技有限公司
1436	深圳安信卓科技有限公司
1437	深圳智润新能源电力勘测设计院有限公司
1438	深圳富士伟业科技有限公司
1439	深圳市泰普生科技有限公司
1440	深圳市北林苑景观及建筑规划设计院有限公司
1441	深圳市艾沃电子科技有限公司
1442	深圳市比创达电子科技有限公司
1443	深圳赛宝工业技术研究院有限公司
1444	深圳市顺易通信息科技有限公司
1445	深圳前海俊拓科技有限公司
1446	深圳市安科讯电子制造有限公司
1447	深圳市铭优光源照明集团有限公司
1448	深圳天微光源技术有限公司
1449	深圳市友辉塑胶电子有限公司
1450	深圳市三一焊接设备有限公司
1451	深圳市真多点科技有限公司
1452	深圳市源本工业技术有限公司
1453	深圳能源资源综合开发有限公司
1454	深圳市品高科技有限公司
1455	深圳市国源环境集团有限公司
1456	深圳市创益智慧制造有限公司
1457	深圳市塔联科技有限公司
1458	深圳市毫欧电子有限公司
1459	深圳前海中科金源科技有限公司
1460	深圳市展智创科技有限公司
1461	深圳市金环天朗信息技术服务有限公司
1462	深圳市业昕工程检测有限公司
1463	深圳百众联信息技术有限公司
1464	深圳市中兴移动软件有限公司
1465	深圳市烨新达实业有限公司
1466	深圳市森茂泰环保科技有限公司
1467	深圳市凡派网络科技有限公司
1468	深圳市嘉拓塑胶机械有限公司
1469	艾威尔电路（深圳）有限公司
1470	深圳市力玛网络科技有限公司
1471	深圳市攀鑫智能科技有限公司
1472	深圳市成德机械有限公司
1473	深圳东科讯精密科技有限公司
1474	深圳市永丰旺科技有限公司
1475	嘉辉电子（深圳）有限公司
1476	深圳新速通石油工具有限公司
1477	深圳市美克能源科技股份有限公司
1478	深圳市禹硕精密组件有限公司
1479	深圳市赓旭光电科技有限公司
1480	深圳市麦驰安防技术有限公司
1481	深圳小辣椒科技有限责任公司
1482	深圳市晶淼科技有限公司
1483	深圳市小豆云智科技有限公司
1484	深圳市酷牛互动科技有限公司
1485	深圳市天诚智通科技有限公司
1486	深圳市拓远能源科技有限公司
1487	深圳市源广浩电子有限公司
1488	深圳市彩立德照明光电科技有限公司
1489	深圳市科泰成电子有限公司
1490	深圳市新西林园林景观有限公司
1491	深圳市雷工智能设备有限公司
1492	深圳锐越微技术有限公司
1493	深圳市华诚达精密工业有限公司
1494	深圳市通用核心光电有限公司
1495	深圳市国仁光电有限公司
1496	深圳市创智辉电子科技有限公司
1497	深圳市易思博酷客科技有限公司
1498	深圳市锐欧光学电子有限公司
1499	深圳市金讯宇科技有限公司
1500	深圳市尚酷科技有限公司
1501	深圳中检联检测有限公司
1502	深圳市颐东机器人应用技术有限公司
1503	深圳市创恒特科技有限公司
1504	创隆实业（深圳）有限公司
1505	深圳市金腾科技有限公司
1506	深圳市泰顺友电机电有限公司
1507	深圳市来得宝自动化有限公司
1508	深圳市安达仁科技有限公司
1509	深圳市安普康影像有限公司

序号	单位名称
1510	深圳市巅峰科技股份有限公司
1511	深圳市创世纪机械有限公司
1512	深圳市奥斯达通信有限公司
1513	深圳市南丰声宝电子有限公司
1514	深圳市城市规划设计研究院有限公司
1515	深圳市先航电子技术有限公司
1516	深圳市晶锐光电有限公司
1517	深圳市天之眼高新科技有限公司
1518	深圳市泽天数控机床有限公司
1519	深圳市嘉讯通电脑技术有限公司
1520	深圳市龙之源科技股份有限公司
1521	深圳市纳诺测量技术有限公司
1522	深圳汉德霍尔科技有限公司
1523	深圳市蓝谱里克科技有限公司
1524	辉芒微电子（深圳）有限公司
1525	深圳市科信网安科技有限公司
1526	深圳市深越光电技术有限公司
1527	深圳华瑞通科技有限公司
1528	深圳市嘉安信电子有限公司
1529	深圳市佰特瑞储能系统有限公司
1530	深圳市捷宇鑫电子有限公司
1531	深圳市米蝶网络科技有限公司
1532	深圳市鹰硕技术有限公司
1533	深圳市敏思达信息技术有限公司
1534	深圳高发气体股份有限公司
1535	深圳市晶显达科技有限公司
1536	深圳市伸展精密科技有限公司
1537	深圳市众凌泰科技有限公司
1538	深圳市思麦云科技有限公司
1539	深圳市鼎盛光电有限公司
1540	深圳市信宝达硅橡胶制品有限公司
1541	深圳市韶音科技有限公司
1542	深圳市康维讯视频科技有限公司
1543	广东华冠半导体有限公司
1544	思翼科技（深圳）有限公司
1545	惠科股份有限公司
1546	深圳市奥宝德电子有限公司
1547	深圳市晨亮光电科技有限公司
1548	思力科（深圳）电子科技有限公司
1549	深圳市雷博泰克科技有限公司
1550	金顶新医疗科技经营管理（深圳）有限公司
1551	深圳市邑筑建筑设计有限公司
1552	深圳市欧骏模具科技有限公司
1553	深圳市速科通讯技术有限公司
1554	深圳市鼎鑫精密模具有限公司
1555	深圳市同健光电有限公司
1556	深圳市圣凯安科技有限公司
1557	深圳市鑫奇睿科技有限公司
1558	深圳市鼎邦自动化设备有限公司
1559	深圳永安在线科技有限公司
1560	深圳勤琛科技有限公司
1561	深圳连浩通科技发展有限公司
1562	深圳市威天光电科技有限公司
1563	深圳市邦尔得电子有限公司
1564	深圳蓝胖子机器人有限公司
1565	深圳市久喜电子有限公司
1566	深圳市鑫立达宏科技有限公司
1567	超节点创新科技（深圳）有限公司
1568	深圳市新风向科技有限公司
1569	深圳市亿玛信诺科技有限公司
1570	深圳市合众展望实业有限公司
1571	深圳市宏励精密模具有限公司
1572	深圳市华灏机电有限公司
1573	深圳市菲普莱体育发展有限公司
1574	深圳市紫威盛电子科技有限公司
1575	深圳市铂骏电子有限公司
1576	深圳市福佳电器有限公司
1577	深圳市东创科技有限公司
1578	深圳市卓精微智能机器人设备有限公司
1579	深圳市华科诚科技有限公司
1580	深圳市昭俐测量仪器有限公司
1581	深圳市邦沃科技有限公司
1582	深圳市铁甲科技有限公司
1583	深圳市智开科技有限公司
1584	深圳市汇恒通科技有限公司
1585	深圳市诚丰浩电子有限公司
1586	深圳迪聚海思科技有限公司
1587	深圳灿态信息技术有限公司
1588	深圳市维的美光电有限公司
1589	深圳市凯仕德科技有限公司
1590	深圳前海点点电工网络科技有限公司
1591	深圳市辉煌线路板有限公司
1592	深圳市潮流网络技术有限公司
1593	深圳卫医通信息科技有限公司
1594	旭宇光电（深圳）股份有限公司
1595	深圳畅想视界科技有限公司
1596	深圳新视光电科技有限公司
1597	深圳市芯茂微电子有限公司
1598	深圳市三体科技有限公司
1599	深圳光通汇联技术有限公司
1600	深圳市雷摩电子有限公司
1601	深圳市通途智能科技有限公司
1602	深圳市泰丰顺科技有限公司
1603	深圳市博远瑞科技有限公司
1604	深圳市振邦智能科技股份有限公司
1605	深圳市明悦达电声科技有限公司
1606	深圳市苓贯科技有限公司
1607	海纳英才信息技术（深圳）有限公司
1608	深圳市瑞科慧联科技有限公司
1609	真益电子（深圳）有限公司
1610	深圳市阿拉丁电子有限公司
1611	深圳市好年华模具有限公司
1612	深圳市同鑫科技有限公司
1613	深圳市柏盛科技有限公司
1614	深圳市宇道机电技术有限公司
1615	深圳市冠强粉末冶金制品有限公司
1616	鹤源电子通讯配件（深圳）有限公司
1617	深圳市北辰智能技术有限公司
1618	深圳市艾米多技术有限公司
1619	深圳市晶惠迪电子有限公司
1620	盛金灵光学（深圳）有限公司
1621	深圳迈瑞软件技术有限公司
1622	深圳伊艾克斯信息技术有限公司
1623	深圳市艾森魏尔科技有限公司
1624	深圳市锐科信息技术有限公司
1625	深圳市卓光电源科技有限公司
1626	深圳粤宝电子科技有限公司
1627	深圳市星特烁科技有限公司
1628	深圳市美安科技有限公司
1629	深圳市创信节能科技有限公司
1630	深圳市思瑞精达精密仪器有限公司
1631	深圳市伟绿达科技有限公司
1632	深圳市伯劳特生物制品有限公司
1633	深圳海龙精密股份有限公司
1634	深圳市水务规划设计院股份有限公司
1635	深圳市杰云科技有限公司
1636	深圳市知合物联通信技术有限责任公司
1637	深圳市鸿凯运科技有限公司
1638	深圳市龙祥卓越电子科技有限公司
1639	深圳市惟禾自动化设备有限公司
1640	滕乐飞实业（深圳）有限公司
1641	深圳市科雷特电子科技有限公司
1642	深圳市法特尔光电有限公司
1643	深圳市中优图科技有限公司
1644	深圳市关西实业有限公司
1645	深圳市创仕鼎电子有限公司
1646	深圳市正信电子有限公司
1647	深圳御光新材料有限公司
1648	深圳市沄成科技有限公司
1649	深圳迈思瑞尔科技有限公司
1650	深圳市花都智能生态文化科技有限公司
1651	深圳市科润光电股份有限公司
1652	深圳市壹零壹工业设计有限公司
1653	深圳市纯水一号水处理科技有限公司
1654	深圳市志凌信电子有限公司
1655	深圳市微科通讯设备有限公司
1656	深圳市循真科技有限公司
1657	深圳市佐申电子有限公司
1658	深圳市经纬智能科技股份有限公司
1659	深圳市腾飞四海科技有限公司
1660	深圳市爱豆网络技术有限公司
1661	铭海高精密工具（深圳）有限公司
1662	深圳市深奇浩实业有限公司
1663	深圳市世和光缆技术有限公司
1664	深圳市好成绩网络科技有限公司
1665	深圳市艾塔文化科技有限公司
1666	深圳市华芯技研科技有限公司
1667	深圳市高益达精密机械有限公司
1668	深圳市特莱斯光学有限公司
1669	深圳市格林晟自动化技术有限公司
1670	深圳市红杉自动化设备有限公司
1671	深圳前海振百易科技有限公司
1672	深圳海川新材料科技股份有限公司
1673	深圳市必联电子有限公司
1674	深圳市骆丹建筑装饰设计有限公司
1675	深圳市金斧子网络科技有限公司
1676	深圳市凯瑞兹电子科技有限公司
1677	深圳市大满包装有限公司
1678	深圳市酷可电子有限公司
1679	深圳市林科超声波洗净设备有限公司
1680	深圳市英蓓特科技有限公司

序号	单位名称
1681	深圳市纳研科技有限公司
1682	深圳市惠士顿科技有限公司
1683	深圳市德葳克数控设备有限公司
1684	深圳市康米索数码科技有限公司
1685	深圳市奔迈科技有限公司
1686	深圳运动帝图科技有限公司
1687	深圳市点精自动化设备有限公司
1688	深圳市德林科科技有限公司
1689	深圳知路科技有限公司
1690	深圳市时代华影科技股份有限公司
1691	深圳铭达康科技有限公司
1692	深圳市博邦五金电子有限公司
1693	深圳市健力声电子有限公司
1694	深圳市海凌科电子有限公司
1695	深圳市广闻实业有限公司
1696	深圳市成为智能交通系统有限公司
1697	深圳市锦康霖科技有限公司
1698	深圳市普润德科技有限公司
1699	深圳市和讯华谷信息技术有限公司
1700	深圳市木森科技有限公司
1701	深圳市中顺新能电池有限公司
1702	深圳市灰度科技有限公司
1703	深圳市智能谷信息技术有限公司
1704	深圳市贝思科尔软件技术有限公司
1705	深圳市讴孚德科技有限公司
1706	深圳市大富精工有限公司
1707	深圳市医泰天下科技有限公司
1708	深圳市优和新材料有限公司
1709	柏科数据技术（深圳）股份有限公司
1710	深圳市誉辰自动化设备有限公司
1711	深圳市君脉膜科技有限公司
1712	深圳市金微蓝技术有限公司
1713	深圳市古力新型材料科技有限公司
1714	深圳市欧凯数码有限公司
1715	深圳市金邦科技发展有限公司
1716	深圳市文通电子有限公司
1717	深圳市朗星新电自动化设备有限公司
1718	深圳市迪尔泰设备有限公司
1719	深圳市骊微电子科技有限公司
1720	深圳市利霖欣科技有限公司
1721	深圳市旺通达电子有限公司
1722	深圳市图达天下科技有限公司
1723	深圳市润疆电子有限公司
1724	深圳市升迈电子有限公司
1725	深圳市皇准科技有限公司
1726	深圳市华旭达精密电路科技有限公司
1727	深圳市昊升微电机有限公司
1728	深圳市晶科辉电子有限公司
1729	深圳市创世达实业股份有限公司
1730	深圳市欧铠智能机器人股份有限公司
1731	深圳富士泰科电子有限公司
1732	深圳君典建筑信息咨询有限公司
1733	深圳基石倍斯电子有限公司
1734	深圳万联智创科技有限公司
1735	深圳市雷铭科技发展有限公司
1736	深圳市中联保商业软件有限公司
1737	深圳市隆源科技有限公司
1738	深圳智显智联科技有限公司
1739	深圳市星际智能设备有限公司
1740	深圳市给力光电有限公司
1741	广东宝乐机器人股份有限公司
1742	深圳般若计算机系统股份有限公司
1743	深圳市友辉达电子有限公司
1744	深圳市锦宏塑料科技有限公司
1745	深圳市俊隆环保科技有限公司
1746	深圳市南马电子科技有限公司
1747	深圳亿格创电子有限公司
1748	红蝶科技（深圳）有限公司
1749	深圳市金开盛电子有限公司
1750	爱美达（深圳）热能系统有限公司
1751	深圳业拓讯通信科技有限公司
1752	深圳菩盛源照明有限公司
1753	环球雅途集团有限公司
1754	深圳市比苛电池有限公司
1755	深圳耐特恩科技有限公司
1756	茂鑫源电子（深圳）有限公司
1757	航天下实业（深圳）有限公司
1758	瑞胜科信息（深圳）有限公司
1759	深圳市源远光电科技有限公司
1760	深圳市华普森电子有限公司
1761	深圳市朗能电池有限公司
1762	深圳市万福达精密设备股份有限公司
1763	深圳市跃登电业有限公司
1764	深圳市恒康泰医疗科技有限公司
1765	深圳威斯特姆智能技术有限公司
1766	深圳市联金精密工业有限公司
1767	深圳市奥肯特科技有限公司
1768	深圳市顺义兴电子有限公司
1769	深圳成谷科技有限公司
1770	深圳市方向照明有限公司
1771	深圳市特普达科技有限公司
1772	深圳市点石成金科技有限公司
1773	深圳市简工智能科技有限公司
1774	深圳市佳士机器人科技有限公司
1775	深圳市斯玛仪器有限公司
1776	视觉环球创意科技有限公司
1777	深圳市像素之光科技有限公司
1778	福晟五金塑胶（深圳）有限公司
1779	深圳天轮科技有限公司
1780	深圳市豪美照明有限公司
1781	深圳市庆丰精业精密五金有限公司
1782	深圳云程科技有限公司
1783	深圳市元和电子材料有限公司
1784	深圳市迈圈信息技术有限公司
1785	深圳市众诚品业科技有限公司
1786	深圳航空标准件有限公司
1787	深圳市创佳精密机械有限公司
1788	广东德上科技发展有限公司
1789	深圳市诚信恒佳科技有限公司
1790	深圳市璟宏泰科技有限公司
1791	深圳市敦为技术有限公司
1792	深圳市中科南光科技有限公司
1793	深圳市安迪塑胶模具有限公司
1794	深圳声唯尔科技有限公司
1795	深圳市中新浩医学科技有限公司
1796	深圳天珑无线科技有限公司
1797	深圳市海盈科技有限公司
1798	深圳市一禾音视频科技有限公司
1799	深圳市天威讯无线技术有限公司
1800	深圳市科发机械制造有限公司
1801	深圳市财鸟汇网络科技有限公司
1802	深圳市中欧新材料有限公司
1803	倍科电子技术服务（深圳）有限公司
1804	深圳市顺通信息技术有限公司
1805	深圳市飞凯博科技有限公司
1806	浩利源电子（深圳）有限公司
1807	深圳市一同模具塑胶有限公司
1808	深圳市创坤宏电子有限公司
1809	深圳格趣创新科技有限公司
1810	深圳英迈思文化科技有限公司
1811	深圳市巴氏信息科技有限公司
1812	深圳市信诚档案管理有限公司
1813	深圳市嘉友智控科技有限公司
1814	深圳市进业智车电子有限公司
1815	深圳市方润环境科技有限公司
1816	深圳市大川光电设备有限公司
1817	深圳市康达兴电子科技有限公司
1818	深圳市润盈科技有限公司
1819	深圳市稳定机械有限公司
1820	前海超级前台（深圳）信息技术有限公司
1821	小捷科技（深圳）有限公司
1822	深圳市睿科智联科技有限公司
1823	深圳市炽烨光源科技有限公司
1824	深圳航天工业技术研究院有限公司
1825	深圳宜享科技有限公司
1826	深圳市三泰信息科技有限公司
1827	深圳传世般若科技有限公司
1828	深圳市赛立鸿塑胶五金有限公司
1829	深圳市安普光光电科技有限公司
1830	深圳政安电气防火检测有限公司
1831	深圳市协力达精密五金电子有限公司
1832	深圳市品成电机有限公司
1833	菱亚能源科技（深圳）股份有限公司
1834	深圳市昕思达电子科技有限公司
1835	深圳恒宝士线路板有限公司
1836	深圳市精一智能机械有限公司
1837	深圳市高迪科技有限公司
1838	深圳市欣怡数控刀具有限公司
1839	晶锐创新（深圳）科技有限公司
1840	深圳市秋叶原实业有限公司
1841	深圳市视美泰技术股份有限公司
1842	深圳市聚人科技有限公司
1843	深圳全智能机器人科技有限公司
1844	深圳市锐曼智能技术有限公司
1845	深圳市盛鸿科技有限公司
1846	深圳市汤普森科技有限公司
1847	深圳市湾泰若科技开发有限公司
1848	深圳市致宇天承科技有限公司
1849	深圳市科美通电子设备有限公司
1850	深圳瑞赛环保科技有限公司
1851	深圳市创辉煌环保科技发展有限公司

序号	单位名称
1852	深圳市苏仁智能科技有限公司
1853	深圳市新宝铭电源设备制造有限公司
1854	深圳奥斯力特自动化技术有限公司
1855	深圳合正信息技术有限公司
1856	深圳市共奋进科技有限公司
1857	深圳阿里兄弟科技有限公司
1858	深圳市凌航达电子有限公司
1859	特博精机（深圳）有限公司
1860	深圳市纳音科技有限公司
1861	深圳市锦兆电子科技股份有限公司
1862	深圳市加推科技有限公司
1863	深圳华智融科技股份有限公司
1864	深圳市汇利德邦环保科技有限公司
1865	深圳市永泰源电子科技有限公司
1866	深圳市行知光电科技有限公司
1867	深圳宗汉曙光科技有限公司
1868	深圳市中勋精密机械有限公司
1869	深圳市汉高光电实业有限公司
1870	深圳市博利亚光电有限公司
1871	深圳市便易通科技有限公司
1872	深圳华添达信息技术有限公司
1873	深圳市鑫大为实业有限公司
1874	深圳市腾新五金有限公司
1875	深圳市锦瑞泰电子有限公司
1876	深圳市晶鸿电子有限公司
1877	深圳中航技术检测所有限公司
1878	深圳市诺希通讯有限公司
1879	深圳市昊洋鸿基科技有限公司
1880	深圳鸿磊五金制品有限公司
1881	瑞斯康微电子（深圳）有限公司
1882	弘联和科技（深圳）有限公司
1883	深圳市泰和安科技有限公司
1884	深圳市胡一刀精密科技有限公司
1885	深圳市利联精密模具制造有限公司
1886	深圳市绿智源科技有限公司
1887	膜工电子材料（深圳）有限公司
1888	深圳市意巢文化艺术有限公司
1889	深圳市富达百年科技有限公司
1890	深圳市斯帕特科技有限公司
1891	深圳市对庄科技有限公司
1892	深圳市中天和自动化设备有限公司
1893	深圳市宇邦德电子科技有限公司
1894	深圳市丰瑞鑫科技有限公司
1895	深圳市宏建重力试验仪器有限公司
1896	深圳市锦嘉程精密模具有限公司
1897	深圳市万联航通电子科技有限公司
1898	深圳市广和通无线通信软件有限公司
1899	深圳市怀特自动化设备有限公司
1900	深圳市沃星实业有限公司
1901	深圳市壹零壹数码产品有限公司
1902	国药集团致君（深圳）坪山制药有限公司
1903	深圳市浩瀚宇腾自动化技术有限公司
1904	深圳市动车电气股份有限公司
1905	深圳市骁锐科技有限公司
1906	深圳光韵达机电设备有限公司
1907	深圳市世纪乾金技术有限公司
1908	深圳中海油服深水技术有限公司
1909	深圳摩方材料科技有限公司
1910	深圳前海图米科技有限公司
1911	深圳市千华安科科技有限公司
1912	傲基科技股份有限公司
1913	深圳市麦迪康包装技术有限公司
1914	深圳市同德晟金属制品有限公司
1915	深圳中信华电子集团有限公司
1916	深圳市天圣实业有限公司
1917	深圳聚领威锋科技股份有限公司
1918	深圳市迪奥自动化设备有限公司
1919	深圳市富恒业科技有限公司
1920	信太科技（集团）股份有限公司
1921	晶科华兴集成电路（深圳）有限公司
1922	深圳市鸿铭自动化设备有限公司
1923	深圳市国盛新材料科技有限公司
1924	中洲纸业（深圳）有限公司
1925	深圳市乐动创游技术发展有限公司
1926	深圳市建极科技有限公司
1927	深圳协同动力技术有限公司
1928	深圳市富民通照明有限公司
1929	深圳市吉凌电子科技有限公司
1930	深圳市德迈机器人有限公司
1931	深圳市软通宝科技有限公司
1932	深圳市大疆创新科技有限公司
1933	深圳市中裕达机械有限公司
1934	深圳超凡网络科技有限公司
1935	深圳市爱的声音响科技有限公司
1936	深圳获硕贝肯精准医学有限公司
1937	深圳市南斗星科技有限公司
1938	深圳市博瑞鑫科技有限公司
1939	深圳市支氏环保科技有限公司
1940	深圳市随拍科技有限公司
1941	深圳市咔莱科技有限公司
1942	深圳市方标世纪建筑设计有限公司
1943	澳菲科技（深圳）有限公司
1944	深圳市小一快联科技有限公司
1945	深圳市欧凌克光电科技有限公司
1946	深圳市东赢激光设备有限公司
1947	深圳市芯方案电子科技有限公司
1948	深圳市久通物联科技股份有限公司
1949	深圳市汉诺精密科技有限公司
1950	深圳市普泰信科技有限公司
1951	深圳市金天福科技有限公司
1952	深圳合纵能源技术有限公司
1953	深圳市亚东国际商业有限公司
1954	深圳市诺尼电子有限公司
1955	深圳市普菲特精密制品有限公司
1956	深圳市奥华激光科技有限公司
1957	深圳市卡尔波科技有限公司
1958	深圳市南科燃料电池有限公司
1959	深圳市科比特航空科技有限公司
1960	深圳市诚识科技有限公司
1961	嘉鹏再升科技（深圳）股份有限公司
1962	深圳市赛罗尼科技有限公司
1963	深圳市耀世光华科技有限公司
1964	深圳市安德瑞自动化有限公司
1965	深圳市粤通达电气科技集团有限公司
1966	深圳宜搜天下科技股份有限公司
1967	深圳市右转智能科技有限责任公司
1968	深圳壹创国际设计股份有限公司
1969	深圳市启明云端科技有限公司
1970	深圳市前海环娱网络科技有限公司
1971	新要素科技（深圳）有限公司
1972	深圳市盘古运营服务有限公司
1973	万物生（深圳）生物科技控股有限公司
1974	深圳市中智控科技有限公司
1975	鹏润统计咨询集团（深圳）有限公司
1976	深圳君圣泰生物技术有限公司
1977	深圳意创通讯科技有限公司
1978	深圳市天天爱科技有限公司
1979	深圳市华至云端技术有限公司
1980	深圳市金永鑫精密五金制品有限公司
1981	深圳市英能电气有限公司
1982	深圳市伊暖儿科技有限公司
1983	深圳市旭义科技有限公司
1984	深圳市顶迈智能科技有限公司
1985	深圳市一米阳光科技有限公司
1986	深圳市鑫标特科技有限公司
1987	深圳市西耐科技有限公司
1988	深圳市星光宝光电科技有限公司
1989	深圳市巡视科技有限公司
1990	深圳市普方科技有限公司
1991	深圳市翔翼精密模具有限公司
1992	深圳晓辉包装技术有限公司
1993	深圳市夏飞航科技有限公司
1994	深圳市二八智能家居有限公司
1995	深圳市德航智能技术有限公司
1996	深圳市科玺化工有限公司
1997	深圳市默孚龙科技有限公司
1998	深圳市华越环保技术服务有限公司
1999	群达塑胶电子（深圳）有限公司
2000	深圳市普凌姆科技有限公司
2001	深圳市中联云达科技有限公司
2002	深圳行云跃动网络科技有限公司
2003	深圳市知达实业科技发展有限公司
2004	深圳市华瀚激光科技有限公司
2005	深圳市维嘉自动化设备有限公司
2006	深圳市铭昱达电子有限公司
2007	深圳市泰锐电气设备有限公司
2008	深圳市思奥特光电科技有限公司
2009	深圳市瑞梓光电科技有限公司
2010	深圳市盛航特科技有限公司
2011	深圳市东莱尔智能科技有限公司
2012	深圳市紫光同创电子有限公司
2013	深圳市英思太检验检测有限公司
2014	深圳华益兄弟科技有限公司
2015	深圳市海力士科技有限公司
2016	深圳市大森设计有限公司
2017	深圳市高美福电子有限公司
2018	深圳市博瑞检测技术服务有限公司
2019	深圳市五株科技股份有限公司
2020	深圳市特了得自动化有限公司
2021	深圳市壹帆自动化有限公司
2022	深圳易康信科技有限公司

序号	单位名称
2023	深圳市立尔讯科技有限公司
2024	深圳中兴网信科技有限公司
2025	深圳市金诚安全检测有限公司
2026	深圳市广恒钢实业有限公司
2027	深圳市捷荣光电科技有限公司
2028	深圳市昊博机电设备有限公司
2029	广东天珩通电子科技有限公司
2030	深圳微盐传媒科技有限公司
2031	深圳市政院检测有限公司
2032	深圳市柏瑞凯电子科技有限公司
2033	深圳市研越科技有限公司
2034	深圳花田盛世农林科技发展有限公司
2035	深圳市东方华宇电子有限公司
2036	深圳市中电数通智慧安全科技股份有限公司
2037	深圳东港新材料科技有限公司
2038	深圳市正通仁禾科技有限公司
2039	阿米斯科自动化元件（深圳）有限公司
2040	深圳市远爱电子科技有限公司
2041	仕昌电子（深圳）有限公司
2042	深圳市微讯通软件有限公司
2043	广东康明节能空调有限公司
2044	深圳市金宇塔电子有限公司
2045	深圳市力银电子有限公司
2046	深圳市威视智能科技有限公司
2047	深圳光韵达激光应用技术有限公司
2048	深圳市亿特智能有限公司
2049	深圳特朗达照明股份有限公司
2050	深圳市合一微芯科技有限公司
2051	深圳市恒得源环保新材料科技有限公司
2052	深圳惠格浩电子有限公司
2053	深圳市前海万绿源环保科技有限公司
2054	深圳天玛信息技术有限公司
2055	深圳市康柏玛科技有限公司
2056	深圳市朗晖照明有限公司
2057	深圳绿色云图科技有限公司
2058	深圳百乐奇科技电子有限公司
2059	深圳易屏光电科技有限公司
2060	深圳市普兰德储能技术有限公司
2061	深圳市鸿宸雷士光环境工程有限公司
2062	深圳市富海微电子科技有限公司
2063	深圳市群鑫自动化设备有限公司
2064	深圳前海景佑科技有限公司
2065	深圳泰美威视科技有限公司
2066	深圳市蓝清环境科技工程有限公司
2067	深圳市安品有机硅材料有限公司
2068	深圳联广视讯科技有限公司
2069	深圳米界智能电子有限公司
2070	深圳市睿光达光电有限公司
2071	深圳市奥翔机械有限公司
2072	深圳市纽乐节能设备工程有限公司
2073	深圳卓影科技有限公司
2074	深圳市智特科技有限公司
2075	深圳市先锋龙实业有限公司
2076	深圳市特博赛科技有限公司
2077	深圳市杰源网络信息有限公司
2078	深圳市速牌科技有限公司
2079	深圳市固力士建材有限公司
2080	深圳市壹办公科技股份有限公司
2081	深圳市东盈电子有限公司
2082	深圳市康准科技有限公司
2083	深圳市荣德自动化设备有限公司
2084	深圳康佳电子科技有限公司
2085	深圳市科宇光学塑胶有限公司
2086	深圳市宝安爱德电气有限公司
2087	深圳市时维智能装备有限公司
2088	上达电子（深圳）股份有限公司
2089	深圳市深立精机科技有限公司
2090	深圳市华金达电子有限公司
2091	深圳前海瑞集科技有限公司
2092	深圳泰尔通测科技有限公司
2093	深圳博立特自动化设备有限公司
2094	深圳市微格科技有限公司
2095	深圳市触点蓝天科技有限公司
2096	深圳市培林体育科技有限公司
2097	深圳市鸿祥精密科技有限公司
2098	深圳市优信保信息技术有限公司
2099	深圳市心流科技有限公司
2100	骏日科技（深圳）有限公司
2101	深圳市雄合锋科技有限公司
2102	深圳星河创意科技开发有限公司
2103	戈尔科技（深圳）有限公司
2104	深圳市铭镭激光设备有限公司
2105	深圳市宇昊森达科技有限公司
2106	深圳市博锐德生物科技有限公司
2107	深圳巴金科技有限公司
2108	深圳市鑫明光建筑科技有限公司
2109	深圳市强华威智能科技有限公司
2110	深圳市欢庆五金科技有限公司
2111	深圳市秒加移动互联科技有限公司
2112	深圳市万德环保印刷设备有限公司
2113	深圳市泰霖科技有限公司
2114	深圳光峰科技股份有限公司
2115	深圳市力先达科技有限公司
2116	眼擎科技（深圳）有限公司
2117	深圳市永佳喷码设备有限公司
2118	深圳市路演中网络科技有限公司
2119	深圳市鑫辉彩光电技术有限公司
2120	深圳市锦瑞生物科技有限公司
2121	深圳市易图资讯股份有限公司
2122	深圳市邦乐达科技有限公司
2123	西诺医疗生物科技有限公司
2124	深圳市赛特磁源科技有限公司
2125	蓝网科技股份有限公司
2126	深圳市易能威视科技有限公司
2127	深圳市云电机器人技术有限公司
2128	深圳市通明科技有限公司
2129	科益展智能装备有限公司
2130	深圳市九久电子科技有限公司
2131	深圳市翔卓宇智能科技有限公司
2132	深圳市启悦光电有限公司
2133	深圳市一诺盛世科技有限公司
2134	深圳市方佳建筑设计有限公司
2135	深圳市德诺好和科技有限公司
2136	深圳达沃斯光电有限公司
2137	深圳市盟盛科技有限公司
2138	深圳市富伟电子有限公司
2139	深圳市联发谷德电子科技有限公司
2140	深圳市烨达科技有限公司
2141	深圳市洁盟清洗设备有限公司
2142	深圳市顺荣实业有限公司
2143	深圳爱告技术有限公司
2144	深圳脑穿越科技有限公司
2145	深圳市奥为东科技有限公司
2146	深圳市泰源兴光电科技有限公司
2147	深圳市金信安电子科技有限公司
2148	深圳市西科技术有限公司
2149	深圳市绿明光电有限公司
2150	深圳市凯尔迪光电科技有限公司
2151	深圳正实自动化设备有限公司
2152	深圳市菲腾电子科技有限公司
2153	深圳市启高自动化设备有限公司
2154	深圳菲比特光电科技有限公司
2155	深圳市三音电子科技有限公司
2156	深圳市冠力新材料有限公司
2157	深圳恒仁星科技有限公司
2158	中天泽智能装备有限公司
2159	深圳市凯达高科数码有限公司
2160	深圳市金晟安智能系统有限公司
2161	深圳市恒昌通电子有限公司
2162	深圳市中农数据有限公司
2163	深圳市龙之印象文化传播有限公司
2164	深圳栅格信息技术有限公司
2165	深圳维盛半导体科技有限公司
2166	深圳市佩城科技有限公司
2167	深圳快学教育发展有限公司
2168	深圳市卫邦科技有限公司
2169	深圳市联盛智能系统有限公司
2170	深圳市华澳美科技有限公司
2171	深圳市伯乐照明有限公司
2172	艺诚机械（深圳）有限公司
2173	深圳市大族精密传动科技有限公司
2174	深圳人人称科技有限公司
2175	深圳天际云科技有限公司
2176	深圳申朴信息技术有限公司
2177	深圳市超凯精密五金有限公司
2178	深圳市艾华联盟科技有限公司
2179	深圳市联创电路有限公司
2180	深圳市元兆科技有限公司
2181	深圳昊科瑞信科技有限公司
2182	深圳市富诚达科技有限公司
2183	汇联科技数据服务（深圳）有限公司
2184	深圳市新宏大电热科技有限公司
2185	香磁磁业（深圳）有限公司
2186	深圳市智恩芯电子科技有限公司
2187	格安瑞环保集团（深圳）有限公司
2188	深圳云之家网络有限公司
2189	深圳市凯瑞盛自动化有限公司
2190	微视显示器科技（深圳）有限公司
2191	深圳市爱溪尔科技有限公司
2192	深圳市宏大联合实业有限公司
2193	华软智科（深圳）技术有限公司

序号	单位名称
2194	深圳市德赛微电子技术有限公司
2195	深圳汇林达科技有限公司
2196	深圳市谊宇诚光电科技有限公司
2197	深圳市中誉净化科技有限公司
2198	深圳市创达天盛智能科技有限公司
2199	深圳市飞碟动力科技有限公司
2200	深圳工云科技有限公司
2201	深圳安博视讯科技有限公司
2202	深圳彩视能科技有限公司
2203	深圳市台冠科技有限公司
2204	深圳市百隆达科技有限公司
2205	深圳市龙腾显示技术有限公司
2206	中纺标（深圳）检测有限公司
2207	深圳市鑫齐昊设备五金有限公司
2208	深圳康佳信息网络有限公司
2209	深圳市万顺兴科技有限公司
2210	深圳市国润机电设备有限公司
2211	创力高机电（深圳）有限公司
2212	深圳市金品汇特种玻璃有限公司
2213	深圳三浦微电子股份有限公司
2214	深圳飞亮智能科技有限公司
2215	深圳市利之宝电子有限公司
2216	深圳市睿亿电工材料有限公司
2217	允强五金制品（深圳）有限公司
2218	鼎铉商用密码测评技术（深圳）有限公司
2219	深圳市普尔瀚达科技有限公司
2220	深圳市中特威科技有限公司
2221	深圳恒拓高科信息技术有限公司
2222	深圳市世顺精密工业有限公司
2223	深圳市骏泰达科技有限公司
2224	深圳市卓信智科技有限公司
2225	深圳贝特莱电子科技股份有限公司
2226	谱迪设计顾问（深圳）有限公司
2227	深圳市川祺盛实业有限公司
2228	深圳市瑧峰科技有限公司
2229	深圳市小池精密五金有限公司
2230	深圳市美森机电设备有限公司
2231	深圳兴融联科技股份有限公司
2232	深圳国辰智能系统有限公司
2233	深圳市中科激光科技有限公司
2234	深圳普门科技股份有限公司
2235	深圳市力浚精密弹簧有限公司
2236	深圳市净相科技有限公司
2237	深圳市新宇腾跃电子有限公司
2238	深圳市奥伦德元器件有限公司
2239	深圳佰维存储科技股份有限公司
2240	深圳市臻络科技有限公司
2241	深圳市展驰橡塑有限公司
2242	伯恩半导体（深圳）有限公司
2243	深圳市永成光电子股份有限公司
2244	深圳市互联精英信息技术有限公司
2245	深圳瑞圣特电子科技有限公司
2246	深圳市易聆科信息技术股份有限公司
2247	深圳市正骏科技有限公司
2248	深圳市三汇实业有限公司
2249	深圳市塑源实业有限公司
2250	深圳市天易成科技有限公司

序号	单位名称
2251	深圳市精钻智能制造有限公司
2252	深圳前海华夏智信数据科技有限公司
2253	深圳市顺讯电子有限公司
2254	深圳市长龙鑫电子有限公司
2255	深圳市东信时代信息技术有限公司
2256	深圳悦和精密技术有限公司
2257	深圳市迅远科技有限公司
2258	深圳市千浪化工有限公司
2259	深圳市明研科技有限公司
2260	深圳市智控精密机械制造有限公司
2261	昌荣电机（深圳）有限公司
2262	深圳市松川智能装备有限公司
2263	深圳市戈埃尔科技有限公司
2264	深圳市微视光电科技有限公司
2265	深圳市锦润防务科技有限公司
2266	深圳市三度空间有限责任公司
2267	深圳市神拓机电股份有限公司
2268	深圳鑫泰康生物科技有限公司
2269	深圳市银星智能科技股份有限公司
2270	深圳市飞音科技有限公司
2271	深圳嘉洛智能科技有限公司
2272	深圳臻淇科技有限公司
2273	深圳市纷享科技有限公司
2274	深圳市恒控科技有限公司
2275	深圳市艾磊创兴科技有限公司
2276	深圳市爱能特科技有限公司
2277	深圳市中锐源科技有限公司
2278	深圳七彩虹灯饰有限公司
2279	深圳市素菜农业科技有限公司
2280	深圳市斯玛特科自动化设备有限公司
2281	深圳星普森信息技术有限公司
2282	深圳荣钜源科技有限公司
2283	百恩实业（深圳）有限公司
2284	深圳市欣安卓科技有限公司
2285	深圳深海创新技术有限公司
2286	深圳智芯半导体科技有限公司
2287	深圳市速美特电子科技有限公司
2288	深圳市台盛隆塑胶制品有限公司
2289	深圳市百易信息技术有限公司
2290	深圳市金诚盛电子材料有限公司
2291	深圳市赛美特自动化设备有限公司
2292	深圳市百氏源科技有限公司
2293	深圳市铭皓有机玻璃有限公司
2294	深圳前海零点信息技术有限公司
2295	深圳市鑫全汉科技有限公司
2296	深圳市大新电器有限公司
2297	深圳前向汽车电子技术有限公司
2298	深圳市领先康体实业有限公司
2299	深圳市奥普斯等离子体科技有限公司
2300	深圳市聚亚科技有限公司
2301	深圳市科升科技有限公司
2302	广东现代建筑设计与顾问有限公司
2303	深圳市创意者科技有限公司
2304	深圳市瑞吉斯科技有限公司
2305	深圳市东方时代新媒体有限公司
2306	深圳市泰燃智能科技有限公司
2307	广东宝通玻璃钢有限公司

序号	单位名称
2308	深圳市友事达塑胶制品有限公司
2309	深圳中集天达物流系统工程有限公司
2310	深圳市控端科技有限公司
2311	深圳市德杰机械设备有限公司
2312	深圳市晟诚世纪科技有限公司
2313	深圳市毅旭塑胶五金制品有限公司
2314	深圳市瑞能德电子有限公司
2315	前海随身宝（深圳）科技有限公司
2316	深圳市全通数码科技有限公司
2317	深圳创新设计研究院有限公司
2318	深圳市欧联自动化设备有限公司
2319	深圳市鑫瑞智科技有限公司
2320	深圳市诚天瑞网络科技有限公司
2321	深圳市天威诚信科技有限公司
2322	埃玛莱德高压开关设备（深圳）有限公司
2323	深圳市锐邦德精密部件有限公司
2324	深圳市博威创新技术有限公司
2325	深圳市米拉宝家庭用品有限公司
2326	深圳市金诚激光设备有限公司
2327	深圳市安泊达元器件有限公司
2328	深圳市海枫茂光学科技有限公司
2329	深圳市聚橙网络技术有限公司
2330	深圳市亿志科技有限公司
2331	深圳邦马特科技有限公司
2332	深圳市沃达孚科技有限公司
2333	深圳市余看智能科技有限公司
2334	深圳市锦创宏光电科技有限公司
2335	深圳市腾飞宇科技有限公司
2336	深圳百年干细胞生物科技有限公司
2337	深圳市广智达电气有限公司
2338	深圳市新创中天信息科技发展有限公司
2339	深圳市金木源包装制品有限公司
2340	深圳市昭阳电力科技有限公司
2341	广微集成技术（深圳）有限公司
2342	深圳市新业自动化科技有限公司
2343	广东环威电线电缆股份有限公司
2344	深圳市艺汇园景观设计工程有限公司
2345	深圳市海美通科技股份有限公司
2346	深圳市和怡科技有限公司
2347	深圳面元智能科技有限公司
2348	深圳市中科安全技术咨询有限公司
2349	深圳市泓嘉光显科技有限公司
2350	深圳市东大国际工程设计有限公司
2351	深圳市昌泰远航科技有限公司
2352	深圳市威富视界有限公司
2353	深圳市华创力科技研发有限公司
2354	深圳市优拉电子有限公司
2355	深圳市尚用来环保科技有限公司
2356	深圳市晟世联能源有限公司
2357	深圳市鑫镭创科自动化科技有限公司
2358	深圳众享互联科技有限公司
2359	深圳真工环境艺术设计有限公司
2360	深圳市瑞丰信业精密机械有限公司
2361	深圳品质人生科技有限公司
2362	深圳市正和忠信股份有限公司
2363	深圳凯迪尔检测服务有限公司
2364	深圳市德瑞茵精密科技有限公司

序号	单位名称
2365	深圳华数机器人有限公司
2366	深圳市朗仁科技有限公司
2367	特富特科技（深圳）有限公司
2368	深圳市兆驰照明股份有限公司
2369	深圳赛贝尔自动化设备有限公司
2370	深圳市菱歌科技有限公司
2371	深圳市兴创嘉科技有限公司
2372	深圳市轩好韵电子有限公司
2373	深圳市怡康科技有限公司
2374	深圳机械院建筑设计有限公司
2375	深圳市利诺威科技有限公司
2376	深圳市凯歌丽智能科技有限公司
2377	深圳市绿意雅科技有限公司
2378	深圳市光明创博生物制品发展有限公司
2379	华智机器股份公司
2380	深圳蓝图信息技术股份有限公司
2381	深圳市鑫盈通达电子科技有限公司
2382	深圳蜂创机电有限公司
2383	深圳市康墨科技有限公司
2384	中澳科创（深圳）新材料有限公司
2385	深圳亿慧联技术有限公司
2386	深圳市佑佳实业有限公司
2387	深圳市中子为科技有限公司
2388	深圳市北高智电子有限公司
2389	深圳市美阳电子有限公司
2390	奇酷软件（深圳）有限公司
2391	深圳市资福医疗技术有限公司
2392	深圳市华泽电气有限公司
2393	深圳市源哲电子科技有限公司
2394	深圳市点证科技有限公司
2395	深圳呗佬智能有限公司
2396	深圳市厚沃电气科技有限公司
2397	深圳市越芯电子有限责任公司
2398	鸬鹚科技（深圳）有限公司
2399	深圳市科南软件有限公司
2400	深圳市新晨阳电子有限公司
2401	深圳市永顺固科技有限公司
2402	深圳市盈德精密制造有限公司
2403	深圳市广仁达实业有限公司
2404	深圳市丁旺科技有限公司
2405	深圳市鼎楚新能源研究院有限公司
2406	深圳市均佑达自动化科技有限公司
2407	深圳市芯航道汽车电子技术有限公司
2408	深圳市联鸿盛科技有限公司
2409	深圳市伟杰心电子有限公司
2410	深圳孚沃德斯科技有限公司
2411	深圳市高端无人机有限公司
2412	深圳德凌精工科技有限公司
2413	深圳市斯尔顿科技有限公司
2414	深圳市捷帆智能科技有限公司
2415	深圳市诺亚信高科技集团有限公司
2416	深圳未来立体教育科技有限公司
2417	深圳市阳光智电科技有限公司
2418	深圳市尚为照明有限公司
2419	深圳科润视讯技术有限公司
2420	深圳市中天欧信机电设备有限公司
2421	深圳市弘海电子材料技术有限公司
2422	深圳基本半导体有限公司
2423	深圳市仕贝德科技有限公司
2424	深圳市网狐科技有限公司
2425	深圳市君威科技有限公司
2426	深圳市华世智能科技有限公司
2427	深圳市兆驰通信技术有限公司
2428	深圳市帝麦德斯科技有限公司
2429	深圳市燕麦科技股份有限公司
2430	深圳市澳斯联科实业有限公司
2431	深圳市盛凯信息科技有限公司
2432	深圳市全芯微信息技术有限公司
2433	深圳市浩创盛科技有限公司
2434	深圳市风行达科技有限公司
2435	深圳市高麦电子有限公司
2436	深圳市风景智联科技有限公司
2437	深圳市华永精密科技有限公司
2438	深圳市一道智能开发有限公司
2439	深圳市海达威工业自动化设备有限公司
2440	深圳市欧力盛科技有限公司
2441	深圳视觉科技有限公司
2442	深圳市海科塑胶电子有限公司
2443	深圳市科华恒盛科技有限公司
2444	深圳市国鑫恒宇科技有限公司
2445	广东九河科技有限公司
2446	深圳市特洛克科技有限公司
2447	深圳市阿乐卡科技有限公司
2448	深圳市皇仕机械设备有限公司
2449	深圳市金汇菱科技有限公司
2450	深圳市耐菲尔医疗器械科技有限公司
2451	盯盯拍（深圳）技术股份有限公司
2452	深圳市持创捷宇电子科技有限公司
2453	深圳市化讯半导体材料有限公司
2454	深圳市雅信宏达电子科技有限公司
2455	深圳市恒兴隆机电有限公司
2456	深圳市大智无疆科技有限公司
2457	深圳市鼎恒丰科技有限公司
2458	深圳市嘉佑科技有限公司
2459	深圳中检通用技术有限公司
2460	深圳市群索科技有限公司
2461	深圳市软筑信息技术有限公司
2462	深圳市诺凌电子有限公司
2463	深圳市中天迅通信技术股份有限公司
2464	深圳市优胜信息科技有限公司
2465	深圳市恒荣晟电子有限公司
2466	深圳市三能机电设备有限公司
2467	美桀电子科技（深圳）有限公司
2468	深圳市联优视觉技术有限公司
2469	深圳市世云新媒体有限公司
2470	深圳市昊志成科技有限公司
2471	深圳市亿立方生物技术有限公司
2472	深圳市威尔华电子有限公司
2473	深圳万慧通自动化有限公司
2474	深圳市思沃安科技有限公司
2475	深圳市鑫鹏兴机械设备有限公司
2476	深圳市汉云科技有限公司
2477	深圳盛凌电子股份有限公司
2478	深圳市天坤元环保科技有限公司
2479	深圳市小草云链科技有限公司
2480	深圳市宏驰精密五金制品有限公司
2481	深圳市龙侨华实业有限公司
2482	深圳市天月明包装制品有限公司
2483	深圳市瑞飞科技有限公司
2484	深圳市普华软件开发有限公司
2485	深圳市原点互动科技有限公司
2486	深圳市创视界科技发展有限公司
2487	深圳市维申斯科技有限公司
2488	深圳市乐思远灯具有限公司
2489	深圳市拓尔德能源有限公司
2490	深圳市朗赛微波通信有限公司
2491	深圳市贝赛尔展示设备有限公司
2492	深圳市新科瑞电气技术有限公司
2493	深圳市易瑞微科技股份有限公司
2494	深圳华北工控软件技术有限公司
2495	深圳爱尔创口腔技术有限公司
2496	深圳市惠利电子科技有限公司
2497	深圳市科乐科技有限公司
2498	深圳市前海吉顺信科技发展有限公司
2499	深圳市圣格特电子有限公司
2500	深圳市华测计量技术有限公司
2501	深圳市科斯莱环境科技实业有限公司
2502	深圳市润和天泽环境科技发展股份有限公司
2503	深圳市龙瑞朗视科技发展有限公司
2504	深圳市雄峰五金制品有限公司
2505	深圳德夏科技发展有限公司
2506	深圳市震霆科技有限公司
2507	深圳市爱模智能系统有限公司
2508	深圳乐点互联技术有限公司
2509	深圳市旭泰净水设备有限公司
2510	深圳市恒星建材有限公司
2511	深圳大成智能电气科技有限公司
2512	深圳市水平线室内设计有限公司
2513	深圳西凯工业设备有限公司
2514	深圳市泛海统联精密制造有限公司
2515	深圳市德劲电子有限公司
2516	深圳市大可欣电子有限公司
2517	深圳市恒峰锐机电设备有限公司
2518	光悦科技（深圳）有限公司
2519	深圳傲华科技有限公司
2520	深圳市明源云空间电子商务有限公司
2521	深圳市东旭达五金塑胶制品有限公司
2522	深圳市麦格米特焊接技术有限公司
2523	深圳市福耐科技有限公司
2524	深圳市迈诺电子有限公司
2525	嘉力臣工程设备（深圳）有限公司
2526	深圳市爱宝莱照明技术有限公司
2527	深圳市年盛兴科技有限公司
2528	深圳市群益机电设备有限公司
2529	深圳市华亿腾科技开发有限公司
2530	深圳市飞宇信电子有限公司
2531	深圳市航天华拓科技有限公司
2532	深圳市明致集成股份有限公司
2533	深圳市先波科技有限公司
2534	深圳市强瑞精密技术股份有限公司
2535	深圳市研色科技有限公司

序号	单位名称
2536	深圳市七彩光电科技有限公司
2537	深圳工作家网络科技有限公司
2538	深圳市大鑫浪电子科技有限公司
2539	深圳市新源发金属线材有限公司
2540	深圳市新华宝食品设备有限公司
2541	深圳市众康动保科技有限公司
2542	深圳市创飞格环保技术有限公司
2543	深圳市城市公共安全技术研究院有限公司
2544	深圳市同创新佳科技有限公司
2545	深圳市创智激光智能装备有限公司
2546	深圳市逗映科技有限公司
2547	深圳睿晟自动化技术有限公司
2548	深圳市健和医疗科技服务有限公司
2549	深圳小阔科技有限公司
2550	深圳市捷骏鼎盛环保科技有限公司
2551	深圳互联心科技有限公司
2552	深圳市三宇自动化设备有限公司
2553	深圳市龙岗区东江电线厂
2554	深圳根元环保科技有限公司
2555	深圳江浩电子有限公司
2556	深圳市智帮工业软件系统科技有限公司
2557	深圳市二乘三科技技术股份有限公司
2558	深圳市国兰塑胶五金制品有限公司
2559	宏桥新电子材料（深圳）有限公司
2560	深圳市达信通电子科技有限公司
2561	深圳市聚亿鑫电子科技有限公司
2562	深圳安航科技有限公司
2563	深圳市顶尖电源科技有限公司
2564	深圳市恒耀光电科技有限公司
2565	深圳市鹏源电气有限公司
2566	深圳勒迈科技有限公司
2567	深圳新合群科技有限公司
2568	深圳市领军商显科技有限公司
2569	深圳市安之天信息技术有限公司
2570	深圳市奥林传媒有限公司
2571	深圳市数码龙电子有限公司
2572	深圳华秋电子有限公司
2573	深圳市泽云科技有限公司
2574	深圳市三连星实业有限公司
2575	深圳市平衡力科技有限公司
2576	深圳市精锐昌科技有限公司
2577	深圳市文惠机械设备有限公司
2578	深圳市创晶辉精密塑胶模具有限公司
2579	深圳市迪森科技有限公司
2580	深圳市金鑫泉科技有限公司
2581	深圳市美尼电子有限公司
2582	泰姆瑞技术（深圳）有限公司
2583	深圳地平线机器人科技有限公司
2584	深圳市龙控智能技术有限公司
2585	深圳市威尔地坪材料有限公司
2586	深圳市金东泰智能科技有限公司
2587	深圳市泰嘉电子有限公司
2588	深圳奇胜微科技有限公司
2589	深圳尚莱特照明技术有限公司
2590	亿众骏达网络科技（深圳）有限公司
2591	深圳市奥迪科电子有限公司
2592	深圳市合泰精工有限公司

序号	单位名称
2593	深圳市智慧湾科技有限公司
2594	深圳市思普泰克科技有限公司
2595	深圳市兴千田电子科技有限公司
2596	深圳市柚子智能科技有限公司
2597	深圳市锦龙科技有限公司
2598	深圳市清华苑建筑与规划设计研究有限公司
2599	深圳市递百科技术有限公司
2600	深圳市莱克斯软管有限公司
2601	深圳市助尔达电子科技有限公司
2602	深圳市品俊科技有限公司
2603	深圳市恒胜创科技有限公司
2604	深圳市中恒视通科技有限公司
2605	深圳市建鸿兴塑胶制品有限公司
2606	深圳市美图工业抄数设计有限公司
2607	深圳市华智康电子有限公司
2608	深圳市英威腾电源有限公司
2609	深圳市祥元通信技术有限公司
2610	深圳市酷睿特科技有限公司
2611	深圳市久宝科技有限公司
2612	深圳市因斯达半导体有限公司
2613	深圳市星创彩光电有限公司
2614	深圳市澳地特电气技术有限公司
2615	深圳树米网络科技有限公司
2616	深圳市宝视达广告控股有限公司
2617	深圳市奇宇教育科技有限公司
2618	深圳瀚林慧电子科技有限公司
2619	深圳市东锋云雕机电设备有限公司
2620	深圳市柯尔瑞智能科技有限公司
2621	深圳市金昊晟光电有限公司
2622	深圳市华天迈克光电子科技有限公司
2623	深圳市台智伟业电子有限公司
2624	深圳市东方中原电子科技有限公司
2625	洁臣环境科技（深圳）有限公司
2626	深圳市宏森昌科技有限公司
2627	深圳粤通应用材料有限公司
2628	深圳市宝尔威精密机械有限公司
2629	深圳市利丰科技有限公司
2630	深圳市为中科技有限公司
2631	深圳市创事通科技有限公司
2632	深圳市鹏恒太空舱酒店设备有限公司
2633	深圳市恒润科技有限公司
2634	深圳市盛和达智能科技有限公司
2635	深圳市瑞博安塑胶模具有限公司
2636	深圳市汇凌信息技术有限公司
2637	神画科技（深圳）有限公司
2638	深圳爱售科技有限公司
2639	深圳市迪科模具有限公司
2640	深圳市尖峰时刻电子有限公司
2641	广东容祺智能科技有限公司
2642	深圳市华昌威科技有限公司
2643	深圳市同创依诺数码科技有限公司
2644	深圳市优络科技有限公司
2645	深圳市盛丰光电科技有限公司
2646	艾礼富电子（深圳）有限公司
2647	深圳市亿能科技有限公司
2648	深圳市福瑞康电子有限公司
2649	深圳市优科锡制品有限公司

序号	单位名称
2650	深圳市琦沃科技发展有限公司
2651	深圳市亚加电机有限公司
2652	深圳市万景华科技有限公司
2653	深圳市云之讯网络技术有限公司
2654	深圳市康倍普科技有限公司
2655	顶力视听（深圳）有限公司
2656	深圳市汉拓数码有限公司
2657	深圳市鑫彩光电有限公司
2658	深圳市世椿机器人有限公司
2659	深圳市浮思特科技有限公司
2660	深圳市兴和力精密机械有限公司
2661	深圳鼎智通讯股份有限公司
2662	深圳铭源电玩科技股份有限公司
2663	深圳金亿帝医疗设备股份有限公司
2664	深圳市联恒星科技有限公司
2665	深圳海王药业有限公司
2666	深圳市一博科技股份有限公司
2667	深圳市联讯高新技术有限公司
2668	深圳市鸿壹部品电子有限公司
2669	深圳宏业基岩土科技股份有限公司
2670	深圳市凡与科技有限公司
2671	深圳市三维立现科技有限公司
2672	深圳市明腾光电科技有限公司
2673	深圳市港中现自动化设备有限公司
2674	深圳市三好无线通信有限公司
2675	深圳市博思得科技发展有限公司
2676	深圳市精昊科技有限公司
2677	深圳市德轩自动化科技有限公司
2678	深圳市优阅达数据科技有限公司
2679	深圳市斯莱普科技有限公司
2680	深圳有为技术控股集团有限公司
2681	深圳市普尔信通讯技术有限公司
2682	深圳市鑫友鑫电子有限公司
2683	深圳市龙德科技有限公司
2684	深圳市艾蒂威肯科技有限公司
2685	深圳市吉瑞嘉电子有限公司
2686	深圳市鸿德机电科技有限公司
2087	深圳市新点医疗信息系统有限公司
2688	深圳市富康实业有限公司
2689	威富通科技有限公司
2690	深圳市智显科技有限公司
2691	深圳市创梦天地科技有限公司
2692	深圳市联赢激光股份有限公司
2693	深圳市海芯威视科技有限公司
2694	深圳市云盾科技有限公司
2695	深圳市国志汇富高分子材料股份有限公司
2696	深圳市安安交通科技有限公司
2697	深圳市艾美迪电子科技有限公司
2698	海德智能装备制造（深圳）有限公司
2699	深圳市旋彩电子有限公司
2700	深圳市畅盛精密模具有限公司
2701	深圳市铂电科技有限公司
2702	深圳市中易腾达科技股份有限公司
2703	方洲照明（深圳）有限公司
2704	深圳朗医科技有限公司
2705	深圳市福智软件技术有限公司
2706	深圳市智能制造软件开发有限公司

序号	单位名称
2707	深圳山荣凯科技有限公司
2708	深圳市亚斌电子有限公司
2709	深圳市格仕乐科技有限公司
2710	深圳市东方星园林绿化有限公司
2711	深圳市适科金华电子有限公司
2712	金信化工（深圳）有限公司
2713	深圳唯一科技股份有限公司
2714	深圳市九和咏精密电路有限公司
2715	深圳市天星泰光电科技有限公司
2716	深圳市博孚机电有限公司
2717	深圳市隆元科技有限公司
2718	深圳市华仁科技有限公司
2719	深圳市华迅通信技术有限公司
2720	深圳崛世网络科技有限公司
2721	深圳市国昌荣电子有限公司
2722	深圳市优伴教育科技有限公司
2723	现代精密塑胶模具（深圳）有限公司
2724	深圳市协信达科技有限公司
2725	深圳市创谷科技发展有限公司
2726	深圳市生利科创包装制品有限公司
2727	深圳市华升鑫电路有限公司
2728	深圳大学建筑设计研究院有限公司
2729	深圳前海巴斯巴网络服务有限公司
2730	深圳三井表业有限公司
2731	深圳赛美控电子科技有限公司
2732	深圳全通网印机电设备有限公司
2733	深圳市凯裕电子科技有限公司
2734	深圳市鑫南天科技有限公司
2735	深圳市大圣神通机器人科技有限公司
2736	深圳市金城空调净化技术有限公司
2737	深圳市华腾物联科技有限公司
2738	深圳市一体数科科技有限公司
2739	深圳市博领光电科技有限公司
2740	深圳市易佳三硅胶有限公司
2741	深圳市世纪天元科技有限公司
2742	深圳市云松科技有限公司
2743	深圳街电科技有限公司
2744	深圳迈拓数码科技有限公司
2745	金杲易光电科技（深圳）有限公司
2746	深圳市精创马达有限公司
2747	深圳光启空间技术有限公司
2748	深圳市瑞升华科技股份有限公司
2749	深圳市科睿视讯科技有限公司
2750	深圳市图门新能源有限公司
2751	联振电子（深圳）有限公司
2752	深圳市嘉瑞盛科技有限公司
2753	深圳市亚陆行新能源材料有限公司
2754	深圳市声菲特科技技术有限公司
2755	深圳市正德智控股份有限公司
2756	深圳普联网络科技有限公司
2757	深圳市鼎曜智能科技有限公司
2758	深圳市垅运照明电器有限公司
2759	深圳市明进康电子有限公司
2760	富途网络科技（深圳）有限公司
2761	深圳市中达电气技术有限公司
2762	深圳辉力电子有限公司
2763	深圳市飞扬光电材料有限公司
2764	深圳先讯科技发展有限公司
2765	深圳市兴宏顺科技有限公司
2766	深圳市鑫旭源环保有限公司
2767	深圳市车博仕机电设备有限公司
2768	深圳市强流明光电有限公司
2769	深圳市亿利科达科技有限公司
2770	深圳臻金精密科技有限公司
2771	深圳酷平方科技有限公司
2772	深圳市海目星激光智能装备股份有限公司
2773	深圳市红帆电子有限公司
2774	深圳市欧博科技有限公司
2775	深圳市三烨科技有限公司
2776	启航星辰（深圳）科技有限公司
2777	深圳市龙合实业有限公司
2778	深圳市鹏天自动化技术有限公司
2779	深圳星帮尼环保科技有限公司
2780	深圳市小矿鼠儿童智能科技有限公司
2781	深圳市迅灵电子科技有限公司
2782	深圳市富临厨房设备有限公司
2783	深圳市中车智联科技有限公司
2784	深圳市亿沛创展电子有限公司
2785	深圳京柏医疗科技股份有限公司
2786	深圳市洛金科技有限公司
2787	深圳巴斯巴汽车电子有限公司
2788	斯坦德机器人（深圳）有限公司
2789	深圳桐源科技有限公司
2790	深圳云合达智能电网有限公司
2791	深圳市汇智成科技有限公司
2792	深圳市先河系统技术有限公司
2793	深圳市顺益丰实业有限公司
2794	深圳市大疆百旺科技有限公司
2705	毅丰显示科技（深圳）有限公司
2796	深圳市智慧海洋科技有限公司
2797	深圳市转角街坊网络科技有限公司
2798	迦沃科技（深圳）有限公司
2799	深圳市宗匠科技有限公司
2800	深圳市金华升科技股份有限公司
2801	深圳市优美环境治理有限公司
2802	深圳市金固祥科技有限公司
2803	深圳市威磁智能科技有限公司
2804	品创设计（深圳）有限公司
2805	深圳金证引擎科技有限公司
2806	深圳市尚锐科技有限公司
2807	深圳市神舟创新科技有限公司
2808	深圳市乐为创新科技有限公司
2809	深圳市沃普德科技有限公司
2810	深圳市普盛网络有限公司
2811	瑞鸣电气设备有限公司
2812	深圳威玛网电科技有限公司
2813	深圳耀德数据服务有限公司
2814	深圳市普森斯科技有限公司
2815	深圳市晶力泰科技有限公司
2816	康特讯电子（深圳）有限公司
2817	深圳市惠高洁智能清洁科技有限公司
2818	阿斯科纳科技（深圳）有限公司
2819	深圳市鑫锐互联科技有限公司
2820	深圳市诚至臻科技有限公司
2821	深圳市新浦自动化设备有限公司
2822	深圳市紫光百合科技有限公司
2823	深圳市锐拓仪器设备有限公司
2824	深圳市鸿飞机电科技有限公司
2825	广东仁懋电子有限公司
2826	深圳智金工科技有限公司
2827	深圳市雅鑫祺电子有限公司
2828	深圳市格耐电器有限公司
2829	深圳市康庆达电器有限公司
2830	深圳市顺电工业电缆有限公司
2831	深圳佰嘉奕成科技有限公司
2832	深圳市信安心科技有限公司
2833	深圳市永为恒科技有限公司
2834	赛诺生（深圳）基因产业发展有限公司
2835	深圳市全网融通数据技术有限公司
2836	深圳市安耐佳电子有限公司
2837	深圳市多彩汇通实业有限公司
2838	深圳摩罗志远科技有限公司
2839	科达译发电子（深圳）有限公司
2840	深圳市睿联通信技术有限公司
2841	深圳研江智能科技有限公司
2842	深圳市同和信息技术有限公司
2843	深圳市腾达工业自动设备有限公司
2844	海达舍画阁药业有限公司
2845	深圳芯能半导体技术有限公司
2846	深圳市合讯电子有限公司
2847	深圳市特力电器有限公司
2848	深圳市易停车库科技有限公司
2849	深圳市康灿新能源科技有限公司
2850	深圳市飞腾云科技有限公司
2851	深圳市优网科技有限公司
2852	深圳市中达电机有限公司
2853	盈拓电子科技（深圳）有限公司
2854	深圳市全同态科技有限公司
2855	深圳市未来人工智能科技有限公司
2856	深圳高科新农技术有限公司
2857	深圳市凯达扬自动化有限公司
2858	中惠电子（深圳）有限公司
2859	深圳市利合信诺科技有限公司
2860	深圳市兴威特科技有限公司
2861	深圳迈辽技术转移中心有限公司
2862	深圳市锐钜科技有限公司
2863	深圳市盈信电子科技有限公司
2864	深圳市奋达智能技术有限公司
2865	深圳市蜂鸟软件科技有限公司
2866	深圳市秒嘀科技有限公司
2867	深圳凯奇化工有限公司
2868	深圳市图特美高分子材料有限公司
2869	深圳市大翰精密零件有限公司
2870	深圳市鸿义通仪测有限公司
2871	深圳市宏远玻璃制品有限公司
2872	深圳市摩尔光电科技有限公司
2873	深圳市明锐捷科技有限公司
2874	深圳市华信通高科技有限公司
2875	深圳市诺信德科技有限公司
2876	深圳市智能时代科技有限公司
2877	深圳市斯柯得科技有限公司

序号	单位名称
2878	深圳市中瑞科电子有限公司
2879	深圳市亿泉电子有限公司
2880	深圳市明之盛科技有限公司
2881	深圳市迈地砼外加剂有限公司
2882	前海金信（深圳）科技有限责任公司
2883	深圳市普耐科技有限公司
2884	深圳市南理工技术转移中心有限公司
2885	深圳市星威恒科技有限公司
2886	深圳纽迪瑞科技开发有限公司
2887	深圳众源一光电科技有限公司
2888	深圳市岚正科技有限公司
2889	深圳市兴鸿泰锡业有限公司
2890	深圳市华测通检测认证有限公司
2891	深圳市金四象科技有限公司
2892	深圳市平行维度科技有限公司
2893	深圳市世纪鼎创科技有限公司
2894	深圳市蕾薇科技有限公司
2895	深圳市博山水泵设备技术开发有限公司
2896	深圳市赛思特机械有限公司
2897	深圳艾尔康电子元器件有限公司
2898	深圳山源电器股份有限公司
2899	深圳市祺利电子有限公司
2900	深圳市华澄宇泰科技有限公司
2901	深圳市华楠建筑废料处理有限公司
2902	深圳市派高金属制品有限公司
2903	深圳市来吉智能科技有限公司
2904	深圳市凯印科技有限公司
2905	深圳市佳明鑫光电科技有限公司
2906	深圳市晶铸科技有限公司
2907	深圳捷飞高电路有限公司
2908	深圳菲尔泰光电有限公司
2909	深圳市海安达安全科技文化发展有限公司
2910	深圳市腾智工业设备有限公司
2911	深圳市第二互感器科技有限公司
2912	深圳市澳托士液压机械有限公司
2913	深圳乘方电机有限公司
2914	深圳市亚光通信有限公司
2915	深圳市软赢科技有限公司
2916	深圳市力准传感技术有限公司
2917	深圳市联丰自动化设备开发有限公司
2918	深圳市科为源自动化技术有限公司
2919	深圳市锦特尔技术有限公司
2920	深圳市巨扬达科技有限公司
2921	深圳市特安洁净能源科技有限公司
2922	深圳市德镒盟电子有限公司
2923	深圳市瑞邦智能装备科技有限公司
2924	深圳市博迈技术有限公司
2925	深圳市创驰蓝天科技发展有限公司
2926	深圳市驿航科技有限公司
2927	深圳荟网软件技术有限公司
2928	深圳市易特科技有限公司
2929	深圳市宏能胶粘制品有限公司
2930	深圳绿景环保再生资源有限公司
2931	深圳市东方宇之光科技股份有限公司
2932	深圳市立中祥科技股份有限公司
2933	深圳市杏辉厨具有限公司
2934	深圳润康生态环境股份有限公司

序号	单位名称
2935	深圳市巨龙易达网络教育科技有限公司
2936	深圳市智美德科技有限公司
2937	深圳必优传感科技有限公司
2938	深圳市晋铭航空技术有限公司
2939	深圳市长益通信息科技有限公司
2940	深圳市量宇科技有限公司
2941	富兰克科技（深圳）股份有限公司
2942	深圳市永邦宇五金制品有限公司
2943	深圳市畅飞扬信息系统有限公司
2944	深圳市佳美新能源连接系统股份有限公司
2945	深圳市海吉源科技有限公司
2946	深圳市青葡萄科技有限公司
2947	深圳市中电叁陆科技有限公司
2948	深圳市瀚海电子技术有限公司
2949	深圳天牧科技有限公司
2950	东华星联科技有限公司
2951	深圳市鑫宇环检测有限公司
2952	深圳市金永亨科技有限公司
2953	深圳市精恒工程检验有限公司
2954	深圳市思萌科技有限公司
2955	誉威五金制品（深圳）有限公司
2956	深圳市海特高分子材料有限公司
2957	深圳市亿航成电子有限公司
2958	深圳市千晟电声科技有限公司
2959	深圳市麒鑫通达科技有限公司
2960	深圳市睿达自动化设备有限公司
2961	深圳市捷牛智能装备有限公司
2962	曙鹏科技（深圳）有限公司
2963	深圳市诺明光电有限公司
2964	深圳通源电线电缆有限公司
2965	深圳优哲信息技术有限公司
2966	深圳市亿优科技有限公司
2967	深圳市图灵机器人有限公司
2968	深圳友宝科斯科技有限公司
2969	深圳市楚风通讯技术有限公司
2970	深圳市莱佳医疗电子有限公司
2971	深圳市海鹏信新能源有限公司
2972	深圳市誉兴通科技股份有限公司
2973	深圳市浩升视讯有限公司
2974	深圳市嘉顿高士网络科技有限公司
2975	深圳市控汇智能股份有限公司
2976	安兴精密（深圳）有限公司
2977	晶晨半导体（深圳）有限公司
2978	深圳市美信咨询有限公司
2979	深圳市智物通讯科技有限公司
2980	深圳深度教育股份公司
2981	深圳泰得思科技有限公司
2982	深圳市同博宇科技有限公司
2983	中冶建筑研究总院（深圳）有限公司
2984	深圳市多尼卡电子技术有限公司
2985	深圳市华视雄业科技有限公司
2986	深圳市奇付通科技有限公司
2987	深圳市飞猫电器有限公司
2988	深圳市欧因控科技有限公司
2989	深圳市科尔创科技有限公司
2990	慧明光电（深圳）有限公司
2991	深圳市品创源实业有限公司

序号	单位名称
2992	深圳市捷泰达电子科技有限公司
2993	深圳市歌尔泰克科技有限公司
2994	深圳桑菲消费通信有限公司
2995	深圳承启生物科技有限公司
2996	深圳市山卓谐波传动科技有限公司
2997	深圳市云海易联电子有限公司
2998	深圳市窝窝头科技有限公司
2999	恒超源洗净科技（深圳）有限公司
3000	深圳市绿源极光科技有限公司
3001	深圳市海中信科技有限公司
3002	深圳市海雷新能源有限公司
3003	深圳市中纬智能有限公司
3004	深圳市中航佳智能科技有限公司
3005	深圳市森思光电有限公司
3006	深圳市宇芯数码技术有限公司
3007	深圳市建圳达电线电缆有限公司
3008	深圳巧妈科技有限公司
3009	深圳市天行云供应链有限公司
3010	深圳市晶联星科技有限公司
3011	深圳市佳宝特实业有限公司
3012	深圳市赤雨科技有限公司
3013	深圳市三升显示屏有限公司
3014	深圳市正工精密五金塑胶有限公司
3015	深圳市盛祥科技开发有限公司
3016	深圳市星宏伟业科技有限公司
3017	深圳市裕康达科技有限公司
3018	深圳市微云创想技术有限公司
3019	深圳市创辉业金属材料有限公司
3020	深圳高鼎通信息技术有限公司
3021	深圳市益百通科技有限公司
3022	深圳市鸿达利机械设备有限公司
3023	深圳市鸿富瀚科技有限公司
3024	深圳市经纬科技有限公司
3025	深圳市强普光电有限公司
3026	深圳市大唐宏信科技有限公司
3027	深圳市易甲文技术有限公司
3028	深圳市大能智造科技有限公司
3029	牧气精密工业（深圳）有限公司
3030	深圳市沃信科技有限公司
3031	深圳胜蓝电气有限公司
3032	深圳市卓晓智能科技有限公司
3033	深圳市深通石化工程设备有限公司
3034	深圳市微雪电子有限公司
3035	深圳市恩钛控股有限公司
3036	深圳华讯网络科技有限公司
3037	深圳鲲云信息科技有限公司
3038	深圳市森堡五金塑胶有限公司
3039	深圳市德平国瀚汽车电子科技有限公司
3040	深圳彩翼光电科技有限公司
3041	深圳市科泰德连接技术有限公司
3042	深圳市盛世智能装备有限公司
3043	深圳市佩晟科技有限公司
3044	深圳市久信通科技有限公司
3045	深圳市机器时代科技有限公司
3046	深圳金立翔视效科技有限公司
3047	深圳市珈玛纳米技术有限公司
3048	深圳惠风启科技有限公司

序号	单位名称
3049	深圳市丰羿科技有限公司
3050	深圳市光波通信有限公司
3051	深圳市同济人建筑设计有限公司
3052	深圳市锐铂自动化科技有限公司
3053	深圳市大象投影显示技术有限责任公司
3054	深圳星联天通科技有限公司
3055	深圳市信融在线网络发展有限公司
3056	深圳市华移科技股份有限公司
3057	深圳市胜隆环境技术有限公司
3058	深圳市思为无线科技有限公司
3059	深圳市容大信息技术有限公司
3060	深圳市泰力威科技发展有限公司
3061	深圳市唯高科技有限公司
3062	深圳市盛康泰有机硅材料有限公司
3063	深圳动进智能科技有限公司
3064	深圳无微华斯生物科技有限公司
3065	深圳市瑞意博科技股份有限公司
3066	深圳市诚创液晶显示有限公司
3067	深圳市绍永福印刷有限公司
3068	深圳普智联科机器人技术有限公司
3069	深圳市恒升鑫源电子设备有限公司
3070	深圳市晟科通信技术有限公司
3071	深圳市怡嘉淇科技有限公司
3072	云之道（深圳）信息技术有限公司
3073	深圳市德测检测有限公司
3074	深圳市鹏城汇科技有限公司
3075	深圳市三维电路科技有限公司
3076	雅香丽化妆用品（深圳）有限公司
3077	深圳连硕自动化科技有限公司
3078	深圳市泽科科技有限公司
3079	深圳市卓航自动化设备有限公司
3080	深圳市大红点装饰有限公司
3081	深圳市众能达自动化设备有限公司
3082	深圳市源刚自动化设备有限公司
3083	深圳市博德越科技有限公司
3084	深圳圣鑫自动化设备有限公司
3085	深圳市富斯科技有限公司
3086	深圳市诚荣智能科技有限公司
3087	深圳市捷创新材料股份有限公司
3088	深圳市东陆高新实业有限公司
3089	深圳市微构科技有限公司
3090	深圳芯珑电子技术有限公司
3091	深圳市科力晟通科技有限公司
3092	深圳市星扬高新科技有限公司
3093	深圳市君安宏图技术有限公司
3094	深圳市合普顿科技有限公司
3095	深圳飞音时代网络通讯技术有限公司
3096	深圳市卓乐科技有限公司
3097	深圳市商厨科技有限公司
3098	深圳市松立泰科技有限公司
3099	深圳市富力达工业有限公司
3100	深圳市金美辉电子科技有限公司
3101	深圳市安欧科技有限公司
3102	深圳市鸿盈鸿科技有限公司
3103	深圳市有升科技开发有限公司
3104	深圳安邦科技有限公司
3105	深圳市锦城胶粘制品有限公司
3106	深圳市众鼎科技有限公司
3107	深圳市七星电气与智能化工程科技有限公司
3108	深圳一粒云科技有限公司
3109	深圳市雷巴环保材料有限公司
3110	深圳市科葩信息技术有限公司
3111	深圳羽衡科技有限公司
3112	深圳市海纳川机电有限公司
3113	深圳恒才机电设备有限公司
3114	深圳市赛维通讯科技有限公司
3115	讯康信息技术（深圳）有限公司
3116	深圳市海菲光电发展有限公司
3117	深圳市协和工业产品设计有限公司
3118	深圳市特力康科技有限公司
3119	深圳市新淮荣晖科技有限公司
3120	深圳市科迈信息技术有限公司
3121	拓客通讯（深圳）有限公司
3122	卡莱特（深圳）云科技有限公司
3123	深圳市鸿富诚屏蔽材料有限公司
3124	深圳迅销科技股份有限公司
3125	深圳市恒昌达实业有限公司
3126	深圳市华成峰数据技术有限公司
3127	深圳优地科技有限公司
3128	深圳市鹏辉制冷工程有限公司
3129	深圳市佳锐普科技有限公司
3130	深圳市星科启电子商务有限公司
3131	深圳市龙火科技有限公司
3132	深圳市科创航空技术有限公司
3133	深圳市奥威尔通信科技有限公司
3134	深圳市沃佳尔科技有限公司
3135	深圳市永为科技有限公司
3136	前海云游数据运营（深圳）有限公司
3137	深圳市创佳声学科技有限公司
3138	深圳荣亚物联科技有限公司
3139	深圳市软云信息有限公司
3140	深圳市鑫宏宇包装制品有限公司
3141	深圳市众安康医疗工程有限公司
3142	深圳市天乐思科技有限公司
3143	深圳力迈电子有限公司
3144	深圳市吉子通科技有限公司
3145	深圳市中科创威科技有限公司
3146	深圳西德电气有限公司
3147	深圳市艾雷激光科技有限公司
3148	深圳市圣凯尔影视技术有限公司
3149	深圳市鑫瑞科科技有限公司
3150	深圳市途巴能源高新科技有限公司
3151	深圳市睿德通讯科技有限公司
3152	深圳市易商云电子商务有限公司
3153	深圳市百柔新材料技术有限公司
3154	深圳市智码软件技术有限公司
3155	深圳市仕达盛峰智能装备有限公司
3156	深圳市斑点猫信息技术有限公司
3157	深圳市鑫鸿华太阳能有限公司
3158	深圳市康冠技术有限公司
3159	深圳市佑宝源科技有限公司
3160	深圳前海网顺通科技有限公司
3161	深圳市励智科技有限公司
3162	深圳元启环境能源技术有限公司
3163	深圳市沃尔克自动化控制有限公司
3164	深圳市明学光电股份有限公司
3165	飞思仪表（深圳）有限公司
3166	万国游（深圳）科技有限公司
3167	深圳市好兄弟电子有限公司
3168	深圳市芯生半导体有限公司
3169	深圳市矽海数据采集系统有限公司
3170	深圳市恒永达科技有限公司
3171	深圳市华讯方舟太赫兹科技有限公司
3172	深圳市科鼎实业有限公司
3173	深圳市泰金田科技有限公司
3174	深圳源星威科技有限公司
3175	深圳市核芯智联科技开发有限公司
3176	深圳市旭峰微科技有限公司
3177	深圳市泰晶太阳能科技有限公司
3178	深圳市绿豹医疗科技有限公司
3179	深圳市奥利信通讯设备有限公司
3180	深圳市宝明发科技有限公司
3181	深圳市容微精密电子有限公司
3182	深圳市景泰荣环保科技有限公司
3183	深圳市润谦科技有限公司
3184	伟能机电设备（深圳）有限公司
3185	深圳市洛仑兹技术有限公司
3186	深圳市鸿通宇电子有限公司
3187	深圳市达城威电子科技有限公司
3188	深圳爱科思达科技有限公司
3189	深圳市威必达有害生物防治有限公司
3190	深圳市麦思美科技有限公司
3191	深圳市艾克斯自动化技术开发有限公司
3192	深圳市万德昌科技有限公司
3193	深圳侠之谷科技有限公司
3194	博识峰云（深圳）信息技术有限公司
3195	深圳市安耐节科技有限公司
3196	深圳市白狐工业设计有限公司
3197	深圳市誉烁鑫电子有限公司
3198	深圳诺必达节能环保有限公司
3199	深圳市安诺得科技有限公司
3200	深圳市翠篆科技绿化工程有限公司
3201	深圳瑞湖科技有限公司
3202	深圳市中视同创科技有限公司
3203	深圳市众博信科技有限公司
3204	深圳市恒创宝莱科技有限公司
3205	深圳聚物网络科技有限公司
3206	深圳市润之鑫科技有限公司
3207	深圳欧米智能科技有限公司
3208	深圳市玖胜云智联科技有限公司
3209	深圳优创智慧科技有限公司
3210	深圳市富能新能源科技有限公司
3211	深圳市卡联科技股份有限公司
3212	深圳市蓝海祥云科技开发有限公司
3213	深圳市鑫中瑞电子科技有限公司
3214	深圳市微测检测有限公司
3215	深圳市阿凡达光电科技有限公司
3216	创维集团智能装备有限公司
3217	深圳市雅琪光电有限公司
3218	锐驰机器人（深圳）有限公司
3219	深圳市爱协生科技有限公司

序号	单位名称
3220	深圳市五洲电子有限公司
3221	深圳搜食网络科技有限公司
3222	深圳市雷明宇光电有限公司
3223	深圳市德联讯科技有限公司
3224	深圳市保凯迪科技企业服务有限公司
3225	深圳艾利门特科技有限公司
3226	深圳市慧康精密仪器有限公司
3227	深圳市华淼机械有限公司
3228	深圳市海风润滑技术有限公司
3229	深圳前海移联科技有限公司
3230	深圳市腾南电子科技有限公司
3231	中广核戈瑞（深圳）科技有限公司
3232	深圳市金丰盛电子有限公司
3233	深圳市博艺奇建筑设计有限公司
3234	深圳市伊比精密科技有限公司
3235	深圳市鸿鹭工业设备有限公司
3236	深圳市英之创科技有限公司
3237	深圳市方向电子有限公司
3238	深圳华腾生物医疗电子有限公司
3239	东丽塑料（深圳）有限公司
3240	深圳市耀嵘科技有限公司
3241	深圳麦普奇医疗科技有限公司
3242	深圳市三精模具有限公司
3243	深圳市星海激光成型技术有限公司
3244	深圳纳实大数据技术有限公司
3245	贝德凯利电气（深圳）有限公司
3246	深圳市鑫宝意智能科技有限公司
3247	你瞅啥（深圳）科技有限公司
3248	深圳市建侨建工集团有限公司
3249	深圳市星国华先进装备科技有限公司
3250	苏福（深圳）科技有限公司
3251	深圳市罗庚电气有限公司
3252	深圳深日环保科技有限公司
3253	深圳市龙星辰电源有限公司
3254	新分享科技服务（深圳）有限公司
3255	深圳市博赛亚科技有限公司
3256	深圳米字科技发展有限公司
3257	深圳若贝特智能机器人科技有限公司
3258	深圳市华固电子科技有限公司
3259	深圳市鸿海盛特种消防科技有限公司
3260	深圳市明远精密科技有限公司
3261	深圳市顺安居智能科技有限公司
3262	深圳市顾美科技有限公司
3263	深圳市一览网络股份有限公司
3264	深圳市金伟发塑胶五金制品有限公司
3265	深圳市承儒科技有限公司
3266	深圳市麒麟实业有限公司
3267	深圳市金鼎丰贵金属设备科技有限公司
3268	深圳数智慧科技有限公司
3269	深圳市富源科电子有限公司
3270	深圳市派捷电子科技有限公司
3271	深圳市汇星数字技术有限公司
3272	深圳市卓迅辉塑胶制品有限公司
3273	深圳市海豚村信息技术有限公司
3274	深圳市聚炫光电照明有限公司
3275	深圳市康凯铭科技有限公司
3276	深圳市嘉熠精密自动化科技有限公司
3277	深圳市美仕奇科技有限公司
3278	深圳市万音电子科技有限公司
3279	深圳市创富源电子有限公司
3280	深圳市超越科技开发有限公司
3281	深圳市茗格科技有限公司
3282	深圳市东峰盛科技有限公司
3283	深圳市乐乐米信息技术有限公司
3284	深圳市华霆自动化工程有限公司
3285	深圳爱克莱特科技股份有限公司
3286	深圳市木浪云数据有限公司
3287	深圳市新威尔电子有限公司
3288	深圳市克雷斯光电科技有限公司
3289	深圳康荣电子有限公司
3290	深圳市大正瑞地科技有限公司
3291	深圳市华联兴电器有限公司
3292	深圳市林润实业有限公司
3293	深圳市润鹏华通创新科技有限公司
3294	深圳市在田翊方科技有限公司
3295	深圳市新圳宇科技开发有限公司
3296	深圳市晟图科技有限公司
3297	深圳市中科微盛科技有限公司
3298	深圳市永沣香料有限公司
3299	深圳优道科技有限公司
3300	优必飞科技（深圳）有限公司
3301	深圳市云顶信息技术有限公司
3302	深圳赤马通信技术有限公司
3303	深圳市零点智联科技有限公司
3304	深圳市华毅达弹簧机械有限公司
3305	深圳市零奔洋光电股份有限公司
3306	深圳市振力达科技有限公司
3307	深圳市美矽微半导体有限公司
3308	深圳市世椿智能装备股份有限公司
3309	深圳市创亿电力设备有限公司
3310	深圳安森照明科技有限公司
3311	深圳市智行至美科技有限公司
3312	深圳微播信息技术有限公司
3313	深圳市集美新材料股份有限公司
3314	深圳市宝金华混凝土有限公司
3315	深圳市联艺兴科技有限公司
3316	深圳市天悦硬质合金有限公司
3317	深圳了然视觉科技有限公司
3318	深圳安正检测技术有限公司
3319	天一照明（深圳）有限公司
3320	深圳市博源电力有限公司
3321	深圳市绿佳智慧环境发展有限公司
3322	友信精密实业（深圳）有限公司
3323	深圳市传盛科技有限公司
3324	深圳市蓝莓互娱科技有限公司
3325	深圳市科谱森精密技术有限公司
3326	深圳市明泰智能技术有限公司
3327	深圳市龙嘉鑫五金精密模具有限公司
3328	深圳市林建园林工程有限公司
3329	深圳市信合光电照明有限公司
3330	深圳市华安盛泰科技有限公司
3331	深圳市达士科技股份有限公司
3332	风变科技（深圳）有限公司
3333	深圳市东研磨料磨具有限公司
3334	深圳云联共创科技有限公司
3335	深圳和锐网络科技有限公司
3336	深圳市如歌科技有限公司
3337	深圳市德创电力电气设备有限公司
3338	深圳市房利聚科技有限公司
3339	深圳市联鑫致自动化设备有限公司
3340	印象空间（深圳）室内设计工程有限公司
3341	深圳中海世纪建筑设计有限公司
3342	康乐电机（深圳）有限公司
3343	深圳市智锂能源科技有限公司
3344	深圳蓝卡智能停车科技有限公司
3345	深圳市育诚先进半导体有限公司
3346	深圳科宏健半导体照明有限公司
3347	深圳翔拓电子有限公司
3348	深圳市睿创科数码有限公司
3349	深圳市子元环保科技发展有限公司
3350	深圳市豪亿为科技有限公司
3351	深圳市美信电子有限公司
3352	深圳市明鑫高分子技术有限公司
3353	深圳市英普瑞科技有限公司
3354	深圳市华潽新材料有限公司
3355	深圳市万睿智能科技有限公司
3356	深圳市西骏科技有限公司
3357	深圳市倍耐特科技有限公司
3358	深圳绿径科技有限公司
3359	深圳市德冠精密组件有限公司
3360	深圳市博扬智能装备有限公司
3361	深圳伊讯科技有限公司
3362	深圳市科达威科技有限公司
3363	深圳市乐百川科技有限公司
3364	深圳市德达康健股份有限公司
3365	深圳市思科瑞信息系统技术有限公司
3366	深圳市永昌电声有限公司
3367	深圳市奥拓立翔光电科技有限公司
3368	深圳市国华光电科技有限公司
3369	深圳市润安科技发展有限公司
3370	深圳市璞瑞达薄膜开关技术有限公司
3371	深圳市锦弘霖电子设备有限公司
3372	深圳市兴通铭电子科技有限公司
3373	深圳市三锋智能科技有限公司
3374	摩米士科技（深圳）有限公司
3375	深圳兴路通科技有限公司
3376	深圳科宏健科技有限公司
3377	深圳市旗智信息技术有限公司
3378	深圳福山生物科技有限公司
3379	深圳市道中创新科技有限公司
3380	深圳市锦联科技有限公司
3381	天比高零售管理（深圳）有限公司
3382	深圳市菲格斯机电设备有限公司
3383	深圳市联建隆科技有限公司
3384	深圳市乐众云科技有限公司
3385	深圳市祥泰精密五金有限公司
3386	深圳迈德士医疗器械科技有限公司
3387	深圳市中波新能源科技有限公司
3388	深圳市深逸通电子有限公司
3389	深圳市宏福兆业科技有限公司
3390	深圳市思普瑞机器人技术有限公司

序号	单位名称
3391	深圳市微纳感知计算技术有限公司
3392	深圳市从晶科技有限公司
3393	友鑫达塑胶电子（深圳）有限公司
3394	深圳市夏繁光电科技有限公司
3395	深圳市格莱光电子有限公司
3396	深圳市孚凡电子有限公司
3397	鲁班长（深圳）科技有限公司
3398	深圳市盈实科技有限公司
3399	深圳市慧眼视讯电子有限公司
3400	中消安科技实业（深圳）有限公司
3401	前海企保科技（深圳）有限公司
3402	深圳市友华通信技术有限公司
3403	深圳市林全科技有限公司
3404	深圳壹智云科技有限公司
3405	深圳市利兴隆机电设备有限公司
3406	深圳市明旺达精密科技有限公司
3407	深圳市旭世光电发展有限公司
3408	深圳曼威科技有限公司
3409	深圳市方森园林花卉有限公司
3410	深圳市善营自动化股份有限公司
3411	深圳市大恒数据安全科技有限责任公司
3412	深圳前海维晟智能技术有限公司
3413	深圳市天天讯通科技有限公司
3414	深圳市四维自动化设备有限公司
3415	深圳英飞源技术有限公司
3416	深圳市维琪医药研发有限公司
3417	深圳市华夏磁电子技术开发有限公司
3418	深圳市飞宇光纤系统有限公司
3419	深圳市惠富康光通信有限公司
3420	深圳市赛飞自动化设备有限公司
3421	深圳市德威玛通讯设备有限公司
3422	深圳市易超快捷科技有限公司
3423	深圳市深量科技有限公司
3424	深圳市能佳自动化设备有限公司
3425	深圳市豪恩安全科技有限公司
3426	深圳维创乐科技有限公司
3427	深圳市裕安达智能科技有限公司
3428	深圳市宇隆宏天科技有限公司
3429	深圳市长源兴科技有限公司
3430	深圳人本国际科技服饰有限公司
3431	深圳电器公司
3432	海清新（深圳）净化科技有限公司
3433	深圳市乐福衡器有限公司
3434	深圳市找铅网环保科技有限公司
3435	深圳臻佑电子科技有限公司
3436	深圳市融讯科技有限公司
3437	深圳联品激光技术有限公司
3438	前海沃乐家（深圳）智能生活科技有限公司
3439	深圳市永业昌机电有限公司
3440	深圳市爱普克流体技术有限公司
3441	深圳市天罡微科技有限公司
3442	深圳普益照明科技有限公司
3443	深圳市东方祺胜实业有限公司
3444	深圳市盈研自动化有限公司
3445	深圳市卓越无限信息技术有限公司
3446	深圳市消费宝网络科技有限公司
3447	深圳麦亚信科技股份有限公司

序号	单位名称
3448	深圳梦幻视界文化创意有限公司
3449	加法电力设备（深圳）有限公司
3450	深圳市汇北川电子技术有限公司
3451	深圳市安美信生物医药科技有限公司
3452	深圳市中禾旭精密机械有限公司
3453	深圳市科地通信技术有限公司
3454	深圳市博锐信息科技有限公司
3455	深圳市阳光视觉科技有限公司
3456	深圳市贝诗沃德科技有限公司
3457	深圳市知学云科技有限公司
3458	深圳北极鸥半导体有限公司
3459	深圳市新能安华技术有限公司
3460	深圳市萨拉摩尔科技有限公司
3461	深圳市粤环科检测技术有限公司
3462	深圳市万通信息技术有限公司
3463	深圳市飘飘宝贝有限公司
3464	深圳云净之信息技术有限公司
3465	深圳市万维空调净化工程有限公司
3466	深圳市旭日伟光科技有限公司
3467	深圳市葵芳信息服务有限公司
3468	深圳市瑞研通讯设备有限公司
3469	深圳市灵游互娱股份有限公司
3470	深圳华颐智能系统有限公司
3471	深圳禾胜成科技有限公司
3472	深圳市三雅科技有限公司
3473	深圳市五山新材料股份有限公司
3474	深圳市牧野精控机电有限公司
3475	深圳市天铭研科科技开发有限公司
3476	深圳市研宏光电科技有限公司
3477	深圳市全洲自动化设备有限公司
3478	深圳台达创新半导体有限公司
3479	深圳市世强元件网络有限公司
3480	深圳市鼎达科技有限公司
3481	深圳市东华计量检测技术有限公司
3482	深圳市八方通达科技有限公司
3483	深圳智网通信软件有限公司
3484	深圳市量能科技有限公司
3485	深圳市中扬数控机床有限公司
3486	深圳市爱品生电子科技有限公司
3487	深圳市亿徕尔科技有限公司
3488	深圳市京田精密科技有限公司
3489	深圳市煜盛电子有限公司
3490	深圳市凯尔斯塑胶电子有限公司
3491	深圳市金鼎源硬质合金有限公司
3492	深圳市科上汽车电子有限公司
3493	深圳市高域化学材料有限公司
3494	深圳市华泰隆自动化设备有限公司
3495	深圳市创美威节能设备有限公司
3496	深圳迈特凯科技发展有限公司
3497	深圳市锐达视科技有限公司
3498	深圳市虹喜科技发展有限公司
3499	深圳市集时通讯股份有限公司
3500	深圳市鼎达科技有限公司
3501	深圳市东华计量检测技术有限公司
3502	深圳市八方通达科技有限公司
3503	深圳智网通信软件有限公司
3504	深圳市量能科技有限公司

序号	单位名称
3505	深圳市中扬数控机床有限公司
3506	深圳市爱品生电子科技有限公司
3507	深圳市亿徕尔科技有限公司
3508	深圳市京田精密科技有限公司
3509	深圳市煜盛电子有限公司
3510	深圳市凯尔斯塑胶电子有限公司
3511	深圳市金鼎源硬质合金有限公司
3512	深圳市科上汽车电子有限公司
3513	深圳市高域化学材料有限公司
3514	深圳市华泰隆自动化设备有限公司
3515	深圳市创美威节能设备有限公司
3516	深圳迈特凯科技发展有限公司
3517	深圳市锐达视科技有限公司
3518	深圳市虹喜科技发展有限公司
3519	深圳市集时通讯股份有限公司
3520	深圳市美福源日用品有限公司
3521	深圳市鑫吉泰喷雾泵有限公司
3522	深圳市吉丰光电有限公司
3523	深圳市金桥软件有限公司
3524	深圳市矗能科技有限公司
3525	深圳市智美视讯科技有限公司
3526	深圳市伟思拓科技有限公司
3527	深圳市斯特纳新材料有限公司
3528	深圳市红芯微科技开发有限公司
3529	维准电子科技（深圳）有限公司
3530	深圳市怡海能达有限公司
3531	深圳市腾安达交通科技有限公司
3532	德利赉精密五金制品（深圳）有限公司
3533	深圳市泰祺科技有限公司
3534	深圳市赛云数据有限公司
3535	深圳市伟铂瑞信科技有限公司
3536	深圳哈雷云信息技术有限公司
3537	深圳市龙岗区东江工业废物处置有限公司
3538	深圳市中智兴科技有限公司
3539	深圳希尔智慧科技集团有限公司
3540	深圳市科莱德电子有限公司
3541	深圳凯智通微电子技术有限公司
3542	深圳市点维文化传播有限公司
3543	深圳市鑫疆基业科技有限责任公司
3544	深圳世宗瑞迪自动化设备有限公司
3545	深圳市光中道电子有限公司
3546	深圳市深水生态环境技术有限公司
3547	深圳变设龙信息科技有限公司
3548	深圳市联永科技股份有限公司
3549	深圳市正非检测科技有限公司
3550	深圳市元特科技有限公司
3551	深圳市博卡生物技术有限公司
3552	深圳市智领芯科技有限公司
3553	深圳市智税云网络科技有限公司
3554	深圳市拓博瑞激光科技有限公司
3555	深圳市云谷时代网络技术有限公司
3556	深圳科朗电器有限公司
3557	深圳市崔帕斯数字音响设备有限公司
3558	深圳市杰美特科技股份有限公司
3559	深圳市云顶科技有限公司
3560	深圳市天讯通科技有限公司
3561	深圳瑞科时尚电子有限公司

序号	单位名称
3562	深圳福瑞杰电子科技有限公司
3563	深圳吴舍软装设计有限公司
3564	深圳绿大地光电有限公司
3565	深圳市成功快车科技有限公司
3566	深圳市泽慧文化传播有限公司
3567	深圳市和泰云智能科技有限公司
3568	深圳市欣易辰信息科技有限公司
3569	深圳城市节能环保科技有限公司
3570	深圳市康得森电器有限公司
3571	妙智科技（深圳）有限公司
3572	深圳市超美化工科技有限公司
3573	深圳市悦保科技有限公司
3574	红门智能科技股份有限公司
3575	深圳市三维自动化工程有限公司
3576	深圳市鸿冠钇科技有限公司
3577	深圳深华新电缆实业有限公司
3578	深圳品创兴科技有限公司
3579	深圳宙游网络科技有限公司
3580	深圳创维空调科技有限公司
3581	深圳市国云工控系统有限公司
3582	傲通环球环境控制（深圳）有限公司
3583	深圳市骏益光科技有限公司
3584	深圳市常行科技有限公司
3585	深圳市盈润佳电子有限公司
3586	力顿钮扣配件（深圳）有限公司
3587	深圳市互联创科技有限公司
3588	深圳市鑫冠辉达电子有限公司
3589	深圳市浩汉科技有限公司
3590	深圳市灿阳电气设备有限公司
3591	深圳市三本温控技术有限公司
3592	深圳市汉威激光设备有限公司
3593	深圳鑫利来五金塑胶有限公司
3594	深圳市凯因科技有限公司
3595	深圳市智汇云科技有限公司
3596	深圳市昱元科技有限公司
3597	深圳市九州传媒科技有限公司
3598	深圳市慧眼实业有限公司
3599	亿达信息技术（深圳）有限公司
3600	深圳东方红鹰科技有限公司
3601	深圳市保益新能电气有限公司
3602	深圳沃圣数码科技有限公司
3603	深圳市中美通用科技有限公司
3604	深圳市建安（集团）股份有限公司
3605	深圳市中安安全技术有限公司
3606	深圳市深象紧固科技股份有限公司
3607	深圳市绿明光世界科技有限公司
3608	深圳市庆彬科技有限公司
3609	深圳市创新佳电子标签有限公司
3610	深圳市力宝兴业电子有限公司
3611	七鼎娱乐（深圳）有限公司
3612	深圳市雾中楼科技有限公司
3613	深圳新恒业电池科技有限公司
3614	深圳市华阳信通科技发展有限公司
3615	深圳市力生美半导体股份有限公司
3616	深圳市天腾实业有限公司
3617	深圳市宏普欣电子科技有限公司
3618	深圳市军恩伟业科技有限公司
3619	深圳市博控科技有限公司
3620	深圳市生辉煌电子有限公司
3621	深圳市巴视通技术有限公司
3622	深圳中雅机电实业有限公司
3623	深圳市威科达科技有限公司
3624	深圳市艾赛克科技有限公司
3625	深圳可为创想智能科技有限公司
3626	深圳市南极光电子科技股份有限公司
3627	深圳多哚新技术有限责任公司
3628	深圳市华能电力设备有限公司
3629	深圳市正东明光电子有限公司
3630	深圳市特发泰科通信科技有限公司
3631	深圳格瑞鼎新能源科技发展有限公司
3632	华瑞昇电子（深圳）有限公司
3633	深圳朗泰五金制品有限公司
3634	深圳市圣龙特电子有限公司
3635	深圳市新联恒光电科技有限公司
3636	深圳市领卓实业发展有限公司
3637	深圳市海丰泰科技发展有限公司
3638	深圳市小镜科技有限公司
3639	普罗旺斯科技（深圳）有限公司
3640	深圳市洪骏达五金科技有限公司
3641	深圳中认通测检验技术有限公司
3642	深圳市安智捷科技有限公司
3643	深圳深美厨具设备有限公司
3644	深圳市联合蓝海科技开发有限公司
3645	优地网络有限公司
3646	深圳市迈锐光电有限公司
3647	深圳森丰真空镀膜有限公司
3648	深圳创达通讯科技有限公司
3649	深圳市研赛科技有限公司
3650	深圳市红标点科技有限公司
3651	深圳爱布丁梦想科技有限公司
3652	深圳市拓普瑞电子有限公司
3653	深圳市安信达存储技术有限公司
3654	南方银谷科技有限公司
3655	深圳市鑫美威自动化设备有限公司
3656	深圳三羊塑胶五金有限公司
3657	深圳市炫丽阳光电有限公司
3658	深圳市奥生科技有限公司
3659	深圳市中能泰富科技有限公司
3660	深圳市震东科技有限公司
3661	深圳市爱乐士电子有限公司
3662	德润（深圳）环境治理科技有限公司
3663	深圳市吉安达科技有限公司
3664	深圳市艺感科技有限公司
3665	深圳市禹邦水处理技术有限公司
3666	深圳市悦目光学器件有限公司
3667	深圳市安东塑胶模具有限公司
3668	深圳市中富美机电设备有限公司
3669	深圳市易探科技有限公司
3670	深圳市看见网络科技有限公司
3671	深圳市德科信息技术有限公司
3672	深圳市仁拓科技有限公司
3673	深圳市普洛威电子有限公司
3674	深圳市德宇智能装备有限公司
3675	深圳市睿拓通科技有限公司
3676	深圳市海兴科技有限公司
3677	深圳市亚晔实业有限公司
3678	深圳市科德环保科技有限公司
3679	中成空间（深圳）智能技术有限公司
3680	深圳市乐拓电子有限公司
3681	深圳市易星标技术有限公司
3682	深圳爱问科技股份有限公司
3683	深圳市自力电子有限公司
3684	深圳联创和科技有限公司
3685	深圳市雅鑫达电子有限公司
3686	深圳市奥盛通科技有限公司
3687	深圳市研测科技有限公司
3688	深圳市宝明达半导体照明有限公司
3689	深圳联众安消防科技有限公司
3690	富冠精密技术（深圳）有限公司
3691	深圳市欧溢来电子有限公司
3692	中研科技（深圳）有限公司
3693	深圳市施威德自动化科技有限公司
3694	深圳中华商务安全印务股份有限公司
3695	埃森智能科技（深圳）有限公司
3696	深圳市快付通金融网络科技服务有限公司
3697	深圳市杰曼科技股份有限公司
3698	深圳市众富包装科技有限公司
3699	深圳市蓝硕通讯设备有限公司
3700	深圳市锐豪科技有限公司
3701	深圳市鼎端兴业科技有限公司
3702	深圳市力必拓智能设备有限公司
3703	深圳市海亿达科技股份有限公司
3704	深圳市完美爱钻石有限公司
3705	深圳市固电电子有限公司
3706	英微电气（深圳）有限公司
3707	深圳瑞科曼环保科技有限公司
3708	深圳尚青模具有限公司
3709	深圳市中民生物医药有限公司
3710	深圳市恒科通机器人有限公司
3711	深圳市乔宁科技有限公司
3712	友铂空天动力（深圳）有限公司
3713	深圳市创芯科技实业有限公司
3714	深圳市锐扬创科技术股份有限公司
3715	深圳汇义科技有限公司
3716	深圳市德治鑫自动化设备有限公司
3717	深圳市拓锦精密机械有限公司
3718	深圳市胜天光电技术有限公司
3719	深圳博创机器人技术有限公司
3720	深圳市容众科技发展有限公司
3721	恒溢科技节能环保（深圳）有限公司
3722	深圳市同创机电一体化技术有限公司
3723	宏维科技（深圳）有限公司
3724	深圳市中天协创科技发展有限公司
3725	深圳市怡启信科技有限公司
3726	深圳市翔菲尔有限公司
3727	深圳市魔浪电子有限公司
3728	深圳市铭华汇智科技有限公司
3729	深圳市而立创新五金有限公司
3730	深圳蓝狐思谷科技有限公司
3731	深圳市海德门电子有限公司
3732	深圳市斯派克光电科技有限公司

序号	单位名称
3733	深圳海宏通信技术有限公司
3734	深圳市益豪科技有限公司
3735	深圳市金宝信光电有限公司
3736	深圳鑫中创自动化设备有限公司
3737	深圳市博科系统科技有限公司
3738	深圳市精恒光电科技有限公司
3739	深圳市思博威尔斯科技有限公司
3740	深圳市经纬拉链有限公司
3741	深圳幻工网络科技有限公司
3742	深圳市科锐奇智慧科技有限公司
3743	深圳梦派科技集团有限公司
3744	深圳市奥兰特机械有限公司
3745	云星数据（深圳）有限公司
3746	深圳市嘉尔兴科技有限公司
3747	深圳市欣润京科技有限公司
3748	深圳市派斯特科技有限公司
3749	深圳迈业斯科技发展有限公司
3750	深圳市二十一天网络科技有限公司
3751	深圳市国源铭光电科技有限公司
3752	深圳市青禾新能源有限公司
3753	深圳市康索特软件有限公司
3754	深圳市宝晟互联信息技术有限公司
3755	深圳市中新海科技有限公司
3756	深圳市悠乐软件科技有限公司
3757	深圳市高德威技术有限公司
3758	深圳盒子信息科技有限公司
3759	深圳市优特打印耗材有限公司
3760	深圳市宝荣威科技有限公司
3761	深圳市艾尚写科技有限公司
3762	深圳市百事达卓越科技股份有限公司
3763	深圳市海东青软件科技股份有限公司
3764	深圳市国天电子股份有限公司
3765	迈格生命科技（深圳）有限公司
3766	群达模具（深圳）有限公司
3767	深圳市万和仪精密机械有限公司
3768	深圳市铁军智能科技有限公司
3769	深圳市白光电子科技有限公司
3770	深圳市浩科电子有限公司
3771	深圳市令令科技有限公司
3772	深圳市三笠恒盈科技有限公司
3773	金蝶蝶金云计算有限公司
3774	深圳市谜谭动画有限公司
3775	深圳市国瓷永丰源瓷业有限公司
3776	深圳市百思智能科技有限公司
3777	深圳大象安泰科技有限公司
3778	深圳市锐速云计算有限公司
3779	深圳市远达明反光器材有限公司
3780	深圳睿瀚医疗科技有限公司
3781	深圳市源科昱科技有限公司
3782	深圳市科锐尔自动化设备有限公司
3783	深圳市可飞科技有限公司
3784	深圳市联星服装辅料有限公司
3785	深圳市飞仙智能科技有限公司
3786	深圳市森凯欣技术有限公司
3787	伟创达电子科技（深圳）有限公司
3788	深圳市劲拓自动化设备股份有限公司
3789	中新云科技（深圳）有限公司

序号	单位名称
3790	深圳市欣瑞达液晶显示技术有限公司
3791	深圳市佳航电子有限公司
3792	瑞茂光学（深圳）有限公司
3793	峰岹科技（深圳）有限公司
3794	金鑫宇电源（深圳）有限责任公司
3795	深圳市远中天光电科技有限公司
3796	深圳市合川智能科技有限公司
3797	深圳市千贝科技有限公司
3798	深圳瑞丰光电薄膜科技有限公司
3799	广东创图文化传媒有限公司
3800	广东高普达集团股份有限公司
3801	升励五金（深圳）有限公司
3802	深圳市喀尔木环保材料有限公司
3803	深圳市韩景元电子有限公司
3804	深圳市恩莱吉能源科技有限公司
3805	深圳松诺技术有限公司
3806	深圳市宇泰科技有限公司
3807	深圳诺信能电子技术有限公司
3808	深圳市世达威光电有限公司
3809	深圳市信为科技发展有限公司
3810	深圳市安特信技术有限公司
3811	深圳市尚普光电有限公司
3812	深圳市豪斯莱科技有限公司
3813	深圳市伽蓝特科技有限公司
3814	深圳市冠联鑫金属材料有限公司
3815	深圳市宝业恒实业股份有限公司
3816	深圳市中塑新材料有限公司
3817	深圳市诚达科技股份有限公司
3818	深圳贝康瑞科技有限公司
3819	深圳市帝泰克科技有限公司
3820	深圳市宝康电子材料有限公司
3821	深圳市南天威视科技有限公司
3822	深圳市固诺泰科技有限公司
3823	深圳顶匠科技有限公司
3824	深圳市深联电路有限公司
3825	深圳市佳顺智能机器人股份有限公司
3826	深圳坐标软件集团有限公司
3827	深圳市微特自动化设备有限公司
3828	深圳东沅科技有限公司
3829	深圳前海特辰科技有限公司
3830	深圳市金海威景观设计工程有限公司
3831	深圳市玉井精密五金有限公司
3832	深圳市华奥展览服务有限公司
3833	深圳国美云智科技有限公司
3834	深圳市爱思宝科技发展有限公司
3835	深圳威阿科技有限公司
3836	深圳市安佳威视信息技术有限公司
3837	深圳市中银科技有限公司
3838	深圳市拓邦威电子科技有限公司
3839	深圳市工道科技有限公司
3840	深圳市雅欣控制技术有限公司
3841	深圳市安久和电子有限公司
3842	深圳市宏辉智通科技有限公司
3843	深圳市中科电工科技有限公司
3844	深圳市科海信息技术有限公司
3845	深圳市双平泰医疗科技有限公司
3846	广东天劲新能源科技股份有限公司

序号	单位名称
3847	深圳音浮股份有限公司
3848	深圳市普晟传感技术有限公司
3849	深圳市万漪环境艺术设计有限公司
3850	鑫能源科技（深圳）有限公司
3851	深圳市兰德华电子技术有限公司
3852	深圳市恒竹塑胶电子有限公司
3853	深圳市普拉托科技有限公司
3854	深圳市车泊乐科技有限公司
3855	深圳市爱剪辑科技有限公司
3856	深圳市升宇智能科技有限公司
3857	深圳市力博刀具技术有限公司
3858	深圳市三本软件有限公司
3859	深圳市彩世界电子科技有限公司
3860	深圳市骏丰木链网科技股份有限公司
3861	深圳市奔硕星光电科技有限公司
3862	深圳市鼎华彩印有限公司
3863	深圳市铂胜光电有限公司
3864	深圳市元众实业有限公司
3865	深圳市唯川科技有限公司
3866	深圳市泰芯微科技有限公司
3867	深圳市麒翔生命科技有限公司
3868	深圳市银河风云网络系统股份有限公司
3869	深圳宏景动力信息技术有限公司
3870	深圳市创景科技发展有限公司
3871	深圳市瑞信集成电路有限公司
3872	深圳市诚悦电子有限公司
3873	深圳正一电子电缆有限公司
3874	深圳市同为数码科技股份有限公司
3875	深圳艾萨科技有限公司
3876	深圳市活力天汇科技股份有限公司
3877	深圳市偲诺电子科技有限公司
3878	深圳市扣钉网络科技有限公司
3879	深圳软牛科技有限公司
3880	深圳捷誉技术有限公司
3881	深圳市仁禾佳业科技发展有限公司
3882	深圳市深科工程检测有限公司
3883	深圳市蓝度汽车电控技术有限公司
3884	深圳市金诺恒科技有限公司
3885	深圳市瑞迈思科技有限公司
3886	深圳市金辉翔电子有限公司
3887	深圳市优象计算技术有限公司
3888	深圳市热客派尔热力科技有限公司
3889	深圳市亿家网络有限公司
3890	深圳玛克餐饮设备有限公司
3891	深圳车佳科技有限公司
3892	深圳云际站利鑫信息科技有限公司
3893	深圳市德辰光电科技有限公司
3894	平安科技（深圳）有限公司
3895	深圳它石装备技术股份有限公司
3896	深圳市飞博康光通讯技术有限公司
3897	深圳市腾科系统技术有限公司
3898	深圳市城道通环保科技有限公司
3899	深圳市诺晨信有机硅材料有限公司
3900	智言科技（深圳）有限公司
3901	深圳市点石源水处理技术有限公司
3902	深圳市顺禾电器科技有限公司
3903	深圳市金安成科技有限公司

序号	单位名称
3904	互联天下科技发展（深圳）有限公司
3905	深圳源明杰科技股份有限公司
3906	深圳市鑫龙邦科技有限公司
3907	深圳耐特通信设备有限公司
3908	深圳市晨皓达科技有限公司
3909	深圳多新哆技术有限责任公司
3910	深圳市承越创展科技有限公司
3911	深圳市合联电子有限公司
3912	深圳瑞莱保核能技术发展有限公司
3913	深圳市健仕达电子有限公司
3914	深圳市橘井舒泉技术有限公司
3915	深圳市云创服装设计有限公司
3916	德盛智能（深圳）有限公司
3917	深圳市信美通新技术有限公司
3918	深圳市奥高德科技有限公司
3919	广东赛威赢环境技术工程有限公司
3920	深圳市吉芯微半导体有限公司
3921	深圳市宇恒互动科技开发有限公司
3922	深圳市永万丰实业有限公司
3923	深圳市德海威实业有限公司
3924	深圳隆庆智能激光科技有限公司
3925	深圳市深视创新科技有限公司
3926	深圳零匙科技有限公司
3927	深圳市精永达五金电子有限公司
3928	深圳市日博电子科技有限公司
3929	深圳市丘钛微电子科技有限公司
3930	深圳市成业机电设备有限公司
3931	深圳市中映良品文化传播有限公司
3932	深圳市玛曲信息科技有限公司
3933	深圳市兆航物流有限公司
3934	深圳市中安视达科技有限公司
3935	深圳市安冉安防科技有限公司
3936	深圳市拜特新能源有限公司
3937	深圳前海环融联易信息科技服务有限公司
3938	深圳市东洲骏科技有限公司
3939	深圳市火芯人科技有限公司
3940	深圳市智慧健康产业发展有限公司
3941	深圳沃德生命科技有限公司
3942	深圳市恒煌电子科技有限公司
3943	深圳市亮而彩科技有限公司
3944	深圳市多维空间信息技术有限公司
3945	深圳市和兴生电子有限公司
3946	深圳市拓野机器人自动化有限公司
3947	深圳酷酷科技有限公司
3948	深圳市航嘉驰源电气股份有限公司
3949	深圳市天晨时代科技有限公司
3950	深圳市力合微电子股份有限公司
3951	深圳市艾宝科技有限公司
3952	深圳市东星制冷机电有限公司
3953	深圳市金东方电子有限公司
3954	深圳市绿世纪环境技术有限公司
3955	深圳市利文机电有限公司
3956	深圳市旺鑫精密工业有限公司
3957	深圳法拉科电子有限公司
3958	启迪数字展示科技（深圳）有限公司
3959	深圳市聚马新能源汽车科技有限公司
3960	深圳市利勇安硅橡胶制品有限公司

序号	单位名称
3961	天彩电子（深圳）有限公司
3962	深圳第一线通信有限公司
3963	深圳市富利臻环保科技有限公司
3964	深圳市欧耐特通讯有限公司
3965	深圳市亚新科技有限公司
3966	深圳金仕盾照明科技有限公司
3967	深圳市赛派斯工业设备有限公司
3968	深圳市新元特钢有限公司
3969	深圳市顺时网络科技有限公司
3970	深圳迈鼎电子有限公司
3971	深圳晟钛数码科技有限公司
3972	深圳市瑞致达科技有限公司
3973	深圳市车酷时代信息技术有限公司
3974	深圳市亿线通电子有限公司
3975	深圳卫康明科技有限公司
3976	深圳市度信科技有限公司
3977	深圳市国投创新科技有限公司
3978	深圳市虎瑞科技有限公司
3979	深圳市深开电器实业有限公司
3980	深圳市宽田科技有限公司
3981	深圳市大兴智能机械有限公司
3982	深圳市优利麦克科技开发有限公司
3983	深圳宝嘉能源有限公司
3984	深圳市云希谷科技有限公司
3985	深圳源诚技术有限公司
3986	深圳市崧盛电子股份有限公司
3987	深圳市研为科技有限公司
3988	深圳市万居科技股份有限公司
3989	深圳前海神马金融服务有限公司
3990	深圳市深蓝互联科技有限公司
3991	深圳市诺金系统集成有限公司
3992	深圳通诚无限科技有限公司
3993	深圳微视科技发展有限公司
3994	海美格磁石技术（深圳）有限公司
3995	深圳市同兴高科工业自动化设备有限公司
3996	深圳市赛诺杰科技有限公司
3997	深圳市智云光电有限公司
3998	深圳市深红亿科技有限公司
3999	深圳市千百辉照明工程有限公司
4000	深圳市夏日冰海电子科技有限公司
4001	深圳市世纪佳源电子科技有限公司
4002	深圳市普乐华科技有限公司
4003	深圳市宝瑞明科技有限公司
4004	深圳市海雀科技有限公司
4005	深圳艾利佳材料科技有限公司
4006	深圳金诺显技术有限公司
4007	深圳市凌科凯特电子有限公司
4008	深圳市轩哲科技有限公司
4009	深圳市安室创新有限公司
4010	深圳市远鑫实业股份有限公司
4011	深圳市恒大伟业塑胶有限公司
4012	深圳市新能动力电源有限公司
4013	深圳市西戈软件技术有限公司
4014	深圳市翰星精技工业有限公司
4015	京尚睿智（深圳）科技有限公司
4016	深圳市百欧森环保科技股份有限公司
4017	尚佳豪五金（深圳）有限公司

序号	单位名称
4018	深圳市励骏光电有限公司
4019	深圳市华龙精密模具有限公司
4020	深圳市指南测控技术有限公司
4021	深圳电擎科技有限公司
4022	深圳市达科为生物工程有限公司
4023	深圳市创佳鸿机械设备有限公司
4024	深圳市卡格尔数码科技有限公司
4025	深圳快造科技有限公司
4026	深圳创想未来机器人有限公司
4027	深圳市前海打望技术有限公司
4028	艾伯资讯（深圳）有限公司
4029	深圳市启明盛电子科技有限公司
4030	深圳市八六三新材料技术有限责任公司
4031	深圳市金升彩包装材料有限公司
4032	深圳市大成精密设备有限公司
4033	深圳市海圳汽车技术有限公司
4034	深圳市丽海弘金科技有限公司
4035	深圳市中电华星电子技术有限公司
4036	深圳市骏业鼎兴技术有限公司
4037	深圳市麦斯芬奇网络科技有限公司
4038	深圳市创新精艺科技有限公司
4039	深圳惠牛科技有限公司
4040	深圳市高科塑化有限公司
4041	深圳市汇天益电子有限公司
4042	深圳微检无忧科技有限公司
4043	深圳市远捷包装制品有限公司
4044	深圳市博陆科电子科技有限公司
4045	深圳市微浦技术有限公司
4046	深圳市艾科维达科技有限公司
4047	深圳盟豪机械制造有限公司
4048	深圳市宏康仪器科技有限公司
4049	深圳市人通智能科技有限公司
4050	深圳众力新能源科技有限公司
4051	深圳市睿达科技有限公司
4052	深圳市惠立智能电力科技有限公司
4053	深圳晶石电器制造有限公司
4054	深圳瑞博恩电子科技有限公司
4055	深圳市凯芯威科技有限公司
4056	深圳市东方迪电子科技有限公司
4057	深圳市尚彩科技有限公司
4058	深圳市茂森精密五金有限公司
4059	深圳市设施之家科技有限公司
4060	深圳普瑞生科技有限公司
4061	深圳市迈威科技有限公司
4062	深圳市同德新材料科技有限公司
4063	深圳市亿天净化技术有限公司
4064	深圳数马电子技术有限公司
4065	深圳市畅飞博科技有限公司
4066	深圳市精卓流体技术有限公司
4067	深圳市易联网络技术有限公司
4068	深圳市思科博锐科技有限公司
4069	深圳市飞亚达科技发展有限公司
4070	深圳市飞翔电路有限公司
4071	金动力智能科技（深圳）有限公司
4072	深圳市汇思锐科技有限公司
4073	深圳市星汉激光科技有限公司
4074	深圳市派勤电子技术有限公司

序号	单位名称
4075	深圳市耀京科技有限公司
4076	广东盛迪嘉电子商务股份有限公司
4077	深圳市德力凯医疗设备股份有限公司
4078	深圳市创盈时代科技有限公司
4079	深圳市欧雷玛科技有限公司
4080	深圳市航泰光电有限公司
4081	深圳支付界科技有限公司
4082	深圳市佳鑫一帆科技有限公司
4083	深圳市众泰兄弟科技发展有限公司
4084	科宝电气制品（深圳）有限公司
4085	深圳市天工机械制造技术开发有限公司
4086	深圳市新立鸿光电有限公司
4087	深圳市勤达富流体机电设备有限公司
4088	深圳华大基因科技有限公司
4089	深圳市金吉峰科技有限公司
4090	深圳市福津光电技术有限公司
4091	深圳市捷创嘉智能物流装备有限公司
4092	深圳亿起融网络科技有限公司
4093	埃斯特（深圳）智能科技有限公司
4094	深圳市北斗云信息技术有限公司
4095	深圳市赛盟信息科技有限公司
4096	深圳尼恩光电技术有限公司
4097	深圳掌酷软件有限公司
4098	深圳市华韬智能技术有限公司
4099	深圳市卓越创想科技有限公司
4100	深圳亚锐光电科技有限公司
4101	深圳市思展自动化设备有限公司
4102	深圳洛辰装饰设计有限公司
4103	深圳市东科盛电子有限公司
4104	深圳市艾兰达电子有限公司
4105	深圳中环博宏环境技术有限公司
4106	深圳市业展电子有限公司
4107	雨峰精密组件（深圳）有限公司
4108	深圳市四鼎华悦科技有限公司
4109	深圳市黑云信息技术有限公司
4110	深圳市精泰盛金属制品有限公司
4111	深圳市凡诚智能装备有限公司
4112	深圳远征技术有限公司
4113	深圳市诺亚环境治理工程有限公司
4114	深圳市德恒科技有限公司
4115	深圳市致诚达科技有限公司
4116	深圳市茂捷半导体有限公司
4117	深圳市凯铭电气照明有限公司
4118	深圳优力可科技股份有限公司
4119	深圳市欧亚特电器设备有限公司
4120	深圳市品保电子有限公司
4121	创维光电科技（深圳）有限公司
4122	深圳市瀚达美电子有限公司
4123	深圳市广晟德科技发展有限公司
4124	深圳市高士达科技有限公司
4125	深圳市羽墨科技有限公司
4126	深圳彩翔精密机械有限公司
4127	深圳市索佳光电实业有限公司
4128	深圳曼顿科技有限公司
4129	深圳市音络科技有限公司
4130	深圳市鹏翔汇星水处理技术有限公司
4131	深圳市吉鑫泰电子有限公司

序号	单位名称
4132	深圳劲宇生物科技有限公司
4133	深圳市中福信息科技有限公司
4134	深圳市中弘凯科技有限公司
4135	深圳牛视科技有限公司
4136	深圳英莱能源科技有限公司
4137	深圳市迪沃斯电器有限公司
4138	心邀（深圳）生物科技有限公司
4139	深圳市玮肯电气技术有限公司
4140	深圳市大辰科技有限公司
4141	深圳纽兰德科技有限公司
4142	深圳市高亚达科技有限公司
4143	深圳迎凯生物科技有限公司
4144	深圳市世络科技有限公司
4145	深圳市金泰长丰科技有限公司
4146	深圳市凯乐电子有限公司
4147	深圳市汉伯科技有限公司
4148	深圳市豪龙新材料技术有限公司
4149	深圳市广道高新技术股份有限公司
4150	深圳市迈安信科技有限公司
4151	深圳市思科赛德电子科技有限公司
4152	深圳市雅姿彩五金塑胶有限公司
4153	深圳市华谕电子科技信息有限公司
4154	深圳市汉弘达电子科技有限公司
4155	深圳市美佳尼自动化设备有限公司
4156	深圳市兆驰节能照明股份有限公司
4157	深圳市虎克软件有限公司
4158	深圳深纺滤材有限公司
4159	深圳市杰赛电子有限公司
4160	深圳市乐途机电有限公司
4161	深圳泰瑞谷科技有限公司
4162	深圳市湃腾软件技术有限公司
4163	新睿实业发展（深圳）有限公司
4164	深圳市亚飞电子商务有限公司
4165	深圳市恩竹科技有限公司
4166	深圳易马达科技有限公司
4167	深圳市华盈泰智能技术有限公司
4168	深圳奥拓美自动化科技有限公司
4169	深圳市南方联合科技有限公司
4170	科林贝思（深圳）科技有限公司
4171	深圳市克鲁斯机器人科技有限公司
4172	深圳市领航卫士安全技术有限公司
4173	深圳市安驾创新科技有限公司
4174	深圳市绍鑫电子有限公司
4175	深圳市蓝禾技术有限公司
4176	深圳市千佰特科技有限公司
4177	深圳德朗星光电科技有限公司
4178	深圳市盈博达科技发展有限公司
4179	深圳远超实业有限公司
4180	深圳市同时代科技有限公司
4181	深圳市全景网络有限公司
4182	深圳迈宝乐实业有限公司
4183	深圳市合丰嘉大科技有限公司
4184	深圳市联正通达科技有限公司
4185	深圳清华大学研究院
4186	深圳市湘南高科净化设备有限公司
4187	深圳市歌华智能科技有限公司
4188	深圳市星源空间环境技术有限公司

序号	单位名称
4189	深圳市海威达科技有限公司
4190	深圳市成大智能装备股份有限公司
4191	深圳市金光道交通技术有限公司
4192	深圳市航盛电路科技股份有限公司
4193	深圳博纳移动信息技术有限公司
4194	深圳市大星光电科技有限公司
4195	深圳市长龙点金科技有限公司
4196	深圳云服科技有限公司
4197	深圳大普微电子科技有限公司
4198	深圳市山度科技有限公司
4199	深圳市德力普电池科技有限公司
4200	深圳市影儿服饰有限公司
4201	深圳微言科技有限责任公司
4202	深圳市技领科技有限公司
4203	深圳市易快来科技股份有限公司
4204	深圳市国王科技有限公司
4205	深圳市迈洛克实业有限公司
4206	深圳市感通机电工程有限公司
4207	深圳市奥本生物识别技术有限公司
4208	深圳市德迈科技有限公司
4209	深圳市华芯邦科技有限公司
4210	善理通益信息科技（深圳）有限公司
4211	深圳市奥振电子科技有限公司
4212	一鎏科技股份有限公司
4213	中科创客（深圳）智能工业设备研发有限公司
4214	鹰驾科技（深圳）有限公司
4215	深圳市汇通合力科技股份有限公司
4216	深圳市亿威仕流体控制有限公司
4217	深圳市微斯福技术有限公司
4218	深圳市龙宇天下科技有限公司
4219	深圳市工大国际工程设计有限公司
4220	深圳市威尔利实业有限公司
4221	深圳海获威光电科技有限公司
4222	深圳市佰誉达科技有限公司
4223	深圳市科晶智达科技有限公司
4224	深圳市龙图光电有限公司
4225	深圳市永盛辉实业有限公司
4226	海伯森技术（深圳）有限公司
4227	深圳市海联天下科技有限公司
4228	深圳骏谷科技有限公司
4229	深圳尚睿博科技有限公司
4230	深圳市京中康科技有限公司
4231	深圳好电科技有限公司
4232	深圳市三和朝阳科技股份有限公司
4233	深圳惠华信息发展有限公司
4234	迪亚特电子（深圳）有限公司
4235	深圳市大净环保科技有限公司
4236	深圳市前海思创金融研究院有限公司
4237	深圳市百通伟业科技有限公司
4238	深圳市康力欣电子有限公司
4239	深圳市九明药业有限公司
4240	深圳市贝克晨睿科技有限公司
4241	深圳银兴科技开发有限公司
4242	深圳市奥雅实业有限公司
4243	深圳市信方达科技发展股份有限公司
4244	深圳前海鲁班科技有限公司

序号	单位名称	序号	单位名称	序号	单位名称
4245	深圳市金九天视实业有限公司	4302	深圳市极客空间科技有限公司	4359	深圳鼎晟展览设计有限公司
4246	深圳智裳科技有限公司	4303	深圳市民搏鸿通电子有限公司	4360	深圳市博锐纵横科技有限公司
4247	深圳柯赛标识工程有限公司	4304	加联软件（深圳）有限公司	4361	深圳市瑞兴利实业有限公司
4248	深圳市智联创实业有限公司	4305	深圳市鑫华美电子有限公司	4362	深圳茂城科技有限公司
4249	深圳市图加特实业有限公司	4306	深圳市宝之鑫机械有限公司	4363	深圳市北测检测技术有限公司
4250	深圳资江实业有限公司	4307	深圳市海纳宏业科技有限公司	4364	中通服供应链管理有限公司
4251	深圳市深展电子有限公司	4308	深圳市大族思特科技有限公司	4365	深圳市时代尖端科技发展有限公司
4252	深圳市大雅医疗技术有限公司	4309	深圳市华屹普科技有限公司	4366	深圳市保臻社区服务科技有限公司
4253	深圳市利源水务设计咨询有限公司	4310	深圳市艾永特电子科技有限公司	4367	深圳市花蘑菇网络科技有限公司
4254	深圳知云网络科技有限公司	4311	深圳市一五零生命科技有限公司	4368	深圳市睿德电子实业有限公司
4255	深圳市万兆通光电技术有限公司	4312	深圳市合利来科技有限公司	4369	深圳市掌联科技有限公司
4256	深圳市朗泰通电子有限公司	4313	深圳市宝力科技有限公司	4370	深圳市互邦信息服务有限公司
4257	深圳市联往检测设备有限公司	4314	华讯方舟科技有限公司	4371	深圳斗牛科技集团有限公司
4258	深圳市蓝德汽车电源技术有限公司	4315	深圳市金岷江智能装备有限公司	4372	深圳市胜威南方科技有限公司
4259	深圳市富籁科技有限公司	4316	深圳华信计量检测科技有限公司	4373	深圳市凯创力光电有限公司
4260	深圳市楷腾建业有限公司	4317	深圳市更豪光电科技有限公司	4374	深圳市兴盛迪新材料有限公司
4261	深圳市丰润达科技有限公司	4318	深圳市晶联讯电子有限公司	4375	深圳骏通微集成电路设计有限公司
4262	尚道科技（深圳）有限公司	4319	深圳市亿方电子有限公司	4376	深圳市嘉盈资讯有限公司
4263	深圳民航凯亚有限公司	4320	深圳市天英联合教育股份有限公司	4377	深圳市哲菩科技发展有限公司
4264	深圳森虎科技股份有限公司	4321	深圳市爱聊科技有限公司	4378	深圳市威士邦建筑新材料科技有限公司
4265	深圳市智诚立创技术有限公司	4322	深圳市力磁电子有限公司	4379	深圳魅声电子科技有限公司
4266	深圳市润衡信息技术有限公司	4323	深圳市明信测试设备有限公司	4380	深圳柚安米科技有限公司
4267	深圳市蓝利光电有限公司	4324	深圳市赛德利电子科技有限公司	4381	深圳市中畅源科技开发有限公司
4268	深圳市世椿运控技术有限公司	4325	深圳市嘉丰达科技有限公司	4382	深圳市华信微通信技术有限公司
4269	深圳纳瑞互联电子股份有限公司	4326	深圳市阿莱思斯科技有限公司	4383	深圳明锐理想科技有限公司
4270	深圳市信锐网科技术有限公司	4327	深圳市硕友光电科技有限公司	4384	深圳未来已来科技有限公司
4271	深圳市全智芯科技有限公司	4328	深圳市大唐计算机有限公司	4385	深圳市博伟德科技有限公司
4272	深圳市岭克科技有限公司	4329	深圳市中易恒智能装备有限公司	4386	深圳市源格林科技有限公司
4273	深圳市华银精密制品有限公司	4330	深圳市金麒麟环境科技有限公司	4387	深圳市新思物联网有限公司
4274	深圳共享电源科技有限公司	4331	深圳市思翰铭科技有限公司	4388	深圳市华鼎星科技有限公司
4275	深圳市嘉多宝科技有限公司	4332	深圳市嘉之宏电子有限公司	4389	深圳贵扬紫光科技有限公司
4276	深圳市汉杰电力科技有限公司	4333	深圳市弘越金属制品有限公司	4390	春禾（深圳）自动化技术有限公司
4277	深圳市兰江荣恒科技有限公司	4334	深圳华一精品科技有限公司	4391	深圳市三丰机电设备有限公司
4278	深圳辉锐天眼科技有限公司	4335	深圳市拓普晟双色模具有限公司	4392	深圳盛思科教文化有限公司
4279	深圳市新开元信息技术发展有限公司	4336	深圳市麦谷科技有限公司	4393	深圳市东野精密仪器有限公司
4280	深圳比斯特自动化设备有限公司	4337	深圳市汉锐信息技术股份有限公司	4394	深圳市力必拓科技有限公司
4281	深圳市聚视光电科技有限公司	4338	深圳市九天隆实验室装备有限公司	4395	深圳市铭创光电有限公司
4282	深圳市宏福安防实业有限公司	4339	深圳市蓝钻科技有限公司	4396	深圳市易乐云科技有限公司
4283	深圳市天浩洋环保股份有限公司	4340	深圳市信海通科技有限公司	4397	深圳市振云精密测试设备有限公司
4284	深圳市泽达自动化设备有限公司	4341	深圳创丰宝运动科技有限公司	4398	深圳市本牛科技有限责任公司
4285	深圳市齐泰科技有限公司	4342	深圳市华天伟业科技有限公司	4399	深圳市菲迪亚好视听有限公司
4286	深圳市多问科技有限公司	4343	深圳市鹏志自动化科技有限公司	4400	充之鸟（深圳）新能源科技有限公司
4287	深圳市修亚科技有限公司	4344	深圳艺洲建筑工程设计有限公司	4401	深圳天地宽视信息科技有限公司
4288	深圳市鹰眼在线电子科技有限公司	4345	深圳市海科船舶工程有限公司	4402	深圳市毅智创新科技有限公司
4289	深圳市南和华毅塑胶制品有限公司	4346	深圳安维森实业有限公司	4403	深圳华工激光设备有限公司
4290	深圳市如器科技有限公司	4347	深圳市健科电子有限公司	4404	深圳市和力泰科技有限公司
4291	深圳灵动创新信息技术有限公司	4348	三力五金机械制品（深圳）有限公司	4405	深圳市润之创科技有限公司
4292	深圳市华瑞液晶显示技术有限公司	4349	深圳市瑞丰通达电子有限公司	4406	深圳市和龙电子有限公司
4293	深圳市依网信智慧技术有限公司	4350	深圳市长方集团股份有限公司	4407	深拓科技（深圳）有限公司
4294	深圳市兆维联信科技有限公司	4351	深圳市小兔充充科技有限公司	4408	深圳市盈科互动科技有限公司
4295	深圳市迅族科技有限公司	4352	深圳市格熙信息科技有限公司	4409	深圳安芯微电子有限公司
4296	深圳力侍技术有限公司	4353	深圳潜水侠创新动力科技有限公司	4410	深圳市七号科技有限公司
4297	深圳市增长点科技有限公司	4354	深圳市奕天博创科技有限公司	4411	深圳市神州路路通网络科技有限公司
4298	中证征信（深圳）有限公司	4355	深圳市广聚泰塑料实业有限公司	4412	深圳市盛博科技嵌入式计算机有限公司
4299	深圳市方胜光学材料科技有限公司	4356	深圳中科精工科技有限公司	4413	深圳骄阳视觉创意科技股份有限公司
4300	深圳市天之泰道路材料有限公司	4357	深圳市瑞多益科技有限公司	4414	深圳市中科海信科技有限公司
4301	深圳市蓉电实业有限公司	4358	深圳市顺博绝缘材料制造有限公司	4415	深圳市诚信诺科技有限公司

序号	单位名称
4416	深圳百炼光特种照明有限公司
4417	深圳市华威环保建材有限公司
4418	深圳市鸿逸达科技有限公司
4419	深圳市爱保护科技有限公司
4420	深圳迈科检测技术服务有限公司
4421	深圳市壮志科技有限公司
4422	深圳市永诺摄影器材股份有限公司
4423	深圳市德帮能源科技有限公司
4424	深圳市三平影像科技有限公司
4425	深圳市拓普泰克电子有限公司
4426	深圳市微卓通科技有限公司
4427	深圳市乐博实业有限公司
4428	深圳市精钢兴精密工业有限公司
4429	深圳市科易威电子设备有限公司
4430	深圳市腾星宏俊科技有限公司
4431	深圳市航林微电子有限公司
4432	深圳市浩田电子有限公司
4433	深圳龙电电气股份有限公司
4434	深圳市红叶杰科技有限公司
4435	深圳市中盛丽达科技有限公司
4436	深圳市浩林自动化设备有限公司
4437	深圳市安培科技有限公司
4438	深圳市优斯迪自动化设备有限公司
4439	深圳君南信息系统有限公司
4440	深圳市莱康宁医用科技股份有限公司
4441	深圳市云动创想科技有限公司
4442	深圳市国匠数控科技有限公司
4443	深圳市富高达机械设备有限公司
4444	深圳市利恩信息技术股份有限公司
4445	深圳市鑫悦峰科技有限公司
4446	深圳市商宇电子科技有限公司
4447	深圳市美格尔医疗设备股份有限公司
4448	深圳恒创科技有限公司
4449	古道尔工程塑胶（深圳）有限公司
4450	深圳金威视光电科技有限公司
4451	深圳市博商教育科技有限公司
4452	深圳市博实永道电子商务有限公司
4453	深圳市于易点科技有限公司
4454	深圳市随手科技有限公司
4455	深圳市质能达微电子科技有限公司
4456	深圳市中科联合通信技术有限公司
4457	深圳百生德科技有限公司
4458	深圳市诺赛德精密科技有限公司
4459	深圳市中海玮欣科技有限公司
4460	深圳市爱保科技信息服务有限公司
4461	深圳市融智联科技有限公司
4462	深圳市中壬银兴信息技术有限公司
4463	深圳橙电新能源科技有限公司
4464	深圳极光王科技股份有限公司
4465	深圳市华森科技股份有限公司
4466	深圳市优宝新材料科技有限公司
4467	群兴精密五金制品（深圳）有限公司
4468	深圳市铭利达精密技术股份有限公司
4469	深圳海柔思生物医学科技有限公司
4470	深圳市中天网景科技有限公司
4471	深圳市华天瑞科技有限公司
4472	深圳前海久禾科技发展有限公司
4473	深圳市海勤科技有限公司
4474	深圳市文德丰科技有限公司
4475	深圳市欧深特信息技术有限公司
4476	深圳市今日标准精密机器有限公司
4477	深圳市双源包装材料有限公司
4478	深圳市实信达科技开发有限公司
4479	深圳云知声信息技术有限公司
4480	深圳市昱森机电有限公司
4481	深圳市中信网安认证有限公司
4482	大匠智联（深圳）科技有限公司
4483	深圳市亚细亚电子有限公司
4484	深圳市巧精灵照明有限公司
4485	深圳市立彩光电科技有限公司
4486	深圳市赛格车圣科技有限公司
4487	深圳市嘉洋美和电池有限公司
4488	深圳市圣宏亮科技有限公司
4489	深圳市瑞思天成科技有限公司
4490	深圳市一达捷通检测技术有限公司
4491	深圳市英威腾电动汽车充电技术有限公司
4492	精锐视觉智能科技（深圳）有限公司
4493	深圳市三安电子有限公司
4494	深圳市雷优特机电有限公司
4495	深圳市宇轩网络技术有限公司
4496	深圳市迈科龙电子有限公司
4497	深圳捷渡科技有限公司
4498	深圳市郎搏万先进材料有限公司
4499	深圳市鼎盛数控机床有限公司
4500	深圳市优点科技有限公司
4501	深圳市绿自然生物降解科技有限公司
4502	深圳市晶蕾电子有限公司
4503	深圳市深智杰科技有限公司
4504	深圳市金利源净水设备有限公司
4505	深圳科澳汽车科技有限公司
4506	深圳傲威半导体有限公司
4507	深圳市国测测绘技术有限公司
4508	深圳湃尔生物科技有限公司
4509	深圳前海有一网络科技有限公司
4510	深圳市唯奥视讯技术有限公司
4511	深圳芬德生物技术有限公司
4512	深圳草莓创新技术有限公司
4513	深圳市联合同创科技股份有限公司
4514	深圳新生派科技有限公司
4515	深圳市浩锐拓科技有限公司
4516	深圳市瑜成达实业有限公司
4517	深圳市联讯实业有限公司
4518	深圳启润德科技有限公司
4519	深圳德邦界面材料有限公司
4520	深圳市高川自动化技术有限公司
4521	深圳市倍盛鸿照明有限公司
4522	深圳市鸿超精密机械设备有限公司
4523	深圳市华彩光电有限公司
4524	深圳市鼎高光电产品有限公司
4525	深圳市博德维环境技术股份有限公司
4526	深圳市三合正电子有限公司
4527	迈高精细高新材料（深圳）有限公司
4528	深圳市邻友通科技发展有限公司
4529	深圳中航宇飞科技有限公司
4530	深圳市正阳兴电子科技有限公司
4531	深圳市集成永通电子有限公司
4532	艾斯特国际安全技术（深圳）有限公司
4533	深圳市新怡海科技发展有限公司
4534	深圳宏茂创投科技有限公司
4535	深圳市华威世通科技有限公司
4536	深圳市博创域视讯科技有限公司
4537	深圳市凯豪达氢能源有限公司
4538	中加美电子科技（深圳）有限公司
4539	深圳市泰克光电科技有限公司
4540	深圳市森岛电气有限公司
4541	长峰电子科技（深圳）有限公司
4542	深圳博科智能科技有限公司
4543	昌利数控设备（深圳）有限公司
4544	深圳市航瑞物流自动化有限公司
4545	深圳市创腾科技有限责任公司
4546	深圳市伊派室内设计有限公司
4547	深圳市精创科技有限公司
4548	深圳市豪林精密机械有限公司
4549	深圳市吉普士科技有限公司
4550	深圳市旭能达电气科技有限公司
4551	深圳市可易亚半导体科技有限公司
4552	南方电网电动汽车服务有限公司
4553	深圳市日森通信信息有限公司
4554	深圳银谷建科网络有限公司
4555	深圳市海洋王照明工程有限公司
4556	深圳市中奇创享照明科技有限公司
4557	深圳市锐驰自动化设备有限公司
4558	深圳亿播网视科技有限公司
4559	深圳市华云中盛科技有限公司
4560	启懋五金制品（深圳）有限公司
4561	深圳市嘉洋电池有限公司
4562	深圳市硕方精密机械有限公司
4563	深圳市桑谷医疗机器人有限公司
4564	深圳晨芯时代科技有限公司
4565	中实信息（深圳）有限公司
4566	深圳市金慧芯智能科技有限公司
4567	深圳市雅信达电路有限公司
4568	深圳惠科精密工业有限公司
4569	世大光电（深圳）有限公司
4570	深圳市吉瑞达电路科技有限公司
4571	深圳九星印刷包装集团有限公司
4572	深圳市华宇特科技有限公司
4573	深圳市蔚蓝云集信息技术有限公司
4574	深圳腾杰光电科技有限公司
4575	深圳市新力通信技术有限公司
4576	深圳普思英察科技有限公司
4577	深圳市艾达新能源有限公司
4578	深圳市凯斯德五金制品有限公司
4579	深圳市合技自动化系统有限公司
4580	深圳市博悦生活用品有限公司
4581	星派克智能装备（深圳）有限公司
4582	深圳市甲易科技有限公司
4583	深圳市永新能科技有限公司
4584	深圳市微秒控制技术有限公司
4585	深圳金海智控科技有限公司
4586	深圳市车一乐电子科技有限公司

序号	单位名称
4587	深圳市恒凯电子有限公司
4588	深圳联想懂的通信有限公司
4589	深圳宜美智科技有限公司
4590	深圳市康盛光电科技有限公司
4591	深圳大佛药业股份有限公司
4592	深圳市奥斯玛数控发展有限公司
4593	深圳盛拓信息科技有限公司
4594	深圳市华检检测技术有限公司
4595	深圳市鸿华电子科技有限公司
4596	深圳市金海兴机电有限公司
4597	深圳易派支付科技有限公司
4598	深圳市维海德技术股份有限公司
4599	深圳市西勒实业发展有限公司
4600	深圳牛图科技有限公司
4601	深圳市长桑技术有限公司
4602	深圳精智达技术股份有限公司
4603	深圳市恒讯通科技有限公司
4604	深圳市微筑科技有限公司
4605	深圳市埃微信息技术有限公司
4606	深圳市艾福思自动化设备有限公司
4607	深圳市吉祥云科技有限公司
4608	深圳富群新材料股份有限公司
4609	深圳市明之辉建设工程有限公司
4610	深圳市龙盈光电科技有限公司
4611	深圳同兴达科技股份有限公司
4612	深圳市嘉力电气技术有限公司
4613	深圳广润信息技术有限公司
4614	安特微智能通讯（深圳）有限公司
4615	深圳市力子光电科技有限公司
4616	深圳市富润德供应链管理有限公司
4617	深圳市明新悦科技有限公司
4618	深圳市煜森达电子有限公司
4619	金城宝五金（深圳）有限公司
4620	深圳市晶冠宇触控科技有限公司
4621	深圳市百运科技有限公司
4622	深圳市世格赛思医疗科技有限公司
4623	深圳市春发电子实业有限公司
4624	深圳市利航电子有限公司
4625	深圳市锐恩微电子有限公司
4626	深圳市伊雷德科技有限公司
4627	深圳市全景科技有限公司
4628	深圳市讯方技术股份有限公司
4629	深圳市汇通四海科技有限公司
4630	深圳市易博天下科技有限公司
4631	深圳市微科创源科技有限公司
4632	深圳市悦尔声学有限公司
4633	深圳市鑫天视科技有限公司
4634	深圳市正旺环保新材料有限公司
4635	深圳市普锐斯焊接设备有限公司
4636	深圳东瑞兴联智能科技有限公司
4637	中油佳汇防水科技（深圳）股份有限公司
4638	深圳市佳泰力科技有限公司
4639	深圳市卓益节能环保设备有限公司
4640	深圳市海天鑫工贸有限公司
4641	深圳市维高模塑有限公司
4642	深圳市鑫雅达机电工程有限公司
4643	深圳市华光达科技有限公司

序号	单位名称
4644	深圳市启创联合信息技术有限公司
4645	深圳市拓安信计控仪表有限公司
4646	深圳市美侨医疗科技有限公司
4647	东政电子塑胶制品（深圳）有限公司
4648	深圳市华达华惠机械有限公司
4649	深圳市拓桥互联网系统有限公司
4650	深圳市洋明达科技有限公司
4651	深圳市世纪天任科技有限公司
4652	深圳市奇信智能科技有限公司
4653	深圳米库数据科技有限公司
4654	深圳新致美精密齿研有限公司
4655	深圳市美德医疗电子技术有限公司
4656	深圳市鼎正鑫科技有限公司
4657	深圳市兴日生实业有限公司
4658	深圳市景琛智能科技有限公司
4659	深圳市享乐源科技有限公司
4660	深圳市太和世纪文化创意有限公司
4661	深圳市科沃电气技术有限公司
4662	深圳市科泰新能源车用空调技术有限公司
4663	深圳市天丽汽车电子科技有限公司
4664	深圳市凯明杨科技有限公司
4665	深圳市智晟威自动化科技有限公司
4666	深圳市鸿昊升电子有限公司
4667	深圳市新亚恒利科技有限公司
4668	深圳市龙瑞泰兴能源环境科技有限公司
4669	深圳市罡扇广联电子科技有限公司
4670	深圳市金广盛电子有限公司
4671	深圳市精创宏科技有限公司
4672	深圳市西迪特科技有限公司
4673	金罡视觉技术（深圳）有限公司
4674	深圳岱仕科技有限公司
4675	深圳橙子自动化有限公司
4676	维沃移动通信（深圳）有限公司
4677	深圳市茅庐信息科技有限公司
4678	深圳市悦创进科技有限公司
4679	锐石创芯（深圳）科技有限公司
4680	深圳市蒙瑞电子有限公司
4681	深圳市三江电气有限公司
4682	深圳星云极客信息技术有限公司
4683	深圳市风采新材料科技有限公司
4684	深圳市电元吉电子有限公司
4685	金合钻石刀具（深圳）有限公司
4686	深圳市雅尚光电有限公司
4687	深圳数字动能信息技术有限公司
4688	深圳市科力锐科技有限公司
4689	深圳市桥欣印刷有限公司
4690	深圳市源兴医药股份有限公司
4691	深圳市飞拍科技有限公司
4692	深圳中科维优科技有限公司
4693	深圳市艾森智能技术有限公司
4694	深圳市长风创新技术有限公司
4695	深圳市蓝眼科技有限公司
4696	深圳谱程未来科技有限公司
4697	深圳市通恒伟创科技有限公司
4698	深圳市胡桃医疗科技有限公司
4699	深圳市伯尼实业有限公司
4700	深圳市君派伟业有限公司

序号	单位名称
4701	深圳市美辉光电有限公司
4702	深圳市通测检测技术有限公司
4703	深圳普捷利科技有限公司
4704	深圳市海浦蒙特科技有限公司
4705	深圳桦沁园环保科技有限公司
4706	深圳市迅特通信技术有限公司
4707	深圳市友点科技有限公司
4708	深圳市康立生物医疗有限公司
4709	深圳汉利泽科技有限公司
4710	深圳市梅赛德威科技有限公司
4711	深圳市英赛尔电子有限公司
4712	深圳市恺恩科技有限公司
4713	深圳市鼎力真空科技有限公司
4714	深圳市台钜电工有限公司
4715	深圳市联达奇科技有限公司
4716	深圳市中创电测技术有限公司
4717	深圳市雄狮景观科技实业有限公司
4718	深圳鑫卓尔科技有限公司
4719	捷奈斯科技（深圳）有限公司
4720	深圳市利德宝五金制品有限公司
4721	深圳市揽胜科技有限公司
4722	深圳市金威源科技股份有限公司
4723	深圳市恒康佳业科技有限公司
4724	深圳市土星网络有限公司
4725	深圳市英柏检测技术有限公司
4726	深圳市科网通科技发展有限公司
4727	深圳梨享计算有限公司
4728	深圳市柯尼斯智能科技有限公司
4729	深圳市湛豪科技有限公司
4730	深圳市上善工业设计有限公司
4731	深圳市福斯康姆智能科技有限公司
4732	鸿利达模具（深圳）有限公司
4733	深圳市达迪尔智能电器有限公司
4734	深圳市智象科技有限公司
4735	深圳市载宇电气技术有限公司
4736	深圳市威格旺电器有限公司
4737	深圳市暗能量电源有限公司
4738	深圳市屯奇尔科技有限公司
4739	玖玖智能（深圳）有限公司
4740	深圳罗马仕科技有限公司
4741	深圳市新锐自动化设备有限公司
4742	深圳市中科绿能光电科技有限公司
4743	深圳市东华园林股份有限公司
4744	深圳市黑白灰通信技术有限公司
4745	深圳市荣士海精密工业有限公司
4746	深圳光远智能装备股份有限公司
4747	深圳市艾米通信有限公司
4748	深圳市华胜德塑胶电线有限公司
4749	深圳市瑞弘泰安防科技有限公司
4750	深圳市格云宏邦环保科技有限公司
4751	深圳市汇国源实业发展有限公司
4752	深圳市深国安电子科技有限公司
4753	深圳市多思迈光电有限公司
4754	深圳市明达眼镜有限公司
4755	深圳蓝束科技有限公司
4756	深圳市倍特力电池有限公司
4757	深圳市国信达科技股份有限公司

序号	单位名称
4758	深圳市东永微科技有限公司
4759	深圳市微网信云科技有限公司
4760	深圳市鸿嘉利消防科技有限公司
4761	深圳市国通世纪科技开发有限公司
4762	深圳威迪芯云科技有限公司
4763	深圳市力为控制技术有限公司
4764	深圳市英合科技有限公司
4765	深圳市德传技术有限公司
4766	深圳芯智汇科技有限公司
4767	深圳市脉联电子有限公司
4768	深圳市一加一无线通讯技术有限公司
4769	深圳市梦之舵信息技术有限公司
4770	深圳市睿格晟设备有限公司
4771	深圳市拓铂乐照明科技有限公司
4772	深圳海天力电子商务有限公司
4773	深圳优色专显科技有限公司
4774	深圳市卓盟海司恩科技有限公司
4775	深圳市杰瑞表面技术有限公司
4776	深圳好博窗控技术有限公司
4777	深圳市华海技术有限公司
4778	深圳市深维斯科技有限公司
4779	深圳市九象数字科技有限公司
4780	深圳市创成兴电子有限公司
4781	深圳市勘察测绘院（集团）有限公司
4782	深圳市锐巽自动化设备有限公司
4783	深圳喜格实业有限公司
4784	深圳琦石汇科技工程有限公司
4785	深圳市海特奈德光电科技有限公司
4786	深圳市深濠精密科技有限公司
4787	深圳市耕耘信息科技有限公司
4788	深圳理邦智慧健康发展有限公司
4789	深圳市赛美达电子有限公司
4790	深圳市时亮电子有限公司
4791	深圳市利和腾鑫科技有限公司
4792	深圳市光大照明科技有限公司
4793	深圳市有为信息技术发展有限公司
4794	深圳市卓亚云智能科技有限公司
4795	深圳市界希科技有限公司
4796	深圳市恒星包装机械有限公司
4797	深圳市天浩威科技有限公司
4798	深圳市极光光电有限公司
4799	深圳市吉升龙电子有限公司
4800	深圳市乐橙互联有限公司
4801	深圳市潮声科技有限公司
4802	爱能森（深圳）高端智能装备有限公司
4803	华联电电子（深圳）有限公司
4804	深圳市东方风光新能源技术有限公司
4805	深圳市硕腾科技有限公司
4806	深圳亚力盛连接器有限公司
4807	爱瑞思软件（深圳）有限公司
4808	深圳市艾迪模塑有限公司
4809	深圳市物联微电子有限公司
4810	深圳市狮子王科技有限公司
4811	深圳市钠谱金属制品有限公司
4812	深圳耀天齐技术服务有限公司
4813	深圳金徽科技有限公司
4814	深圳市冠豪工业设备有限公司
4815	深圳市泛在联通科技有限公司
4816	深圳市蝶讯网科技股份有限公司
4817	深圳三浦本色科技有限公司
4818	深圳市金三源科技有限公司
4819	深圳市宝信欣旺科技有限公司
4820	深圳市众诚达应用材料科技有限公司
4821	深圳市星河环境技术有限公司
4822	深圳市华正联实业有限公司
4823	深圳市必科信实业有限公司
4824	深圳市永铭特科技有限公司
4825	深圳市德众尚杰汽车电子有限公司
4826	深圳市诚威新材料有限公司
4827	深圳市安普尔科技有限公司
4828	深圳市诸脉科技有限公司
4829	深圳市天威网络工程有限公司
4830	深圳市资嘉科技有限公司
4831	深圳市星网信通科技有限公司
4832	深圳市佳德和科技有限公司
4833	深圳市金股商用设备有限公司
4834	深圳市金叶光线发展有限公司
4835	深圳市康硕展电子有限公司
4836	合泰盟方电子（深圳）股份有限公司
4837	深圳市邦德布拉泽科技有限公司
4838	深圳市晶岛科技有限公司
4839	深圳市昇润科技有限公司
4840	中科创达软件科技（深圳）有限公司
4841	千晶电子（深圳）有限公司
4842	深圳市道通合盛软件开发有限公司
4843	深圳市网策网络技术有限公司
4844	蒙马科技（深圳）有限公司
4845	深圳市怡万达电子有限公司
4846	深圳百宝机械设备有限公司
4847	深圳城铁楼宇科技有限公司
4848	深圳市高为通信技术有限公司
4849	深圳大工人科技有限公司
4850	深圳市先进连接科技有限公司
4851	深圳市汇利斯通信息技术有限公司
4852	深圳市中业智能系统控制有限公司
4853	深圳市中科创激光技术有限公司
4854	深圳爱特天翔科技有限公司
4855	深圳市曦力环保科技有限公司
4856	深圳市兆威机电股份有限公司
4857	深圳市影领科技有限公司
4858	深圳市凌度汽车电子有限公司
4859	深圳市龙大光电有限公司
4860	深圳市一指通智能科技有限公司
4861	深圳市三叶草科技开发有限公司
4862	小水怪（深圳）智能科技有限公司
4863	深圳市松崎机器人自动化设备有限公司
4864	深圳市华动飞天网络技术开发有限公司
4865	深圳康协利科技有限公司
4866	深圳马可孛罗科技有限公司
4867	深圳市欧睿迈科技有限公司
4868	深圳市爱能森设备技术有限公司
4869	深圳市智行畅联科技有限公司
4870	深圳车多网络技术有限公司
4871	深圳市易百讯科技有限公司
4872	深圳市德耐斯自动化设备有限公司
4873	深圳市瑞达辉电子有限公司
4874	深圳市易蓝科技有限公司
4875	深圳市开心电子有限公司
4876	深圳万达杰环保新材料股份有限公司
4877	奥科精工（深圳）有限公司
4878	深圳市润思领航科技有限公司
4879	深圳鹏瑞智能科技有限公司
4880	深圳市积汇天成科技有限公司
4881	深圳中科欧泰华环保科技有限公司
4882	深圳万普瑞邦技术有限公司
4883	高意通讯（深圳）有限公司
4884	深圳市智慧空间平台技术开发有限公司
4885	深圳华星恒泰泵阀有限公司
4886	深圳市奔凯安全技术股份有限公司
4887	深圳市华周测控技术有限公司
4888	深圳市昂科数字技术股份有限公司
4889	杰亮光电照明（深圳）有限公司
4890	深圳市金铸固化剂地坪有限公司
4891	深圳市智兴智造科技有限公司
4892	深圳市铂科新材料股份有限公司
4893	深圳市华沃表计科技有限公司
4894	深圳高速工程顾问有限公司
4895	深圳市迈迪加科技发展有限公司
4896	深圳尚阳通科技有限公司
4897	深圳秋田微电子股份有限公司
4898	深圳市瀚赢精密电子有限公司
4899	深圳市源鑫实业发展有限公司
4900	深圳市新宝盈科技有限公司
4901	深圳市艾雷鹏基通讯有限公司
4902	深圳市深创优品智能科技有限公司
4903	深圳市永业成五金有限公司
4904	深圳市鑫富艺实业有限公司
4905	深圳市绿瑞高尔夫科技有限公司
4906	深圳华新国际建筑工程设计顾问有限公司
4907	深圳市奥特顺五金塑胶有限公司
4908	深圳市腾世信息技术有限公司
4909	深圳市重力东科电子设备有限公司
4910	深圳市优创亿科技有限公司
4911	深圳市翔飞科技股份有限公司
4912	深圳市农博创新科技有限公司
4913	深圳市美亚实业发展有限公司
4914	深圳市森世泰科技有限公司
4915	深圳市启鹏天辰科技有限公司
4916	深圳大视野志远科技有限公司
4917	深圳工博达策科技有限公司
4918	深圳国瑞电气有限公司
4919	深圳市商沃科技发展有限公司
4920	中航三鑫股份有限公司
4921	深圳云博智联科技有限公司
4922	深圳市赛锐琪科技有限公司
4923	深圳市标新印刷有限公司
4924	深圳市博润网络技术有限公司
4925	深圳市星弈环保科技有限公司
4926	深圳市卓誉自动化科技有限公司
4927	深圳市喜来乐科技有限公司
4928	深圳市比尔达科技有限公司

序号	单位名称
4929	欧博通信（深圳）有限公司
4930	深圳市吉隆洁净技术有限公司
4931	爱普迪光通讯科技（深圳）有限公司
4932	深圳市雅合科技有限公司
4933	欧台克科技（深圳）有限公司
4934	深圳市上古光电有限公司
4935	深圳凯特电气有限公司
4936	深圳市通则新能源科技有限公司
4937	深圳市梵朗照明科技有限公司
4938	深圳市比瑞特照明科技有限公司
4939	深圳市亚讯威视数字技术有限公司
4940	深圳从心开始科技有限公司
4941	正威科技（深圳）有限公司
4942	深圳市希力科技有限公司
4943	深圳市百新谷网络科技有限公司
4944	深圳市伟泰兴电子有限公司
4945	深圳市优力优磁性科技有限公司
4946	深圳广杰环保（集团）有限公司
4947	深圳市精一控股有限公司
4948	深圳市迪瑞达自动化有限公司
4949	深圳市联瑞电子有限公司
4950	深圳市广百思科技有限公司
4951	深圳有咖互动科技有限公司
4952	深圳市智康新能科技有限公司
4953	深圳市同基电子有限公司
4954	深圳市西德利集团有限公司
4955	深圳市科立达机械有限公司
4956	深圳市汇创达科技股份有限公司
4957	深圳市华谊网络有限公司
4958	深圳市迪尔泰科技有限公司
4959	深圳市东特工程设备有限公司
4960	深圳天奇健教育科技有限公司
4961	跃龙门育才科技（深圳）有限公司
4962	深圳市慧农科技有限公司
4963	深圳市鼎宇电业科技有限公司
4964	深圳飞德利照明科技有限公司
4965	深圳傲威科技有限公司
4966	泓博元生命科技（深圳）有限公司
4967	深圳市广能达科技有限公司
4968	深圳市智铭盛科技有限公司
4969	深圳商用显示技术有限公司
4970	深圳市杰迅通无线技术有限公司
4971	深圳市狩游网络科技有限公司
4972	深圳市前海新丝路科技有限公司
4973	深圳市前海绿色交通有限公司
4974	深圳市途影影像技术有限公司
4975	深圳市一航网络信息技术有限公司
4976	深圳市协鹏建筑与工程设计有限公司
4977	深圳市科锐技术有限公司
4978	深圳市昶东鑫线路板有限公司
4979	深圳德佳智联科技有限公司
4980	深圳市奈尔森科技有限公司
4981	深圳市辰星瑞腾科技有限公司
4982	深圳市浩岚科技有限公司
4983	深圳市淳生环保有限公司
4984	深圳市美高美电子实业有限公司
4985	深圳市硕控智能科技有限公司
4986	深圳市爱德泰科技有限公司
4987	深圳市瑞凡微电子科技有限公司
4988	深圳市拓邦软件技术有限公司
4989	广东万润利模具技术有限公司
4990	深圳警翼智能科技股份有限公司
4991	深圳市深成科技有限公司
4992	深圳中嘉智联能源科技有限公司
4993	深圳市矗鑫电子设备有限公司
4994	深圳市梓桥科技有限公司
4995	深圳市科讯实业有限公司
4996	深圳市元人动画有限公司
4997	深圳市恒通电力设备有限公司
4998	深圳飞思安诺网络技术有限公司
4999	深圳市新龙鹏科技有限公司
5000	深圳市伏荣科技开发有限公司
5001	深圳市残友软件股份有限公司
5002	深圳市万福临塑胶模具有限公司
5003	深圳深蓝精机有限公司
5004	深圳粤能能源技术有限公司
5005	深圳市嘉鸿顺实业有限公司
5006	深圳市华高嘉科技有限公司
5007	深圳市泰道精密机电有限公司
5008	深圳市中亚华宇电子有限公司
5009	深圳市云海传讯科技有限公司
5010	力野精密工业（深圳）有限公司
5011	深圳硅山技术有限公司
5012	深圳市山康电子技术有限公司
5013	红品晶英科技（深圳）有限公司
5014	深圳市莫尼特科技有限公司
5015	深圳市众人通科技有限公司
5016	深圳市智载科技有限责任公司
5017	深圳市同和光电科技有限公司
5018	深圳市海德医疗设备有限公司
5019	深圳市双禹王声屏障工程技术有限公司
5020	盛廷微电子（深圳）有限公司
5021	深圳市恒昌盛科技有限公司
5022	深圳市智翔宇仪器设备有限公司
5023	深圳市索威科技有限公司
5024	深圳市质顶塑胶模具有限公司
5025	深圳市华勤创展科技有限公司
5026	深圳市云雀之声实业有限公司
5027	深圳市信宇人科技股份有限公司
5028	深圳市康意数码科技有限公司
5029	深圳市亚达兴业科技有限公司
5030	深圳邻度科技有限公司
5031	深圳市迈思克科技有限公司
5032	深圳市预见之网科技有限公司
5033	深圳市福云明网络科技有限公司
5034	鹏展万国电子商务（深圳）有限公司
5035	深圳市朗强科技有限公司
5036	深圳回收宝科技有限公司
5037	深圳深知未来智能有限公司
5038	深圳市术天自动化设备有限公司
5039	深圳市盛视联合光电科技有限公司
5040	深圳市普铭智能技术有限公司
5041	中科君胜（深圳）智能数据科技发展有限公司
5042	深圳市畅盈科技有限公司
5043	深圳市合发齿轮机械有限公司
5044	深圳市新蕾电子有限公司
5045	深圳市优峰通信技术有限公司
5046	深圳中电熊猫晶体科技有限公司
5047	深圳市加雪龙科技有限公司
5048	深圳市星砺达科技有限公司
5049	深圳市安立信电子有限公司
5050	深圳市立创软件开发有限公司
5051	深圳市禅游科技股份有限公司
5052	深圳市奥城景观工程设计有限公司
5053	深圳核心医疗科技有限公司
5054	深圳市金威澎电子有限公司
5055	深圳市迪嘉模塑有限公司
5056	南烽精密机械（深圳）有限公司
5057	深圳市海梁科技有限公司
5058	深圳市卓城科技有限公司
5059	深圳市索美特精密电子有限公司
5060	深圳市金元成惠科技有限公司
5061	深圳市我要模材科技有限公司
5062	深圳华清心仪医疗电子有限公司
5063	深圳市德兴达科技有限公司
5064	深圳市佳利研磨设备有限公司
5065	田菱精密制版（深圳）有限公司
5066	深圳华阳宇光汽车配件有限公司
5067	深圳市益玩网络科技有限公司
5068	深圳市路畅电装科技有限公司
5069	深圳市创芯微微电子有限公司
5070	深圳市和邦电子有限公司
5071	深圳市诺比光电有限公司
5072	深圳市东信硅材料有限公司
5073	深圳联腾达科技有限公司
5074	深圳市金鼎安全技术有限公司
5075	深圳市丰达兴线路板制造有限公司
5076	深圳市百诣良科技发展有限公司
5077	深圳金鑫绿建股份有限公司
5078	深圳市浩瑞泰科技有限公司
5079	深圳市安尚安全技术有限公司
5080	深圳市京华高格通讯科技有限公司
5081	深圳名飞远科技有限公司
5082	深圳市狮安联讯科技有限公司
5083	深圳市中塑王塑胶制品有限公司
5084	深圳市美嘉光电科技有限公司
5085	深圳市鑫锐鸿精工科技有限公司
5086	深圳市嘉乐医疗科技有限公司
5087	深圳市中本安防电子有限公司
5088	深圳市亿和精密科技集团有限公司
5089	深圳灏鹏科技有限公司
5090	深圳市世纪阳光照明有限公司
5091	深圳易科声光科技股份有限公司
5092	深圳市弘毅电池有限公司
5093	深圳市因特格机器人有限公司
5094	深圳市鸿立达电子有限公司
5095	深圳中商产业研究院有限公司
5096	深圳市方昕科技有限公司
5097	深圳市骏思凯奇科技发展有限公司
5098	深圳市环球同创机械有限公司
5099	深圳市亦青藤电子科技有限公司

序号	单位名称
5100	深圳市海纳特自动化科技有限公司
5101	深圳泰来太阳能照明股份有限公司
5102	深圳市联硕精密工业科技有限公司
5103	深圳拓宽传媒有限公司
5104	深圳市展拓电子技术有限公司
5105	深圳市鑫海腾邦资讯科技有限公司
5106	深圳市科拓电子元件有限公司
5107	深圳市迈测科技股份有限公司
5108	深圳市鑫盛洋光电科技有限公司
5109	深圳市利赛实业发展有限公司
5110	深圳市京华信通信技术有限公司
5111	深圳海一时代基因科技有限公司
5112	深圳嘉宝康科技有限公司
5113	深圳市谷润轩科技有限公司
5114	深圳市博益友光电科技有限公司
5115	深圳市萨玛特智能科技有限公司
5116	深圳市安信通讯技术有限公司
5117	深圳海翼智新科技有限公司
5118	深圳市和永兴科技有限公司
5119	深圳辰泽科技有限公司
5120	深圳市中电强能科技有限公司
5121	深圳市特高科技有限公司
5122	深圳市联域光电有限公司
5123	深圳市臻至科技有限公司
5124	深圳市锦德智能高新科技有限公司
5125	深圳金邦智芯科技有限公司
5126	深圳市鸿昕瑞科技有限公司
5127	深圳市拓步电子科技有限公司
5128	广东为众消防科技股份有限公司
5129	深圳市赛音电子有限公司
5130	怡富包装（深圳）有限公司
5131	深圳市全智聚能科技有限公司
5132	深圳市牧钢精密工业有限公司
5133	深圳宏伟时代自控有限公司
5134	深圳市金鸿亿新材料科技有限公司
5135	深圳市自由度环保科技有限公司
5136	深圳市顺安恒科技发展有限公司
5137	深圳市铭迅科技有限公司
5138	深圳市科比翼科技有限公司
5139	深圳市欧普罗科技有限公司
5140	深圳市宝视达光电有限公司
5141	深圳市众力创金属制品有限公司
5142	深圳骐翼工程技术有限公司
5143	深圳市仁钦通信设备有限公司
5144	深圳创维照明电器有限公司
5145	深圳市格瑞弘科技有限公司
5146	深圳市恒深首饰设备有限公司
5147	深圳市得益节能科技股份有限公司
5148	深圳市英菲尼奥科技有限公司
5149	深圳市极致汇仪科技有限公司
5150	深圳市泰瑞视科技有限公司
5151	深圳市超润达科技有限公司
5152	深圳市迅锐通信有限公司
5153	深圳市兴业卓辉实业有限公司
5154	深圳市橙子数字科技有限公司
5155	深圳市祺鑫天正环保科技有限公司
5156	深圳精匠云创科技有限公司
5157	数智医疗（深圳）有限公司
5158	深圳市易讯物联科技有限公司
5159	深圳南方信息企业有限公司
5160	深圳市腾浩科技有限公司
5161	深圳市帝盟网络科技有限公司
5162	深圳市江霖电子科技有限公司
5163	深圳同天下科技有限公司
5164	深圳市汇一淼电子科技有限公司
5165	深圳市迅兆电子有限公司
5166	深圳邮差和他的朋友们信息技术有限公司
5167	深圳影巨人科技有限公司
5168	深圳市鑫诺捷电子有限公司
5169	深圳恒通未来科技有限公司
5170	深圳安德空间技术有限公司
5171	深圳今为激光设备有限公司
5172	深圳卓越云台科技有限公司
5173	深圳果力智能科技有限公司
5174	深圳市思迈科新材料有限公司
5175	深圳市沃享科技有限公司
5176	深圳市炫之风文化创意有限公司
5177	深圳市汇泽激光科技有限公司
5178	深圳法大大网络科技有限公司
5179	深圳鹏网智能股份有限公司
5180	深圳市天汇智能电器有限公司
5181	深圳市胜势塑胶模具有限公司
5182	深圳佳姆斯科技有限公司
5183	深圳市赛诺邦格科技有限公司
5184	深圳市佛斯特科技有限公司
5185	深圳梵尼诗文化科技有限公司
5186	深圳市中车业成实业有限公司
5187	深圳壹秘科技有限公司
5188	乐利精密工业（深圳）有限公司
5189	深圳市讯联智付网络有限公司
5190	光大环保技术研究院（深圳）有限公司
5191	深圳市悦动天下科技有限公司
5192	深圳市哈工大业信息技术股份有限公司
5193	深圳市汉唐福发展有限公司
5194	深圳市宇川智能系统有限公司
5195	深圳市骏强五金制品有限公司
5196	深圳市嘉溟科技有限公司
5197	南基塑胶模具（深圳）有限公司
5198	深圳市中诺无线科技有限公司
5199	深圳市深日科技有限公司
5200	深圳枫拓实业有限公司
5201	深圳华科信达技术有限公司
5202	深圳市国兴达科技有限公司
5203	深圳市迅龙软件有限公司
5204	伟力驱动技术（深圳）有限公司
5205	深圳市比特原子科技有限公司
5206	深圳市众视通线材有限公司
5207	深圳市奔马显示技术有限公司
5208	深圳市力生机械设备有限公司
5209	深圳市精鸿艺电路有限公司
5210	深圳市天启时代科技有限公司
5211	深圳市易达凯电子有限公司
5212	深圳市胜捷消防集团有限公司
5213	深圳市企通科技有限公司
5214	深圳市威斯迪姆科技有限公司
5215	深圳市楚洋净化工程设备有限公司
5216	广东铭凯医疗机器人有限公司
5217	深圳市通用条码技术开发中心
5218	深圳锦帛方激光科技有限公司
5219	深圳市灵科科技有限公司
5220	深圳馨生活电器有限公司
5221	明程电机技术（深圳）有限公司
5222	深圳市睿识科技有限公司
5223	深圳市量子慧智科技有限公司
5224	深圳市金信合科技有限公司
5225	深圳市毅德零空科技有限公司
5226	深圳市长城网信息科技股份有限公司
5227	深圳市迈威测控技术有限公司
5228	深圳市爱德数智科技股份有限公司
5229	深圳榕亨实业集团有限公司
5230	深圳市乾元计算机技术有限公司
5231	深圳市神州天柱科技有限公司
5232	深圳市良机自动化设备有限公司
5233	深圳同耕科技股份有限公司
5234	深圳市科金明电子股份有限公司
5235	深圳市优景观复光电有限公司
5236	深圳市驰速自动化设备有限公司
5237	深圳市微克科技有限公司
5238	深圳煜禾森科技有限公司
5239	深圳市茂钿科技有限公司
5240	钛克菲斯智能科技（深圳）有限公司
5241	日月元科技（深圳）有限公司
5242	深圳市汇邦净化技术有限公司
5243	深圳微自然创新科技有限公司
5244	深圳市瑞旸科技有限公司
5245	深圳市洁力士化工产品有限公司
5246	深圳市新环能科技有限公司
5247	深圳市希科普股份有限公司
5248	深圳市彩昇印刷机械有限公司
5249	深圳市日丽丰科技有限公司
5250	深圳市恒泰能源科技有限公司
5251	深圳市云影医疗科技有限公司
5252	深圳市精视睿电子科技有限公司
5253	深圳市晶创利电子有限公司
5254	深圳市中芯车业科技有限公司
5255	深圳摩方新材科技有限公司
5256	深圳市华冠电气有限公司
5257	深圳市伟林高科技股份有限公司
5258	深圳市卓炜视讯科技有限公司
5259	晟芯辉电子科技（深圳）有限公司
5260	深圳市伦茨科技有限公司
5261	深圳市掌易文化传播有限公司
5262	深圳市见康云科技有限公司
5263	深圳芯启迪科技有限公司
5264	深圳市爱音科技有限公司
5265	思达文电器（深圳）有限公司
5266	深圳市富临通实业股份有限公司
5267	深圳镭镁激光科技有限公司
5268	深圳市霖创节水环保科技有限公司
5269	深圳市赛孚科技有限公司
5270	深圳市富康美印刷有限公司

序号	单位名称
5271	深圳花儿绽放网络科技股份有限公司
5272	深圳市金星世纪数码有限公司
5273	中安创科（深圳）技术有限公司
5274	深圳市恪赢电子有限公司
5275	深圳市阿拉町科技发展有限公司
5276	深圳市华泰敏信息技术有限公司
5277	深圳市永泰新欣科技有限公司
5278	深圳万都时代绿色建筑技术有限公司
5279	深圳云基智能科技有限公司
5280	深圳华创兆业科技股份有限公司
5281	深圳市洁鑫环保科技有限公司
5282	深圳电通纬创微电子股份有限公司
5283	深圳启元信息服务有限公司
5284	中亿（深圳）信息科技有限公司
5285	深圳市智能鸿云科技有限公司
5286	深圳市东迪欣科技有限公司
5287	深圳市火灵鸟技术有限公司
5288	深圳市易飞扬通信技术有限公司
5289	深圳欧谱申光电科技有限公司
5290	深圳聚能科技研发有限公司
5291	深圳忆数存储技术有限公司
5292	深圳市迈科龙生物技术有限公司
5293	深圳百诺国际生命科技有限公司
5294	深圳智航无人机有限公司
5295	深圳市格瑞斯通自控设备有限公司
5296	深圳市宏瑞创展科技有限公司
5297	深圳市安软科技股份有限公司
5298	深圳市创伟达电子科技有限公司
5299	深圳市鑫国科技有限公司
5300	深圳市太阳雨展示制品有限公司
5301	深圳盛世电梯有限公司
5302	深圳市瑞驰致远科技有限公司
5303	深圳市中科网威科技有限公司
5304	深圳市科达嘉电子有限公司
5305	深圳市兴安消防工程有限公司
5306	深圳市海德森科技股份有限公司
5307	深圳市唐仁医疗科技有限公司
5308	深圳市鑫志宏科技有限公司
5309	深圳市东荣环保科技有限公司
5310	深圳市国创珈伟石墨烯科技有限公司
5311	深圳市汉智星科技有限公司
5312	深圳市四海众联网络科技有限公司
5313	深圳市山达士电子有限公司
5314	深圳市东之阳塑胶模具有限公司
5315	深圳市创客工场科技有限公司
5316	深圳市世纪创意科技有限公司
5317	深圳市天圳自动化技术有限公司
5318	深圳市中兴新力精密机电技术有限公司
5319	深圳市雅森医疗设备有限公司
5320	深圳市天贸实业有限公司
5321	深圳市家家用激光设备有限公司
5322	深圳古瑞瓦特新能源股份有限公司
5323	深圳三马电器有限公司
5324	深圳市唐为电子有限公司
5325	深圳市创亿欣精密电子股份有限公司
5326	深圳市优米佳自动化设备有限公司
5327	深圳市创新波尔科技有限公司
5328	深圳市新天泽消防工程有限公司
5329	深圳市鼎硕同邦科技有限公司
5330	深圳华邦瀛科技有限公司
5331	深圳市开玖自动化设备有限公司
5332	深圳市拓疆世纪科技有限公司
5333	深圳市鼎准电子有限公司
5334	深圳鸿德汇科技有限公司
5335	深圳市康士柏实业有限公司
5336	深圳优洛特电机有限公司
5337	深圳市华云电源有限公司
5338	深圳凯瑞科技有限公司
5339	深圳威特尔自动化科技有限公司
5340	深圳市然然电子有限公司
5341	深圳市深能电池科技有限公司
5342	深圳市九畅科技有限公司
5343	深圳市智远数控有限公司
5344	深圳市百慕大工业有限公司
5345	深圳创睿特信息技术有限公司
5346	深圳市倍嘉科技有限公司
5347	深圳市东昕科技有限公司
5348	深圳无疆新能科技有限公司
5349	深圳中跃希光科技有限公司
5350	岭澳核电有限公司
5351	深圳市永能机械有限公司
5352	深圳市英佳创电子科技有限公司
5353	深圳市正远科技有限公司
5354	深圳市埃菲斯锁业有限公司
5355	深圳市思科尔特科技有限公司
5356	深圳市鑫盛源光电有限公司
5357	深圳市盛天商用机器有限公司
5358	深圳市中科智仪实业有限公司
5359	深圳市奥极互动科技有限公司
5360	深圳市唯泰新科技有限公司
5361	深圳市条形智能科技有限公司
5362	深圳市畅达益实业发展有限公司
5363	深圳瑞思贝特科技有限公司
5364	深圳市芯华智控科技有限公司
5365	深圳市冠科科技有限公司
5366	深圳市金洁环保科技有限公司
5367	深圳华众时代新媒体创意有限公司
5368	深圳市汇慧鑫科技有限公司
5369	深圳市瑞葆科技有限公司
5370	深圳市斯威普科技有限公司
5371	深圳为胜智控技术有限公司
5372	深圳蓝集科技有限公司
5373	深圳市斯凯荣科技有限公司
5374	深圳市金盾兴机电有限公司
5375	深圳小库科技有限公司
5376	深圳市英威诺科技有限公司
5377	深圳市榕时代科技有限公司
5378	深圳市腾力威电子发展有限公司
5379	海能电子（深圳）有限公司
5380	深圳市速迅数码科技有限公司
5381	弘丰塑胶制品（深圳）有限公司
5382	锘威科技（深圳）有限公司
5383	深圳市佳合丰科技有限公司
5384	深圳市瑞能实业股份有限公司
5385	深圳格瑞特新能源有限公司
5386	深圳市瑞达美磁业有限公司
5387	中德智沃（深圳）信息科技有限公司
5388	深圳市铭宇仪器设备有限公司
5389	深圳市东盈讯达电子有限公司
5390	深圳市一零一电子科技有限公司
5391	融数科技（深圳）有限公司
5392	深圳德技医疗器械有限公司
5393	深圳市帝浪精工表业有限公司
5394	思瑞测量技术（深圳）有限公司
5395	深圳市德润机械有限公司
5396	深圳市同顺辉影音技术有限公司
5397	深圳市艾米电子有限公司
5398	深圳市高能精密机械有限公司
5399	深圳市弘正光电有限公司
5400	好易写（深圳）科技有限公司
5401	深圳市名汉唐设计有限公司
5402	深圳市紫川软件有限公司
5403	深圳市诚瑞工业材料有限公司
5404	深圳市华阳新材料科技有限公司
5405	深圳大管加软件与技术服务有限公司
5406	深圳市华盈新材料有限公司
5407	深圳市广百光电科技有限公司
5408	深圳市康冠商用科技有限公司
5409	深圳市神州通在线科技有限公司
5410	深圳市安卓微科技有限公司
5411	深圳市奥昇汽车零部件科技有限公司
5412	深圳市极致物通软件有限公司
5413	东来科技（深圳）有限公司
5414	深圳市正浩创新科技有限公司
5415	深圳市天心天思软件有限公司
5416	深圳市安亿通科技发展有限公司
5417	云加数据科技（深圳）有限公司
5418	深圳市启崴源电子有限公司
5419	安镁金属制品（深圳）有限公司
5420	深圳市众云信息科技有限公司
5421	深圳市德堡数控技术有限公司
5422	新奇思软件科技（深圳）有限公司
5423	深圳市禾凯五金制品有限公司
5424	深圳市便携电子科技有限公司
5425	深圳市池纳光电有限公司
5426	深圳市天时创科技发展有限公司
5427	深圳市中州远光照明科技有限公司
5428	深圳市爱挖网络科技有限公司
5429	深圳市金佳佰业科技有限公司
5430	深圳华侨城卡乐技术有限公司
5431	深圳市凯德信息技术有限公司
5432	深圳市视安通电子有限公司
5433	深圳市卓尔科技有限公司
5434	深圳市芯连芯时代科技有限公司
5435	深圳市金隆辉科技有限公司
5436	深圳市亿维自动化技术有限公司
5437	深圳市拓威斯自动化设备有限公司
5438	深圳市迪威码半导体有限公司
5439	深圳维拓环境科技股份有限公司
5440	深圳市创显光电有限公司
5441	深圳市信电科技有限公司

序号	单位名称
5442	深圳市复兴伟业技术有限公司
5443	深圳中技绿建科技有限公司
5444	深圳市卓品电子科技股份有限公司
5445	深圳前海汇金融服务有限公司
5446	中创通信技术（深圳）有限公司
5447	深圳市鑫裕达塑胶模具有限公司
5448	深圳市鹏鼎自动化技术有限公司
5449	深圳市科信南方信息技术有限公司
5450	深圳市佳奇机器人科技有限公司
5451	深圳市深扬明电子有限公司
5452	恒创鑫业科技（深圳）有限公司
5453	深圳市瀚思通汽车电子有限公司
5454	深圳市力锐数控机床有限公司
5455	深圳市双佳医疗科技有限公司
5456	深圳市斯诺实业发展有限公司
5457	深圳未网科技有限公司
5458	即刻（中国）有限公司
5459	深圳市一卓科技有限公司
5460	深圳云里物里科技股份有限公司
5461	深圳市北斗教育信息有限公司
5462	深圳市许继派尼美特电缆桥架有限公司
5463	深圳市佳能捷电子有限公司
5464	深圳市华南数字科技有限公司
5465	深圳泰软软件科技有限公司
5466	深圳市圆融精密电子有限公司
5467	深圳市国佳光电科技有限公司
5468	深圳市铨顺宏科技有限公司
5469	深圳洪涛集团股份有限公司
5470	深圳市北岳海威化工有限公司
5471	深圳市视显光电技术有限公司
5472	深圳市维密科技有限公司
5473	深圳市明泰电讯有限公司
5474	深圳市恒宇电能科技有限公司
5475	深圳市雷迈科技有限公司
5476	深圳市金泰谊电子有限公司
5477	深圳市金航标电子有限公司
5478	深圳市明思锐科技有限公司
5479	深圳市特瑞通光电技术有限公司
5480	深圳市兴邦维科科技有限公司
5481	深圳市明谋科技有限公司
5482	深圳市嘉德永丰开发科技股份有限公司
5483	深圳市明世弘生电子科技有限公司
5484	深圳市安易拓网络科技有限公司
5485	深圳市万仪科技有限公司
5486	深圳市凯迈生物识别技术有限公司
5487	深圳市兄弟制冰系统有限公司
5488	深圳肆专科技有限公司
5489	深圳市精卓精密模具配件有限公司
5490	深圳市汇成厨房设备有限公司
5491	深圳杰睿联科技有限公司
5492	深圳市思榕科技有限公司
5493	深圳市思创新材科技有限公司
5494	深圳市新领域空间信息技术有限公司
5495	深圳市众恒达自动化设备有限公司
5496	深圳壹零后信息技术有限公司
5497	深圳市瑞晟新材料有限公司
5498	深圳市汇业精工科技有限公司
5499	深圳市厚石网络科技有限公司
5500	深圳市千里马安防软件工程有限公司
5501	深圳市城市漫步科技有限公司
5502	广东协昌电机有限公司
5503	深圳市新新睿自动化科技有限公司
5504	深圳市掌娱炫动信息技术有限公司
5505	深圳市天鹰软件开发有限公司
5506	深圳市绿硕科技有限公司
5507	深圳市众志祥科技有限公司
5508	深圳市华宗科技有限公司
5509	深圳市白日梦网络科技有限公司
5510	深圳市捷思特电子设备有限公司
5511	深圳市民贵科技有限公司
5512	深圳南亿科技股份有限公司
5513	深圳市菲比斯科技有限公司
5514	深圳市微运动信息科技有限公司
5515	犇腾时代科技（深圳）有限公司
5516	深圳市鼎盛华天科技有限公司
5517	钜讯通电子（深圳）有限公司
5518	深圳天眼激光科技有限公司
5519	深圳市海卓生物科技有限公司
5520	深圳市凡迪科电子技术有限公司
5521	深圳市集贤科技有限公司
5522	深圳市裕得鑫模具有限公司
5523	深圳市得宝来自动化科技有限公司
5524	深圳市壹通道科技有限公司
5525	深圳智联车网科技有限公司
5526	深圳市高胜科研电子有限公司
5527	深圳市安达信通讯设备有限公司
5528	深圳市马汀科技有限公司
5529	深圳市贝斯微数码有限公司
5530	深圳市康铨机电有限公司
5531	深圳市安拓森仪器仪表有限公司
5532	深圳市水源环保机电科技开发有限公司
5533	深圳市盛泰奇科技有限公司
5534	深圳市多科电子有限公司
5535	联捷计算科技（深圳）有限公司
5536	深圳惠安天下电气消防科技有限公司
5537	深圳市科拉达精细化工有限公司
5538	百芯智能制造科技（深圳）有限公司
5539	深圳市西多利精密实业有限公司
5540	深圳市捷成安科技有限公司
5541	深圳市欧德姆光电有限公司
5542	深圳市吉毅创能源科技有限公司
5543	深圳市康佳壹视界商业显示有限公司
5544	深圳市赛欧菲照明科技有限公司
5545	深圳市联合光学技术有限公司
5546	深圳市博众为客智能装备技术服务有限公司
5547	深圳市新奥尔康科技有限公司
5548	深圳市采集科技有限公司
5549	三一智造（深圳）有限公司
5550	全日通电器（深圳）有限公司
5551	深圳市纵维立方科技有限公司
5552	深圳市志威创联实业有限公司
5553	深圳市奇信建设集团股份有限公司
5554	深圳市同心富精密电子有限公司
5555	深圳市创诺新电子科技有限公司
5556	深圳市壹顺科科技有限公司
5557	深圳市华动力互联网技术有限公司
5558	深圳市愚公科技有限公司
5559	深圳市马丁特尼尔技术有限公司
5560	深圳市信鸿泰锡业有限公司
5561	力同科技股份有限公司
5562	深圳市华新龙纸品包装有限公司
5563	深圳市华谱计量检测有限公司
5564	深圳市麦积电子科技有限公司
5565	深圳市迪奥科科技有限公司
5566	深圳市乐盛能源有限公司
5567	猎光照明科技（深圳）有限公司
5568	深圳市英唐电气技术有限公司
5569	深圳市东成电子有限公司
5570	深圳微品致远信息科技有限公司
5571	深圳百斯特控制技术有限公司
5572	深圳市三利谱光电科技股份有限公司
5573	尼佳特电子（深圳）有限公司
5574	深圳市安必成精密科技有限公司
5575	深圳市诺方舟电子有限公司
5576	深圳市格镭激光科技有限公司
5577	深圳市州宏医疗科技有限公司
5578	深圳市海创环境治理科技有限公司
5579	深圳市丰颜光电有限公司
5580	深圳南粤药业有限公司
5581	深圳市浦洛电子科技有限公司
5582	深圳市英创立电子有限公司
5583	深圳市唯泰光电科技有限公司
5584	深圳市乾元通科技有限公司
5585	深圳市睿服科技有限公司
5586	深圳市千目通讯科技有限公司
5587	深圳市三联盛科技股份有限公司
5588	深圳市华先医药科技有限公司
5589	深圳信息智能电子有限公司
5590	深圳市牧激科技有限公司
5591	深圳市睿宇微科技有限公司
5592	深圳市纬航时代电子有限公司
5593	深圳市鸿展光电有限公司
5594	深圳华电智能股份有限公司
5595	深圳市华信智能科技股份有限公司
5596	深圳汇思诺科技有限公司
5597	深圳德世科技术有限公司
5598	深圳市普泰克智能科技有限公司
5599	深圳市云飞行创新科技有限公司
5600	深圳市智搜信息技术有限公司
5601	深圳市睿视科技有限公司
5602	深圳市睿海智电子科技有限公司
5603	深圳市百优联科技有限公司
5604	深圳市奔马电子科技有限公司
5605	深圳市乐得瑞科技有限公司
5606	深圳市琉璃光生物科技有限公司
5607	深圳市政元软件有限公司
5608	深圳市科发智能技术有限公司
5609	深圳市迅科达智能科技有限公司
5610	深圳市泰辰达信息技术有限公司
5611	深圳市刷新智能电子有限公司
5612	深圳市石金科技股份有限公司

序号	单位名称
5613	深圳市脉动数码信息技术有限公司
5614	深圳市多乐声电子有限公司
5615	深圳前海贾维斯数据咨询有限公司
5616	深圳市乐源实业股份有限公司
5617	深圳瑞隆新能源科技有限公司
5618	深圳市通意达机电设备有限公司
5619	深圳市爱斯达办公耗材有限公司
5620	深圳市中创星通科技有限公司
5621	深圳市欧瑞博科技有限公司
5622	深圳市源铭科技有限公司
5623	深圳市菁优智慧教育股份有限公司
5624	深圳市恒湖科技有限公司
5625	深圳市通天科技有限公司
5626	深圳市优普惠药品股份有限公司
5627	深圳富华电力技术有限公司
5628	深圳市研硕达科技有限公司
5629	深圳市同科联赢科技有限公司
5630	深圳市利赛环保科技有限公司
5631	深圳市智和创兴科技有限公司
5632	保信亚太生物科技（深圳）有限公司
5633	深圳闪爱互娱有限公司
5634	深圳市埃尔法光电科技有限公司
5635	深圳世国科技股份有限公司
5636	深圳市三上高分子环保新材料股份有限公司
5637	深圳市先地图像科技有限公司
5638	深圳优博聚能科技有限公司
5639	深圳市猿人创新科技有限公司
5640	深圳市聚峰锡制品有限公司
5641	深圳市创安视科技有限公司
5642	六零加智能科技有限公司
5643	深圳市荣睿和芯科技有限公司
5644	深圳市华正源数控机电设备有限公司
5645	深圳来福士雾化医学有限公司
5646	深圳市晟睿通信有限公司
5647	深圳市唯德科创信息有限公司
5648	深圳市鲲鹏精密机械有限公司
5649	深圳市敖翔实业发展有限公司
5650	深圳市益心达医学新技术有限公司
5651	深圳市瑞吉联通信科技有限公司
5652	深圳市一帆时空科技有限公司
5653	深圳市博铭维智能科技有限公司
5654	深圳市易联达商用设备有限公司
5655	深圳市灿科盟实业有限公司
5656	深圳市图高智能有限公司
5657	深圳市九尚科技有限公司
5658	深圳维盟科技股份有限公司
5659	深圳市爱宝惟生物科技有限公司
5660	深圳市浪之音电子有限公司
5661	深圳市天泉空气水智能科技股份有限公司
5662	百科机械（深圳）有限公司
5663	深圳市中远通电源技术开发有限公司
5664	深圳市星欣磊实业有限公司
5665	深圳市唯传科技有限公司
5666	工讯科技（深圳）有限公司
5667	深圳市红瑞生物科技有限公司
5668	深圳市晶泓达光电工程技术有限公司
5669	深圳安腾创新科技有限公司
5670	深圳市亚讯联科技有限公司
5671	深圳壹加零网络科技有限公司
5672	深圳市泰润光电科技有限公司
5673	深圳市晶凯电子技术有限公司
5674	深圳市发掘科技有限公司
5675	深圳市印点点科技有限公司
5676	深圳市超力扬科技发展有限公司
5677	深圳市哈博森科技有限公司
5678	深圳职人网络技术有限公司
5679	深圳市威达轩电子有限公司
5680	深圳市优尚丰通讯设备有限公司
5681	深圳市捷扬讯科电子有限公司
5682	深圳市镭润科技有限公司
5683	深圳市辰卓科技有限公司
5684	深圳市施尔德科技有限公司
5685	深圳硕日新能源科技有限公司
5686	深圳市广恒创新科技有限公司
5687	深圳市元创时代科技有限公司
5688	深圳市本航本技术有限公司
5689	深圳市乐教科技有限公司
5690	深圳市沃客非凡科技有限公司
5691	深圳市百康光电有限公司
5692	深圳中鹏新电气技术有限公司
5693	深圳市智慧水科技有限公司
5694	深圳视爵光电有限公司
5695	深圳市深台科科技有限公司
5696	深圳市鑫旺精密组件有限公司
5697	深圳鼎生源电子科技有限公司
5698	深圳市昌宇科技有限公司
5699	深圳市福鑫环保设备技术开发有限公司
5700	深圳市钻通工程机械股份有限公司
5701	深圳市阿尔法特网络环境有限公司
5702	深圳永顺智信息科技有限公司
5703	深圳市凯迪仕智能科技有限公司
5704	深圳市鑫信腾科技有限公司
5705	深圳市通泰盈电子科技有限公司
5706	深圳市二维人工智能科技有限公司
5707	深圳市广信安科技股份有限公司
5708	深圳市芯舞时代科技有限公司
5709	深圳市永和印刷有限公司
5710	深圳腾视科技有限公司
5711	深圳市昌道科技有限公司
5712	深圳云端生活科技有限公司
5713	深圳市纵横通信息技术有限公司
5714	深圳市德晟摩拜科技有限公司
5715	深圳市泽信通信息工程有限公司
5716	深圳市火花幻境互动娱乐有限公司
5717	深圳市天兴诚科技有限公司
5718	深圳逸安科技有限公司
5719	深圳茂硕电子科技有限公司
5720	深圳和而泰小家电智能科技有限公司
5721	深圳三为时代科技有限公司
5722	深圳市德贝互联科技有限公司
5723	优顶特技术有限公司
5724	深圳市德鑫达精密机械有限公司
5725	深圳市盘古帮帮孵化科技有限公司
5726	深圳市松泽自动化设备有限公司
5727	优尔材料工业（深圳）有限公司
5728	禧荣电器（深圳）有限公司
5729	深圳唯奥医疗技术有限公司
5730	深圳备倍电科技有限公司
5731	深圳市冠为科技股份有限公司
5732	深圳市易威胜科技有限公司
5733	深圳市佳沃通信技术有限公司
5734	深圳市安科讯实业有限公司
5735	鸿业（深圳）信息技术服务有限公司
5736	深圳市诚捷智能装备股份有限公司
5737	深圳辰视智能科技有限公司
5738	深圳聚成新材料有限公司
5739	深圳市晟典电子设备有限公司
5740	深圳市金鸿海电子有限公司
5741	深圳市志为科技有限公司
5742	中证信用云科技（深圳）股份有限公司
5743	深圳垒石热管理技术有限公司
5744	深圳真茂佳半导体有限公司
5745	深圳市道元实业有限公司
5746	深圳市北斗海量科技有限公司
5747	深圳市创仁科技有限公司
5748	深圳市贝斯腾电子有限公司
5749	深圳市越宏五金弹簧有限公司
5750	深圳市联谛信息无障碍有限责任公司
5751	深圳市澳特莱恩电器科技有限公司
5752	深圳市锋易天下科技有限公司
5753	深圳市星能计算机有限公司
5754	深圳市五洲群创科技有限公司
5755	深圳智慧赛宁科技有限公司
5756	深圳市三行技术有限公司
5757	深圳华唛智能科技有限公司
5758	深圳市奇盟光电子有限公司
5759	深圳市创维电器科技有限公司
5760	深圳市小忆机器人技术有限公司
5761	深圳市英达通电子有限公司
5762	深圳鼎晟通信有限公司
5763	深圳市龙辉电业有限公司
5764	雅士电业（深圳）有限公司
5765	深圳市美通视讯科技有限公司
5766	深圳市兴力鑫科技有限公司
5767	深圳宏辉精智科技有限公司
5768	深圳市长丰检测设备有限公司
5769	深圳市高昱电子科技有限公司
5770	深圳市百昌科技有限公司
5771	蘑菇物联技术（深圳）有限公司
5772	深圳市三一联光智能设备股份有限公司
5773	深圳市麦芽智能设备有限公司
5774	深圳市千宝通通科技有限公司
5775	深圳市思博创科技有限公司
5776	深圳市友亿成智能照明股份有限公司
5777	深圳市华建数控科技有限公司
5778	深圳市宝利根精密仪器有限公司
5779	深圳市华鑫光电有限公司
5780	深圳市视想科技有限公司
5781	光影大师视觉技术（深圳）有限公司
5782	深圳市美迪飞科技有限公司
5783	深圳市诚誉兴光电有限公司

序号	单位名称
5784	深圳市臻正志盟节能环保科技有限公司
5785	深圳市思普特机电设备有限公司
5786	深圳前海中电慧安科技有限公司
5787	深圳市旺坤光电技术有限公司
5788	深圳市国房云数据技术服务有限公司
5789	深圳市安吉拉测试设备有限公司
5790	深圳市萝卜智造机器人有限公司
5791	深圳市世纪明亮科技有限公司
5792	深圳市集康电子有限公司
5793	泰科兴业科技（深圳）有限公司
5794	翼果（深圳）科技有限公司
5795	深圳市万臣科技有限公司
5796	深圳市昌卓科技有限公司
5797	深圳市宝源达电子有限公司
5798	深圳瑞景上光电有限公司
5799	深圳市德威普斯科技有限公司
5800	深圳市弘新五金制品有限公司
5801	深圳市富士精陶科技有限公司
5802	深圳市旭高医疗器械有限公司
5803	深圳市银河星元电子有限公司
5804	深圳弘桉数据技术有限公司
5805	深圳胜派科技有限公司
5806	深圳市财门智能科技有限公司
5807	深圳市倚天科技开发有限公司
5808	深圳市晶沛电子有限公司
5809	深圳市科易博软件有限公司
5810	深圳市百代亚星科技有限公司
5811	深圳市青象信息科技有限公司
5812	深圳市荣杰星医疗设备有限公司
5813	深圳市胜驰新能源电气有限公司
5814	深圳市岸基科技有限公司
5815	深圳川博网络科技有限公司
5816	钛白金科技（深圳）有限公司
5817	深圳市联发科网络技术有限公司
5818	深圳市易售科技有限公司
5819	深圳市强泰交通设备有限公司
5820	深圳市卓汉材料技术有限公司
5821	深圳视界信息技术有限公司
5822	深圳致中精密机械有限公司
5823	深圳古瑞瓦特能源科技有限公司
5824	深圳市鑫昌顺精密机械有限公司
5825	深圳安德勒电气科技有限公司
5826	深圳比特新技术有限公司
5827	深圳市星为科技有限公司
5828	深圳市兆驰数码科技股份有限公司
5829	深圳市清时捷科技有限公司
5830	深圳市伊诺乐器有限公司
5831	深圳市朗泰沣电子有限公司
5832	深圳市期待互联网科技有限公司
5833	深圳市圣海森科技开发有限责任公司
5834	深圳市研诺达科技有限公司
5835	深圳市腾信尔科技有限公司
5836	深圳市立冰节能科技有限公司
5837	深圳沃利创意工程有限公司
5838	深圳市泰久信息系统股份有限公司
5839	深圳市塞伯罗斯科技有限公司
5840	富通光纤光缆（深圳）有限公司

序号	单位名称
5841	深圳市泓光模胚钢材有限公司
5842	深圳市杰航科技有限公司
5843	深圳市德名利电子有限公司
5844	深圳市联趣智能科技有限公司
5845	深圳市森宇通精密电路有限公司
5846	深圳格调网络运营有限公司
5847	深圳市赛得立实业有限公司
5848	深圳市天龙世纪科技发展有限公司
5849	广东博钧医疗信息科技有限公司
5850	深圳市智极星科技有限公司
5851	广东省宏博伟智技术有限公司
5852	深圳市兴隆鑫科技有限公司
5853	深圳鼎信通达股份有限公司
5854	深圳市富嘉达超声波设备有限公司
5855	深圳市辰康达通风配件有限公司
5856	佑骅科技（深圳）有限公司
5857	深圳市鸿源晟电子有限公司
5858	深圳市帝狼光电有限公司
5859	深圳市乐雅科技有限公司
5860	深圳诺博医疗科技有限公司
5861	深圳市金正方科技股份有限公司
5862	深圳迅泰德自动化科技有限公司
5863	深圳市百泰实业股份有限公司
5864	深圳立仪科技有限公司
5865	深圳市纽莱克科技有限公司
5866	深圳市北斗时空科技有限公司
5867	深圳市比特流科技有限公司
5868	深圳市伙伴行网络科技有限公司
5869	深圳市聚亿新材料科技股份有限公司
5870	深圳市泽源能源股份有限公司
5871	深圳市海创光通信技术有限公司
5872	深圳市华讯方舟雷达技术装备有限公司
5873	日荣五金制品（深圳）有限公司
5874	长琦电子（深圳）有限公司
5875	深圳市汉普森科技有限公司
5876	深圳市瀚强科技股份有限公司
5877	深圳市量子新能科技有限公司
5878	深圳市联深科技发展有限公司
5879	深圳必显必达生物科技有限公司
5880	深圳市智游人科技有限公司
5881	深圳市创联精密五金有限公司
5882	深圳市万网互动科技有限公司
5883	深圳运宝通电子科技有限公司
5884	深圳市华创恒达科技有限公司
5885	深圳市万和科技股份有限公司
5886	深圳市微课科技有限公司
5887	深圳市中阳通讯有限公司
5888	深圳市中西视通科技有限公司
5889	深圳市旭轩电子有限公司
5890	深圳市高科金信净化科技有限公司
5891	深圳市匠盟科技有限公司
5892	深圳市联合智能卡有限公司
5893	深圳市赛柏特通信技术有限公司
5894	深圳市亿莱顿科技有限公司
5895	深圳市蔚华艺科技有限公司
5896	深圳市诠测检测技术有限公司
5897	深圳市博悦科创科技有限公司

序号	单位名称
5898	深圳小信科技有限公司
5899	深圳市金讯祥科技有限公司
5900	深圳市泰和精工数控机械有限公司
5901	协创数据技术股份有限公司
5902	深圳市美斯特光电技术有限公司
5903	深圳市冠顺科技有限公司
5904	深圳市广力自动化机械设备有限公司
5905	深圳安视信息技术有限公司
5906	深圳市宏伟自动化设备有限公司
5907	深圳市度申科技有限公司
5908	深圳大师科技有限公司
5909	深圳市中电智慧信息安全技术有限公司
5910	深圳市华图测控系统有限公司
5911	深圳市创先实业有限公司
5912	深圳市鑫明辉钻石刀具有限公司
5913	深圳海博欧科技有限公司
5914	深圳市酷玩互娱科技有限公司
5915	深圳市达特尔机器人有限公司
5916	深圳市中拓模塑科技有限公司
5917	深圳市道为科技有限公司
5918	深圳市兴旺盛科技有限公司
5919	深圳市安服优智能互联科技有限公司
5920	深圳市四海软件有限公司
5921	深圳市租电智能科技有限公司
5922	深圳市永明亮光电科技有限公司
5923	康桥（深圳）科技股份有限公司
5924	深圳中盾联投科技有限公司
5925	深圳市纽格力科技有限公司
5926	深圳市皓丽智能科技有限公司
5927	神州技测（深圳）科技有限公司
5928	深圳市五显盛塑胶制品有限公司
5929	深圳市智谷联软件技术有限公司
5930	深圳市华方信息产业有限公司
5931	深圳市维思安科技发展有限公司
5932	深圳市八方自动化设备有限公司
5933	深圳鼎晟自动化技术有限公司
5934	深圳市海德泰格软件技术有限公司
5935	深圳市乔威电源有限公司
5936	深圳市盛俊智能家居科技有限公司
5937	深圳市威能照明有限公司
5938	深圳沃夫特自动化设备有限公司
5939	深圳市恒石金银工艺科技有限公司
5940	成亿高电子科技（深圳）有限公司
5941	深圳市东杰鑫电子科技有限公司
5942	深圳市雷斯达光电科技有限公司
5943	深圳丰盈磁性材料有限公司
5944	广东科信电子有限公司
5945	深圳华澳智能科技有限公司
5946	深圳市科彩印务有限公司
5947	深圳市远景医疗器械模具有限公司
5948	深圳市览众科技股份有限公司
5949	深圳市万友工业设备有限公司
5950	深圳市三阶微控实业有限公司
5951	深圳奥郎格环保有限公司
5952	深圳市飞米机器人科技有限公司
5953	深圳市弘业自动化技术有限公司
5954	深圳市德望高新科技有限公司

序号	单位名称
5955	深圳市贝德技术检测有限公司
5956	深圳创劲鑫科技有限公司
5957	深圳好伙伴智能科技有限公司
5958	深圳市科蒂信息技术有限公司
5959	深圳市酷浪云计算有限公司
5960	深圳市友坚科技有限公司
5961	深圳市佳进机电有限公司
5962	深圳市爱迪芯科技有限公司
5963	深圳市合众资源信息科技有限公司
5964	深圳市百千成电子有限公司
5965	深圳市鑫寰宇精工科技有限公司
5966	深圳市贵峰精密有限公司
5967	深圳市腾创瑞科技有限公司
5968	深圳市优瑞恩科技有限公司
5969	深圳市大创自动化设备有限公司
5970	深圳市道格特科技有限公司
5971	中金辐照股份有限公司
5972	深圳市易路安科技有限公司
5973	深圳市汇龙天成科技有限公司
5974	深圳宝创电子设备有限公司
5975	深圳市欣汉生科技有限公司
5976	遨蓝实业（深圳）有限公司
5977	深圳市怡泰水处理有限公司
5978	深圳市海容纳科技有限公司
5979	深圳市博思迪科技有限公司
5980	深圳市启玄科技有限公司
5981	深圳市普端科技有限公司
5982	深圳市研捷拓自动化科技有限公司
5983	深圳市炜创电源科技有限公司
5984	深圳英利新能源有限公司
5985	深圳市佰瑞兴实业有限公司
5986	深圳市国晨光电科技有限公司
5987	深圳市欧乐智能实业有限公司
5988	深圳市微埃智能科技有限公司
5989	深圳市协和辉五金制品有限公司
5990	深圳极量科技有限公司
5991	深圳市康利邦科技有限公司
5992	深圳市泰利信息技术有限公司
5993	深圳市矿鑫发展有限公司
5994	深圳市哈贝尔智能科技有限公司
5995	深圳市陆陆畅科技有限公司
5996	深圳市亚博智能科技有限公司
5997	深圳市晶向科技有限公司
5998	深圳市今鸿星辉电子科技有限公司
5999	深圳市华昌德电子有限公司
6000	深圳市歌美迪电子技术发展有限公司
6001	深圳市高盾电子有限公司
6002	深圳市助宝科技服务有限公司
6003	深圳市天旭汇丰科技有限公司
6004	深圳市西格派科技有限公司
6005	深圳市盈和信息科技有限公司
6006	深圳市南方新桥通信设备有限公司
6007	深圳市正祥科技实业有限公司
6008	深圳市警安智能设备有限公司
6009	深圳市千盟广告有限公司
6010	深圳市世纪纵横科技发展有限公司
6011	深圳市阿尔艾富信息技术股份有限公司

序号	单位名称
6012	深圳市正西自动化设备有限公司
6013	深圳昱全模具技术开发有限公司
6014	深圳市新万像科技有限公司
6015	深圳市优笔触控科技有限公司
6016	深圳市康威斯科技有限公司
6017	深圳市巨潮科技股份有限公司
6018	深圳创元智能软件科技有限公司
6019	深圳市元鼎科技有限公司
6020	深圳富强智能系统科技有限公司
6021	深圳市三三得玖教育科技有限公司
6022	深圳市北科瑞声科技股份有限公司
6023	深圳市顶讯网络科技有限公司
6024	深圳市隆斯达科技有限公司
6025	深圳市铭洋宇通科技有限公司
6026	深圳市光明顶照明科技有限公司
6027	深圳市耐恩科技有限公司
6028	深圳前海明星科技有限公司
6029	深圳市视科显示技术有限公司
6030	深圳飞子科技发展有限公司
6031	深圳市艾美星科技有限公司
6032	深圳钜祥精密模具有限公司
6033	深圳市鼎鑫盛光学科技有限公司
6034	深圳市启智光电子科技有限公司
6035	深圳瑞光康泰科技有限公司
6036	深圳麦风科技有限公司
6037	深圳市创精锐电子有限公司
6038	深圳市键键通科技有限公司
6039	深圳市永丽威胶粘科技有限公司
6040	深圳市天广亿科技有限公司
6041	深圳市君硕实业有限公司
6042	深圳速锐得科技有限公司
6043	镭神技术（深圳）有限公司
6044	深圳市华显光学仪器有限公司
6045	深圳市韦德勋光电科技有限公司
6046	深圳九洲海全通科技股份有限公司
6047	深圳市松禾智能装备有限公司
6048	深圳市恒土杰科技发展有限公司
6049	深圳市沃能新能源有限公司
6050	深圳市安博瑞新材料科技有限公司
6051	深圳市怡和隆激光科技有限公司
6052	深圳市刻锐智能科技有限公司
6053	深圳市发科达表面处理技术有限公司
6054	深圳市得可自动化设备有限公司
6055	深圳市活水床旁诊断仪器有限公司
6056	深圳分期保网络科技有限公司
6057	深圳市光和精密自动化有限公司
6058	深圳英泰电机有限公司
6059	深圳市永信达科技有限公司
6060	英特维科技（深圳）有限公司
6061	深圳市龙域通信科技有限公司
6062	深圳光泰通信设备有限公司
6063	深圳市捷迅高新科技股份有限公司
6064	深圳市南芯微电子有限公司
6065	深圳市卓力达电子有限公司
6066	深圳市华智信息科技有限公司
6067	深圳兴大传动元件有限公司
6068	深圳市法莱茵科技有限公司

序号	单位名称
6069	深圳市玛威尔显控科技有限公司
6070	深圳市维海立信科技发展有限公司
6071	深圳市幻竞科技有限公司
6072	萨科（深圳）科技有限公司
6073	深圳欧蓝德医疗器械有限公司
6074	深圳市科发鑫电子有限公司
6075	深圳市微付充科技有限公司
6076	深圳鸿博智成科技有限公司
6077	深圳市彬讯科技有限公司
6078	深圳市康士达科技有限公司
6079	深圳市惠华欣电池科技有限公司
6080	深圳市科创富科技发展有限公司
6081	深圳宁泽金融科技有限公司
6082	深圳市勤励创电子科技有限公司
6083	深圳市宽宏科技有限公司
6084	深圳傲得华视科技股份有限公司
6085	深圳市致远速联信息技术有限公司
6086	深圳市兴昌明印刷制品有限公司
6087	深圳市安吉尔电热器有限公司
6088	深圳市卓尔雅包装技术有限公司
6089	深圳市蓝智电子有限公司
6090	深圳市格瑞特电子有限公司
6091	深圳市信丰伟业科技有限公司
6092	茂联橡胶制品（深圳）有限公司
6093	深圳晟普洲照明电器有限公司
6094	深圳力合精密装备科技有限公司
6095	深圳市索奥检测技术有限公司
6096	深圳华尔高科技有限公司
6097	深圳科冠华太新材料技术有限公司
6098	深圳市弘沛电子有限公司
6099	深圳市中装建设集团股份有限公司
6100	深圳市奥富光电有限公司
6101	深圳市海宇达电子科技有限公司
6102	深圳市华阳国际工程设计股份有限公司
6103	深圳市津利帝科技有限公司
6104	深圳市欧得电子有限公司
6105	深圳市盈鑫通光电有限公司
6106	深圳市永家兴电业有限公司
6107	深圳中科欣扬生物科技有限公司
6108	深圳市特力科信息技术有限公司
6109	深圳市康讯赛维科技有限公司
6110	深圳创怀医疗科技有限公司
6111	深圳市珍爱捷云信息技术有限公司
6112	深圳瑞泰精密组件有限公司
6113	博申科技发展有限公司
6114	深圳市雅杰乐科技有限公司
6115	深圳市金阳光玻璃有限公司
6116	深圳市腾狸科技有限公司
6117	深圳市灿明科技有限公司
6118	深圳美新隆制罐有限公司
6119	深圳滴度网络科技有限公司
6120	深圳市浩瀚卓越科技有限公司
6121	深圳市恒之易电子商务有限公司
6122	深圳市高仁电子新材料有限公司
6123	深圳市卓睿五金有限公司
6124	深圳市创思泰科技有限公司
6125	深圳市沃尔德实业有限公司

序号	单位名称
6126	深圳市太极医疗科技有限公司
6127	深圳市鹏达诚科技股份有限公司
6128	食安快线信息技术（深圳）有限公司
6129	深圳市北科瑞讯信息技术有限公司
6130	深圳市史夫特安全技术事务有限公司
6131	深圳市积嘉通信科技有限公司
6132	深圳市志成金科技有限公司
6133	深圳市澳威包装制品有限公司
6134	深圳市信通电子有限公司
6135	深圳市华拓精密技术有限公司
6136	音品电子（深圳）有限公司
6137	深圳市立创富五金塑胶有限公司
6138	深圳市润迅通投资有限公司
6139	深圳市鑫月塘塑胶五金制品有限公司
6140	深圳市顺美医疗股份有限公司
6141	深圳市警威警用装备有限公司
6142	深圳博十强志科技有限公司
6143	深圳市奥比岛安全技术有限公司
6144	深圳市欧腾科技有限公司
6145	忆东兴（深圳）科技有限公司
6146	深圳市华电照明有限公司
6147	深圳华宝利电子有限公司
6148	深圳市琦敏电子有限公司
6149	深圳市艺东有机玻璃制品有限公司
6150	深圳市微聚科技有限公司
6151	深圳市振红旗科技有限公司
6152	深圳市智厨数字电器有限公司
6153	深圳市至臻精密股份有限公司
6154	好优投科技（深圳）有限公司
6155	中屾医疗科技（深圳）有限公司
6156	深圳市伊莱通讯有限公司
6157	深圳点扬科技有限公司
6158	深圳市博克时代科技开发有限公司
6159	深圳市视景达科技有限公司
6160	深圳市维冠视界科技股份有限公司
6161	深圳市龙腾电路科技有限公司
6162	深圳市永创数控设备有限公司
6163	深圳市松利源科技有限公司
6164	深圳市鼎冠恒通电子科技有限公司
6165	深圳市标特福精密机械电子有限公司
6166	深圳市博睿思科技有限公司
6167	深圳市海明润超硬材料股份有限公司
6168	深圳市兴中泰模具钢材有限公司
6169	深圳精创视觉科技有限公司
6170	深圳市添亿彩盒包装有限公司
6171	深圳市高斯宝电气技术有限公司
6172	深圳市天磁通科技有限公司
6173	深圳英飞数字技术有限公司
6174	深圳市皓飞实业有限公司
6175	深圳市敏浩科技有限公司
6176	深圳市安诺软件有限公司
6177	深圳市圣诺光电科技有限公司
6178	深圳市神牛摄影器材有限公司
6179	深圳市前海海洋仪表科技有限公司
6180	深圳市云铖科技有限公司
6181	深圳市善行医疗科技有限公司
6182	深圳市科联汇通科技有限公司

序号	单位名称
6183	深圳市沐腾科技有限公司
6184	深圳中泰智丰物联网科技有限公司
6185	深圳市鹏之艺建筑设计有限公司
6186	深圳市协同软件科技有限公司
6187	深圳市恒瑞阳光照明实业有限公司
6188	深圳市栢迪科技有限公司
6189	深圳市恒祥通天线技术有限公司
6190	深圳市维斯登光电有限公司
6191	深圳市虹鹏能源科技有限责任公司
6192	深圳市麦格米特控制技术有限公司
6193	捷顺金创科技（深圳）有限公司
6194	深圳市星火光电科技有限公司
6195	深圳市软数科技有限公司
6196	深圳市德立威汽车部件有限公司
6197	深圳市凯利自动化设备有限公司
6198	亿翔智能设备（深圳）有限公司
6199	深圳市朗玥科技有限公司
6200	深圳积木易搭科技技术有限公司
6201	深圳市恒欣达照明有限公司
6202	深圳市金瓦特光电有限公司
6203	深圳市昱沃电子有限公司
6204	深圳市聚友缘电子科技有限公司
6205	深圳市泽诚自动化设备有限公司
6206	美格智能技术股份有限公司
6207	深圳市大道智创科技有限公司
6208	深圳市光网通光电有限公司
6209	深圳彩虹源科技有限责任公司
6210	深圳市华亚数控机床有限公司
6211	深圳市晶封半导体有限公司
6212	深圳市柘茂新材料科技有限公司
6213	深圳市横河新高机电有限公司
6214	深圳市欧盛自动化有限公司
6215	深圳市友通塑焊机械有限公司
6216	加动健康运动科技（深圳）有限公司
6217	深圳市纽莱特光电有限公司
6218	九康科技（深圳）有限公司
6219	深圳市芸鸽科技有限公司
6220	深圳市中科德睿智能科技有限公司
6221	深圳市魔样科技有限公司
6222	深圳市宏智力科技有限公司
6223	深圳市阿达视高新技术有限公司
6224	深圳炬明科技有限公司
6225	深圳市提姆光电科技有限公司
6226	深圳市黑金工业制造有限公司
6227	深圳市安格视讯技术有限公司
6228	深圳市华圣达拉链有限公司
6229	深圳蓝贝科技有限公司
6230	深圳市汉东电子玻璃清洗设备有限公司
6231	深圳市蓝创新能源科技有限公司
6232	深圳市研创辉环保科技有限公司
6233	深圳市路卓科技有限公司
6234	深圳市英特莱实业股份有限公司
6235	深圳市万普拉斯科技有限公司
6236	深圳宜特检测技术有限公司
6237	深圳市车立德科技有限公司
6238	深圳市佳诺餐饮设备有限公司
6239	深圳市弗莱博自动化设备有限公司

序号	单位名称
6240	深圳市长松科技有限公司
6241	深圳信可通讯技术有限公司
6242	深圳市承大实业发展有限公司
6243	深圳市骁阳工程咨询有限公司
6244	深圳市永盛发电缆实业发展有限公司
6245	深圳市路明交通器材有限公司
6246	深圳市科斯科精密塑胶模具有限公司
6247	安泰德智能装备（深圳）有限公司
6248	深圳市蓝德欧智能控制技术有限公司
6249	深圳市视晶无线技术有限公司
6250	深圳市天合兴五金塑胶有限公司
6251	深圳市优威埃科技有限公司
6252	深圳市安卓安科技有限公司
6253	深圳市晶金电子有限公司
6254	深圳市银宝丰首饰设备有限公司
6255	东杰智能软件（深圳）有限公司
6256	深圳市美松科技有限公司
6257	深圳市物联众卡科技有限公司
6258	深圳市优派专显科技有限公司
6259	深圳市易展鸿业科技有限公司
6260	深圳市维普利精密金属零件制造有限公司
6261	深圳市翰视科技有限公司
6262	深圳市联和智能技术有限公司
6263	深圳市智美达科技股份有限公司
6264	深圳市尊特数码有限公司
6265	深圳市国芯物联科技有限公司
6266	深圳市深微智控有限责任公司
6267	深圳泰德半导体装备有限公司
6268	深圳市凯中和东新材料有限公司
6269	深圳益灯光电科技有限公司
6270	深圳驰睿泰科数字技术有限公司
6271	如果新能源科技（深圳）有限公司
6272	深圳市动能无线传媒有限公司
6273	深圳云路网络科技有限公司
6274	深圳意云科技有限公司
6275	深圳联友科技有限公司
6276	深圳微米信息服务有限公司
6277	深圳市泰兴德科技有限公司
6278	深圳市霆茂电子有限公司
6279	深圳创智数通科技有限公司
6280	深圳市恒茂科技有限公司
6281	深圳市乐活天下股份有限公司
6282	深圳市欧特兴模具技术有限公司
6283	深圳市望尘科技有限公司
6284	深圳市至美优品科技有限公司
6285	深圳市长天长空智能设备科技有限公司
6286	深圳市艾鹏网络科技有限公司
6287	深圳深德海洋工程有限公司
6288	森沛科技（深圳）有限公司
6289	深圳市浩宇欣电子有限公司
6290	深圳市艾比斯精密科技有限公司
6291	深圳市慧联通信技术有限公司
6292	深圳市创益通技术股份有限公司
6293	深圳市海普洛斯生物科技有限公司
6294	深圳彩晨科技有限公司
6295	深圳五洲无线股份有限公司
6296	深圳市深电电气有限公司

序号	单位名称
6297	深圳市速普瑞科技有限公司
6298	深圳市富优驰科技有限公司
6299	深圳源创智能照明有限公司
6300	深圳金山电池有限公司
6301	群亿光电（深圳）有限公司
6302	深圳汉高创想科技有限公司
6303	深圳市首骋新材料科技有限公司
6304	深圳市蓝泰源信息技术股份有限公司
6305	深圳市云端高科信息科技有限公司
6306	深圳市数本科技开发有限公司
6307	深圳市智联物联科技有限公司
6308	深圳市壮壮优选技术股份有限公司
6309	深圳市顺易通信息技术有限公司
6310	裕富宝厨具设备（深圳）有限公司
6311	深圳市达尔美电子科技有限公司
6312	深圳市量必达科技有限公司
6313	深圳城邦机电工业有限公司
6314	深圳金石创新科技有限公司

序号	单位名称
6315	深圳市金霸科技有限公司
6316	深圳茂硕电气有限公司
6317	深圳市超卓实业有限公司
6318	深圳汉明威智能设备有限公司
6319	深圳市曲速科技有限公司
6320	深圳前海零距物联网科技有限公司
6321	深圳市车讯网科技开发有限公司
6322	深圳市三多乐智能传动有限公司
6323	深圳市兴中精密制品有限公司
6324	深圳市拓海自动化设备有限公司
6325	深圳市德智高新有限公司
6326	深圳市澳华集团股份有限公司
6327	深圳市贸人科技有限公司
6328	深圳市倍测检测有限公司
6329	深圳市环思科技有限公司
6330	港优创新（深圳）科技有限公司
6331	深圳市深晨芯技术有限公司
6332	深圳弗罗迈测控系统有限公司

序号	单位名称
6333	深圳市云创自动化设备有限公司
6334	深圳市深思泰电子科技有限公司
6335	深圳市优点创想网络科技有限公司
6336	深圳市晖耀电线电缆有限公司
6337	深圳市瑞兴达机械设备有限公司
6338	天先数智科技（深圳）有限公司
6339	捍防（深圳）实业有限公司
6340	深圳市精准分众传媒有限公司
6341	深圳市迈安热控科技有限公司
6342	深圳市欣裕达机械设备有限公司
6343	深圳市家乐士净水科技有限公司
6344	深圳市前海明硕智能科技有限公司
6345	深圳云盟电子技术有限公司
6346	深圳华海通讯股份有限公司
6347	深圳市盛荣祥电子有限公司
6348	深圳英集芯科技有限公司

2019 年深圳市新增高新技术企业名单在线查看

第二节 2019年度深圳市科学技术奖名单

一、市长奖 2 名

序号	获奖人	单位名称 / 职务	获奖时间
1	康飞宇	清华大学深圳国际研究生院副院长、教授	2019 年
2	陈 友	深圳天源迪科信息技术股份有限公司董事长	2019 年

二、自然科学奖 8 名

序号	项目名称	完成单位	获奖时间
1	人工纳米颗粒物的水生环境行为及生物响应	清华大学深圳国际研究生院	2019 年
2	声镊理论及其操控效应	中国科学院深圳先进技术研究院	2019 年
3	金属配合物激发态的基础与应用研究	香港大学深圳研究院	2019 年
4	二维材料非线性光学及超快光子器件研究	深圳大学	2019 年
5	水泥基压电复合材料频率响应规律及作用机制	深圳大学，哈尔滨工业大学（深圳），香港科技大学	2019 年
6	新型超灵敏光纤温度传感器创新技术研究	深圳大学	2019 年
7	基于低成本营养环保型界面材料的有机光电器件研究	哈尔滨工业大学（深圳）	2019 年
8	生精障碍发生的分子生物学机制	北京大学深圳医院，深圳市第二人民医院	2019 年

三、技术发明奖 3 项

序号	项目名称	完成单位	获奖时间
1	基于隐性核不育基因 OsNP1 的水稻杂交育种技术	深圳市作物分子设计育种研究院，深圳兴旺生物种业有限公司	2019 年
2	特种废物等离子体无害化减容处理技术	中广核研究院有限公司	2019 年
3	集成于电视面板上的栅驱动电路技术研究	北京大学深圳研究生院，深圳市华星光电技术有限公司	2019 年

四、技术进步奖 53 项

序号	项目名称	完成单位	获奖时间
1	华为创新 LampSite 室内数字化解决方案	华为技术有限公司	2019 年

续表

序号	项目名称	完成单位	获奖时间
2	深圳地铁九号线项目关键技术研究与应用	深圳市地铁集团有限公司，中建南方投资有限公司	2019 年
3	血液细胞分析流水线系统的研制及产业化	深圳迈瑞生物医疗电子股份有限公司，深圳迈瑞软件技术有限公司	2019 年
4	有源数字室内覆盖技术解决方案	中兴通讯股份有限公司	2019 年
5	高容量锂离子电池氧化亚硅负极材料的研发及产业化	贝特瑞新材料集团股份有限公司	2019 年
6	TaiShan 高性能服务器设备研制及产业化	华为技术有限公司	2019 年
7	城市电网高电能质量关键技术和装备研究及其应用	深圳供电局有限公司，清华大学，华南理工大学，四川大学，苏州华天国科电力科技有限公司，深圳市中电电力技术股份有限公司	2019 年
8	基于应用终端内外网络隔离技术访问的互联网网络审计系统研究	深信服科技股份有限公司	2019 年
9	驱控一体化装配机器人控制系统	固高科技（深圳）有限公司 哈尔滨工业大学（深圳）	2019 年
10	智能移动终端用触控显示一体化全面屏技术研发及应用	创维液晶器件（深圳）有限公司	2019 年
11	全数字化高可靠性磁控管驱动技术研发及应用	深圳麦格米特电气股份有限公司	2019 年
12	立体组装小型化印制电路板	深南电路股份有限公司	2019 年
13	具有环境感知能力的自适应降噪管理技术	深圳市冠旭电子股份有限公司	2019 年
14	动力电池极耳激光高速切割成型设备研制与产业化	深圳市海目星激光智能装备股份有限公司	2019 年
15	开放架构大容量数据中心互联超高速 400G/600G 盒式 OTN 系统及其应用	中兴通讯股份有限公司	2019 年
16	心房颤动患者脑卒中预防新技术及其临床应用	先健科技（深圳）有限公司，武汉大学人民医院	2019 年
17	基于北斗三代全球组网多系统全频高精度组合天线	深圳市华信天线技术有限公司	2019 年
18	复杂视频的深度表征和理解关键技术及应用	中国科学院深圳先进技术研究院，深圳市商汤科技有限公司，南京大学	2019 年
19	高性能锂离子动力电池用磷酸铁锂正极材料关键技术研发	深圳市德方纳米科技股份有限公司	2019 年
20	异型材质高效双头中频焊接全自动成套加工设备	深圳市鹏煜威科技有限公司，华中科技大学，广东省智能制造研究所	2019 年
21	核电站仪控设备可靠性提升技术研发及应用	中广核核电运营有限公司，大亚湾核电运营管理有限责任公司，苏州热工研究院有限公司	2019 年
22	SmartAisle 模块化数据中心关键技术及集成应用	维谛技术有限公司，维谛技术（西安）有限公司	2019 年
23	卡式尿素 [14C] 呼气试验药盒研发和产业化	深圳市中核海得威生物科技有限公司	2019 年
24	基于国产 SOC 单芯片的智能超高清数字电视终端	深圳创维数字技术有限公司，深圳市创维软件有限公司	2019 年
25	金融保险领域智能查勘与赔付系统的研发及产业化	平安科技（深圳）有限公司，中国平安财产保险股份有限公司，深圳壹账通智能科技有限公司	2019 年
26	波形钢腹板组合梁桥新理论及延寿设计技术研究与应用	深圳市市政设计研究院有限公司，香港大学，四川大学，深圳市尚智工程技术咨询有限公司	2019 年
27	高导热厚铜高密度互连板新产品研发	深圳崇达多层线路板有限公司	2019 年
28	基于大数据的智能融合数据处理平台关键技术及应用	中兴通讯股份有限公司	2019 年
29	光分路器芯片的研发与产业化	深圳市中兴新地技术股份有限公司	2019 年

续表

序号	项目名称	完成单位	获奖时间
30	基于物联网技术的智慧消防系统研发	深圳市泛海三江电子股份有限公司	2019 年
31	8 代 TFT LCD 用掩模版产品	深圳清溢光电股份有限公司	2019 年
32	高功率车用锂离子应急启动电源系统研发及应用	深圳市华思旭科技有限公司	2019 年
33	基于安全可控技术的分布式银行系统架构	深圳前海微众银行股份有限公司	2019 年
34	大功率数字化焊接装备研究及产业化	深圳市瑞凌实业股份有限公司	2019 年
35	华南滨海城市绿地盐化土壤修复关键技术及应用	深圳市国艺园林建设有限公司，深圳市仙湖植物园管理处，深圳市广信园林建设有限公司	2019 年
36	深圳合建式变电站关键技术研究与应用	深圳供电局有限公司，中国地震局工程力学研究所	2019 年
37	In-cell 触控显示一体化模组关键技术研发及应用	深圳市立德通讯器材有限公司	2019 年
38	新一代智慧能源管控系统	深圳市康必达控制技术有限公司	2019 年
39	面向并网发电的高效逆变技术的研发与产业化	深圳古瑞瓦特新能源股份有限公司	2019 年
40	基于“归一化”设计理念的标准化大功率 LED 驱动电源的研发与产业化	深圳茂硕电子科技有限公司	2019 年
41	高能量密度动力电池系统	深圳市比亚迪锂电池有限公司	2019 年
42	毛棉杜鹃生态景观林营造新技术及应用	深圳市梧桐山风景区管理处，深圳职业技术学院	2019 年
43	基于建筑结构监测手段的工程验证理论方法和工程应用	哈尔滨工业大学（深圳）	2019 年
44	智能产前超声关键技术及应用	深圳大学，深圳市妇幼保健院	2019 年
45	中国人重要血型基因分子遗传背景及在临床输血中应用的系统研究	深圳市血液中心	2019 年
46	高分辨率 4D 医用超声实时成像探头研发及产业化	深圳大学，深圳市索诺瑞科技有限公司	2019 年
47	表面等离子体相位光谱关键技术研究及其在传染病快速检测中的应用	深圳市检验检疫科学研究院，深圳大学，香港中文大学，深圳国际旅行卫生保健中心（深圳海关口岸门诊部）	2019 年
48	深圳卫生信息大数据平台构建及应用	深圳市医学信息中心，中国科学院深圳先进技术研究院，深圳市联影医疗数据服务有限公司	2019 年
49	重要农林有害生物检疫处理关键技术与应用	深圳海关动植物检验检疫技术中心，中国检验检疫科学研究院	2019 年
50	子宫颈癌防治体系建设与技术推广应用研究	深圳市妇幼保健院，深圳市慢性病防治中心	2019 年
51	中医补肾法治疗 ALT 正常 HBeAg 阳性慢性 HBV 感染者临床研究	深圳市中医院	2019 年
52	儿童用品化学安全关键检测技术创新及应用	深圳海关工业品检测技术中心，青岛海关技术中心	2019 年
53	三维环境智能感知系统研发及应用	深圳市大疆创新科技有限公司	2019 年

五、青年科技奖 8 项

序号	获奖人	单位名称 / 职务	获奖时间
1	谷 猛	南方科技大学副教授	2019 年
2	陈实富	深圳市海普洛斯生物科技有限公司首席技术官、高级工程师	2019 年

续表

序号	获奖人	单位名称 / 职务	获奖时间
3	蔚鹏飞	中国科学院深圳先进技术研究院团委书记、副研究员	2019 年
4	王 智	清华大学深圳国际研究生院副教授	2019 年
5	郭祖强	深圳光峰科技股份有限公司高级经理	2019 年
6	刘培超	深圳市越疆科技有限公司董事长兼 CEO、工程师	2019 年
7	代 毅	深圳市博铭维智能科技有限公司董事长、高级工程师	2019 年
8	刘宇辰	深圳市第二人民医院专职 PI、副研究员	2019 年

六、专利奖 23 项

序号	项目名称	单位名称	获奖时间
1	丢包检测方法和装置及路由器	华为技术有限公司	2019 年
2	虚拟化一体机集群中虚拟机调度方法及系统	深信服科技股份有限公司	2019 年
3	无人飞行器起飞及降落方法	深圳市大疆创新科技有限公司	2019 年
4	光源系统和投影系统	深圳光峰科技股份有限公司	2019 年
5	应用程序处理方法和装置	腾讯科技（深圳）有限公司	2019 年
6	身份验证一体机	深圳市商汤科技有限公司	2019 年
7	麦克风芯片的制造方法	瑞声声学科技（深圳）有限公司	2019 年
8	电容触摸屏及其制造方法	深圳市柔宇科技有限公司	2019 年
9	一种芯片结构及其制作方法	比亚迪股份有限公司	2019 年
10	一种自适应调节音效的方法和设备	海能达通信股份有限公司	2019 年
11	生物特征数据的检测方法、生物特征识别装置和电子终端	深圳市汇顶科技股份有限公司	2019 年
12	监护设备及其生理参数处理方法与系统	深圳迈瑞生物医疗电子股份有限公司	2019 年
13	一种扬声器及耳机	深圳市冠旭电子股份有限公司	2019 年
14	机器人	深圳市优必选科技股份有限公司	2019 年
15	显示屏驱动电路及发光二极管显示装置	深圳市易事达电子有限公司	2019 年
16	一种统一电能质量调节装置及方法	深圳供电局有限公司	2019 年
17	一种治疗牙痛的药物	深圳市泰康制药有限公司	2019 年
18	一种卷积神经网络的数据调度方法、系统及计算机设备	深圳云天励飞技术有限公司	2019 年
19	谐波检测方法及相关装置	深圳市英威腾电气股份有限公司	2019 年
20	模块化冷却单元及模块化冷却单元组合	深圳市英维克科技股份有限公司	2019 年
21	一种 LED 显示屏系统及其亮暗线校正方法	深圳市奥拓电子股份有限公司	2019 年
22	一种防止 Android 智能机顶盒非正常刷机的方法及装置	深圳创维数字技术有限公司	2019 年
23	光线路终端、光网络单元和无源光网络系统	中兴通讯股份有限公司	2019 年

七、标准奖 15 项

序号	标准名称	标准编号	单位名称	获奖时间
1	MPLS Ping 中继应答机制	IETF RFC 7743	中兴通讯股份有限公司	2019 年
2	电磁屏蔽塑料通用技术要求	GB/T 32511-2016	深圳市飞荣达科技股份有限公司	2019 年
3	青蒿素哌喹片	《中华人民共和国药典》2015 年版二部	深圳市药品检验研究院（深圳市医疗器械检测中心）	2019 年
4	废弃化学品取样方法	GB/T 33057-2016	深圳市深投环保科技有限公司	2019 年
5	基于网络的 IP 流迁移	3GPP TS 24.161 V13.0.0	中兴通讯股份有限公司	2019 年
6	基于追溯体系的预包装食品风险评价及供应商信用评价规范	SZDB/Z 164-2016	深圳市标准技术研究院	2019 年
7	金融服务移动应用信息安全指南	SZDB/Z 204-2016	深圳市金融科技协会	2019 年
8	电子标签与条码应用转换规则	SN/T 4493-2016	深圳市检验检疫科学研究院	2019 年
9	集散式汇流箱技术规范	NB/T 42103-2016	深圳市禾望电气股份有限公司	2019 年
10	密码键盘密码检测规范	GM/T 0049-2016	深圳市证通电子股份有限公司	2019 年
11	集成可调谐激光器组件 第 1 部分：蝶形封装组件	YD/T 2904.1-2015	深圳新飞通光电子技术有限公司	2019 年
12	专用数字对讲设备技术要求和测试方法	GB/T 32659-2016	海能达通信股份有限公司	2019 年
13	压水堆核电厂特种门 第 1 部分：设计	NB/T 20327.1-2015	中广核工程有限公司	2019 年
14	电子电气产品可回收利用材料选择导则	GB/T 32886-2016	深圳市计量质量检测研究院	2019 年
15	纳米制造－关键控制特性 第 4-2 部分：纳米储能器件中纳米正极材料的密度测试	IEC/TS 62607-4-2：2016	深圳市德方纳米科技股份有限公司	2019 年

2019 年度深圳市科学技术奖拟奖名单在线查看

第三节 科技成果登记

序号	登记号	项目名称	完成单位	完成人
1	2019J0001	强震作用下桩—土—上部结构达到极限状态时的性能分析及抗震措施	深圳大学	包小华 谢雄耀 徐长节 陈湘生 张升 黄雨
2	2019J0002	典型职业与环境毒物健康损害关键分子鉴定、机制探索及应用研究	深圳市疾病预防控制中心	刘建军 黄海燕 任晓虎 张艳芳 刘威 吴德生 邹飞 夏菠 杨细飞 邢秀梅 洪文旭 周丽 黄新凤 黄培武 李绚
3	2019J0003	围绝经期骨量丢失流行病学调查与敷脐疗法的干预研究	深圳市宝安区沙井人民医院	林晓生 王海燕 张震 刘汉娇 刘红财 曲震 肖庆华 朱建宗 江涛 尹建平 王建 陈海良 庞瑞明 盛朝辉
4	2019J0004	重大慢病中西医结合精准诊疗关键技术创新与应用	深圳大学第一附属医院（深圳市第二人民医院）	吴正治 谢妮 郑多 汤弋哲 曹美群 罗勇 张小静 丁峰 姚永超 金宇 范大华 黄飞娟 孙珂焕 张鹏 段丽红 陈宗正
5	2019J0005	非连续介质优势流理论及灾害控制	哈尔滨工业大学（深圳）	李锦辉 张利民 蒋水华 李旭 彭铭 徐耀 常东升
6	2019J0006	骨髓毛囊诱导能力细胞的发现研究	清华大学深圳研究生院	吴耀炯 郭玲 Amir A . Mokhtarieh 毛 王潇潇 王旭升 王成梅 陈海燕
7	2019J0007	2005—2016 年深圳地区诺如病毒分子变异、溯源及其与宿主受体相互作用研究	深圳市疾病预防控制中心	何雅青 靳淼 杨洪 段招军 张海龙 李慧莹 敖元云 姚相杰 阳帆 赵锦
8	2019J0008	基于阿尔茨海默病 tau 病理机制的环境风险因素、早期生物标志物及防治	深圳市疾病预防控制中心	杨细飞 王建枝 许本洪 许华 庄志雄 任晓虎 黄新凤 聂露琳 杨莹 周丽
9	2019J0009	锂离子电池材料基因组研究	北京大学深圳研究生院	潘锋 郑家新 汪林望 陈继涛 吴忠振
10	2019J0010	藏族中国人高原适应性的遗传基础研究	深圳华大生命科学研究院	汪建 金鑫 阿叁（藏族）
11	2019J0011	自然资源资产产权制度研究——湖州市自然资源资产资本化路径研究	深圳中大环保科技创新工程中心有限公司	叶有华 李宏伟 曾祉祥 陈晓意 陈志洁 张严 董世阳 何玉林 王慧杰 李思怡 周梦雅 文雯 朴美艳 廖依 王丹丹
12	2019R0001	花灌木修剪技术规程	深圳市公园管理中心	胡振华 赵峰 欧阳底梅 刘永金 白宇清 徐菁菁 史鸿基 龙丹丹 黄东光 傅卫民 沈华山 刘胜 袁丽丽 曹洋
13	2019R0002	坪山区园林绿地土壤调查及其成果应用指引	深圳市坪山区城市管理与综合执法局	赵钟锋 林跃兴 陈志华 史正军 刘永金 严绿萱 陈生虎 宫茜茜 赵峰 袁丽丽 崔启超 李保辰 罗其章 邵燕 尹科 刘迪 邓兆祥 谭妙妙 程展志
14	2019Y0001	网上业务大厅分支机构开通用户激活	深圳市标准技术研究院	黎志文 徐立峰 周哲 王复龙 孙勇 苏巍 陈利平 郭静文 练晓 高上淇 余亚萍 蒋鹏程 施伟 詹岚岚

续表

序号	登记号	项目名称	完成单位	完成人
15	2019Y0002	GS1 全球食品安全追溯评估试点及应用推广	深圳市标准技术研究院	黎志文 徐立峰 周哲 苏巍 郭静文 孙勇 裘晓东 练晓 蒋鹏程
16	2019Y0005	食品安全监管追溯与信用管理建设推进项目（1243-4560TC1700801）	深圳市标准技术研究院	
17	2019Y0006	食品安全监管追溯与信用管理建设推进项目（市监委集采合同字【2018】046 号）	深圳市标准技术研究院	黎志文 徐立峰 周哲 孙勇 苏巍 郭静文 练晓 陈利平
18	2019Y0007	碳基电容汽车电源系统	深圳市图门新能源有限公司	郑役军 姜琛 王习然 郑东冬 陈伟良 王竞峰 王永梅 吴 坚 詹维建 曹雷 秦海龙 黄家冠 李鑫 文荣运 郑路 孔庆强 廖桂豫 谢波 徐子利 汪强 文祥运
19	2019Y0008	辐射交联聚丙烯热收缩带	长园长通新材料股份有限公司	张真易 谭南枢 徐焕辉 曹斌 吴强 王洲洲 陈君 夏梦军 左明龙 韦艳 焦利华 伍竹清 别博 彭亚东 伍建春
20	2019Y0009	制备 DC-CTL 的试剂盒及其应用	深圳市茵冠生物科技有限公司	姜舒 张芸 罗朝霞 纪惜銮
21	2019Y0010	过表达金属硫蛋白的 hASCs 构建方法及其应用	深圳市茵冠生物科技有限公司	姜舒 张芸 罗朝霞 纪惜銮
22	2019Y0011	隐藏爆炸物高灵敏度荧光探针材料关键技术研发	深圳砺剑防卫技术有限公司	房喻 辛云宏 蔡文斌 许亮 吴哲 张天琪 李小朋 刘秦豫 邓辉龙 朱富民 崔红 刘科 范佳云
23	2019Y0012	园林植物保健型挥发物质及其应用研究	深圳市公园管理中心	孙延军 赖燕玲 廖文波 王一钦 苏薇薇 郭微 龙丹丹 陈平 王晓明 徐菁菁 李朋远 周文君 彭维 景慧娟 李翠翠 熊明华
24	2019Y0013	文定果的系统学地位及其繁殖生物学研究	深圳市公园管理中心	赖燕玲 王一钦 廖文波 孙延军 王晓明 邓星龙丹 詹慧玲 叶根生 施诗 李朋远 周文君 史鸿基 吴非 张闻宇
25	2019Y0014	海绵型城市绿地建植关键技术研发	深圳市国艺园林建设有限公司	何国强 韩烈保 王瑞 常智慧 袁丽丽
26	2019Y0015	高性能数字助听器产品研发	哈尔滨工业大学（深圳）	王明江 张禄 张启权 刘辉 胡少鹏
27	2019Y0016	高性能并行电路仿真工具 Aeolus_PLSA	深圳集成电路设计产业化基地管理中心	关保贞 王巍 徐启迪 程明厚 栾昌海 郭根华 尚也淳 吴大可 谢光益 陆涛涛 于士涛
28	2019Y0017	SoC 芯片片上测试架构辅助优化设计软件	北京大学深圳研究生院	崔小乐 李响 马潇 林秋君 马野 罗益池 王文明
29	2019Y0018	SF2016002 新型智能终端在前海跨境电子商务追溯监管中的应用示范	深圳市检验检疫科学研究院	陈新 包先雨 陈枝楠 李军 薛海峰 蔡伊娜 郑文丽 程立勋 吴钦才 冯泽徵 刘莹 王洋
30	2019Y0019	基于生态环境保护的岩溶塌陷监测预警系统	深圳市勘察研究院有限公司	余成华 卢永华 张桂香 徐俊 蒋方媛 肖兵 王勇强
31	2019Y0020	深圳市产业用地用房供需平台研发与应用	深圳市土地房产交易中心	王凡 刘超奇 沈晖 徐松林 庞民 秦卫东 朴小锐
32	2019Y0021	多功能大功率智能化气体保护焊机	深圳市瑞凌实业股份有限公司	邱光 王巍 刘南 蒋明 汪清华 贺维 李才荣 黎青所 张明宇 徐雄 余建国 姚勇 李阳朝 聂菊花 余婧

续表

序号	登记号	项目名称	完成单位	完成人
33	2019Y0022	不旋转钢丝绳弯曲疲劳寿命试验研究	深圳市特种设备安全检验研究院	王保卫 潘海宁 程红星 胡杰 运向勇 尹建利 汤国强 孙庆轩
34	2019Y0023	变频调速技术模拟三种电动葫芦超速下降工况的安全制动器检验方法及装置研发	深圳市特种设备安全检验研究院	文茂堂 潘海宁 运向勇 刘敬东 运向前 纪学军 周朋飞 李勇 白浩敏
35	2019Y0024	基于电化学发光法的全自动化学发光测定仪	深圳普门科技股份有限公司	曾映 徐岩 刘先成 胡明龙 张庆庆 彭国庆 王铮 卢文华 高仕勇 杨宁 周桂生 曾攀 唐建波 杨光辉 卢海燕
36	2019Y0025	基于高效液相色谱法的糖化血红蛋白分析仪	深圳普门科技股份有限公司	胡明龙 刘先成 徐岩 曾映 彭国庆 王铮 胡文雍 杨文创 林桓 张波 曾金贵 王书霞 伍方辉 张良 邓丽
37	2019Y0026	城市 GEP 核算与应用研究	深圳市环境科学研究院	陈礼 孙芳芳 叶有华 陈龙 邢诒 李思诗 李鑫 邓瑞民 杨梦婵 董笑语 付岚 刘松 张燚 王璟睿 刘艳霞 彭胜巍 胡平 李光德
38	2019Y0027	私有云关键技术与装备研发及产业化	深圳大学	明仲 顾炯炯 曾 崌 陈剑勇 李坚强 厉益舟 查树衡 金波 冯禹洪 张 威
39	2019Y0028	生化－氧化－人工湿地立体处理工艺研究	深圳市深投环保科技有限公司	吉飞 何如民 王成波 宋少华 张庆喜
40	2019Y0029	基于粒子滤波融合的天气临近预报方法应用成果	深圳市气象局	陈元昭 兰红平 江崟 陈训来 张文海 李辉 王明洁 胡娟 张立杰 王书欣 张舒婷 王德立 王蕊 赵春阳
41	2019Y0030	腹泻病原体高通量分子诊断与预警体系的建立及应用	深圳市疾病预防控制中心	扈庆华 李庆阁 石晓路 李迎慧 江敏 马汉武 廖逸群 姜伊祥 金玉娟 许增生 刘丽红 林一曼 邱亚群 谢旭 陈建
42	2019Y0031	铁皮石斛仿野生贴树栽培技术示范推广	深圳市农科集团有限公司	赵贵林 罗杰 任帅斌 刘凯月 范倩影 叶宸光 高延芬 冯柳娟 张伟 郑平
43	2019Y0032	城市交通大数据计算平台关键技术、设备及应用	深圳市城市交通规划设计研究中心有限公司	张晓春 林涛 丘建栋 段仲渊 杨旭东 宋家骅 李锋 陈振武 邵源 庄立坚 张世洲 郑又伦 张新宇 孙超 周勇 成杰峰 谭章智 唐天辰 罗钧韶 王宇 韩广广 李友焕 黎旭成 刘恒
44	2019Y0033	下一代通信基站用多收多发印制电路板	深南电路股份有限公司	周进群 缪桦 陈绪东 王彬 孙善军 谢占昊 张永久 蔡冠华 王悠 孙英杰
45	2019Y0034	无线通信用大带宽高频毫米波天线印制电路板	深南电路股份有限公司	张利华 崔荣 王蓓蕾 李向阳 孙善军 谢占昊 张永久 冷科 高文帅 邓青
46	2019Y0035	新型无引线镀金工艺及应用该工艺的基板量产	深南电路股份有限公司	杨智勤 谷新 范铮 李小新 熊佳 余怀鹏 涂清荣 嵇明明 向威
47	2019Y0036	深圳园林绿地植物群落特征初步研究	深圳市公园管理中心	孙延军 赖燕玲 凡强 龙丹丹 王一钦 林石狮 陈晓熹 邓星 徐菁菁 王晓明 廖文波 詹慧玲 连舜秋 关开朗 赵万义 史鸿基 苏洪林
48	2019Y0037	动力电池管理系统（BMS）用大电流印制电路板技术研发以及产业化	深圳市深联电路有限公司	安国义 江燕平 余国柱 余条龙 常玉兵 董威 肖雄 郎学平 孙新法 王国华 张家宏
49	2019Y0038	医疗专管物品智能云管控系统	深圳市安瑞科科技有限公司	帅乐军 罗晓辉 李勇波 艾何示 梁功强 李丹 冷志高 黄剑锋 唐发明 付三明 张文国 郭云雄 段寿元 黄俊琴

续表

序号	登记号	项目名称	完成单位	完成人
50	2019Y0039	宽量程高准确度电磁电子水表	深圳市兴源智能仪表股份有限公司	张卫红 刘清波 孟过 李怡凡 孙连东 聂菊保 李冲 莫寿贤 贺银河 陈子迪 王刚
51	2019Y0040	智慧景观亮化控制系统	深圳市奥拓电子股份有限公司	李选中 严振航 王利强 吴振志 赵丽红 黄海力 谢明璞 罗子龙 王勇 胡伟良 辛国生 何西明 阳良泉
52	2019Y0041	Mini LED 商用显示系统	深圳市奥拓电子股份有限公司	肖华勇 何昆鹏 李选中 吴振志 赵丽红 谢明璞 孙兴红 张奇 严振航 金重星 任怀平 黄海力 王利强 吴能友 邵志刚
53	2019Y0042	深圳公园林下花镜构建模式研究	深圳市公园管理中心	梅村 傅卫民 胡振华 王伟湘 徐菁菁 袁玲 欧阳底梅 张杰 史鸿基 吕校石 龙丹丹 鲍盼盼 陈毅 龙文超 廖国新 何一帆 陈碧梅 邱志敬 唐婧文
54	2019Y0043	石墨烯的低温负压制备及导电剂应用技术开发	清华大学深圳研究生院	吕伟 杨全红 贺艳兵 康飞宇 张彬 苏方远 游从辉 安军伟 时迎迎
55	2019Y0044	海绵城市景观化设计及应用研究	深圳市万科发展有限公司、深圳万都时代绿色建筑技术有限公司	车迪 吴莹 杨帆 周泓宇 徐传语 苏志刚 郑俊淋 任静 朱子峰 张怡 肖劲翔
56	2019Y0045	海底管线地理信息管理系统	中海辉固地学服务（深圳）有限公司	狄冰 李学成 姚连升 陈建红 叶晓丹 刘雪英 邱雅梦
57	2019Y0046	新型高压水射流装置及水下高压水射流混凝土清除系统	中海辉固地学服务（深圳）有限公司	狄冰 施炎武 戴立波 聂国平 曾晋 刘彬 莫子翠 邹建文
58	2019Y0047	超早产儿高质量宫外生存关键技术的突破性研究及持续改进与应用推广	深圳市妇幼保健院	杨传忠 姚吉龙 黄智峰 石玉萍 熊小云 林冰纯 赵捷 付永萍 梅家平 杨勇 余霞娟 易琳 林彦青 李辉桃 陈丽莲 朱小瑜 连朝辉 张谦慎 邱晓媚
59	2019Y0048	LED 平面光源顶灯 FE 型	深圳恒之源技术股份有限公司	黄森林 吴俊旺 肖坤
60	2019Y0049	一种用于生产手机及电源适配器的塑胶模具	鹰星精密工业（深圳）有限公司	张小英 张树刚
61	2019Y0050	驱控一体化装配机器人控制系统	固高科技（深圳）有限公司	楼云江 李建刚 李泽源 戴丹 郑春霞 张合明 刘越 刘宗礼 杨先声
62	2019Y0051	具有环境感知能力的自适应降噪管理技术	深圳市冠旭电子股份有限公司	吴海全 贡维勇 张恩勤 曹磊 彭久高 迟有鹏 程雯 迟欣 姜德军
63	2019Y0052	一模 320 穴光学透镜超精密模具与成型技术	深圳明智超精密科技有限公司	张志才 宋保国 张锦标 彭泳鑫 张祖周 盘海夏
64	2019Y0053	异型材质高效双头中频焊接全自动成套加工设备	深圳市鹏煜威科技有限公司	刘兴伟 陈天航 何峰 骆柳怀 刁思勉 宋宝 金建国 李永鹏 江忆衡 华丽萍 周向东 王楠 卢杏坚 郭俊昇
65	2019Y0054	雨水利用技术在公共园林中的综合应用研究	深圳市仙湖植物园管理处	曹华 杨学成 林云 袁峰均 陈伟元 徐丽莉 谢良生 张铭远 高伟 陈小敏 廖奕程 刘颖娴 雷江丽 林艺 郑婷 赵爽
66	2019Y0055	广电虚拟现实播控支撑平台系统	深圳市佳创视讯技术股份有限公司	刘睿 胡勇 李盼盼 伍颢 陈鹏 屈东 张珑 严柯 张新林 雷耀仓 周武

续表

序号	登记号	项目名称	完成单位	完成人
67	2019Y0056	海洋生物抗菌肽制备关键技术研发	深圳大学	邓利 胡章立 黎双飞 周立斌 洪宇建 孙恺辉 魏汉银 郭二鹏 黄夏子 胡博超 杨晓东 周培展 文伟
68	2019Y0057	一个新学科——肿瘤心脏病学的建立与应用	南方医科大学深圳医院	谭文勇 杨明 董少红 胡德胜 申维玺 熊玮 黎艳萍 李先明 王晓红 戴勇
69	2019Y0058	子宫颈癌防治体系建设与技术推广应用研究	深圳市妇幼保健院	刘植华 王月云 彭绩 袁世新 吴波 张燕茹 林威 胡海燕 李晴 雷林 陈斌 陈国斌 周海滨 林建苗
70	2019Y0059	小尺寸射频电感	深圳顺络电子股份有限公司	何贤贵 侯勤田 黄敬新 刘金南 范书豪 张强 邱灿桂 吴涛 龚邦辉 周相国 谢林芳 朱庞 黄小东 朴振华 戴继花 邹千
71	2019Y0060	信号线用小磁环共模电感	深圳顺络电子股份有限公司	尉朗 黄敬新 李科伟 陈紫伟 周顺家 胡月 赵基界 周相国
72	2019Y0061	大中型水库智慧化管理平台关键技术研究与应用	深圳市东深电子股份有限公司	郭华 周其春 曾庆彬 陈锦庆 金卓 刘江啸 赖敏达 张德平 冯桂森 郑伟雄 张奕虹 陈正 苏东旭 曾繁中 苏腾飞 胡波
73	2019Y0062	波形钢腹板组合梁结构抗疲劳关键技术及应用	深圳市市政设计研究院有限公司	姜瑞娟 陈宜言 王清远 王志宇 盖卫明 董桔灿 吴启明 徐添华 孟磊 于芳 肖玉凤 易小纬 方映平 彭曼琳 谈志鸿
74	2019Y0063	高性能恒转矩变频调速系统	深圳市英威腾电气股份有限公司	刘海威 刘凯 刘建成 钟声 胡立
75	2019Y0064	新型感应电机变频调速系统	深圳市英威腾电气股份有限公司	胡杰 石超 潘胜和 熊文 王佳 刘明 欧康喜 王波 卢剑彪
76	2019Y0065	随动式污水池加盖膜密封罩	深圳维拓环境科技股份有限公司	杨燕 廖颖生
77	2019Y0066	固定式反吊膜污水池密封单元	深圳维拓环境科技股份有限公司	杨燕 廖颖生
78	2019Y0067	组合装配式浮体随动污水池加盖膜密封单元及密封罩	深圳维拓环境科技股份有限公司	杨燕 廖颖生
79	2019Y0068	一种用于恶臭废气的净化系统	深圳维拓环境科技股份有限公司	杨燕 廖颖生
80	2019Y0069	一种垃圾转运站的空气净化装置	深圳维拓环境科技股份有限公司	杨燕 廖颖生
81	2019Y0070	用于污水池处理的浮体膜结构	深圳维拓环境科技股份有限公司	杨燕 廖颖生
82	2019Y0071	用于污水池处理的滚轮	深圳维拓环境科技股份有限公司	杨燕 廖颖生
83	2019Y0072	一种刚性骨架随动式污水池浮体膜加盖结构	深圳维拓环境科技股份有限公司	杨燕 廖颖生
84	2019Y0073	用于污水处理的浮体密封结构	深圳维拓环境科技股份有限公司	杨燕 廖颖生
85	2019Y0074	一体化污水池密封及净化装置	深圳维拓环境科技股份有限公司	杨燕 廖颖生

续表

序号	登记号	项目名称	完成单位	完成人
86	2019Y0075	一种带浮体膜密封加盖桥架装置	深圳维拓环境科技股份有限公司	杨燕 廖颖生
87	2019Y0076	自由往返式污水池加盖膜密闭罩	深圳维拓环境科技股份有限公司	杨燕 廖颖生
88	2019Y0077	推拉式密闭罩的对位装置	深圳维拓环境科技股份有限公司	杨燕 廖颖生
89	2019Y0078	用于污水池加盖膜密闭罩的滑动支座	深圳维拓环境科技股份有限公司	杨燕 廖颖生
90	2019Y0079	一种用于污水池密闭罩的水封装置	深圳维拓环境科技股份有限公司	杨燕 廖颖生
91	2019Y0080	一种用于污水池的生物滴滤除臭系统	深圳维拓环境科技股份有限公司	杨燕 廖颖生
92	2019Y0081	一种污水池反吊膜内置除臭系统节能节地系统	深圳维拓环境科技股份有限公司	杨燕 廖颖生
93	2019Y0082	充电桩遮风挡雨棚兼太阳能充电集成系统	深圳维拓环境科技股份有限公司	杨燕 廖颖生
94	2019Y0083	一种操作间 VOCs 膜集气罩装置	深圳维拓环境科技股份有限公司	杨燕 廖颖生
95	2019Y0084	具有太阳能发电集成系统的景观亭	深圳维拓环境科技股份有限公司	杨燕 廖颖生
96	2019Y0085	用于学校体育场馆的防雾霾充气膜	深圳维拓环境科技股份有限公司	杨燕 廖颖生
97	2019Y0086	一种移动式废气快速收集及净化装置	深圳维拓环境科技股份有限公司	杨燕 廖颖生
98	2019Y0087	室内雾霾新风系统	深圳维拓环境科技股份有限公司	杨燕 廖颖生
99	2019Y0088	智能增氧负离子净化音响	深圳维拓环境科技股份有限公司	杨燕 廖颖生
100	2019Y0089	一种智能空气净化防雾霾纱窗	深圳维拓环境科技股份有限公司	杨燕 廖颖生
101	2019Y0090	一种柔性太阳能电池的充气膜结构	深圳维拓环境科技股份有限公司	杨燕 廖颖生
102	2019Y0091	一种高节能旋转式光触媒空气净化器	深圳维拓环境科技股份有限公司	杨燕 廖颖生
103	2019Y0092	一种污水池反吊膜及太阳能发电的密闭除臭装置	深圳维拓环境科技股份有限公司	杨燕 廖颖生
104	2019Y0093	一种恶臭气体在线监测仪	深圳维拓环境科技股份有限公司	杨燕 廖颖生
105	2019Y0094	一种用于防雾霾新风兼空调装置	深圳维拓环境科技股份有限公司	杨燕 廖颖生

续表

序号	登记号	项目名称	完成单位	完成人
106	2019Y0095	一种用于专除鱼腥味组合处理系统	深圳维拓环境科技股份有限公司	杨燕 廖颖生
107	2019Y0096	动物皮革及尸体废臭气净化系统	深圳维拓环境科技股份有限公司	杨燕 廖颖生
108	2019Y0097	可推拉式污水池密封罩结构	深圳维拓环境科技股份有限公司	杨燕 廖颖生
109	2019Y0098	双气浮池密封罩结构	深圳维拓环境科技股份有限公司	杨燕 廖颖生
110	2019Y0099	一种废气生物净化喷淋装置	深圳维拓环境科技股份有限公司	杨燕 廖颖生
111	2019Y0100	一种除臭气系统	深圳维拓环境科技股份有限公司	杨燕 廖颖生
112	2019Y0101	一种用于煤场的覆盖膜除尘装置	深圳维拓环境科技股份有限公司	杨燕 廖颖生
113	2019Y0102	一种空气净化喷淋塔	深圳维拓环境科技股份有限公司	杨燕 廖颖生
114	2019Y0103	一种螺旋进气除尘喷淋塔	深圳维拓环境科技股份有限公司	杨燕 廖颖生
115	2019Y0104	一种覆盖膜的固定结构	深圳维拓环境科技股份有限公司	杨燕 廖颖生
116	2019Y0105	一种滑移式反吊膜密封装置	深圳维拓环境科技股份有限公司	杨燕 廖颖生
117	2019Y0106	一种用于水质检测的电极支架	深圳维拓环境科技股份有限公司	杨燕 廖颖生
118	2019Y0107	用于全桥或半桥刮泥机揭盖式固定膜结构	深圳维拓环境科技股份有限公司	杨燕 廖颖生
119	2019Y0108	恶臭气体在线监测仪	深圳维拓环境科技股份有限公司	杨燕 廖颖生
120	2019Y0108	高强度污水池密封覆盖膜结构	深圳维拓环境科技股份有限公司	杨燕 廖颖生
121	2019Y0109	随动式加盖膜密封罩	深圳维拓环境科技股份有限公司	马燕 廖颖生
122	2019Y0109	用于大跨度池体的固定式覆盖膜结构	深圳维拓环境科技股份有限公司	杨燕 廖颖生
123	2019Y0110	固定式加盖膜密封罩	深圳维拓环境科技股份有限公司	杨燕 廖颖生
124	2019Y0113	基于子结构法拉索类桥梁拉索断丝预警系统关键技术研究	深圳市市政设计研究院有限公司	陈宜言 于芳 何晓晖 许有胜 代亮 张海龙 蒋华 朱勤 贺晓彬 方映平 王梦雨 王小花 林松 王远洋 乐颖
125	2019Y0114	GFRP—混凝土—钢组合梁桥设计施工关键技术研究	深圳市市政设计研究院有限公司	陈宜言 何晓晖 张海龙 佟兆杰 宋晓东 黄侨 于芳 朱勤 任远 代亮 陈涛 叶明月

续表

序号	登记号	项目名称	完成单位	完成人
126	2019Y0115	长城飞腾专用计算机及通用服务器	中国长城科技集团股份有限公司	倪国平 王文超 吕玉平 刘全仲 林俊 尚京 郭小军 何志平 王晓丽 成联国 黎建根 邓念勤 何际祥 易利 张锐 吴燕琴 彭勇 吴耀红 黄凤祥 秦艳 李莉 林鹏 黄勇 张金生 周慧 曾又乔 刘玄
127	2019Y0116	时间同步系统——大型时钟“标准时间源”的研发及应用	天王电子（深圳）有限公司	邓光磊 张克来 于克 刘伟宇 司军山 卜雪松 刘保红 马涛 韦学军 乔磊 巫寿才 张永强 马勇 米宝忠 张飞 徐家罡 孟均龙 岳镕光
128	2019Y0117	一种感应式防盗报警器	深圳市名雕装饰股份有限公司	余辉 王同艳 廖峰 田茂华 滕召华 谢嘉杰 胡诗怡 万盛兵 丘桃梅
129	2019Y0118	一种安全性高的智能防盗门	深圳市名雕装饰股份有限公司	黄忠炎 王二军 陈洪敏 尹炼 刘成 邹楠 宋长红 丁易海 曹杨 王秀宇
130	2019Y0119	一种用于检测窗户关闭状态的家居智能控制系统	深圳市名雕装饰股份有限公司	蓝晓宁 徐成东 黄忠炎 魏立健 宋长红 邹楠 劳振峰 丁易海 杜佳 杨梦丽
131	2019Y0120	VR 虚拟现实技术的装修模拟系统	深圳市名雕装饰股份有限公司	周伟 余增 邹江波 岑丽云 李松林 唐尧营 陈禄波 李培凯
132	2019Y0121	绿色建筑的能耗监测管理系统	深圳市名雕装饰股份有限公司	周伟 周斌 武艺鹏 潘荣涛 刘洋 王同艳 钟艳 蔡雪黎
133	2019Y0122	绿色建筑雨水生态循环利用控制系统	深圳市名雕装饰股份有限公司	周伟 邹江波 李松林 苏文俊 贺清华 刘煜
134	2019Y0123	生态建筑多功能墙体联动系统	深圳市名雕装饰股份有限公司	徐成东 叶荣 范绍安 黄少烁 陈洪敏 王二军 戴彩云
135	2019Y0124	墙地暖发热模块及集成墙地暖智能监控系统	深圳市名雕装饰股份有限公司	谢刚 何宇 张祎 易鹏 高开继 吴正勇 韦朝 唐光喜
136	2019Y0125	节能型室内空气智能交换系统	深圳市名雕装饰股份有限公司	徐成东 陈洪敏 何宇 吴凡 徐省
137	2019Y0126	基于 BIM 数据的室内全景自动排布生成系统	深圳市名雕装饰股份有限公司	徐成东 丁易海 杜佳 姜成新 李秋胜
138	2019Y0127	人工智能控制室内环境无线光伏自供能传感器系统	深圳市名雕装饰股份有限公司	周伟 邹江波 余辉 陆冬霞 王同艳 刘亚运
139	2019Y0128	可再生能源绿色建筑系统	深圳市名雕装饰股份有限公司	徐成东 黄忠炎 张金余 邹江波 李松林 蔡辉 董瑞 唐凯 熊超 邹旭玲
140	2019Y0129	基于 BIM 系统的室内多媒体智能系统	深圳市名雕装饰股份有限公司	蓝晓宁 杨唐仁 杨维 黄柳彬 王秀宇 杨斌 黄丽娟
141	2019Y0130	5G 网络的智能家居远程监控系统	深圳市名雕装饰股份有限公司	贺清华 苏文俊 刘洋 高汉滔 曾锦花
142	2019Y0131	智能灯具运维管理系统	深圳市名雕装饰股份有限公司	蓝晓宁 姜成新 马继 何华芬 杜丙寅 丁易海 杜佳 宋长红
143	2019Y0132	基于物联网技术的高灵敏室内空气监测智能处理系统	深圳市名雕装饰股份有限公司	蓝晓宁 徐成东 黄忠炎 杜丙寅 劳振峰 刘成 唐荣沛
144	2019Y0133	系统集成网络技术的绿色屏风供水降噪系统	深圳市名雕装饰股份有限公司	蓝晓宁 徐成东 黄忠炎 董瑞 叶荣 范绍安 曹杨

续表

序号	登记号	项目名称	完成单位	完成人
145	2019Y0134	数联平台生成三维全景室内设计系统	深圳市名雕装饰股份有限公司	周伟 邹江波 李松林 岑丽云 刘煜 袁也
146	2019Y0135	云计算的装配式装饰设计库管理应用软件	深圳市名雕装饰股份有限公司	周伟 孙莉 成碧 彭伟杰 林钊仰 刘江 赵弦科
147	2019Y0136	石墨烯传感器的室内光电智能控制系统	深圳市名雕装饰股份有限公司	蓝晓宁 余辉 周斌 滕召华 陆冬霞 田茂华 萧洪有
148	2019Y0137	基于 BIM 的室内环境智能监测可视化系统	深圳市名雕装饰股份有限公司	黄忠炎 董瑞 魏立健 戴杨军 唐荣沛 范竹均 曹先祥 杨唐仁 黎振鹏
149	2019Y0138	自动供冷供暖节能及恒温空调控制管理系统	深圳市名雕装饰股份有限公司	蓝晓宁 黄忠炎 杜佳 马继 禤丽玲
150	2019Y0139	智能排水循环节流控制系统	深圳市名雕装饰股份有限公司	蓝晓宁 徐成东 黄忠炎 马继 农亮 宋长红 戴杨军 刘成
151	2019Y0140	智能家居婴幼儿看护监测系统	深圳市名雕装饰股份有限公司	蓝晓宁 邹楠 王二军 杨宗显 娄俊锋 娄钦
152	2019Y0141	物联网智能家居的远程监控系统	深圳市名雕装饰股份有限公司	蓝晓宁 徐成东 曹杨 丁易海 禤丽玲 劳振峰
153	2019Y0142	二维码的家装材料溯源软件	深圳市名雕装饰股份有限公司	蓝晓宁 范绍安 李文锋 叶荣 姚依桐 曹杨
154	2019Y0143	智能分布式三维室内设计控制系统	深圳市名雕装饰股份有限公司	蓝晓宁 黄忠炎 董瑞 叶荣 杜佳 姜成新
155	2019Y0144	指纹识别的智能防盗报警系统	深圳市名雕装饰股份有限公司	徐成东 高开继 程新 李红青 杜丙寅 曹杨
156	2019Y0145	基于背光模组的大尺寸直下式液晶电视的创新与应用	深圳市兆驰股份有限公司	何胜斌 吴钊剑 熊立畅 张海波 金观镇 陈坤涌 刘飞 佟晓龙 颜学武 康健 潘云龙 唐朝剑 王万寿
157	2019Y0146	基于雾小脑的智能五轴磨床及系统的关键技术研发与应用	深圳市圆梦精密技术研究院	李军旗 刘庆 徐龙 欧阳渺安 蒋益民 叶民崇 易钢杨 王小东 徐文武 张敬东 尹哲 王威 文茜 范琴
158	2019Y0147	便于试桩试验的双护筒结构技术研究	深圳宏业基岩土科技股份有限公司	彭浪 王树伟 周龙 阳唤 闫荣起 王胜利 曾剑鑫 李凯 冯凯
159	2019Y0148	深圳地区软土基坑双排钢板桩支护技术研究	深圳宏业基岩土科技股份有限公司	陈枝东 朱辉宝 吴超 吕飞腾 曾锋勇 彭浪 郑信杰 薛俊鹏 殷俊
160	2019Y0149	海外轻量级酷开系统	深圳创维-RGB 电子有限公司	许辉福 范思越 袁建强 彭伟 伍以文 黄建宇 濮成林 熊跃平 孙邦禹 干晓萍 刘威 宋天慧 吴明华 李霜 陈春花 陈敏锐 吴兴伟 何文杰
161	2019Y0150	基于语音交互应用的全时 AI 电视	深圳创维-RGB 电子有限公司	李坚 洪文生 赵新科 徐遥令 梁金魁 侯亚荣 王德闯 陈洪波 侯志龙 鲍晓杰 姚文兴 黄浩 马万乐 张曼华 石峰 宛永琪 伍银河 张巧灵 余辉 姜晓飞
162	2019Y0151	4K 机顶盒 HDMI 电磁兼容提升技术研究项目	深圳创维数字技术有限公司	张恩利 陈飞 于洋 唐文龙 佟国权 袁新艳 许辉 姚李李 龙文 余宝增 张万里 陈思帆 陈俊涵

续表

序号	登记号	项目名称	完成单位	完成人
163	2019Y0152	智能移动终端用触控显示一体化全面屏技术研发及应用	创维液晶器件（深圳）有限公司	周忠伟 常伟 毛林山 郭向茹 方荣虎 高国峰 余龙江 钟志勇 黄树康 吕怀远 汪文昌 高飞 李强 黄玉芬 伍银河
164	2019Y0153	脑卒中高效防治关键技术及多元全流程体系建立与应用	深圳市第二人民医院	李维平 任力杰 刘文兰 汪志宏 谢小华 刘德红 伍健明 谭回 熊华花 程文蕾 王亚萍 张圆 胡诗雨
165	2019Y0154	三维环境智能感知系统研发及应用	深圳市大疆创新科技有限公司	朱振宇 周谷越 唐克坦 严嘉祺 周游 吴显亮 李思晋 蔡剑钊 钱杰 刘昂 黄金柱 杨振飞 张立天
166	2019Y0155	线路板行业多污染因子高盐废水达地表水Ⅳ类标准处理技术	深圳市深投环保科技有限公司	彭娟 李钧 胡元娟 程龙军 郑帅飞 唐瑜钟 陈刚 吉飞 覃吉善 班峰 廖春华 徐金龙 郑晓凤 陈昌铭 黄启镜
167	2019Y0156	中小城市慢病管理科技服务网络	中国科学院深圳先进技术研究院	李烨 蔡云鹏 黄邦宇 王磊 赵国如 王俊 樊小毛 杨玉洁 何青云 马瑞青 王伟忠 王娜娜
168	2019Y0157	玻璃熔窑烟气余热发电脱硫除尘脱硝系统化技术研究与应用	深圳市凯盛科技工程有限公司	吴飞 刘科 张立凯 谷化强 李金虎 邢飞 沈浩 刘余庆 汤红运 蒋光梅 方向 李培涛 郝欲明 周旭 方海燕
169	2019Y0158	干细胞皮肤再生人工微环境研究	清华大学深圳研究生院	吴耀炯 唐国翌 史小军 梅林 连小洁 谢振华 郑义 宋国林 刘茜 宋鹏跃
170	2019Y0159	城市繁华区地铁爆破工程关键技术与风险控制研究	深圳市地铁集团有限公司	黄力平 李清 陈湘生 任立志 杨仁树 雷江松 胡德华 娄永录 宋天田 陈岗 朱瑞喜 段景川 车玉龙 王汉军 董发俊
171	2019Y0160	钢箱梁桥面复合型铺装结构设计、制备及施工技术研究	深圳市市政设计研究院有限公司	徐波 丁庆军 徐涛 徐东 宋华 刘敬华 王旦林 于芳 赵刚 张海龙 冯芳 林翰 王元 王波 孙国庆 黄绍龙 沈凡 曾捷 刘声向 江建
172	2019Y0161	WTZJ-II 型机车综合无线通信设备（小型化）	深圳市思科泰技术股份有限公司	张立强 乔连海 乔连海 赵树立 姜连波 王首磊 殷朵朵 黄育灶 黄育灶 朱磊 黄智强
173	2019Y0162	WJTD-II 型道口预警设备	深圳市思科泰技术股份有限公司	鲁倩倩 姜连波 余维松 黄育灶 李亚雄 孟祥伟 于园园 韦军建 陈彬 胡斌 庞辉荣
174	2019Y0163	复杂环境混合地层条件下地铁修建关键技术与应用	中国电建集团铁路建设有限公司	范富国 黄力平 任立志 雷江松 朱瑞喜 娄永录 王成 王新线 胡德华 曹玉新 段景川 徐新 付艳军 金风清 常彦博 白伟 段志宏 孟庆明 刘学生 李围
175	2019Y0164	面向 SDN 智能综合承载网系统产业化及规模商用	中兴通讯股份有限公司	张振朝 席志军 罗鉴 赵福川 汤闯 吴小照 林萍 石鸿斌 关鲁君 陈华荣 赵跃 包慧东 张永健 肖肖
176	2019Y0165	PD-405 系列管式等离子体增强化学气相沉积设备（PECVD）	深圳市捷佳伟创新能源装备股份有限公司	王晨光 李时俊 罗伟斌 李国庆 肖四哲 邓金生 杨宝立 欧阳泉 罗之华 陈帅 周余 李时仲 李操政 黄元俊 赵 锋 张勇 肖岳南 李致文 周湘源 周超
177	2019Y0166	管道智能检测技术研究与应用	深圳市勘察研究院有限公司	吕兵 刘玉贤 胡朝辉 潘文俊 方门福 叶绍泽 闫臻 韩葵 王磊

续表

序号	登记号	项目名称	完成单位	完成人
178	2019Y0167	智慧城市时空大数据平台建设关键技术研究及应用	深圳市勘察研究院有限公司	卢永华 艾海滨 周运林 许彪 银霞 张力 王继周 罗小飞 杜全叶 王磊 孙钰珊 阮明浩 姜岩
179	2019Y0168	高精密控深背钻单面覆铝箔盖板研发	烟台柳鑫新材料科技有限公司、深圳市柳鑫实业股份有限公司	张伦强 罗小阳 杨迪 刘飞 蒲强 贺瑜 李冬果 唐甲林 王建 张斌 刘玉斌 杜山山 罗艳华
180	2019Y0168	支持下一代互联网的智能终端系统研发与产业化	康佳集团股份有限公司	郭斌 张凌 林敏强 袁华 钟文馗 梁宁 周胜杰 罗少锋 殷玲玲 胡金龙 林伟瀚 李明勇 廖杰 游迎荣 陆军锋 董守斌
181	2019Y0169	触控一体机	深圳市创凯智能股份有限公司	林春育 张俊君
182	2019Y0170	具书写内容互动显示的方法与一体机	深圳市创凯智能股份有限公司	林春育 张俊君 杨安康
183	2019Y0171	数字推拉板的显示方法及数字推拉板	深圳市创凯智能股份有限公司	林春育 张俊君
184	2019Y0172	一种在触摸屏上切换书写与擦除功能的方法及装置	深圳市创凯智能股份有限公司	林春育 张俊君 杨安康
185	2019Y0173	面向智慧医疗服务平台关键支撑技术及应用示范	深圳市医学信息中心	林德南 郑静 顾实 邱航 王爽 蒲立新 曲建明 赵成闻 范计朋 贺利敏
186	2019Y0174	数字装备工业控制平台	研祥智能科技股份有限公司	庞观士 邹建红 沈航 陈志列
187	2019Y0175	一种数字装备工业控制平台	研祥智能科技股份有限公司	邹建红 沈航 庞观士 陈志列 孙煜 林诗美 陈超
188	2019Y0176	操作系统及数据安全控制方法及装置	研祥智能科技股份有限公司	庞观士 刘志永 陈志列 陈超 林诗美
189	2019Y0177	一种生产线上的自动化检测方法和装置	研祥智能科技股份有限公司	林淼 刘恩锋 曹霞 沈航 刘志永
190	2019Y0178	自动化测试方法和系统	研祥智能科技股份有限公司	郑志红 李杨 郭煜
191	2019Y0179	信号发生装置、信号采集装置及测试系统	研祥智能科技股份有限公司	林淼 陈超 刘志永 张春平 陈志列
192	2019Y0180	自动光学检测方法和系统	研祥智能科技股份有限公司	陈志列 庞观士 林淼 刘恩锋 邹建红 刘志永 陈超 林诗美
193	2019Y0181	心脑缺血预适应技术	深圳市华盈泰智能技术有限公司	郑才二 李大华 杨阳 钟再强 冯伟强 刘威 杨燕军 王我略 王忠 胡西平 辜秋阳 罗清 毛伟 陈琼燕 周波
194	2019Y0182	广东省森林资源资产评估与审计技术研究及其示范	深圳中大环保科技创新工程中心有限公司	叶有华 虞依娜 曾祉祥 陈海军 陈晓意 江堂龙 奚如春 韩宙 倪广艳 文雯 王慧杰 李思怡 陈希冀 许德文 郭微
195	2019Y0183	高精密控深背钻单面覆铝箔盖板研发	深圳市柳鑫实业股份有限公司	张伦强 罗小阳 杨迪 刘飞 蒲强 贺瑜 李冬果 唐甲林 王建 张斌 刘玉斌 杜山山 罗艳华

续表

序号	登记号	项目名称	完成单位	完成人
196	2019Y0184	高可靠性、高导热活性金属焊接（AMB）陶瓷基覆铜板研发及产业化	深圳市柳鑫实业股份有限公司	罗小阳 傅仁利 张德库 刘智勇 陈沛海 唐甲林 刘玉斌 刘 飞 杜山山 罗艳华 贺 瑜
197	2019Y0185	高性能、高精度小孔径钻孔用覆膜铝片	深圳市柳鑫实业股份有限公司	罗小阳 周虎 张伦强 刘智勇 陈沛海 唐甲林 刘玉斌 刘 飞 杜山山 罗艳华 贺 瑜
198	2019Y0186	钻孔加工披锋抑制可褪除油墨及应用技术研发	深圳市柳鑫实业股份有限公司	张伦强 罗小阳 罗兰秀 杨迪 蒲强 贺瑜 钟云 孟凡瑞 晏德军 杜山山
199	2019Y0187	我国肠道益生菌在儿童应用及其基础研究	深圳市儿童医院	郑跃杰 王文建 马红玲 王和平 李志川 谢淦 黄文献 刘梦昀 王玉蕾 袁雄伟
200	2019Y0188	1020 发光二极管	深圳市聚飞光电股份有限公司	孙平如 苏宏波 宋 东 魏冬寒 陈建昌 张 成 林玉望 刘美德 梁世飞 覃小丽
201	2019Y0189	3012 发光二极管	深圳市聚飞光电股份有限公司	孙平如 苏宏波 宋 东 魏冬寒 陈建昌 张 成 林玉望 刘美德 梁世飞 覃小丽
202	2019Y0190	工业级数码纺织印花机关键技术研发及应用	深圳弘美数码纺织技术有限公司	李敏俊 赵义发 谢赠武 段孝红 金俅 曾志育 詹明 李志和 李辉 李卫政 李荣涛 周龙 刘任荣 李绿青 张小虎 陈跃清 汪挺 韦耀新 田涛涛 熊明球
203	2019Y0191	高密度建成区黑臭水体“厂网河（湖）城”系统治理关键技术与示范	深圳市城市规划设计研究院有限公司	俞露 李骏飞 张显忠 张亮 冯雷雨 汤钟 陈覃 叶伟武 谢勇 李晓君
204	2019Y0192	华为鲲鹏高效能计算关键技术	华为技术有限公司	卢广 刘华伟 栗炜 夏晶 龙飞 武湛 钟来军 李俊 张鸣 姚益民 高俊恩 罗先军 朱王勇 陈建民 李宏
205	2019Y0193	中药饮片染色掺假快速检测技术研发	深圳市药品检验研究院	鲁艺 苏畅 王淑红 关潇滢 王铁杰 谢耀轩 郭巧技 李君瑶 刁璇 杜晓娟 李菁 王洋 刘雪婷
206	2019Y0194	深圳市医院中药制剂标准提升技术研究	深圳市药品检验研究院	王淑红 王铁杰 苏畅 关潇滢 肖丽和 郭巧技 曾利娜 叶奕芬 李君瑶 刁璇 罗婧 王建文 周志 罗雅丽 杜晓娟 李菁 江玲玲
207	2019Y0195	坝光银叶树湿地园古树档案建立、监测和保护措施研究	深圳市野生动物救护中心	孙红斌 刘莉娜 林一焕
208	2019Y0196	触摸屏装置的自适应修复方法及触摸屏装置	深圳市创凯智能股份有限公司	林春育 邱斌
209	2019Y0197	有限空间作业在线监控方法及系统	深圳易元安全技术有限公司	黄川 商欢迪 周红 钱立胜 史荷英 孙志尧
210	2019Y0198	慢性病管理系统研发及产业化	深圳市前海安测信息技术有限公司	张贯京 葛新科 高伟明 张红治 陈琦 周亮 梁昊原 邢烁 王海荣 李雪剑 付大楚
211	2019Y0199	固件管理方法及系统	研祥智能科技股份有限公司	陈志列 庞观士 刘志永 陈超 林诗美 沈航
212	2019Y0200	生成控制指令的方法和系统	研祥智能科技股份有限公司	陈志列 庞观十 马先明 胡钢
213	2019Y0201	电磁辐射抑制装置及其电子设备	研祥智能科技股份有限公司	倪旭东 郑志红 李杨
214	2019Y0202	工控设备的故障诊断系统和方法	研祥智能科技股份有限公司	陈志列 庞观士 马先明 沈航 林诗美 王志栋

续表

序号	登记号	项目名称	完成单位	完成人
215	2019Y0203	一种计算机的串口测试方法和系统	研祥智能科技股份有限公司	陈志列 沈航 林诗美 庞观士 陈超 林淼
216	2019Y0204	一种用于轨道交通系统的特种计算机	研祥智能科技股份有限公司	陈志列 郑志红 曹霞
217	2019Y0205	PCBA 板载模块装配辅助装置及装配方法	研祥智能科技股份有限公司	王继涛 陈向阳 任为誉
218	2019Y0206	动态模拟视频图形阵列信号的系统和方法	研祥智能科技股份有限公司	郑志红 郭煜
219	2019Y0207	人机对话考试系统	深圳市海云天科技股份有限公司	王耀平 王立新 马顿 钟德 罗天衡 黎颖蕾 杜任仲 陶晓留 马成 刘昌胜
220	2019Y0208	智能服务机器人	深圳市奥拓电子股份有限公司	孙信中 黄华 吕大伟 朱元强 齐带华 王华洋 陆俊贤 谢鑫 杨东太 徐睿谦 胡俊 钟继伟 董红伟 代品宣 孙非凡 何华建 伍前程 周立人 肖积涛 吴旭海 陈顶明 田泽 姚沁玥 聂磊
221	2019Y0209	智能大数据图像处理阵列	深圳市奥拓电子股份有限公司	孙兴红 谢明璞 颜春晓 罗子龙 赵丽红 严振航 吴振志 任怀平 黄海力 陈金涛 何西明 邵志刚 袁鸿声 闫琦 王志明 何俊
222	2019Y0210	深圳公园管理和服务标准化试点项目	深圳市公园管理中心	胡振华 欧阳底梅 赖燕玲 龙丹丹 张敖 史鸿基 徐菁菁 刘娜 郭恒 刘伟 连舜秋 庄梅梅 郭希梅 钟峰 谷斯璇 潘婧婧
223	2019Y0211	深圳市花卉产业现状与发展调研	深圳市仙湖植物园管理处	谢锐星 雷江丽 严萍 叶如光 田大翠 郭明鑫 贾蕊娟 袁峰均 黄嘉永 贾彩娟 周学青 李朋远
224	2019Y0212	车云网汽车智能诊断软件	深圳市车云网科技有限公司	朱华杰 张强 赵恒涛 黄海铭 谢荣权 阳如林
225	2019Y0213	ADAS 系统车辆 CAN 数据采集软件	深圳市车云网科技有限公司	朱华杰 张强 赵恒涛 黄海铭 谢荣权 阳如林
226	2019Y0214	驾培系统车辆 CAN 数据采集软件	深圳市车云网科技有限公司	朱华杰 张强 赵恒涛 黄海铭 谢荣权 阳如林
227	2019Y0215	车云网 4G 车载远程监控终端软件	深圳市车云网科技有限公司	朱华杰 张强 赵恒涛 黄海铭 谢荣权 阳如林
228	2019Y0216	驾驶培训学员学时信息管理系统	深圳市车云网科技有限公司	朱华杰 张强 赵恒涛 黄海铭 谢荣权 阳如林
229	2019Y0217	AIoT 物联网云连接关键技术及应用	深圳市万佳安物联科技股份有限公司	许明 罗辛 吴昊 金龙 吴江旻 曾德富 梁源 和亚光 庞曼林 陈少炯 方学伟
230	2019Y0218	一种无载检测轿厢载荷监控元件工作状态装置的开发	深圳市特种设备安全检验研究院	黄东凌 王军泉 龙枫 胡杰
231	2019Y0219	电梯运行速度测量仪的研制	深圳市特种设备安全检验研究院	陈东兵 谭对平 刘升淇 鲍献华 陈深鸿 郑吴慧 钱能斌 谌继盛
232	2019Y0220	超高速电梯渐进式安全钳自由落体试验装备的研制	深圳市特种设备安全检验研究院	李灌辉 陈桂洲 梁治强 张峰 向飞 彭万里 高志强 肖翊天

续表

序号	登记号	项目名称	完成单位	完成人
233	2019Y0221	工业锅炉用水处理剂（器）阻垢性能评价方法	深圳市特种设备安全检验研究院	张居光 吴继权 黄容 丁二喜
234	2019Y0222	上料机构和热熔装料机	深圳市精研科洁科技股份有限公司	王绍忠 李建旋 伍卫 孟凡玉 王峥 燕帅
235	2019Y0223	高温软化毛边机	深圳市精研科洁科技股份有限公司	陈辉 彭晓林 丁友才 曾桥 杨兵 欧阳昌林
236	2019Y0224	顶出模具	深圳市精研科洁科技股份有限公司	周建武 刘天君 付星宇 蔡教琛 李泽湘 王炜椿 付星环
237	2019Y0225	压边打磨机	深圳市精研科洁科技股份有限公司	邓胜涛 刘坤 陈杰 喻思航 陈果夫 方日炎
238	2019Y0226	模具浇注系统和注塑模具	深圳市精研科洁科技股份有限公司	曾宪明 张毅俊 胡春辉 张超 吴大伟
239	2019Y0227	一种相容性好 PBT/PP 塑料合金材料及其制备方法	深圳市精研科洁科技股份有限公司	朱光辉 侯广 钟官生 谢树源 曾德林
240	2019Y0228	广东省受损边坡生态景观重建工程技术研究中心建设及科研	深圳市万信达生态环境股份有限公司	朱兆华 徐国钢 陈晓蓉 高敏化 吴莹 郭幸飞 杨文慧
241	2019Y0229	四方精创区块链售票系统 V1.0	深圳四方精创资讯股份有限公司	梁永甫 张子深 王斌 周濒 李玲 朱令芷 罗博康 郑炯达 许雪萍 杨安 李致翰 林甜甜 周丽婷 秦江洪 邬禹华 朱勇 庞泽荣 陶玉翔 李成 覃刚 刘佼陇 郑康 李松 林贤枝 陈静滢 陈康 蒋帆 邹临南 郭少龙 郝若池 万雷 郑制华 王毅 黄程 陆豪伟 毕爽 邓俊杰 张亮
242	2019Y0230	四方精创快速汇款系统软件 V1.0	深圳四方精创资讯股份有限公司	罗美丽 陈嘉俊 郝凡 徐建明 杜学刚 胡敏 梁永甫 蒲晶 王斌 杨脉莍 张子深 廖少梅 王俊 Bob 王豪红 周丹 游润达 邢欢欢 成文华
243	2019Y0231	四方精创区块链多方签名系统 V1.0	深圳四方精创资讯股份有限公司	闫曦 向万军 施俊 陈高 骆凯 陈卓 Jack 胡景盛 曹豪 刘丹 Dana 陈骞 陈芷颖 周洁 刘超 Allen 常凤斌 孟鹏飞 赵星宇 陈良广 廖志华 杜俊 曾思丹 梁文灏
244	2019Y0232	四方精创区块链属性加密系统 V1.0	深圳四方精创资讯股份有限公司	王超 张志翔 徐夏昊 钟伟 刘学 齐蕾 曹玉杰 胡晓非 朱文祥 任逸承 赵洋洋 陈林 吴庆明 魏永伟 韦凤燕 孙乾坤 邹宇翔 李云立 张子深
245	2019Y0233	四方精创商业银行 FTP 定价系统 V1.0	深圳四方精创资讯股份有限公司	姜兆海 李益利 罗伟 彭荣和 阮奇荪 魏陈博 艾安丹 陈佳宇 林忠亿 王志 文竞强 任曙轩 陈达 王文杰 Benjen 夏志颖 邢欢欢 连宗平 李柏霖 韦尚义 蔡志雄 雷建 欧阳泽宇 周枫 罗远阳 董鹏 姚其敏 董书豪 James 顾靖 王亚斌 林成峰 钟如昌 冯梓 刘兴旺 麦康志 李阳健 李泽豪 王金德
246	2019Y0234	四方精创聚合数据服务框架系统 V1.0	深圳四方精创资讯股份有限公司	王兆兵 陈钊锋 张育良 王承林 蒋世文 沃家伟 赵海洋 蒋季汛 占震宇 梁小珊 张俊楠 李靖 裴云立

续表

序号	登记号	项目名称	完成单位	完成人
247	2019Y0235	四方精创商业银行绩效考核系统 V1.0	深圳四方精创资讯股份有限公司	黄茂波 吴小斌 肖胜 谢铖锴 徐忠波 杨博 杨承甲 杨锋 杨青健 郑树赞 钟理彩 周忭玮 周东娥 周凡 周霖 朱文洋 张帆 吴义明 曾文文 李楠楠 詹锐 许江波 姚康 曾铖 凌文昌 秦桉 黄英泽 岑卓诚 黄武军 欧金萍 黄骜
248	2019Y0236	四方精创通用数字货币钱包软件 V1.0	深圳四方精创资讯股份有限公司	邓俊杰 向万军 施俊 陈高 陈小青 李小强 覃刚 刘佼陇 郑康 林贤枝 陈静滢 陈康 Modest 蒋帆 甄欣 韩兆容 何挺 梁月华 邓锦婷 曾聪聪 梁饰芥 谭二福 何佳豪 赵栋 侯金鑫 梁阿雄 黄春火 林彬 阮凯 张晓华 李从焱 周振宇 辛迪 曾尧 蒋亭 周锐 苏妮 苏斗贵 冯祥 高剑 古烨桂 熊海
249	2019Y0237	四方精创商业银行大额通业务系统 V1.0	深圳四方精创资讯股份有限公司	邓荣飞 杜浩 高争 陈哲明 郭志杰 杨晓东 侯巍 郝世民 王文泽 张超 Jim 赵亚俊 任旭庚 丁文祥 汪锡伟 王兴国 徐红亮 李涛 王璐 Stephy 蒋志强 于苏林 苏滔 王统印 黎俊伟 刘伟 Jack 陈泳林 黄威 张俊楠 蒋季汛 陈曦
250	2019Y0238	四方精创商业银行 EVA 经济资本系统 V1.0	深圳四方精创资讯股份有限公司	刘飞翔 王建英 蔡瑶 曹智勇 陈博奇 陈洁 陈列松 谌宏基 成智敏 崔强 蒋丽娜 孔祥静 李晨星 李杰好 王伟锋 王志坚 林基章 吴杰鑫 陈伟见 林强
251	2019Y0239	四方精创个人电子银行互动营销平台 V1.0	深圳四方精创资讯股份有限公司	王天文 王倩 王海南 史志强 宁焰红 母刚 刘义刚 刘经中 刘晓龙 刘博 刘鹏 Allen 刘翠兰 向卢宇 向焱雄 向麒麒 孙飞 孙成明 孙海宁 吴江桥 张兰 Penny 张立根 李开辉 李国伟 肖海波 肖魁 闵定平 周磊 易晓梦 林丹虹 林俊斌 林春挑 罗伟 罗伟珍 罗美丽 邱旭日 陆桂全 陈钊锋 郑亮
252	2019Y0240	四方精创商业银行运营综合管理平台 V1.0	深圳四方精创资讯股份有限公司	卞立顺 王承林 王俊 Bob 王美林 兰颍 白春礼 邓宏 吕烈和 吴时壮 李历 李双莲 李林枫 李桃梅 李苏杰 汪庞辉 陈大勇 陈良科 陈雨 胡小海 郑超 徐震楠 梁冲 黄务强 黄婷 黄毅 程丽 覃烨敏 赖沛卿 雷连华 翟跃 谭遂清 蔡维文 蔡棒 黎飞龙 戴国柱
253	2019Y0241	四方精创商业银行中小企业智达系统 V1.0	深圳四方精创资讯股份有限公司	郝春辉 徐飞 黄梅竹 潘飞 刘劲彬 金志汶 李贺 黎华银 徐航 樊加帅 李坤 雷立 陈志 江鑫 彭福根 覃冠贺 盛森森 吴其友 高劲波 周保童 范超 王智龙 丁双 梁彩双 蓝康达 黄杰章 徐涛 何信文 张云超 廖伟 张毅 徐安 吴同 吴吉鹏 李志远
254	2019Y0242	四方精创商业银行资金头寸报表系统 V1.0	深圳四方精创资讯股份有限公司	龚冰 李文坚 李振亚 梁茗棋 廖炎球 刘明明 刘兆鑫 罗岑 马建 蒙俊杰 孙泽文 汤园 汪续和 王灵姿 韦国昊 伍素丽 梁天 屈旭鹏 聂凡 冯友 杨志清 刘晓燕 李玮 李庆全 胡浩霖 曾清銮 陶君瑞 魏大明 胡翔

续表

序号	登记号	项目名称	完成单位	完成人
255	2019Y0243	四方精创基于区块链的供应链金融系统V1.0	深圳四方精创资讯股份有限公司	盛晶晶 林娟 丛纪泽 高劲波 陈志 何为清 龙仁凯 刘俊川 潘向军 谢志刚 胡景盛 杨嘉赓 叶聪 袁俭 张德强
256	2019Y0244	四方精创人民法院道路交通区块链平台V1.0	深圳四方精创资讯股份有限公司	王超 刘诗明 徐夏昊 钟伟 姜克文 彭冬冬 齐蕾 曹玉杰 胡晓非 朱文祥 任逸承 陈瑾坡 王飞 张锐 刘双双 赵洋洋 张岳 秦宇 陈林 吴庆明 曹俭 张齐 张德强 魏永伟 韦凤燕 孙乾坤 邹宇翔 邓锦婷 刘学 李云立 张志翔
257	2019Y0245	四方精创商业银行移动借记卡开户系统V1.0	深圳四方精创资讯股份有限公司	曹磊 曹园凌 陈哲明 褚宏飞 邓斌 曹名雄 董正义 高奎一 周坚松 欧勇 吴海鹏 孙晓越 石浩
258	2019Y0246	四方精创消费金融预审批后台管理系统V1.0	深圳四方精创资讯股份有限公司	秦虎峰 陈洪强 何流红 廖丽莎 侯超鑫 吴静婷 谢付贵 王信涛 孔贝 亓新凯 卫凯 王立夫 程杰 王传 段曾争 崔晨虹 程启帆
259	2019Y0247	四方精创消费金融预审批APP iOS版软件V1.0	深圳四方精创资讯股份有限公司	秦虎峰 陈洪强 何流红 廖丽莎 侯超鑫 吴静婷 谢付贵 王信涛 孔贝 亓新凯 卫凯 王立夫 程杰 王传 段曾争 崔晨虹 程启帆
260	2019Y0248	四方精创消费金融预审批APP安卓版软件V1.0	深圳四方精创资讯股份有限公司	秦虎峰 陈洪强 何流红 廖丽莎 侯超鑫 吴静婷 谢付贵 王信涛 孔贝 亓新凯 卫凯 王立夫 程杰 王传 段曾争 崔晨虹 程启帆
261	2019Y0249	四方精创商业银行海外监管管理系统软件V1.0	深圳四方精创资讯股份有限公司	孔贝 方晓林 王永珠 王钎 王建英 韦俊保 丛纪泽 田锋 邓冬禾 邓利 关均龙 刘恒 庄如明 许飞 何欣欣 何信文 余浩 吴丰江 吴俊流 张崇凌 李文明 李碧玉 杨耀桥 阮超 欧阳柳 罗涛 陈旭 陈灼 陈青山 陈婉 陈锋 柯攀 贺贤亮 赵新 唐志鹏 唐嘉亮 秦世强 苏妮 郝凡 郝程祥 曹俭 梁杰
262	2019Y0250	四方精创商业银行客户经理业绩认定系统V1.0	深圳四方精创资讯股份有限公司	陈佳良 张家达 陈骏 万志强 黄木财 张晨昊 唐彪 马俊川 潘建七 张弛 赵悦 吴柄谊 丁雄师 周辉模 何杰 Jade 曹阳 邓博宇 李浩 Tony 吕茂勇 顾斌 付亮 张洪亮 尹福久 林灿明 朱剑宾 刘健 Timo 张小龙 毛华杰 钟世锦 徐光临
263	2019Y0251	四方精创商业银行信息科技人员管理系统V1.0	深圳四方精创资讯股份有限公司	张兵 陈金 林志伟 肖海波 王鑫 Wilson 陈佳良 甄欣
264	2019Y0252	四方精创区块链国密算法（SM9）应用系统V1.0	深圳四方精创资讯股份有限公司	何清平 孟强 韩涛 齐威阵 倪苏龙 竺源 黄伯羿 刘汉禹 刘帅 Tom 彭晓玲 裴玉婷 何争明 骆文 王宋旺 苏鸿杰 刘功军 陆锦涛 何昌稳 郭星 谢明柳
265	2019Y0253	四方精创乐高式银行账户中心账户管理平台V1.0	深圳四方精创资讯股份有限公司	龙艳婷 曾健 黎佩才 方昉 孙白霞 陈洋洋 陶成 郁昌达 周杰 罗跃伟 苏桥亮 陆华德 陈嘉诚
266	2019Y0254	四方精创商业银行科技预算及商务管理系统V1.0	深圳四方精创资讯股份有限公司	黄选伟 闫圆圆 汪敏华 王本东 吴昌凡 赵杜庆 周挺 蔡佩丹 陈虎 陈靖东 李祥 吴杨 杨鋆 尹艳飞 何莉云 邓志明 徐鹤

续表

序号	登记号	项目名称	完成单位	完成人
267	2019Y0255	四方精创商业银行移动网银签约与开户系统 V1.0	深圳四方精创资讯股份有限公司	顾斌 郝春辉 陈豪 梁翔 庄可城 谢国晨 石有智 郑莹 袁芳嵩 张赛 刘新垒 易枫
268	2019Y0256	四方精创商业银行零售业务产品管理系统软件 V1.0	深圳四方精创资讯股份有限公司	丁晓波 毛时勋 王刚 王金刚 王建平 冯振 邓志曾 邓荣飞 邓斌 邓朝轩 庄可城 庄展俊 朱珀言 毕亭 张伟欣 张作栋 张爱娥 张赛 张赟 杜浩 杨建兴 杨健 周坚松 林忠亿 陈龙华 陈伟 陈泽 陈虎 陈炯铭 陈哲明 陈涛 陈豪 段文广 范书鹏 徐达 袁芳嵩 郝春辉 顾风桂 顾斌 高文琦 高奎
269	2019Y0257	四方精创基于区块链与通证的应付账款流通平台 V1.0	深圳四方精创资讯股份有限公司	郝春辉 徐飞 刘劲杉 李贺 张云超 廖伟 张毅 徐安 吴同 吴吉鹏 徐航 樊加帅 李坤 江鑫 李志远 吴其友 周保童 范超 王智龙 梁彩双 蓝康达 黄杰章 徐涛 范烨 刘田园
270	2019Y0258	四方精创商业银行信息科技风险量化指标管理系统 V1.0	深圳四方精创资讯股份有限公司	彭珊 张述一 周闾闾 庄重 潘碧云 卜国亮
271	2019Y0259	四方精创乐高式银行电子钱包 App 注册及登录系统（iOS 版）V1.0	深圳四方精创资讯股份有限公司	汪卫卫 唐思膑 邓绍军 何怡菲 魏玉 高翔 李晨旸 刘世芳 李锭坤 刘盛兰 唐飞 刘海宁 刘伟 邓凯菲 朱泽宁 李卫祥 李世勃 邓冬禾
272	2019Y0260	四方精创乐高式银行电子钱包 App 注册及登录系统（安卓版）V1.0	深圳四方精创资讯股份有限公司	汪卫卫 唐思膑 邓绍军 何怡菲 魏玉 高翔 李晨旸 刘世芳 李锭坤 刘盛兰 唐飞 刘海宁 刘伟 邓凯菲 朱泽宁 李卫祥 李世勃 邓冬禾

2019 年科技成果登记名单在线查看

第四节 科技计划项目

一、2019 年第 1 批市科技计划项目验收结果

序号	项目编号	项目名称	项目承担单位	验收结论
1	JSGG20160510161722422	重 20160511 4K 超高清视频智能分析与实时传输关键技术研发	邦彦技术股份有限公司	通过
2	JSGG20160328151457459	重 20160379 基于容器技术的云应用服务平台研发	宝德科技集团股份有限公司	通过
3	KQJSCX20160226110414272	基于环境与新能源的新型持久性有机污染物的生物修复技术研究	北京大学深圳研究生院	通过
4	JCYJ20150731091351923	基 20150050 工业废液中贵金属钯选择性吸附机制研究	北京大学深圳研究生院	通过
5	JCYJ20160331095335232	红色电致变色材料的设计与合成及其在器件中的应用探索	北京大学深圳研究生院	通过
6	RKX20170807143931459	深圳市重大科技基础设施运行管理体制机制研究	北京大学深圳研究生院	通过
7	JCYJ20151014093505032	基 20150086 大规模高扩展的图数据管理分析方法研究	北京大学深圳研究生院	通过
8	GRCK20170424143702364	鹏源自清洁模块化直饮水技术	北京大学深圳研究生院	通过
9	JCYJ20160428153620486	云计算环境下 3D 流媒体传输关键技术研究	北京大学深圳研究生院	通过
10	JCYJ20160428153421635	Isodon 类中药活性提取物毛萼乙素的抗癌活性作用靶点与作用机制研究	北京大学深圳研究生院	通过
11	JCYJ20160331095239971	应用于海水中溴素资源提取的专用材料研制	北京大学深圳研究生院	通过
12	ZDSYS20160331173942873	载 20160015 信息论与未来网络体系重点实验室	北京大学深圳研究生院	通过
13	CKKJ20160401153029544	北京大学深圳研究生院青年创新创业中心（筑底空间）	北京大学深圳研究生院	复议
14	JCYJ20160509164200944	新型有机纳米刚性笼掺杂聚酰亚胺气体分离膜材料的制备及用于天然气中 CO2 分离的研究	北京大学深圳研究院	通过
15	GRCK20170424152359342	毫米波 5G 原型机系统及关键技术研发	北京大学深圳研究院	复议
16	JCYJ20150529151839281	基 20150004 咯萘啶逆转乳腺癌化疗耐药机制研究	北京大学深圳医院	通过
17	JSGG20160331094909093	重 20160365 第六代射频开关连接器研发	电连技术股份有限公司	通过
18	JSGG20160301160929449	重 20160140 基于移动设备的电容式面板压力控制芯片研发	敦泰科技（深圳）有限公司	通过
19	JSGG20150813151658888	重 20150173：电动汽车电机控制器关键技术研发	法雷奥汽车内部控制（深圳）有限公司	通过

续表

序号	项目编号	项目名称	项目承担单位	验收结论
20	CKKJ20150821200243221	富士康科技集团“云之咖啡”创客大本营	富泰华工业（深圳）有限公司	通过
21	JCYJ20150529141408781	基 20150040 宇航机构可重构动力学与控制研究	哈尔滨工业大学（深圳）	通过
22	JCYJ20160427184254731	基 20160191 火星探测巡航飞行器推进系统及其关键技术研究	哈尔滨工业大学（深圳）	通过
23	JCYJ20160328163327348	基 20160110 GEO 卫星协作的空间信息网络传输技术研究	哈尔滨工业大学（深圳）	通过
24	JCYJ20160318143816955	空天高速飞机新型主动热防护技术的研究	哈尔滨工业大学（深圳）	通过
25	JCYJ20160505175406823	磁暴对人造卫星和地面电网运行的影响研究	哈尔滨工业大学（深圳）	通过
26	JCYJ20160505175231531	具有分布式增益的网络多智能体系统协调控制问题研究	哈尔滨工业大学（深圳）	通过
27	JCYJ20160318094236224	基于非晶丝的金属标签表面磁场层析成像关键技术研究	哈尔滨工业大学（深圳）	通过
28	JCYJ20160318094015947	面向 E—医疗的隐私保护云数据访问技术研究	哈尔滨工业大学（深圳）	通过
29	GRCK20170421161212085	面向智能电子秤的水果自动识别系统	哈尔滨工业大学（深圳）	通过
30	JCYJ20150403161923536	模拟光合作用的 ZnIn2S4- 石墨烯 -BiVO4 Z 型催化剂降解有机污染物同时产氢的研究	哈尔滨工业大学（深圳）	通过
31	ZDSYS20160330141758804	载 20160009 深圳市有机物污染防控重点实验室	哈尔滨工业大学（深圳）	通过
32	JCYJ20150513151706567	便携式云计算异构数据心电诊断系统	哈尔滨工业大学（深圳）	通过
33	JCYJ20150930150304185	基 20150088 面向 5G 的空口及高速编码技术研究	哈尔滨工业大学（深圳）	复议
34	JCYJ20160318094727251	基于木质素的第二代生物质燃油碳烟生成机理的研究	哈尔滨工业大学（深圳）	复议
35	JCYJ20160318095418295	甚低频波在空间辐射环境中对航天器的防护技术研究	哈尔滨工业大学（深圳）	复议
36	JSGG20160427185010977	重 20160196 量子保密通信技术研究	哈尔滨工业大学（深圳）	复议
37	JCYJ20160318143907132	电推进羽流对航天器影响特性研究	哈尔滨工业大学（深圳）	复议
38	JCYJ20160318095218091	数据中心网络容错存储及数据传输访问优化关键技术研究	哈尔滨工业大学（深圳）	复议
39	JCYJ20160530193728307	连续纤维织物复合材料热模压工艺缺陷控制与优化设计方法研究	湖南大学深圳研究院	通过
40	JCYJ20160530193417959	激活式核酸适配体荧光探针示踪骨髓间充质干细胞向骨缺损处归巢的研究	湖南大学深圳研究院	复议
41	JCYJ20160530192230252	智能网联汽车高精度低成本定位系统开发	湖南大学深圳研究院	复议
42	CKCY20170420152603217	智能储能系统在微电网的技术研究和应用	华盛新能源科技（深圳）有限公司	复议
43	GJHS20150918181216911	支持基带集中处理的 RAN 构架研究	华为技术有限公司	通过
44	GJHS20150918181216916	面向 IMT-Advanced 新型基带处理共性技术研究	华为技术有限公司	通过
45	JSGG20160330152846900	重 20160339 电子纸显示驱动单芯片研发	晶门科技（深圳）有限公司	不通过
46	CKCY20160824110907572	高性能数字化焊接电源	孔雀团队依托单位	通过

续表

序号	项目编号	项目名称	项目承担单位	验收结论
47	JSGG20160428154812749	重 20160012 基于大数据的产前超声检查服务云平台的研发	蓝网科技股份有限公司	通过
48	CKCY20170505155249691	关于多协议接口便携存储器（可外接充电单元）的研究	力瑞信（深圳）科技有限公司	复议
49	JSGG20160229122827264	重 20160199 有源光缆（AOC）关键技术研发	立讯精密工业股份有限公司	复议
50	CKCY20160829105214113	智能远程控制人体微环境设备的研发	龙尾电子（深圳）有限公司	通过
51	JSGG20160229120335817	重 20160228 第五代移动通信数字波束形成（DBF）多波束天线阵技术研发	摩比天线技术（深圳）有限公司	通过
52	JCYJ20160530184212170	深圳市近海海域污染溯源的快速重构算法及其理论研究	南方科技大学	通过
53	JCYJ20160530185244662	基于酰亚胺的高性能有机半导体材料及其光电器件	南方科技大学	通过
54	JCYJ20160331115147389	利用纳米压印及量子点材料的多激子效应提高太阳能电池效率的研究	南方科技大学	通过
55	JCYJ20160530190842589	新型二维材料结构与性质的高压研究	南方科技大学	通过
56	JCYJ20160429191402782	听力训练提升听损病人助听效果的机理研究	南方科技大学	通过
57	KQJSCX20160226193545682	下一代蜂窝移动网络全双工通信关键技术研究	南方科技大学	通过
58	JCYJ20160331115312355	纳米压印技术关键问题——高效脱模技术的研究	南方科技大学	通过
59	JCYJ20160429191518358	CMOS 亚阈值区域偏置电路的研究与设计	南方科技大学	通过
60	JCYJ20160331115658342	癌症相关蛋白 kindlin 在整合素介导的细胞与微环境相互作用中的结构与功能研究	南方科技大学	通过
61	GRCK20170424105555578	基于石墨烯及其衍生物的自清洁纳米复合材料的开发	南方科技大学	通过
62	JCYJ20160530185817133	光催化还原二氧化碳转化为小分子燃料的研究	南方科技大学	通过
63	ZDSYS20160226193220164	载 20160004 城市固体废弃物资源化技术与管理重点实验室	南方科技大学	通过
64	ZDSYS20160226193330242	载 20160006 全光谱发电功能材料重点实验室	南方科技大学	通过
65	JCYJ20160301114534506	光明新区集约化养殖场畜禽粪便中雌激素的环境安全风险评估与管理技术研究	南方科技大学	复议
66	JCYJ20160531190935987	移动众包系统任务分配与激励机制研究	南方科技大学	复议
67	CXZZ20150402091632814	普 20150063：乳腺癌新型小分子靶向治疗药物的研发	南京大学深圳研究院	复议
68	JSGG20160607151438794	重 20160540 新能源汽车动力电池热管理系统关键技术研发	锘威科技（深圳）有限公司	通过
69	JSGG20160229104239634	重 20160120 电容式压力感应触控显示模组关键技术研发	欧菲科技股份有限公司	通过
70	JSGG20160331111420382	重 20160373 新一代千兆铜线接入关键技术研究	普联技术有限公司	通过
71	JCYJ20160411164305110	POCT 呼出气电子鼻关键技术研究	清华大学深圳研究生院	通过
72	JCYJ20150529164918735	基 20150030 高性能锂硫电池研究	清华大学深圳研究生院	通过

续表

序号	项目编号	项目名称	项目承担单位	验收结论
73	JCYJ20160331185156860	污水深度处理臭氧 / 陶瓷膜耦合工艺之 PPCPs 的去除及原位膜污染控制	清华大学深圳研究生院	通过
74	GRCK20170424150505400	自循环药物筛选微流控芯片	清华大学深圳研究生院	通过
75	GRCK20170424150645896	三维药物毒性检测缺氧肿瘤细胞芯片模型	清华大学深圳研究生院	通过
76	JCYJ20160531195231085	半导体智能生产管理决策支持系统关键技术研究	清华大学深圳研究生院	通过
77	CKKJ20160414164802878	清华大学深圳研究生院 i-Space 创业空间	清华大学深圳研究生院	通过
78	JCYJ20160531195319329	基于模数转换器的可重构真随机数发生器研究	清华大学深圳研究生院	通过
79	JSGG20160301153958927	重 20160142 用于可穿戴设备可调功耗的微机电（MEMS）声传感器关键技术研发	瑞声声学科技（深圳）有限公司	通过
80	JCYJ20160414160109018	基于新型二维纳米材料的全光纤紫外超短脉冲激光研究	厦门大学深圳研究院	通过
81	JCYJ20160331173823401	基于 Suzuki 反应的红光 - 近红外光石墨烯量子点制备的关键技术及其细胞成像中的应用研究	山东大学深圳研究院	通过
82	JCYJ20160331173652555	半乳糖凝集素 -9 调控类风湿关节炎血管生成和白细胞趋化的研究	山东大学深圳研究院	通过
83	GRCK20170424170821621	自动跟随机器人拣货系统	深港产学研基地	通过
84	CKFW20160414171322614	深港青年创业训练营	深港产学研基地	复议
85	JSGG20160429142844353	重 20160424 基于单通道传输速率 25G 大容量高速背板关键技术研发	深南电路股份有限公司	通过
86	CYZZ20160331143658173	基于粉末注射成形低成本金属手机中框关键技术研究	深圳艾利门特科技有限公司	通过
87	KQCY20150729144556455	生物反应器制备免疫细胞技术研究	深圳爱生再生医学科技有限公司	通过
88	CYZZ20150828163029463	刀削面标准化烹饪工艺智能机器人	深圳爱她他智能餐饮技术有限公司	通过
89	GJHS20170314114526143	苯磺酸氨氯地平叶酸片的 III 期临床研究	深圳奥萨医药有限公司	通过
90	JSGG20160229173428526	重 20160298 H 型高血压精准治疗关键技术研发	深圳奥萨制药有限公司	通过
91	CYZZ20160531143949447	“印章管家”——印章智能动态监控系统	深圳白鹤印章科技股份有限公司	复议
92	JSGG20160229154517857	重 20160046 基于深度学习的癌症早期病理分析筛查系统技术开发	深圳北航新兴产业技术研究院	通过
93	JCYJ20130329110752138	Cdc14p 分两步去磷酸化 DNA 复制激活与许可蛋白而重置复制原点的功能和机理研究	深圳北京大学香港科技大学医学中心	通过
94	JSGG20160330154049753	重 20160378 多人在线战术竞技系统（MOBA）研发	深圳冰川网络股份有限公司	通过
95	CYZZ20160421140427363	非染色图像识别智能细胞检测设备研发	深圳博大博聚科技有限公司	通过
96	CKCY20170504153929801	输电线路防外破智能警示球的研发	深圳博瑞通智能科技有限公司	通过
97	GRCK20150831200048143	Ai.Frame 防人机器人	深圳柴火创客文化传播有限公司	通过

续表

序号	项目编号	项目名称	项目承担单位	验收结论
98	CYZZ20160519143331231	光纤链路局端（OLT）及统一网络管理系统(CM-UNMS)开发	深圳赤马通信技术有限公司	通过
99	GRCK20170421112847031	智能杀菌净水器设备的研发与产业化	深圳创新设计研究院有限公司	通过
100	JCYJ20160422091238319	生物可降解的金纳米囊泡在靶向智能诊疗一体化中应用研究	深圳大学	通过
101	GRCK20170421105008502	多维度道路照明系统开发	深圳大学	通过
102	JCYJ20160308091147262	缺氧诱导的有丝分裂因子HIMF在心肌肥大发生、发展中的作用及分子机制研究	深圳大学	通过
103	JCYJ20160307114925241	肝癌血清小分子生物标志物代谢网络的研究	深圳大学	通过
104	JCYJ20160422144936457	基于氮/硫共掺杂多孔碳的高性能锂离子电池负极材料的制备及应用研究	深圳大学	通过
105	GRCK20170421104054363	具有缓释功能的新型中药试剂的开发	深圳大学	通过
106	JCYJ20160422091132854	粉尘螨新过敏原 Der f 31 诱发过敏性哮喘的机制研究	深圳大学	通过
107	JCYJ20150324141711581	PLD 法制备的低粗糙度 CIGS 薄膜光热协同退火晶化机理与应用研究	深圳大学	通过
108	JCYJ20150529164656097	基 20150028 气凝胶的规模化制备及应用研究	深圳大学	通过
109	JSGG20150512162446307	重 20150088：免疫激动剂新药与蒽环类药物联合治疗三阴乳腺癌关键技术研发	深圳大学	通过
110	JSGG20160301162913683	重 20160292 精准实体瘤嵌合表面受体靶向免疫治疗关键技术研发	深圳大学	通过
111	JCYJ20160422112012739	介孔碳镶嵌离子液体功能化石墨烯/钛酸铬锂复合材料的制备与电化学反应机理研究	深圳大学	通过
112	JCYJ20160422142912923	微纳米器件成分定量检测关键技术研究	深圳大学	通过
113	JCYJ20150525092941022	具有光响应性的超分子功能材料的制备及其在光电方面的应用研究	深圳大学	通过
114	JCYJ20160520162818982	高品质 PAN 基碳纤维原丝的分子设计、合成与工业化应用	深圳大学	通过
115	JCYJ20160308092044016	钙钛矿电子材料的反常力学与热学系数的研究	深圳大学	通过
116	JCYJ20160308091918472	超低功耗人体医学芯片数字单元及关键技术研发	深圳大学	通过
117	JCYJ20140418091413519	滨海混凝土自传感系统研究	深圳大学	通过
118	ZDSYS20160606153007978	载 20160025 深圳市环境化学与生态修复重点实验室	深圳大学	通过
119	ZDSYS20160606152800706	载 20160023 深圳市情绪与社会认知科学重点实验室	深圳大学	通过
120	ZDSYS20160328144130494	载 20160016 深圳市建筑环境优化设计研究重点实验室	深圳大学	通过
121	JCYJ20160307111232895	基于信任的社交网络情境感知计算的关键技术研究	深圳大学	复议

续表

序号	项目编号	项目名称	项目承担单位	验收结论
122	JCYJ20160520163535684	基于辐照加工技术的超高分子量聚乙烯纤维的抗蠕变性能研究	深圳大学	复议
123	KQJSCX20160226195624522	无机耐高温柔性透明导电材料及其应用	深圳大学	复议
124	CYZZ20150410165847087	新能源汽车多功能双向逆变电机控制器的研发	深圳电擎科技有限公司	通过
125	JSGG20160229153901560	重 20160307 核电站后备柴油发电机组控制及励磁系统关键技术研发	深圳东方锅炉控制有限公司	通过
126	CYZZ20160308110619049	通配型 VR 穿戴式头显系统研发	深圳多新哆技术有限责任公司	通过
127	CYZZ20150831113617662	SIP 技术智能互联网融合通讯终端操作系统研发	深圳方位通讯科技有限公司	通过
128	CKKJ20160413150130303	飞马旅创客空间	深圳飞马旅科技孵化器有限公司	通过
129	CKKJ20160415110213611	飞马优创“傲柏匯”	深圳飞马优创企业管理有限公司	通过
130	CYZZ20160304153637568	基于患者隐私保护的医患服务平台研究及应用	深圳关心万家健康管理有限公司	复议
131	JSGG20160607165510509	重 20160559 航空复合材料用高硬度金刚石的激光精密加工关键技术研发	深圳光韵达激光应用技术有限公司	复议
132	JSGG20160301110647125	重 20160119 面向 5G 的新一代移动通信室内覆盖系统研发	深圳国人通信股份有限公司	复议
133	JSGG20160226161633495	重 20160189 基于钛酸锂负极快充型锂离子动力电池关键技术研发	深圳海斯迪能源科技股份有限公司	复议
134	JCYJ20150529153003796	基 20150041 基于空间核能电推进控制系统研究	深圳航天科技创新研究院	复议
135	KJYY20160330160243607	SF20160013 基于地下排水管网水位和泥沙沉积量在线监测的城市地陷预防系统应用示范	深圳合创永安智能科技有限公司	复议
136	CYZZ20160530152339311	基于 CDN 技术的广电有线网络的互联网化运营系统开发	深圳弘桉数据技术有限公司	通过
137	CKKJ20160829161524174	泰智会——资源投资型众创空间	深圳宏泰智会科技服务有限公司	通过
138	CKCY20170503143014083	中型农业航空无人机系统研发及市场推广	深圳弧光航空科技有限公司	复议
139	JSGG20160229172752028	重 20160087 基于肠道微生物细菌及宏基因组测序辅助治疗糖尿病的技术开发	深圳华大生命科学研究院	通过
140	KJYY20151116165726645	SF2015-38. 深圳市新生儿遗传病基因诊断的应用示范	深圳华大生命科学研究院	通过
141	CKKJ20150820163303438	华强北国际创客中心	深圳华强北国际创客中心有限公司	通过
142	CKKJ20160415162218287	“华强智造”创客空间	深圳华强电子交易网络有限公司	通过
143	CKCY20170508094136965	华锐分布式系统基础平台 AMI	深圳华锐金融技术股份有限公司	通过
144	JSGG20160229154828546	重 20160272 紫杉醇类药物适用性临床基因检测关键技术研发	深圳华因康基因科技有限公司	通过
145	CYZZ20160302091543258	“今日明星”原创视频接龙 APP 研发	深圳华云新创科技有限公司	通过

续表

序号	项目编号	项目名称	项目承担单位	验收结论
146	JCYJ20160408173202143	低成本电解水制氢关键技术和材料的研发	深圳华中科技大学研究院	通过
147	JCYJ20160408173516757	正渗透膜过程的研发及海水淡化应用	深圳华中科技大学研究院	通过
148	JCYJ20160531194612911	垃圾焚烧单质汞污染控制技术机理研究	深圳华中科技大学研究院	通过
149	JCYJ20160506170136345	iPSCC 系统生物质料制备及综合处理关键技术研究	深圳华中科技大学研究院	通过
150	CYZZ20160527144322689	基于用户上网行为的精准用户画像系统开发	深圳汇网天下科技有限公司	通过
151	CYZZ20160229163542385	基于大数据实时交互与运算的 SaaS 模式供应链服务云平台	深圳吉信佳供应链信息服务有限责任公司	通过
152	CXZZ20150331141250693	普 20150108：锂离子动力电池模切叠片一体机的研发	深圳吉阳智能科技有限公司	通过
153	CYZZ20160531142732047	新型物位测量仪表	深圳计为自动化技术有限公司	通过
154	JSGG20160229121152091	重 20160099　耐温耐压高可靠铝电解电容器关键技术研发	深圳江浩电子有限公司	通过
155	CKCY20170508165644520	京朗 –respilon 防霾防尘新材料	深圳京朗科技有限公司	复议
156	CYZZ20160531115548125	手持式双波段四通道 DSC 数字选呼海事对讲机研究和开发	深圳九洲海全通科技股份有限公司	通过
157	JSGG20160229151842799	重 20160297　糖尿病创新药物临床研究	深圳君圣泰生物技术有限公司	通过
158	CKCY20170424143525365	含深度信息的立体全景（VR）视频的拍摄及直播系统	深圳看到科技有限公司	通过
159	JSGG20160429112930515	重 20160432 集散式复杂浪涌信号处理与安全防护智能终端关键技术研发	深圳康普盾科技股份有限公司	通过
160	JSGG20150602150258354	新型佐剂乙肝疫苗关键技术研发	深圳康泰生物制品股份有限公司	通过
161	JSGG20151015154630407	重 20150211：海洋工程用防腐蚀冷缠胶带关键技术研发	深圳科创新源新材料股份有限公司	通过
162	JSGG20160229125149591	重 20160158　高效组串式光伏发电系统关键技术研发	深圳科士达新能源有限公司	通过
163	CYZZ20160328151146397	微晶丝仿生纤维的研发	深圳科之美新材料科技有限公司	通过
164	CYZZ20160401143113985	基于视觉传感的智能化工业机器人	深圳控石智能系统有限公司	通过
165	JSGG20160510162426153	重 20160500　面向网络游戏的智能云服务关键技术研究	深圳口袋科技有限公司	通过
166	JSGG20160229121046729	重 20160109　基于柱状透镜的 LED 裸眼立体显示系统关键技术研发	深圳利亚德光电有限公司	通过
167	CYZZ20130830170925506	石墨 / 金属涂层新材料及工业化应用	深圳联合焊接材料有限公司	通过
168	CKCY20170427110331805	基于大数据分析的智投综合管理系统的研究	深圳两点一线互联网信息技术有限公司	通过
169	CKCY20160829104336025	猎鹰找人云计算平台	深圳猎鹰信息科技有限公司	不通过
170	JSGG20160229153415970	重 20160287　乳腺癌基因治疗新型载体关键技术研发	深圳罗兹曼国际转化医学研究院	复议

续表

序号	项目编号	项目名称	项目承担单位	验收结论
171	CKCY20170508102714227	基于 Android4.3 的智能眼镜关键技术的研发	深圳脉康穿戴设备科技有限公司	通过
172	CKCY20170503144841000	3D 打印专用高弹光敏树脂的研究与开发	深圳摩方新材科技有限公司	复议
173	CXZZ20150401162148062	普 20150054：智能睡眠监控与调节系统关键技术研发	深圳诺康医疗设备股份有限公司	通过
174	CYZZ20160425171731222	基于智能映射的物联网感知系统研发	深圳普得技术有限公司	复议
175	CYZZ20160331171428783	基于 B/S 架构的汽车美容行业 ERP 管理系统	深圳前海哈里王子供应链有限公司	通过
176	CKKJ20160415104903300	深圳前海力合厚德孵化器有限公司	深圳前海力合英诺孵化器有限公司	通过
177	CKCY20170504142434036	AR 智能镜——灵希镜	深圳前海维度新科有限公司	通过
178	CYZZ20160427183835600	信息化智慧电子课桌系统研发	深圳前海造人教育科技有限公司	复议
179	JSGG20160301100442775	重 20160293 天然化合物降血脂药物的临床前关键技术研发	深圳清华大学研究院	通过
180	KQJSCX20160225160539784	基于图计算的高性能大数据分析平台	深圳清华大学研究院	通过
181	JCYJ20160520140157342	基于超宽带技术的无缆总线技术研究	深圳清华大学研究院	通过
182	JSGG20160229160632842	重 20160058 单狭缝光刻掩膜版关键技术研发	深圳清溢光电股份有限公司	通过
183	JSGG20160331114806548	重 20160376 城市河流可视化治理综合管理系统研发	深圳软通动力科技有限公司	通过
184	CKCY20160829190934778	PA 和 RBP 双纯化高敏体外诊断试剂技术开发	深圳瑞亚力生物技术有限公司	通过
185	CKCY20170505170219658	闪回收二手手机回收系统的开发应用	深圳闪回科技有限公司	通过
186	CYZZ20150605153504229	用于富营养化水体治理的滤过性生态智能净化浮岛系统开发	深圳十方清新生态环保科技有限公司	通过
187	CKCY20170426092009896	现场病原体快速一体化检测系统的研制	深圳市埃克特生物科技有限公司	通过
188	JSGG20160229111701360	重 20160302 双动力混合驱动制冷关键技术研发	深圳市艾特网能有限公司	通过
189	CYZZ20160530142057380	基于物联网的智能快速防跟随通道闸	深圳市爱克信智能股份有限公司	通过
190	CYZZ20160415143724020	基于 Linux 系统的 U-Mail Antispam 安全网关核心技术研发	深圳市安般科技有限公司	通过
191	CKCY20170505155459063	安仕达智能智慧农贸云服务平台的研发与应用	深圳市安仕达智能系统有限公司	通过
192	CYZZ20160505145437884	RTG 节能系统改造技术	深圳市安顺节能科技发展有限公司	通过
193	CKCY20170508090243436	基于物联网技术的边坡在线安全评估系统的开发	深圳市安泰数据监测科技有限公司	通过
194	CKCY20170508092757039	SMD 晶振测试打标编带多功能一体机的研发	深圳市安芯动力科技有限公司	通过
195	JSGG20160226163712374	重 20160139 恶意代码网络犯罪追踪关键技术研究	深圳市安之天信息技术有限公司	复议

续表

序号	项目编号	项目名称	项目承担单位	验收结论
196	CXZZ20140801102507525	小型警用多轴无人机设计与开发	深圳市昂德环球科技有限公司	通过
197	JSGG20160428142552125	重 20160426 远视距反极性倒装工艺 850nm 红外 LED 芯片研发	深圳市奥伦德科技股份有限公司	复议
198	CYZZ20160229113921067	智能一体化电力电源系统	深圳市奥耐电气技术有限公司	通过
199	JSGG20160229145252927	重 20160275 近海水产养殖关键技术研发	深圳市澳华集团股份有限公司	通过
200	CYZZ20160531114932060	农村生活污水微动力净化系统技术研究及应用	深圳市澳洁源环保科技有限公司	通过
201	JSGG20160229125319816	重 20160093 高密度互连（HDI）电路板填孔一次镀新型添加剂材料关键技术研发	深圳市板明科技有限公司	复议
202	JCYJ20150401150552859	基于决策树模型的深圳外来女工人工流产影响因素研究	深圳市宝安区松岗卫生监督所（预防保健所）	通过
203	CYZZ20160530160452713	灌注桩砼面测量管及其应用系统	深圳市北斗云信息技术有限公司	复议
204	JSGG20151117093231598	重 20150136：智能穿戴式健康生态管理系统关键技术研究	深圳市倍轻松科技股份有限公司	通过
205	JSGG20160225165914858	重 20160069 高压交流驱动一体化 LED 光源模组关键技术研发	深圳市必拓电子股份有限公司	通过
206	JSGG20160331141158760	重 20160327 幽门螺杆菌抗体谱与胃癌相关性的研究及试剂盒的开发	深圳市伯劳特生物制品有限公司	通过
207	GJHS20130408165223677	特种无线音视频控制系统	深圳市博电电子技术有限公司	通过
208	JSGG20160301161500946	重 20160210 多功能精子质量智能分析系统研发	深圳市博锐德生物科技有限公司	通过
209	CYZZ20160530093444841	面向临床的全集成微滴式数字 PCR 仪器关键技术研发	深圳市博瑞生物科技有限公司	复议
210	CYZZ20160421143934085	高精度高速度直线电机模组的研发	深圳市博扬智能装备有限公司	通过
211	JSGG20160229150450328	重 20160122 复杂交通环境下行人生物特征识别与交通管控系统关键技术研发	深圳市博远交通设施有限公司	通过
212	JSGG20160229112919000	重 20160052 超大功率 LED 高密度照明光组件关键技术研发	深圳市超频三科技股份有限公司	通过
213	GJHS20120628111652441	低影响开发雨水系统综合示范与评估	深圳市城市规划设计研究院有限公司	通过
214	GJHS20130402160009683	“城市道路与开放空间低影响开发雨水系统研究与示范”子课题城市低影响开发雨水技术应用与效果评价	深圳市城市规划设计研究院有限公司	通过
215	GJHS20120628111538394	“城市道路与开放空间低影响开发雨水系统研究与示范”子课题城市低影响开发雨水技术应用与效果评价	深圳市城市规划设计研究院有限公司	通过
216	CYZZ20160530140253740	基于空间三自由度并联机构的 3D 打印机研发	深圳市创客工场科技有限公司	通过
217	CKKJ20160829160957490	创客射频空间	深圳市创客智趣通信技术有限公司	通过
218	CKFW20160411170954822	移动游戏渠道 SDK 接入及一体化运营服务平台	深圳市创梦天地科技有限公司	通过

续表

序号	项目编号	项目名称	项目承担单位	验收结论
219	CKKJ20160414162736353	创想元素—创客空间	深圳市创想元素发展有限公司	复议
220	JSGG20160331100457164	重 20160331 挥发性有机物净化催化剂研发	深圳市创智成功科技有限公司	通过
221	GRCK20170424154523109	抗菌材料研发	深圳市大典创新供应链有限公司	通过
222	CKKJ20150821195543492	大公坊创客基地	深圳市大典创新供应链有限公司	通过
223	CYZZ20160325103742442	餐厨垃圾产生有机肥的成套降解设备关键技术研发	深圳市大树生物环保科技有限公司	通过
224	CYZZ20160527155606199	基于 CCD 高精度对位和高效转盘式全自动丝印机	深圳市得可自动化设备有限公司	通过
225	CYZZ20160318103551092	全自动 CCD 两点定位技术在高速打靶机的研发及产业化	深圳市得鑫自动化设备有限公司	通过
226	CYZZ20160407103151990	半导体 IC 微定位系统的开发及应用	深圳市德瑞茵精密科技有限公司	通过
227	GJHZ20160301163644983	用于肿瘤药物精控释放的双响应 / 双交联可注射水凝胶	深圳市第二人民医院	通过
228	JCYJ20160425103000011	茶多酚 EGCG 调控 PI3K/AKT 信号通路在膀胱癌中的功能和机制研究	深圳市第二人民医院	通过
229	CXZZ20130517173626835	新型颈椎椎间融合器的研制以及其生物力学与生物相容性研究	深圳市第二人民医院	通过
230	CYZZ20160329110501819	纯电动汽车车载 DC/DC 转换器的研发	深圳市鼎硕同邦科技有限公司	通过
231	KJYY20160331162313860	SF20160016 基于多维数据驱动的定制公交线路聚合与动态调度系统研发	深圳市东部公共交通有限公司	复议
232	JSGG20160229115408842	重 20160085 基于声纹识别的远程身份验证系统研究	深圳市东进银通电子有限公司	通过
233	CYZZ20160322170138081	新型可卷交互式电磁触控投影幕的研发	深圳市东泰合科教有限公司	通过
234	CYZZ20160229125014879	面向包装行业的捆包堆码智能系统关键技术研发	深圳市动力飞扬智能装备有限公司	通过
235	JSGG20160229113435106	重 20160222 基于千兆以太网接口的高性能工业相机研发	深圳市度申科技有限公司	通过
236	CKKJ20160415151617819	虚拟与实体孵化融合的新型智慧众创空间	深圳市多丽电子商务产业园管理有限公司	复议
237	CYZZ20160331100251875	三维扫描打印同步一体机系统的研究及应用	深圳市繁维科技有限公司	通过
238	CKCY20170502150952103	刚性耐磨金属注射成形精密零件制备技术及设备的研发	深圳市泛海统联精密制造有限公司	复议
239	JSGG20160606144522418	重 20160527 新型耐溶剂聚碳酸酯复合材料制备技术研发	深圳市富恒新材料股份有限公司	通过
240	CYZZ20160530150921558	高集成智能化全自动包装线研发	深圳市富云帝科技有限公司	通过
241	JSGG20160229141726130	重 20160048 注射成型氟硅橡胶关键技术研发	深圳市冠恒新材料科技有限公司	通过

续表

序号	项目编号	项目名称	项目承担单位	验收结论
242	GCZX20160229144832455	载 20160005 深圳市智能耳机工程技术研究开发中心	深圳市冠旭电子股份有限公司	通过
243	JSGG20160225142300359	重 20160110 防治手足口病的卵黄免疫球蛋白口服食品的开发	深圳市广慈生物科技有限公司	通过
244	CYZZ20160531171331438	基于能量回馈的化成分容检测设备的双向电源研制	深圳市国电赛思科技有限公司	通过
245	CKCY20170504114502406	充电站数据采集、传输和管理系统关键技术研发	深圳市国投创新科技有限公司	通过
246	CYZZ20150804104005091	可通话二次氧化工艺智能手表	深圳市哈波智能科技有限公司	通过
247	CYZZ20160530111516864	基于双网口高清一体化智能摄像机的多功能防逃费系统	深圳市哈工大业信息技术股份有限公司	通过
248	JSGG20160301093735349	重 20160033 变频节能一体化控制器关键技术研发	深圳市海浦蒙特科技有限公司	通过
249	JSGG20160229123927512	重 20160013 中国人的癌症基因数据库研发与建设	深圳市海普洛斯生物科技有限公司	通过
250	CYZZ20160412111639184	基于视觉的 3C 行业多轴工业机器人控制系统研发	深圳市海思科自动化技术有限公司	通过
251	CYZZ20160331162644276	床边诊断（POCT）生化分析仪的研究应用	深圳市海拓华擎生物科技有限公司	通过
252	GJHS20170314095711895	超级电容器和锂离子电池复合动力电源的研发	深圳市海盈科技有限公司	通过
253	CXZZ20140808172321018	基于三网融合多路高清信号自动交换远程传输系统及设备研发	深圳市汉科电子股份有限公司	通过
254	CYZZ20160407161621481	新型仿生复合多孔骨修复材料及其产品的研发	深圳市汉强医用材料有限公司	通过
255	JSGG20160330165418452	重 20160358 高性能积木式工程型变频器关键技术研发	深圳市禾望电气股份有限公司	复议
256	JSGG20160226161357949	重 20160291 人间充质干细胞治疗重大疾病的临床前研究	深圳市合一康生物科技股份有限公司	通过
257	CYZZ20150824152348995	基于云服务技术的 WARP3 医用三录仪的研发与应用	深圳市合众万邦科技有限公司	通过
258	JSGG20160229144326076	重 20160279 超级电容和电池复合电源双向充放电控制关键技术研发	深圳市核达中远通电源技术股份有限公司	通过
259	JSGG20160301151929860	重 20160043 焊接机器人系统关键技术研究	深圳市鸿栢科技实业有限公司	复议
260	CYZZ20160527150426821	基于三元材料的高倍率锂离子电池的设计研发	深圳市虎柏新能源科技有限公司	通过
261	JSGG20160329150531815	重 20160337 超低照度图像传感芯片及无线低功耗被动红外安全相机研发	深圳市华海技术有限公司	通过
262	CYZZ20160524103225829	基于云平台的智慧照明路灯节能控制系统的研究与应用	深圳市华慧能节能科技有限公司	通过
263	JSGG20160819163236524	重 20160594 特种条件下铝及铝合金构件防护技术研究	深圳市华加日西林实业有限公司	复议
264	CYZZ20160513145124365	微藻生长专用光能发生器研究开发	深圳市华明佰利科技有限公司	通过

续表

序号	项目编号	项目名称	项目承担单位	验收结论
265	CYZZ20160504110709580	VR 虚拟现实与眼镜实时渲染及交互技术的研发	深圳市华南数字科技有限公司	通过
266	JSGG20160229114348697	重 20160151 非色散红外二氧化碳传感器关键技术研发	深圳市华盛昌科技实业股份有限公司	通过
267	CKCY20170505144510876	基于 Wi-Fi 802.11ah(HaLow) 低功耗超长距离无线传输芯片的研发	深圳市华讯电子科技有限公司	通过
268	JSGG20160429161649449	重 20160065 面向 4G/5G 应用的新型微波介质滤波器件研发	深圳市华扬通信技术有限公司	通过
269	CKCY20170502161154757	选区激光熔化 3D 金属打印机（SLM）HY M300	深圳市华阳新材料科技有限公司	复议
270	CYZZ20160520163645622	基于 TSM 平台的移动支付系统开发	深圳市华移科技股份有限公司	通过
271	CKCY20170502150714602	校园餐厅等集中式餐饮互联网 + 营销管理公共服务平台的开发	深圳市华谕电子科技信息有限公司	复议
272	CYZZ20160428164157615	基于 IPTV 技术的酒店多媒体客控系统	深圳市华元智能系统集成有限公司	通过
273	CYZZ20160304162502457	一种高灵敏度的快速诊断宫颈癌的技术方法研究	深圳市华中生物药械有限公司	通过
274	JSGG20160301165934501	重 20160184 液晶面板废水深度处理及资源化利用关键技术研发	深圳市环境科学研究院	通过
275	CXZZ20150814100136059	普 20150380：基于银行业务的 SaaS 快速开发平台研发	深圳市黄金资讯集团有限公司	通过
276	JSGG20160229160907634	重 20160098 新一代高效率电动汽车电机与控制器关键技术研发	深圳市汇川技术股份有限公司	通过
277	GJHS20170310142124412	高性能中型 PLC 关键技术研发与产业化	深圳市汇川技术股份有限公司	通过
278	GJHS20170313163417048	网络五轴高速定位可编程序控制器（PLC）研究与开发	深圳市汇川控制技术有限公司	通过
279	JSGG20160428151611764	重 20160280 支持活体识别的新一代指纹芯片关键技术研发	深圳市汇顶科技股份有限公司	通过
280	CXZZ20151117151818188	普 20150045：基于位置的社区 O2O 应用开放平台技术研发	深圳市汇鑫科技股份有限公司	通过
281	JSGG20160427183939636	重 20160437 计算机压感功能独立定位系统关键技术研发	深圳市绘王动漫科技有限公司	复议
282	CYZZ20160519100432178	基于 Focus Reflection 光学系统设计的高效节能照明 LED 关键技术研发	深圳市极成光电有限公司	通过
283	CYZZ20160328145313183	医疗数据识别云的研发及应用	深圳市极客思索科技有限公司	通过
284	JSGG20160429101631739	重 20160301 新型沙门氏菌血清分型高通量分子检测关键技术研发	深圳市疾病预防控制中心	通过
285	JSGG20160301164747183	重 20160090 异构网络 CDN 聚合系统关键技术研发	深圳市佳创视讯技术股份有限公司	通过
286	CYZZ20160428152253040	兼容多网络协议的智能家庭网关技术开发	深圳市佳视百科技有限责任公司	通过
287	JSGG20160505171053766	重 20160516 油田注水井高效注水系统关键技术研发	深圳市佳运通电子有限公司	通过

续表

序号	项目编号	项目名称	项目承担单位	验收结论
288	GRCK20170424111136290	基于枪机和球机联动的远距离人脸识别平台	深圳市健业投资有限公司	通过
289	JSGG20160301094424035	重 20160097 室内外无缝切换定位系统关键技术研发	深圳市交投科技有限公司	复议
290	JSGG20160229153315715	重 20160015 新型光纤纳秒级绿光激光器研发	深圳市杰普特光电股份有限公司	通过
291	CKKJ20160413173331684	VR 众创空间	深圳市捷时行科技服务有限公司	复议
292	JSGG20160229123626891	重 20160201 水务企业数据流定量分析关键技术研究	深圳市捷先数码科技股份有限公司	通过
293	CYZZ20160530102542228	基于云计算技术的小微企业人力资源管理软件研发项目	深圳市金蝶妙想互联有限公司	通过
294	KJYY20170412140424650	SF20170035 基于可见光通信的定位技术在室内停车场的应用示范	深圳市金证科技股份有限公司	通过
295	CYZZ20160527140743359	高清高亮型透明玻璃幕墙 LED 显示屏的研发	深圳市晶泓科技有限公司	通过
296	JSGG20160226121647831	重 20160177 面向智能终端的高密度互联多层柔性基板关键技术研发	深圳市景旺电子股份有限公司	通过
297	CKCY20170508143149198	智慧隧道综合管理系统项目	深圳市巨高敢为科技有限公司	通过
298	CKCY20170504151945164	NG-PON 网络接入核心传输设备技术研发	深圳市钜桦科技有限公司	通过
299	CYZZ20150831112449490	基于移动互联网的 O2O 医患交互系统	深圳市聚力天成科技有限公司	通过
300	JSGG20160301141221990	重 20160198 基于微组装输入最佳噪声匹配技术的卫星微波转发系统的研究	深圳市君威科技有限公司	不通过
301	CXZZ20150813155527653	普 20150397：导尿管亲水超滑涂层材料的研发	深圳市凯思特医疗科技股份有限公司	通过
302	CKKJ20160829104046349	指南者（机器人）众创社区	深圳市康帕斯产业服务有限公司	通过
303	CYZZ20150831093915740	多功能纳米陶瓷平板膜及其饮用水处理设备研发	深圳市康源环境纳米科技有限公司	不通过
304	JSGG20160229165756414	重 20160211 高精度动态计重石英传感器关键技术研发	深圳市科尔达电气设备有限公司	复议
305	CYZZ20160526145147447	大幅面正电性的可回收有机光导材料制备方法及装置研发	深圳市科洛德打印耗材有限公司	复议
306	CYZZ20160527154253751	电动冷链物流车高能效冷冻冷藏机组技术的研究开发	深圳市科泰新能源车用空调技术有限公司	复议
307	CYZZ20160329142103499	无线协调式信号机及其智能高效控制系统	深圳市酷驼科技有限公司	通过
308	CYZZ20160531185252940	洁净室智能控制系统的设计与开发	深圳市朗奥洁净科技股份有限公司	通过
309	CKCY20170505164121855	无人机高清低延时芯片级图传系统	深圳市乐橙互联有限公司	通过
310	JSGG20160330142419977	重 20160357 基于倒装工艺的高功率 LED 多芯集成光源模组关键技术研发	深圳市立洋光电子股份有限公司	复议

续表

序号	项目编号	项目名称	项目承担单位	验收结论
311	JSGG20160229151512212	重 20160230 热固性树脂模压成型（EMC）LED 光源封装关键技术研发	深圳市丽晶光电科技股份有限公司	通过
312	JSGG20160510102312524	重 20160476 基于自激发热保护技术的高安全性快充锂离子动力电池关键技术研究	深圳市量能科技有限公司	通过
313	CKCY20170427155654230	全景声及全景视频智能采集设备研发	深圳市裂石影音科技有限公司	通过
314	JSGG20160229154017074	重 20160247 基于人车耦合的安全驾驶行为监测及预警关键技术研究	深圳市林润实业有限公司	复议
315	CYZZ20160530154147585	用于驾驶人员的安全智能穿戴设备关键技术的研究	深圳市凌盟科技有限公司	复议
316	JHPT20150319144913295	生活垃圾快速机械脱水装备开发与应用	深圳市龙澄高科技环保(集团)有限公司	通过
317	GJHS20170314143135555	生活垃圾快速机械脱水装备开发与应用	深圳市龙澄高科技环保(集团)有限公司	通过
318	JCYJ20140414124506130	心力衰竭患者血浆 MicroRNA 表达谱变化及不同病因对其影响	深圳市龙岗区人民医院	通过
319	CYZZ20150826142127432	柔性印制电路板用阻焊油墨的研发与产业化	深圳市珞珈新材料科技有限公司	通过
320	KQCY20150401160622265	耐高温半导体电子封装纳米杂化材料的先进制备技术与产业化	深圳市珞珈新材料科技有限公司	通过
321	CYZZ20160318153923657	面向医疗康复、助老助残智能机器人的研发	深圳市迈康信医用机器人有限公司	通过
322	JSGG20160229144155795	重 20160154 下一代数据中心超大容量 SDN 交换机关键技术攻关及设备研制	深圳市迈腾电子有限公司	通过
323	CYZZ20160429101516731	PH30-4048 太阳能离并网储能逆变器项目的研发	深圳市美克能源科技股份有限公司	通过
324	CKKJ20160411170524461	迷因创客空间	深圳市迷因创客空间科技发展有限公司	复议
325	CKCY20170508142527266	电镀污水处理系统项目	深圳市明德环科生态科技有限公司	通过
326	JSGG20160301165603529	重 20160113 智慧社区云服务平台关键技术的研究	深圳市明源软件股份有限公司	复议
327	CYZZ20160331093446302	基于 ARM+FMCW 技术的新型轨道安全智能测量系统	深圳市明致物联技术有限公司	通过
328	JCYJ20170307153714512	ClpP 蛋白酶在粪肠球菌生物膜形成中的作用及分子机制研究	深圳市南山区人民医院	通过
329	KQJSCX20160222170616954	新型环状 RNA 肝癌诊断标志物的筛选及开发	深圳市南山区人民医院	通过
330	JCYJ20170307153919735	利奈唑胺耐药粪肠球菌临床分离患者肠道耐药肠球 菌定植规律及耐药机制研究	深圳市南山区人民医院	通过
331	JSGG20160229144541350	重 20160108 毫米波雷达芯片关键技术研发	深圳市欧克蓝科技有限公司	通过
332	KJYY20151010143724735	SF2015-28：粪渣就地资源化处理技术的应用示范	深圳市普新环境资源技术有限公司	通过

续表

序号	项目编号	项目名称	项目承担单位	验收结论
333	CKCY20160829164702496	SellerGrowth 海量视频知识的跨境电商成长平台	深圳市前海必胜道网络科技有限公司	通过
334	CYZZ20160429111838449	网络智能步进伺服系统的研究开发	深圳市青蓝自动化科技有限公司	通过
335	CYZZ20160331160730359	分子筛吸附技术在废气 VOCs 治理中的研发和应用	深圳市清城人居环保科技有限公司	通过
336	CYZZ20160520164116220	智能卧床排便护理仪的研发	深圳市全品医疗科技有限公司	复议
337	JSGG20160229124949865	重 20160303 天然气管网压力能发电上网关键技术研发	深圳市燃气集团股份有限公司	通过
338	JCYJ20150901153557178	基 20150063 贝伐株单抗耐药大肠癌的新药物靶点肿瘤标记物的研究	深圳市人民医院	通过
339	CKFW20150821172909129	多媒体艺术设计文化创客服务平台	深圳市软沟通文化发展有限公司	通过
340	CXZZ20150325160505035	普 20150011：新一代高品质功率器件（RUPAK）的研发	深圳市锐骏半导体股份有限公司	通过
341	JSGG20160301163514368	重 20160277 四表远程无线集抄 SOC 芯片关键技术研发	深圳市锐能微科技有限公司	通过
342	CYZZ20160530144115875	基于多因素方差分析算法的动力电池管理系统研发	深圳市锐深科技有限公司	通过
343	CKCY20170428154017246	净化复杂样品的高性能纳米聚合物材料制备关键技术研发	深圳市瑞赛生物技术有限公司	通过
344	JSGG20160428140402911	重 20160412 阵发性神经精神疾病精准干预关键技术的临床前研究	深圳市瑞沃德生命科技有限公司	通过
345	CYZZ20160425161639904	高性能氟素离型膜制备关键技术研发	深圳市睿华涂布科技有限公司	通过
346	CYZZ20160428161348765	低压、低功耗、高透型智慧膜开发及产业化	深圳市赛菲鹿鸣科技有限公司	复议
347	JSGG20160324140335525	重 20160315 智能轮胎压力监测系统研发	深圳市赛格车圣科技有限公司	复议
348	CYZZ20160518102017702	高性能聚合物锂离子动力电池研发与应用	深圳市三和朝阳科技股份有限公司	通过
349	JSGG20160607145600434	重 20160537 智能电网电能控制关键技术研发	深圳市三和电力科技有限公司	通过
350	JSGG20160226172019902	重 20160083 车载碘系偏光片关键技术研发	深圳市三利谱光电科技股份有限公司	复议
351	GCZX20160229172221324	载 20160003 深圳市电声技术应用工程技术研究中心	深圳市三诺数字科技有限公司	通过
352	CYZZ20160530110234804	基于大数据的多功能移动互联网信息展示技术的开发	深圳市三体科技有限公司	通过
353	CKCY20170428144016104	智能机器人分拣系统研发项目	深圳市三维通机器人系统有限公司	通过
354	GRCK20170424170216050	无电解电容电并联冗余低压集中式照明供电系统	深圳市深港科技合作促进会	通过
355	GRCK20170424170403612	基于单目视觉控制的移动机器人拾取与放置工作台	深圳市深港科技合作促进会	通过

续表

序号	项目编号	项目名称	项目承担单位	验收结论
356	CYZZ20160524140906855	高新技术新型材料隔声砂浆的研发	深圳市升源建声科技有限公司	通过
357	CKCY20170505161710248	基于人工智能的语言学习平台	深圳市声希科技有限公司	复议
358	JSGG20160229141956415	重 20160246　血细胞 DNA 甲基化液体活检技术的开发与应用研究	深圳市圣必智科技开发有限公司	复议
359	CYZZ20160525152047061	智能轨道交通信息综合服务系统	深圳市盛浜泰科技有限公司	通过
360	JSGG20160510165830026	重 20160496　海上钻井平台管道超声导波检测关键技术的研发	深圳市盛福机械设备有限公司	不通过
361	CYZZ20160421155314018	非晶高性能伺服电机的研发	深圳市实能高科动力有限公司	通过
362	CYZZ20160525104920872	基于机器人视觉检测技术的全自动双片智能丝印设备的研发	深圳市世纪方舟自动化设备有限公司	通过
363	JSGG20160608163205197	重 20160587　地表水源水质动态监测及预警关键技术研发	深圳市世纪天源环保技术有限公司	复议
364	JSGG20160229121858380	重 20160175　基于 LTE 和 WLAN 的大数据链无人机通信关键技术研发	深圳市双赢伟业科技股份有限公司	通过
365	JSGG20160229173603657	重 20160261　市政污泥热解处理关键技术研发	深圳市水务（集团）有限公司	复议
366	JSGG20160301090328491	重 20160216　基于超级计算机的深度学习软件平台系统研发	深圳市思高电子有限公司	复议
367	CYZZ20160317105608548	基于北斗的多频段收发天线研发	深圳市松盛科技有限公司	通过
368	JSKF20150928164945550	基于 ZigBee 技术的高效节能智能化 LED 照明系统研发	深圳市索佳光电实业有限公司	通过
369	CYZZ20160408165118844	车厢音视频记录系统的研发	深圳市索诺泰科技有限公司	通过
370	CKCY20170428142959148	高精度 FPC 覆盖膜自动贴合机的研发	深圳市泰洛斯自动化科技有限公司	通过
371	CKCY20160829163647413	燃气泄漏智能监控与远程控制系统研发	深圳市泰燃智能科技有限公司	通过
372	CYZZ20160523112715016	PowerSwitch 应急智能调度交换系统	深圳市大聆通科技有限公司	通过
373	CKKJ20150916175948511	创客蚂蚁邦	深圳市图道智能科技有限公司	通过
374	CYZZ20160527151003659	儿童成长陪伴智能机器人	深圳市图灵机器人有限公司	通过
375	CYZZ20160303102047099	基于移动互联技术汽车营销服务管理云平台	深圳市挖金科技有限公司	通过
376	CYZZ20160503140252091	面向云计算的下一代智能高速网络测试仪表平台	深圳市湾泰若科技开发有限公司	通过
377	CKCY20170505140729016	柜小二——智能柜控制与服务管理平台	深圳市万为物联科技有限公司	通过
378	CYZZ20160412152120055	智能对讲数据终端的研发	深圳市万维智联科技有限公司	通过
379	GQYCZZ20151120151608379	人工智能安防系统及安防智能机器人的关键技术研发	深圳市万物联有限公司	通过
380	JSGG20160229150059282	重 20160064　高性能环保钨基热电子发射材料关键技术研发	深圳市威勒科技股份有限公司	复议
381	CKCY20170505162336351	以降低机械激光雷达体积的 MEMS 大扫描角度高谐振频率的扫面镜技术	深圳市微觉未来科技有限公司	复议
382	CKCY20170505145120835	电子贴片工厂定制化生产流程控制技术	深圳市微瑞科技有限责任公司	通过

续表

序号	项目编号	项目名称	项目承担单位	验收结论
383	CKCY20170505160659649	多维姿态定位追踪防盗系统	深圳市为控科技有限公司	复议
384	CYZZ20160531164653575	手机游戏分析运营平台的研发	深圳市唯变科技开发有限公司	通过
385	CKCY20170505174030373	节能、耐用直流无刷电机驱动系统	深圳市唯贤科技有限公司	通过
386	RKX20170807162956240	深圳 R&D 投入结构与成效分析研究	深圳市维度统计与大数据研究院	通过
387	CKCY20160829143406132	基于动态数据解析技术的多维视角观赛系统研发	深圳市纬氪智能科技有限公司	通过
388	GRCK20170414155520199	自主定位导航的家用移动监控机器人研发	深圳市未来媒体技术研究院	通过
389	CKCY20170424162444067	Sylph 智能浴后身体速干机	深圳市物种起源科技有限公司	通过
390	CYZZ20160316171608054	光聚合型感光高分子信息记录材料研制	深圳市西卡德科技有限公司	通过
391	CYZZ20160531143728948	基于骨传导技术的听障人群助听设备	深圳市吸铁石科技有限公司	通过
392	JSGG20160330151359474	重 20160371　智能媒体融合网络节点及其系统研究	深圳市矽伟智科技有限公司	通过
393	CXZZ20140903154251302	玉叶金花种质资源保存与新品种培育和推广应用研究	深圳市仙湖植物园管理处	通过
394	JCYJ20120615172425764	深圳市花簕杜鹃种质资源保育和评价研究	深圳市仙湖植物园管理处	不通过
395	JCYJ20120615153005482	深圳市植物 DNA 条形码数据采集及数据库建立——以七娘山地区为例	深圳市仙湖植物园管理处	不通过
396	JSGG20160330145700918	重 20160389　大功率碳化硅肖特基二极管技术研究	深圳市芯联电子科技有限公司	复议
397	JSGG20160225150949068	重 20160290　心血管疾病标志物化学发光检测关键技术研发	深圳市新产业生物医学工程股份有限公司	通过
398	CKCY20170508142840935	虚拟内窥镜技术研发	深圳市新视介科技有限公司	复议
399	CYZZ20160331152056797	MIM 工艺制备机械传动用精密齿轮零件的研发	深圳市鑫迪科技有限公司	通过
400	CKCY20160829143108005	多功能可折叠智能脚踏式母婴亲子车	深圳市鑫鼎泰实业有限公司	通过
401	CKCY20170428142158598	基于分布式计算智能装备运动控制平台的研发	深圳市信泰科技有限公司	通过
402	CYZZ20160520144554730	带体感侦测的双电池虚拟现实主机背负系统	深圳市兴华盛科技有限公司	通过
403	JSGG20160229145352750	重 20160273　虚拟现实与三维视听交互关键技术研发	深圳市虚拟现实科技有限公司	复议
404	CYZZ20160316113749520	苍泰汽车缓速器	深圳市旋风流体科技有限公司	通过
405	JCYJ20150402152130699	非动脉炎性前部缺血性视神经病变的神经损害与防护研究	深圳市眼科医院	通过
406	JCYJ20160420103948542	基于甘油三酯分泌出肝途径的非酒精性脂肪肝代谢关键标记物研究	深圳市药品检验研究院（深圳市医疗器械检测中心）	通过
407	CYZZ20160527150942359	电动平衡车智能一体化控制系统研发	深圳市依波特科技有限公司	通过
408	CKCY20170505165937494	木材增强剂的研发	深圳市宜高新型材料有限公司	通过
409	CYZZ20150831093032178	宜保云保险智能购销系统	深圳市易保网通科技有限公司	通过
410	CYZZ20160302100101806	基于大数据的互联网 + 智能停车系统研发	深圳市易米云智能科技有限公司	通过

续表

序号	项目编号	项目名称	项目承担单位	验收结论
411	JSGG20160331154356360	重 20160393 高精度机器视觉检测系统的关键技术研究	深圳市易天自动化设备股份有限公司	通过
412	CYZZ20160225160013748	基于无位置传感器的多机群控电控节能技术研发	深圳市易优电气有限公司	通过
413	KYPT20121229105730340	新型高效激光显示技术之创新团队	深圳市绎立锐光科技开发有限公司	通过
414	JSGG20160301161836370	重 20160289 新型肿瘤特异性抗原鉴定关键技术研发	深圳市因诺转化医学研究院	复议
415	CXZZ20151015145605329	普 20150473：基于大数据的互联网云安全平台的开发	深圳市盈华讯方通信技术有限公司	通过
416	CYZZ20160530105042163	汽车导航 HUD 抬头显示系统核心技术研发	深圳市永盛杰科技有限公司	复议
417	CYZZ20160429152529670	CloudSIM（云 SIM）数据网络接入系统研发	深圳市优克联新技术有限公司	通过
418	CYZZ20160323143846398	电极式零辐射移动智能母婴连续监护系统项目研发	深圳市优利麦克科技开发有限公司	通过
419	JSGG20160226143930130	重 20160104 基于新型硅基负极材料的高能量密度锂离子动力电池关键技术研发	深圳市优特利电源有限公司	通过
420	JSGG20160301152636155	重 20160167 超微型超高容量片式多层陶瓷电容器（MLCC）关键技术研发	深圳市宇阳科技发展有限公司	通过
421	JSGG20160229123657040	重 20160227 基于 CPU+GPU 融合模式的大数据采集与调度管控平台关键技术研发	深圳市远行科技股份有限公司	复议
422	JSGG20160229121417401	重 20160008 具有上下料自动和自检功能的精雕设备研发	深圳市远洋翔瑞机械有限公司	通过
423	CYZZ20150730120204955	全自动水底地貌测绘机器人系统研发	深圳市云洲创新科技有限公司	通过
424	CKCY20170428142646043	高效钠离子电池负极材料——纳米磷 @ 石墨烯复合材料制备工艺	深圳市泽纬科技有限公司	复议
425	JSGG20160229115709109	重 20160056 基于视觉跟踪技术的增强现实系统关键技术研发	深圳市掌网科技股份有限公司	复议
426	JSGG20160331113740208	重 20160317 LED 芯片级封装（CSP）关键技术研究	深圳市兆驰节能照明股份有限公司	通过
427	JSGG20160229111952070	重 20160118 微型无刷伺服电机关键技术研发	深圳市正德智控股份有限公司	通过
428	CYZZ20160427164239785	高效节能 VOCs 处理技术研发	深圳市正源清环境科技有限公司	通过
429	JSGG20160301170425270	重 20160061 高吞吐量数据库防火墙的关键技术研究	深圳市知穹科技有限公司	通过
430	JCYJ20160229123030978	基 20160023 基于结构光的复杂工件实时三维在线测量关键技术研究	深圳市智能机器人研究院	通过
431	CYZZ20160408155728873	一种基于互联网的具有健康管理功能的律动智能运动内衣的研发和推广	深圳市智游人科技有限公司	复议
432	RKX20170807113327016	深圳科技创新政策实施效果研究	深圳市中创创业研究院	通过
433	CKKJ20150916113517338	国家高新区创新型创客空间项目	深圳市中科众创空间科技创投有限公司	通过

续表

序号	项目编号	项目名称	项目承担单位	验收结论
434	CKKJ20160413145017196	中诺思物联网产业创新实训创客空间	深圳市中诺思科技股份有限公司	不通过
435	JSGG20160229105547410	重 20160306 通讯网超高精度同步技术研究	深圳市中兴软件有限责任公司	通过
436	JSGG20160229161042642	重 20160066 10G 比特无源光网络终端芯片关键技术研发	深圳市中兴微电子技术有限公司	通过
437	JCYJ20150401163841053	基于 miRNA 介导 PI3K/AKT 通路研究荷芪散对 PCOS 大鼠卵巢局部胰岛素抵抗的作用及机制	深圳市中医院	通过
438	JCYJ20150401163247237	HIF-2α 在诱导多功能干细胞（iPSC）神经分化中的作用及机制研究	深圳市中医院	通过
439	JCYJ20150401163247216	小儿安神补脑颗粒治疗小儿多发性抽动症的作用机制研究	深圳市中医院	通过
440	JCYJ20150401163247233	HiF-2 α 在基底样型乳腺癌干细胞分化和干性维持中的作用及调控机制	深圳市中医院	通过
441	JCYJ20150401163247217	抗细菌生物膜中药的筛选及其在慢性前列腺炎治疗中的疗效评估	深圳市中医院	通过
442	KJYY20160331092850543	SF20160007 直接光耦合、超低衰减的 LED 路灯光模组应用示范	深圳市洲明科技股份有限公司	通过
443	CYZZ20160418113446964	家校通云服务平台及可穿戴设备的研发	深圳市追风马科技有限公司	通过
444	CYZZ20160429151247436	基于 3S 技术与生态环保模型的自然资源资产评估平台研发	深圳市自由度环保科技有限公司	通过
445	CKKJ20160414155929950	深圳松禾创新孵化器投资管理合伙企业	深圳松禾创新孵化器投资管理合伙企业（有限合伙）	复议
446	JSGG20160229160711951	重 20160294 布地奈德雾化吸入溶液关键技术研发	深圳太太药业有限公司	通过
447	CXZZ20150814161248700	普 20150275：具有骨关节修复与保健功能的活性物质研发	深圳太太药业有限公司	不通过
448	GJHS20160330161155277	智能化的多功能文化健身馆服务系统关键技术研究与示范	深圳泰山体育科技股份有限公司	通过
449	CYZZ20160506104216992	面向物联网金融的质押动产智能可视化动态监视系统	深圳泰源云景科技有限公司	复议
450	JSGG20160301114424132	重 20160169 基于对流层折射的超短波超视距数字通信关键技术研究	深圳天立通信息技术有限公司	不通过
451	CKCY20160829170305680	锂离子动力电池卷绕边界在线监测模块开发	深圳湾新科技有限公司	通过
452	CYZZ20160226102902678	拇机	深圳玩时科技有限公司	复议
453	GJHZ20160229154212703	创新抗 TNF α 单克隆抗体药物临床前研究	深圳万乐药业有限公司	通过
454	CKCY20170505165947189	高性能柔性神经微电极的关键技术研发	深圳微纳仿生科技合伙企业（有限合伙）	复议
455	CXZZ20151013171242907	普 20150055：1.1 类糖尿病新药西格列他钠片的药代研究	深圳微芯生物科技股份有限公司	通过
456	CKKJ20160415145300168	众微媒创客空间	深圳微盐传媒科技有限公司	复议

续表

序号	项目编号	项目名称	项目承担单位	验收结论
457	CYZZ20160531185830640	VR 数据采集设备及 VR+ 行业全景影像解决方案的研发	深圳西汉水科技有限公司	通过
458	JCYJ20160122143847150	面向超高功率 LED 光源的金刚石薄膜散热层研究	深圳先进技术研究院	通过
459	KQJSCX20160301143250852	用于高灵敏血管壁斑块成像的头颈联合线圈研究	深圳先进技术研究院	通过
460	JCYJ20160229201443709	轻量化低成本仿生假肢手的设计及应用研究	深圳先进技术研究院	通过
461	JSGG20160331185256983	重 20160382　基于增强现实技术的智能教育互动关键技术研究	深圳先进技术研究院	通过
462	JSGG20160429184327274	重 20160414　细胞特异性深部脑刺激治疗技术研发	深圳先进技术研究院	通过
463	JCYJ20160331193134437	亚微米吸收层铜铟镓硒薄膜太阳能电池的生长	深圳先进技术研究院	通过
464	JSGG20160429190521240	重 20160411　情绪障碍神经网络修复系统及其关键技术研发	深圳先进技术研究院	通过
465	JSGG20160229200341422	重 20160144　注意缺陷脑功能异常的神经反馈干预技术研发	深圳先进技术研究院	通过
466	JCYJ20160229195640212	淫羊藿素骨靶向纳米粒递送系统用于治疗骨质疏松症的研究	深圳先进技术研究院	通过
467	JCYJ20160229195715386	PDGF-BB：治疗激素性骨坏死破坏性骨修复的潜在新靶点研究	深圳先进技术研究院	通过
468	JCYJ20160531184426303	医学 DTI 影像数据模式分类及其分布式算法研究	深圳先进技术研究院	通过
469	GJHZ20160229200622417	脑胶质瘤疗效精准评估的磁共振氨基质子转移成像研究	深圳先进技术研究院	通过
470	JCYJ20160429190550139	斑块弹性力学和血流动力学参数高分率超声实验研究	深圳先进技术研究院	通过
471	JCYJ20160229201353324	抑癌基因 TIPE2 打破肿瘤免疫耐受的分子机制	深圳先进技术研究院	通过
472	JCYJ20160229195940462	大规模图中的连通性及子图挖掘研究	深圳先进技术研究院	通过
473	JSGG20160229204218661	重 20160081　便携式微流控一拉曼联用癌症早筛快检系统关键技术研发	深圳先进技术研究院	通过
474	JCYJ20160531185449995	靶向 miR-122 降低角膜移植排斥风险的研究	深圳先进技术研究院	通过
475	JCYJ20160429184637618	一种用于生物工程自动化实验平台的电穿孔模块研发	深圳先进技术研究院	通过
476	JCYJ20160531174634936	骨靶向纳米释药体系通过调动干细胞治疗骨缺损	深圳先进技术研究院	通过
477	KQJSCX20160301144002698	焦虑与不孕症的关联脑机制及防治策略	深圳先进技术研究院	通过
478	JCYJ20160429191938883	基于磁共振网络耦合的原发性失眠神经机制研究	深圳先进技术研究院	通过
479	KQJSCX20160301141256866	穿戴式跌倒护髋安全气囊关键技术研究	深圳先进技术研究院	通过
480	JSGG20160229195900623	重 20160254　表面促成骨的新型聚醚醚酮骨科植入材料关键技术研发	深圳先进技术研究院	通过
481	JSGG20160301173854530	重 20160276　高浓度难降解有机废水的光电催化处理技术研发	深圳先进技术研究院	通过

续表

序号	项目编号	项目名称	项目承担单位	验收结论
482	ZDSYS20160510173917804	载 20160019 深圳市虚拟现实与人机交互技术重点实验室	深圳先进技术研究院	通过
483	JSGG20160229203812944	重 20160059 基于多模态影像与术中导航的脊柱微创手术系统研发	深圳先进技术研究院	复议
484	JSGG20160229202150023	重 20160266 单个 B 细胞法制备人源化单克隆抗体关键技术研发	深圳先进技术研究院	复议
485	JCYJ20160531183834938	基于协作结构稀疏性的多通道磁共振成像研究	深圳先进技术研究院	复议
486	JSGG20160229194437896	重 20160270 晶圆减薄临时键合胶材料关键技术研究	深圳先进技术研究院	复议
487	JSGG20160229201849420	重 20160101 特异性功能海洋胶原蛋白肽制备技术研发	深圳先进技术研究院	复议
488	JCYJ20160429190911895	长链非编码 RNA 在高脂饮食诱导的 2 型糖尿病中的功能及作用机制研究	深圳先进技术研究院	复议
489	CYZZ20160405102430463	晓风中央空滌系统	深圳晓风科技有限公司	通过
490	CYZZ20160428153725728	高清互动感应 LED 地砖屏关键技术的研发	深圳鑫亿光科技有限公司	复议
491	GGFW20160510173149509	载 20160021 机电产品可靠性公共技术服务平台	深圳信测标准技术服务股份有限公司	通过
492	JCYJ20160527101106061	基于云平台的大规模网络数据流的实时分类技术研究	深圳信息职业技术学院	通过
493	JCYJ20160307100530069	城轨列车高温压力传感器基础研究	深圳信息职业技术学院	通过
494	GRCK20160826172203952	互联网学车服务平台	深圳信息职业技术学院	通过
495	GRCK20150929141405687	橙色阳光	深圳信息职业技术学院	通过
496	GRCK20160829180326552	基于总线通信无线控制技术的 3D 打印细胞机器人的设计与开发	深圳信息职业技术学院	通过
497	CKCY20160829102150745	Ucast 4G 直播相机及直播解决方案的开发	深圳亿播网视科技有限公司	通过
498	JSGG20160331110944402	重 20160387 基于高清图像处理的手术管控与远程示教一体化系统研发	深圳亿维锐创科技股份有限公司	通过
499	CYZZ20160531144530716	一种长距离单通道 25G SFP+ ER 收发一体光模块	深圳易天光通信有限公司	通过
500	CKCY20170508141254358	高性能手持式军用夜视仪	深圳翌信信息科技有限公司	通过
501	JSGG20160325102204347	重 20160370 超大容量超高清分布式集群会议研发	深圳银澎云计算有限公司	复议
502	GRCK20170421170342674	三电平模块式电能质量综合处理装置	深圳英博科技产业培育有限公司	通过
503	CKCY20170427102347406	智能输液装置的实现与产业化	深圳煜睿医疗设备有限公司	通过
504	JSGG20160229114843195	重 20160200 磁性特征识别传感器关键技术研发	深圳粤宝电子科技有限公司	通过
505	JSGG20160301160558713	重 20160026 硬盘印刷电路板 SMT 后端全自动生产线关键技术研发	深圳长城开发科技股份有限公司	通过
506	GRCK20170424145303676	儿童智能体温陪伴	深圳长虹科技有限责任公司	通过

续表

序号	项目编号	项目名称	项目承担单位	验收结论
507	GRCK20160825153403024	基于机屏分离技术的通讯终端	深圳长虹科技有限责任公司	通过
508	GRCK20160825153135721	智能蓝牙防丢钥匙扣	深圳长虹科技有限责任公司	通过
509	JSGG20160229114843108	重 20160163 叠层片式微波功率分配模块关键技术研发	深圳振华富电子有限公司	复议
510	JCYJ20160407160609492	无线传感器网络低能耗分布式事件检测模块化研究	深圳职业技术学院	通过
511	ZDSYS20160229100057381	载 20160007 深圳市汽车尾气排放测试与控制重点实验室	深圳职业技术学院	通过
512	JSGG20160226164253432	重 20160039 高安全等级 LED 防爆灯及其驱动关键技术研究	深圳中电南方电力设备股份有限公司	通过
513	CYZZ20160426104042618	基于云服务技术儿童智能随行移动终端的研发	深圳中久酷信通讯技术有限公司	复议
514	CKCY20170503101335073	微型白细胞分析仪	深圳中科芯海智能科技有限公司	通过
515	CYZZ20160530145944326	纳米孔二氧化硅气凝胶材料的研发及应用	深圳中凝科技有限公司	通过
516	CKCY20170425140458030	电动汽车高压盒模块化（集成化）技术研究及产业化	深圳众力新能源科技有限公司	通过
517	JSGG20170414164614772	重 20170030 工业机器人核心驱动系统技术研发	深圳众为兴技术股份有限公司	通过
518	CYZZ20160229123406170	大型 3D 策略类移动网络游戏《英雄万岁》的关键技术研发及应用	深圳主城网络科技有限公司	通过
519	CYZZ20160419142234728	基于近红外光谱检测技术的穿戴式无创血糖检测设备及系统的研发	舒糖讯息科技（深圳）有限公司	通过
520	JSGG20160229144406119	重 20160038 智能化环保气体环网柜关键技术研发	泰豪科技（深圳）电力技术有限公司	复议
521	GJHZ20160229124403832	植物源抗病促生酶对植物癌症的治理和应用	万物生（深圳）生物科技控股有限公司	通过
522	CKCY20170508092435511	基于微静电技术新风净化系统的研发	维睿空气系统产品（深圳）有限公司	通过
523	CKCY20160829142433644	基于计算机虚拟筛选和细胞荧光示踪技术研发新的抗癌药物	未来转化医学科技（深圳）有限公司	通过
524	JSGG20160229164203715	重 20160242 互动式虚拟投影系统关键技术研发	沃利科技（深圳）有限公司	通过
525	JCYJ20160428155259007	针对遗传性失明的基因编辑疗法的临床前研究	香港城市大学深圳研究院	通过
526	JCYJ20160229165220746	基于蜂窝网络支持的下一代网络高速率大规模的绿色研究	香港城市大学深圳研究院	通过
527	JCYJ20160401100358589	高熵合金的薄膜镀层技术及其机械性能研究	香港城市大学深圳研究院	通过
528	JCYJ20160229165216275	新型亚硝酸盐快速检测法及其于饮用水及食物安检的应用	香港城市大学深圳研究院	通过
529	JCYJ20160401100022706	多机器人动态非结构化环境下三维建图的研究	香港城市大学深圳研究院	复议
530	JCYJ20130401171812113	提高生物检测荧光灵敏度的新型纳米柱材料	香港浸会大学深圳研究院	不通过
531	JCYJ20160229205726699	乙酰胆碱酯酶在骨质疏松中作用及机理研究	香港科技大学深圳研究院	通过

续表

序号	项目编号	项目名称	项目承担单位	验收结论
532	GRCK20160829180107220	智慧型助听器和智能音频分离系统 (Smart Hearing Aids and Intelligent Audio Separation Systems)	香港科技大学深圳研究院	通过
533	JSGG20160301170514984	重 20160153 基于网络编码的云存储关键技术研究	香港中文大学(深圳)	不通过
534	JSGG20160229150845938	重 20160205 宽带卫星通信系统研发	协同通信技术有限公司	通过
535	CKCY20160829163354233	一种基于选择性光热作用和高频电场及恒温制冷的智能美肤仪	渲美美健(深圳)科技股份有限公司	通过
536	CYZZ20160519151759434	全系列无血清细胞培养基的技术研发及应用	壹生科(深圳)有限公司	通过
537	CYZZ20160530152409612	基于大数据的友好速搭智能网络广告系统	亿众骏达网络科技(深圳)有限公司	通过
538	JSGG20160229174916324	重 20160251 面向 5G 的终端演进关键技术研发	宇龙计算机通信科技(深圳)有限公司	不通过
539	CKCY20170428161757915	无线工业遥控器的研发	禹鼎(深圳)科技有限公司	通过
540	GJHZ20160301164521358	基于云视频安检集群的实时群体行为监测系统研究与实现	浙江大学深圳研究院	复议
541	CKCY20170508141953067	质音通讯技术模组的研发	质音通讯科技(深圳)有限公司	通过
542	CKCY20170505171523881	智能牧场信息化改造与升级项目研究	智元物联设备(深圳)有限公司	通过
543	GGFW20160510114535791	载 20160020 医疗电子设备检测公共技术服务平台	中检集团南方电子产品测试(深圳)股份有限公司	通过
544	GJHS20170313163453046	高性能超导滤波器及示范应用——热声低温制冷机研发	中科力函(深圳)热声技术有限公司	通过
545	GJHS20150327172405776	高性能超导滤波器及示范应用——热声低温制冷机研发	中科力函(深圳)热声技术有限公司	通过
546	GJHS20170313163705870	可再生能源驱动的热声发电关键技术研究与产业化	中科力函(深圳)热声技术有限公司	通过
547	CKCY20170505160402776	电动心肺复苏机	中灿医疗科技(深圳)有限公司	通过
548	JSGG20160229105913141	重 20160225 基于软件定义的未来可编程光网络关键技术研发	中兴通讯股份有限公司	通过
549	JSGG20160510145711976	重 20160506 基于建筑信息模型(BIM)的数字档案库研发	筑博设计股份有限公司	复议

二、2019 年第 2 批市科技计划项目验收结果

序号	项目编号	项目名称	项目承担单位	验收结论
1	JSGG20160301163244287	重 20160258 卧式在线超硬高透膜溅射设备研发	爱发科豪威光电薄膜科技(深圳)有限公司	复议

续表

序号	项目编号	项目名称	项目承担单位	验收结论
2	CKCY20170504150126077	面向精准医疗的基因智能医疗决策辅助系统	安吉康尔（深圳）科技有限公司	通过
3	JSGG20160331152246883	重 20160410 基于多传感器技术的安保巡逻机器人研发	安科机器人有限公司	不通过
4	JCYJ20160510144204207	氧化物薄膜晶体管的稳定性研究	北京大学深圳研究生院	通过
5	JSGG20160429162015597	重 20160418 废水厌氧氨氧化技术研发	北京大学深圳研究生院	不通过
6	JCYJ20160331104524983	基 20160125 移动互联网中文融合信息深度计算方法研究	北京大学深圳研究院	通过
7	JCYJ20160531173517680	基于低复杂度机器视觉算法以及低速无线数据链 的图像识别技术演示模块	北京邮电大学深圳研究院	通过
8	JSGG20160330102750309	重 20160395 全自动数控激光切管机核心技术研发	大族激光科技产业集团股份有限公司	通过
9	JSGG20160330141713514	重 20160362 电动工具用直流无刷电机及控制系统关键技术研发	东昌电机（深圳）有限公司	通过
10	CKCY20170502104735185	法狗狗——智能法律服务平台	法狗狗（深圳）科技有限公司	复议
11	JSGG20160607162324116	重 20160565 高效率紧凑型电子驻车制动装置的研发	广东德昌电机有限公司	通过
12	JCYJ20150529114045265	基 20150017 智能光通信网络及关键技术	哈尔滨工业大学（深圳）	通过
13	CYZZ20160505154442505	基于大数据应用的自行车绿色骑行多功能智慧管理装置	浩海威半导体（深圳）有限公司	复议
14	JCYJ20160530192452107	变截面材料自适应激光焊接方法及关键技术	湖南大学深圳研究院	复议
15	JSGG20160229144135530	重 20160017 微火焰自动焊接设备研发	金德鑫科技（深圳）有限公司	通过
16	JSGG20160510113008435	重 20160492 基于氟硅低表面能树脂的海洋防污涂料关键技术研发	砺剑防务技术集团有限公司	通过
17	CXZZ20150529142756437	普 20150304：高频段（毫米波段）无线通信 IC 封装基板研发	美龙翔微电子科技（深圳）有限公司	通过
18	JCYJ20160530185550416	超细晶 Co-Cr-Ta 高温合金的制备及其高温力学性能研究	南方科技大学	通过
19	JCYJ20160530190226226	高性能有机场效应晶体管器件研发	南方科技大学	通过
20	JCYJ20150529164918736	基 20150012 海湾生态对环境变化的响应及机理研究	清华大学深圳研究生院	通过
21	JSGG20160428181710653	重 20160460 黑臭河道管网溢流负荷削减关键技术研发	清华大学深圳研究生院	通过
22	JCYJ20160531195524566	新型巯基化壳聚糖 / 碳酸钙复式微球用于骨组织工程	清华大学深圳研究生院	通过
23	JCYJ20160531194840025	恶劣光照条件下低分辨率人脸识别	清华大学深圳研究生院	通过
24	JCYJ20170307153116785	可见光通信三非信道调制编码技术研究	清华大学深圳研究生院	通过
25	JCYJ20160331185226856	内置 LED 光生物反应器用于微藻培养高效去除污水厂尾水中的氮磷和固定 CO_2	清华大学深圳研究生院	通过
26	JCYJ20160301150948119	基于 VOCs 低温催化氧化 Pt 基双组分催化剂的设计与制备	清华大学深圳研究生院	通过

续表

序号	项目编号	项目名称	项目承担单位	验收结论
27	JCYJ20160428182247170	基 20160007 水下光学检测与成像传感技术的研究	清华大学深圳研究生院	复议
28	JCYJ20160530173515852	有源电力滤波器选频次电网谐波补偿的关键技术研究	厦门大学深圳研究院	通过
29	CKCY20170505103756105	智能配电（SPC）个性化系统开发项目	深圳昂泰智能有限公司	通过
30	CYZZ20160421145045648	石墨烯改性复合电极材料制备超级电容的研发及产业化	深圳博磊达新能源科技有限公司	通过
31	JCYJ20150324140036832	过渡金属硫化物光电输运性质的研究	深圳大学	通过
32	JCYJ20160520175916066	大块金属玻璃 Zr-Cu-Ni-Ti-Al 室温超塑性变形行为及变形机理研究	深圳大学	通过
33	JCYJ20160307160819191	肾素（原）受体调节体内 LDLR 及血脂水平的研究	深圳大学	通过
34	KQJSCX20160226200541336	低成本、低功耗可穿戴式无创生命信息检测芯片的研制	深圳大学	通过
35	ZDSYS20150708162521376	深圳市先进导航技术重点实验室	深圳大学	通过
36	JSGG20160429101227645	重 20160023 玻璃三维成型设备研发	深圳大宇精雕科技有限公司	通过
37	CKCY20170508113029384	便携式眼底照相机与眼底图像糖尿病视网膜病变人工智能筛查系统的研发	深圳硅基智能科技有限公司	通过
38	JSKF20150831144523121	多旋翼动态水深漂浮型水环境监测采样设备	深圳国技仪器有限公司	通过
39	RKX20170807170150795	深圳科技计划项目管理方式改革研究	深圳国家高技术产业创新中心	通过
40	CKFW20160415161258664	碳艺工坊创客服务平台	深圳航天科技创新研究院	通过
41	CKCY20170505163217640	面向营运车辆的 4G 智能监控摄像机	深圳合正信息技术有限公司	通过
42	JCYJ20160531194457572	云计算环境下多媒体安全机理研究	深圳华中科技大学研究院	通过
43	JCYJ20160429182829578	像元级集成光学信息处理功能的高性能红外探测器芯片研究	深圳华中科技大学研究院	通过
44	JCYJ20160531194407693	高功率半导体激光矩形光斑聚焦均匀性研究	深圳华中科技大学研究院	通过
45	JCYJ20160506170043770	基于 VOCs 净化的金属有机骨架材料筛选研究	深圳华中科技大学研究院	复议
46	JCYJ20160414102014801	面向构建仿生眼微小型可调光学系统关键技术研究	深圳华中科技大学研究院	复议
47	GRCK20170424110921961	跨界智能珠宝产品营销及系列产品开发	深圳技师学院	通过
48	CYZZ20160530194334496	基于移动智能终端的科学美容大数据平台的研发	深圳可思美科技有限公司	通过
49	CYZZ20150529143341999	基于 HTML5 与 Native 混合架构的儿童视频播放系统	深圳蓝莲丰科技有限公司	不通过
50	CKCY20170508120838824	电机智能控制模组	深圳绿威科技有限公司	通过
51	CKCY20170508142127756	全息远程虚拟社交系统的技术研发及应用	深圳盟云全息文化有限公司	通过
52	GJHS20170314153303633	基于大功率 IGBT 模块的智能电力电子积木	深圳青铜剑科技股份有限公司	通过
53	CKCY20170508142050889	紫外激光白癜风治疗仪研发	深圳盛方科技有限公司	通过

续表

序号	项目编号	项目名称	项目承担单位	验收结论
54	CYZZ20160531165422397	采用熔盐储能的新型高效工业锅炉	深圳市爱能森设备技术有限公司	通过
55	GJHS20120626153212269	智能监护（A Ⅱ 6000B 型）转运呼吸机	深圳市安保科技有限公司	通过
56	CYZZ20160324112255490	免疫胶体金技术在水产品激素残留快速检测中的应用	深圳市宝安康生物技术有限公司	通过
57	JSGG20160608141028416	重 20160574 预防手足口病的新型疫苗研究	深圳市宝舜泰生物医药股份有限公司	通过
58	CYZZ20160420152208451	高速高精度动力电池注液机器人	深圳市铂纳特斯自动化科技有限公司	通过
59	CYZZ20160518103826389	一种火电厂凝汽器真空节能系统的研发	深圳市博众节能工程技术有限公司	通过
60	GRCK20170421154648362	基于 LoRa 与 NB-IoT 的端到端物联网传输解决方案	深圳市创赛平台创业服务有限公司	通过
61	JSGG20160608154526355	重 20160568 基于多功能刀库的陶瓷智能精雕机研发	深圳市创世纪机械有限公司	通过
62	JSGG20160429103209394	重 20160466 4500W 超高功率多模连续光纤激光器研发	深圳市创鑫激光股份有限公司	复议
63	JSGG20160510164327023	重 20160474 基于动态自平衡的节水控制系统研发	深圳市大能节能技术有限公司	不通过
64	CYZZ20160530193402903	新型自动化、智能化工业缝纫机及其控制系统的研发	深圳市德业智能股份有限公司	通过
65	JSGG20160819144836549	重 20160608 适用宽温度范围的磷酸铁锂动力电池关键技术研发	深圳市电科电源股份有限公司	通过
66	CKCY20170508100854136	一种新陶瓷材料的运用	深圳市丁鼎陶瓷科技有限公司	通过
67	JSGG20160506164858952	重 20160515 厚卡纸一次成型高效节能制袋技术研究	深圳市东京文洪印刷机械有限公司	通过
68	CYZZ20160526152158124	无线电子起跑器	深圳市菲普莱体育发展有限公司	通过
69	GJHZ20160229150204624	动态血糖监测芯片在健康管理移动平台应用的国际合作研究开发	深圳市光聚通讯技术开发有限公司	复议
70	CYZZ20150831162932443	基于高活性 HANK 细胞制备技术的原料制备工艺优化及中试制备	深圳市汉科生物工程有限公司	通过
71	CYZZ20160426095158615	VTM 机上智能显示安全防护加密装置	深圳市昊德富科技有限公司	复议
72	CKCY20170428144141590	汽车轮胎气压智能监测系统（TPMS）	深圳市昊岳科技有限公司	通过
73	CKCY20170505155043972	车载 4G 全网通流媒体智能后视镜系统整体解决方案	深圳市合步科技有限公司	通过
74	CYZZ20160311144326066	超高精度全自动智能视觉锡膏印刷机	深圳市和田古德自动化设备有限公司	复议
75	JSGG20160229160256572	重 20160076 基于 LTE 混合网络的数据通信技术研究	深圳市宏电技术股份有限公司	通过
76	CYZZ20160203151026134	基于宏钺 AGV 搬运机器人的物料智能配送系统的研发	深圳市宏钺智能科技有限公司	复议

续表

序号	项目编号	项目名称	项目承担单位	验收结论
77	KJFHQ20160829201353857	C33 互联网 + 珠宝创新产业园	深圳市花珠创新产业园管理有限公司	复议
78	JSGG20160225161516542	重 20160286 基于北斗定位的车辆可视化调度平台关键技术的研究	深圳市华宝电子科技有限公司	通过
79	CKCY20170504153635326	猪源生物人工胰腺的开发和应用	深圳市华异生物科技有限责任公司	通过
80	JSGG20160428153059398	重 20160417 高浓度含氟废水处理及资源化利用关键技术研发	深圳市环境科学研究院	通过
81	CYZZ20160531154043132	基于智能穿戴设备的移动激光投射关键技术的研究	深圳市皇族通信技术有限公司	通过
82	JSKF20150831192112172	基于一种复合触媒技术的墙体装饰环保材料的研发及产业化	深圳市汇益德环保材料有限公司	通过
83	CYZZ20160531114827760	面向新能源汽车的智能群充充电系统研发	深圳市健网科技有限公司	通过
84	JSGG20160331144830293	重 20160391 现代物流高频率移动拣选系统研发	深圳市今天国际物流技术股份有限公司	通过
85	JSGG20160329155821419	重 20160350 电动汽车大功率快速充电装置研发	深圳市金宏威技术有限责任公司	复议
86	KJYY20170412143022346	SF20170025 基于 RFID 电子车牌的系统实现核心设备技术研发及城市级应用示范	深圳市金溢科技股份有限公司	复议
87	CYZZ20160411151743595	用于数字化激光制造钛合金粉末的研发	深圳市晶莱新材料科技有限公司	复议
88	JSGG20170413141633840	重 20170189 工业级无人机长续航氢燃料电池系统关键技术研发	深圳市科比特航空科技有限公司	通过
89	CKCY20160826142651748	基于虚拟现实技术的模具教学系统的研发	深圳市量子引擎科技有限公司	通过
90	JCYJ20150403110216232	细胞连接蛋白 Cx43 在宫颈癌组织中的异常表达及其意义	深圳市龙岗区第三人民医院	通过
91	CYZZ20160523142448152	智能全自动贵金属珠链类首饰焊接设备研发	深圳市龙兴机械科技有限公司	通过
92	CKCY20170420101614644	用于 TMS 治疗的自主定位及追踪机器人系统开发	深圳市迈步机器人科技有限公司	通过
93	JSGG20160301171902585	重 20160075 面向基层的低成本肿瘤标志物联合筛查关键技术研发	深圳市迈科龙生物技术有限公司	通过
94	CYZZ20160524093805207	高精度数字式气压力传感器开关表研发	深圳市迈斯艾尔科技发展有限公司	通过
95	CYZZ20160527144027360	智能电网——配电网侧低压配电柜云平台服务系统	深圳市脉联电子有限公司	通过
96	CYZZ20160517101808825	基于新型物联协议的 LED 照明智控系统	深圳市茂普智能科技有限公司	通过
97	CYZZ20160314163116016	事故规避系统及驾驶员行为分析数据库系统	深圳市美好幸福生活安全系统有限公司	通过
98	JSGG20160229123847534	重 20160126 高精度热敏温度传感器研发	深圳市敏杰电子科技有限公司	通过
99	JCYJ20150402152407821	深圳居民膳食 AGEs 暴露评估	深圳市南山区疾病预防控制中心	通过
100	JCYJ20150402152407818	肠道病毒的指示病毒噬菌体的筛选及其消毒效果检测与评价方法的研究	深圳市南山区疾病预防控制中心	通过
101	CYZZ20160505113726156	远程智能控制 3D 打印机的研制	深圳市七号科技有限公司	通过

续表

序号	项目编号	项目名称	项目承担单位	验收结论
102	CKCY20170508141848806	基于绿色管理的新型电镀溶液净化系统研发与应用	深圳市前海广达新材料有限公司	通过
103	CYZZ20160401153335383	工业 4.0 在光伏产业中的应用——太阳能电站一站式高效管理智能机器人	深圳市前海正玺新能源科技开发工程有限公司	通过
104	CXZZ20150401141012974	普 20150066：樟芝提取物防治肝癌的临床前研究	深圳市仁泰生物科技有限公司	通过
105	CKCY20170428145830085	用于无人机、汽车自动驾驶的高精度小型光学雷达模块开发	深圳市瑞大科技有限公司	通过
106	GQYCZZ20150330151557115	智慧型无线传感环境监测管理研发系统	深圳市睿海智电子科技有限公司	通过
107	JSGG20160510150122863	重 20160489 高光效图形化蓝宝石衬底氮化铝（AlN）缓冲层材料制备关键技术研发	深圳市三海科技有限公司	通过
108	CKCY20170428093302021	基于嵌入式技术的新型智能可穿戴式电子针灸仪的研发	深圳市善行医疗科技有限公司	通过
109	KJYY20160429115124673	SF20160021 黑臭河道治理技术的应用示范	深圳市深港产学研环保工程技术股份有限公司	通过
110	JSGG20160330145706488	重 20160400 配电智能母线系统研发	深圳市深龙达电器有限公司	通过
111	JSGG20160607164731869	重 20160533 高致密碳化硅涂层关键技术研发	深圳市石金科技股份有限公司	通过
112	KJYY20160429172810071	SF20160024 基于有线数字电视网的多协议智能网关应用示范	深圳市天威视讯股份有限公司	通过
113	GJHS20130402160030198	如 E 宝魔方建站系统	深圳市天助人和信息技术有限公司	通过
114	GQYCZZ20140926152526582	3D 生物特征识别技术的 3D 人脸识别行业应用产品研发和销售	深圳市唯特视科技有限公司	通过
115	JSGG20160229141550538	重 20160095 新能源电动车电源印制电路板关键技术研究	深圳市五株科技股份有限公司	复议
116	CYZZ20160408103628794	在线式全自动真空灌胶机关键技术的研发	深圳市鑫路远电子设备有限公司	通过
117	GRCK20170424160621601	可降解环保胶带	深圳市星河博文创新创业创投研究院有限公司	通过
118	CYZZ20160517145659106	高速赋码及云生态溯源平台	深圳市循真科技有限公司	通过
119	CXZZ20150529102352218	普 20150250：全自动过敏原分析仪的研发	深圳市亚辉龙生物科技股份有限公司	通过
120	CKCY20160829163603861	Goodscan 智能货物体积测量	深圳市异方科技有限公司	复议
121	GJHZ20160226112949359	支付终端设备应用安全技术研发	深圳市易联技术有限公司	通过
122	JSGG20160510143007079	重 20160522 金融交易系统关键技术研发	深圳市赢时胜信息技术股份有限公司	通过
123	JSGG20160229170257815	重 20160027 智能迎宾机器人研发	深圳市优必选科技有限公司	通过
124	CKCY20170508113849339	高性能纳米磷酸铁和微纳结构磷酸铁锂产业化制备技术开发	深圳市毓丰新材料有限公司	通过
125	CKCY20170508143817376	基于柔性织物传感器的人体参数监测系统研发	深圳市在田翊方科技有限公司	通过
126	CYZZ20160429151610313	基于功能纤维材料的可筛选节水型水质净水技术及家用净水产品研发	深圳市正源三清环保科技有限公司	通过

续表

序号	项目编号	项目名称	项目承担单位	验收结论
127	CYZZ20160527101704214	低功耗智能无线传输LED照明调控系统的研发	深圳市正远科技有限公司	通过
128	CYZZ20160520150633712	基于反激变换器的无电解电容驱动电源的研发	深圳市智华照明科技有限公司	复议
129	CYZZ20160421160735632	神经外科手术计划与导航系统	深圳市智图医疗技术有限责任公司	复议
130	CYZZ20150327105142778	竹塑新材料	深圳市中京科林环保塑料技术有限公司	通过
131	JSGG20160226111125680	重20160255 面向4G通信LTE-A的CMOS集成射频前端模块研发	深圳市中科汉天下电子有限公司	通过
132	JSGG20160427155603145	重20160299 新型双特异性抗体快速制备关键技术研发	深圳市中联生物科技开发有限公司	通过
133	JSGG20160429171355245	重20160239 基于语义的资讯大数据价值挖掘及通信系统研究	深圳市中易科技有限责任公司	通过
134	CKCY20170505141934073	深紫外LED杀菌模组在杀菌领域上的应用研究	深圳市卓盟海司恩科技有限公司	通过
135	CKCY20170505151253194	移动设备快速三维建模展示平台的研发	深圳蒜泥科技投资管理合伙企业（有限合伙）	复议
136	CXZZ20150401141931365	新型稀土掺杂增强磁光效应光纤研制	深圳太辰光通信股份有限公司	通过
137	GJHS20170314111725742	光伏海水淡化系统及其专项逆变器开发	深圳天源新能源股份有限公司	通过
138	CKKJ20160406163959239	“微漾国际”创客空间	深圳微漾发展有限公司	通过
139	JCYJ20150331144738443	儿童间歇性外斜视矫正术中的单眼外直肌后徙量与肌腹宽度相关性研究	深圳希玛林顺潮眼科医院	通过
140	JCYJ20150331144823740	右美托咪定用于局部麻醉眼科手术自控镇静的临床研究	深圳希玛林顺潮眼科医院	通过
141	JSGG20160331185422390	重20160326 肿瘤光学治疗的纳米光敏剂研发	深圳先进技术研究院	通过
142	JSGG20160429184803117	重20160117 水产品药物残留快速检测关键技术研发	深圳先进技术研究院	通过
143	GJHS20160331191611536	“蛋白质折叠码技术”在类风湿性关节炎治疗药物研发中的应用	深圳先进技术研究院	通过
144	JSGG20160229200957727	重20160115 高可用分布式数据库关键技术研究	深圳先进技术研究院	通过
145	JSGG20160229202951528	重20160001 难加工材料用高性能涂层刀具的关键技术研发	深圳先进技术研究院	通过
146	JSGG20160510154636747	重20160504 CMOS图像传感器质量检测嵌入式系统研发	深圳先进技术研究院	通过
147	JCYJ20160531171344016	基于介孔生物活性玻璃高活性装载rhBMP-2用于骨组织快速修复的研究	深圳先进技术研究院	通过
148	JCYJ20150529143500954	基20150043手术机器人关键技术研究	深圳先进技术研究院	通过
149	JSGG20160429192140681	重20160456 高清内窥镜全激光融合成像关键技术研发	深圳先进技术研究院	通过
150	JCYJ20160122143155757	固体医疗废弃物的低温等离子体灭菌及细胞消除机理研究	深圳先进技术研究院	通过

续表

序号	项目编号	项目名称	项目承担单位	验收结论
151	JCYJ20160331185602643	单细胞全基因组测序前样品自动化处理的液滴式微流控芯片系统研究	深圳先进技术研究院	通过
152	JCYJ20160429191127529	深圳及周边森林冠层叶绿素 / 叶面等效含水卫星遥感反演技术研究	深圳先进技术研究院	通过
153	JCYJ20160429191303198	南海油气资源开采遥感监测关键技术研究	深圳先进技术研究院	通过
154	JCYJ20160429185023794	高密度机器人的结构优化布局设计理论与动力学特性研究	深圳先进技术研究院	复议
155	JCYJ20160331190103609	新型有序多孔金属材料开发及冲击动力学研究	深圳先进技术研究院	复议
156	JCYJ20160530141902978	适用于大型数据库的非接触式掌纹识别系统研究	深圳信息职业技术学院	通过
157	JCYJ20160527102119211	频率域波动方程的高精度快速正演模拟	深圳信息职业技术学院	通过
158	JCYJ20160415114215737	螯合秸秆纤维协同茅洲河底泥吸附重金属 / 磺胺类抗生素复合污染物的应用研究	深圳信息职业技术学院	通过
159	GRCK20170424095629032	高速加工用叠层陶瓷刀具的关键技术研究及应用	深圳信息职业技术学院	通过
160	GJHS20170310094257020	五轴数控三维曲面激光加工关键技术研究与应用	深圳信息职业技术学院	通过
161	GRCK20170424095924228	柔性智能物流中救援机器人系统研制	深圳信息职业技术学院	通过
162	GJHZ20160229161749175	激光同轴振镜高速精密视觉系统的研发	深圳信息职业技术学院	通过
163	GRCK20170424095711336	基于医学图像的肺癌计算机辅助诊断（CAD）系统	深圳信息职业技术学院	通过
164	JSGG20160429111117023	重 20160149 钢质燃气管道杂散电流腐蚀行为与控制关键技术研发	深圳信息职业技术学院	复议
165	JCYJ20160530141956915	基于多智能算法的遥感卫星网络自主协同任务规划及应用	深圳信息职业技术学院	复议
166	GRCK20170424095608109	面向中小学生英语教育的交互式在线智能口语教学系统	深圳信息职业技术学院	复议
167	GRCK20170424095528833	基于物联网的分布式无损音乐播放系统	深圳信息职业技术学院	复议
168	GRCK20170424095954402	面向安全教育的虚拟体验系统研发	深圳信息职业技术学院	复议
169	GRCK20170424100331880	拥挤室内图像识别云导航系统	深圳信息职业技术学院	复议
170	GRCK20160415111859786	基于人眼特性的低成本多分辨率视觉检测系统	深圳信息职业技术学院	不通过
171	JCYJ20160413164156155	凋亡素在声孔效应介导下对肿瘤细胞诱导凋亡作用的研究	深圳职业技术学院	复议
172	JSGG20160509142926253	重 20160505 基于国产 COS 操作系统的健康终端与系统研发	深圳中科强华科技有限公司	通过
173	GJHS20160330161505808	基于 LTPS-TFT 的行驱动集成柔性显示技术的研究开发	天马微电子股份有限公司	通过
174	JCYJ20160531093652514	p53 调节 CR- 人角膜缘干细胞应答 HSV-1 感染引起的天然免疫反应的作用机制	武汉大学深圳研究院	通过
175	JCYJ20160523160822851	二氧化锡基高效钙钛矿薄膜光伏电池研究	武汉大学深圳研究院	通过

续表

序号	项目编号	项目名称	项目承担单位	验收结论
176	JCYJ20160229165235739	使用小分子化合物 Vacuolin-1 作为一种新型的抗恶性肿瘤转移治疗药物	香港城市大学深圳研究院	通过
177	ZDSYS20160229165316510	载 20160001 航空零部件预应力与表面工程技术重点实验室	香港城市大学深圳研究院	通过
178	JCYJ20160229165300897	基 20160006 电动车智能驾驶系统关键技术研究	香港城市大学深圳研究院	不通过
179	JCYJ20160531184426473	基于光学密文隐藏的双层光学信息加密与非线性光学信息认证方法研究	香港理工大学深圳研究院	通过
180	CKCY20170508150209121	全自动裁磨线设备整合研发与联网应用	英拓自动化机械（深圳）有限公司	通过
181	CKCY20170504142810973	超高频模块陶瓷天线项目研发	长峰电子科技（深圳）有限公司	通过
182	KJYY20160429140840457	SF20160023 河道底泥综合利用的应用示范	中电建水环境治理技术有限公司	通过
183	JCYJ20160331163751413	基 20160131 高性能数值风洞算法和软件研究	中国国际海运集装箱（集团）股份有限公司	通过
184	JSGG20160229142853414	重 20160004 高精度万吨级多功能试验机成套关键技术研究	中建钢构有限公司	通过
185	GJHS20160322111332498	基于 TD-LTE/TD-SCDMA 的应急通信系统研发（2016 年度）	中兴通讯股份有限公司	通过
186	GJHS20150416151936526	TD-LTE/TD-SCDMA 基带专用芯片及小型化基站研发（2015 年度）	中兴通讯股份有限公司	通过
187	GJHS20160325151409842	LTE 有源天线组网技术研究与验证（2016 年度）	中兴通讯股份有限公司	通过
188	GJHS20160318100410139	面向 C-RAN 的低功耗通用处理器平台研发（2016 年度）	中兴通讯股份有限公司	通过
189	CKCY20170504163220591	基于 FBT 技术的充电器 7D 打印机	转录科技（深圳）有限公司	复议

三、2019 年第 3 批市科技计划项目验收结果

序号	项目编号	项目名称	项目承担单位	验收结论
1	JCYJ20150729111733470	基 20150027 锂离子电池材料基因组研究	北京大学深圳研究生院	通过
2	JCYJ20160428153956266	基 20160180 地震监测多分量传感电路与系统研发	北京大学深圳研究生院	通过
3	JCYJ20160525154348175	适用于数据中心网络 RDMA 机制的高效传输控制模型研究	北京大学深圳研究生院	通过
4	JCYJ20170306091821082	HRV 预警芯片关键技术研究	北京大学深圳研究生院	通过
5	JCYJ20160527100529884	细胞周期调节因子在三阴乳腺癌发生与侵袭转移中的作用研究	北京大学深圳研究生院	通过
6	GRCK20170424144331753	基于大功率 LED 灯的新型散热材料开发	北京大学深圳研究生院	通过
7	JCYJ20160531141048950	无机固态电解质以及固态电池的研究	北京大学深圳研究生院	通过
8	JCYJ20160527100441585	双重响应智能弹性体的研制与应用	北京大学深圳研究生院	通过

续表

序号	项目编号	项目名称	项目承担单位	验收结论
9	GRCK20170424143150129	磁性亲和填料的研制及分离纯化人抗凝血酶 III 的研究	北京大学深圳研究生院	通过
10	GRCK20170424144215713	基于无人机与倾斜摄影技术的三维实景模型构建系统	北京大学深圳研究生院	通过
11	GJHZ20160229122304608	基于无线传感网络的新型电动汽车动力电池管理系统研究	北京大学深圳研究生院	通过
12	JSGG20150813172407669	重 20150116：电镀重金属废水零排放关键技术研发	北京大学深圳研究生院	通过
13	GRCK20170424143808241	具有“生命活性”的智能保鲜材料的研究	北京大学深圳研究生院	复议
14	GRCK20170424144259727	抗癌先导药物牛樟芝素的合成工艺研究	北京大学深圳研究生院	复议
15	JCYJ20150529162228734	基 20150042 碳纤热塑复合材料 / 铝合金激光焊接技术研究	北京大学深圳研究院	通过
16	GJHS20170313162853154	建筑铝材无铬钝化前处理锆钛化新技术产品的研制	北京大学深圳研究院	通过
17	JCYJ20150605103420338	基 20150001 急性缺血性卒中动静脉联合溶栓多中心研究	北京大学深圳医院	通过
18	GCZX20150430162003729	深圳市妇科肿瘤医学工程技术研究开发中心	北京大学深圳医院	通过
19	ZDSYS20150505110905682	深圳市脊柱外科重点实验室	北京大学深圳医院	通过
20	CXZZ20150504170308010	普 20150135：高速数据传输接口（Type-C）技术研发	电连技术股份有限公司	通过
21	CKCY20170508105810541	熊猫书院——在线教育平台	风变科技（深圳）有限公司	通过
22	CYZZ20160527141441747	移动互联家庭智能太阳能发电系统的研发	光悦科技（深圳）有限公司	通过
23	CYZZ20160519104919084	基于冻干胶的超级绝热保温材料关键技术研发	广东迪奥应用材料科技有限公司	通过
24	JCYJ20150928162432701	基 20150082 工业机器人视觉关键技术的研究	哈尔滨工业大学（深圳）	通过
25	JCYJ20160531193340540	风力发电结构运营状态在线监测关键问题研究	哈尔滨工业大学（深圳）	通过
26	JCYJ20160531192413576	电动汽车用直驱式高转矩密度永磁电机研究	哈尔滨工业大学（深圳）	通过
27	GRCK20170421161724621	一种可实现飞行、滚动爬行的智能球形机器人	哈尔滨工业大学（深圳）	通过
28	JCYJ20160531192013063	基于协作干扰的异构网络高能谱效率物理层安全机理研究	哈尔滨工业大学（深圳）	通过
29	JCYJ20160531190745967	高渗透率交流微电网实时经济优化调度策略及控制研究	哈尔滨工业大学（深圳）	通过
30	JCYJ20160531192358466	中文浅层医疗知识图谱自动构建方法研究	哈尔滨工业大学（深圳）	通过
31	JCYJ20160531193736180	金属氧化物传输层和等离子钙钛矿太阳能电池应用研究	哈尔滨工业大学（深圳）	通过
32	JCYJ20160505173700732	浸没式光刻之流场分析及参数优化	哈尔滨工业大学（深圳）	通过
33	GRCK20170421160612134	工业管线的无声探伤设备	哈尔滨工业大学（深圳）	通过
34	GRCK20170421161633433	高透明柔性传感器制备及其可穿戴设备应用	哈尔滨工业大学（深圳）	通过
35	GRCK20170421161415377	4D 打印机的研制及应用	哈尔滨工业大学（深圳）	通过

续表

序号	项目编号	项目名称	项目承担单位	验收结论
36	JCYJ20170307150952660	挠性卫星高稳定度姿态控制方法研究	哈尔滨工业大学（深圳）	通过
37	JCYJ20150529115038093	基20150037等离子体技术在航天领域中的应用研究	哈尔滨工业大学（深圳）	通过
38	JCYJ20160531193515801	关于生成物体高密度排列以节省空间的打包技术研究	哈尔滨工业大学（深圳）	复议
39	JCYJ20160530193357681	自适应乘员约束系统关键技术研究	湖南大学深圳研究院	通过
40	CKCY20170508112518075	数据安全关键技术研发及产业化	华盾技术（深圳）有限责任公司	复议
41	CKCY20170426100539639	基于Wi-Fi的声光控制同步传输系统及终端的研发	巨数创新（深圳）科技有限公司	通过
42	CKCY20170508165614286	Kmold for Ug全3D智能型高度自动化模具设计平台	凯模模具技术（深圳）有限公司	通过
43	GJHZ20160229150830757	新一代专业数字移动无线通信产品的国际合作研发与产业化	科立讯通信股份有限公司	通过
44	CKCY20170508100136488	创新医疗介入器械	科睿驰（深圳）医疗科技发展有限公司	通过
45	CYZZ20160531170942759	面向通讯产业的加工制程全自动化装备的研发	科益展智能装备有限公司	通过
46	CKKJ20160829161348083	蓝色彩虹生命健康众创空间	蓝色彩虹（深圳）科技有限公司	通过
47	CKCY20170505144924170	基于智能终端的穿戴式实时心电监测终端及监测云平台研发	粒恩医疗科技（深圳）有限公司	复议
48	CKCY20170508142527988	基于毫米波雷达技术的前方防撞预警FCW系统的研发	路达科技（深圳）有限公司	通过
49	CKCY20170505155741202	新能源动力超高效电机项目	明程电机技术（深圳）有限公司	通过
50	JCYJ20150831142508365	基20150069热电材料与器件的关键技术研究	南方科技大学	通过
51	JCYJ20160531190054083	氧化锌极性面性质研究	南方科技大学	通过
52	JCYJ20160530184718406	基于间隙等离子体激子的表面拉曼增强效应基底的设计	南方科技大学	通过
53	JCYJ20150831142427959	基20150061间充质干细胞向软骨细胞分化的机制研究	南方科技大学	通过
54	JCYJ20150529152146471	基20150031中高温光热光伏协同发电中核心光学调控技术研究	南方科技大学	通过
55	JCYJ20160530191008447	面向空间受限型智能设备的宽带全集成稳压器研究	南方科技大学	通过
56	JCYJ20150930160634263	基20150079重金属检测用高灵敏光电微纳传感器研究	南方科技大学	通过
57	JCYJ20160531190446212	二维电子密度波材料与低功耗器件研究	南方科技大学	通过
58	JCYJ20160531190254691	三元TMDCs电子材料的外延生长及性质调控	南方科技大学	通过
59	JCYJ20160530184523244	SnO_2基气敏传感器反应机理及其在MEMS气体传感器的应用	南方科技大学	通过

续表

序号	项目编号	项目名称	项目承担单位	验收结论
60	JCYJ20160504151536406	开发基于有机 π 共轭结构的可应用于光动力治疗的多色、尺度可控的高分子二维纳米材料	南方科技大学	通过
61	JCYJ20160531190535310	低维量子系统的分数统计研究	南方科技大学	通过
62	JCYJ20160504151731734	新型高效率有机太阳能电池受体材料的合成与研究	南方科技大学	通过
63	JCYJ20160530185705301	铁电基阻变存储器	南方科技大学	通过
64	CKKJ20160414175335732	深圳南大国际创新创业研究院众创空间	南京大学深圳研究院	通过
65	CKCY20170417101500681	基于虚拟现实技术环境的人机交互平台	你瞅啥（深圳）科技有限公司	通过
66	KQJSCX20160226190815558	污泥精炼实现高效节能及资源回收污水处理协同新技术研发	清华大学深圳研究生院	通过
67	JCYJ20150827165038323	基 20150055 基于微机电系统（MEMS）工艺的集成热电器件研究	清华大学深圳研究生院	通过
68	JCYJ20160531195354516	纳米材料调控海洋微藻增产岩藻黄素的研究	清华大学深圳研究生院	通过
69	JCYJ20160513103756736	沥青质与水合物在油气输送中的共聚机理及抑制技术研究	清华大学深圳研究生院	通过
70	JCYJ20160531194754308	用于可充式金属空气电池的铁氧体纳米晶电催化材料	清华大学深圳研究生院	通过
71	GJHS20160331183203133	DDR3 动态随机存储器产品研发及产业化	清华大学深圳研究生院	通过
72	CKCY20170508164848119	实验动物造模纯化饲料和 膳食诱导疾病动物模型研究项目	睿迪生物科技（深圳）有限公司	通过
73	JCYJ20160510165328965	基于功构映射机理的机电产品再制造研究	山东大学深圳研究院	通过
74	CKCY20170427142926868	面向中小学校的新一代智能电子学生证	上学啦（深圳）科技有限公司	复议
75	JCYJ20151030154330711	基 20150103：全科医学决策知识图谱构建方法和技术的研究	深港产学研基地产业发展中心	通过
76	CKKJ20160829195622843	阿基米互联网公社	深圳阿基米未来智慧科技有限公司	通过
77	CYZZ20160429090528369	高精度高可靠性通用智能机器视觉系统算法研究	深圳百迈技术有限公司	通过
78	CKCY20170508112106020	高精度低极化医用脑电电极关键技术研究	深圳柏德医疗科技有限公司	通过
79	CXZZ20150504104634510	普 20150254：多参数运动心电检测仪关键技术的研发	深圳邦健生物医疗设备股份有限公司	通过
80	JSGG20150512102023105	重 20150063：单片式高精度直接驱动直流无刷电机驱动芯片关键技术研发	深圳比亚迪微电子有限公司	复议
81	CKCY20170508105853770	Autololi 人工智能汽车消费顾问	深圳车包包智能科技有限公司	通过
82	CYZZ20160524150243840	芯片级封装 LEDs（csp-LEDs）项目	深圳大道半导体有限公司	通过
83	CKCY20170508160842897	基于大数据平台的智能健康机器人的研发	深圳大森智能科技有限公司	通过
84	JCYJ20160520174032607	PDGFBB 通过甲基化修饰下调 miR-1181 在肺动脉高压形成中的功能和分子机制	深圳大学	通过

续表

序号	项目编号	项目名称	项目承担单位	验收结论
85	JCYJ20160520170741660	新型 CMOS 单芯片气体检测识别系统的设计与实现	深圳大学	通过
86	JCYJ20160422091914681	TRPV1 在鼻咽癌增殖和转移中的作用及机制研究	深圳大学	通过
87	JCYJ20160520165724531	基于微纳光子晶体结构的新型红外探测器的模拟和实验研究	深圳大学	通过
88	JCYJ20160422102919963	氧化铁基介孔异质结材料光催化抗菌研究	深圳大学	通过
89	GRCK20170421105116585	食刻——健康美食推荐	深圳大学	通过
90	CYZZ20160527094947484	基于虚拟现实的医疗康复物联网平台研发	深圳二十一天健康科技有限公司	通过
91	CYZZ20170406144803199	虚拟生命的自我认知智能问答的关键技术研发	深圳狗尾草智能科技有限公司	通过
92	JSGG20160510111940869	重 20160488 轻质宽频多波段超材料综合隐身关键技术研发	深圳光启尖端技术有限责任公司	通过
93	RKX20170807170338798	北京上海深圳“独角兽”和“瞪羚”企业群体比较研究	深圳国家高技术产业创新中心	通过
94	CXZZ20151013163543219	普 20150481：高性能彩色微表处路面材料的研发	深圳海川新材料科技股份有限公司	通过
95	CKCY20170504113959253	网红大数据分析及交易平台	深圳浩瀚星际网络科技有限公司	通过
96	CKCY20170508160153154	智慧厨房食品安全监管系统	深圳鸿博智成科技有限公司	通过
97	JCYJ20150529150409546	基 20150013 非豆科植物共生固氮遗传机理研究	深圳华大生命科学研究院	通过
98	JCYJ20150529150505656	基 20150014 中国万种植物生命之树——生态保护与生物多样性进化研究	深圳华大生命科学研究院	通过
99	CXZZ20150330171810060	普 20150069：高品质软米技术研究及品种培育	深圳华大生命科学研究院	通过
100	CYZZ20160429104151580	肿瘤精准诊疗系统建设	深圳华汉基因生命科技有限公司	通过
101	JSGG20160301160759264	重 20160088 金属加工生产线研发	深圳华数机器人有限公司	通过
102	JSGG20170413102520101	重 20170213 基于 4G/5G 的温度补偿声表面波滤波器芯片关键技术研发	深圳华远微电科技有限公司	通过
103	JCYJ20160531194232583	高性能铝合金汽车零件振动铸 / 锻复合成形研究	深圳华中科技大学研究院	通过
104	CKKJ20160826164622941	深圳坪山 AI 众成空间	深圳火眼智能有限公司	通过
105	CYZZ20160525143753697	新一代 Gcord 极线智能多媒体话机的关键技术研发	深圳极钛星华信息技术有限公司	通过
106	CKKJ20160415092039302	珠宝首饰创意设计与制造创客空间	深圳技师学院	通过
107	CKCY20170508113925211	动力电池绿色高效回收技术	深圳佳彬科技有限公司	通过
108	CKCY20170505140920462	捷讯智能工厂中央控制软件（捷讯 CPS）	深圳捷讯智能系统有限公司	通过
109	CKCY20170420160531770	极大规模集成电路掩模综合优化系统	深圳晶源信息技术有限公司	通过
110	CYZZ20160512174620825	互联网 + 4.03D 打印分布集中式管理技术研究	深圳巨影投资发展有限公司	通过
111	CYZZ20160418112144535	OLED 金属掩膜板材料的研发与产业化	深圳浚漪科技有限公司	通过

续表

序号	项目编号	项目名称	项目承担单位	验收结论
112	GRCK20170424091606244	即插即用微信支付电子开关	深圳开放创新科技有限公司	通过
113	GRCK20170418163634160	智能运动耳机	深圳开放创新科技有限公司	通过
114	GRCK20170424091015654	AR 互动翻翻乐	深圳开放创新科技有限公司	复议
115	CKCY20170428101430598	轻质复合材料集装箱	深圳蓝色海洋工程发展有限公司	通过
116	JSGG20151014153000438	重 20150210：隐藏爆炸物高灵敏度荧光探针材料关键技术研发	深圳砺剑防卫技术有限公司	通过
117	CKCY20170414140904257	联智网络安全态势感知平台	深圳连勤科技有限公司	通过
118	CYZZ20160505153250099	基于微波感应自然光分辨集成一体化技术的控制电源	深圳迈睿智能科技有限公司	通过
119	CKCY20170420153031721	基于大数据驱动的工业传动设备智能监测和云诊断技术研发与创新应用	深圳米库数据科技有限公司	通过
120	CKCY20170503140613989	R2 轻智能家居控制系统	深圳木瓦科技有限公司	通过
121	CKKJ20160406150812688	南极圈创客空间	深圳南极圈文化有限公司	通过
122	CYZZ20160229145804201	基于三极管开关的高压大功率 LED 驱动芯片技术研发	深圳欧创芯半导体有限公司	通过
123	CYZZ20160527113321719	骑行宝物联网平台	深圳偶地运动科技有限公司	复议
124	CYZZ20160530184900512	基于非成像视觉的光学生律调节系统的研究与应用	深圳前海冰寒信息科技有限公司	复议
125	CYZZ20160530100027277	基于碳纳米管导电材料的抗静电薄膜技术研发	深圳前海皓隆科技有限公司	通过
126	CKCY20170505144356667	立体车库智能存取停车一体化项目	深圳前海库卡智能车库投资发展有限公司	通过
127	CKCY20170505155125133	基于智慧工业云的工程流体力学仿真与设计平台的关键技术研究	深圳清沣溪科技有限公司	复议
128	CYZZ20160525094052606	神经保护功能的创新型口服健康补充剂研发和生产	深圳瀜新生物科技有限公司	通过
129	CKFW20160818175238849	临床报告厅：面向临床应用的创客项目路演平台	深圳伞友临床报告厅有限公司	通过
130	CKCY20170508092151374	建筑工程弃土快速工业化处理及其分级资源化利用的研发及产业化	深圳申佳原环保科技有限公司	通过
131	CYZZ20160523161834615	基于 4G 无线网络传输的 200 万星光级微型 T34 模块	深圳市安佳威视信息技术有限公司	通过
132	CYZZ20150813153146247	第三代智能化血液标本管理系统	深圳市傲天医疗智能系统有限公司	通过
133	CYZZ20160530103028524	城市停车场信息管理服务平台技术研发及产业化	深圳市奥肯特科技有限公司	通过
134	CYZZ20150330153203325	新一代移动通讯射频自动化测试平台研制	深圳市巴伦技术股份有限公司	通过
135	JCYJ20150401161033970	加味四黄膏治疗肛窦炎的应用研究	深圳市宝安区中医院	通过
136	JCYJ20150401161033961	超声引导下颈神经根针刀松解术治疗神经根型颈椎病的疗效观察和对肌电图的影响	深圳市宝安区中医院	通过

续表

序号	项目编号	项目名称	项目承担单位	验收结论
137	JCYJ20150401161033965	中药穴位贴敷结合耳穴压豆对功能性便秘患者生活质量影响的研究	深圳市宝安区中医院	通过
138	GGFW20160819180326861	载 20160027 绿色制造检测公共技术服务平台	深圳市北测检测技术有限公司	通过
139	GQYCZZ20141008170045243	现代中西医 O2O 慢病干预技术研发与服务运营项目	深圳市贝沃德克生物技术研究院有限公司	通过
140	GJHZ20160229163046736	智能生理信号检测设备关键技术研发	深圳市倍轻松科技股份有限公司	通过
141	JSGG20160226160957354	重 20160268 大型工程项目的 2D/3D 云端协同关键技术的研究	深圳市毕美科技有限公司	通过
142	CKCY20170508091828042	变刚度智能机器手的研发	深圳市波心幻海科技有限公司	通过
143	JSGG20160229145518240	重 20160124 可穿戴电子设备用埋入式无源器件研发	深圳市博敏兴电子有限公司	通过
144	CYZZ20160513144914215	基于工业 4.0 的手机产线音频全自动精细化测试系统	深圳市传测科技有限公司	通过
145	CKKJ20160829102134640	创展谷创客空间	深圳市创展谷创新创业中心有限公司	通过
146	CYZZ20160527092131951	智能坐垫、智能床垫	深圳市大耳马科技有限公司	通过
147	CKCY20170504145128848	平板显示器件高精度纳微米复合材料的研发	深圳市大分子科技有限公司	复议
148	CKKJ20160825093223146	纳微创谷创客空间	深圳市德赛工业研究院有限公司	通过
149	JSGG20160301152701191	重 20160224 基于自主可控的数据存储分析计算机关键技术研发	深圳市迪菲特科技股份有限公司	复议
150	CYZZ20160418165803952	跨境物流信息自动跟踪查询系统	深圳市帝盟网络科技有限公司	通过
151	GJHZ20160301164637011	三阴乳腺癌高侵袭性机制的差异磷酸化蛋白质组学探索	深圳市第二人民医院	通过
152	JCYJ20170306091452714	构建用于免疫治疗研究的人源化原位 PDX 鼻咽癌小鼠模型	深圳市第二人民医院	通过
153	JCYJ20151030151431727	基 20150097：基于精准影像医学评估急性缺血性脑血管病药物治疗及预后研究	深圳市第二人民医院	通过
154	GJHZ20160301163900284	“缺血早期 BBB 损伤 -tPA 漏出”促脑出血转化的分子机制研究	深圳市第二人民医院	通过
155	GJHZ20160301163419476	CSPG4 通过自身和肿瘤微环境促进脑胶质瘤发展和耐药的机制研究	深圳市第二人民医院	通过
156	CYZZ20160525154210883	微光像增强器的研发及产业化	深圳市东帝光电有限公司	通过
157	CKCY20170427111648072	多领域应用的全景镜头实时矫正系统的研发	深圳市洞视光电技术有限公司	复议
158	JSGG20160229155249762	重 20160164 高性能导热胶带关键材料及制备关键技术研发	深圳市法鑫忠信新材料有限公司	通过

续表

序号	项目编号	项目名称	项目承担单位	验收结论
159	CKCY20170427110720652	基于视觉分析的汽车可视转向辅助驾驶系统的研发	深圳市方行天下科技有限公司	复议
160	CYZZ20160406090241201	高速高效 PCB 滚轮式清洁设备磁力驱动技术研发	深圳市方泰设备技术有限公司	通过
161	JSGG20160429103104282	重 20160473 用于 4G/5G 通信的非金属天线振子的关键技术研发	深圳市飞荣达科技股份有限公司	通过
162	CKCY20170505105134284	基于 SENT 的第二代汽车扭矩转向传感器（TAS）芯片项目	深圳市飞仙智能科技有限公司	通过
163	CKCY20170428104511351	高端 SMT 清洗松香助焊剂废水闭环处理系统和清洁生产方案	深圳市富滤业技术有限公司	通过
164	CKCY20170508102427815	支持多模态交互的智能人工头系统	深圳市感动智能科技有限公司	通过
165	JSGG20160229143914931	重 20160121 低浓度有机废气处理关键技术研发	深圳市高斯宝电气技术有限公司	通过
166	CKCY20170428151646595	锂离子电池生产倍速链自动输送线装置项目的研发	深圳市格林晟自动化技术有限公司	通过
167	CKCY20170508104125313	开放式、可重组 CNC 工作组系统的开发应用	深圳市固睿技术有限公司	通过
168	CYZZ20160527142509008	高效静音型智能化立体仓库及其控制系统的研发及产业化	深圳市航瑞物流自动化有限公司	通过
169	CYZZ20160524145345032	基于 ZigBee 技术的酒店公寓网络智能锁项目	深圳市豪力士智能科技有限公司	通过
170	CKCY20170508091557002	基于多通道窄带滤波模组的多光谱成像仪的研究	深圳市合飞科技有限公司	通过
171	CYZZ20160317151312026	针对游戏服务器负载均衡革新方案的研发及应用	深圳市嗨皮窝网络科技有限公司	通过
172	CYZZ20150812150236388	基于微机电系统（MEMS）激光扫描技术的激光微投影显示模块的研发	深圳市恒瀚电子科技有限公司	通过
173	CYZZ20160414170751839	基于微流体技术的一体化精密柱塞泵的研发	深圳市恒永达科技有限公司	通过
174	CYZZ20160527154519316	基于工业环网通信与供电交换机 IDSE 的研发	深圳市洪瑞光祥电子技术有限公司	通过
175	CKCY20170427143438826	应用于传统手表的新型智能表带的研发	深圳市后天信息科技有限公司	通过
176	GJHS20160322154007250	印刷式全高清 AMOLED 显示屏关键技术研发	深圳市华星光电技术有限公司	通过
177	CKCY20170508091949708	硅通孔聚合物绝缘材料	深圳市化讯半导体材料有限公司	复议
178	KJYY20150430175426620	污水处理厂活性污泥原位消减技术的应用示范	深圳市环境科学研究院	复议
179	KJYY20160606093639173	SF20160037 新一代光存储技术的应用示范	深圳市汇智成科技有限公司	通过
180	CXZZ20150430145240870	普 20150251：心脏三维标测系统的研发	深圳市惠泰医疗器械有限公司	通过
181	CYZZ20160525142335820	一种瓦楞纸板尺寸的测量方法及分纸压线控制方法和系统	深圳市慧大成智能科技有限公司	通过

续表

序号	项目编号	项目名称	项目承担单位	验收结论
182	CKCY20170504144730907	360 度全息 3D 投影成像幕布	深圳市吉之梦传媒有限公司	通过
183	CKCY20170508141014304	高能量密度镍锰酸锂正极材料的研究与产业化	深圳市集创云天新材料有限公司	通过
184	CYZZ20160505105518160	智能工厂的生产车间物流配送系统平台研制	深圳市集大自动化有限公司	通过
185	CXZZ20151117095425254	普 20150178：无人驾驶汽车中基于计算机视觉技术的行车感知和控制系统研发	深圳市嘉瀚科技有限公司	通过
186	CYZZ20160531165134373	基于物联网的水务智能化技术研发	深圳市捷帆智能科技有限公司	通过
187	CYZZ20160527150617149	安全锁的自学习指纹和防盗密码双独立系统的研发	深圳市金指纹科技有限公司	通过
188	CYZZ20160531104440432	无线智能便携式手机血糖仪的研发	深圳市卡卓无线信息技术有限公司	通过
189	CKCY20170508112940799	呼吸家——呼吸慢病管理	深圳市凯瑞康信息技术有限公司	复议
190	CKCY20170504155835003	新能源汽车 DC 电源电控系统关键技术研发	深圳市康灿新能源科技有限公司	通过
191	CKCY20170508114053163	基于混合动力技术的先进长航时无人机研发	深圳市科比特航空科技有限公司	通过
192	CYZZ20160530193744615	高效单晶硅太阳能电池片非晶硅薄膜技术开发	深圳市科纳能薄膜科技有限公司	复议
193	JSGG20160301155933051	重 20160111 深海油气输运管道水合物堵塞防治关键技术研发	深圳市科益实业有限公司	通过
194	CKCY20170505095249325	基于智能宠物发球机的研发	深圳市酷伴科技有限公司	通过
195	CYZZ20160531112016726	基于最小单元监控、主动均衡的新能源汽车电池管理系统	深圳市快车道新能源发展有限公司	复议
196	CYZZ20160530150039716	“筷云”中小型企业全渠道互联网 + 云平台	深圳市筷云信息科技股份有限公司	通过
197	CKCY20170508092026774	基于 MVR 技术的高浓度有机废水处理设备设计与研发	深圳市蓝石环保科技有限公司	通过
198	CYZZ20160519144117751	基于智能云技术的室内空气净化及陪伴服务机器人研发	深圳市朗空亿科科技有限公司	通过
199	CKCY20170503102418188	智能健康环保远红外负离子陶瓷吹风机控制系统装置	深圳市镭起科技有限公司	通过
200	JSGG20160429101055788	重 20160427 有机发光二极管（OLED）显示触控一体化模组关键技术研发	深圳市立德通讯器材有限公司	通过
201	CKFW20160415150931945	创品工场	深圳市立品塑胶模具制品有限公司	通过
202	JSGG20160429094440640	重 20160021 高功率激光焊接用光纤激光器研发	深圳市联赢激光股份有限公司	通过
203	JCYJ20160422115256071	纳米胶束负载 PCA3 启动 TRAIL 凋亡配体治疗前列腺癌	深圳市龙岗区人民医院	通过
204	CKCY20170508102814290	基于一键互联的安卓智能车机的研究及产业化	深圳市辂元技术有限公司	通过

续表

序号	项目编号	项目名称	项目承担单位	验收结论
205	CKCY20170505165003481	基于 VR 虚拟现实技术的房地产及家居体验中心研发	深圳市蚂蚁方阵科技有限公司	通过
206	CKKJ20160414155410149	美创创客空间	深圳市美创科技有限公司	通过
207	JSKF20150831110209477	智能化系统工业除尘设备的研发及产业化	深圳市美普达环保设备有限公司	通过
208	KJFHQ20160412172523616	中粮（福安）机器人智造产业园孵化器	深圳市美盈科技孵化管理有限公司	通过
209	GJHS20130402155339011	面向信息家电的基于 SMIC 65nm 高性能音视频智能识别 SOC 芯片	深圳市民展科技开发有限公司	通过
210	FWCX20150720160534752	Beacon 应用云服务公共平台建设	深圳市民展科技开发有限公司	复议
211	JCYJ20150402100128585	对乙酰氨基酚治疗早产儿 PDA 的多中心随机对照研究	深圳市南山区妇幼保健院	通过
212	CKCY20170508141228577	基于无创血糖检测技术的三位一体智慧医疗解决方案	深圳市欧客优健康服务有限公司	复议
213	JCYJ20150402092905162	特异性转录因子诱导人脐带间充质干细胞直接转分化为精原干细胞的研究	深圳市坪山区妇幼保健院	通过
214	JCYJ20150402092905161	孕期低剂量环境雌激素暴露对小鼠睾丸引带分化发育的系统性影响	深圳市坪山区妇幼保健院	通过
215	RKX20170807155235612	深圳知识产权公共服务平台建设策略研究	深圳市七号网络科技有限公司	通过
216	CKKJ20160829105331717	7A 大学生创客空间	深圳市柒诶文化产业发展有限公司	复议
217	CKCY20170505153631969	基于多功能胎压监控设备的车联网系统研发	深圳市前海德文鑫科技有限公司	通过
218	CKKJ20160414100007855	微谷众创社区	深圳市前海微谷创业投资股份有限公司	通过
219	GRCK20170421161827046	传统节日的儿童绘本	深圳市前景科技创新系统研究院	通过
220	JCYJ20160422164313440	IgA 肾病 B 淋巴细胞抗原受体分布多样性变异及克隆性增殖分析	深圳市人民医院	通过
221	CYZZ20160530104205459	基于 HADOOP 架构的公安大数据平台开发	深圳市睿策者科技有限公司	通过
222	GRCK20170817155907198	全无机低熔点芯片级封装汽车 LED 大灯光源	深圳市深大工业技术研究院有限公司	通过
223	CYZZ20160523111111377	黑臭感潮河道原位生态修复技术研发	深圳市深水生态环境技术有限公司	通过
224	CKCY20170508105927603	多驱轮毂电机系统在重型智能装备中的研发和应用	深圳市圣大深科智能制造有限公司	通过
225	CKKJ20160414103455089	H&O 创客栈	深圳市数字硅谷投资发展有限公司	通过

续表

序号	项目编号	项目名称	项目承担单位	验收结论
226	CKCY20170508155500639	应急环保多功能型水激活电池能量系统与设备的研发	深圳市水动力环保新能源有限公司	通过
227	CYZZ20150603101321885	高透光超薄柔性手机触摸屏	深圳市松录科技有限公司	通过
228	JCYJ20150402094341899	左西孟旦预处理及后处理对重症心脏瓣膜病心肌缺血再灌注损伤的影响及其机制	深圳市孙逸仙心血管医院	复议
229	RKX20170807153157616	河套地区开发建设实施策略研究	深圳市体制改革研究会	通过
230	RKX20170807153336378	深圳新型研发机构发展策略研究	深圳市体制改革研究会	通过
231	CYZZ20160422142111118	单目视觉高精度有标识物光学定位系统	深圳市天乐思科技有限公司	通过
232	CYZZ20160531142556847	基于纳米胶体钯活化工艺的水平化学镀铜的研究和产业化	深圳市天熙科技开发有限公司	通过
233	CYZZ20160530140534265	锂电电动自行车动力系统技术开发与产业化	深圳市统凌科技有限公司	通过
234	CKCY20170508103612880	基于微信、银联和支付宝的第三方支付平台的开发和应用	深圳市网间云信息技术有限公司	通过
235	CKCY20170505171130754	基于耦合通信式一对多无线供电装置关键技术的研究	深圳市无为智能科技有限公司	通过
236	CYZZ20160513163248195	基于无线 WiFi 用户行为内容的大数据分析与审计技术研发	深圳市梧桐世界科技股份有限公司	通过
237	CKCY20170508160019425	便携式智能眼部经络治疗仪	深圳市西西艾健康科技有限公司	通过
238	JSGG20160608151410545	重 20160545 自动化设备防静电碳氢清洗工艺和清洗液回收利用关键技术研发	深圳市鑫承诺环保产业股份有限公司	通过
239	CYZZ20160520172825296	用于新能源汽车的铝镍复合汇流片材料的研究及开发	深圳市鑫越新材料科技有限公司	通过
240	JCYJ20150402152130697	花青素对近视视黄酸和 TGF-β-Smad 信号传导通路调控机制的实验研究	深圳市眼科医院	通过
241	CYZZ20160531090756527	泛操作系统移动应用开发引擎技术	深圳市雁联移动科技有限公司	复议
242	CKFW20160414155644540	101 创客服务平台	深圳市壹零壹工业设计有限公司	通过
243	CYZZ20160519173432336	快速冷热转换高效智能调温饮水机研发	深圳市易安诺科技有限公司	通过
244	CYZZ20160531142827028	基于健康管理系统平台的智能终端设备研发	深圳市易百年科技股份有限公司	通过
245	CKCY20170508113114331	面向展览展示行业的空中显示互动系统研发	深圳市易云数字科技有限责任公司	复议
246	CYZZ20160530172357620	无纸化原笔迹电磁签名屏研发	深圳市优笔触控科技有限公司	通过
247	GJHZ20160229141816966	pill tracker 智能药物管理系统	深圳市优利麦克科技开发有限公司	通过
248	CKCY20170504150004988	隐形无附件矫正器 3d 打印数字医疗技术的研发	深圳市优美齿医疗科技有限公司	通过

续表

序号	项目编号	项目名称	项目承担单位	验收结论
249	CKFW20160825161332597	长征创客服务平台	深圳市长征生物科技有限公司	通过
250	CYZZ20160531151741384	大容量层叠结构锂离子电池的研发	深圳市中锂能源技术有限公司	通过
251	GJHZ20160226181545777	中以网商自贸区企业信用动态监管平台	深圳市中企信星电子商务有限公司	通过
252	JSGG20150330145605583	重 20150023：基于软件定义的分组传送网（SPTN）关键技术研发	深圳市中兴软件有限责任公司	通过
253	CYZZ20160530152842293	基于 Android4.2 平台的手持式智能 POS 终端研发	深圳市中智金云科技有限公司	通过
254	CKCY20170428142541074	基于 VR 与生物反馈的高血压前期人群康复治疗系统的研发	深圳市诸葛瓜科技有限公司	通过
255	CYZZ20160531095047688	智能化方形动力电池正压氦检机的研发	深圳市卓誉自动化科技有限公司	通过
256	CKCY20170504090313232	一种高性能低成本的自动驾驶视觉感知模组的研发	深圳市自行科技有限公司	通过
257	JSGG20160226122133657	重 20160045 纯电力驱动的小型钻探设备关键技术研发	深圳市钻通工程机械股份有限公司	通过
258	GJHZ20160229120109978	基于虚拟 SIM 卡技术的全球漫游服务系统	深圳思路名扬通讯技术股份有限公司	通过
259	CKCY20170428152804059	乳腺癌 21 基因检测产品的研发	深圳塔歌生物技术有限公司	通过
260	GJHS20160330152111138	新型电流传感光纤研制	深圳太辰光通信股份有限公司	通过
261	KJYY20160429160923166	SF20160004 心脑血管疾病的 3P 医学与健康管理的应用示范	深圳泰乐德医疗有限公司	通过
262	CKFW20160829201441636	微纳点石创客服务平台	深圳微纳点石创新空间有限公司	通过
263	CYZZ20160524164816773	智能硬件自动展示及分销系统研发及推广项目	深圳微品致远信息科技有限公司	通过
264	CKCY20170427145201153	微视企业级多媒体应用和管理服务平台	深圳微视科技发展有限公司	通过
265	JCYJ20160429192359667	基于皮肤粘附的仿壁虎干胶的机理、工艺及可穿戴应用	深圳先进技术研究院	通过
266	GJHZ20160229194322570	丝绸之路经济带重点国家农业灾害的中国卫星遥感监测关键技术研发	深圳先进技术研究院	通过
267	GJHZ20160229201047842	太赫兹锥形光纤微生物检测研究	深圳先进技术研究院	通过
268	KQJSCX20160301145319750	高质量大面积超纳米金刚石薄膜的可控制备关键技术研发	深圳先进技术研究院	通过
269	KJYY20160608154421217	SF20160039 城市车辆视频智能追踪应用示范	深圳先进技术研究院	通过
270	GJHZ20160229195805334	基于 CRISPR-Cas9 的转基因产品快速检测技术研发	深圳先进技术研究院	通过
271	JCYJ20160429191402619	基于微透镜阵列的快照式编码孔径成像光谱仪的研究	深圳先进技术研究院	通过

续表

序号	项目编号	项目名称	项目承担单位	验收结论
272	JCYJ20160531185555169	基于电动汽车电机驱动系统与车载双向充电器的集成化研究	深圳先进技术研究院	通过
273	GJHZ20160229200136090	新型非人灵长类脑疾病模型及机理研究	深圳先进技术研究院	通过
274	JSGG20160229115344213	重 20160265　低功耗智能电表无线通信芯片模组研发	深圳芯珑电子技术有限公司	通过
275	JSGG20160607105309585	重 20160547　基于复杂系统建模与控制技术的建筑节能关键技术研究	深圳新基点智能股份有限公司	通过
276	GRCK20170424095456194	便携式肿瘤标志物光纤生化检测仪	深圳信息职业技术学院	通过
277	CKCY20170428155220316	癌症早期纳米孔道单分子检测技术的开发	深圳宣泽生物医药有限公司	通过
278	CKCY20170505111339466	基于云平台的连锁餐饮智能管理系统	深圳迅手信息科技有限公司	通过
279	CKCY20170508142921759	基于信息管理系统与新媒体平台的法律电商服务平台	深圳一个橙子网络科技有限公司	通过
280	CYZZ20160523140935403	新能源汽车高聚能锂离子动力电池组的研发	深圳易新能源科技有限公司	通过
281	CKCY20170508142338390	体外诊断——乳胶比浊试剂冻干常温储存技术的研发	深圳优迪生物技术有限公司	通过
282	GQYCZZ20150330112942286	公斤级单层石墨烯量产技术	深圳粤网节能技术服务有限公司	通过
283	CYZZ20160530155946997	低阻抗环保脑电信号侦测导电膏关键技术的研发	深圳云和医疗科技有限公司	通过
284	CXZZ20120828163658426	符合金融支付标准的物流 PDA POS 产品研发	深圳长城开发科技股份有限公司	通过
285	CYZZ20160530100148211	高精度高速全自动锡膏视觉印刷机器人	深圳正实自动化设备有限公司	通过
286	JCYJ20160525110851132	馈能型多模式新能源汽车悬架机理研究	深圳职业技术学院	通过
287	GRCK20170419170439473	面状立体艺术品三维数字化及传承保护	深圳职业技术学院	通过
288	JCYJ20160527170819911	基于稀疏分解和混沌的人脑 CT 图像联合压缩一加密算法研究	深圳职业技术学院	通过
289	JCYJ20160527162817715	基于单目摄像头实时视觉感知的自动驾驶决策关键技术研究	深圳职业技术学院	通过
290	GRCK20170424111624145	基于安卓智能移动终端多信息融合技术的汽车行驶姿态感知与预警系统设计与开发	深圳职业技术学院	通过
291	CKCY20170508093803456	基于人类多潜能干细胞的无血清培养基的研发	深圳至博生物科技有限公司	通过
292	CYZZ20160531115853912	掌静脉身份安全认证技术研发及产业化	深圳智冠生物识别科技有限公司	通过
293	CKFW20160829141716412	萤火工场智能硬件创客服务平台	深圳中电国际信息科技有限公司	通过
294	CKCY20170428095503004	基于 GIS 技术的房地产估价系统——智估中房 SmartAPC	深圳中房信息技术有限公司	通过
295	CKCY20170508092142375	IVD 精密智能微量取样针	深圳中科康森瑞特科技发展有限公司	通过

续表

序号	项目编号	项目名称	项目承担单位	验收结论
296	CKKJ20160829193511839	中科通产创客社区	深圳中科通产创客社区有限公司	通过
297	GQYCZZ20151120113611895	基于可信计算的智慧城市息安全管控平台	深圳中软华泰信息技术有限公司	通过
298	CKCY20170502100404866	便携式反无人机拦截系统研制	深圳中翼特种装备制造有限公司	通过
299	CKKJ20160411112257237	太库深圳创客空间	太库（深圳）科技孵化器有限公司	通过
300	JSGG20160819105604417	重 20160603 高速列车用水性自清洁功能涂料研发	维新制漆（深圳）有限公司	通过
301	JSGG20150331154209122	重 20150047：立方星高频天线研发	香港城市大学深圳研究院	通过
302	JCYJ20150601102053068	超临界流体在先进核能及新能源系统中应用的基础性研究	香港城市大学深圳研究院	通过
303	JCYJ20160530184056496	基于金属配合物聚集态发光的深红—红外 OLED	香港大学深圳研究院	通过
304	JCYJ20160429190821781	开发一种用于治疗大段骨缺损的镁富集同种异体骨植入物	香港大学深圳医院	通过
305	JCYJ20150331142757386	多模态磁共振成像构建中国人心脏结构和功能定量数据库	香港大学深圳医院	通过
306	JCYJ20150331142757394	腺苷 A3 受体 /NF-κB 信号通路在溃疡性结肠炎发病机理中的作用	香港大学深圳医院	通过
307	JCYJ20150331142757390	硫酸镁治疗恶性高热的可行性实验研究	香港大学深圳医院	通过
308	JCYJ20150630164505510	小檗碱调节溃疡性结肠炎 Th17/Treg 失衡的免疫蛋白组学研究	香港浸会大学深圳研究院	通过
309	JCYJ20160531194006833	基于超多目标优化 5G 通信网络中能源与频谱效率技术研究	香港浸会大学深圳研究院	通过
310	JCYJ20160531193836532	以功能性自组装双金属嵌段聚合物制备高密度磁性纳米存储器件	香港浸会大学深圳研究院	复议
311	JCYJ20160531184120814	合成新型的基于非阻转联芳基骨架的有机小分子催化剂 及研究在不对称催化反应中的应用	香港理工大学深圳研究院	通过
312	CKCY20170508114929066	基于 DPD 技术的高效率功放模块技术研发	芯鼎（深圳）科技有限公司	通过
313	CKCY20170505164142380	基于格点化气象大数据的灾害风险评估分析平台	智慧天气风险管理（深圳）有限公司	通过
314	CKKJ20160830141838363	北斗 + 众创空间	中城康帕斯科技发展（深圳）有限公司	通过
315	GJHS20160322111522303	LTE FDD 基站预商用设备研发（2016 年度）	中兴通讯股份有限公司	通过

四、2019 年第 4 批市科技计划项目验收结果

序号	项目编号	项目名称	项目承担单位	验收结论
1	JCYJ20150529095420031	基 20150009 细胞凋亡重要蛋白质的结构与功能研究	北京大学深圳研究生院	通过

续表

序号	项目编号	项目名称	项目承担单位	验收结论
2	JCYJ20150828093127698	基 20150072：新型金属等离子体源的研制	北京大学深圳研究生院	通过
3	JCYJ20170306092000960	基于足底压力监测的脑卒中步态康复训练系统关键技术研究	北京大学深圳研究生院	通过
4	JCYJ20150529153646078	基 20150011 三七总皂苷治疗老年痴呆症研究	北京大学深圳研究生院	复议
5	JSGG20150814163914934	重 20150166：水源地水质与水生态监控预警关键技术研发	广东粤港供水有限公司	通过
6	JCYJ20150827165024088	基 20150057 基于微机电系统（MEMS）的多级震动耦合能量收集技术研究	哈尔滨工业大学（深圳）	通过
7	JCYJ20150529152949390	基 20150026 室温快速烧结纳米银导电油墨及其在印刷电子技术中应用研究	哈尔滨工业大学（深圳）	通过
8	JCYJ20150731104949798	基 20150029 应用于太阳光分解有机污染物的催化剂研究	哈尔滨工业大学（深圳）	通过
9	KQJSCX20160226202510136	密码芯片的安全可测试性设计技术研究	哈尔滨工业大学（深圳）	通过
10	JCYJ20160318094727251	基于木质素的第二代生物质燃油碳烟生成机理的研究	哈尔滨工业大学（深圳）	通过
11	JSGG20160229122827264	重 20160199 有源光缆（AOC）关键技术研发	立讯精密工业股份有限公司	通过
12	RKX20170804160352915	深圳市科技评价体系建设研究	清华大学深圳研究生院	通过
13	RKX20170804160326179	深圳实施创新驱动发展战略支撑政策措施研究	清华大学深圳研究生院	通过
14	JCYJ20150831192329178	基 20150065 海湾营养阈值及生态管理研究	清华大学深圳研究生院	通过
15	JCYJ20150601165744636	基 20150038 面向航天应用的 MEMS 质谱技术研究	清华大学深圳研究生院	通过
16	JCYJ20160428182212366	面向可穿戴设备供能的微型聚合物驻极体发电机研究	清华大学深圳研究生院	通过
17	GJHZ20160229123120994	电视上的 3D 时尚零售体验	深圳 TCL 新技术有限公司	通过
18	CYZZ20160531143949447	“印章管家”——印章智能动态监控系统	深圳白鹤印章科技股份有限公司	通过
19	CKKJ20160829195431289	百栎港生物医学创客空间	深圳百栎港生物技术投资管理有限公司	复议
20	JCYJ20160428110654601	婴幼儿腹泻推拿手法智能培训机器人研发及应用	深圳宝兴医院	通过
21	JCYJ20150529164656093	基 20150006 阿尔茨海默症临床诊断研究	深圳大学	通过
22	JSGG20160427104724699	重 20160392 糖尿病患者结核病精准治疗策略研究	深圳大学	通过
23	JCYJ20150729104027220	基 20150049 小鼠成纤维细胞全基因组三维转录调控网络研究	深圳大学	通过
24	JCYJ20150827155136104	基 20150069 热电材料与器件的关键技术研究	深圳大学	通过
25	JCYJ20160520173822387	城市纳土场山体滑坡实时监测预警新方法研究	深圳大学	通过
26	JCYJ20160520173631894	深圳市拆除废弃物最佳处理处置技术及其优化方案研究	深圳大学	通过
27	RKX20170726104831975	“科技悬赏”实施策略研究	深圳大学	通过
28	SGLH20150205162842428	基于新型高功率超短脉冲激光器的精密加工系统的研制	深圳大学	通过
29	JCYJ20170302144346218	光活化钌配合物用于肿瘤荧光示踪和靶向治疗的研究	深圳大学	通过

续表

序号	项目编号	项目名称	项目承担单位	验收结论
30	JCYJ20170302144535707	基于抗神经炎的硒化甘露糖醛酸干预阿尔茨海默症的机制研究	深圳大学	通过
31	GRCK20170421104419786	点胶机运动控制算法研究及专用运动控制器研发	深圳大学	通过
32	JCYJ20160520174823939	异丁香酚单加氧酶 -18A 融合蛋白的构建及其应用研究	深圳大学	通过
33	JCYJ20160520175515548	能源互联网背景下的电力系统动态建模关键问题研究	深圳大学	通过
34	KQJSCX20160226195624522	无机耐高温柔性透明导电材料及其应用	深圳大学	通过
35	JSGG20160226202029158	重 20160288 乳腺癌液体活检关键技术研发	深圳大学	通过
36	CXZZ20150806155143919	普 20150392：电絮凝法处理重金属废水技术研发	深圳盖雅环境科技有限公司	通过
37	JSGG20160607165510509	重 20160559 航空复合材料用高硬度金刚石的激光精密加工关键技术研发	深圳光韵达激光应用技术有限公司	通过
38	JCYJ20150529153003796	基 20150041 基于空间核能电推进控制系统研究	深圳航天科技创新研究院	通过
39	JCYJ20150831201643396	基 20150067 主要农作物与根瘤菌共生互作系统组学研究	深圳华大生命科学研究院	通过
40	JCYJ20150629114130814	运用动物胚胎发育左一右分隔原理发现参与导致乳癌发生的遗传基础（突变基因）	深圳华大生命科学研究院	通过
41	ZDSYS20150730142414877	深圳市法医学重点实验室	深圳华大生命科学研究院	通过
42	CXZZ20130322150432022	基于现场总线的全闭环节能注塑机数控系统关键技术研究与开发	深圳华数机器人有限公司	通过
43	CXZZ20140905161827827	注塑机节能智能化关键技术研发	深圳华数机器人有限公司	通过
44	JCYJ20160531194547792	高灵敏度毫米波辐射计集成芯片研究	深圳华中科技大学研究院	通过
45	JCYJ20160506170043770	基于 VOCs 净化的金属有机骨架材料筛选研究	深圳华中科技大学研究院	通过
46	CYZZ20150401140541343	“一对多”模式的跨境电商平台系统的开发及产业化推广	深圳荟网软件技术有限公司	通过
47	CKCY20170508165644520	京朗—respilon 防霾防尘新材料	深圳京朗科技有限公司	通过
48	JSGG20150324145354207	重 20150037: 用于大面积真皮再生修复的人工皮肤材料关键技术研发	深圳兰度生物材料有限公司	通过
49	CYZZ20160531101049882	七轴五联动 3D 曲面数控打磨设备	深圳蓝狐思谷科技有限公司	通过
50	JSGG20160229153415970	重 20160287 乳腺癌基因治疗新型载体关键技术研发	深圳罗兹曼国际转化医学研究院	通过
51	CYZZ20160425171731222	基于智能映射的物联网感知系统研发	深圳普得技术有限公司	通过
52	CKFW20160824165209377	硅谷国际开放平台	深圳前海环球高新创业投资有限公司	复议
53	JCYJ20150625160747150	多段内循环厌氧反应器气液流场研究	深圳清华大学研究院	通过
54	CKCY20170508154449124	基于云计算模式下的数字建筑软件平台	深圳瑞信建筑科技有限公司	复议
55	CYZZ20160531091708249	基于 β 射线和光散射融合技术的超低浓度烟气颗粒物在线监测系统研发	深圳睿境环保科技有限公司	通过

续表

序号	项目编号	项目名称	项目承担单位	验收结论
56	CKCY20160823172706092	智能商业服务机器人大脑及整体解决方案研发	深圳市阿西莫夫科技有限公司	通过
57	JSGG20160510114646495	重 20160490 高折射率有机硅光学材料的关键技术研发	深圳市安品有机硅材料有限公司	通过
58	JSGG20160608101338693	重 20160579 海生动物疫病诊断及海鲜品质量安全追溯 系统平台关键技术研发	深圳市安鑫宝科技发展有限公司	通过
59	JSGG20160226163712374	重 20160139 恶意代码网络犯罪追踪关键技术研究	深圳市安之天信息技术有限公司	通过
60	JSGG20160428142552125	重 20160426 远视距反极性倒装工艺 850nm 红外 LED 芯片研发	深圳市奥伦德科技股份有限公司	通过
61	JCYJ20160428100513152	针对 IGF-IR 基因的 siRNA 调控 Midkine 基因的表达治疗肝癌的实验研究	深圳市宝安区沙井人民医院	通过
62	CYZZ20160530160452713	灌注桩砼面测量管及其应用系统	深圳市北斗云信息技术有限公司	通过
63	CYZZ20160415102927648	智能化电子设计中心平台（SEDC）研发	深圳市贝思科尔软件技术有限公司	通过
64	CYZZ20170123143121413	运动拍摄设备中的图像信息采集组件质量检测系统研发	深圳市辰卓科技有限公司	通过
65	CYZZ20160519160915598	具备位置服务能力的嵌入式 SOC 芯片设计	深圳市德赛微电子技术有限公司	复议
66	CYZZ20160531105218064	植入式体温智能监测系统	深圳市菲明格科技有限公司	复议
67	RKX20170802152539885	深圳高新技术企业培育策略研究	深圳市高新技术产业协会	通过
68	CYZZ20160518150716577	智能辅驾预警系统的研发	深圳市海圳汽车技术有限公司	通过
69	CKCY20170508111153299	基于计算机视觉的嵌入式物联网硬件	深圳市骇凯特科技有限公司	通过
70	JSGG20160607154344139	重 20160557 航空航天用碳纤维—钛复合材料高效孔加工刀具的研发	深圳市航天精密刀具有限公司	复议
71	CYZZ20160517155124566	高精度多元素工业重金属 X 射线检测仪	深圳市禾苗分析仪器有限公司	通过
72	JSGG20160301151929860	重 20160043 焊接机器人系统关键技术研究	深圳市鸿栢科技实业有限公司	通过
73	JSGG20160819163236524	重 20160594 特种条件下铝及铝合金构件防护技术研究	深圳市华加日西林实业有限公司	通过
74	CKCY20170502161154757	选区激光熔化 3D 金属打印机（SLM）HY M300	深圳市华阳新材料科技有限公司	通过
75	CKCY20170427104206939	石墨烯二硫化钼锂电池负极复合材料的制备中试及产业化	深圳市华禹墨烯科技有限公司	通过
76	CKCY20170508140430855	基于磁共振式无线供电技术的输配电线路在线监测系统的应用研究开发与产业化	深圳市华禹无线供电技术有限公司	通过

续表

序号	项目编号	项目名称	项目承担单位	验收结论
77	CKCY20170504102128452	基于人工智能技术的互联网文学作品传播平台项目	深圳市华阅文化传媒有限公司	通过
78	CYZZ20160526154742735	食药用菌活性提取物降血脂作用及产品开发	深圳市汇尚科科技有限公司	通过
79	JSGG20160427183939636	重 20160437 计算机压感功能独立定位系统关键技术研发	深圳市绘王动漫科技有限公司	通过
80	CYZZ20160516163050928	DataEye 游戏数据统计分析平台	深圳市慧动创想科技有限公司	通过
81	CYZZ20160516152358300	基于特定领域高性能静电放电模拟器的研发	深圳市霍达尔仪器有限公司	通过
82	RKX20170807091818330	基于深圳“120”呼救大数据的突发规律对策研究	深圳市急救中心	通过
83	CYZZ20160531092602400	柔性曲面触摸屏关键技术的研发	深圳市嘉中电子有限公司	通过
84	CKKJ20160829195717809	触梦社区（创客空间）	深圳市健业投资有限公司	通过
85	CYZZ20160530191032734	家用儿童陪伴桌面型机器人（小忆机器人）	深圳市金刚蚁机器人技术有限公司	复议
86	JSGG20160329155821419	重 20160350 电动汽车大功率快速充电装置研发	深圳市金宏威技术有限责任公司	通过
87	CYZZ20160531150108416	基于移动互联网的高安全性家庭安防报警系统方案	深圳市君和睿通科技股份有限公司	通过
88	CYZZ20160530091310509	应用于智能控制的可见光传感器 IC 研制	深圳市乐夷微电子有限公司	通过
89	CKCY20170508110101118	互联网无障碍自动化检测工具的研究与应用	深圳市联谛信息无障碍有限责任公司	通过
90	JSGG20160229154017074	重 20160247 基于人车耦合的安全驾驶行为监测及预警关键技术研究	深圳市林润实业有限公司	通过
91	CYZZ20150724113420533	多组分纳米空气净化液及其应用方法的研发	深圳市六方吉星科技有限公司	通过
92	CKKJ20160823152126492	萌 ++ 创客空间	深圳市萌奇文化发展有限公司	通过
93	JCYJ20160422165836057	探讨 SET 对哮喘气道平滑肌表型转化的影响及其作用机制	深圳市人民医院	通过
94	GJHS20170310105755115	三弧双丝焊接机器人工作站	深圳市瑞凌实业股份有限公司	通过
95	CKCY20170508095612091	基于道路交通安全事故中驾驶员驾驶行为监控及大数据平台的研究及应用	深圳市赛为交通安全科技有限公司	通过
96	GJHS20170301101456604	一种大功率磷酸铁锂电池及其装配方法	深圳市山木新能源科技股份有限公司	通过
97	CYZZ20160519154529843	适用于狭小空间的高效自动扎带机	深圳市施威德自动化科技有限公司	通过
98	JSGG20160510151700835	重 20160507 基于下一代无源光纤网络（PON）核心传输平台技术研发	深圳市双翼科技股份有限公司	通过

续表

序号	项目编号	项目名称	项目承担单位	验收结论
99	GJHS20140421173652475	慈丹胶囊单药及联合（TACE）方案治疗原发性肝癌的Ⅳ期临床研究	深圳市伟达药业发展有限公司	通过
100	CKKJ20160415112505674	未来媒体技术众创空间	深圳市未来媒体技术研究院	通过
101	JSGG20160509153007561	重20160512 面向5G网络的超高精度时频同步测试系统研发	深圳市夏光通信测量技术有限公司	通过
102	CYZZ20160401093508148	USB智能识别与限流保护UC2502芯片研发	深圳市芯卓微科技有限公司	通过
103	JSGG20160229121307401	重20160072 平面/柱面近场微波天线测量系统的研发	深圳市新益技术有限公司	通过
104	GJHS20170313104249562	新能源锂电池极片间歇式挤压涂布工艺及装备研发	深圳市信宇人科技股份有限公司	通过
105	GJHS20170313104218732	高精度锂电池双面挤压涂布装备研发与产业化	深圳市信宇人科技股份有限公司	通过
106	JCYJ20150730150557658	基20150048先天性白内障发病机理的研究	深圳市眼科医院	通过
107	CKKJ20160829193956712	“渡创空间”加速器	深圳市壹陆捌网络科技有限公司	复议
108	CYZZ20170330162602222	纳米无机硅杂化水性环保涂料	深圳市易珑科技有限公司	通过
109	GJHS20170310155940519	广东省易瑞生物食品安全快速检测技术院士工作站	深圳市易瑞生物技术股份有限公司	通过
110	JSGG20160301161836370	重20160289 新型肿瘤特异性抗原鉴定关键技术研发	深圳市因诺转化医学研究院	通过
111	CYZZ20160530105042163	汽车导航HUD抬头显示系统核心技术研发	深圳市永盛杰科技有限公司	通过
112	JSGG20160509140156126	重20160481 纳米晶体纤维素的制备与分散关键技术研发	深圳市优普惠药品股份有限公司	通过
113	CYZZ20160526092006367	30kW电动中巴车无线充电系统的开发	深圳市中兴新能源汽车科技有限公司	通过
114	JCYJ20160428175517213	直肠前壁全层切闭术结合中医治疗直肠前突型便秘的研究	深圳市中医院	通过
115	KJFHQ20160829152444161	深圳市创E基地二期（孵化器）	深圳市中义德物业服务有限公司	通过
116	JSGG20160819153125779	重20160614 基于铁锂电池的高压直流智能不间断电源系统研发	深圳索瑞德电子有限公司	通过
117	CYZZ20160524151601768	远距离多光谱光电跟踪系统研发	深圳天盈光电系统有限公司	通过
118	JCYJ20150529143500959	基20150007情绪障碍疾病超早期认知诊断的基础和转化研究	深圳先进技术研究院	通过
119	JCYJ20150529143500956	基20150033高效率CIGS太阳能电池研究	深圳先进技术研究院	通过
120	JCYJ20150731154850923	基20150045沉浸式多感知血管微创介入治疗方法的研究	深圳先进技术研究院	通过
121	JCYJ20150731154850925	基20150053基于3D打印技术的骨修复材料研究	深圳先进技术研究院	通过

续表

序号	项目编号	项目名称	项目承担单位	验收结论
122	JCYJ20160531171744232	免疫增强型乙肝病毒治疗性疫苗的研究	深圳先进技术研究院	通过
123	JCYJ20170307165309009	无创心肌血流储备分数的研究	深圳先进技术研究院	通过
124	RKX20170807103834744	深圳国家重点实验室集群发展策略研究	深圳先进技术研究院	通过
125	JSGG20160229202150023	重 20160266 单个 B 细胞法制备人源化单克隆抗体关键技术研发	深圳先进技术研究院	通过
126	JCYJ20160531183834938	基于协作结构稀疏性的多通道磁共振成像研究	深圳先进技术研究院	通过
127	CYZZ20160428153725728	高清互动感应 LED 地砖屏关键技术的研发	深圳鑫亿光科技有限公司	通过
128	CYZZ20160422153109796	移动端直播及社区应用系统的开发	深圳压寨网络有限公司	通过
129	CYZZ20160527151959544	智能型熔融沉积 3D 打印机设备与平台研发	深圳长朗三维科技有限公司	通过
130	CKKJ20160829195602499	兆邦基科技梦工厂（Inno Park）创客空间	深圳兆邦基科技孵化器有限公司	复议
131	JCYJ20170306144219159	多变量公钥密码芯片实用化的关键技术研究	深圳职业技术学院	通过
132	JCYJ20160527172247868	基于新型扩张床吸附层析介质对人血浆中多种蛋白混合模式的吸附行为及机理	深圳职业技术学院	通过
133	GRCK20170419170426820	新型自供电式光电寻边器的设计与研发	深圳职业技术学院	通过
134	CYZZ20160428162520048	基于 OTDOA 算法的高精度便携式全制式定位主站研发	深圳智慧新智能技术有限公司	通过
135	JSGG20160229145724161	重 20160077 系列航空集装箱、集装板装载平台车关键技术研发	深圳中集天达空港设备有限公司	通过
136	JCYJ20150630153917252	珠三角地区地表大气 PM2.5 遥感估算模型研究	武汉大学深圳研究院	通过
137	JCYJ20160531174213774	空间多臂机器人在轨操作的协同运动规划与基座稳定控制研究	西北工业大学深圳研究院	通过
138	JCYJ20170307173739739	高效聚集诱导发光型有机硼荧光材料的开发、构效关系及其应用研究	香港科技大学深圳研究院	通过
139	CKCY20170505164934041	基于智能终端的真空储存管理系统设计与实现	丫互科技（深圳）有限公司	复议
140	GJHZ20160301164521358	基于云视频安检集群的实时群体行为监测系统研究与实现	浙江大学深圳研究院	通过
141	CKCY20170508121036342	智能问答机器人	智言科技（深圳）有限公司	通过
142	CYZZ20160526090226371	动力锂离子电池特种玻璃封接材料的研发	中澳科创（深圳）新材料有限公司	通过

五、2019 年第 5 批市科技计划项目验收结果

序号	项目编号	项目名称	项目承担单位	验收结论
1	JSGG20170412144721009	重 20170391 基于 PCI4.1 要求的安卓智能 POS 安全支付技术研发	百富计算机技术（深圳）有限公司	通过

续表

序号	项目编号	项目名称	项目承担单位	验收结论
2	JCYJ20151015162256516	基 20150094 电动汽车动力电池关键材料研究	北京大学深圳研究生院	通过
3	JCYJ20160330095313861	基 20160118 内容中心未来网络体系结构与多架构融合关键技术研究	北京大学深圳研究生院	通过
4	JCYJ20170306091556329	面向联盟数字货币的分布式共识算法研究	北京大学深圳研究生院	通过
5	JCYJ20160226105442901	基 20160026 高精度姿态传感集成微机电系统（MEMS）技术研究	北京大学深圳研究生院	通过
6	JCYJ20170307100618421	大环多肽毒素 APETX2 及类似物高效全合成与镇痛活性筛选	北京大学深圳研究生院	通过
7	CKKJ20160401153029544	北京大学深圳研究生院青年创新创业中心（筑底空间）	北京大学深圳研究生院	通过
8	GRCK20170424152359342	毫米波 5G 原型机系统及关键技术研发	北京大学深圳研究院	通过
9	JCYJ20160428173933559	基 20160146 口腔鳞状细胞癌病因学研究	北京大学深圳医院	通过
10	GJHS20170313162804963	智能移动终端用触控显示一体化模组技术研发及产业化	创维液晶器件（深圳）有限公司	通过
11	JSGG20170411172806150	重 20170037 10kW 级半导体激光器研发	大族激光科技产业集团股份有限公司	通过
12	CYZZ20160411163623164	一种新型海洋抗癌活性物质的提取及应用	当代海洋生物科技（深圳）有限公司	通过
13	CKCY20170502163552157	基于催化—吸附耦合原理的超低硫清洁柴油生产新技术的研发	迪普沃科技（深圳）有限公司	通过
14	CKCY20170502104735185	法狗狗——智能法律服务平台	法狗狗（深圳）科技有限公司	通过
15	JSGG20160608115728349	重 20160532 纤维基高吸水性树脂与氯化钙复合干燥剂的研发	千霸干燥剂（深圳）有限公司	复议
16	JSGG20160819152948444	重 20160605 生物质焚烧炉排炉关键技术研发	光大环保技术研究院（深圳）有限公司	通过
17	JCYJ20170306161613251	鲫鱼诺卡氏菌分泌蛋白质组中毒力因子的筛选鉴定及功能研究	广东海洋大学深圳研究院	通过
18	JCYJ20160226201232552	基 20160009 基于零电压电位调控的耐过放电锂离子电池的研究	哈尔滨工业大学（深圳）	通过
19	GRCK20170421160926608	物化联合技术强化污泥产酸及环境响应机理的微生物组学研究	哈尔滨工业大学（深圳）	通过
20	JCYJ20160506113431828	基 20160208 溶液法生长碳化硅晶体中缺陷的行为研究及控制	哈尔滨工业大学（深圳）	通过
21	JCYJ20150928162348560	基 20150074 面向航天微型低功耗高分辨质谱仪研究	哈尔滨工业大学（深圳）	通过
22	JCYJ20160531192108351	微气泡减阻机理研究	哈尔滨工业大学（深圳）	通过
23	JCYJ20160531192714636	宽禁带半导体材料系统导热性能的光学无接触测量方法的研发	哈尔滨工业大学（深圳）	通过
24	JCYJ20170307151518535	基于安全多方计算的隐私保护时间序列异常检测	哈尔滨工业大学（深圳）	通过

续表

序号	项目编号	项目名称	项目承担单位	验收结论
25	JCYJ20160525164227350	基于氢酰化反应合成酮类化合物及其在药物分子合成中的应用研究	哈尔滨工业大学（深圳）	通过
26	JCYJ20160318095418295	甚低频波在空间辐射环境中对航天器的防护技术研究	哈尔滨工业大学（深圳）	通过
27	JCYJ20160318143907132	电推进羽流对航天器影响特性研究	哈尔滨工业大学（深圳）	通过
28	JSGG20160427185010977	重 20160196 量子保密通信技术研究	哈尔滨工业大学（深圳）	通过
29	JCYJ20160318095112976	新型芳胺聚合物合成与金属离子吸附功能	哈尔滨工业大学（深圳）	复议
30	JSGG20170412143148631	重 20170206 宽窄带融合集群系统中空口资源统一调度关键技术的研发	海能达通信股份有限公司	通过
31	JSGG20160229154212485	重 20160051 宽带 IP MESH（无线网格网络）关键技术研发	海能达通信股份有限公司	通过
32	JCYJ20160530193913646	城市污水厂剩余污泥水热炭化高碳、低氮清洁固体燃料制备中碳固定、氮去除机理研究	湖南大学深圳研究院	通过
33	JCYJ20160530192802733	PUMA 在肿瘤自噬中的功能和分子机制研究	湖南大学深圳研究院	通过
34	JCYJ20160530192230252	智能网联汽车高精度低成本定位系统开发	湖南大学深圳研究院	通过
35	JCYJ20160530193417959	激活式核酸适配体荧光探针示踪骨髓间充质干细胞向骨缺损处归巢的研究	湖南大学深圳研究院	通过
36	CKCY20170420152603217	智能储能系统在微电网的技术研究和应用	华盛新能源科技（深圳）有限公司	通过
37	CKKJ20160829145314947	华讯方舟创客空间	华讯方舟科技有限公司	通过
38	GJHS20170314145256288	真三维视频关键技术研究与先导验证	康佳集团股份有限公司	通过
39	CKCY20170505155249691	关于多协议接口便携存储器（可外接充电单元）的研究	力瑞信（深圳）科技有限公司	通过
40	JCYJ20160517160827379	白血病细胞变形能力对其迁移的调制作用的研究	南方科技大学	通过
41	JCYJ20170307105521943	面向复杂逻辑的纳米芯片容缺陷设计关键技术研究	南方科技大学	通过
42	JCYJ20160301114534506	光明新区集约化养殖场畜禽粪便中雌激素的环境安全风险评估与管理技术研究	南方科技大学	通过
43	JCYJ20160531190935987	移动众包系统任务分配与激励机制研究	南方科技大学	通过
44	CXZZ20150402091632814	普 20150063：乳腺癌新型小分子靶向治疗药物的研发	南京大学深圳研究院	通过
45	CKKJ20160826101452878	TGN 启迪深圳空间	启创环球（深圳）投资咨询有限公司	通过
46	CKFW20160826101238818	乔丰国际创客中心	乔丰科技实业（深圳）有限公司	通过
47	JSGG20160229124719053	重 20160019 高性能多色 3D 打印机关键技术研究	乔丰科技实业（深圳）有限公司	通过
48	JCYJ20160509154841455	基于微流控芯片技术 3D 癌症迁移模型的构建研究	清华—伯克利深圳学院筹备办公室	通过

续表

序号	项目编号	项目名称	项目承担单位	验收结论
49	JCYJ20150831192244849	基 20150056 基于微机电系统（MEMS）的多生理参数传感及系统关键技术研究	清华大学深圳研究生院	通过
50	JCYJ20170307152224920	餐厨垃圾高效固态乙醇发酵及转化甲烷技术研究	清华大学深圳研究生院	通过
51	JCYJ20170307152319957	溶胶凝胶法制备 YBCO 超导膜形核取向调控及其机理研究	清华大学深圳研究生院	通过
52	JCYJ20170307153548350	高性能纳米薄膜无标记光学生物芯片的基础和应用研究	清华大学深圳研究生院	通过
53	JCYJ20170307153635551	压缩感知矩阵构造和信号重建研究	清华大学深圳研究生院	通过
54	JCYJ20150831192224146	基 20150058 体内植入微型图象传感器关键理论与技术研究	清华大学深圳研究生院	通过
55	JCYJ20170307152357168	非编码 RNA 充当炎症稳态调节因子介导胰岛细胞的保护效应	清华大学深圳研究生院	通过
56	JCYJ20160531195459678	基于激光诱导荧光的常压离子检测技术研究	清华大学深圳研究生院	通过
57	JCYJ20170307153940960	基于异类样本联合优化策略的图像超分复原方法	清华大学深圳研究生院	通过
58	JCYJ20160531195439665	基于微流控芯片的并行 SSI 离子源关键技术及应用研究	清华大学深圳研究生院	通过
59	JCYJ20170307152553273	三维室外大场景分割提取及语义融合方法	清华大学深圳研究生院	通过
60	JCYJ20160428182247170	基 20160007　水下光学检测与成像传感技术的研究	清华大学深圳研究生院	通过
61	JCYJ20160517103720819	蓝宝石光学表面的改进柔性气囊抛光理论及中频误差控制机制	厦门大学深圳研究院	通过
62	JCYJ20170306141506805	用于颌面软组织填充的透明质酸钠复合凝胶的研发	深港产学研基地	通过
63	CKFW20160414171322614	深港青年创业训练营	深港产学研基地	通过
64	CKKJ20160829195524586	深港智能信息与移动互联网创客空间	深港产学研基地产业发展中心	通过
65	JCYJ20160427185055877	甲基苯丙胺依赖性与动物性行为间的相互关系研究	深圳北京大学香港科技大学医学中心	通过
66	CKCY20170503151001806	5G 高频微波低插损 LTCF 介质材料与介质滤波器的研发	深圳博士智能科技有限公司	通过
67	GJHS20170313110732335	基于光学表面波的新型超灵敏宽带光声显微成像研究	深圳大学	通过
68	JCYJ20160608173121055	基 20160231　脉冲展宽型 X 射线皮秒级分幅成像技术研究	深圳大学	通过
69	JCYJ20160520164903055	面向微纳模具的快速制造成型材料及技术研究	深圳大学	通过
70	JCYJ20170302141509023	新型三维孔结构聚合物羟基磷灰石骨骼材料的制备及其生物毒性评价	深圳大学	通过
71	JCYJ20170302145623566	面向用户的可信云计算环境安全技术研究	深圳大学	通过
72	JCYJ20160520175319943	超声联合微泡输送声敏剂入脑胶质瘤的声动力治疗研究	深圳大学	通过

续表

序号	项目编号	项目名称	项目承担单位	验收结论
73	JCYJ20170302145519524	面向视频多目标跟踪的模糊语义粒子滤波方法研究	深圳大学	通过
74	KQJSCX20160226174209273	液态金属摩擦元器件制造技术及产业化	深圳大学	通过
75	JCYJ20160422103744090	基于纳米金属与磁流体的光纤 SPR/LSPR 磁场矢量传感器研究	深圳大学	通过
76	JCYJ20170302144320949	丝 / 精氨酸蛋白激酶 SRPK1 抗凋亡促进非小细胞肺癌耐药的机制研究	深圳大学	通过
77	JCYJ20160422170026058	基于切屑形貌的超精密铣削刀具磨损监测技术	深圳大学	通过
78	JCYJ20160520161206020	基于 SPR 差分传感的新型宽谱高灵敏度光声探测机制与应用研究	深圳大学	通过
79	JCYJ20160520160747570	基于惯性定位的便携式光学三维测量系统关键技术研究	深圳大学	通过
80	JCYJ20160520174217859	miR-17 通过靶向 PDLIM5 而抑制 Id1 出核的途径调控骨骼肌损伤后再生	深圳大学	通过
81	JCYJ20170302153912966	应用于激光核聚变的高时间分辨 X 射线探测技术研究	深圳大学	通过
82	JCYJ20160520164316902	基于泡沫铝填充的电动汽车轻质吸能车身结构关键技术研究	深圳大学	通过
83	JCYJ20160307115221141	III 型分泌系统毒性效应蛋白 SteA 的转运机制分析	深圳大学	通过
84	JCYJ20160422154131724	基于有机催化基团转移聚合的新型表面涂覆技术的研究	深圳大学	通过
85	GGFW20160301171236650	载 20160008 深圳市细胞质量检测评价公共服务平台	深圳大学	通过
86	JCYJ20160520161351540	基于绿光光纤激光器泵浦的可见光超连续谱光源研究	深圳大学	复议
87	JCYJ20160307155501522	GLP-1R 介导胃旁路手术改善糖尿病大鼠胰岛素分泌作用研究	深圳大学	复议
88	CKFW20160826164506360	多有米汇智创客服务平台	深圳多有米网络技术有限公司	通过
89	CYZZ20160304153637568	基于患者隐私保护的医患服务平台研究及应用	深圳关心万家健康管理有限公司	通过
90	JCYJ20151015165114938	基 20150092 电可控式超材料机理研究	深圳光启高等理工研究院	通过
91	JCYJ20151015165322766	基 20150091 面向大功率天线系统的树脂基超材料研究	深圳光启高等理工研究院	通过
92	JCYJ20151015165557141	基 20150093 超材料微结构专用新型材质研究	深圳光启高等理工研究院	复议
93	JSGG20160301110647125	重 20160119 面向 5G 的新一代移动通信室内覆盖系统研发	深圳国人通信股份有限公司	通过
94	CKKJ20160829090655014	思创建筑绿色科技发展创客空间	深圳国中润航诺丁汉科技有限公司	通过
95	CYZZ20160530103348439	具有高效冷热回收功能的新风净化机的研发	深圳海顿净化技术有限公司	通过

续表

序号	项目编号	项目名称	项目承担单位	验收结论
96	JSGG20160226161633495	重 20160189 基于钛酸锂负极快充型锂离子动力电池关键技术研发	深圳海斯迪能源科技股份有限公司	通过
97	CYZZ20160531114521887	金属环境下无线终端的天线解决方案	深圳汉阳天线设计有限公司	通过
98	JCYJ20150929143955341	基 20150073 运动状态下情绪与脑认知状态的高鲁棒解析方法研究	深圳航天科技创新研究院	通过
99	JSGG20160608143107154	重 20160558 基于星载行波管的航天器高压变换技术研究	深圳航天科技创新研究院	通过
100	CYZZ20160531112001968	基于无线通信技术的移动支付系统	深圳禾胜成科技有限公司	通过
101	KJYY20160330160243607	SF20160013 基于地下排水管网水位和泥沙沉积量在线监测的城市地陷预防系统应用示范	深圳合创永安智能科技有限公司	通过
102	CKCY20170503143014083	中型农业航空无人机系统研发及市场推广	深圳弧光航空科技有限公司	通过
103	JCYJ20170307155115402	高灵敏度光学集成量子点红外探测器研究	深圳华中科技大学研究院	通过
104	JCYJ20170307155718660	面向航天应用的高性能钛基块体非晶合金基础问题研究	深圳华中科技大学研究院	通过
105	JCYJ20160414102255597	基于量子点的高精度低功耗 MEMS 阵列气体传感器智能模块研究	深圳华中科技大学研究院	通过
106	JCYJ20170307171534237	用于光通讯激光器的近场辐射制冷装置研究	深圳华中科技大学研究院	通过
107	JCYJ20160429182424047	面向全组织全局亚细胞水平成像的斜扫超分辨贝塞尔光片显微镜技术	深圳华中科技大学研究院	通过
108	JCYJ20160414102014801	面向构建仿生眼微小型可调光学系统关键技术研究	深圳华中科技大学研究院	通过
109	CYZZ20160908143902518	基于 DNA 编码分子库的超高通量药物筛选	深圳劲宇生物科技有限公司	通过
110	CYZZ20160531112843430	智能化多视点监控视频人体跟踪技术	深圳久凌软件技术有限公司	通过
111	CYZZ20160531112223687	LED 高清 3D 裸视厨窗显示系统的研发与实现	深圳蓝普视讯科技有限公司	通过
112	CYZZ20160530101541510	基于 USB 信号无损高速延长芯片关键技术的开发及应用	深圳朗田亩半导体科技有限公司	通过
113	CKCY20170503144841000	3D 打印专用高弹光敏树脂的研究与开发	深圳摩方新材科技有限公司	通过
114	CKCY20170505160552207	基于二维纳米材料的抗磨材料开发与产品小试生产	深圳南科新材科技有限公司	通过
115	CKKJ20160829090224862	深圳南荔工坊创客空间	深圳南荔工坊创意文化有限公司	通过
116	CYZZ20160530175633916	人机一体化智能制造系统研究开发	深圳普迈仕精密制造技术开发有限公司	通过
117	GJHS20170310102617766	多功能光子创面治疗仪	深圳普门科技股份有限公司	通过
118	GJHS20170310102519925	广东省床旁治疗设备工程技术研究中心建设	深圳普门科技股份有限公司	通过
119	CKCY20170508162837288	面向动力电池组 PACK 的智能柔性制造系统开发	深圳启航机器人技术有限公司	通过
120	CKFW20160824165209377	硅谷国际开放平台	深圳前海环球高新创业投资有限公司	通过

续表

序号	项目编号	项目名称	项目承担单位	验收结论
121	CYZZ20160427183835600	信息化智慧电子课桌系统研发	深圳前海造人教育科技有限公司	通过
122	CYZZ20160525112622869	智能工业可穿戴设备关键技术研发及应用	深圳前海智联逗号科技有限公司	通过
123	CYZZ20170406145222537	基于云转码技术的智慧监控云方案项目	深圳秦云网科技有限公司	复议
124	KJYY20160301100856203	SF20160003 利用快速芬顿氧化技术处理复杂有机废水应用示范	深圳清华大学研究院	通过
125	JCYJ20170307150043479	非融合术后颈椎高仿真建模及生物力学模拟评估	深圳清华大学研究院	通过
126	CKKJ20160824090128844	3W 空间	深圳三大不六孵化器服务有限公司	复议
127	CYZZ20160525103312556	下一代智能高带宽 WLAN 基站传输设备的研发	深圳森格瑞通信有限公司	通过
128	FHQ20150528165849921	创客空间孵化器（深圳创客空间）	深圳市 TCL 高新技术开发有限公司	通过
129	CYZZ20160531150308971	手游发行类中间件 SDK 自动化接入及游戏数据模型呈现	深圳市阿斯卡德信息技术有限公司	通过
130	CKFW20160825143807443	“IMAKE 教育孵化器”创客服务平台	深圳市艾肯麦客科技有限公司	通过
131	CYZZ20160530173434391	用于大型数控机床永磁同步内藏式高速电主轴的研发	深圳市爱贝科精密机械有限公司	通过
132	CYZZ20160527104537520	“星罗”超高精度 LED 智能胶粉配比机	深圳市靶心配比科技有限公司	通过
133	CKFW20160829185004625	白狐“一站式”工业设计创客服务平台	深圳市白狐工业设计有限公司	通过
134	JSGG20160229125319816	重 20160093 高密度互连（HDI）电路板填孔一次镀新型添加剂材料关键技术研发	深圳市板明科技有限公司	通过
135	GQYCZZ20150327110548666	卵黄多克隆抗体技术研发及产业化平台建设	深圳市宝舜泰生物医药股份有限公司	通过
136	CYZZ20160520153007935	具有配光透镜（模组）的低成本高散热新型 LED 节能灯	深圳市宝泰光电科技有限公司	复议
137	CYZZ20160421094007675	LNG 汽车燃料测控系统的研发	深圳市北极王丰泰科技有限公司	通过
138	JSGG20160819112704088	重 20160607 超低温聚合物锂离子电池关键技术的研发	深圳市倍特力电池有限公司	通过
139	CYZZ20150709170448564	火星翻译 O2O 平台	深圳市比邻软件有限公司	通过
140	CYZZ20160526163427191	可显示环境数值的智能空气净化器的研究	深圳市波尔德环境科技有限公司	通过
141	GJHS20170313110129190	特种无线音视频控制系统	深圳市博电电子技术有限公司	通过
142	JSGG20160608152702493	重 20160572 面向 3C 产业的高精度一体化功能测试系统研发	深圳市博辉特科技有限公司	通过
143	CYZZ20160530093444841	面向临床的全集成微滴式数字 PCR 仪器关键技术研发	深圳市博瑞生物科技有限公司	通过
144	CYZZ20160531104410522	基于服务器集群优化服务平台的多对多监护老人定位产品的研发	深圳市辰尔技术有限公司	复议

续表

序号	项目编号	项目名称	项目承担单位	验收结论
145	JSGG20160607113003116	重 20160569 高速锂离子动力电池制片卷绕设备研发	深圳市诚捷智能装备股份有限公司	通过
146	CKKJ20160414162736353	创想元素—创客空间	深圳市创想元素发展有限公司	通过
147	JSGG20160429103209394	重 20160466 4500W 超高功率多模连续光纤激光器研发	深圳市创鑫激光股份有限公司	通过
148	CKKJ20160829143840886	创业二路大数据应用专业化创客空间	深圳市创业二路科技有限公司	复议
149	GJHS20170227155118159	纯电动乘用车驱动与传动集成系统研发及产业化	深圳市大地和电气股份有限公司	通过
150	CKKJ20160829161614747	麻雀岭创客吧	深圳市道生壹创客空间有限公司	通过
151	JSGG20160301152701191	重 20160224 基于自主可控的数据存储分析计算机关键技术研发	深圳市迪菲特科技股份有限公司	通过
152	JCYJ20170306092024314	急性缺血性脑卒中急诊静脉溶栓干预护理新模式研究	深圳市第二人民医院	通过
153	KJYY20160331162313860	SF20160016 基于多维数据驱动的定制公交线路聚合与动态调度系统研发	深圳市东部公共交通有限公司	通过
154	CKKJ20160415151617819	虚拟与实体孵化融合的新型智慧众创空间	深圳市多丽电子商务产业园管理有限公司	通过
155	JCYJ20150529164154046	基 20150005 脑瘫患儿脑网络特征研究及其在诊断和康复的应用	深圳市儿童医院	通过
156	JCYJ20160429174927286	miRNA29c 通过 MEK/ERK 作用于 DNMT3A/DNMT3B 在先天性胆道闭锁中的分子机制研究	深圳市儿童医院	通过
157	CKCY20170502150952103	刚性耐磨金属注射成形精密零件制备技术及设备的研发	深圳市泛海统联精密制造有限公司	通过
158	CKCY20170427110720652	基于视觉分析的汽车可视转向辅助驾驶系统的研发	深圳市方行天下科技有限公司	通过
159	CKKJ20160826170021307	深圳 Bee+（原名为“WePlay 情景式创业剧场”）	深圳市风火创意管理股份有限公司	复议
160	JSGG20160510100034469	重 20160508 面向 5G 移动网络的小型化并行高速热拔插（CXP）光模块关键技术研发	深圳市光为光通信科技有限公司	通过
161	KJFHQ2016082915253906	广兴源互联网创意园	深圳市广兴源互联网产业发展有限公司	通过
162	CKKJ20160825150147355	INNOBANK 创意银行创客空间	深圳市海归商业管理咨询有限公司	通过
163	CYZZ20160510170015095	公检法物联网智能化应用系统	深圳市海邻科信息技术有限公司	通过
164	GJHS20140715150711092	TD-LTE-Advanced 终端射频芯片工程样片研发	深圳市海思半导体有限公司	通过
165	GJHS20150417101602919	TD-LTE-Advanced 终端射频芯片工程样片研发	深圳市海思半导体有限公司	通过
166	GJHS20160331192357952	TD-LTE 多频射频商用芯片研发	深圳市海思半导体有限公司	通过
167	CYZZ20160426095158615	VTM 机上智能显示安全防护加密装置	深圳市昊德富科技有限公司	通过

续表

序号	项目编号	项目名称	项目承担单位	验收结论
168	JSGG20160330165418452	重 20160358 高性能积木式工程型变频器关键技术研发	深圳市禾望电气股份有限公司	通过
169	CYZZ20160504153735534	工业机器人末端执行器关键技术研究	深圳市恒拓高工业技术股份有限公司	通过
170	JSGG20170413101428325	重 20170158 高功率光纤激光器陶瓷封接关键技术研发	深圳市宏钢机械设备有限公司	复议
171	GQYCZZ20150929145414498	多网络远控智慧社区平台技术的研发	深圳市华百安智能技术有限公司	通过
172	CYZZ20170330160603598	金融大数据认证平台开发	深圳市华付信息技术有限公司	通过
173	GJHS20170314110328009	基于北斗便携式设备应用的射频芯片及系统研究	深圳市华信天线技术有限公司	通过
174	CYZZ20160527153938113	应用于 4G 通信系统中多频段手机天线系统研究	深圳市华信微通信技术有限公司	通过
175	CKCY20170502150714602	校园餐厅等集中式餐饮互联网 + 营销管理公共服务平台的开发	深圳市华谕电子科技信息有限公司	通过
176	CYZZ20160527170644725	双头倒装直线电机高速固晶机研究开发	深圳市佳思特光电设备有限公司	通过
177	JSGG20170413142630775	重 20170454 治疗炎症性肠病的创新多肽药物临床前关键技术研发	深圳市健元医药科技有限公司	通过
178	JSGG20160301094424035	重 20160097 室内外无缝切换定位系统关键技术研发	深圳市交投科技有限公司	通过
179	CKKJ20160413173331684	VR 众创空间	深圳市捷时行科技服务有限公司	通过
180	JSGG20150930092608185	重 20150200：智能重载移动设备的研发	深圳市劲拓自动化设备股份有限公司	复议
181	CYZZ20160411151743595	用于数字化激光制造钛合金粉末的研发	深圳市晶莱新材料科技有限公司	通过
182	GJHS20130403152626948	应用于家庭支付的符合 GP/STIP 标准的密码键盘	深圳市九思泰达技术有限公司	通过
183	GJHS20170314151348831	应用于家庭支付的符合 GP/STIP 标准的密码键盘	深圳市九思泰达技术有限公司	通过
184	CKCY20170504142359737	多光谱固定翼无人机配合植保无人机的精准植保系统	深圳市九天创新科技有限责任公司	通过
185	CYZZ20170401161917166	4K 多路拼接智能全景跟踪监控系统研发	深圳市巨龙创视科技有限公司	通过
186	CYZZ20150518154844562	金融押运 RFID 智能移动管理系统	深圳市俊海思创科技开发有限公司	通过
187	GJHS20150401141813536	酪丝亮肽治疗肝癌的临床试验和机理研究	深圳市康哲药业有限公司	通过
188	JSGG20160229165756414	重 20160211 高精度动态计重石英传感器关键技术研发	深圳市科尔达电气设备有限公司	通过
189	CKKJ20160829161434811	深圳湾智能硬件孵化器	深圳市科技企业孵化器协会	通过
190	CYZZ20160526145147447	大幅面正电性的可回收有机光导材料制备方法及装置研发	深圳市科洛德打印耗材有限公司	通过

续表

序号	项目编号	项目名称	项目承担单位	验收结论
191	CYZZ20170327141446640	高效软态反光焊带压延涂锡一体机的研究开发	深圳市科谱森精密技术有限公司	复议
192	CYZZ20160527154253751	电动冷链物流车高能效冷冻冷藏机组技术的研究开发	深圳市科泰新能源车用空调技术有限公司	通过
193	CYZZ20160531191050907	基于搜索数据挖掘及分析技术的口袋 ATM 移动广告平台的研发	深圳市口袋搜网络股份有限公司	通过
194	GJHS20160330112030573	广东省乐普泰有机光电新材料院士工作站	深圳市乐普泰科技股份有限公司	通过
195	JSGG20160330142419977	重 20160357 基于倒装工艺的高功率 LED 多芯集成光源模组关键技术研发	深圳市立洋光电子股份有限公司	通过
196	CYZZ20160519101919698	智能分拣系统	深圳市联合海川物联科技有限公司	复议
197	CYZZ20160530154147585	用于驾驶人员的安全智能穿戴设备关键技术的研究	深圳市凌盟科技有限公司	通过
198	JCYJ20170302165836389	深圳市 0~6 岁遗传性耳聋的基因检测 研究	深圳市龙岗区耳鼻咽喉医院	通过
199	CKKJ20160411170524461	迷因创客空间	深圳市迷因创客空间科技发展有限公司	通过
200	JSGG20160301165603529	重 20160113 智慧社区云服务平台关键技术的研究	深圳市明源软件股份有限公司	通过
201	CKCY20170508141228577	基于无创血糖检测技术的三位一体智慧医疗解决方案	深圳市欧客优健康服务有限公司	通过
202	CYZZ20160520111610020	面向分析测试仪器的高精度半导体激光器	深圳市鹏大光电技术有限公司	通过
203	CKKJ20160829193434992	启创低碳创业空间	深圳市启创产业园运营有限公司	通过
204	CKKJ20160414155929950	深圳松禾创新孵化器投资管理合伙企业	深圳市青橙资本股权投资管理合伙企业（有限合伙）	通过
205	CYZZ20160520164116220	智能卧床排便护理仪的研发	深圳市全品医疗科技有限公司	通过
206	JCYJ20160422145031770	靶向多发性骨髓瘤肿瘤微环境的表观遗传学调控机制研究	深圳市人民医院	通过
207	GJHS20170309110648291	六关节喷涂机器人	深圳市荣德机器人科技有限公司	通过
208	CYZZ20160428161348765	低压、低功耗、高透型智慧膜开发及产业化	深圳市赛菲鹿鸣科技有限公司	通过
209	JSGG20160324140335525	重 20160315 智能轮胎压力监测系统研发	深圳市赛格车圣科技有限公司	通过
210	JSGG20160226172019902	重 20160083 车载碘系偏光片关键技术研发	深圳市三利谱光电科技股份有限公司	通过
211	CYZZ20160525152637903	圆柱型锂离子电池自动入壳机的研发	深圳市三宇自动化设备有限公司	通过
212	CKCY20170505161710248	基于人工智能的语言学习平台	深圳市声希科技有限公司	通过
213	JSGG20160229141956415	重 20160246 血细胞 DNA 甲基化液体活检技术的开发与应用研究	深圳市圣必智科技开发有限公司	通过

续表

序号	项目编号	项目名称	项目承担单位	验收结论
214	JSGG20160608163205197	重 20160587 地表水源水质动态监测及预警关键技术研发	深圳市世纪天源环保技术有限公司	通过
215	CYZZ20160530110700231	基于 H.265 编码无人机图传视频分享平台	深圳市数巨互动传媒有限公司	通过
216	JCYJ20160524145202030	突发水环境污染应急检测方法体系研究	深圳市水文水质中心	通过
217	JSGG20160301090328491	重 20160216 基于超级计算机的深度学习软件平台系统研发	深圳市思高电子有限公司	通过
218	CYZZ20140905161249343	液态金属导热材料的研发	深圳市思钛新材料有限公司	通过
219	JCYJ20150402094341898	3D 打印技术在心血管外科瓣膜手术中的应用研究	深圳市孙逸仙心血管医院	通过
220	JSGG20160429174237040	重 20160441 数字大气压力传感器芯片研发	深圳市天微电子股份有限公司	通过
221	JSGG20160229150059282	重 20160064 高性能环保钨基热电子发射材料关键技术研发	深圳市威勒科技股份有限公司	通过
222	GQYCZZ20150331094403880	智能肿瘤光动力医学诊疗系统	深圳市微创医学科技有限公司	不通过
223	CKCY20170505162336351	以降低机械激光雷达体积的 MEMS 大扫描角度高谐振频率的扫面镜技术	深圳市微觉未来科技有限公司	通过
224	CKKJ20160826145037230	深圳市微众创业投资发展有限公司	深圳市微众创业投资发展有限公司	通过
225	CKCY20170505160659649	多维姿态定位追踪防盗系统	深圳市为控科技有限公司	通过
226	CYZZ20160524161906308	基于云计算技术的无界通信平台	深圳市协成信息科技有限公司	通过
227	CYZZ20160530194214399	全自动高精密智能化压螺母生产系统的研发	深圳市协鼎兴自动化设备有限公司	通过
228	JSGG20160330145700918	重 20160389 大功率碳化硅肖特基二极管技术研究	深圳市芯联电子科技有限公司	通过
229	CYZZ20160527150146131	多功能隔物灸治疗仪	深圳市新奇境健康科技有限公司	通过
230	CKCY20170508142840935	虚拟内窥镜技术研发	深圳市新视介科技有限公司	通过
231	CYZZ20160531092705486	多头自动切换式冲压＆贴装系统	深圳市鑫美威自动化设备有限公司	通过
232	CYZZ20160530195433193	多运营商光纤分布网络覆盖优化系统	深圳市信通飞扬科技有限公司	通过
233	KJYY20170412150534451	SF20170078 高清智能运算中心应用系统	深圳市信义科技有限公司	通过
234	GJHS20170313150656588	纳米增强复合新型电池隔膜的产业化	深圳市星源材质科技股份有限公司	通过
235	JSGG20160229145352750	重 20160273 虚拟现实与三维视听交互关键技术研发	深圳市虚拟现实科技有限公司	通过
236	CKKJ20160829193956712	“渡创空间”加速器	深圳市壹陆捌网络科技有限公司	通过
237	CYZZ20160530142958884	ADSL 无线路由器 + 电话语音终端一体机的研发	深圳市亿联无限科技有限公司	通过
238	CYZZ20160513102138409	虚拟现实系统在青少年近视预防中的应用及研究	深圳市易知见科技有限公司	通过
239	CYZZ20160530142032129	LED 光源反射式短焦电梯广告投影机的研发及产业化	深圳市毅丰光电科技有限公司	通过

续表

序号	项目编号	项目名称	项目承担单位	验收结论
240	CYZZ20160531093356953	超薄无边框背光模组研发	深圳市英达通电子有限公司	通过
241	CYZZ20160525153724760	全自动高精度正背面涂胶机	深圳市元硕自动化科技有限公司	通过
242	CKKJ20160414150233748	源创力创客空间	深圳市源力创新孵化器有限公司	通过
243	JSGG20160819110720734	重 20160590 面向油气井的新型高效率深水水下切割关键技术研究	深圳市远东石油钻采工程有限公司	通过
244	JSGG20160229123657040	重 20160227 基于 CPU+GPU 融合模式的大数据采集与调度管控平台关键技术研发	深圳市远行科技股份有限公司	通过
245	CYZZ20170303163126146	智能高效旋臂式物流分拣系统的研发	深圳市云创分拣系统技术有限公司	通过
246	FHQ20150818175244404	在茂产业园	深圳市在茂实业有限公司	通过
247	CKCY20170428142646043	高效钠离子电池负极材料——纳米磷 @ 石墨烯复合材料制备工艺	深圳市泽纬科技有限公司	通过
248	JSGG20160229115709109	重 20160056 基于视觉跟踪技术的增强现实系统关键技术研发	深圳市掌网科技股份有限公司	通过
249	JSGG20170413144552981	重 20170002 智能激光切割与检测系统关键技术研发	深圳市振华兴科技有限公司	通过
250	CYZZ20160530110730768	支持 VR 预览基于大数据实时流式计算的交互娱乐云资讯平台关键技术研究	深圳市指玩世界科技有限公司	通过
251	CYZZ20160520150633712	基于反激变换器的无电解电容驱动电源的研发	深圳市智华照明科技有限公司	通过
252	CYZZ20170406143911936	无人机行业应用关键技术研究	深圳市智绘科技有限公司	通过
253	JCYJ20150828104330541	基 20150071 面向重大工程结构安全性监测的物联网传感技术研究	深圳市智能机器人研究院	通过
254	CYZZ20160408155728873	一种基于互联网的具有健康管理功能的律动智能运动内衣的研发和推广	深圳市智游人科技有限公司	通过
255	GQYCZZ20150930114417794	自主可控的高性能分布式云存储研发及产业化	深圳市中博科创信息技术有限公司	通过
256	CYZZ20160506104216992	面向物联网金融的质押动产智能可视化动态监视系统	深圳泰源云景科技有限公司	通过
257	JSGG20160607161911452	重 20160584 城市景观海绵体雨洪管理关键技术研发	深圳天澄科工水系统工程有限公司	通过
258	CYZZ20160226102902678	拇机	深圳玩时科技有限公司	通过
259	CKCY20170505165947189	高性能柔性神经微电极的关键技术研发	深圳微纳仿生科技合伙企业（有限合伙）	通过
260	GJHS20160831155535164	西达本胺联合抗激素类药物治疗晚期乳腺癌的Ⅱ、Ⅲ期临床研究	深圳微芯生物科技股份有限公司	通过
261	CKKJ20160415145300168	众微媒创客空间	深圳微盐传媒科技有限公司	通过
262	GRCK20170424174733755	警用电子脚扣	深圳武汉理工大研究院有限公司	通过

续表

序号	项目编号	项目名称	项目承担单位	验收结论
263	JCYJ20151015151249564	基 20150087 复杂环境智能三维感知关键技术研究	深圳先进技术研究院	通过
264	JCYJ20151030140325151	基 20150099：脑认知的神经环路及行为学研究	深圳先进技术研究院	通过
265	JCYJ20150831154213681	基 20150054 无源模块三维封装材料与技术研究	深圳先进技术研究院	通过
266	JCYJ20150925163026555	基 20150085 机器人用 RV 减速器的研究	深圳先进技术研究院	通过
267	JCYJ20151030140325152	基 20150106：阿尔茨海默症的环路机制和干预措施研究	深圳先进技术研究院	通过
268	JCYJ20150925163005055	基 20150084 非结构场景下机器人视觉感知关键技术的研究	深圳先进技术研究院	通过
269	JCYJ20150925163313898	基 20150080 基于微机电系统（MEMS）的太赫兹探测器面阵研究	深圳先进技术研究院	通过
270	JCYJ20160531184135405	激光辅助加工与热处理在汽车高性能零件加工中的关键技术研究	深圳先进技术研究院	通过
271	JCYJ20151117161854942	基 20150089 大规模多天线系统关键技术研究	深圳先进技术研究院	通过
272	JCYJ20160531184531506	儿童自闭症谱系障碍的大脑皮层复杂度及其结构网络属性研究	深圳先进技术研究院	通过
273	GJHS20160331190705056	穿戴式康复用下肢外骨骼机器人	深圳先进技术研究院	通过
274	JCYJ20150925163244742	基 20150083 下肢外骨骼机器人关键技术的研究	深圳先进技术研究院	通过
275	JCYJ20170307164159155	新型光声纳米探针用于成像引导脑胶质瘤精准手术的研究	深圳先进技术研究院	通过
276	JCYJ20160531175040976	适用于临床肿瘤成像的新型高灵敏光声成像探头与系统	深圳先进技术研究院	通过
277	JCYJ20160531174039457	高精密自感知压电定位器研究	深圳先进技术研究院	通过
278	JSGG20160229194437896	重 20160270 晶圆减薄临时键合胶材料关键技术研究	深圳先进技术研究院	通过
279	JCYJ20160429190911895	长链非编码 RNA 在高脂饮食诱导的 2 型糖尿病中的功能及作用机制研究	深圳先进技术研究院	通过
280	JSGG20160229201849420	重 20160101 特异性功能海洋胶原蛋白肽制备技术研发	深圳先进技术研究院	通过
281	JSGG20160229203812944	重 20160059 基于多模态影像与术中导航的脊柱微创手术系统研发	深圳先进技术研究院	通过
282	JCYJ20160331190103609	新型有序多孔金属材料开发及冲击动力学研究	深圳先进技术研究院	通过
283	CYZZ20160530184828801	高性能沟槽型场终止 IGBT 芯片研发	深圳芯能半导体技术有限公司	通过
284	JCYJ20160530141956915	基于多智能算法的遥感卫星网络自主协同任务规划及应用	深圳信息职业技术学院	通过
285	JSGG20160429111117023	重 20160149 钢质燃气管道杂散电流腐蚀行为与控制关键技术研发	深圳信息职业技术学院	通过
286	GRCK20170424095608109	面向中小学生英语教育的交互式在线智能口语教学系统	深圳信息职业技术学院	通过
287	GRCK20170424100331880	拥挤室内图像识别云导航系统	深圳信息职业技术学院	通过

续表

序号	项目编号	项目名称	项目承担单位	验收结论
288	GRCK20170424095954402	面向安全教育的虚拟体验系统研发	深圳信息职业技术学院	通过
289	CYZZ20160527143425878	E350 全自动远程智能喷码设备研发	深圳亿迈珂标识科技有限公司	通过
290	JSGG20160325102204347	重 20160370　超大容量超高清分布式集群会议研发	深圳银澎云计算有限公司	通过
291	GRCK20170421170821554	基于 VR 体验的移动互联网房产中介服务平台技术开发	深圳英博科技产业培育有限公司	通过
292	CYZZ20150831150646474	基于智能活体指纹识别系统关键技术的研发	深圳英诺敏科技有限公司	通过
293	CYZZ20160329152430446	超好玩——萌聚二次元产品的研发与应用	深圳英鹏互娱科技有限公司	通过
294	JSGG20160229114843108	重 20160163　叠层片式微波功率分配模块关键技术研发	深圳振华富电子有限公司	通过
295	CKFW20160414095626539	智能生活创客服务平台	深圳职业技术学院	通过
296	JCYJ20170306144117642	$CuWO_4$ 促进 TiO_2 光催化降解水中有机污染物的效能及协同机理研究	深圳职业技术学院	通过
297	JCYJ20160429112213821	基 20160206　电力系统中的电力信号精细化计算分析研究	深圳职业技术学院	通过
298	JCYJ20170306144523128	口腔黏膜介导重组人干扰素 α 系统免疫调节抑制病毒的机制研究	深圳职业技术学院	通过
299	JCYJ20160523113817077	基于功率需求预测的轮毂电机驱动电动车节能控制策略研究	深圳职业技术学院	通过
300	JCYJ20160413164156155	凋亡素在声孔效应介导下对肿瘤细胞诱导凋亡作用的研究	深圳职业技术学院	通过
301	CYZZ20160329141807957	基于基干原理的移动互联网应用平台	深圳智慧林网络科技有限公司	通过
302	CKCY20170508115328632	基于大数据和分布式处理算法的消费金融系统的研发	深圳智金工科技有限公司	通过
303	CYZZ20160426104042618	基于云服务技术儿童智能随行移动终端的研发	深圳中久酷信通讯技术有限公司	通过
304	CYZZ20160527110003799	基于多种无线通信技术的视频分发与组网系统	深圳中科君浩科技股份有限公司	通过
305	CYZZ20170309101539159	可穿戴设备多功能智能眼镜的研发	深圳中科沃尔科技有限公司	通过
306	GJHS20170314160829560	大力矩高精度伺服与减速一体机关键技术研发	深圳众为兴技术股份有限公司	通过
307	JSGG20160608102846423	重 20160542　基于相变材料的蓄热（蓄冷）调温建筑节能技术应用研发	深装总建设集团股份有限公司	通过
308	CKFW20160825102634272	太库企业级创客服务平台	太库（深圳）科技孵化器有限公司	通过
309	JSGG20160229144406119	重 20160038　智能化环保气体环网柜关键技术研发	泰豪科技（深圳）电力技术有限公司	通过
310	JCYJ20170303170809222	近红外 II 区小分子探针的构建及肿瘤手术导航研究	武汉大学深圳研究院	通过
311	JCYJ20160401100022706	多机器人动态非结构化环境下三维建图的研究	香港城市大学深圳研究院	通过

续表

序号	项目编号	项目名称	项目承担单位	验收结论
312	JCYJ20160229165250876	磁性纳米分子印迹材料对地下水中抗生素类新型污染物残留的快速敏感检测	香港城市大学深圳研究院	通过
313	JCYJ20150629151046882	分子电子器件的量子力学模拟	香港大学深圳研究院	通过
314	JCYJ20160518094706544	创建新型功能化磁性纳米粒配体分离平台联用 LC-NMR/MS 技术靶向筛选绵头雪莲花中 COX-2 抑制剂的研究	香港浸会大学深圳研究院	通过
315	JCYJ20151030154629774	基 20150101：中国人群阿尔茨海默症特异性分子标志物筛选及分子机制研究	香港科技大学深圳研究院	通过
316	JCYJ20160531184809079	神经细胞的精准超声调控	香港理工大学深圳研究院	复议
317	GJHS20170314105026017	面向智能制造的智能工控平台研发与应用	研祥智能科技股份有限公司	通过
318	JSGG20160608143804303	重 20160539 压水堆生产高比活度医用放射源关键技术研究	中广核研究院有限公司	通过
319	CKKJ20160826113346385	中国科技开发院众创空间	中国科技开发院有限公司	通过
320	JCYJ20151116155209176	基 20150109 叶绿体和线粒体基因转录后表达调控机制研究	中国农业科学院深圳农业基因组研究所	通过
321	GQYCZZ20150717095943284	新能源汽车动力电池检测系统技术研发	中科协德科技（深圳）有限公司	不通过
322	JCYJ20150929102555935	基 20150075 深海固形矿产输送电泵的研究	中南大学深圳研究院	通过
323	JCYJ20160428180518535	64 层螺旋 CT 低管电压低碘流率冠脉成像对斑块检出准确性的研究	中山大学附属第八医院（深圳福田）	通过
324	JCYJ20150402145015985	KLF6 在血小板促肝癌生长和转移中作用的研究	中山大学附属第八医院（深圳福田）	通过
325	JSGG20160510145711976	重 20160506 基于建筑信息模型（BIM）的数字档案库研发	筑博设计股份有限公司	通过
326	CKCY20170504163220591	基于 FBT 技术的充电器 7D 打印机	转录科技（深圳）有限公司	通过

六、2019 年第 6 批市科技计划项目验收结果

序号	项目编号	项目名称	承担单位	验收结论
1	CKCY20160826104632079	全密闭加油及油气回收系统项目	深圳市尚佳能源网络有限责任公司	通过
2	CKCY20160829163603861	Goodscan 智能货物体积测量	深圳市异方科技有限公司	通过
3	CKCY20160829164719591	基于总线的嵌入式智能控制器技术的研发	孔雀团队依托单位	通过
4	CKCY20160829192159885	基于新型给药系统制剂开发	孔雀团队依托单位	通过
5	CKCY20170427111648072	多领域应用的全景镜头实时矫正系统的研发	深圳市洞视光电技术有限公司	通过
6	CKCY20170505151253194	移动设备快速三维建模展示平台的研发	深圳蒜泥科技投资管理合伙企业（有限合伙）	通过
7	CKCY20170505155431978	一种骨关节病的外敷康复养生产品研究	深圳人仁一百健康科技有限公司	通过
8	CKCY20170505170330981	基于毫米波车载雷达的并线辅助系统的研发	深圳安智杰科技有限公司	通过

续表

序号	项目编号	项目名称	承担单位	验收结论
9	CKCY20170508090146368	医养康智能监护陪伴机器人研发	深圳市汉伟智能技术有限公司	通过
10	CKCY20170508112940799	呼吸家——呼吸慢病管理	深圳市凯瑞康信息技术有限公司	通过
11	CKCY20170508142942656	面向自然人机交互的体感控制设备	深圳趣感科技有限公司	通过
12	CKCY20170508144555818	基于 AOI 的在线维修机器人的研发与应用	深圳市维特机器人科技有限公司	通过
13	CKCY20170508145406760	智能巡逻速递机器人	深圳波比机器人科技有限公司	通过
14	CKCY20170508151612260	可穿戴的脊柱活动记录的智能硬件和分析平台	森博迪（深圳）科技有限公司	通过
15	CKCY20170717162021604	随订应用(多轨道式 PCBA 全自动在线测试平台)的研发及成果产业化	深圳市中创智动科技有限公司	通过
16	CKCY20170721170430257	滴度跨境医贸搜索与业务匹配系统	深圳滴度网络科技有限公司	通过
17	CKCY20170725114206650	基于 COB 光源的照明截止线控制	深圳意科莱照明技术有限公司	通过
18	CKFW20150916183721088	中科创客服务平台	深圳中科创客学院有限公司	通过
19	CKFW20150917152632000	创业沙拉创客服务平台	立即行动科技（深圳）有限公司	通过
20	CKFW20160829152132736	恩孚开源硬件创客服务平台	深圳市恩孚电子科技有限公司	通过
21	CKFW20160829185301603	融一凤巢创客服务平台	深圳市融一凤巢设计发展有限公司	复议
22	CKFW20160829185320463	智（节）能 工业创客服务平台	深圳青铜剑科技股份有限公司	通过
23	CKKJ20160826160935385	星云创客空间	深圳星云极客信息技术有限公司	通过
24	CKKJ20160826172035122	深圳市青年创业促进会创客空间（简称“青创会创客空间”）	深圳市青年创业促进会	通过
25	CKKJ20160829110741587	DCradle 创客家园	深圳市易峰泽创客家园管理有限公司	通过
26	CKKJ20160829111531516	创咖先行众创空间	深圳创客智联股权投资管理有限公司	通过
27	CKKJ20160829140547340	中青文产众创空间	深圳中青文化投资管理有限公司	通过
28	CKKJ20160829195431289	百栎港生物医学创客空间	深圳百栎港生物技术投资管理有限公司	通过
29	CXZZ20130516155806535	智能化集合式单机多彩色重卡电泳涂装设备的研发	深圳市柳溪机械设备有限公司	通过
30	CXZZ20140903113329286	三维人体脊柱侧弯测量分析系统的开发与应用研究	深圳市职业病防治院	通过
31	CXZZ20150402142405220	普 20150013：基于模拟技术的轴角转换专用集成电路研发	深圳市芯联电子科技有限公司	通过
32	CXZZ20150504114233385	普 20150141：光斑匀化大功率光纤耦合输出半导体激光器研发	深圳市博锐浦科技有限公司	通过
33	CXZZ20151014102637282	普 20150479：激光打印机高性能导电纳米涂料研发	深圳市乐普泰科技股份有限公司	通过
34	CXZZ20151117103407489	普 20150160：智能模糊图像处理系统关键技术研发	深圳市福斯康姆智能科技有限公司	复议

续表

序号	项目编号	项目名称	承担单位	验收结论
35	CYZZ20150626152013259	基于量子点技术的免疫层析蛋白质芯片的开发	深圳市金准生物医学工程有限公司	通过
36	CYZZ20150804145410403	“给乐生活”机器人客服商企联盟消费循环增值系统及终端支付技术项目	深圳给乐信息科技有限公司	通过
37	CYZZ20150827160446245	高效能存储管理系统 OneSpace 智能微服务器的研发	深圳市英莱合创电子有限公司	通过
38	CYZZ20150831100651396	桌面心电健康监护系统	深圳市飞匠科技有限公司	通过
39	CYZZ20150831151252756	基于演艺行业移动 APP 社交平台的研发及应用	深圳市星酷人传媒科技有限公司	通过
40	CYZZ20160222152502656	基于物联网压电电缆应用技术的生命体动睡眠监测仪	深圳市云传智联技术有限公司	通过
41	CYZZ20160311144326066	超高精度全自动智能视觉锡膏印刷机	深圳市和田古德自动化设备有限公司	通过
42	CYZZ20160421160735632	神经外科手术计划与导航系统	深圳市智图医疗技术有限责任公司	通过
43	CYZZ20160429174607486	新一代干燥型基因诊断试剂的开发生产	深圳市赛格诺生物科技有限公司	通过
44	CYZZ20160505154442505	基于大数据应用的自行车绿色骑行多功能智慧管理装置	浩海威半导体（深圳）有限公司	通过
45	CYZZ20160506173142165	可实现高效管理的轨道交通智能清分结算平台	深圳市海东青软件科技股份有限公司	通过
46	CYZZ20160510163553669	歌美迪多媒体行车记录防眩目后视镜系统的研发	深圳市歌美迪电子技术发展有限公司	通过
47	CYZZ20160512160913907	基于“互联网＋”模式的游戏运营服务平台开发	深圳市趣讯科技有限公司	通过
48	CYZZ20160513090238863	高精密视觉喷射系统	深圳市鹏创达自动化有限公司	通过
49	CYZZ20160517141907089	基于无线通信芯片的 Open CPU 通信模块研发及产业化	深圳市思科尔特科技有限公司	通过
50	CYZZ20160517143700154	血清 microRNA 和 DNA 甲基化作为高血压并发脑卒中风险预测靶标的技术研究与应用开发	深圳瑞奥康晨生物科技有限公司	通过
51	CYZZ20160517151246887	手机中板专用伺服多轴自动钻孔攻牙机	深圳市耐恩科技有限公司	复议
52	CYZZ20160519160915598	具备位置服务能力的嵌入式 SOC 芯片设计	深圳市德赛微电子技术有限公司	通过
53	CYZZ20160525170201382	寨卡病毒系列诊断试剂盒的研发及产业化	深圳市梓健生物科技有限公司	通过
54	CYZZ20160526104055305	配电线路在线监测与故障定位关键技术研究	深圳市惠立智能电力科技有限公司	通过
55	CYZZ20160526140127753	铁路信号检修作业自动化管理系统研发及产业化	深圳市速普瑞科技有限公司	通过
56	CYZZ20160526145607828	一种无线数据验证仪系统	深圳市瑞艾特科技有限公司	通过
57	CYZZ20160527152405705	基于北斗卫星定位系统的高精度车联网导航技术研发	深圳市车联天下信息科技有限公司	复议
58	CYZZ20160530113235118	下一代光互联核心元件	深圳市雍邑科技有限公司	复议
59	CYZZ20160530152237134	基于物联网应用的自动定位追踪智能自行车锁	深圳正一电子电缆有限公司	通过
60	CYZZ20160530175353295	儿童云健康服务管理平台开发	深圳市爱的扣扣科技有限公司	通过

续表

序号	项目编号	项目名称	承担单位	验收结论
61	CYZZ20160530191032734	家用儿童陪伴桌面型机器人（小忆机器人）	深圳市金刚蚁机器人技术有限公司	通过
62	CYZZ20160531102828423	农业大棚环境自动控制物联网系统研发	深圳神秾智能科技有限公司	复议
63	CYZZ20160531105218064	植入式体温智能监测系统	深圳市菲明格科技有限公司	通过
64	CYZZ20160531112543014	LTE 多天线增强技术及 3D MIMO 关键技术研发	深圳市爱伦纳电讯实业有限公司	通过
65	CYZZ20160531161508060	基于北斗平台的高危行业智能化预警系统的研发	深圳北斗国芯科技有限公司	复议
66	CYZZ20160531164518347	新型智慧城市移动综合服务平台	华讯方舟智慧信息科技（深圳）有限公司	复议
67	CYZZ20160531174354329	云停车智能系统	深圳市朗尼科物联网技术开发有限公司	通过
68	CYZZ20170316101614760	基于三维视景传输技术的智能航拍相机的研发	深圳市极酷威视科技有限公司	通过
69	CYZZ20170324141517574	移动应用安全风险评估系统	深圳海云安网络安全技术有限公司	通过
70	CYZZ20170327112337068	基于移动 APP 多终端应用高清无线图传的研发及产业化	深圳市瑞科慧联科技有限公司	通过
71	CYZZ20170328102825769	基于流媒体软交换技术的多媒体教学系统平台	深圳市艾迪思特信息技术有限公司	复议
72	CYZZ20170329150158050	手机摄影微型智能多端光控系统技术研发	深圳市奥德兰科技有限公司	通过
73	CYZZ20170329171038579	面向工业场景的 AR SDK 的开发	深圳增强现实技术有限公司	通过
74	CYZZ20170330141504584	液氮温区低温制冷机产业化开发	中科力函（深圳）低温技术有限公司	通过
75	CYZZ20170330160331015	金属机身 4G 手机多频段天线技术应用	深圳通诚无限科技有限公司	通过
76	CYZZ20170331104208929	基于石墨烯发热的可穿戴智能服饰的关键技术的研究及应用	深圳烯旺智能科技有限公司	通过
77	CYZZ20170331112308642	基于人工智能的代码自动生成器研发	深圳市行知网络科技有限公司	通过
78	CYZZ20170331143137703	基于云端数据智能匹配用户需求的场馆共享预订系统	深圳铁盒子文化科技发展有限公司	通过
79	CYZZ20170331160819057	面向于农产品安全的智慧食安监测系统	深圳市大白菜科技有限公司	通过
80	CYZZ20170405140650236	基于云技术的互联网一站式外教平台研发	深圳市阿卡索资讯股份有限公司	通过
81	CYZZ20170405150900664	新型 ZigBee-MEA 技术无源无线动能技术的研发应用	深圳市易百珑科技有限公司	通过
82	FWCX20150803115656059	仪器仪表产业计量检测技术服务创新平台	深圳天溯计量检测股份有限公司	通过
83	GJHS20170210154249510	高效安全复合三元陶瓷动力锂电池关键技术研究与产业化	深圳市雄韬电源科技股份有限公司	通过
84	GJHS20170302142256739	高能量长寿命动力电池正极材料关键技术及产业化开发	深圳市比亚迪锂电池有限公司	通过
85	GJHS20170302143509950	耐高温低永变激光打印机胶辊注射成型液体硅橡胶	深圳市森日有机硅材料股份有限公司	通过

续表

序号	项目编号	项目名称	承担单位	验收结论
86	GJHS20170306140211565	基于 COB 技术的 LED 照明光源关键技术研究	深圳成光兴光电技术股份有限公司	通过
87	GJHS20170306161155486	面向区域医疗和公共卫生的健康大数据处理分析研究及示范应用	深圳市金证科技股份有限公司	通过
88	GJHS20170306161329943	社区健康服务数字化集成全科医生工作站终端研制与应用	深圳市联影医疗数据服务有限公司	通过
89	GJHS20170310093122365	基于远程手性稳定多肽 α 螺旋的氢键模拟体系	北京大学深圳研究生院	通过
90	GJHS20170310140225718	铝镁合金轻质材料数字化逆变焊接装备开发及产业化	深圳市佳士科技股份有限公司	通过
91	GJHS20170313150620584	车用锂离子动力电池大规模产业化及全产业链技术创新	深圳市星源材质科技股份有限公司	通过
92	GJHS20170313152134704	面向物流装备监管的大数据分析与管理平台研发及应用示范	中国国际海运集装箱（集团）股份有限公司	通过
93	GJHS20170313160254332	基于云技术的电视导视系统项目配套	深圳创维数字技术有限公司	通过
94	GJHS20170313160419660	广东省数字电视应用（创维）工程技术研究中心项目配套	深圳创维数字技术有限公司	通过
95	GJHS20170314110720813	广东省介入治疗生物材料及器械工程技术研究中心	先健科技（深圳）有限公司	通过
96	GJHS20170314141448602	自动预测并精确定位故障且利于高效节约的机器设备智能维护系统	深圳市智慧机器技术有限公司	通过
97	GJHZ20160229150204624	动态血糖监测芯片在健康管理移动平台应用的国际合作研究开发	深圳市光聚通讯技术开发有限公司	通过
98	GJHZ20160229153809399	中以合作基于数字货币技术的 GreenPay 支付系统	深圳市祥云万维科技有限公司	通过
99	GJHZ20160301103135493	智能汽车多传感器环境感知系统	深圳市德赛微电子技术有限公司	通过
100	GJHZ20170331105318685	多模态信息融合偏瘫患者量化评定系统研究与开发	深圳市老年医学研究所	通过
101	GQYCZZ20151110165126975	用于 NMT 成型的 PBT 复合材料的开发及产业化	深圳市兴盛迪新材料有限公司	通过
102	GQYCZZ20151120154944004	高保密级别的语音加密系统	深圳北斗通信科技有限公司	复议
103	GQYCZZ20151124142059417	应用于饮用水源地水安全监控的多通道物联终端的研究	深圳市朗石科学仪器有限公司	通过
104	GRCK20160414151637222	吉影水下机器人	深圳兆邦基科技孵化器有限公司	通过
105	GRCK20160414154515900	3D 交互式全息显示教学系统	深圳中科创客学院有限公司	通过
106	GRCK20170424091015654	AR 互动翻翻乐	深圳开放创新科技有限公司	通过
107	GRCK20170424095528833	基于物联网的分布式无损音乐播放系统	深圳信息职业技术学院	通过
108	GRCK20170424095823828	基于人工智能市政管道清理机器人技术研究	深圳信息职业技术学院	通过
109	GRCK20170424144259727	抗癌先导药物牛樟芝素的合成工艺研究	北京大学深圳研究生院	通过
110	GRCK20170817160158808	雾计算智能内容分发高并发后台系统	深港产学研基地	通过
111	GRCK20170821110519036	基于计算机视觉的体感交互系统	深圳大学	通过

续表

序号	项目编号	项目名称	承担单位	验收结论
112	GRCK20170822163010489	站立骑行直线脚踏自行车	深圳市创赛平台创业服务有限公司	通过
113	GRCK20170822163147112	基于生物电中医经络透皮给药的理疗方法及智能系统	深圳市创赛平台创业服务有限公司	通过
114	GRCK20170822165940082	用于对等网络和雾计算系统的提升网络设备之间连通率的新型连接中间件（FogConnect）	深圳市新创空间科技有限公司	复议
115	JCYJ20150401095226927	miR-503-5p 在宫颈癌中的抑癌作用及其分子机制	深圳市卫生健康发展研究中心	通过
116	JCYJ20150401095437130	microRNA 在宫颈癌淋巴结转移中作用的研究	深圳市卫生健康发展研究中心	通过
117	JCYJ20150401151333974	屈光手术对高度近视视网膜血管旁病变影响的研究	深圳爱尔眼科医院	通过
118	JCYJ20150402162418740	自主研制新型腰椎间盘摘除术后纤维环成形器生物力学及细胞生物学研究分析	深圳平乐骨伤科医院（深圳市坪山区中医院）	通过
119	JCYJ20150403104117458	快速成型技术在腕关节骨折中的临床应用研究	深圳市龙岗区骨科医院	通过
120	JCYJ20150403111252444	阿格列汀、二甲双胍对 2 型糖尿病患者的疗效及 IL-18、SAA 的影响	深圳市盐田区人民医院	通过
121	JCYJ20150831154213680	基 20150070PET-MRI 成像理论与关键技术研究	深圳先进技术研究院	通过
122	JCYJ20151015162041454	基 20150066 藻类水平基因转移事件及对保护海洋生态多样性的组学研究	深圳华大生命科学研究院	通过
123	JCYJ20151029154245758	基 20150102：糖尿病相关的体液 DNA 甲基化研究	深圳市绿航星际太空科技研究院	复议
124	JCYJ20151030164008764	基 20150107：肠道菌群与中药疗效的相互关系研究	香港理工大学深圳研究院	通过
125	JCYJ20151030164022389	基 20150095：基于 PI3K/Akt/mTOR 通路的中药有效成分研究	香港理工大学深圳研究院	通过
126	JCYJ20151030170755264	基 20150096：构建斑马鱼疾病模型及药物活性成分筛选方法	北京大学深圳研究生院	通过
127	JCYJ20151117105543692	基 20150110 红树林健康评价技术研究	深圳大学	通过
128	JCYJ20151117173236192	基 20150108 海洋微小生物检测识别技术研究	清华大学深圳研究生院	通过
129	JCYJ20160226201347750	基 20160054 微小卫星电推进器的研究	哈尔滨工业大学（深圳）	通过
130	JCYJ20160229094148396	基 20160038 基于模拟时间计算电路的卷积神经网络并行计算系统芯片关键技术研究	北京大学深圳研究生院	通过
131	JCYJ20160229170523065	基 20160004 免疫调控剂增加治疗弥漫大 B 细胞淋巴瘤的研究	深圳市免疫基因治疗研究院	复议
132	JCYJ20160229200556939	基 20160037 可穿戴智能健康预警监护技术研究	深圳先进技术研究院	通过
133	JCYJ20160301113918121	基 20160042 无创脑卒中检测机理研究	南方科技大学	通过
134	JCYJ20160301150838144	基 20160067 干细胞组织工程皮肤关键技术研发	清华大学深圳研究生院	通过

续表

序号	项目编号	项目名称	承担单位	验收结论
135	JCYJ20160307101647019	汽车车身薄壁件上复合结构声振特性研究与应用	深圳信息职业技术学院	通过
136	JCYJ20160323163102764	基 20160094 新型 H5 禽流感病毒 (H5N6、H5N8) 的综合诊断技术研究	深圳市检验检疫科学研究院	通过
137	JCYJ20160328144746940	基 20160083 基于纳米生物光子学的生物成像及疾病诊疗方法研究	深圳大学	通过
138	JCYJ20160331115853521	基 20160137 登革热病毒感染的分子机制研究	南方科技大学	通过
139	JCYJ20160331141634788	基 20160115 软件定义异构物联网关键技术研究	深圳航天科技创新研究院	通过
140	JCYJ20160406162038258	低能耗高通量生物电化学陶瓷膜 MBR 系统运行机制及其在污水处理中的应用	哈尔滨工业大学（深圳）	通过
141	JCYJ20160422142707177	基于核酸酶辅助血清 miRNA 标志物检测进行肺癌早期诊断	深圳市人民医院	通过
142	JCYJ20160422150329190	系统性红斑狼疮患者 B 淋巴细胞受体克隆性增殖基因分析及靶向多肽疫苗设计	深圳市人民医院	通过
143	JCYJ20160425094226228	早期干预深静脉血栓形成在老年患者关节置换术后的护理新模式研究	深圳市第二人民医院	通过
144	JCYJ20160425103323074	STIM1 信号对 Breg 的调控在难治性 ITP 免疫失衡中的作用	深圳市第二人民医院	通过
145	JCYJ20160427174236791	基于地理信息系统的人感染禽流感时空聚集性分析与传播风险评估研究	深圳市龙岗区疾病预防控制中心	通过
146	JCYJ20160429090753103	基 20160147 心肌损伤后再生修复应用研究	北京大学深圳医院	通过
147	JCYJ20160429140539989	未分化甲状腺肿瘤的免疫逃逸机制及精准治疗策略研究	深圳市免疫基因治疗研究院	通过
148	JCYJ20160429173318930	深圳市空巢老年糖尿病患者授权能力及主观幸福感研究	深圳市龙岗区第二人民医院	通过
149	JCYJ20160429185023794	高密度机器人的结构优化布局设计理论与动力学特性研究	深圳先进技术研究院	通过
150	JCYJ20160520162939353	高性能可控分子取向的半导体聚合物纳米线晶体管	深圳大学	通过
151	JCYJ20160520164216383	基于全正色散光子晶体光纤的宽带 CARS 显微成像技术研究	深圳大学	通过
152	JCYJ20160527100424909	抗癌天然产物 Irciniastatin A 的合成、生物学活性及构效关系研究	北京大学深圳研究生院	通过
153	JCYJ20160530174240867	基于信息融合的车辆载荷传感器设计与危险状态辨识模块开发关键技术研究	深圳职业技术学院	通过
154	JCYJ20160530190602275	利用吸附法高效去除电镀废水中重金属的研究	南方科技大学	通过
155	JCYJ20160530190827545	深圳近海重金属污染的牡蛎生态效应研究	香港科技大学深圳研究院	通过
156	JCYJ20160530190902836	深圳近海不同贝类种群重金属累积机理研究	香港科技大学深圳研究院	通过
157	JCYJ20160530191124115	深圳近海养殖鱼类汞污染的食用风险评估研究	香港科技大学深圳研究院	通过
158	JCYJ20160530192452107	变截面材料自适应激光焊接方法及关键技术	湖南大学深圳研究院	通过

续表

序号	项目编号	项目名称	承担单位	验收结论
159	JCYJ20160530192506314	脑神经组织微环境因子 Punctin 2 调控成体神经干细胞分化与新生神经元突触整合的机制及其在缺血脑卒中神经损伤修复中的作用研究	湖南大学深圳研究院	通过
160	JCYJ20160531171724757	非小细胞肺癌分子分型及远端迁移的非编码 RNA 标志研究	深圳先进技术研究院	通过
161	JCYJ20160531174850658	用于磁兼容金属放射性粒子可视化和定位的磁共振成像方法研究	深圳先进技术研究院	通过
162	JCYJ20160531183850059	快速检测流感病毒荧光探针技术研发	香港理工大学深圳研究院	复议
163	JCYJ20160531184305919	研发靶向 HER2 降解过程的调制物抑制乳腺癌细胞增殖	香港理工大学深圳研究院	通过
164	JCYJ20160531185413087	染色质调控因子 CTCF 在肝癌发生过程中的功能及靶向治疗研究	香港理工大学深圳研究院	通过
165	JCYJ20160531185738467	生物活性多肽 ISAP 与神经降压素（Neurotensin）调节小鼠脂代谢的功能与机制研究	深圳先进技术研究院	通过
166	JCYJ20160531192824598	城市垃圾填埋体降解产热及可降解固体向液气转化机理研究	哈尔滨工业大学（深圳）	通过
167	JCYJ20160531194232631	胰腺癌的早期诊断试剂开发	深圳华大生命科学研究院	通过
168	JCYJ20160531194422714	新型磷脂型 DHA 的生物转化制备	武汉大学深圳研究院	通过
169	JCYJ20160601173218804	生物芯片可逆固定化技术的研究及磷酸酶抑制剂的开发	香港城市大学深圳研究院	通过
170	JCYJ20170224172022809	基于光纤束传输激光半主动寻址制导探测系统研究	北京理工大学深圳研究院	通过
171	JCYJ20170302141158010	稳定高效钙钛矿单层燃料电池研究	深圳大学	通过
172	JCYJ20170302142107025	全轮转向轮毂电动汽车节能与操纵稳定性关键问题研究	深圳大学	通过
173	JCYJ20170302143118519	基于物联网与电子病历的多维母婴健康数据研究与应用	深圳大学	通过
174	JCYJ20170302143133880	深圳滨海盐雾区复杂环境下混凝土结构内微环境的特征及响应规律研究	深圳大学	复议
175	JCYJ20170302143246158	焦虑对奖赏学习的影响	深圳大学	通过
176	JCYJ20170302144706218	血红哈卡藻藻际细菌相互作用及其防控机理研究	深圳大学	通过
177	JCYJ20170302145012329	网络化直线开关磁阻电机控制系统建模、分析及控制研究	深圳大学	通过
178	JCYJ20170302145229928	基于聚合物纳米复合材料的柔性存储器的研究	深圳大学	通过
179	JCYJ20170302151653768	高性能三明治结构柔性电阻式随机存储器的研究	深圳大学	通过
180	JCYJ20170302152735071	改善间充质干细胞的抗炎效果及其在治疗系统性红斑狼疮中的应用和机理研究	深圳大学	通过
181	JCYJ20170302153551588	基于深度学习的心脏 MR 图像运动跟踪与测量	深圳大学	通过
182	JCYJ20170302154227954	面向生物大数据的群智能融合分类算法研究	深圳大学	通过

续表

序号	项目编号	项目名称	承担单位	验收结论
183	JCYJ20170303140959031	新型硫化铁基电解水制氢催化剂的原子层沉积技术研究	北京大学深圳研究生院	通过
184	JCYJ20170303170542173	基于仿蜘蛛丝单壁碳纳米管 / 纳米金属薄膜的高性能柔性传感器及其在人体健康可穿戴智能检测中的应用	武汉大学深圳研究院	通过
185	JCYJ20170303170611174	亿级像素光学成像系统多视点分布式视频编码关键技术研究	武汉大学深圳研究院	通过
186	JCYJ20170306142550151	具有相分离现象的新型 Cu-Al-Mn 基记忆合金的研究	厦门大学深圳研究院	通过
187	JCYJ20170306145005061	新兴碘代消毒副产物在水体中的生成规律及其控制技术研究	深圳职业技术学院	通过
188	JCYJ20170306171514468	面向多维多任务的微操作机器人快速精密运动控制研究	武汉大学深圳研究院	通过
189	JCYJ20170307110055182	茅洲河河水与地下水交互带中有机质 - 铁纳米胶体的形成机制及其环境效应	南方科技大学	通过
190	JCYJ20170307110223452	热焓控制条件下铝合金近球状组织微观生长机理研究	南方科技大学	通过
191	JCYJ20170307140956657	二硒化钨二维半导体的 CVD 可控生长、缺陷修复及其电输运性质研究	清华—伯克利深圳学院筹备办公室	通过
192	JCYJ20170307145703486	铁系金属硫化物的调控合成及锌空气电池应用基础研究	深圳清华大学研究院	通过
193	JCYJ20170307150024907	面向社交媒体的个体 / 群体情感分析、归因和预测研究	哈尔滨工业大学（深圳）	通过
194	JCYJ20170307150122514	面向汽车电子的超声芯片键合原理及耐高温、散热性能研究	哈尔滨工业大学（深圳）	通过
195	JCYJ20170307150200952	硫酸盐侵蚀混凝土结构的安全评定方法研究	哈尔滨工业大学（深圳）	通过
196	JCYJ20170307150520453	共轭有机分子对磷脂双分子膜结构影响的研究	哈尔滨工业大学（深圳）	通过
197	JCYJ20170307151047646	长波长高速光纤互连的关键技术研究	哈尔滨工业大学（深圳）	通过
198	JCYJ20170307151715204	面向无线胶囊机器人的精确定位与主动驱动关键技术研究	哈尔滨工业大学（深圳）	通过
199	JCYJ20170307151743672	基于深度学习的智能信息元抽取关键技术研究	北京大学深圳研究院	通过
200	JCYJ20170307155304424	发展性口吃语音工作记忆缺陷神经基础及其干预研究	深圳市神经科学研究院	通过
201	JCYJ20170307163830109	空间进化法优化食烷菌土壤油污处理能力的研究	深圳先进技术研究院	通过
202	JCYJ20170307165442023	基于无监督式学习预测模型的电动汽车出行趋势分析及最优时空电能调度策略	深圳先进技术研究院	通过
203	JCYJ20170307171222692	小胶质细胞极化和再殖在青光眼诱发神经节细胞死亡中的作用	深圳先进技术研究院	通过
204	JCYJ20170413112722597	基 20170113 卫星宽频高精度角位移传感器弱信号跟随控制中的关键技术研究	哈尔滨工业大学（深圳）	通过

续表

序号	项目编号	项目名称	承担单位	验收结论
205	JSGG20141118144147921	重 2014-159：白树提取物的降糖作用及其制剂的关键技术研究	华润三九医药股份有限公司	通过
206	JSGG20150331110234849	重 20150005：新一代变声阻尼辐射声学关键技术研发	深圳市三诺数字科技有限公司	通过
207	JSGG20150722170647377	重 20150016：100G 光传送网（OTN）成帧处理芯片关键技术研发	深圳市中兴微电子技术有限公司	通过
208	JSGG20150916140818695	重 20150180：海洋生物抗菌肽制备关键技术研发	深圳大学	通过
209	JSGG20151111171705178	重 20150220：城市生活垃圾热解气化关键技术研发	深圳市龙澄高科技环保（集团）有限公司	通过
210	JSGG20160226174033953	重 20160166　基于新型电极催化剂的燃料电池关键技术研发	深圳市雄韬电源科技股份有限公司	通过
211	JSGG20160226191822478	重 20160249　β－内酰胺类抗生素和黄曲霉毒素快速检测关键技术研发	清华大学深圳研究生院	通过
212	JSGG20160229141550538	重 20160095　新能源电动车电源印制电路板关键技术研究	深圳市五株科技股份有限公司	通过
213	JSGG20160301100144935	重 20160079　高能量密度储能器件用自支撑干法极片的研发	深圳清华大学研究院	通过
214	JSGG20160301163244287	重 20160258　卧式在线超硬高透膜溅射设备研发	爱发科豪威光电薄膜科技（深圳）有限公司	通过
215	JSGG20160331103247408	重 20160328　基于物联网技术的糖尿病院外监护平台关键技术研发	深圳中迈数字医疗技术有限公司	复议
216	JSGG20160331170631937	重 20160345　半干法环保型、高效活性白土制备技术研发	深圳清华大学研究院	通过
217	JSGG20160429114438287	重 20160459 全光谱多参数水质监测系统研发	深圳大学	复议
218	JSGG20160429191853857	重 20160136　垃圾焚烧飞灰螯合剂关键技术研发	南方科技大学	通过
219	JSGG20160506164733747	重 20160487　石墨烯基复合导热材料应用于大功率 LED 照明灯具散热的关键技术研发	深圳市大族元亨光电股份有限公司	通过
220	JSGG20160510155222422	重 20160477　1200V 车用功率模块研发	深圳比亚迪微电子有限公司	通过
221	JSGG20160608093601668	重 20160535 超细单模光纤关键技术研发	深圳特发信息光纤有限公司	通过
222	JSGG20160608172350041	重 20160567　电动汽车集约式智能充换电站系统的研发	深圳精智机器有限公司	通过
223	JSGG20160817153635636	重 20160615　耐高温红外高辐射工业炉窑用节能涂料关键技术研发	深圳市凯盛科技工程有限公司	通过
224	JSGG20160818152648289	重 20160599 量子点电致发光显示技术研发	深圳 TCL 工业研究院有限公司	复议
225	JSGG20160818172647324	重 20160611　大中功率兼容式高效 UPS 模块化关键技术研发	维谛技术有限公司	通过
226	JSGG20170401152623369	重 20170164　水冷型大功率离心机组节能驱动关键技术研发	深圳市四方电气技术有限公司	通过

续表

序号	项目编号	项目名称	承担单位	验收结论
227	JSGG20170410145441523	重 20170120 防爆工业车辆智能机器人关键技术研发	深圳霸特尔防爆科技有限公司	复议
228	JSGG20170412101141110	重 20170179 陶瓷基覆铜板关键技术研发	深圳市环基实业有限公司	通过
229	JSGG20170412111535007	重 20170045 面向国六排放标准的气体传感器研发	深圳安培龙科技股份有限公司	复议
230	JSGG20170412142532509	重 20170288 基于聚合支付的智慧经营云平台关键技术研发	深圳盒子信息科技有限公司	通过
231	JSGG20170412160225468	重 20170401 8K 超高清显示关键技术研发	深圳创维 -RGB 电子有限公司	通过
232	JSGG20170412160251515	重 20170001 基于 SLAM 技术的智能高空擦窗机器人关键技术研发	广东宝乐机器人股份有限公司	通过
233	JSGG20170413090803167	重 20170380 敏感数据脱敏合规风险智能量化关键技术研发	深圳市优网科技有限公司	通过
234	JSGG20170413112607979	重 20170080 一体管翅热流道冷凝器的高效换热关键技术研发	多美达（深圳）电器有限公司	通过
235	JSGG20170413113016718	重 20170145 含氟聚合物环保防污涂层关键技术研发	深圳怡钛积科技股份有限公司	通过
236	JSGG20170413113458644	重 20170267 基于物联网技术的高安全性智能卡操作系统研发	精工伟达科技（深圳）有限公司	复议
237	JSGG20170413114927544	重 20170026 3D 芯片组装非接触焊料喷射与焊接关键技术研发	紫光日东科技（深圳）有限公司	通过
238	JSGG20170413140126203	重 20170088 新型锂离子电池二次安全保护元件关键技术研发	深圳市金瑞电子材料有限公司	通过
239	JSGG20170413143247090	重 20170272 基于眼球跟踪人机交互超高清虚拟现实的关键技术研发	深圳市京华信息技术有限公司	通过
240	JSGG20170413144325717	重 20170115 柔性分布式光伏电站快装一体化组件及系统关键技术研发	深圳市鑫明光建筑科技有限公司	复议
241	JSGG20170413151306428	重 20170190 电力系统电压暂降治理关键技术研发	深圳市盛弘电气股份有限公司	通过
242	JSGG20170413151359491	重 20170452 肺癌个体化治疗性疫苗关键技术的研发	深圳市康尔诺生物技术有限公司	通过
243	JSGG20170413161918824	重 20170322 基于变异系数的双聚类算法及其用户行为分析关键技术研发	深圳市云房网络科技有限公司	复议
244	JSGG20170413170222685	重 20170360 基于水务物联网的大数据采集与管控平台关键技术研发	深圳市东深电子股份有限公司	通过
245	JSGG20170413172952014	重 20170097 绿色环保气膜建筑应用于冰雪项目的关键技术研发	深圳市博德维环境技术股份有限公司	通过
246	JSGG20170414091714214	重 20170160 5G 通信用纳米注塑新型材料关键技术研发	深圳华力兴新材料股份有限公司	通过
247	JSGG20170414100039476	重 20170010 面向柔性 OLED 生产线的智能装备关键技术研发	深圳市宝盛自动化设备有限公司	通过

续表

序号	项目编号	项目名称	承担单位	验收结论
248	JSGG20170414102950068	重 20170384 有机电致发光器件（OLED）的柔性显示关键技术研发	深圳市立德通讯器材有限公司	通过
249	JSGG20170414103543607	重 20170266 100G 有源光缆硅光互联组件关键技术研发	深圳市中兴新地技术股份有限公司	通过
250	JSGG20170414111229388	重 20170208 基于区块链和大数据的智能交通服务基础架构关键技术研发	深圳市深圳通电子商务有限公司	复议
251	JSGG20170414112835373	重 20170214 基于 SDN 的分组和电路融合交换 (SPOTN) 关键技术研发	深圳市中航比特通讯技术有限公司	复议
252	JSGG20170414114406355	重 20170216 多模低轨卫星定位通信终端及其天线关键技术的研发	中国国际海运集装箱（集团）股份有限公司	通过
253	JSKF20150828152524587	小型智能化节能环保干洗设备的研发及产业化	深圳中施机械设备有限公司	通过
254	JSKF20150831175419627	高效节能 4K LED 显示技术开发	深圳市艾比森光电股份有限公司	通过
255	JSKF20150831193118543	废旧沥青再生新技术及其装备的研究与开发	清华大学深圳研究生院	通过
256	KJFHQ20160829201353857	C33 互联网 + 珠宝创新产业园	深圳市花珠创新产业园管理有限公司	通过
257	KJYY20170411165129859	SF20170058 数字电视终端浪涌抗扰度可靠性提升关键技术应用示范	深圳创维数字技术有限公司	通过
258	KJYY20170412142338643	SF20170052 基于 3D 打印技术的创做教育平台应用示范	深圳市易尚展示股份有限公司	通过
259	KJYY20170412143022346	SF20170025 基于 RFID 电子车牌的系统实现核心设备技术研发及城市级应用示范	深圳市金溢科技股份有限公司	通过
260	KJYY20170412164222329	SF20170002 面向海绵城市地下管网系统的机器人应用示范	深圳市博铭维智能科技有限公司	通过
261	KJYY20170413095738765	SF20170085 区域创伤急救精准诊断系统平台应用示范	深圳市汇春科技股份有限公司	通过
262	KQCY20160224161750528	Auto-Trader 互联网策略分析服务平台的开发	深圳数字动能信息技术有限公司	通过

七、2019 年第 7 批科技计划项目验收结果

序号	项目编号	项目名称	承担单位	验收结论
1	CKCY20170426104337495	宠物智能机器人	深圳市七布创新科技有限公司	通过
2	CKCY20170427142926868	面向中小学校的新一代智能电子学生证	上学啦（深圳）科技有限公司	通过
3	CKCY20170427150901346	Karad 车载云广告平台	深圳市智炫创新科技有限公司	通过
4	CKCY20170503101608857	以菌群为靶标的细菌性阴道炎筛查及益生菌调节产品创制	深圳市金锐生物科技有限公司	通过
5	CKCY20170503142506694	用于仓储管理的自主移动智能物流机器人	深圳若步智能科技有限公司	通过
6	CKCY20170504145128848	平板显示器件高精度纳微米复合材料的研发	深圳市大分子科技有限公司	通过
7	CKCY20170504145736861	超快充移动电量包	深圳市力泰新能源有限公司	通过

续表

序号	项目编号	项目名称	承担单位	验收结论
8	CKCY20170505144924170	基于智能终端的穿戴式实时心电监测终端及监测云平台研发	粒恩医疗科技（深圳）有限公司	通过
9	CKCY20170505155125133	基于智慧工业云的工程流体力学仿真与设计平台的关键技术研究	深圳清沣溪科技有限公司	通过
10	CKCY20170505161851920	移动 APP 智慧云测试平台（基于人工智能与自动化测试技术）	深圳市联合通测科技有限公司	通过
11	CKCY20170505164630745	基于 8K VR +5G 图传的多用户无人飞行观光系统	虚拟现实（深圳）智能科技有限公司	通过
12	CKCY20170505164934041	基于智能终端的真空储存管理系统设计与实现	丫互科技（深圳）有限公司	通过
13	CKCY20170505165757847	抗肿瘤新型免疫检查点 PSGL-1 阻断剂药物的研发及产业化	深圳常元生物医学技术有限公司	通过
14	CKCY20170508091949708	硅通孔聚合物绝缘材料	深圳市化讯半导体材料有限公司	通过
15	CKCY20170508103806741	纳米多晶透明 PCB	祺虹电子科技（深圳）有限公司	通过
16	CKCY20170508112518075	数据安全关键技术研发及产业化	华盾技术（深圳）有限责任公司	通过
17	CKCY20170508113114331	面向展览展示行业的空中显示互动系统研发	深圳市易云数字科技有限责任公司	通过
18	CKCY20170508114621032	柔性联机采用光电主动寻迹方式裁切设备	深圳富勒工业有限公司	通过
19	CKCY20170508115900983	小型水下机器人关键部件及整机项目	巨浪创新（深圳）科技有限公司	通过
20	CKCY20170508145032823	蔬菜工厂	深圳昕昀生态科技有限公司	通过
21	CKCY20170508154449124	基于云计算模式下的数字建筑软件平台	深圳瑞信建筑科技有限公司	通过
22	CKCY20170719095337042	基于移动互联技术的智慧交通诱导系统	深圳市博西尼电子有限公司	通过
23	CKCY20170724152157356	基于物联网的新型一体式远红外辐射恒温磁力搅拌仪研发	深圳市耀世光华科技有限公司	通过
24	CKCY20170823150924280	一种无需减速机的直驱机械臂	慧灵科技（深圳）有限公司	通过
25	CKCY20170824100941323	增强现实光学方案设计与显示模组供应	深圳惠牛科技有限公司	通过
26	CKCY20170824101834775	双向节能回馈电源	深圳市保益新能电气有限公司	通过
27	CKFW20150918110859641	深圳市南山少年创新院	深圳市南山区青少年活动中心（区青联秘书处、区团校）	通过
28	CKFW20160829151700336	弈投创客工场	深圳市商弈投资管理有限公司	通过
29	CYZZ20160203151026134	基于宏钺 AGV 搬运机器人的物料智能配送系统的研发	深圳市宏钺智能科技有限公司	通过
30	CYZZ20160407165919496	多功能保健午休枕	深圳市颈益康科技有限公司	通过
31	CYZZ20160429142917003	面向硬脆性材料的生产加工专用装备开发	深圳市盛世智能装备有限公司	通过
32	CYZZ20160516142541872	分布式网络化数字音频管理系统	深圳市声菲特科技技术有限公司	通过

续表

序号	项目编号	项目名称	承担单位	验收结论
33	CYZZ20160518152131911	可分离式智能护理工作站的研发	深圳诺博医疗科技有限公司	通过
34	CYZZ20160519114719891	基于物联网信息识别技术的智能监测“新医疗”健康服务平台	深圳东沅科技有限公司	通过
35	CYZZ20160523160246844	基于 UV 固化均光控制技术智能变频电源研发及产业化	深圳市优威电气技术有限公司	通过
36	CYZZ20160524151504173	环保节能型电源开发与应用	深圳市山普智能科技有限公司	通过
37	CYZZ20160527113321719	骑行宝物联网平台	深圳偶地运动科技有限公司	通过
38	CYZZ20160530113811482	高可靠性侧发光、超小型红外 LED 封装技术研发及产业化	深圳市柯瑞光电科技有限公司	通过
39	CYZZ20160530150600483	BRC350 系列微型高灵敏度平衡电枢式受话器	深圳倍声声学技术有限公司	通过
40	CYZZ20160530150621016	3D 曲面玻璃盖板的研发	深圳市美铠光学科技有限公司	通过
41	CYZZ20160530152028883	智能物联网计算与通信芯片的研发	深圳新思迈半导体有限公司	通过
42	CYZZ20160530173240459	基于微型显示的高清晰高画质 3D 虚拟现实（VR）眼镜	深圳纳德光学有限公司	通过
43	CYZZ20160530193744615	高效单晶硅太阳能电池片非晶硅薄膜技术开发	深圳市科纳能薄膜科技有限公司	通过
44	CYZZ20160530194259116	智能多媒体教学会议终端 ERT 系列研发	深圳惠显科教设备有限公司	通过
45	CYZZ20160531090140073	DLMS 防窃电智能电表核心主板	深圳市华沃表计科技有限公司	通过
46	CYZZ20160531091257868	火火兔儿童智能早教机器人的研发及应用	深圳市火火兔儿童用品有限公司	通过
47	CYZZ20160531101013899	女性孕期健康管理系统研究	小普未来科技（深圳）股份公司	通过
48	CYZZ20160531103417958	基于云平台和大数据的体质健康管理平台	深圳市共健全民体质体育产业发展有限公司	通过
49	CYZZ20160531104410522	基于服务器集群优化服务平台的多对多监护老人定位产品的研发	深圳市辰尔技术有限公司	通过
50	CYZZ20160531104610383	电梯井道消音降噪减振技术研发	深圳深日环保科技有限公司	通过
51	CYZZ20160531112016726	基于最小单元监控、主动均衡的新能源汽车电池管理系统	深圳市快车道新能源发展有限公司	通过
52	CYZZ20160531142040976	新型实验动物用负压隔离器的研发及应用	深圳市泓腾生物科技有限公司	通过
53	CYZZ20160531162955467	10G 光通信激光二极管工艺研发	广东汉瑞通信科技有限公司	通过
54	CYZZ20160531175817295	商住楼公共烟道油烟净化器技术研发项目	深圳市力德诺华科技有限公司	通过
55	CYZZ20170228100845838	电动汽车充电运营支撑体系研究与应用项目	深圳市中业智能系统控制有限公司	通过
56	CYZZ20170228115017302	智能互动型家庭教育机器人核心技术的研发	深圳市高大尚信息技术有限公司	通过
57	CYZZ20170301092231785	基于柱状透镜的裸眼 3D 户外高亮风冷式网络液晶广告机研发	深圳市玛威尔显控科技有限公司	通过

续表

序号	项目编号	项目名称	承担单位	验收结论
58	CYZZ20170307154107484	智能化 CCD 全角定位异型管材激光切割设备的研发	深圳镭霆激光科技有限公司	通过
59	CYZZ20170310104623515	全自动高速高精度三面点胶机设备研发	深圳世宗瑞迪自动化设备有限公司	通过
60	CYZZ20170317094024572	多维跨终端实时交互式教学系统研发	深圳市异度信息产业有限公司	通过
61	CYZZ20170317143659588	面向危险品运输监控的智能指挥系统研发	深圳市思拓通信系统有限公司	通过
62	CYZZ20170321103519761	基于激光测量技术与多传感器融合算法的虚拟现实定位定姿系统的研发	深圳前海极客船长网络科技有限公司	通过
63	CYZZ20170321150717751	基于医学影像解剖技术的一体化 3D 显示方案研发	深圳市海视达智显科技有限公司	通过
64	CYZZ20170322154848292	基于多目光栅投影的三维智能测量系统的研发	深圳市华汉伟业科技有限公司	通过
65	CYZZ20170323161422696	新型吊顶式新风全热交换机研发	英德（深圳）环保科技有限公司	通过
66	CYZZ20170324140904702	基于海洋生物提取物的创新皮肤病护理治疗药物的研发及产业化	贝壳派创新科技（深圳）有限公司	通过
67	CYZZ20170324151625279	无人汽车高级驾驶辅助系统（ADAS）开发	深圳南方德尔汽车电子有限公司	通过
68	CYZZ20170324161930738	面向互联网金融行业的大数据风控管理系统平台研发	深圳云码通科技有限公司	通过
69	CYZZ20170327141446640	高效软态反光焊带压延涂锡一体机的研究开发	深圳市科谱森精密技术有限公司	通过
70	CYZZ20170327150112893	高效智能型 50kW 光伏并网逆变器研发	深圳朗拓新能源有限公司	通过
71	CYZZ20170327151024879	基于云计算的金融车贷安全风险控制系统研发	深圳华云网科技有限公司	通过
72	CYZZ20170327153544544	烟气排放连续监测系统 (CEMS) 的烟气参数在线监测仪研发及应用	深圳市量宇科技有限公司	通过
73	CYZZ20170327154126746	平安轨道应急通管理系统研发及应用	深圳中科华通信息服务有限公司	通过
74	CYZZ20170327154230075	基于多传感器技术的二代智能安保巡逻机器人的研发	深圳市神州云海智能科技有限公司	通过
75	CYZZ20170327170824112	富勒烯 - 天然产物复合型功能生物活性材料的研究与应用开发	深圳市聚华太科技有限公司	通过
76	CYZZ20170328101435842	车载智能全景人像车牌采集识别系统	深圳市华途数字技术有限公司	通过
77	CYZZ20170328113859331	基于智控节能的高效 LED 护眼照明技术研发	深圳市倍盛鸿照明有限公司	通过
78	CYZZ20170328144239192	2D 显示产品实现裸眼 3D 显示功能的 3D 显示项目	深圳市魔眼科技有限公司	通过
79	CYZZ20170329100600669	新能源汽车电机驱动系统可靠性测试平台	深圳市华耀检测技术服务有限公司	通过
80	CYZZ20170329143515133	新一代多频超宽带多极化室分天线	深圳市普方众智精工科技有限公司	通过
81	CYZZ20170329152737131	全集成智能手机方案设计平台	深圳市鼎元智能科技有限公司	通过

续表

序号	项目编号	项目名称	承担单位	验收结论
82	CYZZ20170329155137304	铁粉芯耐高温磁控溅射金属化膜系的研究	深圳市康磁电子有限公司	通过
83	CYZZ20170330151316520	新能源汽车分时租赁平台关键技术研发	深圳市莱创讯科技有限公司	通过
84	CYZZ20170330153531851	基于快递 100 云的寄件服务平台	深圳前海百递网络有限公司	通过
85	CYZZ20170330153905266	新能源汽车交直流充电桩检测技术研发	深圳市斯拓电子有限公司	通过
86	CYZZ20170330155017948	直流无刷电机及控制系统核心技术在电动工具中的应用	深圳市太美亚电子科技有限公司	通过
87	CYZZ20170330155448626	数字化矢量控制三电平光伏逆变器的研究	深圳市首航新能源有限公司	通过
88	CYZZ20170330161007408	高能效大功率三相直流充电桩充电模块研发	深圳市网源电气有限公司	通过
89	CYZZ20170330161038552	基于迟到事件的社交管理应用	深圳市威臣互联网科技有限公司	通过
90	CYZZ20170331091351879	基于无线 WIFI 用户行为内容的大数据分析与云平台开发	深圳市网联天下科技有限公司	通过
91	CYZZ20170331101727699	TYPE-C 数字接口主动降噪智能头戴式耳机的研究和应用	深圳东方酷音信息技术有限公司	通过
92	CYZZ20170331103327625	军民两用超低功耗多模卫星守时技术研发	深圳市合讯电子有限公司	通过
93	CYZZ20170331103854108	元数据驱动的客户关系互动平台的研发	深圳市铱云云计算有限公司	通过
94	CYZZ20170331114937076	一种具有超高灵敏度响应的双通道式荧光传感探测仪	深圳砺剑防卫技术有限公司	通过
95	CYZZ20170331141126356	高效节能的 UV-LED 智能固化系统研发	深圳市嘉力电气技术有限公司	通过
96	CYZZ20170331144112731	基于汽车发动机舱新型智能消防系统技术研发	深圳市鸿海盛特种消防科技有限公司	通过
97	CYZZ20170331151309791	LED 封装设备新型控制器的研究	深圳市欧美亚科技有限公司	通过
98	CYZZ20170331154431883	数据中心中央集成管理（DCIM）平台开发与运营	深圳栅格信息技术有限公司	通过
99	CYZZ20170331162211443	青未了智慧信息化养老服务云平台	深圳市厚德世家科技有限公司	通过
100	CYZZ20170401141643377	基于地磁探测器的智能车位引导系统的设计及产业化	深圳市万泊科技有限公司	通过
101	CYZZ20170401151237936	基于络合工艺新型环保水溶肥料关键技术的研发	深圳溉朴农业科技有限公司	通过
102	CYZZ20170401151824266	基于 LED 高清透显示分离关键技术的研发	深圳市晶泓达光电工程技术有限公司	通过
103	CYZZ20170405155302665	互联网理财第三方智能风控系统	深圳前海风车科技服务有限公司	通过
104	CYZZ20170405160745424	居家养老多用途服务机器人	深圳市艾特智能科技有限公司	通过
105	CYZZ20170405172356673	基于虚拟全景漫游技术的互联网 + 房地产智能服务平台解决方案	深圳市思为软件技术有限公司	通过
106	CYZZ20170406145733932	基于高效乳酸菌的猪场健康养殖智能饲养系统	深圳市百澳飞生物技术有限公司	通过
107	CYZZ20170406152251542	基于公交大数据的智能客流采集与分析平台研发	深圳市众行网科技有限公司	通过

续表

序号	项目编号	项目名称	承担单位	验收结论
108	CYZZ20170721141235148	基于可穿戴设备低功耗高集成度的 IoT 模组系统研发	深圳市安信可科技有限公司	通过
109	FWCX20150720160534752	Beacon 应用云服务公共平台建设	深圳市民展科技开发有限公司	通过
110	GJHS20140715150724514	视频 AFE IP 核研发	深圳市海思半导体有限公司	通过
111	GJHS20160329142844975	IT 和电子产品的高端成组标准化自动生产线的开发与应用	深圳市海目星激光智能装备股份有限公司	通过
112	GJHS20160331102035379	广东艾滋病、毒性肝炎社区综合防治研 广东艾滋病、毒性肝炎社区综合防治研 究	深圳市疾病预防控制中心	通过
113	GJHS20170302155245040	可调光室内半导体照明核心器件及控制技术研发	深圳雷曼光电科技股份有限公司	通过
114	GJHS20170303150618830	智能大功率直流快速充电机的技术研发及产业化	深圳科士达科技股份有限公司	通过
115	GJHS20170310142408314	广东省铝镁钛轻合金材料企业重点实验室	深圳市新星轻合金材料股份有限公司	通过
116	GJHS20170310142511451	新型干法四氟铝酸钾节能材料的绿色环保合成技术及其产业化	深圳市新星轻合金材料股份有限公司	通过
117	GJHS20170310150723966	大数据计算与存储融合的关键技术研发	深圳创新科技术有限公司	通过
118	GJHS20170313160322795	新一代数字电视产业链关键技术及产品研发与产业化项目配套	深圳创维数字技术有限公司	通过
119	GJHS20170313160413165	中药农药残留快筛技术的研究——双功能荧光纳米颗粒免疫层析技术平台的建立	深圳市药品检验研究院（深圳市医疗器械检测中心）	通过
120	GJHS20170314141600011	带 OTP 的单线并联恒流源输出 LED 驱动芯片	深圳市明微电子股份有限公司	通过
121	GJHS20170314153414860	广东省生物医用材料及植入器械工程技术研究中心建设	深圳清华大学研究院	通过
122	GJHS20170314163957041	支持 IPV6 网络协议的高性能第二代防火墙软件技术研发及产业化	深信服科技股份有限公司	通过
123	GJHS20170314174945455	“广东省饮用水安全保障（粤港供水）工程技术研究中心”建设	广东粤港供水有限公司	通过
124	GJHZ20170314110437644	35KV 一体化智能主动配电网自供电式无线远程高压电能计量装置	深圳市创银科技股份有限公司	通过
125	GQYCZZ20150721175956736	遗传病与传染病基因检测系列试剂盒的开发与产业化	深圳市亿立方生物技术有限公司	通过
126	GQYCZZ20151110115525600	面向绿色建筑的环保型铝合金建筑模板系统的开发及产业化	深圳汇林达科技有限公司	通过
127	GQYCZZ20151111174252847	建筑建造用大型 3D 打印机的研发与应用	深圳市三帝梦工场科技开发有限公司	通过
128	GRCK20160415142624092	Ultimater 集智核心关键技术的研发	深圳兆邦基科技孵化器有限公司	通过
129	GRCK20170421104823684	高效太阳能光热蒸发与海水淡化	深圳大学	通过
130	GRCK20170424143808241	具有“生命活性”的智能保鲜材料的研究	北京大学深圳研究生院	通过
131	GRCK20170821112847298	阻燃 TPE 电线电缆专用材料的研究	深圳大学	通过

续表

序号	项目编号	项目名称	承担单位	验收结论
132	GRCK20170822110034519	面向深层网的网络爬虫系统研发	深港产学研基地	通过
133	GRCK20170822163209772	商品机器人服务和智能体验系统	深圳市创赛平台创业服务有限公司	通过
134	GRCK20170822164142956	基于多孔锰钴氧化物 / 氢氧化镍纳米复合材料制备柔性超级电容器的研究	哈尔滨工业大学（深圳）	通过
135	GRCK20170823160100120	基于单照片的人体三维建模云计算平台	深港产学研基地产业发展中心	通过
136	JCYJ20150529153646078	基 20150011 三七总皂苷治疗老年痴呆症研究	北京大学深圳研究生院	通过
137	JCYJ20150924110425180	基 20150076 利用转基因斑马鱼检测内分泌干扰物研究	北京大学深圳研究生院	通过
138	JCYJ20160226192528793	基 20160022 节能型双稳态液晶智能窗的研究	南方科技大学	通过
139	JCYJ20160226192754225	基 20160064 面向智慧医疗的光纤传感尿液生化检测技术研究	深圳大学	通过
140	JCYJ20160229204338907	基 20160012 癌症相关激酶 Plk1 新型抑制剂及其对 乳腺肿瘤的抑制作用研究	深圳先进技术研究院	通过
141	JCYJ20160229204920363	基 20160058 水稻大粒高产性状形成分子基础及应用研究	深圳市作物分子设计育种研究院	通过
142	JCYJ20160301113537474	基 20160055 高效量子点发光太阳能聚光系统的研究	南方科技大学	通过
143	JCYJ20160301151248779	基 20160017 骨质疏松发生中长链非编码 RNA 的调控机制研究	深圳市人民医院	通过
144	JCYJ20160301154309393	基 20160031 介质基电磁超材料的设计与实现关键技术研究	清华大学深圳研究生院	通过
145	JCYJ20160324163759208	基 20160088 光刺激人工耳蜗关键技术研究	清华大学深圳研究生院	通过
146	JCYJ20160330095839867	基 20160074 蛋白质聚集毒性及抑制机制的计算模拟研究	北京大学深圳研究生院	通过
147	JCYJ20160330163900579	基 20160392 基于视觉伺服的长续航飞行器定点控制技术研究	哈尔滨工业大学（深圳）	通过
148	JCYJ20160331141759795	基 20160095 深圳东部海域造礁石珊瑚 DNA 条形码构建及遗传多样性研究	中国水产科学研究院南海水产研究所深圳试验基地	通过
149	JCYJ20160331171839169	基 20160123 基于三维立体视觉的空间感知关键技术研究	深圳市微纳集成电路与系统应用研究院	通过
150	JCYJ20160331190714896	基 20160082 融合蛋白治疗糖尿病的研究	深圳先进技术研究院	通过
151	JCYJ20160422151707152	TNF-α 预处理对 MSCs-Exosome 的活化及在 AKI 中的作用及机制	深圳市人民医院	通过
152	JCYJ20160422153149834	氨基化叶酸—京尼平靶向纳米光敏剂用于光 / 声成像诊疗乳腺癌的研究	深圳市人民医院	通过
153	JCYJ20160422154407256	IL-37 对巨噬细胞在类风湿关节炎炎症反应的调节及机制的研究	深圳市人民医院	通过
154	JCYJ20160422162835246	基于靶向液态氟碳纳米粒的多模态显影识别存活心肌的研究	深圳市人民医院	通过

续表

序号	项目编号	项目名称	承担单位	验收结论
155	JCYJ20160426095604511	基于 PI3K/AKT/PTEN/mTOR 通路探讨扶正抑瘤法延缓前列腺癌雄激素非依赖转化的机制研究	深圳市宝安区中医院	通过
156	JCYJ20160427092554740	PMN 和 CTL 在结核分枝杆菌耐药免疫学机制中的作用	深圳市宝安区慢性病防治院	通过
157	JCYJ20160427092714771	深圳市流动人口麻疹发病危险因素、免疫状况及分子流行病学研究	深圳市宝安区福永预防保健所	通过
158	JCYJ20160427101148065	CTRP3 蛋白通过 PKC 信号通路调控前列腺癌发生发展的机制研究	深圳市龙岗中心医院	通过
159	JCYJ20160427160214557	CXCR4 基因对膀胱尿路上皮癌细胞侵袭能力的影响及其机制的探讨	北京中医药大学深圳医院（龙岗）	通过
160	JCYJ20160427172335974	类珠蛋白基因簇全序列测序筛查地中海贫血罕见突变	深圳市卫生健康发展研究中心	通过
161	JCYJ20160427183553203	基 20160193　面向未知环境探测的仿生机器人关键技术研究	哈尔滨工业大学（深圳）	通过
162	JCYJ20160427183958817	基 20160200　带机械臂的操作型无人机轨迹规划与控制研究	哈尔滨工业大学（深圳）	通过
163	JCYJ20160427185541943	长链非编码 RNA H19 通过 hsa-miR-19a/b 调控 ID2 表达在急性髓细胞白血病中的作用研究	深圳北京大学香港科技大学医学中心	通过
164	JCYJ20160427191926655	CUL4A 在结直肠癌中的表达及意义	深圳市宝安区人民医院	通过
165	JCYJ20160427192121979	P38MAPK 通路在白藜芦醇抗小肠缺血再灌注继发性肺损伤中的作用	深圳市妇幼保健院	通过
166	JCYJ20160428110354308	自主意念与被动训练相结合远端关节康复机器人集成及临床应用	深圳市老年医学研究所	通过
167	JCYJ20160428144420794	智能无创眼眶压测量装置的研制	深圳市眼科医院	通过
168	JCYJ20160428164539088	DESI2 基因表达对 AKT/mTOR 信号通路的影响及其在胰腺癌的发生发展和复发转移中的意义	北京大学深圳医院	通过
169	JCYJ20160428171839409	miR-218/Bmi-1 在调控肝癌的发生发展中的功能及分子机制	北京大学深圳医院	通过
170	JCYJ20160428173412866	自噬在椎间盘软骨终板退变中的作用及分子机制研究	北京大学深圳医院	通过
171	JCYJ20160428173422809	基于前哨淋巴结 microRNA 表达的乳腺癌早期转移生物学标记物研究	北京大学深圳医院	通过
172	JCYJ20160428173958860	基 20160145　光动力疗法对皮肤恶性肿瘤的影响与机制研究	北京大学深圳医院	通过
173	JCYJ20160428174700241	间充质干细胞外泌体传递 miR-21 在肾癌发生发展中的作用及其分子机制	北京大学深圳医院	通过
174	JCYJ20160428174825490	基 20160155　健脾补肾、化瘀通络法防治血管性痴呆的临床研究	深圳市中医院	通过
175	JCYJ20160428182352200	基 20160183 微型生化质谱仪关键技术研究	清华大学深圳研究生院	通过
176	JCYJ20160429091139605	基于一家族性遗传病理性近视的机制研究	深圳市卫生健康发展研究中心	通过

续表

序号	项目编号	项目名称	承担单位	验收结论
177	JCYJ20160429093303391	P0 蛋白引发自身免疫介导正己烷周围神经病的机制研究	深圳市职业病防治院	通过
178	JCYJ20160429113732119	基于系统论的社会监督力量促进控烟条例实施的运行机制研究	深圳市健康教育与促进中心	通过
179	JCYJ20160429171911146	SIRT6 双向调控线粒体氧化应激和细胞增殖在 APAP 肝毒性中的作用及机制研究	深圳市宝安区妇幼保健院	通过
180	JCYJ20160429172357927	基于大数据筛选的 ARHGAP26 在卵巢癌侵袭转移中的作用	深圳市宝安区妇幼保健院	通过
181	JCYJ20160429172728335	14 个功能性 KIR 基因多态性与宫颈癌的关联研究	深圳市宝安区妇幼保健院	通过
182	JCYJ20160429172830023	磁共振 IVIM 技术在量化评估肝纤维化中的应用及其机制研究	深圳市宝安区妇幼保健院	通过
183	JCYJ20160429173108762	PGC-1α/CaN-NFAT2 反馈环介导糖尿病肾病足细胞凋亡的机制研究	深圳市龙岗区第二人民医院	通过
184	JCYJ20160429173451067	改良急诊护理分级评分的建立及效果评价	深圳市龙岗区第二人民医院	通过
185	JCYJ20160429182415013	核酸适体修饰的达卡巴嗪靶向纳米药物抗恶性黑色素瘤作用研究	深圳市南山区人民医院	通过
186	JCYJ20160506170101603	基于程序降温的 ppb 级超高灵敏和高选择性纳米金属氧化物气味传感阵列的研发	深圳华中科技大学研究院	通过
187	JCYJ20160506170316776	血管内皮细胞 ADK 对肥胖及胰岛素敏感性的调控作用	北京大学深圳研究生院	通过
188	JCYJ20160510144254604	基 20160209　基于 2D 结构有机及有机无机杂化材料合成及性能研究	北京大学深圳研究生院	通过
189	JCYJ20160510165106371	大气有机物种参与的多种成核机制及成核能力的快速甄别技术研究	山东大学深圳研究院	通过
190	JCYJ20160519095007940	市政污泥炭对 Cd 污染农田的改良	中山大学深圳研究院	通过
191	JCYJ20160520165135743	深圳市污水处理厂功能菌群全谱图解析及季节性更替规律研究	深圳大学	通过
192	JCYJ20160520170055193	基于声致穿孔效应的新型疫苗经皮递送关键技术研究	深圳大学	通过
193	JCYJ20160520170240403	四溴苯三唑 (TBB) 延缓 DNA 损伤引发衰老的研究	深圳大学	通过
194	JCYJ20160520170646118	利用纳米凝胶酶对高毒性芳香族工业废水进行降解研究	深圳大学	通过
195	JCYJ20160520174247964	STOML1 基因在口腔鳞状细胞癌发生发展中潜在调控机制的研究	深圳大学	通过
196	JCYJ20160520174909208	针对空气净化的氢键连接型复合光催化剂的开发	深圳大学	通过
197	JCYJ20160520175200003	PCDH7 作为胃癌预警、治疗监测的特异性分子及其功能研究	深圳大学	通过
198	JCYJ20160520175235342	华蟾素对化疗药物诱导的神经病理性疼痛的保护作用及机制研究	深圳大学	通过

续表

序号	项目编号	项目名称	承担单位	验收结论
199	JCYJ20160523160857948	城市尺度空气流动不稳定性及热岛和污染岛协同抑制策略研究	武汉大学深圳研究院	通过
200	JCYJ20160525110808894	人体暴露在电动汽车电磁环境中 50Hz~9kHz 频段电磁辐射仿真与检测分析	深圳职业技术学院	通过
201	JCYJ20160525154531263	腺苷激酶 (ADK) 在动脉粥样硬化发生发展中的作用机制研究	北京大学深圳研究生院	通过
202	JCYJ20160530173755124	茶多酚对药物代谢酶的影响及其机制研究	深圳职业技术学院	通过
203	JCYJ20160530184422787	基于 CRISPR 基因编辑的肿瘤新型治疗方法的研究	南方科技大学	通过
204	JCYJ20160530190411804	低影响开发的空间格局优化研究	南方科技大学	通过
205	JCYJ20160530190547253	基于模型数据融合的深圳海域赤潮预警预报	南方科技大学	通过
206	JCYJ20160530191619099	水稻优异耐盐种质筛选、重要遗传重叠耐盐位点的鉴定和候选基因分析	中国农业科学院深圳农业基因组研究所	通过
207	JCYJ20160530191934833	苹果蠹蛾颗粒体病毒抗性产生中的 miRNA 调控分析	中国农业科学院深圳农业基因组研究所	通过
208	JCYJ20160531114757157	沉积物毒性鉴别与评价方法的建立及其在深圳城市水体沉积物风险评价中的应用研究	深圳市环境科学研究院	通过
209	JCYJ20160531174005444	葫芦素 E 经 IL6/STAT3 信号通路抗类风湿性关节炎的机制研究	深圳先进技术研究院	通过
210	JCYJ20160531174444711	电化学精确药物释放结合光遗传解析发作性精神疾病异常神经环路的研究	深圳先进技术研究院	通过
211	JCYJ20160531174544668	神经功能障碍部位微循环血流检测及康复干预技术研究	深圳先进技术研究院	通过
212	JCYJ20160531184200806	食品抗生素残留与益生元低聚糖对人体肠道菌群生态影响的体外模型研究	香港理工大学深圳研究院	通过
213	JCYJ20160531184621718	睡眠支撑系统设计准则的生物力学研究	香港理工大学深圳研究院	通过
214	JCYJ20160531184937462	用于血脂检测的微流控纸芯片研究	深圳先进技术研究院	通过
215	JCYJ20160531185058661	多糖 - 纳米硒对鱼类免疫功能的增强及机理评估	香港理工大学深圳研究院	通过
216	JCYJ20160531191011045	基于 24GHz 雷达的呼吸暂停检测与睡眠分期关键技术研究	南方科技大学	通过
217	JCYJ20160531191837793	通用医学图像诊断架构研究	哈尔滨工业大学（深圳）	通过
218	JCYJ20160531193751295	深圳大气细颗粒物中水溶性有机氮组分的测定及来源解析	香港浸会大学深圳研究院	通过
219	JCYJ20160531193836532	以功能性自组装双金属嵌段聚合物制备高密度磁性纳米存储器件	香港浸会大学深圳研究院	通过
220	JCYJ20160531193901593	食管癌的组织代谢组学研究	香港浸会大学深圳研究院	通过
221	JCYJ20160531193951630	wnt 信号通路在髓鞘发育和再生的功能研究	武汉大学深圳研究院	通过
222	JCYJ20160531194327655	基因编辑 CRISPR/Cas9 技术在小球藻中的应用研究	深圳华大生命科学研究院	通过

续表

序号	项目编号	项目名称	承担单位	验收结论
223	JCYJ20170302140946299	基于可穿戴技术的用户多维度和深层次情境信息感知模型研究	深圳大学	通过
224	JCYJ20170302145633009	新型有机光电化学晶体管在高灵敏大肠杆菌检测中的应用研究	深圳大学	通过
225	JCYJ20170302150224580	城市低空目标多源协同探测关键技术研究	深圳大学	通过
226	JCYJ20170302150244018	基于有机晶体管的植入式电生理传感器研究	深圳大学	通过
227	JCYJ20170302151858466	构建酸响应释放气体的新型纳米药物应用于肿瘤精准诊疗研究	深圳大学	通过
228	JCYJ20170302152748002	大动态高时空性能 X 射线飞秒条纹相机研究	深圳大学	通过
229	JCYJ20170302153607971	直－交网状互联电力系统静态安全性检验和校正的对称方法	深圳大学	通过
230	JCYJ20170302153632883	社交机器人个性化图像审美能力训练算法研究	深圳大学	通过
231	JCYJ20170302153731930	基于黑磷可饱和吸收体的 3.5 μm 波段锁模光纤激光器研究	深圳大学	通过
232	JCYJ20170303160136888	新型二维超晶格异质结构的制备和其光学性能研究	香港理工大学深圳研究院	通过
233	JCYJ20170303170426117	柔性可拉伸导电电极的印刷法制备与印刷电子应用研究	武汉大学深圳研究院	通过
234	JCYJ20170306091531561	面向大规模嵌入式双目视觉产品的超分辨立体视觉匹配的快速算法研究	北京大学深圳研究生院	通过
235	JCYJ20170306144035589	PI3K-Akt 信号通路介导重组人 IFN-β 促 hMSCs 成软骨细胞分化研究	深圳职业技术学院	通过
236	JCYJ20170306153232969	石墨－铝复合材料的构型 / 界面微结构对其导热与力学性能的影响机制	西北工业大学深圳研究院	通过
237	JCYJ20170306154045928	MEMS 角速率敏感元件片上旋转调制高精度实现方法	西北工业大学深圳研究院	通过
238	JCYJ20170306154725569	磁光双模热疗型氮掺杂磁性复合粒子构筑及抗癌作用机制	西北工业大学深圳研究院	通过
239	JCYJ20170306160003433	芯模对双脊矩形管绕弯截面变形的作用机制	西北工业大学深圳研究院	通过
240	JCYJ20170306165303295	睡眠梭形波相关的突触可塑性在孤独症进程中的机理研究	北京大学深圳研究生院	通过
241	JCYJ20170306171431656	基于空间运动行为规律分析的异常社会安全行为发现	武汉大学深圳研究院	通过
242	JCYJ20170307093155685	面向大数据存储的 RRAM 存储选通的新原理、新结构研究	山东大学深圳研究院	通过
243	JCYJ20170307105259290	液态金属导电墨水及其在印刷 QLED 中的应用	南方科技大学	通过
244	JCYJ20170307141057171	基于反射式动态血氧测量模块算法研究	中山大学深圳研究院	通过
245	JCYJ20170307145728497	植入式无线颅内压监测系统关键技术研究	深圳清华大学研究院	通过
246	JCYJ20170307145914482	基于稀疏微多普勒分析的人体行为雷达识别技术及其在反恐安防中的应用	深圳清华大学研究院	通过

续表

序号	项目编号	项目名称	承担单位	验收结论
247	JCYJ20170307150227897	针对非合作目标的超近距离航天器位姿跟踪控制技术	哈尔滨工业大学（深圳）	通过
248	JCYJ20170307150330877	建筑固废物的水力特性及在降雨型滑坡治理中的应用研究	哈尔滨工业大学（深圳）	通过
249	JCYJ20170307150704051	鲁棒混沌系统的建模及其在互联网多媒体信息安全中的应用	哈尔滨工业大学（深圳）	通过
250	JCYJ20170307151049286	固体热－化－力多场耦合问题的建模与分析	哈尔滨工业大学（深圳）	通过
251	JCYJ20170307153425389	金黄色葡萄球菌大环内酯类耐药基因 ermA 传播规律及机制的研究	深圳市南山区人民医院	通过
252	JCYJ20170307153806471	锂金属电池用无机 / 有机复合固态电解质的结构设计、制备及性能研究	清华大学深圳研究生院	通过
253	JCYJ20170307160336416	深圳市药品安全风险评估模型的研究	深圳市药物警戒和风险管理研究院	通过
254	JCYJ20170307160458368	云环境下基于大数据的可检索加密技术及其应用研究	深圳华中科技大学研究院	通过
255	JCYJ20170307160923202	面向负载跟踪的固体氧化物燃料电池系统热电协同控制技术研究	深圳华中科技大学研究院	通过
256	JCYJ20170307170252420	微重力环境下大型空间天线在轨展开过程动力学特性研究	深圳先进技术研究院	通过
257	JCYJ20170307170338498	R-spondin 蛋白对缺血性脑卒中后血脑屏障功能的调控作用及临床前药物开发	深圳先进技术研究院	通过
258	JCYJ20170307172200714	云上高效安全的张量大数据分析与处理研究	深圳华中科技大学研究院	通过
259	JCYJ20170412110753954	基 20170187　工业物联网异构网络实时控制关键技术研究	深圳大学	通过
260	JSGG20150512102023105	重 20150063：单片式高精度直接驱动直流无刷电机驱动芯片关键技术研发	深圳比亚迪微电子有限公司	通过
261	JSGG20150930092608185	重 20150200：智能重载移动设备的研发	深圳市劲拓自动化设备股份有限公司	通过
262	JSGG20160229151121489	重 20160240　高性能快速充 / 放电控制芯片研发	深圳芯智汇科技有限公司	通过
263	JSGG20160229173603657	重 20160261　市政污泥热解处理关键技术研发	深圳市水务（集团）有限公司	通过
264	JSGG20160428141510173	重 20160446　新型电池极片无延展轧辊机研发	深圳市信宇人科技股份有限公司	通过
265	JSGG20160606144217004	重 20160582　食品中致病菌快速检测关键技术研发及其试剂盒研制	深圳市计量质量检测研究院	通过
266	JSGG20160607154344139	重 20160557　航空航天用碳纤维－钛复合材料高效孔加工刀具的研发	深圳市航天精密刀具有限公司	通过
267	JSGG20160608140847864	重 20160573　氯吡格雷的绿色合成工业化研究	南方科技大学	通过
268	JSGG20160608145406440	重 20160548　用于轨道交通的重载连接器关键技术研发	深圳市长盈精密技术股份有限公司	通过
269	JSGG20160818165525178	重 20160612　新能源汽车低温热泵关键技术的研发	深圳市英维克科技股份有限公司	通过

续表

序号	项目编号	项目名称	承担单位	验收结论
270	JSGG20160819150000459	重 20160596　全空域隐身高透波航空超材料关键技术研究	深圳光启尖端技术有限责任公司	通过
271	JSGG20160819150017627	重 20160598　耐海洋环境宽频吸波超材料关键技术开发	深圳光启高等理工研究院	通过
272	JSGG20170412101300547	重 20170451　第四代小分子药物头孢类药物的研发	深圳立健药业有限公司	通过
273	JSGG20170412142551126	重 20170082　大功率高可靠高压矢量变频器关键技术研发	深圳市龙威盛电子科技有限公司	通过
274	JSGG20170412143346791	重 20170024 全自动精密薄膜涂覆设备研发	深圳市轴心自控技术有限公司	通过
275	JSGG20170412151723444	重 20170277　可实时直播和分享的全景相机关键技术研发	深圳市捷高电子科技有限公司	通过
276	JSGG20170412154916281	重 20170122　低成本高效率高转速密度电动大巴永磁电机驱动系统关键技术研发	深圳市大地和电气股份有限公司	通过
277	JSGG20170412155058981	重 20170173　应用于无线 WIFI 的半孔 PCB 酸碱蚀刻工艺关键技术研发	深圳恒宝士线路板有限公司	通过
278	JSGG20170412155244719	重 20170126　新能源汽车高压大功率部件集成化关键技术研发	深圳市麦格米特驱动技术有限公司	通过
279	JSGG20170412161121688	重 20170114　基于高频谐振软开关功率变换器及其集成关键技术研发	深圳市皓文电子有限公司	通过
280	JSGG20170412161703372	重 20170307　基于机器视觉与深度学习的汽车智能辅助驾驶技术研究与道路优化建设关键技术研发	深圳市路畅科技股份有限公司	通过
281	JSGG20170413114223014	重 20170087　基于自激发热保护的高安全锂离子动力电池关键技术研发	深圳市斯盛能源股份有限公司	通过
282	JSGG20170413142559220	重 20170446 深圳结核病传播关键技术研发	深圳联合医学科技有限公司	通过
283	JSGG20170413143409208	重 20170079　面向智慧城市的智能节能照明控制管理平台关键技术研发	利亚德照明股份有限公司	通过
284	JSGG20170413144745861	重 20170005　面向大型工程结构件的智能无损检测机器人研发	深圳市神视检验有限公司	通过
285	JSGG20170413150346099	重 20170019　模具智能柔性加工生产线关键技术研发	星星精密科技（深圳）有限公司	通过
286	JSGG20170413153650926	重 20170252　用于 4K 超高清视频及 USB Type-C 高速数据传输的 60GHz 无线收发芯片关键技术研发	深圳市中微半导体有限公司	通过
287	JSGG20170413162127784	重 20170111　多维形态一体化驱动控制系统关键技术研发	深圳市英威腾电气股份有限公司	通过
288	JSGG20170413162441039	重 20170420　人参皂苷 Rh2 生物催化合成关键技术的研发	邦泰生物工程（深圳）有限公司	通过
289	JSGG20170413164021488	重 20170128　余泥渣土资源化处置及利用关键技术研发	深圳航天科技创新研究院	通过
290	JSGG20170413172919477	重 20170108　锂离子电池集装箱式储能高效大电流均衡及系统关键技术研发	广东天劲新能源科技股份有限公司	通过

续表

序号	项目编号	项目名称	承担单位	验收结论
291	JSGG20170413173425899	重 20170365　城市宜居空间智慧模型及个性化决策系统研发	深圳市建筑科学研究院股份有限公司	通过
292	JSGG20170414090535937	重 20170172　高粘接加成型有机硅功能材料关键技术研发	深圳天鼎新材料有限公司	通过
293	JSGG20170414093410494	重 20170006　动力电池自动在线测试系统关键技术研发	深圳市瑞能实业股份有限公司	通过
294	JSGG20170414094441219	重 20170144　风机叶片弹性树脂涂层材料关键技术研发	深圳飞扬骏研新材料股份有限公司	通过
295	JSGG20170414101405170	重 20170105　三相智能电网谐波高精度计量关键技术研发	深圳市中电电力技术股份有限公司	通过
296	JSGG20170414105501597	重 20170389　基于 400Gbps 大数据传输的超高速背板关键技术研发	深圳市兴森快捷电路科技股份有限公司	通过
297	JSGG20170414150140897	重 20170073 4D 容积超声探头关键技术研发	深圳市理邦精密仪器股份有限公司	通过
298	JSGG20170414151534782	重 20170036　大型工业企业配电网建模仿真关键技术研发	深圳市康必达控制技术有限公司	通过
299	JSGG20170414154306780	重 20170313　3D 高清 VR 摄像机及关键技术研发	深圳市至高通信技术发展有限公司	通过
300	JSGG20170414170303726	重 20170175　低压腔并联式大容量高效制冷关键技术研发	维谛技术有限公司	通过
301	KJFHQ20160829095909770	星河 WORLD 科技孵化器	深圳雅宝房地产开发有限公司	通过
302	KJYY20150430175426620	污水处理厂活性污泥原位消减技术的应用示范	深圳市环境科学研究院	通过
303	KJYY20160428170944786	SF20160025　大焊缝弧焊机器人在集装箱智能制造中的应用示范	中国国际海运集装箱（集团）股份有限公司	通过
304	KJYY20170330141923004	SF20170013 纯电动机场摆渡车应用示范	深圳中集天达空港设备有限公司	通过
305	KJYY20170411102313556	SF20170051　高性能低功耗微型电源核心芯片应用示范	深圳市富满电子集团股份有限公司	通过
306	KJYY20170411152229087	SF20170059　双复眼透镜组照明微型投影光机应用示范	深圳市安华光电技术有限公司	通过
307	KJYY20170412152300554	SF20170006　半导体微细丝动态键合拉力检测系统应用示范	深圳市德瑞茵精密科技有限公司	通过
308	KJYY20170412152744453	SF20170030　新一代应急指挥通信平台应用示范	深圳震有科技股份有限公司	通过
309	CYZZ20170721140733616	基于自适应反馈与云平台技术的视频会议系统研发	深圳明心科技有限公司	复议
310	CKCY20170508145918305	基于共享单车的 wifi 热点精准定位及防盗报警系统解决方案	深圳市三奇客科技控股有限公司	复议
311	JSGG20160608151640887	重 20160552　新型大屏真笔迹电磁触控智能交互终端的关键技术研究	深圳市闪联信息技术有限公司	复议

续表

序号	项目编号	项目名称	承担单位	验收结论
312	JSGG20170412160335763	重20170118 高效直线双极空气压缩系统关键技术研发	深圳市康普斯节能科技股份有限公司	复议
313	JSGG20170414102438527	重20170167 新能源汽车动力电池精密结构件关键技术研发	深圳市科达利实业股份有限公司	复议
314	CYZZ20160531144119411	深度主动降噪耳机的研发	深圳跃豁达科技有限公司	复议
315	CYZZ20170323143825572	风力发电系统的防雷方案	深圳普泰电气有限公司	复议
316	JSGG20170413144923033	重20170369 基于区块链的可信电子存证系统关键技术研发	沃通电子认证服务有限公司	复议
317	CYZZ20170330111708069	高韧型LED环氧封装胶的高耐候、高光效关键技术研发	深圳市宝力新材料有限公司	复议
318	GQYCZZ20141009155341836	交流永磁同步三闭环伺服驱动器	深圳市中科伺服科技有限公司	复议
319	JSGG20160608153359186	重20160554 基于国产CPU内核的电器专用SOC芯片研发	深圳市恒昌通电子有限公司	复议
320	JSGG20160819093235521	重20160604 微电网能量实时管理控制装置关键技术研发	深圳市科陆电子科技股份有限公司	复议
321	CYZZ20160531090405761	基于开关电源同步二极管关键技术研发	深圳东科半导体有限公司	复议
322	CYZZ20170331113757326	安全软件开发生命周期(S-SDLC)管理平台产业化	深圳开源互联网安全技术有限公司	复议
323	CYZZ20170330162525155	基于敏捷型供应链管理的农业信息化分布式智能控制平台	深圳超群高科技有限公司	复议
324	JSGG20160428155313715	重20160429 户外防水防震节能LED地砖屏研发	深圳市迈锐光电有限公司	复议
325	CYZZ20170330160709527	电梯物联网通信服务云平台及其硬件系统开发创业项目	深圳市图焌科技有限公司	复议
326	JSGG20170413140907339	重20170196 石墨烯复合磷酸铁锂正极材料关键技术研发	深圳市贝特瑞纳米科技有限公司	复议
327	CYZZ20170307153908174	智慧城市物联网无人机解决方案	深圳市多翼创新科技有限公司	复议
328	JSGG20170413141945849	重20170119 3D曲面玻璃用的新型UV感光墨水材料关键技术研发	深圳市格莱特印刷材料有限公司	复议
329	CYZZ20160520163334953	基于智能家居的自动调光调色温LED情景面板灯	深圳市华创力照明科技有限公司	复议
330	CYZZ20170405162217973	微组装关键工艺技术研究	深圳市华讯方舟微电子科技有限公司	复议
331	JCYJ20160530173520985	Pokemon抑制肝癌细胞凋亡机制的同位素示踪靶向代谢组学研究	深圳市药品检验研究院（深圳市医疗器械检测中心）	复议
332	JSGG20160608155823745	重20160529 水性丙烯酸结构胶粘剂关键技术研发	深圳市顾康力化工有限公司	复议
333	JSGG20170412154335340	重20170473 基于微流控技术的心脑血管疾病预警关键技术研发	深圳市帝迈生物技术有限公司	复议
334	CYZZ20170405141716905	面向包装行业的高端自动化检测系统研发	深圳市中博讯达软件有限公司	复议

续表

序号	项目编号	项目名称	承担单位	验收结论
335	JSGG20160606145149745	重 20160541 超临界水氧化有机废物装置研制	深圳中广核工程设计有限公司	复议
336	JSGG20170412154657982	重 20170269 基于深度学习的视频结构化大数据和检索云平台的研发	深圳市海能通信股份有限公司	复议
337	JSGG20170413163622547	重 20170180 高综合性能低成本动力电池负极材料关键技术研发	深圳市贝特瑞新能源材料股份有限公司	复议
338	JCYJ20160226185623304	基 20160011 乳腺癌中表达异常的非编码核酸通过自噬 信号通路调控肿瘤发生发展机制的研究	清华大学深圳研究生院	复议
339	JCYJ20170306153605871	基于电介质微纳结构的超薄偏振光学器件基础研究	西北工业大学深圳研究院	复议
340	JSGG20170413151919363	重 20170140 基于金属粉末注射成形工艺的硬质合金数控刀片关键技术研发	深圳市注成科技股份有限公司	复议
341	CKFW20160414153721743	南科大智能感知与虚拟现实创客服务平台	南方科技大学	复议
342	CYZZ20160525155440277	基于 USB Type-C 快充技术的超高集成度电池充放电芯片	深圳慧能泰半导体科技有限公司	复议
343	CYZZ20170401110057722	融合智能家居设备的智能服务型机器人	深圳市佳奇机器人科技有限公司	复议
344	JCYJ20170302153341980	菲并咪唑衍生物双极分子构筑的非掺杂深蓝光 OLED 的构效关系及光电性能研究	深圳大学	复议
345	JCYJ20170412151159461	基 20170191 多维度大区域地震传感数据分析与地震预测算法及核心技术研究	北京大学深圳研究生院	复议
346	CKCY20170725141603314	停车场无感支付系统研发	深圳市智车宝信息科技有限公司	复议
347	KJYY20170412150641301	SF20170066 基于 VR+LED 微间距技术的人屏互动智能显示系统应用示范	深圳市光祥科技股份有限公司	复议
348	CYZZ20160530184900512	基于非成像视觉的光学生律调节系统的研究与应用	深圳前海冰寒信息科技有限公司	复议
349	CYZZ20160530095023031	基于无线充电系统的战斧 F1 家庭互联网娱乐游戏机的研发	深圳蓝港智慧科技有限公司	复议
350	中央引导地方项目	地方科技创新创业服务机构	深圳柴火创客文化传播有限公司	通过
351	中央引导地方项目	深圳市高新奇科技企业孵化器创新公共服务平台	深圳市高新奇战略新兴产业园区管理有限公司	通过
352	中央引导地方项目	深圳大运软件小镇孵化器	深圳市国高育成投资运营有限公司	通过
353	中央引导地方项目	硬件创客供应链垂直深度服务平台	深圳市大典创新供应链有限公司	通过
354	中央引导地方项目	TCL 创客空间孵化器	深圳市 TCL 高新技术开发有限公司	通过
355	中央引导地方项目	中科创客学院	深圳中科创客学院有限公司	通过
356	中央引导地方项目	微游汇移动互联网专业孵化器	深圳市微游汇孵化器管理有限公司	通过

续表

序号	项目编号	项目名称	承担单位	验收结论
357	中央引导地方项目	创客蚂蚁邦	深圳市图道智能科技有限公司	通过
358	中央引导地方项目	“佃客中国”创客空间服务提升——检测、品牌培育服务	深圳中科君浩科技股份有限公司	通过
359	中央引导地方项目	化学基因组学重点实验室科研条件提升	北京大学深圳研究生院	通过
360	中央引导地方项目	中芬设计园	深圳市中芬创业产业投资有限公司	通过
361	中央引导地方项目	新型创新创业知识产权产业服务综合体	深圳市国新南方知识产权研究院	通过
362	中央引导地方项目	星云智能硬件加速器	深圳星云极客科技孵化器有限公司	通过
363	中央引导地方项目	飞扬科技创新园	深圳飞扬兴业科技有限公司	通过
364	中央引导地方项目	生物医药质谱分析平台建设	中国科学院深圳先进技术研究院	复议
365	中央引导地方项目	深圳宝安区菁创计划服务系统	深圳市四方网盈孵化器管理有限公司	复议
366	中央引导地方项目	嘀嗒咖啡创客空间（中科嘀嗒互联网创客空间）	深圳市中科众创空间科技创投有限公司	复议

八、2019 年第 8 批市科技计划项目验收结果

序号	项目编号	项目名称	承担单位	验收结论
1	JSGG20170412163206200	重 20170177　动力电池再生及阶梯化应用关键技术研发	深圳市凤凰锂能科技有限公司	通过
2	CYZZ20170406145222537	基于云转码技术的智慧监控云方案项目	深圳秦云网科技有限公司	通过
3	CYZZ20170331164840296	FS-L13&LA10 植保无人机遥控器	深圳市富斯科技有限公司	通过
4	JSGG20170412103528983	重 20170287　基于驾驶情景学习的物流行业智慧车载终端研发	深圳市国脉畅行科技股份有限公司	通过
5	CYZZ20150529103108468	应用塔胞藻为生物反应器实现新型 eEGF 美容生物制品的开发	深圳市美沃西联生物科技有限公司	通过
6	RKX20180416164806266	深港科技创新特别合作区科技产业规划研究	深圳市体制改革研究会	通过
7	JCYJ20150403150555633	叶酸及代谢网络酶基因变异对脑卒中高危人群的交互作用	深圳市宝安区中心医院	通过
8	JCYJ20150403150555632	深圳市社区人群代谢综合征诊断标准制定及应用效果评价	深圳市宝安区中心医院	通过
9	GQYCZZ20160226150712446	病死畜禽无害化处理技术研发及产业化	深圳格诺致锦科技发展有限公司	通过
10	CYZZ20170321154829491	全自动智能柔性机器人汽车发动机缸体清洗设备的研发	深圳市利兴隆超声清洗设备有限公司	通过
11	CYZZ20170328101823524	高速高精度全自动视觉非接触式喷射点胶机器人的研发	深圳市赛派斯工业设备有限公司	通过

续表

序号	项目编号	项目名称	承担单位	验收结论
12	RKX20180416164812058	深圳科技创新政策措施研究	深圳市体制改革研究会	通过
13	CKCY20170823095042519	高位深图像处理与大数据深度学习	深圳市海西高科有限公司	通过
14	JCYJ20160307111232895	基于信任的社交网络情境感知计算的关键技术研究	深圳大学	通过
15	GQYCZZ20160226114722589	汽车平视显示系统关键组件研发及产业化	深圳点石创新科技有限公司	通过
16	JCYJ20160425105935866	垃圾焚烧作业工人的职业健康分析及其危害因素暴露评估研究	深圳市宝安区松岗卫生监督所（深圳市宝安区松岗预防保健所）	通过
17	JCYJ20160426095504360	环氧合酶 -2 对人 Barrett 食管细胞增殖、凋亡、形态的影响及机制研究	深圳市龙华区人民医院	通过
18	JCYJ20170306144608417	基于多模无损检测方法的电动汽车动力电池安全监控与预警关键技术研究	深圳职业技术学院	通过
19	CYZZ20170330153143869	基于 IPTV 技术的交互式智能视讯管理服务云平台	深圳市宏辉智通科技有限公司	通过
20	CYZZ20150608161847588	小型化密集波分复用器	深圳市锦特尔技术有限公司	通过
21	CYZZ20160530184900512	基于非成像视觉的光学生律调节系统的研究与应用	深圳前海冰寒信息科技有限公司	通过
22	JCYJ20160428101304758	汉防己甲素对氟康唑治疗系统性白念珠菌 感染小鼠的增效作用研究	深圳市宝安区沙井人民医院	通过
23	CYZZ20170331093122764	电子式手术室智能净化空调系统	深圳市柯林环境净化工程有限公司	通过
24	CYZZ20160519101919698	智能分拣系统	深圳市联合海川物联科技有限公司	通过
25	CKKJ20160829195602499	兆邦基科技梦工厂（Inno Park）创客空间	深圳兆邦基科技孵化器有限公司	通过
26	GRCK20170821111342195	萌菌的工业化之路	深圳大学	通过
27	GJHZ20161021094548630	新一代民航客机超高性能机载调制解调器的研究开发	深圳市多尼卡电子技术有限公司	通过
28	JSGG20170413115917465	重 20170023　机器人视觉伺服控制器关键技术研发	深圳市华成工业控制有限公司	通过
29	JSGG20160229143925193	重 20160214　多种呼吸道病原体分析检测关键技术研发	深圳市亿立方生物技术有限公司	通过
30	CYZZ20170331161125131	高性能钬激光驱动电源的研制	深圳陆巡科技有限公司	通过
31	GQYCZZ20150911165612251	智能可穿戴设备内置天线技术研发及产业化	深圳市天鼎微波科技有限公司	通过
32	CYZZ20170405162305793	RTS 光学动捕摄像机	深圳市瑞立视多媒体科技有限公司	通过
33	JSGG20170414144401194	重 20170186　基于双向变换软开关技术的光伏储能离并网一体化关键技术研发	日月元科技（深圳）有限公司	通过
34	JCYJ20160428101039056	Tim-3 在早期自然流产中的作用及与 Th17/Treg 细胞的关系	深圳市宝安区沙井人民医院	通过
35	CYZZ20170322161857239	智能超声波水表及智慧应用系统	深圳市阿美特科技有限公司	通过

续表

序号	项目编号	项目名称	承担单位	验收结论
36	CYZZ20170405104433471	新能源智能多元移动服务系统	云杉智慧新能源技术有限公司	通过
37	GJHZ20170313152327727	三阴性乳腺癌新生物标志物的国际临床研究	深圳市亿立方生物技术有限公司	通过
38	JSGG20170412101934171	重 20170112　高强耐高温碳纤维改性 PC 吸波材料关键技术研发	深圳市京信通科技有限公司	通过
39	JCYJ20160427170127352	应用 Pender 健康促进模式对社区糖尿病的健康管理研究	深圳市福田区第二人民医院	通过
40	JCYJ20160428143929756	公共卫生监测评价模型的建立及常态化应用研究	深圳市疾病预防控制中心	通过
41	CYZZ20160520153007935	具有配光透镜（模组）的低成本高散热新型 LED 节能灯	深圳市宝泰光电科技有限公司	通过
42	JSGG20170414100649582	重 20170220　面向工业互联网和军用光传输链路的工业级和军工级高速光模块关键技术研发	深圳市光为光通信科技有限公司	通过
43	GJHZ20170306140401683	超高清安卓双向卫星数据终端	深圳佳力拓科技有限公司	通过
44	JCYJ20160411110045629	膝骨关节炎患者滑液和血清中 HDAC2 的研究	深圳市龙岗区第四人民医院	通过
45	CYZZ20170401150131760	电动汽车智能自适应充电系统及可复用式开发管理平台	深圳市广天川新能源有限公司	通过
46	CKKJ20160829105331717	7A 大学生创客空间	深圳市柒诶文化产业发展有限公司	通过
47	CYZZ20170331160103587	LED 白光芯片 (CSP) 制备新工艺	导装光电科技（深圳）有限公司	通过
48	CYZZ20170330163529126	FPC 贴二维码追溯设备	深圳市升达康科技有限公司	通过
49	JCYJ20160427190318822	IMP3 在乳腺癌中的表达及其作用和临床价值的研究	深圳市妇幼保健院	通过
50	JSGG20160331140748142	重 20160333　常温高效市政污泥干化关键技术研发	深圳市粤昆仑环保实业有限公司	通过
51	JCYJ20170307160806070	基于卷积神经网络的视频行为识别研究	深圳华中科技大学研究院	通过
52	CYZZ20170331114933678	社区云服务智能综合管理系统	深圳雷迪时代网络科技有限公司	通过
53	KQJSCX20170327150812967	用于气体传感的超薄柔性复合薄膜的关键技术开发	深圳大学	通过
54	JCYJ20160427190454130	Treg 细胞在婴儿牛奶蛋白过敏口服免疫耐受中的研究	深圳市妇幼保健院	通过
55	JCYJ20160429100449928	社区接触者结核感染预测模型及其中结核病患者发现新模式研究	深圳市龙华新区慢性病防治中心（精神卫生中心）	通过
56	JCYJ20160427191204874	牙周炎患者唾液生物标记物和早产的相关性分析	深圳市妇幼保健院	通过
57	JSGG20160331161046511	重 20160325　肿瘤靶向性 T-CTL 免疫细胞治疗	深圳市人民医院	通过
58	CYZZ20150918162504180	可穿戴运动相机与米狗视频互动娱乐平台研发	深圳市柏悦数码技术有限公司	通过
59	CYZZ20170331093013597	基于医疗信息安全的新一代 4G 无线监护系统	深圳市柯林健康医疗有限公司	通过
60	JCYJ20170306153943097	面向遥感影像变化检测的深度学习模型与智能优化方法	西北工业大学深圳研究院	通过

续表

序号	项目编号	项目名称	承担单位	验收结论
61	JCYJ20160428092427867	基 20160177 视觉辅助导盲系统技术研究	深圳职业技术学院	通过
62	JSGG20170413101428325	重 20170158 高功率光纤激光器陶瓷封接关键技术研发	深圳市宏钢机械设备有限公司	通过
63	JCYJ20160428182342406	点线正骨调曲整脊法基于腰曲相关性对腰椎管狭窄症临床效应研究	深圳市中医院	通过
64	GRCK20170822160420518	忘念高科技智能骨灰盒	深圳市创展谷创新创业中心有限公司	通过
65	RKX20180410150518208	深圳国际人才引进障碍及对策研究	深圳新锐思维咨询有限公司	通过
66	JCYJ20160425151844396	针刺结合镜像疗法对脑梗死患者上肢功能及 fMRI 脑功能效应机制研究	广州中医药大学深圳医院（福田）	通过
67	JCYJ20160426144042853	基于提高临床鼻窦负压置换技术效果的改良研究及标准的建立	南方科技大学医院	通过
68	JCYJ20160427191605611	组蛋白在儿童脓毒症发病中的作用研究	深圳市妇幼保健院	通过
69	JSGG20170412114218927	重 20170070 精准神经外科手术规划和导航系统研发	深圳安科高技术股份有限公司	通过
70	GJHZ20170314153251478	面向工业互联网的融合可见光通信技术研究	深圳清华大学研究院	通过
71	JCYJ20170307092918052	DNRA 菌的富集培养及协同厌氧氨氧化完全脱氮机理研究	山东大学深圳研究院	通过
72	JSGG20170414105308204	重 20170233 面向无人机用的波束可控智能天线关键技术研发	深圳市中天迅通信技术股份有限公司	通过
73	JCYJ20150403161923511	空间模拟环境对 Hall 推进器寿命实验的影响机理研究	哈尔滨工业大学（深圳）	通过
74	GRCK20170421160708354	纸基微流控芯片的打印技术及其在基于唾液的糖尿病即时检测中的应用研究	哈尔滨工业大学（深圳）	通过
75	CYZZ20160527094826853	基于中长距离高清视频传输的 HDMI 光纤传输线的研发	深圳市新淮荣晖科技有限公司	通过
76	CYZZ20170329103956596	CD19 CAR-T 细胞制备工艺研发	深圳咖荻生物科技有限公司	通过
77	CYZZ20170330111522929	基于大数据的母婴健康监护及远程医疗系统的研发	深圳市医信科技有限公司	通过
78	JCYJ20170307164201104	毫米波 5G 无线传输特性关键问题研究	北京大学深圳研究院	通过
79	GQYCZZ20141008152006008	NFC 无源电子墨水屏标签及产业化	深圳市迈圈信息技术有限公司	通过
80	JCYJ20170306155315873	结合空间纹理的实时高光谱图像目标探测	西北工业大学深圳研究院	通过
81	JCYJ20170307173012031	含锶硼硅酸盐生物活性玻璃改性纤维增强树脂复合材料作为口腔种植体的研究	深圳先进技术研究院	通过
82	CYZZ20170331114719205	“彩云”健康理疗仪共享及监管云操作系统	深圳市亮而彩科技有限公司	通过
83	JCYJ20160307155501522	GLP-1R 介导胃旁路手术改善糖尿病大鼠胰岛素分泌作用研究	深圳大学	通过
84	GRCK20170822170232373	基于 3D 云设计及 AR 现实增强技术的家装网上平台 Arch17	深圳大学	通过

续表

序号	项目编号	项目名称	承担单位	验收结论
85	JCYJ20160428174445840	转录因子 HIF1α 对刚地弓形虫生长转化的影响及相关免疫调控研究	中国科学院大学深圳医院（光明）	通过
86	JCYJ20160425104021619	支气管扩张患者维生素 D 缺乏与粘液纤毛清除功能及细菌定植关系的研究	深圳市第二人民医院	通过
87	JCYJ20170307161659648	核酸适配子功能化的脂质聚合物肿瘤靶向递送 CRISPR/Cas9 用于基因编辑 VEGFA 治疗骨肉瘤	香港浸会大学深圳研究院	通过
88	JSGG20170414093118447	重 20170051　系留多旋翼无人机系统应用扩展研发	深圳市科卫泰实业发展有限公司	通过
89	CYZZ20170406092133884	基于超级嵌入式计算机的人像识别系统研发	深圳市深网视界科技有限公司	通过
90	CYZZ20170328112028273	多功能 OBD 在线诊断系统	深圳移航通信技术有限公司	通过
91	JCYJ20170306161133420	柔性多孔导电基底表面可控聚合及其响应性酶生物电极的构筑	西北工业大学深圳研究院	通过
92	CKCY20170721145410882	鲁班长建筑工人管理信息云平台的研发	鲁班长（深圳）科技有限公司	通过
93	JCYJ20170302153434048	正则特征提取	深圳大学	通过
94	JCYJ20160425100144663	高频次机采献血者钙铁营养的现况调查和补充方案的研究	深圳市血液中心	通过
95	JSGG20170412151407005	重 20170032　基于等离子体及雾化喷涂技术的防指纹镀膜机关键技术研发	深圳市顺安恒科技发展有限公司	通过
96	CYZZ20170330103415895	用于精密器件检测 3D 视觉系统关键技术研发	深圳市新唯自动化设备有限公司	通过
97	JCYJ20160426094126651	sEng、ADMA 对子痫前期胎盘血管网的影响及预测价值的研究	深圳市龙华区人民医院	通过
98	SGLH20161212104605195	基于深度学习方法的快速无创冠状动脉血流储备分数诊断技术研究：工程实现及临床验证	中国医学科学院阜外医院深圳医院	通过
99	LXRY20121106151441536	基于光电技术的智能配电终端 (OPTU) 项目	深圳市安电科技有限公司	通过
100	JCYJ20160428101440065	多次免疫患者 Rh 血型分型及早期临床干预	深圳市宝安区沙井人民医院	通过
101	CKKJ20160829195354783	现代农业创客空间	深圳诺普信农化股份有限公司	通过
102	CKCY20170823162945179	蓝迪威水性 LED 光固化木器漆	深圳有为技术控股集团有限公司	通过
103	JSGG20160301095954267	重 20160165　高性能高功率双结型 1550 nm InGaAlAs 量子阱激光器研发	深圳清华大学研究院	通过
104	CKCY20170721154635936	治疗过敏性哮喘的蒙药复方冬青叶颗粒剂研发	深圳弘汇生物医药有限公司	通过
105	JCYJ20170306093157182	应用于亚低温脑保护治疗的纳米蛋白药物制备及其性能研究	深圳市第二人民医院	通过
106	CYZZ20170401091731909	开放式八轴联动工业机器人控制器研发	深圳市英威腾智能控制有限公司	通过
107	CYZZ20170331151027759	3D 虚拟现实智能运动装备的研究	深圳市爱康伟达智能医疗科技有限公司	通过
108	GQYCZZ20150914161648992	创新性可降解生物源壳聚糖修复球囊	深圳脉动医学技术有限公司	通过

续表

序号	项目编号	项目名称	承担单位	验收结论
109	JSGG20170412145043354	重 20170178 低成本透明二氧化硅气凝胶纳米材料制备关键技术研发	深圳市广田环保涂料有限公司	通过
110	CYZZ20160526150950980	穿过屏幕保护盖板感测指纹信息的新一代指纹感测芯片关键技术研发	深圳信炜科技有限公司	通过
111	JCYJ20160427174723796	药物涂层球囊在支架内再狭窄治疗中的应用研究	中国医学科学院阜外医院深圳医院	通过
112	JSGG20170414162250779	重 20170169 150kW 超大功率直流变换器关键技术研发	深圳欣锐科技股份有限公司	通过
113	JCYJ20170307172830043	面向未来无线网络的物理层安全理论与技术研究	北京邮电大学深圳研究院	通过
114	JCYJ20160426095606425	调节耳蜗离子转运对老年性耳聋（AHL）的机制及治疗研究	深圳市龙华区人民医院	通过
115	CKCY20170505161057509	基于智慧消防的维保信息化移动管理服务平台	深圳市筑安科技有限公司	通过
116	JCYJ20160426144433940	床旁持续压力分布监测对压疮防控的应用价值	南方科技大学医院	通过
117	GRCK20170821110704201	一种新型黑磷联合抗癌药物	深圳大学	通过
118	JCYJ20170307153051701	基于立体视觉技术的行人再识别及三维重建可视化研究	清华大学深圳国际研究生院	通过
119	JCYJ20160428143634086	基于蒙特卡罗方法评估贝类膳食健康风险	深圳市疾病预防控制中心	通过
120	JCYJ20160427191746242	MRI 在子宫瘢痕妊娠诊断及分型的临床价值研究	深圳市妇幼保健院	通过
121	JCYJ20170306165153653	自然环境中多模态儿童情感智能感知关键技术研究	北京大学深圳研究生院	通过
122	JCYJ20170307164247428	面向芯片应用的石墨烯器件和电路 SPICE 模型	深港产学研基地	通过
123	JCYJ20160427190705550	雄激素介导的自噬抑制对痤疮皮脂分泌影响的研究	深圳市妇幼保健院	通过
124	GJHS20160331171708747	医学影像数据引导的 3D 打印精准成型的生物活性材料的研制 及应用	深圳先进技术研究院	通过
125	JCYJ20160428181150110	基于代谢组学痛风泰治疗痛风的方证相应研究	深圳市中医院	通过
126	JCYJ20170302150044331	基于高阶统计量的阵列天线误差自校正技术研究	深圳大学	通过
127	JCYJ20170306152455554	新型功率非均衡分配的水下无线光 MIMO 通信系统性能研究	西北工业大学深圳研究院	通过
128	JCYJ20160425100414856	基于血小板 GPVI/FcRγ 信号通路探讨甲基莲心碱抗动脉粥样硬化作用的机制研究	深圳市第二人民医院	通过
129	JCYJ20160427191635976	Noonan 综合征的产前筛查和基因诊断研究	深圳市妇幼保健院	通过
130	JCYJ20170302144838601	多尺度分解与多正则约束下的鲁棒视觉显著目标分割	深圳大学	通过
131	JCYJ20170307145820484	微波散射通信系统的低功耗传输关键技术研究	深圳清华大学研究院	通过
132	CYZZ20170331144033002	大流量极低压管道式反渗透净水器的研发	深圳加仑膜技术有限公司	通过
133	JCYJ20170302153712968	移动设备的恶意软件检测	深圳大学	通过
134	JCYJ20160427152933037	应用重组酶聚合酶扩增－侧向流免疫层析法检测分枝杆菌的研究	深圳市第三人民医院	通过

续表

序号	项目编号	项目名称	承担单位	验收结论
135	JCYJ20160427190048139	COOK 双球囊用于疤痕子宫足月妊娠引产的临床研究	深圳市妇幼保健院	通过
136	JSGG20170411141355215	重 20170074 3.0T 超导型磁共振成像系统（MRI）关键技术研发	深圳市贝斯达医疗股份有限公司	通过
137	CYZZ20170330114512246	智能微型测力传感器研发	泰科思（深圳）传感器有限公司	通过
138	JCYJ20160328144421330	基 20160108 大数据环境下图像和音视频内容安全关键技术研究	深圳大学	通过
139	JCYJ20170307165039508	面向可穿戴医疗健康的多维高灵敏柔性仿生传感器关键技术研究	深圳先进技术研究院	通过
140	RKX20180416164710386	广深科技创新走廊实施策略深化研究	深圳市中孵产业园发展中心	通过
141	JCYJ20160426094752965	CD26/DPPIV 分子及其抑制剂在防治移植物抗宿主病中的作用和机制的研 究	深圳市龙华区人民医院	通过
142	JCYJ20160427190959898	深圳地区先天性甲状腺功能减低症患儿甲状腺发育不良相关基因突变检测及其蛋白质功能学研究	深圳市妇幼保健院	通过
143	JCYJ20170306160818761	高可靠 FPGA /IP 核设计安全验证与漏洞检测技术	西北工业大学深圳研究院	通过
144	CYZZ20170328141148259	基于大气污染防治中机动车尾气排放远程在线监测平台的研究	深圳市劲力超科技有限公司	通过
145	JCYJ20170302143846672	新型圆偏振发光材料的制备与光学性质研究	深圳大学	通过
146	JCYJ20160427190929616	卡介苗（BCG）干预对宫颈癌微环境中巨噬细胞极化与炎癌关系变化的机制研究	深圳市妇幼保健院	通过
147	CYZZ20170329092236766	智能可穿戴式多参数睡眠呼吸监测系统研发	深圳市惟拓力医疗电子有限公司	通过
148	JCYJ20160520174014465	高密度超低能耗新型嵌入式随机存储器关键技术研究	深圳大学	通过
149	GJHZ20170313105218155	宽带高刷新率深存储数字存储示波器关键技术研究及产业化应用	深圳市鼎阳科技有限公司	通过
150	JCYJ20170302153955969	异构存储系统中基于 Spark 语义的数据持久化方法研究	深圳大学	通过
151	JSGG20160226201833790	重 20160171 高性能超高分子量聚乙烯（UHMWPE）纤维的可控化制备关键技术研发	深圳大学	通过
152	JCYJ20160428172856747	新生大鼠缺氧缺血后脑神经细胞凋亡中线粒体 DNA 羟甲基化修饰的表达与作用机制研究	北京大学深圳医院	通过
153	JCYJ20170306153912850	网络化多智能体系统指定时间协调控制	西北工业大学深圳研究院	通过
154	JCYJ20170307164134521	诱导因子和微结构协同促进 3D 打印骨修复支架成骨活性及血管化的研究	深圳先进技术研究院	通过
155	JCYJ20160427191435515	生长激素对 PCOS 患者 IVF-ET 治疗结局的影响及其调节黄素化颗粒细胞分泌甾体激素的作用	深圳市妇幼保健院	通过
156	JCYJ20160427190223365	胎儿染色体微缺失、微重复的无创产前检测	深圳市妇幼保健院	通过
157	JCYJ20160427191500406	HCG 共培养自体外周血单核细胞宫腔灌注联合免疫治疗对于反复种植失败的研究	深圳市妇幼保健院	通过

续表

序号	项目编号	项目名称	承担单位	验收结论
158	JCYJ20170307151831260	目标检测中候选区域生成算法的研究与改进	哈尔滨工业大学（深圳）	通过
159	JCYJ20170306155652174	Massive MIMO 系统中高效低泄漏级联预编码优化设计	西北工业大学深圳研究院	通过
160	JCYJ20160427173722143	候选癌基因 SBSPON 调控 β-catenin 促进结直肠癌发生发展机制研究	深圳市第二人民医院	通过
161	JSGG20170413170917828	重 20170202 室内停车位导航的关键技术研发	深圳市城市交通规划设计研究中心有限公司	通过
162	GJHS20170301104939421	面向移动互联的电子发票公共服务平台研发与应用	深圳市中润四方信息技术有限公司	通过
163	JCYJ20160427191320225	自噬为靶点研究淫羊藿苷对卵巢癌耐药细胞的增敏机制	深圳市妇幼保健院	通过
164	JCYJ20170303155923684	针对金黄色葡萄球菌的新型抗菌药研究	香港理工大学深圳研究院	通过
165	JCYJ20170302144938485	基于芳香杂环结构域的谷氨酰胺酰基环化酶抑制剂及其抗 AD 作用研究	深圳大学	通过
166	JCYJ20170302144650949	基于系统生物学探讨饮食限制延缓衰老的分子机制	深圳大学	通过
167	GQYCZZ20160229124508553	城镇污水处理厂原位升级提标技术及其产业化	深圳市清泉水业股份有限公司	通过
168	JCYJ20160425105735113	全基因组测序技术在抗脓毒症感染的精准应用研究	深圳市第二人民医院	通过
169	JCYJ20160425100217087	基于大量人群 HBV 感染与肝癌患者 HLA-KIR 组合基因型 遗传背景研究及临床应用	深圳市血液中心	通过
170	JCYJ20170302144210545	多头绒泡菌对毒性纳米材料的解毒作用及其应用研究	深圳大学	通过
171	JCYJ20160427183259083	基 20160175 高量子效率有机钙钛矿基微腔激光器研究	哈尔滨工业大学（深圳）	通过
172	JCYJ20160425104157183	MLK3 协同 PI3Kβ 调控胶质母细胞瘤黏着斑周转和细胞迁移的机制研究	深圳市第二人民医院	通过
173	JCYJ20170302150014024	二维 π- 共轭碳网络及其结构单元的构建与性能研究	深圳大学	通过
174	CYZZ20170328160853396	基于电动汽车大功率直流快充充电桩电源模块的研发	深圳市优优绿能电气有限公司	通过
175	CYZZ20170330105653996	基于 Linux+QT 操作系统的 ADAS 全液晶虚拟智能仪表的研究开发	未来汽车科技（深圳）有限公司	通过
176	JCYJ20160427192001852	深圳市婴幼儿孤独谱系障碍早期监测模式研究	深圳市妇幼保健院	通过
177	JCYJ20170307154436878	用于热 - 化疗 - 栓塞精准协同肝癌治疗的射频响应铂簇纳米凝胶研究	深圳华中科技大学研究院	通过
178	GJHS20170302160901148	发泡温拌再生混凝土成套技术研究	深圳海川新材料科技股份有限公司	通过
179	JCYJ20170306153027078	光诱导的表面引发开环易位聚合法构筑多尺度刷型复合结构界面及其防污性能研究	西北工业大学深圳研究院	通过

续表

序号	项目编号	项目名称	承担单位	验收结论
180	JCYJ20170307160516413	环状 RNA2196 对猪骨骼肌糖代谢及产肉性状的调控机制	中国农业科学院深圳农业基因组研究所	通过
181	CYZZ20170401151401932	人工智能个性化家庭医生健康服务系统	深圳欧德蒙科技有限公司	通过
182	JCYJ20170306154350796	风电主功率滑环系统	西北工业大学深圳研究院	通过
183	JSGG20170412111256421	重 20170078 动力锂电池隔膜制备关键技术研发	深圳市星源材质科技股份有限公司	通过
184	CYZZ20170329163531357	新能源客车双回路电动液压助力转向系统电控装置的研发	深圳市知行智驱技术有限公司	通过
185	JCYJ20160608165954934	基 20160217 生物医用材料诱导角膜组织再生机理研究	清华大学深圳国际研究生院	通过
186	JCYJ20160428143108182	心理应激、环境内分泌干扰物与基因交互作用致女童青春发动提前的队列研究	深圳市疾病预防控制中心	通过
187	CKCY20170721103726739	DSR 智慧家庭报警系统的开发及应用	深圳市鼎晟开元科技有限公司	通过
188	JCYJ20160427144249175	HLA-DPA1、-DPB1 和 -DQA1 基因测序分型技术的研究及应用	深圳市血液中心	通过
189	JCYJ20170811155725434	基于手掌表面信息的新型身份识别技术与算法	哈尔滨工业大学（深圳）	通过
190	GJHZ20170313145720459	面向生物医学应用的自供电柔性钙钛矿应变传感器	北京大学深圳研究生院	通过
191	CYZZ20170329143602264	儿童自闭症数字化教育康复系统的开发	深圳市一新康复科技有限公司	通过
192	JCYJ20170307105848463	功能性超分子聚合物材料	南方科技大学	通过
193	JSGG20170414142450005	重 20170400 8K4K 极高清曲面液晶显示屏技术研发	深圳市华星光电技术有限公司	通过
194	CYZZ20170405151726963	有机导电膜直接电镀技术的研发	深圳市星扬高新科技有限公司	通过
195	JCYJ20160428142732414	儿童水痘疫苗免疫效果及病毒基因型研究	深圳市疾病预防控制中心	通过
196	GQYCZZ20160531090700905	自然杀伤细胞培养试剂盒及培养液的研发及产业化	深圳市默赛尔生物医学科技发展有限公司	通过
197	JCYJ20160425105945739	α-硫辛酸抑制慢性结肠炎恶性转化的机制及其分子网络调控	深圳市第二人民医院	通过
198	JSGG20170413113720460	重 20170341 应用于移动终端的虹膜识别关键技术研发	深圳辉烨物联科技有限公司	通过
199	JCYJ20170306153655840	基于硫生物转化的低污泥产量污水处理工艺的研究	西北工业大学深圳研究院	通过
200	GJHZ20170314171357556	人源细胞因子 IL-6，IFNγ，IL-17，IL-1β 和 TNFα 在异种移植中的功能和机制研究	深圳市第二人民医院	通过
201	KQJSCX20170331160008397	MesoCAR-NK 治疗实体肿瘤技术的开发及临床应用研究	深圳市罗湖区人民医院	通过
202	JCYJ20170307105638498	含氟自由基进攻含醛基烯烃类底物不对称环化构建手性化合物库及抗肿瘤活性研究	南方科技大学	通过
203	CYZZ20170330104731906	适用于医用输液器软管的新型热塑性弹性体（TPE）的研发	深圳市炫丽塑胶科技有限公司	通过

续表

序号	项目编号	项目名称	承担单位	验收结论
204	JCYJ20170307153135771	适应混合式编码架构的全光图像帧内预测技术研究	清华大学深圳研究生院	通过
205	KQJSCX20170330141202464	治疗慢性粒细胞白血病 Bcr-Abl 酪氨酸激酶抑制剂的设计、合成与生物活性初步评价	深圳市塔吉瑞生物医药有限公司	通过
206	JCYJ20170306155153048	高效微通道预冷器内宏微观对流换热机理及耦合优化研究	西北工业大学深圳研究院	通过
207	JCYJ20170302150335518	溅射制备氧化亚铜薄膜太阳能电池及其性能研究	深圳大学	通过
208	JCYJ20160429102107498	基 20160164 新生儿晚发性感染的病原体检测技术研究	深圳市妇幼保健院	通过
209	JCYJ20170306161101003	湿度感知型复合质子交换膜的结构与性能	西北工业大学深圳研究院	通过
210	CYZZ20170401151850088	智能微森林空气净化器的控制系统	深圳市铁汉人居环境科技有限公司	通过
211	JCYJ20160425103015129	CTCs MUC4 突变在 HER2 过表达型乳腺癌转移中的作用机制研究	深圳市第二人民医院	通过
212	JCYJ20170307172132582	基于光涡旋复用技术水下空间及跨空水界面光通信研究	深圳华中科技大学研究院	通过
213	JCYJ20170306141006600	高效长寿命同位素电池研究	厦门大学深圳研究院	通过
214	JSGG20170413144410563	重 20170136 高压直流充电桩集散型控制系统关键技术研发	深圳市华海联能科技有限公司	通过
215	JCYJ20170306153803494	面向低功耗电子设备的能量收集芯片关键技术研究	西北工业大学深圳研究院	通过
216	CKCY20170721153447181	基于计算机视觉的机器人以及无人驾驶技术的研发	深圳普思英察科技有限公司	通过
217	JSGG20170413164047628	重 20170102 全数字化高效节能等离子切割关键技术研发	深圳市瑞凌实业股份有限公司	通过
218	JCYJ20170817100522830	二代测序技术下裸藻科的分类系统重构	深圳大学	通过
219	GJHZ20170314105407682	高性能碳化硅功率器件关键技术攻关	深圳方正微电子有限公司	通过
220	JCYJ20160429175948904	小儿肾脏氧饱和度监测及其主动脉弓缩窄矫治手术中的应用	深圳市儿童医院	通过
221	GJHZ20170314105158401	深度嵌入微型化网络安全控制平台技术研究	研祥智能科技股份有限公司	通过
222	JSGG20170412164724858	重 20170339 指静脉影像识别与安全认证关键技术研发	深圳市金城保密技术有限公司	通过
223	JCYJ20160330095814461	基 20160078 基于动态视频数据的滨海湿地鸟类生态健康监测与评估研究	北京大学深圳研究生院	通过
224	GJHS20170310142053363	高性能高可靠智能机器人控制系统研制与产业化	深圳市汇川技术股份有限公司	通过
225	JCYJ20160428164548896	基 20160172 基于数据融合技术的致痫灶和脑功能定位方法的研究	深圳市第二人民医院	通过
226	JCYJ20160427191826197	胎盘植入子宫和胎盘血管异常的 MRI 诊断价值研究	深圳市妇幼保健院	通过
227	GRCK20170823103833962	首个面向个人的高效水果清洗机	深圳创新设计研究院有限公司	通过

续表

序号	项目编号	项目名称	承担单位	验收结论
228	JSGG20160815154528491	重 20160610 高效节能型高盐废水机械蒸发再压缩（MVR）系统关键技术研发	深圳市纯水一号水处理科技有限公司	通过
229	JCYJ20160226192033020	基 20160052 新型自支撑氮化镓材料在电力电子器件的应用基础研究	深圳大学	通过
230	CKKJ20160823105122491	源泉汇创客空间	深圳市源泉汇创业孵化器有限公司	通过
231	GJHS20140715150647405	FDD LTE-Advanced 终端基带芯片工程样片研发	深圳市海思半导体有限公司	通过
232	JCYJ20160226192639004	基 20160068 低成本氮化镓功率器件制备与系统集成技术研究	南方科技大学	通过
233	KJYY20160608155007340	SF20160038 核电站放射性废物高效处理技术应用示范	深圳清华大学研究院	通过
234	JSGG20170414151640518	重 20170418 电厂主要污染物超低浓度监测技术研发	深圳泽峰环保技术有限公司	通过
235	JCYJ20160428142316603	基 20160163 基于修饰蛋白质组学的环境污染物铬慢性致肺癌的关键分子标志鉴定及机制研究	深圳市疾病预防控制中心	通过
236	JCYJ20160427170536358	基 20160169 雾霾超细颗粒对心血管疾病的影响研究	深港产学研基地	通过
237	CYZZ20160912111432414	RPIR 快速生化污水处理技术及装备	深圳市清研环境科技有限公司	通过
238	CKCY20170721102343008	星云风控系统	深圳永安在线科技有限公司	通过
239	JCYJ20170306160645065	科技情报大数据智能协同分析技术研究	西北工业大学深圳研究院	通过
240	JSGG20170413164102635	重 20170008 智能双臂协作机器人系统研发	深圳航天科技创新研究院	通过
241	GJHS20170314112639557	废旧电子电器资源化过程污染控制及资源化产品环境安全控制技术研究	东江环保股份有限公司	通过
242	JCYJ20170306092248830	水环境中抗生素的微生态毒性效应研究	北京大学深圳研究生院	通过
243	GJHS20170313141856814	广东省受损边坡生态景观重建工程技术研究中心建设	深圳市万信达生态环境股份有限公司	通过
244	CKCY20170724150326499	全自动圆柱锂电池制片卷绕一体机的研发	深圳市德宇智能装备有限公司	通过
245	GJHS20150917171804211	TD-LTE-Advanced 终端基带芯片工程样片研发	深圳市海思半导体有限公司	通过
246	ZDSYS20160331164452795	载 20160010 深圳半导体激光器重点实验室	香港中文大学（深圳）	通过
247	GCZX20170412160242659	载 20170031 OLED 显示工程技术研究中心	深圳创维-RGB 电子有限公司	通过
248	GCZX20150604160904026	载 20150008：深圳市心脏大血管外科医学工程技术研究开发中心	中国医学科学院阜外医院深圳医院	通过
249	GCZX20170412161140387	载 20170005 深圳市自身免疫实验诊断产品工程技术研究中心	深圳市亚辉龙生物科技股份有限公司	通过
250	GGFW20170412161525667	载 20170023 深圳市电动汽车及充电设施仿真公共技术服务平台	深圳市计量质量检测研究院	通过
251	ZDSYS20170303111410755	核电厂近海安全实验室	中广核研究院有限公司	通过
252	ZDSYS20170303174828430	深圳市计算智能重点实验室	南方科技大学	通过

续表

序号	项目编号	项目名称	承担单位	验收结论
253	GGFW20170412150647054	载 20170040 基于物联网的智慧农产品安全追溯公共技术服务平台	深圳思创信息技术有限公司	通过
254	GCZX20170413092420799	载 20170003 深圳市智能装配与检测工程技术研究中心	深圳市大族电机科技有限公司	通过
255	JCYJ20160427105041864	基 20160186 基于低维材料锁模器件的医用大能量脉冲光纤激光器关键技术研究	深圳大学	复议
256	CKKJ20160822191043233	we serve 众创空间	深圳市众创空间创业投资管理有限公司	复议
257	CKKJ20160825155226775	茗创茶社创客空间	深圳创行邦社群品牌管理咨询有限公司	复议
258	CYZZ20170401160929201	基于人脸识别的虚拟化妆系统	深圳港云科技有限公司	复议
259	JCYJ20160422143433757	骨桥蛋白在早发型重度子痫前期胎盘血管病变机制中作用的研究	深圳市人民医院	复议
260	JCYJ20160428180328415	中医量化运动处方对糖尿病患者治疗结局影响的临床研究	深圳市中医院	复议
261	LXRY20121105141758973	爱慧思 SAAS 云架构基础性网络教学平台	深圳市爱慧思科技有限公司	不通过

九、2019 年第 9 批科技计划项目验收结果

序号	项目编号	项目名称	承担单位	验收结论
1	GRCK20160406102404305	触电无危险插座	哈尔滨工业大学（深圳）	通过
2	CKCY20160829172628245	基于自动均衡技术的高可靠性动力锂电池控制管理系统的研发	深圳市中工巨能科技有限公司	通过
3	GRCK20160414154617606	生物流程自动化设备——小型移液器吸头自动装盒机	深圳中科创客学院有限公司	通过
4	CYZZ20130417155239096	基于Web与微端的大型3D全视野MMO游戏《神祈》的研发	深圳市光启科技有限公司	通过
5	JCYJ20160427174459829	梅毒血清固定女性妊娠前后机体免疫功能检测分析及对妊娠结局影响的研究	深圳市龙岗中心医院	通过
6	CKCY20160808093647483	医学临床高分辨率图像摄影系统的研发及应用	深圳米视生物医疗有限公司	通过
7	CKKJ20160826170021307	深圳 Bee+（原名为“WePlay 情景式创业剧场”）	深圳市风火创意管理股份有限公司	通过
8	GRCK20160829142715885	“洗欢你”高活性复合生物酶果蔬清洗剂	深圳飞马优创企业管理有限公司	通过
9	CYZZ20170331112005817	基于建筑一体化的太阳能与雨水综合利用系统研发	深圳市鹏泰建筑科技有限公司	通过
10	CKCY20160829192807367	电梯动力安全监控系统的研究	深圳兴华晶航科技有限公司	通过
11	CYZZ20160527152405705	基于北斗卫星定位系统的高精度车联网导航技术研发	深圳市车联天下信息科技有限公司	通过
12	CYZZ20170330155730676	基于低频电噪声的电子器件可靠性无损检测仪器的研发和应用	深圳市量为科技有限公司	通过

续表

序号	项目编号	项目名称	承担单位	验收结论
13	KQJSCX20170329140119281	机器人平台视觉智能自主标定技术与应用研究	易视智瞳科技（深圳）有限公司	通过
14	CYZZ20140812154146503	基于 DSP 高性能交流伺服驱动技术研究及其电机节能省电中的应用研究	深圳市精一电控科技有限公司	通过
15	JCYJ20170303154440838	斜纹夜蛾 P 糖蛋白对杀虫剂的解毒代谢功能分析及绿色防控技术开发	中国农业科学院深圳农业基因组研究所	通过
16	GRCK20170823142220644	节能低成本精准定位方案 LPWAN+BLE	深圳武汉理工大研究院有限公司	通过
17	CKCY20170724152028693	基于指纹识别技术的太阳能智能锁的研发	深圳市名霸科技有限公司	通过
18	CXZZ20130508152728997	新型户外全彩显示屏专用 LED 灯珠高分子封装材料关键技术研究	深圳市蓝科电子有限公司	通过
19	CYZZ20170331173323231	新型量子点红外 LED 的研发及产业化	深圳市联宝威科技有限公司	通过
20	JSGG20170414093327885	重 20170382 高安全性物联网 SOC 关键技术研发	国民技术股份有限公司	通过
21	GRCK20170823161732089	溶液旋涂法制备铜酞菁有机发光二极管空穴注入层	南方科技大学	通过
22	CYZZ20140417141524111	可穿戴式个人信息终端	深圳市睿动信息技术有限公司	通过
23	JCYJ20170412151159461	基 20170191 多维度大区域地震传感数据分析与地震预测算法及核心技术研究	北京大学深圳研究生院	通过
24	CKCY20160429114718266	智能环保折叠轻便助力车开发项目申请团队	智能环保折叠轻便助力车开发项目申请团队	通过
25	JCYJ20160229170523065	基 20160004 免疫调控剂增加治疗弥漫大 B 细胞淋巴瘤的研究	深圳市免疫基因治疗研究院	通过
26	JCYJ20170306091240937	恶性肿瘤内源甲醛的实时检测及成像研究	北京大学深圳研究生院	通过
27	CKCY20160429165836121	业问：基于真实声文的经验分享与知识沉淀平台	深圳市大焱科技有限公司	通过
28	GJHS20140418154217446	面向 TD-SCDMA/TD-LTE/TD-LTE-Advanced 的多模终端射频功率放大器芯片研发	国民技术股份有限公司	通过
29	GRCK20160415113448519	气泡式中药多功能提取罐的研发	深圳柴火创客文化传播有限公司	通过
30	CXZZ20130321114242642	动态可重构超高速信息安全密码芯片技术开发与应用	深圳市多彩实业有限公司	通过
31	GRCK20160408142621438	衣锦未来在线量身定制	深圳三大不六孵化器服务有限公司	通过
32	CYZZ20160530152214110	乐贝尔全网营销系统	深圳市前海乐贝尔电子商务有限公司	通过
33	CYZZ20170330144725597	基于大数据的城市轨道交通运营管理平台的研发	深圳交控科技有限公司	通过
34	JCYJ20170306141630229	多级孔金属有机骨架 / 聚合物复合材料的制备和催化性能研究	湖南大学深圳研究院	通过
35	CYZZ20170331150956189	多靶点肿瘤新生抗原自体免疫细胞治疗关键技术	恒瑞源正（深圳）生物科技有限公司	通过
36	JCYJ20170306141647600	单晶 Cu 诱导 Cu_6Sn_5 单向性微凸点的成形原理及可靠性研究	厦门大学深圳研究院	通过

续表

序号	项目编号	项目名称	承担单位	验收结论
37	GRCK20160413145601749	Quartet Lab 高保真静电耳机及专用功率放大器研发	深圳大学	通过
38	CKCY20160826144658917	基于网络技术的仔猪哺乳期智能保育系统的研发	深圳市纬联技术有限公司	通过
39	GRCK20170823102615762	基于多传感器融合的高精度机器人导航控制器 Hybrid-SLAM	香港中文大学（深圳）	通过
40	CKCY20160425163748215	citygo 智能滑板车	深圳坂云智行有限公司	通过
41	CYZZ20170313163204933	基于模糊理论的在线 3D 打印服务平台关键技术研究	深圳市未来工场科技有限公司	通过
42	JCYJ20170307165752275	Numb 调节乳腺癌干细胞命运的分子机制研究	深圳先进技术研究院	通过
43	GRCK20170822154016731	基于人工智能技术的全自动化 PCB 电路设计软件关键技术的研发	深圳市微度联创社科技有限公司	通过
44	GRCK20170822162639488	油动纵列双桨 + 电动副桨—油电混合动力无人机	深圳市创赛平台创业服务有限公司	通过
45	CYZZ20160428163132871	多人即时塔防策略页游关键技术研发	深圳市创世天联科技有限公司	通过
46	JCYJ20160428182213078	基于 Treg/Th17-AMPK/mTOR 失衡探讨糖尿病肾病正虚风扰及固本剔络多靶点干预研究	深圳市中医院	通过
47	CKCY20160429101343209	智能轮椅	深圳市井智高科机器人有限公司	通过
48	GQYCZZ20151120154944004	高保密级别的语音加密系统	深圳北斗通信科技有限公司	通过
49	GRCK20170822152649328	家用光伏储能系统研发	深圳市指媒数字股份有限公司	通过
50	GRCK20170823142230300	易碎品（酒等）快递包装科技成果推广项目	深圳武汉理工大研究院有限公司	通过
51	KYPT20121228143523275	人体组织再生生物制造技术研究与产业化团队	深圳迈普再生医学科技有限公司	通过
52	JCYJ20170302144812937	高效能、低毒性、能同时结合化疗和基因治疗的新颖肿瘤靶向高分子材料载体系统的开发	深圳大学	通过
53	CYZZ20140829161915193	面向 LTE 系统的宽带电调天线研发	濠暻科技（深圳）有限公司	通过
54	CYZZ20160531090756527	泛操作系统移动应用开发引擎技术	深圳市雁联移动科技有限公司	通过
55	GRCK20170821104821107	波浪力大功率发电系统	深圳市大典创新供应链有限公司	通过
56	CYZZ20160517151246887	手机中板专用伺服多轴自动钻孔攻牙机	深圳市耐恩科技有限公司	通过
57	CKCY20170822170410358	顶尖的计算机图形技术和成熟的商业方案	深圳市创真视界科技有限公司	通过
58	CYZZ20170331173127286	基于 FPGA 的高清直播相机研发	眼擎科技（深圳）有限公司	通过
59	CKCY20170725101503949	基于 SOA 架构的 MES 系统研发	深圳市瑞联智造科技有限公司	通过
60	GRCK20160415113606873	超低功耗无线智能运动心率耳机	深圳柴火创客文化传播有限公司	通过

续表

序号	项目编号	项目名称	承担单位	验收结论
61	GRCK20170823162614130	基于云计算技术的医疗系统的研发	深圳市指媒数字股份有限公司	通过
62	JCYJ20160531193515801	关于生成物体高密度排列以节省空间的打包技术研究	哈尔滨工业大学（深圳）	通过
63	JCYJ20160422151736824	负载均衡和状态优化的虚拟机节能动态放置策略的研究	深圳大学	通过
64	GJHS20160331150243094	一种基于云技术平台的智慧路边停车管理系统	深圳市凯达尔科技实业有限公司	通过
65	CYZZ20170330155602024	基于 BIM 技术的数字化电厂信息系统的研发	深圳鹏锐信息技术股份有限公司	通过
66	JCYJ20170306141557198	移动机器人层次式复合三维地图创建关键技术研究	湖南大学深圳研究院	通过
67	JSGG20160307151729526	重 20160174 可重构计算智能芯片关键技术研发	深圳市紫光同创电子有限公司	通过
68	CKKJ20160829143840886	创业二路大数据应用专业化创客空间	深圳市创业二路科技有限公司	通过
69	JCYJ20170307170742519	针对早期 AD 胆碱能神经系统损伤的 TNFRs 靶向治疗及相关神经环路研究	深圳先进技术研究院	通过
70	FWCX20130619141926168	2013 年中国中小企业投融资交易会	深圳市科技开发交流中心	通过
71	CYZZ20160520163334953	基于智能家居的自动调光调色温 LED 情景面板灯	深圳市华创力照明科技有限公司	通过
72	GRCK20170823162141931	小型多功能流延设备的开发与应用	南方科技大学	通过
73	CKCY20160829151943953	石墨烯智能加热饭盒研发	深圳烯生活健康智能科技有限公司	通过
74	CYZZ20170331152924059	面向智慧城市的 LED 路灯智能管理系统	深圳市微联创智科技有限公司	通过
75	KJYY20170413164209362	SF20170050 文化建筑声学光电可调系统融合集成应用示范	深圳市中孚泰文化建筑建设股份有限公司	通过
76	JCYJ20170307105128101	长链非编码 RNA 调控非小细胞肺癌发生和发展的分子机制	南方科技大学	通过
77	JCYJ20160427101209352	荷载 RADA-16/Sox-9 的骨髓间充质干细胞对兔退变椎间盘的修复作用实验研究	深圳市龙岗中心医院	通过
78	CYZZ20160412151935131	具备远程联网多点控制系统的激光广告机	深圳市雷色光电科技有限公司	通过
79	CYZZ20170317154310548	一种 USB 接口的无线音视频会议系统	深圳市宝疆科技有限公司	通过
80	JSGG20170821164209260	重 20170650 无人机集群飞行控制系统关键技术研发	深圳雷柏科技股份有限公司	通过
81	JCYJ20170303160906960	FZD7-OCT4 免疫修饰疫苗合成及其对 DLBCL 杀伤效应与机制研究	深圳大学	通过
82	GRCK20160406100629588	面向智能手机陶瓷结构机身一体化的研究	哈尔滨工业大学（深圳）	通过
83	JCYJ20170307090049352	糖尿病自身抗原表位筛选、抗原性蛋白表达及应用	深圳市药品检验研究院（深圳市医疗器械检测中心）	通过

续表

序号	项目编号	项目名称	承担单位	验收结论
84	GRCK20170822174218987	负载 5kg 协作机器人研发	深圳星云极客科技孵化器有限公司	通过
85	JCYJ20170306162116012	适应变潮差的潮汐能直接驱动海水淡化的方法研究	广东海洋大学深圳研究院	通过
86	JCYJ20170302143658923	绿色高效可见光催化体系的开发及其在手性药物合成中的应用	深圳大学	通过
87	CKCY20160829110002748	基于特殊荧光材料的高品质 OFED 光源体的研发	深圳市欧弗德光电科技有限公司	通过
88	JCYJ20160427152331946	MicroRNA-101 调控 c-Fos 参与非小细胞肺癌发生发展的机制研究	深圳市第三人民医院	通过
89	JCYJ20170307090622370	新颖混合卤素杂化钙钛矿半导体在太阳能电池的应用研究	香港城市大学深圳研究院	通过
90	JCYJ20160428150429072	聚集诱导发光型分子荧光探针的制备及其在细胞器识别和相关生物诊疗领域的应用研究	香港科技大学深圳研究院	通过
91	JSGG20170412101414241	重 20170468 呼吸道病原体联合快速检测与诊断关键技术研发	深圳市博卡生物技术有限公司	通过
92	CKCY20160428143545167	石墨烯倍率改性快速充电移动电源的研发及产业化	深圳市中烯科技有限公司	通过
93	JCYJ20170817112421757	面向瞬态错误的异质多核片上系统设计关键技术研究	南方科技大学	通过
94	JCYJ20170302145059926	PERK/eIF2α 通路调节食管癌化疗耐药的作用机制	深圳大学	通过
95	CKKJ20160824090128844	3W 空间	深圳三大不六孵化器服务有限公司	通过
96	JCYJ20170307091256048	基于多组学与临床大数据分析的结直肠癌调控机制研究与新药靶点的筛选	香港城市大学深圳研究院	通过
97	CKCY20170721105601632	碳基纳米润滑耐磨改性材料	深圳市驭晟新材料科技有限公司	通过
98	CKCY20160428102257567	儿童智能安全自行车项目	深圳市比奇诺科技有限公司	通过
99	JCYJ20160428182542525	基于 renalase/Akt/mTOR 信号通路探讨黄芪甲苷改善糖尿病肾病的作用机制	深圳市中医院	通过
100	CYZZ20160531093128140	基于云计算的大数据征信平台关键技术研究	深圳微众税银信息服务有限公司	通过
101	GRCK20170823162243696	基于卷对卷转移技术的二维材料柔性场效应管	南方科技大学	通过
102	CYZZ20170330151106207	基于云计算及图形深度学习技术的一站式智能全球签证系统研发	深圳市飘飘宝贝有限公司	通过
103	GJHS20140626151154504	改性矿物吸附法处理垃圾渗滤液技术及配套设备研究	深圳市利赛环保科技有限公司	通过
104	JCYJ20170306140934218	表面增强拉曼光谱原位监测纳米催化反应过程	厦门大学深圳研究院	通过
105	JCYJ20160331185322137	微观界面改性生物质绿色复合材料新技术的开发	清华大学深圳国际研究生院	通过
106	JCYJ20160531184809079	神经细胞的精准超声调控	香港理工大学深圳研究院	通过
107	CKCY20170721151331316	核心智能 EC20 系列 PLC 的研发	深圳市迈特控制技术有限公司	通过
108	JCYJ20170302143447936	Fzd7 在乳腺癌发病中的机制及其靶向治疗研究	深圳大学	通过

续表

序号	项目编号	项目名称	承担单位	验收结论
109	GQYCZZ20160525093251037	大型水力机械桨叶高油压全自动调节系统技术研发	深圳市恩莱吉能源科技有限公司	通过
110	CXZZ20140401145227076	用生物技术提高铁皮石斛组培快繁研究	深圳市扬康光宇生物科技股份有限公司	通过
111	CYZZ20160425154641027	高性能锆基非晶合金及其制备方法的研究及应用	深圳市锆安材料科技有限公司	通过
112	JCYJ20160428152017475	基于多重 PCR 和 Miseq 二代测序技术的深圳儿童急性脑炎脑膜炎症候群病原谱和流行特征研究	深圳市福田区疾病预防控制中心	通过
113	JCYJ20170307153851342	输电线路金属大气腐蚀在线监测方法及其应用研究	清华大学深圳国际研究生院	通过
114	KJYY20170411164412718	SF20170057 广电虚拟现实内容播发平台应用示范	深圳广播电影电视集团	通过
115	JCYJ20170307150346964	妇科自然腔道手术机器人关键技术研究	哈尔滨工业大学（深圳）	通过
116	JCYJ20160427101451276	树脂陶瓷复合材料单冠美学区种植修复的三维有限元分析	深圳市龙岗中心医院	通过
117	CYZZ20160422150745508	车载雷达智能监控系统的研发	深圳市奕天博创科技有限公司	通过
118	JSGG20170413164126634	重 20170134 物联网电子标签镍基材料关键技术研发	深圳航天科技创新研究院	通过
119	CYZZ20170316141537496	基于磁耦合谐振式无线供电系统的研究	中惠创智（深圳）无线供电技术有限公司	通过
120	JCYJ20170307090749744	一种用于天然气提纯的新型吸附材料的研究	香港城市大学深圳研究院	通过
121	JCYJ20170306154016149	极化空时多维域卫星导航抗干扰技术研究	西北工业大学深圳研究院	通过
122	CKCY20170720140641854	基于氢氧根负离子水制备技术的新型环保健康杀菌清洁剂	深圳市量子水生态科技有限公司	通过
123	CYZZ20170406153406487	喂车车智慧油站运营管理系统	深圳市喂车科技有限公司	通过
124	CKCY20170724142047736	基于云科技的智能化通道闸机	深圳市磐峰智能科技有限公司	通过
125	JCYJ20160531193220561	超声速飞行器射流控制技术研发	哈尔滨工业大学（深圳）	通过
126	JCYJ20160331164412545	基 20160098 自旋电子学微波振荡器设计与制备研究	香港中文大学（深圳）	通过
127	GJHS20130403110200089	基于移动互联网的制造业新一代研发协同工作平台	深圳市参数领航科技有限公司	通过
128	JCYJ20160229210027564	麦冬及其主要成分与肠道菌群的相互作用研究	香港科技大学深圳研究院	通过
129	KQCY20170331160257628	面向多品种、小批量机械零部件的分布式协同制造云平台	深圳市速加科技有限公司	通过
130	CKCY20160428144041769	模块化 OTG 多功能数据线	深圳品凡科技有限公司	通过
131	CYZZ20170329154255178	面向人工智能（AI）的移动应用虚拟控制平台研发与产业化	深圳市云电互联网科技有限公司	通过
132	JCYJ20170307172921592	高效率锌黄锡矿薄膜太阳能电池中缺陷态调控对开路电压提升机理的研究	深圳先进技术研究院	通过

续表

序号	项目编号	项目名称	承担单位	验收结论
133	JCYJ20160429090648512	神经肽调控 Notch/Delta 信号通路与高氧肺损伤修复再生的相关性研究	深圳市福田区妇幼保健院	通过
134	GQYCZZ20140930115134848	带有智能控制系统的 LED 自行车灯	深圳市山人技术有限公司	通过
135	JCYJ20170302144605664	基于同源重组的莱茵衣藻基因组定向编辑体系研究	深圳大学	通过
136	CKCY20160428151000386	“豆豆租房”房屋租赁管理平台	深圳市梯梯网络科技有限公司	通过
137	JCYJ20170307150645407	太阳高能粒子事件建模研究	哈尔滨工业大学（深圳）	通过
138	JCYJ20160520161351540	基于绿光光纤激光器泵浦的可见光超连续谱光源研究	深圳大学	通过
139	CYZZ20170329145445959	IUV 虚拟在线仿真实训平台	深圳市艾优威科技有限公司	通过
140	JCYJ20170307110329106	深圳市艾滋病流行情况风险预测及动态防治的研究	南方科技大学	通过
141	JCYJ20170302151831044	非常规核酸四链体自组装结构稳定性、可控性及其在分子器件应用方面的研究与探索	深圳大学	通过
142	JCYJ20160428142632408	荔枝中多酚类活性物质防治阿尔茨海默病的作用机制研究	深圳市疾病预防控制中心	通过
143	CKCY20170721142022605	基于大数据搜索引擎及定制化 ERP 系统的跨境工业品交易平台系统的研发	零搜科技（深圳）有限公司	通过
144	JCYJ20170307165905513	高效、高稳定全无机钙钛矿太阳能电池材料与器件研究	深圳先进技术研究院	通过
145	CKCY20160428145239202	基于再生纸纹理特征的防伪技术研究	赛纷科技（深圳）有限公司	通过
146	JCYJ20170302153015013	鼻内进路泪囊鼻腔造口术相关结构可视化与断层解剖研究	深圳大学	通过
147	JSGG20170411161601631	重 20170347　可弯曲可折叠 LED 显示屏关键技术研发	深圳市联建光电股份有限公司	通过
148	JCYJ20170307091130687	适用于智能城市的自旋光伏电池的研究	香港城市大学深圳研究院	通过
149	JSGG20170412163027534	重 20170404　基于海量移动游戏数据的智能安全防护技术研发	深圳市创梦天地科技有限公司	通过
150	JCYJ20170307110418960	高性能铌银纳米晶双相合金的制备及其在牙科中的应用研究	南方科技大学	通过
151	CKCY20170724093657134	基于板式换热器及 PTC 水加热器的电池热管理系统的研发	深圳东胜汽车电子科技有限公司	通过
152	JSGG20170410145441523	重 20170120　防爆工业车辆智能机器人关键技术研发	深圳霸特尔防爆科技有限公司	通过
153	CKCY20160429153955982	光轮项目	孔雀团队依托单位	通过
154	JCYJ20170307170456535	深圳及邻近海域风场对海洋藻华时空演变的调控机制研究	深圳先进技术研究院	通过
155	JCYJ20170302142929402	光学晶体异质结构的制备及其光电应用	深圳大学	通过
156	CYZZ20170401142923334	基于 3D 仿真技术的互联网包装印刷产业云平台与生态系统的研发	深圳云创文化科技有限公司	通过
157	JCYJ20170307165115731	基于 MEMS 技术的超薄指静脉识别系统的研究	深圳先进技术研究院	通过

续表

序号	项目编号	项目名称	承担单位	验收结论
158	CYZZ20160506104412035	基于微信智能人机互动新媒体平台研发	深圳微信创科技有限公司	通过
159	JCYJ20170307091106444	新型癌症靶向性前体药的合成和抗癌活性研究	香港城市大学深圳研究院	通过
160	JCYJ20170302144108956	基于移动互联网的港口集装箱集疏运平台关键技术研究	深圳大学	通过
161	JCYJ20170307110141760	趋化因子及其受体 CCL2/CCR2 促进区域性高发鼻咽癌发生、发展及转移的分子机制	南方科技大学	通过
162	CKCY20160829170345812	基于大数据时代智能光纤端面清洁关键技术研发	深圳奇莉通讯技术有限公司	通过
163	JCYJ20170307153239266	基于晶界调控的核反应堆压力容器（RPV）钢抗辐照性能基础研究	清华大学深圳国际研究生院	通过
164	CYZZ20170317115625131	基于原研药参比指标数据库及制备工艺靶向圈定模型的逆向工程技术	深圳市新阳唯康科技有限公司	通过
165	JSGG20170821142420952	重 20170355　混合网络架构与家庭智能宽带路由器关键技术研发	深圳市九洲电器有限公司	通过
166	CYZZ20170327104915772	3D 曲面玻璃产品全贴合技术的研发及应用	深圳市恒久瑞电子科技有限公司	通过
167	GQYCZZ20160527160503316	新型管状半透膜的产业化技术提升及应用拓展研究	深圳市微润灌溉技术有限公司	通过
168	JCYJ20170307091338607	用于表征干细胞分化进程中左右不对称性的自动扭矩显微镜的研发	香港城市大学深圳研究院	通过
169	JCYJ20160425093820379	老年难治性糖尿病患者护理新模式的探索	深圳市第二人民医院	通过
170	JCYJ20170306152911275	葫芦脲超分子有机多孔材料的构筑及在空气净化的应用研究	西北工业大学深圳研究院	通过
171	JCYJ20170302142339007	氧化锆热障涂层等离子喷涂预制与电子束熔覆改性研究	深圳大学	通过
172	JCYJ20170306095333329	深圳海域珊瑚藻修复受损珊瑚礁生态系统的生理机制研究	深圳信息职业技术学院	通过
173	JCYJ20160422093217170	基于 FoV 分集和 NOMA 的可见光通信预编码理论与方法研究	深圳大学	通过
174	CKKJ20160829160257645	浩景创客空间	深圳市前景科技创新系统研究院	通过
175	JCYJ20130329112752059	沼气总能系统（IES）、净化和厌氧处理关键技术研究	深圳大学	通过
176	CYZZ20170331113333823	微米泡沫除烟（PM2.5）智能商用厨房净化一体机	深圳市高德威技术有限公司	通过
177	GJHS20160325151735358	氮化镓大功率射频放大器（2016 年度）	中兴通讯股份有限公司	通过
178	CYZZ20140715145341108	汽车自动刹车辅助系统（AEB）的研发	深圳市克鲁盾汽车智能装备有限公司	通过
179	JCYJ20170307155251522	高性能 AC-DC LED 驱动电源关键技术研究	深圳华中科技大学研究院	通过
180	RKX20180413181818441	深圳创客发展政策评价与促进创客发展政策研究申报书	深圳市创新投资集团有限公司	通过

续表

序号	项目编号	项目名称	承担单位	验收结论
181	JCYJ20170307154314576	基于“分子－碳纳米”复合“仿生”材料的可见光催化产氢研究	深圳华中科技大学研究院	通过
182	JCYJ20170307165254568	MRI 影像引导声动力治疗脑胶质瘤的研究	深圳先进技术研究院	通过
183	JCYJ20170302150111535	直接利用压缩量测的目标检测与跟踪方法研究	深圳大学	通过
184	JCYJ20160427103041724	肝血窦内皮旁分泌 MIF 促进结直肠癌细胞迁移的分子机制	深圳市龙岗中心医院	通过
185	JCYJ20170302152605463	基于 3D 分形神经网络的青光眼 OCT 视盘精准分割方法研究	深圳大学	通过
186	CKCY20170724100200746	应用于高端汽车制动系统的粉末冶金钛合金紧固件关键制备技术的研发	深圳勒迈科技有限公司	通过
187	RKX20180412181525904	深圳推进科技金融深度融合策略研究	中山大学深圳研究院	通过
188	JCYJ20160526162154729	基于准分子双色特征紫外光源的 MW-UV-O3 消毒技术研究	深圳市环境科学研究院	通过
189	CYZZ20170328111047242	垃圾填埋气发电并网资源化关键技术研究与产业化应用	深圳市新中水环保科技有限公司	通过
190	JCYJ20170307110657570	Plk1 晶体结构解析及抑制剂筛选	南方科技大学	通过
191	JCYJ20170302153853962	黑磷量子点的表面改性、自组装结构设计与光电性质优化	深圳大学	通过
192	JCYJ20170303140803747	面向密集人群的视觉监控关键技术研究	北京大学深圳研究生院	通过
193	GRCK20170822164729349	AMOLED 显示面板 mura 检测算法及系统	哈尔滨工业大学（深圳）	通过
194	JCYJ20170307150031119	交流电场驱动微纳米马达的运动及自组装研究	哈尔滨工业大学（深圳）	通过
195	JCYJ20170303170340122	耐压型渗透膜的制备及其渗透发电性能研究	武汉大学深圳研究院	通过
196	CKCY20160429152323463	沿海工程高耐久性混凝土用优胶复合剂的研制及应用研究	深圳市中科砼科技有限公司	通过
197	JCYJ20170307110157501	窄带荧光聚合物量子点的设计制备与生物细胞多目标成像研究	南方科技大学	通过
198	JCYJ20170307104535585	GPU 加速下细胞膜环境中 Akt/PIP3 复合体内部作用之动力学模拟	南方科技大学	通过
199	CKCY20160429163559821	“91 恋车”O2O 学车服务平台研发及推广	深圳点下网络科技有限公司	通过
200	JCYJ20170817160741066	下一代无线通信中可实现的大规模多天线技术研究	清华大学深圳国际研究生院	通过
201	JSGG20170414140411874	重 20170329 智能化高性能稳频半导体激光器关键技术研发	深港产学研基地	通过
202	JCYJ20170307171931096	LTE 通信网络新型数据分析理论与方法研究	深圳华中科技大学研究院	通过
203	JCYJ20170302151321095	云计算密文机器学习分类研究	深圳大学	通过
204	JCYJ20170307172248636	基于应用运行特征的图数据存储组织及系统优化研究	深圳华中科技大学研究院	通过
205	JCYJ20170302142617703	低成本 8 英寸高深宽比铋分析光栅的研制及其性能表征	深圳大学	通过
206	GJHS20170310101613845	智能化的多功能文化健身馆服务系统关键技术研究与示范	深圳泰山体育科技股份有限公司	通过

续表

序号	项目编号	项目名称	承担单位	验收结论
207	CYZZ20170327151339423	基于无人驾驶技术的无轨型商用机器人研发及应用	深圳优地科技有限公司	通过
208	GRCK20170823162309463	低功耗全分量海底地震数据方位矫正及洋流噪音测量装置	南方科技大学	通过
209	JCYJ20170307104024209	宽动态范围数字等温扩增核酸可视化定量检测技术与理论研究	深圳市检验检疫科学研究院	通过
210	CYZZ20170401103255924	应用于公共安全领域的智能化超高清单兵执法装备研发	深圳意云科技有限公司	通过
211	GJHS20170310114734200	军民共建移动智能医疗云服务平台应用与示范	蓝网科技股份有限公司	通过
212	CYZZ20170322100133293	智能二合一 TP 触控模组关键技术研发	深圳市华鼎星科技有限公司	通过
213	CXZZ20140901150012583	基于 CFD 的集装箱生产线烘房系统节能研究	深圳南方中集东部物流装备制造有限公司	通过
214	JCYJ20170306171540744	生物质基氮掺杂介孔碳材料的制备、调控与应用基础研究	武汉大学深圳研究院	通过
215	GRCK20170823161413471	一种具有良好生物相容性的活性细胞支撑与检测材料	北京大学深圳研究生院	通过
216	CKCY20180323174755419	新一代互联网 + 智能自助回收综合管理系统的研发	深圳市粤能环保科技有限公司	通过
217	CKCY20170721145157774	植保全自动配药灌注机	深圳市鼎邦自动化设备有限公司	通过
218	GJHZ20170314154722613	基于超算的基因大数据分析	深圳先进技术研究院	通过
219	CYZZ20170324152121594	4G 通讯全景摄像技术研发	深圳市汇联时代科技有限公司	通过
220	JCYJ20170302143406192	通过下肢功能训练提高老年人认知和行走功能	深圳大学	通过
221	JCYJ20170307174000693	新型胶体晶体的表面性质研究	香港科技大学深圳研究院	通过
222	JCYJ20160510154531467	基 20160211　基于压缩感知理论的密码芯片安全性测试技术研究	深圳先进技术研究院	通过
223	GRCK20170822165225702	基于微立体光刻技术的新型 3D 打印机	哈尔滨工业大学（深圳）	通过
224	CYZZ20150916113939539	iWorker 工作家 企业移动管理平台 V4.0	深圳工作家网络科技有限公司	通过
225	CKCY20170724155010769	基于公安大数据应用的视频在线结构化技术	深圳市奥凯优科技有限公司	通过
226	CKCY20160829151736785	智能水源活氧机	深圳欧威奇科技有限公司	通过
227	JSGG20170413111240299	重 20170135　锂电池均衡控制系统关键技术研发	深圳市力通威电子科技有限公司	通过
228	KQJSCX20170327161949608	面向药物设计的蛋白质结构和功能预测关键技术与应用平台研发	哈尔滨工业大学（深圳）	通过
229	JCYJ20170307105005654	核孔蛋白参与细胞周期调控的机理研究	南方科技大学	通过
230	JCYJ20170302144323219	基于多源遥感数据的深圳市土壤重金属污染监测技术研究	深圳大学	通过
231	JCYJ20170302150144008	聚（3, 4- 亚乙二氧基噻吩）共聚物的合成及其热电性能研究	深圳大学	通过

续表

序号	项目编号	项目名称	承担单位	验收结论
232	JCYJ20170306141249935	高性能小型化微带多频段多路滤波型功分器研究	厦门大学深圳研究院	通过
233	JCYJ20170307153157440	基于网络功能虚拟化技术的资源优化平台研究	清华大学深圳国际研究生院	通过
234	KJYY20160301151318613	SF20160001 基于公交智能 Wi-Fi 感知的大数据分析及位置服务关键技术研究	深圳前海华视移动互联有限公司	通过
235	CKCY20170720143334182	基于云平台的分布式光伏电站运维管理系统研发	深圳市拓新电气有限公司	通过
236	JCYJ20170306154716846	基于张量表征的多极化 SAR 海面目标分类方法研究	西北工业大学深圳研究院	通过
237	JCYJ20170307154129933	基于高容量合金型负极材料的动力电池电极关键技术的研发	深圳华中科技大学研究院	通过
238	JCYJ20170818091546869	基于电子病历文本的医学知识表示和推理技术研究	北京大学深圳研究生院	通过
239	JCYJ20170306141659388	等离子体辅助废锂离子电池材料的改性、转化与掺杂及其电催化水氧化性能研究	湖南大学深圳研究院	通过
240	JCYJ20170307150223308	基于氧化过程的污泥调理技术研究	哈尔滨工业大学（深圳）	通过
241	JCYJ20170306165240649	基于离子注入的锂电池层状材料结构修饰与实现策略研究	北京大学深圳研究生院	通过
242	JCYJ20170307150808594	核电压力容器钢硬化与非硬化联合脆化机制的研究	哈尔滨工业大学（深圳）	通过
243	JCYJ20170307153259323	基于网络功能虚拟化的安全防御技术	清华大学深圳国际研究生院	通过
244	JCYJ20130401144744187	Rap1 信号调控乳腺癌转移机制研究及其小分子调节剂研发	深圳华中科技大学研究院	通过
245	JCYJ20170307172850024	新型高韧性金刚石－碳化硅梯度复合涂层界面力学性能优化机理研究	深圳先进技术研究院	通过
246	JCYJ20170307172032901	生物质燃烧颗粒物的形成及控制研究	深圳华中科技大学研究院	通过
247	GRCK20170822163703460	智能驾驶小秘书	深圳市创赛平台创业服务有限公司	通过
248	JCYJ20170307110203786	基于有机发光体过渡金属配合物的分子探针及生物成像 / 光动力学治疗应用探究	南方科技大学	通过
249	JCYJ20160428182041577	基于 NF-κB 信号通路探讨健脾益肾方的免疫调节作用	深圳市中医院	通过
250	CKCY20160829145215598	联程商旅差旅虚拟化平台	深圳市联程商旅有限公司	通过
251	JCYJ20170307171511292	基于模拟筛选的离子液体超级电容器储能技术的研究	深圳华中科技大学研究院	通过
252	JCYJ20170817110841907	声电联合刺激听感知模型和语音编码策略的研究	南方科技大学	通过
253	JCYJ20160428181826351	石墨烯复合纳米发光材料用于动脉硬化斑块纤维帽的识别及温肾化痰方干预作用的研究	深圳市中医院	通过
254	KJYY20170412144902432	SF20170063 应用大数据主动巡检的消防远程监控平台应用示范	深圳市泰和安科技有限公司	通过
255	JSGG20170412162332418	重 20170378 基于国家 SM9 算法的密码服务关键技术研发	深圳奥联信息安全技术有限公司	通过
256	JCYJ20170302145554126	基于语法进化超启发式的多目标虚拟机整合优化研究	深圳大学	通过
257	GJHZ20180413181813768	基于多激子产生的高效量子点太阳能电池研究	深圳清华大学研究院	通过

续表

序号	项目编号	项目名称	承担单位	验收结论
258	JCYJ20170307165601938	Chemerin 在小鼠白色脂肪棕色化转变中的作用及其机制研究	深圳先进技术研究院	通过
259	JCYJ20170302143610976	海湾环境复杂荷载组合下桩基础侧向大变形力学机理分析与加固方案探讨	深圳大学	通过
260	JCYJ20170307172446325	新型铝基复合金属氧化物低温催化脱硝脱汞机理研究	深圳华中科技大学研究院	通过
261	JCYJ20170302143625006	台风场非平稳风作用下风机结构动力响应特性及破坏机理研究	深圳大学	通过
262	JCYJ20160425105113632	新型髋臼杯假体的设计和相关数据库的建立	深圳市第二人民医院	通过
263	JCYJ20170307153749357	基于高灵敏光学检测的水相储能电池反应速率的在线研究	清华大学深圳国际研究生院	通过
264	JSGG20170412170711532	重 20170403 深圳市公共安全应急测绘服务保障系统研发	深圳市勘察研究院有限公司	通过
265	JCYJ20160328145357990	基 20160114 基于光编码物理层安全的光通信关键技术研究	深圳大学	通过
266	JCYJ20170306142105928	Fe3O4/BP 复合纳米结构的控制合成及其肿瘤成像热疗应用研究	厦门大学深圳研究院	通过
267	JCYJ20160427183814675	基 20160143 长链非编码 RNA 在肝癌发生发展中的作用机理研究	深圳市人民医院	通过
268	JCYJ20170302151123005	基于非监督深度学习的图像标注算法研究	深圳大学	通过
269	JCYJ20170307153821435	基于市政污泥水解液高效制备燃料乙醇及酵母蛋白关键技术的研发	清华大学深圳国际研究生院	通过
270	JCYJ20170307165550864	基于磁共振氨基质子转移成像的缺血心肌损伤定量评估研究	深圳先进技术研究院	通过
271	JCYJ20170302154614941	飞秒激光双光束干涉集成刻写光纤光栅技术	深圳大学	通过
272	JCYJ20170306165021201	高选择性 NMDAR 激动剂对自闭症的防治及机制研究	北京大学深圳研究生院	通过
273	JCYJ20170302152718747	基于腔增强结构的空芯光子带隙光纤气体传感技术研究	深圳大学	通过
274	JCYJ20160429091935720	基 20160161 耳鼻咽喉过敏性疾病抗原纳米疫苗的合成及应用研究	深圳市龙岗区耳鼻咽喉医院	通过
275	JCYJ20170306142028457	氧化锌基掺杂型液晶空间光相位调制器的关键技术研究	厦门大学深圳研究院	通过
276	JCYJ20160429173544879	相对和绝对定量的等量异位标签 (iTRAQ) 多重标记与串联质谱技术在 1 型糖尿病差异蛋白组学中的应用研究	深圳市坪山区人民医院	通过
277	GRCK20170823162529423	基于涡流管温控技术的模块化动力锂电池箱	南方科技大学	通过
278	JCYJ20170307104852755	利用海底界面波反演南海海底沉积层的物理性质	南方科技大学	通过
279	JCYJ20160226201453085	基 20160063 面向智能机器人的图像理解技术研究	哈尔滨工业大学（深圳）	通过
280	JCYJ20170307174056499	基于新型电子载体实现剩余污泥源头减量及强化脱氮除磷的一体化技术	香港科技大学深圳研究院	通过

续表

序号	项目编号	项目名称	承担单位	验收结论
281	JCYJ20170307165829951	界面应力调控：氧化物室温多铁界面材料及隧道结应用	深圳先进技术研究院	通过
282	CKCY20170721160301611	高效太阳能电池多栅串焊系统的研发	深圳市拉普拉斯能源技术有限公司	通过
283	JCYJ20160229172341417	弹性高超声速飞行器异类执行器智能控制技术研究	西北工业大学深圳研究院	通过
284	JCYJ20160301153959476	基 20160039 新型乳腺癌分子诊断技术研究	清华大学深圳国际研究生院	通过
285	JCYJ20170307152754218	液流电池关键材料的宽广温度安全特性研究	清华大学深圳国际研究生院	通过
286	JCYJ20160427192622779	基于超带宽位置服务技术的患者护理系统研究与实现	深圳市宝安区人民医院	通过
287	JCYJ20170307092952054	基于 3D 打印技术的复杂精准陶瓷件高性能制造过程研究	山东大学深圳研究院	通过
288	JCYJ20160428181031086	芪术抗癌方对肝癌 NK 细胞毒受体的作用机制研究	深圳市中医院	通过
289	JCYJ20160331184440545	基 20160121 面向大数据的中文知识图谱构建理论和技术研究	清华大学深圳国际研究生院	通过
290	JCYJ20160428180814307	基因 SOX1 调控结直肠癌干细胞的机制和作用	中山大学附属第八医院（深圳福田）	通过
291	CYZZ20170327145804274	基于茶叶香气前体的利用制备高品质香气提取物的关键技术研发	深圳市深宝技术中心有限公司	通过
292	GRCK20170823162358164	基于可见光通信和 Wi-Fi 的融合通信系统的研发	南方科技大学	通过
293	JCYJ20170307110713487	RNA 解旋酶 DHX33 调控细胞凋亡的分子机制研究	南方科技大学	通过
294	CKCY20170505153502024	基于机器视觉的高精度锡膏印刷设备研发	深圳市青马技术有限公司	通过
295	JCYJ20170307152201596	基于深度学习技术的蛋白质折叠识别研究	哈尔滨工业大学（深圳）	通过
296	JCYJ20160331152141936	基 20160080 海洋贝类重要蛋白质结构与功能研究	南京大学深圳研究院	通过
297	JSGG20130917140242547	重 2013-044：4K2K 超高分辨率裸眼 3D 电视关键技术研发	深圳市 TCL 高新技术开发有限公司	通过
298	JCYJ20170302142902581	新型银纳米三角棱柱制备及其表面等离子体共振传感特性研究	深圳大学	通过
299	JCYJ20170302142433007	噻吩类窄带隙聚合物半导体的超快非线性光学行为研究	深圳大学	通过
300	JCYJ20170307105752508	基于系统生物学的 mRNA 可变多聚腺苷酸化 (Alternative Polyadenylation) 调控网络的跨组织研究	南方科技大学	通过
301	JCYJ20160428180724294	sEH 抑制剂减少心肌细胞凋亡改善心肌重构的机制研究	中山大学附属第八医院（深圳福田）	通过
302	CYZZ20170328165125787	蓝宝石玻璃机器人贴合设备研发	深圳市拓野机器人自动化有限公司	通过
303	JCYJ20160226192609015	基 20160018 光谱选择性纳米粉体的可控制备及应用技术研究	深圳大学	通过
304	GJHZ20170313160058362	单兵战术小组通信系统产品研发	海能达通信股份有限公司	通过
305	JCYJ20160427101538845	基于 shotgun 宏基因组测序技术与精神分裂症相关联肠道微生物研究	深圳市龙岗中心医院	通过

续表

序号	项目编号	项目名称	承担单位	验收结论
306	JCYJ20170306140656626	Rbm24 在心肌细胞分化成熟过程中的作用和机制	厦门大学深圳研究院	通过
307	JCYJ20160428151927109	KIR 基因对男男性接触者 HIV/AIDS 疾病进程影响研究	深圳市福田区疾病预防控制中心	通过
308	JCYJ20170303170403122	智能自修复抗污染型纳滤膜的合成及其在城市水处理中的应用	武汉大学深圳研究院	通过
309	JCYJ20160428144751301	自体成体干细胞移植治疗兔上睑提肌机械性损伤的实验研究	深圳市眼科医院	通过
310	JCYJ20160429093258453	手臂振动病腕管软组织及神经损伤的超声研究	深圳市职业病防治院	通过
311	JCYJ20160428091243229	基于微环境 pH 调控技术的新型口服释药系统在提高药物临床疗效中的应用	深圳市宝安区石岩人民医院	通过
312	KQJSCX20170331162115349	融合机器学习和 DTI 技术的疾病诊断辅助系统关键技术研究	深圳先进技术研究院	通过
313	JCYJ20170307171232348	自支撑三维多孔锡 / 碳复合材料的制备及其储钠性能研究	深圳先进技术研究院	通过
314	JSGG20170413154604276	重 20170034　锂离子动力电池高速高精度双工位激光极耳成型设备研发	深圳吉阳智能科技有限公司	通过
315	CYZZ20170324094544544	应用于移动智能终端显示的超薄玻璃基板的薄化技术的研发	深圳市阳光晶玻科技有限公司	通过
316	JCYJ20160531193045101	湍流边界层拟序结构闭环控制及其机理	哈尔滨工业大学（深圳）	通过
317	JCYJ20170302145418596	基于站立式磁性石墨烯嵌层薄膜的磁传感原理及器件构造探索	深圳大学	通过
318	CYZZ20170331141634764	高效智能化工业装配生产线的研发	深圳市乂励美特科技有限公司	通过
319	JCYJ20170307155844701	用于车船降温系统的尾气驱动高效节能吸收式制冷技术研究	深圳华中科技大学研究院	通过
320	GRCK20170823162219161	3D 打印随形冷却通道注塑模具设计与工艺优化研究	南方科技大学	通过
321	JCYJ20160427153613993	个案管理模式构建对乙肝母婴阻断随访依从性的影响	深圳市第三人民医院	通过
322	JCYJ20170306165013264	两株海洋真菌中的抗老年痴呆活性成分及化学诱导研究	广东海洋大学深圳研究院	通过
323	JCYJ20170307150444573	基于 ROP2 蛋白家族的先天性弓形虫病特异性分子标志物研究	哈尔滨工业大学（深圳）	通过
324	JCYJ20160428173808742	踝关节下胫腓联合复位不良的生物力学研究	北京大学深圳医院	通过
325	GQYCZZ20160229114015994	油田物联网低功耗无线通讯模块研发	深圳市博海粤能科技开发有限公司	通过
326	JCYJ20170307171347103	基于光谱共焦传感的航空叶片表面快速测量系统研究	深圳华中科技大学研究院	通过
327	JCYJ20170307105356548	复杂污染源条件下深圳市典型饮用水水源地中浮游藻类生消变化过程模拟研究	深圳市环境科学研究院	通过
328	JSGG20170412160655125	重 20170271　带有优化控制功能的能源管理系统平台的研发	深圳市海亿达科技股份有限公司	通过

续表

序号	项目编号	项目名称	承担单位	验收结论
329	JSGG20170411161500781	重 20170077　高强铝合金材用新型铝晶粒细化剂关键技术研发	深圳市新星轻合金材料股份有限公司	通过
330	JCYJ20170307105434022	基于石墨烯等二维材料异质结的自旋晶体管器件的研究	南方科技大学	通过
331	JCYJ20170306141238532	石墨烯纳米墙的制备及其在硅基异质结太阳电池中的应用研究	厦门大学深圳研究院	通过
332	JSGG20170413110854616	重 20170038　支持多种分布式电源的微电网关键技术研发	联合光伏（深圳）有限公司	通过
333	JCYJ20170307141601162	压电俘能系统中结构与储能电路协同分析及优化理论研究	中山大学深圳研究院	通过
334	JCYJ20170307164104491	基于大规模移动感知数据的传染病计算模型研究	深圳先进技术研究院	通过
335	JCYJ20160331171115521	基 20160116　面向 5G 移动通信的非正交多址接入关键技术研究	深圳清华大学研究院	通过
336	JCYJ20170307104939529	新型廉价有机铜、镍光催化剂的发展以及其在光诱导下的反应研究	南方科技大学	通过
337	JCYJ20160330171116798	基 20160138　糖尿病和糖尿病肾病的中医方证代谢组学及精准医疗探索研究	深圳市中医院	通过
338	CKCY20170725140436640	用于电子封装的钨铜复合材料的关键制备技术研究	深圳艾利佳材料科技有限公司	通过
339	JSGG20170411140639558	重 20170103　快速道路低位照明关键技术研发	深圳磊明科技有限公司	通过
340	JCYJ20170307160135308	面向闪存存储的数据存储安全机制关键技术研究	深圳华中科技大学研究院	通过
341	KQJSCX20170327151357330	海量视频的协同显著性检测与目标跟踪关键算法研究	深圳大学	通过
342	CYZZ20170724162327935	面向应急抢险机动照明装备研发和产业化	深圳市乐惠光电科技有限公司	通过
343	GJHS20170313151149564	非晶节能材料在特种电机和电抗器中的示范应用	深圳市实能高科动力有限公司	通过
344	JCYJ20170307171050039	基于黑磷光热效应的可降解多功能组织工程支架	深圳先进技术研究院	通过
345	JCYJ20160428181415376	黄连解毒汤中治疗阿尔茨海默症的药效物质基础研究	中山大学附属第八医院（深圳福田）	通过
346	CKCY20170720150243969	基于分布式架构的云嗨通服务系统集成与应用研究	深圳市智来信息技术有限公司	通过
347	JCYJ20170306091732304	小胶质细胞对 AD 发病早期突触的保护和 Aβ 的清理作用研究	北京大学深圳研究生院	通过
348	JCYJ20160505175637639	基 20160210　超薄可集成化超构材料表面关键技术研究	哈尔滨工业大学（深圳）	通过
349	JCYJ20170307154206288	直接甲酸燃料电池阳极电催化剂研究	清华大学深圳国际研究生院	通过
350	JCYJ20170306164713148	PM2.5 中有机碳和元素碳的稳定同位素测定方法开发	北京大学深圳研究生院	通过
351	JCYJ20170303160515987	细胞力学特性对肝癌癌症干细胞转移性能的力学调控及机理	香港理工大学深圳研究院	通过

续表

序号	项目编号	项目名称	承担单位	验收结论
352	JCYJ20170302144002028	基于卫星雷达测角及干涉技术的城市填埋场边坡稳定性监测研究	深圳大学	通过
353	JSGG20170413164340775	重 20170049 智能机器人 3D 视觉系统关键技术研发	深圳奥比中光科技有限公司	通过
354	JCYJ20170307140752183	同步检测多种肿瘤标志物的纳米生物传感技术及其在肺癌早期诊断中的应用	中山大学深圳研究院	通过
355	JCYJ20170306095849825	大数据环境下的短文本语义挖掘研究	深圳信息职业技术学院	通过
356	JCYJ20170818142347251	基于深度学习的胎盘功能智能化评价方法研究	深圳大学	通过
357	GJHS20130403164253183	40-55 纳米数字媒体 SOC 产品的产业化	深圳市海思半导体有限公司	通过
358	JCYJ20170307145853300	基于激光锁相热成像的集成芯片表面裂纹检测技术研究	哈尔滨工业大学（深圳）	通过
359	CKCY20160829192104926	基于 MEMS 的高精度热式气体流量传感器研发	深圳市美思先端电子有限公司	通过
360	GJHS20170314165324888	高能量密度凝胶态锂离子动力电池关键材料与技术开发	清华大学深圳国际研究生院	通过
361	JCYJ20170307095556333	新疆紫草混源萜协同紫杉醇预防癌症骨转移的药效物质基础及作用机制研究	深圳市人民医院	通过
362	JSGG20160429165838848	重 20160470 高精度磁强计关键技术研发	深圳清华大学研究院	通过
363	JSGG20170413153220228	重 20170424 黑臭水体水质在线监测系统研发	宇星科技发展（深圳）有限公司	通过
364	JCYJ20170302143855721	基于 10 年随访队列的环境、基因及其交互作用与 2 型糖尿病发病风险的关联研究	深圳大学	通过
365	JCYJ20160427190358849	P-gp 封闭剂对系统性红斑狼疮 PYK2 信号通路的调控及在激素耐药狼疮治疗中的作用探讨	深圳市宝安区人民医院	通过
366	JCYJ20170307161326613	珊瑚白化分子机制及早期预警标志物的研究	香港浸会大学深圳研究院	通过
367	JCYJ20170307110638890	基因编辑的 hESC 分化成巨噬细胞的系统生物学方法分析作为克罗恩病的疾病模型	南方科技大学	通过
368	ZDSYS20170228105421966	深圳市先进薄膜与应用重点实验室	深圳大学	通过
369	GGFW20170410141945118	载 20170047 深圳航空材料检测及可靠性分析公共技术服务平台	深圳市美信检测技术股份有限公司	通过
370	ZDSYS20160429191217595	载 20160017 深圳市电机直驱技术重点实验室	南方科技大学	通过
371	GCZX20170412112748820	载 20170014 陶瓷介质无线通信射频部件工程技术研究中心	深圳市大富科技股份有限公司	通过
372	GCZX20170413093925064	载 20170017 光电子半导体器件技术与应用工程技术研究中心	华润半导体（深圳）有限公司	通过
373	ZDSYS20160608151545865	载 20160024 深圳市医院中药制剂研究重点实验室	深圳市中医院	通过
374	GGFW20170413162549532	载 20170064 深圳市非人灵长类脑疾病模式动物公共技术服务平台	深圳先进技术研究院	通过
375	ZDSYS20170303100206608	深圳市航空航天机构与控制重点实验室	哈尔滨工业大学（深圳）	通过
376	中央引导地方专项资金	深圳精密制造中心平台	深圳市智能机器人研究院	通过

续表

序号	项目编号	项目名称	承担单位	验收结论
377	中央引导地方专项资金	开放式工业机器人控制技术平台	固高科技（深圳）有限公司	通过
378	中央引导地方专项资金	超材料功能结构创新技术基础研究及应用研究平台	深圳光启高等理工研究院	通过
379	中央引导地方专项资金	基于单细胞基因测序的新型抗体靶向药物研发平台	深圳华大基因研究院	通过
380	中央引导地方专项资金	新型食品安全快筛试剂盒及小型智能设备技术完善和商品化定型平台	深圳市检验检疫科学研究院	通过
381	中央引导地方专项资金	穿戴式信息技术与系统创新平台	中国科学院深圳先进技术研究院	通过
382	中央引导地方专项资金	深圳市福田区新生儿遗传性耳聋基因检测	深圳华大临床检验中心有限公司	通过
383	中央引导地方专项资金	新型智慧城市移动网络综合服务平台	深圳市华讯方舟软件信息科技有限公司	通过
384	中央引导地方专项资金	深圳市公众电除颤计划的试点示范工程	深圳迈瑞生物医疗电子股份有限公司	通过
385	中央引导地方专项资金	深圳市痛风及高尿酸早期诊治及综合干预应用示范研究	深圳市中医院	通过
386	中央引导地方专项资金	城市黑臭水体修复示范项目	深圳天澄科工水系统工程有限公司	通过
387	中央引导地方专项资金	睡眠呼吸障碍简易诊断仪在 OSAHS 诊断筛查中的应用	深圳和而泰智能控制股份有限公司	复议
388	中央引导地方专项资金	高通量材料芯片技术及组合材料制备、表征技术研发平台	深圳市国创新能源研究院	复议
389	CYZZ20170401104149969	“云 + 微网”智慧课堂云盒解决方案	深圳青檬通信技术有限公司	复议
390	GRCK20170823151938769	抗菌新材料的研发与商业应用	深圳市嘉西亚文化发展有限公司	复议
391	JCYJ20160429182058044	联合 PD-L1 阻断剂增强自杀基因系统治疗乳腺癌的研究	深圳市南山区人民医院	复议
392	JCYJ20170307173900343	液流电池中高能量密度电解液的性质研究和有机无机混合电解液的制备	香港科技大学深圳研究院	复议
393	CKCY20170721164627271	面向肺癌疾病的新型靶向药物及治疗关键技术的研发	深圳开悦生命科技有限公司	复议
394	CKCY20170724103355487	基于氧化锆陶瓷制精密部件的烧结与磨削加工工艺的研发	深圳鑫鹏海新材料有限公司	复议
395	JSGG20170413153325987	重 20170234 基于 UART 通信接口的全息双模移动卫星智能通信终端关键技术研发	深圳市友恺通信技术有限公司	复议
396	CYZZ20170327161048778	重组痘病毒载体基因治疗药物及新型疫苗规模化制备平台建设	深圳源兴基因技术有限公司	复议
397	KJYY20170411145009029	SF20170036 超融合存储关键技术的应用示范	中兴通讯股份有限公司	复议
398	JCYJ20170307151634428	水溶性近红外二区（NIR- Ⅱ）荧光分子的合成及生物成像研究	深圳清华大学研究院	复议
399	JCYJ20160427174431520	着丝粒蛋白 K 调控 Akt 信号通路促进肝癌发生的分子机制	深圳市第三人民医院	复议

续表

序号	项目编号	项目名称	承担单位	验收结论
400	JSGG20170824145703678	重 20170022 助老助残智能人形机器人研发	旗瀚科技有限公司	复议
401	JSGG20160229143033490	重 20160229 三代压水堆核电厂燃料包壳破损在线诊断装置关键技术研发	中广核工程有限公司	复议
402	JCYJ20170306155944271	轻质、高强锆酸镧泡沫陶瓷的制备、孔结构调控及其隔热机理研究	西北工业大学深圳研究院	复议
403	JCYJ20160429181451546	基 20160159 带状疱疹性神经痛的短时程脊髓电刺激治疗及机制研究	华中科技大学协和深圳医院	复议
404	JCYJ20170307164610282	具有内皮细胞－支架仿生界面的小口径组织工程血管构建和内皮化研究	深圳先进技术研究院	复议
405	JCYJ20170303151334808	结直肠癌特异性 T 细胞克隆筛选及其抗肿瘤作用研究	深圳华大生命科学研究院	复议
406	JSGG20170414090428464	重 20170421 海洋观测中继平台关键技术研发	深圳市朗石科学仪器有限公司	复议
407	JCYJ20160428181916222	基 20160185 大型结构件高效精密加工工艺与装备关键技术研究	清华大学深圳国际研究生院	复议
408	GJHZ20170313113529978	可连续变弯度自适应机翼机构创新设计与控制研究	哈尔滨工业大学（深圳）	复议
409	JCYJ20170307140505192	双重靶标 c-Mpl 拮抗多肽的筛选及其对白血病细胞动态发育的调控作用	中山大学深圳研究院	复议
410	CKCY20170724152118889	基于云计算光栅式近红外手持式食品检测设备的研发	深圳市农彩汇科技有限公司	复议
411	JCYJ20160428180919224	CGRP 在髓核源性神经痛大鼠脊髓水平痛觉敏化的作用	中山大学附属第八医院（深圳福田）	复议
412	JSGG20170816090210497	重 20170211 新一代 4K 超高清广播级演播室摄像机关键技术研发	深圳市明日实业有限责任公司	复议
413	JCYJ20160331191401141	基 20160129 虚拟手术仿真系统研究	深圳先进技术研究院	复议
414	GQYCZZ20151109153643991	高分子填充改性材料的研发与自动化成型工艺	深圳市明鑫高分子技术有限公司	不通过
415	JCYJ20130401164750003	HPPCn 修饰的骨髓间充质干细胞治疗四氯化碳所致肝纤维化的实验研究	深圳市第三人民医院	不通过
416	JCYJ20151015165557141	基 20150093 超材料微结构专用新型材质研究	深圳光启高等理工研究院	不通过
417	CYZZ20140428090224499	基于移动互联网的 O2O 项目平台	深圳市中顺崎科技有限公司	不通过
418	CKCY20160429141257685	基于物联网技术的声像实时交互装	深圳市富艾德科技有限公司	不通过
419	CKCY20160429110919357	3D 热弯技术在曲面玻璃上的应用研发	深圳市摩臣光电有限公司	不通过
420	CKCY20160829141004700	流式细胞法检测试剂——单抗的研发和生产	巴德生物科技有限公司	不通过

2019 年度深圳市科技计划项目在线查看

第十一章 创新载体

I n n o v a t i o n C a r r i e r

第一节 重点实验室

2019年深圳市新增重点实验室

序号	创新载体名称	级别	主管部门	依托单位	立项年度
1	组建深圳市健康医疗人工智能重点实验室	深圳市	市科创委	深圳市腾讯计算机系统有限公司	2019年
2	深圳市高世代新型显示材料检测技术研发重点实验室	深圳市	市科创委	深圳市华星光电技术有限公司	2019年
3	TSV三维集成微纳系统重点实验室	深圳市	市科创委	北京大学深圳研究生院	2019年
4	深圳市现代机器学习与应用重点实验室	深圳市	市科创委	深圳大学	2019年
5	深圳市内容中心网络与区块链重点实验室	深圳市	市科创委	北京大学深圳研究生院	2019年
6	深圳海洋地球古菌组学重点实验室	深圳市	市科创委	南方科技大学	2019年
7	深圳合成基因组学重点实验室	深圳市	市科创委	深圳先进技术研究院	2019年
8	深圳市固态电池研发重点实验室	深圳市	市科创委	南方科技大学	2019年
9	深圳市航空航天复杂流动重点实验室	深圳市	市科创委	南方科技大学	2019年
10	深圳市超声成像与治疗技术重点实验室	深圳市	市科创委	深圳先进技术研究院	2019年
11	仿制药评价生物等效性研究重点实验室	国部委	市科创委	深圳市药品检验研究院	2019年
12	化妆品检测评价重点实验室	国部委	市科创委	深圳市药品检验研究院	2019年
13	广东省量子科学与工程重点实验室（2019年度）	广东省	市科创委	南方科技大学	2019年
14	广东省湍流基础研究与应用重点实验室（2019年度）	广东省	市科创委	南方科技大学	2019年
15	广东省深地科学与地热能开发利用重点实验室（2019年度）	广东省	市科创委	深圳大学	2019年
16	粤港澳新型能源材料联合实验室	广东省	市科创委	南方科技大学	2019年
17	粤港澳人机智能协同系统联合实验室	广东省	市科创委	中国科学院深圳先进技术研究院	2019年

2019年新增重点实验室名单在线查看

第二节 工程中心

2019 年深圳市新增工程中心

序号	创新载体名称	级别	主管部门	依托单位	立项年度
1	深圳低质煤综合利用工程研究中心	深圳市	市发改委	南方科技大学	2019 年
2	深圳集成超大功率照明工程研究中心	深圳市	市发改委	深圳市裕富照明有限公司	2019 年
3	深圳锐明车载人工智能主动安全工程研究中心	深圳市	市发改委	深圳市锐明技术股份有限公司	2019 年
4	人工智能算法开放训练关键技术工程研究中心	深圳市	市发改委	深圳云天励飞技术有限公司	2019 年
5	证通金融设备智能工程研究中心	深圳市	市发改委	深圳市证通电子股份有限公司	2019 年
6	深圳市工业数码印刷应用技术工程研究中心	深圳市	市发改委	深圳汉弘数码印刷集团（深圳汉弘图像技术有限公司）	2019 年
7	深圳市集成电路封测设备工程研究中心	深圳市	市发改委	深圳格兰达智能装备股份有限公司	2019 年
8	深圳市激光精密微加工技术工程研究中心	深圳市	市发改委	深圳市杰普特光电股份有限公司	2019 年
9	物流机器人技术及应用工程研究中心	深圳市	市发改委	顺丰科技有限公司	2019 年
10	深圳无人飞行器设计与导航控制技术工程研究中心	深圳市	市发改委	南方科技大学	2019 年
11	触控和显示集成芯片核心技术工程研究中心	深圳市	市发改委	敦泰科技（深圳）有限公司	2019 年
12	下一代移动通信基站用印制电路工程研究中心	深圳市	市发改委	深南电路股份有限公司	2019 年
13	5G 终端通信工程研究中心	深圳市	市发改委	深圳市万普拉斯科技有限公司	2019 年
14	5G 通信模组技术工程研究中心	深圳市	市发改委	深圳市广和通无线股份有限公司	2019 年
15	智能家庭物联平台技术工程研究中心	深圳市	市发改委	深圳市酷开网络科技有限公司	2019 年
16	网联汽车通信技术工程研究中心	深圳市	市发改委	深圳市中兴物联科技有限公司	2019 年
17	大尺寸 8K 超高清智能电视工程研究中心	深圳市	市发改委	深圳市兆驰股份有限公司	2019 年
18	新型车联网通信技术工程研究中心	深圳市	市发改委	深圳市金溢科技股份有限公司	2019 年
19	5G 毫米波定位与波束追踪系统工程研究中心	深圳市	市发改委	深圳富泰宏精密工业有限公司	2019 年
20	8K 超高清激光显示技术工程研究中心	深圳市	市发改委	深圳光峰科技股份有限公司	2019 年
21	深圳市高场磁共振成像系统工程技术研发中心	深圳市	市科创委	深圳市贝斯达医疗股份有限公司	2019 年
22	深圳市智能配电网工程技术研究中心	深圳市	市科创委	深圳市科陆电子科技股份有限公司	2019 年
23	深圳市彩电智能制造工程技术研究中心	深圳市	市科创委	深圳创维 -RGB 电子有限公司	2019 年
24	深圳市微波能控制技术工程技术研究中心	深圳市	市科创委	深圳麦格米特电气股份有限公司	2019 年
25	氢能安全工程技术研究中心	深圳市	市科创委	中广核研究院有限公司	2019 年
26	深圳市新能源汽车 BMS 系统工程技术研究中心	深圳市	市科创委	深圳市科列技术股份有限公司	2019 年
27	深圳市深度图像传感芯片及应用工程技术研究开发中心	深圳市	市科创委	深圳贝特莱电子科技股份有限公司	2019 年

序号	创新载体名称	级别	主管部门	依托单位	立项年度
28	速腾聚创无人驾驶感知系统工程技术研究中心	深圳市	市科创委	深圳市速腾聚创科技有限公司	2019 年
29	融合智能指挥与调度工程技术研究中心	深圳市	市科创委	海能达通信股份有限公司	2019 年
30	超高亮度激光影院光源工程技术研究中心	深圳市	市科创委	深圳市光峰光电技术有限公司	2019 年

2019 年深圳市新增工程中心名单在线查看

第三节 重大基础设施

深圳市重大基础设施

序号	创新载体名称	载体类型	级别	主管部门	依托单位	立项年度
1	交通运输部交通基础设施智能制造技术行业研发中心	其他	国家部委	交通运输部	深圳市市政设计研究院有限公司	2018 年

深圳市重大基础设施名单在线查看

第四节 公共技术服务平台

2019 年新增公共技术服务平台

序号	创新载体名称	载体类型	级别	主管部门	依托单位	立项年度
1	深圳市多媒体与虚拟现实公共技术服务平台	公共服务平台	深圳市	市科创委	深圳大学	2019 年
2	妇幼医疗保健云公共技术服务平台	公共服务平台	深圳市	市科创委	深圳市妇幼保健院	2019 年
3	国际医疗器械检测认证公共技术服务平台	公共服务平台	深圳市	市科创委	深圳华通威国际检验有限公司	2019 年
4	基于云架构的物联信息产品检测公共技术服务平台	公共服务平台	深圳市	市科创委	深圳信息通信研究院	2019 年
5	气动力枪支及散件（零部件）检验鉴定及风险防控技术服务平台	公共服务平台	深圳市	市科创委	深圳先进技术研究院	2019 年

2019 年深圳市新增公共技术服务平台名单在线查看

第五节 企业技术中心

2019 年深圳市新增企业技术中心

序号	创新载体名称	载体类型	级别	主管部门	依托单位	立项年度
1	深圳市杰普特光电股份有限公司技术中心	企业技术中心	深圳市	市工信局	深圳市杰普特光电股份有限公司	2019 年
2	深圳市城市交通规划设计研究中心有限公司技术中心	企业技术中心	深圳市	市工信局	深圳市城市交通规划设计研究中心有限公司	2019 年
3	深圳达实智能股份有限公司技术中心	企业技术中心	深圳市	市工信局	深圳达实智能股份有限公司	2019 年
4	中国长城科技集团股份有限公司技术中心	企业技术中心	深圳市	市工信局	中国长城科技集团股份有限公司	2019 年
5	深圳市洲明科技股份有限公司技术中心	企业技术中心	深圳市	市工信局	深圳市洲明科技股份有限公司	2019 年
6	深圳市信维通信股份有限公司技术中心	企业技术中心	深圳市	市工信局	深圳市信维通信股份有限公司	2019 年
7	深圳市易尚展示股份有限公司技术中心	企业技术中心	深圳市	市工信局	深圳市易尚展示股份有限公司	2019 年
8	深圳市广和通无线股份有限公司技术中心	企业技术中心	深圳市	市工信局	深圳市广和通无线股份有限公司	2019 年
9	深圳市隆利科技股份有限公司技术中心	企业技术中心	深圳市	市工信局	深圳市隆利科技股份有限公司	2019 年
10	深圳市金溢科技股份有限公司技术中心	企业技术中心	深圳市	市工信局	深圳市金溢科技股份有限公司	2019 年
11	深圳太辰光通信股份有限公司技术中心	企业技术中心	深圳市	市工信局	深圳太辰光通信股份有限公司	2019 年
12	深圳贝仕达克技术股份有限公司技术中心	企业技术中心	深圳市	市工信局	深圳贝仕达克技术股份有限公司	2019 年
13	深圳市泰衡诺科技有限公司技术中心	企业技术中心	深圳市	市工信局	深圳市泰衡诺科技有限公司	2019 年
14	深圳市中孚泰文化建筑建设股份有限公司技术中心	企业技术中心	深圳市	市工信局	深圳市中孚泰文化建筑建设股份有限公司	2019 年
15	深圳中兴新材技术股份有限公司技术中心	企业技术中心	深圳市	市工信局	深圳中兴新材技术股份有限公司	2019 年
16	深圳麦克韦尔科技有限公司技术中心	企业技术中心	深圳市	市工信局	深圳麦克韦尔科技有限公司	2019 年
17	深圳前海微众银行股份有限公司技术中心	企业技术中心	深圳市	市工信局	深圳前海微众银行股份有限公司	2019 年
18	亚能生物技术（深圳）有限公司技术中心	企业技术中心	深圳市	市工信局	亚能生物技术（深圳）有限公司	2019 年
19	深圳华大智造科技有限公司技术中心	企业技术中心	深圳市	市工信局	深圳华大智造科技有限公司	2019 年
20	深圳康泰生物制品股份有限公司技术中心	企业技术中心	深圳市	市工信局	深圳康泰生物制品股份有限公司	2019 年
21	深圳古瑞瓦特新能源股份有限公司技术中心	企业技术中心	深圳市	市工信局	深圳古瑞瓦特新能源股份有限公司	2019 年
22	深圳市水务规划设计院股份有限公司技术中心	企业技术中心	深圳市	市工信局	深圳市水务规划设计院股份有限公司	2019 年
23	深圳市勘察研究院有限公司技术中心	企业技术中心	深圳市	市工信局	深圳市勘察研究院有限公司	2019 年
24	深圳市深投环保科技有限公司技术中心	企业技术中心	深圳市	市工信局	深圳市深投环保科技有限公司	2019 年
25	深圳市佳士科技股份有限公司技术中心	企业技术中心	深圳市	市工信局	深圳市佳士科技股份有限公司	2019 年

序号	创新载体名称	载体类型	级别	主管部门	依托单位	立项年度
26	深圳市海目星激光智能装备股份有限公司技术中心	企业技术中心	深圳市	市工信局	深圳市海目星激光智能装备股份有限公司	2019 年
27	固高科技（深圳）有限公司技术中心	企业技术中心	深圳市	市工信局	固高科技（深圳）有限公司	2019 年
28	深圳科安达电子科技股份有限公司技术中心	企业技术中心	深圳市	市工信局	深圳科安达电子科技股份有限公司	2019 年
29	深圳市宝德计算机系统有限公司技术中心	企业技术中心	深圳市	市工信局	深圳市宝德计算机系统有限公司	2019 年
30	维达力实业（深圳）有限公司技术中心	企业技术中心	深圳市	市工信局	维达力实业（深圳）有限公司	2019 年
31	深圳市崧盛电子股份有限公司技术中心	企业技术中心	深圳市	市工信局	深圳市崧盛电子股份有限公司	2019 年
32	深圳市富诚达科技有限公司技术中心	企业技术中心	深圳市	市工信局	深圳市富诚达科技有限公司	2019 年
33	中铁隧道集团三处有限公司技术中心	企业技术中心	深圳市	市工信局	中铁隧道集团三处有限公司	2019 年

2019 年深圳市新增企业技术中心名单在线查看

第六节 工程实验室

2018 年深圳市新增工程实验室

序号	创新载体名称	载体类型	级别	主管部门	依托单位	立项年度
1	广东省电动汽车电池及充电系统检测工程实验室	工程实验室	广东省	市发改委	深圳市计量质量检测研究院	2018 年
2	超高清电视媒体资源聚合及精准推送操作系统工程实验室	工程实验室	广东省	市发改委	深圳创维 -RGB 电子有限公司	2018 年
3	深圳新型智慧城市真景四维多元大数据融合处理工程实验室	工程实验室	深圳市	市发改委	中电科新型智慧城市研究院有限公司	2018 年
4	深圳分子酶工程实验室	工程实验室	深圳市	市发改委	深圳华大生命科学研究院	2018 年
5	深圳神经康复技术工程实验室	工程实验室	深圳市	市发改委	中国科学院深圳先进技术研究院	2018 年
6	深圳金融智能服务机器人关键技术工程实验室	工程实验室	深圳市	市发改委	平安科技（深圳）有限公司	2018 年
7	深圳高精密电子封装关键技术工程实验室	工程实验室	深圳市	市发改委	深圳市腾盛工业设备有限公司	2018 年
8	深圳下一代信息网络高速光互联器件技术工程实验室	工程实验室	深圳市	市发改委	深圳日海通讯技术股份有限公司	2018 年
9	深圳跨座式单轨列车通信信号系统测试见证与仿真工程实验室	工程实验室	深圳市	市发改委	比亚迪汽车工业有限公司	2018 年
10	深圳物联网智能信息处理工程实验室	工程实验室	深圳市	市发改委	南方科技大学	2018 年
11	深圳下一代相干通信网络光子器件集成技术工程实验室	工程实验室	深圳市	市发改委	深圳新飞通光电子技术有限公司	2018 年

近年深圳市新增工程实验室名单在线查看

■ 图：房多多董事兼联席CEO曾熙

房多多
FangDD
.com

深圳市房多多网络科技有限公司

深圳市房多多网络科技有限公司（以下简称“房多多”）成立于2011年，是中国居住服务领域领先的互联网科技公司。以“帮经纪商户简单做生意，让行业充满梦想”为使命，房多多通过创新性地使用移动互联网技术、云技术和大数据，为中国的房地产经纪商户量身打造SaaS解决方案，实现房地产交易的关键资源，包括房、客、资金和交易数据的在线聚合，赋能经纪商户轻松地在线上开展业务，提高服务效率并拓宽服务范围，改变中国房地产经纪商户的作业方式。

■ 图：2019年11月，房多多在美国纳斯达克证券交易所正式挂牌上市

2019年11月1日，房多多在美国纳斯达克证券交易所正式挂牌上市（股票代码：DUO），被誉为中国“产业互联网SaaS第一股”。截至2020年6月30日，房多多平台拥有注册经纪商户142万名，被行业认为是国内最大的中小经纪公司聚合平台。

在产业互联网崛起的大背景下，房多多作为房产交易服务行业产业互联网的引领者，以服务为核心，为行业搭建基础设施，建立覆盖多产业链的生态体系。房多多为房地产经纪人在平台开网店提供数字化基础设施：涵盖1.36亿真实房源数据库的“楼盘字典”；覆盖经纪商户移动作业全场景的SaaS“多多卖房App”；匹配买卖双方和经纪人大数据并产生数据回流和反哺的高级算法模型。其中，多多卖房App作为房多多SaaS的核心载体，在经纪人端已形成一定规模效应，为房地产交易服务的线上化发展提供定制化场景解决方案。

创立九年，房多多正在引领国内居住服务领域不断向数字化迈进。新冠疫情期间，为满足消费者不同场景下的购房需求，房多多率先推出“线上售楼处”，与深度合作的全国百强开发商快速实现千盘优惠在线展示。购房者在家可实时通过VR方式查看意向楼盘的3D户型图、720°虚拟样板间，足不出户即可体验真实的线上选房、购房全流程。目前，房多多已与三十余家全国一线开发商开展战略合作，并不断提高线上盘源覆盖率。2020年第二季度，房多多平台上线的新房项目数为2918个。

■ 图：2020年6月，房多多与中国农业银行正式达成合作

此外，房多多通过多年的大数据积累为行业中小规模的房产经纪公司提供数据背书，帮助经纪公司获得银行等金融机构优质的数字化供应链金融服务，在资金赋能中小商户方面，打造自身独有的竞争力。截至2020年6月30日，包括农业银行在内的多家银行已完成对房多多平台商户总额度达20亿元的授信。

■ 图：挺好住——客户信赖的品质居所创造者

为响应国家号召，在城市更新的大时代背景下，房多多正在重点发力老旧二手房升级改造产品“挺好住”（原名“美房宝”），挺好住基于对城市二手房的专业化升级改造，为广大消费者打造美好居住环境，提升居住满意度和幸福感。

房多多一直以来非常注重知识产权的积累及行业地位提升。2011年至2020年，房多多共取得39项软件著作权登记、13件美术作品登记、1项发明专利、1项实用新型专利，另外两项发明专利已进入实审阶段。目前这些专利都已成功应用到实际的研发活动中，并注册了一系列企业相关商标。2018年，房多多入选国家科技部中国164家独角兽企业榜单；2018、2019年连续两年登榜工信部中国互联网企业100强，2019年排名全国第57位，位于居住领域互联网公司最前列。

■ 图：房多多获国家工信部颁发的2019年中国互联网百强企业

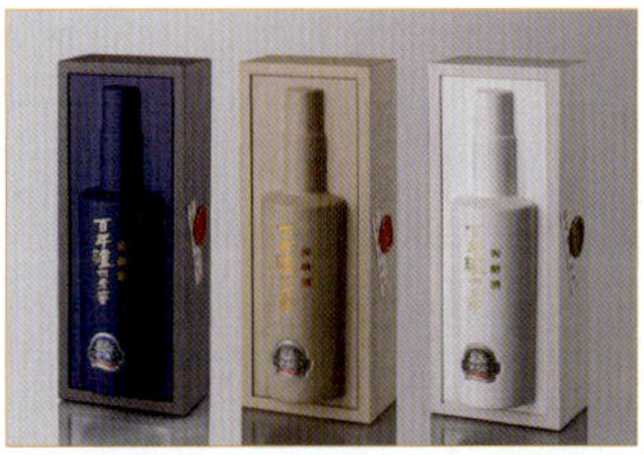

深圳电通纬创微电子股份有限公司

股票简称：电通微电　股票代码：830976

主营业务

IC封装测试
MEMS压力传感器

地址：深圳市龙岗区平湖平龙东路349号
邮编：518111
网址：www.szdtwcw.com

伍江涛（总经理）
电话：13924651669
传真：0755-89903533
邮箱：wjtao@cn-dt.com.cn

王龙玺（销售副总）
电话：13902915961
传真：0755-89903533
邮箱：13902915961@126.com

公司成立于2007年2月，注册资本3470万元，是以集成电路封装测试及MEMS压力传感器研发、生产、销售为主营业务的国家高新技术企业，2014年8月新三板挂牌（证券简称：电通微电830976.OC），固定资产投资总额超亿元。封测后产品在计算机、通讯、电源电器、消费电子、照明电路等终端消费领域广泛应用。产品功能涵盖电源管理、MCU、MOSFET、LED照明及LED显示驱动、蓝牙芯片、触摸芯片、充电芯片、功放芯片、AI识别芯片、多信号识别芯片、低噪声放大器LNA等。公司拥有先进的研制、生产、试验、检验设备和优秀的管理技术团队。

2008年7月通过UKAS的ISO9001质量体系认证；2015年10月通过TS16949质量体系认证；2013年7月通过国家高新技术企业认证，2016年10月、2019年11月顺利通过国家高新技术企业的审核认定。截至2019年，拥有发明专利1项、实用新型专利26项，3项外观设计专利，专利总数达30项。

公司始终致力于提升产品生产加工过程品质，在封装、测试设备、封装工艺、以及材料的选择上，与国际知名公司看齐，设备选型均为成熟的国际先进设备，随着微电子技术的更新而不断提升改进智能化设备和设施，满足客户对各种不同线型的要求。目前IC封测业务主要封装产品类型包括SOP、ESOP、SSOP、SOT、TSOT，QFN/DFN几大系列，20余种封装规格。公司坚持产品质量可靠性高、交期短、差异化服务的经营宗旨，积累了良好口碑和优势，为研发型企业客户提供快速芯片打样、封装测试编带等服务，为品牌客户提供全面代工服务。此外公司通过快速和灵活的服务，推动高新技术产品迅速走向市场。

公司积极抓住行业新机遇，拓展 MEMS压力传感器领域，开展MEMS传感器模块的研发、生产、销售活动。其中，自行研发的传感器模块包括智能压力传感模块、油水界面液位传感器及传感器智能模块等。

深圳航天科创实业有限公司

深圳航天科创实业有限公司（以下简称“航天科创”）隶属于深圳航天工业技术研究院，是中国航天科工集团重点三级单位，成立于2002年。航天科创致力于创新服务企业，创新发展产业，目的是打造一流科技创新和生产性服务平台，助力中国航天科工构建“制造与服务相结合、线上与线下相结合、创新与创业相结合”的新业态体系。

按照“一个中心，七大区域”的总体布局覆盖全国，目前已经设立深圳、成都、南昌、宁波、重庆、南京六个科创中心，总运营面积达14.8万平方米。累计举办90多场双创活动，线上线下集聚优质服务商接近300家，累计举办生态峰会、培训、路演等创新创业活动达188场。共孵化双创团队及中小微企业近395家，形成近50家紧密协作企业组成的生态企业圈，主要分布于新一代信息技术产业、高端装备制造产业、新材料产业、节能环保产业、数字创意产业、相关服务业等领域。

“航天科创致力于成为
——航天科工集团新业务的代表、
新模式的核心、新转型的支点、
地方政府双创业务的支撑”

地址：深圳市南山区学苑大道1001号南山智园A5栋15层
电话：0755-82020523
网址：www.szhtkc.com

创新服务企业 创新发展产业

- **关键点：创新+**

  集聚人才、资金、空间、设备、技术、知识产权、资质、载体、管理、信息、数字化工具、试验试制条件、云制造资源能力等创新资源要素，激发新技术、新产品、新产业、新业态、新模式

- **枢纽客户：科技型中小企业**

  以科技型中小企业需求为中心，打造服务生态圈，稀缺资源配置，帮助其对接资本、融入大企业产业链、响应政府需求，通过使其在大市场、大社会中实现价值，和企业共同成长

- **最终目的：“三融入”**

  打造产业生态圈，聚集培育优质科技型中小企业，融入国家战略、地方规划、集团产业链

企业荣誉与行业资质

- 国家发改委首批国家级双创示范基地
- 工信部“2018年制造业‘双创’平台”
- “国家中小企业公共服务示范平台”
- 中国青年创新创业金融综合服务平台推荐机构
- 广东省中小企业公共技术服务示范平台
- 中国仪器仪表协会会员单位及节能检测与调试技术委员会副理事长单位
- 深圳博士后创新实践基地
- 产业新动力双创联盟发起单位
- 武器装备科研生产单位三级保密资质
- 中国合格评定国家认可委员会(CNAS)实验室认可证书
- 国家电子产品安全标准工作组的全权成员
- CMMI3证书
- ISO9001质量管理体系
- ISO14001环境管理体系
- ISO20000信息技术\27000信息安全资质

2020先行示范区青年人才发展高峰论坛

2019年第二届航天科创企业创新与发展生态峰会

应急安全&工业互联网产教融合项目签约仪式

www.mehowmedical.com

MEHOW

深圳市美好创亿医疗科技股份有限公司

深圳市美好创亿医疗科技白主研发的长期植入硅酮气道支架为国内首创，是一种Ⅲ类植入医疗器械。公司利用多年来硅胶材料的生产经验和资源优势，攻坚克难对该产品完成了一系列相关核心技术的研发，并顺利通过了深圳市技术攻关重点项目的验收。目前已提交相关专利申请10篇，其中发明专利5篇，文献两篇。此产品填补了国内硅酮气道支架产品空缺，为气道狭窄患者提供性价比更高的选择，减低患者负担。相对于裸金属编织或覆膜金属气道支架产品，硅酮气道支架由长期植入硅酮材料制备而成，具有良好的生物相容性和力学性能，长期植入人体内不产生排异反应，且无任何生物毒性，可以提供持久和优良的径向支撑力以保持气道狭窄部位的通畅。硅酮气道支架的高透镜面成型技术使得产品的可视性好，内壁光滑不易黏附分泌物。另外，符合人体左右支气管结构的设计和一体成型制造技术,使得产品有更好的适应性。硅酮气道支架临床上常用于维持气道的打开，尤其适用于气管肿瘤造成的气道狭窄，气管吻合手术后引起的气管狭窄，其余手术治疗如插管后、肺移植后造成的气管狭窄，以及多数情况下的内外压缩产生气管直径减少的情况。为满足不同病患需求，公司硅酮气道支架共设计生产4个系列320个规格，还可以根据客户特定需求实现定制生产。未来公司将进一步推进个性化定制产品的研发，为满足患者千差万别的需求提供更好的产品和服务。

硅酮气道支架

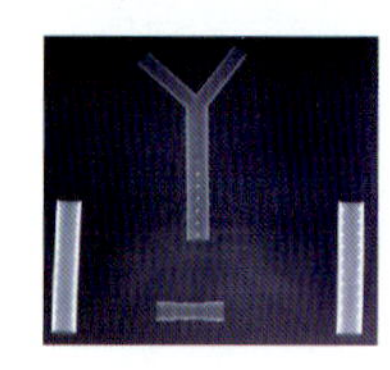
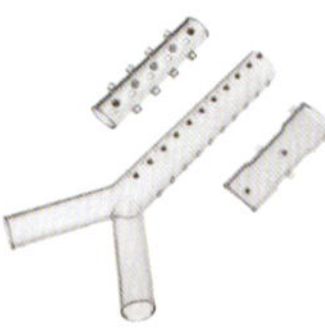
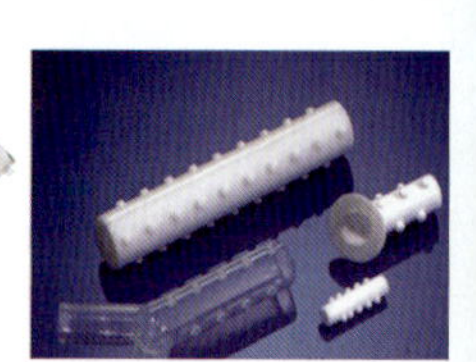

气道支架未被应用于肺结核和气管缝合重建造成的气管、支气管增生性狭窄临床之前，此类症状常使用切除手术结合药物进行治疗。但手术容易导致患者的二次损伤过大，无病变组织损伤，后续药物治疗负担过重等问题。针对临床突出问题，研究者利用人体组织工程学及组织解剖学原理，对人体气道组织以及肺部气管进行了充分的研究，并实现气管模拟仿生，通过模拟人体气管气道结构制备的支架管道对病变腔道进行修复重建，这种支架就是人工气道支架。随着微创技术的发展，被应用于手术的人工气道支架适用性增强，气道支架越来越多地应用于临床，解决各种问题导致的人体中心气道狭窄。

深圳市华信天线技术有限公司（简称“华信天线”），是中国卫星导航产业首家上市公司北斗星通集团旗下企业（股票代码：002151）。

自2008年成立以来，华信天线深耕卫星导航产业，重视科技创新人才的培养，持续加大研发技术投入，年均研发经费占到销售额10%以上。目前，华信天线旗下全资控股3家子公司，总资产规模超过10亿，已形成卫星定位及通信、无线通信、移动通信的核心产品部件布局，为测量测绘、无人机、精准农业、数字化施工、形变监测、智慧交通、自动驾驶、移动通信等行业的全球行业客户提供定制化产品及系统方案。

华信天线注重自主研发能力，目前拥有216项自主知识产权，核心专利数量位居同行业第一。2020年荣获“中国专利奖银奖”，发展至今，公司连续多年被评为“深圳市知识产权优势企业”“广东省知识产权示范企业”“广东省知识产权优势企业”，并多次获得“深圳市专利奖”“广东省科学技术奖”“卫星导航定位科技进步奖”“北斗卫星导航应用推进奖”等荣誉认可。

华信天线技术水平在同行业中处于领先地位，高精度天线在国家北斗重大专项“多模多频高精度天线”招标比测项目中连续四年获得第一名。公司先后承担了北斗产业重大专项、科技部科技型中小企业技术创新基金项目、广东省产学研合作项目，深圳市技术攻关项目、深圳市技术开发项目、南山区核心技术突破项目以及深圳市高技术产业化项目等重大科技与产业化项目。2018年，中国卫星导航系统办公室颁发《北斗卫星导航系统典型应用案例》，华信天线成为北斗官方认证的高精度天线第一品牌。

华信天线主导制定了中国北斗第二代卫星导航系统重大专项标准——《北斗/全球卫星导航系统（GNSS）测量型天线性能要求及测试方法》，并参与制定了《国家军用RTK电台协议标准》。2019年，华信天线作为唯一的中国无线数传电台企业代表，参与国际海事无线电技术委员会第135专业委员会组织的DGNSS应用无线电国际标准制定。

至今，华信天线已成为中国卫星定位及通信领域的领军企业。公司高精度天线在国内测量测绘的行业占有率超过70%。未来，华信天线将始终坚持科技创新，进一步推进“北斗+通信”的战略，矢志成为全球卫星定位及通信天线领导者。

深圳市华信天线技术有限公司

地址：深圳市南山区中山园路1001号TCL国际E城D3栋9楼

网站：www.harxon.com

电话：0755-26989948

传真：0755-26989994

邮箱：sales@harxon.com

广东省
卫星天线工程技术研究中心
广东省科学技术厅

深圳卫星天线技术
工程实验室

深圳市
企业技术中心

深圳市华信天线技术有限公司
中国产学研合作创新示范企业
中国产学研合作促进会
2018年12月

Maxvision®
盛视

盛视科技股份有限公司

地址：深圳市福田区沙头街道天安社区泰然十路天安创新科技广场二期东座1601\1605
联系电话：0755-83849888
传真：0755-83849210
网址：www.maxvision.com.cn
电子信箱：investor@maxvision.com.cn

海关驾驶员健康申报核验系统

多功能智能验证台（第四代）

防疫机器人

出入境旅客自助查验系统（第七代）

海关卫检自助查验系统

盛视科技股份有限公司是深市A股上市企业，（股票简称：盛视科技，股票代码：002990）。公司总部位于深圳市，是一家综合运用人工智能、大数据、物联网等新一代信息技术，为用户提供更贴近实际需求和符合未来发展的智能产品及智慧系统解决方案，服务智慧社会建设的国家级高新技术企业。

盛视科技专注于提供智慧口岸查验系统整体解决方案及其智能产品。自成立以来，一直专注产品研发与创新，在深圳和武汉设有研发中心，拥有数百人的软硬件研发及人工智能算法研究团队，研发人员占公司总人数的比例超过40%，自主研发生产的软硬件产品多达200多种。通过高研发投入，公司形成了以技术创新驱动为核心的竞争优势，取得了数百项专利、著作权、一系列技术突破，公司首创了多项口岸智能查验产品，开创了口岸旅客查验、车辆查验、卫生检疫领域的多项智能查验先河。

在口岸旅客查验领域，公司首创旅客自助查验系统，实现快速自助通关，开创全国口岸旅客自助通关先例；首创海关智慧旅检人脸识别系统，提高口岸监管效能；在口岸车辆查验领域，公司首推车辆一站式查验系统，整合一关两检信息资源，实现快捷车辆查验，开启口岸车辆联合查验先河；在口岸卫生检疫领域，公司首推智能检疫查验系统，解决多年来旅客体温探测与精准拦截难题，实现自助查验、自动预警拦截，快速隔离拦截疫情旅客，保障国门安全。公司首创推出的系统还有海关行李物品风险拦截系统及机场自助安检系统等。

公司业务拓展至全国300多个口岸，产品覆盖边检和海关等出入境旅客、货物、交通运输工具查验，2019年国内旅客流量超千万的机场均为公司客户。公司在智慧口岸领域具有较高的品牌知名度和显著的市场地位。基于在智慧口岸领域的技术积累，公司已将业务拓展至智能交通或智慧机场等其他应用领域。

经过多年的发展和积累，公司获得了政府部门授予的多项荣誉称号，包括国家高新技术企业、深圳500强企业、深圳市民营领军骨干企业、深圳市自主创新百强中小企业、深圳市自主创新标杆企业、深圳市重点软件企业、深圳市优秀软件企业、深圳市软件业务收入前百家企业等。公司是广东省智慧口岸工程技术研究中心。

“诚信立企，做一家负责任的公司；创新载业，让世界分享盛视智慧”——公司将秉持诚信立企理念，规范管理，稳健经营，用心服务用户，努力实现让一直伴随公司成长的员工获得良好的回报，让长期持有盛视科技股票的投资者获得良好的收益。

企业资质

深圳市金洲精工科技股份有限公司

地址：深圳市龙岗区中心城龙城北路
高科技工业园区
网址：www.jinzhou.com.cn
电话：86-755-84877666
传真：86-755-84878800
E-mail：sales@jinzhou.com.cn

深圳市金洲精工科技股份有限公司（以下简称“金洲”）成立于1986年，是全球领先的设计和生产印制电路板（PCB）用精密微型钻头、铣刀、特殊精密刀具和高精密级模具的国家级高新技术企业，工信部第一批“制造业单项冠军示范企业（2019年11月通过复核）”，获2019年度“国家科学技术进步二等奖”（第二完成单位）。

2019年金洲实现全年营业收入9.17亿元，同比增长17%。主产品微钻销售达4亿支，同比增长14%，实现主产品（微钻）同行业市占率全球第一。

金洲在深圳市龙岗中心城高新技术产业园建立了生产和研发基地，拥有全球最先进的微钻自动化生产设备，有三十多年设计和制造各种微钻产品及高精度模具的丰富经验及条件,研发能力世界一流，产品生产与技术水平在同行业中处于领先地位。

金洲注重自主研发能力，建立了深圳市级企业技术中心。目前拥有有效专利253项，其中发明专利88项，包括境外发明专利12项。2018年1月，金洲以有效发明专利44项入选“2017智造百强榜”。作为唯一一家起草单位，独立起草了国家标准《印制板用硬质合金钻头》（GB/T 28248-2012）及CPCA团体标准《印制电路板用硬质合金铣刀通用规范》。

金洲坚持“创一流品质，树金洲形象，按国际运作，让用户满意”的质量方针，先后通过了ISO9001质量保证体系认证、ISO14001环境保护体系认证、ISP/TS16949质量认证，严格按照国际标准进行管理和控制。金洲微钻加工工艺达到世界领先水平，标准钻头尺寸从0.01mm到6.50mm，铣刀从0.10mm到3.175mm，是中国唯一、世界少数能够生产直径0.01mm极细微型钻头的厂家之一，产品综合性能处于行业领先地位，畅销世界各地。

金洲坚持“以人为本、诚信经营、立足高科技、创造高品质”的企业理念。建立了一整套与国际接轨的科学管理模式，导入6sigma管理方法，实施CTPM、TPI（降本增效），持续改进管理，具有完善的企业管理体系，在业内树立了良好的企业形象。

金洲多年来坚持不懈地生产高品质的产品，服务于世界各地的客户，以可靠的质量和优良的服务赢得市场信誉。展望未来，金洲将持续推进智能工厂建设步伐，朝着成为国际领先的世界专业化公司目标迈进！

电连技术股份有限公司

电连技术股份有限公司（股票代码:300679）创办于2006年11月20日，是一家集开发设计、制造、营销为一体的专业电子连接器制造企业。产品广泛应用于5G等通信设备、智能消费电子、数字家电、安防监控、定位导航、自助服务终端、智能水电表、无线数据采集、军工、车载电子、航空航天、医疗等领域。

电连技术股份有限公司（以下简称“电连”）电连多年来秉持一贯创新的研发精神及对完美品质之坚持，针对日趋多样化的市场需求，不断开拓创新，成功开发出一系列新产品并推向市场。自成立以来电连已经和华为、中兴、小米、OPPO、VIVO、三星、大疆、吉利、众泰、海康威视、比亚迪、TE、Sony等国内外知名企业建立了长期紧密的合作关系，拥有一批高素质的专业技术人才和管理人才，通过了ISO9001：2008质量管理体系、ISO14001:2004环境管理体系认证、OHSAS 18001:2007职业健康安全管理体系认证和ISO/TS16949:2002汽车行业质量管理体系认证。

电连已成为国内知名的微型射频连接器专业制造商，在射频连接器及互连系统的关键技术方面取得了众多国内领先及国际先进水平的科技成果，掌握了多项核心技术。目前已申请国内外专利164项，授权131项，其中发明专利授权19项。

电连将“尊重、敬业、创新、服务”的经营理念和“设计创新、制造严谨、管理依法、真诚服务”的品质承诺作为公司开拓市场的宗旨，为客户提供优质服务。

深厚的技术积累和商业经验，优秀的人才队伍和管理体制，使电连得到政府部门、行业协会、国内外知名厂商的认可。目前，电连已获得光明区“成长型总部企业”“投资贡献奖”“十大爱心企业”“纳税十强企业”等资质或荣誉，连续六年被评为“中国电子元件百强企业”，被认定为“国家高新技术企业”“广东省创新型试点企业”“广东省守合同重信用企业”“广东省两化融合管理体系贯标试点企业”“深圳市500强企业”“深圳市民营领军骨干企业”，并拥有广东省微型电子连接器及其组件（电连技术）工程技术研究中心和深圳市认定企业技

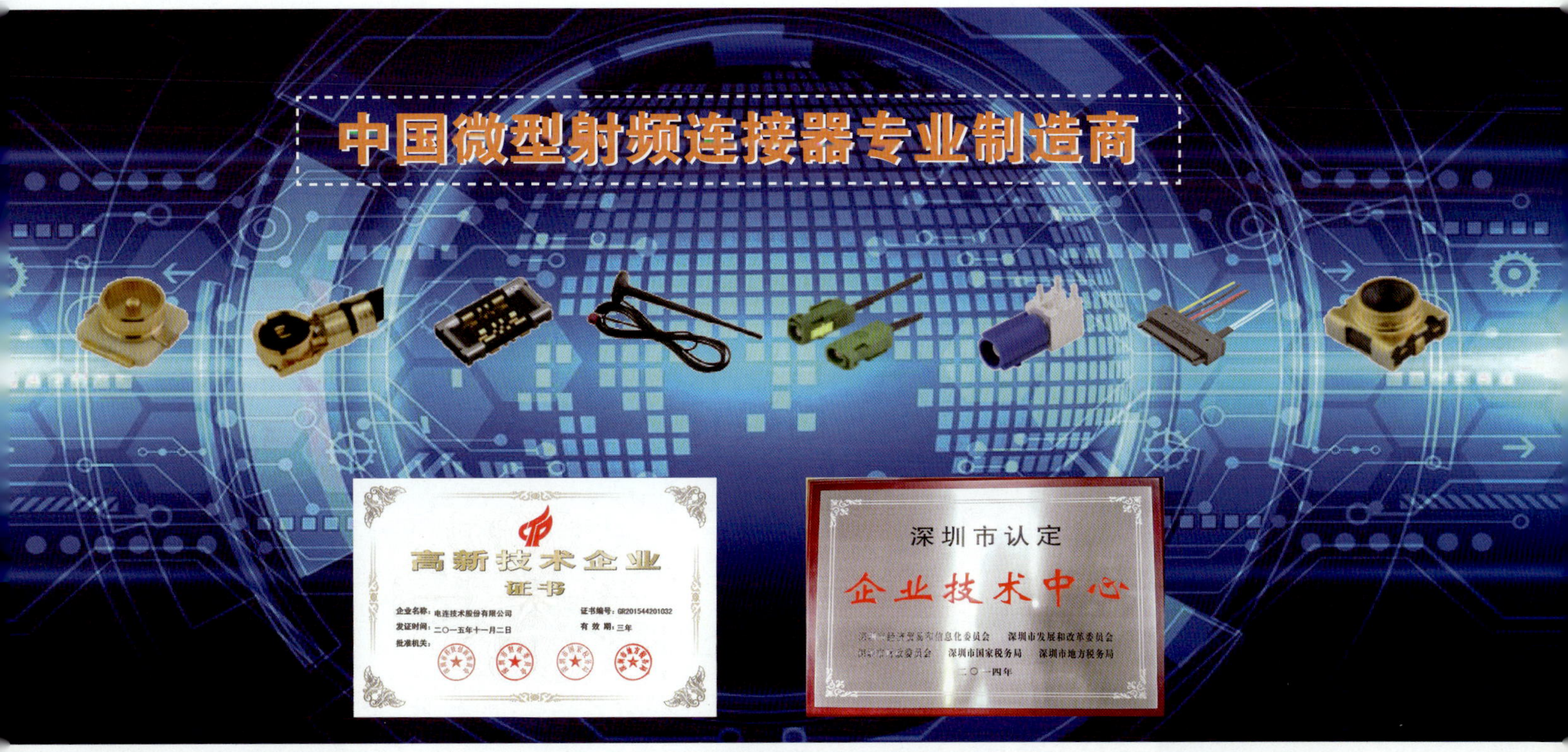

中国微型射频连接器专业制造商

高新技术企业 证书

深圳市认定 企业技术中心

电话：0755-81735688　传真：0755-81735699　地址：深圳市光明新区公明街道西田社区锦绣工业园　网址：www.ectsz.com

DINGXIN 深圳市鼎信科技有限公司

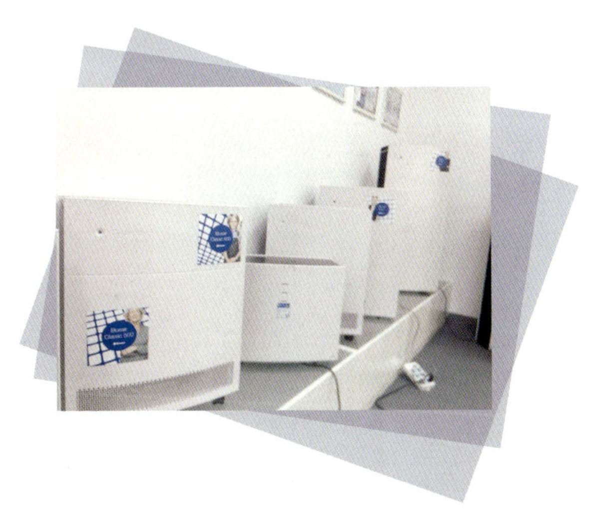

深圳市鼎信科技有限公司于2003年成立，是国内较早成立的室内空气质量改善专业厂商，专注于空气净化机的研发、设计、装配、生产与服务的国家级高新技术企业。公司自成立以来，积极引进国内外先进的技术和管理经验，现已拥有一批高素质的工程师和专业管理队伍，以及先进的生产，检测设备，标准化的生产车间，能够为客户提供产品的一站式服务，并凭借多年的经验积累与沉淀，参与多项国家标准制定。

公司依靠科技人才和多年的技术积累，10多年来共获得7项发明专利、12项实用新型专利，并广泛应用于公司的空气净化器产品上。公司产品热销于欧洲、美洲、亚洲50多个国家和地区，现已成为室内空气净化系统的领导品牌。

公司拥有建立较早、实力雄厚的空气净化器专业实验室，拥有30立方米恒湿测试仓、气相色谱质谱联用仪、全自动风量测试仪、精密半消室、噪声及振分析系统、安全综合测试系统等研发测试设备300多台，可以在全球各国空气净化器不同标准下，满足客户不同的研发及测试需求。实验室于2018年10月通过中国合格评定国家认可委员会的实验室能力认可。

公司秉承“一言九鼎，诺守诚信”的理念，努力与尊贵的客户以及高品质供应商建立长期互利的合作关系。

企业研发创新项目

1. 研究背景

随着人们对室内空气质量要求日益提高，空气净化器开始进入寻常百姓家。通过高效空气过滤芯（HEPA）和吸附/催化滤芯的组合，大部分空气净化器能对室内空气中颗粒物和其他气态污染物的有效去除，保障了室内人员的健康。但事实上，空气净化器可能是去除室内污染的“净化汇”，也可能是引发室内污染的“污染源”——被拦截在空气净化器中的颗粒物和气态污染物存在二次散发的可能性，空气净化器使用中潜在的健康隐患，也成为用户投诉的主要原因之一。目前，有关空气净化器二次污染的研究并未进行细致开展，如污染物种类、分布、源头解析等方面未见较为详细的报道。因此，需要对空气净化器二次散发污染的问题进行探讨。

本研究对HEPA和吸附型滤芯组合的空气净化器二次散发挥发性有机化合物（VOCs）的问题进行研究，探讨这一类型空气净化器二次散发VOCs的特征、来源、影响。

2. 研究目的和思路

本研究旨在探讨HEPA和吸附型滤芯组合的空气净化器二次散发VOCs的特征，来源及影响。具体来说，本研究的目的是解决以下几个问题：

- 空气净化器会不会释放污染物？
- 空气净化器会释放哪些污染物？
- 空气净化器释放污染物的强度如何？
- 如何刻画和表征空气净化器释放污染物的过程？

为解决上述问题，本研究从两个层面上进行实验探讨，即空气净化器滤芯层面和空气净化器整体运行层面。具体而言，空气净化器滤芯层面的实验探讨，主要工作为将滤芯放置在顶空袋中进行顶空测试，以定性确定滤芯散发VOCs的种类和浓度大小；将滤芯放置在可精确控温控湿控换气的小环境舱（53L）中进行动态的散发测试，以定量测定滤芯的VOCs散发率和散发特征。空气净化器整体运行层面的实验探讨，主要工作为将装有滤芯的空气净化器整体放置在大环境舱（8000L）中，保持大环境舱的密闭环境，使空气净化器在其中运行，通过测量舱内VOCs浓度变化，反映空气净化器在运行中VOCs释放的特征和强度。

深圳市深水水务咨询有限公司

SHENZHEN SHENSHUI WATER RESOURCES CONSULTING CO.,LTD.

深圳市深水水务咨询有限公司始创于1998年，属深圳500强企业，是深圳较早从事环保水务工程管理和工程咨询设计的国家级高新技术企业，拥有广东省城市水环境工程技术研究中心和深圳市博士后创新实践基地，可为客户提供覆盖水环境全产业链综合服务,年营业收入近10亿，连续多年位居广东省水务咨询行业前列。公司员工1300多人，拥有多名深圳市高层次人才和罗湖区菁英人才。公司拥有国家部委行政许可和国家级行业协会认定的企业资质30余项，其中甲级（一级类）资质9项，是国家商务部、环保行业、水利行业AAA级信用等级企业，广东省“守合同重信用”企业。

二十多年来，公司立足深圳面向全国，不断拓展市场边界和业务领域，已形成工程建设全过程咨询、水务市政设施运维、环保设施建设运营三大业务体系。未来，公司将在“做中国一流的水环境服务商”企业愿景的激励下，肩负时代责任，扛鼎行业大旗！

自主创新及研发成果

公司依托“广东省城市水环境工程技术研究中心”及“深圳市博士后创新实践基地”等创新载体，积极开展自主研发及校企合作，专注于污水和污泥处理、黑臭水体治理、流域面源污染控制、河道综合整治、水土保持、雨洪利用、海绵城市开发和智慧水务等技术领域。近些年完成自主研发项目50余项，承担多项广东省科技厅重点领域研发计划和深圳市科创委技术攻关课题，获得多项自主知识产权，提升了自主创新和研发能力，形成了自身优势及特色。

公司建设运营的松岗水质净化厂二期BOT项目和观澜河口调蓄池提标改造和运营服务项目，分别采用了自研专利技术“一种达标地表准四类水的城镇污水处理系统”处理工艺和“快速生化池与高效沉淀池结合的黑臭水集成技术处理研究及示范”，两项目均获得第十八届深圳企业创新纪录奖和深圳市治污保洁工程优秀项目奖。公司开发的“BIM智慧工程管理系统”应用于“深圳北线引水工程安全隐患整改全过程管理应用”，获第五届“科创杯”最佳BIM专项应用一等奖。

标准规范及专利荣誉

公司已主编了《涉河建设项目防洪评价和管理技术规范》《城市污水处理厂运营质量规范》《深圳市河道管养技术标准》等10余项深圳市地方标准及经济特区技术规范；在城市水环境领域累计申请自主知识产权89项，其中发明专利17项（授权4项，含PCT发明1项）、实用新型专利30项（授权21项）、软件著作权授权42项；获得优质工程大禹奖、科技进步奖、优秀示范工程奖等奖项近200项。

在各级政府的关心和支持下，公司充分发挥企业优势，利用自身技术经验积累，为深圳市全面消除黑臭水体，打好打赢污染防治攻坚战，努力营造碧水蓝天的生态空间，贡献了深水力量。

地址：深圳市罗湖区黄贝街道延芳路63号深水楼　联系人：曾小姐　孙小姐　电话：0755-22385966　22385903　传真：0755-22385900　邮箱：office@szsszx.com　网址：www.szsszx.com

星银医药 兴药为民

深圳市星银医药有限公司（以下简称“星银医药”）成立于1994年，是一家科工贸全面发展的国家高新技术企业。目前，公司在广东、广西、江苏、湖北等地建设了12家医药研发、生产、销售、投资子公司，在全国组建了4个大区、8个省区、61个办事处、22个零售销区，员工总人数近2000人，是国内自主创新能力强且持续发展实力高的优秀医药企业。

星银医药的核心竞争力

星银医药成立26年，从代理销售到自主生产，再到国际领先的创新研发，星银人不断积累，不断精进，形成了具有自身特色的核心竞争能力。

1994年，星银医药率先引进治疗静脉系统疾病的德国原产植物药——迈之灵片，创见性地提出独家代理的销售思路，进而推出星瑙灵片、葛根汤合剂、星瑞克、立帝诺等产品，不断丰富产品种类，形成专业化学术推广的营销模式。在星银销售团队的努力下，迈之灵片以卓越的疗效和高度的安全性得到临床医生和广大患者的广泛认同，创造了单品年销售额过10亿元的佳绩。迈之灵片连续6年荣获“健康中国·品牌榜”痔疮用药上榜品牌，是国家体育总局运动员康复中心特供药。

为增强企业的可持续发展力，星银医药大胆涉足药品工业领域，在医药工业迅猛发展的浪潮中打造真正属于企业的生产能力。2002年，星银医药在南京溧水经济开发区购置土地250亩，建成大型现代化药品生产基地——南京星银药业工业园。自2003年开始，随着各生产车间陆续通过国家GMP认证，南京星银开启了星银医药药品工业时代的新篇章。2017年9月，南京多肽原料药生产车间“零缺陷”通过美国FDA现场质量审计，这意味着星银多肽原料药取得了进入美国市场的通行证，也证明了企业cGMP的实施水平已逐渐与国际接轨。

为提升企业的核心竞争力，2009年，星银医药投资控股深圳市健元医药科技有限公司（以下简称“健元”），并将健元作为未来发展战略的重要部署，在多肽产业研发与生产领域开始持续投入。这标志着星银医药正式进军生物制药领域。

多肽产业引领的创新发展力

多肽作为全球生物医药的前沿领域，近年来获得井喷式发展。十年前，星银医药不遗余力地支持健元的多肽事业发展，不仅在深圳坪山高新生物产业园建设了5000平方米的多肽创新药物研发实验室，还在坪山和南京溧水建设了多肽制剂和原料药生产线。2015年，星银医药在湖北咸宁兴建大规模多肽原料药生产基地，首期占地20万平方米，将建成16条符合美国FDA、欧盟和中国cGMP要求的新型多肽原料药生产线。目前，已竣工的一期工程包含动力中心、生产车间、检验大楼共13栋，完成建筑面积44000多平方米。未来，湖北咸宁将引进和培养工艺、分析、注册报批、GMP生产等领域的技术精英，在国内多肽药物研发人才稀缺的情况下，继续充实多肽药物研发的团队力量。

十年的跨越发展，健元医药已成长为国内少数具备一类新药研发能力的新锐医药企业。同时，健元在一类新药研发领域屡次取得重大突破。目前，健元已经公开和授权的多肽领域技术专利百余项，其中发明专利90多项。近期，健元已向国家药监局申报多肽原料药和制剂品种各10个，已向美国FDA和欧盟EDQM申报多肽产品3个。星银医药率先在国内建立多肽产品及蛋白质药物缓释制剂研发技术平台，也是广东省合成肽创新药物工程技术研究中心，已成为国内化学合成多肽原料药生产规模最大的企业之一。

与此同时，星银医药积极践行国内外双轮驱动战略，凭借在多肽领域较高的技术壁垒、领先的研发优势和过硬的产品品质，将大健康产业链条延伸到美容化妆品领域。2016年，星银投资成立了深圳市星银凯雅健康科技公司和广州星银化妆品厂，致力打造中国美容护肤品行业的民族品牌。经过近四年的稳步发展，目前公司旗下两大护肤品品牌“淑恩”与“懿庭”产品线日趋丰富，产品品牌美誉度高，得到了消费者的广泛认可。今后，星银医药也将借助淑恩、懿庭品牌的影响力扩大和升华星银品牌的知名度，夯实企业的内在发展力，朝着百年优秀民族品牌的美好愿景大步前进。

公益事业成就企业品牌力

星银医药在发展的同时，热心公益和慈善事业，助医、助学，关注革命老区建设，结对帮扶辖区困难家庭……以实际行动履行着企业的社会责任，为社会和谐发展贡献力量。

星银医药在南京开办星银“春蕾班”、成立特困学生助学基金会，累计帮助数百名家庭贫困的孩子继续完成学业；在贵州省贞丰县捐建“星银希望小学”，持续十年精准帮扶，为学生们订制校服，奖励年度先进教师和优秀学生；携手中国红十字基金会，通过“天使阳光基金”成功救治多名先天性心脏病患儿，为缺医少药地区捐赠价值百万元的药品；积极参与“大爱罗湖”结对帮扶项目，每年向罗湖区慈善总会捐款，帮助辖区困难家庭，体现企业的责任与担当。

每逢社会突发事件，星银医药更是积极伸出援手，发扬“一方有难，八方支援”的互助精神。今年自新型冠状病毒肺炎疫情爆发以来，星银医药驰援武汉，为湖北、广东、广西和江苏等地奋战在抗疫一线的医务工作者、街道、社区工作人员捐赠口罩、测温仪、3M医用防护服、护目镜等防护物资。据统计，累计捐款、捐药总价值超过125万元，与社会共担风雨，共克时艰。

星银医药凭借着企业的发展成就和社会贡献，得到了罗湖区委、区政府的大力支持，以及社会各界的广泛认可。多年来，累积荣获罗湖区区长质量奖、罗湖慈善突出贡献企业、深圳市五一劳动奖状、广东省先进职工之家、广东省最具竞争力企业、改革开放三十年广东省医药行业最具社会责任企业、中国诚信企业、中国优秀创新企业、深圳市非公企业党建百家示范单位、中国企业文化建设典范企业等多项荣誉。

深圳风会云合生态环境有限公司

联系人：徐建峰

技术咨询电话：15920262553

网址：www.found-ware.com

深圳风会云合生态环境有限公司，国家高新技术企业，深圳市立体绿化行业协会创会单位。主营立体园林和垂直森林项目建设，业务涵盖屋顶绿化、垂直绿化、桥体绿化、家庭园艺、城市农业和景观设计等领域。公司参编国家标准1项、地方标准8项，拥有国家专利40余项，荣获2015年“创业之星”大赛全球总决赛团队组季军等10多项创赛荣誉。

装配式屋顶绿化模块

云盒

适用于平屋面及10℃以下斜屋面绿化。产品集防水、阻根、蓄水、过滤、排水、灌溉及雨水收集功能为一体，只需简单拼接组合，即可快速构建一个整体架空的轻型种植基层，轻松打造屋顶花园和屋顶农场。产品实现无缝拼接，彻底解决种植屋面渗漏积水问题。此外具有架空、种植双重作用，起到优良的隔热保温效果。

技术参数

规格：60cm*60cm*9cm

材料：聚丙烯（PP）

抗压：100kg 24h合格

耐低温：-20℃ 24h合格

耐酸性：5%HCl（m/m）溶液24h合格

耐碱性：5%NaOH（m/m）溶液24h合格

耐老化：氙弧灯老化1000H 合格

技术优点

无缝拼接防渗漏；三重防护不积水；功能集成，节时省工降成本；独立渗灌，节水节能易维护；埋置工艺，景观持久多样；施工简便，轻松打造屋顶花园。

服务项目

市政、地产、高端酒店、学校、医院、办公室等。

工程应用

2016年，南昌莱蒙都会项目获园林局、住建局、城管局联合评为省级优秀绿建标杆，抵扣绿地率50%。

2016年，青岛市委党校项目是青岛第一个海绵城市国家级样板工程。

2017年，大鹏新区屋顶绿化示范项目是全区首个屋顶绿化样板工程。

2018年，深圳福苑小学屋顶绿化项目获得全市立体绿化项目评比第一名。盐田政协之家屋顶和立体绿化项目获得第五名。

2019年，深圳福田保税区1.4万平方米工业厂房屋顶绿化改造，打造景观、生态与经济效益为一体的工业厂屋顶景观示范工程。

装配式垂直绿化模块

风格

适用于各种建筑物和构筑物的垂直绿化。产品具有精准灌溉、防沉降、安全系数高、管养简单等优点。独特的内凹六边形设计，实现灌溉精准均衡；种植杯体格栅化，有效扩大植物生长空间；独立的种植单元，种植替换轻松快捷；彻底解决基质沉降、灌溉不均匀、安全系数低、管养成本高等行业痛点。

技术参数

规格：40cm*40cm*10cm

材料：聚丙烯（PP）

耐低温：-20℃ 24h 合格

耐酸性：5%HCl（m/m）溶液24h 合格

耐碱性：5%NaOH（m/m）溶液24h 合格

耐老化：氙弧灯老化1000h 合格

荷载：75-80 kg/㎡

技术优点

内凹六边形设计，灌溉均衡精准；独立种植单元，养护管理简单；植物随时更换，不预培易造型；杯体格栅设计，植物生长空间大；即时成景效果好，景观持续长久。

服务项目

市政、地产、高端酒店、学校、医院、办公室等

工程应用

2016年，深圳中海天钻项目通过华南首个BREEAM认证。

2017年，风会云合携手现代垂直绿化之父Patrick Blanc大师打造世界级生态地标，滨海华府项目荣获BREEAM和WELL双认证。

2018年，深圳碧桂园凤凰智谷项目是华南地区第一个垂直森林写字楼。

2019年，世界最大会展中心——深圳国际会展中心打造5000平方米垂直花园。

2019年，助力南方科技大学打造绿色生态校园。

2020年，5000平垂直绿化助力欢乐港湾打造城市公园综合体。

2020年，深圳国际交流学院2万平方米牵引绿化，国内最大单体墙面绿化。

Trusda 创世达

新三板挂牌企业 / 代码:873396

深圳市创世达实业股份有限公司 是一家集研发、制造、营销、服务于一体的国家级高新技术企业,与北京理工大学深圳研究院合作建立了产学研联合体。

企业以品牌经营为主,致力于便携新能源和储存类产品,具有雄厚的技术研发团队及 ODM/OEM专业制造实力。通过ISO9001国际质量权威认证、BSCI国际企业社会责任认证,被评为2017年度深圳市企业社会责任三星单位,产品符合CCC、UL、FCC、CE、RoHS等认证要求,产品获得“中国实验室国家认证”“中国质量检验协会”检验认证。

企业坚持“高品质、高服务、高价值”的品质理念,本着“诚信、创新、共赢、卓越”的核心价值观,不断开拓创新。拥有发明专利15项、实用型专利11项、软件著作权4项、外观专利76余项。

国家高新技术企业证书

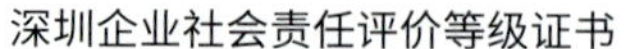

深圳企业社会责任评价等级证书

知识产权管理体系认证证书

公司产品信息

防水移动电源

无线充

实用型移动电源

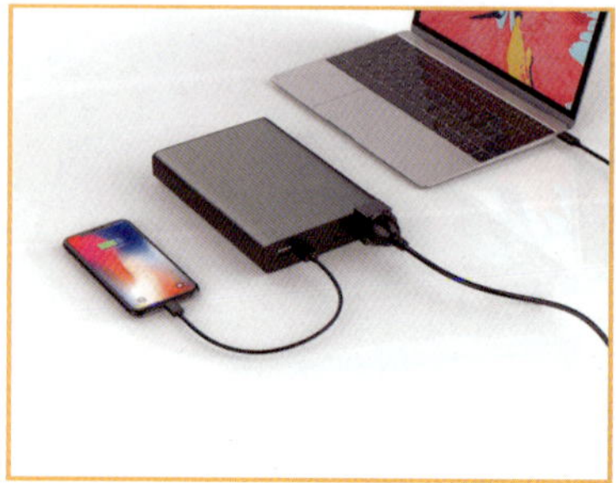

小储能

深圳市创世达实业股份有限公司
SHENZHEN TRUSDA INDUSTRIAL CO., LTD

地址:深圳市龙岗区南湾街道布澜路联创科技园4栋3楼
网址:www.trusda.com 电话:+86 755-8981 9161 邮箱:sales@trusda.com

深圳市星火电子工程公司

公司地址：深圳市罗湖区清水河一路116号深业进元大厦1座16-19楼　深圳市罗湖区湖贝路2216号华佳广场25-26楼
联系电话：0755-84464985　84464983　电子邮箱：szxh@szxhdz.com

深圳市星火电子工程公司成立于1988年4月15日，是具有独立法人资格的全民所有制企业，注册资本6080万元人民币。经营业务主要涉及计算机软件开发、信息化集成及智能化集成、智能视频应用与集成、通信工程、运维管理服务、社会信息采集运营服务等，拥有各类专业技术和管理人才1100多人。

作为一家国家级高新技术企业，公司拥有众多国家级、部级的行业资质证书，专利证书和知识产权证书；设立有专门的科研所；并与中国工程院沈昌祥院士合作，设立了院士工作站。具备专业的软硬件研发、网络安全、运维保障能力，已为3万多家用户提供了优质方案设计、施工建设和运维保障服务，在业界树立了良好的信誉和口碑。

管理模式：坚持全面目标责任制。以制度化管理为基础，结合人性化管理和企业文化管理，坚持以人为本，不断探索适应现代市场经济竞争需要的管理创新模式。

企业荣誉

深圳市科技进步一等奖
广东省科技进步三等奖
广东省公安厅科技进步奖
国家移动信息产业技术创新战略联盟(NMT联盟)理事单位
北京安防视音频编解码技术产业联盟会员单位广东省公共安全技术防范协会副会长单位
深圳市软件行业协会理事单位
深圳安防产业标准联盟第一届理事单位
深圳市宝安区平安宝安科技协会副会长单位全国安防百强企业
中国安防优秀工程企业
改革开放30周年自主创新示范单位
全国安防工程AAA+级资信示范单位
广东省守合同重信用企业(连续十二年)2016年度安防行业平安城市建设杰出贡献奖大运会安保科技单位金牌承建商
先进基层党组织
退休警官协会敬老模范单位
广东省中小企业信用等级AAA级证书“广东省平安城市”建设突出贡献奖
大运会交通科技保障嘉奖
地铁工程建设特别贡献奖
广东省诚信示范企业
平安城市建设优秀安防企业
全国高新技术产业化示范企业
广东省平安城市建设典范工程

资质证书

电子与智能化工程专业承包一级
建筑智能化系统设计专项甲级
计算机系统集成资质(二级)
安全技术防范系统设计、施工、维护一级资质
安全生产许可证
计算机信息系统安全服务资质(二级)
信息安全管理体系认证证书IS027001:2013
维修企业技术等级证书(二级)
国家级高新技术企业认定证书
IS09001质量管理体系认证证书
环境管理体系认证证书(IS014001)
计算机信息系统安全专用产品销售可证
职业健康安全管理体系认证证书(OHSAS 18001)、AAA级资信等级证书
反贿赂管理体系认证证书(IS037001)

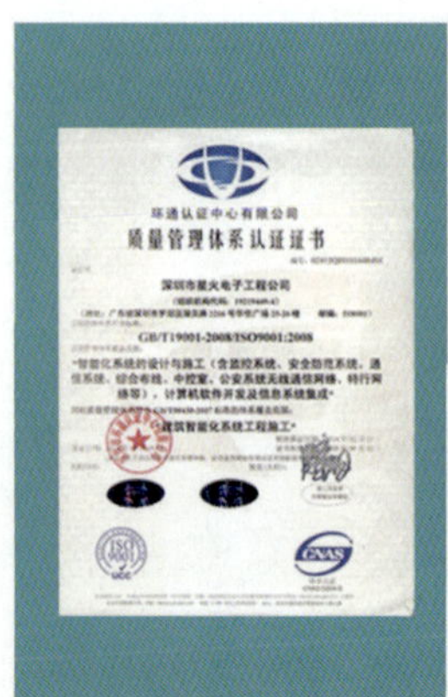

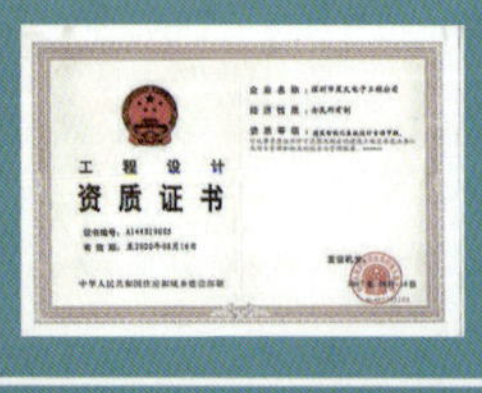

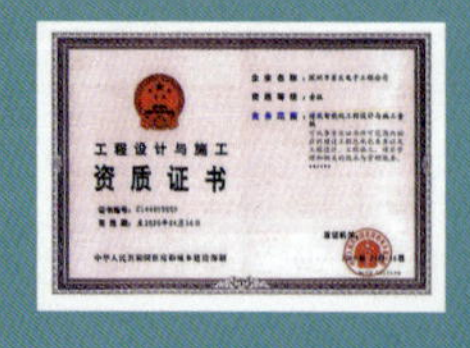

Kingdee

Kingdee

金蝶云
为企业成长而生

金蝶云 搜索 4008-830-200

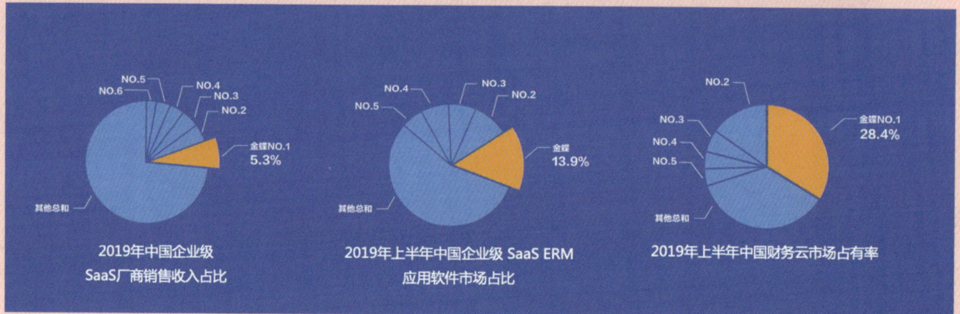

金蝶国际软件集团有限公司（以下简称：“金蝶”）始创于1993 年，是香港联交所主板上市公司（股票代码：0268.HK），总部位于中国深圳。 以“致良知、走正道、行王道”为核心价值观，以“全心全意为企业服务，让阳光照进每一个企业”为使命，致力成为“最值得托付的企业服务平台”。

金蝶旗下的多款云服务产品获得标杆企业的青睐，包括金蝶云·苍穹（大企业数字共生平台）、金蝶云·星空（成长型企业数字化平台）、金蝶精斗云（小微企业成长服务平台）、云之家（智能协同云）、管易云（企业电商云服务平台）、车商悦（汽车经销行业云）及我家云（物业行业云）等。金蝶通过管理软件与云服务，已为世界范围内超过680万家企业、政府等组织提供服务。

专注企业管理27年，金蝶获得众多500强企业青睐，也支持过众多小微企业成长成中大型企业。金蝶以持续创新的精神，紧抓前瞻技术（如云计算、大数据、人工智能、物联网等）运用到帮助客户企业管理中。2012年，金蝶进行云服务战略转型，其后推出多款云产品获得市场认可。金蝶在中国企业云服务市场不断探索，IDC数据显示，金蝶不仅连续15年稳居中国成长型企业应用软件市场占有率第一，更连续2年在中国企业级应用SaaS云服务市场占有率排名第一，连续3年在中国企业级SaaS ERM（即云ERP）、财务云市场占有率第一，其中财务云市场占有率超过2~6名总和。金蝶是目前唯一入选Gartner全球市场指南（Market Guide）的中国企业SaaS云服务厂商。

金蝶坚持自主创新，仅2019年金蝶云·苍穹即已提交73项专利，云原生技术框架的一项核心技术获得国家专利奖。同时，为推进国产自主可控替代计划，构建安全可靠的信息技术体系，金蝶云·苍穹实现从硬件到软件的全栈技术自主可控，并与华为鲲鹏等厂商合作，通过了国产化有用环境功能、性能等全方面测试，成为中国兵装、中冶南方、国电融资、中国钢研、中信消费金融、中油BP、中移物联网等央企；顺丰集团、天津钢铁、天津铁厂、海螺资讯、匹克集团、厦门国贸、广东一号食品、敬业钢铁等大型企业的选择。目前金蝶云·星空已入选全国17大省区26座城市政府发文推荐厂商目录，是工信部认证“百万企业上云行动战略合作伙伴”，并获亚马逊AWS认证为2019年度唯一最佳SaaS合作伙伴。

今年伊始，一场突如其来新冠疫情袭来。也许是这一代人最大的危机，但无疑也是共同建设人类命运共同体、推动新商业文明进步的历史机遇 。非接触性商业蔚然兴起，5G、工业互联网、人工智能等“新基建”强势支持经济反弹增长，新的商业模式催生新的管理模式，呼唤新共生平台，这正是处在风口浪尖的中国企业转型的新方向。浩瀚苍穹，生生不息，金蝶提出“新商业、新管理、新平台”理念，正是激发人性中的大我，并通过技术的力量，让大我产生倍增效应 。

金蝶坚持自主研发创新的发展战略,目前建设有国家企业互联网服务支撑软件工程技术研究中心、企业电商大数据服务技术国家地方联合工程实验室、深圳市应用软件企业重点实验室、深圳平台即服务（PaaS）关键技术工程实验室等多个技术研发机构，并取得了一系列的自主知识产权创新成果，公司坚持自主研发创新的发展战略，公司各产品线研发技术主要来自自主知识产权，经过二十多年的技术研发与沉淀，公司累计申请发明专利715项，授权技术发明专利441项，取得软件著作权登记证书297项，取得注册商标448项。是企业管理软件领域发明专利最多的企业之一，先后获得2012年深圳市科技进步二等奖、2014年中国计算机学会科技进步一等奖、2015年湖北省科技进步一等奖、2019年吴文俊人工智能科学技术奖、技术发明一等奖。

扫码对话徐少春

www.kingdee.com

• 股票代码：835139

深圳科诺桥科技股份有限公司成立于2012年9月，位于广东省深圳市，是一家专业致力于FPC行业功能性薄膜产品开发，集研发、生产、销售为一体，具有自主知识产权的国家高新技术型企业。公司拥有30000㎡的生产厂房，配备全封闭无尘车间8000㎡，拥有30多人的优秀专业技术研发团队。

FPC传统EMI系列

基材涂胶薄膜类产品，厚度10~12微米，5~7层功能层，专用于FPC类产品覆膜，实现电磁屏蔽和填充功能。屏蔽效能60~70db。

CNF导电胶膜系列

异向性热固型导电胶膜，采用高品质的树脂及导电粒子合成，用于连接两种不同基材和线路，上下电气导通，左右平面绝缘的特性，并且可以同时提供优良的防湿、接着、导电及绝缘功用。

FPC高频高速EMI系列

基材涂胶薄膜类产品，厚度小于8微米，专用于5G高速传输FPC类产品覆膜，实现电磁屏蔽和填充功能。屏蔽效能大于80db。

超薄透明CCL系列

柔性印刷线路板基材，采用金属磁控溅射工艺，蚀刻电路以后匹配LED显示模组，实现户外透明显示。

5G手机天线毫米波屏蔽系列

针对5G技术应用，手机天线增加，功率增强，采用高导通纳米级导电材料制成，达到对毫米波的有效屏蔽。目前产品已经通过信维通信和美国高通的测试。

其他功能膜系列

银反光新型材料、遮光覆盖膜、纳米银EMI等。

核心技术

精密涂布技术、真空技术、胶黏剂技术，基础工艺均自主开发，完全拥有自主知识产权。秉承“深圳速度”务实高效之传统，公司致力于高分子领域新材料的研发，服务于柔性电路板行业。

主营产品：电磁屏蔽膜 导电胶膜 覆铜板

地址：深圳大鹏新区葵涌街道银葵路16号
电话：0755-84238588
传真：0755-89221380
邮箱：Sales@szknq.com

www.szknq.com

公司产品类型简介

产品类型	应对创新	我司型号	应用	备注
常规产品	市场需求	PC-6000-2/6000-12/8000等	手机、笔记本、医疗、车载等信号屏蔽	批量供应
5G用EMI	5G高频高速	PC-8800	5G手机天线	新品，批量供应
	天线之间毫米波的抗干扰	MW-8900		新品
	无线充电线圈电磁波干扰	PC-MW-1	无线充电	新品
车载用EMI	传输更快，损耗较小	PC-CF-3	车载等	新品，批量供应
		PC-8600		新品，批量供应
热固性导电胶	日本的垄断	CBF-1-40/50/60	摄像头、指纹识别、车载补强等	批量供应
行业发展，	油墨与CVL合二为一缩短FPC工艺流程	KPS252018/KPC2525/1320等	笔记本排线	新品，批量供应
产品多元化，	金属反光代替油墨	KAP25-01	高端LED灯/umLED灯	新品
产品的创新	透明FCCL	超薄透明软板基材	户外卷帘广告屏/LED屏	新品，批量供应
	纳米银	透明显示	低电流显示屏OLED	新品

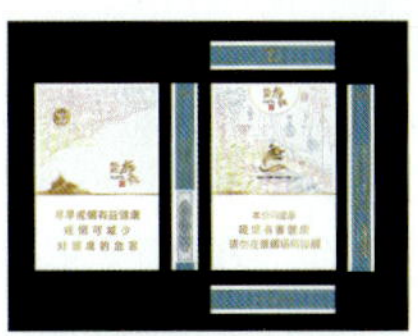

一、公司简介

深圳市冠为科技股份有限公司（以下简称"冠为科技"）创建于2005年5月，注册资金11631.39万元，位于深圳市龙华区观澜大布巷社区银星科技园丰和工业区内，厂区占地面积36000m²，建筑总面积80000m²，员工食堂与宿舍建筑面积9000m²，园林绿化面积为5000m²。公司资产总值3.7亿元，2019年公司的销售额达3.6亿元。经过多年发展，现已成为一家大型现代化并获得国家高新技术企业资质的包装印刷企业。截至2019年底公司已获得深圳文化创意百强企业、国家高新技术企业、深圳市高新技术企业、市级企业技术中心、国家检测检验试验室、广东省守合同重信用企业、绿色企业等荣誉称号。

冠为科技致力于高档卷烟包装的设计开发与生产，并逐步拓展高端礼品盒设计开发与生产。公司拥有世界一流的印刷技术及印后加工生产设备，其中资深研发、设计、技术与管理人才近百人，生产技术员工近200人，现有员工320人。目前卷烟包装年产能已达到80万大箱，2019年卷烟包装产能将达到100万大箱以上。

冠为科技秉承"技术创新""务实进取"的经营理念，多年来，公司集人力、财力、物力，专注于烟标印刷业务，聘请精通高新印刷技术的设计与开发人员负责产品的创新设计和自主研发，同时聘请来自国内外一流企业的管理经验丰富的人员负责行政管理与财务运作，学习和引进先进的管理模式，实施科学高效管理，实现对物流、资金流、信息流的全电脑化控制，努力为客户提供高效、优质的服务自动化办公模式。冠为科技坚持"精细管理，诚信服务，技术创新，质量创优"的质量管理方针，顺利通过ISO9001质量体系、ISO14001环境管理体系、OHSAS18001职业健康安全管理体系认证并持续有效运行。公司极其强调品质的控制，不制造、不传递、不容忍次品。公司所有员工上岗前，均经过严格测试和岗前培训，并对来样核对、设计制版校对、产品IQC、IPQC、QC、QA及入仓核数、出货核单全套品质流程进行控制，力求每一件产品都完美无瑕。

具有冠为特色的管理与服务，为公司的可持续发展带来了无限的活力和强大的动力。管理特色之一是目标管理（OTB），即拟定目标、充分授权，严格监督与奖惩分明，强调项项有目标，事事有定额，人人有考核，如成本目标、技术创新目标和管理目标等。管理特色之二是极其严格的品质控制与管理，公司通过ISO质量管理体系，精益求精为客户生产每一件产品，让客户满意。管理特色之三是注重人性化管理，公司关注员工职业健康安全及工作生产环境。2011年公司通过OHSAS18001职业健康安全管理体系认证与ISO14001环境管理体系认证，并按体系要求做好员工职业健康安全管理与环境管理工作，为员工创设安全、舒适、健康的工作生活条件。公司秉承"道、实、丰、和"的企业文化精神，以员工为中心，积极组织企业文化活动，促进了团队的和谐发展。

二、公司研发能力的介绍

冠为科技成立专门的企业技术中心并且获得"深圳市技术中心"称号，该技术中心共有研发人员40人，其中博士2人、硕士3人、大专以上研发人员35人。技术中心骨干成员4人均拥有教授或副教授职称。公司重视新产品和新技术的开发与创新工作，将研发工作作为公司核心竞争力的重要保证，不断加大技术开发与研究的投入力度。　近三年投入研发经费累计3948.94万元，占销售额比例的3.95%。研发中心占地4500平方米，现有的研发设备主要有HP indigo四色数字印刷机、柯达计算机直接制版系统、德国REA条码检测仪、美国超高效液相色谱系统、气相色谱仪、摩擦系数测定仪及折痕挺度仪、摩擦试验机、晒版机、海德堡速霸对开四色平张纸胶印机、液晶数位屏、烤版机、全自动模切机、全自动烫金机、冲版机等。

技术研发中心分别从设计创意、工艺材料开发、制作技术以及技术把控协同研发新的工艺技术，开发具有市场竞争力的新产品、新工艺、新技术，联合湖南工业大学、西安理工大学、深圳职业技术学院等高等院校印刷专家，组成外部专家团队，成立湖南工业大学培训基地。双方共同完成科研的开发工作，借助院校的科研实力，解决工作中的问题。通过校企合作，共同成立项目攻关小组。湖南工大长期派驻技术团队到公司，对公司的科研项目做技术指导。研发团队梯次结构合理，工作高效，主要研发人员具有丰富的科研及技术创新经历，并且拥有较高学历，尤其在防伪技术研发、全息图像处理、印刷工程技术、防伪材料等方面有很强的实力。

公司随时收集行业内外以及上下游产业的技术进步信息与需求，根据技术领先战略目标确定每个阶段的研发内容与目标，通过项目进行攻关，保证成效，重点内容主要包括防伪技术、新材料、新工艺、新技术等，突出实用性，整体研究成果做到新技术的研发试验，成果储备与正式产品应用各占比例适当，以保证公司在整体技术研发与应用方面保持竞争能力。

近期，公司计划重点突破环保与防伪方面的关键原创性技术，确保每年有3至5个环保与防伪技术应用项目，并在新材料、新工艺、新设备关键应用性技术方面获得技术专利。公司不断探索新技术，结合公司及客户需求情况，在新技术的应用和储备上取得了良好的成绩：

1.目前成熟的应用技术有：（1）全息定位转移技术；（2）超微缩印刷技术；（3）全息镭射定位烫；（4）超线防伪技术；（5）丝印：雪花、凸油、变色等新技术；（6）烫模：烫金与击凸一次成型技术，击凸与模切一次成型技术；（7）材质：多变彩色镭射膜技术。

2.产、学、研小组的赵东柏老师课题组，针对可逆与不可逆热敏（温变）油墨的变色原理以及可逆与不可逆热敏（温变）油墨的示温功能在食品、药品等包装领域的应用方面，通过潜心研究及实验，积累了丰厚的理论和实践经验。2013年1月在《包装学报》发表了《热敏（温变）油墨的变色原理及其在包装领域的应用》，其实效的应用价值，备受读者关注。

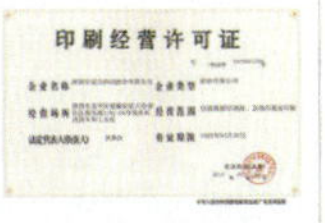

深圳市云房网络科技有限公司

深圳市云房网络科技有限公司（以下简称“云房科技”）成立于2012年2月28日，注册资本20000万元。专注于互联网平台产品的研发和运营，兼具互联网信息服务平台及数据产业化应用能力。当前，公司线上业务体系完善，形成覆盖PC端和移动端的全渠道营销系统。同时，深圳云房自2012年就开始搭建大数据平台，目前该平台覆盖信息量巨大，且已经实现和公司现有应用端的共享与交互。

公司业务运营所需要的技术以互联网通用技术为主，主要核心技术及软件程序以专有技术、软件著作权和专利权的形式持有，均由自身研发技术部门独立研发完成。截至2019年12月31日，云房科技拥有34项软件著作权、1项外观专利、1项作品登记证。目前，另有3项发明专利已进入实审阶段，1项发明专利及5项软件著作权已提交申请。

为加强公司的核心竞争力，夯实研发基础，公司在人、财、物等方面给予研发项目足够保障和支持，格外重视技术人才队伍的组建。经过8年的锤炼，依靠先进高新技术，务实的工作态度，造就了一支开拓创新的科技精英队伍，科技队伍学历高、专业强、拥有丰富行业经验。

成立至今，在行业内外获得多项荣誉。在公司互联网平台不断建设、持续创新的过程中，先后获得“2016年深圳互联网十大品牌”“2017年百度行业典范合作伙伴”“百度2018年度潜力合作伙伴”“2019年粤港澳大湾区十大卓越创新力企业奖”等荣誉。伴随着企业的发展，2018年被认定为“深圳市总部企业”。同时，基于企业持续的研发投入、软件产品开发，2014年至今，云房科技持续评估通过“软件企业认定”，并于2019年被评为“重点软件企业”。先后有1人次获得“深圳市后备级人才”称号，2人次获得“深圳市产业发展与创新人才奖”。

未来，云房科技仍将不断提高自主创新研发能力，以尊重市场需求和用户利益为出发点，把技术投入转化为服务价值，进而提升业务利润空间，驱动企业与行业持续发展。

CSEE CSIA

软件企业证书

经评估，深圳市云房网络科技有限公司 符合《进一步鼓励软件产业和集成电路产业发展的若干政策》和《软件企业评估标准》（T/SIA002 2017）的有关规定，评估为软件企业，特发此证。

证书编号：深RQ-2020-0192

有 效 期：一年

依据2019年度的财务数据

评估机构：深圳市软件行业协会

日期：2020 年 05 月 28 日

荣誉证书

CERTIFICATE OF HONOR

深圳市云房网络科技有限公司

2019年度深圳市软件业务收入前百家企业

深圳市软件行业协会

二〇二〇年五月

INNOKIN

新宜康

深圳市新宜康科技股份有限公司

深圳市新宜康科技股份有限公司（以下简称公司）成立于2011年11月，是一家专业从事电子雾化装置产品的研发、生产和销售的国家高新技术企业。

经过近十年的发展，公司已经从一个本地的生产商成长为国际化的下一代电子雾化产品解决方案的提供商，为广大消费者提供优质产品。新宜康产品深受世界各地消费者的欢迎，在全球10000多家零售商店中销售。2017年“INNOKIN新宜康”获得行业十佳品牌的称号；2018年“INNOKIN新宜康”获得“广东省名牌产品”；2019年公司被深圳市工商行政管理局公示为“守合同重信用企业”，同时公司入选深圳500强企业。

公司在深圳拥有11000m²工厂，并在美国、英国、法国、意大利、葡萄牙等国家设有代表处或服务中心。为了确保我们的公司和产品具有最高质量，公司严格遵守ISO9001和ISO14000，GMP，CE，ROHS，FCC等标准。公司重视信息化、工业化建设以及知识产权管理的建设，2019年通过了“两化融合管理体系评定”（中国制造2025）和“知识产权管理体系认证”。

2019年，公司被认定为广东省新型雾化工程技术研究中心，公司目前拥有已授权专利398件，国际发明专利17件，另有申请中专利150件。

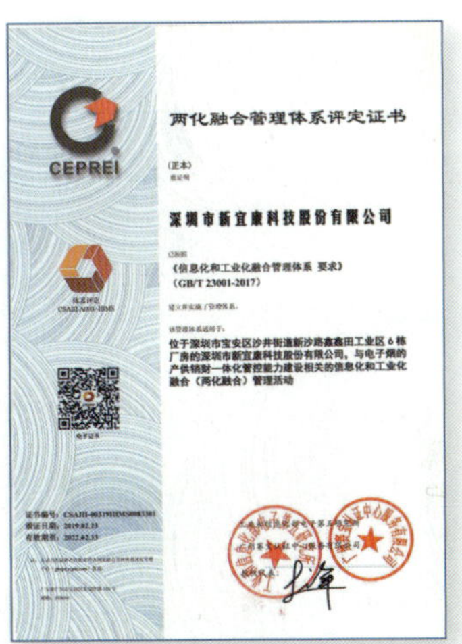

2011年
深圳市新宜康科技股份有限公司成立，创始人以创新为本，以创立世界级品牌为目标。

2012年
推出爆款个性化电子雾化产品MVP。

2013年
CoolFire系列的推出将该系列产品质量，性能和用户体验提升到了一个新的水平。

2014年
推出了全球热销品CoolFire IV。

2015年
推出热卖款Endura系列T18/T22，其设计理念是仿真体验，简单易操作，同年产品通过美国顶尖实验室Enthalpy检验；
推出InnoCell，创新电池解决方案，安全、便利；获得中国高新技术企业；
获得ISO9001，ISO14001，GMP820 认证；公司代表参加了国际相关科学研究合作中心组织的雾化技术联合研究小组会议。

2016年
参加美国，欧洲法规会议（华盛顿、伦敦等）；
屡获殊荣的纪录片《A Billion Lives》法国首映主要赞助商；
与昆士兰大学公共卫生学院合作；
与加拿大某行业协会合作关于18650电池安全计划。

2017年
发布Plaorm系列；
建立2500平方米的十万级无尘车间。

2018年
推出“Li-Siphon”自动导油技术；
推出3D网片雾化芯；
作为行业代表参加美国FDA会议。

2019年
与香港城市大学合作进行工厂诊断和供应链接指导。

2020年
GALA获得德国Reddot 红点设计奖；
荣获广东省科学技术厅颁发的广东省新型雾化工程技术研究中心。

SIERRA WIRELESS

司亚乐无线通讯科技(深圳)有限公司

www.sierrawireless.com

1. 企业的基本情况

司亚乐无线通讯科技(深圳)有限公司（以下简称“司亚乐”）是一家专业从事无线通信产品和数据连接软件的设计和开发，提供硬软件设计和测试，软件系统集成，以及相关的技术咨询和支持服务的高新技术企业，注册资本300万美元，司亚乐的产品是针对企业、消费者、物联网（IOT）数据产品。自2008年成立至今，司亚乐成功地研发出一系列采用全球最先进无线技术的无线数据产品，如USB上网卡、PCI数据卡、不同规格的嵌入式无线模块。随着嵌入式模块在不同行业应用的增加，司亚乐自2012年起，为了帮助各系统整合商和OEM客户能更安全、更低成本、更快速将司亚乐的模块整合至他们的应用产品中，司亚乐创新出一系列可编程式的嵌入式无线模块。此种可编程的无线解决平台不仅能成功连接各种工业、网络、车载及智慧型家居产品，而且给数据云端服务提供更安全有效的解决方案。

2. 企业提供服务，经营管理状况

司亚乐为各大企业提供服务外包、软件开发、软件服务等综合信息化服务。

自2008年成立以来，基于市场需求，司亚乐投入了大量资金进行最尖端无线通信技术研发及人员培训。目前已组建成一支具有国际竞争优势的无线研发高科技团队，拥有超过120名高级研发人员，30%以上具有硕士学历，其余研发人员90%以上具有大学本科学历。管理阶层人员具有平均10年以上国内外500强企业经历，并网罗数名国外高科技工程管理人员担任公司日常管理工作。

3. 企业采用先进技术和研发活动情况

司亚乐基于以芯片为主的可编程式的第3/4/5代(3G/4G/5G)最新无线通信技术和软件平台来开发产品。目前已使用无线通信技术包括WCDMA,HSDPA/HSUPA,CDMA2000-1X/EVDO和LTE。自2008年以来，司亚乐主要针对北美、欧洲、亚太地区物联网（IOT）系统整合商及主要OEM客户的要求，设计出各种不同的外观及功能的产品，来满足快速成长的第3和第4代无线通信产品的市场需求。

2008年司亚乐成功推出第3.5代HSPA+42M带宽的无线网卡，且于2011年基于高通MDM9200平台继续研发出第4代LTE便携式无线网卡，同时加大在可编程式软件平台的研发，并使二者结合，成功推出一系列以高通MDM6X00,MDM9X15/9x40/9x28等芯片为主的可编程式的第3/4代（LTE）嵌入式模块无线产品，并得到全球主要物联网（IOT）系统整合商及OEM客户的采用并广泛接入各种智慧型工业、车载产品应用之中。

4. 企业发展前景与规划

司亚乐以自身的优势行业的发展并结合国家的政策制定以下规划。

近期规划：计划于2018年继续加大在全球第5代无线通信LTE技术及智慧型可编程式嵌入产品的投入及开发，并加大和全球最大运营商之间合作，共同推广第5代LTE车载产品于全球最快速成长的智慧型车载市场中。研发人员计划由现有的120人增加至150人，尤其是在软件人员的配置方面。

长远规划：计划于2018年开始的3至5年中，投入第5代LTE-ADV无线通信产品开发及全球市场推广。研发人员增加至150至200人。

5. 企业在行业中的地位与竞争优势

司亚乐在行业当中一直处于领先地位。

司亚乐拥有一支非常强大的研发团队和经验丰富的销售团队，在过去几年中3G/4G/5G无线嵌入式模块技术持续领先全球，并推出了一系列软件解决方案，为各行业客户量身订制各式特殊应用功能以增加其产品在市场中的竞争力。2012年12月司亚乐所设计的SL9090多模产品被《全球电子设计杂志》（*Electronic Design Magazine*）评选为年度全球最佳产品设计奖，至今并已销售数十万片此系列产品。自2013年起，司亚乐大力投入第4代LTE可编程式模块及云端服务产品的研发，一年出货量达2000万，在全球市场获得了极大的成功及赞誉。2014年初，司亚乐研发的车载无线模块成功进入北美、日本及欧洲主流汽车市场。

司亚乐所研发的第3代、第4代模块产品至今销售已达数百万片。2014年，司亚乐首款可编程式的第四代（LTE）车载模块获得北美最大运营商（VZW）认证通过的产品，并成功地进入北美、欧洲及日本市场，为各大车厂联合采用。为保证2020年前持续保持领先优势，司亚乐自2018年初已开始投入大量的人力、物力、资金，展开对下一代5GLTE无线模块产品的研发，并针对下一代物联网市场及各种应用功能进行可持续的创新。

6. 主要客户及其对服务增值性评价

司亚乐秉承着客户至上原则，细心聆听客户诉求，在品质、产品价值和及时回应方面努力超越客户的期望，以确保客户满意。

根据司亚乐2015年9月份通过第三方所进行的全球客户满意度调研结果，绝大多数的全球客户均评选司亚乐为其最可靠信赖的合作伙伴。根据反馈，司亚乐所提供的模块和增值性软件平台，为他们在物联网行业中提供了最具增值性的服务。